www.ajin.to

신·재생 에너지공학

여영구 역

FUNDAMENTALS OF RENEWABLE ENERGY PROCESSES

Aldo Vieira da Rosa

ELSEVIER

도서출판 아진
A-JIN

Fundamentals of Renewable Energy Processes

Aldo Vieira da Rosa

"내가 가는 길을 그가 아시나니 그가 나를 단련하신 후에는
내가 순금 같이 되어 나오리라 (욥23 : 10)"

Fundamentals of Renewable Energy Processes Second Edition by **Aldo Vieira da Rosa** is published by arrangement with Elsevier Inc., New York, USA

ISBN : 9780123746399
Transkated Edition ISBN : 978-89-5761-313-9
Publication Date in Korea : 2011.4.15

Translated by A-jin Publishing Co.
Printed in Korea

제2판에 대한 서문

에너지에 대하여 알고자 하는 일반 대중의 광범위한 욕구는 부분적으로 이 주제에 대한 많은 우수한 책들과 언론 매체들에 의하여 충족되어 왔다. 관련되는 책들의 대부분은 당연히 저널리즘적인 경향이 강하며 기술적인 면은 피상적으로 다루고 있다. 기술, 경제, 정책들과 같은 문제의 다양한 요소들 가운데에서 이미 인정된 기술은 전체의 작은 부분을 차지하지만 제일 먼저 접근해야 하는 부분이다.

기술적 해결의 한계를 납득할 필요가 있는 사람들은 제안되는 기술에 대한 우수한 과학적 이해를 필요로 한다. 이 책은 논의되고 있는 각각의 에너지 공정들이 실제로 어떻게 작용하는지를 설명하고 있으며 적정 수준의 수학을 이용하여 설명을 통합하고 명료화시키고 있다. 개념이 빠르게 진보해 나가는 현 시대에 있어서 기술의 현 수준보다는 원론적인 사항들을 논의함으로써 이 책의 내용이 시대에 뒤떨어짐이 지연되기를 바라고 있다. 이 분야에서 종사하기를 원하는 사람들에게는 그들이 특별히 관심을 가지고 있는 에너지 공정에 대한 보다 전문적인 문헌들을 이해할 수 있도록 하는 데에 이 책이 유용할 것임을 알게 될 것이다.

기본적 사항에 대한 접근방법을 취하고 있음에도 불구하고 기본적인 내용들이 변하는 것이 아니라 새로운 기본적 토대가 대두될 것이기 때문에 이 책의 내용은 궁극적으로는 낡은 것이 될 것이다. 이번의 제 2판은 에너지 문제의 해결을 위하여 최근에야 비로소 도입된 몇 가지 과학적 영역들을 다루고 있다.

두 세기에 걸친 심도있는 발달 이후에서도 열 기관(제 2장)과 같은 매우 성숙한 기술들조차 여전히 새롭고 향상된 형태를 탐구하고 있다. 피스톤이 없는 스털링 엔진이 이 경우에 해당되는데 고효율이면서 유지관리가 필요없는 긴 수명의 이러한 엔진은 우주선과 위성탐사와 같은 원격의 무인 장소에서 전력생산을 위한 새로운 대안이 되었다. 제 2판은 스털링 엔진에 관한 제 1판의 7페이지를 확장시키고 있으며 이들과 같은 피스톤이 없는 최첨단 장치들이 포함되어 있다.

열전기(제 5장) 역시 인공적으로 생성된 나노 재질 및 초격자에 대한 이해와 함께 최근 몇 년 사이에 많이 진보되어 Wiedemann-Franz-Lorenz 법칙의 한계 근처에 도달함으로써 전기 전도도가 크기만 열 전도도는 작은 물질의 합성에 이르게 되었다.

연료전지는 실질적으로 성숙해져 왔다. 제 1판에서 언급된 연료전지는 비록 적당히 가볍고 능률적이지만 수명이 짧고 가격이 높았다. 촉매 문제는 이러한 결점들의 원인이었다. 제 2판은 화학적 동특성에 대한 논의를 확장시키고 있으며 촉매로서 귀금속의 사용을 완전히 피하면서 종래 금속의 성능을 사실상 능가하는 것에 대한 최근의 연구결과(2008년 후반)를 다루고 있다.

수소의 생산은 비교적 오래된 기술로서 최근에는 제 1판이 준비될 때만 해도 관심이 미미했던 광분해 공정에 의존해 가고 있다.

가장 극적인 변화가 일어난 분야는 아마도 바이오매스일 것이다. 에탄올과 바이오디젤에 대한 일반적인 관심으로 바이오매스는 소규모 에너지원으로부터 자동차 연료에 크게 기여할 수 있는 수준으로 진전되어 왔다. 셀룰로오스의 경제적 가수분해가 이루어질 수 있다면 바이오매스는 그러한 역할을 확고하게 정착시킬 것이다. 제 2판은 소요되는 생화학의 미스터리에 대하여 보다 깊이 다루고 있다.

유틸리티 규모의 광기전 플랜트는 과거 수 년 동안 매년 40% 이상의 비율로 팽창되어 왔다. 이제 효율적이지만 비용이 큰 실리콘 장치를 계속할 것이냐, 혹은 비용이 저렴하지만 덜 효율적인 플라스틱 전지를 채용할 것인가에 대하여 새로운 결정을 내려야 할 순간에 직면해 있다. 이는 플라스틱 전지의 수명을 향상시키기 위한 방법을 찾는가의 여부에 따라 정해질 것이다. 제 2판은 이들 고분자 전지들의 화학과 기술을 다루고 있다.

마지막으로 풍력은 그 자체로서 에너지 생산에서 주된 역할을 차지해 오고 있다. 풍력발전 지역은 광기전성 플랜트와 같이 매년 40%의 비율로 팽창하고 있지만 보다 높은 바탕으로부터 출발하여 이제 혼합 에너지에 상당한 기여를 하기 시작하고 있다. 제 1판을 준비할 무렵에는 풍력의 역할은 미미했으며 어떤 형태의 터빈(수평, 혹은 수직 축)이 우위를 점할 것인가는 전적으로 분명하지 않은 상태였다. 제 2판은 이러한 기계장치들에 대한 기본적인 사항들(Betz 한계, Rankine-Froude 법칙, 항적(航跡) 회전, 기타)과 제 1판에서 생략된 주제들을 다루고 있다.

이 책은 1976년부터 스탠포드 대학교에서 개설되어 온 에너지 공정의 원리에 대한 강의노트에 근거하고 있다. 에너지 비용과 해외 공급자들에 대한 의존도가 높아짐에 따라 이러한 강좌들에 대한 관심이 커지고 있는데 이는 우리 국민들의 정서를 반영하여 주는 것이다.

Aldo Vieira da Rosa
〈darosa@ee.stanford.edu〉
Palo Alto, CA
2008년 8월

제1판에 대한 서문

이 책은 일부 비전통적인 에너지 공정들에 대한 기본적 사항들을 탐구하고 있다. 수반되는 기술들의 "최근 동향"은 별로 다루지 않고 있는데 이는 이러한 기술들이 빠르게 변화하는 속도로 인하여 그에 대한 서술이 조만간 시대에 뒤떨어진 것이 될 것이기 때문이다. 그럼에도 불구하고 기본적인 원리들은 뒤바뀔 수 없으며 미래의 진보에 대한 이해를 위하여 필수적이다. 따라서 타당한 원리들에 대한 명료한 물리적 설명을 제시하고자 하였다.

이 교재는 학생들에게 어떤 특정 장치나 시스템의 세부적인 디자인을 제시하여 주지는 않을 것이다. 그러나 보다 전문화된 문헌들의 이해를 가능케 하기 위한 기본적인 정보를 제공하여 줄 것으로 기대한다.

주제들은 실용성이나 미래의 전망에 따라 선택되지 않았다. 일부 주제들은 그 구현에 있어서의 명백한 어려움에도 불구하고 물리적 원리들의 적용에 있어서 우수한 연습이 되어준다는 이유만으로 논의되고 있다.

필요할 경우에는 언제든지 엄밀함보다 명료함을 우선하고 있다. 독자들은 물리, 화학 및 수학에 적절한 기본지식을 지니고 있다고 간주하고 있지만(대개 고학년의 과학이나 공학도) 기본적인 매커니즘의 인식을 허용하기 위하여 전개과정은 첫 번째의 원리로부터 시작하고 있다.

에너지 문제들은 부분적으로만 기술적인 문제들로서 상당부분은 경제 및 정치적인 문제들이다. 이들에 대한 고려가 제한된 형태로서 여기에 제시된 논의에 포함되어 있다.

이 책의 구성은 임의적이며 확실히 모든 것을 포함하는 것은 아니다. "전통적"이라고 간주될 수 있는 공정들은 일반적으로 무시되고 있다. 한편 고려되고 있는 "비전통적인" 공정들의 목록은 필연직으로 제한된다.

감 사

Aili가 없었다면 이 책의 저술은 불가능하였을 것이다.

문헌을 끊임없이 검토해 주고 많은 새로운 발견들을 일깨워준 Edward Beardsworth 박사에게 감사드린다.

1976년 이래로 나의 강의노트를 읽어주고 많은 오류들을 수정해 준 수많은 학생들에게 감사를 보낸다.

목 차

제1부 열 기관

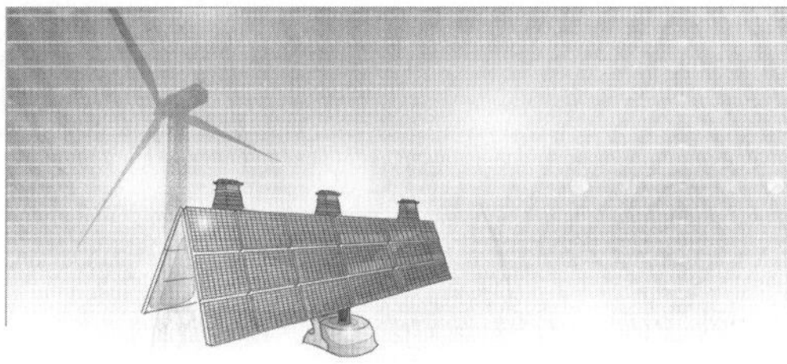

제1장 일반론

1.1 단위와 상수

에너지 작업에서는 서로 다른 많은 단위들이 이용되고 있지만 우리는 가능한 한 국제 시스템(System International, SI) 단위를 채택할 것이다. 이는 joule과 watt의 사용을 의미한다. 대량의 에너지에 대하여 언급하는 경우라면 MJ, GJ, TJ, PJ, 그리고 EJ - 즉 각각 10^6, 10^9, 10^{12}, 10^{15}, 그리고 10^{18} joule에 대하여 언급할 것이다(표 1.1 참조).

SI에서 채택하고 있는 서로 다른 접두어들의 이름과 기호를 선택함에 있어 보다 폭넓은 일관성을 원할 수도 있다. 곱셈자 접두어들의 기호는 모두 소문자들인데 곱셈자들이 모두 대문자라면 의미가 있을 것이지만 항상 그렇지는 않다. 모든 기호들은 "deca"에 대한 두 글자로 된 것("da")을 제외하고는 하나의 글자이다. 이는 아마도 데시리터가 일반적이고 데칼리터는 매우 희귀함을 설명하는 경우가 될 것이다. 나머지 곱셈자들과는 달리 "deca", "hecta", 그리고 "kilo"들은 소문자로 시작한다. 접두어들의 이름은 대부분 그리이스어나 라틴어로부터 약간의 수정을 통하여 유래된 것이지만 덴마크어나 스페인어로부터 유래된 것("pico" 하나가 있는데 이는 대부분의 스페인어 사전에는 없다)도 있다. 어떤 접두어들은 곱셈자의 1000의 급수를 나타낸다. 예를 들면 (6을 의미하는) "exa"는 1000^6에 해당된다. 다른 것들은 곱셈자 그 자체를 의미한다-"kilo"(1000을 의미)는 곱셈자 자체를 직접적으로 나타낸다.

전통에 전적으로 저항할 수는 없다. 우리는 대부분 압력을 파스칼로 나타낼 것이지만 대부분의 기존 데이터는 대기압으로 되어 있으므로 우리는 간혹 대기압을 이용할 것이다. 때로는 전자볼트가 joule보다 더욱 편리하다. 아울러 에너지를 오일 배럴 수나 kWh로 나타내는 것은 비용개념을 전달하기에 더욱 편리하다. 그러나 전반적으로 쿼드, BTU, 칼로리, 그리고 다른 비 SI 단위들은 피할 것이다. 이와 같은 선택의 원인은 세 가지이다: SI 단위는 사용이 더욱 쉽고 대부분의 국가들에서 채택하고 있으며 흔히 더욱 잘 정의되어 있다. 예를 들어 화학자들이 선호하는 단위인 칼로리를 고려하여 보자. 칼로리라고 말할 때에는 국제 수증기표의 칼로리(4.18674J)를 의미하는가? 아니면 칼로리(4.19002J)를 의미하는가? 혹은 열화학적 칼로리(4.18400J)를 의미하는가? 아니면 15℃에서 측정된 칼로리(4.18580J)를 의미하는가? 그것이 아니라면 20℃에서의 칼로리(4.18190J)를 말하는 것인가?

미국인들은 BTU를 사용하기를 좋아하지만 여기에도 또한 수증기표, 평균, 열화학적, 39°F에서의 값, 60°F에서의 값들과 같은 많은 BTU들이 있다. 동일한 성분들의 칼로리에 대한 BTU의 비는 약 251.956으로서 6번째 유효자리에서 다소 변동이 있다. 1BTU는 대체로 1kJ과 같으며 1쿼드는 대체로 1EJ에 해당된다. 서로 다른 에너지 및 동력단위들 간의 변환인자들이 표 1.3에 열거되어 있다. 이 책에서 사용되는 몇 가지 기본적인 상수들은 표 1.2에 나타나 있다.

표 1.1 SI 접두어와 기호

곱셈자	기호	접두어	어원
10^{24}	Y	yotta	퇴락한 이탈리아어 *otto* = 8, 1000^8
10^{21}	Z	zetta	퇴락한 이탈리아어 *sette* = 7, 1000^7
10^{18}	E	exa	퇴락한 그리이스어 *hexa* = 6, 1000^6
10^{15}	P	peta	퇴락한 그리이스어 *penta* = 5, 1000^5
10^{12}	T	tera	그리이스어 *teras* = 괴물
10^{9}	G	giga	그리이스어 *gigas* = 거인
10^{6}	M	mega	그리이스어 *megas* = 거대한
10^{3}	k	kilo	그리이스어 *khilioi* = 1000
10^{2}	h	hecto	그리이스어 *hekton* = 100
10^{1}	da	deca	그리이스어 *deka* = 10
10^{-1}	d	deci	라틴어 *decimus* = 열번째
10^{-2}	c	centi	라틴어 *centum* = 100
10^{-3}	m	milli	라틴어 *mille* = 1000
10^{-6}	μ	micro	그리이스어 *mikros* = 작은
10^{-9}	n	nano	라틴어 *nanus* = 난쟁이
10^{-12}	p	pico	스페인어 *pico* = 아주 조금
10^{-15}	f	femto	덴마크어 *femten* = 15
10^{-18}	a	atto	덴마크어 *atten* = 18
10^{-21}	z	zepto	채용된 라틴어 *septem* = 7, 1000^{-7}
10^{-24}	y	yocto	채용된 라틴어 *octo* = 8, 1000^{-8}

표 1.2 기본적인 상수들

양	기호	값	단위
Avogadro 수	N_0	6.0221367×10^{26}	per kmole
Boltzmann 상수	k	1.380658×10^{-23}	$J\ K^{-1}$
전자의 전하	q	$1.60217733 \times 10^{-19}$	C
기체상수	R	8314.510	$J\ kmole^{-1}K^{-1}$
중력상수	G	6.67259×10^{-11}	$m^3s^{-2}kg^{-1}$
Planck의 상수	h	$6.6260755 \times 10^{-34}$	J s
자유공간의 투과도	μ_0	$4\pi \times 10^{-7}$	H/m
자유공간의 유전율	ϵ_0	$8.854187817 \times 10^{-12}$	F/m
광속	c	2.99792458×10^{8}	$m\ s^{-1}$
Stefan-Boltzmann 상수	σ	5.67051×10^{-8}	$W\ K^{-4}m^{-2}$

표 1.3 변환계수

~를	~로 변환하려면	다음값을 곱함
에너지		
오일 1배럴	GJ	≈ 6
영국 열 단위(국제 수증기 표)	joule	1055.04
영국 열 단위(평균)	joule	1055.87
영국 열 단위(열화학적 단위)	joule	1054.35
영국 열 단위(39F)	joule	1059.67
영국 열 단위(60F)	joule	1054.68
칼로리(국제 수증기 표)	joule	4.18674
칼로리(평균)	joule	4.19002
칼로리(열화학적 단위)	joule	4.1840
칼로리(39F)	joule	4.1858
칼로리(60F)	joule	4.1819
세제곱피트(메탄, STP)	MJ	≈ 1
전자볼트	joule	1.60206×10^{-19}
erg	joule	1.0×10^{-7}
ft-lbf	joule	1.3558
ft-poundal	joule	4.2140×10^{-2}
kWh	joule	3.6×10^{6}
쿼드	BTU	1.0×10^{15}
TNT 톤	joule	4.2×10^{9}
파워		
ft-lbf/sec	watt	1.3558
ft-lbf/min	watt	2.2597×10^{-2}
ft-lbf/hr	watt	3.7662×10^{-4}
마력(550ft-lbf/sec)	watt	745.70
마력(전기적)	watt	746
마력(미터법)	watt	735
기타		
대기압	pascal	1.0133×10^{5}
Dalton	kg	1.660531×10^{-27}

lbf는 파운드(힘)을 의미.

1.2 에너지와 유틸리티

숲이 풍부한 캘리포니아 북부에서 2008년 목재 1 cord의 판매 가격은 약 $150이었다. 1 cord는 4×4×8 ft (128 ft^3)이지만 나무의 실제 부피는 겨우 90 ft^3이며 나머지는 목재들 사이의 빈 공간이다. 따라서 1 cord는 2.5 m^3, 혹은 약 2200 kg의 목재를 포함한다. 목재의 연소열은 14~19 MJ/kg 범위이다. 평균적으로 연소되는 목재 1 kg당 16 MJ을 가정하면 1 cord는 35 GJ을 발생할 수 있다. 따라서 나무로부터의 에너지 비용은 북부 캘리포니아의 경우 $4.3/GJ이다.

2008년까지만 해도 가솔린의 가격은 비록 폭넓게 변동하기는 하지만 1 갤런당 약 $3 (1 kg당 $1.2)이었다. 가솔린의 연소열은 49 MJ/kg이므로 가솔린 에너지 비용은 $24/GJ로서 목재연소의 경우보다 비용이 5배 이상이다.

캘리포니아에서 전력 소비자는 kWh당 $0.12, 혹은 $33/GJ을 지불하였다.

이러한 통계자료들로부터 우리는 에너지를 구입하는 경우 보다 편리한 형태를 갖는 에너지, 즉 보다 높은 실용성을 갖는 에너지에 대하여 기꺼이 프리미엄을 지불하려 하고 있음이 명백하다. 물론 실용성은 상대적이다. 거실에서 난로에 불을 지피려고 할 때 나무는 가솔린보다 실용성이 높으며 자동차를 운전하는 경우 가솔린은 적어도 당분간은 전기보다 실용성이 높다. 소형차의 경우 액체연료가 기체연료보다 실용성이 높다. 설치가 고정된 상태에서는 그 반대가 된다.

에너지의 상대적인 이용은 실용성만으로 결정되지는 않는다. 1 배럴은 159 리터, 혹은 127 kg의 오일을 포함한다. 연소열이 47 MJ/kg이므로 이는 6 GJ의 에너지에 해당된다. 1990년대 중반에 배럴당 $12, 혹은 GJ당 $2의 오일 가격은 일반적으로 오일이 보다 유용함에도 불구하고 목재(당시 $3.2/GJ)보다 낮은 가격이었다. 그러나 오일 가격은 국제 정치상황에 따라 고도로 불안정하다. 2008년의 오일 가격(배럴당 $100, 혹은 $17/GJ 이상으로 치솟았었다)은 현재 누구나 예상하듯이 목재 가격보다 상당히 높으며 에너지원의 온실화를 향한 구동력 가운데 하나이다. 아마 보다 중요한 것은 서방국가들과 이해관계가 충돌하는 국가들로부터의 오일에 대하여 선진국들이 위험하게 의존한다는 사실이다.

정부의 규제로 가격이 자유시장 가격보다 낮게 유지되는 경향이 있다. 카터 대통령 시절 천연가스는 국제시장에서 1000 ft^3당 $1.75의 규제된 가격으로 시판되었다. 이만한 양의 가스로부터는 1 GJ의 연소열이 얻어진다. 따라서 천연가스는 오일이나 목재보다 저렴하였다.

1.3 에너지의 보존

에너지는 이용될 수 있지만 소비될 수 없다†. 에너지가 보존되는 것은 자연의 법칙이다. 우리는 광석을 처리하여 금속을 얻은 다음 이를테면 다 쓴 알루미늄 캔의 경우와 같이 제품을 폐기하는 식으로 광물자원을 무작위화하는 것과 유사하게 에너지를 무작위화하거나 저급화시킨다. 우리가 사용하는 모든 에너지는 열로 변하며 궁극적으로는 공간으로 방사된다.

† *이용*과 *소비*를 구분하는 것이 편리하다. 소비는 파괴를 의미한다 - 오일이 소비되면 사라져서 주로 이산화탄소와 물로 변환되고 열을 제공한다. 한편 에너지는 결코 소비되지 않는다; 에너지는 이용되지만 전적으로 보존된다(단지 엔트로피만이 증가될 뿐이다).

소비 가능한 것은 에너지가 아니다; 에너지는 아직 무작위화되지 않은 것이 사실이다. 에너지의 무작위화의 정도는 에너지의 엔트로피로 측정된다. 이는 제 2장에서 더 자세하게 논의되고 있다.

1.4 행성간 에너지 균형

지구 온도의 상대적인 안정성은 행성들 간의 에너지의 입력과 출력 사이에 어느 정도 균형이 이루어짐을 암시한다. 입력은 거의 전적으로 태양열 복사로서 173,000 TW(173,000$\times 10^{12}$W)에 해당된다.

태양열 에너지 이외에도 조력(3 TW) 및 행성 내의 열원으로부터의 에너지로서 대부분 방사능(32 TW)이 기여하고 있다.

약 52,000 TW(유입되는 복사의 30%)가 행성 간 공간으로 반사되고 있다: 이는 지구의 알베도(albedo)이다. 남아있는 모든 에너지는 열로 저급화되며 긴 파장의 적외선 복사로 다시 방출된다. 그림 1.1은 행성 간 에너지 균형 매커니즘에서 일어나는 서로 다른 과정들을 보여준다.

태양복사 173,000 TW	직접반사	52,000 TW (30%)	단파 복사
	열로의 직접적인 변환	78,000 TW (45%)	장파 복사
	물의 증발	39,000 TW (22%)	
	바람 및 파력	3,600 TW (2%)	
	광합성	40 TW (0.02%)	
	조력	3 TW	
	지열 – 화산 및 온천	0.3 TW	
	지열 – 바위 전도	32 TW	

그림 1.1 행성간 에너지 균형.

빙하시대의 재도래는 유입 에너지와 유출 에너지 사이의 평형이 주기적임을 보여준다. 긴 세월에 걸쳐 관측된 대기중 CO_2의 증가는 지구의 일반적인 가열을 유도하여 극지방의 빙하가 부분적으로 용해되고 이에 따라 해수면에 위치하는 도시들이 범람하게 될 위험이 있나. CO_2 농도의 증가는 막대한 양의 화석연료의 연소와 탄소가 고정되는 숲의 파괴의 결과이다.

1.5 에너지 활용속도

시대를 통한 에너지 활용속도는 개략적인 방법으로만 추정할 수 있다. 오랜 옛날에는 인간은 전적으로 기술을 지니지 못하였으며 불을 사용하지도 않았다. 그들은 에너지를 식품으로만 사용하였으며 대략 하루 평균 2000 킬로칼로리에 다소 못미치는 비율이었던 것으로 추정되는데 이는 100W에 해당된다. 이후에 에너지 활용속도는 1인당 약 300W 정도로 증가하였다.

B.C. 4000년 전후의 메소포타미아 농경시대에서는 동물로부터 얻어지는 에너지가 특히 운송 및 관개를 위한 물 공급시대같은 다양한 목적으로 이용되었다. 태양 에너지를 이용하여 곡물을 건조시키고 벽돌시대같은 건축자재를 건조시켰다. 이 시기에 일인당 에너지 활용은 800W 정도

로 높아졌을 것이다.

바람, 물, 그리고 불의 동력화는 오래 전부터 비롯되었다. 범선은 적어도 B.C. 3000년 경부터 이용되어 왔으며 A.D. 100년 경 알렉산드리아의 Hero가 풍차를 묘사하였다. A.D. 300년까지 풍차는 페르시아에서 이용되었으며 이후 중국과 유럽으로 전파되었다. Hero의 장난감 증기기관이 제작되어 작동된 것은 분명하다. Hero의 시대에 처음으로 그의 책이 출간되어 오늘날에도 여전히 팔리고 있는 Vitruvius는 로마의 건축가로서 물을 퍼올려 알곡을 분쇄하는 데에 사용되는 수차에 대하여 언급하고 있다. 이용 가능한 기술의 존재에도 불구하고 고대인들은 인력이나 동물의 힘의 활용에 자신들을 국한시켰다. 뉴욕 대학교의 고대사 교수인 Lionel Casson(1981)은 그 이유가 경제적이라기보다는 문화적인 제약조건 때문이라고 주장하고 있다. 중세 초기에 들어서 비로소 다른 에너지원의 사용이 "유행"하게 되었다. 2천 년대에 들어서면서 풍차와 수차로 양상이 급격하게 달라졌다.

진보된 농업기술의 광범위한 채택과 가정의 난방을 위한 벽난로의 이용, 세라믹 재질과 벽돌 굽기, 그리고 바람과 물의 활용으로 A.D. 1200년 당시 유럽의 추정된 에너지 활용비율은 1인당 2000 와트에 이르게 되었다. 그러한 활동들이 널리 받아들여진 까닭에 에너지 활용이 급격하게 증가하였다. 그림 1.2는 1인당 활용되는 (개략적인 추정) 킬로와트 수를 시간의 함수로 나타낸 것이다. 이 데이터를 신뢰한다면 1인당 에너지 활용비율의 연간 증가율은 그림 1.3에 보인 바와 같이 나타는 것으로 결론지을 수 있다. 비록 이 결과들의 정확도는 의심스럽지만 일반적인 경향은 아마도 옳을 것이다: 대부분의 우리 역사에서 에너지 활용비율의 성장은 꾸준하였으며 매우 적절하였다. 19세기 초 산업혁명의 시작과 함께 이러한 성장은 극적으로 가속화되었으며 이제는 걱정스러운 수준에 이르게 되었다.

1인당 에너지 활용비율의 전 세계에 걸친 증가는 1973년 이전에는 낮은 오일 가격이 이끌어 왔는데 당시에는 지금보다 오일 가격이 상당히 낮았다†. 1946년 베네수엘라의 석유장관이었던 Perez Alfonso는 이것이 미래의 어려움에 이르게 할 것임을 인식한 사람들 가운데 한 사람이었다. 그는 1954년 높은 이익을 취하고자 하는 카르텔로서가 아니라 "탐욕적인 오일 소비를 줄임으로써 인간이 충분한 시간을 가지고 재생 가능한 에너지원을 기반으로 하는 경제구조를 개발할 수 있도록 하기 위한" 석유수출국 기구(OECD, Organization of the Petroleum Exporting Countries)의 창설을 도왔다. Alfonso는 또한 오일의 보다 이성적인 사용에서 기인하는 생태학적 이익을 미리 내다보았다.

† OPEC 위기 이전인 1973에는 원유는 배럴당 $2와 $3 사이에서 판매되었다. 이 가격은 급속히 증가하여 경제에 충격을 주었다. 2000년도 달러로 환산하면 1973년 이전 원유가격은 배럴당 약 $10(통화가치 절하에 따라 3.8배 한 가격)으로서 1999년에 다시 유통되었던 가격이다. 그러나 2006년 원유 가격은 배럴당 $70으로 상승하였으며 2006년에는 배럴당 오일 가격은 $140 이상으로 치솟았다.

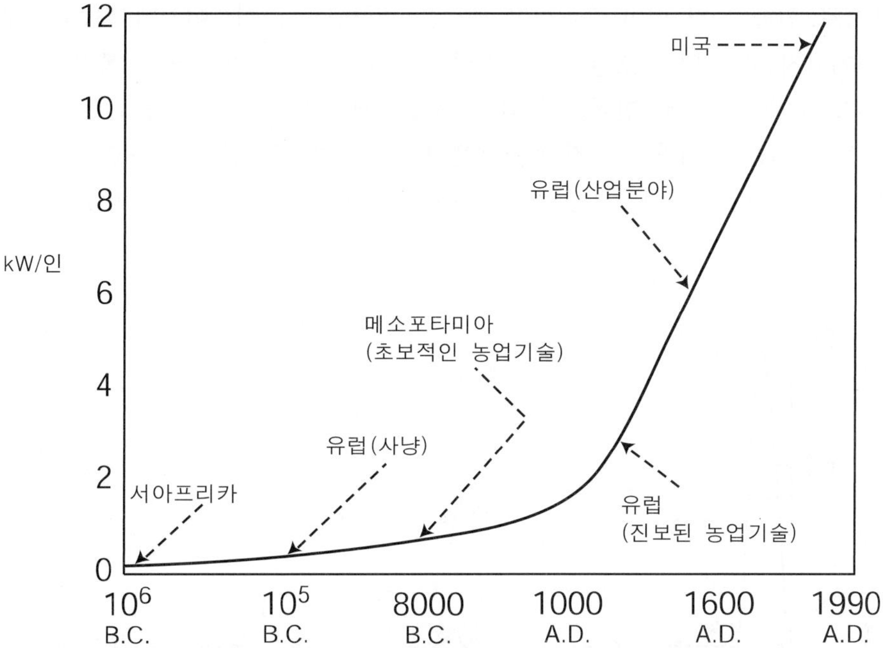

그림 1.2 1인당 에너지 활용비율의 역사적인 증가를 나타내는 개략적인 그래프.

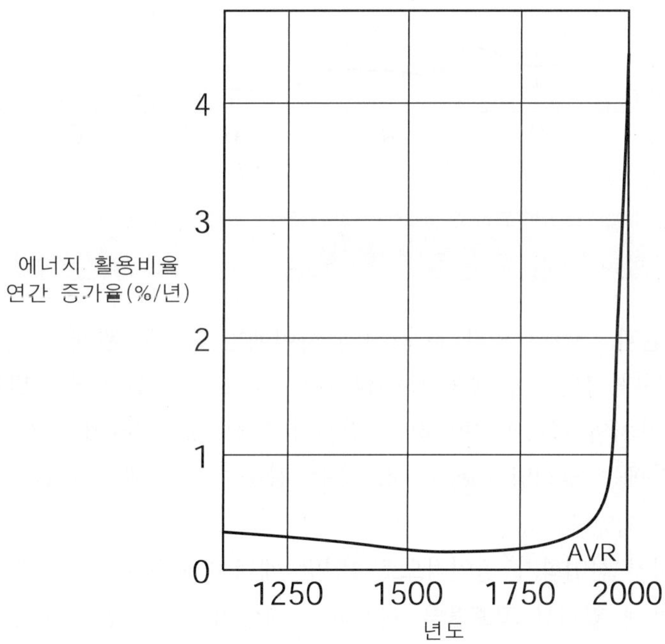

그림 1.3 1인당 에너지 활용의 연간 증가율은 19세기까지는 작았다.

OPEC은 오일 가격을 높게 유도함으로써 세계 경제를 심각하게 변화시켰으며 이에 따라 전반적인 에너지 활용비율의 증가가 느려지게 되었다. 가격의 상승과 시스템의 이어지는 반응 사이의 시간지연으로 인하여 몇 년이 흘러서야 새로운 평형상태가 이루어지게 되었다. 우리는 1991년 이라크 위기까지 도를 넘는 오일생산 능력의 증대와 가격상승의 둔화를 목격하였다.

선진국을 따르고자 하는 저개발국들의 최근 노력은 에너지 수요의 증가에 있어서 중요한 인자가 되었다. 그림 1.4는 세계의 에너지 활용비율의 불균형한 분포를 보여주고 있다; 세계 인구의 72%는 1인당 2 kW 미만을 사용하는 반면에 세계 인구의 6%는 1인당 7 kW 이상을 사용하고 있다.

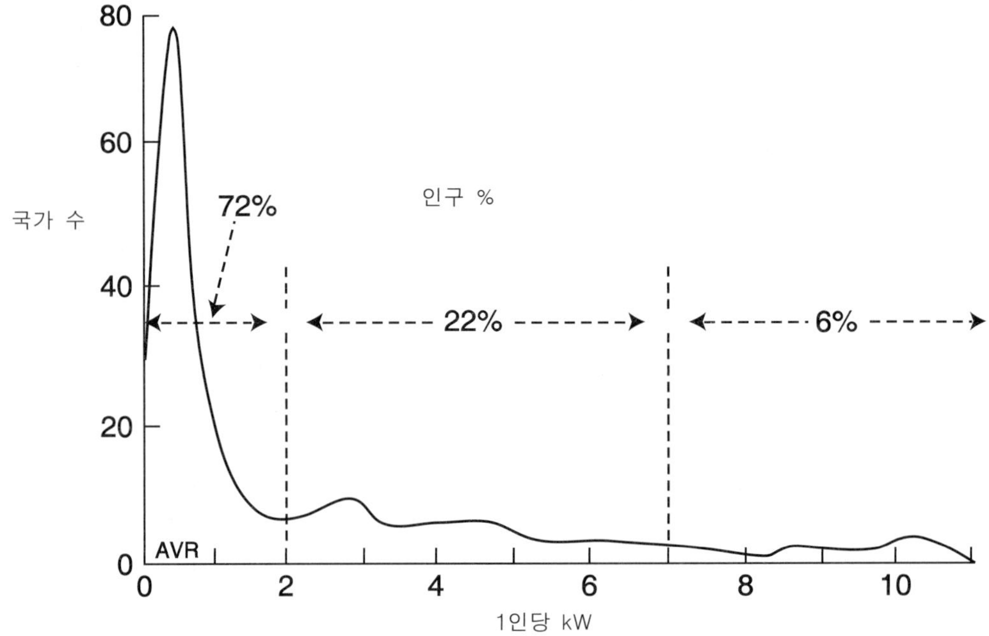

그림 1.4 대부분의 국가들은 1인당 에너지 사용량이 미미한 반면에 소수의 선진국들은 1인당 에너지 사용량이 많다.

총 에너지 활용비율과 국가의 연간 총 생산액 사이에는 타당한 관계가 있다. 연간 GNP 1달러당 약 2.2W가 사용된다. 1달러의 생성에는 69 MJ이 소요된다. 1980년도 달러를 기준으로 한 이러한 수치들은 통화가치의 하락과 변화하는 경제적 환경으로 인하여 시간에 따라 달라진다. 사실 에너지 위기 동안에는 달러당 megajoule 수는 감소한 반면에 금융위기 동안에는 이와 반대 현상이 나타남이 입증되었다.

선진국들의 추가적인 산업화가 필연적으로 1인당 에너지 활용비율의 증가로 이어지지 않을 수 있다 — 에너지 사용에 있어서 고효율을 지향하는 경향이 보상적인 효과를 가져다 줄 수 있다. 그러나 미국의 경우 현재와 같은 에너지 활용의 감소† 는 주로 산업생산의 성격이 변화한 것에 기인한다. (철강 생산과 같은) 에너지 집중적인 1차 산업은 대외 경쟁력 약화로 축소되고 있는 반면에 (전자 및 유전공학과 같은) 정교한 2차 산업이 성장하고 있다.

기술의 혁신으로 에너지 사용효율이 보다 증가되었다. 예로서 가옥 단열기술 및 자동차 연비

† 미국 산업은 1982년의 경우 1973년보다 적은 에너지를 사용하였다.

의 향상을 들 수 있다. 대체 에너지원들은 화석연료에 대한 수요를 다소 완화시켜 주었다. 바이오에탄올은 가솔린을 일부 대체하고 있다. 융합 반응기의 개발은 언젠가는 에너지가 충분한 시대를 가져다 줄 것이다.

보다 효율적인 장치의 도입이 바로 에너지 절약으로 귀결되지 않는 이유는 새로운 장치가 널리 수용되는 데에 상당한 시간이 소요되기 때문이다. 경제의 반응 속도는 길어지는 경향이 있다. 개인이 소유하는 자동차들을 고려하여 보자. 가솔린 가격의 급격한 증가는 여행에 별로 영향을 미치지 않지만 연료 효율에 대한 수요를 증가시킨다. 그러나 자동차 소유자들은 기존의 차를 여전히 사용 가능한 한 새 차를 사려고 덤비지 않는다. 따라서 전체적인 연료 소비는 개인소유 자동차들의 상당부분이 교체된 몇 년 후에나 감소할 것이다.

진부한 기술에 대한 대규모 투자는 보다 효율적인 시스템의 도입을 지연시킨다. 수반되는 시간상수들에 대한 감각은 1.7 절에서 논의되고 잇는 시장침투함수의 고찰로부터 얻어질 수 있다.

1.6 인구 폭발

앞 절에서는 1인당 에너지 활용비율을 논의하였다. 분명히 총 에너지 활용비율은 지구 인구에 비례하는데 이는 가속적으로 증가하고 있다†.

인류가 직면하고 있는 가장 심각한 문제는 인구의 빠른 증가이다. 지구에는 60억 이상의 인구가 살고 있으며 최근 20년 동안의 연간 인구 증가율은 약 1.4 % 정도이다. 거의 모든 전망치에 따르면 지금 바로 가구당 어린이의 수를 두 명으로 제한한다고 하더라도 2010년 까지는 지구 인구가 약 70억에 이를 것으로 예측된다. 현재의 실제적인 조건하에서는 2050년 까지는 인구가 궁극적으로 110억 정도에서 안정화될 것이다. 인구증가 만으로 연간 1.4%의 에너지 수요 증가가 유발된다. 사실 최근의 에너지 사용 증가율은 인구 증가율을 넘어섰다. 세계에 걸친 에너지 사용량은 1980년 9 TW이었으며 2008년의 경우 15.2 TW로서 연간 1.9%의 증가를 보였다. 에너지 정보기관(EIA, The Energy Information Administration)은 이러한 연간 1.9%의 일정한 증가율을 이용하여 2030년의 에너지 사용량이 22 TW를 약간 넘어설 것으로 추정하였다. 분명히 이와 같은 막대한 에너지를 공급하는 것은 쉽지 않은 일일 것이다.

일정한 인구증가는 맬더스적 측면을 지닌다. 세계 토지면적의 약 10%가 곡물 경작에 사용되고 있다 - 이는 경작에 적당한 토지이다. ("Farming and Agricultural Technology: Agricultural Economics: Land, Output, and Yields," 브리태니커 온라인 판을 참조.) 대략 15백만 km^2, 혹은 1.5×10^9 헥타아르가 농업에 이용되고 있다. 20세기 초까지는 1 헥타아르로부터 평균적으로 약 5명을 양육할 수 있었으므로 이에 따르면 인구는 74억으로 제한된다. 보다 경작 가능한 토지를 찾을 수는 있지만 110억을 부양하기에는 아마도 충분하지 않을 것이다. 농업 생산성을 제한시키는 것은 질소로서 1 킬로그램의 단백질을 생산하는 데에 (대략) 질소 1 킬로그램이 소요된다. 비록 질소는 공기의 주성분이지만 그 자체의 원소 형태로는 식물이 사용할 수 없으며 적절

† 1999년 10월 12일 보스니아에서 몸무게가 3.2 kg인 아기가 태어났다. 유엔 사무총장 코피 아난이 이를 목격하고 새로 태어난 이 보스니아 시민을 TV 카메라에 보여 주었다. 다소 임의적이지만 이 아기는 이 행성의 60억 번째 거주자로 인정되었다.

한 미생물에 의하여 고정되거나 비료로서 추가되어야 한다.

질소비료는 거의 모두가 암모니아로부터 생산된다. 적절한 양만큼 사용한다면 질소비료는 생산성을 거의 10배 정도 증가시킬 수 있다. 지구상의 현재 및 미래의 과다한 인구는 충분한 암모니아가 생산되는 경우에만 존속이 가능하다. (공기와 물로부터 만들어지므로) 비록 원료물질이 부족한 것은 아니지만 집중적인 사용은 Smil(1997)이 논의한 바와 같이 환경에 심각한 악영향을 미친다.

1.7 시장 침투함수

수세기 동안에 걸쳐 축적된 문헌들의 양이 막대하기 때문에 비록 가장 근면한 독자라 하더라도 과거의 모든 과학자와 철학자들의 저작을 탐구하는 것은 불가능하다. 따라서 현대의 저작자들은 그 아이디어가 모호하게 이해될 경우에도 빈번하게 언급되는 "종종 인용되며 좀처럼 읽히지 않는" 저자들의 대규모 명부를 구축하여 왔다. 즉 Thomas Robert Malthus의 경우를 예로 들 수 있다. 우리는 그가 인구 증가에 대하여 무언가를 말했다는 것에 대한 개념을 가지고 있다. 1846년 Pierre Francois Verhulst는 인구증가에 대한 이러한 아이디어를 현재 Verhulst 방정식으로 알려져 있는 그럴 듯한 수학적 형식에 도입하였다. 이 식은 기술적인 치환문제, 즉 보다 진보된 기술이 어떻게 보다 성가신 오래된 기술을 대체할 것인가를 이해하기 위한 탁월한 시발점이다.

이 문제에 Verhulst 식을 적용하면 다음을 얻는다:

$$\frac{1}{f}\frac{df}{dt}=a(1-f) \tag{1.1}$$

위에서 f는 새로운 기술에 의하여 제공되는 시장 부분(따라서 $0 \le f \le 1$로 제한된다)이며 t는 시간, 그리고 a는 상수이다. 말로 표현한다면 Verhulst 식은 ($\frac{1}{f}\frac{df}{dt}$로 나타내어지는) f의 변화 비율이 아직 새로운 기술에 의하여 잠식되지 않은 시장부분 (1-f)에 비례함을 나타낸다. 이는 직관적인 감각을 보여준다. Verhulst 식은 비선형 미분방정식으로서 그 해는

$$\ln\left(\frac{f}{1-f}\right)=at+b \tag{1.2}$$

로 주어진다. 위에서 b는 적분상수이다.

이를 f에 대하여 풀 수 있다:

$$f=\frac{\exp(at+b)}{1+\exp(at+b)} \tag{1.3}$$

아울러 f를 t의 함수로 그래프로 나타낼 수 있다.

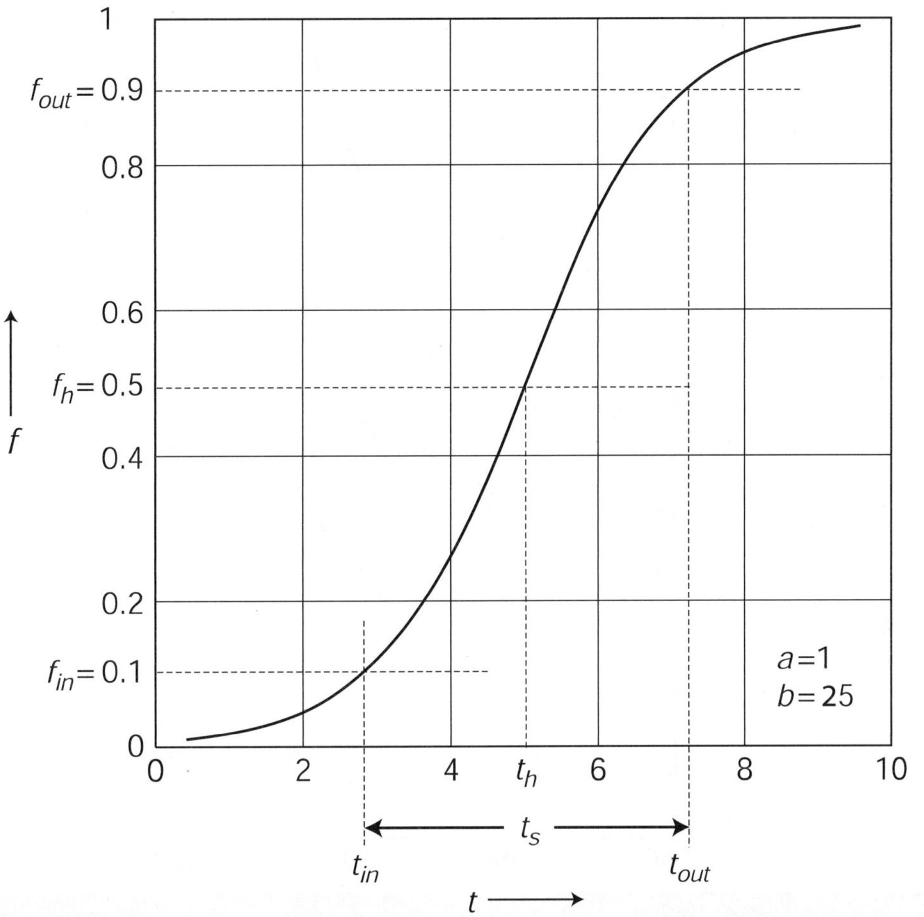

그림 1.5 Verhulst 함수.

그림 1.5는 임의로 선택한 a=1 및 b=-5에 대한 결과를 보여주고 있다.

그림 1.5에 나타낸 식 1.3은 로지스틱 함수의 예이다. 접수시간구간 t_s는 함수가 (시점 t_{in}에서) f_{in}=0.1로부터 (시점 t_{out}에서) f_{out}이 0.9에 이를 때까지의 시간길이로 정의된다.

1970년 General Electric사의 두 과학자 J. C. Fisher와 R. H. Pry는 Verhulst 식을 신기술 시장침투 문제에 적용하였다. 고려된 각 경우는 서로 경쟁적인 두 기술들, 즉 f_1의 시장분율을 갖는 오래된 기술과 f_2의 시장분율을 차지하는 신기술을 포함한다. 이들은 식 1.3의 형태가 아닌 식 1.2 형태의 Verhulst 식 (t의 함수로 나타낸 $\ln\frac{f}{1-f}$)을 사용하였는데 이는 식 1.2로부터는 직선 그래프가 얻어지며 따라서 해석적인 처리와 바깥짐작의 수행이 훨씬 더 쉽기 때문이다.

그림 1.6은 이전에 열린 노(爐) 및 Bessemer 기술이 지배해 온 시장에 대한 산소 제강공정의 침투율을 보이고 있다. 침투속도는 일본에서 가장 빠름을 알 수 있다(접수시간 간격이 8.3년이다). 독일과 미국에서의 접수시간은 11.8년인 반면에 소련의 경우에는 14.0년이었다. 이 결과는 놀랍도록 작은 분산도를 보여준다-관찰된 점들은 모두 거의 직선상에 위치한다.

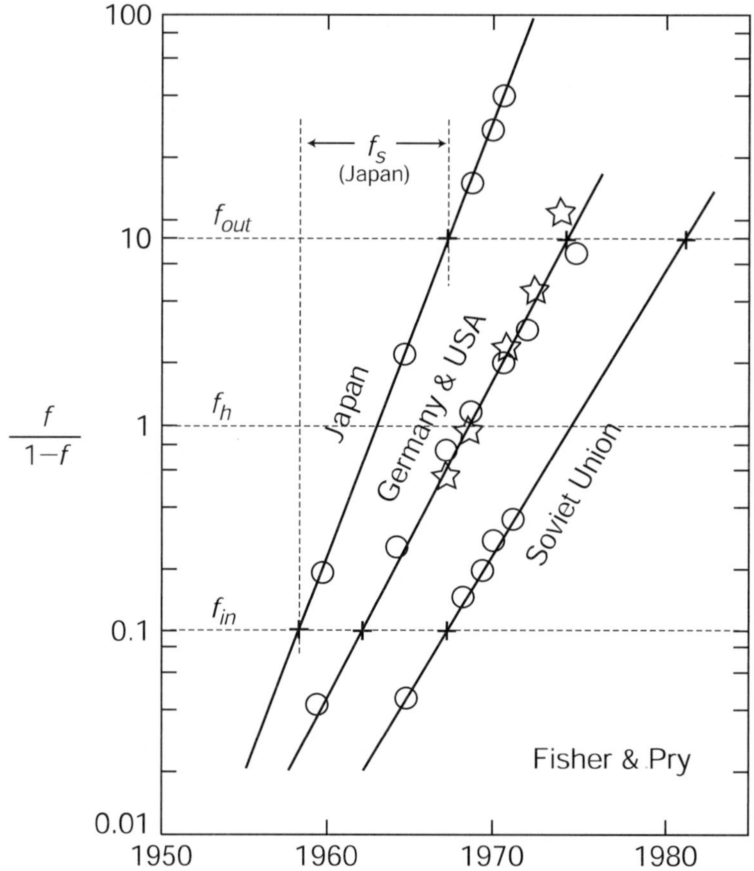

그림 1.6 철강생산 시장에서의 산소-제강 기술의 침투.

예로서 독일과 미국의 경우 회귀식은 다음과 같다:

$$\ln\left(\frac{f}{1-f}\right)=0.368t-725 \tag{1.4}$$

위에서 t는 년도로 나타낸 시간으로서 19xx로 표시된다.

위의 그래프는 나라마다 다른 접수시간을 보여주며 Fisher와 Pry(1970)가 지적한 바와 같이 이 기술은 권력이 집중된 경제에서도 작용하는 것으로 보인다. 나아가 기대한 바와 같이 동일한 국가에서도 다른 형태의 제품을 대체하면 침투율이 달라지는 것으로 나타났다. 어떤 대체는 빠르게 진행되지만 다른 것들의 경우에는 긴 시간이 걸린다. Fisher와 Pry는 접수시간이 일본에서 세척제가 천연비누를 대체하는 데에 걸린 8년으로부터 미국에서 합성고무가 천연고무를 대체하는 데에 걸린 58년에 이르는 다수의 대체 목록을 열거하고 있다.

그림 1.6의 그래프는 두 파라미터 a와 b에 따라 달라진다. 파라미터 a는 접수시간과 관련되며 그래프의 기울기를 결정한다. 실제시간 t를 좌표로 사용하는 대신에 무차원 정규화 변수 τ 를 사용한다면 모든 그래프들은 기울기가 동일할 것이며 하나의 그래프로 통합될 수 있다. 그림 1.7을 보면 17가지의 서로 다른 대체가 놀랄만한 정확도로 하나의 직선에 접합됨을 알 수 있다.

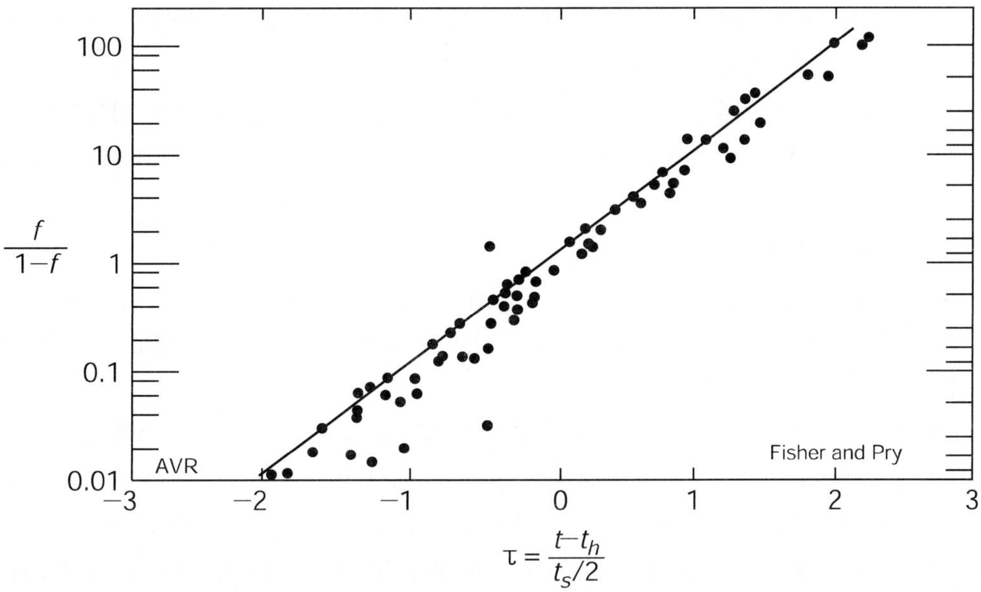

그림 1.7 17가지의 서로 다른 대체들에 대한 Fisher-Pry 그래프.

정규화된 시간변수 $\tau = \dfrac{t-t_h}{t_s/2}$ 는 다음과 같이 도입된다.

$t = t_h$ 인 경우 f=0.5이며 아울러

$$\ln\left(\frac{f}{1-f}\right) = at_h + b = 0 \qquad \therefore \quad b = -at_h \tag{1.5}$$

$t = t_{in}$ 인 경우 f=0.1이며 아울러

$$\ln\left(\frac{f}{1-f}\right) - at_{\mathrm{in}} + b -- 2.2 \tag{1.6}$$

로지스틱 곡선의 대칭성으로 인하여 접수시간 t_s 는 구간 $t_h - t_{in}$ 의 두 배이며 따라서 식 1.5로부터 식 1.6를 빼면

$$2.2 = a(t_h - t_{\mathrm{in}}) = at_s/2 \qquad \therefore \quad a = \frac{2.2}{t_s/2} \tag{1.7}$$

따라서 시장침투 공식은 다음과 같이 나타낼 수 있다:

$$\ln\left(\frac{f}{1-f}\right) = 2.2\frac{(t-t_h)}{t_s/2} = 2.2\tau \tag{1.8}$$

시장침투 함수의 한 가지 주목할 만한 유용한 속성은 전체 시장에 깊은 영향을 미치는 많은 인자들에 대한 둔감성이다. 따라서 정치적, 혹은 지정학적 상황들의 변동이 시장규모에 상당한

영향을 미치더라도 모든 경쟁적인 기술들에 동시적으로 영향을 미치는 것이기 때문에 부분적인 시장 점유율에는 미미한 영향을 미친다.

오래된 기술을 새로운 기술로 간단히 대체시키는 경우 새로운 기술이 시장 점유율을 점차적으로 증가시켜 간다면 오래된 기술은 점진적으로 시장을 포기해야 한다. 총 시장규모는 $\sum f = 1$ 이므로 만일 $\ln\left(\frac{f_2}{1-f_2}\right) = at + b$라면 $\ln\left(\frac{f_1}{1-f_1}\right) = -at - b$이다. 이 경우 대체되는 기술의 거동은 단순히 진보된 기술의 경상(鏡像)이므로 후자에 대해서만 그래프들이 제시되어 있다. 이는 시장의 수요를 충족시키기 위해 몇 가지의 서로 다른 기술들이 경쟁하는 다변량 경쟁인 경우에는 적용되지 않는다.

Fisher와 Pry의 결과들은 전적으로 실험적이다. 오스트리아의 국제 응용 시스템 분석기구(IIASA, International Institute for Applied System Analysis)에서 일하고 있는 Cesare Marchetti(1976)는 여전히 실험적인 접근방법을 이용하여 Fisher–Pry의 개념을 두 가지 의미있는 방식으로 확장시켰다. 그 한 가지 방식에 의하여 주어진 제품에 대해 두 가지 이상의 기술들이 제공되어 있는 시장의 경우들을 고려할 수 있었다. 이를 위해 Marchetti는 최초유입-최초유출 규칙을 도입하였다. 다른 방식은 다양한 에너지원들의 경우에 대한 Fisher–Pry 과정의 적용이다. 이에 따라 개별적인 에너지공급 기술들의 시장 점유율에 대한 예측이 가능하다. Marchetti는 1976년의 논문에서 1850년부터 1975년의 기간 동안에 미국에서 사용된 서로 다른 연료들의 시장점유에 대한 데이터를 제시하고 있다. 그는 각 연료에 대하여 이 데이터 연료들의 시장에서의 서로 다른 계수들을 얻었다. 나무는 이미 시장을 포기하고 있었으며 석탄으로 대체되는 특성 포기시간은 60년이었다(접수 시간은 66년이다). 이러한 대체는 확장되고 있는 철도 시스템의 기관차들을 구동시키는 석탄의 보다 뛰어난 유용성에 의하여 촉발되었다. 20세기 초 시작된 오일과 천연가스 사용의 증가로 석탄 점유율(그러나 석탄의 총 사용량은 아니다)이 전환국면을 맞게 되었다. 석탄은 99년의 특성시간으로 시장을 포기하기 시작하였다. 처음에는 오일의 접수시간은 52년이었지만 후에는 135년으로 상승하였으며 1970년대 초기에 반전의 신호를 보였다. 이러한 내용들은 모두 그림 1.8에 예시되어 있다.

1935년 이전의 데이터만으로부터 유도된 그림 1.8의 경향 곡선들을 이용하는 예측의 연습으로서 Marchetti는 다음 공식을 사용하여 오일시장 점유의 거동을 계산하였다:

$$f_{oil} = 1 - (f_{coal} + f_{gas}) \tag{1.9}$$

결과들은 그림 1.9에 나타나 있다. 이들은 매우 정확하며 이로부터 Marchetti는 다음과 같은 의견을 제시하였다: “우리는 1970년까지의 미국의 오일시장 점유율을 1% 이상의 정확도로 예측할 수 있다.” 그러나 애석하게도 “특히 미래에 대한 예측을 수행하는 것은 어려운 일이다.”† Marchetti의 그래프를 2008년까지 확장시킨다면 예측이 이루어지고 있는 석탄과 가스점유의 거동이 보이는 우수한 규칙성은 현대에 이르러서는 심각하게 상실되고 있다(그림 1.10 참조). 그 이유를 이해하

† Mark Twain으로부터 Niels Bohr 및 Yogi Berra에 이르는 수많은 소스들에 기인한다.

려면 V′aclav Peterka(1977)의 결과를 참조해야 한다. 그는 이전 저자들의 경험주의적 방법을 탈피하고 보다 견고한 이론적 바탕에서 시장침투의 분석을 시도하였다. Peterka는 실험적 모델이 성립하는 조건들을 조심스럽게 정의하고 있다.

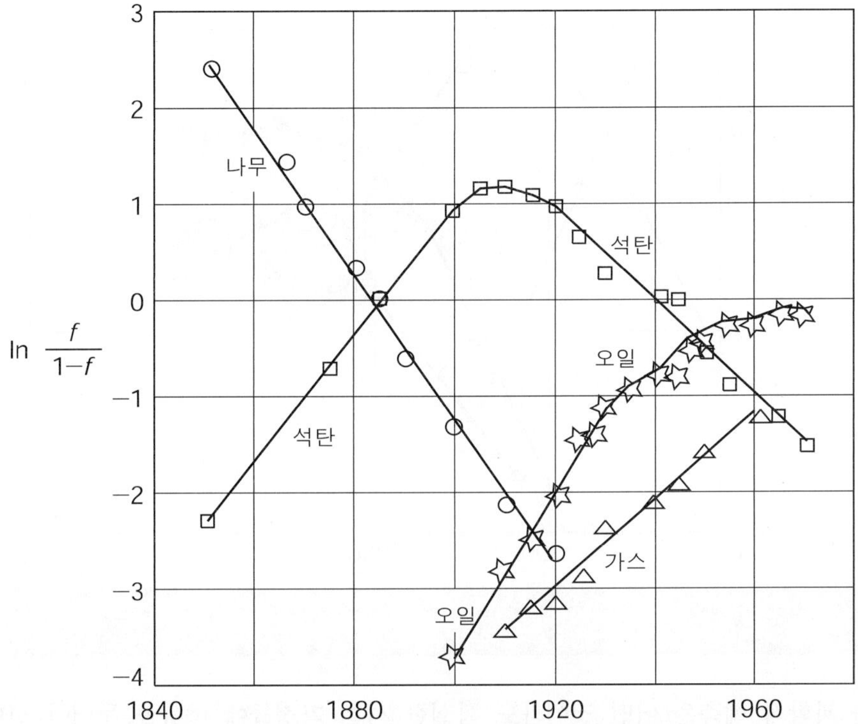

그림 1.8 Marchetti(1976)가 제시한 미국에서의 서로 다른 연료들의 시장 점유현황. 시간에 따른 ln(f/1-f)의 그래프는 놀라운 규칙성을 보여준다.

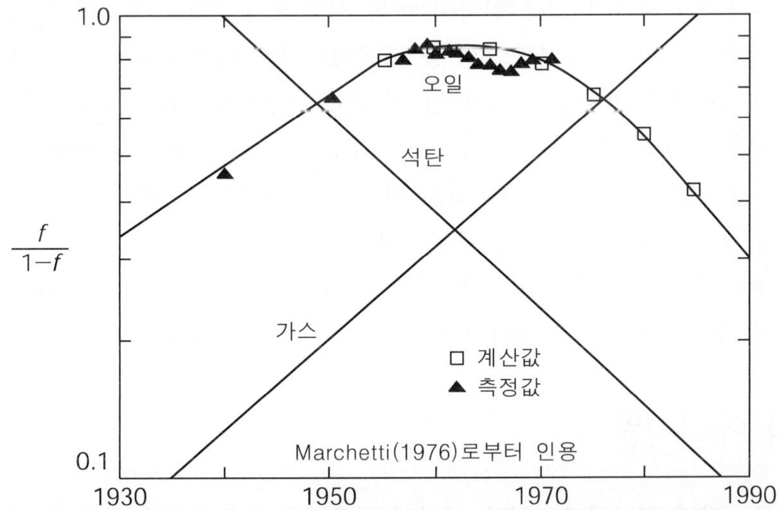

그림 1.9 1935년 이전에 관찰된 데이터만을 근거로 한 1990년까지의 오일시장 점유에 대한 예측. 이 결과들은 놀랄만큼 정확하며 1960년대에 실제로 나타났던 피크를 예측하고 있다. 이는 1970년대의 OPEC 위기와는 전혀 무관한 것이다.

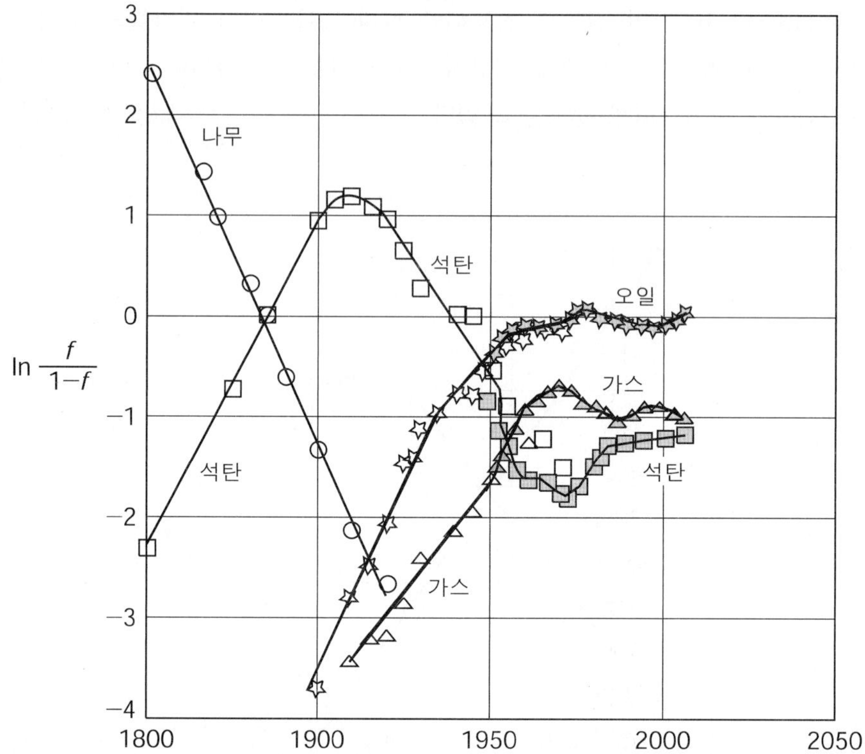

그림 1.10 Marchetti가 이용한 석탄 및 가스에 대한 시장침투 함수의 규칙적이고 예측 가능한 거동은 현대의 데이터가 그의 그림 1.8에 추가되는 경우 성립되지 않는다.

Peterka는 과학적 예측은 어떤 것이라도 확실한 사전 가정들에 바탕을 두어야 한다고 주장하고 있다. 여기에서 논의되고 있는 경우에서 근본적인 가정은 일단 기술이 자체로 성립이 되면 외부에서 자본이 투입되지 않는다는 것이다. 이는 그 자체로 명백하다-만일 침투기간 동안에 자본의 상당한 증가가 가능하다면 이로 인하여 비록 사업의 수익성은 증가하지 않을 지라도 침투속도가 달라질 것이다. 주어진 양만큼 침투를 가속화시키는 데에 비용이 얼마나 소요될 것인가를 추정할 수 있다면 매우 가치있는 일이 될 것이다. 불행히도 이는 아직 가능한 일은 아니다. 위의 가정은 기술이 시장에 침투하기 시작하는 경우 이 기술은 이미 잘 개발되어 있으며 그 성숙도가 궁극적인 침투속도를 결정한다는 것을 의미한다. 따라서 "원래의 외부 투자의 규모가 사실상 모델에 대한 초기 조건들을 결정한다"(Peterka, 1977).

이 절에서 논의된 시장침투 규칙들은 계획수립에 대한 강력한 도구를 제공하여 주지만 주의해서 사용해야 하며 묵시적 가정들이 위배될 수 있음에 깊이 주의하여 이용해야 한다.

1.8 지구의 에너지원

1.5 절에서 우리는 지난 세기에서 1인당 에너지 활용비율이 급격하게 증가하였음을 지적하였다. 이를 1.6 절에서 언급한 인구의 빠른 증가와 결합시키면 이러한 경향을 예측 가능한 미래까지 유지하기를 원하는 경우 심각한 도전에 직면한다는 피할 수 없는 결론에 이르게 된다. 이 문제

의 해결을 위해 무엇을 할 수 있는가를 고찰하기 위해서는 먼저 어떤 에너지원들을 이용가능하며(1.8 절) 다음에 현재에는 이 에너지원들을 어떻게 이용하고 있는가(1.9 절)를 알아야 한다.

그림 1.11은 지구의 에너지원들을 보여주고 있다. 이들은 재생 가능하거나 그렇지 못한 것들이다.

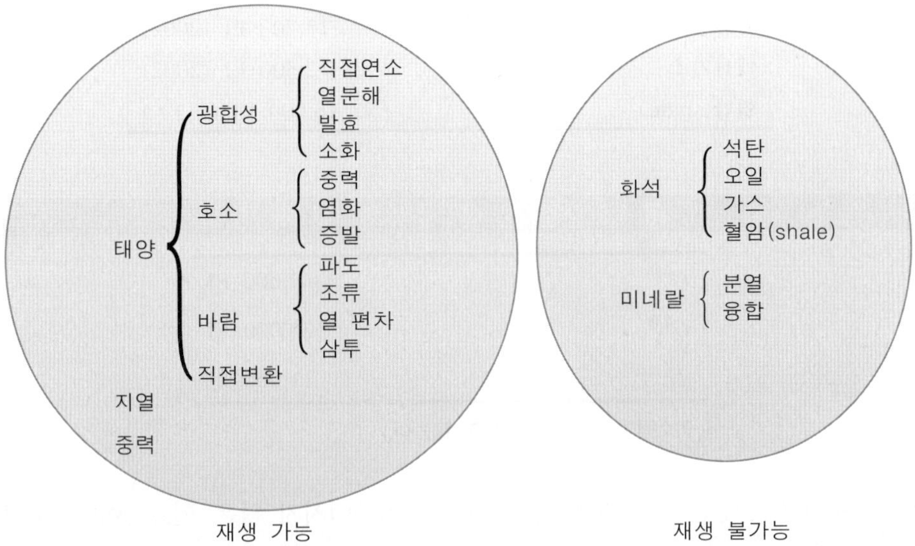

그림 1.11 지구의 에너지원.

지열 에너지는 아이슬란드에서 오랫동안 이용되어 왔으며 최근들어 이탈리아, 뉴질랜드, 그리고 미국에서 이용되고 있다. 많은 곳에서 지표면 아래 수 미터의 온도의 안정성이 지니는 잇점을 취하는 것이 가능하다. 따라서 땅은 겨울에는 열원으로, 여름에는 냉각원으로 이용될 수 있다.

중력 에너지-즉 조류 에너지(제 16장 참조)-는 프랑스에서 이용되어 오고 있다. 조류는 세계에서 제한된 어떤 특정 장소에서만 동력화될 수 있다. 중력 에너지는 또한 모든 수력발전 플랜트에 중요하다.

재생 가능 에너지원들 중에서는 태양에너지가 단연 가장 풍부하다. 태양에너지의 일부는 식물에 의하여 흡수되며 무한히 긴 세월동안 석탄, 오일, 그리고 가스로 저장되어 왔다.

화석이나 핵연료 매장량의 추정치는 극히 불확실하며 불완전한 전망으로 인하여 많이 과소평가되고 있음이 틀림없다. 표 1.4는 화석연료 매장량에 대한 매우 개략적인 개념만을 보여주며 표 1.5는 분열물질의 매장량에 대한 보다 불확실한 추정치를 보여주고 있다. 핵연료의 추정치는 (구)소련과 중국의 매장량을 포함하지 않는다. 표에 주어진 값들은 정확도와는 거리가 아주 멀다. 이 값들은 아마도 하한을 나타내는 값일 것이다. 그 이유는 확인된 매장량이 실제에 있어서는 증가를 보인 것으로 입증되는 바와 같이 이 값들을 추정하는 사람들이 보수적인 경향이 있기 때문이다: 건조 천연가스의 확인된 매장량은 1976년 2200 EJ이었는데 2007년 1월에는 그 사이의 상당한 가스 소비에도 불구하고 6200 EJ로 증가하였다. 확인된 오일 매장량에 대해서도 유사한 상황이 존재한다: 2002년의 7280 EJ는 2007년 7900 EJ로 증가하였다. 오일 및 가스의 경우 표는 확인된 매장량, 매장량의 증가, 그리고 발견되지 않은 매장량들의 합을 열거하고 있다.

표 1.4 알려져 있는 화석연료 매장량.

메탄 포접 화합물	〉100,000 EJ (1998)
석탄	39,000 EJ (2002)
오일	18,900 EJ (2002)
가스	15,700 EJ (2002)
액화가스	2,300 EJ (2002)
혈암(shale)	16,000 EJ (?)

표 1.5 분열가능 물질들의 알려진 매장량.

U^{235}	2,600 EJ
U^{238}	320,000 EJ
Th^{232}	11,000 EJ

((구)소련과 중국은 포함되지 않는다.)

확인된 매장량들은 발견은 되었지만 아직 개발이 이루어지지 않은 연료들이다. 오일과 가스에 대한 확인된 매장량은 *Oil and Gas Journal*에 주기적으로 보고되고 있다.

매장량의 증가는 기존 유전들의 추가적인 개발과 원유 추출을 위한 개선된 기술의 도입으로 인한 기존 유전들의 매장량의 증가를 나타낸다.

발견되지 않은 매장량은 그럴듯한 새로운 발견의 정도에 대한 가능한 최선의 추측을 나타낸다.

미국 지질 탐사국(USGS)은 매장량의 증가와 발견되지 않은 매장량을 추정하고 있다. 예를 들면 2002년 *Oil and Gas Journal*에 따르면 확인된 오일 매장량은 7280 EJ이었으며 USGS는 성장이 4380 EJ이고 발견되지 않은 오일 매장량이 5630 EJ로서 이를 모두 합하여 표에 열거한 18,900 EJ이 되는 것으로 추정하였다. 석탄의 경우 표는 확인된 매장량만을 보여준다. 이 연료에 대한 총 매장량은 따라서 표에 보인 값보다 상당히 더 크다.

특히 불확실한 숫자는 수화된 메탄에 대한 수치이다. USGS의 지질학자인 William P. Dillon은 1998년 미국 하원에서 "세계의 가스 수화물 누적층에 포함된 메탄의 양은 거대하지만 그 양에 대한 추정치는 불확실하며 가스의 양으로 약 100,000 으로부터 270,000,000 조 입방피트[100,000 ~ 270,000,000 EJ]에 이른다."고 증언하였다. 우리는 극히 보수적이므로 하한값을 표에 열거하였다.

메탄 포접화합물(Clathrate)

*Clathra*는 막대, 혹은 우리를 뜻하는 라틴어이다. 많은 분자들 중의 원자들은 중앙에 공동(혹은 우리)이 남아있는 형태로 그룹을 만든다. 이러한 배열들 가운데 가장 유명한 것은 버키볼(buckyball)로서 60개의 탄소 원자들이 다수의 물질들을 포용할 수 있는 속이 빈 공 모양으로 배열되어 있는 분자이다. 1980년대 초에 발견된 버키볼 만이 "속이 빈" 분자는 아니다. 적절한 환경에서는 물이

얼어서 때로는 20개, 그러나 보통은 46개의 물 분자들로 구성되는 우리를 형성한다. 큰 분자의 중앙 우리 안에 어떤 가스들이 포집되지 않는다면 이 구조는 불안정하다(통상적인 얼음결정으로 감쇄된다). 포집되는 기체들은 보통 메탄, 에탄, 프로판, 이소부탄, n-부탄, 질소, 이산화탄소, 그리고 황화수소들이다.

46개의 물 분자들로 이루어지는 얼음 결정은 8개까지의 "손님" 기체분자들을 포집할 수 있다(기체에 대한 물의 비율은 5.75:1). 천연 축적물에는 메탄이 단연 가장 풍부하며 에너지 분야에서 가장 관심을 끄는 것 가운데 하나이다. 대개 우리의 96%까지는 충분히 점유된다. 이러한 고체 수화물들은 **포접화합물**(clathrate)이라고 불린다.

포접화합물의 밀도는 약 900 kg/m^3 정도이다. 이는 메탄이 고도로 압축되어 있음을 의미한다. 연습문제 1.28을 참조하자. 물 얼음 포접화합물은 바다의 침전물 사이에 포집되어 있기 때문에 그 낮은 밀도에도 불구하고 해양의 바닥으로부터 떠오르지 않는다.

포접화합물은 바다 아래의 고압 및 저온에서 형성되며 상당한 깊이에서도 안정하다. 메탄은 바다의 바닥으로 끊임없이 떨어지는 유기물의 혐기성 분해의 결과로 생성된다. 제 13장을 참조하자.

포접화합물로부터 메탄을 회수하기 위한 성숙된 기술은 없다. 제안된 공정들은 모두 포접화합물을 불안정화시키는 것을 수반하며 다음을 포함한다:

1. 축적물의 온도를 상승시킨다.
2. 축적물을 감압시킨다.
3. 메탄올이나 다른 포접화합물 억제제를 주입한다.

세 번째 과정은 아마도 환경적으로 바람직하지 않을 수 있다.

메탄 포접화합물의 추출과 관련되는 위험들이 존재한다. 가장 명백한 위험은 해저 산사태를 유발시켜 대량의 메탄을 지구 대기 중으로 잘못 유출시킴으로써 강력한 온실효과를 나타내는 것이다. 일부 과학자들은 페름기(3억~2억 5천만 년 전)의 사멸이 메탄의 거대한 분출 때문인 것으로 여기고 있다. 페름기-트라이아스기의 사멸(P-Tr 사멸)은 지구의 생물권을 강타한 가장 나쁜 재앙이었다-70%의 육지 생물종들과 함께 모든 해양 생물종들의 6%가 사라져 버렸다.

1.9 에너지 활용

현재 세계에서 이용되고 있는 대부분의 에너지는 각각 전 세계에 대한 2001년의 에너지원들과 2008년의 미국의 에너지원들을 나타낸 그림 1.12 및 1.13에 보인 바와 같이 재생 불가능한 소스로부터 유래된다. 미국이 세계 총 소비의 상당한 부분을 차지하고 있기 때문에 이들 두 그래프 간의 상당한 유사성은 놀랄만한 일이 아니다.

예기치 못했을 법한 것은 대부분의 재생가능 에너지원(지열, 바이오매스, 태양, 그리고 바람)들의 전체 에너지 구조에 대한 기여도가 미미하다는 점이다. 그림 1.14는 2008년에 이르러 미국에서 전력 생산에 이용된 에너지의 겨우 8.3% 만이 재생 가능한 에너지원으로부터 비롯됨을 보여주고 있다. 이들 가운데 83%는 수력발전에서 얻어지므로 총 에너지의 2% 만이 나머지 재생 가능한 에너지원으로부터 얻어지는 셈이다.

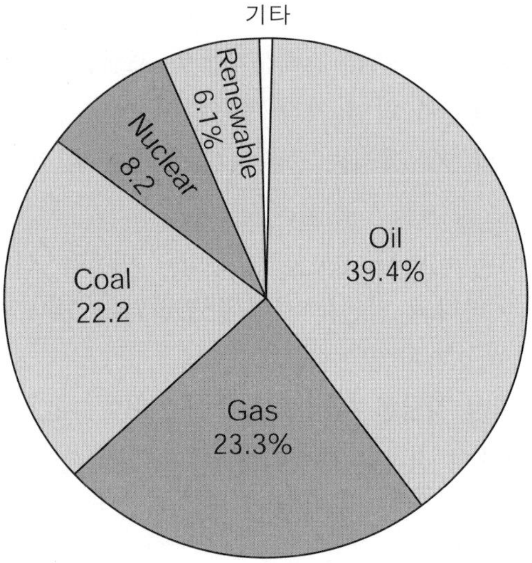

그림 1.12 세계의 에너지원.

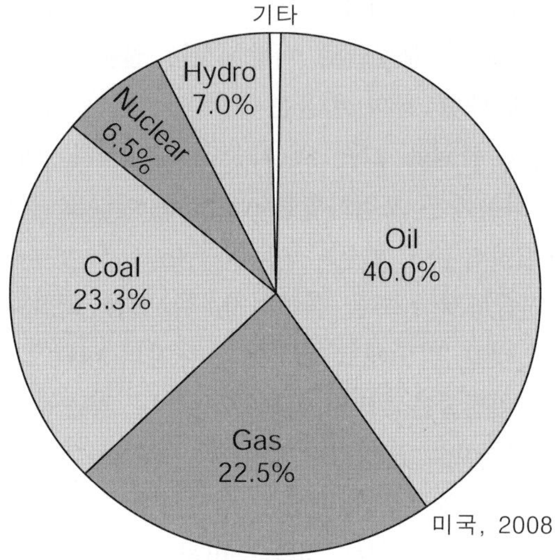

그림 1.13 미국의 에너지원.

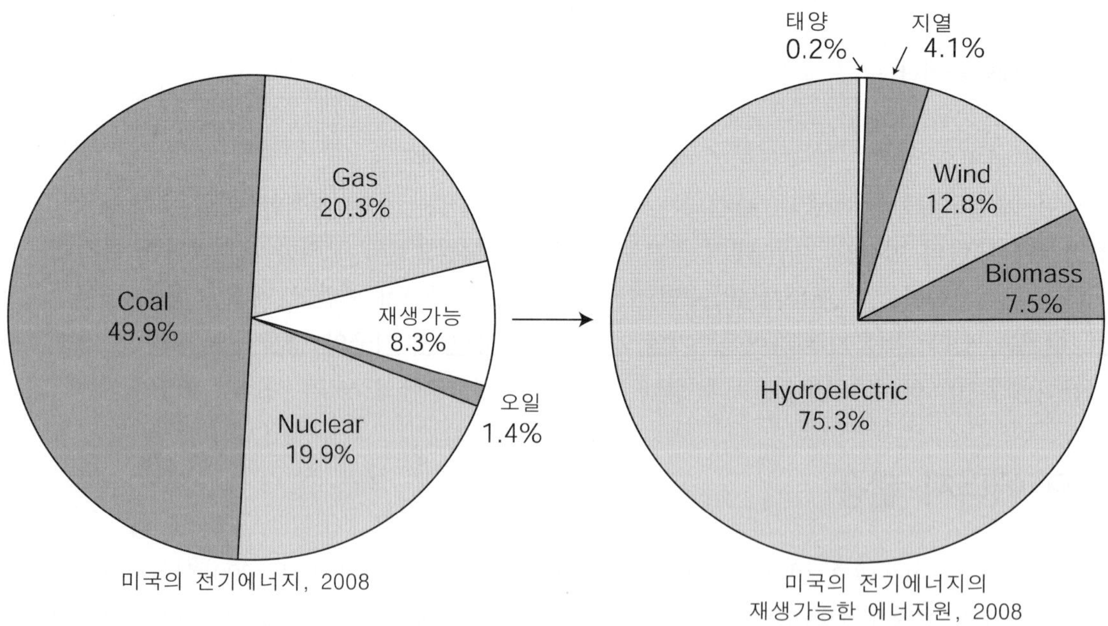

(EIA로부터 취한 데이터)

그림 1.14 미국의 전기에너지의 에너지원.

지금까지는 실망스럽게도 태양 및 바람 에너지의 기여는 매우 미미하였다. 그러나 대략 1964년 이래 상당한 변화가 시작되었다†.

모든 에너지원들의 경우 플랜트 비용은 설치된 용량에 비례하지만 수입은 생성되는 에너지에 비례한다. 플랜트 활용인자는 플랜트가 중단없이 풀가동될 때 생산되는 에너지에 대한 실제 생성 에너지의 비이다(표 1.6). 원자력 플랜트의 극히 높은 활용인자를 보라. 풍력 발전기는 풍속의 큰 변동으로 인하여 비교적 작은 플랜트 인자(≈30%)로 운전된다. 비록 태양 플랜트에 대한 특정 데이터를 얻을 수는 없지만 이 플랜트들 역시 낮과 밤 주기 및 기상조건의 변동에 기인하는 낮은 활용인자를 갖는다.

미국에서 누가 주된 에너지 사용자인가를 파악하는 것은 흥미로운 일이다(그림 1.15 참조). 미국 거주자들은 사용되는 모든 에너지의 거의 20%를 차지한다. 이 가운데 대부분은 주위 난방에 이용되는데 이는 특히 보다 우수한 가옥설계와 지열원의 사용을 통하여 상당한 경제성을 실현할 수 있는 영역이다.

표 1.6 2005년 미국의 전력 에너지 사용.

소스	사용량(EJ)	용량(GW)	활용인자
열	11.01	840	41.5%
원자력	2.81	106	84.4%
수력	0.97	97	31.8%
다른 재생 가능한 소스	0.34		

(이 데이터는 EIA로부터 취한 것이다.)

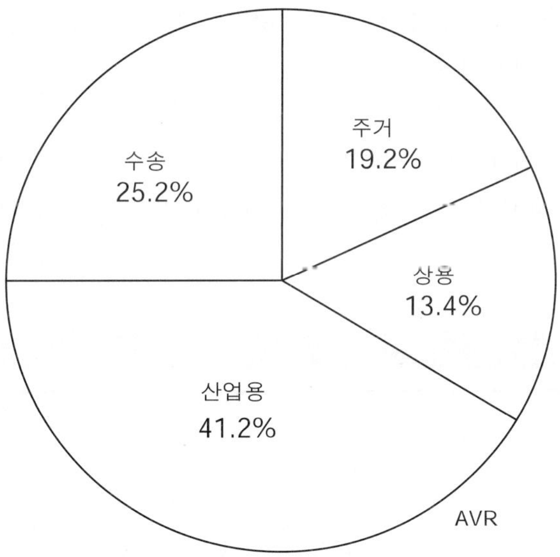

그림 1.15 미국에서의 에너지 사용자.

발전 플랜트로부터의 폐열은 주거용 및 상업용 용수와 공간 난방에 사용될 수 있으며 지역난

† 재생 가능한 에너지의 생산에 대한 비교적 최근 통계에 대해서는 〈http://www.earth-policy.org/Indicators/index.htm〉를 참조.

방의 형태를 구성한다. 다른 형태는 열병합 기법이 아닌 중앙집중 보일러들을 이용한다. 수십년 전 수증기 플랜트의 효율이 평균 30% 정도였을 때 연료 에너지의 터무니없는 70%는 버려지거나 소비자들에게 온수로 공급되었다. 후자의 옵션은 전체 시스템의 효율을 50% 이상 끌어올렸다. 현재 수증기 플랜트 자체의 효율은 50%를 초과하며† 지역난방으로 전체 효율을 90% 정도까지 끌어올릴 수 있다. 이 경우 초기 비용은 상당하므로 오랜 기간 동안에서만 경제적 이익의 실현이 가능하다. 지역난방은 인구가 밀집된 지역에 발전 플랜트가 위치하는 것을 필요로 하므로 원자력 발전소 및 대규모 화석연료 플랜트의 경우는 권장되지 않는다. 그러나 연료전지 플랜트(제 9장)는 소음이 나지 않고 공해가 없으므로 시내 지역에 위치할 수 있다.

비록 세계에서 가장 큰 지역난방 시스템은 1882년부터 뉴욕 Consolidated Edison의 자회사인 Con Edison Steam Operations에 의하여 운전되고 있는 시스템이지만 그 기술은 유럽에서 더 널리 이용된다.

현대의 기술이 가장 핵심적인 영향을 미칠 수 있는 분야는 아마도 운송분야(총 에너지 사용의 25%를 차지)일 것이다. 우리는 여전히 현재의 기술로 가능한 연료 효율의 절반에도 못 미치는 무겁고 힘이 넘치는 차들을 운용하고 있다. 따라서 문화적 변화가 요망되고 있다. 하이브리드 자동차의 도입에 의하여 보다 이성적인 개인운송 수단으로의 전이가 시작되었는데 곧 전기 및 연료전지 자동차들이 뒤를 잇게 될 것이다. 이러한 자동차들은 모두 오염을 줄이면서 자동차 효율을 증기시켜 준다.

효율이 거의 한 단계 이상 더 향상될 수 있는 다른 영역은 조명으로서 거주 및 산업적 에너지 사용에서 중요하게 이용된다. 거주용으로 사용되는 에너지의 약 10%는 조명에 기인한다. 우리는 극히 비효율적인 백열전구로부터 간단한 형광램프로, 다시 효율이 극히 높은 백색광 발산 다이오드(LED)로 옮아가는 단계에 있다.

표 1.7에서 "상대적 가치"는 (%로 나타낸) 효율과 시간으로 나타낸 수명의 곱으로 정의된다. 이러한 임의적 기준에 따르면 LED는 백열전구보다 4000배 "더 나은" 잠재력을 지니고 있다. 물론 LED들이 조명의 표준 광원이 되기 전에 높은 비용과 같은 다수의 기술적 문제들이 해결되어야 한다.

표 1.7 서로 다른 광원들의 상대적 가치.

형태	효율	수명	상대적 가치
100 W 백열등	2.5%	1,000	2,500
작은 형광들	7%	10,000	70,000
백색 LED*	22%	50,000	1,000,000

*: 상용 LED의 실제 효율은 표에 보인 22%보다 상당히 적다. 그러나 실험실의 시작품은 표에 보인 효율을 실현하였다.

† 다음은 General Electric으로부터의 인용이다: "GE의 H 시스템—세계에서 가장 진보된 복합 사이클 시스템으로서 처음으로 60%의 효율벽을 깨뜨릴 수 있는 시스템-은 가스터빈, 수증기 터빈, 그리고 열 회수 시스템을 하나의 매끄러운 시스템으로 통합하고 있다."

철강과 같은 에너지집약 산업에서 생산된 달러당 에너지 수요가 적은 보다 정교한 산업활동으로의 점진적인 전환으로 인하여 미국 산업분야에서의 에너지의 상대적인 사용은 산업분야의 팽창에도 불구하고 감소할 수 있다.

1.10 생태학적 문제

에너지 활용의 증가를 지향하는 거의 피할 수 없는 경향이 존재함을 알았다. 아울러 현재 사용되는 에너지의 적어도 85%는 화석원료에 기인함을 지적하였다. 마지막으로 화석연료 매장량은 다음에 이어질 천년의 상당기간 동안 우리의 수요를 충족시키는 데에 충분한 것으로 보임을 살펴보았다. 그렇다면 무엇이 문제인가?

쉽게 이용 가능한 오일 및 가스 자원의 대부분은 이미 개발되어 오고 있다. 남아있는 것은 추출해 내는 데에 비용이 점점 더 증가하고 있다. 따라서 문제의 한 가지 측면은 경제성이다. 다른 부분은 정치적이다-선진국들에서 사용되는 에너지의 대부분은 수입되고 있다(대규모의 미국 매장량의 사용은 보편화 되어있지 않으며 정치가들은 그러한 추출을 인가하는 것을 주저하고 있다). 이는 원치 않는 취약성을 드러낸다. 그러나 주된 문제는 생태학적인 문제이다. 화석연료는 여전히 가장 저렴하며 모든 에너지원들 가운데 가장 편리하지만 이들의 사용은 환경을 오염시키므로 우리가 더 이상 문제를 무시하거나 그 해결을 지연시킬 수 없는 상황이 빠르게 다가오고 있다.

지금까지 가장 바람직하지 않은 유출가스는 이산화탄소로서 대기중의 이산화탄소 농도의 (1800년대 후반의 270 ppm으로부터 현재의 365 ppm까지) 점진적인 증가는 우려되는 문제를 만들어 내고 있다. 영향력 있는 사람들(이들 가운데에는 일부 과학자들이 포함된다)이 이 문제를 대수롭지 않은 것으로 무시해 버리는 것은 특히 가능한 생태학적 재앙의 통로가 되는 조짐이 증가하고 있다는 관점에서 볼 때 슬픈 일이다. 예를 들면 지난 수십 년 동안 북극 얼음의 두께는 40%만큼 감소하였으며 2001년에는 남극 얼음에 여름철의 공동이 나타났다. CO_2 농도가 증가하면 지구 온난화에 이를 수 있으므로 어떤 사람들은 SO_2의 방출을 증가시킴으로써 이 기체의 냉각효과를 이용하여 지구 온도를 안정화시키자고 제안하였다. 이 기체로부터 비롯되는 산성비로 인하여 채소가 죽어가는 것을 차치하고라도 이러한 제안은 배의 다른 한쪽에 돌을 쌓아둠으로써 기울어진 배의 균형을 잡자는 것과 똑같다.

CO_2 문제에 대한 사람들의 무관심은 부분적으로 지구온도 증가에 집중하기 때문이다. CO_2 농도의 증가는 매우 쉽게 입증될지라도 온도가 증가할 것이라는 결론은 쉽게 입증할 수 없다. 온실기체의 증가로 인하여 실제로 지구가 냉각되는 매커니즘이 있다. 예를 들면 온실기체의 증가로 적도면 해양의 증발이 활발해질 것이다. 그 결과로 생성되는 수분이 극지로 이동한 뒤에는 눈으로 떨어질 것이므로 지구의 반사율을 향상시켜서 태양으로부터 흡수되는 열의 양이 감소될 것이다.

교토 의정서는 이산화탄소의 지나친 방출에 대한 억제를 목표로 하고 있다. 세계의 주요 CO_2 배출국인 중국†은 인도나 브라질과 같은 다른 많은 나라들과 함께 의정서의 제약에서 배제되어 있음을 주목할 필요가 있다. 미국과 호주는 그 의정서를 비준하지 않았으며 따라서 역시 그로부터 배제되어 있다. 많은 것들이 CO_2 오염에 기여하고 있지만 단연코 가장 큰 하나의 주범은 석탄화력 발전소로서 대기 중으로 방출되는 이산화탄소 양의 30%를 방출하고 있다†. 석탄에서 전력으로의 상황이 수정되지 않는다면 이 문제는 사라지지 않을 것이다.

정치적 해결에 별로 관심이 없는 일부 과학자와 엔지니어들은 대기중의 이산화탄소 농도를 줄이기 위한 (혹은 적어도 안정화시키기 위한) 기술을 탐구하고 있다. 이는 원리상 방출을 줄이거나 이산화탄소가 공기 중으로 배출되는 것을 피하기 위해 이산화탄소를 제거하는 방식으로 성취될 수 있다. 전체적인 에너지 소비의 축소(이상향적인 해결책이다) 대체 에너지원의 이용, 에너지 사용 효율의 증대, 그리고 방출되는 탄소 단위질량당 더 많은 에너지를 제공하여 주는 연료로의 전환에 의하여 방출이 감소될 수 있다. 메탄(CH_4) 1 kmole이 연소되면 액상의 물과 이산화탄소가 생성되며 889.6 MJ의 에너지가 나오고 1 kilomole 의 이산화탄소가 방출되는 것으로 알려져 있다: 탄소 1 kilomole 당 889.6 MJ의 비율로 열을 생성한다. 가솔린을 나타낼 수 있는 n-헵탄(C_7H_{16})은 연소된 1 kilomole 당 4820 MJ의 열을 배출하며 7 kilomole의 CO_2를 방출한다-이는 탄소 1 kilomole 당 688.6 MJ의 비율이다. 분명히 탄화수소 분자의 탄소 수가 많을수록 탄소에 대한 수소의 비가 감소하므로 방출되는 이산화탄소의 양에 대한 연소열의 비는 작아진다. 이는 오일보다 메탄을 선호하고 석탄보다 오일을 선호하는 한 가지 이유가 된다.

재생 가능한 에너지 형태는 매력적이긴 하지만 적어도 현재의 경우에는 비용이 너무 높아서 화석연료와 경쟁이 되지 않는다. 따라서 이산화탄소 방출의 감소를 위한 방법들이 진지하게 탐구되고 있다. 이 방법들은 모두 이산화탄소의 포집 산화폐기, 혹은 제거의 두 단계를 지닌다. 포집단계는 제 10장에서 개략적으로 다루어지고 있다. 폐기 대신에 포집되어 정화된 기체는 이를테면 탄산음료 산업체에 판매될 수 있다. 그러나 이는 수반되는 총 CO_2의 아주 작은 부분만을 처리할 수 있다.

이산화탄소 폐기를 위한 기술을 선택하기 위해서는 자연이 기존의 탄소를 저장하는 곳을 알아내는 것이 중요하다. 표 1.8은 각기 다른 장소에 저장된 탄소의 추정량을 보여주고 있다.

표 1.8 지구상에 저장된 탄소.

해양	45×10^{15} kg
화석연료	10×10^{15} kg
유기물	2.4×10^{15} kg
대기	0.825×10^{15} kg

CO_2 폐기방법들에는 다음과 같은 것들이 포함될 수 있다.

† 주요 이산화탄소 배출국가로서 2007년 중반 중국이 미국을 따돌렸다.

† 1 GW 석탄화력 발전소가 (일반 석탄중의 방사성 물질로 인하여) 동일한 규모의 원자력 발전소보다 100배 이상의 방사성 동위원소들을 방출할 수 있다는 사실은 다소 놀랍다.

1.10.1 생물학적 방법

광합성으로부터 공기 중의 이산화탄소를 제거하기 위하여 바이오매스 생성물은 보존되어야 한다; 이를 태우거나 썩게 놔두어서는 안 된다. 이러한 CO_2 제거방법에는 용량에 한계가 있다. 현재의 생물학적 탄소흡수 속도는 겨우 연간 0.002×10^{15} kg 이다.

1.10.2 광물적 방법

CO_2는 (주로 마그네슘 및 칼슘)탄산염을 형성함으로써 공기로부터 자연적으로 제거된다. 이 기체는 풍부한 실리케이트들과의 반응으로 제거되는데 이 과정은 너무 느려서 인간에 의한 방출에 대적할 수 없다.

Ziock 등(2000)은 마그네슘 실리케이트를 이용하여 화석연료가 연소되는 곳에서 이산화탄소를 제거하는 방법을 제안하고 있다. 산화마그네슘이 풍부한 실리케이트의 거대한 축적물이 감람석과 사문석의 형태로 존재하고 있다. 사문석의 경우 수반되는 반응은 다음과 같다:

$$Mg_3Si_2O_5(OH)_4 + 3CO_2 \rightarrow 3MgCO_3 + 2SiO_2 + 2H_2O$$

최종 생성물은 이미 천연으로 풍부하게 존재하는 물질들임을 주목하자. 제안된 폐기 시스템을 개선시키고 경제성 있게 만들기 위해서는 상당한 추가적 연구가 필요하다.

1.10.3 지하이용 방법

오일 산업에서 (2차 오일 회수에 대하여) 지난 50여년 간 수행하여 오고 있는 바와 같이 CO_2는 지하에서 제거시킬 수 있다. 내연기관의 배출가스 규모는 너무나 커서 경제적인 방법으로 저장할 수가 없다. 이산화탄소를 분리해 내는 것이 필요하지만 이 작업은 쉽게 성취할 수 없다. 캘리포니아 새크라멘토의 Clean Energy Systems, Inc.에서 한 가지 해법을 제안하고 있다. 제안된 장치는 공기로부터 산소를 추출(충분히 발전된 공정이다)하고 이를 연료와 혼합한다. 연소로부터 고온 고압의 수증기와 CO_2가 생성되며 점차적으로 낮아지는 온도에서 다수의 터빈들을 구동시킨다. 최종 배출부분의 수증기는 응축되어 재순환되고 남아있는 이산화탄소는 약 200기압에서 분사정으로 이송된다. 현재에는 연소 생성물이 갖는 고온(3000℃ 이상)에서 운전될 수 있는 터빈은 존재하지 않는다. Anderson 등(1998)을 참조하자.

1.10.4 해저이용 방법

노르웨이 정부는 엄격한 이산화탄소 방출세금을 부과함으로써 이산화탄소를 바다 속 깊이 보내는 배출 시스템을 설치하는 것이 더 경제적이 될 수 있는 상황을 조성하였다. 액상의 이산화탄소를 상당한 깊이의 바다 속으로 주입할 수 있으며 그곳에서 이산화탄소는 긴 시간동안 머물 수 있는 것으로 여겨진다. 기술의 가능성을 결정하려면 여전히 추가적인 작업이 필요하다.

대기 중의 탄소

대기 중에는 탄소가 얼마나 많이 있을까?

지구의 표면적은 $510\times10^{12}m^2$인 반면에 대기의 높이는 대략 8800m(제 2장의 Boltzmann의 법칙에 관한 절을 참조)이다. 따라서 공기의 부피는 (모두 1기압으로 압축되었을 때) $510\times10^{12}\times8800=4.5\times10^{18}m^3$이다.

현재의 대기중 CO_2 농도는 13.5×10^{-6}kmol/m^3이다. 대기는 $13.5\times10^{-6}\times4.5\times10^{18}=61\times10^{12}$kmol의 CO_2를 포함하고 있으며 따라서 탄소의 양은 61×10^{12}kmol이다. 탄소원자의 질량은 12 dalton이므로 대기 중의 탄소의 질량은 0.73×10^{15}kg이다. 이를 표의 0.825×10^{15} kg과 비교하여 보자.

위와 유사한 결과를 얻는 좀 더 간단한 방법은 해수면에서의 대기압이 1 kg/cm^2, 혹은 104 kg/m^2임을 고려하는 것이다. 이에 따라 대기의 총질량은 $510\times10^{12}\times10^4=510\times10^{16}$이다. 이 가운데 360×10^{-6}은 이산화탄소이며 12/44는 탄소이다. 대기 중의 탄소 함량은 $510\times10^{16}\times365\times10^{-6}\times12/44$ = 0.51×10^{15} kg으로서 이전의 값과 비교될 만하다.

1.11 원자력 에너지

오일이나 메탄과 같은 화학적 연료는 분자중의 원자들이 보다 낮은 에너지 구조로 재배열될 때 에너지를 방출한다. 수반되는 에너지들은 분자결합 에너지들이며 수십 MJ/kg 정도이다. 원자의 성분들이 보다 낮은 에너지 구조로 배열되는 경우 원자들 간의 결합 에너지가 더 크기 때문에 방출되는 에너지는 규모가 더 크다(수백 TJ/kg 정도).

원자들의 내부 구조는 서로 상이한 방법들에 따라 달라질 수 있다:

1. 원자핵들은 중성자로부터 충격을 받아 이를 흡수한다. 이에 따라 다른 원자가 출현한다.
2. 하나의 원자는 전자들이나(베타 선) 헬륨 핵(알파 선)을 방출함으로써 순간적으로 변할 수 있다. 그러한 방사성 감쇄는 에너지를 방출하는데 이 에너지는 이를테면 **방사성 동위원소 열 발생기**(Radioisotope Thermal Generators, RTGs)에서와 같이 회수될 수 있다(제 5장 참조).
3. 원자번호가 큰 원자들은 에너지를 방출하면서 보다 작은 원자들로 쪼개어질 수 있다. 이는 **핵분열**이라고 불리며 원자번호 Z가 26보다 커야 가능하다.
4. 원자번호가 작은 원자들은 에너지를 방출하면서 보다 무거운 원자로 결합될 수 있다. 이는 **핵융합**이라고 불리며 최종 생성물은 원자번호가 26보다 작다†.

현재에는 위에 언급한 RTG와 핵융합 반응기의 두 기술들만이 핵 원료로부터 에너지를 생성하는 데에 이용된다††. 그러나 특히 1986년의 체르노빌 사고 이후 핵 에너지에 대한 인식이 나빠

† 이들은 모두 핵종의 변환들로서 중세 연금술사들의 오래된 꿈이다.

졌다. 그럼에도 불구하고 핵은 많은 국가들에서 상당한 양의 에너지원이다. 에너지 정보국(EIA)에 따르면 1998년 이래 미국의 원자력 발전소 수는 104개에서 변하지 않고 있지만 발전소 운용인자가 1998년의 78.2%로부터 2007년의 94% 이상으로 향상됨에 따라 원자력에 의한 발전량은 매년 2% 정도 꾸준히 증가해 왔다. 2008년 이후에는 다수의 새로운 반응기들이 구입될 것으로 보인다. 2007년 미국은 설치 용량에서 104 GW로서 세계 선두였으며 프랑스(63 GW)와 일본(47.6 GW)이 뒤를 잇고 있다. 그 해의 원자력 발전소 운용인자는 탁월하였다. 미국의 경우 94% 이상이었으며 프랑스는 77.5 %, 그리고 일본은 68.9 %였다.

2008년 미국에서 생산된 총 전력 가운데 상대적으로 적정한 19.9%가 원자력 발전소로부터 얻어진 반면에 프랑스의 경우 원자력 형태의 에너지에 대한 의존도는 매우 높아서 76.1%에 이르렀다. 일본의 경우는 34.6%이다. 2000년 독일은 19곳의 원자력 발전소 폐쇄를 결정하였다. 각각의 수명은 32년이며 그 후에는 운전이 중단되도록 하고 있다. 많은 발전소들은 이미 할당된 수명의 절반 이상 가동되어 오고 있다.

원자력 발전의 비용은 높아서 화석연료에 의한 발전의 두 배 정도에 이른다. 미국의 경우(1996년) 원자력 발전단가는 7 센트/kWh인 반면에 최신 천연가스 발전소의 발전단가는 3 센트/kWh였다(Sweet, William #1). 진보된 반응기 설계에 의하여 보다 높은 안전성을 보장하면서 이러한 비용을 상당히 줄일 수 있다(Sweet, William #2). 비용의 보장된 감축과 관심이 증가되고 있는 온실가스 배출이 억제된 생태학적 잇점의 결합으로 원자력 발전기에 대한 대중적 호응이 새로워질 수 있을 것이다.

융합 형태의 반응기에 대한 주된 거부감은 발전 플랜트 자체의 운전에서의 위험이라기보다(체르노빌 사고는 완전히 피할 수 있었다) 수명이 긴 대량의 방사성 부산물을 폐기하는 문제에 기인한다. 그러한 폐기의 필요성을 피할 수 있다면 희귀한 ^{236}U 연료를 오늘날의 반응기들과 같은 방식으로 사용하는 것에 국한시키지 않는 경우 융합 발전기를 에너지 공급 시스템의 중요한 기여자로 다시 고려할 만한 충분한 이유가 있다. 차세대 핵융합 반응기들이 포함해야 하는 요소들에는 다음 것들이 있다(우선순위로 열거된 것은 아니다):

1. (테러리스트들의 공격에 대한 저항을 포함하는) 운전의 안전성
2. 확보 가능성
3. 신뢰성
4. 무기화할 수 있는 부산물의 부재
5. 수명이 긴 폐기물의 부재
6. 오래된 반응기들로부터의 수명이 긴 폐기물을 수명이 짧은 방사성 물질로 변형시킬 수 있는 능력

미국 에너지성은 위와 같은 요소들의 대부분을 실현시키는 기술들의 연구(2004)를 지원하고 있다. 이러한 연구들 가운데 하나는 중금속 신속 종축 반응기 기술이다. 이러한 형태의 반응기는

†† 열기관의 발명에서는 대포가 수세기를 앞선다. 핵폭탄은 핵 반응기 이전에 사용되었다-융합은 수십 년 동안 열핵폭탄에 이용되어 왔지만 반응기에서의 융합의 이용은 아직 먼 미래의 일이다.

상대적으로 짧은 반감기(현재 폐기물의 100,000년에 비하여 100년 정도)를 갖는 폐기물을 생성할 수 있을 뿐만 아니라 현재 형태의 폐기물을 연료로 사용할 수 있을 것으로 보인다. 나아가 중금속 반응기들은 고온에서(그렇지만 저압에서) 운전되기 때문에 연료전지로 구동되는 자동차에서 사용하기 위한 수소의 열적 생산(제 10장 참조)이 우수한 가능성을 지닌 것으로 보인다. 이 주제에 대한 추가의 정보를 얻으려면 Loewen(2004)을 참조하여 보자.

폐기물 처리문제는 융합장치들에는 해당되지 않는다. 불행히도 수십 년 동안의 집중적인 연구가 이루어졌음에도 불구하고 작동되는 융합장치 모형을 예시하는 것은 아직까지 불가능하다.

핵반응의 기술적 측면들에 대한 피상적인 분석 정도를 수행하기 위해서는 수반되는 원자들의 질량을 알아야 한다(표 1.9를 참조). 대부분의 질량값들은 Richard B. Firestone에서 인용한 것들이다. ♣ 표시가 되어있는 값들은 Audi 및 Wapstra(1993)에서 인용한 값들이며 • 표시가 되어있는 값들은 다른 출처로부터 인용한 값들이다. 숫자들의 정확도는 매우 큰 것을 알 수 있다. 이것이 필요한 이유는 핵반응에서 방출되는 에너지의 계산에서 큰 숫자들 사이의 작은 차이를 이용하는데 이는 물론 후자의 불확실성에 극히 민감하기 때문이다.

표 1.9 핵 에너지에 중요한 일부 입자들의 질량.

입자	기호	질량(dalton*)	질량(kg)
전자 ♣	e	0.00054579903	9.1093897×10^{-31}
뮤온 •	μ	0.1134381	1.883566×10^{-28}
양자 ♣	p	1.007276467	1.672648×10^{-27}
중성자 ♣	n	1.008664909	1.6749286×10^{-27}
H_1^1		1.007825032	$1.673533967\times10^{-27}$
D_1^2		2.014101778	$3.344496942\times10^{-27}$
T_1^3		3.016049278	$5.008271031\times10^{-27}$
He_2^3		3.016029319	$5.008237888\times10^{-27}$
He_2^4		4.002603254	$6.646483555\times10^{-27}$
알파 ♣	α	4.001506175	$6.644661810\times10^{-27}$
Li_3^5		5.01254	$8.323524107\times10^{-27}$
Li_3^6		6.015122794	$9.988353127\times10^{-27}$
Li_3^7		7.01600455	$1.165035751\times10^{-26}$
B_5^{10}		10.012937	$1.662688428\times10^{-26}$
B_5^{11}		11.009305	1.82814×10^{-26}

(*: dalton은 원자량 단위로서 아직 공식적인 이름은 아니다.)

표 1.10 우라늄 동위원소.

동위원소	양(%)	수명(년)
U^{238}	99.283	4.5×10^9
U^{235}	0.711	7.1×10^8
U^{234}	0.005	2.5×10^5

핵(표의 양자와 알파)의 질량을 나타내는 값들은 거의 해당되는 원자들의 질량으로부터 전자(들)의 질량을 뺀 값들이다. 한편 핵의 질량과 양자 및 중성자 성분들의 질량의 합 사이에는 큰 차이가 있다. 실제로 알파의 경우 두 양자들과 두 중성자들의 합(4.03188278 daltons)은 알파의 질량(4.001506175 daltons)을 0.030376606 daltons 만큼 초과한다—이는 대략 질량의 28MeV 이다. 이는 물론 양자들 간의 큰 정전기적 반발을 극복하는 데에 필요한 핵 결합 에너지이다.

1.11.1 핵분열

실제적으로 중요한 분열성 원소들은 ^{233}U, ^{235}U, ^{239}Pu, 그리고 ^{241}Pu의 4가지이다. 이들 가운데 ^{235}U은 사용가능한 양으로 자연에서 발견되며 ^{233}U, ^{239}Pu, 그리고 ^{241}Pu 들은 각각 "핵분열 물질로 변환이 가능한" 물질인 ^{232}U, ^{238}Pu, 그리고 ^{240}Pu의 변형으로부터 생성되어야 한다. ^{240}Pu 원소 자체는 ^{239}Pu로부터 인공적으로 생성되어야 한다.

우라늄 동위원소들은 227 dalton으로부터 240 dalton 범위에 걸쳐 존재하지만 천연 우라늄은 단지 소량의 핵분열 가능물질만을 포함한다. 서방 세계의 산화우라늄(U_3O_8) 매장량은 6×10^9 kg 정도에 이르지만 34×10^6 kg 만이 핵분열 가능한 물질로서 이는 2600 EJ의 이용 가능한 에너지에 해당되는 것으로 추정되고 있다. 이를 40,000 EJ의 이용 가능한 석탄 에너지와 비교하여 보자.

핵분열 반응은 (해당되는 에너지 방출과 함께) 핵분열 가능물질이 중성자들과 상호 작용할 때 일어난다. ^{235}U을 고려하여 보자:

$$U_{92}^{235}+n_0^1\rightarrow U_{92}^{236} \tag{1.10}$$

얻어지는 ^{236}U은 알파 입자(반감기는 7.5초이다)들을 방출하면서 감쇄된다. 보다 중요한 것은 우라늄이 순간적인 분열도 일으킨다는 것이다; 즉 적절한 조건에서 U_{92}^{235}는 중성자를 흡수하며 이로부터 얻어지는 원자는 보다 작은 핵들로 쪼개지면서 동시에 평균 2.5 개의 중성자들과 약 3×10^{-11} joule의 에너지를 방출한다:

$$U_{92}^{235}+n_0^1\rightarrow 2.5n_0^1+(\text{분열 생성물})+3\times10^{-11}\ \text{J} \tag{1.11}$$

U_{92}^{235} 1 kg당 방출되는 에너지는

$$\frac{3\times10^{-11}J/atom\times6\times10^{26}atoms/kmol}{235kg/kmol}=77\ \ TJ/kg \text{ 이다.}$$

그러나 분열 생성물들의 방사성 감쇄로부터 보다 많은 에너지와 추가적인 중성자들이 생성되므로 상황은 위의 식으로부터 예견되는 것보다 좀 더 복잡하다. 이들 추가적인 중성자들은 **지연 중성자**라고 불린다. 이를 수 톤 MJ/kg 규모의 에너지를 수반하는 화학반응들과 비교하여 보자.

1939년 Otto Hahn이 우라늄 분열을 실증해 보였을 때 지속되는 "사슬" 반응은 성취 가능한 것임이 바로 자명해졌다 - 필요한 것은 방출된 중성자들 가운데 하나가 새로운 우라늄 원자를 쪼개도록 유도하는 것뿐이었다. 천연 우라늄을 이용할 경우 분열 가능한 ^{235}U 비율이 작기 때문에 이는 어려운 것으로 판명되었다. 방출된 중성자들은 풍부한 ^{238}U에 의하여 흡수될 확률이 훨씬 더 크다-반응은 그저 사라지고 마는 것이다. 이에 대한 해결책은 ^{235}U의 비율을 높임으로써 우라늄을 "농축"시키는 것이다. 두 동위원소들은 화학적으로 동일하므로 화학기법을 이용하여 서로 분리시킬 수 없기 때문에 이는 복잡하고도 비용이 많이 소요되는 공정이다. 어떠한 분리방법에서도 두 동위원소들의 미세한 질량 차이를 이용하여야 한다. 농축이 충분히 수행된다면 핵폭탄을 만들 수 있다. 미국의 반응기들은 대개 3.7%로 농축된 우라늄을 사용한다; 이는 사슬반응을 지속시키기에는 불충분하다. 추가적인 기법이 이용되어야 한다.

^{235}U의 분열로부터 얻어지는 중성자들은 고에너지 입자(약 1 MeV)들이며 이들의 흡수교차 부분은 두 우라늄 동위원소들에 대하여 동일하다. 그러나 느린 열 중성자들은 (이를테면 0.05 eV에서) 우연히도 좀 더 안정한 동위원소보다 분열 가능한 우라늄에 의하여 더욱 쉽게 흡수된다. 따라서 방출되는 중성자들의 일부를 감속제라고 불리는 원자량이 작은 물질을 통하여 이동하도록 함으로써 느리게 만들 수 있다. 흑연이나 물이 이에 해당될 것이다. 물이 냉각제와 열 추출 매체로 사용된다면 감속 과정에 기여하는 것이다†.

빠른 중성자들은 연료나 감속제 중의 불순물들에 의하여 흡수될 수 있다. 물론 U_{92}^{238}은 연료 중의 주된 "불순물"이다; 이는 빠른 중성자들의 일부를 흡수한다. 중성자 손실을 줄이려면 연료를 감속제 질량에 삽입된 다수의 긴 막대들로 연료를 주입시키는 것이 필요하다. 이러한 구조에 따라 대부분의 빠른 중성자들이 연료 영역을 이탈하여 감속제에 도달함으로써 느려지고 궁극적으로는 연료봉들 가운데 하나로 다시 들어갈 수 있다. 이들은 ^{235}U와 작용하여 반응을 지속시킨다.

방출되는 중성자들 가운데 평균적으로 정확하게 하나가 새로운 분열을 일으키는 데에 사용되는 것이 중요하다. 그 중성자가 하나 이상이라면 반응은 기하급수적으로 성장하며 하나 미만이라면 반응은 소멸될 것이다. 제어 시스템을 이용하여 중성자의 수를 정확하게 하나로 조정하여 준다.

모든 것이 이루어지는 경우 분열 반응기로부터의 유용한 출력은 열 뿐이며 이 열은 냉각제에 의하여 제거되어 터빈으로 전달된다. 대부분의 미국 반응기들은 이를 위해 물을 사용한다. 물의 사용으로 온도가 대략 300℃로 제한됨으로써 열 효율이 낮아진다. 그러한 경우에도 물을 액상으로 유지하기 위하여 가압이 필요하다(따라서 **가압수 반응기** 라벨이 붙게 되었다). 300℃에서의 물의 증기압은 85 기압임을 상기하자. 어떤 파열이 발생하면 냉각제가 손실되어 녹아내리게 될 수 있다. 미국에서 운용되는 등급의 반응기들은 보다 현대적인 디자인에서는 찾아볼 수 없는 다수의 결점들을 지니고 있다:

† CANDU 반응기에서와 같이 감속제로 중수(D_2O)가 이용된다면 농축은 불필요하다. CANDU 반응기는 CANadian Deuterium Uranium 가압중수 반응기로서 천연(농축되지 않은) 우라늄과 중수를 감속제와 냉각제로 사용한다.

1. 희귀한 동위원소 U_{92}^{235}만이 연소되므로 연료가 부족
2. 위험한 방사성 "재"의 생성
3. 안전성 문제
4. 플루토늄과 같은 무기화가 가능한 물질의 생성

연료부족 문제는 플루토늄 Pu_{94}^{239} 및 우라늄 U_{92}^{233}과 같은 다른 분열 가능한 물질들 가운데 하나를 사용함으로써 극복될 수 있다. 이러한 원소들은 자연에서 구할 수 없으며 어떤 형태의 반응기에서 일어나는 변형에 의하여 얻어질 수 있다.

^{238}U를 취하면:

$$U_{92}^{238}+n_0^1 \rightarrow U_{92}^{239} \rightarrow e_{-1}^{0}+Np_{93}^{239} \rightarrow e_{-1}^{0}+Pu_{94}^{239} \tag{1.12}$$

혹은 ^{232}Th를 취하면:

$$Th_{90}^{232}+n_0^1 \rightarrow Th_{90}^{233} \rightarrow e_{-1}^{0}+Pa_{91}^{233} \rightarrow e_{-1}^{0}+U_{92}^{233} \tag{1.13}$$

플루토늄을 이용함으로써 모든 우라늄으로부터 에너지를 얻을 수 있다: 320,000 EJ의 획득이 가능하게 된다. 토륨으로부터 보다 많은 양의 에너지를 끌어낼 수 있다. 연료 사용의 효율을 크게 향상시킬 수 있는 한 가지 형태의 반응기는 **중금속 신속 종축 반응기**이다. 이 반응기의 초기 연료에는 감속제가 불필요할 정도로 충분한 농축 우라늄이나 플루토늄이 포함되어야 한다; 이 반응기는 빠른 중성자들로 운전됨으로써 분열 가능한 연료가 사용되는 경우보다 더 큰 속도로 ^{235}U가 플루토늄(식 1.12)으로 전환되도록 하여야 한다—(넉넉한 우라늄의 풍부한 공급이 지속되는 한) 사용되는 것보다 더 많은 연료를 발생시킨다. (장치의 기대수명인 60년 동안) 이어지는 연료 부하는 폐연료, 천연 우라늄, 혹은 고갈된 우라늄까지도 포함할 수 있다. 빠른 중성자들이 요구되며 감속제들을 사실상 피해야 하기 때문에 냉각제의 원자량이 커야 한다; 그렇지 않으면 그 자체가 감속제로 작용할 것이다†. 나아가 냉각제는 (융점이 낮은) 액체여야 하며 또한 비등점이 높아서 저압에서 고온에 이를 수 있어야 한다. 또한 상대적으로 화학적 불활성을 갖는 것이 바람직하다. 나트륨은 물과 접촉하면 폭발적으로 반응하기 때문에 이는 나트륨을 냉각제로 사용할 경우의 한 가지 단점이다. 이러한 요구조건들을 충족시키는 한 가지 물질은 납-비스무트 합금 Pb-Bi이다. 이 합금은 1679℃의 높은 비등점에도 불구하고 100℃보다 약간 높은 온도에서 녹는다.

공융점(共融點, Eutectics)

저자의 온라인 사전에 따르면 공융점은:

개별적인 구성 성분들의 용융점들이나 이 성분들의 임의의 다른 혼합물의 용융점보다 낮은 하나의 온도에서 용해되고 고화되는 (고정된 비율에 따른) 물질들의 혼합물과 관련되거나 이를 나

† 빠른 중성자는 무거운 핵이 아닌 반동이 심한 가벼운 핵들과 충돌할 경우 더 많은 에너지를 상실할 것이다.

타낸다.

비스무트 50%, 납 25%, 주석 12.5%, 그리고 카드뮴 12.5%로 이루어진 금속은 73℃에서 용해된다. 이 합금은 한 컵의 뜨거운 맥주에 담갔을 때 녹아서 지켜본 사람을 놀라게 하는 패션 티스푼에 이용된다.

납은 327.5℃에서, 그리고 비스무트는 271.5℃에서 녹는다. 중금속 반응기용으로 제안된 이들의 합금은 약 100℃에서 녹는다.

Pb-Bi 반응기들은 800℃에서 운전됨으로써 우수한 효율을 보장한다. 나아가 어려운 핵 폐기물 문제의 해결에도 기여할 수 있다.

현재의 원자력 발전소에서 ^{235}U은 연료봉에 남아있는 양이 사슬반응을 지속시키기에 불충분할 정도(대개 1% 이하이다. 미국의 반응기들은 분열 가능한 양의 비율이 대략 3.7%인 농축 우라늄을 사용함을 상기하자)가 될 때까지 소모된다. 다음에 연료봉들을 대체할 필요가 있으며 소모된 것들은 붕산조에 잠겨져서 수명이 짧은 방사성 물질들이 충분히 감쇄될 때까지 수개월 동안 냉각된다. 다음에 이들은 대부분 ^{238}U 및 약간의 플라토늄과 다른 초우라늄 원소들(넵튜늄, 아메르슘, 그리고 큐륨과 같은 악티니드 계열)로 구성되어 있음에도 불구하고 폐기물로 분류된다. 폐기되는 연료봉들 또한 ^{90}Sr과 ^{137}Cs가 대부분인 수명이 중간정도인 분열 생성물들 일부를 포함한다. 수명이 짧은 분열 생성물들은 지금에 와서는 대부분 소멸되었다. 따라서 폐기물들은 그 대부분이 주로 중금속 반응기에서 이용 가능한 연료로 구성되며 현재의 미국 방침에 제시되어 있는 바와 같이 수천 년 동안 저장해 둘 필요가 없다.

중금속 신속 종축기들은 아마 수동적인 안전성을 위하여 고안될 수 있는데 이 경우 안전성은 제어 시스템이나 인간의 결정에 의존하지 않는다. 냉각제가 손실되면 사슬반응은 자동적으로 중단되어야 한다.

1.11.2 핵융합

핵융합 반응기들은 핵분열에 대한 많은 거부감들을 극복할 수 있다. 단연코 가장 유발시키기 쉬운 반응은 다음과 같다†:

$$T_1^3 + D_1^2 \rightarrow He_2^4 + n_0^1 \tag{1.14}$$

발생되는 반응 에너지를 추정하기 위하여 손실된 질량을 계산한다. T_1^3 이온의 질량은 이 절의 처음에 보인 표에 주어진 바와 같이 $5.008271\times10^{-27}-9.10939*10^{-31}=5.007360\times10^{-27}$ kg 이다. 트리튬 원자의 질량으로부터 전자의 질량을 빼었음을 주목하자. 듀테륨 이온의 질량은 $3.344497\times10^{-27}-9.10939\times10^{-31}=3.344497\times10^{-27}$ kg 이므로 식의 좌변의 질량은 8.350946×10^{-27} kg 이다. 식의 우변에서 알파 입자(헬륨 이온)와 중성자의 질량의 합은 8.319590×10^{-27} kg 으로서

† 원자번호 Z가 클수록 핵들 사이의 커다란 정전기적 반발 때문에 반응을 유발시키기가 더 어려워진다.

3.135569×10^{-29} kg이 결핍된다. c^2을 곱하면 듀테륨/트리튬 1쌍 당 2.818×10^{-12} joule의 에너지가 발생하는 셈이다. 이 반응은 트리튬/듀테륨 합금 1 kg당 337 TJ, 혹은 트리튬 1 kg당 562 TJ을 발생시킨다.

이 반응에 의하여 방출되는 에너지는 알파 입자들과 중성자들에 의하여 전달된다. 중성자 에너지를 유용한 형태로 전환시키는 과정의 효율은 40% 정도에 미치는데 이는 입자들이 대전되어 있지 않으며 열 운용과 기계적 열 기관들이 수반되기 때문이다. 한편 알파 입자들은 더욱 높은 효율로 직접 전력으로 전환될 수 있다(≈90%). Rostoker, Monkhorst, 그리고 Binderbauer(1997); Moir 및 Barr(1973); Momota 등(1992); Yoshikawa, Noma, 그리고 Yamamoto(1992); 아울러 Bloch와 Jeffries(1950)를 참조하여 보라. 나아가 무거운 중성자 플럭스는 심각한 방사성과 물질 파괴 문제들을 생성한다. 따라서 방출되는 에너지가 알파 입자들과 중성자들 사이로 어떻게 나누어지는가를 아는 것이 중요하다. 이는 모멘텀들이 두 형태의 입자들 사이에 동등하게 나누어진다고 가정하고 이를 에너지 식 (1.16)과 결합시킴으로써 알 수 있다:

$$m_\alpha v_\alpha = m_n v_n \tag{1.15}$$

$$\frac{1}{2} m_\alpha v_\alpha^2 + \frac{1}{2} m_n v_n^2 = W = W_\alpha + W_n \tag{1.16}$$

위에서 m_α는 알파입자의 질량, m_n은 중성자의 질량, v_α는 알파입자의 속도, v_n은 중성자의 속도, 그리고 W는 한 쌍의 반응 원자들로부터 방출되는 에너지이다. 이 식들을 동시에 풀면 다음을 얻는다:

$$W_\alpha = \frac{W}{\dfrac{m_\alpha}{m_n} + 1} \tag{1.17}$$

$$W_n = \frac{W}{\dfrac{m_n}{m_\alpha} + 1} \tag{1.18}$$

고려하고 있는 반응에 대하여 중성자들은 약 14 MeV를 운반하는 반면에 보다 질량이 많은 알파입자들은 단지 3.5 MeV 정도만을 운반하는 것으로 밝혀졌다.

T+D 반응은 연료의 원자번호가 Z=1로서 방사 손실이 최소가 되며 초기 유발을 쉽게 하여 주는 높은 반응성으로 인하여 널리 이용된다. 이는 방사성이 Z^2의 함수이기 때문이다. 그러나 이 반응은 또한 결점들을 지닌다:

1. 생성된 에너지 2.8×10^{-12} J 당 하나의 중성자가 방출되는 반면에 분열의 경우 그 비율은 10^{-11} J 당 하나의 중성자이다. 따라서 중성자 충격이 심각한 문제가 된다: 물질에 방사능이 부여되며 결정격자의 변위를 유발시키고 물질 내부에 수소 버블을 생성시킴으

로써 구조를 약화시킨다.

2. 이전에 언급한 바와 같이 대부분의 에너지는 회수 효율을 감소시키는 중성자 흐름에 존재한다.
3. 비록 듀테륨은 방사성 물질이 아닐지라도 트리튬은 수명이 12년인 방사성 물질이다. 이 물질은 물 분자 내의 정상적인 수소를 대체함으로써 주변에 달라붙는 경향을 지닌다.
4. 천연 트리튬 자원이 없으므로 리튬으로부터 얻어야 한다:

$$Li_3^6 + n_0^1 \rightarrow T_1^3 + He_2^4 + \cdots \quad 7.7 \times 10^{-13} \text{ joules} \tag{1.19}$$

따라서 각각의 리튬은 2.8×10^{-12}+7.7×10^{-13} = 3.57×10^{-12} J을 생성한다. 리튬 1 kg은 350 TJ을 생성한다.

세계에 걸친 리튬의 매장량은 아직 정확하게 알려져 있지 않다. 보수적인 추정치는 10^{10} kg이다. 그러나 이의 대부분은 ^{7}Li이다. 원하는 동위원소인 ^{6}Li는 7.4%로서 상대적으로 풍부하다. 따라서 이 물질의 양은 겨우 740×10^6 kg, 혹은 에너지로는 260,000 EJ 정도이다.

유발의 용이한 정도에 따라 이어지는 두 반응들은 다음과 같다:

$$D_1^2 + D_1^2 \rightarrow He_2^3 + n_0^1 + \cdots \quad 5.23 \times 10^{-13} \text{ joules} \tag{1.20}$$

$$D_1^2 + D_1^2 \rightarrow T_1^3 + H_1^1 + \cdots \quad 6.45 \times 10^{-13} \text{ joules} \tag{1.21}$$

이 반응들은 일어날 확률이 동일하다.

생성된 트리튬은 반응 1.14에 따라 듀테륨과 반응할 것이다. D+D 반응의 평균 에너지는 D 원자 하나당

$$\frac{(5.23 + 6.45 + 28.0) \times 10^{-13}}{5} = 7.94 \times 10^{-13} \text{ J} \tag{1.22}$$

이다.

D+D 반응은 여전히 방사능이 많으며(중성자 지향적) 방사성 가스를 포함하지만 그러나 리튬과 같이 양이 제한된 연료를 이용하지 않는다. 단지 듀테륨만을 이용하는데 듀테륨은 거의 무제한적인 양으로 이용이 가능하다. 보통의 물에는 6700개의 H_2O 분자 당 하나의 D_2O 분자가 존재한다. 얼마나 많은 듀테륨을 사용할 수 있는지를 개략적으로 추정해 볼 수 있다:

바다는 지구 표면의 약 2/3를 차지하는데 이는 5.1×10^{14} m^2이다. 바다의 평균 깊이를 3000 m라고 가정하면 바다의 부피는 $10^{18} m^3$이며 질량은 10^{21} kg이다. 이 가운데 1/9은 수소의 질량이며 수소의 2/6700은 듀테륨의 질량으로서 약 3.3×10^{16} kg, 혹은 약 10^{31} J에 달한다—실제적인 목적을 위해서는 무제한이라고 간주될 수 있는 양의 에너지이다.

다음에 촉발이 어려운 반응 순서로서 ^{2}D+^{3}He 반응은 무공해적으로 진행된다: 즉 어떠한 방사성 물질도 수반되지 않으며 중성자들도 생성되지 않는다. 또한 ^{3}He+^{3}He 반응 역시 공해가 없다.

이 반응들에서 관건이 되는 것은 지구상에 천연 ^{3}He이 존재하지 않는다는 점이다; 이는 Li와

H의 융합으로부터 얻어야 한다. 그러나 달에는 이 물질이 수십 억 톤이 존재하는 것으로 추정되고 있다. 이러한 사실이 언젠가는 우리의 위성에서 자원을 캐내는 일을 정당화시켜줄 수 있다.

달의 ^{3}He는 수십 억 년 동안 그곳에 축적된 태양풍으로부터 기인한다. 지구상의 ^{3}He는 대기 중에 포집되며 궁극적으로는 증발해 버린다.

보론의 일반적인 동위원소인 ^{11}B를 수반하는 흥미로운 반응이 있다:

$$B_5^{11} + H_1^1 \rightarrow C_6^{*12} \rightarrow He_2^4 + Be_4^8 \tag{1.23}$$

C_6^{*12}는 핵이 자극된 탄소로서 순간적으로 붕괴되어 알파 및 수명이 2×10^{-16}으로 매우 불안정한 Be_4^8로 된다. 다행히도 이 입자는 알파 방출자이다:

$$Be_4^8 \rightarrow 2He_2^4 \tag{1.24}$$

전체 반응은

$$B_5^{11} + H_1^1 \rightarrow 3He_2^4 \tag{1.25}$$

혹은 다른 기호를 이용하면

$$H_1^1 + B_5^{11} = 3\alpha \tag{1.26}$$

와 같다.

이러한 **3중 알파** 반응 자체는 **충돌 빔 융합 반응기** 내에서 지속될 수 있지만(Rostoker, Binderbauer, 그리고 Monkhorst(1997)를 참조) 아직 입증된 것은 아니다. 이것이 작용한다면 풍부하게 확보가 가능한 연료를 이용하며, 또한 어쨌든 가동되도록 만들어질 경우 10 GW 이상이 될 토마호크에서 일어나는 T+D 반응에 비해 적정 규모로 운전이 가능한 깨끗한 무공해 융합 반응기를 갖게 되는 것이다.

^{10}B 역시 듀테론과 결합되는 경우 3중 알파 반응을 수행한다:

$$B_5^{10} + D_1^2 \rightarrow 3He_2^4 \tag{1.27}$$

보론의 두 동위원소들은 풍부하고 안정하며 방사능이 없다. 천연 보론은 주로 20%의 ^{10}B과 80%의 ^{11}B로 이루어진다.

3중 알파 반응은 또한 상온 융합 공정이 운전되도록 만들어질 수 있다면 그 공정에서 중요한 역할을 할 수 있다. (다음 절을 참조하자.)

표 1.11은 중성자들에 의하여 운반되는 반응 에너지의 비율을 보인 것이다.

표 1.11 중성자 수득률.

반응	중성자가 운반하는 에너지 %
D + T	65 ~ 75
D + D	20 ~ 45
B + H	〈 0.1

비록 융합 반응기들이 아직 실증된 것은 아닐지라도† 지금부터 약 50여년 후에는 주 에너지원이 될 가능성이 있다. 만일 그렇다면 인류에게 필요한 에너지의 대부분을 이 반응기들이 공급할 것이며 에너지 결핍문제는 해결될 것이다.

1.11.3 상온 핵융합

2천년 초 이 절을 다시 작성하고 있을 때까지 상온 핵융합 문제는 미해결 상태로 남아 있었다. 지금까지 아무도 Fleishmann과 Pons(1989)의 주장을 재현해 내지 못하였지만 한편으로 어느 누구도 상온 핵융합의 존재를 논박할 수 없었다. 사실 상온 핵융합은 입증될 수 있으며 그렇게 된 바 있다. 이 주제에 대하여 우리가 알고 있는 것을 되살펴 보자.

1.11.2 절에서 언급한 바와 같이 듀테론은 다음 두 반응들 가운데 어느 한 반응에서 듀테론과 순간적으로 반응한다:

$$D_1^2 + D_1^2 \rightarrow T_1^3 + H_1^1 \tag{1.28}$$

$$D_1^2 + D_1^2 \rightarrow He_2^3 + n_0^1 \tag{1.29}$$

이 반응들은 일어날 확률이 서로 거의 같으며 상당한 양의 에너지를 생성한다. 문제는 (정상적인 조건에서) 발생할 확률이 유머가 풍부한 어떤 과학자에 따르면 1세기 당 우주에서 하나의 융합이 일어날 정도로 극히 작다는 점이다.

^{2}D 원자들이 결합하기를 꺼리는 것은 쉽게 이해할 수 있다: 이들은 양전하를 운반하며 따라서 서로 반발한다. 이 문제는 이를테면 원자들을 열 핵융합에서와 같은 극한 온도까지 가열시켜 충분한 운동 에너지를 원자들에 부여함으로써 극복할 수 있다.

Luis W.Alvarez(노벨상 수상자로서 전 버클리 대학교 교수)는 반응 교차 부분을 850배 정도 증가시키는 교묘한 기법을 제안하였다. 듀테륨의 궤도 전자를 207배 더 무거운 뮤온으로 대체시킴으로써 궤도를 큰 폭으로 붕괴시킨다.

뮤온으로 조정된 융합은 Steven Earl Jones(1989; Brigham Young 대학교)가 예시한 바와 같이 실험실에서 관찰할 수 있다. 문제는 융합으로부터 얻는 에너지보다 뮤온의 생성에 더 많은 에너지가 소요된다는 점이다.

† 융합에 대한 연구는 1938년 Eastman N.Jacobs와 Arthur Kantrowitz가 NACA(현재의 NASA)의 Langley Memorial Aeronautical Laboratory에서 최초의 자기억류 융합 반응기를 제작한 시기로 거슬러 올라간다.

뮤온촉매 핵융합

● 뮤온원자

일반 듀테론의 반경은 37,000 fm이다. 뮤온은 무거운 전자로 간주될 수 있다: 전하는 -1, 질량은 전자의 207배, 그리고 수명은 2.2 microsecond이다.

기준상태의 원자에서 궤도를 도는 입자의 각 모멘텀은 Planck 상수를 2π로 나눈 값과 동일해야 한다:

$$mr^2w = \frac{h}{2\pi} \equiv C_1 \tag{1.30}$$

$$w^2 = \frac{C_1^2}{m^2r^4} \tag{1.31}$$

원심력은 r(궤도의 반경)에 비례하는 구심력과 같아야 한다:

$$mrw^2 = \frac{C_2}{r^2} \tag{1.32}$$

식 1.31과 1.32를 결합하고 r에 대하여 풀면,

$$r = \frac{C_3}{m} \tag{1.33}$$

위의 식에서 C_1, C_2, 그리고 C_3들은 다양한 상수들이다. 따라서 *뮤온이 전자보다 질량이 207배 더 크므로 뮤온화 듀테론의 반경은 일반 듀테론의 반경보다 207배 더 작아야 한다; 즉 (근사적으로) 180 fm이어야 한다.*

● 듀테륨-뮤온-트리튬 융합

양의 **무거운 수소이온**(D-뮤온-트리튬 이온, 혹은 $D-\mu-T^{+}$)은 합성될 수 있다. 뮤온의 존재는 트리튬으로부터 듀테륨을 효과적으로 차폐시킴으로써 이 원자들 사이의 거리가 D-전자-트리튬의 경우에 비하여 대략 207배 작아진다. 이러한 거리는 정전기적 장벽을 지나는 통로를 허용하기에 충분할 만큼 근접해 있으며 이 경우 두 원자들은 용융되어 D-T 반응을 다룰 때(식 1.14) 논의한 에너지를 방출한다. 따라서 시스템의 출력은 뮤온 분자당 2.81×10^{-12} J (17.6 MeV)이다. 우리가 살펴본 바와 같이 14 MeV가 중성자에 의하여 운반되는데 이는 리튬에 의하여 발열적으로 흡수되는 경우(식 1.19) 추가적으로 4.81 MeV를 생성할 수 있다.

뮤온은 융합에서 살아남으며 더 많은 반응들에서 촉매역할을 할 수 있도록 존재할 수 있다. 그러나 두 매커니즘들에서는 뮤온의 계속적인 보충이 요구된다: 뮤온의 짧은 수명과 알파 부착성, 즉 뮤온이 융합으로부터의 알파 입자들에 부착하려는 경향이 그들이다. 에너지 수지에 따르면 유용한 생성물은 뮤온의 보충비용과 경쟁관계이다. 뮤온은 듀테론을 가속화시켜(800 MeV) 듀테론 가스와 충돌되도록 함으로써 생성될 수 있다.

따라서 상온 핵융합은 확실히 일어난다. 나아가 상온 핵융합은 뮤온에 의하여 조정되지 않는 경우에도 (거의 확실하게) 일어난다. S. E. Jones(1989)는 바로 이것을 입증하는 것으로 보이는 실험을 언급하였다. 그는 플라티늄 음극 및 팔라듐(때로는 티타늄) 양극과 전해질로서 D_2O(중수)를 사용하는 전해질 전지를 이용하였다. 물은 열악한 전도체이므로 염이 추가되었다. 다음은 Jones의 실험내역이다:

> "전해질은 약 160 g의 산화 듀테륨(D_2O)과 각각 약 0.2 g 정도의 다음과 같은 다양한 금속 염들의 혼합물이다: $FeSO_4$, $NiCl_2$, $PdCl_2$, $CaCO_3$, $LiSO_4$, $NaSO_4$, $CaH_4(PO_4)_2$, $TiOSO_4$, 그리고 아주 소량의 AuCN."

화학자는 위의 내역을 보고 소름끼쳐할지도 모른다-무엇이 일어날 것인지 말하기가 실로 어려울 것이다†.

전류가 전지를 통하도록 할 때 2.5 Mev의 특성 에너지를 갖는 작은 중성자 플럭스가 관찰되었다. 물리학자인 Jones는 중성자 검출에 있어서 우수한 작업을 수행하였다. 2.5 Mev는 반응 1.29의 중성자들의 에너지이므로 이 실험은 융합이 실제로 진행됨을 보이려는 경향이 있다.

Jones는 조작을 시작한 지 대략 8시간 후에 중성자 "신호"가 스스로 사라짐을 관찰하였다. 이 효과는 용액으로부터의 금속의 축적에 의한 팔라듐 전극의 피독에 의한 것이었다. 실제로 전극을 에칭시키자 전지가 살아났다.

38 Jones가 관찰한 반응 속도는 작아서 대체로 1초당 듀테륨 1쌍 당 10^{-20} 융합 수준이었다. 이는 듀테륨 분자들을 팔라듐 격자 중에 존치시킴으로써 74,000 fm으로부터 이 거리의 절반으로 압착될 수 있다면 설명될 수 있다††. Jones는 이를 **피에조 핵 융합**이라고 칭하고 있다.

Stanley Pons와 Martin Fleishmann(1989)은 유사한 실험들을 수행하였지만 물리학자가 아니고 화학자들이었으므로 D_2O(중수) 중의 LiOH 용액과 같은 보다 간단한 전해질을 채용하였다. 그들은 또한 중성자를 주의깊에 측정하는 데에 실패하였다. 그들이 보고한 것은 연장된 사전가공 후에 어떤 전지들은 갑자기 Jones의 실험에서보다 수십 억 배 더 많은 상당한 열을 발생시켰다는 사실이다. 불행히도 이 결과들은 다른 실험자들에 의하여 재현되지 못하였으며 이는 그들의 결과의 타당성에 심각한 의심을 던져 주었다. 이 시점에서 저자는 악마의 옹호자 망토를 걸치고 재미삼아 P&F의 결과를 옹호하고자 한다.

1989년 3월 31일 유타 대학교에서 행한 강연에서 Stanley Pons는 그의 결과의 가장 화려한 측면을 이야기하고 있다. "부피가 $1cm^3$인 팔라듐 정방체를 전해질로서 수산화리튬이 D_2O에 용해되어 있는 전해질체의 양극으로 사용하였다. 몇 주/개월 동안 250 mA/cm^2의 전류를 가하였지만 주목할 만한 아무 것도 일어나지 않았다. 가이거 계수기는 어떠한 방사능도 감지하지 못하였다. 어느 날 저녁때 전류를 125 mA/cm^2로 줄였는데 다음날 아침 팔라듐 정방체와 전기분해

† Jones는 이 지구의 내부 열의 일부가 듀테륨 융합에 의하여 생성됨을 보여주려고 시도하였기 때문에 그는 토양과 비슷한 화학적 환경을 만들어 보려고 한 것이다.

†† 전자의 질량이 자유 질량의 몇 배 정도로 증가된 것이 압착의 가능한 요인이 될 것이다.

전지는 사라지고 없었다. 근처의 가이거 계수기 역시 손상을 입었다†."

열이 발생하기까지 상당한 지연(적어도 며칠)이 있었다. Jones 전지는 8시간이면 자체가 피독되므로 이 전지는 결코 최량의 상태에 도달하지 못할 것이며 아무런 열도 관찰될 수 없을 것이다.

왜 그러한 지연이 존재하는가? 수소화물 수소저장 시스템(제 11장을 참조)은 잘 알려져 있으며 상업적으로 확보가 가능하다. 한 가지 널리 이용되는 시스템은 수소를 흡수하기 위해 TiFe 합금을 이용한다. 다른 많은 금속들과 합금들도 같은 역할을 수행할 것이다. 특히 팔라듐은 악명 높은 수소 흡수제이다. 이는 높은 가격 때문에 상업적으로 이용되지 않는다.

TiFe 분말이 (충분히 활성화된 후에) 수소에 노출되면 (가역적인) 수소화물 TiFeH를 형성할 것이다. 수소의 양이 작다면 분말 중에 TiFe와 TiFeH의 혼합물이 존재할 것이다. β-상으로 불리는 이 혼합물은 $TiFeH_x$의 실험적 구조를 갖는다. 모든 물질이 수소화되면 X는 1이 된다.

완전히 수소화된 후에 수소를 더 추가하면 di-수소화물인 $TiFeH_2$ (γ-상)가 형성될 것이다. 분명히 수소는 β-상에서보다 (di-수소화물) γ-상에서 더 밀집되게 축적된다. 따라서 일단 γ-상에 도달되면 융합이 더 빨리 일어날 것이라는 사실은 그럴듯하다. 이러한 γ-상에 도달되려면 얼마나 걸릴까?

언급한 실험에서 Pons는 250 mA/cm^2의 전류밀도를 이용하였다—정방체 양극의 6개 면들에 가하였을 경우 총 전류는 1.5A이다. 이는 초당 9.4×10^{18} 개의 듀테론 생성에 해당된다. 팔라듐 1 cm^3당 68×10^{21}개의 원자가 포함된다. 따라서 이 특별한 실험에서 팔라듐이 di-수소화되기 시작할 때까지 7200초, 혹은 2시간이 걸린다. 이에서는 생성된 모든 듀테론들이 팔라듐에 흡수되는 것으로 가정하며 따라서 계산된 시간은 개략적인 하한값이 된다.

열이 화학반응으로부터 비롯되었을 수 있었을까? 임의의 팔라듐 염의 가장 높은 생성 엔탈피는 팔라듐 수소화물의 경우 706 MJ/kmole이다. 팔라듐의 원자량은 106 daltons이며 밀도는 12 g cm^{-3}이다. 이는 화학적으로 80 kJ cm^{-3}을 얻음을 의미한다. Pons와 Fleishmann은 (그들이 말하기를) 화학에서 허용하는 것보다 큰 5 MJ cm^{-3}을 얻었다.

결론은:

1. 생성된 열은 고전적인 융합반응(불충분한 중성자, 트리튬, 그리고 감마선)에 기인될 수 없다.
2. 생성된 열은 화학반응에 기인될 수 없다.
3. 그렇다면 극단적으로 단순하게 열은 생성되지 않았다.

매우 희귀하게 일어나는 적어도 한 가지 더 가능한 반응이 있다:

$$D_1^2 + D_1^2 \rightarrow He_2^4 \tag{1.34}$$

위에서 언급한 바와 같이 두 입자들이 하나의 입자로 전환되므로 이 반응은 일어날 수 없으며

† 1989년 Patrick Nolan이 전한 바와 같다(재구성하였다).

그러한 조건들에서 에너지와 모멘텀을 동시에 보존하는 것은 불가능하다. 반응이 진행되려면 에너지의 방출이 필요하며 고전 물리학에서는 16-MeV γ-선을 방사함으로써 이것이 수행된다. Pons는 γ-선을 보고하지 않았다. 비록 물리학자들은 저자에게 넌센스라고 말하고 있긴 하지만 에너지가 포논과 같은 다른 어떤 매커니즘에 의하여 방출될 수 있다는 외적 가능성이 여전히 존재한다. 반응 1.34는 반응 1.28 및 1.29에서보다 융합당 10배 정도 더 많은 에너지를 생성함을 주목하자.

지금까지는 가상적인 상온 핵융합을 듀테론-듀테론 반응의 결과로 설명하고자 하였다. 기대되는 대규모 중성자 플럭스나 감마선의 부재를 해명하는 것에는 어려움이 있었다. 중수 대신 보통의 물을 사용하는 경우 그러한 반응의 진행을 상상하는 것은 더욱 어려운 일이다. 그럼에도 불구하고 일부 실험가들은 정확하게 그와 같은 주장을 하고 있다.

상온 핵융합은 지금까지 고려되었던 것들과는 달리 실제로 핵반응들을 포함한다는 주장들이 제기되었다. 상온 핵융합에 대하여 논의된 것들을 다시 요약하여 보기로 한다.

1. 결과들은 존재한다고 해도 쉽게 재현되지 않는다.
2. 어떠한 실질적인 중성자들도 검출된 바 없다. 이는 식 1.28과 1.29의 듀테론-듀테론 반응들을 배제시키는 것처럼 보인다.
3. 어떠한 실질적인 감마선도 검출된 바 없다. 이는 식 1.34의 듀테론-듀테론 반응을 배제시키는 것처럼 보인다.
4. 반응들은 팔라듐 전극의 엄밀한 성질에 크게 의존하는 것으로 보고되어 있다.
5. D_2O 전해질 대신 H_2O를 이용하는 반응들이 보고되었다.

위의 관찰결과들과 부합되는 다음과 같은 상온 핵융합 매커니즘이 제안되었다.

보론은 팔라듐 내의 일반적인 불순물이다. 천연 보론은 두 가지 동위원소들의 형태로 존재하는데 상대적인 양은 ^{10}B 20%, 그리고 ^{11}B 80%이다. 따라서 특수한 상황에서는 식 1.25와 1.27의 3중-알파 반응들이 일어날 수 있다. 이 반응들은 중성자나 감마선을 방출하지 않으며 보통의 물이나 중수에서 일어날 수 있다.

보론 불순물은 틈새에 존재하거나 알갱이 경계 상으로 포집될 수 있다. 보론이 이러한 분포 가운데 어느 한 가지 상태로 있을 때에만 반응이 일어날 수 있다. 아울러 불순물의 양이 어떤 좁은 한계 내에 존재할 때에만 일어날 수 있다. 따라서 보론의 농도가 어떤 주어진 한계 농도 이하로 떨어질 경우 팔라듐 막대는 약간의 작동시간 후에 "소진될" 수 있다.

P&F 실험에 대한 아마 가장 가혹한 고발은 비재현성일 것이다. 누구도 유타에서 보고된 대규모의 열 생성을 관찰하였다고 주장하지 않았다. Pons 자신은 그의 실험이 간헐적으로만 작용할 것이라고 말한다; 그는 살아있는 팔라듐과 죽어있는 팔라듐이 있다고 주장한다. 이는 흥미로울 수 있다. 금속에 흡수된 수소는 결정격자 내에 흠으로 축적되는 것으로 알려져 있다. 그러한 흠집이 반응을 유발시키는 데에 필요한 듀테륨의 높은 농도를 향상시키는 것은 가능하다.

저자는 실리콘의 열전기석 능력이 +170 mV/K 및 −230 mV/K이라고 나열된 오래된 CRC 핸드북을 아직도 지니고 있다. 그 값이 어떻게 양이면서 동시에 음일 수 있겠는가? 지백(Seeback)

효과의 부호의 결정은 통상적임을 주의하자; 이는 실험 오차의 결과일 수가 없다. 두 경우 모두에서 "화학적으로 순수한" 실리콘이 사용되었다. 그렇다면 어찌된 일일까? 비재현성에 대한 탁월하고도 고전적인 사례가 있다. 때는 1930년대로 거슬러 올라간다. 지금이야 어떠한 전기공학 학생들이라도 하나의 샘플은 p-실리콘이었으며 다른 하나는 n-실리콘이었음에 틀림없었음을 알 수 있다. 두 경우 모두 "화학적으로 순수"할 수 있다—지백 부호가 변경되려면 농도가 1천만분의 1 정도인 불순물을 취하면 된다. 팔라듐에 이와 대등한 미묘한 성질이 있어서 어떤 경우들에서는 융합이 허용될 수 있을까?

1992년 4월 오사카 대학교의 Akito Takahashi는 그의 상온 핵융합 전지가 수개월에 걸쳐 평균 100 W의 과잉 열을 생성하였음을 밝혔다. 그 전지에 공급된 전력은 불과 2.5 W 뿐이었다. Takahashi 전지와 다른 실험들의 전지들 사이의 주된 차이는 팔라듐 (막대대신) 막의 사용과 전지가 대부분 전이 조건 하에서 작동되도록 전류를 변화시켜 주었다는 점이다. 측정된 과잉의 열은 너무나 커서 칼로리 측정기의 오류라고 치부할 수 없다. 이론가들을 혼란시키는 것은 검지 가능한 중성자들이 없다는 점이다. D. H. Freedman(1992)의 보고서를 참조하자.

"의사 과학"이라는 오점에도 불구하고 상온 핵융합이 사라진 것은 아니다. IEEE Spectrum의 2004년 9월 판은 "죽음에서 되살아난 상온 핵융합"이라는 제하의 보고서를 출판하였는데 여기에는 잘 알려진 실험실들에서 수행된 상온 핵융합에 대한 최근의 작업들이 언급되어 있다. 이 보고서는 미 해군을 인용하면서 우주 및 해양 시스템 센터(SNSC, 샌디에이고)가 이 주제에 대하여 연구하고 있음을 밝히고 있다†. 이 보고서는 또한 2003년 8월 매사츄우세츠 캐임브리지에서 열린 상온 핵융합에 관한 열 번째의 국제 학술회의도 언급하고 있다. 2004년에 이르기까지 "세계에 걸쳐 다수의 그룹들이 원래의 Pons-Fleishmann 과잉 열 효과를 재현하였던 것으로 보인다." SRI International의 Mike McKubre는 효과가 얻어지려면 팔라듐 전극이 듀테륨으로 100% 충진(하나의 팔라듐 원자에 대하여 하나의 듀테륨 원자)되어야 한다고 주장한다. 이는 이 절의 서두에서 우리가 대충 가정한 것과 일치한다.

현재 상온 핵융합 연구는 적어도 미디어에 관한 한 부분적으로 가라앉아 있다. 그렇지만 추가적인 연구를 수행할 가치가 있다는 것에 의견의 일치를 보이고 있다. 이는 또한 관찰자들로 참여해 온 Paul Chu 및 Edward Teller와 같은 개별적인 과학자들의 의견이기도 하다.

이전에 언급한 오사카 대학교는 상온 핵융합의 불씨를 계속 살리고 있는 것으로 보인다. Journal of the High Temperature Society of Japan에 출판된 두 논문들(2008년 2월 및 3월호)에서 물리학 교수 Yoshiaki Arata는 듀테륨 기체로 충진된 산화 지르코늄/팔라듐 나노 분말 샘플들로부터 과잉 열 및 헬륨-4의 재현 가능한 생성을 주장하고 있다. 2008년 5월 Arata 교수는 이 현상을 공개적으로 예시하였는데 이는 상온 핵융합의 인증으로 해석될 수 있다.

상온 핵융합은 언젠가는 실제적인 것으로 입증될 것으로 보여진다. 이것은 너무나 우수해서 사실일 수가 없으며 전통적인 융합 연구자들에게는 너무나 나빠서 사실일 수가 없다.

† (SNSC의) Stanislaw Szpak는 상온 핵융합이 일어나는 것처럼 보일 때 팔라듐의 표면에 대한 미니 폭발의 적외선 사진들을 얻은 것으로 보고하고 있다.

1.12 금융

새로운 에너지원을 찾는 것은 어렵지 않다. 어려운 것은 경제적으로 매력적인 에너지원을 찾는 것이다. 따라서 각기 다른 방법들에 의하여 생산되는 에너지의 비용을 추정하는 것이 중요하다. 비용 공식의 주요 인자들 가운데 하나는 다음에 다루게 되는 금융비용이다.

엔지니어들은 투자비용이 생산물 비용에 어떻게 영향을 미치는가를 어림짐작으로 추정할 수 있다: "투자의 연간 비용은 투자된 총 금액의 20%† 로 취할 수 있다."

따라서 1백만 달러짜리 플랜트를 짓는다면 생성되는 에너지 비용에 매년 도합 \$200,000을 포함시켜야 한다.

서로 다른 소스들로부터 생성된 에너지 비용의 비교를 가능케 하기 위하여 에너지성(DOE)은 자본투자 비용을 계산하는 표준적인 방법을 추천하였다.

여기에서 우리는 직접 할인 대부금을 나타내는 표현을 유도할 것이다.

대부금의 지불이 동일한 N 할부기간 동안에 이루어진다고 하자. \$1.00의 대부금을 고려하여 보기로 한다. x를 한 지불기간(이를테면 1개월)의 이자율이라고 하고 p를 매월 지불하는 금액이라고 하자. 첫 번째 달 후 남은 대부금은

$$1+x-p \tag{1.35}$$

이며 두 번째 달 말에는

$$(1+x-p)(1+x)-p=(1+x)^2-p(1+1+x) \tag{1.36}$$

이다. 3개월 말에는

$$[(1+x)^2-p(1+1+x)](1+x)-p=(1+x)^3-p[1+(1+x)+(1+x)^2] \tag{1.37}$$

가 된다.

N 개월 말 후에는 대부금을 모두 갚았으므로 남은 금액은 0이다. 따라서

$$(1+x)^N-p[1+(1+x)+(1+x)^2+\cdots+(1+x)^{N-1}]=0 \tag{1.38}$$

그러므로

$$p=\frac{1}{(1+x)^{-1}+(1+x)^{-2}+\cdots+(1+x)^{-N}}=\left[\sum_{\gamma=1}^{N}z^{\gamma}\right]^{-1} \tag{1.39}$$

위에서

$$z\equiv(1+x)^{\ 1} \tag{1.40}$$

† 이 비율은 물론 현 이자율의 함수이다. 새천년 초기의 낮은 이자율 영역에서는 비율은 20%보다 낮다.

그러나

$$\sum_{\gamma=1}^{N} z^{\gamma} = \frac{1-z^{N+1}}{1-z} - 1 \qquad (1.41)$$

따라서

$$p = \frac{1-z}{z-z^{N+1}} = \frac{x}{1-(1+x)^{-N}} \qquad (1.42)$$

공식 1.42는 매월 지불액 규모를 (월) 이자율과 지불횟수의 함수로 나타내고 있다.

보기로서 kW당 \$1000을 투자한 디젤 전력생산 플랜트를 소유하고 있는 소규모 사업자를 고려하여 보자. 활용인자는 50%이다—즉 설치용량 1 kW당 연간 4380 kWh의 전력이 생산된다. 세금과 보험은 \$50 year^{-1} kW^{-1}에 이른다. 연료, 보수유지, 그리고 인건비는 \$436 $\text{kW}^{-1}\text{year}^{-1}$이다. 플랜트를 짓기 위해서 사업자는 매년 12%로 돈을 빌렸으며 10년 동안 매월 갚아가기로 하였다. 생산되는 전력의 비용은 얼마인가?

월 이자율은

$$(1+x)^{12} = 1.12 \qquad \therefore\ x = 0.009489 \quad (1.43)$$

지불횟수는

$$N = 10\ \text{년} \times 12\ \text{개월/년} = 120 \qquad (1.44)$$

월 지불액은

$$p = \frac{0.009489}{1-(1+0.009489)^{-120}} = \$0.013995\ month^{-1} \qquad (1.45)$$

연간 지불액은

$$P = 12p = \$0.167937\ \text{year}-1 \qquad (1.46)$$

이자가 없다면 연간 지불액은 \$0.1이 될 것이다. 따라서 연간 이자비용은 \$0.067937이다.

위는 모두 \$1.00의 대부금에 대한 것이다. 플랜트 비용은 \$1000 kW^{-1}이므로 투자비용은 \$167.94 kW^{-1} year^{-1}이다. 그러나 kW를 기준으로 하면 세금과 보험을 위한 \$50의 추가적인 지출이 있으므로 연간 총 \$217.94에 이른다. 따라서 이 보기에서 연간 투자비용은 총 금액의 21.79%에 이른다.

설치된 kW당 연간 총 4380 kWh가 생산된다(그리고 판매된다). 따라서 kWh당 고정비용은

$$\frac{217.94}{4380} = 0.0497\ \ \$kWh^{-1} \qquad (1.47)$$

반면에 연료, 보수유지, 그리고 인건비는

$$\frac{436}{4380} = 0.0995 \ \$kWh^{-1} \tag{1.48}$$

이므로 총 비용은 0.1492 \$ kWh^{-1}이다. 이는 보통 생뚱한 단위인 149.2 mils/kWh로 나타낸다. 149.2 \$/MWh를 이용하거나 관례적인 SI 측정단위인 \$41.4 GJ^{-1}를 이용하는 것이 더 좋다.

10년 뒤 대부금이 모두 지불된다면 사업자는 플랜트를 소유하고 있을까? 글쎄다. 디젤 발전기는 수명이 겨우 10년이며 새 발전기를 취해야 할지도 모른다.

참고문헌

Anderson, R, H. Brandt, H. Mueggenburg, J. Taylor, and F. Viteri, A power plant concept which minimizes the cost of carbon dioxide sequestration and eliminates the emission of atmospheric pollutants, Clean Energy Systems, Inc., 1812 Silica Avenue, Sacramento, CA 95815, 1998.

Audi, G., and A. H. Wapstra, The 1993 atomic mass evaluation, *Nuclear Physics* A, p. 565, 1993.

Bloch, F., and C. D. Jeffries, *Phys. Rev.* 77, p. 305, 1950.

Casson, Lionel, Godliness & work, *Science* 81 (2), p. 36, 1981.

Energy Information Administration, International Energy Outlook 2007. ⟨http://www.eia.doe.gov/oiaf/ieo/world.html⟩, 2007.

Firestone, Richard B., ⟨http://ie.lbl.gov/toi2003/MassSearch.asp⟩

Fisher, J. C., and R. H. Pry, A simple substitution model of technological change, Report 70-C-215, General Electric, R. & D. Center, June 1970.

Fleishmann, M., and S. Pons, Electrochemically induced nuclear fusion of deuterium, *J. Electroanal. Chem.*, 261, pp. 301–08, 1989.

Freedman, D. H., A Japanese claim generates new heat, News and Comments, *Science*, 256, April 24, 1992.

Hafele, W., and W. Sassin, Resources and endowments: An outline on future energy systems, IIASA, NATO Science Comm. Conf., Brussels, April 1978.

Jones, S. E., et al., Observation of cold nuclear fusion in condensed matter, *Nature* 378, pp. 737–40, April 1989.

Loewen, Eric P., Heavy-metal nuclear power, *American Scientist*, November–ecember 2004.

Marchetti, C., Primary energy substitution models, *Int. Inst. Appl. Syst.* An.(IIASA), internal paper WP-75-88, June 1975.

Marchetti, C., On strategies and fate, in W. H¨afele et al., Second status report on the IIASA project on energy systems, 1975, RR-76-1, Int. Inst, Appl. Sys. An. (IIASA), Laxenburg, Austria, 1976.

Moir R. W., and W. L. Barr,"Venetian-Blind Direct Energy Converter for Fusion Reactors", *Nuclear Fusion*, 13, p. 35–5, 1973.

Momota, H., A. Ishida, Y. Kohzaki, G. H. Miley, S. Ohi, M. Ohnishi, K. Yoskikawa, K. Sato, L. C. Steinhauer, Y. Tomita and M. Tuszewski, *Fusion Technol.* 21, p. 2307, 1992.

Nolan, Patrick, e-mail circular, March 31, 1989.

Peterka, V., Macrodynamics of technological change: Market penetration by new technologies, Int. Inst. Appl. Syst. An. (IIASA), RR-77-22, November 1977.

Rafelski, J., et al., Theoretical limits on cold fusion in condensed matter, AZPH-TH/89-19, March 27, 1989.

Rostoker, N., H. Monkhorst, and M. Binderbauer, Office of Naval Research Reports, February, May, and August 1997 (available upon request).

Rostoker, Norman, Michl W. Binderbauer, and Hendrik J. Monkhorst, Colliding Beam Fusion Reactor, *Science* 278, 1419, November 21, 1997.

Smil, Vaclav, Global population and the nitrogen cycle, *Scientific American*, p. 76, July 1997.

Sweet, William #1, A nuclear reconnaissance, *IEEE Spectrum* 23, November 1997.

Sweet, William #2, Advanced reactor development rebounding, *IEEE Spectrum* 23, November 1997.

Yoshikawa, K., T. Noma, and Y. Yamamoto, *Fusion Technol.* 19, 870, 1991.

Ziock, Hans-J., Darryl P. Butt, Klaus S. Lackner, and Christopher H. Wendt, Reaction Engineering for Pollution Prevention, Elsevier Science, 2000.

에너지에 관한 풍부한 통계적 정보: http://www.eia.doe.gov/

이 장의 일부 주제들에 대한 보다 자세한 정보를 얻으려면 다음 문헌을 참조한다:

Sørensen, Bent, Renewable energy, Academic Press, 2003.

연 습 문 제

1.1 1985년부터 유일하게 의미있는 연료 소스는 다음과 같다고 가정하자:

1. 석탄 (직접연소),
2. 오일,
3. (석탄으로부터의) 합성액체연료, 그리고
4. 천연가스.

소스 a, b, 그리고 c들은 시장침투 규칙을 따르는 것으로 간주한다:

$$\ln\left(\frac{f}{1-f}\right)=at+b$$

위에서 f는 고려하는 연료에 의하여 공급되는 시장부분이며 t는 년도(예를 들면 간단히 88이 아닌 1988로 표현)이다. 계수들은 다음과 같다:

	a	b
석탄의 경우:	−0.0475	92.14
오일의 경우:	−0.0436	86.22

위의 계수들은 1975년까지의 데이터로부터 유도된 것들이다.

이 문제의 목적은 (소멸된) 연방 석탄액화 프로그램이 연료 활용 패턴에 어떤 영향을 미칠 것인가를 예측하는 것이다.

최초유입 최초유출 규칙에 따르면 "자유"변수, 즉 시장침투 규칙을 따르지 않는 변수는 천연가스 소비율 f_{ng}이다. 문제는:

−몇 년에 가서 f_{ng}가 피크를 보일 것인가?

−f_{ng}의 최대값은 얼마인가?

f_{syn}(합성연료에 의하여 공급되는 시장분율)은 1990년 0.01, 그리고 2000년 0.0625라고 가정한다. 풀이에 설명을 붙이도록 한다.

1.2 세계의 에너지 활용의 연간 성장률은 1950년과 1973년 사이의 기간 동안 3.5%였다. 연간 3.5%의 소비율이 유지된다면 이용 가능한 에너지원들을 모두 소비하는 데에는 얼마나 걸릴 것인가?

현 시점에서 지구의 에너지원은 현재의 활용비율로는 다음 기간 동안 지탱하기에 충분하다고 가정한다:

a. 1000 년

b. 10,000 년

1.3 자동차가 평평한 수평도로를 80 km/h의 일정한 속도로 주행하고 있다. 이 차는 km당 0.1 리터의 휘발유를 소비한다. 도로상에서의 타이어들의 마찰과 베어링 손실은 속도에 비례하

며 80 km/h에서 222 N의 저항이 유발된다. 공기역학적 항력은 속도의 제곱에 비례하며 힘이 N으로 측정되고 속도가 m/s로 측정되는 경우 비례상수는 0.99이다.

연료 활용 효율은 얼마인가? 효율이 일정하다고 가정한다면 자동차가 50 km/h로 달리는 경우 "킬로메트리지"(즉 연료 1리터당 주행거리(킬로미터))는 얼마인가? 휘발유의 밀도는 800kg $/m^3$이며 연소열은 49 MJ/kg이다.

1.4 금성은 태양으로부터 0.7 AU밖에 떨어져 있지 않아서 부분적으로 너무 뜨겁다. 이를 약 0.95 AU로 이동시키는 것을 고려하여 보자. 1 AU는 지구와 태양 사이의 거리로서 1억 5천만 km와 같다. 이를 수행하려면 100%의 효율로 질량을 에너지로 전환시키는 로켓 시스템을 확보해야 한다. 로켓의 모든 에너지는 금성을 미는 데에 이용된다고 가정하자. 이 프로젝트에서 얼마만큼의 행성 질량이 사용될 것인가? 여기에서는 행성의 운동에너지와 포텐셜 에너지를 모두 변화시키고 있음을 유의하자.

1.5 다음과 같은 배열을 고려하여 보자:

입구가 좁은 만에 댐을 설치하여 바다와 분리되도록 함으로써 호수를 형성하고 있다. 태양에너지는 물을 증발시켜 만 안쪽의 수위가 해수면보다 h 미터 아래가 되었다.

파이프 라인으로 해수를 유입시켜 정확히 증발된 양만큼 보충되도록 함으로써 h를 (평균적으로) 일정하게 유지하고 있다. 유입수는 발전기와 연결된 터빈을 구동시킨다. 터빈과 발전기의 효율은 95%이다.

전도나 복사에 의한 열손실은 없다고 가정한다. 호수의 반사율은 20%(입사 복사의 20%가 반사된다)이다. (표준상태에서) 물의 증발열은 40.6 MJ/kilomole이다. 평균 태양복사는 250 W/m^2이다.

호수의 면적이 100 km^2리면 생성되는 평균 전력은 얼마인가? 효율은 얼마인가? 이 결과들을 h의 함수로 나타내어라. 효율에 제한이 있는가? 설명하여 보라.

1.6 일핵(융합) 반응

$$B_5^{11} + H_1^1 \rightarrow 3He_2^4$$

은 실질적으로 방사능이 없고 공통의 동위원소들만을 이용하므로 매력적이다.

1 kg의 보론은 얼마나 많은 에너지를 생성하는가? 문제 1.11의 데이터를 이용하여라.

1.7 광합성 과정의 효율은 1% 이하인 것으로 알려져 있다(1%라고 가정하자). 아울러 에너지로 볼 때 생성된 바이오매스의 10%가 식품으로 이용 가능하다고 가정하자. 60억 인구를 고려할 때 지구의 토지 면적의 몇 %를 경작해야 지구 인구를 먹여 살릴 수 있겠는가?

1.8 ^{235}U이 분열하면 평균적으로 165 MeV와 2.5개의 중성자들이 생성된다. 분열 생성물의 질량은 얼마인가?

1.9 옛날에는 지구 대기 중에 자유 산소가 포함되지 않았다고 간주할 수 있는 타당한 이유들이 있다.

지구 대기 중의 모든 산소는 광합성에서 비롯되었으며 광합성으로부터 생성된 모든 산소는 대기 중에 존재한다고 가정하자. 땅 속에는 (메탄은 증발되지 않았을 경우) 얼마나 많은 화석 탄소가 존재해야 하는가? 추정된 화석연료 매장량 속에 포함된 양과 비교하여 보라. 결과에 대하여 토의하여라.

1.10 대기 중의 탄소의 총 질량은 얼마인가?

CO_2 농도는 현재 330 ppm이지만 빠르게 증가하고 있다!

추정된 매장량(1.8절 참조) 내의 모든 화석연료가 연소된다면 CO_2의 농도는 얼마가 될 것인가?

1.11 다음은 일부 입자들의 질량 데이터이다:

입자	질량(dalton)	입자	질량(dalton)
전자	0.00054579903	알파	4.001506175
뮤온	0.1134381	Li_3^5	5.01254
양자	1.007276467	Li_3^6	6.015122794
중성자	1.008664909	Li_3^7	7.01600455
H_1^1	1.007825032	B_5^{10}	10.012937
D_1^2	2.014101778	B_5^{11}	11.009305
T_1^3	3.016049278		
He_2^3	3.016029319		
He_2^4	4.002603254		
	상수		
	c	$2.998\times 10^8\ m/s$	
	h	$6.625\times 10^{-34}\ joule-\sec$	

dalton을 kg으로 전환시키려면 $6.02213670\ \times 10^{26}$으로 나눈다.

듀테론은 매우 풍부한 융합 연료이다. 이 물질은 지구 바다에 막대한 양이 존재하여 아울러 촉발시키기가 상대적으로 쉽다. 이 물질은 그 자체와 3가지 서로 다른 반응을 수행한다:

$$D_1^2+D_1^2\rightarrow T_1^3+H_1^1 \tag{1.1}$$

$$D_1^2+D_1^2\rightarrow He_2^3+n_0^1 \tag{1.2}$$

$$D_1^2+D_1^2\rightarrow He_2^4+h\nu \tag{1.3}$$

각 반응에 대하여 방출되는 에너지를 계산하고 반응 생성물의 모멘텀이 고르게 구분된다고 가정할 때 각 생성물의 에너지를 구하여라.

반응 3에서 방출된 양자의 에너지는 얼마인가?

1.12 Zing 효과를 이용하는 랜덤 접근 메모리(RAMs)는 1988년 처음 도입되었지만 1990년에서야 널리 이용되기 시작하였으며 당시 총 RAM 매출의 6.3%를 차지하였다. 1994년의 경우에는 총 47억 5천달러 가운데 7억 12백만 달러를 차지하였다. 1997년의 경우 모든 형태의 RAM 매출규모는 60억 달러였다.

Z-RAM 생산의 확장을 고려하고 있는 어떤 회사는 2000년에 대한 이러한 형태의 메모리의 전체적인 (모든 제조회사들의) 매출 규모를 추정할 필요가 있다. 1900년과 2000년 사이의 RAM 매출의 전체적인 달러 규모의 성장률은 일정하다고 가정한다(매년 동일한 비율로 증가한다).

1.13 어느 바람없는 날 고속도로에서 1500-kg 포르쉐 912를 운전하고 있다. 128.7 km/h의 속력에 도달한 뒤 기어를 중립에 놓고 거의 정지할 때까지 타주(惰走)하도록 내버려두었다. 매 10초마다 타주 속력을 기록하였으며 이로부터 다음 표를 얻었다.

주어진 데이터로부터 속도에 대한 감속력을 연관시키는 식을 유도하여라.

이 차를 80 mph의 일정한 속력으로 유지시키기 위하여 모터는 얼마의 동력(마력)을 바퀴에 전달해야 하는가를 계산하여라.

타주시간(s)	속력(km/h)	타주시간(s)	속력(km/h)
0	128.7	100	30.6
10	110.8	110	25.9
20	96.2	120	20.4
30	84.0	130	16.2
40	73.0	140	12.2
50	64.2	150	9.2
60	56.4	160	5.1
70	48.0	170	2.0
80	41.8	180	0
90	35.8		

1.14 캘리포니아 공기자원 위원회(CARB)는 1995년 미니밴으로부터의 CO_2 방출에 대하여 상한을 200 g/km로 강제하도록 규정하였다.

이는 배기가스를 $Ca(OH)_2$ 조나 이와 유사한 CO_2 격리물질을 통과시킴으로써 달성할 수 있다. 그러나 이러한 해법은 경제적인 것으로 보이지 않는다. 생성된 모든 CO_2는 대기 중으로 방출된다고 가정한다. 1995년까지 미니밴이 유지해야 했던 최소 마일리지(마일/갤런)는 얼마인가? 휘발유는 밀도가 626 kgm^{-3}인 펜탄(C_5H_{12})이라고 가정한다. 1 갤런은 3.75 리터이며 1 마일은 1609 미터이다. 원자량은 H는 1이고 C는 12, 그리고 O는 16이다.

1.15 지정학적 조사결과 북부 캘리포니아 지역의 암석은 어떤 깊이에서 온도가 600℃에 달하는 것으로 밝혀졌다. 이에 대한 지열 소스를 탐색하기 위하여 축을 필요한 깊이로 박아넣고 직경 10 m인 구형 동굴을 굴착하였다. 이 동굴로 30℃의 물을 주입하였으며 동굴에서 물의 온도는 수증기 터빈을 구동하기 위해 끌어올리기 전에 200℃(압력으로 인하여 여전히 액체 상태이다)에 도달하였다.

물의 흐름으로 동굴의 벽이 200℃로 균일하게 유지된다고 가정한다. 나아가 동굴 벽에서 100 m 위치에서 암석의 온도는 600℃라고 가정한다. 암석의 열 전도도 λ는 2 $Wm^{-1}K^{-1}$라고 할 때 물의 유량은 얼마인가?

물의 열용량은 4.2 MJ $m^{-3}K^{-1}$이며 열 동력 플럭스(Wm^{-2})는 열 전도도에 온도 기울기를 곱한 것과 같다.

1.16 다음 데이터는 대부분의 사람들에게 일반적으로 알려져 있다:

a. 지구 궤도에서의 태양상수 C(태양 파워 밀도)는 1360 Wm^{-2}.

b. 우주단위(AU, 태양-지구간 평균거리)는 약 150백만 km.

c. 달의 각도 직경은 0.5°.

태양은 흑체로서 복사한다고 가정한다. 이들 데이터로부터 태양의 온도를 추정하여라.

1.17 문제 1.16의 결과를 이용하여 태양의 체적 파워밀도(m^3당 생성되는 와트 수)를 대표적인 호모 사피엔스와 비교하여라.

1.18 자동차의 사용에서 오염물 배출은 점차 제한적인 고려요인이 되어가고 있다. 오염량을 평가하는 경우 자동차로부터의 배출뿐만 아니라 연료생산 과정에서 비롯되는 배출도 고려해 주어야 한다. 휘발유는 특별히 우려되는 사례이다. 정유공장에서의 탄화수소 방출은 자동차 자체에서보다 4.5배 정도 더 많다. 연료전지 자동차(제 9장 참조)는 순수한 수소를 연료로 사용하면 오염배출이 0인 자동차가 된다. 그러나 수소의 생산으로부터 얼마나 많은 오염이 발생하는지 확인해야 한다. 이는 어떤 생산방법을 사용하느냐에 따라 좌우된다(제 10장 참조). 가장 저렴한 수소는 화석연료의 개질에서 얻는 수소로서 오염물 배출도 적당하다. 수소를 생산하는 깨끗한 방법은 물의 전기분해이다; 그러나 이 경우 전력의 생산으로부터 얼마나 많은 오염이 발생하는지 조사해야 한다. 여전히 이는 전력이 어떻게 얻어지는가에 따라 좌우된다: 화석연료 화력발전소로부터 얻어진다면 오염발생은 상당할 것이다; 수력발전소로부터 얻어진다면 오염은 0이 된다.

오염방출이 실제로 0인 자동차를 만들어 운전하기 위한 기술적 방법이 확보되어 있다. 이는 즉시 수행 가능하지만 현 기술단계에서는 감당할 수 없는 높은 비용이 초래된다.

경제성은 무시하고 개략적으로 하나의 가능한 ZEV 조합을 구상하여 보자, (이를테면 수화물 형태로 저장된-제 11장 참조) 순수한 수소를 이용하는 연료전지 자동차를 고려하여 보자. 수소는 물의 전기분해로부터 얻어지며 이에 소요되는 에너지는 태양전지(제 14장)로부터 얻어진다. 오염은 절대적으로 발생하지 않는다. 이 시스템은 각 개별 가구가 독립적이도록 규격을 설정한다. 즉 달리 말하면 태양전지는 각 가정의 지붕에 설치한다. 자동차는 평균 매월 1000마일을 달리며 이와 대등한 휘발유 구동 자동차는 30마일/갤런으로 움직인다고 가정한다. 효율이 더욱 우수한 연료전지 버전은 휘발유 자동차와 동일한 에너지를 사용하여 세 배 더 나갈 것이다.
하루에 몇 kg의 수소를 생산해야 하는가?
태양전지 수집판의 면적은 얼마나 커야 하는가?
태양전지 효율, 전기분해장치 효율, 그리고 일사(日射)량에 대하여 적절한 가정을 해야 한다(제 12장).

1.19 가상적인 신문기사로부터:
모자베 사막의 태양열 발전소는 각각 40미터 정방형인 1000개의 광전 판넬들을 사용한다. 여름동안 낮이 더할 수 없이 청명할 때 월간 전력 매출은 $22,000에 달한다. 부과된 평균 가격은 kWh당 3센트이다. 이 플랜트는 생산된 모든 전력을 판매할 수 있다.
불행히도 이 기사중에 모호한 표현이 있다: "40미터 정방형"은 변이 40미터인 정사각형이나 면적이 40 m^2인 정사각형으로 해석될 수 있다.
기사의 데이터로부터 정확한 면적이 얼마인지 결정해야 한다.

1.20 스포츠 생리학자들은 간단한 경험적 규칙을 지니고 있다: 건강한 사람은 달릴 때 누구나 체중 1 kg당 매 1 km마다 약 1 kcal를 사용한다.
이 규칙은 달리는 사람이 얼마나 잘 훈련을 받았는가에 관계없이 사실이라는 점은 흥미롭다. 훈련된 운동선수는 보통의 달리는 사람보다 더욱 짧은 시간에 1 km를 주파할 것이지만 대략 동일한 에너지를 사용한다. 물론 훈련된 운동선수는 더 많은 힘을 이용한다.
음식을 역학적 에너지로 변환시키는 인체의 전반적인 효율은 (아주 놀랍게도) 25%이다!
우수한 운동선수는 4분 정도에 1마일을 달릴 수 있으며 2시간 남짓 동안에 마라톤 코스(42.8 km)를 달릴 수 있다.

1. 이들 경주에서 발휘된 힘을 계산하여라. 8분 동안에 1마일을 달리고 마라톤 코스를 5시간에 달리는 뒤떨어지는 선수에 대하여 이를 반복하여라. 체중은 70 kg이라고 가정한다.
2. 땀의 증발은 인체에서 주도적인 열 제거 매커니즘이다. 이는 개에 대해서도 사실인가? 말에 대해서는 어떤가?
3. 모든 땀이 증발된다고 가정하면(즉 한 방울도 몸에서 흘러내리지 않는다) 1시간 동안에 달리는 선수가 상실하는 수분은 얼마나 되는가? 물의 증발잠열은 44.1 MJ/kmole이다.

1.21 한 가지 주요 생태학적 관심사는 주로 CO_2인 온실가스의 방출이다.
상황을 완화시키기 위하여 다수의 측정치들을 취할 수 있다. 예를 들면 바이오매스에서 유도된 연료들의 사용은 대기 중의 이산화탄소 농도를 증가시키지 않는다.

한편 화석연료들은 주된 범인들이다. 전력 생산을 위한 수증기 터빈의 구동에 천연가스나 석탄의 사용을 선택할 수 있다고 가정하자. 천연가스는 사실상 메탄(CH_4)인 반면에 석탄은 (이 문제에서만) 에이코산($C_{20}H_{42}$)이라고 간주할 수 있다. 메탄의 고연소열은 55.6 MJ/kg 이며 에이코산은 47.2 MJ/kg이다.

동일한 양의 생성열에 대하여 두 연료들 가운데 어느 것이 CO_2 방출 측면에서 볼 때 선호될 수 있는가? 두 방출유량의 비는 얼마인가?

1.22 어떤 행성의 밀도는 2500 kg/m^3이며 반경은 4000 km이다. 이 행성의 "공기"는 30%의 암모니아, 50%의 이산화탄소, 그리고 20%의 질소로 구성되어 있다.

지구의 밀도 δ_{earth}는 5519 kg/m^3임을 상기하자.

이 행성 표면에서 중력 가속도는 얼마인가?

1.23 어떤 별로부터 1억 km 떨어진 곳에서 빛의 파워밀도는 2 kW/m^2이다. 이 별로부터 2억 km 떨어진 곳에서 문제 1.22의 행성에 대한 총 일사량은 얼마인가? 지구에 대한 총 일사량은 173,000 TW이다.

1.24 He_2^3 은 "꿈의" 융합반응에서 연료로 이용될 수 있다—즉 방사능이나 중성자들이 수반되지 않는 반응들에 사용될 수 있다. 두 가지 가능한 반응들은 다음과 같다:

$$D_1^2 + He_2^3 \rightarrow H_1^1 + He_2^4 \tag{1.1}$$

$$He_2^3 + He_2^3 \rightarrow H_1^1 + H_1^1 + He_2^4 \tag{1.2}$$

1. 위의 각 반응에 대하여 1 kg의 He_2^3로부터 방출된 에너지(kWh)를 계산하여라. 지구상에서 He_2^3는 천연 헬륨의 0.00013%를 차지한다. 미국 헬륨 생산량은 현재 연간 12,000 톤에 이른다.
2. 이 헬륨 모두를 처리하여 헬륨-3을 분리한다면 이 연료의 연간 생산량은 얼마가 되겠는가? 달에 상당한 양의 He_2^3가 존재한다는 것을 믿을 만한 상당한 이유가 있다. 위성에서 채광조업을 수행하는 것에 대한 일차적 경제성 분석을 해 보자. "꿈의" 반응들을 이용하는 한 가지 장점은 대전된 입자들(양자와 알파입자)만이 생성된다는 점이다. 대전된 입자들과 연관되는 에너지는 에너지가 중성자들에 의하여 운반될 경우보다 더욱 효율적으로 전력으로 전환될 수 있는데 이는 먼저 열을 생성한 다음 비효율적인 열기관들에 의하여 역학적 및 전기적 에너지로 질이 높아진다. 따라서 융합 에너지를 전력으로 변환시키는 데에 30%의 효율을 부여하는 것이 반드시 낙관적인 것은 아니다.
3. 1 kg의 He_2^3는 얼마나 많은 전력(kWh)을 생산하는가? 언급한 두 반응들 가운데 가장 경제적인 반응을 이용하여라. 플랜트 인자는 70%(반응기는 풀 용량으로 일정하게 가동

될 때의 평균 70%의 에너지를 생성한다)이다. 나아가 융합 반응기의 비용은 \$2000/kW 이며 자금 차입비용은 연간 10%라고 가정한다. 마지막으로 전체 운전 수행비용은 \$30 $kW^{-1}year^{-1}$이다.

4. 연료가 자유라면 (kWh당) 전력비용은 얼마가 되겠는가?
5. 전력이 kWh당 5센트에 판매되는 경우 여전히 수지를 맞추려면 1 kg의 He_2^3에 대하여 얼마를 지불할 수 있는가?

1.25 1955년과 1995년 사이에서 해양(대서양, 태평양, 그리고 인도양)의 온도는 0.06℃씩 증가하였다.
바닷물에 얼마나 많은 에너지가 추가되었는지 추정하여라.
이 40년 동안 지구에 일사된 태양 에너지의 몇 %가 실제로 바다에 보전되고 있는가?

1.26 기후 변화로 인하여 극지방의 얼음이 용해되는 것이 가능한 것으로 보인다. 남극지방의 얼음의 양은 너무나 거대해서 이것이 녹는다면 뉴욕이나 로스앤젤레스와 같은 모든 항구들이 잠길 것이다.
그린랜드와 남극을 제외하고 북극의 얼음만 녹는다면 바닷물의 수위는 얼마나 높아질 것인지를 추정하여라.

1.27 현대의 ICV를 50리터의 휘발유로 다시 채우는 데에는 5분 정도가 걸린다. 주어진 시간에 어떤 양의 에너지가 펌프로부터 자동차로 전달되었다. 이 전달에 의하여 나타내어지는 동력은 얼마인가? 휘발유 자동차의 총괄 효율은 15%이며 전기자동차의 효율은 60%라고 가정하여라. 전기자동차의 배터리를 5분 동안 충전(ICV의 경우에서처럼)하는 데에는 얼마나 많은 동력이 필요한가? ICV와 EV 모두에서 최종 구동 에너지는 모두 동일하다고 가정한다. 자동차를 재급유하는 것만큼 빠르게 충전하는 것이 실제적인가?

1.28 보다 매력적인 연료들 가운데 일부는 가스들이다. 이는 특히 수소의 경우 사실이다. 따라서 가스의 저장(제 11장)은 에너지 공학에서 중요한 주제가 되었다. 예를 들어 Lawrence Livermore 연구소는 유리 마이크로 기구를 제안하였는데 이는 원래 레이저 융합실험을 위한 소량의 트리튬-듀테륨 합금을 저장하기 위해 개발된 것이다. 이를 가열시키면 유리는 다공성으로 되며 가압하의 수소는 기구를 채울 수 있다. 이를 냉각시키면 가스가 포집된다. 클라트레이트(clathrate)는 비록 아무도 이를 가스를 수송하는 실제적 수단으로 제안하지 않고 있지만 자연이 메탄을 저장하는 한 가지 방법이다. 메탄 클라트레이트는 흔히 CH_4 8분자들을 포집하고 있는 46개의 H_2O 분자들의 바스켓으로 구성된다.

1. 클라트레이트 중의 메탄의 중량 농도 GC는 얼마인가? 중량농도는 가스와 용기의 총질량에 대한 저장된 가스의 질량의 비이다. 위에 언급한 밀도 900 kg/m^3의 클라트레이트로 완전히 채워진 내부 부피가 1 m^3인 밀봉 용기를 고려하여 보자. 온도를 298K

로 올리면 물질이 용해되고 메탄이 방출된다고 가정하자. 아울러 (비록 사실이 아닐지라도) 메탄이 물에 용해되지 않는다고 가정하자.

2. 용기 내의 메탄의 압력은 얼마인가?

1.29 방사성동위원소 열 생성기(RTG)로 30 V의 부하에 직렬 동력 500 W를 공급하고자 한다. 생성기 효율(유입 열 동력에 대한 유출 직렬동력의 비)은 12.6%이다. 열전기 생성기는 1200 K에서 열을 받아들이고 450 K에서 이를 방출시킨다. 열원은 플루토늄-241이다. 이 방사성 동위원소는 반감기가 13.2년이며 α와 β^- 입자들을 방출하면서 감쇄된다. 이 입자들은 5.165 MeV의 응집 에너지를 갖는다. 플루토늄에 의하여 생성된 동력의 85% 만이 열전기 생성기에서 역할을 다 하며 나머지는 손실된다. 몇 kg의 플루토늄이 필요한가? 방사성 물질은 감쇄되지 않은 물질의 양에 비례하는 비율로 일정한 감쇄비 λ에 따라 감쇄됨을 주목하자:

$$\frac{dN}{dt} = -\lambda N$$

1.30 미국에서는 (아주 개략적으로) 평균 150 GW의 석탄, 40 GW의 오일, 그리고 70 GW의 천연가스를 연소시킨다. 다음과 같이 가정하여 보자:
석탄은 (이를테면) $C_{20}H_{44}$이며 kg당 40 MJ을 생성한다.
오일은 (이를테면) $C_{10}H_{22}$이며 kg당 45 MJ을 생성한다.
천연가스는 CH_4이며 kg당 55 MJ을 생성한다.
석탄의 연소만으로 하루 몇 kg의 탄소가 방출되는가? (석탄을 처리한 후에는 명백히 다른 두 연료들을 동일한 방법으로 처리할 수 있다. 그러나 시간절약을 위해서 그렇게 하지는 말자.)

1.31 (포르투갈 남동부) Serpa의 광기전(光起電) 플랜트는 피크 출력이 11 MW이다. 집광판들은 태양을 따라 움직이므로 09:00부터 15:00까지 출력은 날짜에 관계없이 (11 MW에서) 일정하다. 이 시간구간 이외에서는 동력의 출력은 0이라고 가정하자. (이는 실제로는 사실이 아니다: 출력은 09:00 이전의 아침에는 서서히 상승하며 15:00 이후에는 저녁으로 감에 따라 떨어진다.) Serpa는 태양이 내리쬐는 기후로 악명높다. 09:00부터 15:00 구간에 걸쳐 (다음에 1년에 걸쳐 평균을 취하면) 태양을 바라보는 면에 대한 평균 일사량은 900 W/m^2이다. 이 시스템의 수명은 25년이다. 연간 운전비용은 미화 1백만 달러이다. 총 자본투자는 미화 78백만 달러이다. 자본비용은 플랜트의 수명인 25년 동안 매년 10%이다. 집광판과 분산 시스템의 평균 효율은 15%이다. 생성된 전력 가운데에서 90%는 소비자에게 전달된다.

a. 이 태양 발전소가 존재하지 않는다면 전력은 효율이 30%인 오일연소 수증기 터빈에 의하여 생성되어야 할 것이다. 오일은 연소열이 40 MJ/kg이며 이 문제의 경우 오일은 순수한 $C_{12}H_{26}$라고 간주될 수 있다. 그러한 발전소로부터 매년 몇 톤의 CO_2가 방출

되겠는가? 1년 내내 맑은 날이라고 가정한다.

b. 광기전 발전소로부터 생성된 전력의 비용은 얼마인가($/kWhr)? 이는 가정에서 소비되는 전력의 10%, 즉 수요자에게 공급되지 못한 것을 포함한다. 원자력 및 가스연소 터빈의 대표적인 비용들과 비교하여 보라. kW당 자본비용 및 이 광기전 시스템의 활용인자는 얼마인가? 비용이 $1000/kW 언저리인 열 발전소와 비교하여 보라.

c. 태양 집광판의 1평방미터의 자본비용은 얼마인가? 집광판 비용뿐만 아니라 모든 자본비용을 포함시켜라.

제1부

열 기관

제2장 기본적인 열역학과 기체의 운동이론

2.1 분자의 운동

기체는 입자(분자)들의 집합으로서 이 입자들은 근사적으로 오로지 탄성충돌, 달리 말하면 에너지와 모멘텀이 보존되는 탄성충돌을 통하여 서로간에 간섭작용을 한다. 분자들이 차원이 없는 점과 같은 객체들이라면 이들의 열 에너지는 3차원에서 선형 운동만을 보일 것이다—이들이 지니는 자유도는 3 뿐이다. 헬륨과 같은 간단한 단원자 분자조차도 (유한한 차원을 가지므로) 회전할 수 있으며 따라서 자유도가 3 이상이다. 다원자 분자들 역시 진동할 수 있으며 이는 추가의 자유도를 부여하여 준다.

주어진 순간에서 어떤 분자들은 큰 운동 에너지를 가지는 반면에 다른 분자들은 운동 에너지를 거의 갖지 않는다. 그러나 충분히 긴 시간동안에 걸쳐 각각의 분자는 동일한 *평균 운동에너지* $\langle W_{mol} \rangle$를 갖는다. 이러한 직관적 결과는 에너지의 등분배 원리라고 불린다. 이 원리가 질량이 서로 다른 분자들의 집합체에까지도 적용된다는 점은 바로 명백하게 이해되지 않는다: 질량이 더 큰 분자들은 질량이 작은 분자들보다 더 작은 평균속도를 가질 것이지만 이들의 평균 에너지는 동일하다. 이 원리에 따르면 임의의 자유도와 연관되는 에너지는 동일하다. 순간속도들은 2.18절에서 논의되는 바와 같이 맥스웰적인 분포를 지닌다.

2.2 온도

평균 분자 에너지의 두 성분들인 $\langle W_{mol,\ linear} \rangle$와 $\langle W_{mol,\ spin\ \&\ vibr.} \rangle$을 구별하는 것이 유용하다:

$$\langle Wmol \rangle = \langle Wmol,\ linear \rangle + \langle Wmol,\ spin\ \&\ vibr. \rangle \tag{2.1}$$

기체가 어떤 장애물에 가하는 압력은 분자들이 그 장애물과 충돌하여 나타나는 결과이다. 분명히 분자들의 *선형* 운동만이 압력에 기여한다; 회전과 진동은 기여할 수 없다.

온도는 $\langle W_{mol,\ linear} \rangle$의 측정치로서 다음과 같이 정의된다:

$$T = \frac{2}{3k} < W_{mol,linear} > \tag{2.2}$$

비례상수 $\frac{2}{3k}$에서 인자 $\frac{1}{3}$은 3의 자유도로부터 기인된다. k는 볼츠만 상수로서 단위온도당 에너지의 차원을 갖는다(SI 단위로 k = 1.38×10^{-23} joules/kelvin).

온도를 이용하면 3차원 기체에서 선형 분자운동의 평균 에너지는

$$\langle \text{Wmol, linear} \rangle = 3\frac{k}{2}T \tag{2.3}$$

이며 1의 자유도에 대하여

$$\langle \text{Wmol, linear, per deg. of freed.} \rangle = \frac{k}{2}T \tag{2.4}$$

이다. (선형 운동, 회전, 혹은 진동과 연관되는) 각 자유도는 동일한 에너지를 가지며 평균 총 분자 에너지는

$$\langle \text{Wmol} \rangle = \frac{\nu}{2}kT \tag{2.5}$$

이다. 여기에서 ν는 자유도이다.

2.3 완전한 기체법칙

압력과 온도 사이에 간단한 관계가 존재해야 할 것임은 분명해 보인다. 표면에 수직인 단일 차원에서의 운동을 고려하여 보자. 충돌시 분자는 $2mv$의 모멘텀을 벽에 가한다(인자 2는 v인 충돌속도와 또 다른 v인 반사속도를 나타낸다). 분자들의 플럭스(즉 단위시간당 단위면적을 통하여 움직이는 분자들의 수)는 $\frac{1}{2}nv$이며 여기에서 n은 분자들의 농도(즉 단위부피당 분자들의 수)이다. 또한 알짜 플럭스는 없다고 가정하고 있으므로, 즉 겉보기 기체 운동은 없다고 가정하고 있으므로 $\frac{1}{2}$은 분자들의 절반은 한 방향으로, 나머지 절반은 반대 방향으로 움직임을 감안하여 준다. 따라서 단위시간당 단위면적에 대한 모멘텀의 변화율(즉 기체가 가하는 압력)은

$$p = nmv^2 \tag{2.6}$$

이다.

고려하고 있는 방향으로 움직이는 분자들의 운동 에너지는 $\frac{1}{2}mv^2$이며 이 에너지는 $\frac{1}{2}kT$이므로

$$\text{p} = \text{nkT} \tag{2.7}$$

를 얻는다.

압력은 기체 농도와 온도에 비례한다. 이는 이상기체에 적용할 수 있는 완전한 기체법칙으로서 입자들은 서로 당기거나 반발하지 않는다. 실제 기체들은 분자들 간의 미약한 Van der Waals 힘과 분자들의 유한한 크기(이로 인하여 기체가 차지할 수 있는 부피가 이를 수용하는 용기의 부

피보다 더 작게 된다) 때문에 이 법칙을 그대로 따르지 않을 수 있다. 기체의 농도가 높을수록 완전한 기체법칙의 이용에 따른 오차는 더 커진다. 그러나 많은 경우 오차는 작아지려는 경향이 있다—300 K 및 100 kPa에서 공기의 부피는 단지 0.07%만큼 과다 추정된다.

(빵 덩어리를 다스로 헤아리는 것이 유용할 수 있는 것과 똑같이) 입자들을 *kilomoles*로 세는 것이 편리한 것으로 확인된다. 1다스는 12와 같지만 1 kilomole은 6.022×10^{26}이다. 이 양은 아보가드로 수 N_0라고 불린다†.

$n=\mu N_0/V$(μ는 kilomole 수이며 V는 용기의 부피)이므로

$$p=\mu\frac{N_0kT}{V}=\mu\frac{RT}{V} \tag{2.8}$$

이는 다른 형태의 완전기체 법칙이다.

$$R\equiv kN_0=1.38\times10^{-23}\times6.022\times10^{26}=8314\ \ JK^{-1}kmole^{-1} \tag{2.9}$$

R은 기체상수이다.

2.4 내부 에너지

기체의 총 내부 에너지 U는 모든 분자들의 에너지의 합이다:

$$U\equiv\sum_i W_{mol_i}=\mu N_0<W_{mol}>=\mu N_0\frac{\nu}{2}kT=\mu\frac{\nu}{2}RT\ J \tag{2.10}$$

따라서 기체의 어떤 양 μ의 내부 에너지 U는 오로지 온도 T와 구성분자들의 자유도 수 ν에만 의존한다.

2.5 일정 부피에서의 비열

고정된 기체의 양에서 온도가 변하는 경우 내부 에너지도 변한다. (견고한 용기 내에 들어있는 기체의 질량의 경우와 같이) 부피가 일정하게 유지되면 온도 변화에 따른 (기체 1 kilomole당) 내부 에너지의 변화율은 일정부피에서의 비열 c_v라고 불린다:

$$c_v=\frac{1}{\mu}\frac{dU}{dT}=\frac{\nu}{2}R\ \ Jkmole^{-1}K^{-1} \tag{2.11}$$

기체에 가해진 열 에너지는 다양한 자유도 사이로 균일하게 나누어진다—따라서 자유도가 클수록 선형운동의 에너지를 증가, 즉 온도를 증가시키는 데에 더 많은 에너지가 필요하다. 이 때

† 만일 아보가드로 수를 (SI 단위를 사용할 때와 같이 kilomole을 이용하는 대신) 1 몰당 분자들의 수로 취한다면 그 값은 6.022×10^{23}이다.

문에 기체의 비열은 ν에 비례한다.

식 2.11로부터 기체의 어떤 양 μ의 온도가 변하면 그 내부 에너지는 다음에 따라 변함을 알 수 있다:

$$\Delta U = \mu \int_{T_0}^{T} c_v dT \tag{2.12}$$

비록 지금까지의 논의로부터 명백하지는 않더라도 c_v가 온도에 의존할 가능성을 감안하기 위하여 c_v를 적분기호 안에 두었음을 주목하자.

2.6 열역학 제 1법칙

ΔQ 만큼의 열 에너지를 마찰이 없는 피스톤이 설치된 다른 기체충진 단열 실린더에 가하여 보자. 단열이란 실린더 내의 기체와 주위 사이에 어떠한 열 교환도 이루어지지 않음을 의미한다. 피스톤의 움직임을 허용하면 무게를 들어 올림으로써 외부로 ΔW의 일을 수행할 수 있다. 움직이지 못하도록 한다면 어떠한 일도 수행되지 않을 것이다. 일반적으로 $\Delta W \neq \Delta Q$이다. 사실 무로부터 에너지가 생성될 수는 없으므로 $\Delta W \leq \Delta Q$이다. 과잉 에너지 $\Delta Q - \Delta W$는 어떻게 되는 것일까?

에너지 보존의 법칙은 시스템의 내부 에너지가 정확한 양만큼 증가할 것을 요구한다. 하나의 "부기" 방정식을 써보면:

$$\Delta U = \Delta Q - \Delta W \tag{2.13}$$

위에서 ΔU는 내부 에너지 증가이다. 미분 형태로서 내부 에너지의 변화는 가해진 열 증가분 및 시스템에 의하여 수행된 일의 증분과 연관될 수 있다:

$$dU = dQ - dW \tag{2.14}$$

식 2.13과 2.14는 열역학 제 1법칙의 수학적 표현이다. 이는 에너지 보존을 말해주고 있다. 여기에서 관심있는 모든 경우들에 있어서 내부 에너지는 랜덤 운동과 연관되는 에너지, 즉 열 에너지이다. 보다 복잡한 시스템은 원자나 분자의 자극, 이온화 등과 같은 추가적인 매커니즘을 통하여 그의 내부 에너지를 증가시킬 수 있다.

일정 부피에서 열이 가해지면 외부로의 일은 없으며($dW=0$) 따라서 $dU = dQ$이다. 일정 부피에서 비열은 (1 kilomole당) dU/dT 이므로

$$\mu c_v = \frac{dU}{dT} = \frac{dQ}{dT} \tag{2.15}$$

이다.

2.7 압력-부피 일

이전의 절에서 일은 밀폐된 실린더-피스톤 시스템으로부터 끌어낼 수 있다고 하였다. 그렇다면 얼마나 많은 일이 생성되는가?

피스톤에 가해지는 힘은 pA이다. 여기에서 A는 피스톤 면의 면적이다. 만일 피스톤이 dx만큼 움직인다면 피스톤이 수행하는 일의 양은 다음과 같다:

$$dW = pAdx \tag{2.16}$$

실린더의 부피는 다음과 같이 변한다:

$$dV = Adx \tag{2.17}$$

따라서

$$dW = pdV \tag{2.18}$$

아울러

$$W = \int pdV \tag{2.19}$$

2.8 일정 압력에서의 비열

c_v는 *부피*가 변하지 않도록 유지되는 경우 온도를 1 K 올리기 위하여 1 kilomole의 기체에 전달되어야 하는 열의 양이다. 그림 2.1에 나타낸 것과 같은 시스템에서 이는 피스톤을 고정시키는 것에 해당한다. 한편 압력을 일정하게 유지한다면 온도를 똑같이 1 K 올리기 위해서는 더 많은 에너지가 필요하다. 추가의 에너지가 필요한 이유는 내부 에너지를 증가시키는 것 외에도 열은 피스톤을 들어 올리는 일을 수행해야 하기 때문이다. (단위온도 상승에 대한) 이 일은 pdV/dT, 혹은 p가 일정하므로

$$p\frac{dV}{dT} = p\frac{d}{dT}\frac{RT}{p} = R \tag{2.20}$$

이다.

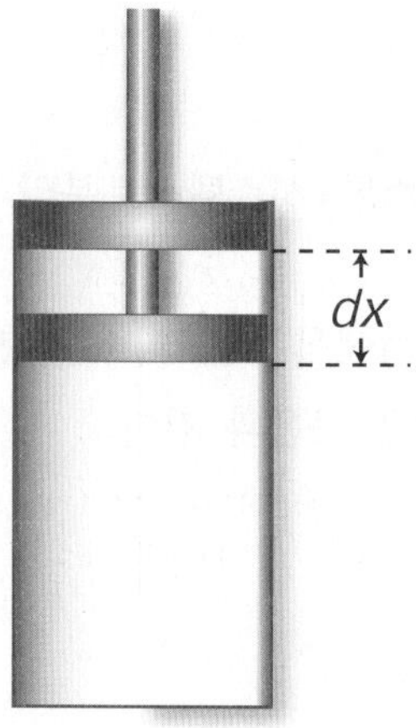

그림 2.1 마찰이 없는 피스톤이 설치된 실린더.

다음을 얻을 수 있다:

$$c_p = c_v + R = \frac{\nu}{2}R + R = \left(1+\frac{\nu}{2}\right)R \;\; JK^{-1}kmole^{-1} \qquad (2.21)$$

두 비열의 비는 다음과 같다:

$$\gamma \equiv \frac{c_p}{c_v} = \frac{R(1+\nu/2)}{R\nu/2} = 1 + \frac{2}{\nu} \qquad (2.22)$$

2.9 단열과정

지금까지 고려해 온 닫힌 시스템에서 우리는 내부 에너지 U와 일 W, 그리고 열 Q 사이의 상호작용을 언급하였다. 가능한 가장 간단한 시스템은 실린더가 아주 잘 단열되어 있어서 열이 들어오거나 빠져나갈 수 없는 시스템이다. 그러한 단열 시스템에서 ΔQ=0이다. 피스톤이 아래로 움직임에 따라 여기에 가해지는 힘은 모두 내부 에너지의 증가로 전환된다: $\Delta U = W$. 압축은 서서히 수행할 수 있어서 어떤 주어진 순간에 피스톤에 의하여 가해지는 압력은 기체의 압력보다 단지 극소량만큼 더 크다—압축은 의사-평형 상태의 연속이며 압력은 기체 전체에 걸쳐 언제나 균일하다. 이러한 경우의 예는 움직임이 매우 빠른 것으로 보일 지라도 피스톤이 역학적 열 기관의 연결막대에 의하여 아래로 눌리는 경우이다. 아울러 무거운 하중으로 움직이지 못하게 된 피스톤이 갑자기 하중이 이완되었을 때와 같이 기체를 급격하게 압축하는 것도 가능하다. 이 경우 피스톤 바로 아래의 기체의 압력은 급격하게 상승할 것이지만 이러한 변화를 기체의 나머지 부분에 전달할 시간이 없다. 비평형 상황이 생성된 것이다. 전자의 경우(점진적인 압축)가 단연 가장 일반적이며 가장 중요하다. 그럼에도 불구하고 점진적인 압축은 무한히 작은 급격한 단계들의 무한한 연속으로 처리될 수 있기 때문에 먼저 급격한 압축을 고려해 보기로 한다.

2.9.1 급격한 압축

일어나는 현상에 대하여 정성적으로 살펴보는 것으로 시작할 것이며 다음에 하나의 보기를 고찰할 것이다.

실린더와 피스톤 시스템이 평형상태에 있다고 가정하자. 단면적이 A인 피스톤은 부피가 $V_0 = h_0 A$인 실린더의 바닥으로부터 높이 h_0에 위치하고 있다. 피스톤에 가해지는 힘은 F_0†이며 따라서 기체의 압력은 $p_0 = F_0/A$이다. 다음에 피스톤에 걸쇠를 채워 움직일 수 없도록 하고 추가의 질량을 그 위에 더하여 준다. 이에 따라 힘이 F_1으로 증가한다. 피스톤이 이완된다면 기체에 $p_1 = F_1/A$의 압력을 가할 것이지만 처음 순간에는 기체는 여전히 상당히 낮은 압력 p_0 하에 존재할 것이다. 피스톤은 급격히 h의 높이로 내려오며 잠시 후에는 새로운 높이 h_1에서 멈출 것이다. 이 때 기체의 압력은 p_1으로 증가한다. $W_{0\to1} = F_1(h_0 - h_1)$ 만한 양의 일이 기체에 가해졌으며 단열 조건으로 인하여 이 일은 완전히 내부 에너지 증가 $\Delta U = \mu c_v(T_1 - T_0)$로 전환된다. 압축은 기체 부피의 감소와 기체 압력과 온도의 증가를 야기시킨다.

만일 다음에 피스톤의 힘이 원래 값으로 환원된다면, 즉 $F_2 = F_0$이면 피스톤은 위로 치솟을 것이며 높이 $h_2 > h_0$에서 멈추게 됨을 볼 수 있을 것이다. 온도는 T_1으로부터 압축 후 새로운 값 $T_2 > T_0$로 떨어질 것이다. 시스템은 그의 원래 상태로 되돌아가지는 않는데 그 이유는 명백하다: 압축은 힘 F_1에 의하여 야기되었지만 팽창은 이보다 작은 힘 F_0에 대하여 이루어졌다. 따라서 $W_{0\to1} = W_{1\to2}$ 의 에너지가 남게 된 것이다. 이러한 특별한 사이클은 외부로부터 약간의 에너지를 추출하였다. 따라서 정의에 의해 이는 비가역 과정이다.

보기

그림 2.1에 보인 단열 실린더-피스톤 시스템을 고려하여 보자. 이 보기에서 이 시스템은 μ = 40.09 $\times 10^{-6}$ kilomoles의 기체를 포함하며 이 기체의 경우 온도에 관계없이 γ=1.4이다. 시스템의 온도는 T_0 = 300 K이다. 실린더의 단면적은 A=0.001 m^2이다.

피스톤은 마찰없이 미끄러지며 F_0=1000 N의 힘을 가한다. 따라서 피스톤은 $p_0 = \frac{F_0}{A} = \frac{1000}{0.001} = 10^6\,Pa$의 압력을 야기시킨다. .

기체의 부피는

$$V_0 = \frac{\mu R T_0}{p} = \frac{40.09\times10^{-6}\times8314\times300}{10^6} = 0.0001\ m^3 \tag{2.23}$$

피스톤은 실린더 바닥 위 $h_0 = V_0/A$=0.0001/0.001=0.1 m에서 정지하고 있다.

평형에서 기체의 압력은 피스톤이 가하는 압력과 같다. 일정 부피에서의 비열은

† 피스톤에 가해지는 힘은 대기압에 의하여 가해지는 힘에 피스톤의 무게에 의한 힘을 더한 값이다.

$$c_v = \frac{R}{\gamma - 1} = 20,785 \ \ JK^{-1}kmole^{-1} \tag{2.24}$$

기체의 내부 에너지는

$$U_0 = \mu c_v T_0 = 40.09 \times 10^{-6} \times 20,785 \times 300 = 250 \ \ J \tag{2.25}$$

아울러 곱 $p_0 V_0^{\gamma}$는

$$p_0 V_0^{\gamma} = 10^6 \times 0.0001^{1.4} = 2.51 \tag{2.26}$$

시스템의 고정된 특성은 다음과 같다:

면적, A = 0.001 m^2.
기체의 양, μ = 40.09×10^{-6} kmoles.
감마, γ=1.4.
일정 부피에서의 비열, $c_v = 20,785 \ \ JK^{-1}kmole^{-1}$.

아울러 초기 데이터는 다음과 같다:

힘, F_0 = 1000 N.
부피, V_0 = 0.0001 m^3.
압력, p_0 = 10^6 Pa.
온도, T_0 = 300 K.
내부 에너지, U_0 = 250 J.
높이, h_0 = 0.1 m.
$p_0 V_0^{\gamma}$ =2.51.

이 문제의 모든 상들에 대한 데이터는 다음 절 말미의 표 2.1에 나타낸 바와 같다.

피스톤에 의하여 가해지는 힘이 갑자기 증가해서 F_1이 10,000 N으로 되면 어떤 일이 일어날까? 피스톤은 아래로 내려가다가 높이 h_1에서 멈출 것이다. (실제로는 피스톤은 처음에 그 위치 너머까지 지나쳐 내려가다가 기체의 내부 손실로 진정이 될 때까지 위아래로 진동하게 될 것이다.) 평형 상태에 있을 경우 기체의 압력은

$$p_1 = \frac{F_1}{A} = \frac{10,000}{0.001} = 10^7 \ \ \text{Pa} \tag{2.27}$$

h_0로부터 h_1까지 움식이면서 피스톤은 $W_{0\to 1}$의 일을 수행하였다:

$$W_{1\to 2} = F_1 (h_0 - h_1)$$

실린더는 단열이므로 기체의 내부 에너지는 다음 양만큼 증가해야 한다:

$$\Delta U_0 = \mu c_v (T_1 - T_0) = F_1 (h_0 - h_1) \tag{2.29}$$

위에서 T_1은 압축 후의 기체의 온도로서 다음과 같이 주어진다:

$$T_1 = \frac{p_1 V_1}{\mu R} = \frac{p_1 A h_1}{\mu R} = \frac{F_1}{\mu R} h_1 \tag{2.30}$$

식 2.30을 식 2.29에 도입하면

$$F_1 (h_0 - h_1) = \frac{c_v}{R} F_1 h_1 - \mu c_v T_0 \tag{2.31}$$

h_1에 대하여 풀면,

$$h_1 = \frac{\gamma - 1}{\gamma} \left(h_0 + \mu c_v \frac{T_0}{F_1} \right) \tag{2.32}$$

보기의 값들을 이용하면 h_1=0.0357 m을 얻는다.
이제 기체의 부피는

$$V_1 = A h_1 = 0.001 \times 0.0357 = 35.7 \times 10^{-6}\ m^3 \tag{2.33}$$

기체의 온도는

$$T_1 = \frac{p_1 V_1}{\mu R} = \frac{10^7 \times 35.7 \times 10^{-6}}{40.09 \times 10^{-6} \times 8314} = 1071.4\ \ K \tag{2.34}$$

그리고 곱 pV^{γ}는

$$p_1 V_1^{\gamma} = 10^7 \times (35.7 \times 10^{-6})^{1.4} = 5.94 \tag{2.35}$$

이 데이터들을 모으면 갑작스런 압축 후 다음과 같은 값들을 얻는다:

F_1 = 10, 000 N.
부피, $V_1 = 35.7 \times 10^{-6}\ m^3$.
압력, $p_1 = 10^7$ Pa.
온도, T_1 = 1071.4 K.
높이, h_1 = 0.0357 m.
$p_1 V_1^{\gamma} = 5.94$

피스톤이 기체에 전달한 에너지의 양은

$$W_{0\to1} = F_1(h_0 - h_1) = 10,000(0.1-0.0357) = 643 \text{ J} \quad (2.36)$$

이 보기에서는 10,000 N의 힘을 갑작스럽게 적용하여 (즉 9000 N이 증가) 강한 비평형 상황이 야기되었다. 이러한 추가적인 힘이 적용된 순간에 피스톤은 10^7 Pa의 압력을 가한 반면에 반대쪽 기체의 압력은 10^6 Pa 뿐이었다. 피스톤은 급격히 내려가서 새로운 평형이 이루어졌다. 표 2.1의 두 번째 줄("급격한 압축")에도 열거되어 있는 앞의 값들로부터 시작하여 이 상황이 반대로 이루어지도록 시도하여 보자. (원래 가했던 1000 N은 남겨둔 채) 9000 N의 힘을 갑자기 제거한다. 우리가 바로 수행한 것과 전적으로 대등한 계산들을 수행하면 다음과 같은 새로운 최종 값들을 얻는다:

F_2 = 1000 N.
부피, $V_2 = 268\times10^{-6}\ m^3$.
압력, $p_2 = 10^6$ Pa.
온도 T_2 = 795.6 K.
높이 h_2 = 0.265 m.
$p_2 V_2^{\gamma} = 9.98$.

피스톤 상부의 힘은 원래 값 1000 N으로 되돌아오지만 기체의 상태는 실험의 초기 상태와는 많이 다르다. 이는 우리가 지적한 바와 같이 이미 예견된 바이다. 우리는 기체를 10,000 N의 힘으로 압축한 다음 훨씬 더 작은 힘 1000 N에 대하여 피스톤을 들어올렸다. 최종 높이는 처음 높이보다 더 높지만 일부 에너지는 남겨진 상태이다. 실제로 기체의 내부 에너지는 $U_2 = \mu c_v T_2 = 663$ J로서 처음 값인 U_0 = 250 J에 대하여 413 J만큼 증가되었다. 이는 물론 역학적 입력 에너지 $W_{0\to1}$와 역학적 출력 에너지 $W_{1\to2}$ 사이의 차이이다.

2.9.2 점진적인 압축

팽창될 때 정확하게 원래와 동일한 상태로 되돌아오도록 하는 방식으로 기체를 단열적으로 압축할 수 있을까? 달리 말하면 단열 압축은 가역적일 수 있을까? 이에 대한 대답은 힘이 점진적으로 가해질 경우 "그렇다"이다. 압축(혹은 팽창)은 다수의 단계들로 진행되어야 하며 각 단계에서는 기체가 의사-평형 상태로 유지된다. 이는 엑셀과 같은 스프래드쉬트를 이용하여 간단한 수치적인 방법으로 예시하여 볼 수 있다.

이전 실험의 초기에서와 같은 조건으로 시작하여 힘을 ΔF로 조금씩 증가시켜 $F_i = F_{i-1} + \Delta F$이 되도록 한다. 디음으로부터 h_i를 계산한다:

$$h_i = \frac{\gamma-1}{\gamma}\left(h_{i-1} + \mu c_v \frac{T_{i-1}}{F_i}\right) \quad (2.37)$$

표 2.1 압축 실험의 서로 다른 상들에서의 변수들.

상	아래첨자	부피 (리터)	압력 (MPa)	온도 (K)	높이 (cm)	pV^{γ}	힘 (N)
초기	"0"	100	1	300	10	2.51	1000
급격한 압축	"a"	35.7	10	1071	3.57	5.94	10,000
급격한 팽창	"$a_{rever.}$"	265	1	796	26.5	9.98	1000
점진적인 압축	"$_{reversible}$"	19.3	10	579	1.93	2.51	10,000

다음으로부터 T_i를 계산한다:

$$T_i = \frac{F_1 h_i}{\mu R} \tag{2.38}$$

$F_i = F_{final}$일 때까지 반복 수행한다. 여기에서 F_{final}(이 보기의 경우 10, 000 N)은 힘의 최종값이다.

충분히 작은 ΔF에 대하여 h_{final} = 0.0193 m 및 T_{final} = 579.2 K가 얻어졌다. 아울러 동일한 방법으로 압력을 줄이면 원래 값의 h, V, 그리고 T로 되돌아온다. 이 과정은 가역적이다. 나아가 pV^{γ}의 최종값은 처음 값과 동일한 것으로 나타난다. 실제로 pV^{γ}는 모든 계산단계들에서 동일하다. 이는 우연의 일치가 아니다. 이 장의 뒷부분에서 가역 단열과정의 경우 pV^{γ}는 일정함을 예시할 것이다. 제 4장에서는 이러한 소위 다방성 법칙(polytropic law)을 모든 등엔트로피 과정에 적용하는 것을 예시하고 있다. 다방성 법칙의 이용으로 위에서 언급한 반복 기법을 사용하지 않고 가역 단열과정을 간단한 방법으로 계산할 수 있다.

가역 압축의 결과는 다음과 같다:

부피, $V_{reversible}$ = $19.3 \times 10^{-6}\ m^3$.
압력, $p_{reversible}$ = 10^7 Pa.
온도 $T_{reversible}$ = 579.2 K.
높이 $h_{reversible}$ = 0.0193 m.
$(pV^{\gamma})_{reversible}$ = 2.51.
$F_{reversible}$ = 10, 000 N.

2.9.3 p-V 도표

기체의 압력과 부피의 거동을 그림 2.2에 보인 바와 같이 그래프로 나타내면 과정의 이해가 더욱 쉬워진다.

가역 압축은 다수의 연속적인 평형단계들의 결과이므로 각 단계 후의 압력과 부피를 계산할 수 있다. 이는 그림에서 매끄러운 (지수곡선처럼 보이는) 곡선으로 나타나 있다. 곡선 아래의 짙은 부분은 압축 도중에 수행된 일의 양을 나타냄을 주목하자.

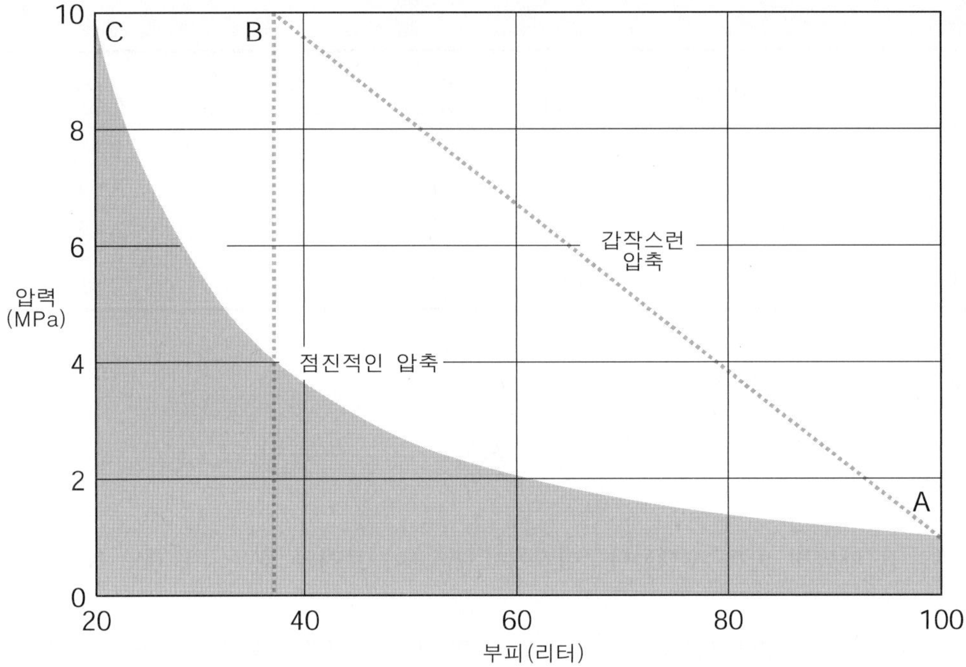

그림 2.2 가역 단열 압축에 있어서 초기 상태 A로부터 최종 상태 C로의 진행은 매끄럽고 예측 가능하다. 갑작스런 압축의 경우 기체의 경로를 지정하는 것은 불가능하다.

실험에서 압축은 1 MPa로부터 시작하며 (이 때 기체의 부피는 100 리터이다) 압력이 10 MPa (부피는 19.3 리터)에 도달하면 종료된다.

갑작스런 압축의 경우 초기 상태(A)는 이전 경우와 같다. 최종 상태(B)는 이전과 압력이 동일하지만(10 MPa) 기체의 온도는 더 높기 때문에 부피는 더 커진다(이전의 19.3 리터에 대하여 35.7 리터). 그러나 하나의 상태로부터 다른 상태로의 경로는 알 수 없으며 점선으로 표시되어 있다. 그러한 급속한 압축 동안에는 기체 질량 전체에 걸쳐 압력과 온도가 균일하지 않으므로 이들을 지정할 수 없다. 피스톤이 아래로 눌림에 따라 기체는 피스톤의 주변에 쌓이게 되어 균일하게 분포될 시간을 갖지 못한다.

*점진적*이라는 용어와 *갑작스런* 이라는 용어는 상대적이다. 대부분의 기관에서는 고속 운전의 경우에서도 압축(혹은 팽창)은 (큰 오차 없이) 점진적이라고 간주될 수 있다.

2.9.4 다방성 법칙(polytropic law)

압력-부피 일에 대한 논의에서 이용된 실린더와 피스톤은 단열되어 있어서 내부의 기체와 외부 사이에 열이 교환될 수 없다고 가정하자. 단열 조건을 유지하는 것으로서 교환된 열은

$$dQ = 0 \tag{2.39}$$

와 같다.

압축 과정에서 하나의 미세한 단계를 고려하여 보자. 일은

$$dW = pdV \tag{2.40}$$

이다.

열역학 제 1법칙으로부터 다음을 얻는다:

$$dQ = dU + dW = 0 \tag{2.41}$$

완전기체 법칙으로부터

$$p = \mu \frac{RT}{V} \tag{2.42}$$

이로부터

$$dW = \mu RT \frac{dV}{V} \tag{2.43}$$

아울러

$$dU = \mu c_v dT \tag{2.44}$$

$$\mu c_v \frac{dT}{T} + \mu R \frac{dV}{V} = 0 \tag{2.45}$$

$$c_v \ln T + R \ln V = \text{constant.} \tag{2.46}$$

그러나 $R = c_p - c_v$ 이므로

$$\ln T + (\gamma - 1) \ln V = \text{constant.} \tag{2.47}$$

$$TV^{\gamma - 1} = \text{constant.} \tag{2.48}$$

$pV = \mu RT$이므로

$$pV^{\gamma} = \text{constant.} \tag{2.49}$$

이는 다방성 법칙(polytropic law)이라고 통칭되며 가역 단열 압축이나 팽창의 특성이다.

2.9.5 단열 팽창에서 수행되는 일

하나의 단열 과정에서 $dQ = 0 = dU + dW$ 이므로 $dW = -dU$,

$$W_{0.1} = \mu c_v \Delta T \tag{2.50}$$

시스템에 전달되는 열이 없기 때문에 모든 일은 내부 에너지의 감소 $\mu c_V \Delta T$ 로부터 비롯되어야 한다.

2.10 등온 과정

이전의 절에서는 특별히 중요한 열역학적 변환인 단열 과정을 논의하였다.

모든 상황들에서 기체가 V_0로부터 V_1로 팽창될 때 수행되는 일은(2.7절 참조)

$$W_{0,1} = \int_{V_0}^{V_1} p dV \tag{2.51}$$

등온 조건에서는

$$pV = p_0 V_0 \qquad \therefore \; p = p_0 \frac{V_0}{V} \tag{2.52}$$

$$W_{0,1} = p_0 V_0 \int_{V_0}^{V_1} \frac{dV}{V} = p_0 V_0 \ln \frac{V_1}{V_0} = p_0 V_0 \ln \frac{p_0}{p_1} = \mu R T \ln \frac{p_0}{p_1} \tag{2.53}$$

과정에 대한 기본적인 매커니즘을 좀 더 명료하게 드러낼 것이라는 기대 속에 위의 결과를 좀 더 상세한 과정을 이용하여 다시 유도해 보기로 한다†.

실린더는 더 이상 열적으로 단열되어 있지 않다고 가정한다: 시스템은 300 K의 일정 온도로 유지되는 항온조와 열적으로 접촉하고 있다. 마찰이 없는 피스톤은 하중에 의하여 고정되어 있으며 초기 압력은 p_0이다. 기체가 최종 압력 p_f까지 팽창되도록 허용될 경우 얼마나 많은 에너지가 추출될 수 있을 것인지를 알고자 한다. 이에는 피스톤으로부터 일부 하중을 제거하는 것을 필요로 한다. 외부의 대기압은 없다고 가정한다.

원래 하중은 질량이 10 kg이며 갑자기 9 kg이 제거된다고 상상하여 보자. 피스톤은 1 kg을 들어 올리며 상승할 것이다. 마찰이 없으므로 시스템은 진동하게 되며 기체의 내부 소산(消散)에 의하여 멈추게 된다. 팽창에 의하여 냉각된 기체는 항온조로부터 열이 도입됨에 따라 다시 데워지게 된다. 새로운 평형에 도달한 후 1 kg의 질량은 이를테면 1 m만큼 상승하였을 것이다. 수행된 일은 $W = mgh = 1 \times 9.8 \times 1 = 9.8$ J이다. 최종 온도는 초기 온도와 동일하지만 팽창 도중에 온도는 먼저 감소되었다가 다시 원래 값으로 증가되었기 때문에 *이 과정은 등온이 아니다*. 등온이라면 온도는 전 과정을 통하여 변하지 않아야 한다.

실험으로 되돌아가서 이번에는 피스톤에 2 kg을 남겨두자. 질량은 상승할 것이고 진동은 궁극적으로 정지될 것이다. 이제 추가로 1 kg을 제거하면 과정은 그 자체를 반복한다. 최종 상태는 첫 번째 실험에서와 동일하지만 첫 번째 단계에서 질량이 0.444 m 만큼 상승되었으므로 수행된 일은 이제 $2 \times 9.8 \times 0.444 + 1 \times 9.8 \times 0.556 = 14.2$ J이다(문제 2.3 참조). 이와 같이 더 많은 일이

† 스탠포드 대학교의 D. Baganoff 교수가 제안한 과정이다.

수행된 명백한 이유는 비록 단지 1 kg 만이 1 m의 높이에 도달하지만 과정의 일부에서 총 2 kg이 들어올려졌기 때문이다.

최대 일은 각각에서 무한히 작은 양의 질량을 제거하는 수많은 단계들을 이용하여 수행된다. 그러한 상황에서는 각각의 미소적 냉각 후에 항온조로부터 열이 기체로 흐르기 때문에 팽창은 등온적이며 따라서 온도를 일정한 300 K로 유지하게 된다. 이러한 최대 일이란 무엇인가?

압축비 r을 정의하자:

$$r \equiv \frac{p_0}{p_f} \tag{2.54}$$

감압이 (기하학적으로) 균일한 단계들에 의하여 진행되며 단계들의 수를 n이라고 하자. 그러면

$$r^{1/n} = \frac{p_{i-1}}{p_i} \tag{2.55}$$

단계 i에서 수행되는 일은

$$W_i = (h_i - h_{i-1})F_i \tag{2.56}$$

위에서 F_i는 단계 i에서 올려진 하중으로서 다음과 같다:

$$F_i = p_i A \tag{2.57}$$

A는 피스톤의 면적이다.

단계 i 후에 하중이 도달한 높이는

$$h_i = \frac{V_i}{A} \tag{2.58}$$

각 단계 후에 온도는 원래 값 T_0로 되돌아오므로 $pV = p_0 V_0$이며 따라서

$$W_i = \frac{V_i - V_{i-1}}{A} p_i A = V_i p_i - V_{i-1} p_i = V_0 p_0 - V_{i-1} p_i \tag{2.59}$$

$$W_i = V_0 p_0 \left(1 - \frac{p_i}{p_{i-1}}\right) = V_0 p_0 (1 - r^{-1/n}) \tag{2.60}$$

총 일은

$$W = V_0 p_0 \sum_{i=1}^{n} (1 - r^{-1/n}) = V_0 p_0 n (1 - r^{-1/n}) \tag{2.61}$$

$$W = V_0 p_0 \ln r \tag{2.62}$$

이는 앞에서 유도한 공식이다. 기체의 팽창하는 질량은 팽창이 등온일 때 최대 일을 수행한다.

2.11 상태함수

주어진 양의 완전기체의 상태는 압력, 부피, 혹은 온도의 세 변수들 가운데 임의의 두 변수들을 지정함으로써 완전하게 정의된다. 세 번째 변수는 (기체의 kilomole 수를 알고 있는 경우) 완전기체 법칙을 적용하여 다른 두 변수들로부터 유도될 수 있다.

기체가 한 상태로부터 다른 상태로 변할 경우 내부 에너지의 변화를 계산할 수 있다. 이를 위해서는 기체의 양, 일정 부피에서의 비열, 그리고 초기 및 최종 온도를 아는 것으로 충분하다. 변화 동안에 어떤 중간온도들을 거치는지는 전혀 무관하다.

한편 상태의 변화 도중의 일을 계산하려면 그 변화가 정확하게 어떤 방식으로 일어나는지를 아는 것이 필요하다. 초기 및 최종 상태를 아는 것으로는 불충분하다. 앞 절에서 언급한 실험에서 최종 상태에 도달하기 위한 일은 질량이 어떤 방법으로 상승되는가에 따라 달라진다. 상태들이 어떤 것인지를 아는 것만으로는 하나의 상태로부터 다른 상태로 가는 데에 얼마만큼의 일이 소요되는지 알 수 없다. 언덕 꼭대기에 서 있는 사람을 보고 있는 경우 거기에 오르기 위해 얼마만큼의 노력을 기울였는지 알 수 없다. 그 사람은 쉽고 포장된 길을 택하였거나 보다 길고 돌이 깔린 길을 따라 올랐을 수 있다. 달리 말하면 에너지는 기체의 상태의 함수가 아니다.

2.12 엔탈피

지금까지 우리는 고정된 기체 질량이 포함되는 닫힌 시스템만을 고려하였다. 터빈과 같은 많은 장치들은 열린 시스템으로서 기체의 흐름을 수반한다. 우리의 주의를 주어진 질량의 기체에만 고정시키는 대신 어떤 열역학적 변환을 겪으면서 유체가 흐르는 주어진 부피의 시스템을 고려해야 한다. 그러한 열린 시스템에서 에너지의 변화를 정량화하기 위해서는 유체가 시스템으로 도입시키는 에너지와 시스템으로부터 유체가 지니고 나가는 에너지를 감안해 주어야 한다.

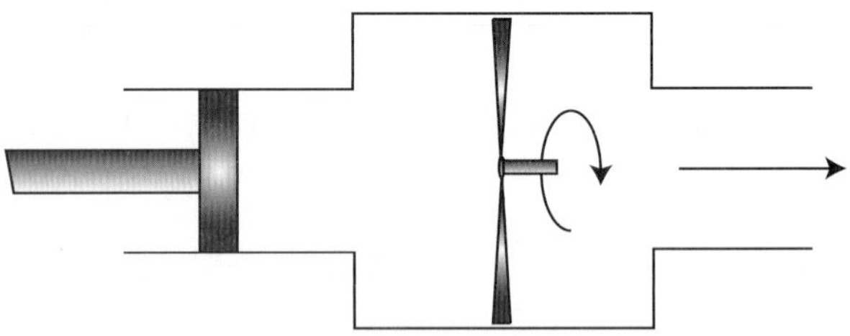

그림 2.3 기체의 흐름이 일을 수행하는 열린 시스템..

유체의 흐름을 그림 2.3에 나타낸 열린 시스템으로 도입시키기 위하여 부피 V의 기체를 장치 내로 밀어 넣는 압력 p를 가하는 (가상적인) 피스톤을 상상하여 보자. 이 피스톤은 힘 pA를 가하며 pAL=pV의 에너지를 이용하여 기체를 길이 L만큼 밀어 넣는다. 장치로의 에너지의 흐름은 $p_{in}V_{in}$이다. 기체는 유출하면서 $p_{out}V_{out}$의 에너지를 지니고 나간다. 흐름에 의하여 축적된 알짜 에너지는 $p_{in}V_{in}-p_{out}V_{out}$이다. 기체의 내부 에너지도 변한다면 장치가 생성하는 총 일은

$$W = \Delta(pV) + \Delta U = \Delta(pV + U) \equiv \Delta H \tag{2.63}$$

여기에서는 장치가 단열(열은 벽을 통하여 외부와 교환되지 않는다)이라고 가정하고 있다.

조합 $pV + U$는 열역학에서 빈번히 나타나며 엔탈피라고 불리는 양을 정의하는 것이 편리하게 된다:

$$H \equiv U + pV \tag{2.64}$$

H, U, 그리고 pV는 에너지들로서 서로 상대적이다; 즉 이들은 어떤 임의의 수준에 대하여 지칭되어야 한다. 이들의 크기는 거의 중요하지 않다; 중요한 것은 이들의 *변화*이다:

$$\Delta H = \Delta U + \Delta(pV) = \Delta U + p\Delta V + V\Delta p \tag{2.65}$$

일정 압력에서 ΔH는 단순히 $\Delta U + p\Delta V$이며 따라서 시스템에 가해진 열 ΔQ와 같다:

$$\Delta H = \Delta U + W = \Delta Q \text{ (일정 압력에서)} \tag{2.66}$$

이 때문에 엔탈피는 때로는 열함량이라고 불린다. 반응들이 흔히 열린 용기들에서, 즉 일정 압력에서 수행되기 때문에 이는 화학자들이 보통 사용하는 양이다.

식 2.15로부터 (kilomole 당)

$$\Delta U = \int_{T_0}^{T} c_v dT \tag{2.67}$$

완전기체 법칙과 식 2.65를 이용하면(다시 kilomole 당)

$$\begin{aligned} \Delta H &= \Delta U + \Delta(pV) = \Delta U + \Delta(RT) \\ &= \int_{T_0}^{T} c_v dT + R\int_{T_0}^{T} dT = \int_{T_0}^{T} (c_v + R) dT = \int_{T_0}^{T} c_p dT \end{aligned} \tag{2.68}$$

식 2.67과 2.28을 비교하여 보자.

2.13 자유도

비열 및 이들의 비 γ에 대하여 우리가 유도한 공식들은 분자들의 자유도 ν에 대한 지식을 필요로 한다. 유도로부터 이 수는 정수이며 온도와는 무관해야 함을 알았다. 실험 데이터는 무엇을 말해 주어야 하는가?

분자들이 3의 전이 자유도를 갖는 단원자 기체들을 고려하여 보자. 이것이 모두라면 이들의 ν는 정확히 1+2/3 = 1.667일 것이다(식 2.22). 표 2.2는 헬륨, 아르곤 및 에 대한 γ의 측정값들이 (정확하지는 않지만) *근사적으로* 기대했던 값임을 보여주고 있다. (을 보이고 있다.) 그러나 이 기체들의 분자들은 어떤 부피를 가지므로 이들은 회전할 수 있어야 한다. 적어도 하나의 추가적인 자유도가 각 회전 운동에 부여되어야 하며 ν는 4보다 작아서는 안된다. 이에 따라 γ는 1+2/4 = 1.5가 되며 이는 관찰된 값보다 상당히 낮은 값이다.

이제 2원자 분자 H_2를 취하여 보자. 이는 3의 전이 및 2의 회전 자유도를 가진다. 나아가 이 분자는 진동할 수 있으므로 또 다른 2의 자유도가 필요하다(하나는 진동의 운동 에너지이며 하나는 포텐셜에 대한 값이다). 따라서 총 자유도 수는 적어도 7이어야 하며 γ 값은 1+2/7 = 1.286 이어야 한다. 2300 K에서 수소는 1.3의 γ 값을 가지는데 이는 ν = 6.67에 해당되며 그림 2.4로부터 알 수 있는 바와 같이 고온에서도 자유도 수는 7에 도달할 수 있는 것으로 보인다. 아주 낮은 온도에서 ν는 3으로 향하는 경향이 있으며 H_2는 점과 같은 단원자 분자처럼 거동한다.

표 2.2 일부 단원자 기체들의 비열들의 비율.

기체	온도(K)	γ
헬륨	93	1.660
아르곤	298	1.668
크립톤	298	1.68

이들 온도 한계 사이에서 ν는 매끄럽게 변하며 정수가 아닌 분수 값을 취한다. 명백히 임의의 단일분자는 정수의 자유도만을 가질 수 있지만 분자들의 대규모 집합으로 구성되는 기체는 평균 ν(분수)의 자유도를 갖는다. 주어진 임의의 온도에서 어떤 분자들은 작은 자유도 수를 갖지만 다른 분자들은 보다 큰 자유도를 갖는다. 달리 말하면 에너지의 등분배 원리(모든 분자들의 모든 자유도에 대하여 동일한 에너지를 요구한다)가 성립되지 않는다. 따라서 실제 기체들에 대하여 비열 및 이들의 비 γ는 극단적은 아니더라도 온도에 의존한다. 9.7.4.3 절(제 9장)의 온도에 대한 자유 에너지 의존성 그래프를 참조하자.

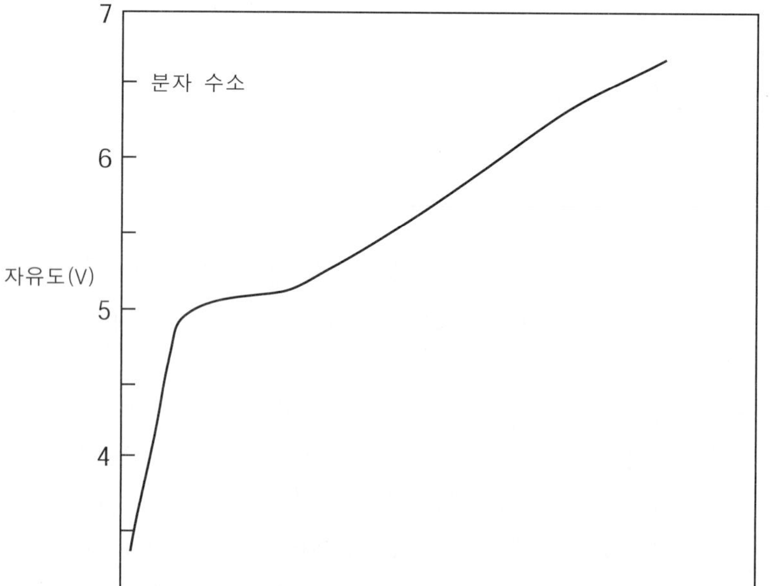

그림 2.4 온도의 함수로 나타낸 분자수소의 자유도 수.

일부 추정치들의 경우 그 양들이 일정하다고 가정하는 것으로 충분하다. 모든 상온에 대하여 H_2와 O_2의 경우 ν=5로 가정할 수 있으며 좀 더 복잡한 분자인 H_2O의 경우 ν=7로 가정할 수 있다. 보다 정밀한 계산에서는 이 값들을 표에서 찾아보는 것을 필요로 한다. 이를테면 표 9.5에 보인 H_2, O_2, 그리고 H_2O에 대한 c_p와 γ의 측정치들을 살펴보자.

어떤 일반적인 경향들을 기억할 필요가 있다: 좀 더 복잡한 분자들이나 고온에서는 자유도 수가 더 커지며 따라서 비열들이 더 크고 γ는 더 작아진다.

2.14 엔트로피

서로 다른 형태의 에너지들을 고려하는 경우 이들을 직관적으로 "고귀한" 순서로 서열을 정할 수 있다. 전기 에너지는 아주 "고귀하다"—이 에너지는 임의의 다른 종류의 에너지로 쉽게 변환될 수 있다. 역학적 에너지도 마찬가지인데 이는 (이론적으로) 손실이 없이 전력으로, 혹은 그 반대로 변환될 수 있다. 그러나 열은 "저급화된" 에너지임에 틀림없다. 이 에너지는 (절대영도의 열 싱크에 대하여 작용하지 않는 한) 완전히 전기나 역학적 에너지로 변환될 수 없음은 잘 알려져 있다. 화학적 에너지는 전력보다 더 낮지만 열보다는 더 높은 "고귀함"을 지닌다.

여전히 직관적으로 우리는 온도가 높을수록 열의 "고귀함"은 더 높아짐을 느낄 수 있다—즉 열은 보다 효율적으로 어떤 다른 형태의 에너지로 변환될 수 있다.

이러한 느슨한 개념들을 좀 더 정량적인 바탕위에 세워보도록 하자.

두 개의 커다란 단열 열 저장용기를 고려하여 보자: 하나(소스라 부르기로 한다)의 온도는 T_H이며 다른 하나(싱크)의 온도는 T_C로서 더 낮다. 용기들은 이들 사이에 열전도 경로를 형성하는 가느다란 금속막대로 서로 연결되어 있다. 실험이 지속되는 동안 소스로부터 싱크로 전달되는 열은 저장용기에 저장된 에너지보다 매우 작다고 가정한다. 이러한 상황에서 온도는 변하지 않는 상태로 유지될 것이다.

아울러 막대는 저장용기들과 열적으로 접촉하지만 외부와는 아무런 접촉이 없는 것으로 가정한다. 그렇다면 소스를 떠나는 열의 양은 싱크에 도달하는 열과 완전히 동일해야 한다. 그럼에도 불구하고 열이 도착시의 온도가 출발시의 온도보다 낮기 때문에 열의 "고귀성"의 일부를 상실하게 된다. "고귀성"은 전도 과정에서 상실된다.

열 소스와 열 싱크 모두에서 Q/T 비를 구하여 보자. Q는 전달된 열의 양이다. 명백히 $Q/T_H < Q/T_C$ 이다. 이 비율을 "저급성"의 척도("고귀성"의 결핍정도)로 이용할 수 있거나 혹은 이와 달리 $-Q/T$를 "고귀성"의 척도로 이용할 수 있다. 느슨한 의미로서 엔트로피는 우리가 "저급성"이라고 부르는 양이다:

$$S \equiv \frac{Q}{T} \tag{2.69}$$

위의 실험에서 에너지는 보존되지만 "고귀성"은 손실됨을 인식하는 것이 중요하다. 이는 우주의 어떤 다른 부분으로 출현하기 위해 실험 시스템에서 사라진 것이 아니다—이것은 전체적으로서 우주로 손실된 것이다. "저급성", 혹은 엔트로피의 보존에 대한 법칙 같은 것은 없다. 임의의 닫힌 시스템에서 엔트로피는 변하지 않을 것이지만 변한다면 언제나 증가한다†. 이는 열역학 제 2법칙을 나타낸다.

전력이나 역학적 에너지와 연관되는 열은 없으므로 이러한 에너지 형태들은 0의 엔트로피를 갖는다.

2.14.1 엔트로피 변화

상태함수 문제로 되돌아가서 엔트로피는 그러한 함수임을 인식하는 것이 중요하다. 어떤 과정에서 엔트로피 변화를 결정하려면 최종 및 처음상태의 엔트로피를 구하고 그 차이를 얻는 것으로 충분하다.

어떤 과정들은 시스템이 완전한 변화 사이클(압력, 부피, 그리고 온도)을 거치도록 함으로써 사이클이 종료되면 시스템은 처음 상태로 되돌아온다. 그러한 과정들은 가역적이다. 가역적이기 위해서는 외부와 교환되는 알짜 열이나 일이 0이어야 한다. 임의의 가역과정에서 상태 1로부터 상태 2로의 변화에 의한 물질의 엔트로피 변화는

$$\triangle S = \int_1^2 \frac{dQ}{T} \tag{2.70}$$

와 같다. 여기에서 S는 엔트로피이며 $\varDelta S$는 엔트로피 변화이다.

단열과정에서 $dQ = 0$ 이므로

$$S = 일정 \tag{2.71}$$

등온과정에서는 T가 일정하므로 $\varDelta S = Q/T$ 이다. 그러나 열역학 제1법칙 $\varDelta U = Q - W$에 따르면 등온변화에서 $\varDelta U = 0$이므로 W=Q이며 그러한 변화에서 $W = p_0 V_0 \ln p_1/p_2$이므로

$$\triangle S = \frac{V_0 p_0}{T} ln \frac{p_1}{p_2} = \mu RT \ln \frac{p_1}{p_2} \tag{2.72}$$

등압과정에서는

$$\triangle S = \mu \int_1^2 c_p \frac{dT}{T} \tag{2.73}$$

c_p가 일정하다면

$$\triangle S = \mu c_p \ln \frac{T_2}{T_1} \tag{2.74}$$

† 그러나 어떤 주어진 시스템이 언제나 최대 엔트로피를 지향하는 것은 아니다. 마치 어떤 태고적의 수프로부터 생명이 형성된 것과 같이 시스템은 순간적으로 복잡한 구조를 생성할 수 있다—이는 엔트로피의 감소이다.

등적과정에서는

$$\triangle S = \mu \int_1^2 c_v \frac{dT}{T} \quad (2.75)$$

c_v가 일정하다면

$$\triangle S = \mu c_v \ln \frac{T_2}{T_1} \quad (2.76)$$

상의 등압변화에 의한 어떤 물질 μ kilomoles의 엔트로피 변화는

$$\triangle S = \mu \frac{Q_L}{T} \quad (2.77)$$

위에서 Q_L은 상 변화의 (kilomole당) 잠열이며 T는 변화가 일어나는 온도이다.

이 결과들은 모두 표 2.3에 요약되어 있다.

표 2.3 엔트로피 변화.

과정	ΔS	식
단열	0	2.71
등온	$\mu R \ln \frac{p_1}{p_2}$	2.72
등압	$\mu \int_1^2 c_p \frac{dT}{T}$	2.73
등압(일정 c_p)	$\mu c_p \ln \frac{T_2}{T_1}$	2.74
등적	$\mu \int_1^2 c_v \frac{dT}{T}$	2.75
등적(일정 c_v)	$\mu c_v \ln \frac{T_2}{T_1}$	2.76
상 변화	$\mu \frac{Q_L}{T}$	2.77

2.15 가역성

2.14절에서 제시한 실험에서는 관련되는 온도 T_H 및 T_C의 변화 없이 열 흐름의 방향을 역전시키는 것은 불가능하다. 이는 비가역 과정이다. 가역성을 보여주기 위한 다른 경우를 살펴보자(스탠포드 대학교의 D. Baganoff 교수가 제안).

마찰이 없는 피스톤을 지닌 단열 실린더를 다시 고려하여 보기로 한다. 이 실린더는 300 K에서 100 kPa의 이상적인 단원자 기체 10 m^3를 포함하고 있다. 그림 2.5에 나타낸 p와 V 및 T

와 V의 그래프들을 이용하여 압축과 연속되는 팽창 동안의 기체의 거동을 따르기로 한다. 초기 상태는 두 그래프 모두에서 "1"로 표시된다.

피스톤이 움직여서 부피가 2 m^3로 줄어들면 압력은 pV^γ 곱이 일정하게 유지되는 방식으로 단열라인을 따라 증가할 것이다. 상태 2에 도달하면 압력은 1470 kPa에 이를 것이고 온도는 882 K가 될 것이다. 두 상태 사이의 압축 동안에 수행된 일은 $\int pdV$이며 1과 2 사이의 곡선 아래 부분의 면적에 비례한다.

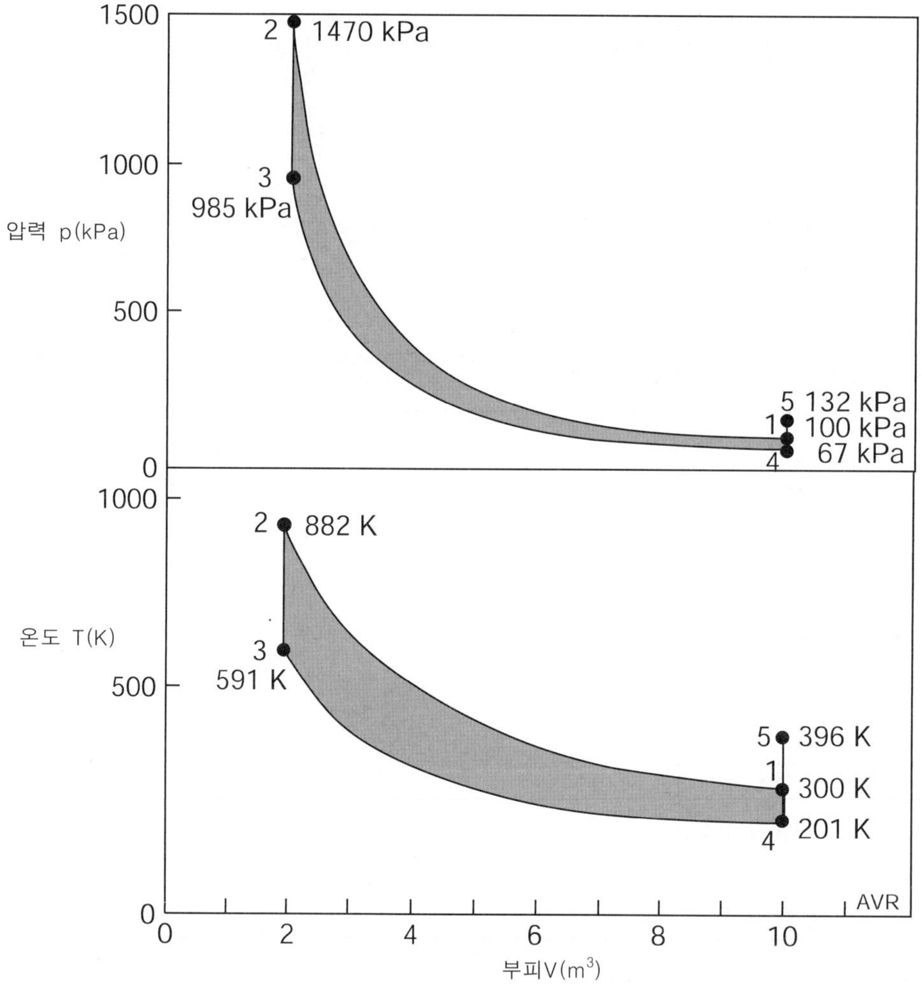

그림 2.5 언급된 실험에 대한 압력-부피 및 온도-부피 그래프.

피스톤이 초기 위치로 되돌아오게 하면 기체는 팽창되면서 냉각되어 초기상태 1로 되돌아올 것이다. 이 과정은 완전히 가역적이다. 이제 실린더 내부에 열용량이 기체와 동일한 고체의 물체가 있다고 하자. 기체를 빠르게 압축시키고 즉시 팽창시킨다면 원래온도 300 K로 유지되는 기체와 고체 사이에 열이 교환될 시간이 없을 것이다. 이 과정은 여전히 가역적이다. 그러나 기체를 압축시키고 열 평형에 도달할 때까지 기다린다면 생성된 열의 절반은 고체로 전달될 것이며 기체는 (882+300)/2 = 591 K로 냉각될 것이고 압력은 완전기체 법칙에 따라 985 kPa로 떨어질 것이다. 이는 상태 3이다.

기체가 다시 10 m^3로 팽창된다면 201 K로 냉각되며 압력은 67 kPa로 떨어진다(상태 4). 이러한 팽창 직후 고체의 온도는 591 K일 것이다. 이후에는 그 열의 일부가 기체로 다시 전달되어 기체 온도는 396 K로 상승되고 압력은 132 kPa에 도달할 것이다(상태 5). 기체는 완전한 사이클을 통과하지만 초기 상태로 되돌아오지는 않는다: 기체의 온도(그리고 내부 에너지)는 처음보다 더 높다. 내부 에너지의 증가는 기체에 가해진 일과 같아야 한다(즉 그림 2.5의 윗부분의 짙은 부분의 면적에 비례해야 한다. 이 면적은 곡선 1에서 2 아래의 면적에서 곡선 3에서 4 아래의 면적을 뺀 값이다). 이 과정은 비가역이다.

압축과 팽창이 무한히 느리게 수행된다면 무슨 일이 일어날까? 이 과정은 가역적인 것이 될까? 연습문제 2.2를 풀어본다면 이것이 가역적임을 알게 될 것이다. 전기적 유사성으로부터 상황이 명료해질 것이다. (내부 저항이 R인 전압 소스 V로 나타내어지는) 실제 배터리를 이용하여 이상적인 에너지 축적기를 충전하는 경우 그 에너지의 일부는 내부 손실 I^2R에 의하여 열로 발산되며 일부만이 축적기에 도달할 것이다. 명백히 상대적인 손실은 전류가 감소함에 따라 감소한다—즉 충전시간이 증가함에 따라 감소한다. 만일 에너지가 무한히 느리게 배터리로부터 축적기로 전달된다면($I \rightarrow 0$) 손실은 없을 것이다. 축적기로 전달되는 모든 에너지는 후에 배터리로 되돌아올 수 있다는 관점에서 이 시스템은 가역적이다.

2.15.1 비가역성의 원인

열역학적 과정을 비가역적으로 되게 하는 다양한 현상들 가운데에서 다음 것들을 들 수 있다.

2.15.1.1 마찰

비가약성의 모든 원인들 가운데에서 마찰은 아마 가장 두드러지는 원인일 것이다. 예를 들면 실린더-피스톤의 경우에서 압축 도중에 일부 에너지가 마찰에 의하여 손실된다면 팽창 도중에 되돌아오지 않는다; 이와 반대로 팽창 도중에 추가적인 손실이 발생한다.

2.15.1.2 온도차를 통한 열전달

열 소스-이를테면 불꽃-를 열 기관의 입력으로부터 분리시켜 주는 금속 벽을 고려하여 보자. 소스로부터 흡수되는 모든 열 Q는 손실없이 벽을 통하여 통과되지만 이러한 열이 흐르기 위해서는 벽을 통한 온도차가 존재해야 한다. 소스 쪽은 T_1, 기관 쪽은 T_2이며 T_1은 T_2보다 커야 한다. 소스 쪽의 엔트로피는 Q/T_1이며 기관 쪽은 Q/T_2로서 이는 물론 Q/T_1보다 더 크다. 따라서 벽을 통과하면서 엔트로피는 증가된다—열은 기관 쪽에서 덜 "고귀하게" 된다.

제 3장에서는 열 기관의 최대 효율이 $\eta = \dfrac{T_H - T_C}{T_H}$ 임을 보일 것이다. 기관이 벽이 없이 작

동된다면 그 효율은 $\frac{T_1 - T_C}{T_1}$에 도달할 수 있으며 이는 벽의 다른 쪽에서 작동될 경우의 한계인 $\frac{T_2 - T_C}{T_2}$보다 더 클 것이다.

2.15.1.3 기체의 제약없는 압축이나 팽창

단열과정들에 대한 절에서 기체의 급격한 팽창의 예를 다룬 바 있으며 이는 비가역성에 이름을 알았다.

2.16 니젠트로피(Negentropy)

에너지는 사라질 수 없다는 개념을 강조하였다. 에너지의 보존은 자연의 법칙들 가운데 하나이다. 우리가 에너지를 사용하는 경우 우리는 이를 저급화시키는 것이며 따라서 우리가 이용하는 모든 에너지는 궁극적으로 열로 저급화되고 이것은 아마도 긴 파장의 적외선 방사의 형태로 우주 속으로 방사된다.

하나의 예를 고려하여 보자. 어떤 기관이 (약 300 K인) 바다의 따뜻한 수면으로부터 열을 추출하고 보다 소량의 열을 이를테면 275 K인 해저 근처의 차가운 물로 방출시킴으로써 에너지를 생산하고 있다. (제 4장의 해양 열 에너지 전환기(OTECs)를 참조하자.) 생성된 모든 에너지는 10,000 kilomole의 기체를 10^5 Pa로부터 10^7 Pa(약 1기압으로부터 100기압)로 단열적으로 압축시키는 데에 사용된다. 기체의 초기 온도가 300 K였다면 최종 온도는 얼마일까?

p_0와 p_H를 각각 초기 및 최종압력이라 하고 T_0와 T_H를 해당되는 온도라고 하자. 그러면

$$\frac{T_H}{T_0} = \left(\frac{p_H}{p_0}\right)^{\frac{\gamma-1}{\gamma}} \tag{2.78}$$

위에서 γ는 이 보기에서 1.4로 한다(5의 자유도에 해당된다). 일정 부피에서 해당되는 비열은 20.8 kJ $K^{-1}kmole^{-1}$이다.

100:1 단열압축에 대하여 온도비는 3.73이며 T_H는 3.73×300=1118 K가 될 것이다. 압축 후의 부피는

$$V_H = \mu\frac{RT_H}{p_H} = 10,000\frac{8314 \times 1118}{10^7} = 9178\ m^3 \tag{2.79}$$

그러한 압축에 소요되는 일은

$$W = 20.8 \times 103 \times 10,000 \times (1118 - 300) = 170\ GJ \tag{2.80}$$

기체가 바다 표면온도인 300 K로 냉각된다고 하자. 모든 열 에너지(170 GJ)는 물로 되돌아간다.

기체통을 해변가로 끌어올린다면 바다로부터 어떠한 에너지도 제거하지 않은 것이지만 압력이 다음과 같이 주어지는 10,000 kilomoles의 기체를 갖는 셈이다:

$$p = \mu \frac{RT}{V} = 10,000 \frac{8314 \times 300}{9178} = 2.7 \ MPa \tag{2.81}$$

압축된 기체의 내부 에너지는 압력은 더 낮지만 동일한 온도에서 같은 양의 기체의 내부 에너지보다 더 크지 않다; 내부 에너지는 압력과 무관하다. 기체가 효율이 100%인 터빈을 통하여 팽창되어 압력이 10^5 Pa로 떨어진다고 하자. 터빈에 의하여 수행되는 일은 기체의 내부 에너지로부터 비롯된다; 이는 기체가 냉각되어야 함을 의미한다. 온도비(식 2.78)는 2.56이 될 것이다. 따라서 터빈으로부터 배출되는 기체의 온도는 117 K가 될 것이다.

터빈에 의하여 부하로 전달된 에너지는

$$W = 20.8 \times 10,000 \times (300 - 117) = 38 \ GJ \tag{2.82}$$

우리는 38 GJ를 "생성"하였으며 이는 바다로부터 온 것이 아니라 117 K로 냉각되면서 내부 에너지가 감소된 기체 자체로부터 온 것이다. 주위 공기는 터빈으로부터의 배출에 의하여 냉각되며 터빈의 저급화된 에너지 출력에 의하여 다시 가열된다. 따라서 이러한 전체 과정에서 에너지는 보존되지만 우리는 바다로부터 무언가를 제거함으로써 유용한 일(생성기 출력)을 수행할 수 있었다. 이것은 무엇일까?

우리는 차가운 해저 물을 따뜻한 표면 물과 혼합시킴으로써 바다를 교란시켰다—우리는 바다의 엔트로피를 증가시킨 것이다. 기체통은 약간의 니젠트로피를 운반해 간 것이다. 여기에서 우리는 의미적으로 더 허용될 수 있는 음 엔트로피(사라질 수 있는 양이다) 개념을 사용하였다†.

Cesare Marchetti(1976)는 "에너지를 소모하지 않고 에너지를 공급하는" 방법으로서 위의 시스템을 제안하였다. 이는 물론 에너지가 활용되는 모든 경우들에서 수행되는 것이다. 비록 이 시스템이 기술적으로 가능하다고 해도 통의 제작에 소요되는 많은 물질에 비하여 통이 작은 니젠트로피 운반능력을 지니기 때문에 상업적으로 매력적인 것은 아니다. 이 보기에서 배워야 하는 요점은 소모될 수 있는 것은 에너지가 아닌 니젠트로피라는 사실이다.

2.17 통계자료의 그래프 작성법

세계 연감은 1977년의 미국 인구분포를 나이별로 열거하고 있다(표 2.4 참조).

이 데이터를 그래프로 나타내기 위한 유용한 방법을 탐색하여 그림 2.6에 보인 히스토그램을 구성할 수 있다. 그러나 데이터 표에서의 불균일한 나이 간격들로 인하여 히스토그램이 아주 적합한 것은 아니다. 균일한 나이간격을 이용하는 것이 더 좋을 것이다—간격이 작을수록 더 좋다. 극한의 경우 $\partial N / \partial A$와 A의 그래프를 그리는 것이 최선이다. 여기에서 N은 사람 수이고 A는 나

† Schrodinger(1943)가 *음 엔트로피*라는 용어를 만들었으며 L'eon Brillouin에 의하여 *니젠트로피(negentropy)*라는 용어가 도입되었다.

이이다. 이를 위해 표 2.4로부터 유도된 다른 표를 구성할 것이다.

표 2.5의 마지막 열의 데이터가 그림 2.7에 그래프로 나타나 있다. 연속선이 점들을 연결하고 있다. 결과로 얻어지는 곡선 아래 부분의 면적은 국가의 인구수에 비례한다. 예를 들어 기체 분자들의 에너지 분포를 나타내려면 $\partial N/\partial W$와 W의 그래프, 혹은 $\partial N/\partial W$와 v(에너지나 속도)의 그래프를 그리는 것이 효율적이지만 흔히 시도하려고 하는 것처럼 N과 W의 그래프는 그렇지 못하다.

표 2.4 나이에 따른 미국 인구분포.

나이간격(년)	사람 수(백만)
5세 미만	15.2
5~13	32.2
14~17	16.8
18~20	12.8
21~44	72.0
45~64	43.8
65 이상	23.5

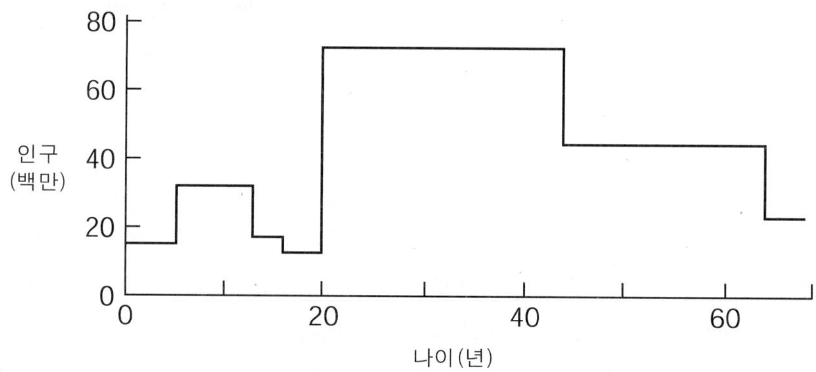

그림 2.6 인구와 나이의 부적절한 그래프. 그래프 아래 부분의 면적은 사람 수의 차원을 갖지 않는다.

표 2.5 나이에 따른 미국 인구분포.

나이간격(년)	평균나이(년)	나이간격(년)	사람 수(백만)	(사람수/년)
0~5	2.5	5	15.2	3.07
5~13	9.5	9	32.2	3.58
14~17	16	4	16.8	4.20
18~20	19.5	3	12.8	4.26
21~44	33.0	24	72.0	3.00
45~64	55.0	20	43.8	2.19
65 이상	?	?	23.5	-

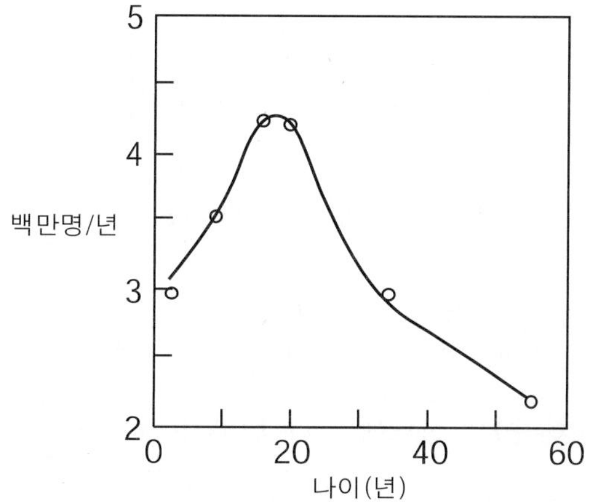

그림 2.7 1년 간격으로 그래프로 나타낸 사람 수.

2.18 맥스웰 분포

분자들이 균일한 속도분포를 갖는다면 얼마나 많은 분자들이 주어진 값 /v/보다 작은 속도를 갖겠는가? 이 질문에 답하기 위해 임의의 시점에서 각 분자는 어떤 위치 (x,y,z)에 존재하며 어떤 속도 (v_x, v_y, v_z)를 가짐을 상기하자. 기체의 에너지에 관한 한 분자들의 정확한 위치는 관계없지만 이들의 속도는 그렇지 않다. 비록 개별적인 속도들은 언제나 변한다고 할지라도 일정 온도의 기체에서 어느 순간에서는 통계적으로 서로 대등하다. 달리 말하면 속도들의 어떤 순간적인 양상은 기체의 통계적 거동을 나타내는 데에 적합하다.

직교좌표 시스템 v_x, v_y, 그리고 v_z, 즉 속도공간에서 분자들의 속도의 그래프를 그려보자. 혹은 이와 달리 모멘텀 공간에 모멘텀 mv_x, mv_y, 그리고 mv_z의 그래프를 그릴 수 있다. 분자들이 균일한 속도(혹은 모멘텀) 분포를 갖는다고 가정하고 있으므로 속도(혹은 모멘텀) 공간은 개체들이 균일하게 분포된다. 따라서 어떤 속도 /v/ 미만의 분자들의 수는 고려하고 있는 공간에서 반경 v(혹은 p)인 구의 부피에 비례한다. 이는 /v/ 미만의 속도(혹은 /p/ 미만의 모멘텀)를 갖는 분자들의 수는 v^3(혹은 p^3)에 비례해야 함을 의미한다. 따라서 속도가 v와 v+dv 사이(모멘텀이 p와 p+dp 사이)인 분자들의 수는 $\partial v^3/\partial v$, 즉 v^2(혹은 p^2)에 비례해야 한다. 실제 시스템에서는 균일한 속도분포가 통상적인 것은 아니다. 일반적인 기체들에서 실험적 관찰에 부합되는 분포는 주어진 에너지 W를 갖는 분자를 찾을 확률 f가 다음과 같이 주어지는 분포이다:

$$f = \exp\left(-\frac{W}{kT}\right) \tag{2.83}$$

그러한 조건 하에서 속도가 v와 v+dv 사이인 분자들의 수는

$$\frac{\partial N}{\partial v} = \Lambda v^2 \exp\left(-\frac{mv^2}{2kT}\right) \tag{2.84}$$

혹은

$$\frac{\partial N}{\partial v} = \frac{2^{1/2}}{m^{3/2}} \Lambda W^{1/2} \exp\left(-\frac{W}{kT}\right) \tag{2.85}$$

위에서 Λ는 상수이며 $W = mv^2/2$이다. 이는 소위 맥스웰 분포이다. 분명히

$$N = \int_0^\infty \frac{\partial N}{\partial v} dv = \Lambda \int_0^\infty v^2 \exp\left(-\frac{mv^2}{2kT}\right) dv \tag{2.86}$$

이다. 위에서 N (분자들의 총 수)은 온도에 따라 변하지 않는다.

다음 관계가 성립한다:

$$\int_0^\infty v^2 \exp\left(-\frac{mv^2}{2kT}\right) dv = \frac{\pi^{1/2}}{4}\left(\frac{2kT}{m}\right)^{3/2}$$

따라서

$$N = \Lambda \frac{\pi^{1/2}}{4}\left(\frac{2kT}{m}\right)^{3/2} \qquad \therefore \quad \Lambda = 4N\pi^{-1/2} \exp\left(\frac{m}{2kT}\right)^{3/2} \tag{2.88}$$

$$\frac{\partial N}{\partial v} = 4N\pi^{-1/2}\left(\frac{m}{2kT}\right)^{3/2} v^2 \exp\left(-\frac{mv^2}{2kT}\right) \tag{2.89}$$

아울러

$$\frac{\partial N}{\partial W} = 2N\pi^{-1/2} \frac{W^{1/2}}{(kT)^{3/2}} exp\left(-\frac{W}{kT}\right) \tag{2.90}$$

v에 대한 $\partial N/\partial v$ 그래프의 모양은 물론 그림 2.8에 보인 바와 같이 온도에 따라 좌우된다. T_0는 임의의 기준온도이다. 그러나 기체의 총 분자 수의 척도인 곡선 아래 부분의 면적은 온도와 무관하다.

$\partial N/\partial v$의 피크 값은

$$\frac{\partial N}{\partial v} = \frac{2N}{e}\left(\frac{2m}{\pi kT}\right)^{1/2} \tag{2.91}$$

이며 $v = \sqrt{2kT/m}$, 혹은 이와 대등하게 W=kT일 때 발생한다.

T가 0에 근접함에 따라 $\partial N/\partial v_{[max]}$는 ∞에 근접하며 v=0이 된다. 분포는 T=0에서 델타 함수가 된다.

이는 곧 이러한 고전적 이론에 따르면 절대영도에서 모든 분자들의 속도와 에너지는 0임을 의미한다.

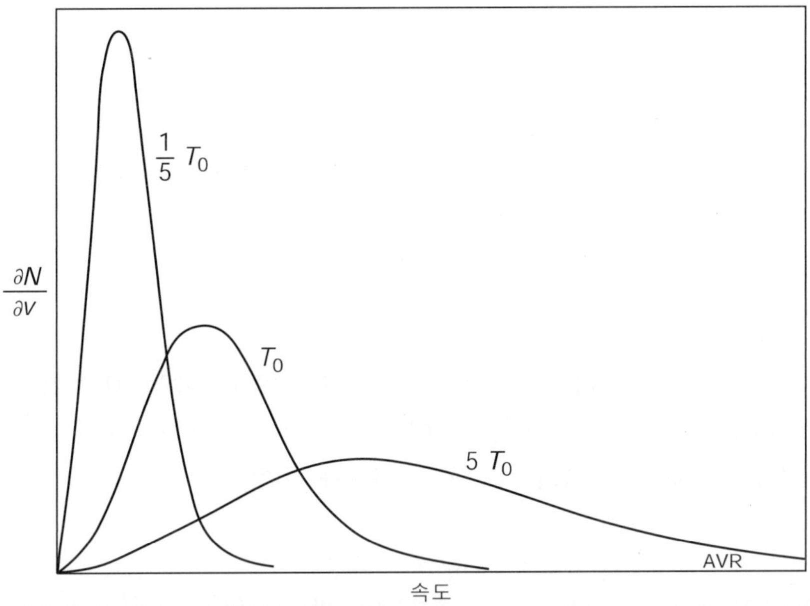

그림 2.8 세 가지 온도에서의 맥스웰 속도분포.

2.19 Fermi-Dirac 분포

금속의 전자들은 맥스웰 방식으로 거동하지 않는다. 이들은 Pauli 배타원리에 의하여 지배되는데 이 원리에 따르면 주어진 시스템에서 어떠한 두 전자들은 결코 동일한 양자 수를 가질 수 없으며 따라서 이들은 절대영도에서 모두 에너지가 0일 수 없다. 이보다는 절대영도에서 전자들은 주어진 에너지 수준까지 에너지가 균일하게 분포되어야 한다. 어떤 전자도 Fermi 수준이라고 불리는 이 수준 이상의 에너지를 갖지 않는다. 따라서 어떤 주어진 에너지 수준의 전자를 찾을 확률 f는:

$$W < W_F \text{ 일 때 f = 1, 그리고 } W > W_F \text{ 일 때 f = 0} \tag{2.92}$$

이전과 마찬가지로 모멘텀이 |p|보다 작은 허용된 상태들의 수는 (용어가 바뀌었음을 유의하자) 모멘텀 공간에서 반경 |p|인 구의 부피에 비례한다:

$$(\text{모멘텀이 }|p|\text{보다 작은})N = \frac{2}{h^3}\left(\frac{4}{3}\pi p^3\right)$$

비례상수로서 $2/h^3$을 사용하였다. 이것이 타당함을 보여주지는 않을 것이지만 인자 2는 전자의 두 가지 가능한 스핀의 결과이며 차원은 옳은 것임을 주목해야 한다: N은 $1m^3$당 전자들의 수이다.

p=mv 이므로 $p^2 = 2mW$이며

$$(\text{모멘텀이 }|p|\text{보다 작은})N = \frac{2}{h^3}\times\frac{4}{3}\pi(2mW)^{3/2} \tag{2.93}$$

따라서

$$\frac{\partial N}{\partial W} = \frac{8\sqrt{2}\pi}{h^3}m^{3/2}W^{1/2} \tag{2.94}$$

온도가 0보다 크면 주어진 상태를 차지할 확률은 다음과 같이 주어진다:

$$f = \frac{1}{1+\exp\left(\frac{W-\mu}{kT}\right)} \tag{2.95}$$

μ는 화학 포텐셜이라고 불린다. T=0이면 $\mu = W_F$이며 위의 함수는 $W < W_F$일 때 f=1, 그리고 $W > W_F$일 때 f=0인 성질을 갖는다. T=0이면 μ는 W_F보다 약간 작다.

이러한 확률함수를 이용하면 상태들의 밀도는 다음과 같다:

$$\frac{\partial N}{\partial W} = \frac{8\sqrt{2}\pi}{h^3}m^{3/2}\frac{W^{1/2}}{1+\exp\left(\frac{W-\mu}{kT}\right)} \tag{2.96}$$

그리고

$$N = \frac{8\sqrt{2}\pi}{h^3}m^{3/2}\int_0^\infty \frac{W^{1/2}}{1+\exp\left(\frac{W-\mu}{kT}\right)}dW \tag{2.97}$$

N은 T에 무관하므로 적분 자체는 T와 무관해야 하는데 이는 화학 포텐셜 μ가 올바른 방식으로 T에 의존해야 함을 의미한다.

$kT \ll \mu$이면

$$\int_0^\infty \frac{W^{1/2}}{1+\exp\left(\frac{W-\mu}{kT}\right)}dW \approx \frac{2}{3}\mu^{3/2} - \frac{2}{3}W_F^{3/2} \tag{2.98}$$

즉 적분은 T에 의존하지 않으며 $\mu = W_F$이다.

보다 높은 온도에서 적분의 불변성이 보장되려면 μ는 다음 관계에 따라 근사적으로 T에 따라 변해야 한다:

$$\mu = W_F - \frac{(\pi k T)^2}{12\, W_F} \tag{2.99}$$

μ와 W_F 사이의 차이는 작다. 5 eV의 Fermi 수준 및 2000 K의 높은 T에서 차이는 약 0.1% 정도에 이른다. 따라서 대부분의 응용들에서 화학 포텐셜은 Fermi 수준과 동일하게 취할 수 있다. 이에 대한 한 가지 예외는 열전 효과의 조사에서 일어난다. 그림 2.9는 세 가지 온도에 대한 W와 상태들의 밀도 $\partial N/\partial W$의 그래프를 보인 것이다. T=0에서 Fermi 수준과 일치하는 화학 포텐셜은 보다 고온에서는 약간 낮은 에너지로 치우침을 주목하자.

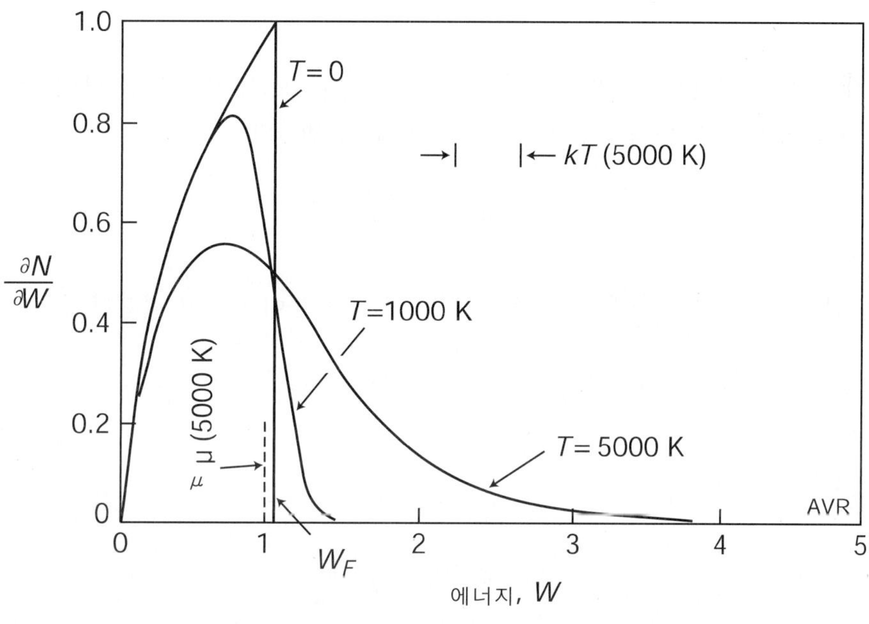

그림 2.9 세 가지 온도에서 금속의 전자들의 에너지 분포.

2.20 볼츠만의 법칙

통계역학에서 매우 유용한 결과는 볼츠만의 법칙으로서 기체 중의 입자들의 농도를 이들의 포텐셜 에너지와 온도의 함수로 나타낸다. 이 법칙은 이 책의 여러 장들에서 이용되고 있다.

각 원자에 대하여 작용하며 x 방향을 따라 정렬된 (포텐셜로부터 유도된) 힘 F를 고려하여 보자. 물론 nF는 $1m^3$의 기체에 작용하는 총 힘이다. 바닥 면적이 A이고 높이가 dx인 사각형 프리즘에 국한시킨다면 힘은 $nFdxA$이며 바닥에 대한 압력은 nFdx이다. 평형에서는 이 압력은 기체 압력 kTdn과 균형을 이룬다.

$$Fdx = kT\frac{dn}{n} \tag{2.100}$$

포텐셜 에너지 $W_{pot} = -\int Fdx$는

$$W_{pot} = -kT\ln n \tag{2.101}$$

이로부터 볼츠만 방정식을 얻는다:

$$n \propto \exp\left(-\frac{W_{pot}}{kT}\right) \tag{2.102}$$

보기

대기압

공기 중의 각 분자는 지면에 Δh미터 근접한 판에 대하여 $mg\Delta h$의 포텐셜 에너지를 갖는다.

볼츠만의 법칙에 따르면 분자들의 농도는 다음과 같이 변한다:

$$n = n_0\exp\left(-\frac{mg\Delta h}{kT}\right) \tag{2.103}$$

kT/mg은 길이의 차원을 가짐을 주목하자. 이는 스케일 높이 H라고 불린다.

$$n = n_0\exp\left(-\frac{\Delta h}{H}\right) \tag{2.104}$$

그리고 T가 h와 무관하다면

$$p = p_0\exp\left(-\frac{\Delta h}{H}\right) \tag{2.105}$$

등온의 대기에서 공기압은 높이에 대하여 지수적인 관계에 따라 떨어진다.

공기 중의 분자들의 평균질량을 29 dalton으로 취하는 경우 dalton을 kg으로 전환시키기 위해 아보가드로 수로 나누면 충분하므로 대표적인 공기 분자의 질량은 대략 48×10^{-27} 임을 알 수 있다. 따라서 (300 K의 등온상태인) 지구 대기의 스케일 높이는

$$H = \frac{1.38\times10^{-23}\times300}{48\times10^{-27}\times9.8} = 8800\ m \tag{2.106}$$

부록 : 기호

자유에너지 G, 엔탈피 H, 열 Q, 엔트로피 S, 그리고 내부 에너지 U와 같은 열역학적 양들을 나

타내기 위하여 다음과 같은 관례를 취하고자 할 것이다:

1. 대문자들은 임의의 양의 물질이나 에너지와 연관되는 양을 나타낸다.
2. 소문자들은 단위당 양을 나타낸다. 아래첨자는 고려되고 있는 성분들을 나타내는 데에 사용된다. 예를 들면 H_2 1 kilomole당 자유 에너지는 $\overline{g_{H_2}}$로 나타내어진다.

g = 킬로그램당 자유 에너지.

$\overline{g}$ = kilomole당 자유 에너지.

g^* = 1기압에서의 킬로그램당 자유 에너지.

$\overline{g}^*$ = 1기압에서의 kilomole당 자유 에너지.

$\overline{g}_f$ = kilomole당 생성 자유 에너지.

$\overline{g}_f^{\circ}$ = 1기압, 298 K에서의 kilomole당 생성 자유 에너지(즉 RTP에서의 표준 생성 자유 에너지).

이 장의 주제들에 대한 추가의 정보는 다음 문헌을 참조한다:

참고문헌

Cengel, Y. A., and M. A. Boles, *Thermodynamics, An Engineering Approach*, McGraw-Hill, 1994.

연 습 문 제

2.1 2 MPa의 수증기 10 kg/s(γ=1.29)이 (효율 100%인) 단열 터빈으로 공급되고 있다. 배출 수증기는 400 K, 0.2 MPa이다.

1. 유입 온도는 얼마인가?
2. 터빈이 제공하는 동력은 얼마인가?

2.2 2.15절의 (고체 물체가 내부에 있는) 실린더와 피스톤 실험은 압축이 무한히 느리게 수행된다면 가역적임을 보여라. 이를 수치적으로 수행하여라. 압축과 팽창이 적당히 작은 단계들로 일어나며 각 단계에서 실린더 내의 고체 물체와 기체 사이에 온도의 평준화가 뒤이어지도록 하는 컴퓨터 프로그램을 작성하여라.

2.3 2.10절에 언급된 실험을 참조하자. 1 kg의 질량을 두 단계(처음은 2 kg, 다음은 1 kg)로 들어올리는 데에 수행된 일은 14.2 J임을 보여라. 2 kg의 질량은 0.444 m 상승함을 보여라. 단계들은 아주 느리게 수행되어서 팽창에 의하여 냉각된 기체는 각 단계 후에 원래 온도로 되돌아온다고 가정한다.

2.4 10^5 Pa(p_0) 및 300 K (T_0)의 기체(γ=1.6) 10 m^3(V_0)을 고려하여 보자.

1. 기체 몇 kilomole(μ)이 포함되는가?
2. 기체는 등온적으로 1 MPa의 압력 p_f로 압축된다.
   2.1 새 부피 V_f는 얼마인가 ?
   2.2 압축에는 얼마만큼의 에너지가 사용되었는가?
3. 이제 기체를 등온으로 압축하는 대신 다시 (V_0, p_0, 그리고 T_0로부터) 시작하여 압력 p_2까지 단열적으로 기체를 압축하여 보자. 기체는 T_2까지 가열될 것이다. 다음에 이를 등적으로 T_3=300 K, p_3=1 MPa까지 냉각시켜 보자(즉 부피의 변화가 없다). 달리 말하면 상태를 등온압축 후의 상태로 되돌아가도록 하자.
   3.1 압력 p_2는 얼마인가?
   3.2 단열압축 후의 온도 T_2는 얼마인가?
   3.3 단열압축 동안에 수행된 일은 얼마인가?
   3.4 단열압축 동안에 수행된 일로부터 등적냉각 동안에 방출된 열을 빼서 항목 3.3에서 언급한 과정에 따른 알짜 에너지 변화를 구하여라.

2.5 기체가 팽창하는 경우 수행하는 일의 양은

$$W=\int_{V_0}^{V_1} p\,dV$$

이다. 팽창이 단열이라면 다방향 법칙이 관찰되며 적분은 다음과 같다(제 6장 참조):

$$W = \frac{p_0 V_0^{\gamma}}{\gamma - 1}\left(V_1^{1-\gamma} - V_0^{1-\gamma}\right)$$

c_v와 γ의 정의를 이용하여 이 일은 일정부피 조건에서 기체의 온도를 T_0에서 T_1으로 올리는 데에 필요한 에너지와 동일함을 보여라.

2.6 자석화되지 않은 강자성 물질의 자구(磁區)들은 불규칙한 방향성을 갖는다; 그러나 자석화되면 이 자구들은 상당히 잘 정렬된다. 이는 물론 자석화된 상태가 비자석화 상태보다 더 낮은 총 엔트로피를 가짐을 의미한다.

이런 효과가 큰 물질들(예를 들면 가돌리늄 Gd)이 있다. 290 K에서 폴리크리스탈 가돌리늄(원자량 157.25, 밀도 7900 kg/m^3)은 자석화되지 않을 경우 67.6 kJ $K^{-1}kmole^{-1}$의 총 엔트로피를 가지며 7.5 텔사 필드에서 65.6 kJ $K^{-1}kmole^{-1}$이다.

10 kg의 Gd가 290 K에서 진공상태인 단열용기 안에 들어있다고 가정하자. 간단히 하기 위하여 용기의 열용량은 무시하기로 한다. Gd의 열용량은 290 K에서 38.4 kJ $K^{-1}kmole^{-1}$이다.

7.5 T 필드가 적용된 후 가돌리늄의 온도를 구하여라.

2.7 프랑스 엔지니어 Guy Negre는 저공해 자동차 "에코-택시"를 발명했다. 이 차의 에너지 저장 시스템은 수요에 따라 엔진(터빈일 수 있지만 이 차의 경우 피스톤 장치이다)을 작동시키는 압축공기 탱크들로 이루어져 있다.

고려해야 할 문제들이 몇 가지 있다. 에너지 저장 시스템의 선회 효율에만 국한시켜 보자. 비교를 위하여 산-납 배터리는 선회 효율이 70%보다 다소 높으며 플라이휠은 90% 이상임을 감안하자.

아주 최근의 압축기체 통은 500 기압에서 운전될 수 있다.

1. 1 kilomole의 공기($\gamma = 1.4$)를 등온적으로 1기압에서 500기압까지 압축시키는 데에 필요한 에너지를 계산하여라. 온도는 300 K이다.
2. 공기를 단열적으로 압축한 다음 다시 300 K로 냉각시킴으로써 동일한 결과를 얻을 수 있었다. 이의 수행에 필요한 에너지를 계산하여라.
3. (300 K에서) 압축된 공기는 터빈(프랑스 기법에서는 피스톤 엔진)을 구동시키는 데에 사용된다. 터빈은 이상적(등엔트로피)이며 팽창시에 기체가 겪는 엔탈피 변화와 동일한 양의 역학적 에너지를 제공한다고 가정한다. 그러한 조건에서 팽창될 경우 공기 1 kilomole은 얼마나 많은 에너지를 제공하는가?

   이 문제를 풀기 위해서는 다음에 제안한 단계들을 따른다.

   3.1 터빈을 통한 엔탈피 변화에 대한 식을 입력온도(300 K)와 미지인 출력온도의 함수로 나타낸다.

3.2 다방향 법칙을 이용하여 출력온도를 터빈을 통한 압력비의 함수로 구한다. 출력압력은 1 기압이라고 가정한다.

이를 정확히 수행한다면 터빈 유출온도는 공기를 구성하는 기체들의 액화점 아래임을 알게 될 것이다. 이는 터빈 운전을 방해할 것이지만 이 문제에서는 이 사실을 무시하기로 한다.

3.3 일단 유출온도를 얻었다면 터빈이 생성한 역학적 에너지를 계산한다.

4. 이 문제의 (낙관적인) 가정들에 따르면 압축공기 에너지 저장 시스템의 선회 효율은 얼마인가? 즉 공기의 압축에 소요되는 에너지에 대한 회수된 에너지의 비는 얼마인가?

2.8 그림에 보인 실린더는 부피가 1 리터이며 300 K 및 10^5 Pa의 주어진 기체로 채워져 있다. 이 실린더는 완벽하게 단열되어 있으며 해수면의 실험실에 위치하고 있다. 마찰이 없는 피스톤은 질량이 없으며 피스톤과 실린더는 장치 내부에 설치된 1-ohm 전기저항과 마찬가지로 열용량을 무시할 수 있다.
실험 초기에 피스톤은 고정되어 있어서 움직일 수 없다. 10-amp 직류전류를 1초동안 가하여 압력을 1.5×10^5 Pa로 높였다. 다음에 피스톤을 이완시켜 상승하도록 한다. 피스톤이 수행하는 일은 얼마인가?

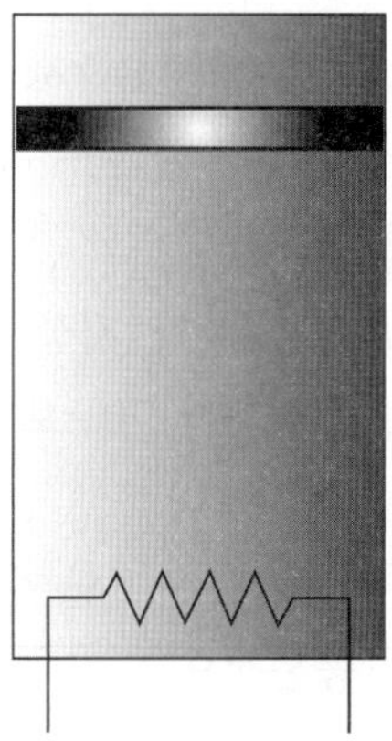

2.9 내경이 3 cm인 금속 실린더에 질량이 1 kg이며 마찰이 없고 기체가 새어나가지 않도록 한 피스톤이 설치되어 있다. 이 실린더는 γ=1.4인 기체를 포함하고 있다. 실온 300 K로 유지되는 해수면의 실험실에서 피스톤의 바닥은 실린더의 막힌 끝부분으로부터 정확하게 10 cm 위로 떨어져 있다. 달리 말하면 기체는 높이가 10 cm이고 직경이 3 cm인 실린더형 용기를 채우고 있다.

1. 추가의 질량을 피스톤위에 올려서 총 질량이 이제 10 kg이 되도록 하였다. 분명히 내부의 기체는 압축될 것이다. 이 압축은 매우 빠르게 일어나지만 갑작스런 과정으로 간주하기에 충분할 만큼 빠르지는 않다고 가정한다. 압축과정의 성질(단열, 등온, 기타)에 대하여 납득할 만한 추축을 하여 보라. 압축 뒤의 피스톤의 높이는 얼마인가?

2. 위의 압축 후에 상당한 시간이 흐른 뒤 피스톤은 다른 높이에 도달하였다. 그 높이는 얼마인가?
3. 이제 1.1을 반복하는데 이번에는 피스톤이 매우 천천히 하강하도록 한다. 다시 압축과정의 성질(단열, 등온, 기타)에 대하여 납득할 만한 추축을 하여 보라. 피스톤이 마침내 변하지 않는 높이에 안정하는 경우 피스톤은 실린더 바닥 위로 얼마나 높이 위치할 것인가?
4. 두 과정—과정 1&2 및 과정 3—가운데 있다면 어느 것이 가역적인가? 얻은 답의 정확성을 수학적으로 입증하여라. 다시 말하면 이 경우 피스톤으로부터 과잉의 9 kg을 제거하면 시스템이 초기 상태로 복귀하는지를 결정하여라. 여전히 과정 1&2의 역에서의 팽창은 매우 빠르며 과정 3에서는 매우 느리다.

제3장 기계적 열기관

3.1 연소열

열 기관의 구동력은 온도차이다. 열 기관은 열 소스(source)와 열 싱크(sink)를 갖추어야 한다. 열 소스는 연료의 연소, 또는 핵 에너지(핵분열, 융합, 또는 방사능)나 직접적인 태양 복사열, 지열증기, 지열수, 태양에 의해 가열된 바닷물일 것이다. 개발도상국의 경우 에너지의 90% 이상이 연료의 연소로부터 얻어지는데 이 연료들의 거의 대부분은 화석연료이다.

산소대기 내에서 탄소가 완전히 연소될 때 경우 생성물은 이산화탄소로서 지구상의 모든 정상적인 환경들에서는 기체상태이다. 그러나 대부분의 연료들은 수소를 함유하며 따라서 연소되는 경우 물이 생성된다. 이렇게 생성된 물은 액체나 기체 상태로 기관으로부터 유출된다. 전자의 경우 기관으로 기화잠열을 방출한다. 이러한 이유 때문에 수소를 지니는 연료들은 두 가지의 다른 연소열을 갖는 것으로 생각될 수도 있다: 하나는 **고연소열**로 불리며 액체 물을 생산할 때 해당되는 반면에 나머지 하나는 수증기를 생산할 때 해당되는 것으로서 **저연소열**로 불린다.

수소의 저연소열은 125MJ/kg인 반면에 고연소열은 143MJ/kg이다. 탄소의 연소열은 32.8 MJ/kg이므로 생성물이 액체의 물인 경우 탄화수소(C_nH_m)의 연소열은 대략적으로 다음과 같이 예상할 수 있다:

$$\triangle H \approx \frac{12n \times 32.8 \times 143m}{12n+m} \tag{3.1}$$

표 3.1은 위의 간략화시킨 공식으로 계산한 몇 개의 고연소열들을 실제 측정값들과 비교하고 있다. 자연스러운 것이지만 우리의 공식은 C와 C 사이, 그리고 C와 H 사이의 결합에너지를 고려하지 않기 때문에 이러한 열들을 실제보다 높게 계산한다. 그러나 우리의 논리에서는 열의 규칙적 거동을 분자량의 함수로 예측한다.

탄화수소의 차수가 점점 높아질수록 수소와 비교해서 탄소의 양이 상대적으로 커진다: 따라서 연소열이 더 작아진다. 지방족 탄화수소의 첫 번째인 메탄은 55.6MJ/kg의 가장 큰 연소열을 지니고 있다. 차수가 증가할수록 연소열은 47MJ/kg에 도달하기까지 점점 감소한다. 이는 그림 3.1에 예시되어 있다. 일련의 탄화수소로부터 다음번 탄화수소로 이동함에 따라 유사한 규칙성이 관찰된다. 표 3.2는 이러한 효과를 예시하고 있다.

표 3.1 추정된 고연소열 값과 측정값의 비교.

	$\Delta H(MJ/kg)$ 추정값	$\Delta H(MJ/kg)$ 측정값	오차 %
CH_4	60.4	55.6	8.3
C_2H_6	54.8	52.0	5.3
C_3H_8	52.8	50.4	4.6
$C_{10}H_{22}$	49.9	47.4	5.0
$C_{20}H_{42}$	49.2	47.2	4.0

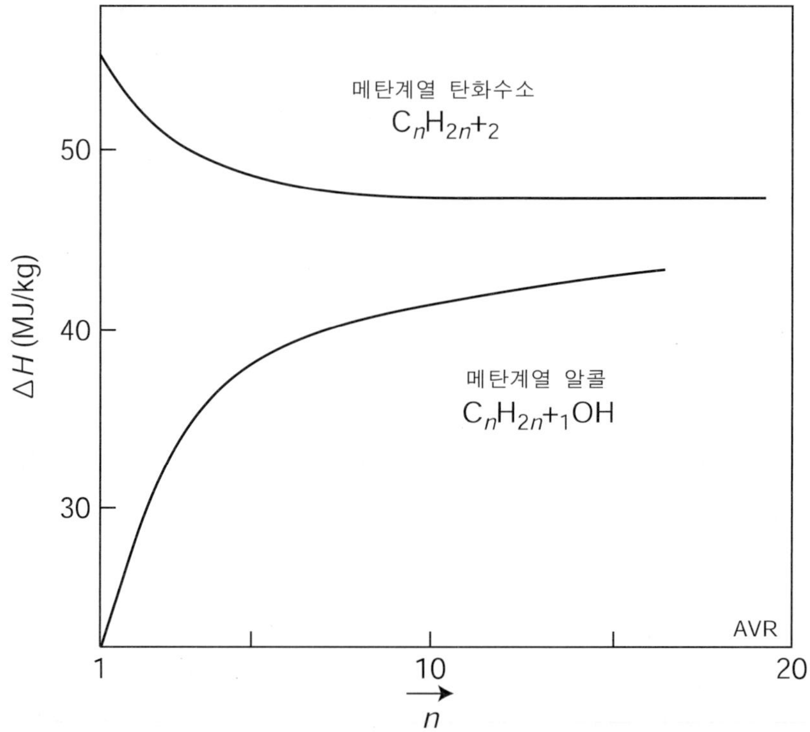

그림 3.1 탄화수소와 알코올의 연소열.

탄화수소에서 OH 라디칼이 수소 하나를 대체하면 알코올이 생성된다(그림 3.2). 기상 탄화수소는 액상의 알코올을 형성한다. 따라서 (액체가 기체보다 더 유용한) 자동차의 경우 탄화수소를 부분적으로 산화시켜서 알코올로 변형시키는 것이 유리하다. 이러한 부분산화로 인하여 알코올은 동급의 탄화수소보다 더 작은 연소열을 갖는다.

$$CH_4(55.6MJ/kg)\text{는 } CH_3OH(22.7MJ/kg),\ C_2H_6(52.0MJ/kg)\text{는 } C_2H_5OH(29.7MJ/kg)$$

를 생성한다.

그러나 $1kmole(16kg)$의 메탄은 $1kmole(32kg)$의 메탄올을 생성하므로 $1kg$의 메탄이 $2kg$의 메탄올로 전환될 때의 효율은 다음과 같다:

$$\eta = \frac{2 \times 22.7}{55.6} = 0.82 \qquad (3.2)$$

표 3.2 C_nH_{2n+a} 형태의 탄화수소의 고연소열.

$n \downarrow$	$a \rightarrow 2$	0	-2	-4	-6	-8	-10
0	143						
1	55.6						
2	52.0						
3	50.5						
4	50.2						
5	49.1						
6	48.5						
7	48.2						
8	47.9						
10	47.4	47.3	45.2	44.3	44.4	42.9	41.7
16	47.4						
20	47.2						

이 표는 대략적인 값을 보여준다. 많은 실험식에 대해 다양한 다른 이성질체가 존재하므로 정확한 값은 변할 수 있다.

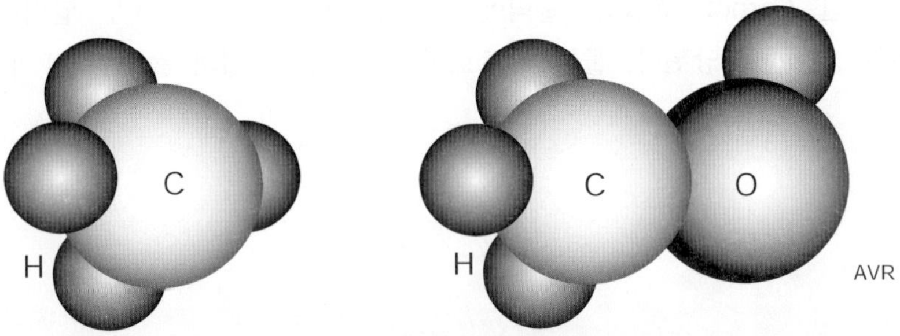

그림 3.2 알코올은 수소원자를 수산기로 치환시켜 생성된다. 이 그림은 메탄과 이에 해당하는 알코올인 메탄올의 구조를 보여준다.

표 3.3 탄화수소가 알코올로 전환시의 효율.

메탄을 메탄올로 전환	0.82
에탄을 에탄올로 전환	0.88
프로판을 프로판올로 전환	0.91

표 3.3은 탄화수소가 해당되는 알코올로 전환하는 경우의 이론적인 효율을 제시하고 있다. 탄화수소와 알코올 이외에도 고려해야 할 다수의 다른 연료들이 존재한다.
연료는 또한 바이오메스로부터 파생되기도 한다(제 13장). 바이오메스는 모두 분자 안에 산소를

포함하고 있으므로 탄화수소보다 낮은 연소열을 지닌다. 예를 들면 셀룰로오스는 $17.4MJ/kg$의 연소열을 지닌다.

3.2 Carnot 효율

기계적 에너지와 전기적 에너지는 "고상한" 형태의 에너지이다: 이들과는 엔트로피가 연관되지 않는다. 따라서 손실 없이(바꾸어 말하자면 열을 방출하는 일 없이) 어느 한 가지를 다른 것으로 변형시키는 것이 이론상으로 가능하다. 큰 기계는 99% 이상의 효율로 이러한 변형을 이룰 수 있다.

열기관은 저급화된 형태의 에너지인 열을 전기적이든 기계적이든 고상한 형태로 변형시킨다. 이러한 과정은 (절대영도에서 기관이 싱크에 대해서 작동하지 않는 한) 투입 에너지의 손실 없이는 불가능하다. 따라서 달성할 수 있는 효율은 이론적으로도 1보다 작다.

그림 3.3은 열 기관이 어떻게 작동하는지를 보여준다. Q_{in}은 투입되는 열의 양, W는 유용한 에너지(기계적 또는 전기적 에너지)의 양, 그리고 Q_{out}은 방출되는(손실되는) 열의 양이다. 그러한 기관의 효율은 투입 열에 대한 출력 에너지의 비율로서 다음과 같다.

$$\eta = \frac{W}{Q_{in}} = \frac{Q_{in} - Q_{out}}{Q_{in}} \tag{3.3}$$

시스템 내의 엔트로피는 증가하거나 혹은 기껏해야 아무런 변화를 겪지 않아야 한다. 따라서 가능한 최대 효율인 Carnot **효율**은 출력에서의 엔트로피(Q_{out}/T_C)가 입력에서의 엔트로피(Q_{in}/T_H)와 같은 상황에 해당된다. 물론 엔트로피는 "고상한" 일의 출력인 W와는 관련이 없다. 따라서

$$\frac{Q_{in}}{T_H} = \frac{Q_{out}}{T_C} \tag{3.4}$$

$$Q_{out} = \frac{T_C}{T_H} Q_{in} \tag{3.5}$$

$$\eta_{CARNOT} = \frac{T_H - T_C}{T_H} \tag{3.6}$$

그러므로 Carnot 효율은 기관이 작동하는 사이의 온도들에만 의존한다.

정상상태 조건에서는

$$\frac{Q_{out}}{W} = \frac{Q_{in} - W}{W} = \frac{Q_{in}}{W} - 1 = \frac{1}{\eta} - 1 \tag{3.7}$$

η가 감소함에 따라 위의 비는 빠르게 증가한다. $\eta \approx 0.6$인 현대의 화석연료 증기터빈은 유용한 에너지를 $1joule$ 생산할 때 단지 $0.67joule$의 열을 방출한다. 미국 내의 모든 반응기처럼 핵 반응기 내에서 효율은 T_H의 한계 때문에 더 낮다(28% 정도): 방출된 열은 생성된 에너지보

다 2.6배 더 크다.† 핵발전소의 냉각탑은 화석연료 발전소의 냉각탑보다 상당히 커야 한다.

자동차 엔진들은 작은 효율을 지니며($\eta \approx 0.2$) 이들이 방출하는 많은 양의 열은 심각한 문제를 유발시킬 수 있어서 이를 위해 특별한 장비가 소요된다. 다행히도 Otto와 Diesel 기관들은 그와 같은 장비를 필요로 하지 않는다. 대부분의 자동차에서 발견되는 라디에이터는 열역학적으로 방출되는 열이 아닌 비효율적 요소로부터의 열만을 방출한다.

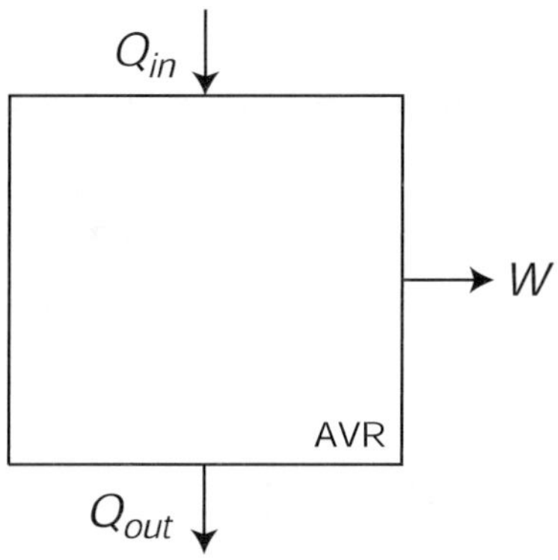

그림 3.3 열기관의 운전.

3.3 기관의 유형

모든 기계적 열기관은 4가지 과정을 포함한다:

1. 압축(또는 펌핑)
2. 가열
3. 팽창
4. 방열

그림 3.4는 **폐쇄형-사이클** Rankine 기관에서 일어나는 4가지 과정을 보여주고 있다. 팽창과정은 옛날 영화에서 볼 수 있는 증기기관차에서처럼 피스톤을 갖는 실린더나 터빈을 통하여 이루어질 수 있다.

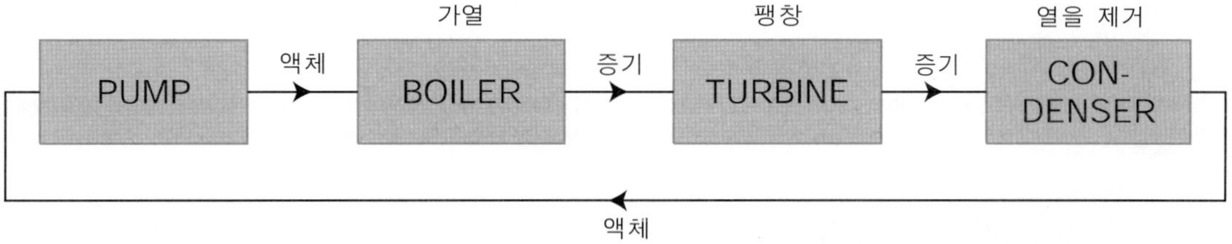

그림 3.4 Rankine 사이클의 4가지 과정. 폐쇄형-사이클 구성에서 작동유체는 재활용되기 위해 응축된다.

† 고온에서 작동하는 중금속 반응기와 같은 빠른 반응기에는 해당되지 않는다.

20세기 초의 증기기관에서 터빈의 효율은 10%에도 못 미쳤기 때문에 (폐쇄형-사이클 기관의) 응축기에서 방출해야 했던 열의 양은 대단하였다. : 기계적 에너지가 $1 joule$ 생산될 때 약 $9 joule$의 열이 방출되었다(식 3.7).

응축기 부피가 커지는 것을 피하기 위해 초기의 증기기관차들은 사용한 증기를 실린더로부터 직접 대기중으로 방출시켰다(따라서 열 제거 작업을 주위 환경에 넘겼다). 그림 3.5를 참조하자.

물은 개방형-사이클 기관에서는 회수될 수 없다. 증기기관차는 커다란 물탱크를 장착해야 했으며 그 크기는 기관차의 주행범위를 제한시켰다.

Rankine 사이클은 **외부 열원**(**외부연소**(**외연**)라고 흔히 통칭된다) 사이클이므로 열은 외부 소스로부터 추가되어야 한다.

개방형-사이클 기관의 또 다른 예는 (이 경우에는 **내부연소 사이클**) 제트기와 터보 제트 비행기에서 사용되는 Brayton 터빈으로서 그림 3.6에 예시되어 있다.

폐쇄형-사이클 기관의 예는
Rankine 혹은 "증기" 사이클 기관, 그리고
Stirling 기관이다.

개방형-사이클 기관의 예는
Otto 기관(불꽃점화),
Diesel 기관(압축점화), 그리고
개방형-사이클 Brayton기관이다.

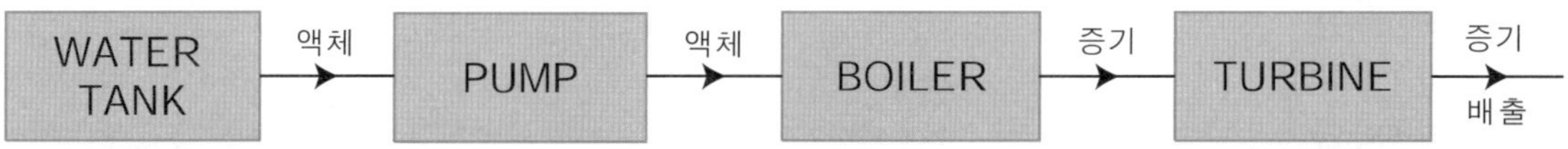

그림 3.5 개방형-사이클 Rankine에서 배출 증기는 직접 주위환경으로 배출된다. 큰 물탱크가 필요하다.

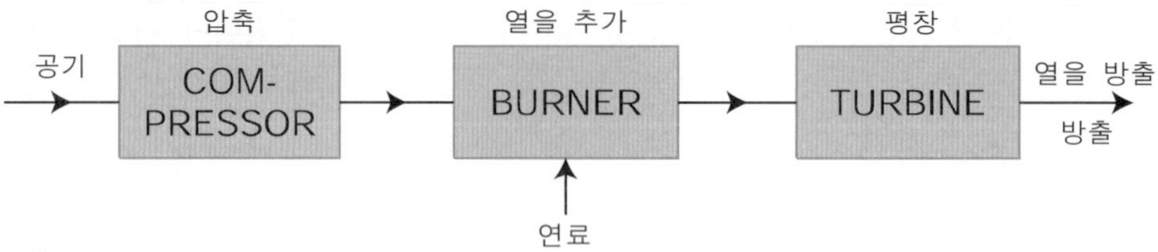

그림 3.6 제트기에 사용되는 Brayton 사이클은 내연, 개방형-사이클 기관이다.

표 3.4 여러 기관들에서의 4가지 과정의 성질.

사이클	압축	가열	팽창	방열
Carnot	단열	등온	단열	등온
Otto	단열	등적	단열	등적
Diesel	단열	등압	단열	등적
Brayton	단열	등압	단열	등압
Stirling	등온	등적	등온	등적
Ericsson	등온	등압	등온	등압

Rankine 기관은 사이클 동안 작동유체의 상의 변화가 있다는 점에서 구별된다. 다른 작동유체가 사용될 수 있다. 매우 낮은 온도에서의 운전을 위해서(이를테면 해양 열에너지 전환기의 경우에서와 같이 약 25℃의 보일러 온도) Rankine 사이클에 가장 적절한 유체는 암모니아이다. 몇몇 직접적인 태양열 기관들에서와 같은 낮은 작동온도에서는 몇 가지 이용 가능한 프레온 가운데 하나가 가장 잘 작동할지도 모른다. 대부분의 화석연료 Rankine 기관은 비록 수은이 좀 더 고온에서 효과적이라 할지라도 수증기를 이용한다.

증기기관은 자동차에 적합하지 않다. 증기기관은 큰 응축기나 커다란 물탱크를 필요로 한다. 부분적으로 열 방출 장치가 요구되지 않기 때문에 개방형-사이클 Brayton 터빈은 제트기에서 보편적으로 이용된다. 작동유체로서 기체만을 사용하는 다양한 기관들은 표 3.4에 보인 바와 같이 이용되는 과정의 속성에 따라 다르다. 효율이 좋으려면 기계적 열기관은 높은 압축비로 작동해야 한다.

가스 터빈에서는 방사형이나 축류형과 같은 2가지 다른 유형의 압축기가 이용될 수 있다. 방사형 압축기는 단계 당 대략 3:1의 압축비로 구축될 수 있다. 따라서 9:1의 압축을 위해서는 2단계로 충분하다. 단점은 이러한 유형의 압축기로는 특히 단계들이 동시에 작동할 때 고효율을 얻기가 어렵다는 사실이다. 방사형(원심) 압축기에서는 공기는 가장자리로 가속되고 다음 단계의 허브 흡입구로 방향이 바뀌어야 한다. 그러나 주변의 채널링 공기는 손실을 수반한다. 나아가 공기에 부여되는 에너지의 일부는 순환적이며 따라서 (손실이 많은) **확산기**를 통하여 전환 에너지로 변환되어야 한다.

축류형 압축기는 매 단계당의 압축이 이를테면 1.2:1 정도로 작다. 따라서 다수의 단계들이 이용되어야 한다. 롤스 로이스의 "Tyne" 항공기 터빈은 매 단계당 1.189:1의 평균 압축비에 따라 15 단계를 이용하여 총 13.5:1의 압축을 달성하였다. 한 단계의 출력이 다음 단계의 입력이 될 수 있는 단순성으로 인하여 여러 단계의 사용은 실용적이다. 축류형 압축기의 문제점은 작은 기계들에서 피하기 어려운 칼날 끝단의 유출로 인하여 크기가 감소함에 따라 급속하게 효율이 떨어진다는 점이다. 이 때문에 동력이 상대적으로 낮은 Brayton 터빈은 여전히 방사형이다.

가스 터빈은 배출물이 이러한 부류의 터빈들을 구동하기에 적합한 고온의 기체들로 구성되는 고체산화물 연료전지의 근본 사이클로서 새롭고도 의미있는 시장을 개척하는 가장자리에 있을지도 모른다.

Rankine과 Brayton 기관 모두에서 각각의 과정은 장치의 서로 다른 부분에서 수행된다. 압축과 팽창은 별도의 장치에 의해 달성되며 연소는 특별한 연소실에서 일어난다. 이는 각 부분의 최적화를 가능하게 한다.

표 3.5 보다 일반적인 연소 기관들의 몇 가지 특성.

	온도비	부품 효율	상대적인 열역학 효율	열 방출 (열역학)
Otto	높음	쓸만함	나쁨	없음
Diesel	높음	쓸만함	나쁨	없음
Rankine	낮음	좋음	쓸만함	큼
Stirling	적당함	좋음	매우 좋음	중간
Brayton (o.c.)	적당함/높음†	매우 좋음	좋음	없음
Brayton (o.c.)	적당함	매우 좋음	좋음	중간

† 최근의 재질의 발전으로 보다 높은 온도비의 이용이 가능할 것으로 기대된다.

Otto와 Diesel 기관에서는 동일한 기관부분(실린더)에서 3가지 과정이 수행된다. 4번째 과정(방열)은 주위환경에서 수행된다. 실린더의 다중적 기능은 낮은 부품 효율을 초래하는 디자인을 요구한다.

비록 Rankine과 Brayton 기관은 연속적 연소 유형이지만 Otto와 Diesel은 간헐적으로 작동하며 연소 상태가 다소 짧게 지속되기 때문에 보다 높은 작동온도를 견딜 수 있다. 또한 작동유체에서 직접적으로 열이 생성되므로 모든 외연기관에서 봉착되는 열전달 문제와는 거리가 멀다.

이 장의 끝부분에서 더욱 상세히 다룰 Stirling 기관은 상당한 가능성을 지니고 있으며 상당히 오래된 개념이긴 하지만 부각될만한 대중성을 달성하지는 못했다. 이 기관은 적어도 이론적으로는 가장 효율적인 기계적 열기관이다. 이 기관은 연료를 외부에서 연소시키므로 Otto와 Diesel 기관보다 오염이 덜하다. 나아가 Stirling 기관은 폭발을 수반하지 않기 때문에 좀 더 부드럽게 작동하고 다른 기관들에 비해 소음이 덜하다. 마지막으로 폐쇄형-사이클 장치임에도 불구하고 보통의 방열 장비만을 필요로 한다.

Stirling 사이클은 또한 일부 냉각장비에도 적용된다. 이 기관은 헬륨, 수소, 또는 공기와 함께 작동하기 때문에 프레온이나 생태적으로 손상을 주는 유동액을 수반하지 않는다.

D.G. Wilson(1978)은 표 3.5에 보인 바와 같이 가장 보편적인 기계적 열기관들의 특성을 요약하였다.

3.4 Otto 기관의 효율

이상적인 Otto 사이클 내에서는 연료/공기 혼합물은 압축과정 동안 V_1의 부피에서 V_2의 부피로 단열적으로 압축된다. 기체는 그림 3.7의 $p-V$ 도표에서 지점 1과 지점 2 사이의 선을 따른다.

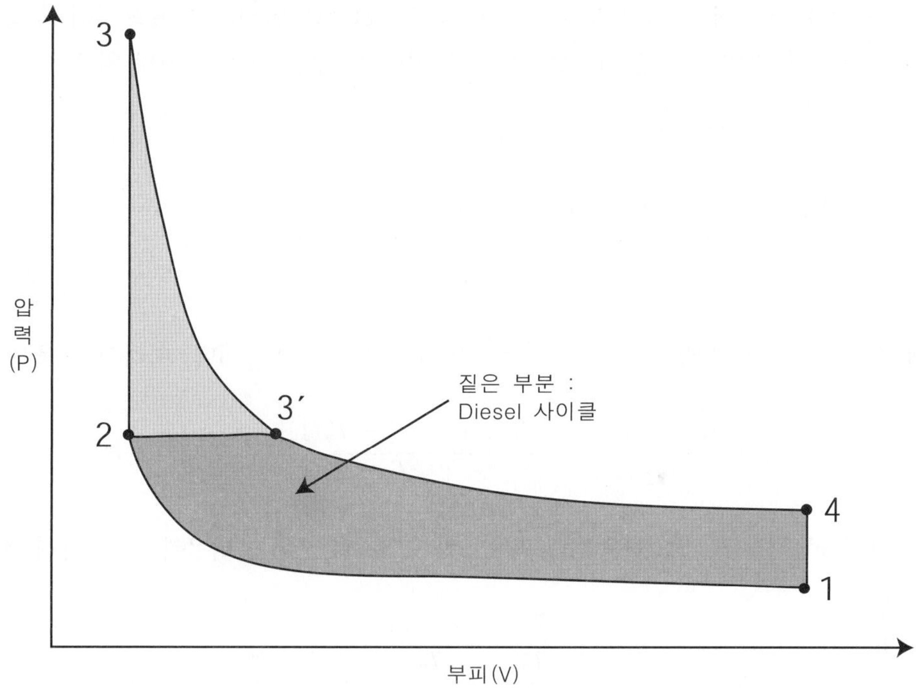

그림 3.7 Otto 사이클의 $p-V$ 도표.

따라서

$$\frac{p_2}{p_1} = \left(\frac{V_1}{V_2}\right)^{\gamma} \tag{3.8}$$

이상기체 법칙으로부터

$$\frac{p_2 V_2}{T_2} = \frac{p_1 V_1}{T_1} \tag{3.9}$$

$$T_2 = T_1 \frac{p_2 V_2}{p_1 V_1} = T_1 \left(\frac{V_1}{V_2}\right)^{\gamma - 1} \tag{3.10}$$

$$T_2 = T_1 r^{\gamma - 1} \tag{3.11}$$

위에서 r은 **압축비** $\gamma = V_1 / V_2$ 이다. 압축이 급속하게 일어나기 때문에 실린더 내부와 외부 사이에서 교환되는 열이 없으므로 압축은 단열적이다. 결론적으로, 수행된 일은 기체의 내부 에너지의 증가와 같다.

$$W_{1,2} = \mu c_v (T_2 - T_1) = \mu c_v T_2 (1 - r^{1-\gamma}) \tag{3.12}$$

압축과정의 막바지인 2 지점에서 이상적으로는 순간적으로 연소된다고 여겨지는 혼합물을 스파크로 점화시킨다. 온도와 압력 모두 순간적으로 증가하는데 압력은 도표의 3이 가리키는 위치에 도달한다. 이러한 가열이나 **연소**과정에서 부피 변화는 없다. 가해진 열의 양은

$$Q_{2,3} = \mu c_v (T_3 - T_2) \tag{3.13}$$

팽창 동안의 거동은 압축 동안의 거동과 비슷하다.

$$W_{3,4} = \mu c_v T_3 (1 - r^{1-\gamma}) \tag{3.14}$$

입력 에너지는 $W_{2,3}$인 반면 기관의 유용한 출력은 $W_{3,4} - W_{1,2}$이다. 따라서 효율은

$$\eta = \frac{W_{3,4} - W_{1,2}}{Q_{2,3}} = \frac{T_3(1 - r^{1-\gamma}) - T_2(1 - r^{1-\gamma})}{T_3 - T_2} = 1 - r^{1-\gamma} \tag{3.15}$$

식 3.11에서 $r^{1-\gamma} = T_1/T_2$ 임을 주목하자. 그러므로 식 3.15는 다음과 같이 다시 쓸 수 있다.

$$\eta = 1 - \frac{T_1}{T_2} = \frac{T_2 - T_1}{T_2} = \eta_{CARNOT} \tag{3.16}$$

그러므로 이상적인 Otto 사이클은 최대 예비연소 온도와 흡입구 온도 사이에서 작동하는 기관의 Carnot 효율을 달성한다. 이상적인 Otto 사이클은 사이클 동안 가장 높은 온도와 가장 낮은 온도에 의해 결정되는 Carnot 효율을 달성할 수 없다.

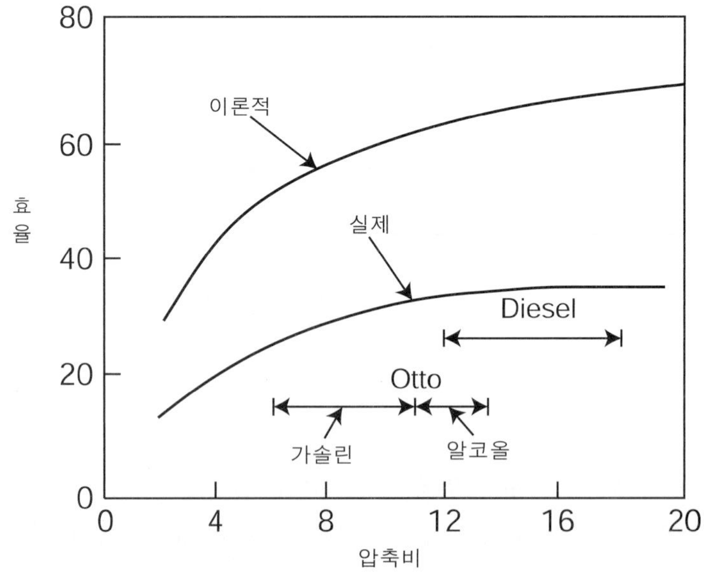

그림 3.8 Otto 기관과 Diesel 기관의 압축비에 따른 효율.

이론적인 효율은 그림 3.8에서 압축비에 대하여 도시되어 있다. Diesel 효율은 Otto 효율보다 낮다. 그 이유는 Diesel에서는 불꽃점화 기관에서처럼 일정한 부피에서가 아닌 일정한 압력(그림

3.7의 짙은 부분을 참조)에서 연소가 느리게 일어난다고 여겨지기 때문이다. 따라서 $p-V$ 자취에 의해 둘러싸인 총면적은 더 작다. 사실 Diesel 사이클의 이상적 효율은 다음과 같다.

$$\eta = 1 - r^{1-\gamma}\left[\frac{r_c^{\gamma} - 1}{\gamma(r_c - 1)}\right] \tag{3.17}$$

여기에서 $r_c \equiv V_{3'}/V_2$ (그림 3.7)는 **한계 비율**이라고 칭하며 연소중의 팽창비이다.

실제로 Otto 사이클은 **노킹**을 피하기 위하여 좀 더 낮은 압축비에서 작동해야 하기 때문에 Diesel 기관은 Otto 사이클에 근거하는 기관보다 더 높은 효율로 작동한다(3.6 절 참조).

효율은 다음에 의해 향상될 수 있다.

1. γ를 증가
2. 압축비를 증가

연료증기보다 공기의 경우에 γ가 더 크기 때문에 순도가 낮은 혼합물일수록 더 높은 효율을 가진다. 이는 천천히 연소됨으로써 이상적인 Otto 사이클로부터의 이탈을 야기하는 순도 낮은 혼합물의 경향에 의해 어느 정도 상쇄된다. 나아가 혼합물이 너무 순도가 낮으면 점화에 오류가 생기게 된다 - 기관은 "거칠게" 작동하고 역화를 일으키기 쉽다.

가솔린에 대한 화학양론적 공기/연료 비율은 14.7:1이다. 그러나 최대 효율은 순도가 낮은 혼합물(16:1에서 18:1)을 요구하는 반면 최대 동력은 매우 순도가 높은 혼합물(12:1에서 13:1)로 달성된다. **층상 연소** 기관은 연료와 공기를 실린더 내에 접선방향으로 주입시킴으로써 흥미로운 절충을 이루어 내는데 결과적으로 야기되는 원심력에 의해 실린더 벽 근처에서 혼합물은 더욱 순도가 높아지고 축으로 향할수록 점진적으로 순도가 낮아지게 된다. 연소는 순도가 높은 부분에서 시작되어 내부를 향해 전파된다. 평균 혼합물이 고효율을 보장할 만큼 충분히 농도가 낮은 반면에 점화는 여전히 신뢰할 수 있다. 부수적으로 Diesel 기관은 불꽃점화 기관보다는 더 순도가 낮은 혼합물로 작동할 수 있다.

우리가 곧 알게 되는 바와 같이 Otto 사이클 기관에서 사용되는 연료의 성질은 이용 가능한 최대 압축비를 제한시킨다. 너무 높은 압축비는 기관에 "노크", "핑", 그리고 특히 가속 중에 "폭발"을 일으키는 원인이 된다. 자동차가 폭발없이 가속될 수 있게 하여 주는 압축비는 순항 속도에서의 효율을 위해서는 너무 작다. 이는 점화 타이밍을 바꾸어서 개량시킬 수 있다. 스파크는 가속하는 동안 지체되며 순항의 경우 전진된다. 정교하고 다양한 압축비 기관이 Daimler-Benz에 의하여 개발되었다. 실린더는 2개의 피스톤을 가지는데 하나는 통상의 경우와 같이 크랭크 축에 연결되며 다른 하나는 첫 번째 것 위에 자유롭게 위치한다. 다양한 부피의 오일을 이들 두 피스톤 사이에 주입시켜 이들 사이의 간격을 조절하고 따라서 압축비를 조정할 수 있다.

γ가 1.3인 연료-공기 혼합물을 사용하는 압축비가 9:1인 가솔린 기관을 고려하여 보자(그림 3.9 참조). 이 기관의 이상적인 효율은 대략 50%이다.

효율은 다음과 같은 이상적인 사이클로부터의 이탈에 의해 감소된다.

1. 충분히 빠른 연소의 실패. 연소는 일정한 부피에서 일어나지 않는다. 반면에 고속 Diesel은 일정한 압력이 아닌 어느 정도의 상승되는 압력에서 연소하는 경향이 있다.
2. 실린더 벽, 피스톤과 로드를 통한 열 손실. 따라서 혼합물의 연소에 의하여 생성되는 열은 모두가 팽창하는 기체 안으로 유입되지는 않는다. 더욱 단열에 가까운 실린더의 제작에 설계의 초점이 맞추어져 왔다.

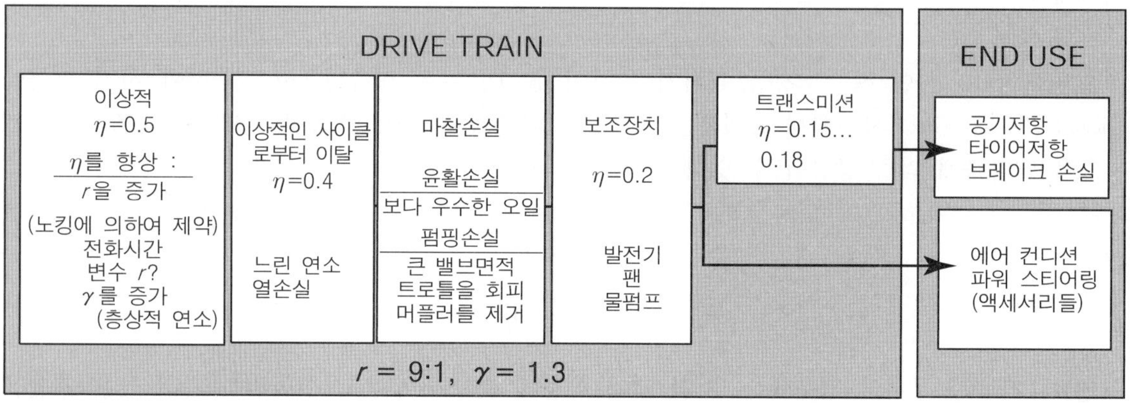

그림 3.9 스파크점화 자동차에서의 구동 트레인과 최종 용도. 9:1의 압축비와 1.3의 γ를 갖는 공기/연료 혼합물, 50%의 효율을 갖는 이상적인 기관. 여러 종류의 손실들과 보조 장치가 최종 효율을 18% 이하로 떨어뜨린다.

대체적으로 이러한 이탈은 효율을 이상치의 80%까지 감소시킨다. 그렇다면 보기의 엔진은 40%의 효율을 나타내었을 것이다.

높은 효율을 위해서는 다음이 필요하다.

1. 높은 압축비
2. 빠른 연소
3. 순도 낮은 혼합물
4. 실린더로부터 외부까지의 낮은 열전도

고체 이동부품들 사이의 마찰(**문지름 마찰**) 및 가스의 흐름(**펌핑 마찰**)으로부터의 수많은 손실들이 존재한다. 문지름 마찰은 탁월한 디자인, 적절한 재질의 사용, 그리고 좋은 윤활제로 감소시킬 수 있다. 펌핑 마찰은 투입물과 배출 시스템의 적절한 디자인으로 통제할 수 있다. 밸브 수를 증가시켜 손실을 줄일 수 있다(따라서 실린더 당 4개의 밸브를 지닌 자동차가 대중적이다). 아울러 엔진의 동력제어의 일부는 흡입밸브 개방을 조정하여 조절판에 의한 공기흐름 저항을 피함으로써 달성될 수 있다. 자동차들에는 곧 소음기로 분산하는 기술로서 보다 나은 배출가스 흐름을 가능하게 하여 주는 전자 사운드 중단 시스템이 장착될지도 모른다.

엔진은 그 효율이 전체적인 성능에 영향을 미치는 부속 장치들을 사용해야 한다. 이들에는 교류발전기, 물 펌프, 그리고 라디에이터 냉각팬들이 포함된다. 현대의 자동차에서 후자는 대개 구형 자동차에서처럼 항상 작동하는 대신 필요할 때만 작동한다. 기관 출력의 절반 정도는 이러한 장치들에 의해 소비된다. 우리가 고려하고 있는 예에서는 연소 에너지의 단지 20%만이 부속품(즉 에어컨디션 및 파워 스티어링)과 변속기에 이용 가능하다. 후자는 대략 90%의 효율이며 따라서 차의 추진에 이용 가능한 잔여 동력은 연료 에너지의 18% 정도로 적을 수 있다.

엔진, 변속기, 그리고 부속품은 **구동열**(驅動列)을 구성한다. 동력 트레인에 대한 부하(타이어 저항, 공기역학적 손실, 브레이크 손실, 그리고 보조장치)는 최종사용 부하를 이룬다.

3.5 가솔린

의심할 여지없이 현재 가장 인기있는 자동차 연료는 가솔린이다. 가솔린은 화학적으로 독특한 물질이 아니다 - 가솔린의 조성은 가솔린이 처음 소개된 이후로 계속적으로 향상되어 왔으며 아울러 계절에 맞게 조절된다. 가솔린은 3~12개의 탄소원자를 갖는 탄화수소들이 주가 되는 500가지 이상의 성분들의 혼합물로서 대부분은 가지형이다(다음 절의 *옥탄*과 *이소옥탄*의 차이에 관한 논의를 참조). 가솔린의 두 가지 주요 특성은 다음과 같다.

3.5.1 연소열

가솔린의 조성이 다양하므로 가솔린의 연소열은 고정된 양이 아니다. 대표적인 고연소열 값으로 헵탄이나 옥탄의 연소열 값($\approx 45\,MJ/kg$)을 사용할 수 있다.

3.5.2 안티노크 특성

에너지 함량에 관한 한 가솔린은 알코올에 비하여 두드러진 장점을 가지고 있다. 그러나 낮은 기관 효율에 이르게 한다면 고에너지 연료를 사용하는 것은 의미가 없다. 전에 논의한 바와 같이 효율은 부분적으로 압축비에 의해 결정되는데 압축비가 너무 높으면 노킹(knocking)이 야기된다(다음 절 참조). 알코올은 대부분의 가솔린보다 높은 압축을 상당히 감당해 냄으로써 더 높은 기관효율에 이르도록 하여준다. 이것은 알코올의 낮은 비에너지를 다소 보상하여 준다. 더 우수한 안티노크 특성(보다 높은 옥탄가)을 지닌 가솔린이 반드시 더 높은 에너지 함량을 갖는 것은 아니다; 사실 이 가솔린은 보다 낮은 에너지를 갖는 경향이 있다. 연료가 공급되는 엔진에 호환되며 가능한 한 가장 낮은 옥탄가를 갖는(즉 가장 싼) 가솔린을 사용하는 것은 의미가 있다. 반면에 옥탄가와는 무관하게 더 저렴한 가솔린은 엔진 내부에 점성물질의 형성과 다른 침전물의 생성 원인이 될 수 있으며 더 많은 배출오염을 초래할 수 있다.

3.6 노킹(knocking)

엔진의 효율은 압축비가 커짐에 따라 증가한다. 스파크 점화 엔진에서 압축은 사용되는 연료가 감당할 수 있는 수준으로 제한되어야 한다. 너무 높은 압축은 피스톤에 해로울 뿐만 아니라 모터의 동력을 감소시키기도 하는 **폭굉**(detonation)이나 **노킹**(knocking)의 원인이 된다.

폭발(explosion)과 **폭굉**(detonation)의 차이는 연소의 속도이다. 폭발은 아음속으로 전파되지만 폭굉은 초음속으로 전파된다. 예를 들면 화약은 좁은 공간에 제한되어 있을 때에는 폭발하지만 자유로운 공기 중에서 점화될 때에는 쉿 하는 소리와 함께 타기만 할 것이다. 반면에 NI_3와 같은 물질은 좁은 공간에 제한되어 있지 않을 때에도 큰 소리와 함께 매우 빠르게 분해될 것이다.

실린더 내의 폭발은 자전거 타는 사람이 자전거의 페달에 가하는 힘과 유사한 일정한 힘을 피스톤에 가한다. 폭굉은 마치 자전거 타는 사람이 해머로 연속적으로 타격하여 그의 자전거를 운전하려고 하는 것과 같다.

폭굉이 없이 높은 압축비로 작동하는 연료의 능력은 **옥탄가**에 의해 측정된다. 만약 (폭굉에 관한 한) 연료가 O_f%의 옥탄을 함유하는 이소옥탄/n-헵탄 혼합물과 같이 거동한다면 그 연료는 O_f의 옥탄가를 가진다고 말한다. 연료는 옥탄이나 헵탄을 함유할 필요가 없다. n-헵탄의 등급이 0으로 측정되는 반면 순수한 이소옥탄은 100%로 등급이 정해진다. 이는 바깥짐작법에 의해 주어진 연료가 0 이하거나 100 이상인 옥탄가를 가질 수 있다는 것을 의미한다. 실험적으로 $O_f > 100$인 연료의 옥탄가는 $(C_2H_5)_4Pb$이 부피분율 L만큼 추가된 이소옥탄과의 비교에 의해 결정된다. 옥탄가는 다음 식에 의해 주어진다.

$$O_f = 100 + \frac{107,000L}{(1+2768L)+\sqrt{1+5572L-504,000L^2}} \tag{3.18}$$

0.17%(즉 0.0017의 분율)의 $(C_2H_5)_4Pb$를 이소옥탄에 추가하면 120 옥탄비에 이르는데 이는 항공용 가솔린의 일반적인 값이다.

사용된 화합물이 *이소옥탄*임을 주목하자. 그 이유는 이소옥탄은 노킹에 잘 견디는 반면에 n-옥탄(정규, 혹은 가지없는 옥탄)은 극히 열악한 항 노킹 거동을 보이기 때문이다.

CCR(critical compression ratio, **임계압축비**)은 두 가지 다른 의미를 지닌다. 압축점화기관(Diesel)에서 연료를 점화하기 위해 필요한 최소 압축비를 가리키거나 스파크 점화기관(Otto)에서 최대 부하, 600rpm, $450K$의 냉각제 온도와 같은 실험조건인 경우 단지 소리를 들을 수 있는 노크를 발생시키는 압축비를 의미한다. 메탄(13), n-펜탄(3.8), n-헥산(3.3), 그리고 n-헵탄(2.8)의 값들은 메탄계열 탄소수가 증가할수록 CCR이 점차적으로 감소함을 보여준다. 흥미롭게도 John M. Campbell 등이 1935년에 발표한 꽤 오래된 논문에 광범위한 연료들에 대한 CCR이 소개되어 있다.

앞에서 우리가 언급한 탄화수소들은 모두 선형 사슬구조를 지니고 있다. 가지형 탄화수소를 사용한다면 CCR은 향상된다. 이소옥탄은 6의 CCR을 가지며 기본적인 방향족 탄화수소인 벤젠은 15의 CCR을 가진다. 이 때문에 무연 가솔린은 보통 만족스러운 옥탄가를 보장하기 위해 상당량의 방향제를 포함하고 있다.

옥탄(C_8H_{18})의 두 이성질체 구조를 비교하여 보자.

n-옥탄 :

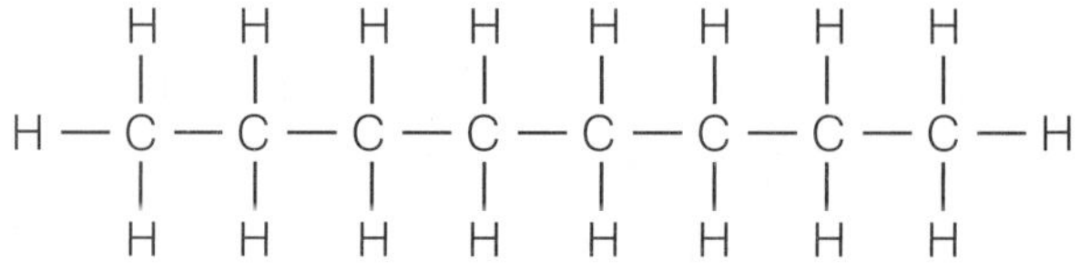

이소옥탄 :

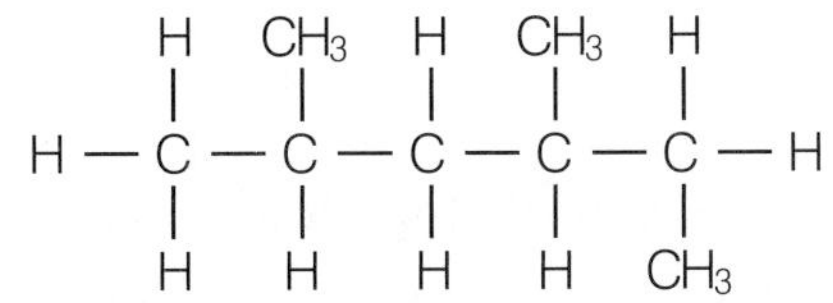

위의 구조식은 이소옥탄이 기술적으로 세 개의 수소가 각각 메틸(CH_3)기로 치환된 펜탄이라는 것을 보여준다. 두 개의 치환은 분자의 2의 위치에서, 한 개의 치환은 분자의 4의 위치에서 이루어진다. 따라서 이소옥탄은 *2,2,4-트리메틸펜탄(2,2,4-trimethylpentane)*이다.

연료의 효율적인 옥탄가는 연료가 작동하는 조건에 따라 좌우된다. 이 때문에 1 이상의 옥탄가가 임의의 주어진 연료와 연관될 수 있다. 주유소 펌프에 표시되어 있는 등급은 보통 두 개의 서로 다른 측정치들의 평균이다. 이 주제에 대한 좀 더 완전한 논의는 J.B. Heywood의 책에서 찾아볼 수 있다.

첨가물은 가솔린의 옥탄가를 증가시킨다. 요오드가 사용될 수 있으나 가격이 높다. 몇 년 전까지만 해도 사에틸납($Pb(C_2H_5)_4$)이 **납첨가** 가솔린의 표준 첨가물이었다. 환경적인 관심으로 이러한 유형의 연료는 사용을 중지하였다. 현재는 고리형 탄화수소(벤젠족)의 비율을 증가시킴으로써 높은 옥탄가를 달성하고 있다. 따라서 암 위험을 증가시키고 부수적으로 연료에 대한 비용을 더 지불함으로써 중독을 피하고 있는 셈이다.

그림 3.10에 나타낸 바와 같이 가솔린 내의 에탄올의 존재는 폭굉에 대한 저항을 증가시킨다. 저급 가솔린에 30%의 에탄올을 첨가하면 옥탄가를 72에서 84로 상승됨을 알 수 있다.

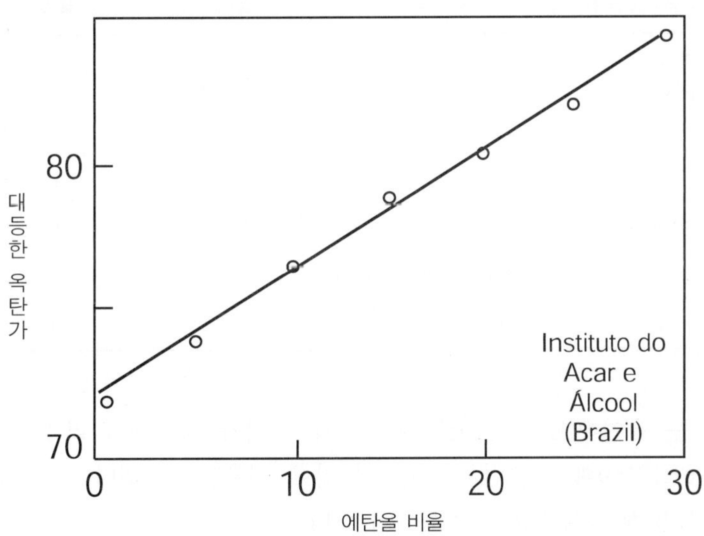

그림 3.10 가솔린에 에탄올을 첨가하면 혼합물의 옥탄가가 상승한다.

가소홀(gasohol, **가솔린과 알코올 혼합물**)의 옥탄가 O_m은 원래의 가솔린의 옥탄가 O_g와 알코올의 **혼합 옥탄가** B로부터 계산될 수 있다:

$$O_m = Bx + O_g(1-x) \tag{3.19}$$

여기에서 x는 가솔린의 부피에 대한 첨가물의 부피의 비이다. 연료의 초기 품질에 따라 에탄올의 혼합 옥탄가는 160까지 높아질 수 있다. 단독으로 사용될 경우의 값은 106이지만 메탄올은 130의 B 값을 갖는다. 가소홀은 납의 사용 없이 단지 적절한 고리형 탄화수소의 첨가만으로 높은 옥탄가를 달성할 수 있다. 그러므로 가소홀은 상당한 공공 건강의 잇점을 가져다 준다.†

1516년 이후로 브라질은 세계적인 사탕수수 생산 선도국이다. 국제 설탕가격의 폭넓은 변동으로 브라질은 과잉생산물의 처분수단으로서 가소홀의 개발을 촉진시켰다. 가격이 낮은 년도에서 브라질산 가솔린의 알코올 비율은 높았다(대개 24%). 설탕가격이 높을 때에는 자동차 연료에 에탄올이 훨씬 적게 사용되었다(이를테면 5% 정도). 1970년대 초기부터 브라질은 특별히 고안된 자동차들을 위한 연료로서 순수한 (수화된) 알코올을 판매하기로 결정함으로써 원유의 수입으로부터 어느 정도 독립을 달성하였다.

알코올은 첨가물 그 이상이다; 알코올은 그 자체로서 하나의 연료이다. 그러나 그의 에너지 함량은 가솔린보다 더 낮다(표 3.6). 에탄올은 단위부피당 가솔린의 주요 성분인 헵탄의 에너지의 71% 만을 함유한다. 그럼에도 불구하고 브라질의 알코올 구동 자동차(가솔린이 없는 에탄올을 사용)들은 가솔린 엔진에 근접하는 주행거리를 갖는다. 이는 고압축 에탄올 모터의 보다 높은 효율 때문이다. 물은 알코올과 혼합될 수 있기 때문에-주유소에서 시판되는 연료의 "조작"을 초래-브라질의 펌프들에는 밀도 측정기가 장착되어 있어서 소비자들이 제품의 품질을 점검할 수 있다.

표 3.6 두 가지 중요 알코올과 헵탄 및 옥탄과의 물성 비교(25℃에서 연료들의 고연소열).

	Mol. mass	kg/ liter	MJ/ kg	MJ/ liter	MJ/kg (rel. to octane	MJ/liter (rel. to octane
메탄올	32	0.791	22.7	18.0	0.475	0.534
에탄올	46	0.789	29.7	23.4	0.621	0.697
n-헵탄	100	0.684	48.1	32.9	1.006	0.979
이소옥탄	114	0.703	47.8	33.6	1.000	1.000

현재 브라질에서는 **유연-연료(flex-fuel)** 자동차가 인기가 있는데 브라질에서는 어느 주유소에서나 순수한 에탄올(E-100)과 가솔린을 모두 이 차에 이용할 수 있다. 유연-연료 엔진은 자체에서 사용되는 연료에 맞게 자동적으로 조정하여 준다.

† 이것은 첨가제가 메탄올일 경우 배출물 중의 포름알데히드로 인하여 사실이 아닐 수 있다. 에탄올의 경우에는 배출물에는 상대적으로 독이 없는 물질인 약간의 아세트알데히드가 포함된다.

3.7 자동차용 하이브리드 엔진

미국의 경우 자동차 배기가스 배출기준은 각 주마다 개별적으로 규정되어 있지만 이를 선도하는 곳은 캘리포니아 공기자원국(CARB)으로서 미국에서 가장 엄격한 배출기준을 제안하였다. 이 기준에는 주어진 날짜까지 캘리포니아에서 판매되는 운송수단의 2%는 오염물 배출이 0(zero emission vehicles, ZEVs)이 되어야 한다는 요구조건이 포함되어 있다. 이러한 요구조건은 후에 연기되었다. 자동차 제조회사들은 ZEV 문구들을 상세히 해석하는 데에 상당한 노력을 기울여 왔다.

분명히 순수한 전기자동차(EV)는 해로운 기체를 배출하지 않는다. 그러나 EV는 부분적으로 화석연료에 의하여 생성되는 전기를 소비함으로써 결과적으로 오염물질을 배출한다. EV는 비록 전통적인 내연기관 자동차(ICV)에 비해 매우 적은 양이긴 하지만 오염 물질을 배출한다. 어떤 사람은 내연기관을 장착한 자동차가 EV로부터의 총 오염물 방출량과 동일하거나 적은 양의 오염물질을 배출한다면 그러한 ICV도 '오염물 배출이 0인' 자동차로 간주되어야 한다고 주장한다. 토요타 프리우스의 엄청난 인기는 이러한 형태의 자동차에 대한 보편적인 관심을 입증한다.

하이브리드 자동차는 추가적인 연료 구동 동력원을 장착한 전기 자동차이다. 하이브리드는 다음과 같은 몇 가지 이유로 오염물 배출을 상당히 낮추는 데에 기여한다:

1. 보통 자동차의 엔진이 아이들링에서 완전한 가속까지 넓은 범위의 속도에 걸쳐 운용되는 반면에 하이브리드의 엔진은 가능한 경우 일정한 속도로 작동되도록 최적화되어 있으며 최대 효율과 최소 오염을 달성하도록 미세하게 조정될 수 있다.
2. 일반 도시에서 운전할 때 빈번한 아이들링 중에는 배출물이 없다-엔진은 천천히 돌아가는 것이 아니라 사실상 꺼진 상태이다.
3. 감속하는 동안에 배터리로 동력을 되돌려 보내는 재생식 제동이 상대적으로 쉬운 방식으로 설치될 수 있다.

하이브리드 자동차에는 직렬식과 병렬식의 두 가지 종류가 있다. 직렬식 하이브리드에서 바퀴에 적용되는 동력은 모두 전기 모터로부터 나온다. 연료-구동 요소는 단순히 배터리를 재충전한다.

병렬식 하이브리드에서는 바퀴 동력은 전기 모터와 IC 모터 모두로부터 비롯된다. 클러치를 사용하여 순간의 요구에 따라 이들 서로 다른 동력장치들을 바퀴와 연결시킨다.

직렬식 하이브리드는 상대적으로 단순하지만 완전한 가속 동력을 전달할 수 있는 대규모의 전기 모터가 필요하다. 뿐만 아니라 배터리 충전을 유지하기 위한 보조 시스템을 보유해야 한다. 따라서 직렬식 하이브리드는 큰 구동 모터와 충전용 엔진, 그리고 발전기를 필요로 한다. 이러한 세 가지 요소들의 동력의 합은 자동차를 움직이는 데에 필요한 동력을 상당히 초과한다. 이에는 많은 비용이 들 수 있다.

병렬식 하이브리드에서는 전기 모터가 더 작아질 수 있으며 추가적인 서지(급상승) 동력은 IC 동력 장치로부터 유래된다. 그렇지만 하이브리드에서 여분의 동력 장치는 열기관일 필요는 없다. 그러한 적용에서는 연료 전지가 이상적인 것으로 입증될 수 있다.

많은 사람들이 하이브리드 자동차를 현재의 IC 기관에서 미래의 순수 전기 자동차로 옮겨가는 중간단계의 해결책으로 생각하고 있는데 미래의 순수 전기 자동차의 도래는 무엇보다도 여전히 배터리의 개선에 따라 좌우된다. 자동차 산업의 다음 단계는 **플러그-인 하이브리드**로서 일상의 도시에서 운전에 충분한 배터리를 지니지만 장거리 여행은 내연기관에 의존할 수 있다는 사실은 쉽게 수긍할 수 있다. 순전히 도시에서 운전을 할 경우 지역의 유틸리티 설비에서 공급되는 전력을 이용하여 배터리가 밤새 충분히 충전되기 때문에 연료가 전혀 필요하지 않게 된다.

3.8 스털링(Stirling) 엔진

초창기 자동차 개발자들이 오토(Otto)보다 스털링 엔진을 채택했다면, 오늘날의 자동차들은 보다 효율적이면서 오염이 덜했을 것이다. 역사의 변덕으로 스털링 엔진은 멀어져 갔다. 그럼에도 불구하고 적어도 한 곳에서 적용해 본다면 오랜 기술의 재현이 가능할 것이다. 우리가 제 5장에서 보게 되겠지만 외부 행성으로 가는 우주여행에서는 동력원으로서 방사성 동위원소 열 발생기(RTG)를 사용하는데 이는 그와 같이 매우 멀리 떨어진 곳에서는 태양광선이 미약하여 광전변환이 실제적이지 않기 때문이다. RTG는 열전 발생기를 사용하여 대략 10%의 효율을 달성한다. 열전대를 자유 피스톤 스털링 엔진으로 대체함으로써 나사(NASA)는 효율을 30%까지 올려서 플루토늄 열원에 소요되는 높은 비용과 질량 모두를 줄이려는 계획을 세우고 있다. 10kg의 플루토늄(수백만 달러의 가치)대신에 방사능 연료를 쓰면 2kg으로 줄어든다. 자유 피스톤 스털링 엔진은 이러한 우주 계획에 소요되는 긴 수명을 지닌다. 나사는 대략 2012년쯤 이들을 이용할 것으로 예측하고 있다.

스털링은 다음과 같은 장점을 지닌다.

1. 오토 및 디젤 엔진보다 효율이 좋다.
2. 다양한 연료로 운용할 수 있다.
3. 외연기관으로서 오염물질을 덜 배출한다. 아직은 많은 양의 이산화탄소를 배출하지만 높은 효율로 인하여 동력이 대등한 현대의 자동차 엔진들보다 배출량이 적다. 또한 탄소-수소 비율이 낮은 연료로 잘 작동되며 따라서 배출되는 단위 탄소량 당 보다 많은 에너지를 생성한다.
4. 폭발이 없기 때문에 소음이 낮은 장치이다.

표 3.7 스털링 엔진의 몇 가지 형태.

역학적	알파(2 실린더, 2 피스톤)
	베타(1 실린터는 피스톤과 변위기를 장착)
	감마(피스톤이 있는 1 실리더, 변위기가 있는 다른 실린더)
자유-피스톤	
Ringbom	

스털링 사이클은 엔진에 적용될 뿐 아니라 염화불화탄소(CFC)를 이용하지 않는 냉각에도 이용할 수 있다.

스털링 사이클은 등온 압축과 등적의 열 추가, 등온 팽창, 그리고 등적의 열 방출로 구성된다(표 3.4 참조). **열 재생** 가능성으로부터 비롯되는 고효율에 관해서는 이 장의 후반부에서 보다 상세히 논의되고 있다. 다양한 스털링 기관 형태들이 시도되어 왔다. 표 3.7을 참조하자.

모든 기관 구성을 보면 두 개의 피스톤을 사용하며 경우에 따라 **동력 피스톤**과 **변위기**를 이용한다. 엔진의 사례들을 검토할 경우 구별은 뚜렷해진다.† **역학적** 엔진은 크랭크샤프트에 의해, 일반적으로는 연결봉을 통해 구동되는 피스톤들을 사용한다. **자유 피스톤** 구성을 보면 피스톤들은 엔진의 어떤 부분과도 기계적으로 연결되어 있지 않다. **링범**(Ringbom)은 하나의 역학적 피스톤과 하나의 자유 피스톤을 사용한다.

3.8.1 역학적 스털링 기관

3.8.1.1 알파 스털링 기관

알파 구성은 가장 이해하기가 쉽기 때문에 보다 상세히 검토하기로 한다.

파이프로 연결되어 있는 두 개의 실린더를 고려하여 보자(그림 3.11 및 3.12). 하나의 실린더("뜨거운" 라벨)는 화염, 방사성 동위원소, 응집된 태양 에너지 등과 같은 외부 소스에 의하여 계속적으로 가열된다. 이 실린더 내의 기체의 온도는 T_H이다. 다른 실린더("차거운" 라벨)은 순환하는 물이나 차가운 공기, 혹은 단순한 대류에 의해 계속적으로 냉각된다. 이 실린더 내의 기체 온도는 T_C이다. 여러 열기관이 그렇듯이 실린더에는 **열원**과 **열싱크**가 있다.

피스톤 위의 공간은 작동 기체(실제 기관에서 이러한 기체는 수소나 헬륨이다)로 채워져 있다. 사이클을 따라가기 위하여 구체적인 예를 이용하기로 한다. $\gamma = 1.40$인 기체가 사용되고 있다. 피스톤이 움직이면서 각 실린더의 부피는 $10^{-3} m^3$부터 $0 m^3$, 즉 1리터부터 0리터까지 변한다.

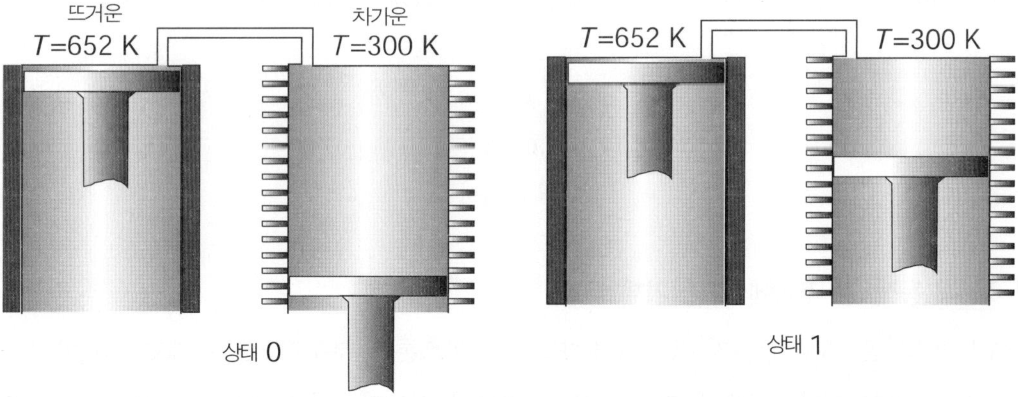

그림 3.11 알파 스털링 사이클의 처음 두 상태.

† 동력 피스톤은 압축하거나 팽창시에 일을 한다. 변위기는 일을 하지 않는다. 이들이 하는 일은 장치의 한 곳으로부터 다른 곳으로 유체를 이동시키는 것이다.

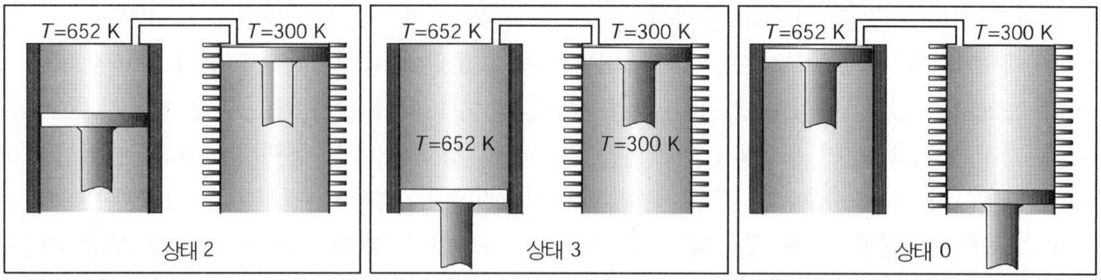

그림 3.12 알파 스털링 사이클의 최종 상태.

처음에(상태 0) "차거운" 피스톤은 끝까지 내려간다. 이 실린더의 부피는 $V_{C_0} = 10^{-3}m^3$, 온도는 $T_{C_0} = T_C = 300K$이며 (두 실린더에서) 압력은 $p_{C_0} = p_{H_0} = 10^5 Pa$, 혹은 1기압이다.

이상기체 법칙 $pV = nRT$로부터 "차거운" 실린더 내의 기체의 양은 $40.1 \times 10^{-6} kilomole$로 계산된다. 연결파이프와 "뜨거운" 실린더 내의 기체의 양(V_{H_0})은 무시할 수 있다고 가정한다.

단계 0→1(등온 압축)

"차거운" 피스톤이 일부 위로 움직이면서 기체의 부피는 이제 $V_{C_1} = 10^{-4}m^3$(압축비 $r = 10$)이다. 실린더는 열 싱크와 접촉하고 있으므로 압축에 의해 발생한 열은 제거되고 온도는 일정하게 유지된다. 다시 말해 압축은 **등온**이다. 여기에 필요한 에너지는 다음과 같다.

$$W_{0\to 1} \equiv W_{compress} = \mu RT_C \ln \frac{V_{C_0}}{V_{C_1}} = 230J \tag{3.20}$$

압력이 10배로 증가하는 동안 온도는 변하지 않았다. 기체의 상태 1은 다음과 같다.

$$V_{C_1} = 10^{-4}m^3$$
$$T_C = 300K$$
$$p_{C_1} = 10^6 Pa$$

단계 1→2(등적 열 추가에 따른 기체 전달)

"차거운" 피스톤은 위로 끝까지 올라가며 "뜨거운" 피스톤은 부분적으로 아래로 내려가서 $V_{H_2} = 10^{-4}$, $V_{C_2} = 0$이 된다. 기체의 전체 부피는 변하지 않는다. 이론적으로 이러한 기체 전달에는 에너지 비용이 소요되지 않지만 이제 기체는 열원과 접촉하여 온도가 오르게 된다. 임의로 온도가 $652K$까지 오른다고 가정하자. 이렇게 되기 위해서는 열원은 $Q_{1\to 2}$ 만큼의 열을 기체에 전달해야 한다.

$r = 1.4$인 기체의 c_v는 $20.8kJ K^{-1} kmole^{-1}$이다. 따라서 부피를 일정하게 유지하면서 온도를 $300K$에서 $652K$로 올리는데 필요한 열(**등적의** 열 추가)은 다음과 같다:

$$Q_{1\to2} \equiv Q_{add} = \mu c_v \Delta T = \mu c_v (T_H - T_C) \tag{3.21}$$
$$= 40 \times 10^{-6} \times 20.8 \times 10^3 (652 - 300) = 293J$$

부피가 변하지 않으면서 기체의 온도가 상승했기 때문에 압력은 증가하였을 것이다. 기체의 상태 2는 다음과 같다:

$$V_{H_2} = 10^{-4} m^3$$
$$T_H = 652K$$
$$p_{H_2} = \frac{652}{300} \times 10^6 = 2.17 \times 10^6 Pa$$

단계 2→3(등온 팽창)

실린더의 부피가 $10^{-3}m^3$에 도달할 때까지 높은 압력이 "뜨거운" 피스톤을 아래로 누른다. 이에 상응하는 10:1의 팽창으로 기체는 냉각되지만 외부 소스로부터의 열이 온도를 일정하게 유지시킨다. 즉 우리는 크랭크샤프트로 $500J$을 전달하는 **등온** 팽창을 수행하는 것이다:

$$W_{2\to3} \equiv W_{expan} = \mu R T_H \ln \frac{V_{H_3}}{V_{H_2}} \tag{3.22}$$
$$= 40.1 \times 10^{-6} \times 8314 \times 652 \ln 10 = 500J$$

임의로 바로 앞의 단계에서 T_H로 $652K$를 선택하여 크랭크샤프트로 전달된 에너지가 둥근 챔버로부터 나오도록 하였다. 소요되는 열 입력은 물론 $Q_{2\to3} \equiv Q_{\mathrm{expan}} = 500J$이다.

기체의 상태 3은 다음과 같다:

$$V_{H_3} = 10^{-3} m^3$$
$$T_H = 652K$$
$$p_{H_3} = 2.17 \times 10^5 Pa$$

단계 3→0(등적의 열 방출)

마지막으로 피스톤이 원래의 초기 상태로 돌아간다. 기체의 부피는 변하지 않지만 이것은 "차거운" 실린더로 전달되므로 온도가 **등적으로** $300K$로 떨어지며 상태 0으로 되돌아가게 되며 사이클이 완료된다. 이 단계 동안에 다음과 같이 열이 제거된다:

$$Q_{3\to0} = \mu c_v \Delta T = 40 \times 10^{-6} \times 20.8 \times 10^3 (652 - 300) = 293J \tag{3.23}$$

이는 정확하게 $Q_{1\to2}$와 동일하다.

한 번의 사이클에서 크랭크샤프트는 "뜨거운" 피스톤으로부터 $500J$를 받으며($W_{2\to3}$) 압축 단계에서 사용한 $230J$을 돌려준다($W_{0\to1}$). 순수한 기계적 에너지인 $500 - 230 = 270J$이 장치로부터의 출력이 된다. 이는 $793J$에 달하는 $Q_{1\to2}$와 $Q_{2\to3}$이라는 두 열 입력으로 이루어진다.

이 장치의 효율은 아래와 같다.

$$\eta = \frac{W_{expan} - W_{compress}}{Q_{add} + Q_{expan}} = \frac{500-230}{293+500} = \frac{270}{793} = 0.34$$

$652K$와 $300K$ 사이에서 작동하는 Carnot 사이클의 효율은 다음과 같다.

$$\eta_{CARNOT} = \frac{650-300}{652} = 0.54 \tag{3.24}$$

따라서 스털링 기관은 이미 설명한 바와 같이 Carnot 효율의 적절한 일부만을 실현시킨다. 그러나 상대적으로 간단한 변경으로 이러한 상황이 바뀐다.

우리는 $Q_{3\to 0} = Q_{1\to 2}$임을 알았다. 3→0 단계에서 기체로부터 제거되어야 할 열은 두 개의 실린더를 연결하는 파이프에 삽입된 재생기에 저장될 수 있으며 $Q_{1\to 2}$를 공급하는 데에 이용될 수 있다. 이는 열원으로부터 필요로 하는 유일한 열은 $Q_{2\to 3}(500J)$임을 의미한다. 완벽하고 이상적인 재생기를 사용할 경우 스털링 사이클의 효율은

$$\eta = \frac{270}{500} = 0.54 \tag{3.25}$$

이는 정확히 Carnot 효율이다.

실제에 있어서 재생기들은 이를테면 부피에 비해 표면의 비율이 커서 빠른 열 교환을 보장하는 강모(steel wool)를 사용함으로써 구현될 수 있다. 재생기의 바람직한 특징에는 다음 사항들이 포함된다:

- 높은 열용량
- 낮은 세로방향 열 전도성
- 낮은 점성 손실
- 작은 부피

3.8.1.2 베타 스털링 기관

베타구성의 스털링 기관에서는 하나의 실린더를 사용한다. (그림 3.13 참조.) 낮은 위치에 있는 피스톤은 **동력** 피스톤으로서 실린더에 딱 맞춰져 있어서 기체에 압축을 가할 수 있다. 위에 있는 피스톤은 **변위기**로서 느슨하게 맞춰져 있어서 (기체가) 잘 샌다. 이 변위기의 역할은 기체를 동력 피스톤 바로 위의 "차가운" 공간(공간 2)으로부터 변위기 바로 위의 "뜨거운" 공간(공간 1)으로 이동시키는 것이다.

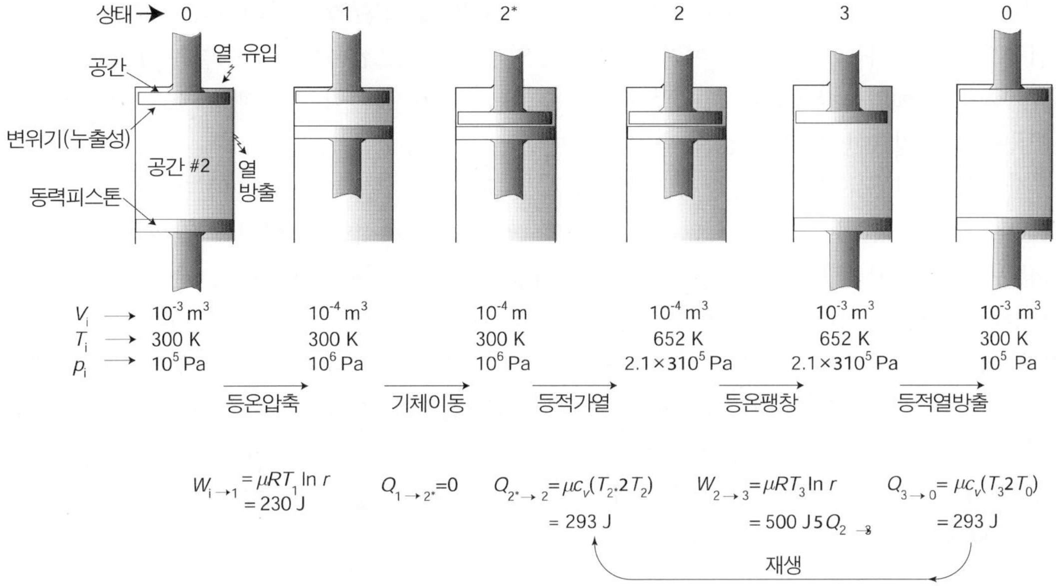

그림 3.13 베타 스털링 사이클의 다양한 상태.

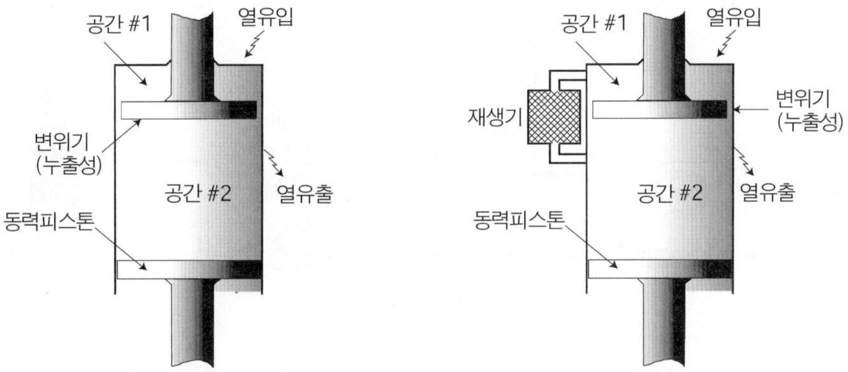

그림 3.14 재생기는 위에 보인 방법으로 베타 스털링 기관에 부착될 수 있다.

이 사이클의 단계는 알파 사이클의 단계와 동일하기 때문에 우리는 동일한 양에 따른 예를 이용할 수 있다. 그림 3.14에서 우리는 1→2 단계를 두 개의 하위단계들로 나눈다: $1\rightarrow2^*$에서는 변위기가 내려오면서 공간 2의 차가운 기체를 공간 1의 뜨거운 부분으로 이동시킨다. 여기에서도 이상적으로 이 하위단계에서 소비되는 에너지는 없는데 이는 기체가 변위기와 실린더 사이의 틈을 통해 자유롭게 빠져나가기 때문이다. 하위단계 $2^*\rightarrow2$에서는 등적 열 추가가 이루어진다.

이러한 구성이 지닌 문제는 중요한 재생 기능에 대한 준비가 되어 있지 않다는 것이다. 이런 문제는 그림 3.14에 보인 것처럼 공간 1과 2를 연결하는 외부 경로를 사용함으로써 해결될 수 있다.

3.8.1.3 역학적 스털링 기관의 활용

스털링 기관을 설치하는 한 가지 가능한 방법이 그림 3.15에 나타나 있다. *연소 송풍기*로부터의 공기가 버너로 주입되는데 *버너*에서 연료와 혼합하여 발화된다. 이로부터 얻어지는 뜨거운 기체들은 "공간 #1" 내의 작동 유체로 열을 전달하는 *입력 열 교환기*를 통과한다. 이러한 열 교환기의 입력부를 이탈하는 기체들은 여전히 상당한 양의 열을 포함하는데 이 열은 연소 송풍기에서 나오는 공기를 예열시킴으로써 회수될 수 있다. 이로써 기관의 작동 유체를 소요되는 온도로 유지시키는 데에 필요한 연료의 양을 줄일 수 있다.

"공간 #2"의 작동유체의 냉각은 별도의 *냉각 열 교환기*를 통하여 이루어진다.

모든 유형의 기관이 그렇듯이 많은 요인들로 인하여 실제적인 스털링 기관의 구체적인 연료 소비량은 이론적 예측값보다 높으며 오염물질 배출량도 기대했던 것보다 더 많다.

자동차 시장에서 이러한 종류의 기관이 보다 각광을 받으려면 추가적인 연구개발이 필요하다. 하지만 이러한 연구개발이 이루어지지 않는 것은 연소기관의 시대가 거의 유행의 막바지에 다다랐기 때문이다. 모든 가능성의 측면에서 볼 때 연료 전지가 점차적으로 현재 IC 기관이 지배하는 대부분의 영역을 차지할 것이다. 자동차 산업의 거대한 규모로 인하여 IC에서 FC 기술로의 전환은 필연적으로 서서히 진행될 수밖에 없다. 그 과정에서 중요한 중간 단계는 하이브리드 자동차의 사용이다.

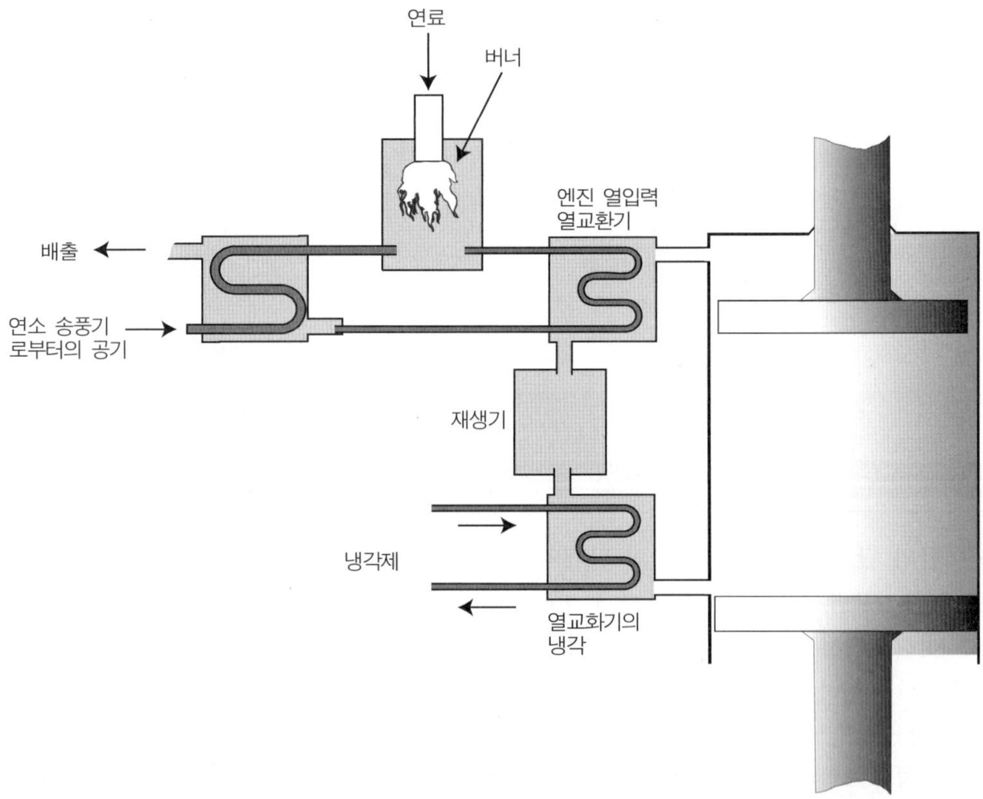

그림 3.15 스털링 기관의 한 가지 가능한 설치.

실제 효율이 이론적 효율과 차이가 나는 이유는 다음과 같다:

1. 압축비가 증가하면 기계적 열 기관의 효율이 증가한다. 스털링 기관도 예외가 아니다(연

습문제 3.1 참조). 열 교환기와 재생기의 내부 부피로 인하여 열을 '공간 #1' 로 직접 적용할 때에 비해 압축비가 더 작아진다.

2. 입력 열 교환기를 이탈하는 연소 기체는 여전히 뜨거우며 상당한 에너지를 지니고 나간다. 후자의 일부를 회수하기 위하여 앞에서 설명한 바와 같이 예열기를 사용한다.
3. 재생기는 이상적으로 작동할 수 없으며 사이클 도중에 축적한 모든 열을 되돌려 보낸다.
4. 작동 유체가 열 재생기를 통해 하나의 공간으로부터 다른 공간으로 이동할 때 마찰손실이 존재한다. 이는 수소를 작동 유체로서 사용하는 주요 이유로서 이렇게 해서 최소의 마찰손실을 유도한다.
5. 이론적으로 피스톤의 움직임은 간헐적이어야 하지만 이를 상당히 높은 회전수로 작동하는 장치에 설치하기는 어렵다. 피스톤 프로그래밍에서 어떻게든 조화를 이루어야 한다.
6. 작동 유체에서 열 교환에 필요한 시간이 제한되어 있기 때문에 온도는 원하는 일정한 수준에는 결코 도달하지 못한다.

스털링 기관의 동력 출력은 작동 유체를 추가하거나 제거함으로써 통제할 수 있다. 동력을 줄이기 위해 압축기는 기관으로부터 작동 유체 일부를 제거하고 이를 보관용 탱크에서 높은 압력으로 저장한다. 동력을 증가시키려면 이 탱크로부터 기체를 신속하게 기관으로 전달할 수 있다. 입력 열 교환기 온도는 지속적으로 관찰되며 이러한 정보는 연료 흐름의 제어에 사용된다.

3.8.2 자유 피스톤 스털링 기관

역학적 스털링 기관의 경우처럼 자유 피스톤 버전도 다양한 활용이 가능하다. 이런 유형의 기관이 크게 발달한 것은 미국 오하이오주 Athens의 Sunpower Inc. 덕분이다. 그림 3.16은 1986년부터 비롯되는 기관의 단순한 형태를 보여준다.

피스톤과 변위기 사이에는 엄격한 기계적인 연결이 없다. 이들 모두 의도적인 누출이 없이 실린더에 알맞게 맞춰져 있다. 변위기의 움직임은 0° 이상 360° 이하로 피스톤의 동작을 유도한다. 장치의 동력 출력은 움직이는 부품들의 관성과 이들을 연결하는 기체의 강도에 의존하는 각도를 변경함으로써 조절할 수 있다. 그림에 보인 디자인에서 변위기는 **기체 스프링**에 반하여 움직이는 반면에 피스톤의 반동 움직임은 **바운스(bounce) 공간**에 있는 기체에 의해 보장된다. 보다 현대적인 디자인에서는 변위기와 피스톤은 반동 스프링 역할도 하는 **플렉셔 베어링**에 매달려 있다. 플렉셔 베어링은 방사상으로 상당히 딱딱한 격판이지만 장치의 진동하는 부분의 실질적인 축방향 운동을 가능케 한다. 이러한 베어링들은 성능이 매우 예측 가능하며 실질적으로 (일의) 손실이 없고 수명이 극히 길다. 비접촉 기체 베어링도 사용된다.

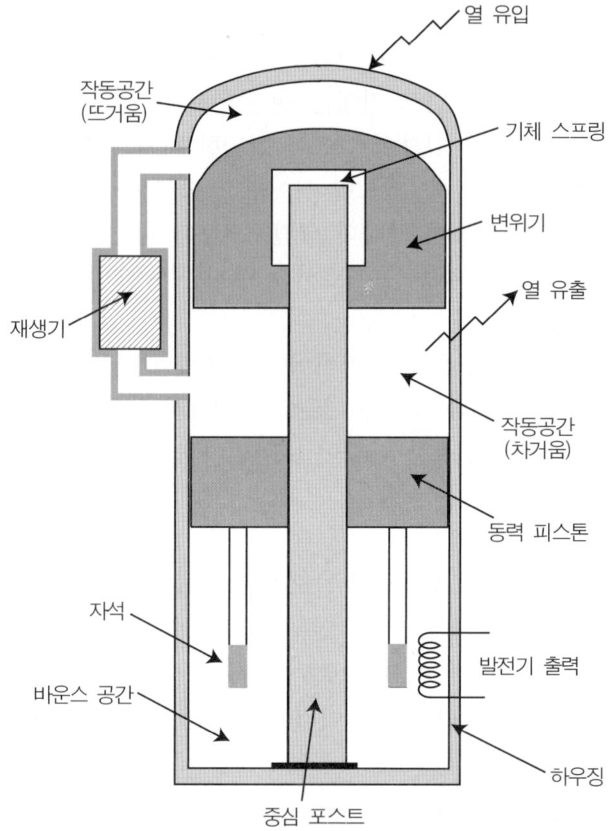

그림 3.16 선형 발전기를 부하로 갖는 간단한 자유 피스톤 스털링 기관. 작동은 역학적 베타 스털링 기관과 다소 유사하다.

만일 모든 스털링 기관의 효율이 높으며 여러 다양한 열원으로 작동되고 상응하는 내연기관보다 오염 물질을 덜 배출하고 소음도 없다면 이런 기관이 왜 세계의 열기관 시장을 지배하지 못한 걸까? 그 개발에 상당한 시간, 노력, 그리고 재원이 소모된 역학적 버전의 스털링 기관은 몇 가지의 심각하며 거의 극복할 수 없는 문제들을 안고 있는데 이들 가운데 대부분은 보다 최근에 개발된 자유 피스톤 버전에는 없기 때문이라는 것이 이에 대한 답이 될 것이다. 한 가지 어려운 분야는 윤활이 필요하며 따라서 고압의 작동 유체 부분과 윤활처리가 되는 부분을 분리하기 위한 봉합이 필요하다는 점이다. 이는 역학적 기관의 수명이 한정되는 주된 이유이다. 자유 피스톤 기관은 윤활을 필요로 하지 않는다.

역학적 기관은 자유 피스톤 기관과는 달리 시간이 지나면서 질이 떨어지는 피스톤 링을 필요로 한다. 또한 동력 변환을 가능케 하는 비싸고 복잡한 매커니즘들도 필요로 한다. 역학적 스털링 기관의 활용에 대해서는 부속 절을 참조하도록 한다.

전력을 생성하도록 설계된 자유 피스톤 시스템에서는 누출 문제를 피하기 위해 외부 영향을 받지 않도록 밀봉된 기계류의 통합된 부분으로서 (선형) 발전기를 조합시킨다. 생성되는 교류의 주파수는 진동하는 변위기/피스톤 질량의 기계적 공명에 의해 결정되며 50Hz나 60Hz(어떤 공간들에 적용할 때는 100Hz)로 쉽게 조정될 수 있다.

자유 피스톤 기관은 움직이는 부분이 두 곳 뿐인데 이 부분들은 모두 외부와 기계적인 연결이 되지 않은 봉합된 구역 내에 위치하며 따라서 역학적 기관에 비해 기계적으로 훨씬 단순하며 보다 신뢰할 만하다. 움직이는 부분은 여타의 요소들과 직접적인 접촉을 하지 않으며 비접촉 기체 베어링에 의하여 이들과 분리되어 있다. 수명을 제한시키는 요소의 마모는 없다. 자유 피스톤 기관은 작동하기가 매우 쉬우며 일반적인 팽창 공간과 상반되는 짝으로 운용함으로써 본질적으로 진동을 없앨 수 있다. 변위기와 피스톤의 움직임 사이의 위상각을 변화시킴으로써 신속하고 간단한 방법으로 동력의 조정이 이루어진다. 이는 두 요소들을 상호 연결하는 기체 스프링의 경성도를 다르게 함으로써 가능해 진다. 넓은 동력 범위에 걸쳐 빠른 응답과 고효율이 보장된다. 이와 대조적으로 역학적 기관에서 위상각은 기계적 연동 장치들에 의하여 결정되며 따라서 고정된다.

역학적 기관에 대한 자유 피스톤의 장점에 관한 보다 심도 있는 논의는 Lane와 Beale(1997)의 저서를 참조한다.

최근에 성취된 자유 피스톤 스털링 기관의 신뢰성, 유연성, 그리고 긴 수명은 이러한 기술에 대한 커다란 가능성의 문을 열어주고 있다. 여러 적용대상들 가운데에서도 먼 우주여행에서의 RTG를 대체할 뿐 아니라 달 기지 계획 및 많은 군사적 응용을 위한 동력 공급원으로 채택될 수도 있다.

3.9 초저온 기관

앞에서 언급한 바와 같이 열기관은 작동할 때 열원과 열 싱크에 의존하는데 이들은 정의에 따라 낮은 온도를 유지해야 한다. 열원이 연소나, 핵반응, 태양 에너지 등에 의해 구동되어 상대적으로 온도가 오르는 반면에 열 싱크는 거의 일정하게 주위 온도와 비슷하게 유지된다. 그러나 초저온 물질의 공급에 의하여 열 싱크의 온도를 낮추는 반면에 열원은 주위 온도로 유지되도록 할 수 있다.

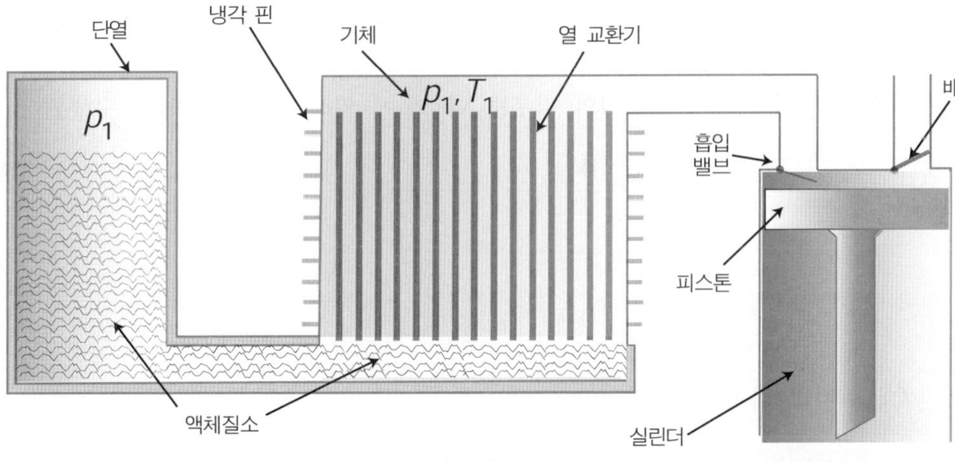

그림 3.17 개방형 Rankine 사이클을 이용하는 초저온 열 기관.

North Texas 대학교의 Ordonez(1997)와 그의 동료들은 이러한 초저온 기관을 제안하였다. 그들이 실험한 기관은 개방형 랭킨(Rankine) 사이클로 작동되며 열 싱크에 대하여 액체질소를 사용한다. 그림 3.17은 설치된 기관의 구조를 보여주고 있다.

초저온 저장기 내의 액체질소는 (조정 가능한) 압력 p_1로 유지된다. 압력 p_1과 온도 T_1에서 기체 N_2를 생성하기 위해 (외부 공기로부터) 충분한 열이 가해지는 열 교환기로 액체 질소를 유입시킨다.

배출 밸브가 닫히고 흡입 밸브가 열려서 μ *kilomole*의 질소가 실린더로 유입된다. 이에 따라 부피가 v_2에 이를 때까지 피스톤이 아래로 밀린다. 충분한 열이 열 교환기에 가해지므로 이 과정은 등압($p_2 = p_1$)이며 등온($T_2 = T_1$)이다.

이제 다음 식을 얻는다.

$$v_2 = \mu \frac{RT_2}{p_2} = \mu \frac{RT_1}{p_1} \tag{3.26}$$

피스톤에 의하여 생성된 일은 다음과 같다.

$$W_{12} = p_1 v_2 = \mu RT_1 \tag{3.27}$$

다음에 흡입 밸브를 닫는다. 고압의 질소는 실린더 내의 압력이 p_3, 부피가 v_3에 이를 때까지 계속해서 팽창한다. 이 과정은 사용되는 장치의 유형에 따라 등온($T_3 = T_1$), 혹은 단열적으로 ($T_3 < T_1$)로 수행될 수 있다. 보다 선호되는 등온의 경우를 생각하여 보자.

$$W_{23} = \mu RT_1 \ln \frac{p_3}{p_1} \tag{3.28}$$

1단계부터 3단계까지 피스톤에 의하여 수행된 총 일은

$$W_{13} = \mu RT_1 + \mu RT_1 \ln \frac{p_3}{p_1} \tag{3.29}$$

그러나 이는 유용한 일이 아니다. 총 일의 일부는 피스톤에 의해 대기에 대하여 수행된다.

$$W_{atm} = p_{atm} v_3 \tag{3.30}$$

여기에서

$$v_3 = \mu \frac{RT_1}{p_3} \tag{3.31}$$

따라서 $T_1 = T_{atm}$이라고 가정하면

$$W_{atm} = \mu RT_1 \tag{3.32}$$

수행된 실제 유용한 일은

$$W_{net} = W_{13} - W_{atm} - \mu RT_1 \ln \frac{p_3}{p_1} \tag{3.33}$$

이는 실제 일이 정확히 기체의 등온 팽창에 기인되는 것임을 의미한다.

보기

$p_1 = 1MPa$라 하고 $T_1 = T_{atm} = 298K$이며 $p_3 = p_{atm} = 0.1MPa$이라고 가정한다. 팽창비 $r = p_1/p_3$은 10:1이다. N_2 "연료" 1 kilomole 당의 순수 일의 양은 $5.7MJ/kmole$, 혹은 $204kJ/kg$이다.

등온팽창을 달성하는 것은 어려울 수 있다; 피스톤을 아래로 밀면서 질소를 데우기 위해 추가적인 열 교환기를 필요로 할 것이다. 그렇지만 스털링 기관에도 이와 유사한 것이 요구되므로 이는 가능하다.

좀 더 성취하기 쉬운 단열 팽창의 경우를 검토하여 보자. 만일 팽창하는 동안 열이 추가되지 않는다면 온도는 떨어질 것이다:

$$T_3 = T_1\left(\frac{p_1}{p_3}\right)^{\frac{1}{\gamma}-1} \tag{3.34}$$

여기에서 질소의 경우 $\gamma = 1.4$이다. 팽창하는 동안의 일은

$$W_{23} = \mu c_v(T_1 - T_3) \tag{3.35}$$

여기에서 $c_v \approx \dfrac{R}{\gamma-1} = 20.8\,kJ\,K^{-1}kmole^{-1}$이다.

예를 들어 $p_1 = 1\,MPa$이면 $T_3 = 154K$이고 $W_{23} = 3\,MJ/kmole$이다.

부피 v_3에 도달하면 기체는 T_3로 냉각된다. 따라서

$$v_3 = \mu\frac{RT_3}{p_3} \tag{3.36}$$

결과적으로 대기에 대하여 수행한 일은

$$W_{atm} = p_{atm}v_3 = \mu RT_3 \tag{3.37}$$

순수 일은 이제

$$\begin{aligned} W_{net} &= \mu RT_1 - \mu RT_3 + W_{23} = \mu R(T_1 - T_3) + \mu c_v(T_1 - T_3) \\ &= \mu(T_1 - T_3)R\frac{\gamma}{\gamma-1} \end{aligned} \tag{3.38}$$

고려되고 있는 보기들에서 순수 비에너지는 $4.2\,MJ/kmole$ 혹은 $150kJ/kg$이다. 등온인 경우의 $5.7\,MJ/kmole$, 혹은 $204kJ/kg$ 및 대표적인 가솔린의 경우인 $47{,}000kJ/kg$과 비교하여 보자.

분명히 냉한제의 비에너지는 작동압력이 증가함에 따라 증가할 것이다. 그러나 이득은 로그함수로 나타난다. 따라서 압력을 $10\,MPa$(10배)까지 올리면 비에너지는 $11.4\,MJ/kmole$로 증가되고 이득은 2가 된다. $10\,MPa$는 대략 100기압에 상응하며 따라서 보다 무거운(그리고 비싼)기관

을 필요로 함을 유념하자.

가솔린은 대략 20%의 효율을 갖는 내연기관에서 사용되어야 하는 반면에 초저온 기관에서 사용하는 공기압 모터는 매우 높은 요소 효율을 가질 수 있다. 이는 질소에 대하여 가솔린이 갖는 실제적인 비에너지의 잇점을 40인자 정도로 감소시킬 것이다.

실제로 Ordonez 엔진은 지금까지 대략 $19\,kJ/kg$ 정도를 생성하였다. 이 엔진을 사용한 시범용 자동차는 갤런당 0.3마일을 주행하는데 이는 실용성이 없다. 효율은 아마도 개선될 것이다.

3.9.1 결론

초저온 엔진을 장착한 자동차들은 아주 적정한 연비만을 달성한다. 실증된 연비는 $0.3\,mile/gallon$이다. 오늘날의 액체 질소 비용은 디워 플라스크로 운반할 때 (2008년 기준) $\$2/gallon$이며 트럭으로 대용량을 운반하면 $\$0.5/gallon$이다. 가솔린이 $\$4/gallon$일 때 액체 질소의 비용은 가솔린보다 1 자리 수만큼 낮다. 그러나 연비가 IC 차보다 2 자리 수만큼 낮기 때문에 초저온 자동차는 현재의 구조로는 일반 가솔린 구동 자동차에 비해 비용이 대략 10배가 더 든다. 두 가지 유형의 자동차에 대하여 연료비용이 동일하려면 초저온 자동차는 성능이 10배로 개선되어야 할 것이다. 이에 더하여 상당한 양의 초저온 물질을 운반할 필요가 있는데 그럴 경우 사고가 나면 상당한 위험을 초래할 것이다.

이 시스템의 장점은 오염물을 적게 배출한다는 점이다(그러나 액체 질소를 만들 때 에너지가 필요하기 때문에 반드시 무공해인 것은 아니다). 문제는 이러한 장점들이 우리가 논의한 심각한 단점들을 보완하는지의 여부이다.

참고문헌

Campbell, John M., Frank K. Signaigo, Wheeler G. Lowell, and T. A. Boyd, Antiknock effect of tetraethyllead (Effectiveness of the tetraethyllead in increasing the critical compression ratio of individual hydrocarbons), *Ind. Eng. Chem.,* 27 (5), 593–597, May 1935.

Heywood, John B., *Internal Combustion Engine Fundamentals, McGraw-Hill,* 1988.

Lane, Neill W. and William T. Beale, Free-piston Stirling design features, Eighth International Stirling Engine Conference, University of Ancona, Italy, May 27–30, 1997.

Ordonez, C. A., Cryogenic heat engine, *Am. J. Phys.* 64 (4), April 1996.

Ordonez, C. A., and M. C. Plummer, Cold thermal storage and cryogenic heat engine for energy storage applications, *Energy Sources, 19:389–396,* 1997.

Plummer, M. C., C. P. Koehler, D. R. Flanders, R. F. Reidy, and C. A. Ordonez, Cryogenic heat engine experiment, *Advances in Cryogenic Engineering* 43, pp. 1245–1252, 1998.

Wilson, D. G., 1978, Alternative Automobile Engines, *Scientific American,* 239 (1): 39–49.

A large number of publications on Stirling engines can be found at
〈http://www.sunpower.com/index.php?pg=25〉

연 습 문 제

3.1

1. 발전기가 없는 스털링 기관의 이론적 효율은 다음과 같음을 보여라.

$$\eta = \eta_{CARNOT}\left(1 + \frac{\nu\eta_{CARNOT}}{2\ln r}\right)^{-1}$$

위에서 η_{CARNOT}는 기관 온도 차이와 관련되는 Carnot 효율이며 ν는 작동 기체의 자유도, 그리고 r은 압축비이다.

2. 작동유체로서 어떤 기체를 추천할 것인가? 그 이유는?
3. 책의 보기에서는 10이 압축비가 사용되었다. 만일 이 비율이 20으로 커지면 기관의 효율은 얼마가 될까? 이러한 보다 높은 압축비를 이용하면 단점이 무엇인가? 그럴만한 가치가 있을까?

3.2 이 책의 보기에서 스털링 기관에 대한 부피 대 압력 도표와 온도 대 엔트로피 도표를 작성하여라. pV와 TS선들 아래의 영역들은 무엇을 나타내는가?

3.3 피스톤이 장착되어 내부 부피가 독립적으로 변하는 두 개의 실린더 A와 B를 고려하여 보자. 각 실린더의 최대 부피는 $10m^3$이고 최저 부피는 0이다. 실린더들은 서로 연결되어 있어서 시스템의 어디에서든 기체의 압력은 동일하다. 처음에 A의 부피는 $10m^3$이며 B의 부피는 0이다. 다시 말하면 A의 피스톤은 끝까지 올라가 있고 B의 피스톤은 바닥까지 내려가 있다. 이 시스템은 $\gamma = 1.4$인 기체를 포함한다.

1. 만일 이 기체가 이상기체라면 기체 분자의 자유도는 얼마이며 일정 부피에서 비열은 얼마인가?
2. 압력은 $0.1\,MPa$이고 온도는 $400K$이다. 시스템에는 몇 kilomole의 기체가 있는가?
3. 이제 A의 피스톤을 아래로 눌러 부피를 $1m^3$로 줄이고 B 실린더의 부피는 변하지 않게 한다. 단열 조건을 가정할 때 기체의 온도와 압력은 얼마인가? 압축시에 에너지가 얼마나 소비되는가?
4. 다음에 A 실린더를 바닥까지 내리고 동시에 B 실린더를 올려서 A 실린더의 부피가 0이 되고 B 실린더의 부피가 $1m^3$이 되게 한다. B 실린더 속 기체의 온도와 압력은 얼마인가?
5. 다음 단계는 B 실린더의 기체에 열을 가하여 일정한 온도에서 부피를 $10m^3$까지 팽창시킨다. 이때 추가한 열은 얼마인가? B 실린더의 피스톤은 얼마만한 일을 수행하였는가? 기체의 최종 압력은 얼마인가?
6. 이제 A 실린더를 당기면서 B 실린더를 바닥까지 내린다. 이렇게 하면 기체가 한 실린더에서 다른 실린더로 옮겨가면서 (이론상) 에너지는 소요되지 않는다. A 실린더는 열을 주위 대기로 배출하며 기체는 $400K$까지 냉각된다. 피스톤은 움직이지 못하도록 한다. 이제 사이클이 완료되었다. 열은 얼마나 배출되었는가?

7. 이 장치의 효율은 얼마인가? 즉 흡입된 열에 대한 생성된 순수 일의 비율은 얼마인가?
8. 이에 상응하는 Carnot 효율은 얼마인가?
9. 위에 설명한 과정에 대한 부피 대 압력 및 온도 대 부피 도표를 작성하여라.
10. 효율에 대한 공식을 압축비 r의 함수로 유도하여라. $1 < r \leq 100$ 범위에서 r에 대한 효율 곡선을 작성하여라.
11. 만일 이러한 비가 (비현실적인) 10,000에 이른다면 효율은 얼마가 될까? 이는 Carnot 효율을 초과하는가? 설명해 보라.

3.4 어떤 차에 스파크 점화엔진을 장착하였다(오토 사이클). 이 차는 가솔린을 연료로 사용하며(가솔린은 순수한 펜탄으로 가정) 이 때문에 압축비는 9로 제한된다. 고속도로 연비는 $40\,miles/gallon$이이다.

순수 에탄올을 사용 가능하므로 자동차의 주인은 엔진의 압축비를 12로 변경하고 알코올을 연료로 사용하고 있다. 두 경우에서 자동차 자체의 실제 효율이 이론적 효율의 절반이라고 가정하면 알코올을 사용하는 차의 연비는 얼마인가?

저연소열과 밀도는 다음과 같다:

펜탄 : $28.16\,MJ/\ell$, $0.626\,kg/\ell$

에탄올 : $21.15\,MJ/\ell$, $0.789\,kg/\ell$

이 문제를 한 번은 $\gamma = 1.67$, 또 한 번은 $\gamma = 1.4$를 이용하여 두 번 풀어보라.

3.5 마찰이 없는 피스톤이 장착된 실린더를 고려하여 보자. 실험 초기에서는 $400K$와 $10^5 Pa$의 기체($\gamma = 1.4$, $c_v = 20\,kJ\,K^{-1}kmole^{-1}$) 1리터를 사용한다.

1. 실린더 내에는 몇 $kmole$의 기체가 있는가?
2. 기체의 pV 곱은 얼마인가?
   피스톤을 안쪽으로 움직여서 기체의 부피를 $0.1\,\ell$까지 줄여보자. 이러한 압축은 단열과정이다.
3. 위의 압축 후 기체의 압력은 얼마인가?
4. 위의 압축 후 기체의 온도는 얼마인가?
5. 기체를 압축하기 위해 얼마만한 일이 수행되었는가?
   이제 온도를 변화시키지 말고 기체에 $500J$의 열을 가한다.
6. 이렇게 열을 가한 후 기체의 부피는 얼마가 되는가?
7. 이렇게 열을 가한 후 압력은 얼마가 되는가?
8. 열이 추가되는 동안 (피스톤이 움직여서) 기체가 팽창됨으로 인하여 일이 얼마만큼 수행되었는가?
   부피가 $1\,\ell$로 되돌아 올 때까지 기체를 단열 상태에서 팽창시킨다.
9. 팽창시킨 후 기체의 압력은 얼마인가?
10. 단열팽창 후 기체의 온도는 얼마가 되는가?
11. 팽창에 의하여 얼마만큼의 일이 수행되었는가?

이제 압력이 $10^5 Pa$에 도달할 때까지 기체로부터 열을 등적상태로 제거하자. 이렇게 하면 시스템이 원래의 상태 1로 되돌아갈 것이다.

12. 피스톤이 외부 하중에 대하여 수행한 순수 일의 양은 얼마인가?
13. 시스템에 대한 전체 열 주입량은 얼마인가(방출된 열은 계산할 수 없다)?
14. 이 장치의 효율은 얼마인가?
15. 이 장치의 Carnot 효율은 얼마인가?
16. 이 문제에서 설명한 사이클의 압력 대 부피 도표를 작성하여라.

3.6 가솔린을 순수한 펜탄이라고 가정하자(실제로는 펜탄이 아닌 헵탄으로 가장 잘 나타낼 수 있는 복잡한 탄화수소들의 혼합물이다). (부피비로) 1:4인 에탄올과 가솔린 혼합물을 고려하여 보자. 에탄올의 혼합 옥탄가는 160이다. $\gamma = 1.4$로 한다.

1. 순수 가솔린의 에너지와 비교하여 혼합물의 ℓ당 에너지는 얼마인가?
2. 혼합물의 옥탄가는 얼마인가?
   O_r을 옥탄가라고 할 때 최대로 허용되는 압축비는 $r = 0.093 \times O_r$이라고 가정한다.
3. 가솔린 모터의 최대 압축비는 얼마인가? 혼합물 모터의 최대 압축비는?
4. 두 모터의 상대적 효율은 얼마인가?
5. 각각 혼합물 모터와 가솔린 모터를 장착한 두 대의 동일한 차들의 상대적인 주행 킬로수(혹은 연비)는 얼마인가?

3.7 개방형-사이클 피스톤 유형 기관을 $300K$, $10^5 Pa$의 공기를 $23 \times 10^{-6} kmoles$만큼 주입하여 작동하고 있다. 이 기관의 압축비는 5.74이다.

압축과 팽창은 단열상태에서 진행된다. 열은 등압 상태에서 추가되고 등적 상태에서 배출된다. 열 추가량은 $500J$이다.

공기의 경우 $c_v = 20{,}790\, J\, K^{-1} kmole^{-1}$이며 $\gamma = 1.4$이다.

이 기관의 이론적 효율은 얼마인가? Carnot 효율과 비교해 보라.

나음과 같이 신행한나.

(도입 종료단계에서) 실린더의 초기 부피를 계산하여라.

단열 상태에서 압축하고 소요되는 일과 새로운 V, p, T를 계산하여라.

열을 추가하고 새로운 상태변수들을 계산하여라.

팽창시킨 다음 수행된 일을 계산하여라.

3.8 어떤 스털링 기관이 그 이론적 효율의 절반 정도를 달성하며 $1000K$와 $400K$사이에서 작동된다. 다음 각 경우의 효율은 얼마인가?

1. 완벽한 열 재생기, 아르곤 작동 유체 및 10:1 압축
2. 위와 같은 조건에서 압축비가 20:1
3. (1)과 동일한 조건에서 열 재생기를 배제
4. (2)와 동일한 조건에서 열 재생기를 배제

3.9 진한 혼합물은 오토 기관의 효율을 떨어뜨리지만 혼합물이 너무 연하면 점화의 신뢰성이 떨어진다. 이에 대한 해법은 "층상 연소 기관"이다.

9:1의 압축비를 갖는 기관을 고려하여 보자. 진한 혼합물은 1.2의 γ를 지니며 연한 혼합물은 1.6의 γ를 지닌다. 그 밖의 조건은 모두 동일하다. 진한 혼합물의 경우에 대한 연한 혼합물인 경우의 효율의 비는 얼마인가?

3.10 다음 특징에 따르는 오토(스파크 점화) 기관을 고려하여 보자:

실린더의 최대 부피, V_0: $1\ell(10^{-3}m^3)$.
압축비, r: 9:1.
도입 종료부에서의 압력: p_o: $5\times10^4 Pa$.
도입 종료부에서의 혼합물의 온도, T_0: $400K$.
혼합물의 비열의 평균 비율, γ: 1.4
혼합물의 등적비열, c_v : $20\,kJ\,K^{-1}kmole^{-1}$
계산은 요소 손실이 없는 이상적인 사이클을 토대로 한다. 최대 압축 상태에서 혼합물은 점화되고 $461J$을 기체로 전달한다.
만일 기관이 5000rpm에서 작동된다면 부하에 전달되는 동력은 얼마인가?

3.11 만일 펜탄을 화학양론적으로 공기(즉 산소는 공기 부피의 20%를 차지)중에서 연소시킨다면 연료에 대한 공기의 질량 비율은 얼마인가?

원자의 질량 :
H : $1\,dalton$
C : $12\,daltons$
N : $14\,daltons$
O : $16\,daltons$
아르곤은 무시한다.

3.12 (1 기압, 20℃ 에서) n-헵탄의 고연소열은 $48.11\,MJ/kg$이다. 저연소열은 얼마인가?

3.13 어떤 기체 $1\,mole\,(\gamma=1.6,\ c_v=13{,}860\,J\,K^{-1}kmole^{-1})$은 $300K$에서 1ℓ를 차지한다. 다음 각 단계의 경우 상태변수 p, V, T를 계산하여라.

단계 1→2
이 기체를 단열 상태에서 0.1ℓ의 부피까지 압축한다.
이러한 압축에서 얼마만큼의 에너지 $W_{1,2}$가 사용되는가?

단계 2→3
등온 상태에서 $10kJ$의 열을 기체에 추가한다.
만일 존재한다면 외부 일은 얼마인가?

단계 3→4

이 기체를 단열 상태에서 10:1의 비율만큼 팽창시킨다. (단계 1→2의 압축비와 동일).

단계 4→1

등온 상태에서 열을 방출하여 상태 1로 되돌아가도록 한다. 수반되는 에너지는 얼마인가?

위 사이클의 총괄 효율은 얼마인가?

이 사이클의 Carnot 효율은 얼마인가?

이 기관이 5000rpm(분당 5000사이클)으로 작동될 경우 위의 사이클을 토대로 할 때 기관은 얼마만한 동력을 이끌어 내는가?

3.14 이 책의 보기에서 논의한 스털링 기관은 등온 압축을 사용하며 뒤이어 등적의 열 추가, 다음에 등온 팽창, 마지막으로 등적의 열 배출 과정을 거친다.

높은 rpm에서 작동하는 기관에서 등온 압축을 수행하기는 어려울 수 있다. 기관이 실제로 단열 압축으로 작동하는 경우를 상상하여 보자.

사이클의 다른 단계들은 이전의 경우와 동일하다고 가정하자. 따라서 등적의 열 추가 과정은 여전히 239J의 열의 흡수로 이루어진다. 이는 "뜨거운" 실린더가 더 이상 652K 상태에 있지 않다는 것을 의미한다; 즉 초기의 단열 압축 이후 기체에 등적으로 239J을 추가한 결과로 인해 어떤 온도든 나타날 것이다.

(재생기가 없는) 기관의 이론적 효율을 계산하고 그 값을 Carnot 효율과 비교하여라.

실제 효율이 이상적인 경우의 정확히 절반에 해당하며 1800rpm에서 작동된다고 가정한 다음 단일 실린더 기관으로부터 생성되는 동력을 계산하여라. 출력 축을 매번 완전히 회전시키는 것은 기관의 완전한 한 사이클에 해당된다. $\gamma = 1.4$로 한다.

3.15 1000K와 500K 사이에서 작동하는 기관(기관 #1)이 Carnot 효율과 동일한 효율을 지닌다고 가정한다.

가용 열원이 1500K에서 100kW를 위의 기관에 전달한다. 온도를 1500K에서 요구 수준인 1000K까지 낮추기 위해 기관과 열원 사이에 재질 블록을 끼워 넣는다. 이러한 유형의 블록은 효율이 100%이다: 한쪽으로 유입되는 100kW는 모두 다른 쪽에서 기관으로 전달된다.

위 시스템의 Carnot 효율은 얼마인가? 시스템의 동력 출력은 얼마인가?

이제 블록을 효율이 10%인 두 번째 기관(기관 #2)으로 교체한다. 열원은 여전히 100kW를 전달한다. 함께 작동되는 두 기관들의 전체 효율은 얼마인가?

3.16 증기기관의 보일러는 벽 안쪽(수증기와 접촉하는 부분)의 온도가 500K, 바깥 쪽(화염과 접촉하는 부분)의 온도가 1000K인 상태로 작동한다.

벽을 통하여 표면 1cm^2 당 1kW의 열이 흐른다. 벽을 구성하는 금속은 온도에 의존하는 열 전도율인 λ를 지니며, MKS 단위로 $\lambda = 355 - 0.111T$이다. T는 켈빈 단위이다.

1. 벽의 두께를 결정하여라.
2. 벽의 내면과 외면 사이의 중간위치의 온도를 결정하여라.

3.17 총 배기량이 2ℓ(실린더의 최대 부피)인 4-사이클 오토(스파크 점화) 기관에 메탄(고연소열은 $55.6\,MJ/kg$이지만 IC 기관에서는 저연소열을 고려한다)이 연료로 주입된다. 압축비는 10:1이다. 연료 주입 시스템은 모든 운용조건 하에서 연료-공기 혼합물이 화학당량비적으로 정확함을 보장한다. 이 혼합물의 γ는 1.4이다.

일반적인 손실 때문에 하중으로 전달되는 동력은 단지 이상적인 사이클의 동력 출력의 30% 정도이다. 상당한 흡입 펌핑 손실로 인하여 압축 스트로크가 시작될 때 혼합물의 압력은 $5\times10^4 Pa$이다. 온도는 $350K$이다.

만일 기관이 5000rpm에서 작동된다면 외부 하중으로 전달되는 동력은 얼마인가?

3.18 압축비가 9:1인 스파크 점화 기관을 고려하여 보자. 실린더 내의 기체는 $\gamma=1.5$이다.

압축 스트로크가 시작될 때의 조건은 다음과 같다.

$$V_1 = 1\,\ell$$
$$p_1 = 1\text{ 기압}$$
$$T_1 = 300K$$

압축의 말미에 $10\,mg$의 가솔린이 주입되어 점화된다. 연소는 완전연소이며 사실상 순간적으로 일어난다.

가솔린은 $45\,MJ/kg$의 연소열을 지니는 것으로 간주한다.

1. 이 기관의 이상적인 효율을 계산하여라.
2. 위의 스파크 점화 기관과 동일한 온도 범위에서 작동하는 기관의 Carnot 효율을 계산하여라.
3. 사이클 당 주입되는 연료의 양이 감소하면 오토 사이클의 효율은 Carnot 효율에 근접함을 보여라.

3.19 디젤 기관에서는 공기가 압축 후 높은 온도에 도달하여 점화가 이루어진다(이는 **압축 점화** 기관이다). 정교하게 제어된 순간에 연료가 실린더 안의 압축된 뜨거운 공기에 분사되고 점화가 일어난다. 연료는 상대적으로 천천히 분사되기 때문에 연소는 대략 일정 압력 하에서 일어난다. 대부분의 디젤 기관에서 이용되는 압축비 r은 16:1에서 22:1 사이이다. 디젤 연료를 안정적으로 점화하려면 공기 온도는 $800K$ 이상이어야 한다.

등적비열에 대한 등압비열의 비율이 1.4($\gamma=1.4$)인 공기를 고려하여 보자. 차가운 디젤 기관에 흡인된 공기는 $300K$ 상태일 수 있다. 기관을 시동하는 데 필요한 최소한의 압축비는 얼마인가?

3.20 공기($\gamma=1.4$)가 일련의 과정을 거치도록 하는 장치를 가지고 있다. 각 과정의 말미에서 기체의 상태(압력, 부피, 온도) 및 각 과정에 수반되는 에너지를 계산하여라.

초기상태(상태 #1)는 다음과 같다:

$$p_1 = 10^5 Pa$$

$$V_1 = 10^{-3} m^3$$
$$T_1 = 300K$$

1. 첫 번째 과정(단계 1→2): 단열 압축하여 부피를 $10^{-4} m^3$로 줄인다.
2. 두 번째 과정(단계 2→3): 등압으로 $200J$의 열을 가한다.
3. 세 번째 과정(단계 3→4): $V_4 = 10^{-3} m^3$가 될 때까지 단열 팽창시킨다.
4. 장치에 대한 모든 열 및 기계적 입력값들과 모든 기계적 출력값들을 열거하여라. 이로부터 장치의 효율을 계산하여라. (힌트 : 에너지를 출력으로 보내는 모든 과정을 추가하는 것을 잊지 않도록 한다.)

3.21

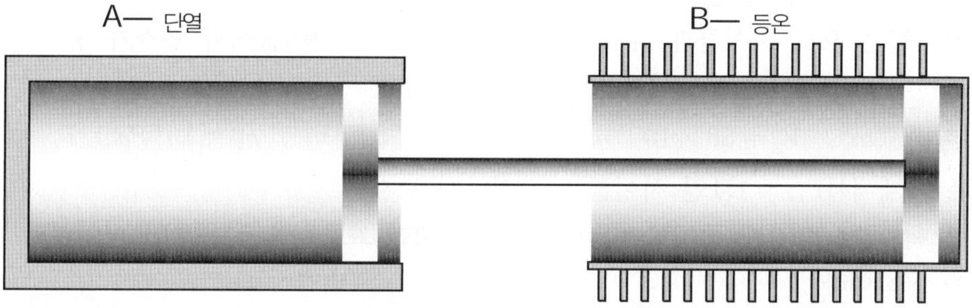

어떤 미친 발명가가 다음과 같은 (아무 쓸모없는) 장치로 특허를 냈다: 두 개의 기하학적으로 동일한 실린더들(하나는 단열 상태, 다른 하나는 등온 상태)이 그림에 보인 바와 같이 단단하게 상호 연결된 피스톤을 지니고 있다.
이 시스템은 마찰이 전혀 없으며 실험을 시작할 때(상태 #0) 피스톤은 고정되어 있어서 실린더의 기체들이 다음과 같은 상태에 존재한다:

실린더 A	실린더 B
(단열)	(등온)
$V_{A_0} = 1\, m^3$	$V_{B_0} = 0.1\, m^3$
$p_{A_0} = 10^5\, Pa$	$p_{B_0} = 10^6\, Pa$
$T_{A_0} = 300K$	$T_{B_0} = 300K$

1. 이제 피스톤은 자유롭게 움직이다. 평형 상태에서 실린더 A 내의 기체 온도는 얼마인가? 기체의 γ는 1.5이다.
   외부 장치로 인하여 피스톤은 분당 앞뒤로 2500번 진동한다. 각각의 진동으로 V_B는 $0.1\, m^3$에서 $1\, m^3$으로, 다시 $0.1\, m^3$으로 되돌아간다.
2. 이러한 진동을 유지하는 데에 필요한 동력은 얼마가?
   위와 동일한 진동 시스템을 고려하여 보자. 다만 위와는 달리 각각의 압축과 팽창 과정에서 1%의 에너지가 손실된다. 300K에서 주위와 완전한 열적 접촉을 갖는다고 가정하였으므로 등온 실린더의 온도는 변하지 않는다. 열을 발산할 수단이 없는 단열 상태의 실린더에서 기체의 온도는 오를 것이다. 그러나 문제를 단순화하기 위하여 이러한 손실과 관련된 열이 제거되지만 압축열(단열과정에서 생성되는 열)은 제거되지 않는 기적의 시스템을 가정하여 보자.

3. 이 시스템을 운용하는 데 얼마만한 동력이 소요되는가?

3.22 디젤 사이클은 다음과 같은 단계로 구별할 수 있다.

<u>**단계 1→2**</u> 순수한 공기를 부피 V_1에서 부피 V_2로 단열 압축

<u>**단계 2→3**</u> 부피 V_2에서 부피 V_3부피로 등압 팽창하면서 연료를 연소

<u>**단계 3→4**</u> 부피 V_3에서 부피 V_4로 단열 팽창

<u>**단계 4→1**</u> 등적의 열 방출로 기체가 초기 상태로 돌아가도록 유도.

이 사이클은 오토 사이클과 유사하며 차이점은 오토 사이클에서 연소가 등적으로 발생하는 반면에 디젤에서는 등압에서 일어난다는 점이다.

$V_1 = 10^{-3}m^3$, $V_2 = 50 \times 10^{-6}m^3$, $V_3 = 100 \times 10^{-6}m^3$, $p_1 = 10^5 Pa$, $T_1 = 300K$이며 (모든 단계에서) $\gamma = 1.4$인 사이클을 고려하여 보자.

1. 이 책의 제 3 장에 주어진 디젤 사이클에 대한 효율식을 사용하여 사이클의 이론 효율을 구하여라.
2. 모든 기계적 에너지(압축과 팽창)와 모든 열 입력 값을 구하여 효율을 계산하여라. 연소 단계(2→3) 중에 연료로부터의 열이 이용되고 동시에 약간의 기계적 에너지가 생성되는 경우에 무슨 일이 일어나는지 특히 유의하자.

물론 2와 3으로부터의 결과와 동일한 결과를 얻어야 한다.

제4장 해양 열에너지 변환기

4.1 서론

지구에서 가장 풍부한 재생가능 에너지 자원은 단연 지구로 낙하하는 $170,000\,TW$의 태양 복사열이다. 태양열은 약하고 또 그것이 지니는 변덕스러운 성질 때문에 태양 복사열의 채취는 어려운 일이다. 광대한 수집 지역과 대규모 저장 용량이 요구되는데 열대 바다는 이들 두 요건을 충족시킨다. 바다는 지구 표면의 71%를 덮고 있다. 열대에서 해양은 태양 광선을 흡수하며 상단층들은 약 25℃까지 가열된다. 적도 지대로부터의 따뜻한 표면수는 극 방향으로 흐르면서 북극과 남극 양쪽의 얼음을 녹인다. 이로부터 얻어지는 차가운 해수는 심층으로 흘러 적도로 되돌아옴으로써 거대한 지구의 열 사이펀을 완성한다.

이에 수반되는 동력은 막대하다. 예를 들면 멕시코 만류는 유량이 $2.2\times10^{12}m^3day^{-1}$이며 심해층보다 약 $20K$ 정도 더 따뜻하다. 이러한 많은 물을 이용하며 차가운 해양 바닥을 열 싱크로 사용하는 열기관은 $\Delta Tc\dot{V}$의 열 흐름을 처리하는데 여기에서 ΔT는 온도차이며 c는 물의 열용량(약 $4MJ\,m^{-3}K^{-1}$), $\dot{V}$는 유량† 이다. 이는 $1.8\times10^{20}J\,day^{-1}$, 혹은 $2100\,TW$에 이른다. 전세계는 겨우 $15\,TW$ 정도의 비율로 에너지를 사용하고 있다(2008). 이러한 규모계산은 사용 가능한 에너지의 아주 보잘 것 없는 부분만이 이용된다는 의미에서 지나치게 낙관적인 것이다. 그럼에도 불구하고 해양 열에너지는 인류가 이용하기 위한 에너지의 보조 자원으로서 어떤 장래성을 지니고 있다.

그림 4.1은 열대 바다의 전형적인 온도 분포를 나타내고 있다. 처음 $50m$, 혹은 표면에 근접한 부분에서는 난류로 인하여 온도가 약 25℃로 균일하게 유지된다. 이 온도는 깊은 곳에서 급격하게 하강하여 4℃, 또는 5℃에 도달한다. 실세 분포는 장소 및 계절에 따라서 변한다.

충분히 차가운 심해의 물보다 따뜻한 표면의 물을 찾는 것이 더 쉽다. 심층수는 대륙붕 지역에서 쉽게 접할 수 없다. 이는 해양 열에너지 변환기의 가능한 지역선정에 제약조건이 된다.

4.2 OTEC 구조

해양 열 에너지 변환기(OTECs)에 대한 두 가지의 기본적인 구조가 제안되었다:

1. 수력 터빈을 사용하는 것들
2. 증기 터빈을 사용하는 것들

† 유량이라는 표현은 중복적이다. 흐름은 단위시간에 주어진 어떤 구간의 튜브를 통하여 흐르는 유체의 부피로 정의된다(옥스포드 영어사전).

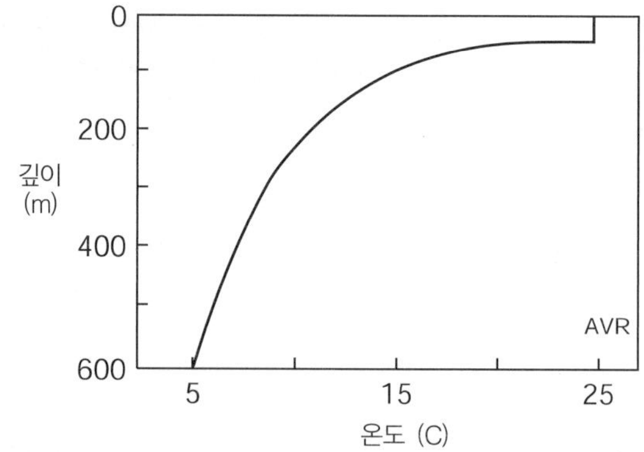

그림 4.1 적도의 전형적인 해양 온도 분포.

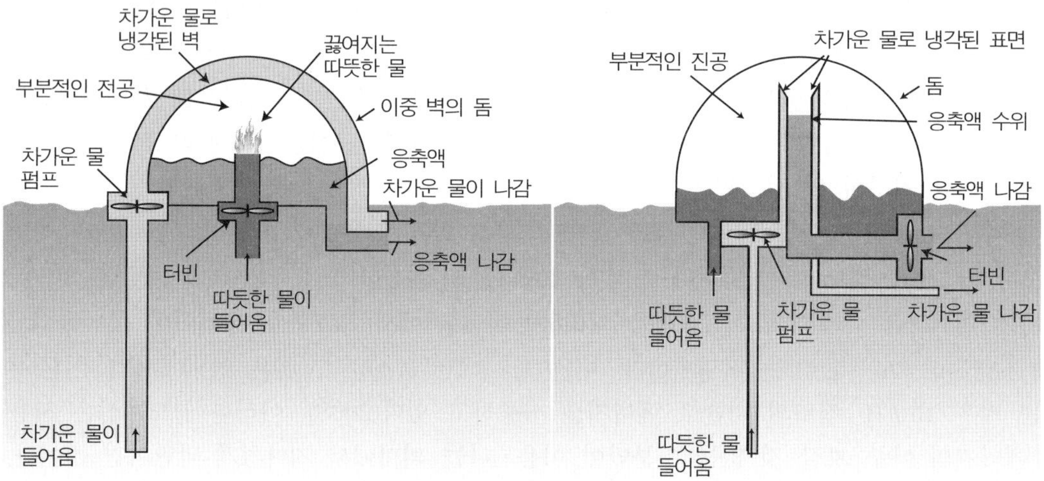

그림 4.2 수력 OTECs.

첫 번째는 표면과 바닥 사이의 온도 차이를 이용하여 통상적인 수력 터빈을 구동하는 수력 헤드를 생성한다. 이 제안의 장점은 열 교환기가 존재하지 않는다는 것이다.

그림 4.2의 왼쪽에 나타낸 반구상의 용기를 고려하여 보자. 짧은 관에서 따뜻한 물이 들어오는 반면에 긴 관을 통하여 차가운 물이 들어온다. 용기는 진공으로 되어 있어서 이상적인 경우 저압의 수증기만이 액체 표면 위의 부피를 채우게 된다. 실제로는 바다에 용해된 기체들 또한 이 부피를 공유할 것이므로 이들은 제거되어야 한다. 이러한 구조는 Beck(1978)이 제안한 것이다.

15℃의 온도에서 용기 내부의 압력은 약 $15kPa$(0.017기압)이다. 이 압력에서 25℃의 따뜻한 물은 끓을 것이며 이로부터 얻어지는 증기는 차가운 물에 의해서 냉각되는 돔 부분에 응축될 것이다. 응축액은 바다로 흘러들어서 용기로 들어오는 따뜻한 물의 연속적인 흐름을 구성한다. 유입되는 따뜻한 물은 유용한 동력을 추출할 수 있는 터빈을 구동한다. 이에 상응하는 수력 헤드는 소규모이며 대형 규격의 터빈이 요구된다.

수력 헤드를 증가시키기 위해서 Zener과 Fetkovich(1975)는 그림 4.2(오른쪽)의 장치를 제안하였다. 부분적으로 진공인 돔에 유입되는 따뜻한 표층수는 비등하기 시작한다. 이로부터 얻어지는 수증기는 돔의 중앙에서 두 개의 동심 실린더 중 하나를 밀봉하는 깔때기 모양의 표면에서 응축된다. 이 실린더는 증기의 응축 표면을 냉각시키는 심층의 바다로부터 끌어올려진 차가운 물을 수용한다. 수거된 응축수는 뒤이어 중앙의 관으로 흘러 터빈을 구동하는 헤드를 생성한다. 이 장치의 효율은 액체의 상승을 도와주는 거품 형성에 의해 상당히 향상된다.

1980년대에 개발된 OTECs는 증기터빈 형식의 것들이었다. 이들은 개방형 사이클(그림 4.3a와 b), 닫힌 사이클(그림 4.3c), 혹은 혼합형 사이클(그림 4.3d)을 이용할 수 있다. 개방형 사이클은 열 교환기를 사용하지 않는다(혹은 신선한 물이 요구되는 경우 단지 한 개의 열 교환기만이 요구된다). 그러나 생성된 수증기의 낮은 압력은 매우 큰 직경의 터빈을 필요로 한다. 이러한 어려움은 작동유체로서 암모니아를 사용하는 닫힌(또는 혼합형) 사이클을 이용함으로서 극복된다. 좀 더 경제적인 것으로 간주되는 닫힌 사이클 구조에 대부분의 노력을 기울여왔다. 그러나 이 두 버전의 비용은 비교할 만한 것으로 알려졌다.

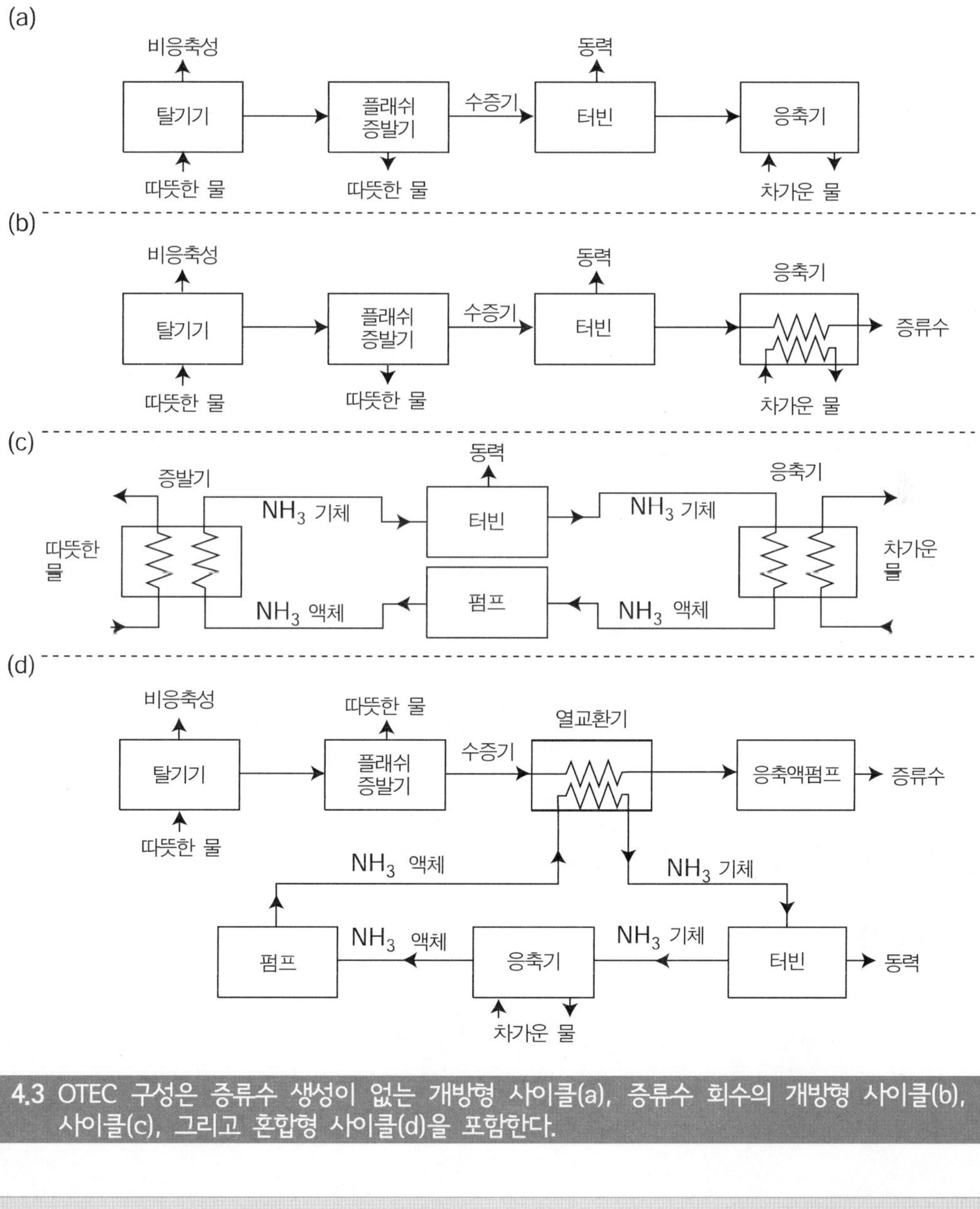

그림 4.3 OTEC 구성은 증류수 생성이 없는 개방형 사이클(a), 증류수 회수의 개방형 사이클(b), 닫힌 사이클(c), 그리고 혼합형 사이클(d)을 포함한다.

4.3 터빈

터빈(그림 4.4)은 압력의 차이로부터 기계적 에너지를 생성한다. 보통 흡입구에서 기체의 상태 및 배기구에서의 기체의 압력이 설정된다.

p_{in}과 T_{in}을 터빈 흡입구에서의 압력과 온도라 하고 p_{out}, T_{out}을 배기구에서의 압력과 온도라고 하자.

터빈의 출력은 기계적인 일 W이다. 열 Q는 순환 기체 이외의 다른 어떤 방법에 의해 외부와 교환된다. 대부분의 실제적인 터빈들은 단열, 즉 $Q=0$인 조건으로 간주해도 충분할 만큼 잘 단열되어 있다.

흡입구 기체는 엔탈피 H_{in}을 터빈으로 운반하는 반면에 배출기체는 장치로부터 H_{out}을 제거한다. 에너지 보존법칙에 따르면†

$$W = H_{in} - H_{out} \tag{4.1}$$

이 양들을 $kilomole$ 기준으로 나타내면($kilomole$당 양은 소문자로 표현한다) 다음과 같이 쓸 수 있다.

$$W = \mu_{in} h_{in} - \mu_{out} h_{out} = \mu(h_{in} - h_{out}) \tag{4.2}$$

이는 정상상태에서 $\mu_{in} = \mu_{out} \equiv \mu$이기 때문이다.

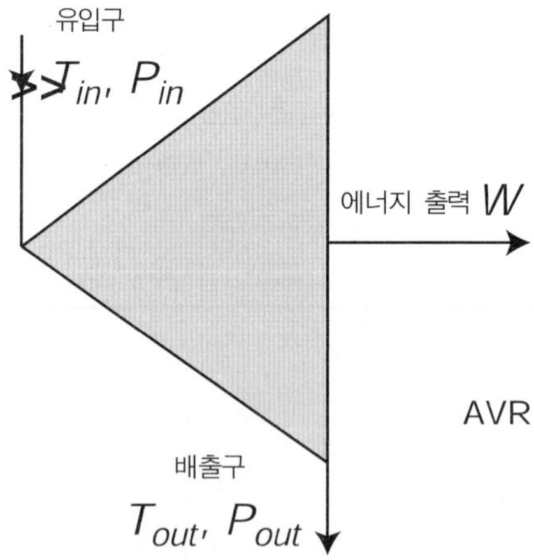

그림 4.4 터빈.

완전기체에서는

$$h_{in} - h_{out} = \int_{T_{out}}^{T_{in}} c_p \, dT \tag{4.3}$$

† 이는 운동에너지, 위치에너지, 자기에너지, 그리고 다른 형태의 에너지에 뚜렷한 변화가 없다는 전제하에서다.

일정한 비열을 가정하면

$$h_{in} - h_{out} = c_p(T_{in} - T_{out}) \tag{4.4}$$

아울러

$$W = \mu c_p(T_{in} - T_{out}) \tag{4.5}$$

$$W = \mu c_p T_{in} \frac{T_{in} - T_{out}}{T_{in}} = \mu c_p T_{in} \eta_{CARNOT} \tag{4.6}$$

식 4.6은 열기관의 거동을 나타내는 것과 유사한 것으로 보인다. 그러나 양 $\mu c_p T_{in}$은 에너지의 단위를 가지고 있다 하더라도 장치에 대한 열의 입력이 아니다; 이는 엔탈피 입력이다. 주어진 입력 상태와 주어진 배기 압력에 대하여 배기 온도가 감소함에 따라 기계적인 에너지 출력은 증가한다. 가능한 가장 낮은 T_{out} 값은 배출기체의 엔트로피가 흡입기체의 엔트로피보다 크거나 동일할 것을 요구하는 열역학 제 2법칙에 의하여 제한된다. 가장 낮은 배기온도(가장 높은 출력)는 엔트로피가 변하지 않는 **등엔트로피적으로** 작동하는 터빈에 의하여 성취된다. 이러한 조건에서의 이탈은 장치에서의 비가역성(손실)에 기인한다. 이러한 손실들은 열을 생성하며 따라서 T_{out}이 증가한다.

등엔트로피 과정

만약 터빈을 통하여 흐르는 기체에서 엔트로피 변화가 없다면 등엔트로피 과정이 된다.

열역학 제 1법칙으로부터

$$dQ = dU + p\,dV \tag{4.7}$$

아울러 열역학 제 2법칙으로부디

$$dQ = TdS \tag{4.8}$$

$$TdS = dU + p\,dV \tag{4.9}$$

엔탈피의 정의 $H = U + pV$ 로부터

$$dU = dH - VdP - p\,dV \tag{4.10}$$

따라서

$$TdS = dH + Vdp \tag{4.11}$$

$$dS = \frac{dH}{T} - \frac{V}{T}dp \tag{4.12}$$

그러나 $dH = c_p dT$이며 $V/T = R/p$이므로

$$dS = c_p \frac{dT}{T} - R\frac{dp}{p} \tag{4.13}$$

공정이 등엔트로피적이라면 $dS = 0$이므로

$$c_p \frac{dT}{T} = R\frac{dp}{p} = (c_p - c_v)\frac{dp}{p} \tag{4.14}$$

$$\frac{dT}{T} = (1 - \frac{1}{\gamma})\frac{dp}{p} \tag{4.15}$$

$$\ln T + \left(\frac{1-\gamma}{\gamma}\right)\ln p = constant \tag{4.16}$$

$$Tp^{\frac{1-\gamma}{\gamma}} = constant \tag{4.17}$$

따라서 결과적으로 완전기체 법칙으로부터

$$pV^{\gamma} = constant$$

그러므로 단열압축(제 2장 참조)의 경우에 대하여 도출된 다방성 법칙은 임의의 등엔트로피 과정에 적용된다.

등엔트로피 터빈에서 배기온도 $T_{out_{\min}}$는 얼마일까? 다방성 법칙을 적용하면

$$p_{in}V_{in}^{\gamma} = p_{out}V_{out}^{\gamma} \tag{4.19}$$

완전기체 법칙을 적용하면 부피항을 소거할 수 있다.

$$p_{in}^{1-\gamma}\mu RT_{in}^{\gamma} = p_{out}^{1-\gamma}\mu RT_{out_{\min}}^{\gamma} \tag{4.20}$$

$$T_{out_{\min}} = T_{in}\left(\frac{p_{out}}{p_{in}}\right)^{\frac{\gamma-1}{\gamma}} \tag{4.21}$$

등엔트로피 터빈에 의하여 생성된 에너지는 다음과 같다:

$$W = \mu c_p T_{in}\left[1 - \left(\frac{p_{out}}{p_{in}}\right)^{\frac{\gamma-1}{\gamma}}\right] \tag{4.22}$$

터빈은 흐르는 기체를 통하지 않고는 주위와 열을 교환하지 않는다는 의미에서 단열로 간주될 수 있다. 그러나 식 4.21로부터 계산되는 값보다 더 큰 배기온도를 야기하는 내부 손실이 나타

날 수도 있다.

터빈의 **등엔트로피 효율**은 입력과 출력이 동일한 엔트로피를 가지는 경우 터빈이 생성하게 될 일에 대한 터빈으로부터의 실제 생성된 일 사이의 비이다.

4.4 OTEC 효율

OTEC를 구동하는 작은 온도차 때문에 OTEC의 Carnot 효율은 낮다. OTECs는 따뜻한 표면수로부터 많은 양의 열을 추출해야 하고 이의 대부분을 차가운 바닥수로 배출시켜야 한다. OTECs는 많은 양의 물을 처리한다. 이러한 부피들이 어떻게 동일한 용량의 수력 발전소에 의해서 처리되는 양들과 비교되겠는가?

따뜻한 물과 차가운 물 사이의 온도차를 $\Delta T \equiv T_H - T_C$ 라고 하자. 스탠포드 대학교의 A, L London 교수는 (닫힌 사이클 시스템에서) 터빈에 걸친 온도차가 $\Delta T/2$일 때 물 소비가 최소임을 보였다. 이 경우 나머지 $\Delta T/2$는 두 열교환기 사이의 온도강하이다. 만일 이의 절반이 따뜻한 물 교환기를 통한 강하이고 $\dot{V}$가 따뜻한 물의 유량이라면 추출되는 동력은 $\frac{1}{4}\Delta T c \dot{V}$이다. Carnot 효율은 $\Delta T/2T_H$이다. 차가운 물의 유량이 따뜻한 물의 유량과 동일하다고 가정하면, 즉 $\dot{V}_{TOT} = 2\dot{V}$이라고 가정하면 (이상적인 터빈으로) 생성된 동력은 다음과 같다:

$$P_{OTEC} = \frac{c}{16T_H}\Delta T^2 \dot{V}_{TOT} = 850\Delta T^2 \dot{V}_{TOT} \tag{4.23}$$

$T_H = 296K$로 취하였다. 동력이 ΔT^2에 비례함을 주목하자. 수력발전소의 동력은

$$P_{HYDRO} = \delta g \Delta h \dot{V} \tag{4.24}$$

여기에서 δ는 물의 밀도($1000kg/m^3$)이며 g는 중력 가속도, 그리고 Δh는 입구와 출구 수위의 차이이다.

이제 똑같은 물 유량을 처리하는 OTEC와 동일한 동력을 생산하기 위해서는 수력 발전소에서 Δh가 얼마나 커야 하는지 알아보기로 한다.

$$\Delta h = \frac{\Delta T^2 c}{16T_H \delta g} = 0.085\Delta T^2 \tag{4.25}$$

$20K$의 온도차를 갖는 OTEC의 작동으로부터 동일한 유량과 (적절한) $34m$의 헤드로 운전되는 수력 발전소에서와 동일한 동력을 얻는다. 따라서 OTEC에서 요구되는 물의 부피는 과대한 부피가 아니다.

이러한 계산들은 매우 낙관적인 것이다; 이 계산들에서는 다양한 펌프들, 특히 차가운 물 펌프에서 필요로 하는 상당한 에너지의 양을 감안하여 주지 않았다. 그럼에도 불구하고 OTECs에서 주된 문제는 많은 물의 양이 아니라 열전달 양에 있다. 동일한 용량의 화력발전소와 비교하면 OTEC의 열 교환기는 거대하다. 닫힌 사이클 OTEC에 대한 비용의 절반 정도가 열 교환기 비용이다.

4.5 OTEC 설계의 보기

OTECs는 최소 물 소비가 아니라 비용이 최소가 되도록 설계된다. 이는 시스템에서 온도 분포를 변경시킨다. 그림 4.5는 Lockheed 프로젝트에서 온도를 보여주고 있다. 이것은 작동 유체로서 암모니아를 사용하는 닫힌 사이클 형태이다. 전체적인 온도차는 18.46K이다. 따뜻한 물 유량은 341.6m^3/s이다†. 이 물은 26.53℃의 온도로 열교환기에 유입되어 1.36K만큼 냉각되고 25.17℃의 온도로 배출된다. 이러한 따뜻한 물이 OTEC에 전달하는 총 열 동력은

$$P_{in} = 341.6 \times 4.04 \times 10^6 \times 1.36 = 1876.9 MW_t \text{ ††} \tag{4.26}$$

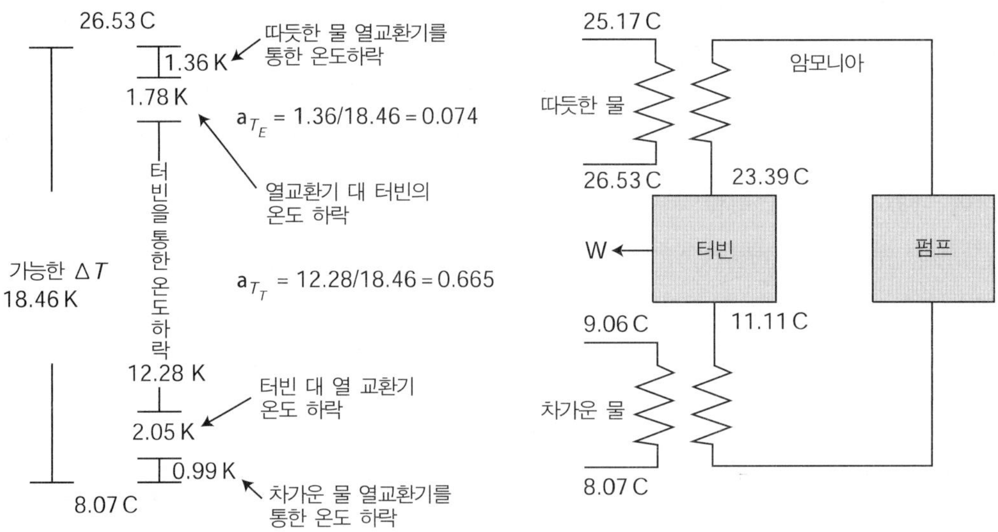

그림 4.5 Lockheed가 설계한 OTEC에서의 온도.

표 4.1 Lockheed OTEC에서의 내부 동력 사용.

응축수 펌프 (암모니아 재순환)	2.54 MW
환류 펌프(증발되지 않은 암모니아의 재순환)	0.04 MW
따뜻한 물 펌프	4.83 MW
차가운 물 펌프	12.14 MW
합계	19.55 MW

터빈 흡입구에서 암모니아는 23.39℃인 반면에 출구에서는 11.11℃이며 이로부터 Carnot 효율은

$$\eta_{CARNOT} = \frac{23.39 - 11.11}{273.3 + 23.39} = 0.041 \tag{4.27}$$

† 얼마나 많은 물이 펌프 되어야 하는가에 대한 개념을 얻기 위해서, 25 x 12m 수영장을 고려하여 보자. 논의되고 있는 Lockheed OTEC의 따뜻한 물 펌프는 이러한 풀을 2초 안에 채울 수 있다.

†† MWt는 열 동력을 의미하는 반면에 MWe는 전기적인 동력을 의미한다.

전력은 90.2%의 Carnot 효율로 생산된다. 그러나 표 4.1에 보인 바와 같이 서로 다른 펌프들은 상당한 양의 생성 동력을 사용한다. 사실 이 보기에서 생성된 전체 동력의 28%는 단순히 시스템을 가동시키기 위해 내부적으로 사용되었다. 전형적인 증기기관에서 펌프들은 위의 OTEC에서와 같이 전기적으로가 아니라 기계적으로 터빈과 연결되어 있다.

주요 동력 소비처는 차가운 물 펌프인데 이는 차가운 물 펌프가 가장 많은 양의 물을 처리할 뿐만 아니라 매우 긴 냉각수 파이프에서의 마찰을 극복해야 하기 때문이다.

생성된 전기 동력은 다음과 같다.

$$P_{gen} = 1876.9 \times 0.041 \times 0.902 = 69.4MW_e \tag{4.28}$$

그러나 출력 버스에서 이용 가능한 전기 동력은 단지

$$P_{bus} = 69.4 - 19.6 = 49.8MW_e \tag{4.29}$$

이다. 따라서 OTEC의 전체적인 효율은

$$\eta = \frac{49.8}{1876.9} = 0.0265 \tag{4.30}$$

이러한 2.65%의 효율은 임의의 잘 설계된 OTEC에서 기대할 수 있는 효율이다.

터빈 흡입구 부분에서 암모니아의 압력은 $0.96MPa$(9.7 기압)이며 배출구에서는 $0.64MPa$(6.5 기압)이다. $1876.9 - 69.4 = 1807.5MW$와 동일한 양의 열이 열 교환기에 의하여 차가운 물로 방출되어야 한다. 이는 물 $451.7m^3s^{-1}$을 $8.07℃$에서 취하여 $0.99K$만큼 올려서 $9.06℃$까지 가열하는 것으로 수행된다.

혼합을 피하기 위해서 따뜻한 물 흡입구와 차가운 물 배출구 사이에 충분한 거리를 두는 것이 필요하다. 이에 따라 해류가 차가운 물을 멀리 밀어낼 수 있는 기회를 제공한다. 조류가 없는 경우에는 OTECs가 “스치고 지나는” 새로운 온수 주위로 이동해야 할 수도 있다. 이러한 스치고 지남에 대한 추진력은 배출구 물 흐름에 대한 반작용에서 용이하게 얻어질 수 있다.

4.6 열 교환기

OTEC의 전체적인 효율은 작다. 보기의 Lockheed OTEC는 $1877MW_t$를 $49.8MW$의 판매 가능한 전기로 변환시킴으로써 2.6%의 효율을 보인다. 그러나 “연료”는 전적으로 무료이므로 전체적인 효율이 결정적으로 중요한 것은 아니다. 문제가 되는 것은 투자비용으로서 이는 열 교환기의 비용에 따라 크게 좌우된다.

열 교환기를 통하여 전달되는 동력은 다음과 같다.

$$P_{therm} = \gamma A \Delta T_{EXB} \tag{4.31}$$

여기에서 γ는 교환기의 열전달 계수이고 A는 교환기의 면적이며 ΔT_{EXB}는 교환기와 보일러의 평균 온도차이다.

Lockheed는 $\gamma = 2800\,Wm^{-2}K^{-1}$를 달성할 것을 희망하였다. 대략 $2.5K$의 ΔT_{EXB}와 $1877MW$의 P_{therm}에서 소요 면적은 약 $270{,}000m^2$, 즉 $500 \times 500m$ 정도이다.

사소한 오염이라도 γ의 값을 상당히 낮출 것이며 따라서 오염으로부터 열 교환기를 청결하고 해조류가 없도록 깨끗하게 유지하는 것이 중요하다. 유입수의 일부를 전기분해하여 해조류를 죽이는 염소를 방출시키는 것이 가능하다.

기술적으로 OTEC 열 교환기를 위한 이상적인 재질은 해수에서의 안정성 때문에 티타늄인 것으로 보여진다. 알루미늄은 보다 저렴하기 때문에 함께 고려되었다.

4.7 설치 장소

OTECs의 경제성은 ΔT에 중요하게 의존한다는 것을 알았다. 따라서 설치 장소는 (상대적으로) 큰 ΔT가 가능한 곳으로 정해져야 한다. 일반적으로 열대지방 바다에서 따뜻한 표면수를 찾는 것은 어렵지 않다; 문제는 육지 부근에서는 흔치 않는 깊이를 필요로 하는 차가운 물을 찾는 것이다. 이러한 이유 때문에 육지에 근거하는 OTECs는 부유 플랫폼에 위치한 OTECs보다 일반적이지 않을 수 있다.

큰 ΔT(약 $17K$, 혹은 그 이상)만이 설치장소의 필요 요건은 아니다. 6℃, 혹은 그 이하인 차가운 물 층의 깊이가 알맞아야 하며 확실히 $1000m$ 이하이어야 한다; 그렇지 않으면 차가운 물의 배관 비용이 과다해질 것이다. 닻을 내리는 문제로부터 OTECs를 배치할 때에는 전체 깊이가 약 $1500m$ 이하인 지역이어야 한다. 표면 조류는 적당해야 한다($2m/s$ 이하).

만약 동력학적으로 위치하는 OTECs가 계획되었다면 해양의 전체 깊이가 중요한 것은 물론 아니다. 이는 플랜트의 해수 배출에 의해서 생성되는 추진력을 이용함으로서 성취될 수 있다. 이전에 설명한 바와 같이 만약 조류가 없다면 보다 차가운 배출수가 따뜻한 흡입수와 혼합되는 것을 피하기 위하여 이러한 추진이 필요할 수 있다.

설치 장소에 대한 또 다른 고려사항은 생성된 전기를 전선으로 운반하려고 계획하는 경우 해안으로부터의 거리이다. OTECs는 에너지 집약적인 물질을 생성하는 떠있는 공장으로서 자급자족의 산업단지로 이용될 수 있다. 예를 들면 암모니아는 그 합성에 오직 물, 공기, 그리고 전기만을 필요로 하며 OTEC에서의 제조를 위한 거의 이상적인 생산품이다. 해안으로 전력을 송출하는 것보다 암모니아를 배로 수송하는 것이 더 용이하다. 일단 해안에 도착하면 암모니아는 비료로 사용될 수 있거나 연료전지의 방법으로 다시 에너지로 전환될 수도 있다(9장 참조).

하나의 OTEC 장치는 단지 차가운 해양 바닥수의 이용만을 수반한다. 그러한 물은 먼저 열교환기로 이송된 다음 얕은 연못으로 이동되어 태양에 의해서 가열된다. 이러한 방법으로 해수 온도 이상의 온도에 잘 도달할 수 있으며 Carnot 효율이 더 높아진다.

태양으로 가열된 연못을 이용하는 OTECs는 해양 식물양식과 결합시킬 수 있다. 해양 심층수에는 영양분들이 포함되는 경향이 있으며 태양에 의해서 가열될 경우 많은 종류의 미세한 해조류가 번식될 수 있다. 해조류가 풍부한 물은 필터로 공급되는 연체동물이 양식되는 두 번째 연못으로 유입된다. 굴, 조개, 그리고 가리비들이 생산된다. 이러한 생물들 가운데 보다 큰 것들은 재생식을 위해서 보관 되거나 시장에서 판매된다. 더 작은 생물들은 제거되어 (새우, 바닷가재

등과 같은) 갑각류를 양식하는 세 번째 연못으로 투입된다. 이 연못의 유출물은 그 안의 동물 폐기물이 오염원이 되기 때문에 직접적으로 바다에 되돌려 보내면 안된다. 네 번째 및 마지막 연못은 매탄을 생성하는 소화조의 원료로 이용되거나, 혹은 한천이나 카라게닌의 소스 역할을 하며 물을 청결하게 하는 해조류를 성장시키는 데에 이용된다(제 13장 참조). 이 연못으로부터의 따뜻한 물은 OTEC를 구동시키는데 사용된다.

OTEC에 의해서 퍼올려진 차가운 물은 전력을 생성할 필요가 없이 에어 컨디션에 직접 사용될 수 있다. 냉각된 토양에서의 경작으로 햇볕이 풍부한 적도 지방에서 온대성 기후의 식물 재배가 가능할 수 있다. 결론적으로 완벽한 OTECs를 위한 작업으로부터 얻어지는 기술적 발전은 언젠가는 경제적인 담수화 공정의 형태로서 댓가를 가져다 줄 것이다.

참고문헌

Beck, E. J., Ocean thermal gradient hydraulic power plant, Science, 189, p.293, 1975.

Zener, C., and J. Fetkovich, Foam solar sea power plant, Science, 189, p. 294, 1975

연 습 문 제

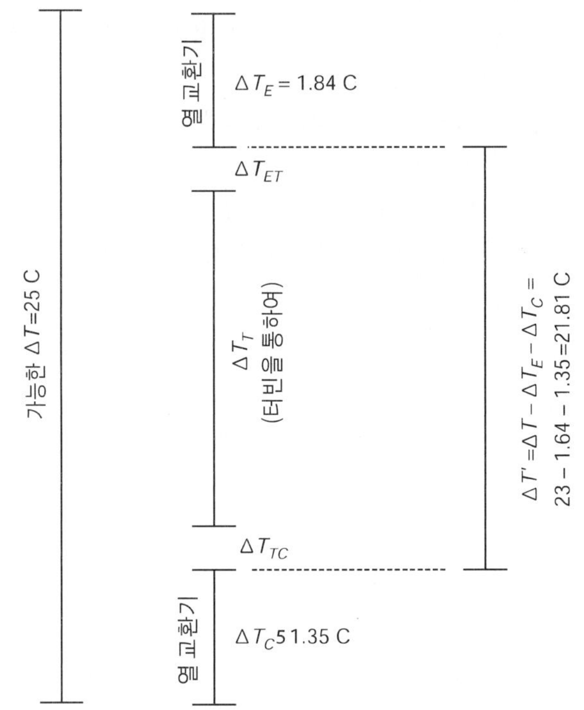

4.1 어떤 OTEC에서 버스 바로 100MW를 전달하려고 한다. OTEC의 따뜻한 물은 33℃로 유지며 태양으로 가열되는 연못으로부터 도입된다. 열 교환기에서 배출된 물은 31℃의 온도로 위의 연못으로 되돌아온다. (배관들로부터 약간의 열 손실이 있다.) 작동온도를 재설정하기 위해서 연못은 태양으로부터 열을 흡수해야만 한다. 250 W/m^2의 평균 일사율(밤과 낮) 및 물에 의한 태양 에너지의 흡수율이 80%라고 가정한다.

차가운 물은 8℃의 온도에서 근처의 심해저로부터 퍼올려진다. 관련되는 온도들에 대한 더 자세한 정보는 그림을 참조한다.

열 교환기에서 차가운 물의 온도가 1.35K 상승하는 반면에 따뜻한 물은 그 열 교환기를 통과하면서 1.84K만큼의 손실을 겪는다.

남아있는 온도 차이의 80%는 터빈을 통하여 나타나며 그 나머지는 터빈 흡입구와 따뜻한 열 교환기(이차 측면은 증발기로 작용한다)의 더 차가운 부분 사이에서, 그리고 차가운 열 교환기(이차 측면은 응축기로 작용한다)의 더 따뜻한 부분과 터빈의 배출구(그림에서 ΔT_{ET} 및 ΔT_{TC}) 사이에서 온도 차이로서 균일하게 분포된다고 가정한다.

펌핑과 다른 말단부에 대한 내부 동력은 40MW이다. 터빈-발전기 조합의 효율은 90%이다.

따뜻한 물과 차가운 물의 유량을 계산하여라.

증발이 없다고 가정한다면 가열되는 연못의 소요 표면적은 얼마인가?

만약 연못에서 물의 체류시간이 3일이라면 깊이는 얼마가 되어야 하는가?

4.2 멕시코 만류는 $2.2 \times 10^{12} m^3/day$의 유량으로 흐른다. 이 만류의 물의 온도는 25℃이다. 이 흐름을 가능하게 하여 주는 데에 충분한 태양 에너지를 포집하는 바다의 면적을 개략적으로 추정하여라.

4.3 암모니아는 일정한 온도에서 OTEC의 증발기에서 증발한다고 가정한다(이것은 엄격하게 사실인가?). 만약 따뜻한 물이 암모니아의 끓는 온도보다 높은 ΔT_1의 온도로 열교환기로 들어가서 ΔT_2의 온도로 나온다면 평균 ΔT는 얼마인가? 결과를 체크하기: 만일 $\Delta T_1 = 4K$이고 $\Delta T_2 = 2K$라면 $< \Delta T > = 2.88K$이다.

4.4 $1.2 GW_e$ 원자력 발전소가 냉각용 물이 흐르는 강 가까이에 건설되었다. 이 시스템의 효율은 20%이다. 이는 열 입력에 대한 전기 출력 비율이다.
기술적인 이유에 따라 냉각수 물은 열 교환기로부터 80℃의 온도로 배출될 필요가 있다. OTEC와 유사한 발전소를 가동하기 위해서 따뜻한 냉각수를 사용하는 것이 제안되었다. 다음과 같이 가정한다:
강물은 20℃이다.
OTEC 효율은 Carnot 효율의 1/2이고 가능한 ΔT의 절반은 터빈을 통하여 강하된다.
1. 이 물의 유량은 얼마인가?
2. 이러한 발전소로부터 생성될 수 있는 최대 전력은 얼마인가?

4.5 어떤 OTEC는 온도가 1%씩 하락하는 열 교환기를 통하여 초당 200 입방미터의 따뜻한 물을 퍼 올린다. 추출된 모든 열은 암모니아 보일러로 전달된다. 터빈 흡입구에서의 암모니아 온도는 온수 열 교환기의 물의 평균온도에서 $1K$를 차감한 온도와 동일하다. 응축기의 온도는 초당 250 입방미터의 차가운 물의 냉각 효과에 의하여 10℃로 유지된다. 터빈/발전기 시스템의 효율은 90%이고 생산된 전력의 $12MW$는 펌핑에 사용된다.
총 $20MW$의 전력을 판매할 수 있으려면 온수의 흡입온도는 얼마가 되어야 하는가?
OTEC가 정확히 펌핑에 필요한 동력만을 생산하려면 흡입온도는 얼마가 되어야 하는가?

4.6 터빈/발전기의 역학적 효율이 100%인 OTEC를 고려하여 보자. 다시 말하면 이 시스템은 Carnot 효율에서 작동한다. 터빈에 대한 입력온도는 T_H이며 출력온도는 T_C이다.
입력 열은 $T_{H_{in}}$에서 물을 수용하며 더 낮은 온도인 $T_{H_{out}}$에서 물을 방출하는 열 교환기로부터 비롯된다. 이 열 교환기를 통한 온수의 유량은 $\dot{V}_H$이다.
터빈에 대한 열 싱크는 $T_{C_{in}}$에서 물을 수용하고 더 높은 온도인 $T_{C_{out}}$에서 물을 방출하는 다른 열 교환기이다. 이 열 교환기를 통한 차가운 물의 유량은 $\dot{V}_C$이다. 다음 그림을 참조한다.

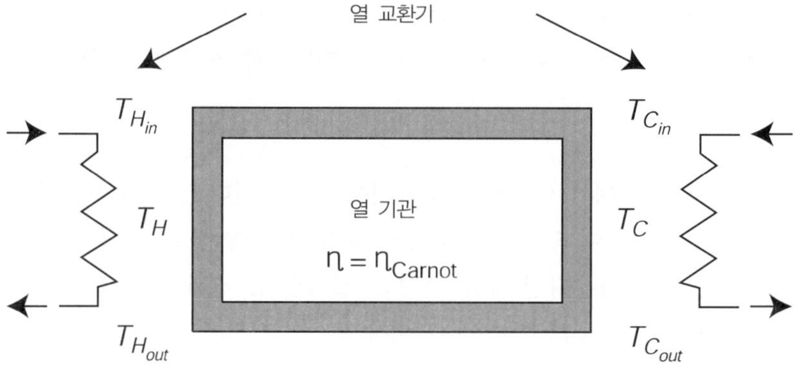

열 교환기에 의해서 온수로부터 추출된 모든 열은 터빈의 유입구로 전달된다. 터빈에 의해 배출된 모든 열은 차가운 물 열 교환기에 의해서 흡수되어 제거된다.
다음과 같은 정보가 제공된다:

$$T_{H_{in}} = 25℃$$
$$T_{C_{in}} = 8℃$$

T_H는 $T_{H_{in}}$과 $T_{H_{out}}$의 평균이다.
T_C는 $T_{C_{in}}$과 $T_{C_{out}}$의 평균이다

$$\dot{V}_H = \dot{V}_C \equiv \dot{V} = 420 m^3/s$$

$T_{H_{out}}$ 및 $T_{C_{out}}$은 주어져있지 않다.
분명히 $T_{H_{out}}$이 $T_{H_{in}}$과 동일하게 형성된다면 따뜻한 물에서 어떠한 열도 추출되지 않으며 동력 출력은 0이다. 반면에 $T_{H_{out}}$이 $T_{C_{in}}$과 동일하게 형성된다면 온수로부터 최대 동력이 추출되지만 (곧 알게 되듯이) Carnot 효율이 0으로 되기 때문에 출력 동력은 다시 0이 된다. 이러한 두 극단 사이에서 동력 출력을 최대화하는 $T_{H_{out}}$의 값이 존재해야 한다. 이 값을 결정하고 Carnot 효율을 극대화하는 $T_{H_{out}}$의 값을 구하여라.

제5장 열전기

지금까지 우리는 일반적인 열기관들에 대하여 논의하였으며 해양 열에너지 변환기에서 이용되는 열기관에 대하여 약간 상세히 살펴보았다. 이러한 모든 기관들은 열을 기계적 에너지로 전환시킨다.

이 장과 다음 두 장들에서 우리는 열전기 변환기, 열이온 변환기 그리고 방사광 잡음 변환기와 같이 열을 직접 전기로 변환시키는 기관들을 고려할 것이다. 광전지에 대한 장에서 우리는 열을 복사에너지로, 이어서 전력으로 전환시키는 열 광기전성 변환기를 논의할 것이다. 열을 플라즈마의 운동 에너지로 변환시킨 다음 다시 전력으로 전환시키는 자기수력학적 기관과 같은 다른 기관은 여기에서는 다루지 않을 것이다.

이 책의 대부분의 장들에서 우리는 연구되고 있는 장치의 운전의 바탕이 되는 현상을 설명하는 단순화된 모델을 먼저 소개하고 이로부터 장치의 거동을 유추하는 방식을 채택하였다. 이 장에서 우리는 접근방법을 바꾸어서 먼저 열전쌍의 거동을 설명하고 이후에 그 바탕이 되는 과학을 탐구한다. 그 이유는 열전기적 장치들의 거동에 대한 설명이 쉬울지라도 이러한 효과들이 어떻게 일어나는지를 설명하는 간단한 방법이 없기 때문이다. 사실 맥스웰 전자 에너지 분포를 고전역학에 적용한다면 Pertier 효과는 없으며 금속에서의 Thompson 효과는 실제로 일어나는 것보다 100배 정도 커야 한다는 것을 입증하게 될 것이다. Pertier와 Thompson 효과는 열전기와 관련되는 두 효과들이다.

5.1 실험적 관찰

양 끝의 온도가 T_H와 T_C로 서로 다른 열 전도성 막대를 고려하여 보자. 분명히 어떤 양의 열동력 P_{H_F}가 한 면을 통해 유입되고 양 P_{C_F}가 반대쪽 면을 통해 유출될 것이다. 만약 막대의 나머지 측면들이 완벽하게 단열되어 있어서 열이 그 면들을 통해 나갈 수 없다면

$$P_{H_F} = P_{C_F} = \Lambda(T_H - T_C) \tag{5.1}$$

Λ는 막대의 열 전도도로서 SI 단위로 W/K로 측정된다. 열 전도는 열 확산 연구에 크게 기여한 Jean Baptiste Joseph Fourier(1768-1830)에 대한 존경의 표시로서 종종 Fourier 효과로 통칭되기 때문에 위에서 하첨자 F가 사용되었다.

만약 위와 달리 막대의 온도는 균일하지만 막대의 두 끝면과 접촉되는 몸체의 온도보다 더 높은 온도로 (전류에 의하여) 가열된다면 열은 흘러나와야 한다. 전류에 의해 발생된 열 동력은 I^2R이며 여기서 R은 막대의 저항이다. 이와 같이 발생된 열의 절반은 한 면 끝으로부터, 나머지는 반대쪽으로부터 흘러나올 것이다.

$$P_{H_J} = P_{C_J} = \frac{1}{2} R I^2 \qquad (5.2)$$

열은 Joule 효과(James Prescott Joule, 1818-1889)의 결과임을 나타내기 위해서 하첨자 J를 사용하였다. 그림 5.1과 그림 5.2에서 열 흐름을 나타내는 화살표 방향들은 서로 다르다. 이전의 그림에서와 동일한 방향을 유지하는 것으로 선택하였다면 P_H는 음의 값이 될 것이다.

만약 막대에서의 온도차와 막대에 대한 전류의 도입이 동시에 일어난다면 Fourier 효과와 Joule 효과는 서로 겹쳐진다:

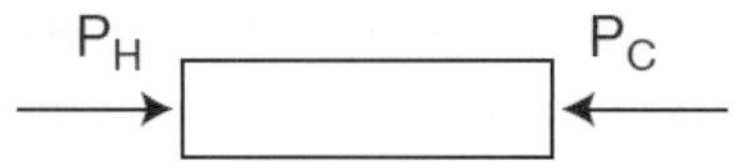

$$P_H = \Lambda(T_H - T_C) - \frac{1}{2} R I^2, \qquad (5.3)$$

$$P_C = \Lambda(T_H - T_C) + \frac{1}{2} R I^2. \qquad (5.4)$$

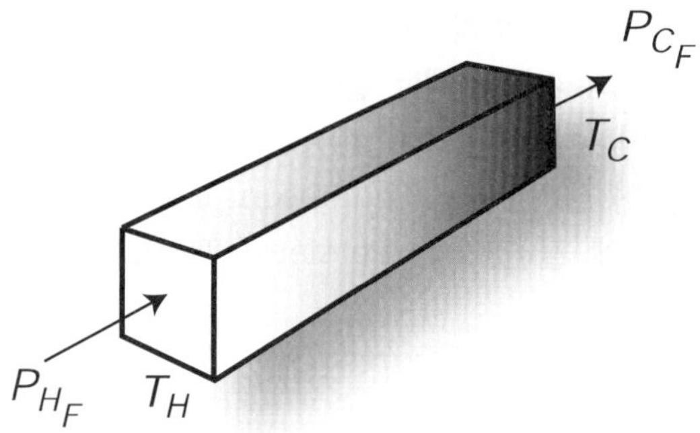

그림 5.1 온도구배를 갖는 막대.

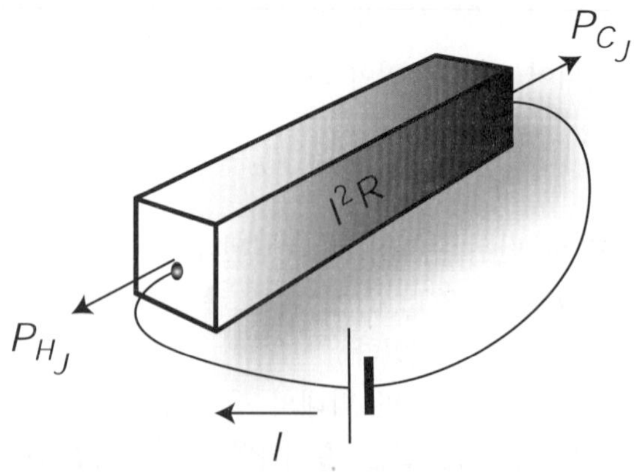

그림 5.2 전류에 의해 가열되는 막대.

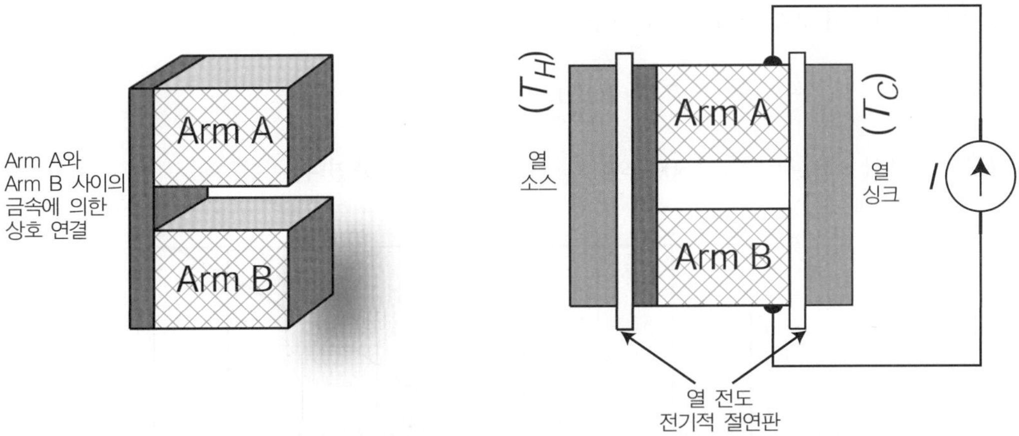

그림 5.3 간단한 열전쌍(왼쪽)과 테스트 설비(오른쪽).

여기에서 우리는 식 5.3 및 식 5.4와 수반하여 나타낸 열 동력 흐름 방향을 사용하였다. 그러나 보다 복잡한 구조에서는 열 동력 흐름은 예상으로부터 놀라울 정도로 벗어날 수 있다.

한 쪽 끝에서 함께 결합된 상이한 두 물질(도체, 또는 반도체)로 구성된 열전쌍을 고려하여 보자. 물질들(그림 5.3에서 A와 B)은 서로 직접적으로 접촉되거나 혹은 그림에 나타낸 것처럼 금속판에 의해 연결될 수 있다. 이 금속판의 온도가 균일하게 유지되는 한 (금속판의 전기저항을 무시할 수 있으며 사실상 무한대의 열 전도도를 갖는다면) 금속판은 열전쌍의 성능에 아무런 영향을 미치지 않는다. A와 B의 자유로운 끝부분들에는 전원이 연결되어 있다.

만약 연결선들의 온도가 일정하다면 이들은 여전히 아무런 영향을 미치지 못한다. 일정한 온도로 유지되는 두 블록은 각각 접합점과 자유로운 끝부분에서 열적으로 연결된다. 이 블록들은 열전쌍으로부터 전기적으로 절연되어 있다.

접합점과 접촉되는 블록은 열원으로서 온도는 T_H이다. 다른 블록은 열 싱크로서 온도는 T_C이다. 열원으로부터 열 싱크로의 열 흐름 속도 P_H는 이 절 끝의 박스에 설명되어 있는 바와 같이 측정된다.

열전쌍이 잘 단열되어서 열원 및 열 싱크하고만 열을 교환할 수 있다고 가정하자. 열전쌍을 통하는 전류가 없는 상태에서 P_H를 $T_H - T_C$의 함수로 측정한다면 (식 5.1에서와 같이) P_H는 온도차에 비례함을 알 수 있다:

$$P_H = \Lambda(T_H - T_C). \tag{5.5}$$

예로서 Λ=4.18W/K로 취하면

$$P_H = 4.18(T_H - T_C). \tag{5.6}$$

만약 내부저항 R을 갖는 열전쌍을 통해서 전류 I를 가한다면 설명한 바와 같이 P_H가 다음 식으로 주어질 것으로 기대할 수 있다(식 5.3을 참조):

$$P_H = \Lambda(T_H - T_C) - \frac{1}{2}RI^2, \tag{5.7}$$

혹은 열전쌍의 저항이 2.6×10^{-4}ohms이라면

$$P_H = 2090 - 1.3 \times 10^{-4} I^2, \tag{5.8}$$

여기에서는 하나의 예로서 T_H=1500K와 T_C=1000K를 이용하였다.

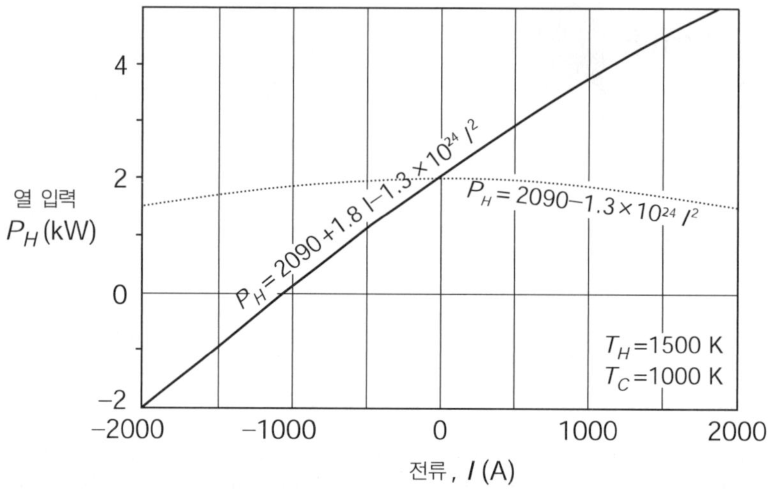

그림 5.4 열전쌍의 전류에 대한 열 입력 특성.

I에 대한 P_H의 예상된 그래프는 그림 5.4의 점선으로 나타난다. I가 변화함에 따라 P_H의 변화가 실제로 관찰되지만 이는 I의 부호와 무관하지 않음이 밝혀졌다. 특정한 열전쌍의 경우 P_H와 I 사이의 실험적으로 결정된 관계는 실선으로 나타난다. 2차 회귀는 데이터를 잘 접합시킨다:

$$P_H = 2090 + 1.8I - 1.3 \times 10^{-4} I^2. \tag{5.9}$$

열전도항은 I와 무관하기 때문에 식 5.9에서 열전도항을 구별할 수 있다. 아울러 Joule 가열항 $1.3 \times 10^{-4} I^2$을 구별할 수 있다.

이들 두 항에 더하여 I에 대해 선형인 항이 있다.

만약 전류가 한 방향으로 흐른다면 열은 열원에서 열 싱크로 이동되며 만약 역전된다면 열의 이동도 마찬가지임을 의미한다. 분명히 열 에너지는 전류에 의하여 운반된다. 이러한 가역적 이동은 Peltier 효과라고 불린다(Jean Charles Athanase Peltier, 1785-1845).

경험적 증거에 따르면 이동된 Peltier 열은 전류에 비례한다. 그러므로 다음과 같이 쓸 수 있다:

$$P_{Peltier} = \pi I, \tag{5.10}$$

여기서 π는 Peltier 계수이다.

만약 전류 발생기 대신에 무한한 임피던스 전압계를 열전쌍에 연결한다면 온도차 $\triangle T - T_H - T_C$에 따라 좌우되는 전압 V가 나타난다. 이러한 종속관계는 그림 5.5에 보인 바와 같이 비선형으로서 온도 T_H에 대한 열전쌍의 열린회로 전압의 관계를 나타내어 준다. 이 경우 T_C는 173.3K로 일

정하게 유지된다.†

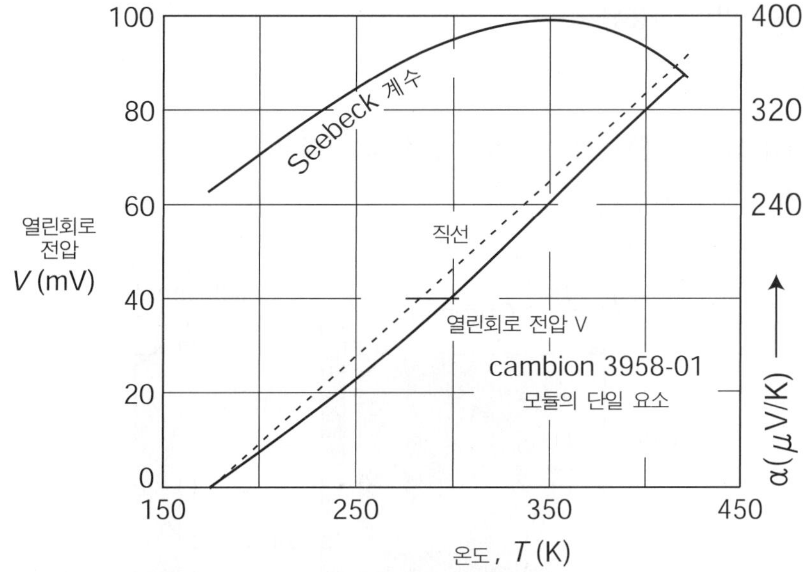

그림 5.5 열린회로 전압과 Seebeck 계수.

Seebeck 계수 α는 V와 T_H 그래프의 기울기로서 어느 정도 온도에 의존한다.

$$\alpha = \frac{dV}{dT}. \tag{5.11}$$

후에 Peltier 계수와 Seebeck 계수 사이에 어떤 관계가 있음을 보일 것이다:

$$\pi = \alpha T. \tag{5.12}$$

Pertier 계수는 온도의 강한 함수이다.

열전쌍에 의해 생성된 열린회로 전압은

$$V = \int_{T_C}^{T_H} \alpha dT, \tag{5.13}$$

또는 만약 **평균 Seebeck 계수** $<\alpha>$를 사용한다면

$$V = <\alpha> (T_H - T_C). \tag{5.14}$$

이 장의 나머지 부분에서는 비록 $<\alpha>$를 이용할 것이지만 이를 간단히 α로 표시할 것이다. α의 평균값의 사용으로 전달자에 의한 열 대류, 즉 Thomson **효과**를 완전히 무시하고 지금까지

† ΔT에 대한 V의 종속관계는 멱급수 $V = a_0 \Delta T + a_1 \Delta T^2 + a_2 \Delta T^3 + \cdots$에 의해 상당히 정확하게 나타낼 수 있다. 다른 계수 a_i의 값들은 기준 온도 T_C에 따라 약간 좌우된다.

논의된 4가지 효과-Fourier, Joule, Peltier, 그리고 Seebeck-를 이용하여 열전쌍의 성능을 정확히 묘사할 수 있다. 이 장의 말미에서는 이러한 생략을 정당화할 것이다.

열전쌍은 다음과 같이 사용된다:

1. 온도계
2. 열을 직접 전기로 변환시킬 수 있는 발전기, 그리고
3. 열펌프와 냉동장치

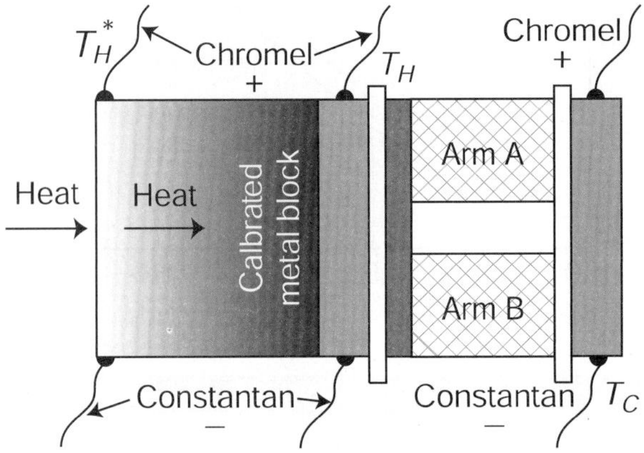

그림 5.6 열전쌍에서의 열 흐름 측정.

전기량과 마찬가지로 온도는 우수한 정확도로 쉽게 측정될 수 있다(적당히 비싸지 않은 전압계는 전체 범위의 0.1%의 정확도를 가질 수 있다). 반면에 정확한 열 흐름을 측정하는 것은 어렵다.

개념적으로 열 흐름은 열전쌍과의 접촉부를 제외한 열원을 단열시켜 측정될 수 있다. 열은 전기 저항기에 의해 이 열원으로 공급될 수 있다. T_H를 일정하게 유지하기 위해 소요되는 전력은 열원에서 열전쌍으로의 열 흐름의 측정치이다.

보다 일반적으로 열 흐름은 열원과 열전쌍 사이에 금속 블록(온도의 함수로서 금속블록의 열전도도는 주의깊게 측정된다)을 삽입함으로서 측정된다. 만약 열이 블록의 측면 벽을 통해 누출되지 않는다면 열전쌍을 통한 열 흐름은 금속 블록에 따른 온도강하 $T_H^* - T_H$로부터 결정될 수 있다.

T_C와 마찬가지로 T_H^*와 T_H는 각각 열전쌍 선을 장치의 적절한 부위에 부착시켜 측정될 수 있다.

5.2 열전기 온도계

열린-회로(Seebeck) 전압은 온도의 단조함수이므로 열전쌍을 온도계로 선택하는 것은 당연하다. 조심스럽게 보정된다면 이들은 20K에서 1700K의 온도 범위에서 놀라운 정확도로 기능할 것이다. 그러나 이러한 전체 범위를 다루기 위해서는 다른 단위들이 요구된다.

Seebeck 전압은 온도의 선형함수가 아니기 때문에 이 전압은 색인표에 의해서 온도로 해석되어야 한다.

온도 측정을 위하여 수많은 종류의 물질 결합들이 고려되었지만 단지 몇 가지만이 표준화되어 있다. 이러한 결합들 가운데 9가지가 표 5.1에 보인 바와 같이 인식문자로 표시되어 있다.

표에서 각 쌍의 첫 번째 물질은 양의 레그이고 두 번째는 음의 레그이다. 조성은 무게조성이다.

많은 합금들은 상업적인 이름으로 더 잘 알려져 있다:

55%Cu+45%Ni: Constantan, Cupron, Advance, ThermoKanthal JN.
90%Ni+10%Cr: Chromel, Tophel, ThermoKanthal KP, T-1.
99.5%Fe: ThermoKanthal JP.
95%Ni+2%Al+2%Mn+1%Si: Alumel, Nial, ThermoKanthal KN, T-2.
84%Ni+14%Cr+1.5%Si: Nicrosil.
95%Ni+4.5%Si+0.1 Mg: Nisil.

단일-레그 열소자를 인식하기 위해서 접미사(P 또는 N)를 형태 문자에 붙여 물질의 극성을 나타낸다. 그러므로 예를 들면 EN-보통 콘스탄탄(Constantan)-은 E 타입 열전쌍의 음의 레그이다. 물질은 다음을 포함하는 다수의 특성들을 감안하여 선택되어야 한다:

1. *안정성.* 물질의 성질들은 사용에 따라 눈에 띄게 변하지 않아야 한다. 물질들은 조작되는 환경에서 화학적으로 안정해야 한다. 이는 특히 산화대기 내에서 조작되는 고온의 장치에 대하여 적용되며 염기성 금속 대신에 귀금속을 사용하는 이유이다. 물질은 물리적으로 안정해야 한다. (특히 극저온 응용시) 상변화가 없어야 한다. 기계적인 처리에 의해 변형되어서는 안 된다(예를 들면 연성을 잃어서는 안 된다). 물질은 자기장에 영향을 받지 않아야 한다.
2. *균질성.* 물질은 주어진 샘플에서 뿐만 아니라 샘플에서 샘플에 걸쳐서도 균질해서 한 번의 보정이 전체에 대하여서도 유효하도록 하는 것이 중요하다.
3. *좋은 열기전력.* 열전쌍 온도계의 실제 사용에 대한 하한 온도(약 20K)는 절대영도에 접근함에 따른 α의 불충분한 값들에 기인된다.
4. *낮은 열 전도도.* 이는 극저온에서 중요하다.

열전쌍 형태의 선택은 표 5.1에 나타낸 것처럼 주로 원하는 온도 범위에 따라 좌우된다.

표 5.1 규격화된 열전쌍 쌍들.

형태	재질	추천되는 온도범위(K)
B	Pt+30%Rh vs. Pt+6%Rh	1640-1970
C	W+5%Re vs. W+26%Re	1920-2590
E	90%Ni+10%Cr vs. 55%Cu+45%Ni	370-1170
J	99.9%Fe vs. 55%Cu+45%Ni	370-1030
K	90%Ni+10%Cr vs. 95%Ni+2%Al+2%Mn+1%Si	370-1530
N	84%Ni+14%Cr+1.5%Si vs. 95%Ni+4.5%Si+0.1 Mg	920-1530
R	Pt+13%Rh vs. Pt	1140-1720
S	Pt+30%Rh vs. Pt	1250-1720
T	Cu vs. 55%Cu+45%Ni	70-620

가장 높은 정확도를 성취하기 위해서 매우 신중한 조정을 수행하는 것은 필수적이다. 요구되는 지극히 세밀한 절차들은 Burns와 Scroger(1969)에서 (충분한 참고문헌들과 함께) 자세히 설명되어 있다. 예로서 NIST(National Institute of Standards and Technology) 보고서는 0℃에서 1450℃까지의 범위에서 3μV를 초과하지 않는 불확실성을 갖는 (사용자가 제공한) 열전쌍의 조정을 제시하였다. 이 특정 샘플의 Seebeck 전압은 언급된 가장 높은 온도에서 14,940μV이기 때문에 그 온도에서의 불확실성은 0.02% 이하였다.

다양한 형태의 열전쌍에 대하여 섭씨 1도 간격으로 나열한 온도에 대한 열전기 전압의 매우 완전한 데이터는 〈http://srdata.nist.gov/its90/main/〉의 NIST ITS-90 열전쌍 데이터베이스에서 찾아볼 수 있다. 이러한 데이터의 한 가지 예가 그림 5.7에 나타나 있다. 열전쌍 온도계에서 발생된 전압은 열전기 발생기에서 얻어지는 것과 비교할 때 작다는 것을 알 수 있다. 5.3 절을 참조하자.

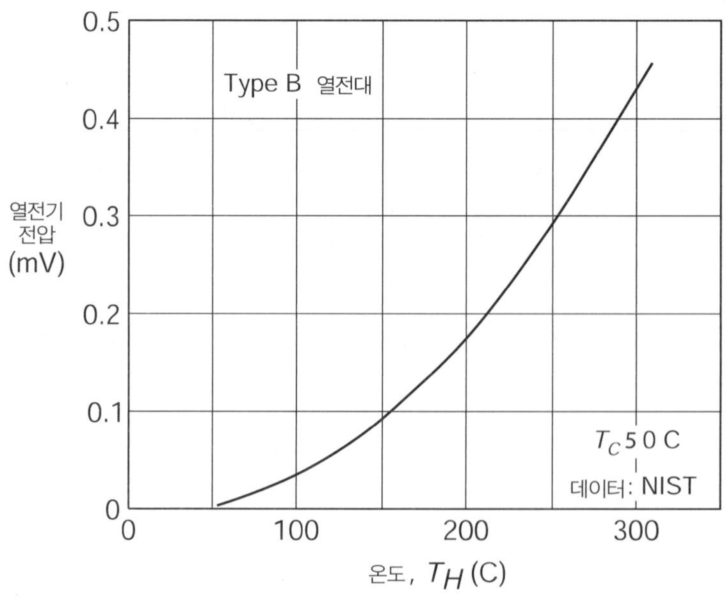

그림 5.7 B 타입 열전쌍의 열전기 전압.

5.3 열전기 발생기

온도차가 있을 때 전압을 발생시키는 열전쌍의 능력은 직접 전력을 생산할 수 있는 열 엔진으로의 사용을 암시하여 준다. 열 엔진으로서의 효율은 Carnot 효율에 의해 제한되므로 다음의 형태가 될 것이다:

$$\eta = \frac{T_H - T_C}{T_H}\eta^*, \tag{5.15}$$

여기에서 η^*는 장치의 구조, 사용된 재질의 성질, 그리고 부하에 대한 발전기의 부합정도에 의존한다.

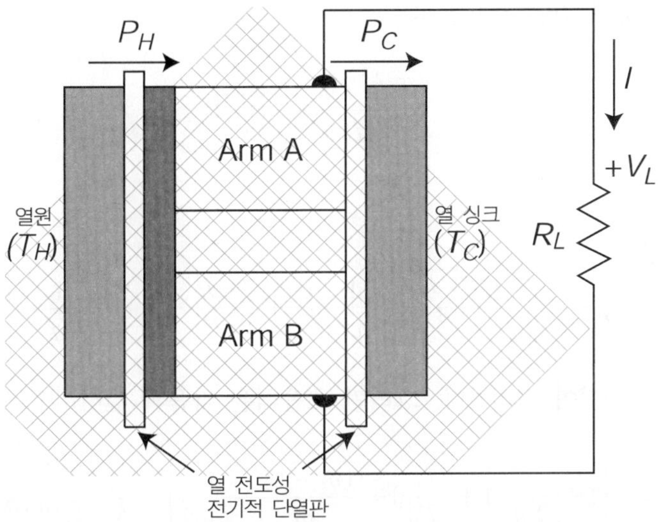

그림 5.8 발전기로서의 열전쌍.

그림 5.8에 보인 바와 같이 간단한 형태로 나타낸 열전쌍을 고려하여 보자. 전기저항 R과 열 컨덕턴스 Λ는

$$R = \frac{\ell_A}{A_A\sigma_A} + \frac{\ell_B}{A_B\sigma_B} \tag{5.16}$$

$$\Lambda = \frac{A_A\lambda_A}{\ell_A} + \frac{A_B\lambda_B}{\ell_B}, \tag{5.17}$$

이다. 여기에서 A는 각 암(암)의 단면적, ℓ은 각 암의 길이, σ는 전기 전도도이고 λ는 열 전도도이다. 장치의 두 암은 열전도에 관한 한 병렬이지만 전기적으로는 직렬임을 유의하자.

전류 I가 존재할 때 실험에서 살펴본 것처럼 열원에 의해 공급된 열 동력은

$$P_H = \Lambda(T_H - T_C) + \pi I - \frac{1}{2}RI^2. \tag{5.18}$$

이다.

π는 식 5.12를 이용하여 소거될 수 있다. 열원에서 Peltier 항은 그 위치에서의 온도 T_H에 비례한다. 그러므로

$$P_H = \Lambda(T_H - T_C) + \alpha T_H I - \frac{1}{2}RI^2. \tag{5.19}$$

이다. 부하를 통하는 전류는

$$I = \frac{\alpha(T_H - T_C)}{R + R_L}, \tag{5.20}$$

따라서 결과적으로 부하에 전달되는 동력은

$$P_L = \frac{\alpha^2(T_H - T_C)^2}{(R + R_L)^2} R_L. \tag{5.21}$$

이다. 장치의 효율은

$$\eta = \frac{P_L}{P_H} = \frac{T_H - T_C}{T_H} \times \left[\frac{(R+R_L)^2}{R_L} \frac{\Lambda}{\alpha^2} \frac{1}{T_H} + \frac{1}{2}\frac{R}{R_L} + 1 + \frac{1}{2}\frac{R}{R_L}\frac{T_C}{T_H} \right]^{-1}. \tag{5.22}$$

이다. $R_L = mR$로 쓰는 것이 편리하다. 그러면 효율식은 다음과 같다:

$$\eta = \eta_{CARNOT} \times \left[1 + \frac{1}{2m}(1 + \frac{T_C}{T_H}) + \frac{(m+1)^2}{m} \frac{1}{T_H Z} \right]^{-1} \equiv \eta_{CARNOT} \times \eta^*, \tag{5.23}$$

여기에서 열전쌍의 성능지수 Z는 다음과 같이 정의된다:

$$Z \equiv \frac{\alpha^2}{\Lambda R}. \tag{5.24}$$

Z의 차원은 [온도$^{-1}$]이다; 그러므로 SI에서 측정 단위는 K^{-1} 이다. η^*에 대한 식에서 Z를 제외한 모든 매개변수들은 외부에서 조정할 수 있다. 열전쌍의 특징은 모두 Z 안에 포함된다. *Z가 커질수록 효율도 더 커진다.*

큰 Z를 얻기 위해서는 큰 Seebeck 계수를 갖는 열전쌍 암 재질을 선택해야 한다. 또한 ΛR 곱을 가능한 한 작게 해야 한다. 이를 성취하려면 재질과 장치의 기하학적 구조를 적절하게 선택해야 한다. 만약 암들이 짧으며 단면적이 크다면 저항 R은 작아지려는 경향이 있지만 열 컨덕턴스 Λ는 상응하여 커지는 경향이 있다. 마찬가지로 만약 암들이 길고 단면적이 작다면 열 컨덕턴스는 작아지려는 경향이 있지만 저항 R은 상응하여 커지는 경향이 있다. 마침 ΛR 곱을 최소화시켜주는 기하학적 구조가 있다. 암 A와 B의 길이 ℓ과 단면적 A가 다음 관계를 만족시킬 때 이러한 최소화가 이루어진다(부록의 유도과정을 참조).

$$\frac{\ell_A A_B}{\ell_B A_A} = \sqrt{\frac{\lambda_A \sigma_A}{\lambda_B \sigma_B}}. \quad (5.25)$$

이러한 조건들에서 ΛR 곱의 값은

$$\Lambda R = \left[\left(\frac{\lambda_A}{\sigma_A} \right)^{1/2} + \left(\frac{\lambda_B}{\sigma_B} \right)^{1/2} \right]^2. \quad (5.26)$$

이다. 만약 열전기 발전기의 효율을 최대화하고자 한다면 부하저항 R_L로서 적절한 값을 선택해야 한다. $R_L = mR$이라고 표기했던 것을 상기한다면 이는 적절한 m 값을 선택해야 함을 의미한다:

$$\frac{d}{dm}\left[\frac{(m+1)^2}{m} \frac{1}{ZT_H} + \frac{1}{2m}\left(1 + \frac{T_C}{T_H}\right) + 1 \right] = 0, \quad (5.27)$$

위의 식으로부터

$$m = \sqrt{1 + \langle T \rangle Z}, \quad (5.28)$$

여기에서

$$\langle T \rangle = \frac{T_H + T_C}{2}. \quad (5.29)$$

이다. 이러한 m 값을 η^*의 식에 도입하면 다음을 얻는다.

$$\eta^* = \frac{(1 + \langle T \rangle Z)^{1/2} - 1}{(1 + \langle T \rangle Z)^{1/2} + T_C / T_H} = \frac{m - 1}{m + T_C / T_H}. \quad (5.30)$$

요약한다면 열전쌍의 효율을 최적화하는 데에는 다음 세 가지 사항들을 고려한다:

1. Z를 최대화하기 위한 적절한 재질들의 선택.
2. ΛR를 최소화하기 위한 최선의 기하학적 구조의 선택.
3. 장치의 내부저항에 상대적인 부하저항의 적절한 값의 선택, 즉 최선의 m값을 선택.

$Z \to \infty$ 에서 식 5.23은

$$\eta^* = \frac{1}{1 + \frac{1}{2m}\left(1 + \frac{T_C}{T_H}\right)}. \quad (5.31)$$

이 된다. 최대 η^* 값은 $m = \infty$ 로부터 얻어진다. 무한대의 m을 갖는다는 것은 열전쌍에서보다 부하에서 무한히 더 큰 저항이 존재함을 의미한다. 다시 말하면 열전쌍은 0의 저항을 가져야 하는데 이는 초전도체의 사용에 의해서만 이루어질 수 있다. 불행히도 초전도체는 본질적으로 0의 Seebeck 계수를 가진다. 따라서 $\eta^* = 1$은 이론적으로도 도달할 수 없다. 사실 현재의 기술로는 Z가 $0.004K^{-1}$ 을 초과하도록 하는 것은 어렵다. 이는 열전쌍이 열 기계적 엔진에 비해 상당히 작은 효율을 갖는 이유이다.

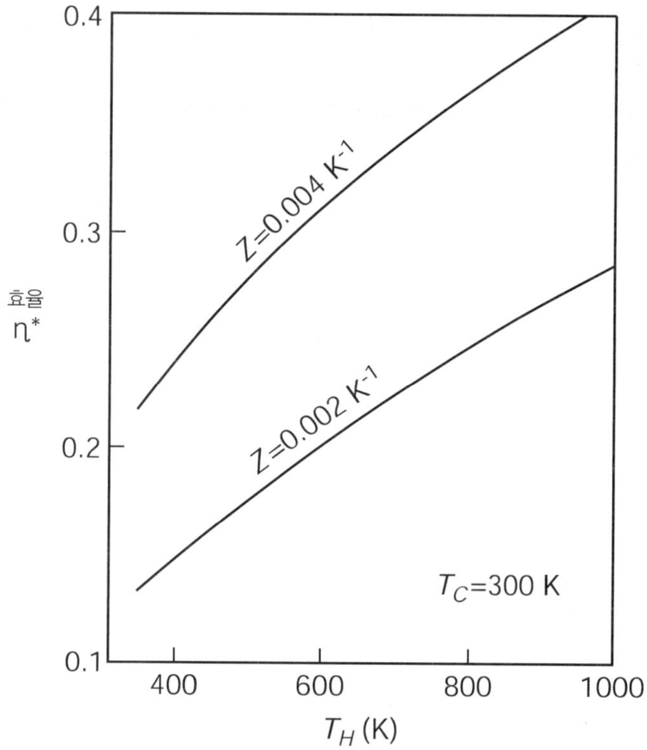

그림 5.9 온도에 대한 열전쌍 효율.

그림 5.9는 최적의 m 값에 대한 각각의 경우에서 두 개의 서로 다른 Z값을 이용하여 얻어지는 η^*에 대한 T_H (T_C=300K에서)의 그래프를 보인 것이다. 이 그래프로부터 현존하는 기술로 만들어진 열전쌍은 Carnot 효율의 30% 정도를 (이론적으로) 달성할 수 있음을 알 수 있다. 이를 60%의 전체 효율을 얻을 수 있는 General Electric사의 결합된 순환 “H” 시스템과 비교하여 보자. 첫 단계 노즐 출구의 온도는 1430℃이다. 마지막 출구 온도가 300℃라고 가정하자. 이들 두 온도 사이에서 작동하는 장치의 Carnot 효율은 66%이다. 그러므로 GE 시스템은 Carnot 효율의 90%를 실현함을 알 수 있다.

5.4 물질의 성능지수

우리가 지금까지 사용해 온 성능지수 Z는 상호간에 대하여 작용하는 한 쌍의 재질을 일컫는다. 만약 성능지수가 그 자체로서 재질에 할당될 수 있다면 편리할 것이다. 이는 열전쌍의 성능을 분류하는 것에 도움이 될 수 있다. 그러한 성능지수를 만들 수 있으려면 Seebeck 계수의 정의를 확장할 필요가 있다.

측정과 이론적인 예측은 초전도체들의 임의의 접합에 따른 Seebeck 효과는 0임을 보여준다. 이에 따라 통상적인 전도체의 절대 Seebeck 계수의 정의가 가능해진다: 이는 초전도체에 대하여 작용하는 재질의 계수이다.

물론 절대 계수는 초전도성이 허용되기에 충분한 온도에서만 측정될 수 있다. 납의 계수는 7.2K와 18K 사이에서 측정되었다. 7.2K 이하에서는 납 자체가 초전도체가 되며 그 효과는 사라진다; 18K 이상에서는 이 측정들이 이루어졌을 때 이용할 수 있는 초전도체는 없었다.

18K 이상에서 납의 Seebeck 계수들은 식 5.139를 이용하여 Thompson 효과(5.14.3 절을 참조)의 정확한 측정으로부터 계산되었다.

$$\frac{d\alpha}{dT} = \frac{\tau}{T}. \tag{5.139}$$

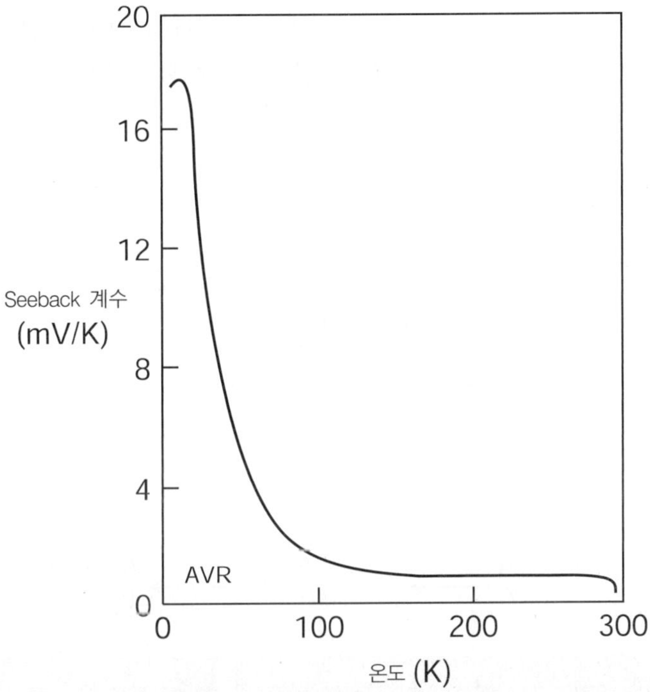

그림 5.10 낮은 온도에서 게르마늄의 Seebeck 계수는 크다.

다른 물질들의 절대 α는 납에 대한 이들의 열전기 전압을 측정함으로서 결정하였다. 일단 Seebeck 계수를 알면 성능지수는 다음과 같이 쓸 수 있다.

$$Z = \frac{\alpha^2}{\Lambda R} = \alpha^2 \frac{\sigma A}{\ell} \frac{\ell}{\lambda A} = \alpha^2 \frac{\sigma}{\lambda}. \tag{5.32}$$

이 식에서 모든 매개변수들은 단일 물질에 대한 값을 의미한다.

성능지수를 최대화하기 위해서는 가장 큰 α와 가능한 가장 작은 λ/σ를 갖는 물질을 선택해야 한다는 것은 분명하다. 불행하게도 이 비는 모든 금속들에 대하여 대체로 동일하다. 다음 절에서 이 문제를 자세히 고찰할 것이다.

5.5 Wiedemann-Franz-Lorenz 법칙

19세기에 물리학자들이 물질의 열 전도도를 측정하는 데에는 어려움이 있었다. 1853년 Gustave Hinrich Wiedemann(1826-1899)는 적어도 금속의 경우 λ/σ의 비가 일정하게 나타난다는 사실을 관찰했다. 만일 그렇다면 열 전도도는 쉽게 측정되는 전기 전도도로부터 유추할 수 있을 것이다. 결국 Rudolf Franz(1827-1902) 및 Ludwig Valentine Lorenz (1829-1891)와의 공동 노력으로 열 전도도, 전기 전도도, 그리고 절대온도 사이의 관계를 나타냄으로써 하나의 "법칙"을 고안해 내었다. 이는 전기 전도에 대한 간단한 전통적인 모델을 근거로 하여 입증될 수 있는 Wiedemann-Franz-Lorenz 법칙이다.

온도 구배가 존재하는 1차원 기체에서의 열전도를 고려하여 보자(그림 5.11). 좌표 원점에서 면적 A는 분자 운동에 대하여 수직이다. 실질적인 질량 흐름은 없다고 가정한다면

$$n_1 v_1 + n_2 v_2 = 0. \tag{5.33}$$

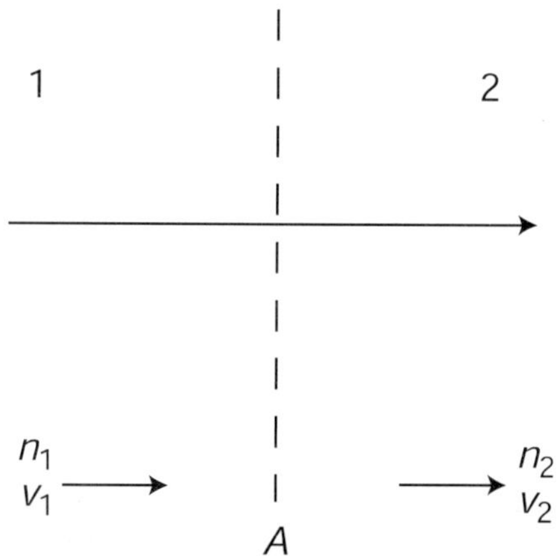

그림 5.11 1차원 기체의 열 전도도.

이제 평균 자유 경로로서 (전에 사용한 것과 같은 암의 길이가 아니다) 기호 ℓ을 사용하기로 한다. 왼쪽으로부터 A를 가로지르는 분자들은 평균적으로 좌표점 $-\ell/2$로부터 출발한다. 이들의 운동에너지는 $U(-\ell/2)$이다. 오른쪽으로부터 오는 것들은 $U(\ell/2)$의 에너지를 갖는다. 분자들의 반은 왼쪽으로 움직이고 반은 오른쪽으로 움직인다. 실제 에너지 플럭스, 즉 파워밀도는

$$P = \frac{nv}{2}[U(-\ell/2) - U(\ell/2)] = -\frac{nv}{2}\frac{\partial U}{\partial x}\ell \quad W/m^2 \tag{5.34}$$

각 분자의 에너지는 $\frac{1}{2}kT$이다. 그러므로

$$P = -\frac{nv}{4}\ell k\frac{\partial T}{\partial x} \equiv -\lambda\frac{\partial T}{\partial x}. \tag{5.35}$$

여기에서 λ는 앞에서와 같이 열 전도도이다.

만약 전자들이 금속에서의 유일한 열 운반자라고 가정하고(합리적인 가정) 이들은 각각의 전자가 $\frac{3}{2}kT$의 에너지 단위를 운반하는 기체로서의 역할을 한다고 가정하면 열 전도도는

$$\lambda = \frac{3nv\ell k}{4}. \tag{5.36}$$

이어야 한다. 인자 3은 3차원 기체에서 3의 전자 자유도를 감안하여 주기 위해 포함되었다. 실제로 단위시간당 주어진 표면을 지나는 3차원 기체의 전자들의 통계적인 수를 정확히 고려하지 않았기 때문에 이는 열 전도도를 지나치게 어림한 것이다. 비록 수치적인 결과가 부정확할지라도 전도도에 대한 다른 물리적인 매개변수들의 영향은 정확하게 표현된다.

이제 전기 전도도 σ를 살펴보자.

$$\sigma = qn\mu, \tag{5.37}$$

여기에서 이동도 μ는 단위 전기장의 영향 하에서 운반자(유동성을 갖는 전하)가 도달하는 속도이다; 이는 전기장 E에 대한 **표류속도** v_d의 비이다.

$$\mu = \frac{v_d}{E}. \tag{5.38}$$

충돌이 등방성이라는 일반적인 가정하에 각 충돌 이후 전자의 속도는 통계적으로 0이다(임의의 방향으로 움직일 가능성이 동일하기 때문이다). 이 경우 a를가 가속도 qE/m, t를 평균 자유시간 ℓ/v라고 할 때 전자의 평균 표류속도는 $\frac{1}{2}at$이다. v는 전자의 *열* 속도로서 일반적으로 전자의 표류속도 v_d보다 훨씬 크다는 것을 상기하자.

$$\mu = \frac{q\ell}{2mv} \tag{5.39}$$

아울러

$$\sigma = \frac{q^2 n\ell}{2mv}. \tag{5.40}$$

λ/σ 비는 다음과 같다:

$$\frac{\lambda}{\sigma} = \frac{3mv^2k}{2q^2} = \frac{3k^2T}{2q^2} \tag{5.41}$$

이는

$$mv^2 = kT. \tag{5.42}$$

이기 때문이다. 정확한 비는

$$\frac{\lambda}{\sigma} = \frac{\pi^2}{3}\frac{k^2 T}{q^2} \equiv LT = 2.44 \times 10^{-8} T. \tag{5.43}$$

이다. 이 식은 Wiedemann-Franz-Lorenz 법칙으로 불리며 상수 $L = 2.44 \times 10^{-8} (V/K)^2$은 **Lorenz 수**라고 한다.

위의 유도에서는 열전도의 유일한 매커니즘은 전자적이라는 것을 가정하였다. 이는 금속의 경우 근사적으로 사실이다. 반도체의 경우 주된 열 운송은 전자에 의한 것이 아니라 광자에 의한 것이라는 사실을 보일 것이다. 그러한 물질들의 경우 열 전도도는 전도 전자에 의한 전도도 λ_C와 격자 진동이나 광자에 의한 전도도 λ_L의 합이다. 그러나 Lorenz 수는 오직 λ_C에만 관련된다:

$$L = \frac{1}{T}\frac{\lambda c}{\sigma}. \tag{5.44}$$

낮은 열 전도도의 물질을 사용함으로서 열전도성을 감소시키려 한다면 σ와 λ 사이의 비례적인 성질 때문에 열전쌍의 전기적인 저항이 자동적으로 증가될 것이다. 그러므로 이러한 성질들을 조절하는 것으로부터는 어떠한 향상도 기대할 수 없으며 따라서 대부분의 금속 전도체에서 성능지수는 오로지 Seebeck 계수와 온도에만 의존한다:

$$Z = \frac{\alpha^2}{L}\frac{1}{T} = 4.1 \times 10^7 \frac{\alpha^2}{T}. \quad \mathrm{K}^{-1} \tag{5.45}$$

L이 커질수록 Z가 작아지는 것을 확인하자.

Wiedemann-Franz-Lorenz 법칙은 실제로는 법칙이 아니다; 이것은 오히려 일반적인 물질들이 아닌 많은 금속들에 (대략적으로) 적용되는 근사이다. 이와 유사하게 Lorenz 수는 이론적으로 예측되는 상수가 아니고 표 5.2에 보인 바와 같이 금속에 따라 변한다.

Handbook of Chemistry and Physics(CRC)에 제시된 전기 저항성 및 열 전도도의 개별적인 측정치로부터 계산된 것이기 때문에 표 5.2의 값들의 정확도는 의심스럽다. 서로 다른 샘플들이 두 측정에서 비슷하게 사용되며 아울러 전도도는 불순물 함유정도에 매우 민감하기 때문에 제시된 비율들에 대하여 큰 신뢰를 가질 수 없다.

표 5.2 일부 금속들의 Lorenz 수.

금속	L (V/K)² ×10⁸	금속	L (V/K)² ×10⁸
Ag	2.29	Na	2.18
Al	2.10	Ni	2.03
Au	2.53	Os	3.00
Be	1.60	Pb	2.51
Cd	2.44	Pd	2.62
Co	2.11	Pt	2.57
Cr	4.56	Sn	2.75
Cu	2.13	Ta	2.37
Fe	2.68	Ti	3.45
Gd	5.07	W	3.24
Hg	2.82	Zn	2.32
Ir	2.65	Zr	3.10
K	2.33		
Mg	1.71		
Mo	2.65		

나아가 열 전도도의 측정값은 아마도 소수점 둘째자리의 유효숫자 이후부터는 정확하지 않을 것이다. 보다 중요한 것은 전자가 고체 내에서 유일한 열 운반자라는 가정은 금속에 대한 하나의 근사일 따름이며 이 책에서 후에 더 자세히 논의하게 될 대부분의 다른 물질에 대해서는 유효하지 않다는 점이다.

5.6 고체의 열 전도도

고체에서 열은 서로 다른 두 매커니즘을 통하여 전파된다:

1. 전하를 운반하는 것과 동일한 운반자에 의하여 전도된다. 상응하는 열 전도도 λ_C는 **운반자 전도도**라고 불린다. 이는 Wiedemann-Franz-Lorenz 법칙에 의한 전기 전도도와 관련된다.
2. 또한 물질을 따라 전파되는 (즉 광자에 의한) 결정격자의 열 진동에 의해 전도된다. 이 전도도를 **격자 전도도** λ_L라 부른다.

운반자들이 풍부하고 상대적으로 부드러운 격자를 가지기 때문에 금속에서는 첫 번째 매커니즘이 지배적이다. 그러나 그 반대 현상은 반도체의 특성을 나타낸다.

표 5.3 일부 반도체들의 열 전도도

W/(m K) $\alpha = 200\mu V/K$에 해당하는 실온 도핑			
금속	λ_L	λ_C	λ_L/λ_C
실리콘	113	0.3	377
게르마늄	63	0.6	105
InAs	30	1.5	20
InSb	16	1	16
BiTe	1.6	0.4	4

예를 들어 다이아몬드의 경우 운반자 농도는 무시할 수 있으며 따라서 전기 전도도는 무시할 수 있다. 그럼에도 불구하고 다이아몬드는 알루미늄의 열 전도도에 비해 11배나 큰 열 전도도를 나타내며 철의 열 전도도에 비해서도 30배나 크다. 이것은 사실 모든 천연 물질들 가운데 가장 우수한 열도체이다.†

총 열 전도도는 운반자 전도도와 격자 전도도의 합이다:

$$\lambda = \lambda_C + \lambda_L. \tag{5.46}$$

그러므로 성능지수는 다음과 같다:

$$Z = \frac{\alpha^2\sigma}{\lambda_C + \lambda_L} = \frac{\alpha^2}{\lambda_C/\sigma + \lambda_L/\sigma} = \frac{\alpha^2}{LT + \lambda_L/\sigma}. \tag{5.47}$$

결과적으로 식 5.45의 Z의 값은 상한값이다.

표 5.3으로부터 (예를 들어 실리콘과 게르마늄과 같은) 기계적으로 단단한 반도체들은 각각의 운반자 전도도에 비해 몇 배나 더 큰 격자 전도도를 지님을 알 수 있다. 예를 들어 실리콘의 격자 전도도는 그의 운반자 전도도에 비해 400배나 더 크다. 반면에 연한 반도체들에서 이 전도도들의 비는 더 작아지는 경향이 있다(예를 들어 BiTe의 경우 대략 4).

금속들과 비교할 때 반도체는 좋지 않은 λ/σ 비를 갖지만 α에서 큰 이점을 지니고 있어서 열전기 발전기, 냉장고, 그리고 열펌프에서 반드시 사용되는 물질이다. 금속들은 열 측정에 있어서 포괄적으로 사용된다.

† 잘 만들어진 실리콘 니트라이드(SIN)와 알루미늄 니트라이드(AlN)과 같은 합성 결정들은 다이아몬드를 초과하는 열 전도도를 가질 수 있다. 직경 15cm와 두께 2mm를 넘는 웨이퍼에서 Fraunhoff IAF로부터 얻을 수 있는 화학증기증착(CVD)에 의해 만든 다이아몬드는 118K에서 5300W/(m K), 그리고 273K에서 2200W/(m K)의 전도도를 갖는다. 이와 동일한 온도 범위에서 약 380W/(m K)의 전도도를 갖는 구리와 비교하여 보자.

표 5.4 대부분의 금속들에 대한 Seebeck 계수 μV/K, 온도: 300K.

Ag	1.51	Eu	24.5	Nb	-0.44	Sr	1.1
Al	-1.66	Fe	15	Nd	-2.3	Ta	-1.9
Au	1.94	Gd	-1.6	Ni	-19.5	Tb	-1
Ba	12.1	Hf	5.5	Np	-3.1	Th	-3.2
Be	1.7	Ho	-1.6	Os	-4.4	Ti	9.1
Ca	10.3	In	1.68	Pb	-1.05	Tl	0.3
Cd	2.55	Ir	0.86	Pd	-10.7	Tm	1.9
Ce	6.2	K	-13.7	Rb	-10	U	7.1
Co	-30.8	La	1.7	Re	-5.9	V	0.23
Cr	21.8	Lu	-4.3	Rh	0.6	W	0.9
Cs	-0.9	Mg	-1.46	Ru	-1.4	Y	-0.7
Cu	1.83	Mn	-9.8	Sc	-19	Yb	30
Dy	-1.8	Mo	5.6	Sm	1.2	Zn	2.4
Er	-0.1	Na	-6.3	Sn	-1	Zr	8.9

5.7 반도체의 Seebeck 계수

어떠한 금속도 100μV/K보다 큰 Seebeck 계수를 갖지 않는다. 대부분은 표 5.4에서 알 수 있는 바와 같이 10μV/K보다 매우 작은 계수를 가진다. 일부 반도체들은 이용 가능한 온도에서 300μV/K 정도의 계수를 갖는다. 성능지수는 Seebeck 계수의 제곱에 의존하기 때문에 어떤 반도체들은 금속에 비해 10배 이상의 큰 이점을 가짐을 알 수 있다.

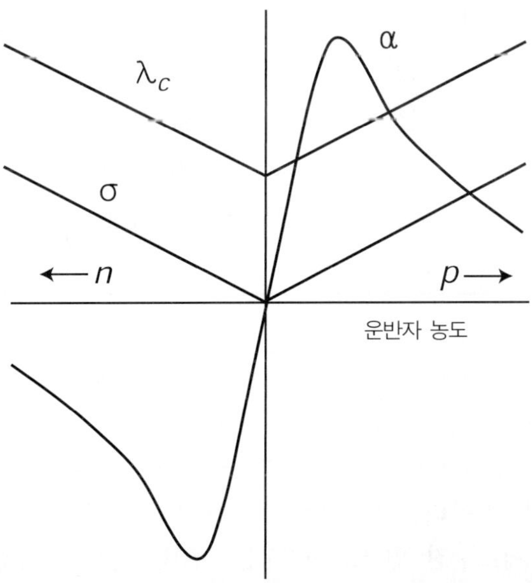

그림 5.12 운반자 농도의 함수로 나타낸 반도체의 Seebeck 계수와 전기 및 열 전도도.

표 5.4의 데이터는 CRC *Handbook of Thermoelectronics*로부터 취하였는데 이 값들은 다시 다른 소스들로부터 얻어진 것들이다. 표의 모든 원소들은 금속들이다. 반도체의 Seebeck 계수는 도핑 수준에 크게 의존한다. Seeback 효과의 극성은 반도체가 p, 혹은 n 형태인지의 여부에 따라 좌우된다. 본질적인 반도체는 0의 Seebeck 계수를 갖는다. 작은 도핑 농도의 경우 Seebeck 효과는 급격하게 증가하고 도핑 수준은 최고점에 도달한 다음에 그림 5.12에 보인 바와 같이 다시 감소한다.

5.8 열전 물질의 성능

단지 물질의 성능지수만을 토대로 해서 열전기 물질을 선택해서는 안 된다. 우수한 Z를 가지는 어떤 주어진 물질은 용융점이 너무 낮기 때문에 아마도 거의 가치가 없을 수 있다. 표 5.5는 성능지수 Z와 최대 조작온도 T_H, 곱 ZT_H와 몇몇 물질들에 대한 "효율" η를 보여준다. "효율"은 다음으로부터 계산된다.

$$\eta = \frac{(1+\langle T\rangle Z)^{1/2}-1}{(1+\langle T\rangle Z)^{1/2}+T_C/T_H}\frac{T_H-T_C}{T_H}, \tag{5.48}$$

여기에서 T_C는 300K이다. 비록 $BiSb_4Te_{7.5}$가 표에 있는 물질 가운데 가장 높은 성능지수를 갖지만 낮은 최대 조작 온도로 인하여 상대적으로 비효율적이다. 반면에 훨씬 더 작은 성능지수를 갖는 납 텔루라이드는 900K에서 조작할 수 있으며 이로 인하여 차가운 면이 300K일 때 12.6%의 효율을 나타낼 수 있다.

표 5.5 일부 열전물질들의 성능.

물질	$Z(K^{-1}\times10^{3})$	T_H(K)	ZT_H	η
Bi_2Te_3	2.0	450	0.9	5.4%
$BiSb_4Te_{7.5}$	3.3	450	1.5	7.6%
Bi_2Te_2Se	2.3	600	1.38	11.1%
PbTe	1.2	900	1.08	12.6%
CeS(+Ba)	0.8	1300	1.04	14.3%

곱 ZT는 무차원 성능지수이다. 각각의 반도체는 그 이상에서 ZT가 가장 우수한 어떤 온도 범위를 갖는다. 100℃ 정도의 낮은 온도에서는 대개 Bi_2Te_3가 사용된다. 500℃ 정도의 더 높은 온도에서는 1960년대에 널리 이용되었던 PbTe가 좋다. 이 범위에서는 미시간 주립대가 450℃ 정도에서 합성한 ZT=1.4인 납-안티몬-은-텔루륨 합금(LAST)족과 같은 소위 TAGS(텔레륨-안티몬-게르마늄-은)가 선호된다. 제트추진 연구소(2003)는 350℃ 정도의 중간 범위에서 탁월한 해결책인 Zn_4Sb_3를 개발하였다. (광전 패널을 조작하기에는 햇빛이 부족한) 외부 행성으로의 우주비행에

이용되는 방사성 동위원소 열 발전기의 매우 높은 운전온도의 경우 사용되는 열전 물질은 SiGe 합금이다.

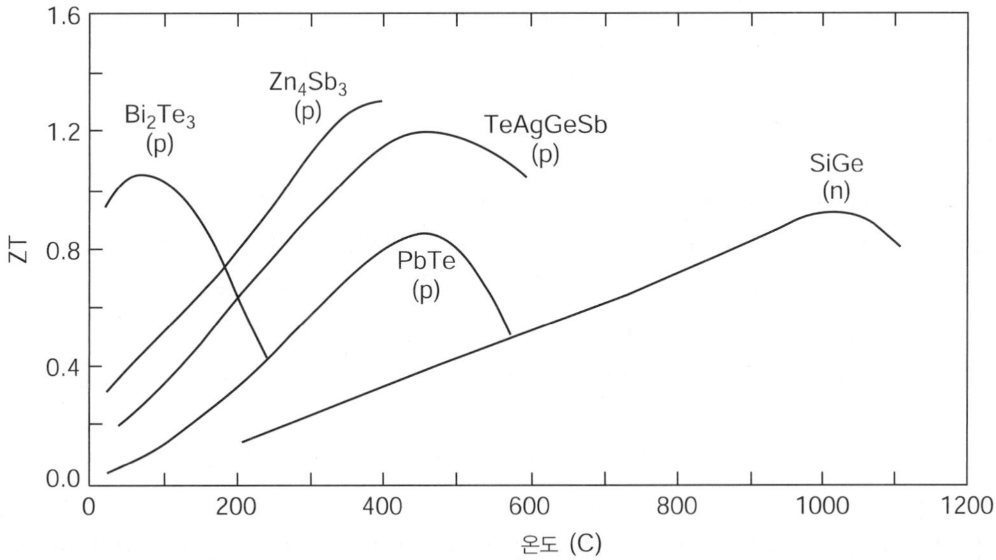

그림 5.13 각 반도체의 경우 ZT는 주어진 온도 범위에서 가장 좋다.

그림 5.13의 데이터는 대부분 p-타입의 반도체이다. 예를 들어 나트륨을 첨가한 PbTe는 나트륨으로 도핑시키면 p-타입 반도체를 형성하고 납 요오드화물로 도핑시키면 n-타입 반도체를 형성한다. SiGe 물질의 데이터는 n-타입의 다양성에 대한 것이다. 물론 열전쌍을 만들기 위해서는 두 극성들을 모두 갖는 물질이 필요하다.

지난 50년 동안 합금의 조성을 바꿈으로서 현재 널리 이용되고 있는 비스무트 안티몬 텔루륨 합금과 같은 수용 가능한 성능을 갖는 열전 물질에 도달할 수 있게 되었다. 1990년대에는 방(方) 코발트광을 이용하는 개념이 대두되었다.

방 코발트광은 (Co,Ni,Fe)As_3의 예처럼 노르웨이의 Skuterud 근처에서 발견된 코발트와 니켈 광석의 자생적 이름이다. 이 광석은 다소 특이한 형태의 결정이다: 각각의 단위 셀은 비교적 큰 두 공극들을 가진다. 결정 내의 운반자는 높은 활동도와 큰 유효 질량을 가지므로 α^2/ρ 비가 큰 값에 이른다. 불행하게도 이 물질 또한 큰 격자 열 전도도를 갖는다. 광자는 과대 구조 내의 아주 빠른 원자에 의해 분산되기 때문에 공극들을 약하게 결합된 원자로 채우면 열 전도도를 낮출 수 있을 것이라는 의견이 제시되었다. 이 현상은 실제로 일어나서 일부 란탄족 원소에 의해 채워질 경우 500℃ 정도에서 상당한 ZT를 갖는 매력적인 열전기 물질에 이르게 된다. 방 코발트광은 운반자 이동도에 관한 한 질서있는 격자를 가지면서도 열에 대해서는 좋지 않은 열전도체로 널리 알려진 유리와 같은 비결정성 물질처럼 작용한다는 의미에서 이상적인 "전자 결정과 광자 유리"에 근접한다.

적절한 물질을 대량 구매함으로써 ZT$\approx$1인 결과를 얻었지만 이제는 궁지에 몰린 것으로 보인다. 실험자들은 초격자의 사용과 같은 보다 정교한 해결책으로 돌아섰다. 실온에서 더 큰 ZT 값이 실험실에서 입증되었다. 실제로 Venkatasubramanian 등(2001)은 실온에서 2.4의 ZT를 갖는 p-타입 Bi_2Te_3/Sb_2Te_3 초격자 장치를 보고하였다.

초격자는 Bi_2Te_3/Sb_2Te_3, 또는 $PbSe_{0.98}Te_{0.2}/PbTe$ 결합과 같은 두 개의 서로 다른 반도체가 교대로 쌓인 층으로 구성된다. 초격자 및 다른 제한된 전도 장치들은 종종 운반자의 평균 자유 경로가 광자의 평균 자유 경로에 비해 상당히 작다는 사실을 이용하고 있다. 예를 들어 무겁게 도핑된 실리콘의 경우 전자의 평균 자유 경로는 대체적으로 100nm인 반면에 광자의 평균 자유 경로는 300nm이다. 만약 층 간격을 광자의 평균 자유 경로보다 더 작게 하고 운반자의 평균 자유 경로에 비해서는 더 크게 한다면 운반자는 상대적으로 방해를 받지 않고 이동할 수 있는 반면에 광자는 중간층 경계들에 의하여 분산되며 그 전파가 방해를 받게 된다. 결과적으로 전자 전도도와 운반자 열 전도도는 (상대적으로) 방해받지 않지만 격자 열 전도도는 감소된다. 만약 그러한 낮은 열전도 격자를 350μV/K의 α를 갖도록 만들 수 있다면 열전쌍들은 황금목표인 $ZT \approx 5$에 도달하게 될 것인데 전문가들에 따르면 이로부터 이 장치들의 실제 적용을 위한 광대한 분야가 열리게 되는 것이다.

초격자 기술을 설치하려면 비용이 많이 든다. 적어도 부분적으로 동일한 효과에 도달하기 위한 저렴한 방법이 Poudel 등(2008)에 의하여 제안되었다. 그들은 현재 널리 이용되고 있는 열전 합금 중 하나인 BiSbTe를 선택하고 이를 볼 분쇄기를 사용하여 평균 입자 크기가 약 20nm(몇몇 입자들은 5nm보다 작게)인 아주 미세한 분말로 분쇄하였다. 이 분말을 고열로 압축하여 덩어리 샘플을 형성하였으며 그 성질들을 규명하였다. 예상했던 바와 같이 개별 입자들의 작은 크기로 인하여 광자 전파는 측정될 수 있을 정도로 감소하였다. 다소 예기치 않게 전자 전도도는 증가하였다. 여기에서는 분쇄가 불활성 분위기 내에서 이루어질 필요가 있음을 유의하자; 그렇지 않으면 전기적으로 저항성인 산화층이 생성되어 각 입자를 둘러싼다. Seebeck 계수도 수정되었다(그 값은 200℃ 이하의 온도에서 본래 합금의 Seebeck 계수보다 다소 작아졌으며 더 높은 온도에서는 본래 값에 비하여 약간 커졌다). 이 기법은 효과적이었다; 1.2의 ZT값이 실온에서 측정되었다; 이 값은 100℃에서는 1.4로 증가하였으며 250℃에서는 여전히 0.8로서 물질의 제조에서 원래 상업적으로 사용되는 합금에 비해 상당한 향상이다.

나노기술이 더 우수한 열전물질에 핵심이라는 사실은 Boukai 등(2008)과 Hochbaum 등(2008)의 노력에 의해 입증되는데 이들은 실리콘(매우 큰 격자 열전도로 인하여 험악한 열전쌍 물질이다)을 수용 가능한 물질로 변환시키기 위해 노력해 왔다. 그 계기가 된 것은 원료 실리콘의 저렴함과 이의 산업적 처리로부터 축적된 막대한 기술적 노하우이다. 나노선을 사용함으로서 두 연구팀은 바람직하지 않은 높은 격자 열 전도도를 상당히 감소시켰다. 불행하게도 이에 따라 전기 전도도 역시 (더 적은 양으로) 감소되었는데 이로써 부분적으로 더 낮아진 열 전도도에 의한 향상이 상쇄되었다. 더욱 의미있는 것은 이로부터 α 역시 증가되었는데 Z에 대한 식에서 이 값은 제곱으로 되어 장치의 성능에 큰 영향을 미친다는 사실이다. 이러한 α의 증가는 나노 구조에서의 제한된 조건에서 중요한 광자-운반자 지연의 결과이다. 실질적으로 광자 플럭스는 장치의 더 차가운 끝부분을 향하여 운반자를 밀어내어 그림 5.10에 보인 낮은 온도의 게르마늄에서 일어나는 것처럼 운반자 밀도 분포에 대한 온도의 영향을 강화시킨다. 5.14.1 절의 Seebeck 효과에 대한 설명을 참조하자.

5.9 열전기 발전기의 몇 가지 응용들

열전기 발전기의 비교될 수 없는 신뢰성과 단순성으로 인하여 이는 감시되지 않는 운전이 효율보다 더 중요한 실제 적용에서 선호되는 장치이다. 이들의 실제 적용에는 다음 것들이 포함된다:

1. 태양으로부터 너무 멀리에서 작동되어 광전압의 이점을 이용할 수 없는 우주선의 전력 공급.
2. (잠재적으로) 정지된 동력 플랜트에 대한 토핑 사이클.
3. 해양 플랫폼을 포함한 원유 생산 설비를 위한 발전기.
4. 전력 공급이 이루어지지 않는 동안에는 작동되지 않는 거주 난방 시스템 내의 공기-순환 팬을 위한 전력 공급원.
5. 엔진이 내뿜는 열을 이용하는 자동차용 전력 공급원.
6. 기체 가열 시스템의 주 밸브를 여는데 필요한 에너지를 생산하는 발전기. 보조 불꽃의 열이 발전기를 작동시킨다. 만약 파일러트가 점화되지 않는다면 주 기체 밸브는 열리지 않는다.

열전 장치들은 전적으로 조용하다-많은 경우, 예를 들면 잠수함 승선의 경우처럼 소음이 혼란을 유발하거나 허용되지 않는 경우에 장점이 된다.

열전 발전기는 기계적 열기관에 비해 어느 정도까지는 효율이 훨씬 떨어진다. Vining(2008b)이 지적한 바와 같이 열전쌍과는 달리 기관들은 출력이 감소함에 따라 효율이 더 낮아지고 100W정도 아래에서는 열전기가 장점을 갖게 된다.

열전기 발전기의 구동에 필요한 열은 다수의 열원으로부터 얻을 수 있다. 예를 들면 연료의 연소로부터, 방사능 붕괴로부터, 혹은 자동차의 배기가스와 같은 배출열로부터 얻을 수 있다. 자동차 배출열의 회수는 자동차의 전체적인 효율에 중요한 기여를 하는데 이는 그 중요성이 점차 증가하는 주제이다.

방사성 핵 붕괴는 우주 및 먼 위치에서 전력을 생성하기 위한 열원이다. 뉴욕 대학교의 Stony Brook 웹 페이지(기계공학과)로부터 얻은 표 5.6에는 사용되는 일부 방사성 핵들이 제시되어 있다.

표 5.6 RTGs에서 사용되는 방사성 핵종.

원소	반감기(년)	동력(kW/kg)(열)	비용($/watt)
세슘-144	0.781	25	15
큐리움-242	0.445	120	495
플루토늄-238	86.8	0.55	3000
폴로늄-210	0.378	141	570
스트론튬-90	28.0	0.93	250

표 5.7 목성을 향한 1981년의 "갈릴레오" 우주선에 사용된 방사성 동위원소 열 발전기(RTG)의 규격.

	BOL	EOM	
동위원소 원으로부터 제공되는 열	2460	2332	W
전환기로의 열	2251	2129	W
열전쌍으로의 열	2068	1951	W
뜨거운 결합부 온도	1133	1090	K
차가운 결합부 온도	433	410	K
열전기적 효율	11.1	10.8	%
발전기 효율	9.4	8.6	%
동력 출력	230	201	W
무게	41.7	41.7	kg
출력전압	30	30	V
비 동력	5.52	4.82	W/kg

비록 RTG당 수백만 달러에 이르는 극히 고가의 연료일지라도 긴 반감기 때문에 장기간의 우주여행에서는 불변적으로 플루토늄-238을 사용한다. 지상에서 사용하기 위해서는 스트론튬-90이 선호된다. 실제로 스트론튬-90은 Kola 반도(핀란드와 노르웨이의 경계)의 해변을 따라 이전의 소비에트 연방에 의해 설치된 논란의 여지가 있는 500세트 정도의 RTGs를 구동시키는 방사성 핵종이다.

외부 행성을 향한 "갈릴레오" 우주여행에 동력을 공급한 방사성 동위원소 열 발전기(RTG)는 1978년의 열전기 동력원의 기술 수준을 나타낸다. 여기에는 당시로서는 새로운 설레늄 기반 반도체를 사용하였다. 표 5.7에 나타낸 이 RTG의 규격은 수명의 시작(BOL)과 미션의 종료(EOM) 조건들에 해당된다. EOM 조건들은 몇 년이나 더 긴 수명과 동일한 것은 아니다. 위의 특별한 경우 BOL은 연료 주입 후 1000시간이고 EOM은 연료 주입 후 59,000시간(거의 7년)이다.

약 700K의 ΔT가 우주여행 내내 유지되었다. 열전 효율은 7년의 작동기간 중에 겨우 조금만 감소되었다.

RTG의 이점은 수년 동안의 운전을 위한 연료와 발전기를 모두 포함하고 있음을 고려한다면 무게가 지극히 가볍다는 점이다. 가능한 가장 가벼운 가솔린 엔진조차도 수십배 정도 더 무거울 것이다. 대규모의 비행기 가솔린 엔진은 1500W/kg의 출력을 낼 수 있지만 장시간 운전을 위해서 필요한 연료와 산소를 추가해야 한다. 가솔린 엔진의 특정 연비는 약 0.2kghp^{-1} h^{-1} 이다.† 가솔린의 각 kilogram당 엔진은 산소의 3.1kg을 사용한다. 연료와 산소의 특정한 소비는 0.8kghp^{-1} h^{-1} 이다. 200W는 0.27hp에 상응하기 때문에 200W를 내는 가솔린 구동 발전기의 시간당 소비는 0.24kg이다. 59,000시간의 비행동안 14,000kg의 연료를 사용하게 될 것이다. 그러므로 이 연료만으로도 전체 RTG의 3000배 이상의 질량을 차지한다. 구동부분이 없는 RTG는 유지보수가 요구되지 않는 반면에 가솔린 엔진이 7년 동안 방치된 채 작동될 수 있다는 것은 상상하기 힘들다.

---

† 지금까지 만들어진 가장 경제적인 피스톤 비행기 엔진들 중 하나는 Lockheed Constellation을 구동하는 "터보 컴파운드" 엔진이다. 이의 특정 연비는 0.175kg hp^{-1} h^{-1} 이었다.

열전쌍의 낮은 효율(10% 이하)로 인하여 NASA는 방사성 붕괴의 열을 전기에너지로 전환시키는 다른 방법들을 탐구하게 되었다. 활발히 수행되고 있는 한 가지 해결책은 밀봉되어 봉인된 윤활이 불필요한 배열 때문에 유지보수 없이 수십 년 동안 작동되도록 제작될 수 있는 자유 피스톤 스털링 엔진의 사용이다(제 3장을 참조). 엔진의 진동되는 피스톤은 선형 교류기에 직접 부착된다. 24%의 효율(500W의 입력된 열이 120W의 전기적 출력으로 전환된다)이 입증되었다. 이는 우주선에서 요구되는 주어진 양의 전기 에너지의 경우 발전기의 질량은 더 작아지고 (매우 값이 비싼) 연료의 비용 역시 더 작아지기 때문에 중요한 의미를 갖는다.

물론 이 장치는 RTG가 아니다; 이는 SRG-스텔링 방사성 동위원소 발생기(Stirling Radioisotope Generator)이다. 실제 RTG는 본질적으로 완전히 조용하고 진동이 없는 반면에 SRG는 허용되지 않는 수준의 기계적 소음을 피하기 위해 매우 신중하게 설계해야 한다.

5.10 열전 발전기의 설계

보기

어떤 열전 발전기는 115V에서 100kW를 공급한다. 출력온도가 1000K인 반면에 입력온도는 1500K이다. 이 출력온도는 수증기 플랜트를 구동하기에 충분하다 - 열전 발전기는 토핑 사이클 역할을 수행한다. 제 3장을 참조하자.

열전쌍 물질의 특성은:

관심있는 온도 범위에서 평균을 취한 Seebeck 계수 :	0.0005V/K
암 A의 전기적 저항 :	0.002 Ωcm
암 B의 전기적 저항 :	0.003 Ωcm
암 A의 열 전도도 :	$0.032 Wcm^{-1} K^{-1}$
암 B의 열 전도도 :	$0.021 Wcm^{-1} K^{-1}$
최대 허용가능 전류 밀도 :	$100 Acm^{-2}$

구조를 단순히 하기 위해서 암 A와 B는 길이를 같게 한다(그러나 단면적은 반드시 그럴 필요가 없다). 다음을 계산한다 :

1. 최대 열효율,
2. 직렬로 연결된 열전쌍 수,
3. 암들의 규격,
4. 열린회로 전압, 그리고
5. 열 입력과 다음에서 방출된 열
   5.1 전부하, 그리고
   5.2 무부하.

풀이 :

$V_{OC} \equiv$ 열전쌍 당 열린회로 전압.

$$V_{OC} = \alpha(T_H - T_C) = 0.0005 \times (1500 - 1000) = 0.25\,V. \tag{5.49}$$

$I \equiv$ 각 열전쌍을 통하는 전류(모든 요소들이 직렬이기 때문에 배터리를 통하는 총 전류와 같다).

$$I = \frac{100{,}000\,W}{115\,V} = 870A. \tag{5.50}$$

만약 각각의 저항이 R인 n개의 열전쌍이 있다면

$$nV_{OC} - nRI = 115\,V. \tag{5.51}$$

n을 구하기 위해서 R을 알아야 한다. 최대효율을 위해 부하저항 R_L은 mR_{batt}과 같거나 혹은 $R_L = mnR$이어야 한다(식 5.28과 5.29를 참조하자). 여기에서 $m = \sqrt{1 + \langle T \rangle Z}$, R은 각 열전쌍의 저항, 그리고 R_{batt}는 전체 배터리의 저항, 즉 nR이다.

$$R_L = \frac{115\,V}{870A} = 0.132\,\Omega, \tag{5.52}$$

$$Z = \frac{\alpha^2}{\Lambda R}, \tag{5.53}$$

$$\begin{aligned}\Lambda R &= \left[\sqrt{\lambda_A \rho_A} + \sqrt{\lambda_B \rho_B}\right]^2 = \left[\sqrt{0.032 \times 0.002} + \sqrt{0.021 \times 0.003}\right]^2 \\ &= 254 \times 10^{-6}\,V^2/K,\end{aligned} \tag{5.54}$$

$$Z = \frac{0.0005^2}{254 \times 10^{-6}} = 980 \times 10^{-6} K^{-1}, \tag{5.55}$$

$$\langle T \rangle = \frac{1500 + 1000}{2} = 1250K, \tag{5.56}$$

$$m = \sqrt{1 + 980 \times 10^{-6} \times 1250} = 1.49, \tag{5.57}$$

$$nR = \frac{R_L}{m} = \frac{0.132}{1.49} = 0.0886\,\Omega, \tag{5.58}$$

$$n = \frac{115 + nRI}{V_{OC}} = \frac{115 + 0.0886 \times 870}{0.25} = 768.3. \tag{5.59}$$

이로부터 모두 768개의 열전쌍이 필요할 것이다.

$V_{OC} \equiv$ 배터리의 열린회로 전압

$$= nV_{OC} = 0.25 \times 768 = 192\,V, \tag{5.60}$$

$$P_{H_{noload}} = \Lambda_{batt}(T_H - T_C). \tag{5.61}$$

모든 열전쌍들이 열적으로 병렬이기 때문에 $\Lambda_{batt} = n\Lambda$.

$$\Lambda = \frac{\Lambda R}{R} = \frac{254 \times 10^{-6}}{0.0886/768} = 2.20\, W/K, \tag{5.62}$$

$$\Lambda_{batt} = 768 \times 2.20 = 1690\, W/K, \tag{5.63}$$

$$P_{H_{noload}} = 1690(1500 - 1000) = 846k\, W, \tag{5.64}$$

$$P_{C_{noload}} = 846k\, W, \tag{5.65}$$

$$\begin{aligned} P_{H_{full\,load}} &= 846 + n\alpha T_H I - \frac{1}{2} I^2 nR \\ &= 846 + 768 \times 0.0005 \times 1500 \times 870 \times 10^{-3} \\ &\quad - \frac{1}{2} \times 870^2 \times 0.0886 \times 10^{-3} = 1310k\, W, \end{aligned} \tag{5.66}$$

$$\eta = \frac{100}{P_H} = \frac{100}{1310} = 0.076 \tag{5.67}$$

$$P_{C_{full\,load}} = P_H - 100 = 1310 - 100 = 1210k\, W. \tag{5.68}$$

두 암의 길이가 같으므로 식 5.25는 다음과 같이 단순화된다:

$$\frac{A_B}{A_A} = \sqrt{\frac{\lambda_A \rho_B}{\lambda_B \rho_A}} = \frac{\sqrt{0.032 \times 0.003}}{0.021 \times 0.002} = 1.51. \tag{5.69}$$

$J_{\max} = 100 Acm^{-2}$의 경우 두 단면 가운데 더 작은 A_A는 $870/100 = 8.7cm^2$이어야 한다. 더 큰 단면적은 $A_B = 1.51 \times 8.7 = 13.1cm^2$이어야 한다. 각각의 개별적인 열전쌍의 저항은

$$R = \frac{nR}{n} = \frac{0.0886}{768} = 0.000115\,\Omega, \tag{5.70}$$

$$0.000115 = \rho_A \frac{\ell}{A_A} + \rho_B \frac{\ell}{A_B} = \left(\frac{0.002}{8.7} + \frac{0.003}{13.2}\right)\ell, \tag{5.71}$$

이로부터 $\ell = 0.36cm$이다.

두 암은 다소 웅크린 모양이다.

만약 1000K에서 방출된 열이 30%의 효율을 갖는 수증기 터빈을 구동하는 데에 사용된다면 수증기 터빈에 의해 발생되는 전력은 0.3×1210=363kW가 될 것이다. 이를 열전쌍으로부터의 100kW에 더하면 모두 463kW를 얻게 되며 전체 효율은

$$\eta = \frac{463}{1310} = 0.35. \tag{5.72}$$

열전쌍은 수용 가능한 토핑 엔진으로 사용될 수 있음을 알 수 있다.

5.11 열전 냉동기와 열펌프

Peltier 계수는 가역이다: 열 운송 방향은 전류의 방향에 의존한다. 열은 열전쌍의 차가운 부분에서 뜨거운 부분으로 전달될 수 있는데 이에 따라 열전쌍은 열펌프나 냉각장치의 역할을 할 수 있다. 이제 얼마나 많은 열이 전달될 수 있는가를 탐구하여 보기로 한다. 간단히 하기 위해서 α, R, 그리고 Λ는 모두 온도와 무관하다고 가정한다(완전히 현실적이지는 않다).

5.11.1 기존 열전쌍을 이용한 설계

만약 주어진 열전쌍 배터리가 이용 가능하다면 아마도 α, R, 그리고 Λ의 값은 알려져 있을 것이다. 예를 들어 α=0.055V/K, R=4.2Ω, 그리고 Λ=0.25W/K라고 가정하자. 또한 열이 T_C=278K로부터 T_H=338K로(ΔT는 60K) 공급된다고 가정하자.

차가운 열원으로부터 열전쌍의 차가운 끝부분으로 이동하는 열 동력을 P_C라고 하면:

$$P_C = -\Lambda \Delta T + \alpha T_C I - \frac{1}{2} R I^2. \tag{5.73}$$

전류의 보기로는

$$P_C = -15.0 + 15.29 I - 2.1 I^2. \tag{5.74}$$

이러한 펌핑에 소요되는 전기 에너지는

$$P_E = \alpha \Delta T I + R I^2. \tag{5.75}$$

공급된 열과 소요되는 전력 사이의 비는 열펌프의 **성능계수** Φ_C라고 부른다,

$$\Phi_C = \frac{-\Lambda \Delta T + \alpha T_C I - \frac{1}{2} R I^2}{\alpha \Delta T I + R I^2}. \tag{5.76}$$

손실이 없는 열전쌍(R=0 및 Λ=0)에서 열펌프의 **Carnot 효율** $\Phi_{C_{Carnot}}$은 $\Phi_C = T_C / \Delta T$이다. 연습문제 5.34를 참조하자. 위의 보기에서 $\Phi_{C_{Carnot}}$=4.63이다. 실제 열전쌍은 결코 이 값에 근접하지 않는다.

그림 5.14는 차가운 열원으로부터 공급되는 동력 P_C가 전류에 따라 어떻게 변하는지를 보여준다. 만약 $I < 0$(그림에는 보이지 않음)이라면 열은 차가운 열원으로 공급된다. $I = 0$(역시 그림에 보이지 않음)에서는 Peltier 효과는 없으며 열은 여전히 전도에 의해 차가운 부분으로 흐른다. I가 증가함에 따라 약간의 Peltier 펌핑이 이러한 열전도를 방해하기 시작하며 궁극적으로는 (적절하게 설계된 장치에서) 열은 실제로 차가운 쪽으로부터 뜨거운 쪽으로 흐르기 시작할 것이다. 이 열의 양은 I가 증가함에 따라 처음에는 증가하지만 궁극적으로는 Joulc 손실로 많은 열이 발생하기 시작하여 결국 Peltier 펌핑을 압도하게 될 것이다. I가 더욱 증가하면 차가운 부분으로부터 추출된 열이 감소되는 결과가 초래될 것이다.

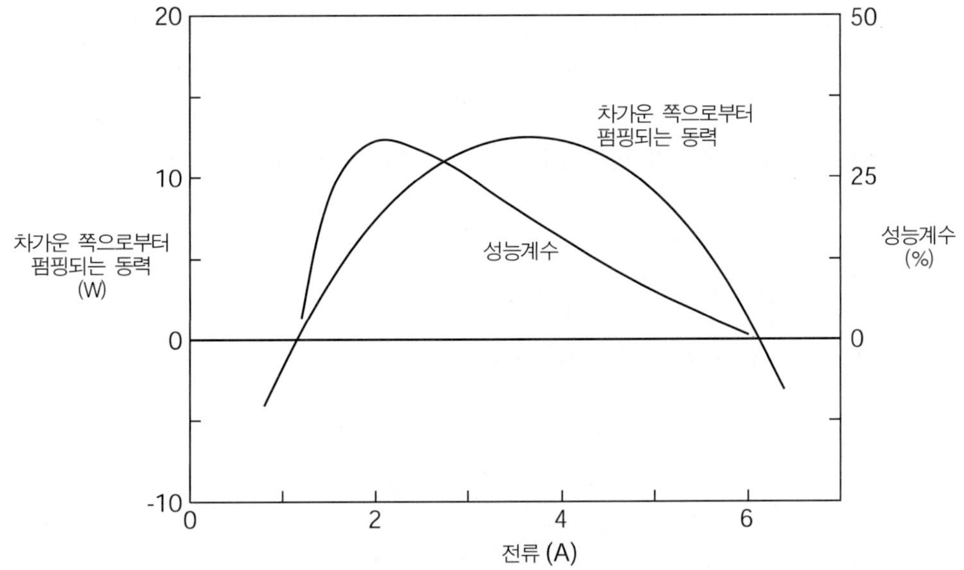

그림 5.14 보기의 열전쌍에서 전류의 함수로 나타낸 성능계수와 펌핑되는 차가운 동력. 펌핑 동력을 최대로 하는 전류는 성능지수를 최대로 하여주는 전류와 동일하지 않음을 주의하자.

최대 열 펌핑을 유발시키는 전류를 계산하는 것은 쉽다.

$$\frac{dP_C}{dI} = \alpha T_C - RI = 0 \tag{5.77}$$

이로부터

$$I_{\max cooling} = \frac{\alpha T_C}{R}. \tag{5.78}$$

이 전류가 사용될 때 공급된 차가운 동력은

$$P_{C_{\max}} = -\Lambda \Delta T + \frac{\alpha^2 T_C^2}{2R}. \tag{5.79}$$

위의 보기에서 펌핑을 최대로 하는 전류는 3.64A이고 공급된 최대 전력은 12.83W이다. 도달할 수 있는 가장 낮은 온도는 열의 이송이 중단되는 경우, 즉 $P_C = 0$일 경우이다:

$$\frac{\alpha^2 T_C^2}{2R} = \Lambda (T_H - T_C) \tag{5.80}$$

이로부터

$$T_{C_{\min}} = \frac{-1 + \sqrt{1 + 2ZT_H}}{Z} \tag{5.81}$$

$$Z = \frac{\alpha^2}{\Lambda R} \tag{5.82}$$

이로부터 앞의 보기의 경우 Z=0.00288K^{-1} 이고 $T_{C_{\min}}$=249K를 얻는다. 이를 성취하기 위한 전류는 3.26A이지만 공급된 전력은 0이다. 그러나 249K 이상의 임의의 어떤 온도도 달성될 수 있다.

약간 더 복잡한 수학을 이용하면 성능지수를 최대로 하는 전류를 찾을 수 있다:

$$\frac{d\Phi_C}{dI} = \left(-\Lambda\Delta T + \alpha T_C I - \frac{1}{2}RI^2\right)(-1)(\alpha\Delta TI + RI^2)^{-2}(\alpha\Delta T + 2RI)$$
$$+ (\alpha\Delta TI + RI^2)^{-1}(\alpha T_C - RI) = 0. \tag{5.83}$$

Φ_C를 최대로 하는 전류는

$$I = \frac{\Lambda\Delta T}{\alpha < T >}(m+1). \tag{5.84}$$

이는 다음과 같이 쓸 수 있다:

$$I = \frac{a\Delta T}{R(m-1)}; \tag{5.85}$$

연습문제 5.39를 참조하자.

식 5.76에 I의 값을 도입하면 (그리고 상당한 대수연산 후에) 열전기 냉각장치의 성능지수의 최대값은 다음과 같음을 알 수 있다.

$$\Phi_{C_{opt}} = \frac{T_C}{\Delta T}\left(\frac{m - T_H/T_C}{m+1}\right), \tag{5.86}$$

이전과 같이 $m = \sqrt{1 + Z < T >}$ 이며 $T_C/\Delta T$는 이미 언급한 바와 같이 냉각장치의 Carnot 효율이다.

이를 앞의 보기에 적용하면

$$m = \sqrt{1 + Z < T >} = \sqrt{1 + 0.00288 \times \left(\frac{338 + 278}{2}\right)} = 1.374 \tag{5.87}$$

$$\Phi_{C_{opt}} = \frac{278}{338 - 278}\left(\frac{1.374 - 338/278}{1.374 + 1}\right) = 0.308. \tag{5.88}$$

이 성능지수를 얻으려면 다음의 전류를 사용해야 한다:

$$I = \frac{a\Delta T}{R(m-1)} = \frac{0.055 \times (338 - 278)}{4.2 \times (1.374 - 1)} = 2.10A. \tag{5.89}$$

표 5.8은 258K로부터 323K까지 100W의 열을 공급하는 동일한 열전쌍들의 두 배터리를 비교

하고 있다. 하나의 배터리는 최소의 전지 수로 이 열을 공급하도록 조절된다 - 즉 P_C를 최대화하는 전류로 작동된다. 다른 배터리는 성능지수를 최대화하는 전류로 작동된다. 소요되는 더 많은 전지 수들의 대가로 두 번째 배터리의 효율이 상당히 커진다.

표 5.8 최대 P_C와 최적 $\Phi_C P_C$=100W에서 작동되는 열전쌍.

작동점	전지 수	P_E(W)	P_H(W)	Φ_C
최대 P_C	100	540	640	18.5%
최적 Φ_C	161	336	436	29.7%

일반적으로 열펌프로 사용되는 열전쌍의 특징은 그림 5.15에서와 같은 그래프로 나타내는데 이는 앞의 보기에서의 장치와 상응하며 대체적으로 127개의 전지들이 직렬로 구성된 배터리인 Tellurex CZ1-1.0-127-1.27 장치와 유사하다. 이는 α 값이 크다는 사실을 설명하여 준다 - 각 전지는 0.055/127=0.000433V/K의 α를 갖는다. 그러한 그래프를 사용하는 방법의 예는 연습문제 5.33을 참조한다.

5.11.2 주어진 반도체를 기반으로 하는 설계

만일 반도체 물질을 선택하였지만 열전쌍의 정확한 규격을 아직 정하지 않았다면 비록 α, ρ, 그리고 λ의 값은 알고 있을지라도 R과 Λ의 값은 알지 못한다. 아마 열전쌍의 암들의 규격은 최적화될 것이다:

$$\Lambda R = \left[\sqrt{\lambda_A \rho_A} + \sqrt{\lambda_B \rho_B}\right]^2 \equiv \beta, \tag{5.90}$$

그러므로 Λ와 R 사이의 알려진 관계가 확립된다.

식 5.73으로부터

$$P_C = -\beta \Delta T \frac{1}{R} + \alpha T_C I - \frac{1}{2} R I^2. \tag{5.91}$$

만약 어떤 주어진 냉각 동력이 원하는 값이라면 성능지수를 최대화시키는 R 값은 얼마일까?

$$\Phi_C = \frac{P_C}{P_E} = \frac{P_C}{\alpha \Delta T I + R I^2}. \tag{5.92}$$

I에 대해서 식 5.91을 풀면

$$I = \frac{\alpha T_C - \sqrt{\alpha^2 T_C^2 - 2\beta \Delta T - 2 P_C R}}{R}. \tag{5.93}$$

우리는 최소전류를 찾고 있기 때문에 음의 부호가 붙은 제곱근을 선택하였다.

$$\Phi_C = \frac{P_C R}{\alpha \Delta T\left(\alpha T_C - \sqrt{\alpha^2 T_C^2 - 2\beta \Delta T - 2P_C R}\right) + \left(\alpha T_C - \sqrt{\alpha^2 T_C^2 - 2\beta \Delta T - 2P_C R}\right)^2} \tag{5.94}$$

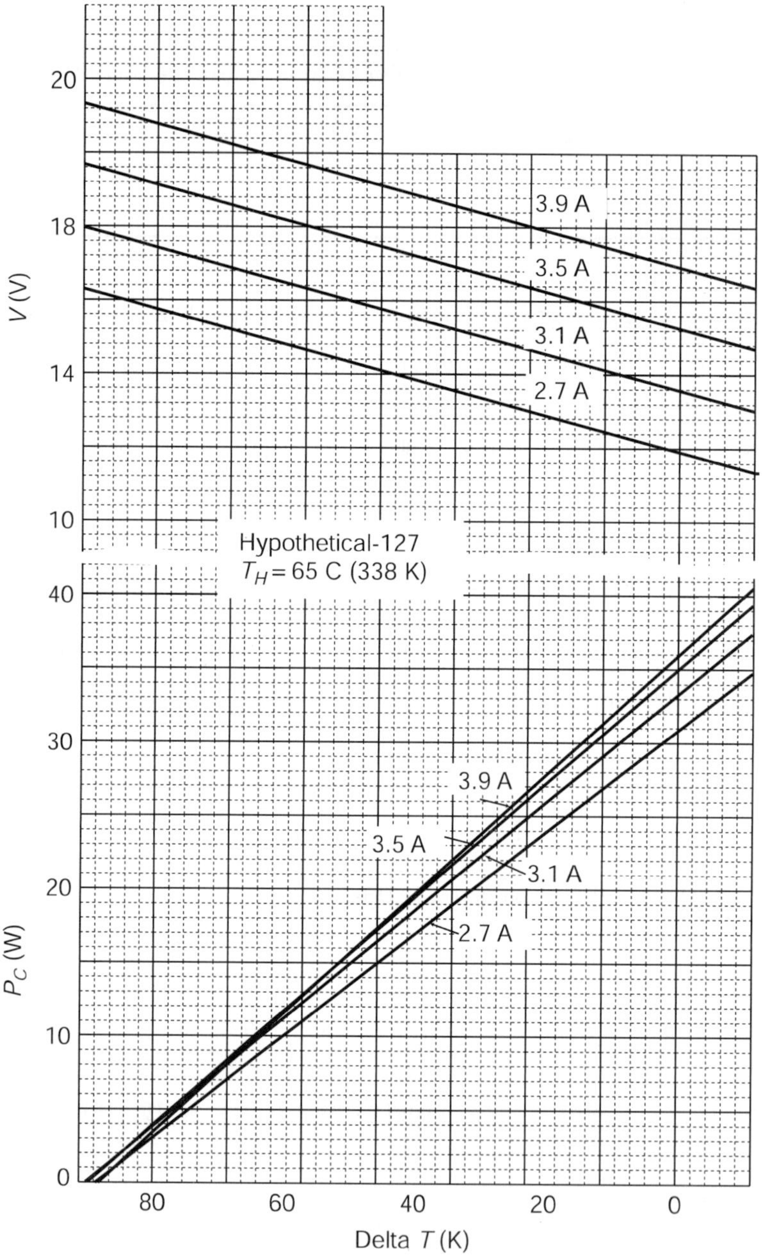

그림 5.15 주어진 열전쌍의 특징은 흔히 이 그림에 보인 것처럼 나타낸다.

미분 $d\Phi_C/dR$을 취하여 이를 0으로 놓고 R에 대하여 풀면

$$R = \frac{-2\Delta T^2 \beta\left(2\beta + \alpha^2 T_A\right) + B\left(\alpha^2 \beta^{1/2} \Delta T T_C T_A - 2\beta^{3/2} \Delta T^2\right)}{\alpha^2 T_A^2 P_C}, \tag{5.95}$$

위에서

$$T_A \equiv \triangle T + 2T_C, \tag{5.96}$$

아울러

$$B \equiv \sqrt{4\beta + 2\alpha^2 T_A}\,. \tag{5.97}$$

이다.

이 결과는 유도하기가 상당히 복잡하기 때문에 스프레드 쉬트를 사용하여 시행착오법에 의해 문제를 푸는 것이 더 쉬울지도 모른다.

보기

30℃의 주위로 열을 방출함으로써 -5℃에서 냉동박스로부터 10W를 제거할 수 있는 냉장고를 얻고자 한다.

열교환기를 지나면서 온도가 감소되기 때문에 차가운 접합점은 -15℃이어야 하고 뜨거운 접합점은 40℃이어야 한다.

열전쌍 물질은 다음의 특성을 갖는다:

α=0.0006V/K,
λ_A=0.015Wcm^{-1} K^{-1},
ρ_A=0.002Ωcm,
λ_A=0.010Wcm^{-1} K^{-1}, 그리고
ρ_B=0.003Ωcm.

온도는

$$T_H=313\text{K}(40℃)$$

및

$$T_C=258\text{K}(-15℃).$$

최적 구조의 경우

$$\Lambda R \equiv \beta = [\sqrt{0.015\times 0.002} + \sqrt{0.010\times 0.003}]^2 = 120\times 10^{-6}\,V^2/K. \tag{5.98}$$

식 5.95, 5.96, 그리고 5.97을 적용하면

$T_A = 55 + 2\times 258 = 571 kelvins.$ (식 5.96으로부터)

$B = \sqrt{4\times 120\times 10^{-6} + 2\times 0.0006^2\times 571} = 0.02985\,VK^{-1/2}$ (식 5.97로부터)

$$R = \{-2\times 55^2 \times 120\times 10^{-6}(2\times 120\times 10^{-6} + 0.0006^2\times 571) + 0.02985[0.0006^2 \times (120\times 10^{-6})^{1/2} \times 55\times 258\times 571 - 2\times (120\times 10^{-6})^{3/2} \times 55^2]\}/(0.0006^2\times 571^2 P_C) = \frac{0.00335}{P_C}$$ (식 5.95로부터)

이 적용에서 하나의 열전쌍은 너무 큰 전류를 끌어내며 불편하게 낮은 전압을 필요로 한다. 보다 나은 방법은 전기적으로는 직렬로, 열적으로는 병렬로 연결된 100개의 열전쌍을 사용하는 것이다. 따라서 열전쌍 1개당 0.1W를 공급하고자 한다. (P_C=0.1W),

$$R = 0.0335\,\Omega. \tag{5.99}$$

식 5.98로부터 상응하는 열 컨덕턴스는

$$\Lambda = \frac{\beta}{R} = \frac{120\times 10^{-6}}{0.0335} = 0.00358\,W/K. \tag{5.100}$$

소요되는 전류는 식 5.93으로부터 구할 수 있다:

$$I = \frac{0.0006\times 258 - \sqrt{0.0006^2\times 258^2 - 2\times 120\times 10^{-6}\times 55 - 2\times 0.1\times 0.0335}}{0.0335} = 2.72A. \tag{5.101}$$

입력 전력값은

$$P_E = \alpha \Delta TI + RI^2 = 0.0006\times 55\times 2.72 + 0.00335\times 2.72^2 = 0.337\,W. \tag{5.102}$$

성능지수는

$$\Phi_C = \frac{0.1}{0.337} = 0.296. \tag{5.103}$$

식 5.94를 사용하여 동일한 값을 얻을 수 있다.

이제 소요되는 R과 Λ값을 얻었다. 두 암의 기하학적 구조를 결정해야 한다. 만약 두 암의 길이가 ℓ로서 같다면, 즉 $\ell_A = \ell_B = \ell$이라면 열전쌍의 조립이 용이해질 것이다.

$$R = \rho_A \frac{\ell}{A_A} + \rho_B \frac{\ell}{A_B}. \tag{5.104}$$

보기의 값들을 이용하면

$$\ell = \frac{0.0335}{\frac{0.002}{A_A} + \frac{0.003}{A_B}}, \tag{5.105}$$

$$\Lambda = \lambda_A \frac{A_A}{\ell} + \lambda_B \frac{A_B}{\ell}, \tag{5.106}$$

그리고

$$\ell = \frac{0.015 A_A + 0.01 A_B}{0.003580}. \tag{5.107}$$

식 5.105를 식 5,107과 같게 두면 다음을 얻는다.

$$A_A = \frac{3}{2} A_B. \tag{5.108}$$

다음에 최대 허용 전류 밀도 $J_{\max}$를 정할 필요가 있다. $J_{\max}$=300A/cm² 이며 열전쌍을 통하는 최대 허용 전류는 4A라고 가정할 수 있다 (2.7A에서 작동한다고 간주한다). 이에 따르면 면적은 근사적으로 A_A=4/300=0.013cm² 이다. A_B의 값은 0.02cm² 이고 식 5.105로부터 각 암의 길이는 0.11cm이다.

10W를 공급하기 위해 요구되는 전압은

$$V = \frac{100 P_E}{I} = \frac{100 \times 0.337}{2.72} = 12.4\,V. \tag{5.109}$$

5.12 온도 의존성

5.11절에서는 α, Λ, 그리고 R이 온도와 무관하다고 가정하였다. 실제로는 그렇지 않다. 만약 이러한 종속성을 고려한다면 다양한 설계 문제들의 해결이 크게 복잡해질 것이다. 이 책에서는 그렇게 하지 않을 것이며 이전 절의 근사적인 결과에 만족하기로 한다. 그럼에도 불구하고 온도가 변할 때에는 언급된 매개변수들이 변한다는 것을 인식하는 것은 유용하다. 이는 그림 5.16과 5.17에 나타내었다.

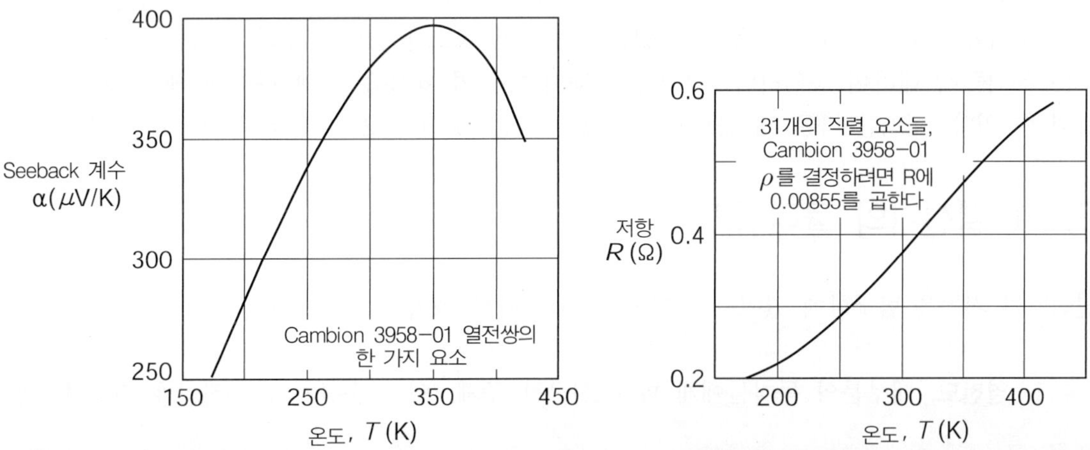

그림 5.16 온도의 함수로 나타낸 Seebeck 계수의 대표적인 거동과 1970 열전쌍의 저항.

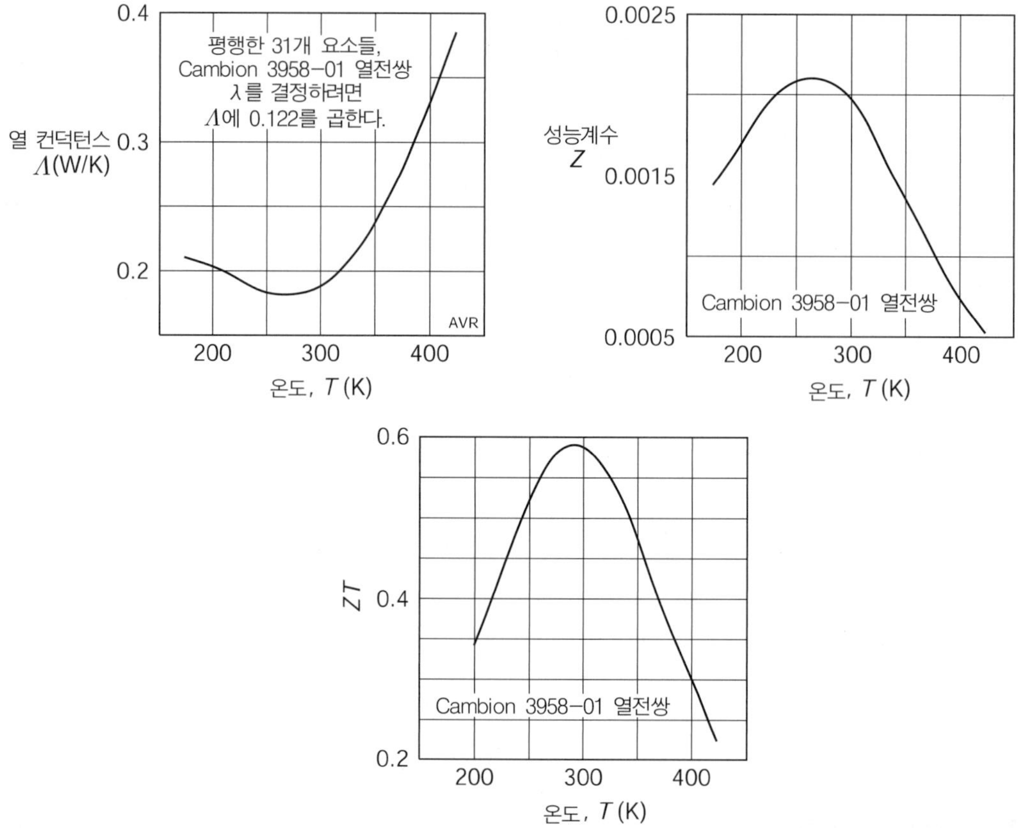

그림 5.17 온도의 함수로 나타낸 열 컨덕턴스의 대표적인 거동, 성능지수, 그리고 열전쌍의 ZT 곱. 이는 1970년대의 기술 수준과 상응한다. 그때 이후로 더 많은 진보가 이루어졌다. 예를 들어 최신 소재들의 ZT 값은 쉽게 1을 초과한다.

5.13 배터리 구조

지금까지 살펴본 것처럼 물질의 선택, 암의 적절한 기하학적 구조, 그리고 발전기에 대한 부하의 조화와 같은 열전쌍의 많은 특징들은 최선의 성능을 위해 최적화되어야 한다. 냉각장치의 배터리의 최적화에 있어서 고려할 필요가 있는 추가적인 요소가 있다. T_H와 T_C는 대체로 배터리의 모든 전지들에 대하여 동일하다. 그러나 성능지수는 열 흐름을 위해 다르게 배열시킴으로서 향상될 수 있다. 이러한 다른 배열들 가운데 몇 가지는 Bell(2002)의 논문에 소개되어 있다.

5.14 열전기의 물리학†

열전쌍의 거동을 탐구함에 있어서 4 가지의 서로 다른 매커니즘들을 고려하였다:

1. **열전도**, 내부분의 독사들에세 배우 신근한 주세. 일은 운반사의 움직임과 결정격사의 진

† 이 주제에 대한 보다 충분한 소개는 Goldsmid(1986)에서 찾아볼 수 있다.

동에 의해 전도되는 것임을 보였다. 열전도는 열전쌍의 성능에 손실을 초래한다.

2. **Joule 손실**. 전류가 장치를 통하여 흐름에 따라 저항에 직면하며 결과적으로 열이 발생한다. 이는 열전쌍에서 두 번째 손실 매커니즘이 된다. Joule 손실은 격자의 결합에 의한 운반자의 분산에 의해 야기된다(열 진동, 불순물, 변위 등). 이것도 독자들에게는 친숙하다고 간주된다.
3. **Seebeck 효과**, 온도차에 의한 전도체 내의 전압 발생. 이는 전도체의 차가운 영역에서 증가된 운반자 농도에 의해 야기된다. 이 매커니즘은 5.14.1절에서 다루고 있다.
4. **Peltier 효과**, 운반자들이 하나의 매체를 떠나서 다른 매체로 도입될 경우 이들의 열용량의 변화로 인하여 발생하는 상이한 전도체들의 접합점에서의 열의 흡수나 방출현상. 5.1절에서는 Seebeck과 Peltier 효과 사이에 어떤 관계가 있음을 언급하였다. 이 절에서는 이 관계를 유도할 것이다. Peltier 효과 자체의 매커니즘은 5.14.2 절에서 논의할 것이다. 지금까지 우리는 다섯 번째로 중요한 효과인 Thomson 효과를 완전히 무시했다. 이 절에서 설명하겠지만 이러한 생략에는 매우 타당한 이유가 있다. 아울러 Seebeck, Peltier, 그리고 Thomson 효과가 어떻게 상호 연관되는지를 보일 것이다.
5. **Thomson 효과**, 표류하는 운반자의 플럭스에 의한 열대류는 5.14.3 절에서 논의할 것이다.

5.14.1 Seebeck 효과

온도가 균일한 기체로 채워진 어떤 길이의 파이프를 고려하여 보자. 분명히 압력과 농도 역시 균일할 것이다. 그러나 만약 파이프의 한 쪽 끝을 다른 쪽에 비해 더 높은 온도로 가열시킨다면 뜨거운 쪽의 더 높은 압력으로 인하여 기체가 차가운 끝 쪽으로 흐르게 될 것이다. 정상상태가 회복되면 흐름은 멈추고 압력은 다시 일정하게 된다. 이상기체 법칙 $p = nkT$에 따르면 일정한 압력은 nT 곱 역시 일정함을 의미한다. 따라서 기체의 농도는 파이프의 뜨거운 끝 쪽에 비해 차가운 끝 쪽에서 더 높다.

전도 전자들 역시 기체와 같이 거동한다. 만약 온도구배가 존재한다면 전도되는 막대에서의 농도는 차가운 쪽이 더 높을 것이며 이에 따라 뜨거운 쪽에 대하여 음으로 대전된다. 얻어지는 전위는 온도차와 전도체의 성질에 따라 좌우되는 양인 **Seebeck 전압**이다. 만약 막대 안의 운반자가 공동이라면 차가운 쪽은 뜨거운 쪽에 대하여 양이 될 것이다. 그러므로 Seebeck 전압의 극성은 전도체 재질에 의존한다.†

전도 막대에서 발생한 전압에 접속시키기 위해 외부연결이 필요하다. 그러나 외부 도선은 막대 자체와 동일한 온도차에 종속되며 스스로의 Seebeck 전압을 발생시킬 것이다. 만약 외부 도선이 막대와 동일한 재질로 만들어진다면 이들 두 전압은 서로 정확하게 상쇄된다. 그러나 만약 연결이 다른 재질로 이루어진다면 실제 전압이 이용 가능하게 될 것이다.

열전쌍은 언제나 대부분 극성이 반대인 서로 다른 두 물질들로 구성되어야 하며 따라서 각각의 Seebeck 전압이 합해질 수 있어야 한다. 외부 연결 도선은 아마도 온도가 같은 열전쌍의 개방된 끝 부분들에 부착되기 때문에 이 도선들은 추가적인 열전기 전압에 기여하지 않는다.

† 관례에 따라 차가운 끝 쪽이 음이면 $\alpha < 0$이다.

열전쌍은 임피던스가 낮은 장치(낮은 전압과 큰 전류)이며 많은 응용들에서는 직렬로 연결되어 열전 **배터리**를 형성한다. 그림 5.18과 5.19를 참조하자.

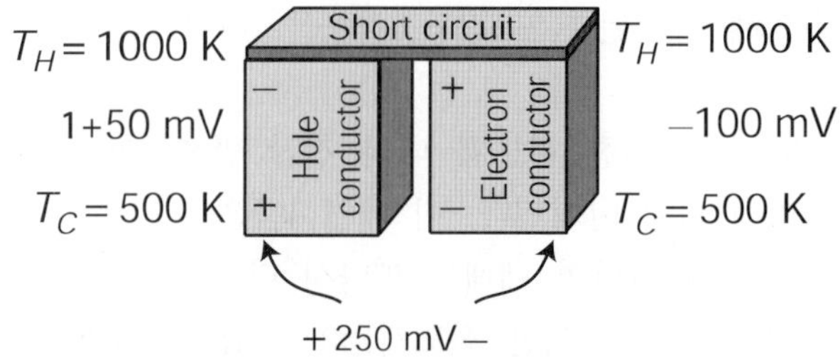

그림 5.18 유용한 출력을 얻기 위하여 두 암들을 짝지워서 열전쌍을 형성한다.

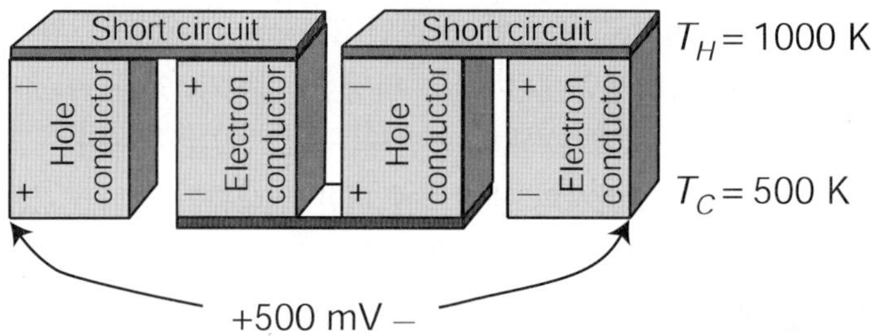

그림 5.19 열전쌍을 직렬로 연결하여 배터리를 형성할 수 있다.

열전쌍 배터리에서 각각의 전지들은 전기적으로는 직렬로, 열적으로는 병렬로 연결되어 있다. 그러므로 Λ이 단일 전지의 열 컨덕턴스라면 $n\Lambda$는 n개 전지의 배터리의 열 컨덕턴스이다. 같은 이유로 R이 단일 전지의 저항일 때 배터리의 저항은 nR이다. 단위 온도차 당 발생한 전압(단일 전지에서 α와 대등)은 $n\alpha$이다. 결과적으로 n개의 동일한 전지들의 배터리 성능지수는

$$Z = \frac{(n\alpha)^2}{n\Lambda \times nR} = \frac{\alpha^2}{\Lambda R}, \tag{5.110}$$

로서 각 전지의 성능지수와 같다.

Seebeck 효과에 대한 위의 설명은 지나치게 간략화된 것이다. 이는 1차 모델로서의 역할을 함으로써 열전 장치들의 총괄적인 거동의 이해를 쉽게 하여 준다.

전도체의 차가운 쪽을 향하는 운반자의 이동은 전기장을 생성함으로써 전자들을 뜨거운 쪽으로 표류시킨다. 전기장의 영향 하에서 (반대 방향으로) 이동하는 것처럼 압력 구배의 영향 하에서 많은 운반자들이 움직일 경우 동적 평형이 형성된다.

평형에서는 전도체의 한 쪽 끝에서 다른 쪽 끝으로 이동하는 실제 전하는 0이다-플럭스 nv는 두 방향에서 서로 같다 그러나 온도 구배를 따라 아래로 움직이는 운반자들은 더욱 활동적이므로 반대 방향으로 움직이는 것들보다 더 많은 열을 운반한다. 따라서 실제 입자 흐름이 없는 경우에서도 물질 내에는 실질적인 열 흐름이 존재한다. 이는 금속의 열 전도성을 설명하여 주고 있다.

위의 간단한 모델로부터 모든 전자 전도체들이 음의 열전기력, 즉 음의 Seeback 계수를 가질 것으로 예측할 수 있다. 같은 맥락에서 p-타입 반도체(동공들이 운반자)는 양의 Seebeck 계수를 가져야 한다. 비록 대부분의 금속들이 음의 α를 갖지만 구리와 같은 몇 가지 금속들은 그렇지 않기 때문에 이 모델은 적합하지 않다.

이 이론을 향상시키기 위해서 전도체를 통하여 이동하는 전자들의 분산을 고려해야 한다. 만약 분산되는 단면이 온도와 무관하다면 (온도구배의 위와 아래에서의) 두 플럭스는 똑같이 교란되기 때문에 위의 결론이 성립된다. 그러나 어떤 매커니즘으로 인하여 차가운 전자보다 뜨거운 전자가 더 심하게 분산된다면 뜨거운 전자의 플럭스는 소멸되고 음의 열전력은 감소하거나 심지어 반대로 된다. 반면에 만약 뜨거운 전자들이 차가운 전자들에 비해 덜 분산된다면 음의 열전력은 향상된다.

어떤 물질들은 그림 5.10에 보인 바와 같이 낮은 온도에서 큰 Seebeck 효과를 나타낸다. 이는 광자-전자 상호작용에 의한 것이다. 충분히 경직된 결정성 격자의 물질 내에 온도 구배가 존재하는 경우 5.4 절에서 논의한 바와 같이 열은 격자 파동으로 전도된다. 그러한 파동은 포논(phonon)이라고 불리는 의사입자 플럭스로 해석될 수 있다. 다시 여기에서 우리는 파동과 입자의 이중성을 이용하고 있다. 포논은 다른 포논과 상호작용할 수 있으며 또한 전자와도 상호작용할 수 있다. 높은 온도에서는 포논-포논 상호작용이 우세하지만 낮은 온도에서는 포논-전자 상호작용이 중요해질 수 있다. 이 현상이 발생하는 경우 (뜨거운 쪽으로부터 차가운 쪽으로의) 포논 플럭스는 그에 따라 간단히 전자들을 밀어가서 차가운 끝부분에 상당한 전하의 축적을 야기함으로써 음의 열전기력을 강화시킨다. 물질이 p-타입 반도체라면 그에 따라 밀려가서 양의 열전력을 강화시키는 것은 동공들이다.

5.14.2 Peltier 효과

단면적이 A로서 동일한 서로 다른 두 전도체 a와 b가 그림 5.20에 보인 바와 같이 끝 부분끼리 연결되어 있다. 표면 S는 이들 사이의 계면이다. 두 전도체는 온도가 T로서 같으며 이들을 통하여 전류 I가 흐르고 있다. 대표적인 전도 전자의 열용량을 전도체 a에서는 c_a, 전도체 b에서는 c_b라고 하자. 각 (대표적인) 전자와 관련되는 열에너지는 각각 c_aT와 c_bT이다. 예를 들어 전자 기체가 맥스웰 분포를 따른다면 $c_aT = c_bT = \frac{3}{2}kT$가 된다.

계면의 양 쪽에서의 전류는

$$I = qnvA. \tag{5.111}$$

전도체 a에서는 전류는 다음의 비율로 계면을 향해 대류를 통하여 열에너지를 전달한다.

$$P_a = nvAc_aT \tag{5.112}$$

그리고 전도체 b에서는 전류는 다음의 비율로 계면에서 멀어지면서 대류를 통하여 열에너지를 전달한다.

$$P_b = nvAc_bT. \tag{5.113}$$

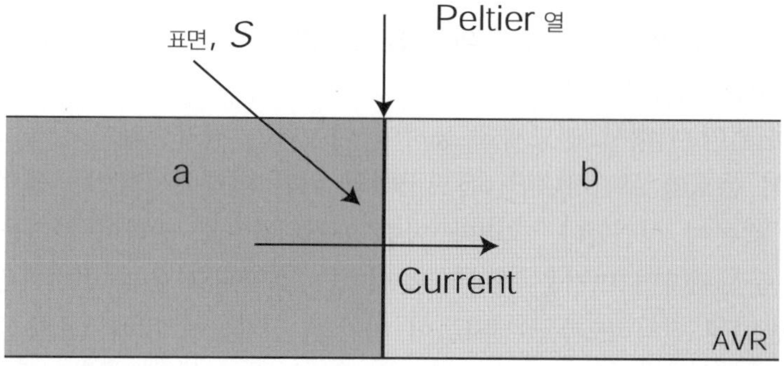

그림 5.20 전류에 의해 대류로 전달되는 열.

만약 $P_a > P_b$라면 계면에서 에너지는 다음의 속도로 전도체로부터 주위로 방출되어야 한다.

$$P = P_a - P_b = nvAT(c_a - c_v) = \frac{T}{q}(c_a - c_b)I \equiv \pi I. \tag{5.114}$$

맥스웰 전자 기체의 경우 이 모델은 Peltier 계수가 $\pi = 0$일 것으로 예측하는데 이는 그러한 기체에서 $c_a = c_b$이기 때문이다. 그러나 0이 아닌 Peltier 효과가 존재하기 때문에 열전쌍 물질에서 전자 기체는 맥스웰 방식으로 거동하지 않는다고 결론을 내릴 수밖에 없다. 이는 금속 내 전자에 대한 수용된 비 맥스웰 모델과 일치한다. 그러나 가볍게 도핑된 반도체에서 전도 전자는 맥스웰적이다. 그러한 물질에서 Peltier 효과를 설명하기 위해서는 우리의 모델을 더 정교화시킬 필요가 있다.

5.14.3 Thomson 효과

다시 5.5 절의 열 전도도의 유도에서 논의되었던 단일차원 기체를 고려하여 보자. 열의 대류적인 전달을 위한 식을 유도하고자 한다. 열전도는 무시할 것이다; 그 효과는 여기에서 얻어진 결과에 간단히 중첩될 수 있다.

분자들의 실제 플럭스 nv가 존재하며 온도는 기체 칼럼을 따라 일정하지 않다고 가정한다. 3개의 인접한 점 1, 2 그리고 3을 취한다. 1에서 2로 움직이는 각 분자는 cT_1의 에너지를 운반한다. 여기에서 c는 분자의 평균 열용량이다(즉 c는 N 분자들의 열용량의 $1/N$이다). 1로부터 2에 도착한 각 분자들에 대하여 2를 떠나 3으로 향하는 다른 분자들은 cT_2의 에너지를 운반한다. 그러므로 기체의 흐름에 의한 2에서의 에너지 증가는 단위면적 및 단위 초 당 $c(T_1 - T_2)nv$ joule 이어야 한다.

만약 1과 2가 무한소의 거리로 분리되어 있다면 $T_1 - T_2 = -dT$이며 에너지는 다음 속도로 운반된다.

$$dP^* = -cnvdT\,W/m^2, \tag{5.115}$$

여기에서 P^*은 동력 밀도이다. 만약 기체 칼럼 대신에 자유전자 전도체를 갖는다면 열은 전자에 의해 대류로 운반되고 $J = qnv$이므로

$$dP^* = -\frac{J}{q} c dT W/m^2 \tag{5.116}$$

또는

$$dP = -\frac{I}{q} c dT W. \tag{5.117}$$

이다.

위의 식은 다음과 같이 다시 쓸 수 있다.

$$dP = \tau I dT, \tag{5.118}$$

여기에서 τ는 **Thomson 계수**로서 V/K의 차원을 갖는다.
분명히

$$\tau = -\frac{c}{q}. \tag{5.119}$$

운반자 분포가 맥스웰 $c = \frac{3}{2}k$인 전도체의 경우 Thomson 계수는

$$\tau = -\frac{3}{2}\frac{k}{q} = -129\mu\ V/K. \tag{5.120}$$

많은 반도체들은 대략 -100μV/K의 Thomson 계수를 갖는다. 그러나 계수의 보다 정확한 예측에는 분석에서의 동공들의 포함이 요구된다.

금속의 전자는 맥스웰 통계를 따르지 않는다. 제 2장에서 논의한 바와 같이 전자는 Fenmi-Dirac 통계를 따른다: 단지 분포의 높은 에너지 끝 쪽의 몇몇 전자만이 열을 흡수할 수 있다. 이들은 kT 단위의 에너지를 흡수하지만 전체 개체의 약 kT/W_F의 부분만을 나타낸다. 그러므로 전자의 평균 열용량은 대략

$$c = \frac{\partial}{\partial T}\left(\frac{kT}{W_F}kT\right) = \frac{2k^2 T}{W_F}. \tag{5.121}$$

이다.

맥스웰에 대한 Fermi-Dirac 열용량의 비는 약 kT/W_F이다.

실온에서 kT는 25meV 정도인 반면에 W_F의 대표적인 값은 2.5eV이다. 그러므로 양자 열용량은 고전적인 열용량에 비해 대략 100배 정도 작다. 이 때문에 금속의 Thomson 계수는 반도체의 Thomson 계수에 비해 작다.

5.14.4. Kelvin의 관계†

열전쌍의 성능에 대한 식을 유도했을 때 Peltier 계수 π가 αT와 동등함을 언급하였다. 이제 이를 증명하기로 한다. 나아가 열전쌍 식의 유도에서 이전 절에서 논의한 Thomson 효과를 감안하여 주지 못했는데 여기에서는 이러한 누락을 정당화하고자 한다. 열은 뜨거운 열원에서 다음과 같은 비율로 열 쌍을 향하여 흐른다:

$$P_H = \Lambda(T_H - T_C) + \pi_H I + I\int_{T_H}^{T_C} \tau_A dT - \frac{1}{2}I^2 R. \tag{5.122}$$

이 경우 Thomson 열대류를 포함시켰음을 주목하자. A와 B의 Thomson 계수는 각각 τ_A와 τ_B이다.

전기저항 및 열 컨덕턴스를 갖지 않는 가상적인 열전쌍을 고려하기로 한다. 이는 손실이 없는 가역적인 장치이다. Λ와 R이 모두 0이므로

$$P_H = \pi_H I + I\int_{T_H}^{T_C} \tau_A dT. \tag{5.123}$$

같은 방법으로 열은 싱크로부터 다음 비율로 열 쌍을 향하여 흐른다:

$$P_C = -\pi_C I + I\int_{T_C}^{T_H} \tau_B dT. \tag{5.124}$$

손실이 없기 때문에 부하에 전달되는 열 동력 $V_L I$는 총 열 입력 $P_H + P_C$와 같다. 나아가 열전쌍 내에 저항이 없기 때문에 부하 전압 V_L은 열린-회로 전압 V_{OC}와 같다.

$$V_{OC} I = \pi_H I - \pi_C I + I\int_{T_C}^{T_H} (\tau_B - \tau_A) dT, \tag{5.125}$$

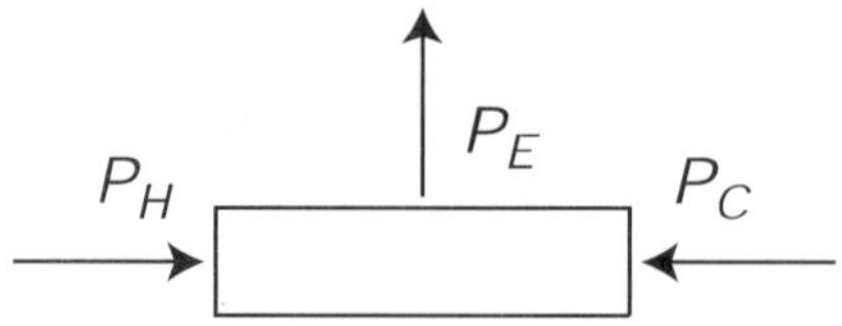

$$V_{OC} = \pi_H - \pi_C + \int_{T_C}^{T_H} (\tau_B - \tau_A) dT. \tag{5.126}$$

주어진 온도에서 Seebeck 계수 α를 구하고자 한다. T_C가 일정하다고 하고 T_H에 따라 V_{OC}가 어떻게 변하는지 알아보자:

---

† William Thomson은 1886년에 kelvin왕으로부터 기사 작위를 수여받았다. 주로 대서양을 횡단하는 전신(술)에서 그의 연구는 인정받았다.

$$\frac{\partial V_{OC}}{\partial T_H} = \frac{\partial \pi_H}{\partial T_H} + \frac{\partial}{\partial T_H}\int_{T_C}^{T_H}(\tau_B - \tau_A)dT$$
$$= \frac{\partial \pi_H}{\partial T_H} + \tau_B(T_H) - \tau_A(T_H). \tag{5.127}$$

위의 식은 어떠한 T_H에서도 유효하기 때문에 T_H를 일반적인 온도 T로 대체할 수 있다:

$$\alpha \equiv \frac{\partial V_{OC}}{\partial T} = \frac{\partial \pi}{\partial T} + \tau_B - \tau_A. \tag{5.128}$$

열전쌍으로 도입되는 엔트로피는

$$S_{\in} = \frac{P_H}{T_H}, \tag{5.129}$$

그리고 열전쌍으로부터 나가는 엔트로피는

$$S_{out} = -\frac{P_C}{T_C}, \tag{5.130}$$

그러므로 이 장치에서 엔트로피 변화는

$$\triangle S = \frac{P_H}{T_H} + \frac{P_C}{T_C} \geq 0. \tag{5.131}$$

부등식은 열역학 제 2법칙의 결과이다. 그러나 우리가 고려하고 있는 열전쌍은 손실이 없다(등엔트로피); 따라서

$$\triangle S = \frac{P_H}{T_H} + \frac{P_C}{T_C} = 0, \tag{5.132}$$

이고 어떠한 T값에서도 식 5.132이 성립하므로 $\frac{d}{dT}\triangle S = 0$이다.

$$\frac{d\triangle S}{dT_H} = \frac{d}{dT_H}\left[\frac{\pi_H I}{T_H} - \frac{\pi_C I}{T_C} + I\int_{T_C}^{T_H}\frac{\tau_B}{T}dT - I\int_{T_C}^{T_H}\frac{\tau_A}{T}dT\right]$$
$$= I\left[\frac{1}{T_H}\frac{\partial \pi_H}{\partial T_H} - \frac{\pi_H}{T_H^2} + \frac{\tau_B(T_H) - \tau_A(T_H)}{T_H}\right] = 0. \tag{5.133}$$

위에서는 상한에 대한 적분의 미분을 그 상한에서의 적분의 인수로 대체하였다. (아래에 보인 "약간의 수학"을 참조하자.)

약간의 수학

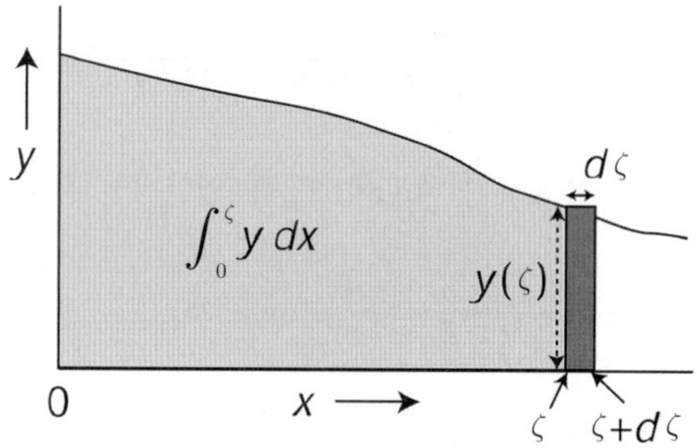

수학을 어느 정도 잊어버린 사람들을 위해서 어떤 적분을 하나, 또는 두 한계에 대하여 미분할 때 나타나는 것에 대한 간단한 유도를 보이고자 한다. 다음을 고려하여 보자:

$$Int = \int_0^{\zeta} y dx, \tag{5.134}$$

여기에서 y는 잘 정의된 x의 임의의 함수이다. 그림을 참조하자. 적분은 밝은 회색 면적에 해당되며 상한은 $x = \zeta$이다. 상한이 미소량 $d\zeta$ 만큼 변할 때 무엇이 발생하는지 의문을 가져보기로 한다. 적분인 면적은 명백히 그림에서 작은 짙은색 직사각형으로 표시되는 $y(\zeta)d\zeta$만큼 증가한다. $x = \zeta$일 때 $y(\zeta)$는 함수값 y(상한에서의 y의 값)이다. 적분에서의 변화는

$$dInt = y(\zeta)d\zeta, \tag{5.135}$$

이고 변화율은

$$\frac{dInt}{d\zeta} = y(\zeta). \tag{5.136}$$

이다.

상한에 대한 적분의 미분값은 단순히 이 상한에서의 함수값이다.

식 5.133에서 I를 소거하고 간단히 한 다음 이 결과가 어떠한 T_H에서도 성립함을 다시 상기하면

$$\frac{\partial \pi}{\partial T} + \tau_B - \tau_A = \alpha = \frac{\pi}{T}. \tag{5.137}$$

따라서 이 장의 서두에서 이용된 α와 π의 관계는 올바른 것임이 입증되었다.

T에 대한 α의 의존성은 관심을 끈다:

$$\frac{\partial \alpha}{\partial T} = \frac{1}{T}\left(\frac{\partial \pi}{\partial T} - \frac{\pi}{T}\right) = \frac{1}{T}\left(\frac{\partial \pi}{\partial T} - \frac{\partial \pi}{\partial T} + \tau_A - \tau_B\right), \tag{5.138}$$

$$\frac{\partial\alpha}{\partial T}=\frac{\tau_A-\tau_B}{T}. \tag{5.139}$$

위의 식 5.139는 열전쌍의 두 암이 동일한 Thomson 계수를 갖는 경우 Seebeck 계수는 온도와 무관함을 보여준다. 이는 자주 발생하는 경우는 아니다.

열전쌍 전압에 대한 Thomson 효과의 기여는

$$V_\tau=\int_{T_C}^{T_H}(\tau_B-\tau_A)dT. \tag{5.140}$$

식 5.139(부호를 무시)의 관계를 이용하면

$$V_\tau=\int_{T_C}^{T_H}T\frac{d\alpha}{dT}dT=\int_{T_C}^{T_H}Td\alpha. \tag{5.141}$$

부분적분을 수행하면

$$V_\tau=(\alpha T)|_{T_C}^{T_H}-\int_{T_C}^{T_H}\alpha dT. \tag{5.142}$$

T_C에서 T_C의 온도 구간에서 α의 중간값은

$$<\alpha>=\frac{\int_{T_C}^{T_H}\alpha dT}{T_H-T_C}. \tag{5.143}$$

그러므로

$$V_\tau=\alpha_H T_H-\alpha_C T_C-<\alpha>(T_H-T_C), \tag{5.144}$$

$$V_\tau=\alpha(T_H-T_C)-<\alpha>(T_H-T_C). \tag{5.145}$$

만일 α의 평균값을 사용한다면, 즉 $\alpha_H=\alpha_C=<\alpha>$라면 $V_\tau=0$이다. 그러므로 간단히 **평균** Seebeck 계수를 사용함으로써 Thomson 열전달을 무시하는 것이 가능하다.

5.15 방향과 부호

이 책에서 논의된 다양한 보기들에서 열전쌍에 들어오고 나가는 서로 다른 동력들의 흐름의 방향에 대한 일관된 정의는 없었다. P_H, P_C, 그리고 P_E에 대한 식들에서 방향 및 상응하는 부호들은 각 경우에서 논의되는 문제에 가장 적합하도록 선택되었다.

비록 서로 다른 동력들의 흐름에 대한 방향의 선택은 전적으로 임의적이지만 하나의 문제 전

체에 대해서는 일관성이 있어야 한다. 열전쌍이 발전기로 사용되는 경우 가장 직관적인 방향은 그림 5.21에 보인 통상적인 방향으로서 이 그림에서 열은 열원에서 열 쌍으로 흐르고 그 가운데 일부는 열싱크로 방출되며 전력은 장치의 외부로 흐른다. 이로 인하여 모든 동력들은 0보다 크게 될 것이다. 냉동장치와 열펌프의 경우 일부 열이 열전쌍에 의해 냉원으로부터 취해져서 보다 뜨거운 열싱크로 방출되는 그림 5.22에 나타낸 방향을 사용하면 더 간단해진다. 차가운 영역에서 뜨거운 영역으로 열이 흐르게 하기 위해서는 당연히 어느 정도의 전력을 장치로 흐르도록 하는 것이 필요하다.

P_H와 P_C 식들을 살펴보자. 이들은 3개의 항, 즉 전도(Fourier)항, Joule 가열항 그리고 열의 Peltier 전달을 나타내는 항들로 구성된다.

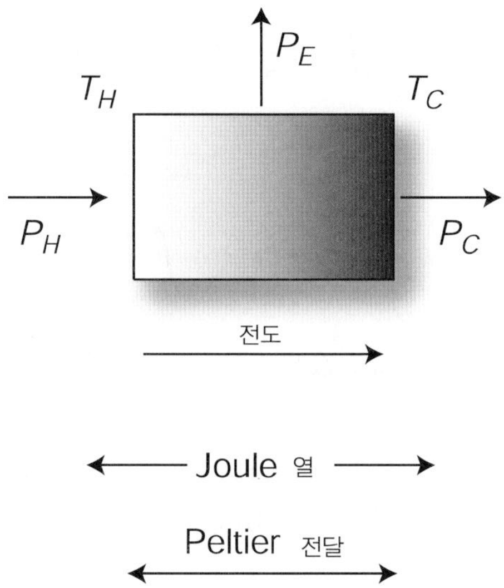

그림 5.21 열전쌍 내의 동력흐름 방향.

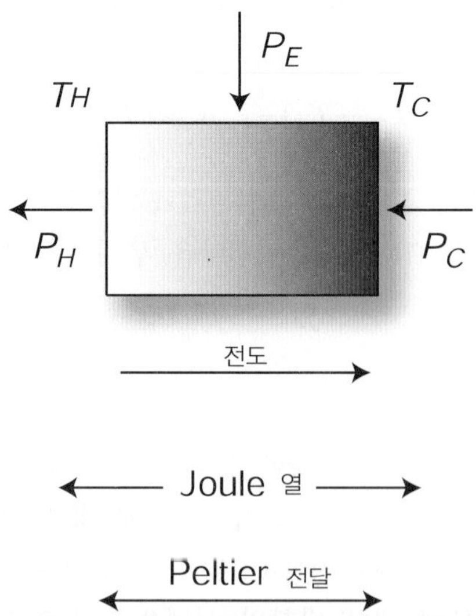

그림 5.22 열전쌍 내의 동력흐름 방향.

분명히 흐름이 T_H로부터 T_C로 이루어지는 경우 전도항은 양이다. 그림 5.21에서 이 흐름은 P_H 및 P_C와 같은 방향이며 따라서 식들에서 양의 항이다. 그림 5.22에서는 전도항이 P_H 및 P_C 모두와 반대이며 해당되는 식들에서 음의 항이 된다.

Joule 열의 절반은 뜨거운 끝 쪽으로부터 흘러나오며 절반은 차가운 끝 쪽으로부터 흘러나온다. 그림 5.21에서 P_H에 대해서는 음의 항이고 P_C에 대해서는 양의 항이며 그림 5.22에서는 P_H에 대해서는 양이고 P_C에 대해서는 음이다.

Peltier 열은 열전쌍에 적용된 전류의 부호에 따라 어느 쪽으로도 흐를 수 있다. 그러므로 식들 가운데 하나에서(이를테면 P_H 식에서) Peltier 항의 부호는 그림 5.21과 그림 5.22 모두에서 임의적이다. 일단 P_H 식에서 부호가 선택되면 P_H와 P_C가 같은 방향인 경우 이와 동일한 부호가 P_C 식에서도 사용되어야 한다. 그 이유는 두 그림에서 $P_E = P_H - P_C$에 대한 식을 살펴본다면 명백해진다.

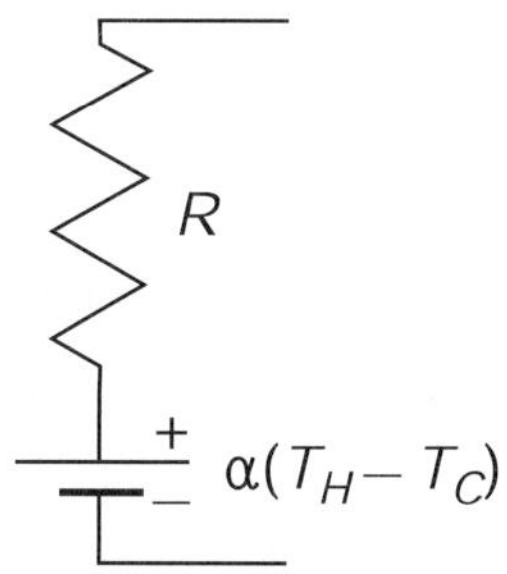

그림 5.23 열전쌍의 전기적 모델.

그림 5.21에서

$$P_H = \Lambda(T_H - T_C) + \alpha T_H I - \frac{1}{2} R I^2, \tag{5.146}$$

$$P_C = \Lambda(T_H - T_C) + \alpha T_C I + \frac{1}{2} R I^2, \tag{5.147}$$

$$P_E = \alpha(T_H - T_C) I - R I^2. \tag{5.148}$$

그림 5.22에서

$$P_H = -\Lambda(T_H - T_C) - \alpha T_H I + \frac{1}{2} R I^2, \tag{5.149}$$

$$P_C = -\Lambda(T_H - T_C) - \alpha T_C I - \frac{1}{2} R I^2, \tag{5.150}$$

$$P_E = -\alpha(T_H - T_C) I + R I^2. \tag{5.151}$$

그림 5.21의 P_E가 그림 5.22에서는 음 임을 주목하자(화살표가 반대이다). 또한 두 그림에서

전류를 서로 일관되게 하기 위해 후자 그림의 전류들이 음 임을 주목하자(이전 그림의 전류들에서와 같이 이들은 P_E 방향이다).

열전쌍은 Seebeck 효과와 내부저항 R로부터 비롯되는 열린회로 전압 $\alpha(T_H - T_C)$를 갖는 전압 발생기로 모델링 수 있다(그림 5.23을 참조). P_E에 대한 어떤 식도 그러한 모델을 나타내는 것을 알 수 있다.

부록

열전쌍의 성능지수는 $Z = \alpha^2/\Lambda R$이며 ΛR 곱이 최소일 때 성능지수는 최대가 된다. 이와 상응하는 열전쌍의 기하학적 구조는 무엇인가?

$$\Lambda = \frac{A_A\lambda_A}{\ell_A} + \frac{A_B\lambda_B}{\ell_B},$$

$$R = \frac{\ell_A}{A_A\sigma_A} + \frac{\ell_B}{A_B\sigma_B},$$

$$\Lambda R = \frac{A_A\lambda_A}{\ell_A}\frac{\ell_A}{A_A\sigma_A} + \frac{A_B\lambda_B}{\ell_B}\frac{\ell_A}{A_A\sigma_A} + \frac{A_A\lambda_A}{\ell_A}\frac{\ell_B}{A_B\sigma_B} + \frac{A_B\lambda_B}{\ell_B}\frac{\ell_B}{A_B\sigma_B};$$

그러므로

$$\Lambda R = \frac{\lambda_A}{\sigma_A} + \frac{\lambda_B}{\sigma_B} + \frac{\ell_A A_B \lambda_B}{\ell_B A_A \sigma_A} + \frac{\ell_B A_A \lambda_A}{\ell_A A_B \sigma_B}.$$

선택된 주어진 물질에 대하여 $\frac{\lambda_A}{\sigma_A} + \frac{\lambda_B}{\sigma_B}$는 고정되고 $\frac{\ell_A A_B}{\ell_B A_A}\frac{\lambda_B}{\sigma_A} + \frac{\ell_B A_A}{\ell_A A_B}\frac{\lambda_A}{\sigma_B}$가 최소일 때 ΛR이 최소가 된다.

$$x \equiv \frac{\ell_A A_B}{\ell_B A_A},\ a_1 \equiv \frac{\lambda_A}{\sigma_B},\ a_2 \equiv \frac{\lambda_B}{\sigma_A}.$$

라고 두면 $\frac{d}{dx}\left(a_2 x + \frac{a_1}{x}\right) = 0$ 이거나 $a_2 = \frac{a_1}{x^2}$일 때 최소값이 얻어지며 이 경우

$$\frac{\ell_A A_B}{\ell_B A_A} = \sqrt{\frac{\lambda_A\sigma_A}{\lambda_B\sigma_B}}. \tag{5.25}$$

식 5.25를 ΛR에 대한 식에 도입하면

$$\Lambda R_{\min} = \left(\sqrt{\frac{\lambda_A}{\sigma_A}} + \sqrt{\frac{\lambda_B}{\sigma_B}}\right)^2. \tag{5.26}$$

참고문헌

Bell, Lon E., Use of thermal insolation to improve thermoelectric system operating efficiency. International Thermoelectric Society Conference (ITC2002), Long Beach, CA, August 26 –.29, 2002.

Boukai, Akram I., et al., Silicon nanowires as efficient thermoelectric materials, *Nature 451 (10), pp. 168–.171, January* 2008.

Burns, G. W., and M. G. Scroger, The Calibration of Thermocouples and Thermocouple materials, National Institute of Standards and Technology (NIST), Special Publication 250–.35, April 1969.

Goldsmid, H. J., *Electronic Refrigeration, Pion Limited, London,* 1986.

Hochbaum, Allon I., Enhanced thermoelectric performance of rough silicon nanowires, *Nature 451 (10), pp. 163–.167, January* 2008.

Poudel, Bed, et al., High-thermoelectric performance of nanostructured bismuth antimony telluride bulk alloys, *Science 320, pp. 634–.638, May 2,* 2008.

Venkatasubramanian, R., Edward Siivola, Thomas Colpitts, and Brooks O' Quinn, Thin-film thermoelectric devices with high room-temperature figures of merit, *Nature 413 (11) pp. 597–02, October* 2001.

Vining, Cronin B., Desperately seeking silicon, *Nature 451 (10), p. 132–33, January* 2008a.

Vining, Cronin B. (2), The limited role for thermoelectrics in the climate crisis, Solution Summit Panel on Nanotechnology and New Materials, New York City, May 1, 2008b.

연 습 문 제

5.1 러시아인들은 열전기 분야에서 상당히 앞서 있으며 최근 그러한 용도를 위한 비밀 물질을 개발하였다. 당연히 데이터를 확보하기는 어렵지만 CIA는 뜨거운 접점이 300K일 때 100K 만큼 온도를 낮출 수 있는 열전 냉각장치가 만들어지고 있음을 알아냈다. 열전쌍의 성능지수는 얼마인가?

5.2 접합점의 Seebeck 계수는

$$\alpha = 100 + T - 10^{-3}T^2 \mu V/K.$$

1. Peltier 계수가 최대인 온도는 얼마인가?
2. 이 온도에서 계수는 얼마인가?
3. 두 암의 Thomson 계수가 같아지는 온도는 얼마인가?

5.3 열전기 셀은 $0.002K^{-1}$ 의 성능지수와 $100\mu\Omega$의 내부저항을 갖는다. 평균 Seebeck 계수는 $200\mu V/K$이다. 열 흐름 미터를 이용하여 열원에서 셀까지의 열 흐름 P_H와 셀에서 차가운 싱크까지의 흐름 P_C를 측정하고 있다. 셀과 주위 사이의 다른 열교환은 없다.
열원은 600K이고 싱크는 300K이다.

1. 셀로 흐르는 전류가 없을 때 P_H와 P_C의 값은 얼마인가?
2. 전류 I가 순환되도록 하였다. 이는 P_H를 변경시킨다. P_H가 0이 되게 하는 전류는 얼마인가?
3. 이에 해당되는 P_C 값은 얼마인가?
4. 셀이 전력 발생기로서의 역할을 하도록 하는 전류의 범위는 얼마인가?

5.4 850K로 유지되는 금속 블록이 350K의 플랫폼 위의 받침대 위에 설치되어 있다.
수행되고 있는 실험은 받침대를 통한 금속 블록으로부터의 열 이동이 전혀 없어야 할 것을 요구하고 있다. 이를 달성하기 위해서 받침대는 열전쌍으로 만들었고 그를 통하여 적절한 전류가 흐른다. 열전쌍은 1W/K의 열전도와 1milliohm의 저항을 가지며 성능지수는 $0.001K^{-1}$ 이다. 이러한 모든 데이터는 관심온도 범위에서의 평균값이다.
열전쌍을 통하여 얼마의 전류가 흘러야 하는가? 열전쌍의 끝 부분들을 가로지르는 전압은 얼마인가? 소요되는 전력은 얼마인가?

5.5 우리는 210K에서 300K로 100W의 열을 공급하고자 한다. 두 단계의 열전쌍이 사용되어야 한다. 두 번째 단은 210K에서 T_{H_2}로 100W를 공급한다. 첫 번째 단은 $T_{C_1} = T_{H_2}$에서 300K로 필요한 에너지를 공급한다.
모든 열전쌍은 결합된 특성이 다음과 같은 동일한 물질들로 만들어져 있다:

$$\alpha = 0.001\ VK^{-1},$$
$$\Lambda R = 0.0005KV^2.$$

각 열전쌍의 기하학적 구조는 최적화되어 있다. 열전기쌍을 통하는 전류는 최대 냉각을 위해 조절된다. 첫 번째 단을 통하는 전류는 두 번째 단을 통하는 전류와 반드시 같을 필요는 없다.

각 단 내부의 모든 구성요소는 전기적으로 직렬로 연결되어 있다.

시스템으로 입력되는 총 전력은 결정적으로 T_{H_2}의 선택에 의존한다. 전력 소비 P_E를 최소로 하는 T_{H_2}값은 얼마인가? P_E 값은 얼마인가? 각 단에 적용되는 전압은 얼마인가?

5.6 열전쌍 배터리가 24.0V에서 부하로 5kW를 전송한다. 열전쌍은 이 조건에서 최대 효율로 운전되도록 설계되었다.

배터리의 뜨거운 부분은 1100K로, 차가운 부분은 400K로 유지된다.

각각의 열전쌍 셀의 성능지수는 $0.0015K^{-1}$ 이다.

시스템의 효율은 얼마인가?

5.7 만약 금속막대가 4Ω의 저항을 지닌다면 일정한 온도(T=400K)에서 금속막대의 열 컨덕턴스는 얼마인가?

5.8 일정한 온도(300K)에서 열전쌍을 통해 100A의 전류를 구동하려면 50W의 전력이 요구된다. 열린-회로인 경우 800K에서 300K까지의 온도차에서 위와 동일한 열전쌍은 차가운 부분의 열린 말단부들 사이에 0.5V를 유지한다.

저항은 T와 무관하다고 가정한다.

위의 차이가 유지될 때 열전쌍을 통해 100A의 전류를 구동하기 위해서는 몇 watt가 필요한가? 이 질문에는 유일한 해가 존재하는가?

5.9 어떤 열전쌍이 500K와 300K 사이에서 작동한다. 그의 저항은 0.0005Ω이며 열 컨덕턴스는 0.2W/K이다. (500과 300K 사이에서의) 평균 Seebeck 계수는 0.001V/K이다.

열전쌍에 의해 발생되는 열린-회로 전압은 얼마인가?

전류가 없을 때는 당연히 열은 뜨거운 부분에서 차가운 부분으로 흐른다. 뜨거운 열원으로부터 열전쌍으로 흐르는 열을 0이 되게 할 수 있는가? 만약 가능하다면 차가운 싱크로부터 열전쌍으로의 열 흐름은 얼마인가? 수반되는 전력은 얼마인가? 열전쌍을 통한 전압은 얼마인가? 전력은 열전쌍으로 흘러들어 가는가? 아니면 열전쌍으로부터 흘러나오는가(즉 열전쌍은 발전기의 역할을 하는가, 아니면 부하로서의 역할을 하는가)?

5.10 어떤 열전쌍이 900K와 300K 사이에서 작동한다. 쇼트 회로인 경우 212A를 생성하며 열린회로인 경우에는 0.237V를 생성한다. 암의 규격은 600K의 평균온도에 대하여 최적화되

었다. 암의 재질은 무시할 수 있는 격자 열 전도도를 갖는 반도체이다.

1. 열린회로인 경우 열원으로부터 취한 열을 계산하라.
2. 500$\mu\Omega$ 부하에 전달되는 전력은 얼마인가?
3. 2번 문제에서 장치의 효율은 얼마인가?

5.11 작은 열전기 발생기(단일쌍)는 T_H를 측정하는 것(더 뜨거운 부분)과 T_C를 측정하는(더 차가운 부분) 두 개의 열 센서를 갖추고 있다. 전기히터는 더 뜨거운 부분을 데우고 이로부터 발생되는 모든 열은 열전쌍으로 전달된다. 피드백 시스템은 T_H가 정확하게 1000K로 유지되도록 하여준다. 히터에 전달되는 전력의 양은 측정될 수 있다.

더 차가운 부분에서는 상응하는 피드백 시스템이 T_C를 500K로 일정하게 유지시켜주고 있다.

열전쌍을 통하는 전류 I는 원하는 값으로 조정될 수 있다.

I=0인 경우 열전쌍의 뜨거운 부분에서 히터를 가동하기 위해서 10W의 전력을 취한다. 이러한 조건에서 열전쌍은 열린회로 말단에서 0.50V를 생성한다.

이제 열전쌍을 통해 주어진 전류 I를 흐르도록 하여 전기히터의 연결이 단절되도록 하면 T_H는 여전히 1000K로 유지된다.

다음에 위의 전류 I를 역전시키면 T_H=1000K로 유지하기 위해서 18.3W를 취하는 것이 관찰된다.

1. I의 값은 얼마인가?
2. 전류 I와 $-I$를 가하기 위해 필요한 전압은 얼마인가?

5.12 어떤 열전쌍은 조절될 수 있는 전원에 연결되어 있다. 전원에 열전쌍을 연결하는 도선의 저항은 무시한다. 이 도선들과 열전쌍의 차가운 부분은 300K이다. 모든 상황에서 전달되는 전류는 100A의 절대값을 갖는다. 열전쌍의 저항은 온도와 무관하다고 가정한다.

1. $T_H = T_C$=300K이면 전원에 걸친 전압의 절대값은 0.20V이다. 만약 전류의 방향이 반대가 되면 전압은 얼마인가?
2. T_H=600K이고 T_C=300K이면 전압의 절대값은 0.59V이다. 만약 전류의 방향이 반대가 되면 전압은 얼마인가?

5.13 열전쌍 암의 재질이 엄밀하게 Wiedemann-Franz-Lorenz법칙을 따른다고 가정한다. 열전쌍의 Seebeck 계수 α는 150μV/K로서 온도와 무관하며 전기 전도도 σ(두 암에서 동일) 역시 온도와 무관하다. 그러한 비현실적인 거동은 문제를 더 쉽게 하기 위해서 설정된 것이다; α와 σ는 대개 모두 온도에 따라 변한다.

장치는 T_H와 T_C 사이에서 작동한다. 온도에 종속되는 임의의 양을 계산하기 위해서는 이들 두 온도의 산술평균 T_m을 이용한다.

열전쌍의 구조는 최적화되었으며 그에 연결된 부하는 언제나 시스템의 효율을 최대로 하여주는 값을 가진다.

이러한 상황에서 부하에 전달되는 전력은 $\Delta T \equiv T_H - T_C$가 항상 동일한 경우 T_H의 선택과는 무관함을 보여라.

800K에서 이 열전쌍의 ΛR 곱은 얼마인가?

5.14 전기적으로는 직렬로, 열적으로는 병렬로 연결된 100개의 열전쌍으로 구성된 열전기 장치가 열펌프로 테스트되고 있다. 한 쪽은 차가운 표면과 접촉하고 있어서 -3℃로 차가워지고 다른 쪽은 27℃로 유지된다.

열린-회로 전압은 고 임피던스 전압계에 의하여 측정되며 900mV임을 알았다.

다음에 전기 출력이 쇼트되고 이 쇼트를 통하여 9A의 전류가 흐르는 것이 관찰되었다.

이제 장치를 차가운 표면으로부터 제거하고 그 차가운 끝 부분을 열적으로 단열시켜서 어떠한 열도 결코 흘러들어오지 않도록 한다. 외부 전원에 의해 발생된 50A의 전류가 열이 차가운 끝 부분에서 따뜻한 끝 부분으로 공급되는 방향으로 장치를 통하여 흐르도록 한다. 온도계는 차가운 부분의 최종온도를 감지한다. 정상상태에 도달한 후 온도는 260K이다. 뜨거운 부분은 여전히 27℃이다.

이 값이 달성할 수 있는 가장 낮은 온도인가? 아니라면 가장 낮은 온도는 얼마이며 필요한 전류는 얼마인가?

5.15 열전기 장치가 실험실에서 테스트되고 있다. 이 장치는 단일 열전쌍으로 구성되어 있으며 뜨거운 부분은 총 열 출력이 열전쌍으로 이동되는 전기히터와 밀접한 열적 접촉을 유지하고 있다. 다시 말하면 히터로 전달되는 동력은 열전쌍으로 흐르는 열 동력 P_H와 같다.

이러한 모든 상황에서 뜨거운 부분은 1000K로, 차가운 부분은 300K로 유지된다.

두 온도 T_H와 T_C는 온도계에 의해 측정된다.

테스트의 첫 번째 단계에서 장치가 열린회로로 되는 경우 열원으로부터 14watt의 열을 끌어내며 0.28V의 전압을 생성하는 것이 밝혀졌다. 쇼트회로로 되는 경우에는 35A의 전류를 생성한다.

1. 장치가 쇼트회로로 되는 경우 열 동력 입력은 얼마인가?
2. 0.4V가 열린회로 전압과 반대로 적용되었을 때 열 동력 입력은 얼마인가?

5.16 방사성 동위원소 열 발전기가 우주선에 탑재된 전력 공급원으로 사용되고 있다. 이 장치는 열전기 발생기에 최적으로 조화된 부하에 30V에서 500W를 전달한다. 이러한 상황에서 이 발전기는 12.6%의 효율로 작동한다.

발전기의 뜨거운 부분(T_H)은 1300K이고 차가운 부분(T_C)는 400K이다.

열전쌍의 모든 특성들(α, R, 그리고 Λ)은 온도와 무관하다고 가정한다.

1. 만약 부하저항이 바뀌어서 전달되는 전력이 250W로 떨어지면 발전기의 효율은 얼마인가?
   이제 열 동력원을 부하의 수요와 무관한 일정한 열 동력을 전달하는 방사성 핵종이라고 가정하자. 이 경우 온도는 부하력의 함수가 된다. 만약 방사성 물질이 단열용기 내에 있다면 용기가 파괴될 때까지 온도는 상승할 것이다-온도를 제한시키려면 일정한 열 누출이 이루어져야 한다.

이 문제에서 방사성 핵종은 4984W의 속도로 열을 방출한다. 용기 자체는 열전기 발생기가 설치되어 있지 않을 때를 포함하는 모든 상황에서 그 외부 표면이 T_L=1000K로 일정하게 유지되기에 충분할 정도로 에너지를 발산하며 따라서 단지 누출 경로만이 열원으로부터 열을 제거한다. 열전기 발생기의 차가운 부분은 항상 T_C=400K이다.

열전기 발생기가 열원에 부착되어 있고 조화되는 전기부하로 500W를 발생시키는 경우 온도 T_S는 1300K로 떨어진다(문제 1에서와 같이 이는 열전기 발생기의 T_H이다). 다시 말해서 열원은 유출 경로와 열전기 발생기의 두 병렬 경로로 열을 전달한다.

2. 열전기 발생기로부터 어떠한 전기 에너지도 끌어내지 않는 경우 온도를 계산하여라.
3. 발전기로부터 직류 250W가 얻어지는 경우 열원의 온도는 얼마인가? 답은 여러 개이다. 가장 작은 절대값을 갖는 전류를 사용하여라. 식을 세우고 시행착오 방법을 사용하여라.

5.17 만약 전류가 최대 펌핑에 맞추어 조절되었다면 열전기 열펌프를 구동하기 위해 소요되는 전압은 공급되는 총 동력과 차가운 온도와는 무관함을 입증하여라.

5.18 텅스텐은 다음 식에 의해 (1000과 3600K 사이에서) 허용 가능한 정밀도로 주어지는 전기 저항성을 지니고 있다.

$$\rho = -1.23 \times 10^{-7} + 3.49 \times 10^{-10} T,$$

여기에서 ρ은 Ωm의 단위를 갖는다.

1100K와 1600K에서 텅스텐의 열 전도도에 대한 최선의 추정값을 구하여라.

5.19 완벽하게 단열된 상자에 정확하게 측정되는 속도로 열의 도입을 허용하는 전기히터가 설치되어 있다. 열이 제거될 수 있는 유일한 방법은 뜨거운 부분이 300K로 일정하게 유지되는 Peltier 열펌프를 통해서이다.

열펌프를 통하는 전류 I는 상자 내부의 온도를 감지하며 만약 가능하다면 그 온도를 280K로 유지하도록 설정된 컴퓨터에 의해 조절된다.

실험자는 전기히터에 의해 소산된 열의 양을 선택하여 컴퓨터가 열펌프에 전달하는 전류를 표로 만든다. 다음은 그 결과이다:

열 입력(W)	전류(A)
0.50	7.382
1.00	13.964
1.25	21.225
1.00	32.702

표의 각 경우에 대하여 열펌프의 성능계수(COP)는 얼마인가?

5.20 300K에서 어떤 샘플의 전기저항은 0.002Ωm이며 열 전도도는 $0.03 WK^{-1}\ cm^{-1}$ 이다. 이 데이터로부터 이 물질이 금속인지, 혹은 반도체인지를 결정하고 설명하여라.

5.21 열전기 배터리가 전기적으로는 직렬이며 열적으로는 병렬인 1000개의 동일한 열전쌍들로 구성되어 있으며 1000K와 500K 사이에서 작동한다.
각 열전쌍은 다음과 같은 특성을 지니고 있다:
열 컨덕턴스: 3W/K.
전기저항: 200μΩ.
Seebeck 계수: 0.0007V/K.
이 배터리는 0.3Ω의 부하에 얼마의 전력을 전달하는가?

5.22 어떤 열전기 발생기가 직렬로 연결된 수많은 열전쌍들로 구성되어 있으며 1000과 400K 사이에서 작동한다.
0.1Ω의 부하가 사용되는 경우 전류는 266.7A이며 차가운 싱크로 발출되는 열은 48kW이다. 열린회로인 경우 전압은 48V이다.
장치의 성능지수(Z)는 얼마인가?

5.23 순수한 나트륨의 프리즘 블록은 규격이 1×1×10cm이다. 보다 작은 두 면(1×1cm)들은 하나는 370K, 다른 하나는 300K의 일정한 온도로 유지된다.
나트륨은 다음과 같이 (상당한 정확도로) 나타낼 수 있는 저항을 갖는다.

$$\sigma = 3.9 \times 10^7 - 6.6 \times 10^4\, TS/m,$$

여기에서 T는 kelvin 단위이다.
나트륨 블록에 의해 전해지는 열 동력은 얼마인가?
이 문제를 두 번 풀어라:
먼저 몇 가지의 (지극히) 단순화시키는 가정(평균 열 전도도를 사용한다)을 도입하여 전달되는 열 동력의 추정값을 얻는다.
다음에 열 전도도가 블록의 길이에 따라 달라진다는 사실을 보다 현실적으로 고려함으로써 이 문제를 풀어라.

5.24 n개의 열전쌍들이 직렬로 연결된 것으로 구성되는 열전기 장치가 열펌프로 테스트되고 있다. 어떤 전류 I를 선택한 다음 도달할 수 있는 가장 낮은 온도 $T_{C_{\min}}$이 결정된다. 이는 완벽하게 단열된 차가운 끝 부분에서 행해진다.
다음에 다른 I 값을 이용하면 또 다른 $T_{C_{\min}}$이 얻어진다. 이런 방식으로 I에 대한 $T_{C_{\min}}$의 표가 만들어진다. 전체 실험을 통하여 T_H는 320K로 일정하게 유지된다, 가장 낮은 $T_{C_{\min}}$가 얻어지는 조합은

$$T_{C_{\min}} = 244K \text{에 대하여 } I = 32.08A \text{ 이다.}$$

열전기 장치를 통해 이 전류를 구동하는 데 필요한 전압은 16.0V이다.
저항, 열 컨덕턴스, 그리고 열전쌍 배터리의 α는 얼마인가?

5.25 열전쌍의 뜨거운 부분은 열 싱크로서 1기압의 압력에서 373K로 유지되는 어떤 부피의 물을 갖는다. 물 만이 증발에 의해 열을 잃을 수 있다(물론 열전쌍 자체를 통하는 것을 제외하고는 전도는 없다). 물의 증발열은 40MJ/kmole이다. 충분한 물이 있어서 실험하는 동안 저수조는 결코 비워지지 않는다. 열전쌍의 뜨거운 부분으로부터 충분한 열 출력이 제공되어서 물을 적어도 373K로 유지할 수 있다.
이 문제에서 고려되는 모든 온도에서 장치는 다음 값을 가진다고 가정하자.

$$\Lambda R = 300 \times 10^{-6}\, V^2/K.$$
$$\alpha = 0.002\, V/K.$$

또한 Λ은 관심온도 범위에서 변하지 않는다고 가정하자.
이 물질은 예외적으로 높은 α를 가짐을 유념하자. 이 장치는 지금 존재하지 않는다. 이 장치는 2043년에 발명될 것이다. 단지 강조를 위해서 이러한 비현실적인 Seebeck 계수를 설정하였다.
열전쌍의 차가운 부분 역시 처음에 350K로 유지되는 어떤 부피의 액체(물이 아니다)와 접촉하고 있다. 액체(모두 $10cm^3$)는 단열 용기에 들어있으며 증발에 의한 열손실은 무시할 수 있다.
물과 열전쌍의 뜨거운 부분 사이, 또는 열전쌍의 차가운 부분과 차가운 액체 사이에 온도 강하는 없다.
장치를 통해 가해지는 전류를 I=11.67A로 선택하여 초기조건에서 최대 열 펌핑이 제공되도록 한다.

1. 초기에 차가운 액체로부터 공급되는 열 동력은 얼마인가?
2. 만약 실험이 충분히 오랫동안 행해진다면(I=11.67A) 차가운 부분의 액체는 얼마나 차가워지고 뜨거운 부분의 물은 얼마나 뜨거워지는가?
3. T_C=350일 때 뜨거운 물의 증발속도(kg/s)는 얼마인가? 차가운 액체가 가장 낮은 온도에 도달했을 때 속도는 얼마인가?
4. 앞의 항목에서 사용된 전력은 물을 증발시키기 위해서 소요되는 열 동력보다 더 큰가, 동일한가, 아니면 더 작은가? 성취할 수 있는 가장 낮은 온도에 대해서뿐만 아니라 350K의 차가운 액체 온도에 대해서도 이를 수행하여라.
5. 11.67A 전류를 구동하기 위해 필요한 전압은 얼마인가? 두 냉각제 온도 각각에 대하여 이를 계산하여라.

5.26 일반적으로 Seebeck 계수 α는 온도 T의 비선형 함수이다. 어떤 상황에서 계수는 온도와 무관한가?

5.27 전기적으로는 직렬이고 열적으로는 병렬인 127 개의 열전쌍들로 구성된 Peltier 냉각장치 Hypothetical-127의 성능을 나타내는 수반되는 그래프를 참조하자. 이 데이터는 Seebeck 계수 α, 저항 R, 그리고 열 컨덕턴스 Λ가 모두 온도와 무관하다는 단순화한 가정하에 생성된 것들이다. 실제 생활에서 이들 매개변수들은 실제로 온도에 따라 다양하게 변한다.

1. T_H=65℃이고 T_C=-15℃일 때 열린회로 전압을 추정하여라.
2. 위의 조건에서 운전할 때 장치의 성능지수 Z는 얼마인가?
3. 위의 성능지수는 전체 장치(127개의 열전쌍들)에 대한 값이다. 각 개별적인 열전쌍의 성능지수는 얼마인가? 추측하지 말고 결과를 엄밀하게 보여라.
4. 위의 Peltier 냉각장치가 298K에서 338K까지(40K의 ΔT) 22W의 열을 펌핑할 때 뜨거운 부분에서 방출되는 열은 얼마나 되는가?
5. 298K에서 338K까지 열을 펌핑하는 위의 Peltier 냉각장치에서 최적 전류는 얼마인가?
6. α, Λ, 그리고 R 들이 온도와 무관하다고 가정하면 (발전기로 사용되는) 그러한 장치가 최대 효율로 최적화된 부하로 전달하는 전력은 얼마인가? T_H=500K, T_C=300K 이다.

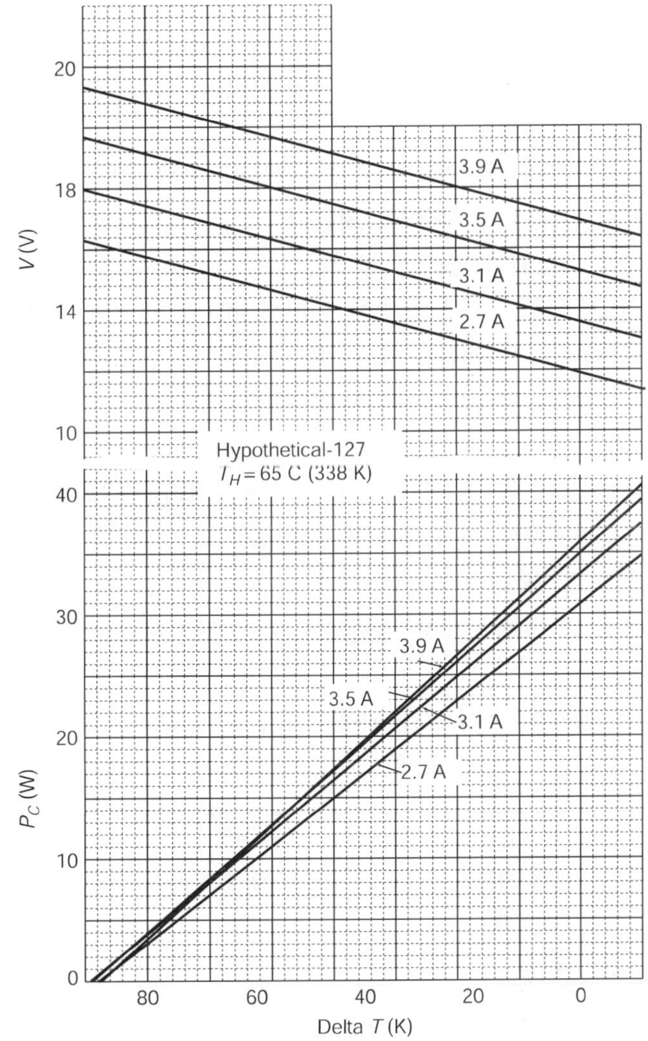

5.28 반도체는 p, 또는 n 전도도를 가질 수 있도록 도핑될 수 있다. 그 성질들(모두 온도와 무관)은 다음과 같다:

	p	n	
α	400	-400	μV/K
ρ	0.005	0.005	Ωcm
λ	0.02	0.02	$Wcm^{-1}\ K^{-1}$
J_{max}	10	10	Acm^{-2}

암모니아는 대기압에서 -33.2℃에서 끓는다. 암모니아가 들어있는 플라스크(1기압)는 비록 단열되었을지라도 5W의 열이 유입되는 것을 허용한다. 암모니아가 끓지 않도록 유지하기 위해서는 플라스크로부터 5W의 열을 끌어내어야 한다. 위에 언급한 물질들을 사용하는 열전쌍으로 이를 수행할 것을 제안하고자 한다. 하나의 단계로는 온도를 원하는 값으로 내리는 것이 불충분하므로 두 단계들을 이용한다. 차가운 단계의 T_H는 261.2K이다. 첫 번째 단계의 T_H는 40℃이다. 두 단계들을 통하는 전류는 동일해야 하며 (이들은 직렬로 연결되어 있다) 물질을 통과하는 최대 허용전류여야 한다. 각 단계는 열 펌핑을 최적으로 하여 주는 전류를 이용해야 한다. 두 단계의 전류에 대한 제약조건은 양립할 수 없는 상황에 이르게 할 수 있지만 실제로는 그렇지 않다. 두 번째 단계는 10개의 열전쌍들로 구성되어 있다.

1. 소비되는 전력은 얼마인가? 모든 열전쌍들이 전기적으로 직렬이라고 가정할 때 시스템에 적용되는 전압은 얼마이어야 하는가?
2. 만약 전력이 공급되지 않으면 불행하게도 열전쌍은 열이 누출되는 좋은 경로가 될 것이다. 냉각 시스템의 외부 표면이 여전히 40℃라고 가정하면 (암모니아가 여전히 액체로 남아있는 한) 유입되는 열은 몇 watt인가? 암모니아의 증발열은 1.38MJ/kg이다. 1kg의 암모니아가 증발되려면 얼마나 오래 걸릴까?

5.29 세 가지의 다른 물질 A, B, 그리고 C를 길이가 Lcm, 단면적이 Acm^2 인 직사각형 프리즘으로 잘라서 테스트를 위해 실험실로 보냈다.

온도차가 정확하게 1K로 유지되는 경우 테스트는 (하나의 면적이 $1cm^2$ 인) 정사각형 면들 사이의 열 동력 흐름 P_H를 정확하게 측정하는 것으로 이루어진다. 각 샘플의 평균온도는 T이다.

나아가 샘플을 통하여 전류 I가 가해진다(전류는 한 정사각형 면에서 다른 면으로 흐른다). 샘플을 가로질러 발생된 전압 V가 측정되며 그 결과는 다음과 같다.

샘플	V(V)	I(A)	P_H(W)	T(K)	$A(cm^{-2})$	L(cm)
A	0.00971	100	0.0257	500	10	1
B	0.00420	100	0.0290	50	2	5
C	22.20	0.001	4.17E-5	1000	8	3

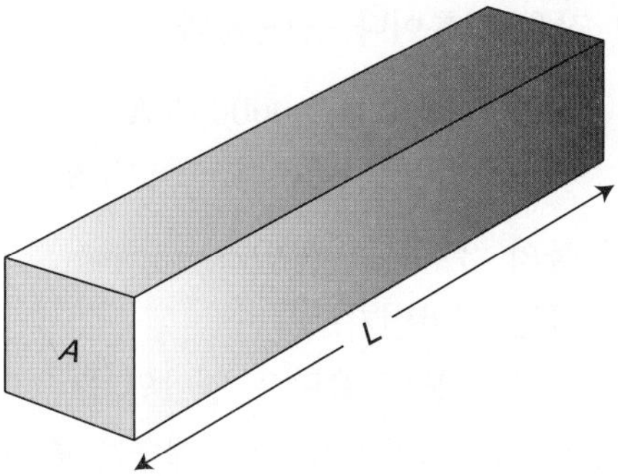

위의 하나, 또는 그 이상의 샘플들에 대한 결과는 불가능한 것일 수도 있다. 만약 그렇다면 어느 것이 그러한지 찾아내고 그 이유를 설명하라.

5.30 어떤 열전기 장치는 n개의 셀로 구성되어있다. 리드에 따른 온도차가 없을 때 저항은 4Ω이다. Λ는 0.3W/K이다. 이 장치를 80K의 온도차에 두면 3-ohm의 부하를 통하여 1.71V를 발생한다.

이 문제를 간단히 하기 위해서 α, R, 그리고 Λ는 모두 온도와 무관하다는 비현실적인 가정을 세운다.

1. 300K에서 350K까지 10watt를 공급하는 전류는 얼마인가?
   열전기 난방 시스템의 성능계수를 요구된 전력에 대한 공급된 열 동력의 비로 정의하여라.
2. 300K에서 주위로부터 열을 추출하여 350K에서 열을 공급할 경우 이전 문제의 장치의 성능계수는 얼마인가? 이를 I의 함수로 나타내어라. COP(성능계수)를 최적화하는 전류를 구하여라. 미분을 취함에 따르는 시간낭비와 오차를 피하도록 한다. 시행착오 수치 풀이 방법을 이용하여라. 이러한 상황에서 공급되는 열은 얼마인가?

5.31 어떤 열전기 발생기는 1000K와 400K 사이에서 작동한다. 발전기의 열린회로 전압은 70.0V이다. 각각의 셀 구조는 최적화되어 있다.

측정에 따르면 발전기가 38.68V에서 5.22A를 공급할 때 최대 효율이 얻어진다.

1. 시스템의 효율은 얼마인가?
2. 단지 100W 만을 부하에 공급할 경우 시스템의 효율은 얼마인가?
3. 200W에서의 효율과 비교해서 100W를 공급할 때 발전기의 효율이 그처럼 작은 이유는 무엇인가?

5.32 하나의 열전쌍이 물이 흐르는 두 개의 열교환기에 설치되어 있다. 유입되는 물은 두 열교환기에서 300K이다. 물은 310K에서 뜨거운 열교환기를 나가고 290K에서 차가운 열교환기를 나가도록 유량이 조절된다. 간단히 하기 위해서 이 온도들은 또한 열전쌍의 두 끝 부분의 온도들이라고 간주한다. 차가운 열 교환기에서 물로부터 정확하게 10W의 열 동력이 제거되도록 열전쌍을 통하여 전류가 흐른다. 이 전류는 차가운 부분으로부터 10W를

공급할 수 있는 가장 작은 전류이다. 열전쌍의 특성은 다음과 같다:

$$\alpha = 0.0006\, V/K.$$
$$\Lambda R = 120 \times 10^{-6}\, V^2/K.$$

1. 차가운 열교환기의 물의 유량은 얼마인가?
2. 열전쌍을 통하는 전류는 얼마인가?
3. 뜨거운 열교환기를 통하는 물의 유량은 얼마인가?
4. 이 냉각장치의 성능계수는 얼마인가? 성능계수는 $\Phi_C = P_C/P_E$로 정의된다.
5. 이와 동일한 열전쌍 및 동일한 T_H와 T_C를 사용하여 더 높은 성능계수에서 작동하는 것이 가능하다. 분명히 차가운 부분으로부터 공급되는 열은 더 이상 10W가 아니다. 달성 가능한 최선의 성능계수는 얼마인가?

5.33 성능계수 Φ_C를 최대로 하는 전류는 다음과 같음을 증명하여라.

$$I = \frac{\Lambda \triangle T}{\alpha \langle T \rangle}(m+1).$$

이는 또한 다음과 같이 쓸 수 있다.

$$I = \frac{\alpha \triangle T}{R(m-1)}.$$

5.34 T_C가 차가운 부분의 온도이고 뜨거운 부분과 차가운 부분 사이의 온도차가 $\triangle T$일 때 열펌프의 Carnot 효율은 $T_C/\triangle T$임을 입증하여라.

5.35 이 책에는 1981년 목성에 대한 Galileo 우주여행에서 사용된 RTG에 대해서 기술되어 있다. 주어진 데이터로부터 이 RTG에서 사용된 연료의 비용을 달러로 계산하여라.

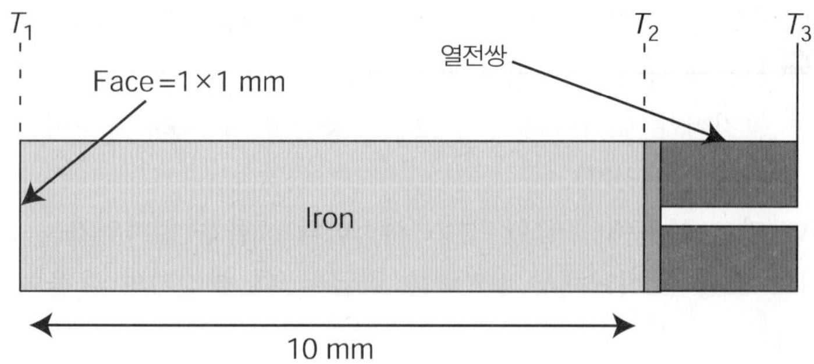

그림은 열전쌍의 특성을 결정하기 위하여 사용된 실험장치를 보여주고 있다. 이 장치는 테스트될 열전쌍이 부착된 순수한 철(전도도=10Wm^{-1} K^{-1})로 만들어진 직사각형의 프리즘으로 구성되어 있다. 철 슬러그는 측면 쪽으로 잘 단열되어 있어서 열은 오로지 작은 면들만을 통하여 유입 유출될 수 있다. 열전쌍의 열린 끝 부분의 온도뿐만 아니라 두 면의 온도들 역시 정확하게 측정될 수 있다. 다른 구성요소들의 모든 성질들은 온도와 무관하다.

테스트#	T_1(K)	T_2(K)	T_3(K)	적용된 전류(A)	관찰된 전압(V)
1		300	300	5	0.1
2	440.6	400	300	0	0.05

위의 표는 수행된 두 개의 다른 테스트들을 열거하고 있다.

1. 위로부터 열전쌍의 성능지수를 계산하라.
2. 테스트 1에서 온도 T_1은 얼마인가?

5.36 단열 스티로폼 용기에 2리터의 물이 들어있다. 각각 다음의 특성들(온도와 무관)을 갖는 10개의 단위들로 구성된 열전쌍 배터리를 사용하여 물을 냉각시키고자 한다:

$$\alpha = 0.055\,V/K.$$
$$R = 4.2\Omega.$$
$$\Lambda = 0.25\,W/K.$$

열전쌍의 뜨거운 부분의 온도는 300K로 일정하게 유지된다.

1. 각 열전쌍 단위로 일정한 4A의 전류를 통하게 할 경우 300K에서 285K로 물을 냉각시키는 데에는 얼마나 오래 걸리겠는가?
2. 냉각 시간을 줄이기 위해서 열전쌍의 조작점을 바꿀 수 있는가? 달성할 수 있는 가장 짧은 냉각시간은 얼마인가?
3. 전류가 이전 문제에서와 같을 때 물을 냉각시키는데 소비되는 전기에너지는 얼마인가? 이를 물로부터 추출한 열에너지와 비교하여라. 시스템의 성능계수는 얼마인가?
4. 이제 성능계수를 최적으로 하기 위하여 전류를 조절하였다고 가정하자. 전류는 얼마인가? 성능계수는 얼마인가?
5. 이 양의 물을 냉각시키는 이상적인(Carnot) 열펌프의 성능계수는 얼마인가?

5.37 300K에서 작동하는 CPU로부터 15W의 열을 공급하고자 한다. 제거된 열은 340K에서 방출되어야 한다. CPU로부터 열펌프의 차가운 부분으로 적절한 열 흐름을 제공하기 위해서 후자는 295K로 유지되어야 한다.

열전쌍은 이전과 같이 전기적으로는 직렬로, 열적으로는 병렬로 연결되어야 할 것이다. 각 열전쌍은 다음의 특성을 갖는다:

$$R = 0.033\Omega.$$
$$\Lambda = 0.002\,W/K.$$
$$\alpha = 0.00043\,V/K.$$

소요되는 열전쌍의 수, 총 전력, 그리고 아래의 각 대안을 고려하여 시스템을 구동하기 위해 필요한 전압을 계산하여라.

a. 전류는 최대 냉각동력을 위해 조절된다.
b. 전류는 최대 성능계수를 위해 조절된다.

5.38 열전기 열펌프의 효율을 향상시킬 수 있는 몇 가지 다른 방법들이 있다. 한 가지는 물론 열전쌍의 배터리 타입을 선택하는 것이다. 그러나 만약 주어진 열전쌍 타입을 사용하도록 제약을 받고 있다면 아마 다른 구조를 테스트하여 보기를 원할 것이다.

특성이 다음과 같은 열전쌍이 주어져 있다:

$$R = 4.2\Omega.$$
$$\Lambda = 0.25\,W/K.$$
$$\alpha = 0.055\,V/K.$$

이들은 세 가지 다른 방식으로 사용될 수 있다:

a. 이들은 아래 그림의 오른쪽에 보인 것처럼 병렬로 사용될 수 있다,

b. 이들은 열적으로 직렬로(왼쪽 그림) 사용될 수 있는데 이 경우 하나의 열전쌍을 통하는 전류는 다른 것을 통하는 전류와 다를 수 있다.

c. 열전쌍들 가운데 하나를 무시하고 하나만의 열전쌍을 사용할 수 있다.

온도들은 그림에 표시되어 있다. 270에서 300K로 5watt를 공급하고자 한다. 즉 P_C=5W 이다.

주어진 경우에서 하나 이상의 수학적인 결과를 얻는다면 낮은 전력을 사용하는 것을 선택한다. 실제 장치에서 어떻게 시스템을 보다 더 경제적인 방식으로 운전되도록 할 수 있는지를 설명하여라.

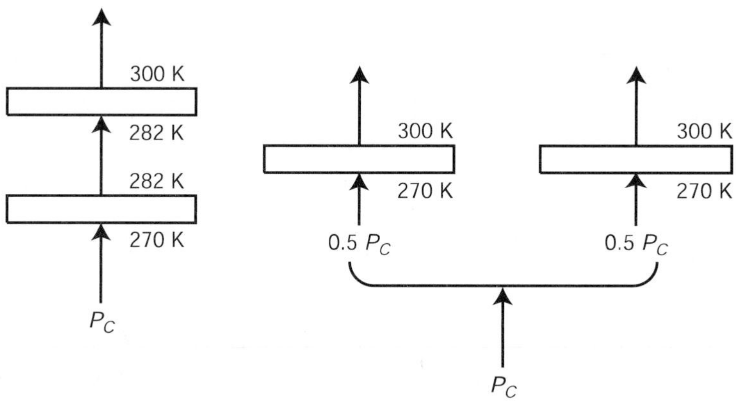

1. 어떤 배열이 가장 좋은 성능계수에 이르도록 하는가?
2. 시스템의 Carnot 효율은 얼마인가?
3. 언급된 타입의 단일 열전쌍을 사용할 경우 달성할 수 있는 가장 낮은 온도는 얼마인가? 열은 300K에서 방출된다.
4. 3번 문제의 조건에서 필요한 전류는 얼마인가?
5. 언급된 타입의 단일 열전쌍을 사용하여 270K에서 300K로 열을 공급할 때 최선의 성능계수는 얼마인가?
6. 5번 문제의 성능계수(COP)를 나타내는 전류는 얼마인가?
7. 5번 문제에서 공급되는 열량은 얼마인가?
8. 5번 문제의 조건으로 작동하기 위해서 적용되는 전압은 얼마인가?

제6장 열전자

6.1 서론

1885년 토마스 에디슨에 의해 밝혀진 열전자 방출은 20세기에 접어들면서 산업적으로 크게 중요해졌지만 1956년에서야 비로소 최초의 열전자 열-전기 변환기가 제시되었다.

진공 열전자 발생기의 작동은 이해하기는 쉬우나 이 장치는 사이전극 공간 내의 전자들에 의해 생성되는 공간 전하 때문에 실제적이지 못하다. 이 공간에 양이온을 포함하는 플라즈마를 주입하여 공간 전하 문제를 극복하였지만 부가적으로 복잡한 문제들이 발생하게 되었다. 공간 전하를 제거하기 위해서뿐만 아니라 추가적인 전자의 원천으로서도 플라즈마의 사용이 필요하게 되었다. 후자의 해결책-점화되는 플라즈마 장치-만이 유용한 열전자 발생기를 바라는 소망을 유지시켜 주고 있다.

이 책에서는 방출과정의 기초, 진공을 통한 전자의 이동, 진공 다이오드 변환기의 작동, 세슘 플라즈마의 생성, 그리고 농도가 충돌 이온화를 무시할 수 있을 만큼 충분히 작을 때의 플라즈마의 거동을 다루고 있으며 마지막으로 충돌 이온화가 기본적으로 중요한 변환기에 대하여 약간 소개하고 있다. 플라즈마의 거동은 너무 복잡해서 이 책에서 자세하게 논의할 수 없다. 플라즈마 다이오드의 작동, 특히 점화 모드에서 작동하는 실제적으로 중요한 부류의 작동에 대해 보다 완벽한 설명을 필요로 하는 사람들은 Ned Razor(1991)의 포괄적인 논문을 참조할 수 있다.

이 장에서 사용된 용어들을 약간 명료하게 해두는 것이 필요하다. 대부분의 전기공학자들은 양의 전극을 "음극(anode)", 음의 전극을 "양극(cathode)"이라고 생각한다. 이것은 오해이다. 그리스어에서 anodos와 kathodos는 각각 "the way up"과 "the way down"을 의미한다. 전기공학에서 이 단어들은 단순히 (전류 흐름의 관습적인 방향을 이용하여) 장치의 유입 및 유출 경로를 의미한다. 그러므로 다이오드에서 음극은 그를 통하여 전기가 장치로 들어가는 전극, 그리고 양극은 나가는 전극이다. 여기에서 음극은 실제로는 전력 공급의 양의 단말부와 연결된 전극이다. 그러나 배터리에서 (관습적으로) 전기는 결과적으로 양극이라고 불리는 양의 전극으로부터 나간다. 용어를 간략화하기 위해서 가능한 경우 열전자 장치의 양극에 대한 발산기, 그리고 음극에 대한 컬렉터와 같이 자체적으로 의미를 갖는 용어를 사용할 것이다.

211

한때 전자공학의 가장 핵심이었던 열전자 장치는 여전히 상당한 규모의 시장을 이루고 있다. 열전자는 대부분의 고성능 라디오와 TV 송신기에 사용되는 진공관과 오실로스코프에서 사용되는 브라운관의 바탕이 된다. 최근에서야 열전자 장치는 TV와 컴퓨터 모니터에서의 우세함을 잃었는데 이 적용분야들은 훨씬 더 소형인 발광 다이오드, LCD, 그리고 플라즈마 패널과 같은 다른 고해상도 장치들에 의해 대체된 분야들이다. 열전자는 또한 클라이스트론, 마그네트론, 그리고 진행파관과 같은 대부분의 마이크로파 튜브들에서 핵심적인 역할을 수행하고 있다.

전통적인 열전자 장치들의 대부분은 진공을 통해 전자가 흐르는 진공 상태 장치였다. 그럼에도 불구하고 때때로 플라즈마는 한때 인기 있었던 수은 증기 정류기와 같은 것들에서 사용되었다. 진공 상태 장치들은 마이크로 전자공학에서 다시 부흥기를 맞이하고 있다. 그러나 이 장치들은 열전자 방출을 이용하지 않는다; 대신에 이들은 필드 방사 현상을 이용한다.† 반면에 이 장은 열전자 열-전기 변환기와 연관되며 필드 방사는 배제하고 있다.

가장 간단한 용어를 빌면 열전자 변환기는 전자를 뜨거운 표면(이미터)에서 비등되어 제거되고 더 차가운 표면(컬렉터)에서 포집되는 열기관이다. 액체를 증발시키는 경우의 비용과 어느 정도 유사하게 고체로부터 전자를 증발시키는 데에는 에너지 비용이 소요된다. 금속이나 반도체로부터 전자를 제거하기 위해 필요한 최소 에너지를 일함수라고 부른다. 일함수를 전자 전하로 나누면 일함수 자체와 동일한 수치값을 갖는 전위(볼트)가 정의된다. 이 경우 전하는 eV로 표시된다. 이 책에서는 전위를 나타내기 위해 기호 Φ를 사용할 것이며 따라서 결과적으로 일함수는 $q\Phi$가 된다. 비록 약간 혼란스럽긴 하지만 열전자 분야의 대부분의 종사자들과 마찬가지로 일함수라는 용어를 사용하여 에너지와 전위를 나타낼 것이다. 독자는 문맥으로부터 두 가지 의미를 구별할 수 있을 것이다.

일함수는 물질을 방출하는 성질에 의존한다; 만약 뜨거운 이미터 표면의 일함수가 차가운 컬렉터 표면의 일함수보다 크다면 그 차이는 부하에서 전기에너지로 이용 가능할 수 있다. 그러므로 이미터가 3eV의 일함수를 가지며 컬렉터가 2eV의 일함수를 갖는다면 총 1볼트의 실제 전위를 부하에 이용할 수 있다.

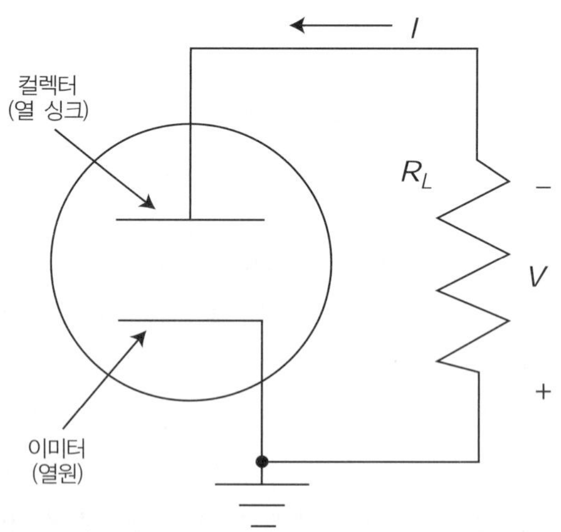

그림 6.1 열전자 발생기.

만약 전자를 유출시키는 방편이 없다면 이미터로부터 비등되어 제거되는 전자는 컬렉터에 축적된다. 이는 컬렉터로부터 이미터까지의 외부 경로를 설치하여 이루어질 수 있다. 이 경로는 그

† Iannazzo(1993)의 진공 마이크로 전자공학 개관을 참조.

림 6.1에 나타낸 바와 같이 전류 I가 순환하는 부하저항 R_L을 포함할 수 있다. 외부 전압 강하는 전자 흐름과 반대되는 사이전극 전기장을 생성한다. 컬렉터, 또는 음극은 열전자 발생기의 음단자임을 주목하자. 그림에서 다이오드는 전자공학에서의 관습적인 기호로 표시되어 있다.

부하에서 발산되는 에너지는 이미터 열 입력으로부터 유래된다. 요구되는 높은 온도로부터 상당한 열복사 손실이 초래된다. 이미터-컬렉터 공간에서 진공 갭을 가로지르는 큰 전류를 작동하는 것은 어렵다. 이 어려움을 회피하기 위해서 진공은 양이온 기체로 대체될 수 있다. 불행하게도 이는 전자와 이온 사이의 충돌에 의한 추가적인 손실을 초래한다.

열전자 변환기들은 비록 열 기관이며 Carnot 효율에 의해 제한될지라도 중요한 이점을 제공한다:

1. 이들은 기계적 열기관과 같이 기계적 에너지를 생성하지 않고 직접 전기에너지를 산출한다.
2. 이들은 높은 온도에서 작동하며 이에 상응하는 높은 Carnot 효율이 얻어진다.
3. 이들은 고온에서 열을 방출함으로써 공간 적용에서 열 싱크의 디자인을 간소화시켜주며 토핑 엔진으로서 유용하게 하여 준다.
4. 이들은 높은 동력 밀도에서 작동함으로써 고가 재질의 사용을 줄인 소형 장치가 되게 한다.
5. 이들은 낮은 압력에서 작동하며 움직이는 부분을 갖지 않는다.

열전자 엔진의 작동을 더 잘 이해하려면 수반되는 두 가지 기본 과정, 즉 고체 표면으로부터의 전자의 열 방출과 전극 간 공간을 지나는 전자들의 이동을 개별적으로 고려해 보는 것이 유용하다.

6.2 열전자 방출

정성적으로는 열전자 방출을 이해하는 것은 쉽다. 절대 영도 이상의 임의의 온도에서 금속이나 반도체의 자유전자는 불규칙한 방식으로 둘레를 움직이며 그 속도분포는 온도의 함수이다. 온도가 충분히 높을 경우 일부 전자들은 그들을 통상적으로 고체 안에 머무르게 하는 힘을 극복하기에 충분한 에너지를 갖는다. 그러나 전자가 탈출 에너지 이상의 에너지를 갖는 것으로는 충분하지 않다; 전자들은 또한 방출면과 직각인 속도성분과 연관되는 과잉 운동에너지를 가져야 한다.

열전자적으로 방출되는 전자 전류는 Φ에 지수적으로 의존한다:

$$J_0 = q\frac{4\pi}{h^3}mk^2T^2\exp\left(-\frac{q\Phi}{kT}\right) = A_{th}T^2\exp\left(-\frac{q\Phi}{kT}\right), \tag{6.1}$$

여기에서

$$A_{th} \equiv \frac{4\pi mqk^2}{h^3}. \tag{6.2}$$

A_{th}는 **이론적 방출 상수**이다. 전자의 질량을 9.1×10^{-31}kg으로 취한다면 A_{th}는 1.20×10^6 A (단위) $m^{-2}K^{-2}$의 값을 갖는다. 실제 전자의 질량은 물질에 따라 어느 정도 변한다. 식 6.1은

열전자 방출에 관한 연구로 1928년 노벨 물리학상을 받은 Owen Williams Richardson을 기념하여 **Richardson 식**으로 알려져 있다.

일함수는 방출 표면의 특성이다. 이는 온도에 의존하는 양이기 때문에 T의 잘 거동하는 함수일 것이라는 타당한 가정을 할 수 있으며 따라서 상응하는 전위는 다음과 같이 표현할 수 있다.

$$\Phi = \Phi_0 + a_1 T + a_2 T^2 + \ldots e\,V. \tag{6.3}$$

보다 고차항의 계수는 아마도 무시할 수 있을 만큼 작을 것이다. 따라서 선형항 뒷부분을 버리면 Richardson 식은 다음과 같이 된다.

$$\begin{aligned} J_0 &= A_{th} T^2 \exp\left[-\frac{q}{kT}(\Phi_0 + a_1 T)\right] = A_{th}\exp\left(-\frac{q}{k}a_1\right) T^2 \exp\left(-\frac{q\Phi_0}{kT}\right) \\ &= A T^2 \exp\left(-\frac{q\Phi_0}{kT}\right), \end{aligned} \tag{6.4}$$

여기에서

$$A \equiv A_{th}\exp\left(-\frac{q}{k}a_1\right). \tag{6.5}$$

이미터 표면의 성질에 의존할 뿐만 아니라 나아가 이미터의 온도에도 의존하는 일함수 Φ와 함께 모든 이미터들에 대하여 동일한 이론적 방출 상수를 사용하여 Richardson 식(식 6.1)을 쓰는 것이 보통이다. 또는 비록 온도와 무관하지만 이미터의 성질에 의존하는 방출 상수와 함께 일함수가 온도에 따라 변하지 않는 (그러나 여전히 이미터의 성질에 의존하는) Richardson 식(식 6.4)을 선택할 수 있다. 첫 번째 옵션은 방출 현상의 물리적 성질을 더 잘 나타내는 반면에 두 번째 옵션은 사용하기가 더 쉽다. 실험적인 열전자 방출 데이터는 보통 A와 Φ_0 값들의 표로 정리된다. 두 번째 옵션을 사용할 경우 절대 영도에서의 일함수 값을 사용해야 한다는 사실에 따라 하첨자 0을 없애는 것이 관례이다.

표 6.1 일부 열전자 이미터들의 성질.

물질	일함수 Φ_0 (eV)	방출 상수 A ($Am^{-2}\ K^{-2}$)	용융점 (K)	온도계수 eV/K
Pt	5.32	320,000	2045	0.000114
Ni	4.61	300,000	1726	0.000120
Cr	4.60	480,000	2130	0.000079
W	4.52	600,000	3683	0.000060
Mo	4.20	550,000	2890	0.000067
Ta	4.19	550,000	3269	0.000067
Th/W	2.63	30,000	-	
BaO+SrO	1.03	100	-	0.000318
Cs	1.81	-	302	0.000810

표 6.1은 열전자 장치로 사용되는 전형적인 몇 가지 물질들의 성질을 보여주고 있다. 일함수는 1eV에서 5eV를 조금 넘는 값까지 변하는 반면에 겉보기 방출 상수 A는 100에서 600,000 $Am^{-2}K^{-2}$에 이르는 더 넓은 범위에 걸친다. 이는 서로 다른 물질에서 Φ의 온도 계수가 변하는 결과이다.

Φ는 물질이 제조되는 정확한 방법과 그 표면의 상태에 민감하다는 사실은 강조되어야 한다. 표의 값들 가운데 일부는 가능한 한 표면이 깨끗한 물질의 단일 결정들에 해당된다.

전자공학에서 사용되는 장치들은 낮은 일함수를 갖는 재질로 만들어진 이미터들로 인한 이점을 취하는데 그 이유는 이에 따라 상대적으로 낮은 온도에서 작동하는 것이 가능해져서 열 에너지가 절약되며 때로는 장치의 사용 수명이 연장되기 때문이다. 그러므로 산소로 코팅된 이미터 (BaO+SrO)는 작은 진공관에 널리 쓰였다. 그러나 이미터 수명은 여전히 세라믹 결정체 사이의 계면의 취약함에 의해서 제한되어진다.

각 이미터는 선호하는 작동온도를 지닌다. 텅스텐 필라멘트는 2500K에서 가장 잘 작동하며 토륨화 텅스텐 이미터는 1900K에서, 그리고 산화물은 1150K에서 가장 잘 작동한다. 토륨화 텅스텐 이미터는 그 일함수가 순수한 텅스텐에 비해 더 작고 수명이 더 길기 때문에 여전히 고출력 진공관에서 사용되고 있다. 순수한 텅스텐이 통상적인 작동온도로 가열되면 단일 결정체가 성장하는 경향이 있는데 이는 균열이 발생하면서 생겨나는 계면에서 일어난다. 토륨의 존재는 이 결정들의 성장을 방해한다.

열전자 에너지 변환기는 이미터의 일함수가 컬렉터의 일함수보다 더 클 것을 필요로 한다. 대부분의 변환기는 세슘을 사용하여 공간전하를 상쇄하며 (6.7.1 절을 참조) 세슘은 차가운 컬렉터 표면에서 응축되는 경향이 있기 때문에 컬렉터의 일함수는 보통 1.81eV로서 거의 세슘의 일함수와 비슷하다. 그러므로 이미터는 1.81eV 이상의 일함수를 가져야 한다.

Φ에 대한 지수적인 의존성으로 인하여 이미터 전류는 A보다 Φ에 더 민감하다. 예를 들면 보통의 작동온도인 1150K에서 BaO+SrO 이미터의 전류 밀도는

$$J_0 = 100 \times 1150^2 \times \exp\left(-\frac{1.03q}{1150k}\right) = 4090\,Am^{-2}. \tag{6.6}$$

같은 온도에서 6000배나 큰 이미터 상수 A를 가짐에도 불구하고 텅스텐 이미터는 더 작은 전류를 생성한다:

$$J_0 = 600{,}000 \times 1150^2 \times \exp\left(-\frac{4.52q}{1150k}\right) = 1.3 \times 10^{-8} Am^{-2}. \tag{6.7}$$

이 때문에 텅스텐 이미터는 높은 온도에서 작동한다.

높은 온도가 전자 방출의 유일한 요인이 되는 것은 아니다. 이는 광자의 영향(**광전기 방출**), 소립자의 영향, 특히 전자 자체의 영향(**2차 방출**) 그리고 앞 절에서 이미 언급된 강한 전기장을 포함하는 몇 가지의 다른 매커니즘에 의하여 이루어질 수 있다. 열전자 장치의 이미터 근처의 강한 장들은 방출된 전류의 크기를 변화시킬 것이다. 대부분의 열전자 발생기에서 이러한 장은 그들의 효과를 무시할 수 있을 만큼 충분히 작다.

6.3 전자이동

가장 간단한 열전자 발생기는 충분히 높은 온도 T_H로 가열되어 더 낮은 온도 T_C에서 작동하는 흡수표면(컬렉터) 근처에 위치하는 방출표면으로 구성된다. 이 표면들 사이의 공간은 진공이다. 열원은 불꽃, 핵 반응기, 핵붕괴에 의한 열, 농축된 햇빛 등과 같은 임의의 원하는 성질을 지닌 것일 수 있다.

장치의 기하학적 구조는 성능에서 어떤 역할을 하지만 여기에서는 단지 2개의 병렬판 전극들만을 고려할 것이다. 그 이유는 이것이 분석하기에 가장 쉬운 형태이기 때문이다.

전자가 이미터를 떠나 전극 간 공간을 통해 컬렉터로 이동하기 때문에 모든 상황에서 외부 전류의 관례적인 방향은 이미터에서 컬렉터로 향한다. 바꿔 말하면 컬렉터는 음극이고 이미터는 장치의 양극이다.

장치가 발생기로 동작할 때에는 그림 6.2에 나타낸 것처럼 장치는 부하에 연결된다. 부하를 지나는 전압 강하로 인하여 컬렉터가 이미터에 대해 음극화된다; 방해하는 전극 간 전위가 존재한다. 전기적 적용에서 장치는 보통 컬렉터가 이미터에 대하여 양이 되게 하는 외부적으로 적용된 바이어스와 함께 작동되며 촉진 전극 간 전위가 생성된다. 그림 6.3을 참조하자.

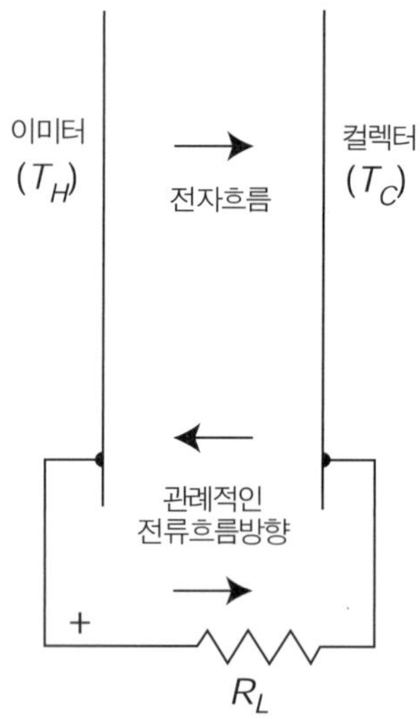

그림 6.2 기본적인 열전자 발생기.

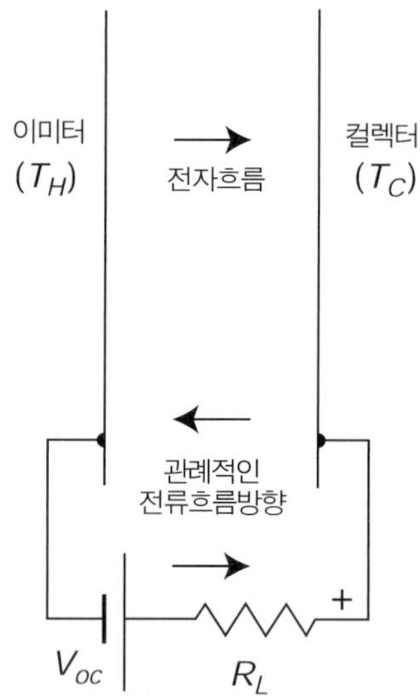

그림 6.3 전향 바이어스된 열전자 다이오드.

촉진 다이오드와 함께 모든 방출된 전자는 컬렉터에 도달해야만 한다고 결론지을 수 있다. 즉 전극 간 전류밀도 J는 방출되는 전류 J_0와 같아야 한다는 결론을 내릴 수 있다. 그러나 흔히 J는 J_0보다 더 작다-장치는 공간전하로 제한, 혹은 불포화 되어있다. 반면에 $J = J_0$일 때는 방출로 제한, 또는 포화되었다고 말한다.

대부분의 열전자 증폭기는 공간전하의 제한 하에서 작동한다; 장치를 통하는 전류는 적용된 전압에 따라 좌우되며 후에 논의될 Child-Langmuir 법칙에 의해 주어진다. 최대 효율을 위해서는 열전자 발생기는 가능한 한 최대의 전류밀도에서 작동해야 하며 따라서 방출 제한이어야 한다.

일부 장치들의 전극 간 공간에 존재할 수 있는 것과 같은 진공에서는 방출되는 전자를 분산시키는 매커니즘은 없다. 결과적으로 전자의 움직임은 국부적 전기장, 혹은 달리 말하면 전극 간 전위에 의한 에 의한 간단한 방법으로 기술된다.

병렬판 장치의 전극 간 공간에서 전하의 부재는-즉 판들 사이에 방출전자가 없다면-전기장은 일정하고 전위는 기준 전극으로부터의 거리에 따라 선형적으로 변한다(그림 6.3의 이미터). 그림 6.4의 곡선을 보자. 이 공간에 주입된 단일 전자는 일정한 가속을 받을 것이다. 그러나 만약 전자의 수가 많다면 그들의 축적된 전하는 전위 프로파일을 변화시켜 휘어지게 할 것이다-곡선 b.

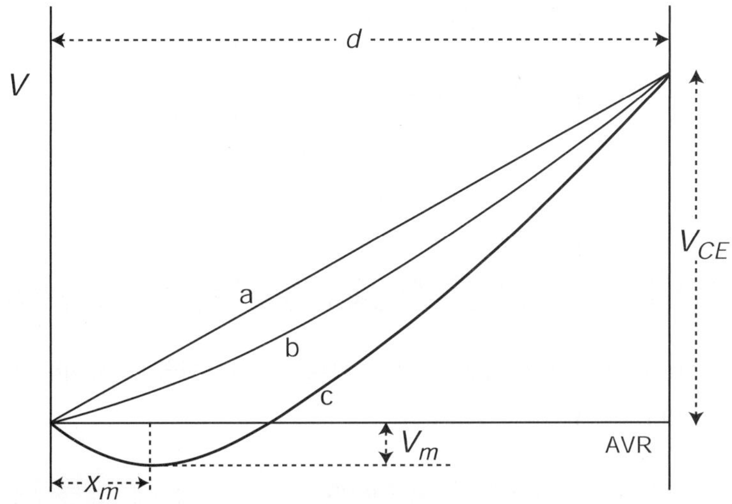

그림 6.4 평면형 열전자 다이오드를 통한 전위.

만약 전극 간 공간에 전자의 수가 충분히 크다면 전위 프로파일은 휘어져서 이미터 근처의 전기장이 음이 될 것이며(곡선 c) 따라서 방출된 입자들에 방해력을 가하게 될 것이다. 충분한 초기 속력으로 방출된 전자들만이 이 장벽을 극복하여 컬렉터로 가는 길을 찾을 수 있다. 이는 전류를 최대 이미터 용량에 상응하는 값보다 더 작은 값으로 제한시킨다.

6.3.1 Child-Langmuir 법칙

거의 모든 열전자 발생기는 포화된 방출 상태에서 작동한다-즉 전극 간 공간에 실질적인 공간전하가 없이 작동한다. 그러한 조건에서 전류는 전압에 의존하지 않는다. 그러나 공간전하의 존재가 어떻게 전류를 제한시키는지를 더 잘 이해하기 위해서 장치가 불포화일 때의 전류와 적용된 전압 사이의 관계를 이루는 식을 유도하기로 한다.

전류밀도 J_0를 방출할 수 있으며 $x=0$ 면에 위치한 평면으로 구성되는 전자원(이미터)을 고려하여 보자. 그림 6.5를 살펴보자. 이미터와 평행하게 d의 거리를 두고 다른 평평한 표면(컬렉터)이 위치하고 있다. 전극들 사이에는 완벽한 진공이 유지된다. 처음에는 전자가 운동에너지 없이 방출된다고 가정하자-전자는 단지 이미터 밖으로 스며 나온다.

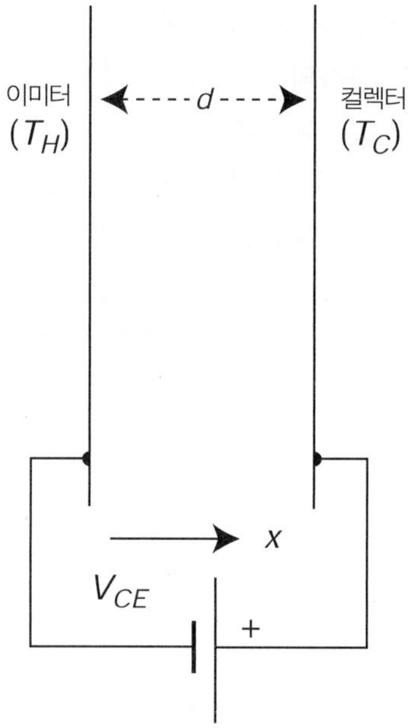

그림 6.5 진공 다이오드.

전위가 적용되어 이미터에서 컬렉터로 전자를 가속시킨다. 전극들 사이에서 전류밀도 J(여기에서 $J \leq J_0$)가 형성된다:

$$J = qnv, \tag{6.8}$$

여기에서 q는 전자의 전하, n은 전자농도(단위 부피당 전자의 수), 그리고 v는 전자의 속도이다. J는 전하의 플럭스이다.

J는 전극 간 공간 어디에서든 일정해야만 하지만 n과 v는 모두 x의 함수이다. 어떤 면 x에서 J와 전위 V 사이의 관계를 규명하고자 한다. $V_{(x=0)} = 0$로 취하기로 한다. 그러면 전자의 방출속력을 0으로 가정하였으므로

$$\frac{1}{2}mv^2 = qV, \tag{6.9}$$

이며 이로부터

$$qn = J\sqrt{\frac{m}{2q}}\, V^{-1/2}. \tag{6.10}$$

그러나 전극들 사이를 통과 중에 전자의 존재는 공간전하밀도 qn을 따르며 이로부터 Poisson 식에 의하면

$$\frac{d^2 V}{dx^2} = -\frac{nq}{\epsilon_o}, \tag{6.11}$$

여기에서 ϵ_0은 진공의 유전율이다. 그러므로

$$\frac{d^2V}{dx^2} = -\frac{J}{\epsilon_0}\sqrt{\frac{m}{2q}}\,V^{-1/2} = -KV^{-1/2}, \tag{6.12}$$

여기에서

$$K \equiv \frac{J}{\epsilon_0}\sqrt{\frac{m}{2q}}\,. \tag{6.13}$$

식 6.12를 풀면

$$V = a + bx^{\alpha}. \tag{6.14}$$

$V_{(x=0)} = 0$인 조건으로부터 $a=0$이다. 따라서

$$\alpha(\alpha-1)bx^{\alpha-2} = -Kb^{-1/2}x^{-\alpha/2}; \tag{6.15}$$

결과적으로

$$\alpha - 2 = -\frac{\alpha}{2} \quad \therefore \quad \alpha = \frac{4}{3}, \tag{6.16}$$

그리고

$$\frac{4}{9}b = -Kb^{-1/2} \quad \therefore \quad b^3 = \left(-\frac{9}{4}K\right)^2 = \left(\frac{9}{4}K\right)^2, \tag{6.17}$$

$$b = \left(\frac{9}{4}K\right)^{2/3}. \tag{6.18}$$

그러므로

$$V = \left(\frac{9}{4}K\right)^{2/3} x^{4/3}. \tag{6.19}$$

K를 식 6.13의 값으로 대체하고 J에 대하여 풀면

$$J = \frac{4}{9}\epsilon_0\sqrt{\frac{2q}{m}}\,\frac{V^{3/2}}{x^2} = \frac{2.33\times10^{-6}}{x^2}V^{3/2}\,Am^{-2}. \tag{6.20}$$

$V = V_{CE}$(컬렉터-이미터, 또는 음극 전압)이면 $x=d$이다. 여기에서 d는 전극 간 공간이다. 그러므로

$$J = \frac{2.33\times10^{-6}}{d^2}V_{CE}^{3/2}\ \ Am^{-2}. \tag{6.21}$$

보다 일반적으로 식은 전류밀도가 아닌 전류로 표현되며 **Child-Langmuir 법칙**으로 알려져 있다.

$$I = BV_{CE}^{3/2}. \tag{6.22}$$

퍼비언스 B는 다음과 같이 주어진다.

$$B = \frac{2.33 \times 10^{-6}}{d^2} A, \tag{6.23}$$

여기에서 A는 전극면적이다.

Child-Langmuir 법칙은 어떤 모양의 다이오드에도 적용된다; 그러나 퍼비언스는 장치의 특정 구조에 따라 좌우된다.

실제로 전자는 이미터에서 스며 나오지 않는다; 전자는 다양한 속도로 내보내어진다. 이전에 설명한 바와 같이 전자들이 컬렉터로 이동하는 동안에 전극 간 영역에서의 전위를 그들이 없을 때보다 더 낮게 하여 주는 공간전하를 형성한다. 사실 이미터 근처의 영역에서의 전위는 이미터 자체의 전위보다 더 음성을 띠게 되어 지연되는 전기장, 또는 장애물을 생성한다.

Child-Langmuir 법칙은 그러한 실제 다이오드에서는 유효하지만 퍼비언스는 이제 거리 $d - x_m$의 함수이며 전류는 $(V + V_m)^{3/2}$에 비례한다. x_m은 이미터로부터 전위가 최소값에 도달하는 면까지의 거리이다(그림 6.4를 참조하자). 이 면은 가상 이미터를 나타낸다. V_m은 $x = x_m$에서의 전위이다.

공간전하의 존재 하에서도 만약 충분한 전향 바이어스가 적용된다면 열전자 다이오드는 포화될 수 있다. 그 이미터가 2500K로 가열된 텅스텐판인 다이오드를 고려하여 보자. 이 온도에서 텅스텐은 면적 1제곱미터 당 300ampere를 방출한다: $J_0 = 3000 Am^{-2}$. 만약 컬렉터-이미터 전압 V_{CE}가 충분히 작다면 $J < J_0$이고 Child-Langmuir 법칙은 유효하다. 더 높은 컬렉터-이미터 전압에서 이 법칙으로부터 양극의 방출능력보다 더 큰 전류를 예상할 수 있다.

큰 V_{CE}에서는 이것이 불가능하므로 J는 V_{CE}값에 무관하게 J_0와 동일한 채로 남아있다. 그러한 포화를 유발하는 전압은 장치의 퍼비언스, 즉 전극 간 공간 d에 의존한다. 공간이 더 커질수록 포화전압은 더 높아진다.

서로 다른 퍼비언스를 갖는 두 다이오드의 $V - J$ 특성이 그림 6.6에 나타나 있다. 1-mm의 전극 간 공간을 갖는 다이오드는 제한된 영역의 공간전하에서 작동될 것이다; 즉 컬렉터 전압이 118V, 또는 그 이하인 한 Child-Langmuir 법칙을 따를 것이다. 이 전압 이상에서는 포화상태가 될 것이다. 0.2-mm 공간을 갖는 다이오드는 단지 13.8V에서 포화된다.

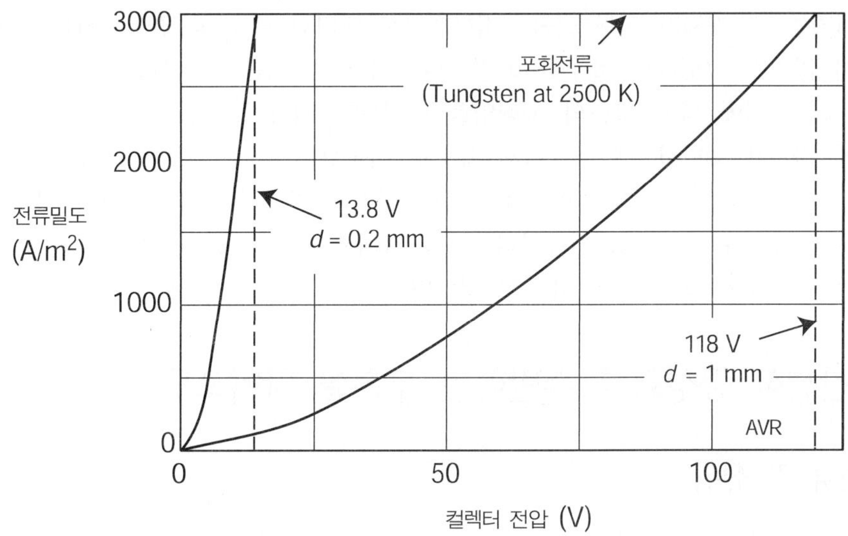

그림 6.6 두 전공 열전자 다이오드의 $V-J$ 특성.

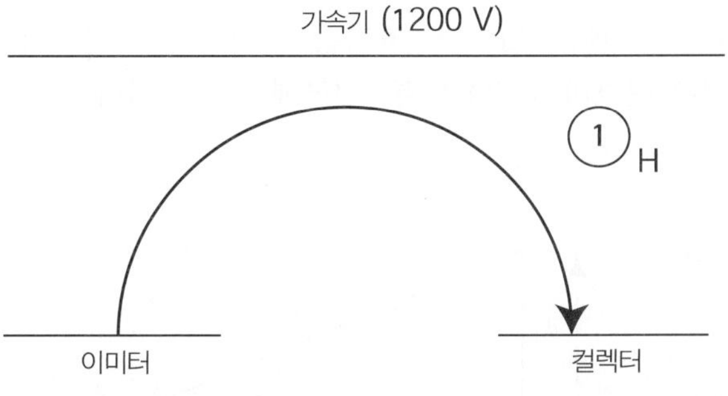

그림 6.7 효율적으로 0의 전극 간 공간을 갖는 진공 다이오드.

열전자 변환기는 역 바이어스에서 자동하며 그의 전류는 전극 간 영역의 실제 공간전하에 의해 엄격하게 제한된다.

전하의 총 양을 줄이기 위해서 전극들은 서로 매우 가까이 위치시켜야 하거나 혹은 공간전하 중성화 기법을 도입해야 한다. 10μm 정도의 작은 공간을 갖는 장치들이 만들어 졌지만 큰 전극 면적을 갖도록 만드는 것은 어렵다.

그림 6.7의 형태를 이용하여 0의 전극 간 공간을 얻는 것은 (최소한 이론적으로는) 가능하다. 이미터와 컬렉터는 같은 평면상에 있으며 세 번째 전극인 가속기를 향하고 있다.

이를테면 200V 정도의 전압이 이미터와 가속장치 사이에 가해진다. (그림의 면에 수직인) 자기장은 전자의 경로를 가속장치에서 컬렉터 쪽으로 휘어지게 한다. 이 장치의 효과적인 퍼비언스는 무한대이다; 즉 전류는 항상 포화상태이다. 이상적인 경우 전자는 가속장치에 도달하지 않기 때문에 가속장치에서는 전력이 사용되지 않는다. 그러나 실제로 억제된 양의 에너지를 사용하여 상당한 양의 전자들이 이 전극에 다다른다. 공간전하의 효과를 피하기 위해 전극 간 공간을 충분히 줄이거나 어떤 계획을 사용하는 것은 비현실적인 것으로 보인다.

고체에서 자유전자(또는 다른 운반자)의 표류속도는 장애물과의 빈번한 충돌에 의해 제한된다.

흩어진 에너지는 그 자체가 전류흐름의 저항으로서 나타난다. 비록 진공에서는 전자를 분산시키는 장애물이 없지만 그럼에도 불구하고 전류의 자유로운 흐름에 심각한 장애가 존재한다: 전자 자체는 그들의 존재에 의해 그들의 움직임을 방해하는 경향이 있는 공간전하를 생성한다. 만약 진공 대신에 전자가 희박한 양이온 기체 속으로 이동한다면 (손실을 수반하는) 어떤 분산이 있을 것이지만 공간전하는 중성화되고 전류흐름에 대한 정전기적 방해는 사라진다. 열전자 발생기의 대부분은 공간전하 중성화를 이용한다. 다음 절에서는 전극 간 공간에 공간전하가 없다는 가정하에 열전자 다이오드의 거동을 유도할 것이다.

6.4 공간전하 중성화를 수반하는 무손실 다이오드

6.4.1 전극 간 전위

열전자 다이오드 장치를 통하여 큰 전류를 끌어내기 위해서는 전극 간 공간전하는 중성화되어야 한다. 그러므로 공간전하가 없는 경우로 관심을 제한하기로 한다. 그러한 상황에서 평면 다이오드에서는 전위는 이미터로부터의 거리에 따라 선형적으로 변한다.

만약 전극이 외부에서 쇼트되어 있고 열전효과를 무시한다면 컬렉터와 이미터 사이에 전위차는 없다: 에너지 기준 레벨(**페르미 레벨**)은 두 전극에서 동일하다. 그림 6.8은 쇼트된 다이오드의 전압을 보여주고 있다.

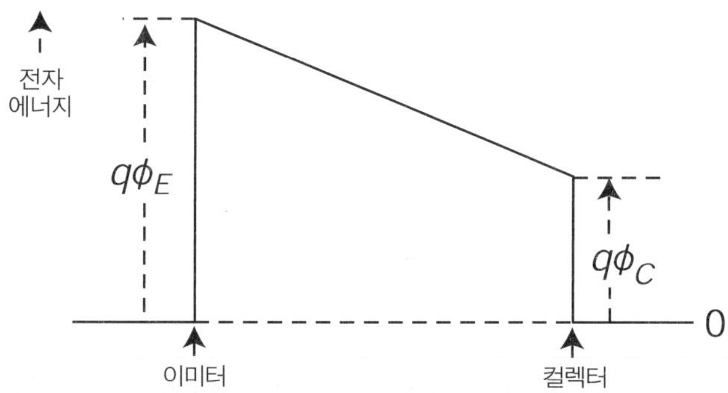

그림 6.8 회로가 쇼트된 열전자 다이오드의 에너지 레벨.

Φ_E는 이미터의 일함수를 의미하고 Φ_C는 컬렉터의 일함수를 의미한다. 종좌표가 클수록 전위(볼트)가 더욱 음성으로 됨을 주목하자. 이미터로부터 자유로워지기 위해서는 전자는 (적어도) 에너지 $q\Phi_E$를 가져야 한다; 다시 말하면 이미터 바로 바깥쪽의 (페르미 레벨로 지칭되는) 전위는 $-q\Phi_E$이다. 그림은 $\Phi_E > \Phi_C$인 경우를 나타낸다.

우리는 전압이 위쪽으로 증가되도록 나타내는 그래프에 익숙하기 때문에 그림 6.8의 위아래를 바꾸어 그림 6.9에 다시 나타내었다. 컬렉터 바로 바깥쪽의 전위는 이미터 바로 바깥쪽의 전위보다 더 양성을 띠며 이 때문에 (공간전하가 결여된 상태에서) 다이오드 전류 J가 포화상태, 즉 컬렉터로부터의 방출을 무시할 수 있는 경우 $J = J_0$임을 알 수 있다:

$$J_0 = AT^2 \exp\left(-\frac{q\Phi_E}{kT}\right). \tag{6.24}$$

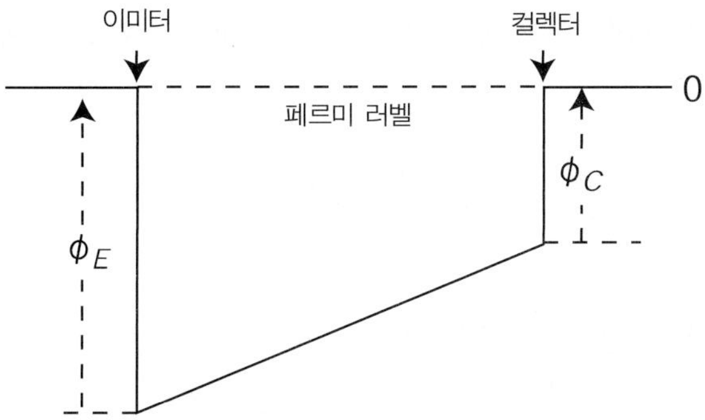

그림 6.9 회로가 쇼트된 열전자 다이오드의 전압.

그림 6.1에 보인 바와 같이 부하가 컬렉터와 이미터 사이에 외부적으로 위치하는 경우 발생기로부터의 전류는 이 부하를 가로질러 이미터에서 가까운 말단부가 양이 되는 방식으로 전압 V의 생성을 유발한다. 이 경우 전위분포는 그림 6.10에 보인 것과 유사하다.

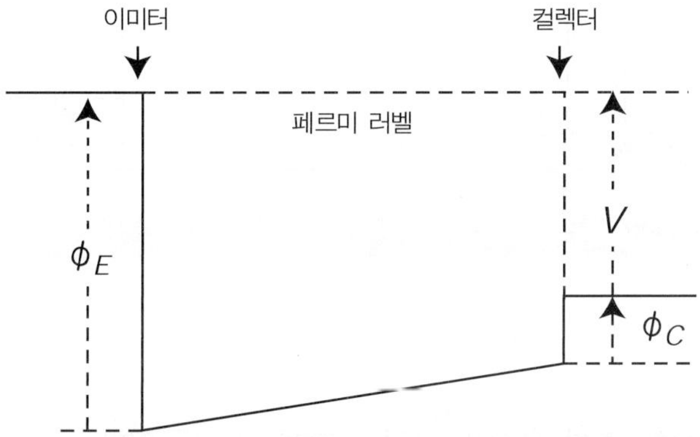

그림 6.10 부하와 연결된 열전자 다이오드의 전압($V+\Phi_C < \Phi_E$).

$|V+\Phi_C| < |\Phi_E|$인 한 전극 간 전압은 전자를 가속시키고 전류밀도는 J_0과 같게 유지될 것이다. 그러나 V가 위의 부등식을 무효화시킬 만큼 충분히 크게 변한다면 전극들 사이에서 방해전위 V_R이 다음의 크기로 발생된다.

$$|V_R| = |V+\Phi_C - \Phi_E| = |V - \Delta V|, \tag{6.25}$$

여기에서

$$\Delta V \equiv \Phi_E - \Phi_C. \tag{6.26}$$

그림 6.11을 참조하자.

이러한 상황에서는 이미터 안쪽에서 전체 장벽 $q(V+\Phi_C)$보다 큰 에너지를 갖는 전자들만이 컬렉터에 도달할 것이다. 전류밀도는 여전히 Richardson의 법칙에 의해 지배되지만 유효 장벽은 이제 전보다 더 크다. 이미터로부터의 전자들은 이제 방출 장벽 $q\Phi_C$ 뿐만 아니라 추가적인 장벽 qV_R도 극복해야 한다. $q(\Phi_E+V_R)=q(\Phi_C+V)$ joule 이상의 전자들만이 컬렉터에 도달할 수 있다:

$$J=AT^2\exp\left[-\frac{q}{kT}(V+\Phi_C)\right]=AT^2\exp\left[-\frac{q}{kT}(\Phi_E+V-\Delta V)\right]$$

$$=J_0\exp\left[-\frac{q}{kT}(V-\Delta V)\right]. \tag{6.27}$$

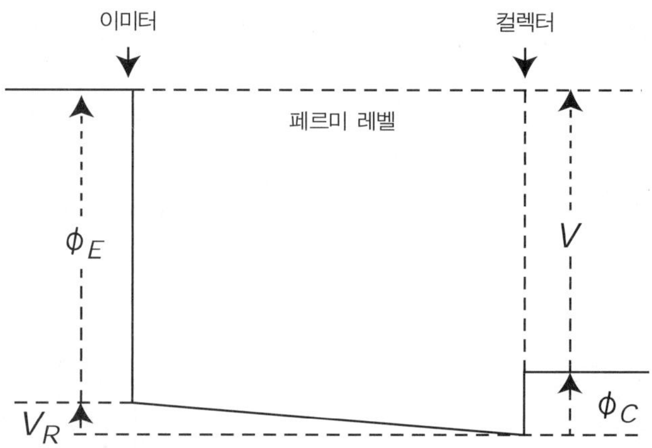

그림 6.11 부하와 연결된 열전자 다이오드의 전압($V+\Phi_C>\Phi_E$).

6.4.2 V-J 특성

열전자 발생기의 J 에 대한 V의 특성은 그림 6.12에 나타나 있다.

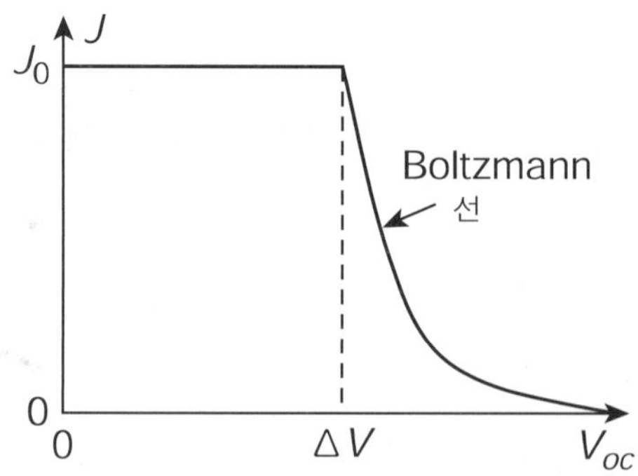

그림 6.12 중성화된 공간전하를 갖는 다이오드 발생기의 전압에 대한 전류밀도.

텅스텐 이미터($\Phi_E = 4.52 eV$)와 세슘 플라즈마($\Phi_C = 1.81 eV$)를 갖는 다이오드를 고려하여 보자. 컬렉터 상에서의 세슘의 응축으로 인하여 컬렉터는 세슘 일함수로 작동한다.

J 에 대한 V 곡선의 분기점은 V=4.52-1.81=2.71V에서 발생할 수 있다. 실험적으로는 적어도 이 부분에서 전극들 사이의 온도차에 의해 생성되는 열전기 전압으로 인하여 2.5V에서 발생한다.

6.4.3 열린-회로 전압

방출된 전자의 가정된 맥스웰 에너지 분포(일부 전자들에 대하여 거의 무한대의 속도값을 부여한다)에서 무한대의 방해 전위만이 모든 전자들을 멈출 수 있기 때문에 열전자 다이오드의 열린-회로 전압은 무한대여야 하는 것으로 보인다. 사실 이미터로부터의 고에너지 전자들의 약한 전류는 컬렉터로부터의 작은 광전자 전류와 열전자 전류에 의해 상쇄되기 때문에 열린-회로 전압은 크지 않다.

열린-회로 상태에서(광전 효과와 열전 효과를 무시)

$$J_E = J_C, \tag{6.28}$$

그리고

$$|V + \Phi_C| > |\Phi_E|. \tag{6.29}$$

$$A_E T_E^2 \exp\left[-\frac{q}{kT_E}(V + \Phi_C)\right] = A_C T_C^2 \exp\left[-\frac{q}{kT_C}\Phi_C\right], \tag{6.30}$$

$$\exp\left[-\frac{q}{kT_E}V - \frac{q}{k}\Phi_C\left(\frac{1}{T_E} - \frac{1}{T_C}\right)\right] = \frac{A_C}{A_E}\left(\frac{T_C}{T_E}\right)^2, \tag{6.31}$$

$$\frac{q}{kT_E}V = -\frac{q}{k}\left(\frac{1}{T_E} - \frac{1}{T_C}\right)\Phi_C - \ln\left[\frac{A_C}{A_E}\left(\frac{T_C}{T_E}\right)^2\right], \tag{6.32}$$

$$V = \Phi_C\left(\frac{T_E}{T_C} - 1\right) - \frac{k}{q}T_E \ln\left[\frac{A_C}{A_E}\left(\frac{T_C}{T_E}\right)^2\right]. \tag{6.33}$$

보기

어떤 다이오드가 텅스텐으로 만들어진 이미터와 토륨화 텅스텐으로 만들어진 컬렉터를 지니고 있다. 작동온도는 $T_E = 2500K$, $T_C = 500K$이다. 열린-회로 전압은

$$V = 2.63\left(\frac{2500}{500} - 1\right) - \frac{1.38 \times 10^{-23}}{1.6 \times 10^{-19}} \times 2500 \ln\left[\frac{30,000}{600,000}\left(\frac{500}{2500}\right)^2\right]$$
$$= 10.5 + 1.3 = 11.8\,V.$$

6.4.4 최대 전력출력

공간전하 중성화에 따른 이상적인 열전자 다이오드의 J에 대한 V의 특성은 두 영역으로 구분할 수 있다:

영역 I: $|V| \le |\Phi_E - \Phi_C|$ where $J = J_0$;

영역 II: $|V| > |\Phi_E - \Phi_C|$ where $J = J_0 \exp\left\{\frac{q}{kT}[V - (\Phi_E - \Phi_C)]\right\}$.

영역 I에서 다이오드는 포화되는 반면에 영역 II에서는 다이오드의 전류가 V에 따라 지수적으로 좌우된다. 영역 II에서 J에 대한 V의 곡선은 Boltzmann 선으로 알려져 있다(그림 6.12를 참조).

영역 I에서 부하에 전달되는 전력밀도 P_{out}은 출력전압에 대하여 선형적으로 증가한다(따라서 부하저항 R_L과 함께 증가한다). 그 값은 $V = (\Phi_E - \Phi_C)$일 때 최대값 $J_0(\Phi_E - \Phi_C)$에 도달한다. 만약 부하저항이 더욱 증가한다면 J의 지수적인 감소와 결합되어 V가 약간 증가하므로 출력은 감소한다. 이러한 직관적인 결론은 함수의 최대값을 결정함으로서 수학적으로 도달할 수 있다(영역 II에 적용 가능하다):

$$P_{out} = VJ = VJ_0 \exp\left\{\frac{q}{kT}[V - (\Phi_E - \Phi_C)]\right\}. \tag{6.34}$$

최대값은 $V = kT/q$에서 얻어진다. 2500K 정도의 높은 온도에서 kT/q는 단지 0.22V로서 분기점 $\Phi_E - \Phi_C$보다 매우 작다. 이는 영역 II에서는 유효하지 않은 전압에서 최대값이 얻어짐을 의미한다. 그러므로

$$P_{out_{\max}} = J_0(\Phi_E - \Phi_C). \tag{6.35}$$

이전 보기의 세슘 플라즈마 다이오드인 텅스텐 이미터의 경우 $\Phi_E - \Phi_C = 2.5\,V$이고 2500K에서 J_0=3000Am^{-2} 이다. 최대 전력출력은 7500Wm^{-2} 이다.

6.5 공간전하가 없는 진공 다이오드의 손실

6.5.1 효율

만약 열전자 발생기로부터 어떤 종류의 손실도 없으며 가해진 열로 인하여 전자가 이미터 외부로 단순히 새어 나온다면 모든 열 입력은 전자를 증발시키는 데에 사용될 것이다. 실제로 증발된 전자는 약간의 운동에너지를 지니고 이미터를 떠난다. 당분간 이 운동에너지가 (비현실적으로) 0이라고 가정하면 발생기로의 열 입력은 간단히 $P_{\ln} = J\Phi_E$로 주어지며 최대전력출력은 $J_0(\Phi_E - \Phi_C)$가 될 것이다. 결과적으로 효율은

$$\eta = \frac{P_{out}}{P_{\ln}} = \frac{J_0(\Phi_E - \Phi_C)}{J_0\Phi_E} = 1 - \frac{\Phi_C}{\Phi_E}. \tag{6.36}$$

가 될 것이다. 현재의 보기에서는

$$\eta = 1 - \frac{1.81}{4.52} = 0.60. \tag{6.37}$$

전극온도가 장치의 제한(Carnot) 효율을 결정하지만 이들에 대해서 언급된 것은 없다. 암묵적인 가정은 $T_E \gg T_C$이다. 그렇지 않으면 컬렉터 자체는 이미터의 전류와 비교하여 무시할 수 없는 전류를 방출할 것이다.

실제 발생기에서 전자들을 증발시키려면 열원은 에너지 이외에 추가로 상당한 손실을 공급하여야 한다. 이 손실들은 다음과 관련된다:

1. 열복사
2. 방출된 전자의 과잉에너지
3. 열전도, 그리고
4. 리드(lead)저항

그리고 플라즈마 다이오드에서는 다음과 관련된다:

5. 열대류
6. 이온화 에너지, 그리고
7. 내부저항(**플라즈마 강하**라고 불린다)

6.5.2 복사손실

대부분의 심각한 손실 매커니즘은 뜨거운 이미터로부터의 복사이다.

6.5.2.1 열의 복사

만약 **흑체** 하나가 공간에 존재다면 Stefan-Boltzmann 법칙에 따라 에너지를 복사할 것이다:

$$P_r = \sigma T_E^4 \ \ W/m^2, \tag{6.38}$$

여기에서 σ는 Stefan-Boltzmann 상수(5.67×10^{-8}Wm^{-2} K^{-4})이다. 그러나 실제 물체는 정확히 이 법칙을 따르지 않는다. 방사율 ϵ이라고 불리는 가상적 인자를 사용해야 하며 이 경우 Stefan-Boltzmann법칙은 다음과 같다:

$$P_r = \sigma\epsilon T_E^4 \ \ W/m^2. \tag{6.39}$$

열 방사율은 어떤 온도에서 주어진 물질로부터 복사된 실제 열을 같은 온도의 흑체로부터의 복사열과 비교한 값이다. 이 값은 언제나 1보다 작다.

문제를 복잡하게 하는 것은 σ가 복사 빈도에 따라 좌우된다는 점이다. 그러나 넓은 빈도 대역에 걸쳐 취한 평균 데이터를 사용할 수 있으며 총 방사율을 정의할 수 있는데 이는 물론 빈도수와는 무관하지만 고려되는 빈도 대역에서만 유효하다. 이러한 빈도와 무관한 방사율로 모델되는 물체는 회색체라고 불린다. 총 방사율은 그림 6.13으로부터 알 수 있는 바와 같이 온도에 의존한다. 좁은 빈도 대역에서만 유효한 방사율 데이터는 **스펙트럼 방사율** ϵ_λ라고 지칭된다.

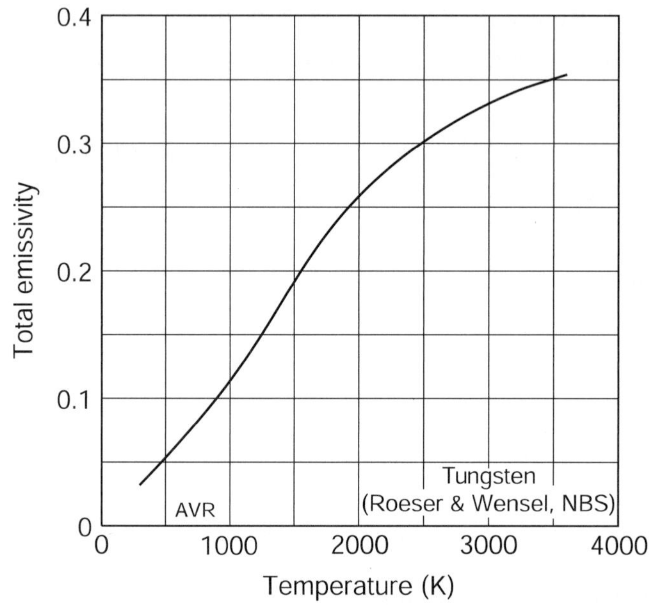

그림 6.13 온도의 함수로 나타낸 텅스텐의 총 열 방사율.

이미터가 다른 물체(예를 들면 열전자 발생기의 컬렉터)의 부근에 위치하는 경우 순 방사율은 달라진다. 우리는 충분히 근접해 있어서 무한한 병렬 면들로 처리할 수 있는 평면 이미터와 평면 컬렉터 사이에서 교환된 복사의 추정에 특히 관심이 있다. 복사가 표면을 때리는 경우 이는 (만약 물질이 반투명이거나 투명하다면) 투과되거나, 반사되거나, 혹은 흡수될 수 있다. 여기에서 흥미로운 경우는 물질이 불투명하여 아무런 투과가 일어나지 않는 경우이다.

반사는 (거울처럼) 정반사이거나 확산될 수 있으며 혹은 이 두 가지가 결합될 수 있다. 여기에서는 확산 반사만을 고려할 것이다. 반사되지 않는 부분은 흡수되어야 하며 이 경우 흡수율 계수 α가 정의된다.

평형에 대한 고려를 토대로 (열역학적) Kirchhoff의 법칙으로부터 표면의 방사율은 그의 흡수율과 같아야 한다는 결론을 얻을 수 있다. 즉

$$\epsilon = \alpha. \tag{6.40}$$

뜨거운 이미터가 컬렉터 쪽으로 에너지를 복사할 때 분율 $\alpha_c = \epsilon_c$는 컬렉터에 의해 흡수되고 분율 $1-\epsilon_c$는 이미터로 되돌아간다. 여기에서 다시 복사의 일부는 흡수되고 일부는 컬렉터로 되돌아간다. 복사는 두 판 사이에서 계속 바운드됨으로써 이미터의 겉보기 방사율을 변화시킨다. 유효 방사율 ϵ_{eff}은 복사물질 주위의 환경을 감안하여 주고 있다.

분명히 복사체가 완벽한 거울로 둘러 쌓여있다면 그의 유효 방사율은 0이다: 모든 방사된 에너지는 그를 향해 되돌아간다. (이미터와 컬렉터의 방사율을 이용하여 나타낸) 이미터의 유효 방

사율은 이러한 모든 바운드들에서 컬렉터에 의해 흡수된 에너지들을 더함으로써 계산될 수 있다. 연습문제 6.1은 이에 필요한 수학을 수행할 것을 요구하고 있다. 결과는 다음과 같다:

$$\epsilon_{eff} = \frac{1}{1/\epsilon_E + 1/\epsilon_C - 1} \tag{6.41}$$

이미터가 공간에 홀로 있거나 흑체로 둘러싸여 있는 경우에 (두 경우 모두 1의 흡수율에 해당되며 따라서 방사율은 $1\,[\epsilon_c = 1]$) 위의 식은 다음과 같이 된다:

$$\epsilon_{eff_E} = \epsilon_E; \tag{6.42}$$

즉 유효 방사율은 단순히 이미터의 총 방사율이다.

아울러 컬렉터의 유효 방사율은 다음과 같음을 주목하자.

$$\epsilon_{eff_C} = \frac{1}{1/\epsilon_C + 1/\epsilon_E - 1} = \epsilon_{eff_E}. \tag{6.43}$$

따라서 아주 근접한 두 판은 동일한 유효 방사율을 갖는다.

보기

2500K로 가열되며 총 방사율이 $\epsilon_E = 0.33$인 텅스텐 판을 고려하여 보자. 이 판은 총 방사율이 $\epsilon_C = 0.2$인 다른 금속 판 근처에 설치되어 있다. 위의 식을 이용하면 두 판 모두에 대한 유효 방사율은 0.14이다.

이미터는 (컬렉터와 직면한 표면으로부터) 다음과 같은 열 동력밀도를 복사한다.

$$P_r = \sigma\epsilon_{eff}(T_E^4 - T_C^4). \tag{6.44}$$

컬렉터는 보통 이미터보다 온도가 훨씬 더 낮지만 그럼에도 불구하고 상당히 뜨거울 수 있다. T_C=1800K라고 가정하면 (계산된 ϵ_{eff}=0.14를 사용할 경우) 복사된 열력은 226,700W/m^2 이다.

$T_C \ll T_E$이면 식 6.44는 다음과 같다:

$$P_r = \sigma\epsilon_{eff} T_E^4, \tag{6.45}$$

아울러 컬렉터 온도는 무시할 수 있다.

6.5.2.2 복사손실만 있는 효율

식 6.36을 살펴보거나 열전자 발생기가 작동하는 방법에 대한 일반적인 개념으로부터 고정된 컬렉터의 일함수 Φ_C에 대하여 이미터의 일함수 Φ_E가 클수록 효율이 더 커진다는 결론을 얻을 수 있다. 그러나 식에 열복사 손실을 도입하면 이러한 상황은 바뀐다. 사실 효율을 최대화하는 하나의 주어진 값 Φ_E가 존재한다.

2500K의 텅스텐 이미터로 되돌아가 보자. 이 온도에서 텅스텐은 $3000 A/m^2$ 의 전류를 방출할 것이다. 만약 컬렉터가 세슘으로 도금되어 있다면 출력전압은 약 2.5V이고 출력 열 동력 밀도는 $7.5 kW/m^2$ 가 될 것이다. $3000 A/m^2$ 를 방출하기 위해서 텅스텐 이미터는 $3000 \times 4.52 \approx 14$kW의 열에너지를 소비한다. 간단히 하기 위해서 이미터는 컬렉터를 향해서만 복사한다고 가정한다. 이미터의 반대쪽은 이미터로부터 들어오는 어떠한 열도 모두 반사하는 열원과 직면하고 있다. 이 경우 이전 절의 보기에서 살펴본 바와 같이 이미터는 총 310kW 정도를 차가운 컬렉터로 복사할 것이다. 이는 7.5/(310+14)=0.023의 대단히 작은 효율에 해당된다. 실제로는 더 많은 손실이 있음을 고려하면 유용한 열전자 발생기를 구성할 수 있는 희망은 거의 없는 것처럼 보일 것이다. 하지만 그렇지는 않다!

텅스텐의 큰 Φ로 인하여 상당한 방출 전류는 (T^4 온도 의존성 때문에) 큰 복사손실로 전환되는 높은 온도를 필요로 한다. 이에 대한 해결책은 상대적으로 낮은 온도에서조차도 큰 전류를 생성할 수 있는 능력을 가진 방출물질-즉 낮은 Φ_E를 갖는 물질-을 찾는 것이다. 그러나 이로 인하여 복사손실이 줄어들지라도 $\Phi_E - \Phi_C$에 비례하는 전력 출력을 또한 줄일 것이다. 어느 효과가 더 우세할까?

출력 동력 밀도는

$$P_L = J_0(\Phi_E - \Phi_C), \tag{6.46}$$

(열 복사 이외의 모든 손실 매커니즘을 무시하면) 열 입력은 전자를 증발시키는 데에 필요한 에너지 $J_0\Phi_E$와 복사손실 $\sigma\epsilon_{eff}T_E^4$의 합이어야 한다. 이 경우 효율은

$$\eta = \frac{J_0(\Phi_E - \Phi_C)}{J_0\Phi_E + \sigma\epsilon_{eff}T_E^4} = \frac{\Phi_E - \Phi_C}{\Phi_E + \frac{\sigma}{A_E}\epsilon_{eff}T_E^2 \exp\left(\frac{q}{kT_E}\Phi_E\right)}. \tag{6.47}$$

여기에서는 J_0을 그의 Richardson 식의 값으로 대체하였다.

이제 위의 식을 사용하여 몇 가지의 수치실험을 수행할 수 있다. 임의의 컬렉터 일함수 Φ_C(이 보기에서는 1.81V)와 이미터 온도 T_E를 선택하였다. 아울러 방출상수 A_E에 대한 값을 600,000 $Am^{-2} K^{-2}$ 로 선택한다†. 이전의 보기에서와 같이 ϵ_{eff}=0.14를 사용한다.

그림 6.14로부터 최대효율을 위해서는 2500K의 이미터는 약 3.3V의 일함수를 가져야 하며 2000K라면 일함수는 약 2.7V가 되어야 함을 알 수 있다. 그림 6.15는 효율과 이미터 온도에 의존하는 최적 일함수를 보여주고 있다.

† 자유변수 Φ_E와 마찬가지로 방출상수는 이미터로 선택된 물질에 의존한다. 그러므로 엄격하게 말하면 Φ_E가 변할 때 상수 A_E를 사용하는 것은 옳지 않다. 이것은 단지 하나의 연습이다.

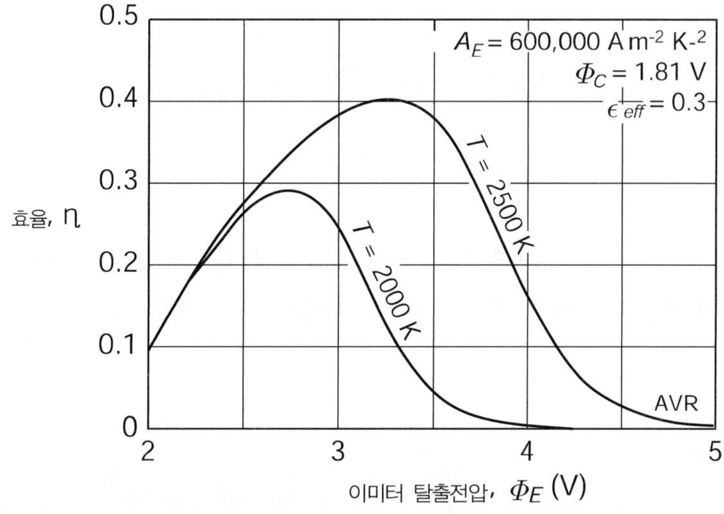

그림 6.14 이미터의 일함수가 주어졌을 때 주어진 이미터 온도 피크에서의 열전자 발생기의 효율.

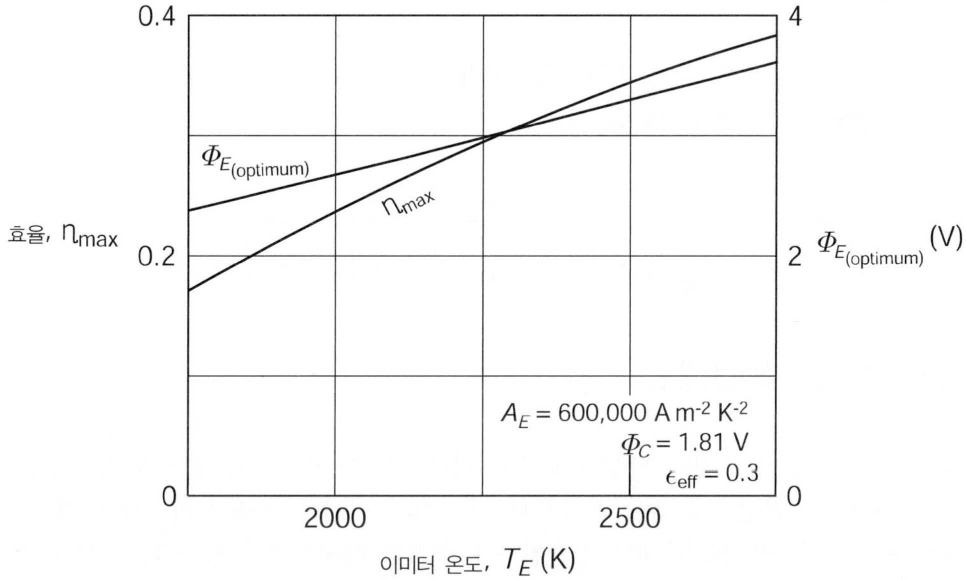

그림 6.15 이미터 온도에 대한 효율 및 최적 일함수의 의존성.

6.5.3 과잉전자 에너지

이미터에서 전자에너지 분포의 꼬리 끝 부분은 지수적인 붕괴를 보여준다. 방출되기 위해서 전자는 $q\Phi_E$와 동일한 에너지만 필요하다. 과잉 부분은 자유전자의 운동에너지로 나타난다. 이 에너지는 입력 열원으로부터 공급되어야 하고 전기적 출력으로 이용할 수 없기 때문에 손실이 된다. 방출된 전자들의 평균 과잉에너지는 $2kT_E$와 $2.5kT_E$ 사이이다. 그러므로 각 $J_0\mathrm{A/m^2}$ 에 대하여 대략 $2J_0kT_e/q$ W/m^{2}이 낭비되고 전자가 컬렉터에 충돌할 때 열로서 되돌아오게 된다.

이러한 형태의 손실을 포함하면 발생기의 효율은

$$\eta = \frac{\Phi_E - \Phi_C}{\Phi_E + 2\frac{k}{q}T_E + \frac{\sigma}{A_E}\epsilon_{eff}T_E^2 \exp\left(\frac{q}{kT_E}\Phi_E\right)}. \tag{6.48}$$

6.5.4 열전도

이미터를 지지하는 구조는 불가피하게 어떤 양의 열 동력 $\dot{Q}_E$를 전도에 의해 내보낸다. 열원은 이 열 동력을 공급해야 한다. 이는 열 입력이 $\dot{Q}_E$만큼 증가되어야 함을 의미하며 이 경우 효율은 다음과 같다:

$$\eta = \frac{\Phi_E - \Phi_C}{\Phi_E + 2\frac{k}{q}T_E + \frac{\dot{Q}_E}{J_0} + \frac{\sigma}{A_E}\epsilon_{eff}T_E^2 \exp\left(\frac{q}{kT_E}\Phi_E\right)}. \tag{6.49}$$

6.5.5 리드저항

리드저항 R_{lnt}는 $I^2R_{\text{lnt}} = J_0^2S^2R_{\text{lnt}}$ W를 소산시켜서 이용 가능한 부하 동력을 감소시킨다. S는 이미터의 유효 면적이다. 효율은 다음과 같다.

$$\eta = \frac{\Phi_E - \Phi_C - J_0S^2R_{\text{lnt}}}{\Phi_E + 2\frac{q}{q}T_E + \frac{\dot{Q}_E}{J_0} + \frac{\sigma}{A_E}\epsilon_{eff}T_E^2 \exp\left(\frac{q}{kT_E}\Phi_E\right)}. \tag{6.50}$$

6.6 실제 진공-다이오드

실제 진공 다이오드 열전자 전력 발생기의 쇼트-회로 전류는 이미터에서 컬렉터로 전달되는 전자에 의해 생성되는 공간전하에 의해 심각하게 제한된다. 이러한 형태의 가능한 발전기의 $V-J$ 특성이 유사한 구조이지만 신기하게도 공간전하가 소거된 다이오드의 상응하는 이상적인 특성과 함께 그림 6.16에 나타나 있다.

음의 공간전하의 전류 제한 효과를 완화시키기 위해서 전극 간 공간은 극히 작게 만들어야 한다. 그러나 10μm정도 이하의 간격으로 장치를 만드는 것은 어렵다. 그렇게 만드는 경우에도 공간전하는 출력밀도가 실제 적용을 위해 약 10배만큼 더 적은 대략 20kW/m² (2W/cm²)를 초과할 수 없는 정도까지 전류를 제한한다. 이는 진공 다이오드가 실제 적용이 이루어지지 않았는지를 설명하여 주고 있다. 다음 절에서 논의되는 공간전하 중성화 장치가 이에 대한 해결책이 된다.

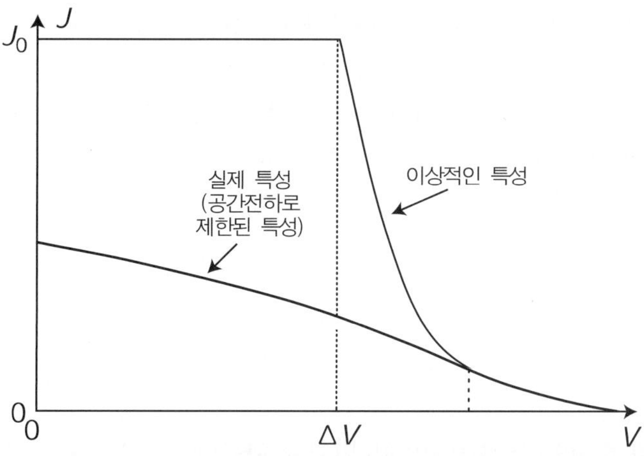

그림 6.16 공간전하 제약은 진공 다이오드의 출력을 떨어뜨린다.

진공 다이오드의 $V-J$ 특성에 대한 정확한 분석은 놀랄 만큼 복잡하다. 이는 1913년 Langmuir†에 의해 처음으로 제안되었으며 Hatsopoulos(1973)의 제 2권에 다시 소개되어 있다. 여기에서는 이 특별한 주제를 생략할 것이다. 그 이유는 위에서 언급한 것처럼 진공 다이오드는 큰 장래성이 없는 것으로 나타났기 때문이다.

6.7 증기 다이오드

공간전하가 없는 진공 다이오드는 본질적으로 용어의 의미와 상반된다. 왜냐하면 공간전하를 제거하는 유일한 실제적 방법은 저압 이온기체로 진공을 대신하는 것이기 때문이다. 이온을 만들기 위해서는 다이오드를 저압 중성기체로 채운 다음 기체가 부분적으로 이온화되도록 한다. 여기에서 관심있는 두 이온화 절차는 **접촉 이온화**와 **충돌 이온화**이다.

대부분의 플라즈마 다이오드에서 사용되는 세슘 증기는 다이오드의 성능에 5가지의 주된 영향을 미친다:

1. 세슘이온은 음의 전극 간 공간전하를 상쇄시킨다.
2. 세슘원자는 전극들 위에 응축하여 예측 가능한 방식으로 그들의 유효 일함수를 변화시킨다.
3. 세슘원자와 이온은 전자들을 분산시켜서 이미터에서 컬렉터까지의 매끄러운 이동을 방해한다.
4. 세슘원자와의 비탄성 전자 충돌은 그들을 이온화시켜 이온전류를 증가시킬 수 있다.
5. 세슘증기에 의해 대류로 내보내어진 열은 다이오드의 손실을 증가시킨다.

세슘증기 농도가 충분히 작을 경우 위의 영향 1과 2만이 의미가 있으며 **저압 플라즈마 다이**

† Irving Langmuir는 General Electric에서 일하면서 열전자의 발달에 막대한 기여를 한 다방면에 재능이 있던 과학자였다. 기술용어에 플라즈마라는 단어를 소개한 것 이외에도 Langmuir는 비를 만들어내는 구름씨앗의 개발자이다. 그는 "표면화학의 발견과 발명"으로 1932년에 노벨 화학상을 수상하였다.

오드가 된다; 그렇지 않은 경우에는 **고압 플라즈마 다이오드**가 된다. 후자는 높은 동력밀도를 수용할 수 있다(300kW/m², 또는 30W/m² 이상).

이온이 생성되는 세슘증기는 원하는 세슘증기 압력 p_{cs}의 선택이 허용되도록 온도 T_r이 조정될 수 있는 용기에 저장된 성분의 증발로부터 얻어진다. 세슘의 증기압은 Stull(1947)에 의해 표로 만들어졌으며 그가 수집한 데이터에 대한 곡선접합을 수행하면 T_r을 얻어지는 증기의 압력 p_{cs}와 관련지어 주는 실험식을 얻는다.

$$p_{cs} = \frac{32.6 \times 10^9}{\sqrt{T_r}} exp\left(-\frac{8910}{T_r}\right) \ Pa. \tag{6.51}$$

열 구동 현상인 세슘의 증발은 Boltzmann의 법칙을 따른다:

$$p = p_0 \exp\left(\frac{\Delta H_{vap}}{RT_r}\right), \tag{6.52}$$

여기에서 $p_0=10^9$Pa이다(Razor 1991).

열거된 세슘증발의 엔탈피 값은 고려되는 소스에 따라 상당히 달라진다. 가장 흔히 인용되는 값은 67.74MJ/kmole이다. 그러나 위의 식에 이 값을 사용하면 Stull의 실험적으로 측정된 값으로부터 상당히 벗어난다. Razor(1991)에 의해 제안된 0.75eV에 상응하는 ΔH_{vap}=73.2MJ/kmole을 이용하면 실험적으로 결정된 데이터와 더 근접하게 일치한다.

---

p_{cs}의 값은

1. 전극의 세슘 범위의 정도-즉 그들 각각의 Φ 값들과
2. 매개변수 β에 의해 측정되는 공간전하 중성화의 정도

를 결정한다.

이제 $\beta=1$은 정확한 중성화에 해당되고 $\beta<1$은 불완전한 이온화에 해당되며-즉 전자가 풍부한 상태, $\beta>1$은 과잉 중성화에 해당-즉 이온이 풍부한 상태임을 보이고자 한다.

6.7.1 세슘흡착

열전자 방출은 표면현상이다; 그러므로 전극에서 세슘의 부분적인 축적은 일함수 Φ를 변경시킬 것이며 따라서 일함수의 정확한 값은 커버의 정도 Θ에 의존하게 될 것이다.

그림 6.17은 텅스텐의 일함수(4.52eV의 알짜 일함수)가 세슘 커버의 정도에 어떻게 영향을 받는지를 보여주는 하나의 예이다. $\Theta=0.6$ 근처에서 세슘화 텅스텐 전극의 일함수는 순수한 세슘의 일함수 1.81eV보다 적다는 것은 흥미롭다. 세슘화 텅스텐의 최소 일함수는 1.68eV로서 어떠한 순수 금속의 일함수보다 낮은 값이다. 텅스텐-세슘 결합은 일종의 공융과 같은 거동†을 보인다.

† "공융(eutectic)"이라는 말은 보통 유사한 구성성분들의 모든 합금의 가장 낮은 융점을 갖는 합금에 적용된다.

커버의 정도는 이미터의 온도와 세슘증기의 압력 모두에 따라 달라진다. 온도가 높아질수록 커버는 작아진다. 결과적으로 Θ는 뜨거운 이미터보다 차가운 컬렉터에서 더 높은 경향이 있다.

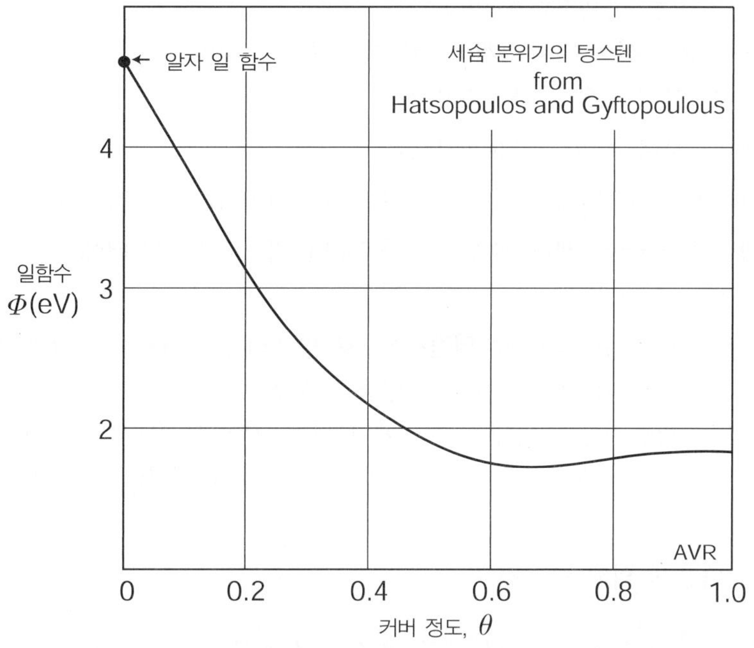

그림 6.17 텅스텐 일함수의 세슘흡착 효과.

분명히 커버의 정도는 세슘증기의 압력 p_{cs}에 매우 민감하다. 이 압력을 바꾸는 것은 Φ를 제어하는 주요 방법으로서 이 양을 선택된 설계값으로 "조정"한다. 우리가 살펴본 바와 같이 p_{cs}는 액체 세슘 용기의 온도 T_r을 변화시킴으로써 간단한 방법으로 조정될 수 있다.

Φ와 Θ 사이의 관계는 아마 학문적으로 흥미로울 수 있겠지만 Θ를 측정하는 간단한 방법이 없기 때문에 증기 다이오드의 거동을 모델링하는 데에 크게 유용하지는 않다. 우리는 Houston과 Dederick(1973)이 제시한 데이터를 사용하여 대표적인 텅스텐 전극의 일함수를 세슘 용기의 온도 T_r에 대한 전극온도 T의 비의 함수로 나타내는 공식을 얻었다. 이 공식은 2 이상의 T/T_r 비에 대해서는 허용될 수 있을 정도로 정확한 것으로 보이지만 이 점 근처에서 발생하는 Φ의 최소값을 재생하지 못한다. 그럼에도 불구하고 이 공식은 일반적인 모델링 작업과 문제들을 푸는 데에 유용하다.

$$\Phi = 9.499 - 9.9529\,T/T_r + 4.2425(T/T_r)^2 - 0.67592(T/T_r)^3 + 0.03709(T/T_r)^4. \qquad (6.53)$$

이 식을 사용할 때에는 Φ가 4.52V의 알짜 금속값을 초과하지 않도록 주의해야 한다. 만약 식이 더 큰 값을 나타낸다면(따라서 그 유효구간이 초과됨을 보인다면) T/T_r 비에 무관하게 Φ 값을 4.52V로 고정시킨다. 아울러 $T/T_r < 1.9$에서는 Φ의 값을 1.81V로 고정시킨다.

Φ의 값은 T/T_r의 강한 함수이지만 또한 T_r 값에도 약하게 의존한다. 그러므로 식 6.53은 후자의 온도가 광범위하게 변하는 문제에 대한 정확한 작업을 위해서는 신뢰할 수 없다.

기호의 사용

증기 다이오드의 분석에서는 좀 더 복잡한 기호의 사용이 유용하다. 이 경우 전자전류 이외에 고려해 주어야 할 중요한 이온전류가 있다.

저압 다이오드의 경우 서로 다른 4개의 전류를 다루어야 한다:

1. J_{e_E}, 이미터로부터 컬렉터로의 전자전류
2. J_{e_C}, 컬렉터로부터 이미터로의 전자전류
3. J_{i_E}, 이미터에서 세슘기체의 접촉 이온화로부터 기인되는 이미터에서 컬렉터로의 이온전류
4. J_{i_C}, 컬렉터에서 세슘기체의 접촉 이온화로부터 기인되는 컬렉터에서 이미터로의 이온전류

전자와 이온전류 모두 전극에 의하여 열전자적으로 방출되는데 전자는 이전에 논의된 Richardson의 법칙을 따르며 이온은 다음에 이어지는 절들 가운데 어느 하나에서 유도할 법칙을 따른다. 포화상태에서만 전체 방출전류는 반대쪽 전극에 도달할 것이다. 우리는 적절한 기호에 "0"을 추가함으로써 방출, 또는 포화전류를 구별할 것이다. 예를 들면 이미터에 의해 생생된 이온포화전류는 $J_{i_{E_0}}$이다.

부하전류 J_L은 다음에 의해 주어진다.

$$J_L = J_{e_E} - J_{e_C} - J_{i_E} + J_{i_C}. \tag{6.54}$$

컬렉터로부터 이미터로의 전류는 역 방출이라고 불린다.

6.7.2 접촉 이온화†

원소의 주기율표를 살펴보면 알칼리 금속(I 열)이 다른 열의 원소들보다 낮은 이온화 전위를 갖는다는 것을 알 수 있다. 주어진 열에서 임의의 원소의 이온화 전위는 원자번호가 높아질수록 더 낮아지는 경향이 있음이 분명하다. 그러므로 표의 북서쪽 끝을 차지하는 프란슘은 기록된 가장 낮은 이온화 전위를 가질 것임을 기대할 수 있다. 그러나 빈약한 3.89 eV로서 이 영예를 얻은 것은 북쪽 부근에 있는 세슘이다. 이것이 세슘(순수하거나 약간의 첨가물이 들어있는)이 공간전하 중성화를 위해 가장 널리 이용되는 이유들 가운데 하나이다.

금속표면의 물질이 증기의 이온화 에너지보다 더 큰 일함수를 갖는다면 세슘증기를 뜨거운 금속표면에 간단히 "접촉"시킴으로써 접촉 이온화를 수행할 수 있다. 이 조건들은 무엇보다도 텅스텐에 의해 만족된다. 그림 6.18은 무슨 일이 일어나는지를 나타내고 있다.

† 또한 "열", 혹은 "표면" 이온화로 알려져 있다.

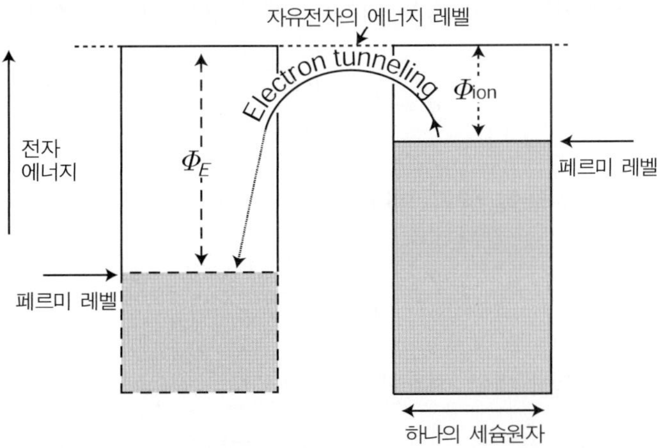

그림 6.18 금속 근처 기체의 에너지 레벨.

금속에는 페르미 레벨 이상의 비어있는 레벨이 많이 있다. 고전역학에 따르면 기체 원자의 전자는 원자를 떠나서 이온화 전위 Φ_{ion}보다 큰 에너지를 갖는 경우 스스로 이웃한 금속의 비어있는 레벨 가운데 하나로 이동한다. 다시 말하면 세슘의 전자는 먼저 근원 원자로부터 스스로 자유로워져야 한다. 그러나 양자역학은 이온화 전위보다도 낮은 에너지를 갖는 전자는 터널을 통하여 금속으로 이동할 것이라는 사실을 유한한 확률로 예측하고 있다. $\Phi_{ion} < \Phi_E$이고 또한 원자가 금속에 충분히 가까이 있다면 원자는 "순간적으로" 이온화된다. 뜨거운 전극과 "접촉"한 기체 원자들은 사실 그 전극으로부터 어떤 거리만큼 떨어져 있음을 상기하자.

세슘의 이온화 전위(3.89eV)를 그의 일함수(1.81eV)와 혼동하지 않아야 한다. 일함수는 고체로부터 전도전자를 제거하기 위한 (더 작은) 에너지를 의미하는 반면에 이온화 전위는 원자로부터 외부전자를 제거하는 데에 필요한 에너지를 나타낸다.

6.7.3 열전자 이온방출

앞 절에서 논의된 세슘기체의 접촉 이온화로 인하여 열전자적으로 방출되는 이온전류의 크기를 산출하는 식을 유도하기로 한다. 접촉 이온화는 상응하는 이온을 자유롭게 만드는 세슘원자로부터 전자를 잡아낸다.

1차원 기체에서 가능한 두 방향 중 어느 하나로 이동하는 분자들의 플럭스 Φ는

$$\Phi = \frac{1}{2} n v. \tag{6.55}$$

이다. 인수 1/2는 한 방향으로 움직이는 분자들의 절반과 반대 방향으로 이동하는 다른 절반으로부터 얻어진다.

$\frac{1}{2} m_{cs} v^2 = \frac{1}{2} k T_{cs}$ (여기에서 T_{cs}는 세슘기체의 온도이다)이므로 속도는

$$v = \sqrt{\frac{k T_{cs}}{m_{cs}}}, \tag{6.56}$$

여기에서 m_{cs}는 세슘분자(또는 이 경우 원자)의 질량이다. 이는 다음의 플럭스가 된다.

$$\Phi = \frac{n}{2}\sqrt{\frac{kT_{cs}}{m_{cs}}}. \tag{6.57}$$

완전 기체 법칙으로부터 $n = p_{cs}/kT_{cs}$이다.

$$\Phi = p_{cs}\sqrt{\frac{1}{4m_{cs}kT_{cs}}}. \tag{6.58}$$

3차원 기체의 경우 플럭스에 대한 정확한 식은

$$\Phi = p_{cs}\sqrt{\frac{1}{2\pi m_{cs}kT_{cs}}}. \tag{6.59}$$

전극 간 공간의 기체는 전자, 그리고 중성원자와 이온(모두 사실상 동일한 질량 m_{cs}를 갖는다)과 같은 서로 다른 더 큰 입자들로 구성된다. 그러므로 계산된 플럭스는 이온 플럭스 Φ_i와 중성 플럭스 Φ_n의 합이다. 따라서 식 6.59로부터 다음을 얻는다:

$$\Phi_i + \Phi_n = p_{cs}\sqrt{\frac{1}{2\pi m_{cs}kT_{cs}}}. \tag{6.60}$$

중성원자의 이온화는 열 활성화 과정이며 따라서 Boltzmann의 법칙을 따라야 한다:

$$\frac{\Phi_i}{\Phi_n} \propto \exp\left[\frac{q}{kT}(\Phi - \Phi_{ion})\right]. \tag{6.61}$$

T는 전극의 온도, Φ는 그의 일함수이며 Φ_{ion}은 세슘의 이온화 전위이다.
세슘의 경우 비례상수는 보통 1/2로 주어진다; 그러므로

$$\frac{\Phi_i}{\Phi_n} = \frac{1}{2\exp\left[\frac{q}{kT}(\Phi_{ion} - \Phi)\right]}. \tag{6.62}$$

식 6.62는 Saha-Langmuir 식으로 알려져 있다. $\Phi < \Phi_{ion}$일 때 이온화는 완전히 멈추지 않지만 Φ가 감소함에 따라 급격히 감소한다.
우리는 Φ_n에 대한 Φ_i의 비에는 관심이 없지만 입자의 전체 플럭스 $\Phi_i + \Phi_n$에 대한 Φ_i의 비에는 관심이 있다.

$$\frac{\Phi_i}{\Phi_i + \Phi_n} = \frac{1}{1 + \frac{\Phi_n}{\Phi_i}} = \frac{1}{1 + 2\exp\left[\frac{q}{kT}(\Phi_{ion} - \Phi)\right]}. \tag{6.63}$$

식 6.63과 식 6.60을 결합하면 다음을 얻는다.

$$\Phi_i = \frac{p_{cs}}{\sqrt{2\pi m_{cs} k T_{cs}}\left[1+2\exp\left(\frac{q(\Phi_{ion}-\Phi)}{kT}\right)\right]}, \tag{6.64}$$

$$J_{i_o} = \frac{q p_{cs}}{\sqrt{2\pi m_{cs} k T_{cs}}\left[1+2\exp\left(\frac{q(\Phi_{ion}-\Phi)}{kT}\right)\right]}. \tag{6.65}$$

이는 세슘 증기에 노출된 뜨거운 전극에 의하여 방출되는 이온 포화 전류이다.

6.7.4 공간전하 중성화 조건

세슘증기는 이미터에서 컬렉터로 이동하는 전자들의 흐름 구름의 결과로 생성되는 음의 공간전하를 중성화하려는 바램에서 세슘 증기를 다이오드에 도입하였다. 이전 절에서는 세슘기체가 실제로 장치에서 이온전류를 생성함을 보였다. 전자 공간전하를 상쇄하기 위해서는 이 전류들의 크기가 얼마여야 하는지를 알아보자.

이온과 전자들의 평균 열 속도는

$$v_i = \sqrt{\frac{kT_i}{m_i}} \tag{6.66}$$

및

$$v_e = \sqrt{\frac{kT_e}{m_e}}. \tag{6.67}$$

이다.

두 전류밀도는($T \equiv T_e = T_i$라고 정의하면)

$$J_i = qn_i v_i = qn_i\sqrt{\frac{kT}{m_i}}, \tag{6.68}$$

및

$$J_e = qn_e v_e = qn_e\sqrt{\frac{kT}{m_e}}; \tag{6.69}$$

이다. 따라서

$$\frac{J_i}{J_e} = \frac{n_i}{n_e}\sqrt{\frac{m_e}{m_i}}. \tag{6.70}$$

정확한 공간전하 중성화를 위해서 전자농도는 이온농도와 같아야 한다-즉 $n_e = n_i$이어야 한다.

$$J_i = \sqrt{\frac{m_e}{m_1}}\, J_e = \frac{J_e}{492}. \tag{6.71}$$

따라서

$$J_i > \frac{J_e}{492}. \tag{6.72}$$

이면 플라즈마는 이온풍부상태일 것이다.

만약 위의 부등식이 만족되지 않는다면 플라즈마는 전자풍부상태이며 음의 공간전하는 중성화되지 않는다.

이온풍부 매개변수 β를 정의하는 것이 편리하다:

$$\beta \equiv 492\frac{J_i}{J_e}. \tag{6.73}$$

$\beta < 1$이면 음의 공간전하는 완전히 중성화되지 않고(전자풍부 지배) $\beta > 1$이면 음의 공간전하는 완전히 중성화된다(이온풍부 지배).

6.7.5 추가적인 $V-J$ 특성

전자흐름 J_e에 의해 야기된 음의 공간전하는 약 500배 정도 작은 이온전류 J_i의 흐름에 의하여 중성화될 수 있음을 보였다. 이는 물론 전자보다 대략 500배 정도 더 "느린" 세슘이온에 의한 결과이다. 음의 공간전하를 중성화시키는 데에 필요한 작은 이온전류는 장치의 출력 전류에 무시할 수 있는 영향을 미친다. 사실 $\beta < 10$, 즉 $J_i < J_e/50$이면 출력 전류에 대한 J_i의 영향은 무시할 수 있다. 그러나 이온전류는 종종 음의 공간전하 중성화에서 요구되는 것보다 훨씬 더 크며 다이오드의 $V-J$ 특성을 계산할 때 이를 감안해 주어야 한다. 대부분의 경우 컬렉터로부터의 역 방출은 낮은 컬렉터 온도 때문에 무시할 수 있다. 그러나 이것이 언제나 정확한 것은 아니다-간혹 역 방출전류 J_{e_C}가 포함되어야 한다. 이는 컬렉터로부터의 이온 방출 전류 J_{i_C}가 상당한 (희귀한) 경우에도 적용된다. 이 주제의 일반적인 처리에서는 부하전류 J_L을 다음과 같이 나타낸다:

$$J_L = J_{e_E} - J_{e_C} - J_{i_E} + J_{i_C}. \tag{6.74}$$

이들 개별적인 전류들의 값들은

	$V < \Delta V$	$V > \Delta V$
J_{e_E}	$J_{e_{E_0}}$	$J_{e_{E_0}} \exp\left[-\frac{q}{kT_E}(V - \Delta V)\right]$
J_{e_C}	$J_{e_{C_0}} \exp\left[-\frac{q}{kT_C}(\Delta V - V)\right]$	$J_{e_{C_0}}$
J_{i_E}	$J_{i_{E_0}} \exp\left[-\frac{q}{kT_E}(\Delta V - V)\right]$	$J_{i_{E_0}}$
J_{i_C}	$J_{i_{C_0}}$	$J_{i_{C_0}} \exp\left[-\frac{q}{kT_C}(V - \Delta V)\right]$.

가정들은 다음과 같다.

1. 전극 간 공간전하는 0, 또는 양이다-즉 $\beta \geq 1$이다.
2. 전극 간 공간전하가 양인 경우 이는 이온전류를 심각하게 제한할 만큼 충분히 크지 않다. 이러한 특정한 가정은 종종 위배되며 $V > \Delta V$인 범위에서 이온전류는 위의 식으로 계산된 것보다 훨씬 작을 수 있다.

몇 가지의 운전조건들을 예시하기 위해서 이미터와 컬렉터 온도가 각각 1800K와 700K인 텅스텐 전극 다이오드를 고려하기로 한다. 서로 다른 세슘 저장용기 온도를 이용하여 선택된 β_S 값들을 얻는다. 1, 10, 그리고 100의 β값들에 대하여 계산한 그래프들이 그림 6.19, 6.20, 그리고 6.21에 제시되어 있다.

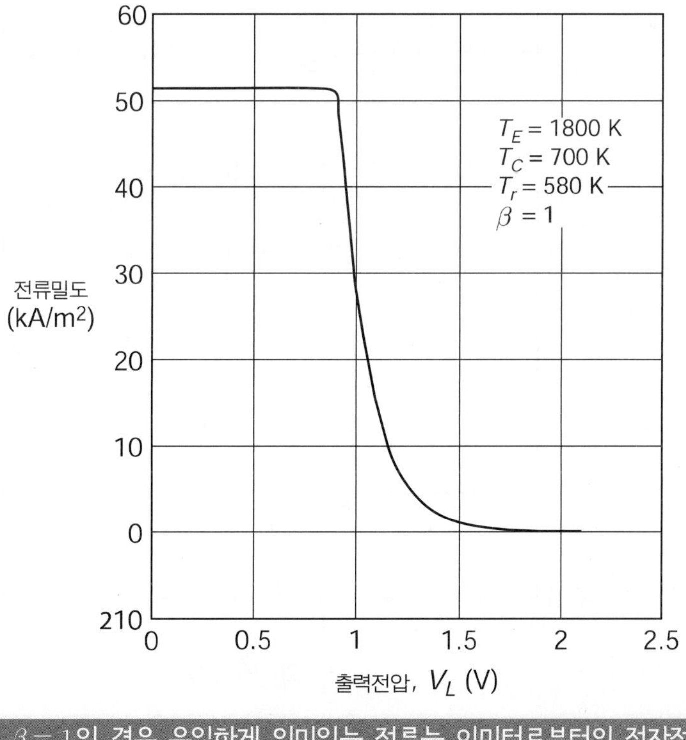

그림 6.19 $\beta = 1$인 경우 유일하게 의미있는 전류는 이미터로부터의 전자전류 뿐이다.

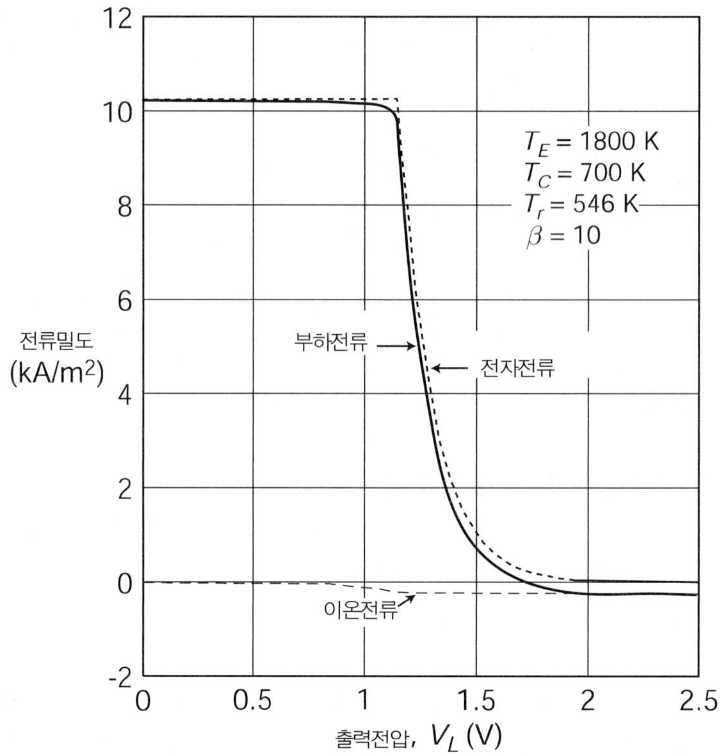

그림 6.20 $\beta = 10$인 경우 이온전류는 높은 출력전압에서 약간 음인 출력에 영향을 주기 시작한다.

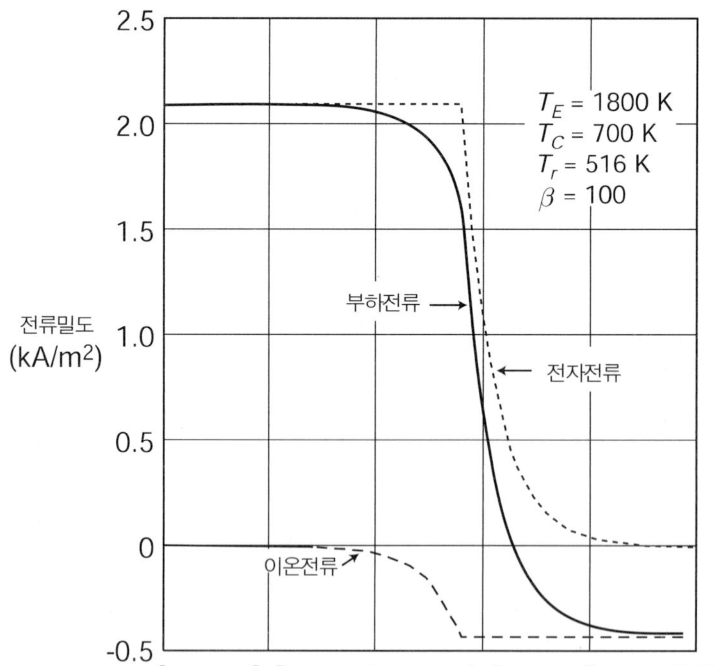

그림 6.21 $\beta = 100$인 경우 이온전류는 출력에 크게 영향을 미친다.

그림 6.19에서 세슘 저장용기 온도는 공간전하를 사실상 정확하게 상쇄하기 위해 580K로 조절되었다. $V-J$ 특성은 (공간전하를 갖지 않는) 이상적인 진공 다이오드의 특성과 같다. 이온전류나 역 방출도 눈에 뜨이지 않고 있다.

β를 10으로 조절한 경우 이온전류는 출력에 영향을 줄 만큼 충분히 커졌다. 큰 부하 전압에서는 이 이온전류가 지배적이고 출력 전류는 그 방향이 반대로 된다. 마지막으로 $\beta = 100$에서 계산된 이온전류는 상당히 크다. 실제에 있어서 우리의 계산에서는 이온전류를 심각하게 제한할 큰 양의 공간전하를 감안하여 주지 않았기 때문에 측정된 결과들은 아마 훨씬 더 작은 이온전류를 나타낼 것이다.

컬렉터 온도는 750K로 올리는 반면에 이미터 온도는 1200K로 낮춤으로서 역 방출이 중요해지는 상황을 생성한다(그림 6.22). 이러한 조건들에서 컬렉터 일함수는 (100% 세슘 커버로 인하여) 1.81이며 따라서 뜨거운 이미터가 여전히 2.82V의 상대적으로 높은 일함수에서 작동되고 있는 동안에 상당히 큰 전자전류가 방출된다.

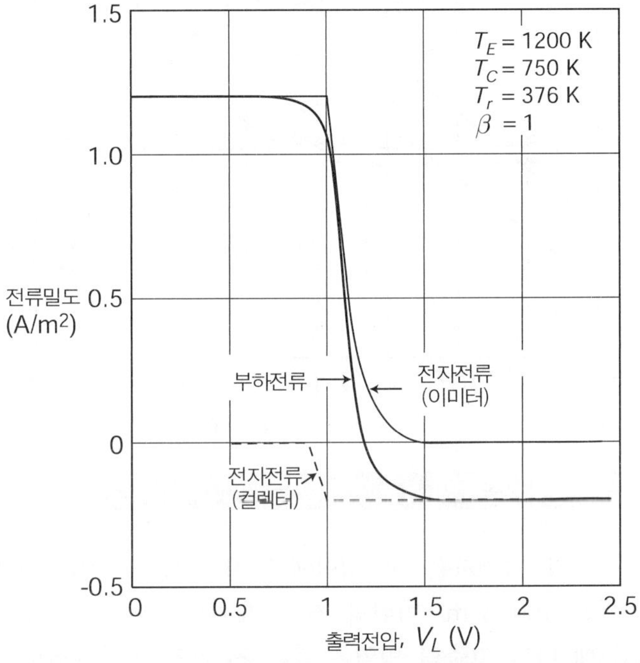

그림 6.22 이미터의 온도가 컬렉터의 온도보다 아주 높지 않을 경우 역 방출이 중요해진다.

그림 6.20에서 그림 6.21에 보인 세 개의 $V-J$ 곡선을 살펴보았다면 명백한 모순을 감지했을 것이다. 상당한 양의 증기가 이온화되어 이온전류에 기여할 수 있기 때문에 세슘 저장용기 온도가 증가하면(따라서 세슘의 증기압이 높아지면) β가 증가할 것으로 보인다. 그렇지만 β를 증가시키기 위해서 T_r을 감소시키는 것이 필요하였다. 무엇이 일어나는지를 이해하기 위해서 그림 6.24를 참조하자.

2100K의 상대적으로 높은 이미터 온도에서는 세슘 증기압이 약 1Pa에 도달할 때까지 세슘은 전극 위에 거의 응축되지 않는다. 이미터의 일함수는 4.52V의 높은 순수금속 값으로 유지되며 따

라서 방출된 전자전류는 상대적으로 낮고 변하지 않는다(그림 6.23을 참조). 한편 낮은 증기압 영역에서 이온전류는 본질적으로 p_{cs}에 비례한다; 다시 말하면 p_{cs}가 증가함에 따라 커진다. J_i/J_E에 비례하는 β 역시 증가한다. 증기압이 1Pa를 초과하면 Φ_E는 감소하기 시작해서 J_E가 지수적으로 증가하게 된다. 그러나 Φ_E가 증가함에 따라 차이 $\Phi_E - \Phi_{ion}$는 감소하기 시작하며 따라서 기체의 이온화 속도 역시 감소한다. 이온전류는 줄어들어서 β가 다시 하락하게 된다. 따라서 p_{cs}에 대한 β의 의존성은 단조롭지 않다. 이 보기에서 β는 약 p_{cs}=8Pa에서 최대값에 도달한다. 그림 6.20에서 그림 6.22 까지는 β가 그 궤적의 경사진 부분에 존재하는 영역에 해당된다.

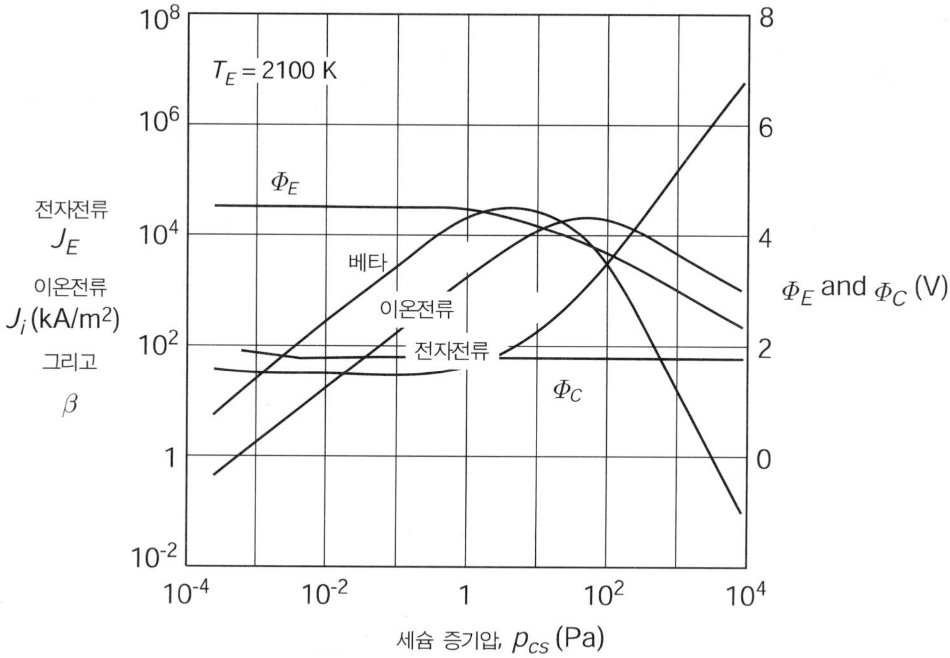

그림 6.23 전자의 거동과 세슘 증기압의 함수로서 이온전류.

플라즈마 다이오드는 β가 감소하는 이 영역에서 작동하는데 여기에서는 적당한 온도에서도 세슘으로 덮여진 텅스텐은 100kA/m^2 범위의 전류밀도를 방출한다. 이로부터 수용 가능한 출력 전력밀도에 이르게 되는데 다만 고출력 영역은 작은 전극 간 공간에서도 전자-세슘 충돌이 중요하게 되는 높은 증기압에서 일어나는 경향이 있다. 경험으로 보아 $p_{cs}d$〉0.0033N/m인 경우 충돌은 무시할 수 없으며 저압 다이오드 영역을 벗어나 고압 다이오드 영역에 들어서게 된다. 이전의 부등식에서 d는 미터 단위의 전극 간 공간이다.

$\beta < 1$인 짙은 영역은 음의 공간전하의 존재에 해당된다. 이 영역에서 다이오드의 성능은 공간전하를 갖지 않는 이상적인 장치와 진공 장치 사이의 중간정도이다(그림 6.16을 참조). ($\beta > 1$이고 $p_{cs}d$〈0.0033N/m인) 밝은 영역은 저압다이오드가 이상적인 특성을 나타내는 이온풍부 영역이다. 마지막으로 오른쪽의 수직으로 연장된 직사각형 영역은 부등식 $p_{cs}d$ 〈0.0033N/m가 위배되는 영역이다. 이 짙은 영역의 폭은 100μm의 작은 전극 간 공간을 갖는 다이오드에 대한 것이다. 이 영역에서는 우리는 더 이상 저압 다이오드를 갖지 않는다. 더 넓은 공간의 다이오드와 함

께 짙은 영역은 더 넓어지고 출력제한은 이에 따라 더 엄격해진다. 비록 밝은 영역에서 작동하는 다이오드는 (매우 근접한) 이상적 특성을 가질 수 있지만 그의 출력 전력밀도는 불만족스럽다-진공 장치의 출력밀도와 비교될 수 있다. 우리는 진공 장치에서 발생한 것과 유사하게 유용한 장치는 이미터와 컬렉터 사이가 엄격하게 구분될 것을 필요로 하는 상황으로 되돌아 왔다.

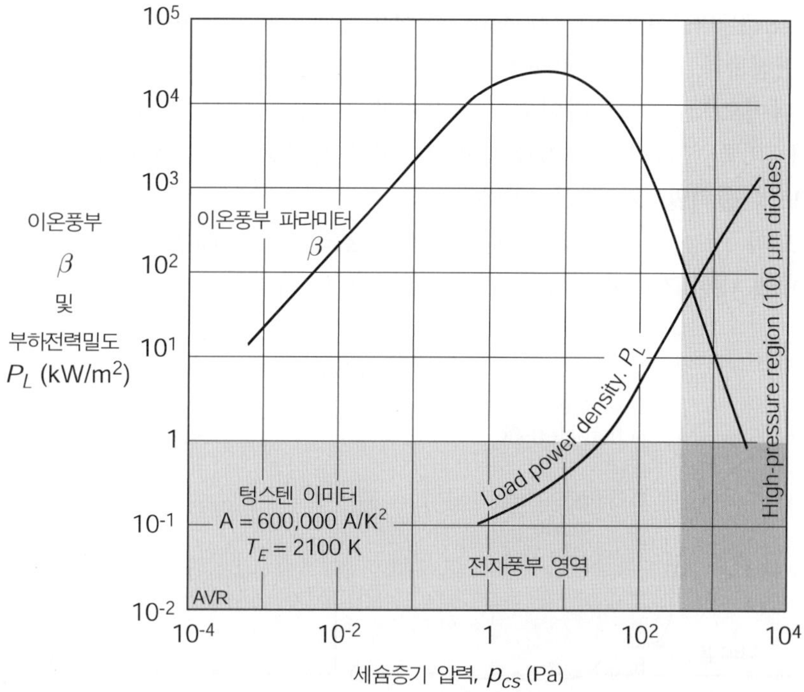

그림 6.24 β와 출력의 세슘 증기압에 대한 의존.

6.8 고압 다이오드

저압다이오드의 어려움은 두 가지의 모순된 조건을 갖는다는 점이다: 첫째, 이미터는 필요한 높은 전류밀도를 생성하기 위해서 낮은 일함수를 가져야 한다. 둘째, 원하는 전류의 흐름을 방해하는 음의 공간전하가 제거되도록 충분한 이온화를 생성하기 위해서 높은 일함수를 가져야 한다. 이러한 딜레마의 해결책은 높은 이미터 일함수에 의존하지 않는 이온화 기법을 이용하는 것이다. 그러한 매커니즘은 충돌 이온화로서 그 전하를 중성화시키려는 전자들을 그들의 이온화에 충분한 강도로 세슘원자와 충돌시키는 방법이다. 비록 각각의 생성된 이온에 대하여 하나의 추가적인 전자가 생성되지만 이온은 약 500배 정도 더 긴 전극 간 공간에 남아 있기 때문에 전하 중성화에 관한 한 실질적인 이득이 있다.

어떤 상황에서는 전자 흐름과 전극 간 공간의 세슘원자 사이의 비탄성 충돌은 세슘의 이온화를 유발시킬 수 있다. 이는 고압 증기 다이오드의 작동에서 중요한 과정이다. 기체원자와 충돌하는 전자의 확률은 기체농도(그러므로 압력 p_{cs})와 전자가 취하는 경로의 길이-즉 전극 간의 간격 d-에 비례한다는 사실은 직관적으로 알 수 있다. $p_{cs}d$곱이 0.0033N/m보다 더 작을 경우 전자들의 충돌은 무시할 수 있다는 것을 보일 수 있다. 여기에서 세슘압력은 pascal 단위로 측정되고 전극 간 거리는 meter 단위로 측정된다.

고압 다이오드에서 전자와 전극 간 기체의 충돌은 무수히 많으므로 상당한 산란이 일어난다. 이에 따라 동력 손실이 발생하여 (플라즈마 강하) 출력전류와 출력전압이 상당히 감소된다. 그럼에도 불구하고 충돌은 상당한 세슘 증기 이온화를 유도함으로써 운반자의 수가 상당히 감소되고 큰 부하전류가 초래된다. 현재 500,000A/m^2 이상의 전류밀도를 실현할 수 있다.

고압작동의 단점들과 장점들을 비교할 때 후자는 고압 다이오드의 사용을 강요하게 한다. 사실 실제 고압 다이오드는 저압 다이오드가 성취할 수 있는 것보다 월등히 큰 높은 출력밀도를 실현할 수 있다. 비록 부하전압이 저압 다이오드에서의 부하전압에 비해 더 작은 경향이 있지만 30W/cm^2 정도의 출력밀도가 구현되었다.

고압 다이오드의 성능 분석은 많은 현상들의 상호작용으로 매우 복잡하다. 여기에서는 무슨 일이 일어나는지에 대한 간단한 설명만으로 만족해야 할 것이다.

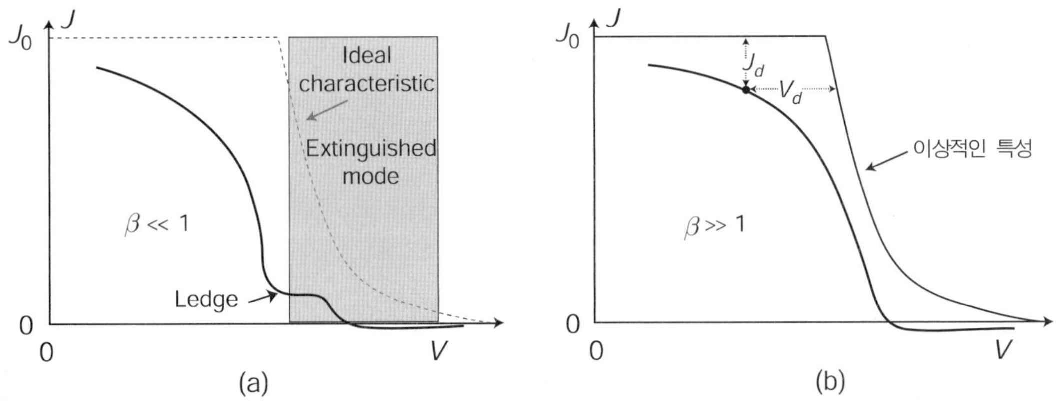

그림 6.25 고압 다이오드의 특성. 왼쪽은 매우 작은 β, 오른쪽은 매우 큰 β를 갖는다.

그림 6.25a에서 $\beta \ll 1$은 상당한 음의 공간전하를 요구하므로 부하전류는 작다. 이는 사실 특성이 제한된 장치의 공간전하 특성과 유사한 고출력 전압에서의 상황이다: 전압을 낮추면 전류가 적당하게 증가하고 낮은 레벨에서 포화된다. 이러한 거동은 그림에서 가로대(Ledge)에 해당된다.

전압을 더욱 낮추면 다이오드는 빈번한 충돌이 부하전류를 급격하게 올리기에 충분한 이온을 발생시키는 영역으로 옮겨진다. 이 영역에서 이온들은 주로 비탄성 충돌로부터 얻어지고(이미터로부터의 이온은 무시할 수 있다) 다이오드는 점화모드에 있다고 말하는데 이는 이미터로부터의 이온이 지배적인 연소되지 않는, 또는 진화된 모드라 불리는 초기 영역과 대조된다.

그림 6.25b에 나타낸 바와 같이 $\beta \gg 1$인 경우에는 인지할 수 있는 진화된 모드는 없다-이미 점화모드가 큰 부하전압에서 시작된다.

고압 다이오드에서 큰 전류에 이르고 아울러 수용할 수 있는 출력밀도가 얻어지는 것은 비탄성 충돌에 의해 생성되는 이러한 풍부한 이온들 때문이다. 그러나 이러한 작동에는 비용이 소요된다: 실제 특성은 전류와 전압 결핍(그림 6.25b에서 J_d와 V_d)에 의해 이상적인 경우로부터 벗어난다. 플라즈마 강하라 불리는 V_d는 세 가지 요소들로 구성된다.

1. 전자 충돌에 의한 세슘원자의 이온화와 관련된 전압 강하(약 0.4V) V_i
2. 세슘원자에 의한 전자 산란으로 인한 전압 강하 V_p
3. 전극 옆에 형성되는 전위 장애 V_s

상대적으로 큰 세슘 증기 압력은 이미터로부터 컬렉터로 상당한 열을 전달하여 입력 에너지의 일부를 전환시킨다. 반대로 고압 다이오드에서 발생하는 무거운 세슘 도금은 이미터 일함수를 감소시키고 이미터로부터의 전자 증발에 요구되는 입력 열 동력의 양을 떨어뜨린다.

비록 언급한 바와 같이 고압 다이오드가 단연 가장 실용적인 열전자 발생기라 하더라도 사용되어야 하는 물질의 상당부분으로 인하여 고가의 장치가 되는 경향이 있다.

고압 열전자 다이오드에 대한 보다 완전한 논의를 위해서는 Ned Razor(1991)의 논문을 참조한다.

참고문헌

Hatsopoulos, G. N., and E. P. Gyftopoulos, Thermionic Energy Conversion (2 vols.), MIT Press, 1973.

Houston, J. M., and P. K. Dederick, The electron emission of the Pt-group metals in Cs vapor, Report on the Thermionic Conversion Specialist Conference, San Diego, California, October. 25-.27, 1965, pp. 249-.257.

Iannazzo, S., A survey of the present status of vacuum microelectronics, Solid-State Electronics (26 vol.) 3, pp. 301-.320, 1993.

Razor, N. S., Thermionic energy conversion plasmas, IEEE Trans. on Plasma Sci. 19, p. 191, 1991.

Shavit, A., and G. N. Hatsopoulos, Work function of polycrystalline rhenium, Proc IEEE (Inst. Elec. Electron. Eng.), (54), pp. 777-.781, 1996.

Stull, D.R., Industrial and Engineering Chemistry 39, p. 517, 1947.

연 습 문 제

6.1 서로간의 간격보다 훨씬 큰 선형 규격을 갖는 두 금속판을 고려하여 보자(따라서 이들은 무한한 판들로 간주될 수 있다). 서로 직면하는 면의 유효 방사율은 다음과 같이 주어짐을 보여라.

$$\epsilon_{eff} = \frac{1}{1/\epsilon_1 + 1/\epsilon_2 - 1},$$

여기에서 ϵ_1과 ϵ_2는 두 판들 자체를 취했을 때의 이들의 총 방사율이다.

6.2 두 금속판이 약간의 간격으로 분리된 채 서로 병렬로 놓여있다. 이들 사이에는 전기뿐만 아니라 열전도도 없다. 이러한 "샌드위치"가 태양으로부터 1AU 거리의 우주에 설치된다. (순수한 텅스텐으로 만들어진) 하나의 판은 응집된 햇빛에 노출되는 반면에 (토륨화 텅스텐으로 만들어진) 다른 판은 그늘에 있다.

텅스텐 판은 (햇빛을 받는) 바깥 면이 처리되어 있어서 그의 열 방사율과 알베도(albedo)는 모두 10%이다. (토륨화 텅스텐 판과 직면하고 있는) 안쪽 표면은 25%의 방사율을 갖는다. 이는 절대 방사율로서 차가운 면에 의해 반사되는 복사는 고려하지 않는다.

두 판으로부터와 응집된 햇빛으로부터의 복사 이외에는 우주에서의 복사는 없다. 태양으로부터 1AU 떨어진 곳에서 응집되지 않은 햇빛은 $1350W/m^{-2}$ 의 열력 밀도를 갖는다.

각 판의 면적은 $1m^2$ 이다.

판들 사이에는 공간전하가 없다.

방사율은 흔히 독립적이다.

1. 정상상태 조건에서 뜨거운 판을 차가운 판보다 1000K 높게 하여주는 햇빛 농도비는 얼마인가? 판들의 온도는 얼마인가?
2. 이제 어떤 외부 전기부하가 판 사이에 연결되어 있고 농도비를 조절하여 텅스텐 판이 3100K로 뜨거워졌다. 부하는 가능한 최대 동력을 이끌어낸다. 차가운 판의 온도는 얼마인가? 소요되는 농도비는 얼마인가? 생성되는 전력은 얼마인가? 정상상태이며 공간전하는 없다고 가정한다. 시스템은 이상적인 플라즈마 다이오드이지만 이온전류는 무시한다.

6.3 음의 공간전하가 없는 조건에서 작동되는 저압 세슘 증기 다이오드가 면적이 $2cm^2$ 인 이미터와 컬렉터를 지니고 있다. 컬렉터는 1.81V의 일함수를 갖는다. 텅스텐 컬렉터의 일함수는 세슘 증기압 p_{cs}를 변화시켜 조절할 수 있다. 방출상수는 세슘에 의해 달라지지 않으며 $600{,}000Am^{-2}\,K^{-2}$ 이다.

이미터와 컬렉터의 온도는 각각 2100K와 1100K이다. 이미터의 유효 방사율은 컬렉터와 직면하는 쪽은 0.3이고 그 반대쪽은 0이다.

유일한 손실 매커니즘은 방출전자의 손실, 이 전자들의 과잉에너지, 그리고 이미터에서 컬렉터로의 복사이다.

어느 이미터 일함수가 효율을 최대로 하는가?
이 효율은 얼마인가?

6.4 연습문제 6.3의 다이오드를 참조하자.
3.0V의 이미터 일함수로 작동하고자 한다.

1. 세슘으로 덮여져야 하는 이미터 면적의 분율 Θ을 추정하라.
2. 만약 전극 간 공간이 크다면 충돌이 상당할 것이다. 다이오드가 "충돌이 없는" 영역에서 (즉 저압 장치와 같이) 작동할 수 있도록 하는 가장 큰 전극 간 공간은 얼마인가? 얻은 답을 설명하라.

6.5 저압 세슘 증기 다이오드에서는 음의 전극 간 공간전하가 없는 경우에만 실제 전자 이미터 전류가 이미터 포화전류와 같아질 것이다. 3.3eV의 이미터 일함수, 600,000$Am^{-2}K^{-2}$의 이미터 방출상수, 그리고 2350K의 이미터 온도를 갖는 다이오드에 음의 공간전하가 있는가?

6.6 만약 연습문제 6.5의 다이오드가 저압다이오드처럼 작동한다면 허용 가능한 가장 큰 전극 간 간격은 얼마인가?
세슘 증기압은 2000Pa라고 가정한다.

6.7 연습문제 6.5의 다이오드의 최대 전력 출력밀도는 (대략) 얼마인가?
이 다이오드는 음의 공간전하가 없는 저압 다이오드처럼 작동한다고 가정한다. 또한 눈에 뜨일만한 역방출이 없다고 가정한다.

6.8 $5\times10^5 Am^{-2}K^{-2}$의 이미터 상수와 3.0eV의 일함수를 갖는 10cm^2 이미터의 세슘 증기 열전자 발생기를 고려하여 보자. 컬렉터는 1000K이며 컬렉터 상의 세슘 응축으로 인하여 1.8eV의 일함수를 갖는다. (2000K에서 작동되는) 이미터의 유효 방사율은 컬렉터와 직면한 면에서 0.3이다. 다른 면에서는 복사가 없다. 장치의 손실은 오직 복사와 방출되는 전자의 과잉 운동에너지를 통해서만 발생된다. 전도 손실과 플라즈마 강하는 없다. 음의 공간전하도 없다. 어떠한 이온전류도 무시한다.
장치가 가능한 가장 높은 출력을 공급하도록 하는 부하저항은 얼마인가?
위의 조건에서 장치의 효율은 얼마인가? 요구되는 입력은 얼마인가?

6.9 두 개의 고체 판을 고려하자: 하나는 탄탈륨으로 만들어졌으며 다른 하나는 텅스텐으로 만들어졌다. 두 개 중 어느 것이 진공에서 더 높은 열전자 전류밀도를 방출할 수 있도록 제작될 수 있는가?

6.10 어떤 열전자 발생기는 2500K로 가열된 텅스텐 이미터와 1000K의 세슘으로 코팅된 컬렉터를 갖는다. 전극은 10×10cm이다. 모든 상황에서 다이오드는 마치 10mΩ의 내부저항

을 가진 것처럼 거동한다. 컬렉터 방출과 열전기 효과는 무시한다. 공간전하는 없다고 가정한다. 80과 100mΩ의 부하에 공급되는 전력을 계산하여라.

6.11 비교되는 두 물질은 같은 온도라고 가정한다. 어느 것이 온도에 관계없이 열전자적으로 더 큰 전류밀도를 방출하는가? 크롬인가 탄탈륨인가?

6.12 높은 방사성을 갖는 물질의 (측면이 d미터인) 정방체가 은하계 우주 공간에 고립된 채 떠 있다. 본질적으로 그 위로 떨어지는 외부 복사는 없다. 그의 방사능으로 인하여 입방 m당 1200kW를 발생시킨다. 이 발생률을 Γ라고 부르자.
물질은 다음의 특성을 갖는다:
열전자 방출상수: 200,000Am^{-2} K^{-2}
일함수: 3.0V
(관심온도에서) 열 방사율: 0.85
다음 각각의 경우에서 큐브의 온도는 얼마인가?
1. d=1cm
2. d=10cm

6.13 어떤 진공 다이오드가 모두 순수한 텅스텐으로 만들어진 이미터와 컬렉터로 구성되어 있다. 이 전극들은 1μm 떨어져 있다. “이미터”는 2200K까지 가열되고 “컬렉터”는 1800K로 가열된다.
1. 다이오드가 부하에 공급할 수 있는 최대 전력을 추정하여라.
2. 세슘 증기를 도입하여라. 세슘 증기압이 점진적으로 증가되면 무슨 일이 발생하는지 설명하라. 출력을 세슘 증기압 p_{cs}의 함수로서 그래프로 나타내어라. 충돌 이온화와 모든 이온전류는 무시한다.

6.14 어떤 열전자 다이오드는 크기가 2×2cm이며 1mm 떨어져 있는 병렬 판 전극을 지니고 있다. 이미터와 컬렉터는 모두 탄탈륨으로 만들어진다.
이미터의 온도는 2300K이고 컬렉터의 온도는 300K이다.
두 판 사이에서 진공이 유지되는 경우 다이오드를 가로질러 V_{CE}=100V가 적용되어 이미터에 대하여 컬렉터를 양으로 만든다면 다이오드를 통하는 전류는 얼마인가?
이를 V_{CE}=50V에 대하여 반복하여라.

6.15 (모서리 길이가 1m인) 정방체가 0.15AU에서 태양 주위의 원형궤도에 놓여 있다. 이는 태양까지의 거리가 태양-지구 거리의 15%이며 정방체가 수성궤도 안에 있음을 의미한다.
궤도가 안정되어서 평평한 면은 항상 태양을 향한다.
정방체는 90%의 빛 흡수율을 갖는 (즉 10%의 알베도를 갖는; 따라서 이는 매우 검정색으로 보인다) 물질로 만들어진다. 그의 열 방사율은 30%이다.

지구궤도에서의 태양상수는 1360W/m² 이다.
정방체의 물질은 열전자 방출을 위해 Φ=1.03V의 낮은 일함수를 갖는다. 그의 방출상수는 $4000Am^{-2}K^{-2}$ 이다.
정방체의 평형온도는 얼마인가?

6.16 이 책에서는 텅스텐의 일함수 Φ를 세슘 저장용기 온도에 대한 전극 온도의 비 T/T_r과 연관짓는 실험식을 제시하였다. 여기에서는 비록 Φ가 T/T_r의 함수일지라도 T 자체의 함수는 아니라고 가정한다. 이것은 사실이 아니다. Φ 역시 T의 약한 함수이다. 식의 값은 $1500<T<2000K$ 범위에서 ±0.1V의 불확실성을 갖는다.
T=1500K일 경우 방출된 전류의 계산된 값에서 상응하는 불확실성 인자는 얼마인가? 그리고 T=2000K일 때는 얼마인가?

6.17 텅스텐 전극을 갖는 세슘 플라즈마 다이오드의 출력밀도는 얼마인가? 음의 공간전하는 없으며 전자와 세슘원자의 충돌은 무시할 수 있다고 가정한다.
이미터 온도 $T_E = 2100K$.
컬렉터 온도 $T_C = 1000K$.
세슘 저장용기 온도 $T_r = 650K$.
세슘 증기 온도 $T_{cs} = T_r$.
전극 방출상수 $A = 600{,}000Am^{-2}K^{-2}$.
전극 간 공간 $d = 0.1mm$.
이온전류는 부하전류에 영향을 주지 않는다고 가정한다.
그럼에도 불구하고 그것은 분명히 공간전하에 영향을 미친다.
가정이 유효한지 확인하여 보라. 공간전하의 성질은 무엇인가? 음, 0, 또는 양인가? 전자-세슘 충돌을 무시할 수 있는가?
계산한 출력밀도는 유효한가? 만약 유효하지 않다면 다시 계산하지 말라.
Φ를 T/T_r의 일함수로 산출하는 식의 유효성에 제한이 있음을 상기하자. 다음의 boolean 테스트를 이용하여라:
IF $T/T_r<2.2$ THEN Φ=1.81V ELSEIF $\Phi>4.52$ THEN Φ=4.52 ELSE Φ=Φ.

6.18 만약 저압 열전자 발생기에서 이온전류의 값을 산출하는 식을 조사한다면 다른 모든 것들이 일정할 경우 전극 온도가 낮아질수록 열전자적으로 방출되는 이온전류는 높아짐을 알게 될 것이다. 이는 차가운 컬렉터가 뜨거운 이미터보다 더 큰 이온전류를 방출할 것임을 의미한다. 그러나 이온전류에 대한 모든 논의에서 유일하게 언급된 전류는 이미터로부터의 전류이다. 컬렉터로부터의 이온전류는 보통 무시한다.
이것이 왜 타당한지에 대하여 간단하고 명료하게 설명하여라. 이미터와 컬렉터 모두 전극 간 기체가 세슘 증기인 텅스텐으로 만들어졌다고 가정하여라.

제7장 AMTEC†

7.1 작동 원리

AMTEC는 **알칼리 금속 열전기 변환기(Alkali Metal Thermal Electric Converter)**를 의미하며 **농도차 전지**로 알려진 장치 부류의 한 가지 예이다. 이의 작동은 개념적으로 간단하다. 이 장치는 알칼리 금속이온에 대한 우수한 전도체이지만 전자들에 대해서는 불량 전도체인 β' 알루미나의 특수한 성질이 갖는 장점을 이용하고 있다. 다시 말하면 이 장치는 전해질이다. 이 물질의 슬래브는 **β' 알루미나 고체 전해질**, 또는 BASE를 구성하는데 후자는 어떤 반도체 장치의 "염기" 전극을 연상시킬 수도 있기 때문에 다소 부적절한 약어이다.

만약 슬래브(음극)의 상단부에서의 나트륨 이온농도(그림 7.1 참조)가 하단부(양극)에서의 농도보다 크다면 나트륨 이온은 슬래브를 통하여 아래로 확산되어 낮은 경계면과 양극으로 작용하는 다공성 전극 사이에 축적된다. 이러한 이온의 축적은 이온의 상향 이동을 유도하는 전기장을 생성할 것이다. 평형 상태에서 아래로 확산하는 플럭스는 위쪽으로 이동하는 플럭스와 동일하다.

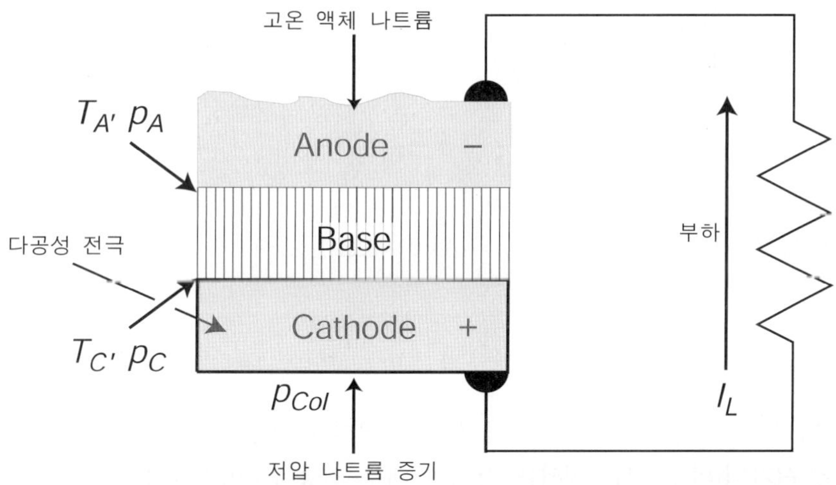

그림 7.1 농도차 전지.

농도 전지에 의하여 발생되는 전압은 얼마인가? 이동하는 이온(위에서 언급한 전지에서 Na^+)의 농도를 N이라 하고 상단으로부터 바닥을 향해서 BASE 슬래브 내부로의 거리를 x라 하자. 이온들의 확산으로 인한 플럭스 ϕ_D는 다음과 같다.

† 이 장의 많은 부분은 Cole의 논문에 기초하였다(1983).

$$\phi_D = -D\frac{dN}{dx} \tag{7.1}$$

여기에서 D는 확산 상수이다. 이온 이동으로 인하여 슬래브 바닥에서 이온 농도가 상단에서의 이온 농도와 차이가 있게 된다. 전기장이 형성되어 반환 플럭스 ϕ_E를 유도한다.

$$\phi_E = N_\mu E \tag{7.2}$$

여기에서 μ는 이온 이동도이며 $E = -dV/dx$는 전기장이다.

평형상태에서 두 플럭스들은 동일한 크기를 갖는다.

$$D\frac{dN}{dx} = \mu N\frac{dV}{dx} \tag{7.3}$$

$$\frac{D}{\mu}\frac{dN}{N} = dV \tag{7.4}$$

음극에서 양극까지 적분하면

$$\frac{D}{\mu}(\ln N_A - \ln N_C) = V \tag{7.5}$$

여기에서 N_A는 음극(상단)에서의 이온 농도이고 N_C는 양극(하단)에서의 이온 농도이다. V는 전지를 가로지르는 전위이다.

아인슈타인 관계식에 의하면 $D/\mu = kT/q$이다. 따라서

$$V = \frac{kT}{q}\ln\frac{N_A}{N_C} \tag{7.6}$$

$T_A = T_C$와 같은 일반적인 경우에는 $p = NkT$이므로

$$V = V_{oc} = \frac{kT}{q}\ln\frac{p_A}{p_C} \tag{7.7}$$

식 7.7로부터 AMTEC의 열린 회로 전압의 값을 구할 수 있다.

이상적인 경우(가역)의 AMTEC에서는 장치의 내부 저항이 0이기 때문에 부하 전압 V_L는 V_{oc}와 동일하다. 이 경우 μ킬로몰† 의 나트륨 이온(단독으로 이온화되며 따라서 크기가 전자와 대등한 양전하를 운반한다)이 BASE를 통과할 때 부하로 전달되는 전기 에너지는 다음과 같다.

$$W_e = \mu N_{0q} V_L = \mu N_{0q}\frac{kT}{q}\ln\frac{p_A}{p_C} = \mu RT\ln\frac{p_A}{p_C} \tag{7.8}$$

† μ는 앞에서와 같이 이동도가 아니라 이제 킬로몰 수를 나타낸다.

이는 μ 킬로몰의 기체가 p_A에서 p_C까지 등온팽창할 때 전달되는 에너지이다.

AMTEC는 그림 7.2에 보인 방법으로 구성할 수 있다. 열원은 온도를 올려주며 따라서 전지의 음극과 접촉하는 나트륨 증기의 압력을 높여주는 반면에 열 싱크는 금속의 액체로의 응축을 초래한다. 이 액체는 펌프에 의하여 열원으로 다시 순환된다. BASE와 접촉하는 전극에 전선이 부착되어 있다.

p_{Res}가 온도 T_{Res}에서 열 싱크 챔버 저장소의 나트륨 액체의 증기압인 반면에 음극에서의 나트륨 압력 p_A는 온도 T_A에서의 나트륨의 증기압이다.

열 싱크 챔버의 나트륨은 액체이거나 증기 상태일 수 있다. 여기의 보기에서는 **액체 공급** AMTEC에 해당되는 액체의 경우를 고려할 것이다.

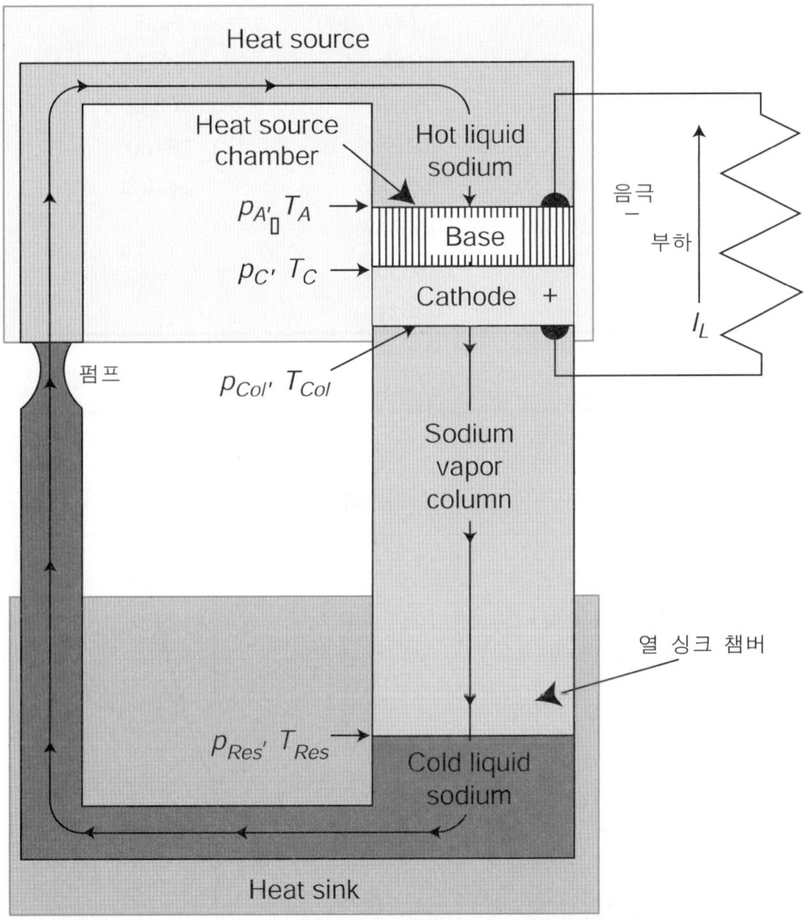

그림 7.2 AMTEC 전지의 구성.

7.2 증기 압력

앞의 절에서 언급한 내용으로부터 장치의 차가운 끝부분과 뜨거운 끝부분에서의 나트륨 증기압의 값들이 장치의 성능을 결정함에 있어서 결정적인 역할을 한다는 사실이 분명하다.

나트륨과 칼륨의 증기압이 표 7.1에 제시되어 있으며 온도에 대한 나트륨 압력이 그림 7.3에 나타나 있다. 이 원소들의 융점과 비등점은 각각 나트륨의 경우 370.9K와 1156K이며 칼륨의 경우에는 336.8K와 1047K이다. 칼륨은 나트륨보다 우선하는 특성들이 적다. 결과적으로 우리는 나트륨에만 관심을 기울이기로 한다.

표 7.1 나트륨과 칼륨의 증기압.

온도(K)	나트륨(Pa)	칼륨(Pa)
400	0.0003	-
500	0.153	4
600	7	124
700	117	1235
800	1004	6962
900	5330	26832
1000	19799	78480
1100	60491	189460
1200	150368	-
1300	336309	-
1400	626219	-

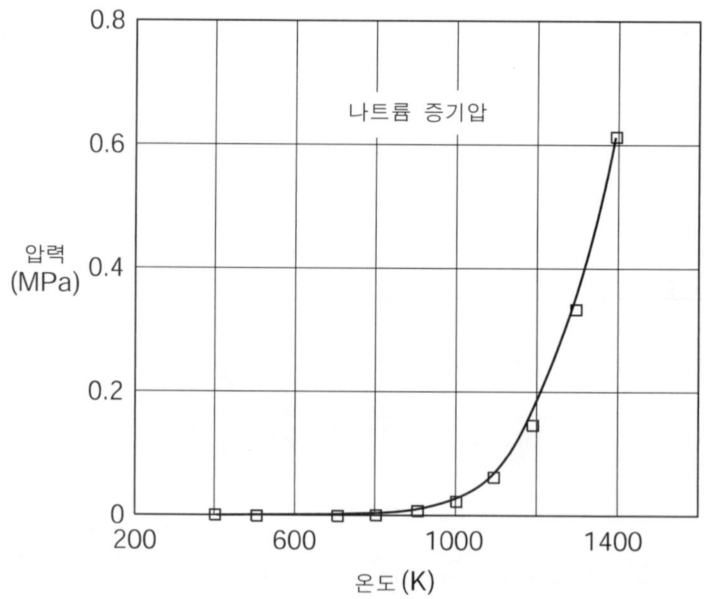

그림 7.3 나트륨의 증기압.

나트륨의 증기압은 다음과 같은 공식을 이용함으로써 AMTEC 성능의 모델링에 적절한 정확도로 추정될 수 있다.

$$\ln p = -62.95 + 0.2279T - 2.9014 \times 10^{-4} T^2 + 1.7563 \times 10^{-7} T^3 - 4.0624 \times 10^{-11} T^4 \tag{7.9}$$

이 식은 $400 \leq T \leq 1400$ 범위에서 수용 가능한 p 값을 제시하여 준다.

7.3 나트륨 증기 컬럼에서의 압력강하

BASE의 상단(음극) 표면에서 압력 p_A는 온도 T_A에서 나트륨 증기의 증기압이며 열 싱크 근처의 액체 나트륨 저장소 바로 위 표면에서의 압력 p_{Res}는 온도 T_{Res}에서 나트륨 증기압임을 알았다. 그러나 BASE 슬래브를 가로지르는 전압은 p_A/p_{Res}가 아니라 p_A/p_C 압력비에 의해 결정된다. 그러므로 p_C와 p_{Res}를 관련짓는 것이 필요하다.

만약 BASE의 바닥(양극)과 액체 나트륨 표면 사이의 컬럼에서 나트륨 증기의 흐름이 그 자체로서 압력 변화를 초래하지 않을 정도의 소량이라고 가정하고 아울러 정상적인 이상기체 거동을 가정한다면 컬럼은 등압, 즉 $p_C = p_{Res}$이다. 그러나 나트륨 원자의 평균 자유 경로가 컬럼의 직경과 비교하여 크다면 등압 조건은 성립되지 않으며 그 컬럼은 상응하는 기체 흐름이 없이 압력차를 유지할 수 있다. 이러한 환경에서는 $p_C \neq p_L$이며 이러한 압력들 사이의 관계를 설정하는 것이 필요하게 된다.

수평 파이프에서 기체를 고려하여 보자. 만약 순 질량 흐름이 없다면 파이프에 대하여 수직인 임의의 표면을 통한 좌측에서 우측으로의 플럭스 ϕ_1는 우측에서 좌측으로의 플럭스 ϕ_2와 동일해야 한다.

$$\phi_1 = \phi_2 \tag{7.10}$$

여기에서 플럭스는 파이프의 단면에 걸쳐 균일하다고 가정하였다. 물론 등압 조건을 유도하는 제약조건인 $p_1 = p_2$를 부여하지 않을 것이다.

n_1과 v_1을 각각 좌측으로부터의 표면을 가로지르는 분자들의 농도와 평균 열 속도라 하고 n_2와 v_2를 각각 우측으로부터의 플럭스에 대한 해당되는 양들이라고 하자.

$$n_1 v_1 = n_2 v_2 \tag{7.11}$$

혹은

$$\frac{n_1}{n_2} = \frac{v_2}{v_1} = \sqrt{\frac{T_2 m_1}{T_1 m_2}} \tag{7.12}$$

이는

$$mv^2 = kT \tag{7.13}$$

에 기인한다.

따라서

$$\frac{n_1}{n_2} = \sqrt{\frac{T_2}{T_1}} \tag{7.14}$$

$p = nkT$이므로 다음을 얻는다.

$$\frac{p_1}{p_2} = \sqrt{\frac{T_1}{T_2}} \tag{7.15}$$

이는 기체의 컬럼 전체에 걸쳐 평균 자유 경로 ℓ이 컬럼의 규격보다 훨씬 더 클 경우 컬럼에서 기체 흐름이 없다면, 즉 다시 말해서 AMTEC으로부터 전류가 회수되지 않는다면 기체의 압력은 다음과 같은 규칙을 따른다는 것을 의미한다:

$$\frac{p}{\sqrt{T}} = constant \tag{7.16}$$

이러한 상황은 **Knudsen의 조건**†으로 알려져 있다.

예를 들어 $T_A = 1300K$ 및 $T_L = 400K$인 상황을 고려하여 보자. 이에 상응하는 증기압은 $332,000Pa$ 및 $3 \times 10^{-4}Pa$이다. 이에 따른 열린 회로 전압은 등압 조건이 우세할 경우

$$V_{oc} = 1300\frac{k}{q}\ln\frac{332,000}{3 \times 10^{-4}} = 2.33\,V \tag{7.17}$$

인데 이는 $p_C = p_L = 7Pa$††이기 때문이다.

그러나 만약 Knudsen의 조건이 우세하다면

$$\frac{p_C}{\sqrt{T_C}} = \frac{p_L}{\sqrt{T_L}} \tag{7.18}$$

아울러

$$p_C = p_L\sqrt{\frac{T_C}{T_L}} = 3 \times 10^{-4}\sqrt{\frac{1300}{400}} = 540 \times 10^{-6}Pa \tag{7.19}$$

그리고 열린 회로 전압은

$$V_{oc} = 1300\frac{k}{q}\ln\frac{332,000}{540 \times 10^{-6} \times 100} = 2.27\,V \tag{7.20}$$

로서 등압의 경우에서보다 단지 극소량만큼 낮다.

---

† Martin Knudsen은 덴마크의 물리학자이다(1871-1949). Knudsen 수는 시스템에서 어떤 특성 길이에 대한 분자의 평균 자유 경로의 비이다.

†† 이 보기에서 온도 범위는 매우 낙관적이다. 예를 들면 AMTEC 전지 제조사인 Advanced Modular Power Systems, Inc.,는 870K에서 1120K까지의 열원 온도와 370K에서 670K까지의 열 싱크 온도를 들고 있다.

나트륨 컬럼에서 압력 거동의 범위가 무엇인지를 결정하는 것은 흥미롭다. 이를 위해서는 컬럼의 규격과 나트륨 이온의 평균 자유 경로를 알 필요가 있다.

7.4 나트륨 이온의 평균 자유 경로

기체 분자의 평균 자유 경로 ℓ은 다음으로부터 추정할 수 있다.

$$\ell = \frac{1}{4nA} \tag{7.21}$$

여기에서 n은 기체 농도이고 A는 분자의 단면적으로서 나트륨의 경우 $110 \times 10^{-21} m^2$이다. 따라서

$$\ell = \frac{2.28 \times 10^{18}}{n} \tag{7.22}$$

완전기체 법칙으로부터 $p = nkT$, 또는 $n = \dfrac{p}{kT}$이므로

$$\ell = 2.28 \times 10^{18} k \frac{T}{p} = 31 \times 10^{-6} \frac{T}{p} \tag{7.23}$$

만약 기체가 포화 압력으로 존재한다면 각 T 값에 대한 압력값은 표 7.1로부터 결정될 수 있으며 T의 함수로 나타낸 ℓ의 곡선은 그림 7.4에 보인 바와 같이 작성할 수 있다.

충분히 낮은 온도에서 증기압은 매우 낮으므로 평균 자유 경로는 놀라울 정도로 크며 장치의 나트륨 증기 컬럼의 크기를 쉽게 초과할 수 있다. 이러한 환경들에서는 Knudsen 조건이 우세하다.

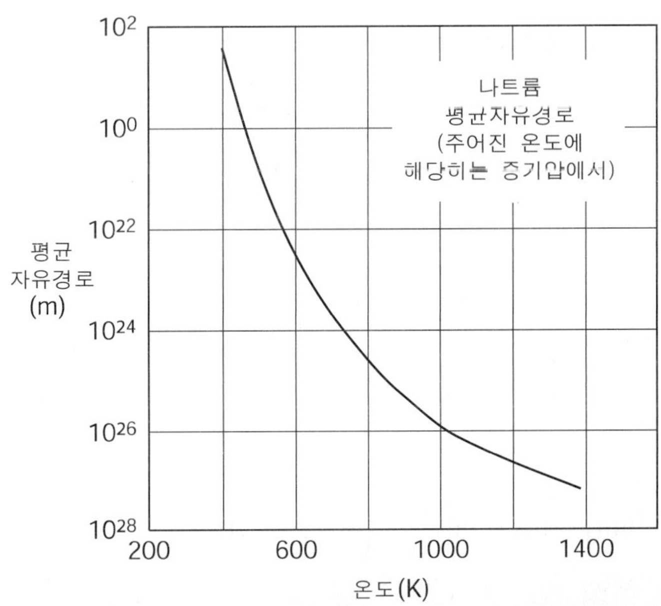

그림 7.4 온도의 함수로 나타낸 나트륨 분자의 평균 자유 경로. 기체는 그의 증기압에 존재하는 것으로 가정한다.

7.5 AMTEC의 V-I 특성†

열린 회로 조건에서 BASE를 통한, 그리고 장치의 양극 슬래브를 통한 나트륨 이온의 순 흐름은 없다. 그러나 만약 AMTEC의 말단에 연결된 부하를 통한 외부 전류가 존재한다면 이온은 염기를 통하여 흘러야 하며 양극에서 전자와 재결합해야 한다. 양극과 차가운 액체 나트륨 사이의 증기 컬럼에서 나트륨 원자의 순 플럭스 Φ가 형성된다. 이 플럭스를 도출하기 위해서는 BASE의 상단과 양극 슬래브 바닥 사이에 증기 압력의 차이 $\triangle p$가 발생해야 한다. 플럭스와 압력 차 사이의 관계는 다음과 같다.

$$\Phi = \frac{\triangle p}{\sqrt{2\pi mkT_A}} \tag{7.24}$$

여기에서 m은 나트륨 이온의 질량($22.99\,daltons$, 또는 $38.18 \times 10^{-27} kg$)이다. **Langmuir의 가정**으로 알려진 이 식은 제 6장의 6.7.3 절에서 유도되었다. $T_A = T_C$라고 가정하자(즉 BASE의 온도는 균일하다).

전류 밀도는 $J = q\Phi$이며 따라서

$$\triangle p = \frac{\sqrt{2\pi mkT_A}}{q} J = \chi J \tag{7.25}$$

위에서

$$\chi \equiv \frac{\sqrt{2\pi mkT_A}}{q} \tag{7.26}$$

나트륨 증기 컬럼의 상단에서 나트륨 증기압은 이제 다음과 같다.

$$p_{col} = p_{col0} + \chi J = p_{Res}\sqrt{\frac{T_A}{T_{Res}}} + \chi J \tag{7.27}$$

아울러

$$\begin{aligned} V &= \frac{kT_A}{q} \ln \frac{p_A}{p_{Res}\sqrt{\frac{T_A}{T_{Res}}} + \chi J} = \frac{kT_A}{q}\left[\ln p_A - \ln\left(p_{Res}\sqrt{\frac{T_A}{T_{Res}}} + \chi J\right)\right] \\ &= \frac{kT_A}{q}\left\{\ln p_A - \ln\left[\chi\left(\frac{p_{Res}}{\chi}\sqrt{\frac{T_A}{T_{Res}}}\right) + J\right]\right\} \\ &= \frac{kT_A}{q}\left\{\ln p_A - \ln\chi - \ln\left(\frac{p_{Res}}{\chi}\sqrt{\frac{T_A}{T_{Res}}} + J\right)\right\} \end{aligned} \tag{7.28}$$

† John Hovell에게 감사를 드린다.

이제

$$J_{\vartheta} \equiv \frac{p_{Res}}{\chi}\sqrt{\frac{T_A}{T_{Res}}} \tag{7.29}$$

와 같이 정의하면

$$V = \frac{kT_A}{q}[\ln p_A - \ln\chi - \ln(J_{\vartheta} + J)] = \frac{kT_A}{q}\left[\ln\frac{p_A}{\chi} - \ln(J_{\vartheta} + J)\right] \tag{7.30}$$

한편

$$V_p \equiv \frac{kT_A}{q}\ln\frac{p_A}{\chi} \tag{7.31}$$

와 같이 정의하면

$$V = V_p - \frac{kT_A}{q}\ln(J_{\vartheta} + J) \tag{7.32}$$

$J=0$, $V=V_{oc}$ 일 경우에는

$$V_{oc} = V_p - \frac{kT_A}{q}\ln(J_{\vartheta}) \tag{7.33}$$

식 7.29를 이용하면 식 7.33은 식 7.7과 동일함을 알 수 있다.

앞의 전개에서는 BASE에서 이온의 흐름에 대한 저항이 없다고 가정하였다. 이러한 이상적인 상황은 달성할 수 없으며 전압 강하 $J\mathfrak{R}$은 그 요소를 교차하여 나타난다. $\mathfrak{R}=AR$은 전지의 **비저항성**이다. 여기에서 A는 BASE의 단면적이며 R은 BASE의 저항이다. 부하 전압은 다음과 같다.

$$V = V_p - \frac{kT_A}{q}\ln(J_{\vartheta} + J) - J\mathfrak{R} \tag{7.34}$$

식 7.34는 AMTEC의 거동에 대한 모델링에 사용될 수 있다. Cole(1983)은 정상적인 작동 조건에서 계산값들은 실험값들로부터 $50mV$ 이내에 존재한다고 주장하고 있다.

그림 7.5는 $1175K$와 $500K$ 사이에서 작동하는 나트륨 AMTEC에 대한 $V-I$ 특성을 나타내고 있다. 이 값들은 식 34를 이용하여 계산되었다. 하나의 곡선은 BASE 저항이 없는 상황에 해당하며 다른 곡선은 $\mathfrak{R}=25\mu\Omega m^2$인 좀 더 현실적인 상황에 해당한다. 그래프에는 부하 전력도 나타나 있다. 이는 $11.6kW/m^2$에서 최정점에 이른다. 부하 전류 밀도와 부하 전력 밀도 모두 상당히 높은데 이는 AMTECs의 하나의 특징이다.

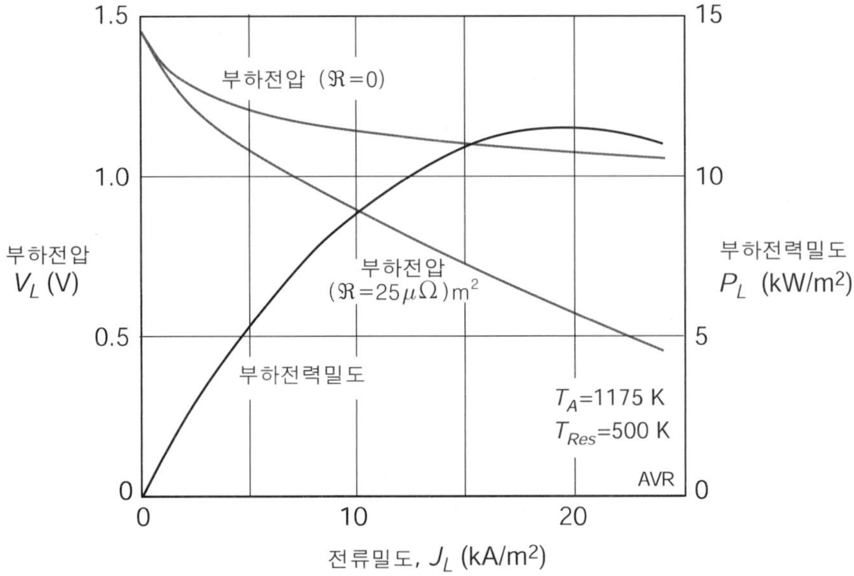

그림 7.5 ATMTC의 계산된 특성들.

7.6 효율

AMTEC 효율은 다음과 같다(Cole(1983)을 참조):

$$\eta = \frac{\text{부하로 전달된 전력}}{\text{총 열 입력}} \tag{7.35}$$

AMTEC는 다음과 같은 4개의 과정을 따라 열을 사용한다.

1. 액체 나트륨은 T_{Res}에서 T_A까지 온도가 올라가야 한다. 이는 다음과 같은 열 동력에 해당된다:

$$\begin{aligned}\dot{Q}_1 &= c(T_A - T_{Res})\Phi = c(T_A - T_{Res})\frac{J}{_qN_0} \\ &= 311.4\times10^{-6}(T_A - T_{Res})J\end{aligned} \tag{7.36}$$

2. 여기에서 $c = 30\ kJ\ K^{-1}kmole^{-1}$은 나트륨의 비열이며 Φ는 나트륨 플럭스이다. 이는 물론 AMTEC을 통하는 전류 밀도에 비례한다.
   열 동력은 액체 나트륨을 기화시키기 위해서 필요하다. 이는 다음과 같은 열 동력에 해당된다:

$$\dot{Q}_2 = \Delta\overline{h_{vap}}\Phi = \dot{Q}_2 = \Delta\overline{h_{vap}}\frac{J}{_qN_0} = 0.924J \tag{7.37}$$

3. 여기에서 $\Delta \overline{h_{vap}} = 89\ MJ\ K^{-1} kmole^{-1}$은 나트륨의 기화열이다.
출력 전력을 끌어내는 데에 필요한 열 동력은

$$\dot{Q}_3 = VJ \tag{7.38}$$

4. 기생하는 모든 열손실의 합은 $\dot{Q}_3 \equiv \dot{Q}_{loss}$이다. 이러한 기생 손실들은 주로 출력 리드를 통한 열전도와 양극으로부터의 열복사에 기인한다.
식 7.35는 다음과 같이 된다.

$$\eta = \frac{JV}{J\left[V + \frac{c(T_A - T_{Res})}{{}_qN_0} + \frac{\Delta \overline{h_{vap}}}{{}_qN_0}\right] + \dot{Q}_{loss}} = \frac{VJ}{J[V + 311.4 \times 10^{-6}(T_A - T_{Res}) + 0.924] + Q_{loss}} \tag{7.39}$$

기생 손실이 없다($Q_{loss} = 0$)는 가상적인 경우에서 AMTEC는 Cole(1983)이 **전극 효율**이라고 칭한 최대 효율에서 작동한다.

$$\eta_{electrode} = \frac{1}{1 + [311.4 \times 10^{-6}(T_A - T_{Res}) + 0.924]/V} \tag{7.40}$$

주어진 T_A와 T_{Res}값에 대한 효율은 물론 작동점에 의존한다. 그림 7.6은 1175K와 432K 사이에서 작동하는 나트륨 AMTEC의 전극 효율이 부하 전류, 따라서 출력 전력에 따라 어떻게 변하는지를 보여주고 있다. 비록 전극 효율은 저전력 출력에서 60%를 초과하지만 6.64 kW/m^{-2} ($I_L = 11.5\ kA/m^{-2}$)의 최대 전력에서 효율은 33.3%로 하락한다.

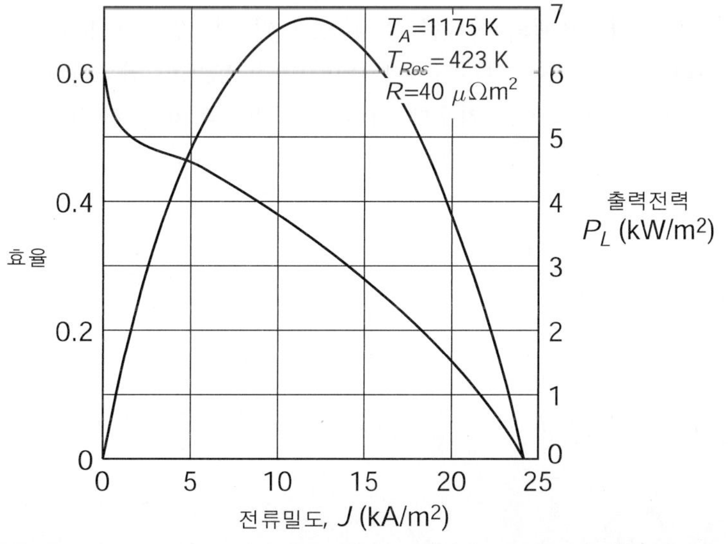

그림 7.6 AMTEC의 전극 효율.

기생 손실은 그 장치의 실제 효율을 상당히 감소시킨다. 예를 들어 양극에서의 복사 손실만을 고려하여 보자(출력 리드를 통한 열전도 손실은 무시한다). 만약 양극과 액체 나트륨 저장소 표면 모두 흑체 복사기로 작용한다면 양극으로부터의 복사 손실은 다음과 같다(제 6장의 복사 손실을 참조).

$$P_r = \sigma(T_A^4 - T_{Res}^4) \approx \sigma T_A^4 \qquad (7.41)$$
$$= 5.67 \times 10^{-8} \times 1175^4 = 108{,}000 \ \ W/m^2$$

복사 손실이 이처럼 크면 우리의 보기에서 AMTEC의 효율은 최대 전력에서 5%를 간신히 초과한다. 다행히 열 싱크 챔버에서 액체 나트륨의 표면은 흑체와 멀리 떨어져 있다(이 흑체는 그것에 도달하는 복사의 100%를 흡수한다). 사실 액체 나트륨은 거의 반대로 거동할 것이다: 이는 접수되는 적외선 복사의 98% 이상을 반사한다. 만약 반사된 복사가 양극에 의해서 다시 흡수된다면(비록 후자가 흑체 복사체라 하더라도) 순 손실은 위에서 계산된 값보다 50배만큼 더 작을 것이다. 이는 위 보기의 AMTEC에 대하여 30%의 효율을 보일 것이다. 이러한 복사 손실의 감소가 일어나기 위해서는 액체 나트륨으로부터 양극을 향한 재복사가 필요하다. 이는 해결이 쉽지 않을 수도 있다.

전도 손실은 결코 무시할 수 없다. 출력 리드는 매우 뜨거운 BASE를 차가운 외부세계와 연결한다. 이러한 리드들은 높은 전기 전도도를 지녀야 하는데 이는 높은 열 전도성을 의미한다(제 5장의 Wiedemann-Franz-Lorenz 법칙을 참조). 낮은 전도도의 리드들은 열전도 손실을 감소시키지만 장치에서의 I^2R 손실을 증가시킨다. 전도 손실을 감소시키는 한 가지 방법은 다수의 AMTEC 전지들을 직렬로 작동시켜서 첫 번째와 마지막 전지를 제외한 모든 전지들에 대하여 리드를 통한 온도차가 없도록 하는 것이다.

7.7 AMTEC의 열역학†

완전한 사이클을 통하는 작동유체의 상태를 추적함으로써 액체원료 나트륨 AMTEC 전지의 열역학을 살펴보기로 한다. 그림 7.7에 보인 $p-V$ 및 $T-S$ 도표를 참조하자. 유체 나트륨은 그림 7.2에 나타낸 전지의 몇 가지 영역들 가운데 하나의 영역에 위치할 것이다:

1. 열 싱크 챔버
2. 펌프
3. 열원 챔버
4. Base
5. 양극
6. 나트륨 컬럼

† 이 주제에 대한 좀 더 자세한 정보를 위해서는 Vining 등(1993)의 논문을 참조.

이 보기에서 장치는 나트륨 $0.001\,kmole\,(\mu = 0.001\,kmole)$(약 $0.032\,kg$)을 사용하며 $1200K$와 $600K$ 사이에서 작동한다. 나트륨 증기가 열 싱크 챔버에 존재하고 열 싱크와 접촉하는 경우인 상태 1에서 시작한다. 그 온도는 $600K$이며 증기압은 $7\,Pa$이다. 증기는 다음과 같은 부피를 차지한다.

$$V = \frac{\mu RT}{p} = \frac{1 \times 10^{-3} \times 8314 \times 600}{7} = 713\,m^3 \tag{7.42}$$

상태 1 (나트륨 증기, 열 싱크 챔버에서)

$V = 713\,m^3$,
$T = 600\,K$,
$p = 7\,Pa$,
$S = 150\,aeu$ (임의의 엔트로피 단위)

단계 1→2에서 나트륨 증기는 등온 등압적으로 응축된다. 완전히 응축되었을 경우 $0.001\,kmole$의 액체는 $23.3 \times 10^{-6} m^3$의 부피를 차지한다(액체 나트륨의 밀도는 $970\,kg/m^3$으로 가정한다).

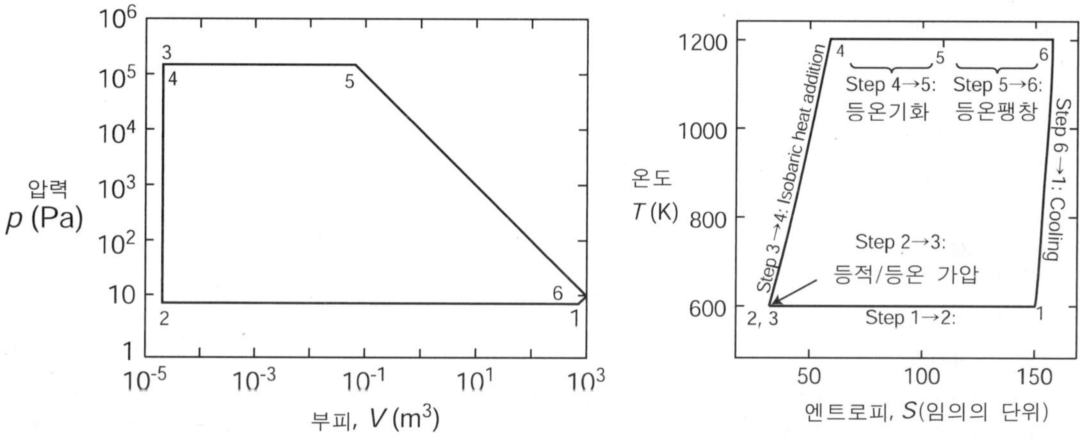

그림 7.7 AMTEC에 대한 압력/부피와 온도/엔트로피 그래프.

상태 2 (액체 나트륨, 열 싱크 챔버에서)

$V = 23.3 \times 10^{-6}\,m^3$,
$T = 600\,K$,
$p = 7\,Pa$,
$S = 32\,aeu$

단계 2→3에서 펌프는 액체 나트륨을 $1200\,K$에서의 증기압과 동일한 압력으로 가압한다. 이 보기에서 이는 $150,400\,Pa$ † 이 될 것이다. 가압은 일정한 온도에서 수행되므로 점 2와 3은 온도/

엔트로피 그래프에서는 구별될 수 없지만 압력/부피 그래프에서는 서로 상당히 떨어져 있다.

상태 3 (펌프를 통하여 이동하는 액체 나트륨)
$V = 23.3 \times 10^{-6}\, m^3,$
$T = 600\, K,$
$p = 150{,}400\, Pa,$
$S = 32\, aeu$

단계 3→4에서 액체 나트륨은 이제 열원 챔버에 위치하며 온도는 $1200\,K$로 상승한다. 이 과정은 액체 나트륨의 작은 팽창으로 인하여 등압이며 본질적으로 등적이다. 이러한 이유로 점 3과 4는 압력/부피 그래프에서는 구별될 수 없지만 큰 온도 증가와 적정한 엔트로피 증가로 인하여 이들은 온도/엔트로피 그래프에서는 서로 상당히 떨어져 있다.

상태 4 (액체 나트륨, 열원 챔버에서)
$V = 23.3 \times 10^{-6}\, m^3,$
$T = 1200\, K,$
$p = 150{,}400\, Pa,$
$S = 60\, aeu$

단계 4→5에서 액체 나트륨은 등온 등압적으로 기화한다.

상태 5 (액체 나트륨, 열원 챔버에서)
$V = 0.0663\, m^3,$
$T = 1200\, K,$
$p = 150{,}400\, Pa,$
$S = 80\, aeu$

단계 5→6에서 나트륨 증기는 압력이 초기 상태 1의 압력보다 약간 높을 때까지 등온적으로 팽창한다. 이를테면 $p = 10\, Pa$이다.

† 실제에 있어서는 1200K로 가열되었을 때 나트륨이 액체 상태로 유지되게 하기 위해서 어떤 과잉 가압이 이용된다. 이 경우 감압 단계를 이용하여 압력을 원하는 값으로 이동시킨다.

상태 6

$V = 997.7\, m^3$,

$T = 1200\, K$,

$p = 10\, Pa$,

$S = 157\, aeu$

마지막으로 단계 6→1에서 나트륨 증기는 600 K로 냉각되며 초기 상태 1로 되돌아간다.

상태 "1" (나트륨 증기, 열 싱크 챔버에서)

$V = 713\, m^3$,

$T = 600\, K$,

$p = 7\, Pa$,

$S = 150\, aeu$

참고문헌

Cole, Terry, Thermoelectric energy conversion with solid electrolytes, *Science* **221** 4614, p. 915 2 September 2, **1983**.

Vining, C. B., R. M. Williams, M. L. Underwood, M. A. Ryan, and J. W. Suitor, Reversible thermodynamic cycle for AMTEC power conversion, *J. Electrochem. Soc.*, 140, p. 10, October **1993**.

제8장 라디오 잡음 발전기

미국의 94대 하원의 정부운영위원회의 분과위원회는 1976년 6월 11일 “태양에너지의 전력으로의 전환: 주요 성과”에 관한 청문회를 열었다. 발명가인 Joseph C. Yater는 준비된 성명을 읽었다. 이 아이디어의 실현은 비록 가능할 것 같지 않더라도 흥미있는 지적 연습과제로서 이에 대해 여기에서 논의하여 보기로 한다.

아이디어는 기본적으로 간단하다: 저항기는 전자의 불규칙한 운동으로 인하여 전기적 잡음을 생성한다고 알려져 있다. 유용한 잡음 동력은 온도에 비례하지만 저항값에는 무관하다. 2개의 저항기가 평행하게 연결되고 서로 다른 온도로 유지된다면 더 뜨거운 것으로부터 더 차가운 것으로의 전기 잡음전력의 순흐름이 있다. 이 에너지는 직류로 변환되어 임의의 원하는 목적을 위해 사용될 수 있다. 언급된 시스템은 열을 직접 전력으로 전환한다.

또한 대류, 전도, 복사에 의한 열전달이 존재한다. 핵심적인 문제는 전력으로 변환되는 과정에 비하여 이들 기생적 과정들에 의해 얼마나 많은 입력열의 손실이 발생하는가이다.

적어도 개념적으로는 적절한 사전 예방책으로 대류와 전도는 제거할 수 있지만 복사는 피할 수 없다.

복사손실은 가열되는 부분의 표면적에 비례하지만 발생된 잡음전력은 이 면적과 무관하다. 장치의 크기를 감소시킴으로써 유용한 동력 출력의 감소 없이 복사 손실을 줄이는 것이 가능하다. 수용될 만한 효율을 달성하기에 충분히 작은 장치를 구성할 수 있겠는가?

가열된 저항기로부터의 전기 출력은 “백색” 잡음의 형태이다 - 달리 말하면 이는 그 동력밀도(단위 주파수 구간 당 동력)가 주어진 상한 주파수, 혹은 상한 컷오프 주파수 f_U까지는 주파수와 무관한 잡음이다.

저항기에 의해 생성된 유용한 잡음전력은

$$P = kTB, \tag{8.1}$$

이다. 위에서 k는 Boltzmann 상수, B는 잡음이 관찰되는 대역폭, 그리고 T는 온도이다. 유용한 전력은 발전기가 대응되는 부하로 전달할 수 있는 전력이다. 대역폭은

$$B = f_U - f_L \approx f_U \tag{8.2}$$

이다. 이는 일반적으로 $f_U \gg f_L$이기 때문이다.

저항이 동일한 두 저항기가 상호 연결되어 있을 경우 더 뜨거운 것으로부터 더 차거운 것으로의 라디오 잡음 전력의 순흐름은

$$P = k(f_{UH}T_H - f_{UC}T_C) \tag{8.3}$$

이다. 아래첨자 H와 C는 각각 뜨거운 저항기 및 차가운 저항기와 관련되는 양을 나타낸다. 뜨거운 저항기에 의한 전력의 생성을 위한 대역폭 f_{UH}는 차가운 저항기에 의한 전력의 생성을 위한 대역폭 f_{UC}와 다르다는 가정을 주목하자.

P는 전력밀도가 아니라 전달된 총 전력임을 상기해야 한다-장치의 크기는 아무런 역할을 하지 못한다.

상한 컷오프 주파수는 가장 중요한 매개변수이다. 이는 저항기 재질의 전자들의 평균 충돌 빈도수에 의해 결정된다. 전자의 평균 열 유속은

$$v = \sqrt{\frac{k}{m}}\, T^{1/2}. \tag{8.4}$$

이다. 식에서 사용되는 질량은 전도체 내 전자들의 유효질량이다. 이 질량을 자유전자 질량의 10%로 취하면 $v \approx 12{,}000\, T^{1/2}$이다.

$T = 700K$ 라고 하면 $v \approx 3.3 \times 10^5 m/s$가 된다. 전자의 평균 자유 경로 l은 대략 재질의 격자상수인 $5 \times 10^{-10} m$보다 10배정도 큰 값으로 추정할 수 있다. $l = 10^{-8} m$라고 하자. 그러면 충돌 빈도수는

$$f_U = \frac{v}{l} \approx 1.2 \times 10^{12}\, T^{1/2}. \tag{8.5}$$

다시 $T = 700K$ 라면 $f_U = 3 \times 10^{13} Hz\,(30\, THz)$이다. 가시광선 스펙트럼의 붉은색 끝부분은 $400\, THz$에서 발생하므로 f_U는 적외선 영역에 있다.

임의의 저항기로부터의 유용한 전력은

$$P_{avail} = 16 \times 10^{-12}\, T^{3/2}. \tag{8.6}$$

$T = 700K$인 저항기에서 이 전력은 $3 \times 10^{-7} W$가 된다. 부하에 전달된 전력은

$$P_L = P_{avail,H} - P_{avail,C}. \tag{8.7}$$

이 보기에서는 $P_L = 2 \times 10^{-7} W$이다. 이러한 적은 양의 전력은 저항기가 $700K$로 가열될 때 야기되는 손실과 비교되어야 한다.

뜨거운 저항기와 차가운 저항기 사이에 직접적인 연결이 존재한다면 열은 이 경로를 통해 전도될 것이며 과량의 손실을 일으키는 원인이 될 것이다. 다행히도 사실상 0의 열 전도성을 갖는 진공 축전기를 통하여 뜨거운 저항기에서 차가운 저항기로 잡음을 이동시키는 것이 가능하다.

몇 가지의 회로가 사용될 수 있다. 그림 8.1은 간단한 반파 정류기를 보여주고 있다. 부하를 비켜가게 하는 다이오드는 그렇지 않으면 축전기에 의해 차단될 DC 경로를 제공하여 준다. 그림 8.2에 보인 회로는 완전파 정류기로서 연속으로 연결된 2개의 선행 정류기들로 이루어져 있다.

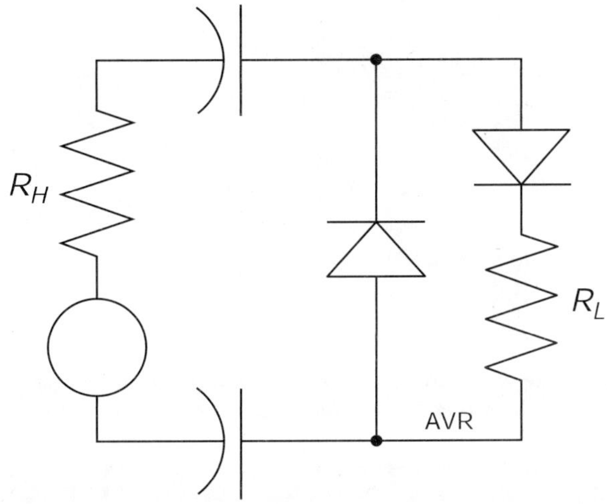

그림 8.1 반파 정류기.

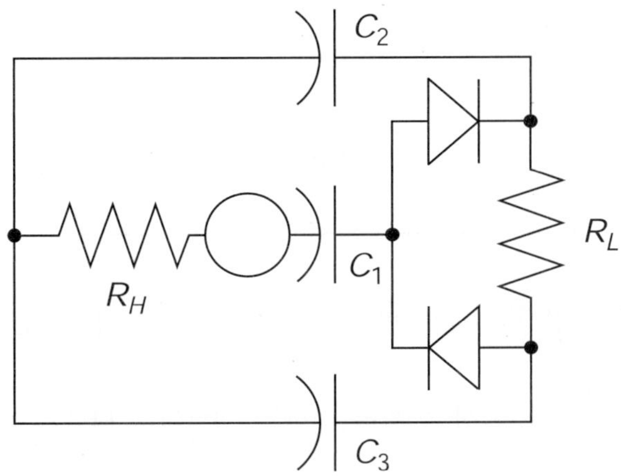

그림 8.2 완전파 정류기.

그림 8.3은 완전파 정류기의 가능한 구현에 대한 전망도이다. 이 구조에서는 축전기 판들을 통하여 주된 복사 손실이 발생한다는 것을 알 수 있다 - 하나의 판의 온도는 T_H이며 반대쪽 판의 온도는 T_C이다.

이와 같은 손실은

$$P_R = A\sigma\epsilon(T_H^4 - T_C^4). \tag{8.8}$$

A는 세 개의 축전기들의 전체 면적(한쪽 면만 해당)이며 σ는 Stefan-Boltzmann 복사 상수, 그리고 ϵ는 유효 열 방사율이다(제 6장 참조).

주어진 온도에서 P_R을 최소화하기 위해서는 A와 ϵ를 모두 감소시키는 것이 필요하다. 후자는 재질의 특성, 표면의 거친 정도, 주위 환경, 그리고 온도에 따라 좌우된다. 저온에서 대표적인 ϵ의 값을 표 8.1에 나타내었다.

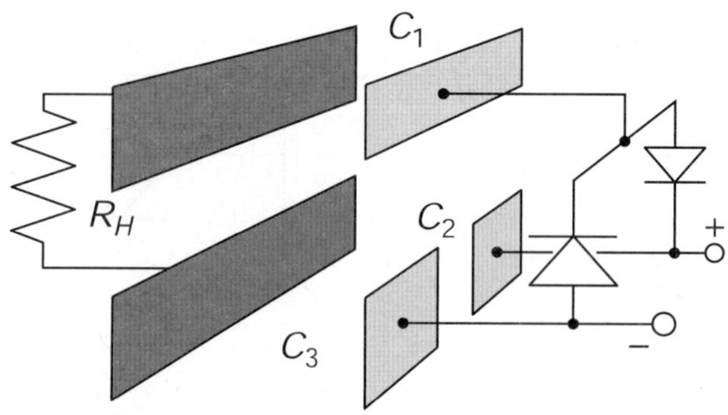

그림 8.3 라디오 잡음 변환기의 가능한 기하학적 배열구조.

표 8.1 몇 가지 물질들의 열 방사율.

흑 램프	0.95
일부 흰색 페인트	0.95
산화구리	0.60
구리	0.15
니켈	0.12
은	0.02
금	0.015

금은 고온에서 우수한 안정성과 낮은 방사율을 지니고 있어서 라디오 잡음 변환기의 축전기 판의 훌륭한 후보 재료이다.

우수한 효율을 보장하기 위해 복사 손실이 부하로 전달되는 다음과 같은 유용한 전력의 10%로 제한된다고 가정하자:

$$P_L = 1.38 \times 10^{-23} \times 1.2 \times 10^{12} (T_H^{3/2} - T_C^{3/2}). \tag{8.9}$$

$T_H = 700K$ 및 $T_C = 350K$이면 $P_L = 2 \times 10^{-7} W$ 이다. 따라서 P_R을 이를테면 $2 \times 10^{-8} W$로 제한해야 한다. 그러면 축전기 판이 금으로 되어 있는 경우 축전기의 전체 면적은

$$A = \frac{P_R}{\sigma \epsilon (T_H^4 - T_C^4)} \approx 10^{-10} m^2, \tag{8.10}$$

를 초과해서는 안 된다. 이는 축전기당 $3.3 \times 10^{-11} m^2$, 즉 한 변이 $6 \times 10^{-6} m$인 정사각형에 해당된다.

R_H가 축전기 하나의 면적과 같은 면적을 차지하는 경우 전체 장치의 면적은 $1.3 \times 10^{-10} m^2$가 될 것이며 이에 따른 장치밀도는 $7.5 \times 10^9 m^{-2}$, 전력밀도는 대략 $1500 Wm^{-2}$가 될 것이다.

전력밀도에 대한 한계는 얼마일까? 장치 크기가 작을수록 유용한 전력과 복사손실 사이의 비는 커질 것이다. 여전히 백색잡음을 일으키는 저항기의 최소 크기는 얼마인가를 조사해야 한다.

전자들의 평균 자유 경로는 $10^{-8}m$로 추정되었다. 이것의 10배 크기인 저항기는 불규칙 잡음에 대한 통계적인 필요조건을 만족시킬 것이다. 따라서 저항기의 최소면적은 $10^{-7}\times10^{-7}=10^{-14}m^2$ 이어야 하는데 이는 이전의 보기에서보다 훨씬 작은 면적이다.

다시 축전기의 면적이 저항기의 면적과 같다고 가정하면 장치의 전체면적은 $4\times10^{-14}m^2$이며 전력밀도는 $5MWm^{-2}$가 될 것이다.

면적이 A_c인 축전기의 용량은

$$C=\epsilon_0\kappa\frac{A_C}{d}, \tag{8.11}$$

이다. ϵ_0는 자유공간의 유전율($8.9\times10^{-12}F/m$), d는 판들 사이의 격리 거리, 그리고 κ는 절연상수이다(축전기가 진공상태에 있으며 절연체는 없으므로 $\kappa=1$이다). 면적이 $10^{-14}m^2$이면 $C=8.9\times10^{-26}/d\ F$이다. 판들 사이의 격리 간격이 $10^{-7}m$가 되도록 장치를 구성할 수 있다면 용량은 약 $10^{-18}F$가 될 것이다. 낮은 컷오프 주파수는

$$f_L=\frac{1}{2\pi C(R_H+R_L)}. \tag{8.12}$$

이다.

최대 전력 전달시 부하는 발전기와 일치해야 하므로 $R_L=R_H$이다. 가능한 가장 낮은 f_L을 갖기 위해서는 가능한 가장 큰 R_H가 필요하다. 따라서 고저항의 재질을 사용해야 한다. 아마도 일부 반도체들이 이에 적합할 것이다. 그러나 금속인 금의 경우를 예로 들어보자. 저항기가 금 원자 20개의 두께와 $10^{-7}m\times10^{-7}m$의 면적을 갖는 리본이라고 가정하자.

실온에서 금의 저항은 $2.44\times10^{-8}\Omega m$, 온도계수†는 $3.4\times10^{-11}\Omega m/K$이다. 따라서 $700K$에서 저항은 $3.8\times10^{-8}\Omega m$이다. 리본은 0.4Ω의 저항을 가질 것이며 이는 상부 컷오프 주파수보다 훨씬 높은 $2\times10^{17}Hz$의 하부 컷오프 주파수에 이를 것이다. 구상한 장치는 명백히 너무 작다. 저항기를 가볍게 처리한 실리콘으로 만들 수 있을 경우 하부 컷오프 주파수는 10^5만큼 낮아져서 $f_L=2\times10^{12}$에 이를 것이다. 그러한 컷오프 주파수는 $3\times10^{15}-2\times10^{12}\approx3\times10^{15}$의 대역폭을 이루기 때문에 수용이 가능하다.

참고문헌

Yater, Joseph C., Power conversion of energy fluctuations, *Phys. Rev. A*, 10(4), p. 1361, October 1974.

Yater, Joseph C., Rebuttal to “Comments on Power conversion of energy fluctuation,” *Phys. Rev. A, 20,* p. 623, August 1979.

† 저항의 온도계수는 온도의 변화에 대한 저항 변화의 비이다.

제2부 수소의 세계

제9장 연료전지

9.1 서 론

19세기는 기계공학, 20세기는 전자공학, 그리고 21세기는 생물학의 세기라고 일컬어진다. 사실 20세기는 마찬가지로 역학적 열기관의 세기로도 잘 알려져 있다고 할 수 있다. 자동차, 트럭과 버스들을 모두 헤아린다면 1900부터 1999년까지 미국에서만 6억대 이상의 자동차들이 생산되었다. 만약 여기에 나머지의 세계 자동차 생산을 추가하고 잔디 깎는 기계, 모터사이클, 모터보트, 기관차, 비행기, 그리고 중장비 건설기계들을 포함시킨다면 20세기에서의 내연기관의 생산은 아마도 2십억에 도달할 것이다!

기계적 열기관들은 일반적으로 (보통 공기로부터의) 산소와 화학물질(연료)의 반응에 의해 방출되는 열을 사용한다. 이 열은 다소 복잡한 기계들에 의해 역학적 에너지로 고급화된다. 이러한 방법은 본질적으로 비효율적이고 성가신 것이다. 불을 제어하고 사용하는 것은 우리의 오랜 세월에 걸친 노력의 마지막 결과이다. 특히 하나의 분자에 원자들을 고정시키는 화학결합의 전기적 성질의 관점에서 화학 에너지를 직접 전기로 전환하는 것이 더욱 수월하다. 화학 에너지를 전기로 직접 변환시키는 장치들은 전기화학 전지의 부류인 볼타전지†라고 불리며 화학반응을 진행시키기 위해 전류를 사용하는 장치를 또한 포함한다. 이와 같은 장치들은 전해질 전지, 또는 전해조라고 불리며 수소 생산에 관한 장에서 다루어지고 있다.

손전등 배터리, 자동차 배터리, 그리고 연료전지들은 볼타전지의 보기들이다. 볼타전지는 열로의 중간 저급화를 필요로 하지 않으면서 화학 에너지를 직접 전기 에너지로 전환시키므로 Carnot 효율에 의해 제한되지 않는다.

"전지"와 "배터리"라는 용어는 현대 어법에서 상호 교환사용이 가능하다. (비록 "연료전지"는 대부분 다수의 직렬로 연결된 장치들로 구성되지만) "전지"는 한 단위의 장치를 연상시킨다. "배터리"는 많은 수의 장치를 연상시키지만 하나의 1.5-V의 손전등 전지는 통상적으로 배터리라고 불린다.

만약 배터리가 첫 번째 방전 후 전기를 저장하기에 적절하지 않으면 이는 소비형(아울러 1차라고도 불리는) 전지이다. 만약 배터리가 방전 후에 재사용할 수 있다면 이는 아마도 다음의 두 부류 가운데 하나에 속할 것이다:

1. 재충전 가능(또는 2차) 장치로서 자동차용 배터리의 경우와 같이 활동성이 전기 충전 전류에 의해서 복구된다.
2. 연료의 재보급이 가능한 전지(연료전지)로서 전지의 소모품이 다시 공급되기 때문에 일정한

† 볼타전지들은 또한 이탈리아 물리학자 Luigi Galvani (1737-1798)를 기념하여 갈바니 전지라고도 불린다.

출력을 발생시킨다. 이와 같은 재공급을 용이하게 하기 위해서 비록 이 장에서 후에 다루게 되는 아연-공기 전지의 경우와 같은 고체의 소모품을 사용하는 일부 연료전지들을 제외하고는 이러한 소모품들은 보통 유체들이다.

- 볼타전지
  - 소모용
  - 비소모용
    - 충전가능
    - 연료보충 가능

비록 연료전지는 William Groves 경이 그의 "기체 볼타 배터리"를 제시했던 1839년으로 거슬러 올라가지만 최근까지 이는 기술적인 유아상태로 남아 있었다. NASA는 연료전지 연구를 되살렸다: *Gemini*와 *Apollo* 호는 연료전지를 사용하였으며 우주왕복선도 마찬가지이다. 가까운 미래에 그들의 가장 중요한 적용은 버스와 자동차들을 위한 동력원, 중앙 유틸리티 발전소들, (거주구역을 포함하는) 구역 발전소들, 그리고 핸드폰과 다른 소규모 전자기기들의 동력원 들이다.

9.2 볼타 전지

볼타 전지의 목적은 유용한 일이 수행될 수 있는 외부의 회로에 전자들의 흐름을 공급하는 것이다. 이를 위해 전지는 전자들의 소스와 싱크로 구성되어야 한다.

연료전지에서 전자를 방출하는 것에 대한 전문용어는 산화이고 전자들을 획득하는 것은 전문용어로 환원이기 때문에 전기화학적 전지에서 이용되는 반응들은 산화-환원(레독스) 반응이라고 불린다.

수많은 오래된 과학적인 용어들은 현재에도 여전히 혼란스럽거나 적어도 자명하지 않다. 산화와 환원은 설명이 필요하다.

단어 "oxygen"은 oxús = acid, 또는 sharp로부터 유래되었으며 산의 생산자를 의미한다. 이 용어는 1787년 de Morveau와 Lavoisier의 *Nomenclature Chimique*에 나타나 있는데 당시의 화학자들은 산소가 산들의 필수적인 원소라는 잘못된 생각을 가지고 있었다. 사실은 수소가 필수적인 원소이다. 산이 물에 용해될 때 그 산의 수소원자들 가운데 일부는 전자를 잃게 된다—물은 산성이 되며 수소는 산화된다. 이를 확장하여 전자들의 손실을 수반하는 임의의 반응을 산화라고 부른다. 그의 역반응-전자를 얻는 것-은 환원이라고 부른다.

볼타 전지를 연상하는 가장 간단한 방법은 어떤 화학물질이 산화되어 외부 부하에 대한 전자들의 흐름을 생성하는 전자 소스나 음극의 결합으로 간주하는 것이다. 후자는 전자 싱크, 즉 어떤 화학물질이 환원되어 부하로부터 이탈하는 전자들을 취하는 양극에 연결된다. 그림 9.1을 참조하자. 실제의 전기화학 전지에서 전체 반응은 장치의 물리적으로 분리된 구역에서 일어나는 두 개의 반-전지 반응들, 또는 반-반응들로 분류된다. 이 구역들은 전자들이 아닌 이온들을 전도하는 전해질에 의해 서로 연결되어 있다. (볼타 전지 내에서) 산화되는 반-반응에 의해 방출된 전자들은 외부 회로를 통하여서만 환원구역으로 이동하여 전지의 목적인 외부 전류를 이룬다. 이러한 외부 전류의 대류 방향은 환원으로부터 산화구역 방향이다-전류는 환원구역으로부터 장치를 이탈하는데 이는 따라서 양극이 되며 산화구역에서 장치로 들어가므로 이는 음극이 된다. 임의의 전력 소스와 마찬가지로 양극은 +극이고 음극은 -극인데 이는 전자 소스에서 일어나는 것과 반대이다. "음극"와 "양극"에 대한 논의는 제 6장의 서론을 참조한다.

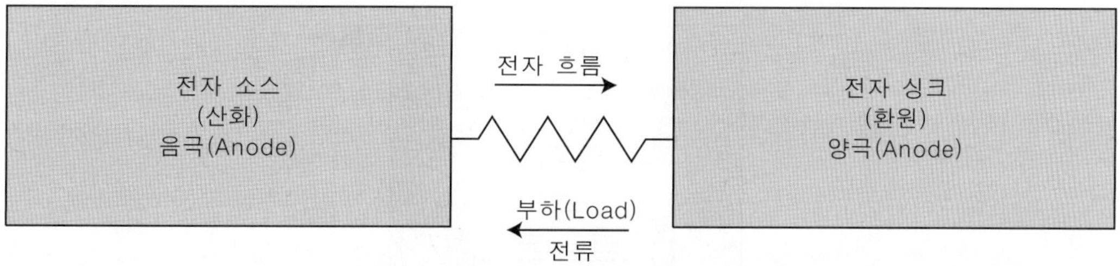

그림 9.1 볼타 전지는 전자들의 싱크와 소스로 구성되어야 한다.

전기화학 전지의 예로서 전해질로 활용 가능한 막을 고려하여 보자. 이 막의 한 쪽을 수소와 접촉시켜 보자. 주위 조건에서 기체의 대부분은 H_2 분자의 형태일 것이다; 그러나 소량이 분리될 것이다:

$$H_2 \rightarrow 2H \tag{9.1}$$

그리고 이로부터 얻어지는 H의 일부는 산화될(이온화될) 것이다—즉, 전자를 잃는다:

$$H \rightarrow H^+ + e^- \tag{9.2}$$

막은 전자들을 전도하지 못하므로 전자들은 막 표면에 남아 있을 것이다, 반면에 양이온은 막을 통하여 확산되어 다른 구역에 도달할 것이다. 이온들은 양전하를 운반하기 때문에 수소 구역은 막에 남아 있는 과량의 전자에 의하여 음극이 되며 마찬가지로 반대쪽에 도달한 양이온에 의해서 반대 구역은 양극이 된다. 이 결과 형성되는 전기장으로 인하여 양이온들의 일부가 수소 구역으로 다시 흐른다. 확산이 되돌아오는 편류와 정확하게 같아질 때 동적 평형이 확립된다. 형성된 전위를 계산하는 것은 쉽다(제 7장 7.1절 참조).

이제 두 개의 다공성 전자-전도층(즉 두 개의 전극)들을 생성하기 위해서 막의 양 쪽에 전도성 미세입자를 도포하여 보자. 부하 저항 R_L을 통하여 외부에서 전극들을 연결한다. 이온들은 이러한 외부 연결을 통하여 흐를 수 없지만 전자들은 가능하며 전자가 흐를 때에는 그림 9.2에 나타낸 것처럼 전자들이 풍부한 수소 구역으로부터 전류를 형성하는 반대 구역으로 흐른다. 수소 전극에서 일어나는 흥미로운 반응은 다음과 같다:

$$\underline{\text{음극반응}}: \quad 2H_2 \rightarrow 4H^+ + 4e^-. \tag{9.3}$$

이 그림의 어려운 점은 양극에서는 들어오는 전자들이 막을 통하여 확산된 H^+와 결합하여 수소 원자 H를 다시 생성하고 궁극적으로는 "연료"로 사용된 H_2가 다시 생성되는 반면에 부하에서는 I^2R_L 만큼의 열이 생성되도록 한다는 점에서 열역학 제 1 법칙과 모순된다는 점이다. 우리는 어떠한 연료도 사용하지 않고 열을 생성할 것이다.

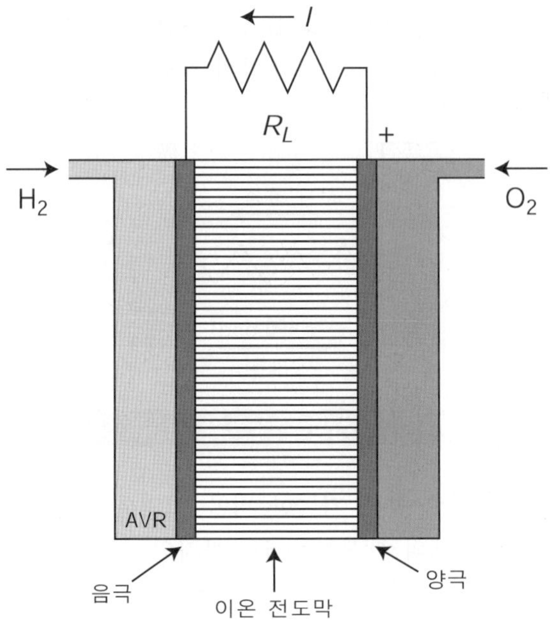

그림 9.2 가장 간단한 연료전지.

외부 회로는 전자들에 대한 경로를 생성하지만 그 자체로는 전류를 강압적으로 순환하게 할 수 없다. 이는 마치 한쪽 끝이 호수에 잠긴 파이프 안쪽에서 물이 위로 흐를 수 없는 것과 같다. 물을 흐르게 하기 위해서는 파이프의 열린 한쪽 끝은 물의 표면 수준보다 낮아야한다. 이와 마찬가지로 외부 전류를 흐르게 하려면 양극 쪽의 (열역학적) 포텐셜을 더 낮추는 것이 필요하다. 이는 산소를 도입하여 전자 및 H^+와의 결합에 의해 물이 형성되도록 함으로써 편리하게 수행될 수 있다:

$$\underline{\text{양극반응}}: \quad 4e^- + 4H^+ + O_2 \rightarrow 2H_2O. \tag{9.4}$$

이 반응은 강한 발열반응이다—즉 이 반응은 에너지를 방출한다(이 경우에는 수소의 연소에서와 같이 대부분이 열이 아닌 주로 전기의 형태이다). 이는 물론 연료전지를 구동하는 에너지이다.

지금 설명한 전기화학 전지는 그림 9.2에 나타나 있다.

표준상태에서는 음극에서의 수소의 해리도가 작다. 이는 물리적인 조건을 변경(예를 들면 온도를 증가)시켜서 다소 증가시킬 수 있다. Le Chatelier의 원리를 상기하자. 이는 또한 촉매들의 작용으로 증가될 수 있다.

총괄 전지 반응은

$$2H_2(g) + O_2(g) \rightarrow 2H_2O(g) \tag{9.5}$$

분명히 연료전지의 터미널에 걸쳐 전압이 나타난다. 모든 볼타 셀들은 전극이 진해질과 접촉되는 경우에 나타나는 전위차에 의존한다. 아래의 "전지 포텐셜"에서는 이 현상을 간단한 정성적 방법으로 논의하고 있으며 아울러 산화와 환원을 유발하는 매커니즘에 대하여 초점을 맞추고 있다.

전지 포텐셜

두 개의 다른 금속이 전해질에 담겨있을 때 무엇이 전압을 발생하도록 하는지에 대한 이해를 구하여 보자.

하나의 전극이 전해질에 담겨있을 때 전극과 전해질 사이에 전위차가 형성된다. 그러나 전해질과의 접촉이 이루어져야 하고 이에 따라 추가의 전극이 사용되어야 하므로 이 전위는 측정될 수 없다. 오로지 두 전극 사이의 전위만을 측정할 수 있다.

두 이상적인 전극들 사이의 전위차는 하나가 다른 하나를 상쇄시키기 때문에 정확히 0이다.

하나의 전극을 보편적으로 수용되는 기준(표준 수소전극, SHE)으로 택한다. 모든 다른 것들은 이 SHE에 대하여 측정된다.

하지만 무엇이 전위차(볼트)가 나타나는 원인이 되는가? 다음은 매우 간략한 설명이다:

만약 원자번호(원자핵 중의 양자의 수†)가 아래에 보인 급수의 점진적인 반올림으로 생성되는 값들 가운데 하나와 같다면 그 원자는 매우 안정하다는 사실을 상기하자. (원자는 흔히 다른 원자들 및 그 자신과의 어떠한 화학적인 상관관계를 거부한다—분자는 변함없이 단원자적이다.) 식은 다음과 같다:

$$2(1^2+2^2+2^2+3^2+3^2+4^2+\cdots),$$

이에 대한 점진적인 반올림은 다음과 같은 수열을 생성한다:

$$2, 10, 18, 36, 54, 86, \cdots,$$

이들은 헬륨, 네온, 아르곤, 크립톤, 제논, 그리고 라돈에 해당된다.

위의 마법의 숫자보다 하나만의 전자를 더 갖는 원소들은 안정한 전자구조를 가지려 하므로 그 전자를 잃는 것에 구애받지 않는다. 그러한 원소들은 원소 표에서 가장 낮은 이온화 전위를 갖는다. 한편 위의 마법의 숫자보다 전자가 한 개 부족한 원자들은 이들이 지닌 것에 강력하게 집착하며 따라서 높은 이온화 전위를 갖는다:

원자번호	원소	이온화 포텐셜 (e-volts)	원자번호	원소	이온화 포텐셜 (e-volts)
3	리튬	5.40			
11	나트륨	5.15	9	불소	17.45
19	칼륨	4.35	17	염소	12.99
37	루비듐	4.18	35	브롬	11.83
55	세슘	3.90	53	요오드	10.47
87	프랜슘	3.94	85	아스타틴	8.90

† 중성 원자에서 전자들의 수는 양자들의 수와 같다.

원자번호가 증가함에 따라 알칼리 금속들의 이온화 전위들은 점차적으로 감소하여 세슘의 경우 3.90eV에서 최소값에 이르게 됨을 주목하자. 프란슘은 예외적으로 약간 높은 이온화 전위를 갖는다. 불소의 경우 17.45eV의 높은 이온화 전위로부터 시작하여 할로겐 족에서 위와 동일한 현상이 발생한다.

이들 이온화 전위들은 고립된 원자들의 경우에 해당한다. 원자들이 화학반응의 한 부분을 차지하는 경우 이들은 다소 다르게 거동하지만 여전히 전자들이 이탈하기 쉽게 하거나(물질을 산화) 또는 전자를 얻기 쉽게 하는(물질이 환원) 일반적인 경향을 따른다. 전자들을 떼어내거나 획득하는 이러한 경향은 물질의 환원 전위에 의해 나타난다: 만약 물질이 산화되면 이 값은 음이고 환원되면 양이다. 전위들은 처음에 언급한 바와 같이 어떤 물질이 전해질과 접촉하고 있을 때 측정되는 양이다.

모든 알칼리 금속들은 큰 음의 환원 전위들을 갖는다—이들은 산화되면서 다른 화학종들을 환원시키는 데에 필요한 전자를 공급하기 때문에 강력한 환원 작용제, 또는 환원제들이다. 할로겐은 양의 환원 전위를 가지며 이들이 환원되는 경우 전자들이 궁극적으로 산화되는 다른 화학종들을 이탈하는 기회를 제공하기 때문에 강력한 산화 작용제, 또는 산화제이다. 물론 산소 역시 산화제이다.

원자번호	원소	환원 포텐셜 (e-volts)	원자번호	원소	환원 포텐셜 (e-volts)
3	리튬	-3.05			
11	나트륨	-2.71	9	불소	2.87
19	칼륨	-2.93	17	염소	1.36
37	루비듐	-2.98	35	브롬	1.07
55	세슘	-2.92	53	요오드	0.54

좀 더 상세히 알아본다면 다음과 같은 일들이 일어난다:

우수한 환원제인 아연을 고려하여 보자: 아연은 버려도 상관없는 두 전자들을 지닌다. 아연의 환원 전위는 -0.76V이다. 아연이 전해질에 잠겨있게 되면 산화될 것이다:

$$Zn(s) \rightarrow Zn^{++}(aq) + 2e^-$$

중성 고체(s) 아연은 하나의 아연 이온과 두 개의 전자들로 분리될 것이다. 불용성인 이 전자들은 금속에 남아 있을 것이며 반대로 양이온은 위의 식에서 (aq)로 나타낸 바와 같이 용액에 포함된다. 물론 아연이온들의 농도 $[Zn^{++}]$는 전해질 전체로부터 더 멀리 떨어진 전해질과 접촉되는 전극의 표면에서 더 크다. 이러한 농도의 불균형은 전극으로부터 전해질로 이동하는 흐름에 대한 아연 이온들의 확산 전류를 유발시킨다.

전극은 일부 이온들을 잃기는 하지만 전자들이 남아있기 때문에 과도한 양이온을 갖는 전해질에 대하여 음으로 대전된다. 이는 전해질에서 전극으로 이동하는 양이온들의 흐름 전류를 형성하는 전기장을 생성한다. 우리는 서로 완전하게 상쇄되는 상당한 두 교환전류-편류에 대한 확산-로 귀결되는 동적 평형을 갖는다. 그러한 상쇄가 일어나는 경우 일정한 전극 전위가 형성된다. RTP와 단위 몰 농도에서 전지 전위는 표준 전지 전위라고 불린다.

9.3 연료전지의 분류

많은 기술분야에서와 마찬가지로 초보자를 혼란에 빠뜨릴 수 있는 약어들이 존재한다. 우리는 다음과 같은 몇 가지를 사용할 것이다:

AFC : 알칼리 연료전지
DMFC : 직접 메탄올 연료전지
MCFC : 용융 탄산염 연료전지
PAFC : 인산 연료전지
SAFC : 고체산 연료전지
SOFC : 고체산화물 연료전지(세라믹)
SPFC : 고체-고분자 연료전지

20세기 초에는 적어도 세 가지의 서로 다른 기술-수증기, 전기, 그리고 내부연소-들이 자동차 시장에서 경쟁하고 있었다. 지금의 21세기 초기에는 위에 열거한 서로 다른 연료전지 기술들이 시장 지배를 위하여 경쟁하고 있다. 비록 AFC, MCFC, 그리고 PAFC는 여전히 상업적으로 생산되고 있지만 사실상 SPFC와 SOFC 만이 살아남을 기회가 우수한 것으로 보인다. 283

연료전지들은 다음과 같은 몇 가지 기준에 따라 분류될 수 있다.

9.3.1 운전온도

연료전지의 열린회로 전압은 사용되는 연료의 성질에 의존하며 어느 정도는 온도와 압력에 의존한다. 그러나 도달 가능한 최대 전류 밀도는 온도가 상승함에 따라 빠르게 증가한다. 이는 온도가 화학반응의 빠르기—즉 화학적 동특성과 관련이 있기 때문인데 이는 물론 연료 형태의 함수이며 촉매에 의해서 향상될 수 있다

온도가 높을수록 전지는 더 큰 전류를 생성할 수 있다. 한편 높은 온도는 전지의 전해질이나 다른 물질들과 서로 어울리지 않을 수 있으며 전지의 수명을 제한하는 경향이 있다.

연속적으로 운전되는 대규모의 발전소들은 높은 운전온도로부터 이익을 치할 수 있다: 동특성은 높은 온도에 우호적이며 촉매들은 불필요하거나, 혹은 필요로 하는 경우 CO 중독†이 염려가 되며 배기가스들은 열병합에 사용될 수 있어서 전체 효율을 증가시킨다. 다소 낮은 온도에서 운전되는 플랜트들에서는 일반적인 사용을 위한 온수를 생성할 수 있는데 이는 지역이나 주거지역 발전기들의 경우에 이점이 된다.

† 촉매의 CO 피독은 화석연료로부터 유도되는 수소로 작동되는 저온 전지들에서 심각한 문제가 될 것이다.

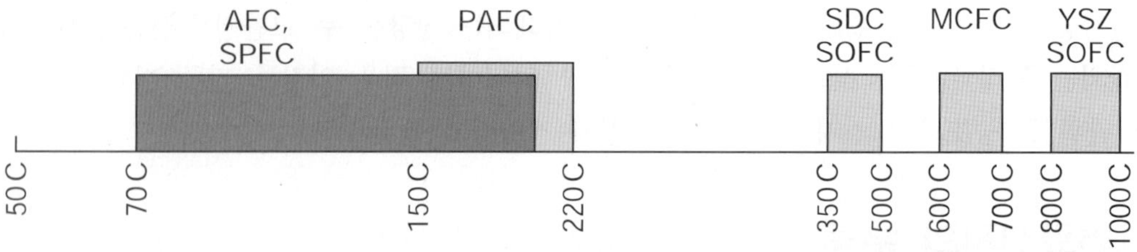

그림 9.3 서로 다른 연료전지 형태들의 운전온도는 상대적으로 좁은 범위에 위치한다. 서로 다른 두 가지 형태의 SOFC를 주목하자 : SDC = 사마륨으로 도포된 세리아, YSZ=이트리아로 안정화된 지르코니아.

간헐적인 사용의 경우, 특히 자동차에 있어서 짧은 시동시간이 가능하도록 충분히 낮은 온도에서 작동하는 연료전지의 사용이 중요하다. 그러나 낮은 온도는 일산화탄소 피독에 더욱 취약하며 촉매 부하 소요량이 높고 보다 복잡한 냉각 시스템들을 필요로 한다는 단점을 초래한다.

현재 100℃보다 약간 아래온도에서 운전되는 보다 일반적인 SPFC는 최적 성능을 위해서는 너무 차가운 반면에 SOFC들은 특히 자동차에서 사용하기 위해서는 너무 뜨겁다. 사실 오늘날 SPFC의 낮은 온도에서 촉매와 CO 피독에 대한 민감성 문제는 중요한 반면에 SOFC에서는 이전에 언급한 고온의 이점들이 9.5.4 절에 열거한 단점들에 의하여 상쇄된다. 이 때문에 SPFC 연구에서는 200℃†에서 운전되는 Celanese AG에 의해 개발된 막과 같은 고온 플라스틱을 얻으려고 노력하는 반면에 SOFC 연구에서는 도포된 란타늄 스트론튬 갈라이트 마그네사이트(LSGM) 및 사마륨으로 도포된 세리아(SDC)와 같은 보다 저온의 세라믹들을 찾고 있다.

9.3.2 전해질의 상태

대부분의 이전 연료전지들은 유출될 수 있고 액위와 농도 조절이 요구되며 부식성일 수도 있는 액체의 전해질을 사용하였다††. 현대의 전지들은 고체 전해질을 사용하는 경향이 있는데 이는 다른 여러 장점들 중에서도 조성이 액체 전해질에서 일어나는 것과 같은 유도 전류의 함수로 변화하지 않는다는 장점이 있다. 그러한 조성의 변동은 V-I 특성의 높은 전류에서 운송 손실에 기여하는 전해질의 고갈에 이르게 할 수 있다. 고체 전해질 전지들은 고온에 대하여 세라믹을 사용하거나 저온의 경우 플라스틱을 사용한다. 일부 제 2세대 유틸리티 형태의 연료전지들은 여전히 용융 탄산염을 사용하지만 이것은 곧 사라질 것으로 보인다.

9.3.3 연료의 형태

적어도 실험실에서는 연료전지에서 사용하기 위한 가장 간단한 연료는 수소이다. 그러나 이 기체는 극히 낮은 밀도를 갖기 때문에 저장하기가 매우 어렵다(제 11장을 참조). 특히 자동차용의 경우 쉽게 저장이 가능한 액체 물질의 사용을 위한 노력이 수행되고 있는데 이로부터 필요에 따라 수소를 추출할 수 있다(제 10장을 참조). 추출 공정은 흔히 수증기 개질단계로 구성되는데

† 저온 전지에서 전해질로 사용되는 가장 보편적인 막 가운데 하나는 고온 플라스틱인 테프론으로부터 유도되는 나피온(Nafion) 유도체이다. Celanese 막은 보다 고온의 플라스틱이며 우주복으로 사용되는 폴리벤즈이미다졸로부터 유도된다.

†† (KOH 용액을 사용하는)액체 전해질 연료전지들은 여전히 NASA의 우주 왕복선에서 사용된다.

이 단계에서는 탄소를 함유한 원료물질이 합성가스, 또는 주로 H_2와 CO로 구성되는 개질산물로 전환되며 이어서 필요에 따라 개질산물의 CO가 추가적인 물과 반응하여 H_2와 CO_2로 전환되는 전이반응이 뒤따른다. 특히 낮은 온도에서는 CO는 백금의 촉매작용을 방해하게 된다.

MCFC와 SOFC와 같은 고온 연료전지는 CO를 연료로 사용함으로써 H_2-CO 개질산물이 직접 전지들에 공급될 수 있다.

메탄올은 일부 연료전지들, 특히 휴대용 전자기기에서의 사용을 위한 소규모 전지에서 사용된다.

기술이 꽤 초기단계였을 때에는 높은 반응성을 갖는 연료들이 사용되었다. 이들에는 산화제로서 수소 과산화물(H_2O_2)과 하이드라진(NH_2NH_2)의 결합물이 포함된다. 그러나 이 연료들은 부식성이 있으며 값이 비싸다. 질소와 질소의 결합으로 유지되는 두 개의 아민(NH_2)으로 형상화되는 하이드라진은 매우 독성이 강하다.

9.3.4 전해질의 화학적 성질

알칼리, 산, 용융탄산염, 혹은 세라믹들이 전해질이 될 수 있다. 수산화칼륨(KOH)과 같은 알칼리 전해질들은 일반적으로 전해자(연료전지의 대칭형-연료로부터 전력을 생성하는 대신에 전력으로부터 연료를 생산한다)에서 사용된다. 공기중의 CO_2의 존재로 인하여 전해질을 오염시키는 불용성 탄산염이 형성되기 때문에 대부분의 연료전지에서는 알칼리의 사용을 피한다.

순수한 산소를 이용할 수 있는 특별한 응용의 경우 KOH 연료전지는 높은 효율이라는 이점을 제공하여 준다. 이는 우주에서 사용되는 연료전지의 경우에 해당된다.

산은 알칼리보다 부식성이 더 강하지만 상대적으로 약한 산들이 연료전지에서 기능을 잘 수행하는데 특히 인산이 널리 이용된다†. 이 산은 이산화탄소를 견뎌낸다. 우수한 성능을 위해서는 150~220℃ 범위에서 작동되어야 하며 액체가 비등하여 날아가 버리는 것을 피하려면 어느 정도의 가압이 요구된다. 보다 저온에서는 용액의 전도도가 너무 작으며 보다 고온에서는 재질의 안정성에 따른 문제점들이 존재한다. 연료전지에 대한 전해질로서 고체산(9.5.7절 참조)들이 제안되었다. 이들은 짜증나게 하는 메탄올 교차문제(9.5.6절 참조)의 해결에 기여한다.

이를테면 이트리아-안정화 지르코니아(YSZ) 및 사마륨 피복 세리아(SDC)와 같은 대부분의 세라믹 전해질들은 음이온 전도체(O^{--}와 같은 음이온들의 전도체)들이다. 그러나 양이온 전도체들이 제안되었다.

일반적으로 고체 고분자들은 양자 전도체로 작용한다-즉 세라믹의 경우와 마찬가지로 산으로서 양이온 전도체들이 탐구되었다.

9.4 연료전지 반응

연료전지에서의 화학반응은 연료의 형태와 전해질의 성질 모두에 의존한다. 가장 보편적인 조합들 가운데 일부가 아래에 열거되어 있으며 이 절에 이어지는 예시들에 나타나 있다.

† 인산은 매일 수백만의 코카 콜라 음용자들에 의하여 소비되는 것으로 입증되는 바와 같이 이로운 산이다.

9.4.1 알칼리 전해질

알칼리 전해질(일반적으로 KOH)을 이용하는 수소-산소 연료전지는 전류운반 이온으로서 OH^-를 이용한다. 이 이온은 산소를 포함하기 때문에 음극에서 물이 생성된다.

전해질의 KOH는 다음과 같이 분해된다:

$$KOH \Leftrightarrow K^+ + OH^-. \tag{9.6}$$

음극의 중성 수소는 수산이온과 결합하여 물을 형성하고 외부 부하를 순환하는 전자들을 방출한다:

$$2H_2 + 4OH^- \rightarrow 4H_2O + 4e^-. \tag{9.7}$$

양극에서는 전자들이 수산이온을 생성한다:

$$4e^- + O_2 + 2H_2O \rightarrow 4OH^-. \tag{9.8}$$

물론 KOH는 소비되지 않는다. 총괄 반응은 다음과 같다:

$$2H_2 + O_2 \rightarrow 2H_2O. \tag{9.9}$$

9.4.2 산 전해질

전해질이 산이면 H^+ 이온들을 이용할 수 있다. 이들은 (SPFC 전지에서와 같이) 수소의 이온화로부터 유래되거나 혹은 전해질 내에서의 산의 분해로부터 유래될 수 있다. 인산의 경우:

$$H_3PO_4 \Leftrightarrow 3H^+ + PO_4^{---}. \tag{9.10}$$

두 경우 모두 H^+ 이온은 음극 반응에 의하여 보충된다:

$$2H_2 \rightarrow 4H^+ + 4e^-. \tag{9.11}$$

양극에서는 H^+는 O_2의 존재하에 부하를 순환하는 전자들에 의하여 환원되어 물을 형성한다:

$$4H^+ + 4e^- + O_2 \rightarrow 2H_2O. \tag{9.12}$$

9.4.3 용융탄산염 전해질

용융탄산염 전해질들은 이산화탄소에 의하여 방해를 받지 않는다. 이들은 상대적으로 고온에서 작동하므로 반응 특성이 보다 우호적이다.

수소연료가 도입되면 반응은:

$$H_2 + CO_3^{--} \rightarrow H_2O + CO_2 + 2e^-, \tag{9.13}$$

$$\frac{1}{2}O_2 + CO_2 + 2e^- \rightarrow CO_3^{--}. \quad (9.14)$$

연료가 CO이면 음극 반응은

$$CO + CO_3^{--} \rightarrow 2CO_2 + 2e^-, \quad (9.15)$$

이며 양극 반응은 수소의 경우와 동일하다.

9.4.4 세라믹 전해질

세라믹 전해질들은 대개 음이온을 전도하지만 이전에 언급한 바와 같이 어떤 양이온 전도체들이 예시되었다.

음이온 전도체들의 경우:

양극에서는 산소는 부하 전류를 구성하는 전자들을 포획하여 환원된다:

$$O_2 + 4e^- \rightarrow 2O^{--}. \quad (9.16)$$

음극에서는 연료는 전해질을 표류하는 O^{--} 이온들과 결합하여 전자들을 내보낸다. 연료로 이용될 수 있는 것은 수소,

$$2H_2 + 2O^{--} \rightarrow 2H_2O + 4e^-, \quad (9.17)$$

혹은 일산화탄소이다:

$$2CO + 2O^{--} \rightarrow 2CO_2 + 4e^-. \quad (9.18)$$

9.4.5 메탄올 연료전지

음극 반응은

$$CH_3OH + H_2O \rightarrow CO_2 + 6H^+ + 6e^-. \quad (9.19)$$

양극 반응은

$$6H^+ + 6e^- + \frac{3}{2}O_2 \rightarrow H_2O. \quad (9.20)$$

따라서 총괄 반응은

$$CH_3OH + \frac{3}{2}O_2 \rightarrow CO_2 + 2H_2O. \quad (9.21)$$

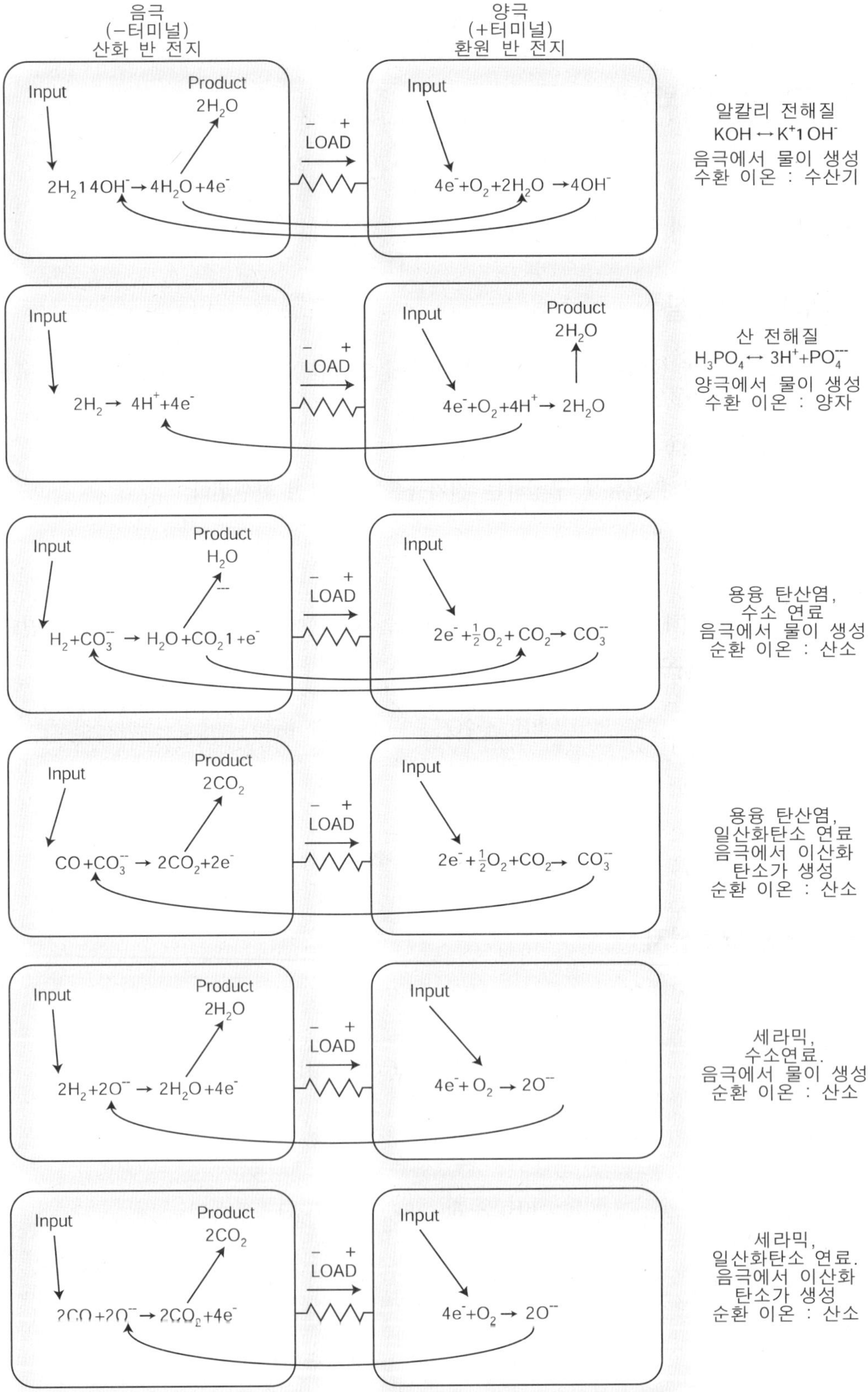
음극
(−터미널)
산화 반 전지
양극
(+터미널)
환원 반 전지
Input
Product
2H2O
LOAD
2H2 1 4OH- → 4H2O + 4e-
4e- + O2 + 2H2O → 4OH-
알칼리 전해질
KOH ↔ K+ 1 OH-
음극에서 물이 생성
수환 이온 : 수산기
2H2 → 4H+ + 4e-
4e- + O2 + 4H+ → 2H2O
산 전해질
H3PO4 ↔ 3H+ + PO4---
양극에서 물이 생성
수환 이온 : 양자
H2O
H2 + CO3-- → H2O + CO2 1 + e-
2e- + ½O2 + CO2 → CO3--
용융 탄산염,
수소 연료
음극에서 물이 생성
순환 이온 : 산소
2CO2
CO + CO3-- → 2CO2 + 2e-
2e- + ½O2 + CO2 → CO3--
용융 탄산염,
일산화탄소 연료
음극에서 이산화
탄소가 생성
순환 이온 : 산소
2H2 + 2O-- → 2H2O + 4e-
4e- + O2 → 2O--
세라믹,
수소연료.
음극에서 물이 생성
순환 이온 : 산소
2CO + 2O-- → 2CO2 + 4e-
4e- + O2 → 2O--
세라믹,
일산화탄소 연료.
음극에서 이산화
탄소가 생성
순환 이온 : 산소

9.4.6 포름산 연료전지

음극 반응은

$$HCOOH \rightarrow CO_2 + 2H^+ + 2e^-. \tag{9.22}$$

양극 반응은

$$\frac{1}{2}O_2 + 2H^+ + 2e^- \rightarrow H_2O. \tag{9.23}$$

따라서 총괄 반응은

$$HCOOH + \frac{1}{2}O_2 \rightarrow CO_2 + H_2O. \tag{9.24}$$

9.5 대표적인 연료전지 구조

모든 연료전지들은 기본적으로 전해질로 구분되는 두 전극들의 샌드위치이다. 이에 대한 수많은 변형들이 시도되었지만 우리가 지적한 바와 같이 지배변수는 전해질의 성질이다. 초기의 연료전지들은 알칼리와 산과 같은 액체 전해질들을 사용하였지만 현재의 추세는 대부분 고분자나 세라믹인 고체 전해질을 향하고 있다. 이어지는 절들에서는 어느 정도의 성공을 거둔 구조들을 간략하게 살펴볼 것인데 이들 가운데 많은 것들은 이제 폐기되었다.

9.5.1 예시 연료전지(KOH)

여기에서 제시될 연료전지는 아마도 1950년대에 탄생했을 아이디어를 보여주고 있다. 디자인은 그림 9.4로부터 자명하다. 두 루사이트 커버의 가장자리 근처의 6개의 구멍들은 시스템을 서로 지탱시켜 수는 스크류의 이동을 가능하게 하여 준다. 장치의 직경은 8cm이다. 연료 공급원은 (그림에 보이지 않은) 두 개의 장난감 풍선으로서 하나는 산소를, 다른 하나는 수소를 포함한다. 과량의 기체는 물이 있는 비이커로 방출된다.

많은 액체 전해질 전지에서와 마찬가지로 전해질은 이 경우 KOH 용액으로 포화된 간단한 원형의 필터 종이로 된 구조에서 함침됨으로써 무능화되었다.

전지는 대칭인 것을 알 수 있다-음극과 양극 사이에 어떠한 구조적 차이도 없다. 전극들은 플라티늄 격자로 만들어져 있다. 전지를 사용하기 전에 플라티늄을 격자 위에 뿌려서 촉매 작용을 향상시켜 준다.

열린 회로 전압은 대략 1V 정도이며 전지는 0.7V에서 200mA를 생성하는데 이는 140mW의 동력이다.

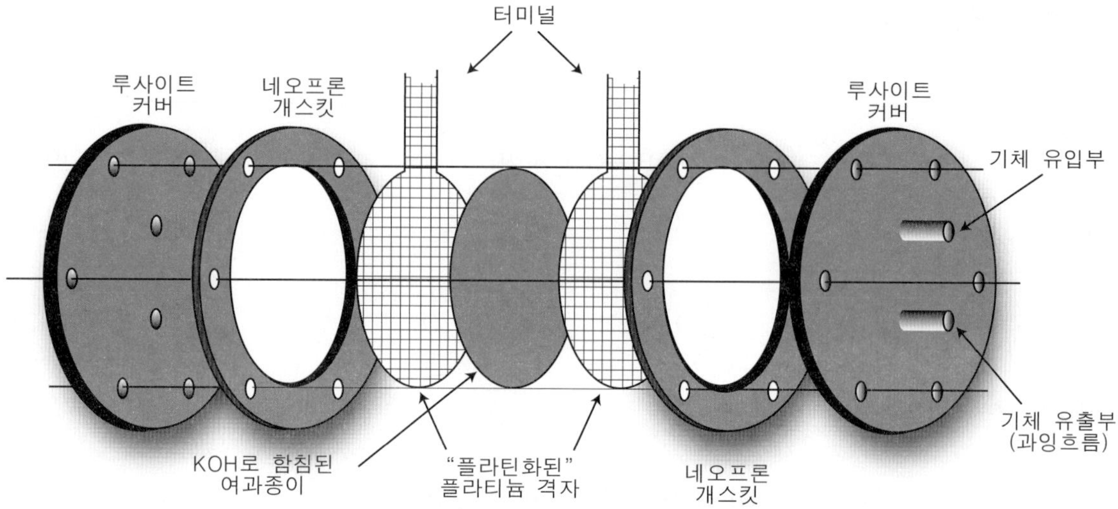

그림 9.4 초기 예시 연료전지의 확장도.

이 디자인은 매우 초보적인 것으로서 이온교환막의 시대 이전의 것이다. 요즈음에는 많은 딜러들로부터 훨씬 더 우수한 연료전지 모델들을 얻을 수 있다. 구글에서 "Fuel cell demonstration kits"를 검색하여 보자.

이용 가능한 종류들 가운데 일부는 잘 고안되어 있으며 조작이 쉽다. 이들은 모두 증류수를 필요로 하는데 이는 문제가 되지 않는다. 특히 교육적인 키트로서 연료전지 이외에도 광전 변환기, 전해자, 그리고 간단한 수소저장 시스템을 조합하는 키트들이 있다. 이들은 CO_2 방출이 전혀 없이 전력을 생산하고 저장할 수 있음을 예시하여 준다. 물론 문제는 이들이 대규모로 운용되기에는 아직 경제적으로 가능하지 않다는 점이다.

9.5.2 인산 연료전지(PAFCs)

9.5.2.1 연료전지 배터리(Engelhard)

Engelhard† 는 앞 절의 연료전지에 의해 예시되는 기술을 상업적으로 적용하려고 하였다. 이로부터 연료의 공급과 모든 제어장치들을 포함하는 완벽하게 독립적인 750-W 배터리가 얻어졌다. 전지에 수소를 공급하는 어려운 문제는 암모니아-분해장치의 통합으로 해결되었다. 암모니아(NH_3)는 실제로 수소저장에 편리한 방법인데 그 이유는 적정압력 하에 실온에서 암모니아는 액체이므로 쉽게 처리가 가능하기 때문이다.

전해질은 인산이다. 전지의 구조는 그림 9.5에서 볼 수 있다.

연료전지들은 낮은 전압, 높은 전류 장치이므로 반드시 직렬로 연결되어야 한다. 이를 위한 가장 간단한 방법은 쌍극 구조를 이용하는 것이다: 주어진 전극은 하나의 전지에 대해서 음극으로 작용하며 (다른 표면에서) 그 다음 전지에 대해서 양극으로 작용한다. 쌍극 전극은 알루미늄이나

† Engelhard (New Jersey)는 자동차 촉매전환기의 발명사로서 나치 시대의 악명높았던 I. G. Farbenindustrie의 일부이며 독일의 거대한 화학 회사인 BASF가 2006년 매입하였다.

탄소로 만들어진다. 보호를 위해 금을 알루미늄 위에 도금하였으며 접촉 저항을 줄이기 위해 탄소 위에 입혀져 있다.

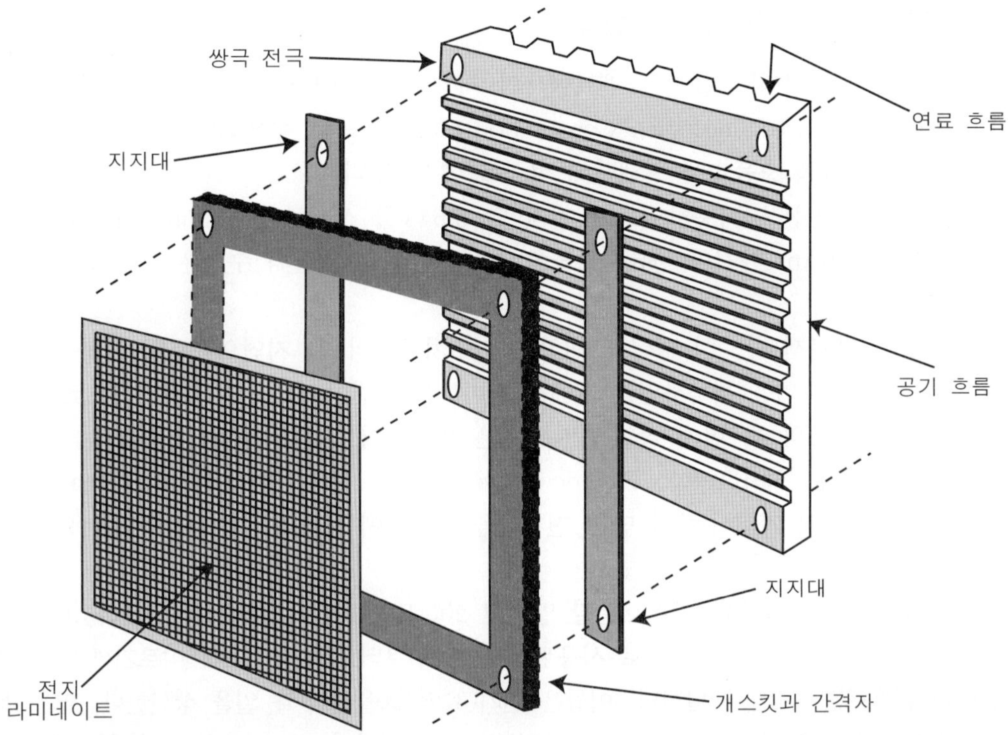

그림 9.5 Engelhard PAFC의 하나의 요소.

판은 3㎜ 두께이고 양쪽 표면에 홈이나 통로가 새겨져 있다. 산화제 통로는 반대쪽 표면상의 수소들에 대한 통로와 서로 수직으로 되어있다. 판은 압력강하를 최소로 하기 위해서 공기 흐름 방향을 따라 규격이 더 작은 사각형 모양으로 되어있다. 통로들은 기체들을 인도하는 것 이외에도 전극들의 활성 표면을 증가시킨다.

전해질은 고무 개스킷에 의해 지지되는 "전지 라미네이트"를 함침시킨다. 이러한 형태의 구조는 기본적으로 이전에 설명했던 전지에서 사용된 것과 크게 다르지 않은 것을 알 수 있다.

전지는 125℃에서 작동되었다. 산화제는 주위 온도에서 도입되는 공기로서 과량의 열과 (전지에서 연료의 산화에 의해 형성된) 물을 운반하는 수증기가 포함된 뜨거운 상태로 유출된다. 공기의 흐름은 산소가 충분히 제공되고 열과 물이 적절히 제거되도록 조정된다.

분명히 촉매는 사용되지 않았다. 이는 상대적으로 낮은 작동 온도(인산 전지는 흔히 150℃ 이상에서 작동된다)와 결합되어 다소 정반대의 동특성을 초래하며 따라서 낮은 전압 효율을 초래한다.

이 시스템은 암모니아 소스(압력 실린더), 분해자나 크래커, 가스 세척기, 연료전지들, 그리고 부속 펌핑 부품과 제어 장치로 구성되었다.

연료전지 자체는 (암모니아의 더 높은 가열 값에 대하여) 최적의 45% 효율로 작동되었다. 그러나 시스템은 850℃에서 운전되는 연료를 열로 전환하는 분해기를 필요로 하므로 정격 출력에서의 효율을 약 30% 정도로 감소시키며 보다 작은 압력에서는 이보다 더 적게 감소시킨다.

9.5.2.2 제 1세대 연료전지 발전 플랜트

분산된 유틸리티로 운전되는 발전 플랜트에서의 사용을 위하여 연료전지를 적용시키고자 하는 노력이 일찍이 United Technologies Corporation(UTC)에 의해 수행되었다. 이 장치는 천연가스가 공급되는 4.8 MW 모듈로서 맨해턴에 설치될 예정이었다.

UTC 연료전지는 인산을 사용하였으며 전지 당 0.64V를 생성하였다. 150에서 190℃의 작동 온도에서 1600~3100 Am^{-2}까지의 전류밀도들이 가능하였다. 전지들의 수명은 약 40000시간(약 5년)정도로 예상되었다.

뉴욕에서 UTC 프로젝트는 시 당국에 의한 승인절차에서의 긴 지연으로부터 지장을 받았으며 마침내 1984년 운전 승인을 취득하였을 때에는 장비들은 운전이 가능하지 못할 정도로 나빠진 상태였다. 연료전지 적용의 첫 번째 상업적인 모델은 일본에서 1983년에 처음 작동을 시작한 4.5-MW의 장치였다. 같은 회사(Tokyo Electric Power Company)는 후에 미국(International Fuel Cell Company, UTC의 자회사)에서 만든 전지들을 사용하여 도시바에 의해 구성된 11-MW PAFC 설비를 운영하였다.

UTC는 PureCell 200(이전의 PC25)로 잘 알려진 200-KW PAFC 발전소를 구축하였다. 이 발전소는 대규모의 무정지 전력 공급원으로 사용된다. 1991년부터 2008년 초에 이르기까지 전 세계에 걸쳐 판매된 플랜트는 300개에 달한다. 이들은 전기(37% 효율에서)와 열을 생산한다. 열은 260kW의 온수(60℃), 혹은 130kW의 온수에 추가되는 120℃에서의 130kW의 열의 형태를 가질 수 있다. 이들은 천연가스를 연료로 사용하며 어떤 경우에는 혐기성 소화기로부터 생성되는 바이오가스를 사용한다. PureCell 200 패키지에는 원료로부터 수소를 추출하기 위한 적절한 (외부) 개질기가 포함된다. 2004년까지 일부 PC25들은 잉여 시장에서 구입할 수 있었다.

현대의 PAFC는 백금 촉매를 사용하며 연료 흐름중의 CO에 취약하다(9.5.5 절의 SPFC를 참조). 다행히 CO에 대한 Pt의 내성은 작동온도에 따라 증가한다. 175℃에서 CO농도는 1% 정도로 높을 수 있으며 190℃에서는 2%만큼 높다. 이는 SPFC의 보다 엄격한 요구조건들과 상치되는데 특별한 절차나 특별한 촉매를 이용하지 않는다면 80℃에서 CO가 10ppm 미만인 수소를 요구하고 있다.† 한편 SPFC들은 매우 안정한 전해질을 갖는 반면에 PAFC들의 인산은 암모니아나 황에 의해 저급화될 수 있으므로 연료 내에서의 이들의 농도는 낮게 유지되어야 한다.

9.5.3 용융탄산염 연료전지(MCFCs)

9.5.3.1 제 2세대 연료전지 발전 플랜트

이전에 언급한 제 1세대 유틸리티 형태 연료전지와는 달리 용융 탄산염 시스템은 충분히 높은 온도에서 작동하므로 천연가스, 소화기에서 생성된 바이오가스, 그리고 다른 연료들이 내부적으

† 대체적으로 CO에 대한 백금촉매의 내성 λ(단위는 ppm)는 온도 T(단위는 Kelvins)의 함수로서 $\lambda = 255 \times 10^{-12} \exp(T/14.5)$로 주어진다.

로 개질되어 전지에 의해 소모되는 H_2을 얻을 수 있다.

1988년 American Public Power Association(APPA)은 Electric Power Research Institute(EPRI)와 함께 도시 근교의 욕구에 부합하도록 연료전지들을 설계하기 위한 국제적인 경쟁을 증진시켰다. 선정된 프로젝트는 지금은 Fuel Cell Energy, Inc.로 이름이 바뀐 Energy Research Corporation (ERC)에 의해 설계된 2-MW의 MCFC이다. 이들 "제 2세대" 전지들은 평가되었으며 1996년에는 디자인 성능에 근접한 것으로 나타났다. 전력망에 교류 1.93MW를 공급할 경우 이 플랜트는 43.6%라는 탁월한 측정효율을 달성하였다.

전지들은 니켈로 도금된 스테인리스 강으로 받쳐지며 동일한 재질로 만들어진 쌍극 스택(그림 9.5의 Engelhard 배터리를 참조)으로 조립되었다. 전지들 자체는 음극, 전해질 매트릭스, 그리고 양극의 샌드위치이다. 니켈-세라믹 음극과 산화니켈 양극은 다공성이다. 반응성 기체들은 전해질과 접촉하고 있으며 서로 반대인 면을 통하여 공급되는데 전해질은 리튬 알루민산염 매트릭스에 지지된 칼륨 탄산염과 리튬의 혼합물이다. 전지의 일반적인 구조는 여전히 UTC PAFC의 그것과 매우 유사함을 주목하자.

600℃와 700℃ 사이의 높은 작동온도에서 값비싼 백금기반 촉매는 소요되지 않으며 이미 언급한 바와 같이 연료의 내부적인 개질이 이루어질 수 있다. 열 병합 구조가 설치될 수 있다. 한편 이러한 높은 온도들은 양극을 천천히 용해시키고 개질촉매를 피독시키는 탄산염을 유발하기 때문에 전지들의 수명이 제한된다.

Santa Clara 플랜트의 운영과 다른 개발작업으로부터 얻어진 경험을 기초로 하여 Fuel Cell Energy, Inc.는 현재 상용 플랜트의 경우 2.8MW 까지의 플랜트들을 제공하고 있다. 이 플랜트들은 47%의 효율로 작동한다. 370℃에서 배기가스들은 바터밍 사이클 엔진을 구동시키는 데에 사용되므로 전체적인 효율이 아주 상당하게 증가한다. 전지 모듈의 수명이 얼마인지는 분명하지 않다; 분명한 것은 (전체 플랜트가 아닌) 이 모듈들이 꽤 대규모라는 점이다. 이들은 겨우 약 20 W/kg 정도를 생성한다. 이를 약 700W/kg을 생성하는 SPFC와 비교해 보라. 확실히 해둘 것은 MCFC는 내부 개질을 수행하는 반면에 SPFC는 순수한 수소를 필요로 하며 외부의 개질 시설과 함께 운전되어야 한다는 점이다.

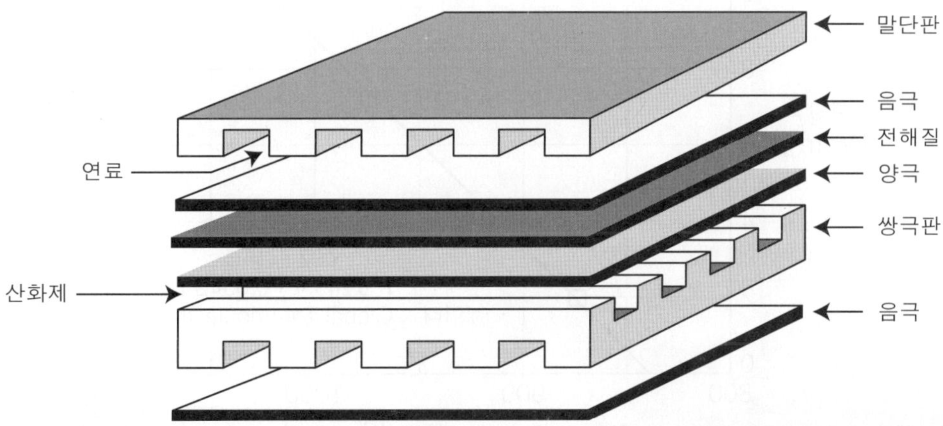

그림 9.6 MCFC 장치의 확장도.

9.5.4 세라믹 연료전지(SOFCs)

9.5.4.1 제 3세대 연료전지 발전 플랜트

유틸리티 규모의 연료전지 플랜트에 대한 탐색은 저온 액체 전해질 PAFC로 시작되어 중간 온도의 용융 탄산염 MCFC 장치로 옮겨갔으며 고온의 세라믹 연료전지 SOFC로 이동함으로써 제 3세대에 도달하게 되었다. 이들 세 가지는 여전히 서로 경쟁중이지만 SOFC가 마지막 생존자가 될 것이다.

임의의 형태의 연료전지에서 가장 결정적인 요소들 가운데 하나는 전해질이다: SOFC의 세라믹도 예외가 아니다. 전해질로 사용되는 세라믹들은 전자들에 대해서보다 이온들에 대해서 훨씬 더 높은 전도성을 가져야 하는데 이는 높은 온도에서의 운전을 요구하는 필요조건이다. 그림 9.7의 더트리아로 안정화된 지르코니아(YSZ) 전해질을 사용하는 연료전지에서 달성 가능한 전력 밀도에 대한 의 온도의 강한 영향을 보여준다. 이 그림의 데이터는 Global Thermoelectric Corp.에서 얻어진 것이다(Ghosh et al. 2000). 전해질의 두께에 대한 어떠한 정보도 주어지지 않았다. 고온 운전과 연관되는 어려움들로 인하여 전지의 성능은 흔히 상대적으로 낮은 전해질의 전도성에 의해 제한된다.

1. 높은 온도는 값비싼 합금들의 사용을 필요로 한다.
2. 온도의 순환은 역학적인 스트레스를 도입한다.
3. (전해질이 아닌) 전극들은 반드시 다공성이어야 한다; 그러나 높은 온도는 이들의 소결을 촉진시켜서 이들이 연료와 공기에 대해서 점차적으로 불침투성이 되도록 한다.
4. 높은 온도는 전극들의 구성성분들이 전해질로 확산되는 것을 촉진시킨다.

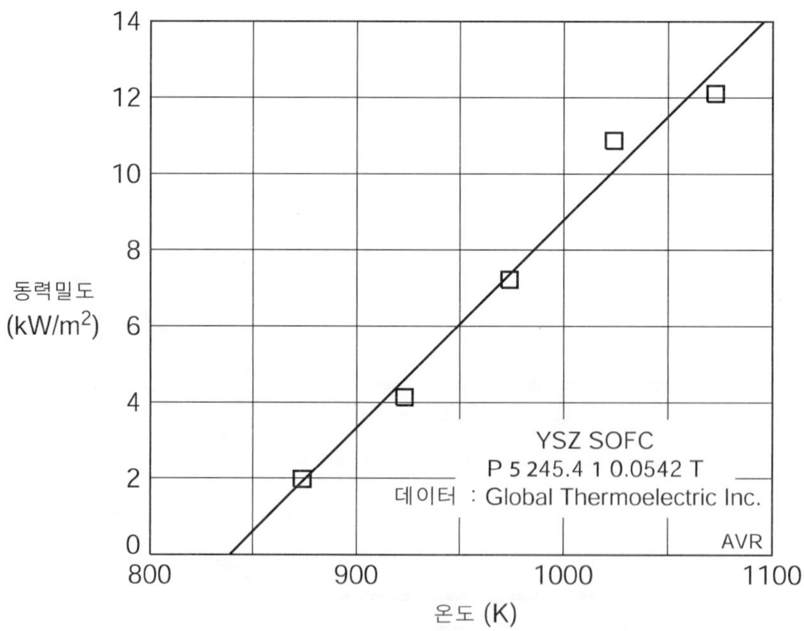

그림 9.7 YSZ SOFC의 전력 밀도는 작동온도에 따라 급격하게 증가한다.

항목 2~4는 연료전지의 수명을 단축시킨다.

세라믹 전해질의 전도성은 다음 세 가지 인자에 따라 좌우된다:

1. 작동 온도
2. 전해질의 두께
3. 대부분의 연료전지에서 YSZ이며 일반적으로 $(ZrO_2)_{0.9}(Y_2O_3)_{0.1}$인 전해질의 성질

수용 가능한 전도성을 얻기 위해서 전해질은 매우 얇아야 한다. Global Thermoelectrics는 5 ㎛ 두께의 전해질을 제시하였지만(Ghosh et al. 2000) 현재의 상용 전지들은 거의 10배 정도 더 큰 두께를 사용한다. 그 이유는 전해질이 기체에 대해서 불침투성이어야 하기 때문인데 이는 매우 얇은 층들이 사용되는 경우 만족되기 어려운 조건이다-다공성은 커질 것이며 작은 핀 구멍들이 생기기 쉽다. 이론적인 밀도의 약 98% 정도인 층 밀도가 바람직하다. 나아가 얇은 전해질들은 극히 분쇄되기 쉬워서 음극이나 양극에 의해 지지되어야 한다(즉 전해질은 두 전극들 중의 어느 하나에 놓여지는 얇은 소형의 세라믹 층이어야 한다).

널리 이용되는 YSZ가 아닌 다른 세라믹 재질을 사용함으로써 저온 운전을 구현할 수 있다. 예를 들면 사마륨이 도포된 세리얼(SDC)은 임의의 주어진 온도에서 YSZ보다 매우 높은 이온 전도성을 갖는 세라믹 전해질이다(9.5.4.2 절을 참조). 실음이온 대신 양자를 전도하는 세라믹들이 실험실에서 제시되었다. 700℃에서 이 세라믹들은 1000℃의 지르코니아에서와 동일한 전력밀도로 작동될 경우 약 10% 정도의 더 높은 효율을 구현할 것이다. 장래성있는 "저온" 세라믹 양자 전도체는 $BaCeO_3$이다(Rocky Goldstein, EPRI, Advanced Fossil Power System Business Unit을 참조). 전해질로 사용되는 임의의 세라믹들은 그것과 접촉되는 물질들과 화학적으로 반응하면 안 된다.

YSZ 연료전지에서 가장 널리 이용되는 양극 물질은 스트론튬으로 도포된 란탄 아망간산염 LSM $(La_xSr_{1-x}MnO_3)$으로서 전해질과 융화성이 있다. 스트론튬의 첨가는 주로 전자 전도체인 물질의 전기적 전도성을 증가시킨다. 따라서 전해질에 의해 선도되는 음이온들이 양극에 의해 전도되는 전자들로 전환되어야 하는 화학적 반응이 요구된다. 이 반응은 양극, 전해질, 그리고 산소가 함께 공존하는 삼중점에서 일어나야 한다. 삼중점 면적은 Yoon et al. (2000)이 보인 바와 같이 양극의 공극들을 미세 다공성의 YSZ로 코팅함으로써 증가시킬 수 있다. 양극 물질은 높은 다공성(50%)을 나타내어야 하며 산화 분위기에서 안정해야한다. 세라믹을 형성하는 분말 혼합물의 전분과 같은 기공형성 물질을 조합함으로써 다공성이 구현된다.

환원 분위기에서 음극은 금속의 높은 열팽창 계수를 위한 것이 아니라면 다공성 니켈로 만들어 질 수 있다. 이를 수정하기 위해서 니켈은 세르멧을 형성하는 이트리아로 안정화된 지르코니아 격자 내에 분포된다.† YSZ 분말은 NiO_2와 혼합되고 니켈 산화물을 분산된 니켈금속으로 환원시키는 분위기에서 함께 소결되어 다공성 세라믹이 뒤에 남게 된다. 만약 내부 연료 개질이 이용된다면 연료 전극은 우수한 촉매 활성을 가질 것이다. 만약 온도가 약 700℃보다 훨씬 작다면 내부 개질은 어렵거나 불가능할 것이다.

† 세르멧(Cermet)은 금속과 세라믹 물질의 혼합물이다.

모든 3개의 층들-음극, 전해질, 그리고 양극-은 탈적층을 피하기 위해서 열팽창이 서로 조화되어야하며 서로 화학적으로 반응하거나 열으로 확산되지 않아야 한다.

스택을 형성하기 위해서는 서로 다른 전지들 사이의 상호 연결이 필요하다. 이들은 우수한 기계적 물성들과 좋은 전기적 전도성을 지니고 있어야 한다; 이들은 또한 적절한 열팰창 계수와 부식에 대한 우수한 저항성, 그리고 나머지 전지들과의 화학적 융화성을 지니고 있어야 한다. 무엇보다도 이들은 저렴해야 한다.

크롬의 추가에 의해 부식에 대한 저항성을 갖게 된 철 합금들은 위 요구조건들의 대부분을 만족한다. 모든 스테인레스 강들에서와 마찬가지로 이들의 부식에 대한 저항성은 부식성 분위기로부터 물질을 효과적으로 감싸는 표면상의 크로미아의 얇은 막의 형성에 의존한다. 불행하게도 크로미아는 연료전지들의 높은 작동 온도에서 양극을 오염시켜 성능을 심각하게 떨어뜨리는 휘발성의 CrO_3와 $CrO_2(OH)_2$을 형성한다. CrO_3는 산화제로 산소나 매우 건조한 공기를 사용하는 전지에서 지배적인 크롬 증기인 반면에 $CrO_2(OH)_2$(크롬 옥시하이드록사이드)는 습기가 많은 공기를 사용할 때 지배적이다. 크롬의 기화는 건조 공기를 사용하여 낮은 온도에서 작동할 때 감소될 수 있다. 후자는 경제적으로 매력적이지 않을 수 있다.

12㎾/㎡ 정도로 높은 전류밀도들은 실험실에서 입증되었다(Pham et al. 2000). 이런 수준들은 현대의 SPFC(Ballard)에 의해 도달되는 20㎾/㎡ 이하이며 전체 스택이 아닌 개별적인 전지들에 대한 것이다. 생산 중이거나 생산이 가까운 SOFC들은 약 3㎾/㎡ 정도의 좀 더 적절한 전류밀도를 보인다(지멘스 웨스팅하우스). 이는 고정된 적용들에서는 중요한 단점이 아닐 수 있지만 컴팩트한 것이 요구되는 자동차의 사용에서는 더 문제가 될 것이다.

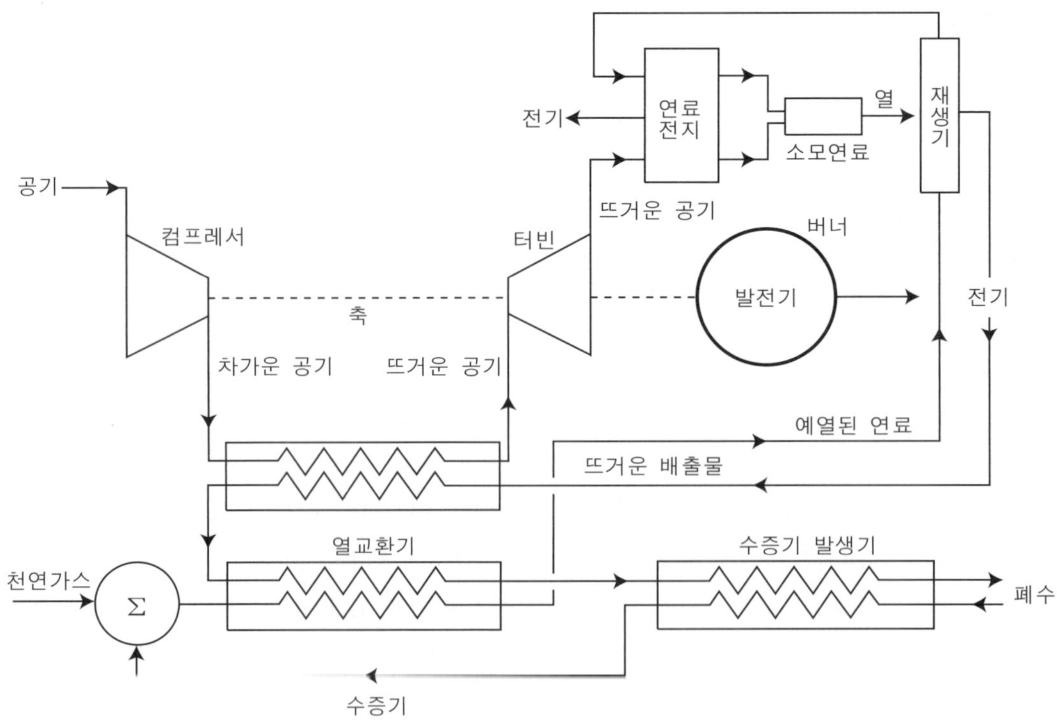

그림 9.8 SOFC/마이크로 터빈 결합 사이클 플랜트의 배열(Fuller et al. 2000).

SOFC들은 특히 그림 9.8의 배열에서와 같이 60%에 이르는 총괄 효율이 달성되는 하이브리드(열 병합)에서 사용될 경우 높은 효율(50% 이상)을 갖는다. (PAFC에서의 인산이나 MCFC에서의 용융 탄산염과 같은) 어떠한 부식제도 사용되지 않으므로 긴 수명이 가능하다.

크롬

크롬은 적어도 세 개의 서로 다른 산화상태에 있는 것으로 가정할 수 있는 화합물을 형성한다†. 따라서 이는 다수의 서로 다른 산화물들을 갖는다: 산화크롬 CrO는 크롬 모녹사이드로도 불리는데 산화상태 II이며 크롬 세스퀴옥사이드, 혹은 크로미아라고도 불리는 Cr_2O_3는 산화상태 III, 그리고 크롬 트리옥사이드 CrO_3는 산화상태 VI이다.

연료전지들에서 철-크롬 합금의 사용에 관한 한 중요한 점은 크로미아가 매우 내열성(용융점이 2435℃)인 반면에 크롬 트리옥사이드는 상당히 휘발성이며 용융점이 겨우 196℃라는 점이다. 연료전지 내의 조건들로 인하여 안정한 크롬 트리옥사이드는 전지의 양극을 오염시킬 수 있는 휘발성의 화합물로 변환된다.

35000시간 이상의 연속적인 운전이 이루어졌다(Bessette와 Pierre, 2000). SOFC는 무제한의 자체 수명을 갖는다. 연료전지에서 사용되는 세라믹들 가운데 많은 것들은 페로브스카이트 구조를 가지고 있다; (다음 페이지의 페로브스카이트 부분을 참조).

음이온 고체 전해질 연료전지들에서 반응들은 9.4.4 절에서 언급하였다.

SOFC들은 보통 평면이거나 관 모양이다. Siemens Westinghouse 전지에 의해 예시된 바와 같이 관 모양의 SOFC들은 평면형 전지들을 성가시게 하는 봉합이 없다는 큰 장점을 갖는다.

페로브스카이트(Perovskite)

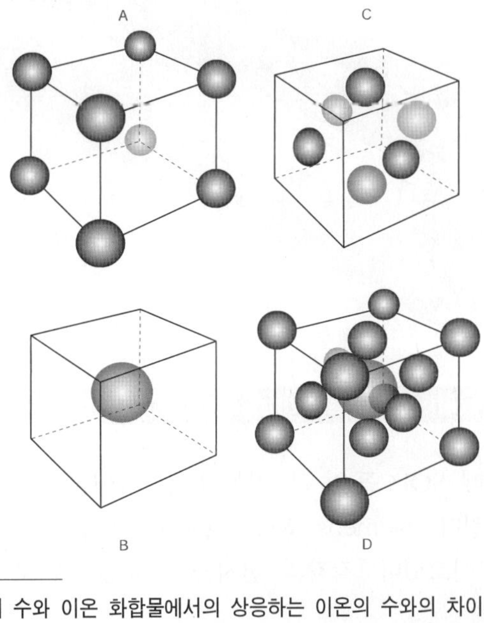

† 산화 상태는 중성원자의 전자들의 수와 이온 화합물에서의 상응하는 이온의 수와의 차이다.

페로브스카이트는 미네랄 $CaTiO_3$이다. 일반화시키면 이 단어는 페로브스카이트 배열에서 결정화되는 실험식 DEF_3(여기서 F는 보통 산소에 해당한다)인 어떤 물질을 나타낸다.

8개의 꼭지점에서 원소 D의 8개 원자를 갖는 정방형 결정의 단위 전지를 고려하여 보자(그림에서 "A"). 이 단위 전지들이 서로 층을 이루면 각 원자는 8개의 서로 다른 인접 전지들 사이에서 공유된다. 다시 말하면 정확하게 전지 당 평균 원소 D의 1개 원자가 있다.

이제 그림에서 "B"를 참조하자. 여기에는 단위 전지 당 한 개의 단일원소 E 원자가 있다.

마지막으로 "C"를 참조하자. 원소 F 원자들은 정방체의 면의 중심에 위치하고 있다. 6개의 면이 있으나 각 원자들은 2개의 이웃 단위 전지들에 의해 공유된다. 그러므로 전지 당 평균 3개의 F 원자들이 있다. "D"에는 세 개의 배열들이 함께 위치하여 실험식이 DEF_3인 단위 전지를 구성하고 있다.

페로브스카이트는 SOFC 전해질들 및 고온의 초전도체들에서 매우 중요하다.

9.5.4.2 고온 세라믹 연료전지

Siemens Westinghouse는 관형 전지 분야에서 많은 작업을 수행하여 왔다. 2001년 이 회사는 무인으로 작동하며 전력망으로 전력을 배송하는 100㎾e의 플랜트를 네덜란드에 지니고 있었다. 이 회사는 또한 캘리포니아 로스앤젤레스의 Southern California Edison Co.에 220㎾e의 하이브리드(마이크로 가스터빈과 짝을 이루어 작동되는) 플랜트를 지니고 있었다. 58%의 효율을 갖는 1㎿e의 플랜트가 Environmental Protection Agency를 위하여 메릴랜드의 Fort Meade에 설치되었으며 같은 동력을 갖는 다른 플랜트가 독일의 Marbach에 계획되었다.

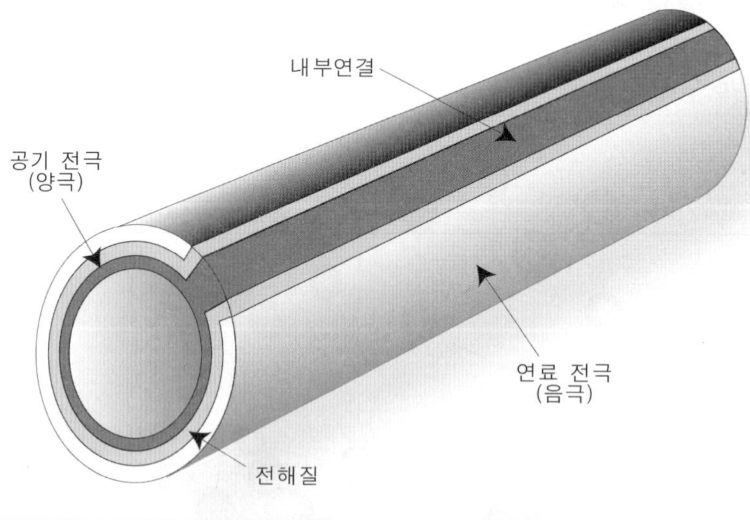

그림 9.9 Siemens Westinghouse SOFC의 관형 동심원 전극들.

작동시킬 때나 정지시킬 때 SOFC들은 큰 진폭의 열 사이클링에 예속되는데 이는 봉함에 있어서 심각한 문제를 유발시킨다. Siemens Westinghouse는 관형 전지들을 사용하는 뛰어난 봉함이 없는 구조를 가지기에 이르렀다. 각각의 전지는 그림 9.9에 보인 바와 같이 삼중의 층으로 이루어진 세라믹 튜브로 구성된다. 내부 층은 공기 전극(양극), 중간층은 전해질이며 외부 층은 연료 전극(음극)이다. 연료전지의 제조는 란타늄 망간염($La_{0.9}Sr_{0.1}$)으로 이루어진 공기 전극으로 시작한다. YSZ 전해질은 양극 튜브 위에 구축되며 음극은 그 위에 놓여졌다. 음극으로의 연결 부들은 외부 전극들과 직접 연결되어 있다. 양극에 도달하기 위하여 서로 연결하여 주는 긴 조각이 관에 세로방향으로 놓여서 내부 층으로 침투한다(그림 9.9 참조). 상호 연결하는 조각은 공기 전극의 산화 분위기와 연료 전극의 환원 분위기에서 안정해야 하며 아울러 기체가 침투할 수 없어야 한다. 이러한 요구조건들은 란탄 크로마이트에 의해 충족되어진다. 전도성을 증가시키기 위해서 물질은 Ca, Mg, Sr, 혹은 원자가가 낮은 다른 금속들로 도포된다.

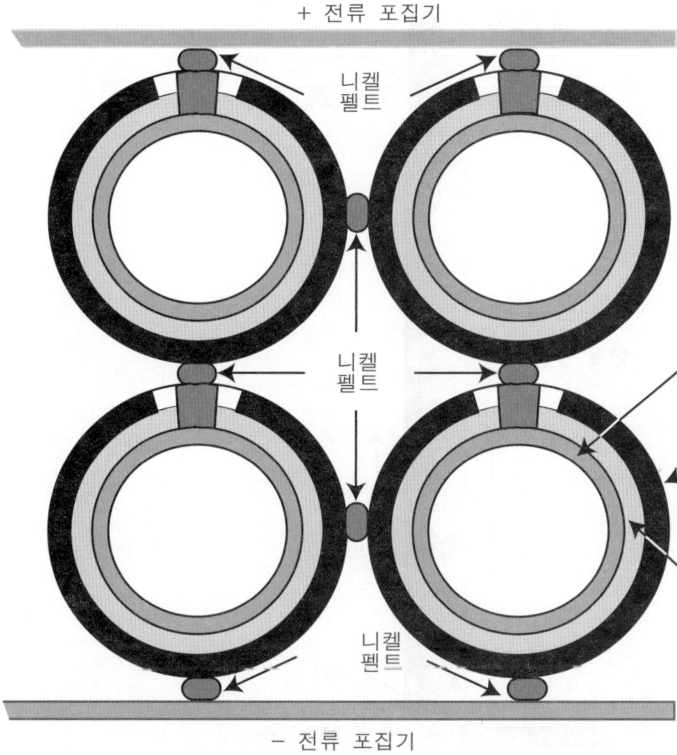

그림 9.10 관형 전지들은 직렬-병렬 연결부들에서 쉽게 적층될 수 있다.

그림 9.10은 관 다발들이 어떻게 모듈들을 형성하는 직렬-병렬 연결부들에 적층될 수 있는지를 보여준다. 함께 소결된 니켈 섬유들로 만들어진 니켈 펠트는 기계적으로 유순한 상호연결을 제공하여 준다. 이러한 모든 상호연결들은 화학적으로 환원 분위기에서 형성됨을 주목하자.

모듈들은 그림 9.11에 나타낸 것처럼 두 개의 챔버들로 구성된다. 더 낮고 더 긴 연료 반응 챔버는 하부의 개구부로부터 연료를 취한다. 연료는 위로 흐르며 그의 대부분은 음극에 의해 사용된다.

전체의 약 15%에 달하는 미반응 연료는 소모연료 연소실로 유출되는데 여기에서 각 관의 상부로부터 나오는 과잉 공기와 혼합되고 연소되어 터빈과 같은 바터밍 사이클 발전기를구동하기 위해서 배기가스의 온도를 (900℃까지) 증가시키고 유입공기를 예열하는 데에 사용되는 열을 생성한다.

만약 적절한 양의 수증기가 화석연료 기체들과 혼합되면 음극에서 니켈의 촉매작용에 의하여 자동적인 개질이 일어날 것이다(제 10장에서 현대의 수소 생산에 대한 절을 참조).

$$CH_4 + H_2O \rightarrow CO + 3H_2.$$

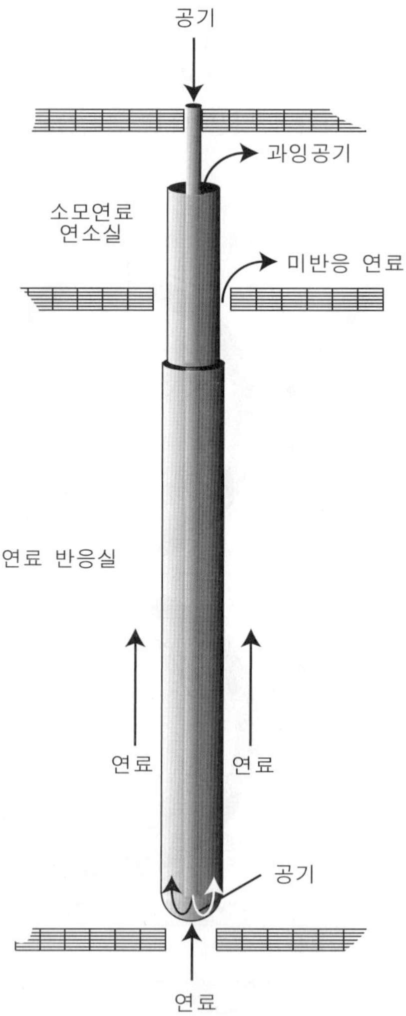

그림 9.11 관형 전지들은 봉함이 없는 모듈 내에 적층된다.

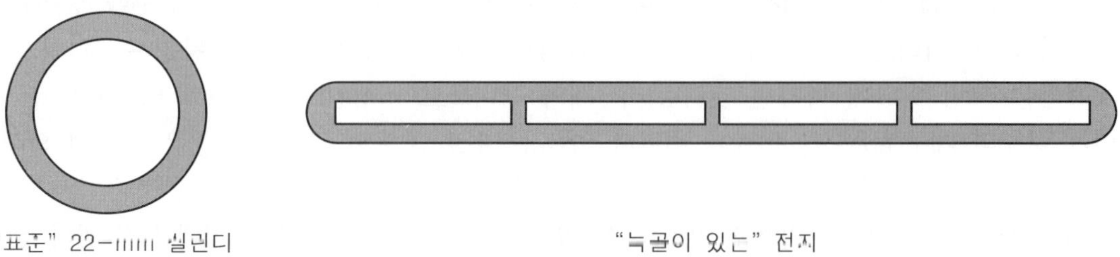

그림 9.12 실린더형 및 평탄화형 “늑골이 있는” 전지들의 단면.

"표준형" Siemens Westinghouse 전지들은 길이가 다양하며 대개 1.5m인 22㎜ 직경의 관들이다. 다른 기하학적 구조를 이용하면 보다 우수한 성능이 얻어진다. 그림 9.12를 참조하자.

전지들을 "늑골이 있는" 구조 내로 평탄화시키는 것은 적층인자를 향상시킬 뿐만 아니라(따라서 주어진 부피 내에 더 많은 유닛들이 들어간다) 생산비용도 감소시킨다. 이러한 평탄화된 전지들은 전지의 효율을 상당히 증가시키는 개선점들을 조합시킨 것이다. 그림 9.13에 보인 실린더형과 "늑골이 있는" 전지들의 성능에 대한 비교를 참조하라.

9.5.4.3 저온 세라믹 연료전지

현재 YSZ 에서보다 더 낮은 온도에서 SOFC들을 작동시키는 것은 유용할 것이다. 무엇보다도 스택의 수명이 아마 더 길어질 것이다. 만약 단일 챔버 연료전지를 만들 수 있다면 문제는 또한 더 간단해 질 것이다.

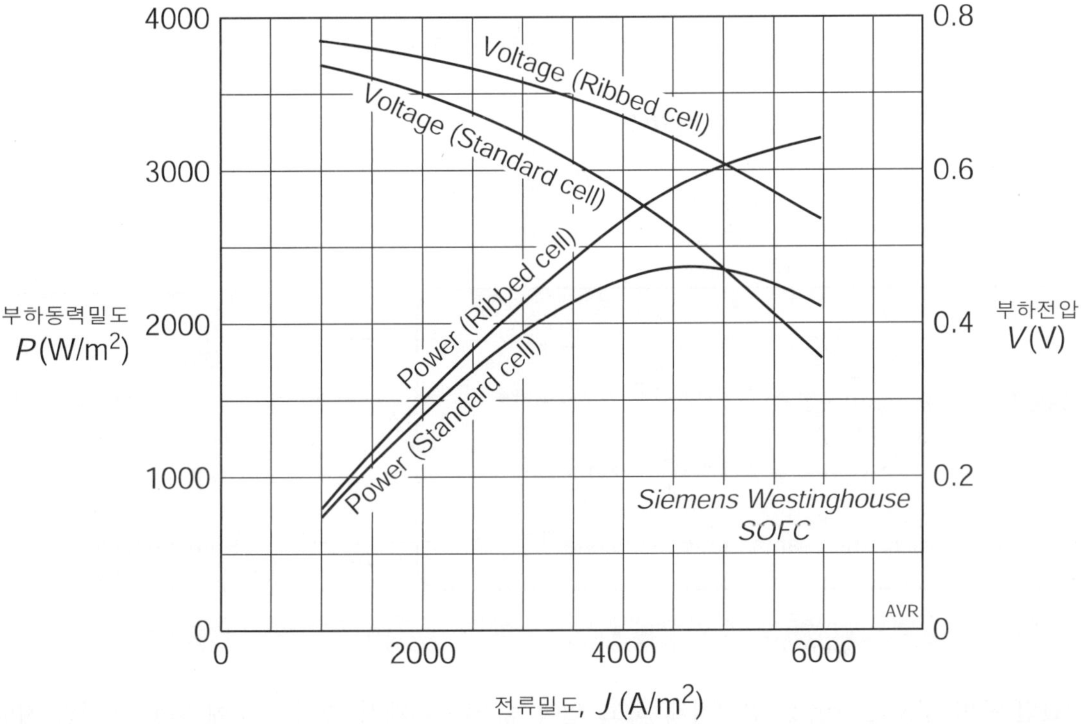

그림 9.13 "늑골이 있는" 전지들은 실린더형 전지들보다 상당히 우수한 성능을 보여준다.

보통의 연료전지에서 연료와 산화제는 각각이 그 자신의 전극으로 유입되는 식으로 별도로 장치에 도입된다. 단일 챔버 전지에서 연료는 공기와 너무 풍부하여 폭발이 될 수 없는 비율로 혼합된다. 이 혼합물은 동시에 두 전극들로 주입되는데 전극들 중에서 하나는 연료와 우선적으로 반응하며 다른 하나는 산소와 반응한다.

Hibino가 논의한 전지에서 SDC전해질은 0.15㎜ 두께로 분쇄된 얇은 세라믹 원판이었다. 음극은 니켈 농축 SDC이며 양극은 사라륨 스트론튬 코발트 산화물인 ($Sm_{0.5}Sr_{0.5}CoO_3$)로 구성되었다.

니켈 농축 음극과 접촉되는 에탄(18%)/공기 혼합물은 다음 식에 따라 수소/일산화탄소 혼합물로 개질된다.

$$C_2H_6 + O_2 \rightarrow 3H_2 + 2CO. \tag{9.25}$$

개질 생성물의 두 기체들은 산화된다:

$$3H_2 + 3O^{--} \rightarrow 3H_2O + 6e^-, \tag{9.26}$$

$$2CO + 2O^{--} \rightarrow 2CO_2 + 4e^-, \tag{9.27}$$

따라서 각 에탄분자는 부하에서 순환되는 10개의 전자들을 제공한다. 5개의 산소 이온들이 (전해질을 통해 이동함으로써) 양극으로부터 유래된다. 이들은 10개의 전자들이 연료/공기 혼합물로부터의 산소분자 2.5개와 결합되어 생성된다.:

$$10e^- + 2.5O_2 \rightarrow 5O^{--}. \tag{9.28}$$

전괄 반응은 그림 9.14에 나타나 있다.

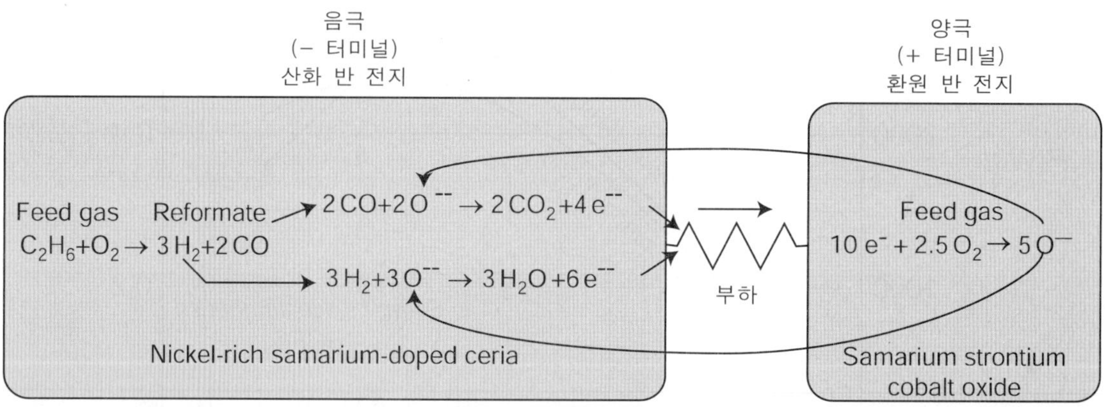

그림 9.14 SDC 저온 SOFC의 전지 반응들.

단일 챔버 구조는 구조를 간단하게 하고 열적 충격과 기계적 충격 모두에 대한 전지의 저항성을 더 크게 하여준다.

Hibino에 의해 고안된 실험적인 전지들 가운데 일부의 성능은 꽤 장래성이 있어 보인다: 그 성능은 500℃에서 4㎾/m²이상 및 350℃에서 1㎾/m²이상이다. 훨씬 더 발전된 Ballard SPFC의 20㎾/m²와 비교하여 보자.

전극 두께가 0.15㎜인 실험적 SDC 전지들 가운데 하나의 V-I 특성들이 그림 9.15에 제시되어 있다.

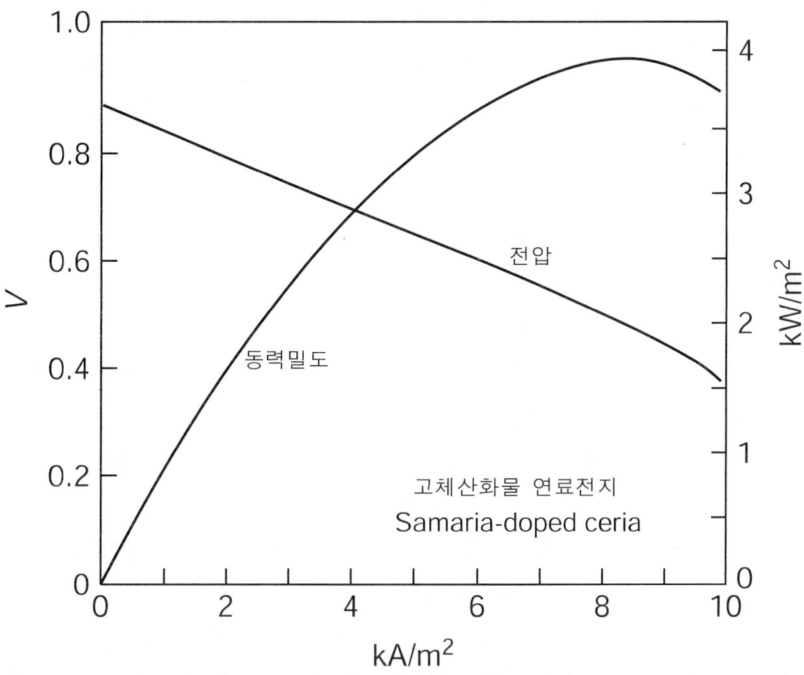

그림 9.15 Hibino에 의해 고안된 실험적인 SDC 연료전지의 특성.

9.5.5 고체-고분자 전해질 연료전지

고체-고분자 전해질은 개념적으로 가장 간단한 연료전지 형태이며 아마도 만들기가 가장 쉽다. 이름이 의미하는 것처럼 전해질은 이온 전도성 고분자로 만들어진 고체 막이다. 이온은 양이 될 수 있는데(양이온) 보통 양자이며 혹은 보통 OH^-인 음(음이온)이 될 수 있다.

SPFC들은 부식성이 없는(물론 새어나올 가능성도 없는) 전해질들을 사용하므로 액체나 용융 전해질 전지들보다 더 안전하다. 이들은 연료와 산화제 구역들 사이의 비교적 큰 압력차를 지탱할 수 있으므로 이 기체들을 처리하는 것은 쉽다.

SPFC 전지들의 발전에 대한 간략한 역사는 David S. Watkins의 기고문에서 찾아볼 수 있다. SPFC들은 1959년 GE에 의해 개발이 시작되었다. 1982년 이 기술은 United Technology Corporation /Hamilton Standard로 이전되었다. Ballard Power Systems†가 Daimler Benz와의 협력으로 추가적인 개발을 시작하고 이를 추진하여 생산 단계에 이를 때까지는 거의 진보가 없었다. Ballard 이전에는 연료전지 자동차들이 2020년까지는 시장에 나올 것이라고 예측되었다. 지금은 2010년까지는 도입될 것으로 희망하고 있다.

원래의 GE의 노력에 의해 이루어진 진보는 1959년의 50 W/㎡로부터 1982년의 8㎾/㎡ 이상의 동력밀도의 성장으로 예시되는데 이는 160배의 향상을 나타낸다. 많은 인자들이 그러한 향상에 기여했는데 이에는 보다 우수한 막(초기의 장치는 술폰화 폴리스티렌을 사용하였으며 후에는 나피온을 사용), 보다 얇은 막(250㎛에서 123㎛), 보다 높은 작동온도(25℃에서 150℃), 그리고 보다 우수한 촉매들이 포함된다.

† Ballard의 역사에 대해서는 Tom Koppel(1999)을 참조. 현재의 Ballard 기술에 대해서는 〈http://www.ballard.com〉을 접속.

SPFC들은 자동차 사용에 대해서 선호되는 해결책으로, 그리고 고정된 발전소들에 대한 경쟁자로서 빠르게 성장하고 있다. 연륜이 짧고 미숙한 기술인 이러한 형태의 전지에서 지극히 빠른 진보들은 그림 9.16에 보인 Ballard 전지들의 동력밀도에서의 지수적인 향상으로 입증된다. Ballard 전지들은 이제 활성표면 1 제곱미터당 20㎾를 초과한다(가장 우수한 GE 전지들의 8㎾/㎡와 비교하여 보자). 질량에 대한 동력비(중량 동력 밀도) 또한 상당히 개선되었다—이는 0.7㎾/kg을 초과하며 현대의 항공엔진에 대한 값에 근접하고 있다.† 그러므로 현대 SPFC의 부피에 대한 동력비 및 질량에 대한 동력비는 이미 자동차에의 적용에서 충분히 수용 가능한 범위로 접어들었다. 가격비율에 대한 전력이 현재 상당한 개선이 필요하다.

2005년 Ballard 자동차 SPFC의 비용††은 73$/㎾이었는데 이는 2010년까지 Department of Energy(DOE)의 목표인 30$/㎾에 도달할 것으로 예상된다. 비용은 많은 부분에서 감소될 수 있다. 가장 분명한 것은 대규모 생산을 가능하기에 충분한 규모의 큰 시장을 형성할 필요가 있다는 점이다. 보다 저렴한 막과 촉매는 필수요건이다.

자동차의 발전기로 수용될 수 있도록 하기 위해서는 연료전지들은 결빙 조건들에서도 신속하게 시동될 수 있어야 한다. 2004년까지 Ballard는 이미 대기온도가 −15℃일 때 8초의 시동시간(최대 동력의 50%까지 도달하는 시간)을 달성하였다. 2005년에는 외기온도가 -20℃일 때 16초의 시동시간이 달성되었다. 2010년의 희망 성능은 온도가 −30℃일 때 30초의 시동시간이다.

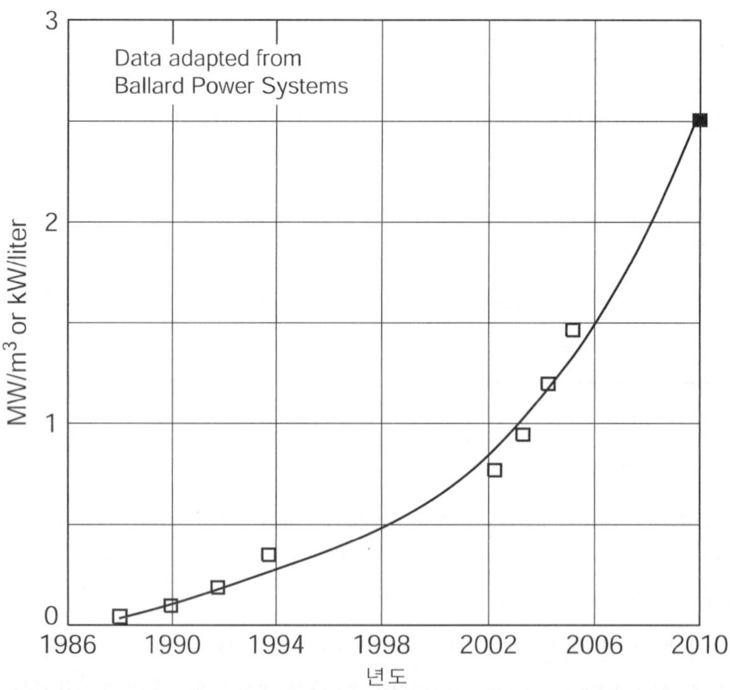

그림 9.16 Ballard 연료전지들의 전력 밀도는 1986년부터 지수적으로 증가했다. 2005년에는 전지 m³에서 약 1.5MW가 생성될 수 있었다(1.5kW/liter). 검은 사각형은 2010년까지의 추정 성능을 나타낸다.

† 공정하기 위해서는 항공기 엔진의 무게를 전기모터와 연료전지 스택의 무게를 합한 무게와 비교해야 한다.

†† 스택만의 비용이며 전체 시스템의 비용은 아님.

현대의 자동차는 약 300,000㎞만큼 달릴 수 있는데 이는 48㎞/h의 평균속도로 6250시간동안 달리는 것에 해당된다. 현재의 전지들은 이러한 지속시간의 절반 미만이다(2200시간). DOE의 2010년에서의 목표는 5000hr이다.

9.5.5.1 전지의 구축

그림 9.17은 대표적인 SPFC의 구조를 보인 것이다.

전지의 심장부는 두 개의 전극 사이에 위치한 고체의 전해질로 구성되는 막 전극 어셈블리(MEA)이다. 전극들과 전해질 사이에 촉매층이 삽입된다. 촉매는 전극이나 전해질과 결합될 수 있다. 수소가 사용되는 경우 음극 촉매는 흔히 높은 표면적(탄소 1그램 당 75g/㎡ 이상)의 카본 블랙에 지지되거나 지지되지 않는 백금/루테늄 혼합물이다. 루테늄은 CO에 대한 저항성을 향상시키기 위해 사용되는데 CO는 유기 연료의 재생에 의해 생성되는 수소에서 불순물이 될 수 있다. 양극에서 촉매는 순수한 백금이거나 어떤 안정한 금속(Cr, Zr, Ti)과의 백금 합금이다. 이것이 필요한 이유는 양극에서 높은 산화 분위기 때문이다.

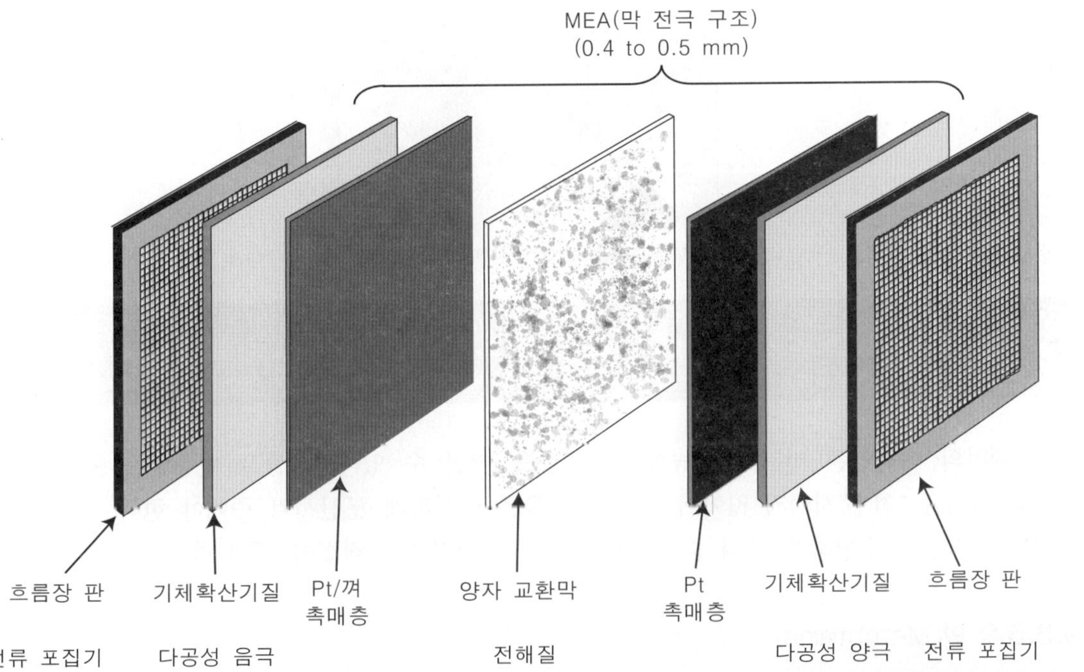

그림 9.17 SPFC의 구조.

전극들은 우수한 전자 전도체들이어야 하고 다공성이어야 한다. 전극들은 아마도 릴-릴 기술을 이용하는 대량생산을 위해 저렴해야 한다. 영국계 회사인 Johnson Mattey는 다루기 쉬운 전극 구조들을 생산하기 위해 테프론에 끼워 넣은 탄소섬유들의 (직조한 것이 아닌) 엉킴을 이용하여 그러한 기술을 고안하였다.† 기체 확산 기판에 CO의 CO_2로의 산화를 촉진시킬 수 있는 촉매를 조합시켜서 CO의 농도를 줄일 수 있다.

† 미국 특허 6949308

전극들과의 접촉은 기체 흐름 판(금속, 또는 보다 일반적으로는 흑연)을 통해 이루어지는데 이 판의 표면에는 홈이 새겨져 있어서 전지의 전체 활성 면적에 연료와 산화제가 균일하게 분포되도록 하여준다. 그림 9.18은 기체 흐름 판의 복잡한 형태의 홈들에 대한 하나의 예를 보여주고 있다.

판들은 유체들이 흐르는 집합체를 구성하는 코너 근처에 다수의 구멍들을 가지고 있다. 두 말단판들을 제외한 다른 모든 판들은 쌍극판이다—한 면은 음극에, 다른 면은 양극에 연결된다. 나타낸 판은 산화제가 공급되며 산소가 고갈된 산화제와 생성된 물이 제거되는 양극 쪽을 보여준다. 흐름 판의 음극 영역에서는 더 작은 수소 구멍들을 통해 주입된다. 그 이유는 화학 당량비에 의해 요구되는 양보다 더 많은 양의 공기가 공급되기 때문이다—과잉 공기는 전지들을 냉각시키고 생성된 물을 제거한다.

그림 9.18 기체 흐름 판에 홈들이 파여 있어서 연료와 산화제를 분산시켜 준다. 이러한 판의 양극 면에서는 판의 왼쪽 하부 구석과 상부 오른쪽 구석의 대략 삼각형 구멍들을 통하여 산화제가 유입되고 유출된다. 남아있는 구멍들은 수소와 물을 위한 것이다(Ballard).

홈 패턴의 디자인은 전지의 성능에 큰 영향을 미칠 수 있다. 홈들은 반응물을 포집함으로써 전지의 면적을 "침수"시키지 않아야 하며 반응물을 균일하게 분산시켜 주어야 한다. 쌍극 구조는 전지들의 적층을 수월하게 하여 줌으로써 이들이 전기적으로 직렬이 되게 하여준다.

9.5.5.2 막(Membrane)

비록 대부분의 막들은 양자교환형 막들이지만 다수의 이점들을 갖는다고 주장하는 음이온 교환 막들이 제안되었다. 이러한 이점들 가운데에는 CO_2 축적에 대한 내성, 단순화된 물 처리 요구사항, 그리고 보다 저렴한 비귀금속 촉매들의 사용을 들 수 있다.

전해질로 작용하는 막은 탁월한 이온 전도체이여야 하지만 전자들을 전도해서는 안된다. 이 막들은 기체에 대해 적절한 불침투성을 가져야 하며 상당히 큰 압력를 견딜 수 있도록 충분히 단단해야 한다.

많은 이러한 막들은 술폰(SO_3) 그룹을 포함하는 곁사슬이 부착된 테프론과 유사한 골격으로 구성된다. 이들 산 그룹은 부동성이며 희석되거나 걸러질 수 없다.

막이 얇을수록 양자들의 흐름에 대한 막의 저항은 작아진다. 대체적으로 두께가 50에서 180 ㎛인 막†이 사용된다. 막이 너무 얇다면 기체의 교차전이가 발생하고 전지의 V_{oc}의 감소로 나타나는 바와 같이 전지의 성능이 떨어진다.

막이 우수한 양자 전도체가 되기 위해서는 그의 SO_3농도가 충분히 높아야 한다. 건조 고분자의 질량과 SO_3 위치들의 킬로몰 수의 비는 등가중량(EW)이라고 불린다. EW가 작을 수록 이온 전도성은 높아진다. 동일한 골격의 막들에서 곁사슬이 짧을수록 EW는 더 작아진다. 따라서

$$-O-CF_2-CF_3CF-O-CF_2-CF_2-SO_3H,$$

와 같은 곁사슬을 갖는 나피온(Nafion)은 이보다 짧은 사슬을 갖는 Dow 막

$$-O-CF_2-CF_2-SO_3H.$$

보다 큰 EW를 갖는다.

실제로 나피온은 대표적으로 킬로몰 당 1100㎏의 EW를 갖는 반면에 Dow 막은 약 800㎏ 정도의 EW를 갖는다.

막의 양자 전도성은 또한 완전하게 수화되는 것에도 의존한다-건조한 막은 그 전도성의 대부분을 상실하며 이 때문에 조심스러운 물의 처리가 필수적이다(9.5.5.4 절을 참조).

막들은 값이 놀랄 정도로 고가일 수 있다. 1980년대에는 나피온은 1㎡당 $800에 팔렸다. 한 가지 이유는 이러한 물질이 염소 생산 공장에서 100,000시간 동안의 운전을 견딜 수 있도록 생성되었기 때문이다. 한편 자동차는 300,000㎞ 이상 지탱할 것이라고는 기대되지 않는데 이는 30km/h의 매우 적당한 속도에서도 약 10,000시간의 운전을 의미한다. 자동차용 연료전지들에 관한 한 나피온은 10배 정도로 "과잉설계"되었다.

Ballard는 자체의 고유한 막을 개발하기로 하였는데 이 막은 불소를 보다 적게 함유하며 나피온 및 Dow 막보다 더 효율적임에도 불구하고 더욱 저렴하다. 막의 수명은 놀랍게도 15,000 시간을 초과하는데 이는 자동차용 연료전지로는 충분하다.

9.5.5.3 촉매

낮은 운전온도로 인하여 특별한 촉매들이 사용되지 않는 한 SPFC의 동특성은 수용될 수 없다. 이 문제는 더 간단한 수소의 산화가 발생하는 음극에서보다 산소의 환원이 일어나는 양극에서 더 심각하다. 양극에서 촉매는 백금(또는 환원 분위기에서 안정한 Cr, Zr, 혹은 Ti의 백금합금)이다. 음극에서 Pt는 단독으로 사용되거나 Ru 합금으로 사용된다. 음극에서의 문제는 메탄올이나 메탄과 같은 탄소함유 원료로부터 수소가 추출될 때 발생한다. 이 수소는 백금에 강하게 결합된 1%, 또는 2% 만큼의 일산화탄소에 의해 오염될 수 있다. 80℃에서 몇 ppm 정도의 매우 적은 CO 조차도 약 98%의 백금 표면을 덮음으로써 촉매작용을 방해한다.

소량(이를테면 100ppm)의 CO를 함유하는 수소는 그림 9.19에 보인 바와 같이 순수한 Pt 촉매를 갖는 저온 연료전지의 성능을 상당히 경감시킨다. 그러나 만약 연료에 소량의 O_2를 추가한

† 복사기에서 보통 사용되는 종이는 두께가 대략 100㎛이다.

다면 선택적으로 일산화탄소와 결합함으로써(CO를 CO_2로 산화) 전지 성능의 거의 완전한 회복을 달성할 수 있다. Pt 촉매들의 CO에 대한 취약성은 온도가 증가하면 감소한다. 80℃에서 CO 농도는 10ppm 이하로 유지되어야 한다. Ballard 전지가 작동하는 90℃에서 다소 높은 농도가 허용될 수 있다.

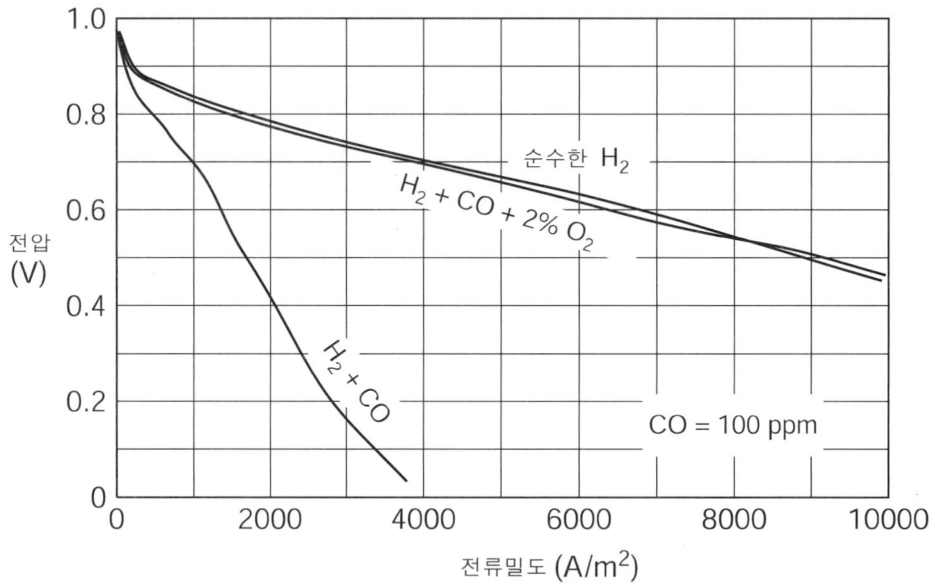

그림 9.19 순수한 Pt촉매를 사용하는 SPFC에 100ppm의 CO를 포함하는 수소가 공급되면 그 성능은 급격히 떨어진다. 그러나 만약에 소량의 산소가 연료 흐름에 추가된다면 선택적으로 CO를 산화시킬 것이며, 성능은 순수한 수소를 사용하는 경우와 본질적으로 구분할 수 없을 것이다.

CO에 대한 백금의 민감성을 줄이기 위한 또 다른 방법은 루테늄과 합금하는 것이다. $Pt_{0.5}Ru_{0.5}$는 보통 음극 촉매로 사용된다.

만약 순수한 수소, 또는 미량의 CO가 포함된 수소가 사용된다면 CO의 민감성은 무시될 수 있다. 이를 위하여 정화 공정이 활발하게 검토되고 있다. 한 가지 예로서 Oregon의 IdaTech of Bend는 팔라듐 필터들을 사용한 덕분에 매우 순수한 수소를 생산할 수 있는 연료 처리장치들을 고안하였다(제 10장을 참조). Los Alamos National Laboratory는 양 쪽에 팔라듐을 깐 얇은 탄탈륨 종이를 기반으로 하는 이러한 필터를 만들었다.

연료전지 촉매들이 CO로 피독되는 경우 모든 것을 상실하는 것은 아니다—순수한 H_2에 대한 짧은 노출은 전지를 완전하게 회복시킬 것이다.

CO가 피해야 할 유일한 오염물질은 아니다. SPFC들은 황 화합물(예를 들면 H_2S)과 암모니아에 대해 극도로 낮은 저항력을 가진다.

백금은 고가이며 그 자원은 한정되어 있기 때문에(수요가 증가하면 백금의 가격이 올라간다) 사용되는 촉매의 양을 줄이기 위하여 많은 노력이 수행되었다. 초기 전지들에서는 백금 부하가 약 4㎎/㎠인 경우 연료전지의 활성면적 1 제곱미터의 비용에 $500 이상이 추가되었다. 다행하게도 백금 부하를 1/10 정도로 감소시킬 수 있는 기술이 현재 실용화되어 있으며 Los Almos National

Laboratory는 보다 적은 촉매에 대해서도 성공을 거두었다. 영국계 회사로서 재래식 자동차에 대한 촉매 변환기 제조사인 Johnson Matthey 사는 Ballard와 함께 SPFC들에서 촉매비용을 줄이기 위한 작업을 수행하고 있다.

감소된 백금 부하에 대한 탐구는 부분적으로 촉매에서 활성인 부분은 표면뿐이라는 사실에 바탕을 두고 있다. 입자들의 크기를 줄임으로써 부피에 대한 표면의 비율이 증가한다—즉 주어진 촉매 면적에 대하여 보다 적은 백금이 요구된다. 지지촉매-흑연 특성을 갖는 카본블랙의 큰 표면적 입자들 상에 지지된-는 백금 사용을 향상시키기 위해 적용된다. 입자들은 표면적이 매우 커야 하고(탄소 1그램 당 75㎡ 이상) 적절히 다공성이어야 한다.

다른 형태의 촉매들이 고려되고 있으며 이를 위해 효소의 사용도 가능할 것이다. 음극 반응은 수소 분자를 두 개의 양자와 두 개의 전자로 나누는 것으로 구성되는데(식 9.3를 참조) 이는 히드로게나아제로 불리는 효소들을 사용하는 많은 혐기성 박테리아(제 13장 참조)에 의해 수행되는 기술이다.

합성 히드로게나아제들은 루테늄과 철을 함유하는 화합물을 사용하여 Lincoln의 네브라스카 대학교의 Robert Hembre에 의해 만들어졌다. 루테늄은 백금보다 상당히 저렴하며 저온 연료전지에서의 미래의 촉매이다.

9.5.5.4 물의 처리

오늘날의 이온교환 막들은 산 전해질이다. 그러므로 물은 양극에서 형성되며 그곳에서 포집되고 전극을 "침잠"시킨다—즉 활성 면적에 대한 산소의 침투를 지연시킬 것이다. 물이 MEA의 틈과 기공에서 포집되는 경향을 줄이기 위하여 혐수성 물질이 적용된다(대표적으로 테프론 에멀전).

물은 일반적으로 화학당량비로 소요되는 양보다 과잉으로 공급되는 산화제의 흐름으로 제거된다. 보통 순환되는 공기의 양은 정확한 양의 산소를 공급하는 데에 소요되는 양의 두 배이다.

비록 음극 반응(식 9.3)이 양자들의 형성을 나타내어 주지만 전해질을 통하여 실제로 이동하는 이온은 수화된 양자인 하이드로늄이다. 그러므로 물은 음극에서 소비되는데 이는 물이 전기적으로 양극에 "펌프"되어 막을 건조시키기 때문이다. 이러한 건조는 농도 구배로 구동되는 막을 통한 양극으로부터의 물의 역확산에 의하여 부분적으로 보상된다. 그럼에도 불구하고 양자교환 막을 수화시키려는 경향이 있는데 이는 주름을 형성하게 하고 양자 전도성을 급격히 떨어뜨리려는 경향을 초래한다. 건조를 피하려면 연료와 산화제 흐름 모두에서 H_2O의 분압이 최소한 50KPa로 유지되어야 한다. 만약 원료의 압력이 100KPa(1대기압)이면 H_2의 분압은 약 50KPa이고 출력 전압은 이와 상응하게 떨어질 것이다. 이러한 이유로 연료전지는 보통 300kPa(3기압)까지 가압되어 수소 분압이 250kPa에 이르는데 이는 효율적인 연료전지의 운전과 비교할만하다.

막의 "침수"나 "건조"를 피하기 위하여 세심한 물의 처리가 필요하다.

9.5.6 직접 메탄올 연료전지(DMFCs)

이전의 절에서 논의한 바와 같이 휴대용 수소원에 대한 한 가지 매력적인 다른 방안은 수소 운반자를 사용하는 것인데 이는 기체를 필요한 대로 추출할 수 있는 물질이다. 이 물질은 일종의 화학적인 개질공정을 필요로 한다. 메탄올은 자동차에의 적용들에 대한 수소 운반자로서 선두주자이다. 그럼에도 불구하고 자동차에서 별도의 연료처리 장치에 대한 요구에 따라 비용과 시스템의 복잡성이 증가한다. 명백한 해결책은 예비처리의 필요가 없이 직접적으로 메탄올을 사용할 수 있는 연료전지를 개발하는 것이다.

Jet Propulsion Laboratory는 직접 메탄올 연료전지(DMFCs)의 개발에 대한 상당한 작업을 수행하였다(Halpert et al. 1997 참조).

사용되는 연료는 공기를 산화제로 이용하는 저 농도(3%) 메탄올 수용액이다.

음극 반응은

$$CH_3OH + H_2 \rightarrow CO_2 + 6H^+ + 6e^-. \tag{9.29}$$

양극 반응은

$$6H^+ + 6e^- + \frac{3}{2}O_2 \rightarrow 3H_2O. \tag{9.30}$$

그러므로 전체 반응은

$$CH_3OH + \frac{3}{2}O_2 \rightarrow CO_2 + 2H_2O. \tag{9.31}$$

Halpert et al. (1997)은 90℃와 2.4기압의 공기압으로 작동될 때 소비되는 메탄올 1 리터 당 5.0MJ의 에너지를 생성하는 연료전지를 보고하였다. 이는 알코올의 고연소열을 반영하는 경우 28%, 혹은 저연소열을 반영하는 경우 32%의 효율을 갖는 것으로 해석될 수 있다.

JPL DMFC는 비교적 큰 부하의 귀금속 촉매(2~3㎎/㎠ Pt−Ru)와 나피온 117 막을 사용하는 고체-고분자 연료전지이다. 나피온과 높은 촉매부하의 결합으로 비용이 높아진다. 보다 우수한 음극 촉매들에 대한 연구는 많은 촉매 샘플들의 대량 병렬 테스트를 가능케 하여주는 Reddington et al. (1998)에 의해 설명된 기술에 의해 상당히 가속화될 수 있다. 아울러 Service(1998)를 참조하자.

DNFC에서 음극은 물과 직접 접촉되므로 막의 탈수에 대한 문제들을 피할 수 있으며 일정한 액체의 흐름으로 열의 제거가 단순화된다. 이산화탄소와 물만 생성되므로 오염 문제들이 경감된다. 반면에 메탄올이 다른 종류의 전지에서의 사용을 위해 수소로 재생될 때 일산화탄소가 생성된다.

"메탄올 교차"(즉 나피온 막을 통한 음극에서 양극으로의 메탄올의 이동)는 전지의 효율을 심각하게 감소시킨다. 이전에 언급한 JPL 전지에서 교차는 연료의 20%를 소비하였다. 이러한 어려움에 덜 제한받는 새로운 저비용 막을 찾아내기 위한 노력들이 수행되고 있다. 10% 까지는 이미 달성된 것으로 보인다. 더 낮은 교차비율에서도 운전이 가능한데 좀 더 농축된 메탄올 혼합물로부터 더 우수한 효율이 얻어진다. JPL은 약 40%의 효율이 달성될 수 있을 것으로 확신하고 있다. 교차는 전지에서 효율을 감소시키는데 그 이유는 연료의 일부가 전화될 뿐만 아니라 양극에 도달한 메탄올이 보통 음극에서 일어하는 것과 동일한 반응(식 9.29)을 수행하여 향류전압을 생성함으로써 부하로 전달되는 전압을 감소시키기 때문이다. International Fuel Cells Corporation은 식 9.29†가 아닌 식 9.30의 반응을 촉진시키는 촉매에 대한 특허를 가지고 있다. 만약 양극에서 메탄올이 소비되지 않는다면 아마도 이는 회수될 수 있을 것이다. 이것은 양극으로부터 유출되는 물-수증기 혼합물의 응축에 의해 이루어질 수 있다.

종래의 "쌍극" 구조를 적용하는 대신 소형의 휴대용 장치를 구동하도록 고안된 직접 메탄올 연료전지들은 그림 9.20(상부)에 보인 "평평한 팩" 디자인이나 혹은 (하부 그림의) "쌍둥이 팩" 디자인을 이용할 수 있다. 이로부터 그들이 사용되는 장비들에서 더 경쟁력있는 배터리(또는 "적층") 모양이 얻어진다.

편의를 위해 표 9.1에 메탄올에 대한 일부 열역학적 데이터를 제시하였다.

표 9.1 RTP에서 메탄올 연료전지에 대한 열역학적 데이터.

메탄올	물	ΔH^0 MJ/kmole	ΔG^0 MJ/kmole
액체	기체	-638.5	-685.3
기체	기체	-676.5	-689.6
액체	액체	-726.5	-702.4
기체	액체	-764.5	-706.7

Data from Dohle et al. (2000).

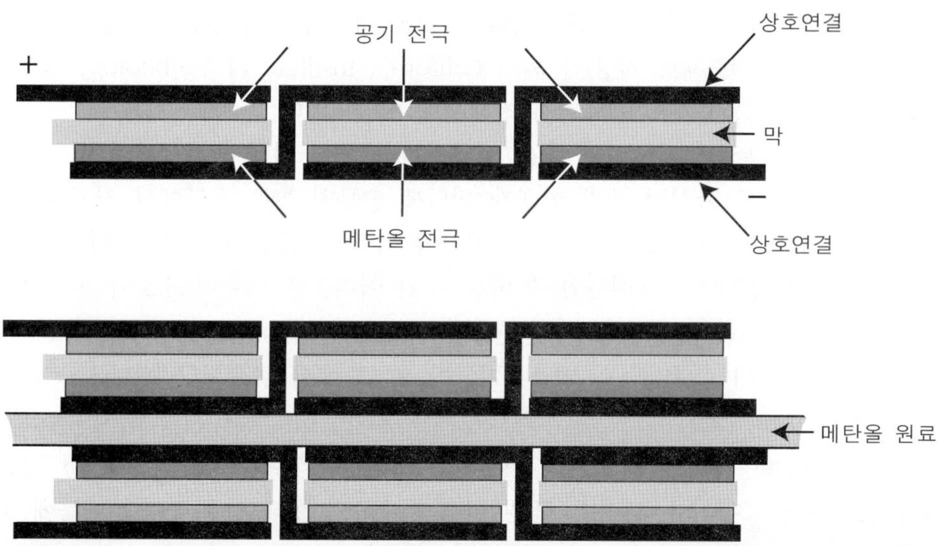

그림 9.20 쌍극 구조는 각각의 전지들 사이의 직렬 저항을 감소시키는데 이는 높은 전류들이 수반되는 경우 이점이 된다. 평평한 팩은 극히 얇을 수 있으며 따라서 이들을 작은 크기의 장치들과 조합시키는 것이 쉽다. 평평한 팩 구조(Jet Propulsion Laboratory에서 개발; Narayanan Valdez, rmfrh Clara(2000))에서는 그림에 보인 것처럼 전지들의 상호연결이 막을 관통한다. 연속적으로 배치된 두 개의 평평한 팩에서는 메탄올 원료의 공유가 가능하다.

† U.S. Army Research Laboratory의 Cheu et al. (2000)은 산소의 물로의 환원(식 9.30)을 촉진시킬 수 있지만 메탄올 산화(식 9.29)를 촉진시키지는 않는 는 철-코발트 테트라페닐 포피린 촉매를 개발하였다. 따라서 이는 DMFC에서 양극 촉매로서의 가능성을 지니고 있다.

9.5.7 직접 포름산 연료전지(DFAFCs)

DMFC 설계자들에게 연료 교차는 어려운 문제였다. 한 가지 명백한 해결책은 포름산과 같은 다른 연료를 사용하는 것이다. 교차 문제는 실제적으로 제거되며 포름산은 메탄올보다 독성이 더 약하다. 수반되는 반응들은 9.4.5 절에 나타나 있다.

백금은 포름산에서 잘 작용되지 않지만 팔라듐을 추가하면 상황이 향상된다(Rice et al. 2003). 이러한 형태의 연료전지에 대한 많은 연구는 Champaign-Urbana에 위치한 University of Illinois의 Richard Masel 그룹에 의해 수행되었다.

랩탑 컴퓨터 및 휴대폰의 구동을 위해 고안된 직접 포름산 연료전지는 University of Illinois로부터 권리를 획득한 캐나다 회사 Tekion에 의해 산업화가 진행중이다. 이는 또한 세계에서 (개미들 다음으로) 가장 많은 포름산을 생산하는 독일의 거대한 화학회사인 BASF에 의해 지원되고 있다.

9.5.8 고체산 연료전지(SAFCs)

인산 및 대부분의 고체 고분자 연료전지들은 수화된 산 전해질들을 이용하는 전지들의 보기들이다. 고체산들은 다른 한편으로 무수 양자 전도성을 나타낼 수 있으며 널리 쓰이는 SPFC에 대하여 어떤 이점을 가질 수 있다(Boysen et al. 2004를 참조).

H_2SO_4는 일반적인 산이다. 그러나 이것은 연료전지가 작동할 것으로 기대되는 온도에서는 액체이다. 한편 수소들 중 하나를 세슘원자로 대체시키면 $CsHSO_4$가 되는데 이는 높은 융점을 갖는 (세슘 수소 황산염으로 잘 알려진) 산이 된다. 414K 이상에서 이 산은 우수한 양자 전도체(보통 초양자, 또는 초이온 전도체로 지칭)가 되며 California Institute of Technology 및 University of Washington의 연구그룹들에서 연료전지 전해질로 제안되었다.

이 고체산들은 물에 용해가 가능하고 물은 연료전지 반응에 의해서 생성되기 때문에 전해질과 접촉되는 어떠한 물이라도 확실히 증기 형태가 되도록 충분히 높은 온도에서 전지를 작동시키는 것이 필수적이다. 이것은 작동온도가 약 150℃이상이 되어야 하는 것을 의미한다.

$CsHSO_4$(및 이에 상응하는 셀렌사염)에 따른 주된 어려움은 이들이 수소와 반응하여 황산염의 경우 황화수소를 형성한다는 점이다. 인산염을 기초로 하는 화합물로부터 보다 우수한 안정성이 기대된다. 예를 들어 CsH_2PO_4 연료전지들이 235℃에서 실증되었다(Boysen et al. 2004를 참조).

SPFC에 대한 SAFC의 장점은 더 높은 온도에서 작동하는 경우 CO 피독에 덜 민감하며 더 적은 촉매가 요구된다는 점이다. 나아가 물은 언제나 수증기 형태로 존재하기 때문에 고분자 전지에서 요구되는 조심스런 물 관리를 필요로 하지 않는다.

아마도 SAFC의 가장 장래성 있는 부분은 전해질에 메탄올이 침투되지 않아서 고분자 전지에서 심각한 메탄올의 교차 문제가 제거된다는 점이다. 직접 메탄올 연료전지들에 대한 절들을 참조하라. 고체산 메탄올 연료전지들의 전력 밀도(Boysen et al. 2004)는 가장 진보된 DMFC들의 밀도의 5배 이내이다(2004). 이 전지들의 전해질의 두께는 260㎛ 이었다. 실질적으로 더 얇은 전해질을 사용하는 미래의 전지는 아마도 그 성능에 있어서 상당한 향상을 보이게 될 것이다. 그러나 이런 종류의 전지가 지니는 가장 중요한 어려움의 하나는 전해질이 약하다는 것이다.

9.5.9 금속 연료전지 - 아연-공기 연료전지

재충전 전지들에 대한 재공급 전지들의 장점들 가운데 하나는 재공급이 재충전하는 것보다 훨씬 빠르다는 사실이다(시간에 대하여 분 단위). 그러나 수소 연료전지들은 기체를 저장하고 운송하는 어려움을 지닌다. 연료로서 어떤 금속들을 사용하면 간단하고 안전한 운송성과 큰 에너지 밀도를 얻을 수 있다. 금속 전지들은 연료로 유체를 사용하는 규칙에서 예외가 된다. 이러한 목적으로 고려된 금속들 가운데 두 가지는 알루미늄과 아연이다. 그러나 알루미늄은 전류가 생성되지 않는 중에도 염기성 전해질에 의해 부식된다. Aluminum-Power, Inc.는 전지가 사용중이 아닐 때 전해질이 퍼올려지는 형태의 전지를 고안하였다. 이것은 분명히 성가신 시스템에 이르게 된다. 아연을 사용하는 것이 더 쉬울 것이다. Metallic Power, Inc.는 장래성 있는 아연-공기 연료전지를 지니고 있다. 작은 아연입자들(직경이 약 1㎜)은 반응물 가운데 하나이며 다른 하나는 산소로서 일반적으로 보통의 공기이다. 전해질은 농축된 KOH 용액이다.

음극(음의 전극) 반응은

$$Zn + 4OH^- \rightarrow Zn(OH)_4^{--} + 2e^-. \tag{9.32}$$

식의 우변의 이온은 4개의 수산기(OH^-)에 의해 둘러싸인 양으로 대전된 Zn^{++}로 구성되는 아연산염 이온이다. 전자들은 부하를 통해 순환된 후 양극에서 산소와 함께 재결합되고 물과 함께 다시 결합되어 음극에서 사용되는 수산기의 절반을 생성한다.

$$2e^- + \frac{1}{2}O_2 + H_2O \rightarrow 2OH^-. \tag{9.33}$$

아연산염 이온을 함유하는 전해질은 전해질 관리장치-연료전지의 통합 부분-로 올려진다. 여기에서의 반응은 필요한 수산기의 다른 절반과 양극에서 소비되는 물을 공급할 뿐만 아니라 침전되어 아연의 회수를 위해 전지로부터 제거될 수 있는 산화아연을 생성한다.

$$Zn(OH)_4^{--} \rightarrow ZnO + H_2O + 2OH^-, \tag{9.34}$$

총괄 연료전지 반응은

$$Zn + \frac{1}{2}O_2 \rightarrow ZnO. \tag{9.35}$$

전지의 호퍼에 아연 입자들을 충진시킴으로써 다시 연료가 공급된다. 아연이 소비됨에 따라 호퍼는 추가적인 입자들을 반응영역에 떨어뜨린다. ZnO는 독립적인 아연 재생/재연료 공급 시스템으로 전달되어 전기화학적으로 금속으로 환원되고 입자화된다.

9.6 연료전지의 적용

연료전지들은 급속한 발전단계에 있으며 그 기술이 성숙해지려는 끝자락에 와 있다. 시간이 지나고 경제적인 잠재력이 분명해짐에 따라 이 기술은 다수의 성장하는 틈새시장을 차지할 것이다.

현재 많은 노력이 정지형 발전 플랜트와 자동차용 발전기의 서로 다른 두 적용영역에 집중되고 있다.

9.6.1 정지형 발전 플랜트

다양한 형태의 정지형 발전 플랜트에는 (이를테면 1GW까지의) 큰 용량의 중앙 유틸리티작동 발전 플랜트, 분산된 유틸리티 작동 발전 플랜트(아마도 MW의 수십배 크기), 그리고 지역 발전기(약 10에서 100kW)들이 포함된다. 이러한 적용들에서 연료전지들은 종래의 열기관들에 비해 다음과 같은 장점들을 제시하여 준다:

1. 무소음
2. 적은 오염
3. (모듈형 구조에 의한) 확장의 용이성
4. (역시 모듈형 구조에 의한) 대량 생산의 용이성
5. 발전 플랜트들의 분산에 대한 가능성. 적은 오염과 낮은 소음으로 인하여 발전소들은 주거지역에서 작동될 수 있으며 따라서 송전선들이 절약된다.
6. 연료전지들은 온수에 대한 수요가 있는 인구밀집 지역 근처에 위치할 수 있으므로 주위 가열을 위한 배출열 사용의 가능성
7. 어떤 형태의 플랜트에서 고온 배가스를 이용한 열 병합 가능성
8. 수요 변화에 대한 빠른 응답성
9. 동력 등급의 일부에 대한 우수한 효율
10. 극히 우수한 과부하 특성들
11. 어떤 형태의 플랜트에서 작은 질량/전력 비율
12. 어떤 형태의 플랜트에서 작은 부피/전력 비율
13. (아마도) 우수한 신뢰성
14. (아마도) 적은 유지비용

모듈형 구조이므로 수요가 증가함에 따라 발전소의 용량은 쉽게 확장이 가능하다. 자본 투자는 단계적일 수 있으므로 재정적인 부담이 덜어진다. 모든 장점들이 동시에 실현될 수 있는 것은 아니다. 열 병합은 MCFC들이나 SOFC들과 같은 고온 연료전지들에서만 달성할 수 있다. 열 병합을 이용하면 작은 소음의 장점은 사라질 것이다.

9.6.2 자동차용 발전기

현대적인 산업기반을 갖추고 있지만 어떤 설명할 수 없는 이유로 자동차 산업이 전혀 존재하지 않는 가상적인 나라를 상상하여 보자. 아울러 어떤 사람이 미국, 독일, 혹은 일본에서 한 대에 약 4000$로 구매할 수 있으며 오늘날의 자동차를 구동하는 형태의 자동차 엔진을 소량 만들기를 원한다고 상상하여 보자. 특별한 대량생산 장치는 존재하기 않기 때문에 엔진들은 하나씩 만

들어야 하며 그 비용은 수입되는 모델보다 확실히 10배 정도 더 높을 것이다.

자동차를 위한 연료전지 발전기에 관하여 정확하게 이와 동일한 상황이 전 세계에 걸쳐 보편적으로 나타나고 있다. 현재의 기술은 효율, 전력 대 질량 비율, 전력 대 부피 비율 등에 관한 한 이미 상당히 적절한 수준이다. 추가적인 개선들이 이루어질 것이지만 현존하는 기술은 수용될 수 있다.

확실히 하자면 전지들의 수명이 현재보다 두 배가 되는 것은 환영받을 것이며 해결되어야 하는 중요한 문제는 전지에 공급하기 위한 수소를 어떻게 마련하느냐 하는 것이다. 하지만 이들의 적용에 대한 가장 큰 장애물은 분명히 비용문제이다. 충분한 수의 장치들이 팔릴 수 있을 때만 비용은 낮아질 것이다; 비용이 낮아지는 경우에만 충분한 수의 장치들이 팔리게 될 것이다. 이러한 잔인한 순환은 깨지기가 어렵다. 낮은 자동차 가격은 수백만 대가 팔리기 때문임을 상기해야 한다. 새로운 모델로 개조하는 데에는 10억이나 20억 달러가 소요되며 대규모의 매출에 의해서만 정당화될 수 있다. 일단 이러한 악순환이 깨어지면 연료전지의 응용에 있어서 두 번째의 매력적인 영역은 운송분야이다.

소형 및 중형(아마도 대형까지의) 자동차들의 경우 소형의 SPFC들이 거의 이상적이다. 이들에 대하여 주장할 수 있는 많은 장점들 가운데 극히 낮은 오염, (연료의 경제성을 보장하는) 높은 효율, 그리고 (소규모의 설계들을 가능하게 하는) 높은 전력밀도들을 주목해야 한다. 나아가 이들의 낮은 작동온도는 신속한 시동을 허용한다.

비록 현재의 SPFC 연료전지들의 수명은 다소 낮지만 기대되는 이들의 궁극적인 긴 수명은 아마도 비정상적인 상황에 이르게 할 것이다. 수명이 50,000 시간인 전지는 단지 40㎞/h의 평균 속력에서도 자동차를 대략 200만㎞ 만큼 구동시켜 준다. 연료전지는 단연 자동차의 수명보다 더 오래 지탱한다. 그러므로 새 차에 전지를 재사용하는 것이 그럴듯할 것이다. 다른 자동차 모델들은 소수의 표준화된 연료전지 형태들 가운데 하나로 작동하도록 설계할 수 있다. 이는 연료전지 시장의 축소라는 역효과를 초래할 것이다.

수소는 SPFC에 대한 유용한 연료이다. 기체는 (제 11장에서 논의되는 바와 같이 압축되거나 액화된) 형태, 혹은 메탄올(제 10장)이나 금속 수소화물(제 11장)과 같은 수소 "운반자"의 형태로 사용될 수 있다. 수소 운반자들은 화석연료(제 10장), 혹은 바이오매스(제 13장)로부터 얻어질 수 있다. 연료전지 자동차들은 아마도 시동동력을 제공하고 브레이킹으로부터 회수되는 에너지를 축적하기 위한 에너지 저장장치(배터리, 플라이휠, 또는 초 용량기)를 필요로 할 수 있다. 이와 같이 저장된 에너지는 빠른 가속중에 연료전지의 보조용으로 사용될 수 있다. 그러므로 소요되는 연료전지 전력은 최대 동력이 아니라 차량이 요구하는 평균 동력에 더 근접할 것이다. 이는 전지 스택의 규모와 비용을 줄여줄 것이다. 모든 상황에서 전기적으로 저장된 모든 에너지는 순수한 전기 자동차 에너지의 작은 일부에 불과할 것이다.

현재의 경향은 하이브리드 자동차이며 곧 플러그-인 하이브리드로 지향할 것이다. 이는 특히 연료전지 하이브리드가 따라잡는다면 장시간 동안 마지막 라인이 될 것이다.

9.6.3 다른 적용들

연료전지들의 최초의 실제적인 적용은 신뢰성이 비용보다 극히 중요한 우주여행에서이다. 전지들은 우주선에서 이미 다른 용도들로 이용 가능한 수소와 산소로 작동되며 출력으로서 가치있는 음용수를 제공한다. GE SPFC들이 초기의 추세를 주도했다; 현재에는 AFC들이 더욱 널리 사용된다—이들은 아폴로 프로그램에서 사용되었으며 현재 우주왕복선과 국제 우주정거장에 에너지를 공급한다.

대규모의 잠수함은 물론 소규모 잠수함들은 연료전지의 깨끗한 운전으로부터 혜택을 얻는다. 독일 해군은 그들의 잠수함을 위해 400㎾ 연료전지를 개발하였다. 이는 그들의 표준 디젤 엔진들의 동력의 절반이다. 이 연료전지들은 아마도 디젤들과 하이브리드로 결합되어 사용될 것이다. 일부 국방산업에서의 적용들은 낮은 열 신호와 무소음으로부터 혜택을 받는다. 연료전지들이 더 소형화되고 가벼워지면 이들은 아마도 열 추적 미사일에 감지되지 않는 "차가운" 비행기의 운전을 가능하게 할 것이다. 연료전지들은 해군의 다른 배들의 추진체로 매우 중요하다. 아주 소형의 발전기들은 초전도 모터들과 결합되어 구축될 수 있다. 미 국방성은 이러한 개발을 활발히 추구하고 있다. 아마도 많은 다른 나라들도 같은 일을 수행하고 있을 것이다.

마이크로 연료전지들은 전하가 조금씩 새어나오는 휴대용 전자기기에 사용될 수 있을 것이다. 이러한 적용에서 마이크로 연료전지들은 트리튬이나 니켈-63과 같은 β^- 방사체를 이용하는 원자력 배터리와의 치열한 경쟁을 맞이하게 될 것이다. 이와 같은 배터리들은 핵 물질의 거대한 에너지 밀도라는 장점을 취한다(이는 화학적 배터리보다 수천 배 이상이다). 한 가지 나노기술적인 구조는 방출되는 전자들을 포집하여 음으로 하전되는 금속판으로 구성되어 있다. 결과로 생성되는 정전기적 인력은 판이 방출원을 접하고 방전될 때까지 얇은 실리콘 캔틸레버가 휘어지게 한다. 캔틸레버는 다시 반동하며 이러한 과정이 반복된다. 진동하는 캔틸레버의 에너지는 압전 변환기에 의해 전기 에너지로 변환된다. 4%의 효율이 제시되었으나 Lal과 Blanchard(2004)는 보다 개선된 구조들로부터 20%를 기대하고 있다.

9.7 연료전지의 열역학

일부 학생들은 제 2장의 처음 몇 페이지를 읽어 내부에너지, 엔탈피, 그리고 엔트로피와 같은 개념들에 다시 익숙해짐으로써 도움을 얻을 것이다. 여기에서는 열역학적인 양들을 나타내기 위해 (부록에서 제 2장까지의) 관례를 되풀이할 것이다.

기호

G, 자유에너지,

H, 엔탈피

Q, 열

S, 엔트로피, 그리고

U, 내부에너지:

1. 대문자들은 임의의 양의 물질, 또는 에너지와 관련된 양을 나타낸다.
2. 소문자들은 단위당의 양을 나타낸다. 아래 첨자는 고려되는 어떤 화학종을 나타내기 위

해 사용될 수 있다. 예를 들어 H_2의 킬로몰 당 자유에너지는 $\bar{g}_{H_2}$로 나타낼 것이다.

g = 킬로그램 당 자유에너지.

$\bar{g}$ = 킬로몰 당 자유에너지.

g^*= 1기압에서 킬로그램 당 자유에너지.

$\bar{g}^*$= 1기압에서 킬로몰 당 자유에너지.

$\bar{g}_f$ = 킬로몰 당 생성 자유에너지.

$\bar{g}_f^0$ = 298K, 1기압, 즉 RTP에서 킬로몰 당 생성 자유에너지(표준생성자유에너지).

9.7.1 연소열

수소와 산소가 결합하여 물을 형성하는 반응(9.2 절)을 다시 고려하여 보자:

$$2H_2 + O_2 \rightarrow 2H_2O \tag{9.4}$$

두 개의 물 분자들을 형성하기 위해 4 개의 수소원자들과 2 개의 산소원자들이 재배치되면서 일부 에너지가 이탈된다. 비록 원자들을 분자들로 묶는 힘은 본질적으로 전기력이지만 H_2가 O_2와 직접 반응할 경우 오로지 전자들과 이온들이 충돌하고 그들의 에너지가 무작위화되기 때문에 열이 발생한다.

수소의 어떤 측정된 양 μ를 일정압력의 칼로리미터에 도입시켜 충분한 산소와 반응하도록 한다고 가정하자. 어떤 양의 열 Q가 방출된다. 비율 $Q/\mu = \bar{h}_{comb}$는 산소 중에서 수소의 연소열이다(J/kmole). 배출되는 열의 정확한 양은 반응물들과 생성물 모두의 온도와 생성물의 상태에 의존한다. 만약 생성된 물이 액체라면 방출되는 열은 물의 응축열을 포함하기 때문에 물이 기체 상태일 때보다 연소열이 더 크다. 제 3장에서 논의한 바와 같이 수소를 포함하는 모든 연료들은 액체 물인 경우의 더 높은 연소열과 수증기일 경우의 더 낮은 연소열과 같은 두 가지의 다른 연소열을 갖는다.

반응은 일정한 압력에서 일어나기 때문에 발생되는 열은 시스템의 엔탈피 변화 ΔH와 같다(제 2장 엔탈피를 참조).

$$Q = \Delta H \tag{9.36}$$

만일 열기관에 열이 입력되는 것과 같이 시스템에 열이 추가된다면 Q는 양의 값이다. 발열반응에서 Q는 음이며 ΔH도 마찬가지이다.

여기에서 사용되는 부호의 관례를 주목하자. 제 2장과 일관성을 갖기 위하여 시스템에 도입되는 에너지 $\sum W_{in}$은 양으로 취한다; 시스템에 의하여 배출되는 에너지 $\sum W_{out}$는 음의 값이다. 결과적으로 에너지 수지는 다음과 같다.

$$\sum W_{in} + \sum W_{out} = 0. \tag{9.37}$$

다른 임의의 형태의 에너지와 마찬가지로 엔탈피는 절대값을 갖지 않는다; 오직 변화량만이 측정될 수 있다. 따라서 반응물들의 엔탈피에 대하여 임의의 값을 가정할 수 있다. 관례에 따라 298.15K에서는 지구에서 자연상태로 있는 모든 원소들의 엔탈피는 영으로 취한다. 이는 298.15 K에서 H_2와 O_2의 엔탈피는 0이지만 H과 O의 엔탈피는 0이 아님을 의미한다.

생성물의 엔탈피와 그 원소들의 엔탈피의 차이는 생성물의 생성엔탈피 ΔH_f이다. 만일 반응물과 생성물 모두가 표준온도 및 표준압력(RTP)† 에 있다면 생성엔탈피는 표준생성엔탈피 ΔH_f^0 라고 칭한다.

칼로리미터 실험으로부터 물의 경우(엔탈피를 킬로몰을 기준으로 나타내면),

$$H_2O(g): \quad \overline{h_{f_g}}^0 = -241.8 \text{ MJ/kmol}, \tag{9.38}$$

$$H_2O(l): \quad \overline{h_{f_l}}^0 = -285.9 \text{ MJ/kmol}, \tag{9.39}$$

아래첨자 g와 l은 생성된 물의 상태를 나타낸다. 액체와 기체 물의 생성엔탈피 사이의 차인 -44.2MJ/kmol은 물의 응축잠열 $\bar{h}_{com}$ 이다. 명백히 $\bar{h}_{com}$=-$\bar{h}_{vap}$이며 여기서 $\bar{h}_{vap}$는 증발 잠열이다.

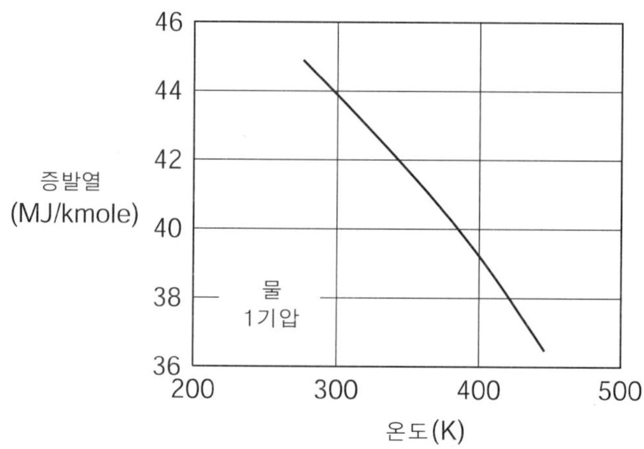

개략적으로 추정한다면 증발잠열은 상수로 취할 수 있다. 그러나 이 값은 사실상 온도에 의존하며 그림에서 볼 수 있는 것처럼 온도가 올라가면 다소 작아진다.

9.7.2 자유에너지

고려하고 있는 반응이 칼로리미터가 아닌 이상적인 연료전지에서 일어난다면 (전체가 아닌) 에너지의 일부는 전력의 형태로 배출될 것이다. 이상적인 경우에서조차 에너지의 일부가 왜 열의 형태를 지니는가를 이해하고 ΔH에서 얼마만큼이 전기적 에너지로 변환될 것인지를 알아보는 일은 매우 중요하다.

† 화학자들이 흔히 사용하는 표준온도 및 표준압력(Standard temperature and pressure (STP))은 1기압, 0℃ (273.15K)에 해당된다. 그러나 *CRC* 화학/물리학 핸드북에는 우리가 RTP라고 부르게 될 1기압과 298.15K에서의 표준 열역학적 물성치들이 나열되어 있다.

전지에 의해 생성된 전압을 V_{rev}라 하자. 물(또는 어떤 다른 물질) 1킬로몰은 N_0 개의 분자를 함유한다. 여기에서 $N_0 = 6.022 \times 10^{26}$는 아보가드로 수† 이다. 9.4.2 절에서 전지의 양극반응을 나타내는 식 12로부터

$$4e^- + 4H^+ + O_2 \rightarrow 2H_2O \tag{9.12}$$

우리는 물 1 분자에 대해서 두 개의 전자(전하 q)들이 부하에서 순환됨을 알 수 있다. 부하로 전달되는 에너지는 전하 $2qN_0$에 전압 V_{rev}를 곱한 값이다. 보다 일반적으로 가역 연료전지에 의한 생성물의 킬로몰 당 생성된 전기 에너지는 다음과 같다.

$$W_e = n_e q N_0 V_{rev} \equiv n_e F V_{rev}, \tag{9.40}$$

여기에서

n_e = 생성물 1킬로몰 당 배출되는 전자들의 킬로몰 수
q = 전자의 전하 = 1.692×10^{-19} 쿨롱
N_0 = meter kilogram second (MKS) 체계에서 아보가드로 수
$F \equiv qN_0 \equiv$ 패러데이 상수 = $1.692 \times 10^{-19} \times 6.022 \times 10^{26}$
= 96.47×10^6 Coulombs/kmole = 전자 1 kmole의 전하
V_{rev} = 전압

가역 연료전지의 열린회로 전압이 정확하게 측정되는 가상적인 실험을 고려하여 보자. RTP에서 전압은 1.185V이다.†† 가역 연료전지에 의해 전달되는 전압은 가역 전압이라 불리며 위에서와 같이 V_{rev}로 나타낸다.††† 그러므로 이러한 형태의 가역 연료전지에 의해 생성된 전기적 에너지는 다음과 같다.

$$|W_e| = 2 \times 96.47 \times 10^6 \times 1.185 = 228.6 \text{ MJ/kmole} \tag{9.41}$$

가역 연료전지에 의해서 부하로 전달되는 전기 에너지는 반응으로 인하여 (ΔG로 나타낸) 자유에너지 변화라고 불린다. 보통 생성물이 한 가지라면 ΔG는 생성물 1 Kmole 당의 값으로 주어지며 (RTP에서의 경우) $\bar{g}_f^0$로 나타낸다. 전지는 전기 에너지를 전달하기 때문에 자유에너지는 음의 값을 가지며 이는 반응의 엔탈피 변화의 신호에 대한 관례와 일관성을 갖는다. 엔탈피의 경우에서와 같이 관례에 따라 RTP상태에서 지구에서 자연적인 상태에 존재하는 모든 원소들의

---

† moles 대신 kilomoles을 사용했기 때문에 아보가드로 수는 보통 인용되는 값보다 10^3배만큼 더 크다.

†† 여기에서는 생성된 물이 기체라고 가정한다. 만약 물이 액체로 생성된다면 가역 전압은 1.229V가 될 것이며 자유에너지는 237.1 MJ/kmole이다.

††† 실제 전지에서의 비가역성으로 인하여 이와 같은 측정은 정확하게 수행될 수 없다. 그러나 가역전지는 전압 생성기를 전지와 연결시키고 적용되는 전압이 변함에 따라 전류에 대한 전압의 특성을 관찰함으로써 추정될 수 있다. 만약 이 전압이 충분히 높다면 전류는 전지로 이동될 것이고 만약 낮다면 전류는 전지에 의해 생성기로 전달될 것이다. 특성은 가역 전압에 대해서 대칭이어야 한다.

자유에너지는 0으로 취한다.

대부분의 경우(언제나 그런 것은 아니다-문제 9.3을 참조) $|\Delta G| < |\Delta H|$ 이다. 그러므로 이상적인 가역전지에서조차 반응으로부터의 에너지는 언제나 부하로 전달되는 전기 에너지를 초과한다. 과잉 에너지 $\Delta H - \Delta G$는 열로 나타나야 한다. 수반되는 엔트로피들을 고려하여 보자. 각 물질은 그 자신의 상태에 의존하는 어떤 엔트로피를 갖는다. 엔트로피들은 CRC Press의 Handbook of chemistry and Physics에 표로 제시되어 있다. 우리가 살펴보고 있는 반응에서 RTP에서의 절대 엔트로피들은 다음과 같다.

$$H_2(g) : \bar{s}^0 = 130.6 \text{ kJ K-1 kmole-1},$$
$$O_2(g) : \bar{s}^0 = 205.0 \text{ kJ K}^{-1} \text{ kmole}^{-1},$$
$$H_2O(g) : \bar{s}^0 = 188.7 \text{ kJ K-1 kmole-1}.$$

물 1 Kmole이 형성될 때 1 Kmole의 H_2와 0.5 Kmole의 O_2가 사라지며 해당되는 엔트로피도 마찬가지이다: 전체적으로 $130.6 + 205.0/2 = 233.1$ kJ/K이 사라진다. 이는 부분적으로 형성되는 물의 엔트로피에 상응하는 대략 188.7 kJ/K에 의해 보정된다. 물질수지에 따르면 $188.7 - 133.1 = -44.4$ kJ/K의 엔트로피 변화가 이루어진다. 닫힌 계에서 엔트로피는 감소할 수 없으며 (열역학 제 2법칙) 기껏해야-가역적인 조건에서-그 변화는 0이다. 결과적으로 엔트로피의 양 $\Delta S = Q/T$는 열로 나타나야 한다.

$$Q = T\Delta S = 298 \times (-44.4 \times 10^3) = -13.2 \text{ MJ/kmol}. \tag{9.42}$$

이러한 양의 열은 $-241.8 - (-13.2) = -228.6$ MJ/kmol을 전력으로 방출하는 반응의 엔탈피 변화로부터 유래된다.

화학적인 에너지는 모두 전력으로 변환될 수 있는 자유에너지라 불리는 엔트로피가 없는 부분과 열로 나타나야 하는 부분의 두 부분으로 구성되었다고 생각할 수 있다. 자유에너지† G는 엔탈피 H로부터 열로 나타나야 하는 TS를 뺀 값이다:

$$G = H - TS \tag{9.43}$$

아울러

$$\Delta G = \Delta H - \Delta(TS). \tag{9.44}$$

(위의 예에서와 같이) 등온인 경우,

$$\Delta G = \Delta H - T\Delta S. \tag{9.45}$$

가역 연료전지에 의해 전달되는 전기 에너지 W_e는 ΔG이다:

$$\Delta G = -n_e q N_0 N |V_{rev}|. \tag{9.46}$$

† 자유에너지의 개념은 미국의 물리학자 Josiah Willard Gibbs (1839-1903)에 의해 처음 제안되었으므로 기호는 G이다.

여기에서 N은 생성된 물의 kilomoles 수이다. 전지로부터 ΔG가 제거되므로 이는 반드시 <0 이어야 한다. 물 1 kilomole 당

$$\overline{g_f} = -n_e q N_0 |V_{rev}|. \tag{9.47}$$

을 얻는다. 표 9.2는 이 절에서 사용되는 열역학적 양들의 일부를 열거하고 있다.

연료전지의 대칭이 되는 것은 하나의 전해조이다(제 10장). 이는 그림 9.21에 나타나 있다. 연료전지는 아마도 산소와 수소를 사용하여 전력을 생성하고 물과 열을 생성한다. 전해조는 물과 전력을 소비하여 수소와 산소를 생성한다. 이상적인 경우 전해조는 주위로부터 열을 흡수하여 열 펌프의 역할을 수행한다. 만약 주위로부터 전해조로의 열 흐름이 불충분하다면 전해조는 차가워질 것이다.

주어진 양의 처리기체에 대하여 가역 연료전지에 의해 생성되는 전기 에너지는 정확하게 가역 전해조에 의해 요구되는 에너지와 동일하며 가역 연료전지에 의해 생성되는 열은 정확하게 전해조에 의해 흡수되는 열과 같다. 이러한 열의 양은 가역적이다.

표 9.2 일부 열역학적 값들

	$\Delta \overline{h}f^0$ (MJ/kmole)	$\Delta \overline{g}f^0$ (MJ/kmole)	$\overline{s}^0$ (kJ K^{-1} $kmole^{-1}$)
$H_2O(g)$	-241.8	-228.6	188.7
$H_2O(l)$	-285.9	-237.2	70.0
$H_2(g)$	0	0	130.6
$O_2(g)$	0	0	205.0

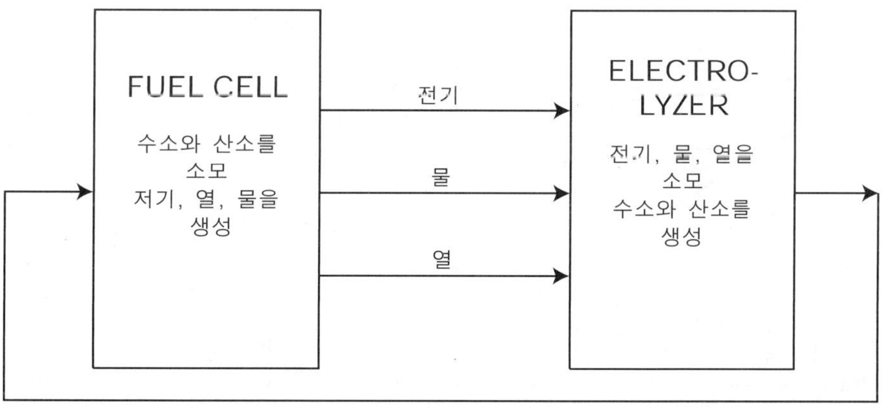

그림 9.21 이상적인 연료전지와 이의 대칭이 되는 이상적인 전해조는 가역적인 시스템으로 작용한다. 하나의 입력은 정확하게 다른 하나의 출력과 같다. 이것이 사실이기 위해서는 전해조로의 입력은 수증기여야 한다.

만약 시스템으로부터의 손실이 존재한다면 분명히 가역성은 파괴된다. 손실이 있는 (알려진, 실제적인) 전지는 $T\Delta S$보다 더 많은 열을 생성하는 반면에 손실이 있는 전해조는 열역학적으로

흡수되는 열을 (흔히) 초과하는 열을 생성할 것이다. 그럼에도 불구하고 일부 실현 가능한 전해조들은 충분한 효율로 작동하여 운전하는 동안에 실제로 차가워진다.

9.7.3 가역 연료전지의 효율

연료전지의 효율은 수반되는 화학반응의 엔탈피 변화에 대한 생성되는 전기에너지의 비율이다. 가역전지들에서

$$\eta_{rev} = \frac{\Delta G}{\Delta H}. \tag{9.48}$$

이 효율이 반응물들과 생성물들의 압력과 온도에 어떻게 의존하는지, 혹은 다시 말하면 반응의 엔탈피와 자유에너지의 변화들이 이러한 변수들에 어떻게 의존하는지를 살펴보는 것은 흥미로운 일이다.

그림 9.22의 왼쪽은 온도에 따른 ΔH와 ΔG의 거동을 나타내고 있으며 오른쪽은 압력에 따른 ΔG를 나타내고 있다. 반응물 H_2와 O_2, 그리고 생성물 H_2O가 모두 동일한 온도와 압력이라고 가정한다.

일정한 압력에서 온도를 증가시키면 ΔH에 미치는 효과는 작으나 이용 가능한 자유에너지 ΔG(발생된 전기 에너지)를 뚜렷하게 감소시킨다. 그러므로 가역전지들의 경우 온도가 높을수록 효율은 더 낮아진다. 실제 전지들에서는 정확하게 반대의 현상이 나타난다. 그 이유는 온도에 따른 전지 동역학의 개선이 자유에너지 손실을 상쇄하기 때문이다. 이 점은 나중에 보다 상세히 논의될 것이다.

이제 온도와 압력에 대한 반응의 자유에너지와 엔탈피 변화의 의존성을 도출해 보기로 한다.

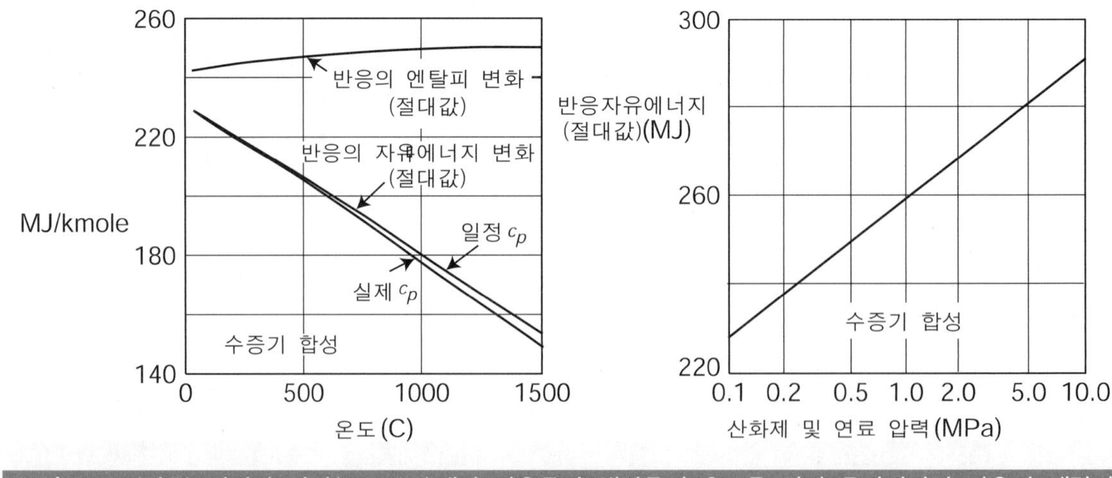

그림 9.22 (왼쪽) 일정한 압력(0.1 MPa)에서 반응물과 생성물의 온도를 같이 증가시키면 반응의 엔탈피 변화의 절대값을 조금 증가시키지만 이에 상응하는 자유에너지를 상당히 감소시킨다. (오른쪽) 일정한 온도(298 K)에서 반응물과 생성물의 압력을 같이 증가시키면 반응의 자유에너지 변화의 절대값을 상당히 증가시킨다.

9.7.4 반응의 엔탈피 및 자유에너지 변화에 대한 압력과 온도의 영향

9.7.4.1 온도에 대한 엔탈피의 의존성

$\triangle H$를 화학반응에 의한 엔탈피 변화라고 하자.

정의에 의해 $\triangle H$는 반응 생성물들의 엔탈피의 합에서 모든 반응물의 엔탈피들의 합을 뺀 것과 같다. 그러므로 $\triangle H$ = (생성물의 엔탈피) - (반응물의 엔탈피)로 주어진다. 생성물이 한 가지일 경우 반응의 엔탈피 변화는 $\triangle H$를 형성된 생성물의 킬로몰 수로 나눔으로써 생성물 1 kilomole 당으로 나타낼 수 있다. 자유에너지에 대해서도 동등한 정의가 성립된다.

수학적으로 간략히 나타내면,

$$\triangle H = \sum n_{P_i} H_{P_i} - \sum n_{R_i} H_{R_i} \tag{9.49}$$

여기에서

n_{P_i} = 생성물 i의 kilomoles의 수

n_{R_i} = 반응물 i의 kilomoles의 수

H_{P_i} = 생성물 i의 엔탈피, 그리고

H_{R_i} = 반응물 i의 엔탈피.

물의 합성반응의 경우,

$$\triangle H = 1 \times H_{H_2O} - 1 \times H_{H_2} - \frac{1}{2} \times H_{O_2} \tag{9.50}$$

여기에서 H_{H_2O}는 물의 엔탈피이며 나머지도 마찬가지이다.

물론 RTP에서 수증기의 경우 $H_{H_2O} = -241.8$ MJ/kilomole이고 H_{H_2}와 H_{O_2}는 선택에 의해 0이다.† 그러므로 $\triangle H = -241.8$ MJ/kilomole이다.

만약 주어진 물질(반응물이건 생성물이건)의 엔탈피 H_0의 값이 주어진 온도 T_0에서 알려져 있다면 온도 T에서의 엔탈피는

$$H = H_0 + \int_{T_0}^{T} c_p dT \tag{9.51}$$

이다. 여기에서 c_p는 일정한 압력에서의 비열이다.

c_p는 온도에 어느 정도 의존하며 각 물질에 대한 그 값은 표, 또는 이러한 표로부터 유도되는 수학적인 회귀분석으로부터 얻을 수 있다. 대략적인 추정의 경우 c_p는 상수로 취할 수 있다. 후자의 경우

$$H = H_0 + c_p \triangle T, \tag{9.51a}$$

† 관례에 따라 지구상에서는 보통 조건에서의 자연적인 상태에서 모든 원소들의 엔탈피는 0으로 취함을 상기하자.

여기에서 $\triangle T \equiv T - T_0$이다.

식 9.49에서 다양한 엔탈피들을 식 9.51에 나타낸 것과 같은 값들로 대체하면

$$\begin{aligned}\triangle H &= \sum n_{P_i} H_{0P_i} + \sum n_{P_i} \int_{T_{0P_i}}^{T_{P_i}} c_{p_{P_i}} dT - \sum n_{R_i} H_{0R_i} - \sum n_{R_i} \int_{T_{0R_i}}^{T_{R_i}} c_{p_{R_i}} dT \\ &= \triangle H_0 + \sum n_{P_i} \int_{T_{0_{P_i}}}^{T_{P_i}} c_{p_{P_i}} dT - \sum n_{R_i} c_{p_{R_i}} \int_{T_{0_{R_i}}}^{T_{R_i}} c_{p_{R_i}} dT.\end{aligned} \tag{9.52}$$

$\triangle H$ 변화의 간단한 추정을 위해서 일정한 c_p 공식을 사용할 수 있다.

$$\triangle H = \triangle H_0 + \sum n_{P_i} c_{p_{P_i}} (T_{P_i} - T_{0_{P_i}}) - \sum n_{R_i} c_{p_{R_i}} (T_{R_i} - T_{0_{R_i}}). \tag{9.52a}$$

보기 1

수증기의 표준생성엔탈피는 -241.8 MJ/kmoles이다. 반응물과 생성물이 모두 500 K일 때 생성 엔탈피는 얼마일까?

우리는 H_2와 O_2, 그리고 $H_2O(g)$의 일정한 압력에서의 비열을 알 필요가 있다. 정확한 결과를 얻기 위해서는 온도의 함수로 나타낸 비열의 표 값들과 함께 식 9.52를 사용해야 한다. 일정한 비열값들을 사용하는 식 9.52a로부터 근사값이 얻어질 수 있다. 후자를 이용하기로 한다.

제 2장에서 만약 어떤 분자의 자유도 v를 추측할 수 있다면 다음 공식을 사용하여 비열을 추정할 수 있다.

$$c_p = R(1 + \frac{v}{2}).$$

이 방법의 장점은 c_p보다 v가 더 기억하기 쉽다는 것이다. 이원자 기체들의 경우 v를 5로 취할 수 있으며 이 때 $c_p = 29.1$ kJ $\text{kmole}^{-1}\text{K}^{-1}$이다. 수증기의 경우 v는 7로 취할 수 있고 이로부터 $c_p = 37.4$ kJ $\text{kmole}^{-1}\text{K}^{-1}$을 얻는다.

식 9.52a(이 문제에서 모든 $\triangle T$는 500K-298K로 같다)를 이용하면

$$\begin{aligned}\triangle H &= -241.8 + (500 - 298)[0.0374 - (0.0291 + \frac{1}{2} \times 0.0291)] \\ &= -243.1 \text{ MJ / 수증기 kmole.}\end{aligned}$$

온도에 따른 엔탈피 변화는 미미하므로 이 근사값들은 식 9.52를 사용하여 얻은 -243.7 MJ/kmole의 정확한 값에 근접한다.

9.7.4.2 압력에 대한 엔탈피의 의존성

2.12 절에서 우리는 엔탈피를 내부에너지 U와 압력-부피 pV의 합으로 정의하였다.

$$H \equiv U + pV. \tag{9.53}$$

기체의 내부에너지는 그 분자들에 저장된 에너지이다. 이와 같은 저장은 여기 및 이온화 등의 형태를 취할 수 있다. 그러나 이 장에서는 우리는 기체의 온도에 의해 측정되는 양인 분자의 운동에너지로 저장되는 내부에너지에 국한하기로 한다.

일정한 온도에서 압력을 변화시키면 분자들의 평균에너지는 달라지지 않으며 기체의 질량(분자들의 수)은 일정하기 때문에 전체 내부에너지는 변하지 않은 상태로 유지된다—즉 T는 변하지 않고 p가 변하는 경우 U는 일정하다.

우리는 $pV=\mu RT$ 임을 알고 있다. 일정한 온도에서 pV 역시 일정해야 한다.

그러므로 압력이 등온적으로 변화할 때 U나 pV는 변하지 않는다. 결과적으로 H는 온도와 기체의 질량이 변하지 않는다면 압력에 의존하지 않는다.

9.7.4.3 온도에 대한 자유에너지의 의존성

자유에너지는 다음과 같이 주어진다.

$$G=H-TS \tag{9.54}$$

온도의 함수로서 H의 거동은 이전에 논의하였다. 이제 엔트로피 S의 거동을 살펴보기로 한다.

제 2장으로부터 다음과 같은 관계를 얻었다(등압공정 및 기체 1 kilomole 당)

$$dS=c_p\frac{dT}{T}, \tag{9.55}$$

이를 적분하면

$$S=S_0+\int_{T_0}^{T}c_p\frac{dT}{T}. \tag{9.56}$$

일정한 압력에서 온도가 변할 때 자유에너지의 변화는 다음과 같다.

$$\begin{aligned} G-G_0 &= H-H_0-(TS-T_0S_0) \\ &-\int_{T_0}^{T}c_p dT-\left(TS_0+T\int_{T_0}^{T}c_p\frac{dT}{T}-T_0S_0\right) \\ &=\int_{T_0}^{T}c_p dT-T\int_{T_0}^{T}c_p\frac{dT}{T}-S_0T. \end{aligned} \tag{9.57}$$

T의 함수로서 c_p에 대한 값의 표가 주어진 경우 자유에너지에서 변화 G-G_0는 식 9.57로부터 수치적으로 계산될 수 있으며 반응의 $\triangle G$는 다음과 같이 얻어진다.

$$\triangle G=\sum n_{P_i}G_{P_i}-\sum n_{R_i}G_{R_i}, \tag{9.58}$$

이 식은 $\triangle H$에 대한 식 9.49와 대등하다.

c_p가 일정하다고 가정되는 경우 식 9.57은 다음과 같이 된다.

$$G=G_0=(c_p-S_0)\triangle T-Tc_p\ln\frac{T}{T_0}. \tag{9.57a}$$

보기 2

표준압력과 500K에서 일정한 c_p을 사용하여 반응 $H_2(g)+\frac{1}{2}O_2(g)\rightarrow H_2O(g)$의 자유에너지를 추정하여라.

필요한 값들은 다음과 같다.

	엔트로피 kJ K^{-1} kmole^{-1} (at RTP)	비열 kJ K^{-1} kmole^{-1}
$H_2(g)$	130.6	29.1
$O_2(g)$	205.0	29.1
$H_2O(g)$	188.7	37.4

생성물과 모든 반응물들은 같은 온도이므로 모든 기체에 대해서 $\Delta T=500-298=202$ 이다. 모든 원소들은 RTP에서의 자연 상태에서 영의 자유에너지를 갖는다는 것을 상기하면서 이들의 자유에너지 변화를 각각 계산하여 보자.

식 9.57a로부터

$$G_{H_2}=0+(29.1\times10^3-130.6\times10^3)\times202-500\times29.1\times10^3\times\ln\frac{500}{298}$$
$$=-28.03\times10^6\ \text{J/kmole},$$

$$G_{O_2}=0+(29.1\times10^3-205.0\times10^3)\times202-500\times29.1\times10^3\times\ln\frac{500}{298}$$
$$=-43.06\times10^6\ \text{J/kmole},$$

$$G_{H_2O}=-228.6\times10^6+(37.4\times10^3-188.7\times10^3)\times202-500\times37.4\times10^3\times\ln\frac{500}{298}$$
$$=-268.8\times10^6\ \text{J/kmole}.$$

그러므로 반응의 ΔG는

$$\Delta G=G_{H_2O}-G_{H_2}-\frac{1}{2}G_{O_2}$$
$$=-268.8-(-28.0)-\frac{1}{2}(-43.1)=-219.3\ \text{MJ/kmole}.$$

이 추정값은 -219.4 MJ/kmole이라는 정확한 값과 우연히 근접하였다. 만약 이를테면 2000K에서 ΔG을 계산하였다면 상당한 오차가 생겼을 것이다.

그럼에도 불구하고 c_p가 일정하다는 가정으로부터 자유에너지가 온도에 의존한다는 일반적인 양상을 보여주는 추정치들에 이르렀다.

보다 정확한 값은 식 9.57의 수치적분으로부터 얻을 수 있다. H_2와 O_2, 그리고 H_2O에 대한 c_p 값들은 실험적으로 결정된 표들로부터 얻을 수 있다(Haberman 과 John(1989)의 결과로부터 다음 표에 인용).

표 9.3의 자료들은 그림 9.23으로부터 그림 9.25까지에 나타나 있다. 이들은 일정한 압력에서의 비열 c_p와 관심있는 세 기체들의 γ들은 간단한 이론(제 2장을 참조)에 의해 제안된 것처럼 온도에 독립적인 것이 아니라 온도에 따라 상당히 변한다.

표 9.3 일정한 압력에서의 비열과 감마(γ).

T (℃)	T (K)	H_2 c_p (kJ/K) per kmole	H_2 γ	O_2 c_p (kJ/K) per kmole	O_2 γ	H_2O c_p (kJ/K) per kmole	H_2O γ
-50	223.18	27.62	1.426	29.152	1.399	33.318	1.333
0	273.18	28.38	1.41	29.28	1.397	33.336	1.332
25	298.18	28.56	1.406	29.392	1.406	33.489	1.33
50	323.18	28.74	1.402	29.504	1.403	33.642	1.328
100	373.18	28.92	1.399	29.888	1.386	34.02	1.323
150	423.18	28.98	1.398	30.336	1.378	34.434	1.318
200	473.18	29.02	1.397	30.816	1.369	34.902	1.312
226.8	500	29.031	1.397	31.09	1.365	35.172	1.309
250	523.18	29.04	1.397	31.328	1.361	35.406	1.307
300	573.18	29.08	1.396	31.84	1.354	35.946	1.301
350	623.18	29.12	1.395	32.32	1.346	36.522	1.295
400	673.18	29.18	1.394	32.768	1.34	37.098	1.288
450	723.18	29.24	1.393	33.184	1.334	37.710	1.283
500	773.18	29.34	1.391	33.536	1.329	38.322	1.277
550	823.18	29.44	1.389	33.888	1.325	38.952	1.271
600	873.18	29.56	1.387	34.208	1.321	39.564	1.266
650	923.18	29.72	1.384	34.496	1.318	40.194	1.261
700	973.18	29.88	1.381	34.752	1.315	40.788	1.256
750	1023.2	30.04	1.378	34.976	1.312	41.382	1.251
800	1073.2	30.24	1.375	35.200	1.309	41.958	1.247
850	1123.2	30.42	1.372	35.392	1.307	42.642	1.242
900	1173.2	30.64	1.369	35.584	1.305	43.326	1.237
950	1223.2	30.84	1.365	35.744	1.303	43.920	1.233
1000	1273.2	31.06	1.362	35.904	1.301	44.514	1.229
1050	1323.2	31.28	1.358	36.064	1.300	45.072	1.226
1100	1373.2	31.50	1.355	36.224	1.298	45.630	1.223
1150	1423.2	31.72	1.351	36.352	1.296	46.170	1.219
1200	1473.2	31.94	1.348	36.48	1.295	46.674	1.216
1250	1523.2	32.14	1.345	36.608	1.294	47.178	1.214
1300	1573.2	32.36	1.342	36.736	1.292	47.664	1.211
1350	1623.2	32.56	1.339	36.864	1.291	48.114	1.209
1400	1673.2	32.76	1.337	36.992	1.29	48.564	1.206
1450	1723.2	32.96	1.344	37.12	1.289	48.978	1.204
1500	1773.2	33.16	1.331	37.248	1.287	49.392	1.202

자유도의 추정값으로부터 유도되는 c_p 값은 각 그림에서 수직의 점선에 의해 표시되어 있다. 두 이원자 분자들인 수소와 산소의 경우 적절한 자유도는 $\nu = 5$가 될 것이며 이로부터 $c_p = 29.1$ kJ K^{-1} $kmol^{-1}$을 얻는다. 이 값은 350K와 600K사이의 온도에서 수소에 대한 실제값과 잘 일치한다. 더 높은 온도에서 이 기체의 c_p는 7의 자유도에 상응하는 37.4 kJ K^{-1} $kmol^{-1}$을 향한다. 이러한 변화하는 자유도에 대한 보다 상세한 논의는 제 2장을 참조한다.

자유도를 7로 할 경우 물의 비열은 37.4 kJ K^{-1} $kmol^{-1}$이다. 이는 실제로 약 700K에서의 정확한 값이다. 그러나 물의 c_p는 대부분의 기체들과 같이 온도에 따라 상당히 빠르게 변한다.

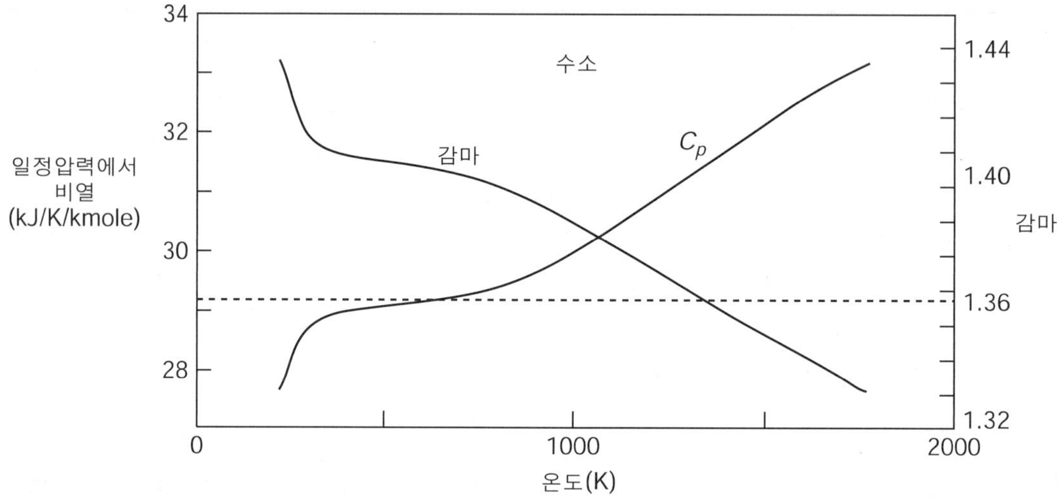

그림 9.23 수소의 비열과 감마.

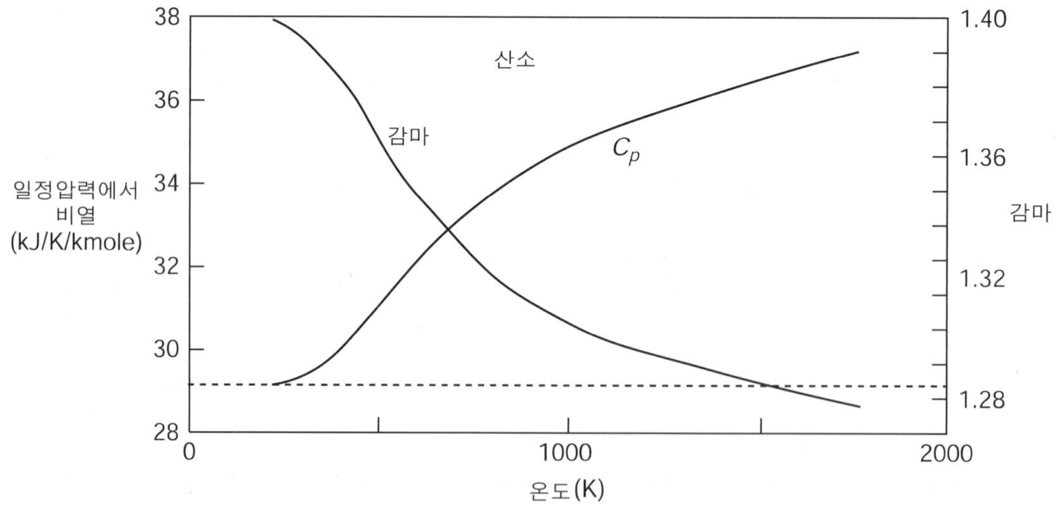

그림 9.24 산소의 비열과 감마.

표 9.3의 데이터를 5차의 다항식으로 접합시켜서 값들을 상당한 정확도로서 T의 함수로 계산할 수 있다.

$$c_p = a + bT + cT^2 + dT^3 + eT^4 + fT^5 \tag{9.59}$$

여기에서 상수 a에서 f들은 표 9.4에 주어져 있다.

이러한 회귀분석들은 220K 〈 T 〈 1800K의 범위에서만 사용되어야 함을 주목할 필요가 있다. 이 범위 밖에서는 오차가 발행하며 어떤 경우에서는 이 오차가 허용될 수 없을 정도로 크다.

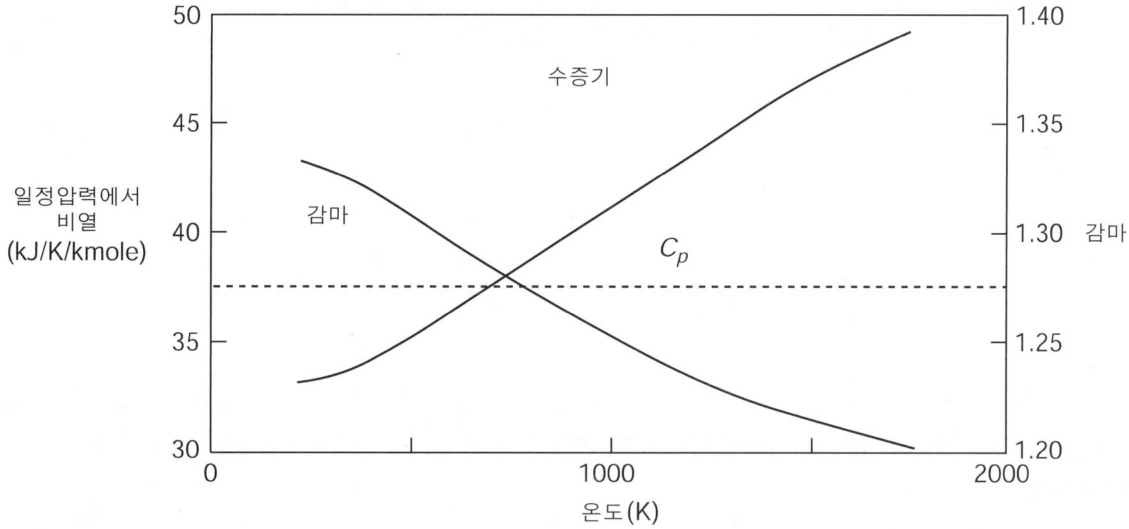

그림 9.25 수증기의 비열과 감마.

표 9.4 일정압력 100,000Pa(1기압)에서의 비열계산에 사용되는 다항식의 계수.

기체	a	b	c	d	e	f
H_2	22.737	37.693E-3	-85.085E-6	89.807E-9	-42.908E-12	7.6821E-15
O_2	30.737	-19.954E-3	72.554E-6	-80.005E-9	38.443E-12	-6.8611E-15
H_2O	32.262	1.2532E-3	11.285E-6	-3.7103E-9	-	-

9.7.4.4 압력에 대한 자유에너지의 의존성

자유에너지 G는 다음과 같이 정의 된다.

$$G = H - TS. \tag{9.60}$$

압력이 등온적으로 변할 때 엔탈피는 변하지 않음을 알았다. 그러므로 등온적으로 압력은 엔트로피 S에 대한 영향을 통해서만 자유에너지를 변화시킬 수 있다.:

$$\Delta G = -T\Delta S. \tag{9.61}$$

일정한 온도에서 시스템에 열 Q가 추가되면 엔트로피는 Q/T에 따라 증가한다:

$$\Delta S = \frac{\Delta Q}{T}. \tag{9.62}$$

열역학 제 1법칙으로부터

$$\Delta U = \Delta Q - \Delta W. \tag{9.63}$$

그러나 이전에 등온압축에서 ΔU=0이며 따라서 $Q = W$ 임을 알았다. 그렇지만 등온 압축된 기체 1 kilomole 당 수행된 일(2.10을 참조)은 다음과 같다.

$$W = RT \ln \frac{p_1}{p_0}. \tag{9.64}$$

그러므로

$$-\Delta G = T\Delta S = \Delta Q = RT \ln \frac{p_1}{p_0}. \tag{9.65}$$

결과적으로 기체의 등온압축의 에너지는 전적으로 자유에너지이다. 이는 중요한 효과이다. 생성물들과 반응물들의 압력을 변화시킴으로써 연료전지의 효율(그리고 전압)을 변화시키는 것이 가능하다.

보기 3

가역 연료전지는 RTP에서 수소와 산소가 원료로 주입되는 경우 1.185V의 전압을 생성한다. (RTP에서) 공기가 산소를 대체하는 경우 동일한 전지에 의해서 생성되는 전압을 계산하여라.

공기는 약 20%의 산소를 함유하고 있다. 그러므로 이 기체의 분압은 0.2 기압으로서 순수한 산소의 경우에 대하여 5:1의 감압이 된다.

등온감압의 에너지는

$$W_{decompr.} = \frac{1}{2} RT \ln \frac{1}{5} = \frac{1}{2} \times 8314 \times 298 \times \ln 0.2 = -2 \times 10^6 \text{ J/kmole}.$$

인자 $\frac{1}{2}$은 물 1 킬로몰 당 산소 $\frac{1}{2}$ 킬로몰인 양론비의 결과이다. 이 에너지는 반응의 ΔG로부터 빼주어야 한다.

$$\Delta G = -228.6 - (-2) = -226.6 \text{ MJ/kmole}.$$

이제 전압은 다음과 같다.

$$V_{rev} = \frac{|\Delta G|}{n_e q N_0} = \frac{226.6}{2 \times 1.60 \times 10^{-19} \times 6.02 \times 10^{26}} = 1.174 \text{ V}.$$

9.7.4.5 Nernst 방정식

만약에 한 가지 이상의 반응물들과 생성물들이 존재다면 식 9.65를 일반화시킬 수 있다.

$$aA + bB + \cdots \rightarrow cC + dD + \cdots, \tag{9.66}$$

이 경우 1기압으로부터 p_i 기압까지의 등온압축의 에너지는

$$\begin{aligned} W &= aRT\ln p_A + bRT\ln p_B + \cdots - cRT\ln p_C - dRT\ln p_D - \cdots \\ &= RT\ln\left(\frac{p_A^a p_B^b \cdots}{p_C^c p_D^d \cdots}\right), \end{aligned} \tag{9.67}$$

이며 반응 때문에 변하는 자유에너지는 다음과 같다.

$$\Delta G = \Delta G_0 - RT\ln\left(\frac{p_A^a p_B^b \cdots}{p_C^c p_D^d \cdots}\right), \tag{9.68}$$

$\Delta V = -\dfrac{\Delta G}{nF}$로 나누면 반응에 의한 가역전압을 얻는다.

$$V_{rev} = V_{rev_0} + \frac{RT}{nF}\ln\left(\frac{p_A^a p_B^b \cdots}{p_C^c p_D^d \cdots}\right), \tag{9.69}$$

이 식은 기체에 대한 Nernst 방정식이다. 압력을 다른 화학종의 활동도로 대체함으로써 이 식은 다른 상들에 대하여 일반화될 수 있다. 고체들과 비압축성의 순수한 액체들은 압력에 의한 영향을 받지 않는다. 이러한 화학종들의 경우 공식에서 압력은 숫자 1로 대체되어야 한다; 즉 활동도는 1이다.

여기에서 다루고 있는 등온압축에서는 두 압력의 비를 취하는데 이상기체 방정식을 이용하면 T는 일정하므로

$$\frac{p_1}{p_0} = \frac{\dfrac{n_1}{V_1}RT}{\dfrac{n_0}{V_0}RT} = \frac{\dfrac{n_1}{V_1}}{\dfrac{n_0}{V_0}} \tag{9.70}$$

를 얻는다. 그러므로 압력들의 비는 농도들의 비와 같다. 이는 용액들의 경우 활동도는 농도 n/V와 동일함을 의미한다.

9.7.4.6 온도에 대한 전압의 의존성

우리는 자유에너지가 어떻게 압력과 온도에 의존하는지를 보여주는 식들을 유도하였다. 이 식들의 계산에는 수치적분 및 온도의 함수로서의 c_p 값들의 참조표가 필요하다. 이제 압력이 일정한 경우 이상적인 연료전지의 전압 V_{rev}의 온도의존성을 엄밀한 방법으로 직접적으로 보여주는 식들을 유도하기로 한다.

정의에 의해

$$G = H - TS \tag{9.71}$$

그리고

$$H = U + pV \tag{9.72}$$

그러므로

$$G = U + pV - TS, \tag{9.73}$$

이로부터

$$dG = dU + pdV + Vdp - TdS - SdT. \tag{9.74}$$

결합된 열역학 법칙들로부터

$$dU = TdS - pdV, \tag{9.75}$$

따라서

$$dG = Vdp - SdT. \tag{9.76}$$

G는 독립변수 p와 T의 함수이다. 그러므로

$$dG = \left(\frac{\partial G}{\partial p}\right)_T dp + \left(\frac{\partial G}{\partial T}\right)_p dT. \tag{9.77}$$

마지막 두 식들을 비교하면

$$\left(\frac{\partial G}{\partial T}\right)_p = -S. \tag{9.78}$$

임을 알 수 있다.

여기에서부터는 V는 이전처럼 부피가 아닌 전압을 나타낸다.

$$\sum n_{P_i} n_e q N_0 V = -\triangle G = -\left(\sum n_{P_i} G_{P_i} - \sum n_{R_i} G_{R_i}\right), \tag{9.79}$$

$$\begin{aligned} \sum n_{P_i} n_e q N_0 \left(\frac{\partial V}{\partial T}\right)_p &= -\left(\sum n_{P_i} \frac{\partial G_{P_i}}{\partial T} - \sum n_{R_i} \frac{\partial G_{R_i}}{\partial T}\right) \\ &= \sum n_{P_i} S_{P_i} - \sum n_{R_i} S_{R_i} \\ &= \frac{\sum n_{P_i} T S_{P_i} - \sum n_{R_i} T S_{R_i}}{T} \end{aligned} \tag{9.80}$$

그러나 $TS = H - G$ 이므로

$$\sum n_{P_i} n_e q N_0 \left(\frac{\partial V}{\partial T}\right)_p = \frac{\sum n_{P_i} H_{P_i} - \sum n_{R_i} H_{R_i} - \sum n_{P_i} G_{P_i} + \sum n_{R_i} G_{R_i}}{T}. \tag{9.81}$$

따라서

$$\left(\frac{\partial V}{\partial T}\right)_p = \frac{V + \Delta H / (\sum n_{P_i} n_e N_0 q)}{T}, \tag{9.82}$$

위에서 반응의 모든 엔탈피 변화가 전기에너지로 전환된다면 $\Delta H / (\sum n_{P_i} n_e N_0 q)$는 전지가 갖게 될 전압이다. 이를 엔탈피 전압이라 부르기로 한다.

수증기를 생성하는 H_2/O_2 연료전지의 경우

$$\frac{\Delta H}{\sum n_{P_i} n_e N_0 q} = \frac{-241.8 \times 10^6}{1 \times 2 \times 6.022 \times 10^{26} \times 1.6 \times 10^{-19}} = -1.225\,\mathrm{V},$$

위에서 사용된 ΔH의 값은 물 1 kilomole에 대한 값이므로 $\sum n_{P_i} = 1$라고 둔다.

$$\left(\frac{\partial V}{\partial T}\right)_p = \frac{1.185 - 1.255}{298} = -2.3 \times 10^{-4}\,\mathrm{V/K}.$$

9.8 실제 연료전지의 성능

실제 연료전지들의 성능을 조사함에 있어서는 다음 사항들을 규명해야 한다:

1. 전지는 얼마의 전류를 생성하는가?
2. 전지의 효율은 얼마인가?
3. 전류/전압의 특성은 무엇인가?
4. 열 수지는 어떠한가?
5. 과잉 열은 어떻게 제거되는가?

9.8.1 연료전지에 의해 생성되는 전류

N을 생성물(수소/산소 전지들의 경우 물)이 형성되는 속도(kilomoles/sec)라 하고 n_e를 생성물 1 분자당 전자수라고 하면(수소/산소 전지의 경우 2) 전지에 의해 부하로 전달되는 전자들의 속도는 $n_e N_0 \dot{N}$이다. 결과적으로 전류는

$$I = q n_e N_0 \dot{N} \tag{9.83}$$

위에서 계산된 이론적인 전류에 대한 실제 부하전류 I_L의 비를 전류효율이라고 정의한다. 많은 경우 전류효율은 100%라고 안전하게 가정할 수 있다.

9.8.2 실제 연료전지의 효율

가역 연료전지의 이론적인 효율은 다음과 같음을 보였다.

$$\eta_{rev} = \frac{\Delta G}{\Delta H}. \tag{9.84}$$

ΔH로서 반응물들의 고연소열이나 저연소열의 사용을 선택할 수 있으며 어떤 주어진 효율을 말할 때에는 사용된 기준을 밝혀야 한다. ΔG에 대해서처럼 일관성을 위하여 우리는 수증기의 형성에 대한 적절한 것을 사용할 것이다(실제로 물도 포함된다).

실제 연료전지들의 효율은 전지에서 이용되는 것과 동일한 압력과 온도에서 칼로리미터 내의 반응물들의 결합에 의해서 생성되는 열 동력에 대한 부하로 전달되는 전력 P_L의 비이다.

$$\eta_{preactical} = \frac{P_L}{P_{in}} = \frac{I_L V_L}{\Delta \bar{h} \dot{N}} = \frac{q n_e N_0 V_L}{\Delta \bar{h}}. \tag{9.85}$$

마찬가지로 이용되는 $\Delta \bar{h}$에 대한 선택을 할 수 있다. 전류효율이 100% 라고 가정하면 RTP에서 저연소열에 따른 산소/수소 연료전지의 효율은

$$\eta_{preactical} = 0.798\, V_L. \tag{9.86}$$

이다. 실제 연료전지들은 다음과 같은 이유들 때문에 이상적인 전지보다 효율이 낮다:

1. 이용되는 모든 반응물이 원하는 반응에 참여하는 것은 아니다; 일부는 그저 유출되고는 반면에 다른 일부는 원하지 않는 부반응들에 참여할 것이다. 때로는 연료의 일부가 열촉매 분해장치들과 같은 보조장치들을 작동시키는데 소비되거나 열병합 배치에서 배출기체의 온도를 올리기 위해 "후연소"된다.
2. 생성된 모든 전류가 부하를 통과하지는 않을 것이다; 일부는 평행 경로들을 통해 빠져 나가거나(사소한 전류손실) 압축기들과 같은 보조장치들의 구동에 사용될 것이다.
3. 전지가 부하로 전달하는 전압 V_L은 가역전압 V_{rev}(자유에너지에서 변화와 관련되는 이론적인 전압)보다 작다. 많은 인자들이 이와 같은 전압손실에 기여한다:
   - 3.1. 연료전지들은 불가피하게 전자들의 흐름 및 전해질에서 이온들의 흐름에 대한 내부적인 저항들을 갖는다.
   - 3.2. 화학반응들이 발생하는 속도는-화학반응의 동역학-전자들이 유리될 때의 속도를 제한한다-즉 생성되는 전류를 제한한다.
   - 3.3. 원치 않는 반응들이 전지의 통상적인 전위에 대치하는 전압을 발생시킨다. 일부 연료는 산화 영역(연료 교차)로 유출되어 직접 메탄올 연료전지들에 수반되는 문제를 발생시킬 수 있다.
4. 다음과 같은 요인들에 의하여 유효진극 면적이 감소될 수 있다.
   - 4.1. 과잉의 물은 전극을 "침잠"시켜서 전해질, 반응물과 전극들 사이의 "삼중점" 접촉을 교란시킨다.

4.2. 불충분한 습기는 SPFC들의 고체 전해질 막을 건조시켜 이온흐름에 대한 저항을 증가시킬 수 있다.

연료의 불완전한 사용(효과 1), 발생된 전류 가운데 일부의 전환(효과 2), 그리고 유효면적의 손실(효과 4)은 대부분 시스템 설계에서 다루어지는 문제들인 반면에 전압의 손실(효과 3)은 개별적인 전지 자체의 고유 특성이다. 전지의 전압-전류 (또는 전압-전류밀도) 특성을 살펴봄으로써 이러한 전압손실을 논의하기로 한다.

9.8.3 연료전지의 $V-I$ 특성

가역 연료전지들은 부하로 전압 $V_L = V_{rev}$를 전달하는데 이는 생성되는 전류와는 무관하다. 이들의 $V-I$ 특성은 수평선이다. 이와 같은 이상적인 전지들은 전달되는 전류에 의해 요구되는 속도에서 충분히 빠르게 전지들을 공급하기 위한 반응을 필요로 한다. 분명히 가역전지들은 실현될 수 없다. 실제 연료전지들에서는 이상적인 전지로부터 두 가지의 중요한 벗어남들이 관찰된다:

1. 열린회로 전압 V_{oc}는 V_{rev}보다 작다.
2. 부하전압 V_L는 부하전류 I_L가 증가함에 따라 감소한다.

흔히 $V-I$ 특성은 예를 들면 그림 9.26(왼쪽)에 보인 바와 같이 낮은 전류들에서 약간의 굴곡이 있는 일직선에 가깝다. 반면에 다른 전지들은 선형성이 제한된 영역에서만 나타나는 특성(오른쪽)을 보인다.

연료전지의 성능계산을 쉽게 하기 위해서 전지의 특성을 수학적인 형태, 즉 부하전압 V_L을 부하전류 I_L의 해석적인 함수로 나타내는 것이 유용하다.

$$V_L = f(I_L). \tag{9.87}$$

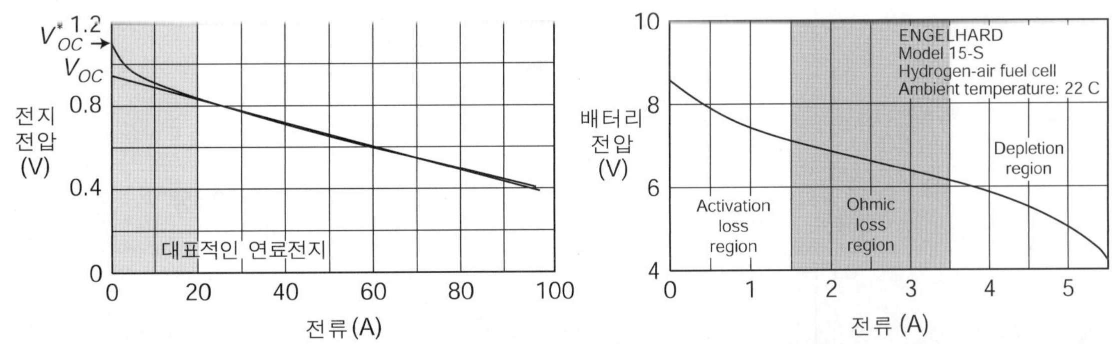

그림 9.26 전형적인 현대의 연료전지는 낮은 전류 말단부에서(왼쪽 상부) 작은 굴곡을 가지며 겉보기에는 전류와 전압 사이가 길게 늘어진 선형 관계로 이루어지는 $V-I$ 특성을 갖는 경향이 있다. 작은 Engelhard 액체-전해질 실증전지는 전압이 전류에 대하여 선형적으로 감소하는 제한된 영역을 가졌다. 더 낮고 더 높은 전류에서 $V-I$ 특성은 현저한 굴곡을 나타낸다(오른쪽 상부).

이를 이루기 위한 한 가지 방법은 관찰된 데이터에 곡선을 접합시키는 것, 즉 내부적으로 무슨 일이 일어나는지 알 필요 없이 전지를 하나의 블랙박스로 처리하는 것이다. 일반적으로 우수한 접합이 얻어질 수 있는 것으로 밝혀졌다. 이들은 온도와 압력과 같은 파라미터들이 데이터를 획득할 때 이용된 값들과 동일한 한 주어진 부하전류에 대하여 부하 전압이 얼마인지를 정확하게 나타낸다. 그러나 이와 같이 실험적으로 얻어진 수학적인 식들은 연료전지의 기능들에 대한 적절한 통찰을 제시하여줄 수 없으므로 그 설계를 어떻게 개선시킬 것인가에 대하여 제한된 지침만을 제공하여 준다. 이를 위해서는 전지 내에서의 물리적인 과정들과 실험적인 파라미터들 사이의 관계를 설명할 수 있어야 한다.

9.8.3.1 실험적으로 유도된 특성들

많은 계산들에 있어서는 V_L과 I_L의 관계를 간단한 선형 직선으로 근사하는 것으로 충분할 것이다.

$$V_L = V_{oc} - R_{app} I_L. \tag{9.88}$$

그림 9.27에 나타낸 특성들을 가진 연료전지를 고려하여 보자.

그림에서 직선은 I_L = 50A인 점에서 실제 특성과 접하도록 그려졌다. 이것은 임의적이다; 접점은 선택되는 운전 영역에 따라 어떤 전류 위치에서도 가능하다. 실제 데이터는 I_L에 따라 선형이 아니므로 접점으로부터 멀어질수록 직선은 관찰값들로부터 더 멀어진다. 따라서 이 전지의 측정된 열린회로 전압이 1.1 V이더라도 식 9.88에서 V_{oc}의 값은 겨우 0.915 볼트이다: 선형 특성은 부하 전류가 작을(또는 너무 클) 경우 전지의 성능을 제대로 나타내지 못한다. 비록 식 9.88의 파라미터 R_{app}가 저항의 단위를 가질지라도 이것은 전지의 실제 내부 저항 R_{int}가 아니다.

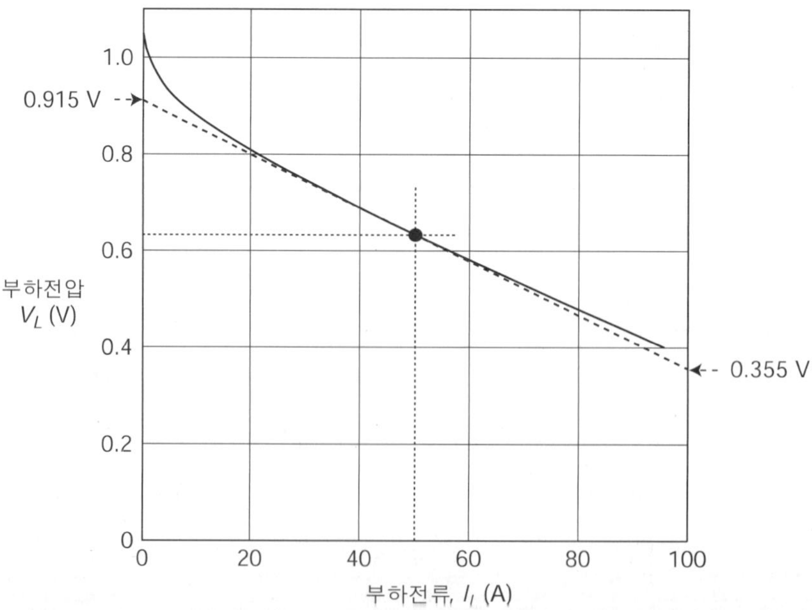

그림 9.27 연료전지는 직선으로 나타낸 관찰된 특성을 가진다. 대략적으로 부하전류들의 적절한 범위에 걸쳐 굴곡진 관측선은 점선의 직선으로 대체할 수 있다.

직선근사를 사용하는 것은 그림 9.28의 도면에 나타낸 것처럼 전지의 모델을 내부 저항 R_{app}과 직렬로 연결된 전압 발생기로 간주할 수 있게 하여 준다.

그림 9.28의 두 회로들은 전적으로 동등하다. 왼쪽 회로는 자명하다; 오른쪽 그림에서 열린회로 전압 V_{oc}는 상반되는 두 전압 생성기 V_{rev}과 $V_{rev}-V_{oc}$에 의해 나타내어진다. 이 장의 후반부에 보인 것처럼 이와 같은 표현은 내부의 열 생성 계산을 용이하게 하여준다. 물론 V_{oc}는 $V-I$(혹은 V-J) 선의 세로축과의 교점이다.

회로 모델로부터

$$V_L = V_{oc} - I_L R_{app} = V_{oc} - J_L A R_{app}. \tag{9.89}$$

흔히 전압들은 전류밀도 $J_L = I_L / A$ 에 대하여 도시된다. A는 전극들의 활성면적을 나타낸다:

$$V_L = V_{oc} - J_L R_{app} = V_{oc} - \Re_{app} J_L, \qquad 9.90)$$

여기에서 $\Re_{app}$는 전지의 비저항으로서 Ωm^2의 단위를 갖는다.

우리의 설명에서 괄호를 제시하고 실제 부하 전류 I_L 대신에 부하 전류 밀도 J_L의 사용에 대하여 약간 언급하기로 한다. 전류 밀도들은 특성들의 어떤 일반화를 가능하게 하여주며 연료전지들의 스케일링에 유용하다.

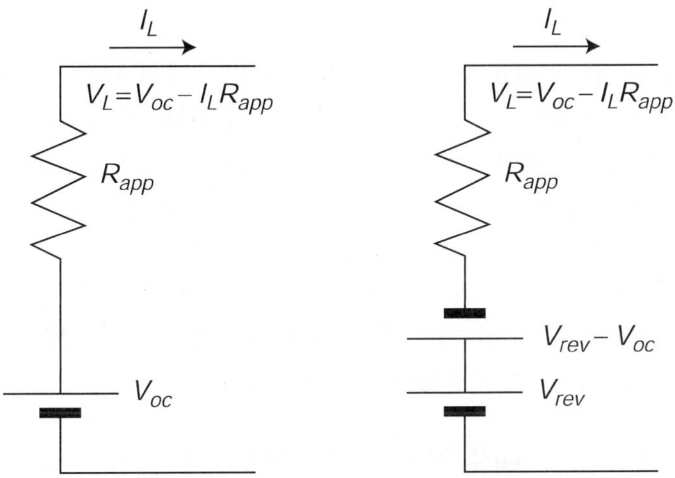

그림 9.28 직선의 $V-I$ 특성을 갖는 연료전지에 대한 회로 모델.

9.8.3.2 연료전지의 스케일링

연료전지 성능에 대한 자료의 일부는 $V-I$ 특성이 아닌 $V-J$의 형태로 제시된다. 이는 전지들의 스케일링, 즉 동일한 형태의 보다 작은 전지로부터 취한 데이터를 바탕으로 하여 더 큰 전지의 성능을 추정하는 것을 가능하게 하여 준다.

활성면적이 A_0이며 $V-I$ 특성을 갖는 연료전지를 고려하여 보자.

$$V_L = V_{oc} - R_{int_0} I_L. \tag{9.91}$$

그런데

$$J_L = \frac{I_L}{A_0}, \tag{9.92}$$

이므로 앞의 식은 다음과 같이 쓸 수 있다

$$V_L = V_{oc} - R_{int_0} A_0 J_L = V_{oc} - \Re J_L, \tag{9.93}$$

여기에서 $\Re$ 은 연료전지의 비저항임을 상기하자.

이제 어떤 연료전지를 같은 재질과 동일한 구조를 갖도록 만들었지만 활성면적 A가 서로 다르다면 그 내부저항 R_{int}는 다음과 같이 주어진다.

$$R_{int} = R_{int_0} \frac{A_0}{A} \tag{9.94}$$

이는 $R = \rho L / A$ (전지의 두께는 변하지 않는다고 가정)이기 때문이다.

V_{oc}는 면적에 의존하지 않으므로 동일하게 유지될 것이다. 따라서 부하전압은 다음과 같다.

$$V_L = V_{oc} - R_{int_0} \frac{A_0}{A} J_L = V_{oc} - \Re J_L. \tag{9.95}$$

달리 말하면 비록 더 큰 전지와 더 작은 전지가 서로 상당히 다른 $V-I$ 특성들을 가질지라도 이들은 동일한 $V-J$ 특성을 가지며 더 큰 전지의 비저항은 작은 전지의 비저항과 같다.

실제에 있어서 특정 연료전지의 스케일링은 반드시 간단한 것은 아니다. 크기가 변화되면 물의 관리와 열의 제거에 수반되는 문제들이 나타난다. 거의 변함없는 경우에 해당되지만 총괄 전압을 올리기 위해 전지들을 "스택"으로 작동하는 경우에도 동일한 문제가 발생한다.

비록 선형 특성이 연료전지 거동의 유일한 대략적인 표현일지라도 그들은 어느 정도 적당한 이론적 결과를 도출하여 준다. 어떤 형태의 Ballard SPFC에 대하여 발표된 자료는 그림 9.29에 나타나 있다. 선형 회귀로부터 다음 결과를 얻는다,

$$50℃ \text{ 에서}, \quad V_L = 0.912 - 54.4 \times 10^{-6} J_L,$$

$$\text{그리고} \quad 70℃ \text{ 에서}, \quad V_L = 0.912 - 49.3 \times 10^{-6} J_L,$$

여기에서 J_L는 전류밀도로서 단위는 A/㎡이다.

이러한 특별한 전지의 활성면적은 $A = 0.0232$ ㎡이므로 위의 식들은 부하전류 I_L로 나타낼 수 있다. 여기에서 $I_L = J_L \times A$이다

$$50℃ \text{ 에서}, \quad V_L = 0.912 - 2.34 \times 10^{-3} I_L,$$

$$\text{그리고} \quad 70℃ \text{ 에서}, \quad V_L = 0.913 - 2.12 \times 10^{-3} I_L,$$

열린회로 전압들은

$$50℃\ \text{에서},\ 0.912V\ \text{또는}\ V_{rev}\text{의}\ 77.4\%,\ \text{이것은}\ 1.178V,$$
$$\text{그리고}\ \ 70℃\ \text{에서},\ 0.913V\ \text{또는}\ V_{rev}\text{의}\ 78.0\%,\ \text{이것은}\ 1.171V.$$

열린회로 전압은 온도에 의해 영향을 아주 조금 받는다. 이전에 설명한 바와 같이 V_{rev}는 온도가 증가함에 따라 약간 더 작아지는 반면에 V_{oc}는 향상된 동역학으로 인하여 실제로 여유 있게 더 커진다. 내부저항은 보다 실질적인 방식으로 온도에 의해 영향을 받았다. 이 값은 온도가 20K 증가할 때 2.34 mΩ에서 2.12 mΩ로 (9% 이상) 떨어졌다.

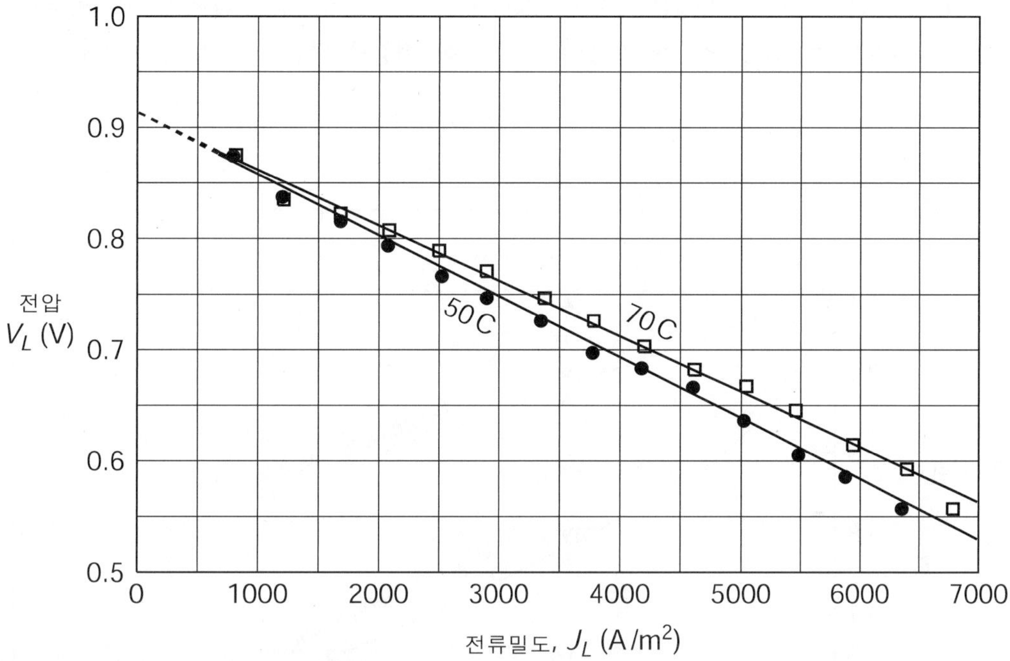

그림 9.29 주어진 Ballard SPFC 전지의 특성들.

9.8.3.3 연료전지의 보다 완전한 실험적 특성

다소 비정상적 절차를 이용하여 연료전지의 관찰된 특성에 대한 식을 접합하기로 한다. 전지는 반드시 내부저항 R_{int}을 가진다는 사실을 인식하는 것으로 시작한다. 그러나 우리가 보았던 거처럼 이는 전지의 성능을 정확하게 나타내기에는 충분하지 않다. 활성 전압 V_{act}라 부르게 될 추가적인 전압 강하가 있음에 틀림없다. 관찰된 V_L 값의 재생에 필요한 I_L에 대한 정확한 의존성을 그대로 갖는 V_{act}를 상상할 수 있다.

우리가 해야 할 일은 I_L의 함수로 나타낸 V_{act}에 대한 해석적인 식을 찾는 것이다. 이는 $V_L - I_L$ 쌍들의 우수한 실험값들이 충분하게 많이 주어진다면 가능할 것이다.

우리는 실험적인 KHO 연료전지로부터 얻은 실제 자료를 사용할 것이다. 이 자료들은 Will Mitchell, Jr. (1963)에 의한 Fuel Cells이라는 제하의 책에 제시되어 있다. 이 책의 153 쪽에 나타난 그래프를 다시 조정하였다. 비록 그러한 스케일링으로부터 이 자료에 추가적인 잡음이 도입되었지만 여전히 필요한 컴퓨터 실험의 수행을 가능하게 하여 주었다. 이 장치는 "New Cell"로 지칭되었으며 Adams 등에 의해 (Mitchell의 책에서) 설명된 오래된(1960) 알칼리(KOH) 고압 수소-산소 연료전지에 해당된다. 이 전지는 200℃에서 작동되며 비등휘발로부터 전해질을 유지하기 위하여 42 기압으로 가압되어야 했다. 그 높은 작동 온도로 인하여 이러한 실험적인 전지는 큰 열린회로 전압에 의해 입증되는 바와 같이 적절하게 효율적이다.

제시된 데이터를 재조정하여 I_L의 함수에 따른 V_L 값의 표를 얻었다. 이 값들은 그림 9.30에 나타나 있다.

그래프에서는 R_{int}에 대한 임의의 (그렇지만 그럴듯한) 값을 사용하였다. 만약 이것이 유일한 손실 매커니즘이라면 $V-I$ 특성은 간단히 그림에서 "No activation voltage"로 표시된 직선이 될 것이다. 그러나 활성전압의 존재 때문에 실제 부하 전압은 다음과 같이 주어진다.

$$V_L = V_{oc} - R_{int}I_L - V_{act}. \tag{9.96}$$

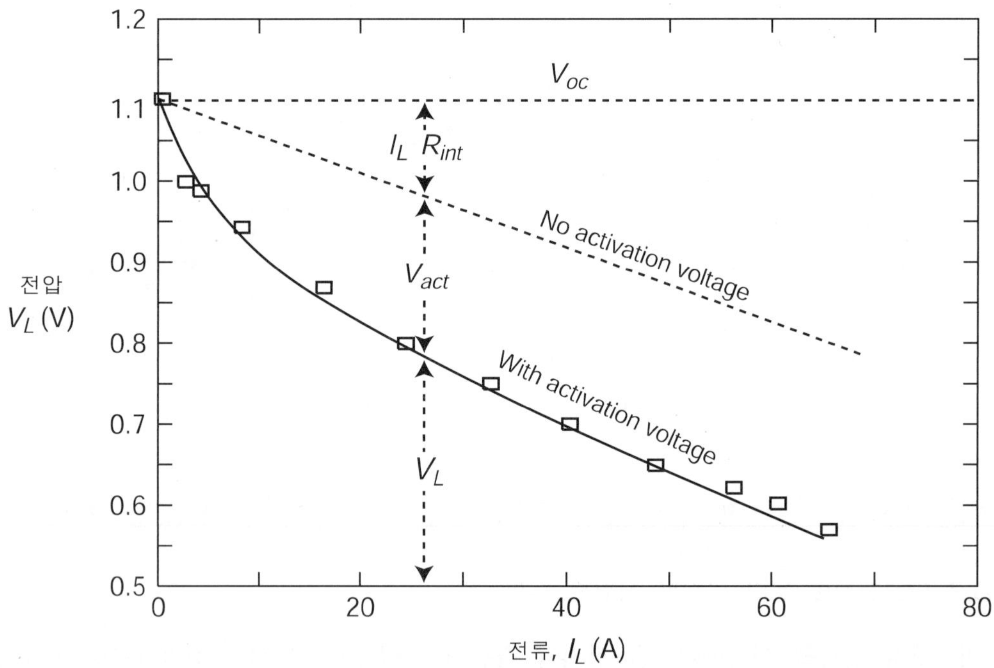

그림 9.30 1960년의 고압 수소-산소 KHO 연료전지의 $V-I$ 특성들.

이 식을 V_{act}에 대하여 풀면,

$$V_{act} = V_{oc} - R_{int}I_L - V_L. \tag{9.97}$$

V_{oc}, I_L, 그리고 V_L는 실험적으로 측정된 값들이다. R_{int}는 임의로 선택된다. 이 값들을 이용하면 부하전류의 자연로그에 대한 활성전압을 표로 나타낼 수 있다. 여러 다른 값들의 R_{int}를 이용하여 그림 9.31에 대하여 이를 수행되었다. 물론 이 단계에서 우리는 어느 R_{int}가 정확한

것인지 알지 못한다. 그러나 이 저항의 어떤 특별한 값(이 보기에서는 R_{int} = 0.0046 Ω)에 대하여 $\ln I_L$에 대한 V_{act}의 그래프는 직선인 반면에 이보다 크거나 작은 R_{int} 값에 대해서는 곡선임을 알 수 있다. 직선은 V_{act}과 I_L의 사이에 로그적인 의존성이 존재함을 의미한다. 후에 우리는 이론이 이와 같은 간단한 의존성을 예측함을 보일 것이다. 그러므로 이 경우에서 R_{int}는 약 4.6 millohms의 값을 가지며 V_{act}는 다음과 같이 주어진다고 결론지을 수 있다.

$$V_{act} = V_1 + V_2 \ln I_L, \tag{9.98}$$

여기에서 파라미터 V_1과 V_2는 $\ln(I_L)$에 대한 V_{act}의 값들로부터 얻어진다. 이러한 실험적인 식은 종종 Tafel 방정식이라고 불린다.

논의되고 있는 보기에서는 측정된 데이터로부터 V_{act}과 $\ln(I_L)$ 사이의 선형접합을 수행하는 것이 가능하므로 식 9.98의 파라미터 V_1과 V_2의 값들을 결정하는 것이 가능하다. 우리의 보기에서는 다음과 같이 주어진다.

$$V_{act} = 0.0277 + 0.0521 \ln I_L. \tag{9.99}$$

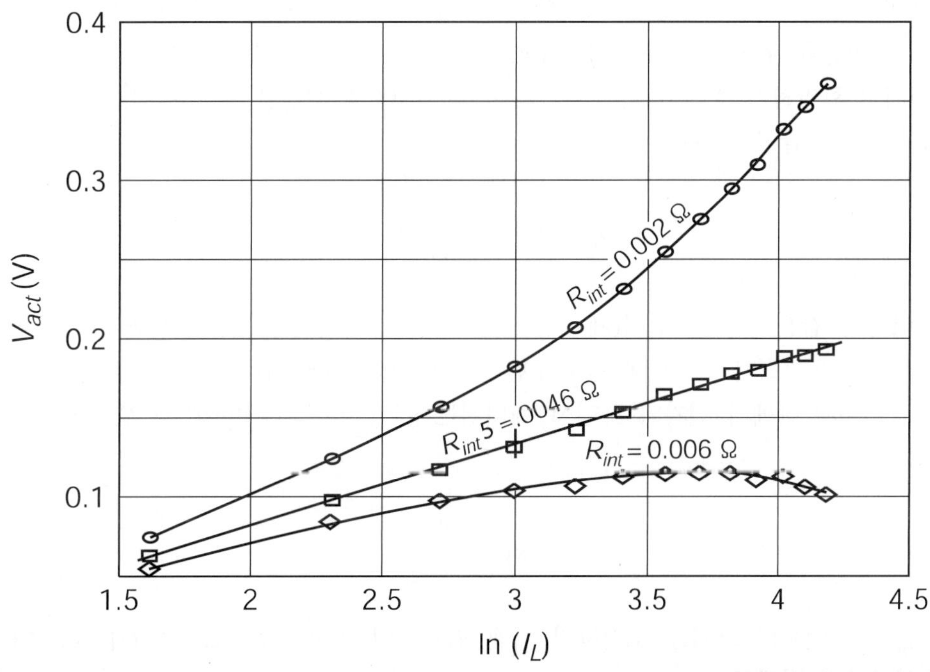

그림 9.31 특정한 값의 R_{int}로부터만 V_{act}과 $\ln(I_L)$ 사이의 선형관계가 얻어질 것이다.

접합의 수행에 있어서 우리는 부하 전류들이 너무 영에 가까워지는 것을 피하도록 주의를 기울였다. 이는 $\ln(I_L)$이 발산하는 요인이 되기 때문이다.

식 9.99는 또한 다음과 같이 쓸 수 있다.

$$V_{act} = V_2 \ln \frac{I_L}{I_0} = 0.0521 \ln \frac{I_L}{0.588} \tag{9.100}$$

이는

$$I_0 = \exp\left(-\frac{V_1}{V_2}\right) = \exp\left(-\frac{0.0277}{0.0521}\right) = 0.588 . \tag{9.101}$$

이기 때문이다.

우리의 보기에서 연료전지의 측정된 열린회로 전압은 1.111 V이었으므로 $V_L - I_L$ 특성은

$$V_L = 1.111 - 0.0046 I_L - 0.0521 \ln \frac{I_L}{0.588} . \tag{9.102}$$

와 같다.

식 9.102는 한 가지 주된 예외를 제외하고는 측정된 데이터와 잘 맞는다. 낮은 전류에서는 예측된 V_L은 측정된 값을 초과한다. 0.1 A에서 예측된 값은 1.20 V로서 이는 측정된 V_{oc}보다 크며 I = 0인 경우 식은 V_L = ∞의 값을 예측하는데 이는 분명히 터무니없다. 이전에 주지한 바와 같이 V_{act} 계산을 위한 접합은 작은 부하전류들이 고려될 경우에는 유효하지 않다. 모델을 낮은 전류범위로 확장하기 위해서 식 9.99, 또는 식 9.100을 수정할 수 있을까?

식 9.99는 다음과 같이 변환될 수 있다.

$$I_L = I_0 \exp\left(\frac{V_{act}}{V_2}\right) . \tag{9.103}$$

이 식은 다음과 같은 볼츠만 법칙(제 2장을 참조)을 상기시킨다: "주어진 공간 배열에서 분자들을 찾을 확률은 kT로 나누어진 배열의 포텐셜 에너지의 음에 따라 지수적으로 변한다."

전압 V_{act}의 존재 하에서 전자의 포텐셜 에너지는 qV_{act}이다. 그렇다면 식 9.103은 다음과 같이 쓸 수 있다.

$$I_L = I_0 \exp\left(\alpha \frac{qV_{act}}{kT}\right) . \tag{9.104}$$

여기에서는 지수인수의 크기를 조절하기 위해 임의적인 인자 α을 도입하였다. 식 9.104가 식 9.103과 동일하다면 명백히

$$\frac{V_{act}}{V_2} = \alpha \frac{qV_{act}}{kT} , \tag{9.105}$$

즉,

$$\alpha = \frac{kT}{qV_2} , \tag{9.106}$$

아울러 T = 473K인 현재의 보기에 대해서는

$$\alpha = \frac{kT}{qV_2} = 0.783 \,. \tag{9.107}$$

이러한 모든 조작들이 이루어지면 식 9.103은 V_{act}과 I_L사이의 실험적으로 측정된 대부분의 관계의 수학적인 표현이다. 그러나 식은 I_L = 0 일 때 V_{act}는 영이어야 하는 명백한 조건을 나타내지 못한다. 한편 제공되는 β가 충분히 크다면(그렇다면 V_{act}가 아주 작지 않은 경우 두 번째 항은 사실상 0이기 때문에) 식 9.108 역시 데이터를 접합할 것이다. 그러나 이와 동일한 식 또한 I = 0에서 V_{act} = 0이라는 조건과 부합한다.

$$I_L = I_0 \exp\left(\alpha \frac{qV_{act}}{kT}\right) - I_0 \exp\left(\beta \frac{qV_{act}}{kT}\right). \tag{9.108}$$

$\alpha+\beta=1$, 또는 $\beta=1-\alpha$라고 가정하는 것에는 이론적인 이유들이 있음을 보이고자 한다. 만약 그렇다면 식 9.108은 다음과 같이 쓸 수 있다.

$$I_L = I_0 \exp\left(\alpha \frac{qV_{act}}{kT}\right) - I_0 \exp\left((\alpha-1) \frac{qV_{act}}{kT}\right), \tag{9.109}$$

아울러 현재의 보기에 대해서는

$$\begin{aligned} I_L &= 0.588 \exp(0.783 \times 24.5\, V_{act}) - 0.588 \exp(-0.217 \times 24.5\, V_{act}) \\ &= 0.588 [\exp(19.2\, V_{act}) - \exp(-5.32\, V_{act})] \,, \end{aligned} \tag{9.110}$$

여기에서 24.5는 온도가 473K일 때의 q/kT의 값이다.

식 9.109는 Butler-Volmer 방정식으로 잘 알려져 있으며 후에 이론적인 고려사항들로부터 이를 유도할 것이다.

Butler-Volmer 방정식의 첫 번째 항은 물론 식 9.104이다. 두 번째 항은 V_{act}=0이어서 그러한 조건에서 I_L=0인 경우 첫 번째 항과 동일하다. V_{act}가 커짐에 따라 두 번째 항은 크기가 빠르게 감소하며 작은 값의 활성전압에 대해서도 무시할 수 있어서 식 9.104와 9.109는 동일한 수치적 결과를 제공한다. 따라서 식 9.109는 I_L과 V_{act} 사이의 관계를 허용 가능한 정확도로 나타내도록 변형시킬 수 있다. 만일 V_{act}을 I_L의 함수로 나타내도록 식을 변환시킬 수 있다면 주어진 I_L에 대해서 V_L을 제공하는 해석적인 식을 쓸 수 있을 것이다. 불행히도 이는 불가능하다. R_{int}, I_0, 그리고 V_2가 주어진 전지의 특성을 나열하는 한 가지 방법은 독립변수로서 V_{act}을 이용하고 Butler-Volmer 방정식으로부터 I_L을 계산한 다음 식 9.96을 이용하여 V_L을 구하는 것이다.

9.8.4 열린회로 전압

연료전지에서 손실의 대부분은 전류에 의존한다—내부 저항은 부하 전류에 비례하는 출력 전압의 감소를 유발시킨다; 화학적 동역학은 이와 동일한 전류의 로그에 근사적으로 비례하는 전압 감소를 유발시킨다. 그러나 전류와 무관한 손실 매커니즘이 존재하는데 이는 전지로부터 끌어내는 전류가 없을 때에도 발생한다; 열린회로 전압은 계산된 가역 전압보다 필연적으로 더 낮다.

이러한 전압 감하의 원인은 대부분 전극에 존재하는 산화조건 때문에 전지의 양극에서 발생하는 원하지 않는 부반응이다. 예를 들어 음극으로부터 양극으로 전해질을 통하여 이동하는 양자는 양극에서 산소와 결합하여 과산화수소를 형성하는 경향이 있다.

$$2H^{+} + 2e^{-} + O_2 \rightarrow H_2O_2. \tag{9.111}$$

또 다른 부반응은 백금을 산화시킨다.

$$Pt + H_2O \rightarrow PtO + 2H^{+} + 2e^{-}. \tag{9.112}$$

전해질이 너무 얇은 다른 SPFC, 혹은 직접 메탄올 연료전지에서 항상 발생하는 것처럼 일부 연료교차가 존재하는 경우 연료의 일부는 양극에서 산화되어 전지의 정상 출력을 떨어뜨리고 출력 전압을 감소시키는 전압을 발생시킨다.

9.8.5 반응 동역학

9.8.5.1 반응속도

연료전지의 부하 전류를 구성하는 전자들은 전지의 음극에서 산화반응에 의해 생성된다. 발생될 수 있는 전류는 전자의 생성속도에 의해서, 즉 화학반응속도에 의해서 결정된다. 그러므로 무엇이 그러한 속도에 영향을 주는지를 살펴보는 것은 흥미로운 일이다.

예를 들어 일산화질소와 염소가 반응하여 염화니트로실을 생성하는 반응을 고려하여 보자.

$$2NO + Cl_2 \rightarrow 2NOCl, \tag{9.113}$$

이 반응은 중간 생성물 없이 직접적으로 진행된다. 이 반응은 기본 반응으로서 더 작은 단계들로 나눌 수 없다. 그러한 반응들에서 반응속도는 반응물들의 농도에 비례한다. 따라서 만약 반응

$$A + B \rightarrow P \tag{9.114}$$

이 기본 반응이면 반응속도 r은

$$r \equiv \frac{dP}{dt} = k[A][B], \tag{9.115}$$

로 주어진다. 여기에서 k는 반응상수로서 화학양론에 의존하는 크기를 갖는 양이다. 대괄호 [A]는 A의 농도를 나타낸다.

다음 반응의 경우

$$2A + 3B \rightarrow P\ , \tag{9.116}$$

$$r = k[A][A][B][B][B] = k[A]^2[B]^3 \tag{9.117}$$

일반적으로

$$aA + bB \rightarrow P\ , \tag{9.118}$$

$$r = k[A]^a[B]^b\ . \tag{9.119}$$

한편 브롬화수소를 얻는 수소와 브롬의 반응은,

$$H_2 + Br_2 \rightarrow 2HBr, \tag{9.120}$$

반응속도는 $r = [H]^2[Br]^2$이 아니다. 그 이유는 이 반응이 브롬 Br_2가 2Br로 분해되는 것으로 시작하는 5가지 단계들로 진행되기 때문이다. 그러므로 이 반응은 기본반응이 아니다.

기본반응이건 아니건 모든 반응들에 대해서 반응속도식의 지수들은 주어진 반응물에 대한 반응차수라고 불린다. 총괄반응차수는 각 반응물에 대한 각각의 반응차수를 합한 것이다. 따라서 식 9.116의 반응은 A에 대하여 2차, B에 대하여 3차, 그리고 전체적으로는 5차이다. 기본반응의 경우 차수는 반응식의 화학양론 계수와 같다. 이는 1864년 Guldberg와 Waage에 의해 제안된 질량작용 법칙이다.

만약 반응이 기본반응이 아니라면, 즉 반응이 일련의 서로 다른 기본 단계들로 분리될 수 있다면 비록 반응속도가 여전히 식 9.119로 주어진다고 할지라도 지수들은 더 이상 화학양론 계수들이 아니다. 사실 그와 같은 계수들을 반응차수와 관련지을 수 있는 방법은 없다. 반응차수는 각 특정 반응에 대하여 실험적으로 결정해야 한다.

이제 반응들이 왜 순간적으로 일어나지 않는지, 그리고 우연하게도 반응상수는 온도에 왜 그처럼 강하게 의존하는지를 설명해야 한다.

9.8.5.2 활성화 에너지

물을 형성하기 위해서 300K에서 산소와 수소를 정확한 화학양론 비로 혼합한 혼합물로 채워진 용기를 고려해 보자. 큰 열역학적 구동력으로 인하여 두 기체들은 바로 반응해서 물을 형성할 것이라고 예상할 것이다—이와 같은 반응으로부터의 수증기는 기체 혼합물의 자유에너지보다 더 낮은 228 MJ/kmole의 자유에너지를 갖는다: 시스템은 가능한 한 가장 낮은 자유에너지의 구조를 지향하는 경향이 있다. 다소 놀랍게도 실제로는 아무것도 일어나지 않는다; 시스템은 동역학적으로 안정한 것으로 나타나고 반응은 발생하지 않거나, 또는 달리 말하면 무시할 만한 속도로 발생한다. 이러한 안정성은 그림 9.32에 보인 바와 같이 기체 혼합물은 최소 자유에너지 상태에 있어야 하며 마찬가지로 물은 이와는 다른 더 낮은 최소 자유 에너지를 가져야 함을 의미한다. 이들 두 최소점들을 분리하면 반응의 진행을 저지하는 활성화 장벽 ΔG_{act_f}가 있어야 한다.

결국 수소분자는 산소분자와 직접적으로 반응할 수 없다. 산소분자는 먼저 분해되어야 한다.

$$O_2 \rightarrow O + O \tag{9.121}$$

이러한 분해는 O_2 한 분자당 열적 혼합 충돌로부터 비롯되는 에너지 493 MJ/kmole, 또는 5.12 eV를 필요로 한다. 따라서 오로지 5.12 eV보다 더 큰 에너지를 지니고 충돌하는 산소분자들만

반응할 수 있다. 기체 분자들은 맥스웰 에너지 분포를 가지며 3000K에서 모든 분자들의 약 48%가 이러한 제한값 이상의 에너지를 가지게 되고 반응에 필요한 다수의 산소원자가 이용 가능하게 된다. 그러나 비율은 300K에서 3% 아래로 떨어지며 반응은 훨씬 더 천천히 진행될 것이다.†

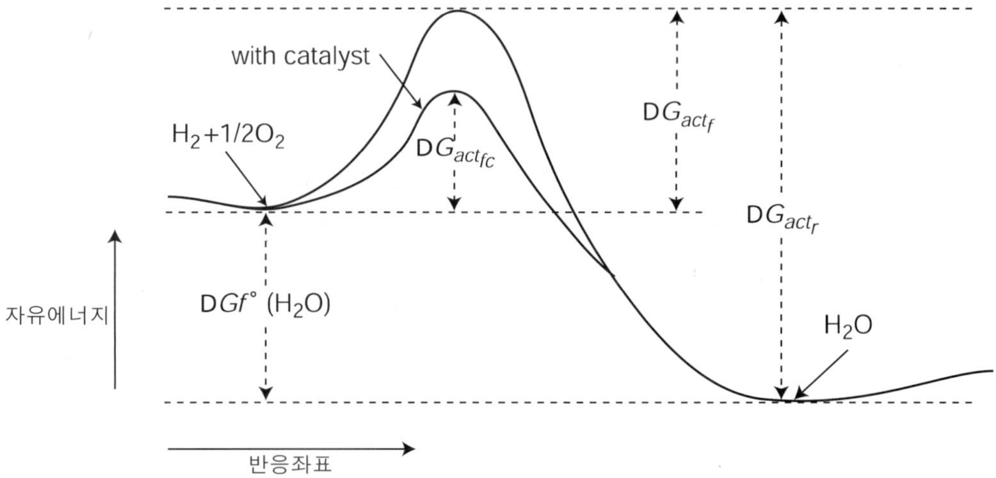

그림 9.32 300K에서 수소/산소 혼합물은 국부적 자유에너지의 최소값을 차지하므로 동역학적으로 안정하다. 반면에 수증기는 또 다른 더 낮은 최소점을 차지한다. 활성화 장벽 $\triangle G_{act_f}$는 $H_2+\frac{1}{2}O_2 \rightarrow H_2O$ 반응의 진행을 방해한다.

물론 상황은 산소원자의 단순한 생성보다 훨씬 더 복잡하다; 반응이 일어나기 위해서는 다른 중간 생성물들도 생성되어야 한다. 그러한 중간 화합물들(활성화된 착화합물)을 생성할 필요로부터 실제 활성화 장벽이 설정된다.

반응속도 r은 에너지 수준이 가장 큰 중간 합성물 생성에 소요되는 에너지보다 더 많은 에너지, 즉 활성화 장벽 qV_{act_f}보다 더 많은 에너지를 갖는 분자들의 수 N에 비례해야 한다. 아래첨자 f는 산소와 수소로부터 물을 얻는 정반응에 대한 장벽을 논의하고 있음을 의미한다. 역 활성화 장벽 qV_{act_r}은 물이 그의 성분들로 분해되는 역반응 속도를 제어한다. 맥스웰 분포의 끝부분은 근사적으로 지수함수적이므로

$$\frac{\partial N}{\partial W} \propto \exp - \frac{W}{kT}, \tag{9.122}$$

아울러 주어진 값 W_0(그림 9.33에서 어두운 부분)보다 큰 에너지를 갖는 분자들의 수는 대략

$$N \propto \int_{W_0}^{\infty} \exp - \frac{W}{kT} dW = \exp - \frac{W_0}{kT} \rightarrow \exp \frac{qV_{act}}{kT}. \tag{9.123}$$

이나.

† 비율은 제 2장의 식 2.89를 이용하여 계산되었다.

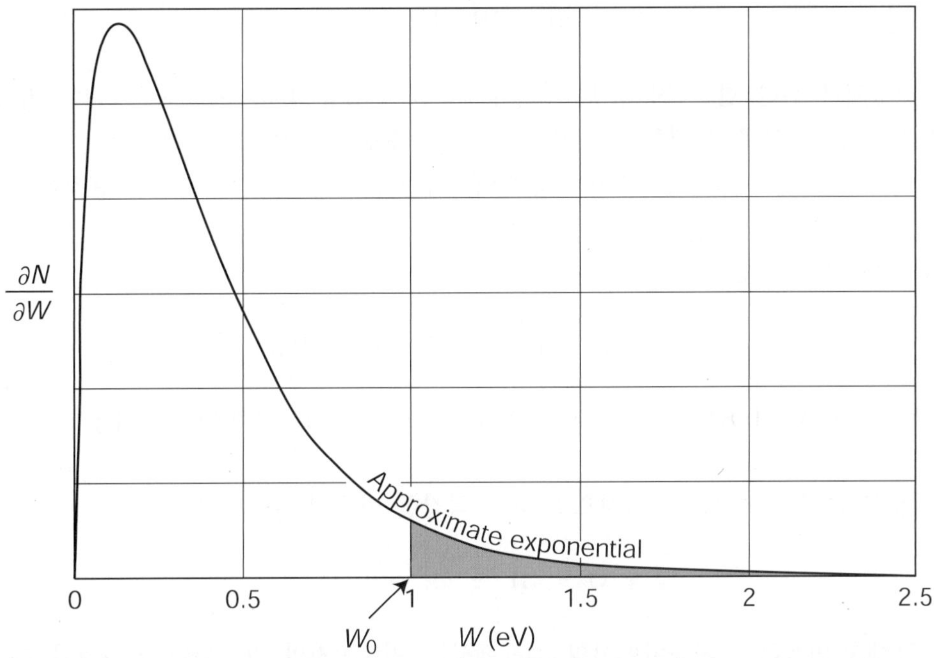

그림 9.33 맥스웰 분포의 끝부분은 대략 지수함수적이다. 결과적으로 주어진 에너지 W_0 (그림에서 1 eV)보다 큰 분자들의 수는 exp(W_0/kT) 에 비례한다.

반응속도와 온도 사이의 수학적인 관계는 Arrhenius 방정식이라 불린다.

$$r = \exp - \frac{qV_{act}}{kT} \rightarrow A\exp\frac{qV_{act}}{kT} = A\exp - \frac{W_{act}}{RT}, \tag{9.124}$$

이 식은 실험적인 자료를 기초로 하여 스웨덴의 물리학자 Svante August Arrhenius에 의해 제안되었다. 이것은 사실 지나치게 단순화시킨 것이지만 무슨 일이 진행되는지에 대한 일반적인 인식을 잘 제공하고 있다. 인자 A는 주파수 인자, 진지 수 인자, 혹은 입체인자 등으로 다양하게 알려져 있으며 이전 절의 농도 효과를 조합시켜 주고 작은 온도 범위에 걸쳐 거의 상수이다. W_{act} 는 활성화 에너지이다.

9.8.5.3 촉매

우리의 "실험"으로 되돌아가서 만일 용기(여전히 300K) 내에 소량의 미세하게 나누어진 백금분말, 또는 이보다 나은 약간의 백금 스펀지†를 도입하면 반응이 급속도로 가속화됨을 발견하게 될 것이다—스펀지는 실제로 수소/산소 혼합물을 연소시킬 것이다. 분명히 백금의 존재는 활성화 장벽을 감소시킨다. 이러한 작용을 촉매라 부르며 에너지 수준이 좀 더 낮은 활성화된 착화합물을 수반하는 반응경로를 여는 것으로 작용한다. 이는 그림 9.32에서 점선으로 나타나 있다.

어떤 반응들은 연료전지의 음극에서 수소가 산화되는 것처럼 상대적으로 간단하다.

† 백금 스펀지는 높은 부피대 표면적 비를 갖는 금속 백금의 고도의 다공질체이다. 여기에서 논의되는 현상인 촉매는 표면 작용이다.

$$H_2 \rightarrow 2H^+ + 2e^- \tag{9.125}$$

반응이 진행되기 위한 한 가지 방법은 먼저 H 한 원자당 4.48 eV, 혹은 432 MJ/kmole의 수소원자에서 H_2를 2H로 분해하는 것이다. 그러나 촉매로서 백금을 이용함으로써 훨씬 더 적은 에너지 장벽을 수반하는 반응경로가 실현된다. 이는 금속에 의한 H_2분자의 흡착에 이어 분자를 두 원자들로 나누는 과정을 수반한다(이 보기에서 M은 금속-백금을 나타내며 M...H는 흡착된 수소 원자를 나타낸다),

$$H_2 + M \rightarrow M...H_2 \rightarrow 2(M...H). \tag{9.126}$$

화학흡착된 수소(M...H)는 이온화되어 금속에 전자를 남기고 전해질에서 이용 가능한 양자를 생성한다.

산소가 환원되는 양극에서는 실질적으로 더욱 복잡한 반응이 일어난다.

$$O_2 + 4H^+ + 2e^- \rightarrow 2H_2O. \tag{9.127}$$

가속과 정지를 반복하는 자동차에서의 적용에서는 연료전지의 반복되는 잠재적인 사이클링에 의해 산소 환원 촉매는 더 복잡해진다. 이와 같은 사이클링은 양극에서 백금의 용해를 초래한다. 그러나 Zhang 등(2007)은 카본이 현탁된 백금 위에 축적된 나노크기의 금 클러스터들이 촉매와 간섭하지 않고 그러한 용해를 저지하는 것을 보였다.

9.8.6 Butler-Volmer 방정식

우리는 전적으로 실험적인 데이터를 토대로 하여 Butler-Volmer 식을 유도하였다. 이제 전기화학적인 고려사항들을 바탕으로 하여 동일한 결과에 이르도록 시도하여 보기로 한다.

9.8.6.1 교환전류

균일한 온도에서 서로 다른 두 가지 물질들이 서로 접촉하여 놓여있을 경우 접촉 전위가 발생한다. 가장 익숙한 경우(적어도 전기 엔지니어의 경우)는 $p-n$ 접점†을 가로질러 나타나는 전위이다. n-구역과 p-구역으로 이루어지는 하나의 반도체 결정체에서 n 쪽에 더 풍부한 자유 전자들은 p-쪽을 향하여 확산되는 반면에 p-쪽의 홀들은 n-쪽으로 이동한다.

이 입자들이 하전되지 않는다면 확산과정은 농도가 결정체를 통하여 균일하게 되는 경우에만 멈출 것이다. 이러한 일이 일어나지 않는 이유는 보상 편류전류가 운반체를 확산전류의 반대 방향으로 역으로 흐르게 하도록 하기 때문이다. 편류 전류는 다음과 같이 생성되는 접촉전위에 의해 움직인다: 하전되면 이동하는 전자들은 음전하를 p-쪽으로 전달할 뿐만 아니라 n-쪽에서 보상되지 않은 채로 양으로 하전된 공여체들을 떠난다. 홀들은 또한 n 쪽에서 양전하의 축적에 기여하며 보상되지 않은 수용체들은 p-쪽에서 음전하의 축적에 기여한다. 따라서 n-쪽은 양이 되고 p-쪽은 음이 된다.

† 14.6 절을 참조.

평형상태하의 열린회로 접점에서는 알짜 전류흐름은 없다. 이는 편류전류에 의한 확산전류의 정확한 상쇄의 결과이다. 비록 이러한 교환 전류들이 합하여 정확하게 0이 될지라도† 그들 각각은 0이 아니다; 그들의 크기는 상당히 클 수 있다. 실리콘의 경우 보통의 조건에서 이 전류들은 약 1 1×10^{6} Acm^{-2}정도일 것이다. 이는 자연에서 흔히 발생하는 동적 평형의 좋은 예이다: 0의 순 효과는 두 가지의 큰 반대 효과들의 정확한 상쇄의 결과이다.

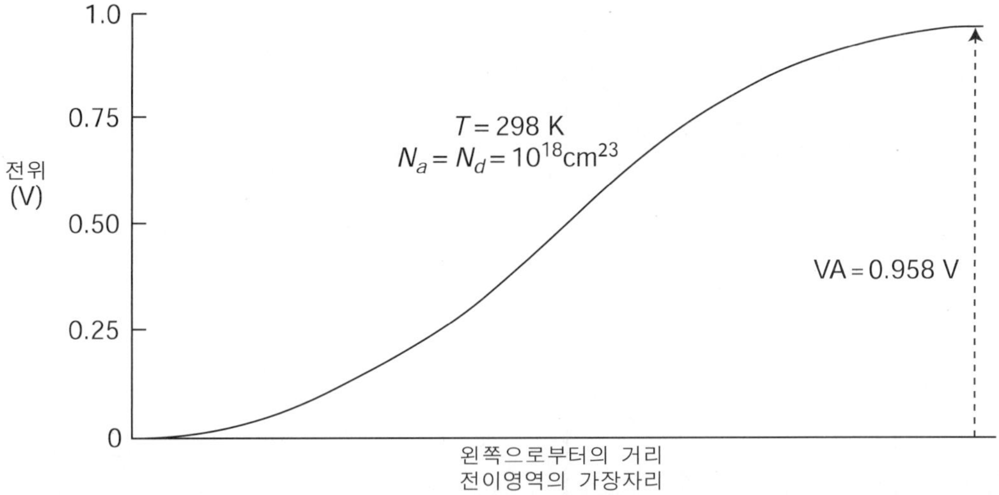

그림 9.34 전위는 간단하고 예측 가능한 방법에서 전위는 $p-n$ 접점의 끝으로부터의 거리에 따라 변한다.

접촉 전위의 한 가지 특징: 이는 임의의 닫힌회로 주위에서 전위들이 서로 상쇄되기 때문에 직접적으로 측정될 수 없다.††

$p-n$ 접점을 통한 전기적 전위의 거동은 예측하기가 쉽다(그림 9.43을 참조). 금속-전해질 접점에서는 상황이 더욱 복잡해지는데 이는 이 계면에서 운반체들의 변화가 존재하기 때문이다—금속 전극에서 전류는 전자에 의해 운반되는 반에 전해질에서는 양이나 음의 이온(각각 음이온과 양이온)에 의해 운반된다. 따라서 전극에서 전해질로, 또는 이와 반대로의 전류의 흐름은 항상 화학반응을 수반한다.

일부가 순간적으로 이온화되는 흡착된 수소 원자들 및 전해질과 동시에 접촉하는 비활성 금속 전극을 고려하여 보자. 전해질과 전극 사이의 전위차에 대한 이 시스템을 통하는 전류의 의존성을 알아보고자 한다. 이 장의 처음 부분에 있는 텍스트 상자 "전지 포텐셜"을 읽어보자.

전극/전해질 특성의 측정

전해질/전극의 전위를 측정하려면 전해질과의 전기적인 접촉이 필요하다. 이는 불가피하게 그 거동을 알아보고자 하는 전극 이외에 추가로 하나의 전극을 더 필요로 한다. 반전지 포텐셜(전극과

† 제 8장에서 논의된 라디오 잡음을 발생하는 미세한 통계적 변동들이 있다.

†† 보다 자세한 사항은 14.7절의 광다이오드를 참조한다.

전해질 사이의 전위)이 아닌 전지 전위(한 쌍의 전극에 걸친 전위)를 측정할 수 있을 뿐이다.

전기화학자들은 유용한 전류범위에 걸쳐 그 전위가 실제 전류와는 무관한 기준전극을 사용한다. 이것은 비분극 전극이라고 불린다. 따라서 작동 전극전위의 절대값은 모를 지라도 전위에 대한 전류의 의존성은 관찰될 수 있다.

국제적으로 수용된 표준 기준전극은 표준수소전극(SHE)인데 이는 불행하게도 사용이 어렵다. 은-은 염소 전극, 또는 칼로멜† 전극과 같은 보다 실용적인 기준전극들이 보통 사용된다.

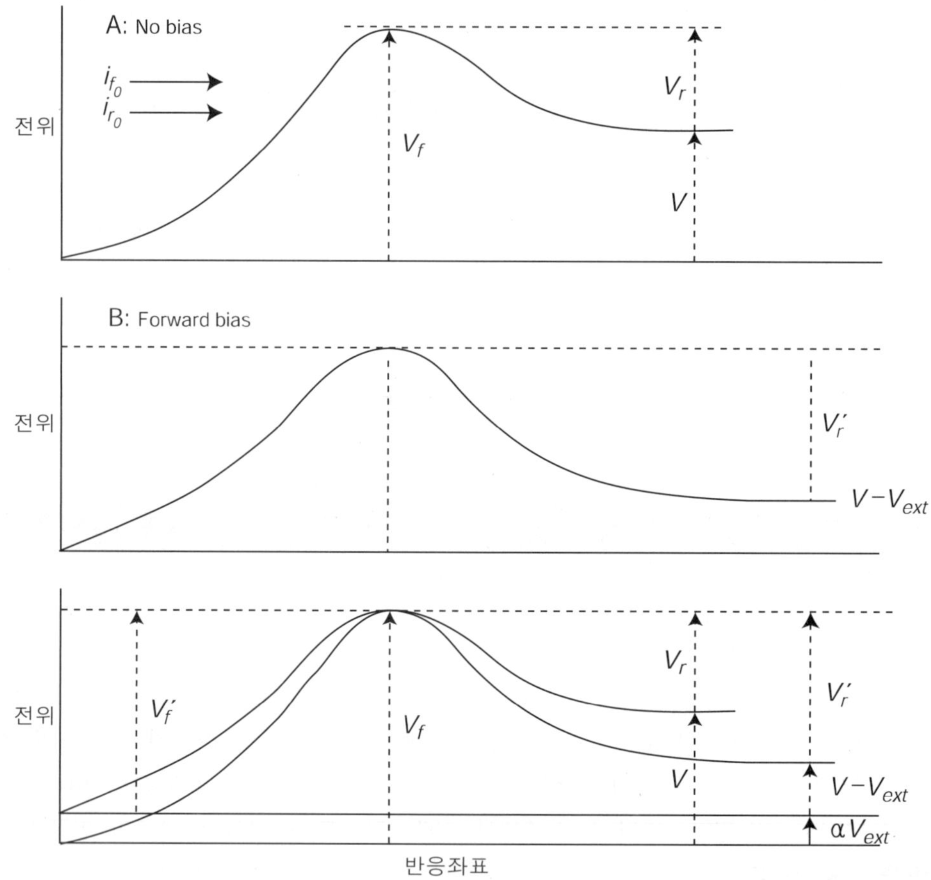

그림 9.35 금속-전해질 계면에서 반응좌표에 대한 전위. A-바이어스 안됨, B-바이어스됨, C-두 경우를 겹친 것.

전자들은 금속에 머무는 반면에 H^+는 용액으로 들어간다. 그 결과 용액은 금속보다 더 양으로 되어(그림 9.35의 전위 V는 이전에 논의된 접촉전위와 비슷하다) 용해된 이온들 가운데 일부가 음으로 하전된 전극으로 다시 끌려오게 한다††. $p-n$의 경우에서와 같이 두 교환전류들이 형성된다.

† 칼로멜(Calmol)은 염화수은, 혹은 수은(I)염소 CL-Hg-Hg-Cl에 대한 일반적인 명칭이다. 이 단어는 그리스어로 "아름다운 블랙(*kalos melas*)"을 의미한다.

†† 용량기에 대하여 어떤 필수적인 양을 갖는지 살펴보자: 음으로 하전된 전극은 매우 얇은 용매층(Helmholtz 층, ≈ 0.3 nm)에 의하여 양으로 하전된 전해질과 분리되어 있다.

1. 정 전류 i_f는 금속을 이탈하는 이온들에 의하여 운반되며 금속 근처의 이온농도 기울기의 영향 하에 전해질로 확산된다.
2. 역 전류 i_r는 전기장의 영향 하에서 금속으로 다시 편류하는 전해질로부터 이온들에 의해 운반된다.

전체 전류는 위의 두 전류들의 합이다.

$$i = i_f + i_r. \tag{9.128}$$

전극들에 대한 외부의 전기적 연결이 없다면 (아래첨자 0으로 나타낸) 정상상태 조건에서 두 전류들은 서로 같으며 반대여서 그들의 합이 영이어야 한다.

$$i_0 = i_{f_0} + i_{r_0} = 0\,. \tag{9.129}$$

부호를 유의하자: $i_f > 0$ 이지만 $i_r < 0$ 이다.

평형조건에서 반응좌표에 대한 전위의 그래프가 그림 9.35A에 제시되어 있다. 정 전류는 활성화 장벽 qV_f을 극복해야 하며 따라서 다음의 형태를 가져야 한다.

$$i_{f_0} = I_f \exp\left(-\frac{qV_f}{kT}\right), \tag{9.130}$$

반면에 역 전류는 전해질이 전극에 대하여 더 높은 전위 V(접촉 전위)에 있으므로 보다 작은 장벽 qV_r을 극복해야 한다. 따라서

$$i_{r_0} = I_r \exp\left(-\frac{qV_r}{kT}\right). \tag{9.131}$$

여기에서 여전히 $I_r < 0$ 이다.

촉매가 없는 경우 V_f는 크며 교환전류들은 작다. 촉매는 V_f을 감소시켜서 이들 교환전류들을 상당히 증가시키는데 따라서 이는 반응의 동특성을 나타내는 훌륭한 지시자이다.

이제 전압이 시스템에 적용되어서 전극과 용액 사이의 전위가 V_{ext} 만큼 감소한다고 가정하자. 달리 말하면 V_{ext}는 금속-전해질 접점을 한쪽으로 치우치게 한다(그림 9.35B를 참조).

이러한 전압의 적용은 정 및 역 활성화 장벽 모두를 변경시킬 것이지만 반드시 같은 양(이는 장벽의 대칭성에 의존) 및 같은 방향은 아니다: 전극으로부터 전해질로의 이온의 확산을 저해하는 정 장벽은 감소되지만 전해질로부터 전극으로의 편류를 저해하는 역 장벽은 증진된다. 정 전류 i_f는 증가되며 역 전류 i_r는 감소되므로 이들은 더 이상 서로 상쇄되지 않으며 알짜 외부 전류가 흐를 것이다. 정 바이어스는 적용된 외부전압 V_{ext}의 일정비율 α에 의해 감소된다. 새로운 정 장벽은 이제

$$V_f' = V_r + (1-\alpha)\,V_{ext}\,. \tag{9.132}$$

α는 전달상수이며 0 보다 크고 1보다 작아야 한다.

이는 다음과 같이 역 장벽을 변경시키는 전위 $(1-\alpha)V_{ext}$을 남긴다.

$$V_f' = V_f + (1-\alpha)V_{ext}. \tag{9.133}$$

만약 기호들이 혼란스럽다면 바이어스된 것과 안된 것을 겹친 그림 9.35C를 살펴봄으로써 상황을 파악할 수 있을 것이다.

이제 두 교환전류들은 다음과 같다.

$$i_f = I_f \exp\left[-\frac{q(V_f - \alpha V_{ext})}{kT}\right] = i_{f_0}\exp\left[\alpha\frac{qV_{ext}}{kT}\right], \tag{9.134}$$

$$i_r = I_r \exp\left[-q\frac{V_r + (1-\alpha)V_{ext}}{kT}\right] = i_{r_0}\exp\left[-(1-\alpha)\frac{qV_{ext}}{kT}\right]. \tag{9.135}$$

외부 회로에서 순환되는 전체 전류는

$$\begin{aligned} i = i_f + i_r &= i_{f_0}\exp\left[\alpha\frac{qV_{ext}}{kT}\right] + i_{r_0}\exp\left[-(1-\alpha)\frac{qV_{ext}}{kT}\right] \\ &= i_{f_0}\exp\left[\alpha\frac{qV_{ext}}{kT}\right] - i_{f_0}\exp\left[-(1-\alpha)\frac{qV_{ext}}{kT}\right] \end{aligned} \tag{9.136}$$

식 9.136은 Butler-Volmer 식으로서 실험적으로 유도된 식 9.109와 같다.

비록 식 9.136는 여기에서 반전지 반응의 경우에 대해서 유도되었지만 완전지 반응의 경우에 대해서도 정확하게 같은 형태를 갖는다.

9.8.7 전달손실

지금까지 우리는 연료전지에서 세 가지의 중요한 손실 메커니즘들, 즉 열린회로 전압강하, 내부 저항, 그리고 활성화 에너지 손실들을 살펴보았다. 연료전지가 너무 가혹하게 작동되는 경우 발생하는 추가적인 손실 메커니즘으로서 전달손실이 있다.

높은 전류에서 촉매층에서의 반응은 반응물들의 농도를 고갈시키기에 (아울러 생성물 농도를 과도하게 증가시키기에) 충분할 정도로 빠를 수 있다. 반응물들은 굴곡진 통로들을 통하여 전지의 활성 영역으로 전달되어야 한다; 이들은 흐름판들에 의해 전극 표면 위에 고르게 분포되어야 하며, 대부분 시간에서 전극의 미로와 같은 공극들을 통해 스며 나와야 한다. 일반적으로 흐름 채널에서의 흐름은 압력차에 의해 지배받는 반면에—이는 대류 흐름이다—다공성 전극들을 통하는 이동은 농도 기울기에 의해 지배받는다. 이는 다음과 같은 확산흐름이다.

$$j = -qD\frac{dn}{dx}, \tag{9.137}$$

여기에서 j는 전류밀도(반응물 플럭스에 비례)이며 D는 확산상수, n은 농도, 그리고 x는 거리이다.

농도 기울기가 일정하다고 가정하면

$$j = -qD\frac{\Delta n}{\Delta x} = -qD\frac{n_X - n_0}{X}\,. \tag{9.138}$$

여기에서 X는 전극의 두께이다.

주어진 n_0에 대하여 n_X = 0일 때 최대 전류밀도에 도달한다.

$$j_{\max} = qD\frac{n_0}{X} \tag{9.139}$$

이로부터

$$n_X = n_0 - \frac{X}{qD}j\,. \tag{9.140}$$

전압은 Nernst의 방정식에 따라 농도에 의존한다(식 9.70):

$$V = V_0 + \frac{RT}{nF}\ln\left(\frac{n_X}{n_0}\right) = V_0 + \frac{RT}{nF}\ln\left(\frac{n_0 - \frac{X}{qD}j}{n_0}\right) = V_0 - \frac{RT}{nF}\ln\left(\frac{j_{\max}}{j_{\max} - j}\right).$$

$$= V_0 - \frac{RT}{nF}ln\left(\frac{j_{\max}}{j_{\max} - j}\right) \tag{9.141}$$

$$\Delta V_{transp} \equiv V_0 - V = \frac{RT}{nF}\ln\left(\frac{j_{\max}}{j_{\max} - j}\right) = \frac{RT}{nF}\ln\left(\frac{i_{\max}}{i_{\max} - i_L}\right) \tag{9.142}$$

이는 활성 전지영역들이 상쇄되기 때문이다. ΔV_{transp}는 전극 벽들을 통한 반응물의 확산에 의해 유발되는 농도 감소에 기인하는 전압 손실이다.

비록 위의 식이 i_L에 대한 ΔV_{transp}의 의존성의 양상을 적절하게 예측하지만 ΔV_{transp}의 실제값을 낮게 추정하고 있다. 이는 부분적으로 Bulter-Volmer 식에서 i_{r_0}의 값에 대한 감소된 농도의 영향, 즉 반응 동특성에 대한 보다 낮은 농도의 영향을 포함하지 않았기 때문이다. 또한 두 흐름판들에서 압력 강하의 영향을 고려하지 않았다.

현대의 연료전지에서 $j_{\max}$의 대표적인 값은 약 10,000 A/m² 정도이다. 이는 매우 높은 전류밀도이다.

그림 9.36은 전달손실에 의해 심각하게 제한받는 가상적인 연료전지의 계산된 $V-I$ 특성을 보여주고 있다. 그림에서 이용된 데이터는 내부저항 $R_{int} = 0.00476$ Ω, 교환전류 $i_0 = 0.5$ A, 전달계수 $\alpha = 0.783$, 전달 제한전류 $i_{\max} = 110$ A, 그리고 작동온도 $T = 363$K이다. 이전의 서술에서 언급된 과소추정을 보상하기 위하여 식 9.142로부터 계산되는 전달손실들에 (매우 임의적으로) 3을 곱했다.

Ralph와 Hogarth (2002)의 문헌으로부터 취한 그림 9.37은 이 절에서 논의된 다른 손실들의 상대적인 크기를 나타낸다. 가장 뚜렷하게 관찰되는 것은 양극에서의 산소의 감소와 연관되는 손실들은 음극에서 수소가 산화되는 것과 연관되는 손실들보다 훨씬 더 크다는 사실이다. 실제로 양극 동역학으로 인하여 전압강하는 (적절한 운전전류에서) 400mV를 초과하는 반면에 음극에서의 상응하는 강하는 100mV 미만이다. 순수한 백금으로 작동되는 경우 반응속도들의 차이는 음극에서의 약 10A/㎡과 비교되는 양극에서의 낮은 교환전류(10^{-8} ~ 10^{-6} A/㎡)에 의해 보다 극명하게 나타난다.

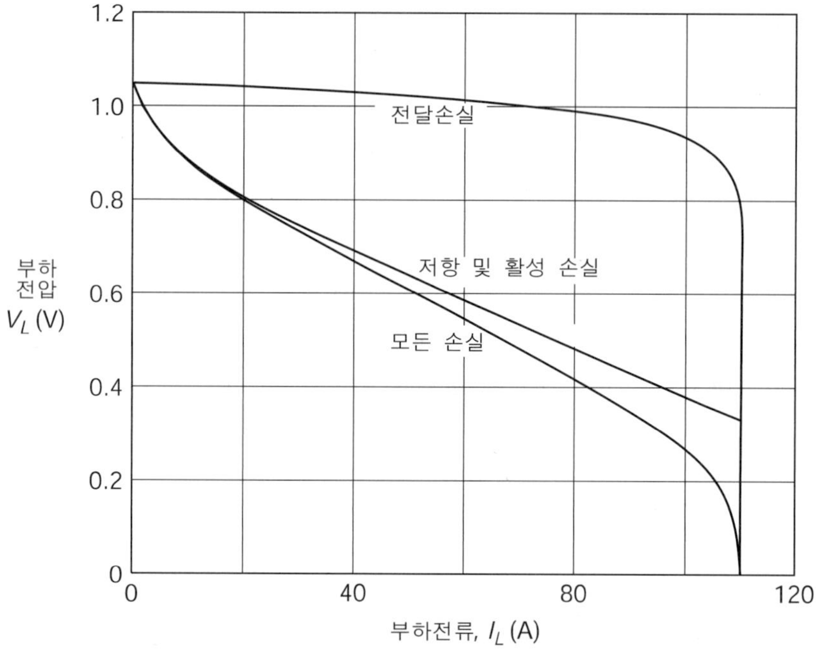

그림 9.36 전달손실들은 낮은 전류들에서 뚜렷하지 않는 경향이 있으며 부하전류가 i_{max}에 접근함에 따라 급격히 증가한다.

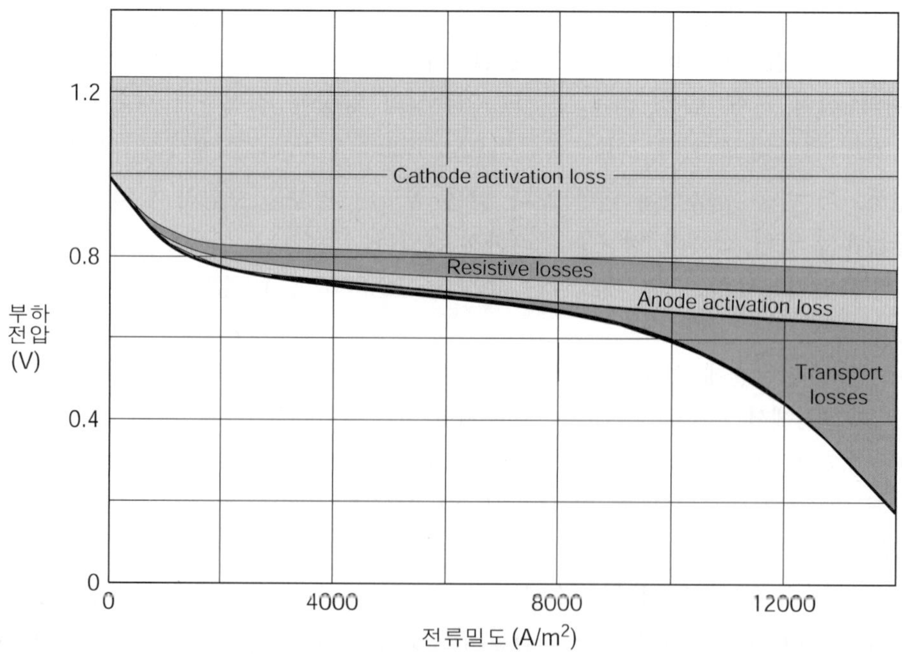

그림 9.37 전형적인 SPFC에서 손실들은 양극에서 산소의 환원에 대한 역반응 속도에 의해 두드러진다.

9.8.8 연료전지에 의한 열의 소산

가역성으로부터의 편차는 열로 나타나는 손실들을 이룬다. 열적 평형에서 열 제거 속도는 반응으로부터 이용 가능한 전체 동력과 부하로 전달되는 전력 사이의 차와 같다. 반응으로부터 이용 가능한 동력은 $|\Delta \bar{h}|\dot{N}$ 인데 여기에서 $\Delta \bar{h}$는 생성물 1 킬로몰 당의 반응에 의한 엔탈피 변화이며 $\dot{N}$는 생성물이 생성되는 속도이다. P_{heat}가 제거된 열이고 P_L이 부하에서의 전력이라면

$$P_{heat} = |\Delta \bar{h}|\dot{N} - P_L . \tag{9.143}$$

실제 전지에서 열 생성에 대한 몇 가지 메커니즘들이 존재한다:

1. 열역학적 열 동력, $P_{thermodynamics} = T|\Delta \bar{s}|\dot{N}$. 이 열은 가역전지들에서도 (좀처럼 흡수되지 않고) 제거된다.
2. 가역적인 전압 V_{rev}와 열린회로 전압 V_{oc} 사이의 차이로부터 비롯되는 열. 이는 $P_{oc} = (V_{rev} - V_{oc})I$ W이다.
3. 전지의 내부저항 R_{int}에서 소산되는 열. 그 양은 $P_{joule} = I^2 R_{int}$에 달한다.
4. 간단한 $V_L = V_{oc} - IR_{int}$ 거동으로부터 전지전압의 다른 편차 V_{extra}에 기인하는 열. 이러한 편차들은 활성화 전압강하 V_{act}, 또는 앞에서 언급한 전해질의 소모로부터 초래되는 전압강하로 인하여 나타날 수 있다. 그 양은 $P_{extra} = V_{extra}I$ 에 달한다.
5. 생성된 물의 응축열 $P_{cond} = |\Delta \bar{h}_{cond}|\dot{N}$. 반응(식 9.143)의 $\Delta \bar{h}$가 수증기의 생성에 대한 값이고 얻어진 물이 수증기로 제거되거나, 혹은 $\Delta \bar{h}$가 액상 물의 형성에 대한 값이고 물이 액체로 제거된다면 P_{con}은 0으로 취해야 한다.

보기 4

그림 9.29의 Ballard 연료전지를 고려하여 보자. 부하로 전달될 수 있는 최대 동력은 얼마인가? 열은 얼마나 발생되는가? 전지의 효율은 얼마인가? 70℃에 대한 $V-I$ 특성을 이용하여라. 그러나 문제를 간단하게 하기 위해서 작동조건은 RTP 상태라고 가정한다. 생성된 물은 전지로부터 수증기의 형태로 제거된다.

전지의 $V-J$ 특성은

$$V_L = 0.913 - 49.3 \times 10^{-6} \text{ J}. \tag{9.144}$$

따라서 출력동력은

$$P_L = V_L J = 0.913J - 49.3 \times 10^{-6} J^2 \text{ W m-2}, \tag{9.145}$$

이는 활성전극 표면 1제곱미터당 전지가 부하로 전달하는 동력이다. 전지가 최대 동력을 전달하는 경우에는

$$\frac{dP}{dJ} = 0.913 - 98.6 \times 10^{-6} J = 0, \tag{9.146}$$

또는

$$J = 9260 \ \ \mathrm{A/m^2} \tag{9.147}$$

이 전류에서 전지는 4230 W/m²를 전달한다.

100% 전류효율에서 물의 합성속도는

$$\dot{N} = \frac{J}{qn_e N_0} = \frac{9260}{1.60 \times 10^{-19} \times 2 \times 6.02 \times 10^{26}}$$
$$= 48 \times 10^{-6} \ \ \text{kilomoles } (\mathrm{H_2O})\text{s-1m-2}. \tag{9.148}$$

따라서 전지로의 에너지 입력은

$$P_{in} = \Delta \overline{h}\, \dot{N} = 242 \times 10^6 \times 48 \times 10^{-6} = 11{,}600 \ \ \mathrm{W/m^2}. \tag{9.149}$$

이들 가운데 4230W/m²는 부하에서 전기적 에너지로 나타나므로 $11{,}600 - 4{,}230 = 7{,}370$ W/m² 의 열이 발생된다.

전지 내부에서 Joule 손실은 다음과 같음을 주목하자.

$$P_{Joule} = P_{int} J^2 = 49.3 \times 10^{-6} \times 9260^2 = 4230 \ \ \mathrm{W/m^2}. \tag{9.150}$$

이는 물론 부하로 전달되는 동력과 같은데 그 이유는 최대 동력전달을 위해서 부하저항은 발전기의 내부저항과 같아야 하기 때문이다.

열역학적 열은

$$P_{therm} = T|\Delta \overline{s}|\dot{N} = 298 \times 44.4 \times 10^3 \times 48 \times 10^{-6} = 635 \ \ \mathrm{W/m^2}. \tag{9.151}$$

V_{rev}와는 다른 V_{oc}로 인한 손실들의 양은

$$P_{oc} = (V_{rev} V_{oc}) J = (1.185 - 0.913) \times 9260 = 2519 \ \ \mathrm{W/m^2} \tag{9.152}$$

필연적으로

$$P_{in} = P_{therm} + P_{oc} + P_{Joule} + P_L. \tag{9.153}$$

이 전지의 효율은

$$\eta = \frac{P_L}{P_{in}} = \frac{4230}{11{,}600} = 0.365. \tag{9.154}$$

보기 4에서 전지에 의해 전달되는 전류(9260 A/㎡)는 Ballard 데이터에서의 최대 전류 (7000 A/㎡)를 초과한다. 이는 아마도 전지가 이 동력을 모두 전달할 수는 없다는 것을 의미한다—즉 전지가 생성하는 7400 W/㎡의 열을 소산시킬 수 없다.

만일 보다 낮은 출력수준에서 작동된다면 전지의 효율은 위의 극단적인 보기에서보다 상당히 클 것이다. 사실 $J=7000\ A/cm^2$에서 효율은 약 45%가 될 것이다.

9.8.8.1 연료전지로부터의 열의 제거

연료전지의 작동온도는 전지의 종류에 따라 달라진다. 어떤 전지에서 만약 온도가 변하지 않은 채로 유지된다면 발생된 열 동력 P_{heat}와 동일한 열 동력 P_{remov}는 장치로부터 제거되어야 한다.

이러한 열 제거는 수동적으로 수행될 수 있거나 특별한 열 교환 기법들을 사용함으로써 수행될 수 있다. 예를 들면 열은 전지의 산소 요구량을 만족시키기 위해 요구되는 수준을 초과하는 공기의 흐름속도를 이용하여 제거할 수 있다. 반응물의 제거에 이와 동일한 흐름의 공기 또한 유용할 것이다.

부록: 배터리

A9.1 서론

비록 Michael Faraday가 1821년에 역학적인 발전기를 입증하였으며 1832 경 몇 가지의 시범적인 역학적 발전기가 제작되었지만 전력을 널리 사용하는 계기가 된 것은 Thomas Edison (1880)과 Werner von Siemens (1881)의 업적이다. 따라서 1859년 Gaston Planté가 납-산 배터리를 발명했을 때에는 저장될 예비된 전력원이 없었다. 특히 Plante의 배터리는 다른 배터리들에 의하여 생성된 전기를 저장하도록 고안된 장치로서 발명에 대한 빛나는 미래를 약속하지는 못했다. 그럼에도 불구하고 납-산 배터리는 약 150년 동안 살아남았으며 지금까지 만들어진 가장 성공적인 전기 저장장치로 간주할 수 있다. 그러나 이제는 경향이 바뀌고 있으며 보다 적절한 배터리에 대한 점증하는 요구에 따라 이에 대한 연구는 새로운 화학적 영역으로 되살아나고 있다. 보다 높은 중량 에너지 밀도들에 대한 필요성은 우리의 관심을 가장 고밀도의 금속인 납으로부터 가장 가벼운 금속인 리튬으로 옮겨 놓았다. 이들 사이에서 우리는 주기율표의 원소들로서 수은, 카드뮴, 니켈, 황, 나트륨, 그리고 많은 다른 원소들의 샘플을 취하였다.

현재 납-산 배터리들은 그의 특별한 기술에서 어떤 주된 개선을 찾아보기 힘들 정도로 성숙된 반면에 리튬은 급속하게 발전해 가는 중이다.

A9.2 용량

대부분의 차량의 운전에서는 어떤 주어진 시간에서 차량의 에너지 공급이 소모되기 전에 얼마나 멀리 운전할 수 있는가를 아는 것이 유용하다. 이것은 특히 자동차에 대해서 사실이다. 만일 내장된 장치가 차가 연료를 다시 공급받거나 재충전하기 전에 몇 킬로미터나 더 갈 수 있는지를 적당한 정확도로 지시해줄 수 있다면 이상적일 것이다. 차량에는 어떤 기상조건에서 어떤 속력으로, 어떤 도로조건에서, 그리고 도로가 평평하거나 내리막이거나 오르막인 경우 차가 어떻게 운전될 것인가를 장치가 예측할 수 있는 방법이 없기 때문에 이는 명백히 불가능한 일이다. 내연 차량의 경우 우리는 저장소에 남아있는 에너지의 양을 측정하는 보다 간단한 장치를 수용하기에 이른 상태이다. 다만 이 에너지를 잔여 범위로 전환시키는 작업은 그러한 추정을 수행하는 두뇌의 능력에 맡기기로 한다. 액체 연료 자동차에서 저장된 에너지를 측정하는 것은 단순히 연료의 부피(일반적으로 연료의 액위)를 측정하는 일이다.

전기, 즉 배터리로 움직이는 차에서는 배터리가 이용되는 방식에 따라 에너지가 좌우되기 때문에 배터리로부터 추출될 수 있는 에너지를 결정할 수 없으므로 상황은 훨씬 더 복잡하다. 실제로 배터리의 전하상태(SOC)는 거의 변함없이 에너지의 양이 아닌 충전량의 척도이다.

하전된 장치에 의해 배터리로 전달되는 전하의 양은 충전 전류와 시간을 기록함으로써 간단하게 결정할 수 있다,

$$C_{charge} = \int I dt. \tag{A.155}$$

보통 사용되는 단위는 쿨롱이 아닌 A-hr이다. C_{charge}는 배터리에 의해 취해진 전하의 양이 아니며 분명히 배터리가 부하로 전달하는 전하 C_{load}는 아니다. C_{load}/C_{charge} 비율은 전하 수용, 혹은 쿨롱 효율로 다양하게 불리며 배터리의 상태와 종류, 온도, 그리고 충전되는 속도의 함수이다. 우리는 지금 에너지의 비가 아닌 전하의 비(이들은 서로 상당히 다른 양이다)에 대하여 말하고 있음을 주목하자. 가장 간단히 배터리는 내부저항 R_{int}과 직렬로 연결된 전압 소스 V_{oc}로 모델링될 수 있다; 그러므로 에너지는 전하와 방전에서 배터리가 방출하는 양 $I^2 R_{int}$를 포함해야 하며 따라서 충전 전류 I에 강하게 의존한다.

358 용량† C_{load}, 또는 간단히 C는 배터리가 얼마나 많은 전하를 부하로 전달할 수 있는지에 대한 다소 모호한 척도이다. 이는 온도, 배터리의 수명, 전하의 상태, 그리고 방전 비율에 의존하므로 부정확한 양이다. 형식적으로는 일정한 방전율 I에 대해서,

$$C = tI \text{ Ah}. \tag{A.156}$$

완전하게 충전된 두 개의 동등한 배터리들은 동일한 상황에서 선택되는 방전 전류에 따라 부하로 서로 다른 전하들을 전달할 것임이 밝혀졌다. 달리 말하면 C는 일정하지 않으며 방전 평가시간(방전이 일정한 전류에서 발생한다고 가정)에 대한 추가적인 정보가 수반되지 않는다면 완전하게 충전된 배터리에 대한 C 값은 배터리의 특성을 적절하게 나타내지 않는다.

Peukert††는 1987년 무엇이 일정한가를 보였다.

$$tI^n = constant, \tag{A.157}$$

여기에서 n는 Peukert 수로서 언제나 1보다 약간 크다. 납-산 배터리들의 경우 대표적인 값은 1.2이다.

Peukert의 법칙은 다음과 같이 쓸 수 있다.

$$tI \times I^{n-1} = A, \tag{A.158}$$

† 용량은 ampere-hours의 단위로 측정되며 farad로 측정되는 커패시턴스와는 아무 상관이 없다.
†† 가능한 발음: *Poikert*, 여기서 *e*는 *air*에서의 *ai*와 같이 발음한다.

여기에서 Λ는 상수이다.

20시간동안 일정한 전류에서, 즉 10A의 전류에서 방전되는 경우 200Ah에서 등급이 설정된 Peukert 수가 1.2인 자동차 배터리를 고려하여 보자. 방전이 20A에서 진행된다면 이 배터리의 용량 C는 얼마이겠는가?

식 A.158로부터 $t = 20$시간, $I = 10\text{A}$ 그리고 $n = 1.2$에 대하여 Λ를 계산할 수 있다.

$$\Lambda = 20 \times 10 \times 10^{1.2-1} = 317\,. \tag{A.159}$$

$I = 20\text{A}$에서

$$C = \Lambda I^{1-n} = 317 \times 20^{1-1.2} = 174\ \text{Ah}. \tag{A.160}$$

조정된 용량을 간단히 방전전류로 나눔으로써 위의 방전이 얼마나 오래 진행될 것인가를 쉽게 알 수 있다:

$$t = \frac{C}{I} = \frac{174}{20} = 8.7 \quad \text{hr}. \tag{A.161}$$

Google은 현재 가장 유용한 연구도구가 되었지만 그 자체의 성질에 의해 또한 영원한 오류의 보유자가 되었다. Peukert의 법칙을 다루는 Google의 인용에서 대부분은 배터리의 용량이 다음 식으로 주어진다고 담담하게 언급하고 있다.

$$C = tI^n \tag{A.162}$$

여기에서 C는 A-hr, I는 A, t는 hr, 그리고 n는 무차원이다.

이 식을 이전의 보기에 적용하면

$$t = \frac{C}{I^n} = \frac{200}{20^{1.2}} = 5.5 \quad \text{hr}. \tag{A.163}$$

이는 이전에 계산했던 8.7시간과 상당히 다르다. 이러한 불일치의 이유는 물론 A-hr 단위의 전하는 지수 n인 A 수에 시간을 곱한 것과 같다고 주장하는 식 A.162 때문이다.

A9.3 Ragone 그래프

규격이 다음과 같은 납-산 배터리를 고려하여 보자.

$V_{oc} = 11.89 + 0.0074 \times SOC$, 여기에서 SOC는 단위가 퍼센트인 전하의 상태.
일정한 4A 방전속도(20-시간 방전)에서 용량 $C = 80\,\text{Ah}$;
내부저항 $R_{int} = 0.0375\,\Omega$.
Peukert 수 = 1.3.
질량 $m = 31\,\text{kg}$
부피 $v = 0.01\,\text{m}^3$ $(300 \times 170 \times 200\text{mm})$.

정격 전류(4A)에서 20시간동안 작동될 경우 배터리가 부하로 전달하는 총 에너지 W는 대략

$$VI\Delta T = (V_{oc} - R_{int}I)I\Delta T, \qquad (A.164)$$

여기에서는 배터리가 방전됨에 따라 V_{oc}가 변하지는 않는다고 가정한다(아주 사실은 아니다). $V_{oc} = 12.5\text{V}$를 취하면 다음을 얻는다.

$$W = (12.5 - 0.0375 \times 4) \times 4 \times 20 \approx 988 \quad \text{Wh}. \qquad (A.165)$$

이는 $988/31 = 31.9\,\text{Wh/kg}$의 중력 에너지 밀도와 $988/0.01 = 98{,}800\,\text{Wh/m}^3$의 부피 에너지 밀도를 갖는 배터리를 의미한다.

완전히 충전된 배터리가 부하로 전달할 수 있는 가장 큰 동력은 얼마인가?

완전히 충전되는 경우($SOC = 100$) 배터리의 부하전압은

$$V = 11.89 + 0.0074 \times 100 - 0.0375I = 12.63 - 0.0375I, \qquad (A.166)$$

부하로 전달되는 동력은

$$P_L = (12.63 - 0.0375I)I = 12.63 - 0.0375I^2, \qquad (A.167)$$

그리고 배터리가 전달할 수 있는 최대 동력은 다음으로부터 얻을 수 있다.

$$\frac{P_L}{dI} = 12.63 - 0.075I = 0, \qquad (A.168)$$

이로부터 $I_{max} = 72.2$ A이다. 최대 동력은

$$P_{L_{max}} = 12.63 \times 72.2 - 0.0375 \times 72.2^2 = 738 \text{ W}. \qquad (A.169)$$

배터리의 중력 동력밀도는 $733/31 \approx 24\,\text{W/kg}$이며 부피 동력밀도는 $738/0.01 = 73.8\,\text{kW/m}^3$이다.

이제 전기에너지 저장 시스템의 다른 형태인 초저장체에 대하여 알아보자. Maxwell은 그러한 장치들을 많이 구성하였는데 이들 가운데 하나는 다음과 같은 규격의 BCAP 3000이다.

$V_{max} = 2.7\text{V}$.
용량 $C = 3000\text{F}$.
내부저항(dc) $R_{int} = 0.00037\,\Omega$.
부피 $v = 0.000475\,\text{m}^3$.
질량 $m = 0.55\,\text{kg}$.

용량기에 저장된 에너지는

$$W = \frac{1}{2}CV^2. \qquad (A.170)$$

그러나 실제적인 이유로 인하여 전압이 이를테면 $\frac{1}{2}V_{max}$로 떨어질 경우 유용한 방전은 중단되어야 한다. 그러므로 이용 가능한 에너지는

$$
\begin{aligned}
W_{avail} &= \frac{1}{2}CV_{max}^2 - \frac{1}{2}C\left(\frac{V_{max}}{2}\right)^2 \\
&= \frac{3}{8}CV_{max}^2 = \frac{3}{8}\times 3000\times 2.7^2 = 8,200 \qquad \mathrm{J} = 2.3\mathrm{Wh}.
\end{aligned} \tag{A.171}
$$

중력 에너지 밀도는 2.3/0.55 = 4.2Wh/kg.

최대 동력은 용량기의 내부저항과 일치하는 부하로 전달된다.

$$
P_{max} = \frac{2.7^2}{4\times 0.000375} = 4,900 \;\; \mathrm{W}, \tag{A.172}
$$

또는 중력 동력밀도는 8.8 kW/kg이다.

다음 표는 두 개의 서로 다른 저장 시스템들에 대한 결과들을 요약한 것이다.

저장시스템	에너지밀도(Wh/kg)	동력밀도(W/kg)
배터리	129	24
용량기	4.2	8,800

이들 두 저장 시스템들은 상당히 다르게 거동한다는 사실은 명백하다. 단계적으로 전달되는 많은 에너지가 필요하다면(이를테면 긴 고속도로에서 자동차를 운전하는 경우) 배터리를 취한다; 짧은 시간동안 지속되는 강력한 에너지를 원한다면(고속도로에서 추월하는 경우) 용량기를 취한다.

표에 연료전지를 포함시키도록 하자. Ballard는 다음과 같은 특성들을 갖는 자동차용 연료전지 Mark1100을 생산한다.

최대 순 동력:110kW 연속
최대 전류: 440 A.
DC 전압: 250 V.
연료: 수소기체(상용 등급).
산화제: 공기.
온도(최대): 90℃
냉동 개시능력: −20℃
연료 압력 (보통): 1.2 ~ 1.7 기압(게이지).
길이 × 너비 × 높이: 804×485×210㎜.
무게: 120kg.
부피: 82 리터

중력 에너지 밀도를 추정하기 위해서는 얼마나 많은 연료를 시스템의 한 부분으로 고려해야 할지를 결정해야 한다. 예를 들어 총 동력(550kWh)에서 5시간 동안 연속으로 연료전지를 사용할 필요가 있다고 결정한다면 50%의 효율을 가정할 때 대략 4GJ, 또는 28kg의 수소가 필요할 것이다. 만약 저장 시스템이 하이브리드 시스템, 또는 압축기체 시스템이라면 기체를 더하여 100kg의 용기에서 약 6kg의 수소를 운반할 수 있다. 그러므로 28kg의 수소는 $100 \times 28/6 = 467$kg의 질량을 시스템에 추가하는 셈이다. 여기에 120kg의 연료전지를 더하므로 전체 질량은 567kg이 되고 중력 에너지 밀도는 $550,000/587 = 937$Wh/kg인 결과를 얻는다.

그러나 더 많은 연료를 원하는 경우 에너지 밀도는 점진적으로 향상되어 550,000/467=1180 Wh/kg에 접근한다.

위에서와 같이 28kg의 수소를 사용하는 경우, 즉 연료저장 시스템의 질량만을 감안하는 경우 이 연료전지에 대한 중력 동력밀도는 $110,000/(467+120) = 187$W/kg이다. 아래의 표는 비교되는 세 가지 저장 시스템의 에너지 밀도와 동력밀도를 요약한 것이다.

저장시스템	에너지밀도(Wh/kg)	동력밀도(W/kg)
배터리	129	24
용량기	4.2	8,800
연료전지	1180	187

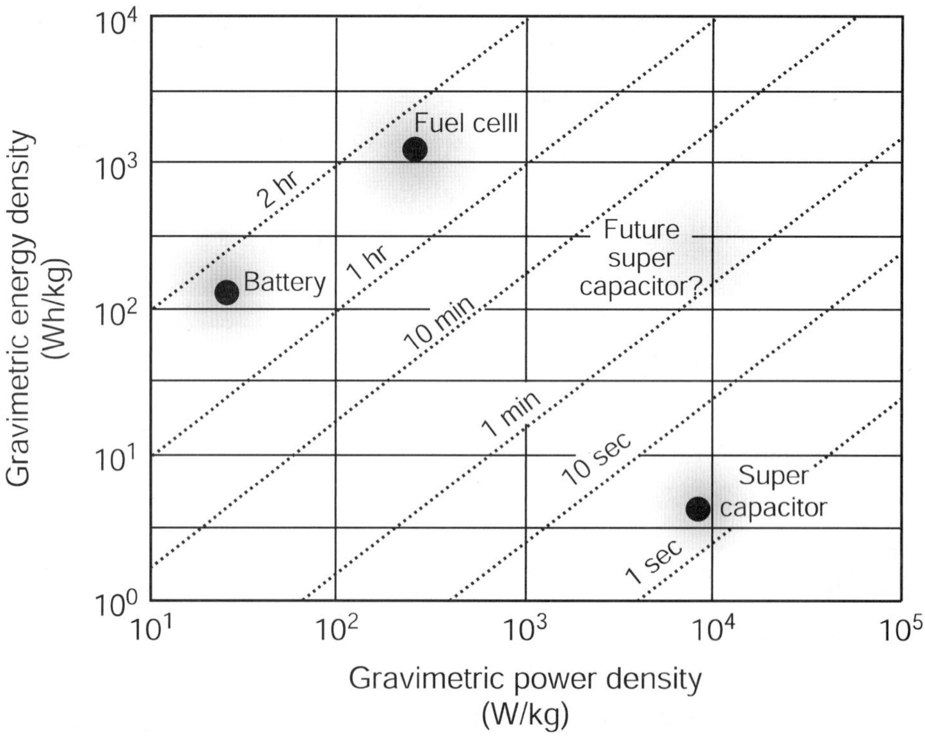

그림 9.38 Ragone 도표는 다른 에너지 저장 시스템들의 상대적인 특성들을 한 번에 보여준다. 도표의 북동쪽 구석으로부터 시도하는 것이 이상적일 것이다.

다른 에너지 저장 시스템의 성능을 비교하기 위해서 그림 9.38에서와 같이 Ragone 그래프로 불리는 도표 상에 로그 척도를 사용하여 중력 동력밀도에 대한 중력 에너지 밀도를 그려보자. 동력밀도(W/kg)에 대한 에너지 밀도(Wh/kg)의 비율은 (Peukert 수를 1로 가정할 경우) 저장 소스가 총 동력을 전달할 수 있는 시간이다. 도표에서는 일정한 방전시간의 등치선들을 점선으로 나타내었다. 용량이 지금 이용 가능한 것들보다 약 3배 이상 큰 초용량 장치들을 개발하기 위한 노력들이 진행되고 있다. 이것은 물리적으로 불가능한 것이 아니며 전기에너지 저장기술에서의 커다란 문제를 해결하여 줄 것이다.

A9.4 일부 배터리들의 화학

A9.4.1 일차 배터리

어떤 전기화학적 배터리들을 어떻게 함께 다룰 것인가를 설명하기 위해서는 이탈리아 과학자 Alessandro Volta(1745-1827)가 현대 기술에서 가장 주목할 만한 전환점을 이루었던 1800년으로 되돌아가는 것보다 더 나은 길이 없다. Volta 이전에는 전기는 오로지 정전기적 기계에 의해서 생성되었다—높은 전압이 생성되었으나 전류는 그 효과를 적절하게 조사할 수 없을 정도로 극히 짧았다. Volta가 세상에 기여한 것은 지속적인 전류를 전달하는 능력이 있는 장치였으며 이로부터 물리학과 기술의 완전히 새로운 장이 열렸다.

Volta 전지 (1800)

Volta 전지는 염에 함침시킨 한 장의 종이에 의해 은 (또는 구리) 원판으로부터 분리된 아연 원판으로 구성되었다. 발생된 전압은 (특히 당시 이용 가능했던 둔감한 측정장치들의 관점에서) 상당히 낮았다. 이로부터 많은 전지들을 직렬로 축적하여 "파일", 혹은 배터리를 형성하게 되었다—이는 실제로 이제까지 구성된 최초의 쌍극구조이다.

"Volta" 전지는 아연과 구리 전극을 묽은 (10% 정도) 황산용액에 담그는 것으로 만들어 질 수 있다. 아연은 산화될 것이다:

$$Zn \rightarrow Zn^{++} + 2e^{-}, \tag{A.173}$$

이로부터 외부 전류를 위한 전자들을 공급한다; 아연 전극은 전지의 음극이 된다. 아연 이온들은 물에서 용해된다. 강력한 산인 황산은 대부분 이온들로 전리될 것이다†:

$$H_2SO_4 \rightarrow 2H^{+} + SO_4^{--}. \tag{A.174}$$

아연 이온들은 황산염 이온들과 결합하여 아연 황산염을 형성한다. 하이드로늄 $H^{+}(H_2O)_x$ 형태의 양자들은 전해질을 통해 구리로 이동하고 그곳에서 (외부 회로를 통하여 전달되는 전자들과 결합하여) 수소로 환원되어 기체 거품으로 배출된다. 총괄 반응은

---

† 산의 강도는 수용액에서의 해리 정도의 척도이다. 염산은 완전히 H^{+}와 Cl^{-}로 전리된다; 이는 매우 강산이다. 황산은 더 약하지만 여전히 강산이다. 놀랍게도 불화수소산은 그의 부식성에도 불구하고 약산이다: 실온에서 수용액 상태로 있을 때 H^{+}의 농도는 중성 HF의 분자들의 농도의 3%보다 작다.

$$Zn + H_2SO_4 \rightarrow ZnSO_4 + H_2 \quad (A.175)$$

수소와 같은 고에너지 화학물질을 생성하고 이를 간단히 배출함으로써 Volta 전지는 화학적 에너지를 전기적 에너지로 변환시키는 매우 효율적인 방법은 될 수 없다.

Volta 전지의 실제 활용성을 더욱 감소시키는 두 가지의 주된 어려움들은 다음과 같다:

1. 전류가 흐르기 시작하고 나서 바로 구리 전극은 부착되는 작은 수소방울로 덮이는데 이는 단열층을 형성하여 전달되는 전류를 심각하게 제한시킨다. 이는 분극화라고 불린다.
2. 전류가 없을 경우에서도 아연은 대개 황산에 의해 부식되어 배터리의 수명을 상당히 감소시킨다.

Daniell 전지 (1836)

분극화를 피하기 위한 한 가지 방법은 수소의 방출을 유발시키는 반응들로부터 멀리 떨어지는 것이다. 영국의 화학자 John Frederic Daniell(1790-1845)은 바로 이를 수행하여 그의 이름을 딴 전지를 발명하였다.

Daniell 전지들은 19세기에 특히 전신 시스템에서의 전원으로 널리 이용되었다. 이 전지들은 이온들이 통과할 수 있는 막에 의해 두 구획으로 나누어진 하나의 용기로 구성되었다. 한 구획에서 아연 전극은 아연 황산염 용액에 담가졌으며 다른 한 구획에서 구리 전극은 구리 황산염 용액에 잠겨진다.

아연 음극은 산화된다(즉 전자들을 잃는다).

$$Zn \rightarrow Zn^{++} + 2e^{-}. \quad (A.176)$$

아연은 부식되며 이온들의 형태로 용액으로 들어간다.

다른 전극(양극)에서 구리는 환원되고(즉 황산염 중의 구리이온들은 전자들을 수용한다) 얻어지는 금속적인 구리판들이 구리 전극으로 된다:

$$Cu^{++} + 2e^{-} \rightarrow Cu. \quad (A.177)$$

전지는 아연이나 황산염을 어느 것이 더 적던 간에 모두 소진할 때까지 전류를 전달할 것이다. 연습문제 9.2를 참조하자.

Leclanché 전지 (1865)

분극화를 피하는 또 다른 방법은 전해질과 양극 사이에 생성되는 수소를 흡수할 수 있는 물질을 끼우는 것이다. 이러한 해결책으로 가장 널리 이용되는 구체적인 방법은 프랑스의 전기 엔지니어 Georges Leclanché(1839-1882)에 의해 발명된 전지로서 최근까지 모든 소형 배터리들 가운데 가장 일반적이며 매우 성공적인 아연-탄소전지로 진화되었다.

아연-탄소 전지

이전에 언급한 모든 전지들과 마찬가지로 아연-탄소 전지는 음극으로서 아연을 사용하였고 소극제로 이산화망간(MnO_2)을 사용하였다. 양극은 분말 탄소와 이산화망간의 혼합물(약 50/50)로 채워진 자루에 의해 둘러싸인 흑연 막대였다. 소극 영역의 전도도를 증가시키기 위해 탄소가 추가되었다. 전해질은 염화아연 $ZnCl_2$과 염화암모늄 NH_4Cl의 혼합물이다. 이러한 형태의 전지에서의 복잡한 반응들을 관찰하는 한 가지 방법은:

음극:

$$Zn \rightarrow Zn^{++} + 2e^-. \tag{A.178}$$

염화암모늄은 수용액 중에서 전리된다.

$$NH_4Cl \rightarrow NH_4^+ + Cl^-, \tag{A.179}$$

뒤이어

$$NH_4^+ \rightarrow NH_3 + H^+. \tag{A.180}$$

암모니아는 아연이온과 결합하여 아연 착화합물 이온을 형성한다.

$$NH_3 + Zn^{++} \rightarrow Zn(NH_3)_2^{++}. \tag{A.181}$$

양극 반응은 수소를 제거한다:

$$2MnO_2 + 2H^+ + 2e^- \rightarrow Mn_2O_3 + H_2O, \tag{A.182}$$

이들로부터 총괄 반응은:

$$Zn + 2MnO_2 + 2NH_4^+ \rightarrow Mn_2O_3 + Zn(NH_3)_2^{++}. \tag{A.183}$$

알칼리 배터리

아연-탄소 배터리의 최대 전류와 수명의 향상과 보다 우수한 에너지 밀도는 알칼리 배터리의 도입에 의해 이루어졌는데 이 배터리는 염화아연/염화암모늄을 이용하는 대신에 알칼리인 KOH 용액을 사용하고 있다. 나아가 고체의 아연 음극 대신 이 전지들은 훨씬 더 높은 표면 대 부피비를 갖는 금속의 가루 분말 형태를 사용하여 더 큰 최대 전류가 가능하게 되었다.

음극 반응은 아연을 산화시켜 배터리에 의해 전달되는 유용한 전류를 구성하는 전자들을 생성한다.

$$Zn + 2OH^- \rightarrow ZnO + H_2O + 2e^-. \tag{A.184}$$

양극 반응은 산화망간(IV) MnO_2를 산화망간(III) Mn_2O_3로 환원시킨다.

$$2MnO_2 + H_2O + 2e^- \rightarrow Mn_2O_3 + 2OH^-. \tag{A.185}$$

이로부터 총괄 반응은

$$Zn + 2MnO_3 \rightarrow ZnO + Mn_2O_3. \tag{A.186}$$

아연

전지들의 다양한 형태들에 대한 이전의 요약 설명으로부터 아연이 선호되는 음극 물질임을 알 수 있다. 그러나 아연은 한 가지 주된 결점을 지니고 있다: 아연은 어떠한 전류도 전달하지 않을 경우에도 부식성이 있다. 완전하게 순수한 아연은 전류를 끌어낼 때에만 소모된다는 것은 사실이지만 불순물의 존재는 전지가 비활성일 때에도 전극의 부식을 초래한다 (불순물은 금속 내에서 수많은 미세 전기화학적 전지들을 형성한다). 긴 수명을 보장하려면 아연을 수은과 합금으로 만든다(아말감화시킨다).

A9.4.2 이차 배터리

납-산 (1859)

프랑스의 물리학자 Gaston Planté (1834-1889)가 발명한 이 놀랄만한 최초의 재충전 가능 배터리는 수많은 다른 배터리들과의 경쟁을 견뎌내었으며 사용되기 시작한지 150년이 지난 뒤에도 여전히 대량으로 생산되고 있다. 오직 현대의 리튬 이온 전지들만이 Planté의 발명에 대한 심각한 경쟁이 되는 것으로 보인다.

납-산 배터리들은 비용이 저렴하며 질량에 대한 동력 비율이 높은 장치이고 또한 좋지 않은 질량 대비 에너지 비율로 인하여 비록 잠시이긴 하지만 큰 서지 전류를 전달할 수 있기 때문에 살아남아왔다. (A.3 절의 그림 9.38의 Ragone 도면을 참조하자.)

전지는 납-납 산화물 전지로 호칭되어야 한다: 음극은 금속 납이고 양극은 PbO_2이다. 전해질은 다음과 같이 전리하는 강한 황산용액이다.

$$H_2SO_4 \rightarrow 2H^+ + SO_4^{--}. \tag{A.187}$$

(방전중의) 음극반응은

$$Pb + SO_4^{--} \rightarrow PbSO_4 + 2e^-. \tag{A.188}$$

(방전중의) 양극반응은

$$PbO_2 + SO_4^{--} + 4H^+ \rightarrow PbSO_4 + 2H_2O - 2e^-, \tag{A.189}$$

따라서 방전하는 동안의 총괄반응은

$$Pb + PbO_2 + 2H_2SO_4 \rightarrow 2PbSO_4 + 2H_2O. \tag{A.190}$$

방전동안에 물이 생성되어 전해질을 희석시킴을 알 수 있다. 그러므로 충전의 정도는 전해질의 밀도를 측정하여 결정할 수 있다.

원래의 Planté 배터리는 상당히 두꺼운 납 판들을 황산용액에 담가 만들었다. 이 단계에서 배터리는 완전히 대칭이다-두 전극들은 동일하다. 만일 이제 하나의 전극을 임의로 음극으로 선택한 상태에서 시스템을 통해 전류를 보낸다면 잠시 후에 어떤 양의 전하를 축적하였음을 발견할 것이다. 이 과정을 여러번 반복하면 전극들이 점점 더 스폰지처럼 되어 반응에 대한 더 큰 표면적을 제공하기 때문에 전지의 용량이 점차적으로 증가한다. 대량 생산의 관점으로 본다면 이는 축전기를 만드는 고비용 방법이다. 1881년 Camile Fauré는 대규모 생산에 적합하도록 만들어진 Planté 전지의 수정본을 소개하였다. Fauré는 고체의 납 양극을 납 산화물로 채워진 납의 격자로 대체하여 이 전극을 "수행"하였다.

납 산화물의 미세한 조각들이 쉽게 떨어져 나와 전지의 바닥으로 추락하여 "진흙"층으로 축적되기 때문에 전극의 통합은 다소 절충된 형태이다. 현대의 전지들은 전지의 바닥에 충분한 공간을 남겨 두어서 이러한 "진흙"층이 회로차단을 초래하지 않고 축적되도록 한다.

니켈-철 (1898)

내연 수증기와 전기자동차 사이의 초기 경쟁에서는 (현대의 전기자동차에서와 마찬가지로) 제한된 범위로 인하여 전기자동차가 고전하였다. 이러한 자동차들은 무게의 큰 부분을 납-산 배터리가 차지한다. Thomas Edison(1847-1931)은 그의 통상적인 실험적 접근방법들을 사용하여 현재 사용중인 배터리보다 성능이 뛰어난 배터리를 위한 요소들의 탐색에서 많은 물질들을 실험하였다. 그는 궁극적으로 철-니켈 산화물의 조합에 안착하였는데 이는 과충전에 대한 저항 측면에서의 상당한 강건성과 연장된 비작동 시간으로 인하여 적절한 성공을 거두었다.

방전반응들은 다음과 같다.

음극:

$$Fe + 2OH^- \rightarrow Fe(OH)_2 + 2e^-, \tag{A.191}$$

양극

$$2NiO(OH) + 2H_2O + 2e^- \rightarrow 2Ni(OH)_2 + 2OH^-, \tag{A.192}$$

총괄

$$2NiO(OH) + Fe + 2H_2O \rightarrow 2Ni(OH)_2 + Fe(OH)_2 . \tag{A.193}$$

니켈-카드뮴 (1899)

스웨덴에서 Waldmar Jungner는 1899년 음극의 철을 카드뮴으로 대체함으로써 Edison의 배터리를 개선하였다. 그 결과로 얻어진 향상된 성능으로 이 구조는 몇 년 전 까지만 해도 판매되었다.

NiCd 배터리들은 특별히 "기억효과", 혹은 "전압감퇴"에 취약하였는데 이 현상은 전지의 전압을 방전의 초기단계에서 기대되는 것보다 더 빠르게 떨어뜨려서 용량의 뚜렷한 감소를 초래하는 요인이 되었다. 이는 가역적인 현상으로서 깊은 방전 후의 통상적인 재충전으로 보상될 수 있다.

방전반응들은 다음과 같다:

음극:

$$Cd + 2OH^- \rightarrow Cd(OH)_2 + 2e^-, \qquad (A.194)$$

양극:

$$2NiO(OH) + 2H_2O + 2e^- \rightarrow 2Ni(OH)_2 + 2OH^-, \qquad (A.195)$$

총괄:

$$2NiO(OH) + Cd + 2H_2O \rightarrow 2Ni(OH)_2 + Cd(OH)_2. \qquad (A.196)$$

니켈-금속 하이브리드 배터리 (NiMH) (1986)

리투아니아에서 태어난 미국 엔지니어 Stanford Ovshinsky(1923~)는 음극에서 카드뮴 대신 수소를 사용함으로써 니켈-카드뮴 배터리에 대한 획기적인 개선을 이루었다.

금속 합금 음극은 30%(무게비율)의 KOH 수용액에 잠겨진다. 이러한 강력한 알칼리는 거의 완전하게 K^+와 OH^-이온들로 전리된다. 이 전극에 공급되는 수소는 수산이온과 결합하여 물을 형성하고 전자를 방출하는데 이 전자는 전지의 유용한 출력을 구성하는 외부의 부하를 통해 순환할 수 있다:

$$H + OH^- \rightarrow H_2O + e^-. \qquad (A.197)$$

양극은 니켈 옥시하이드록사이드(NiO[OH])로 이루어지는데 이 전극은 전자를 받아들여 니켈 하이드록사이드로 환원되고 수산기 이온을 방출한다:

$$NiO(OH) + H_2O + e^- \rightarrow Ni(OH)_2 + OH^-. \qquad (A.198)$$

총괄반응은

$$NiO(OH) + H \rightarrow Ni(OH)_2 \qquad (A.199)$$

식 A.191, A.194, 그리고 A.197들은 사용되는 상이한 음극물질(Fe→Cd→H)을 제외하고는 서로 동일하다. 식 A.192, A.195 및 A.198, 그리고 식 A.193, A.196 및 A.199들에 대해서도 동일하다. 만약 식 A.197과 A.198의 화학양론이 다르게 보인다면 이는 수소는 1가인 반면에 철과 카드뮴은 2가이기 때문이다.

음극 물질로서 수소를 사용하는 경우의 한 가지 흥미로운 결과는 방전하는 동안에 음극 반응으로부터 물이 생성된다는 것이다. 이는 양극에 의한 물 소비를 상쇄하여 준다. 그러므로 NiMH 배터리에서 물의 수준은 결코 변하지 않는데 이는 방전 도중에 두 전극들에서 물이 소모되어 전지의 부피변화를 초래하고 용기에 압력을 가하는 NiFe와 NiCd 배터리와는 대조적이다.

OH^- 농도는 이 이온이 음극에서 생성되고 양극에서 소모되기 때문에 방전되는 동안 일정하게 유지된다.

소모되는 물질-수소와 니켈 옥시하이드록사이드-들은 외부의 동력공급으로 전자가 금속 전극으로 강압적으로 도입되는 충전 동안에 재생된다. 이는 H^+와 OH^-로의 물의 전해를 초래한다. 다른 전극에서 니켈 하이드록사이드는 니켈 옥시하이드록사이드로 산화되며 수산기 이온들을 소모한다.

수소 음극의 사용은 매력적이지만 이를 어떻게 구현시킬 것인가? 특히 충전 동안에 생성되는 수소를 어떻게 저장할 수 있을 것인가? 이에 대한 해답은 쉽게 가역적인 수화물을 형성함으로써 기체를 흡수하고 저장하여 충전하는 동안에 기체가 방출되지 않도록 하여 주지만 방전 중에 수요에 따라 이용 가능할 수 있게 하여 주는 금속 합금을 음극으로 사용하는 것이다. 이러한 수화물 수소저장은 제 11장에서 좀 더 상세하게 논의된다.

NiMH 배터리의 물질적 요구조건들은 복잡하다. 배터리의 에너지 저장용량은 금속 합금 전극에 의해 흡수될 수 있는 수소의 양에 의존한다. 수화물의 형성은 쉽게 가역적이여야 할 필요가 있는데(제 11장을 참조) 이는 25~50 MJ/kmole 범위이어야 하는 수화물의 생성 엔탈피에 의해서 결정된다. 만약 생성 엔탈피가 너무 작으면 수소는 합금과의 반응에 실패할 것이며 기체는 방출될 것이다. 반대로 너무 크다면 전극은 산화될 것이다. 금속 합금의 표면 특성들은 촉매의 활성, 전기 전도도, 그리고 표면의 다공성과 면적을 결정하는 데에 매우 중요하다.

NiMH 배터리의 각 요소에 의해 생성되는 통상 전압은 1.2V로서 납-산 전지의 약 60% 정도이다.

몇 년 전에는 니켈-금속 수화물 배터리는 경쟁 상대들에 비해 우위에 있었으며 캠코더, 핸드폰, 노트북, 그리고 다른 소형 전자기기들의 구동을 위해 선택되는 기술이었다. -이와 같이 우위를 차지한 기간은 짧았다-이제는 보다 진보된 리튬이온 기술이 시장을 차지하고 있다. 자동차 수송 배터리 분야에서도 좀 더 느슨한 속도로 같은 현상이 일어나고 있다. 그러나 현재 시장에서 가장 인기 있는 하이브리드 자동차-토요타의 프리우스-는 여전히 NiMH 배터리를 사용하고 있다.

리튬이온

현대의 리튬-이온 배터리들의 작동을 이해하는데 도움이 되기 위해서는 삽입 화합물의 개념에 익숙해지는 것이 유용하다. 흑연은 보통 이와 같은 화합물의 주류를 이루기 때문에 이 물질에 대하여 약간 알아보기로 한다.

그라핀, 흑연, 그리고 삽입 화합물

제 13장에서 우리는 벤젠에 의해 대표되는 방향성의 개념을 논의하게 된다. 6개의 탄소를 갖는 벤젠고리는 완벽하게 정육각형임을 알고 있다; 즉 모든 탄소-탄소 결합들은 길이가 서로 동일하다. 그러나 원자가의 관점에서 본다면 6개의 결합들 가운데 3개는 이중결합이어야 한다(따라서 3개의 단일결합들보다 짧다). 이에 따라 뒤틀린 육각형이 이루어지게 된다. 이런 차이는 방향성을 특징짓는 상황으로서 결합 전자들 가운데 일부의 위치가 이탈되었다고 가정함으로써 설명될 수 있다(제 13장을 미리 읽어보라). 많은 방향족 화합물들이 있는데 일부는 한 개, 또는 그 이상의 벤젠과 유사한 고리들을 포함하고 있다(그림 9.39를 참조).

그림에는 두 개의 평면융합 다중고리방향족 탄화수소들이 나타나 있다. 간단히 하기 위해서 화학자들은 그림에서 수소 및 이에 상응하는 결합들을 생략하며 우리가 해온 바와 같이 원자들에 상응하는 기호 H 및 C로 라벨을 붙이지 않는다.

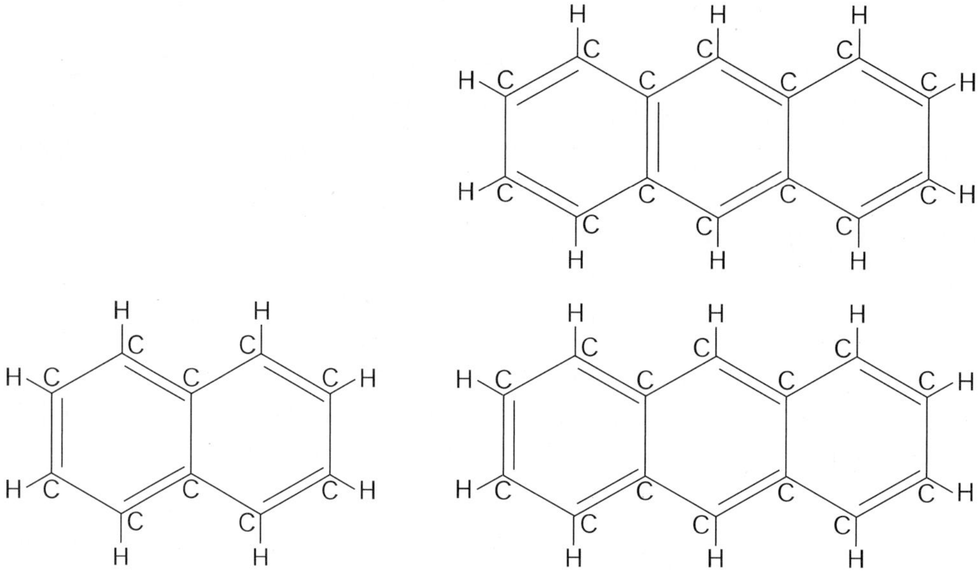

나프탈렌, $C_{10}H_8$ 안트라센 $C_{14}H_{10}$의 두 이성체

다중고리 방향족 화합물

그림 9.39 두 가지의 평면융합 다중고리방향족 탄화수소: 나프탈렌과 안트라센. 안트라센의 두 개의 이성체들이 나타나 있다.

각각의 고리들은 위치가 이탈된 전자들을 지니며 방향족이다. 그러나 방향성의 정도는 다양하다. 만약 모든 고리들이 완전한 벤젠 고리라면 5개의 결합을 갖는 일부 탄소들이 있을 것이다. 각 탄소의 결합의 수를 4개의 정확한 값으로 유지하기 위해서 일부 고리들의 방향성은 감소되어야 한다. 많은 경우 이는 서로 다른 이성질체를 생성한다. 두 가지의 다른 이성질체가 나타나 있는 그림에서 안트라센을 살펴보자. 위의 것은 분자의 중간에 완전한 방향족(벤젠) 고리를 가지고 있다; 아래의 것은 분자의 끝에 이러한 고리가 있다.

그림에 보인 바와 같은 선형 분자들의 경우, 탄소에 대한 수소의 비율은

$$\frac{\mathrm{H}}{\mathrm{C}} = \frac{3+\mathrm{n}-1}{3+2(\mathrm{n}-1)}, \tag{A.200}$$

여기에서 n는 고리의 수이다. 하나의 고리(벤젠)에 대해서는 H/C = 1이며 고리의 수가 무한히 많을 경우 H/C = 0.5 임을 알 수 있다. 그러나 분자가 행을 한 개 이상 포함한다면 내부 고리들 가운데 일부는 수소와 결합하지 않으며 H/C 비율은 훨씬 더 작아진다. 그림 9.40에 나타낸 바와 같이 매우 큰 다중행 평면 분자들을 상상할 수 있다. 극한의 경우 $n \to \infty$ 이면 H/C 비율은 0으로 수렴한다. 실제에 있어서 수소를 전혀 갖지 않는 평면형 다중고리 방향족 탄화수소가 있다. 이는 필수적으로 2차원의 분자를 구성하며 그라핀이라고 불린다.

그라핀은 그 평판을 따르는 방향으로는 극히 강하다. 그의 두께는 보통종이 두께의 약 백만분

의 일이다. 이 물질은 평범하지 않은 특징들을 가지며 중요한 기술적 활용을 약속해주고 있다. 관 형태로 말아진 그라핀은 탄소 나노튜브를 형성하며 구형으로 말아진다면 버키볼을 형성한다. 여기에 우리가 흥미를 갖는 이유는 흑연은 Van der Waals 힘 만에 의해 서로 매우 약하게 결합된 그라핀 판들의 적층구조이기 때문이다. 이것은 매우 이방성이며 다른 흥미로운 성질들을 지니는데 이 가운데 삽입 화합물을 형성할 수 있는 능력을 들 수 있다.

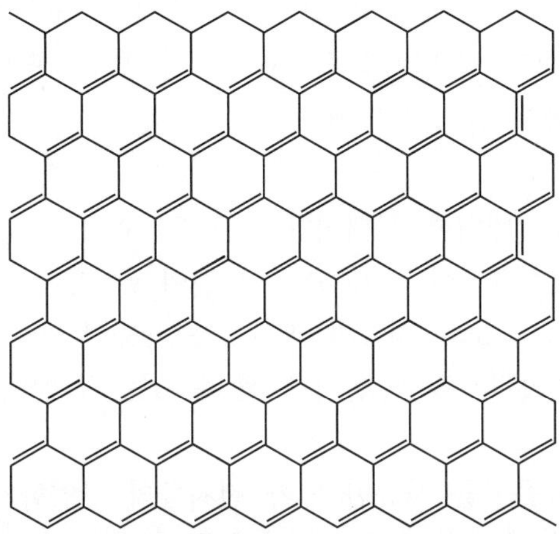

그림 9.40 그라핀은 평판형 다중고리 방향족 탄화수소의 극단적인 경우(고리 수가 무한대인 경우)로 간주될 수 있다.

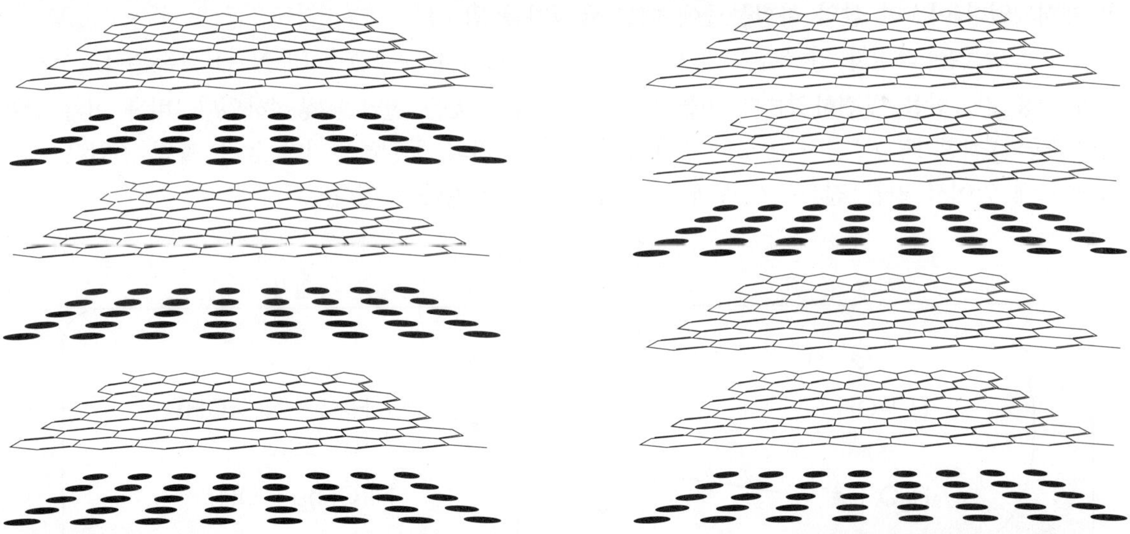

그림 9.41 단계 1 삽입에서 그라핀과 다른 층은 교차한다(왼쪽). 반면에 단계 2에서는 각각의 다른 층에 대하여 2개의 그라핀 층들이 있으며(오른쪽) 단계 3에서는 3개가 존재하는 식이다.

삽입 화합물들은

> 층 구조를 갖는 다른 화합물의 고체 매트릭스에서 공유결합이 없이 한 종류의 분자를 가역적으로 포섭하는 것으로부터 기인되는 화합물들이다. 주체가 되는 화합물 고체는

거대분자, 결정형, 혹은 무정형체일 수 있다.

Chemical Teminology 제 2판(1997)의 IUPAC Compendium으로부터.

흑연은 다른 단계들에서 발생할 수 있는 삽입 화합물들에 대한 완벽한 주체물질이다(그림 9.41을 참조).

다른 분자들은 주체물질의 구조에 적절한 변화만을 종종 부여하는 평평한 판들을 형성함을 주목하자. 주체물질은 다른 물질이 (가역적으로) 저장될 수 있는 용기로 작용한다. 이러한 가능성은 리튬-이온 전지들의 구성에서 활용되고 있다.

현대 배터리의 경우 리튬은 명백한 선택이다. 리튬은 모든 금속 중에서 가장 가벼우며(물의 밀도의 약 절반이다) 모든 원소들에서 $-3.05V$(9.2 절의 글 상자 "전지 포텐셜"을 참조)의 가장 높은 환원전위를 갖는다. 만약 불소와 리튬의 짝짓기가 가능했다면 전지는 5.92V를 생성했을 것이다. 이는 매우 큰 에너지 농도를 갖는 전지가 될 수 있는데 현재의 모든 전지들을 크게 능가하는 것이다.

1970년대에서는 금속 리튬 음극을 사용한 일차 전지들의 상업화가 이루어졌다. 그러나 이러한 종류의 음극을 갖는 재충전이 가능한 전지를 생산하려는 모든 시도는 금속의 전해질과의 반응성으로 인하여 실패로 돌아갔으며 때로는 재앙에 가까웠다. 이러한 어려움에 대한 해결책으로 비수용성 전해질들을 사용하고 리튬 금속을 리튬이온들이 삽입될 수 있는 흑연으로 대체하는 방안이 제시되었다(이전의 삽입 화합물들에 대한 글상자를 참조).

삽입 음극들은 적절한 양극들과 짝을 이루어야 했으며 Li_xCoO_2, Li_xNiO_2, 혹은 Li_xMnO_2들이 적용 가능함을 발견하였는데 이들은 4V에 가까운 높은 전압을 생성하였다. 비록 이와 같은 배터리들의 실현가능한 충전 농도는 NiCd의 경우와 거의 동일하였지만 높은 출력 전압은 에너지 농도에 있어서 리튬 전지에게 두배 이상의 이점을 가져다 주었다.

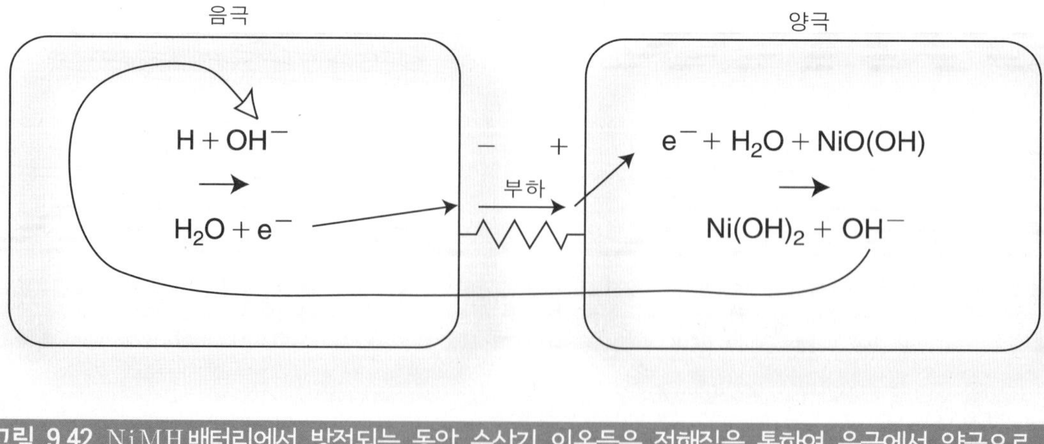

그림 9.42 NiMH배터리에서 방전되는 동안 수산기 이온들은 전해질을 통하여 음극에서 양극으로 이동하는 반면에 충전되는 동안 그들은 반대방향으로 이동한다. 모든 배터리에서 이온들은 전극들 사이를 앞뒤로 이동한다.

그림 9.42는 임의의 재충전 가능 배터리에서 핵심적인 작용은 전해질을 통한 이온들의 전후 뒤섞임이라는 사실을 보여주고 있다. 리튬-이온 배터리들도 예외가 아니다. 충전되는 동안 리튬 이온들은 리튬이 풍부한 분자의 산화에 의해 양극에서 생성된다. 다음에 이 이온들은 전해질을 통해 이동하고 삽입 반응을 통하여 삽입되는 음극에서 사라진다. 방전되는 동안에 이온들은 음극으로부터 추출되어 양극으로 이동되고 환원된다.

대체적으로 전해질은 유기 용매에 용해된 리튬염이다. 이는 보통 음극에서 용매의 분해를 초래한다. 그러나 초기의 충전 동안에 리튬염들은 이 전극상에 축적되어 그렇지 않으면 용해되었을 염의 고체층으로 둘러싼다. 이 층은 리튬 이온들의 우수한 전도체로 작용하며 용매의 추가적인 분해를 예방한다. 흑연은 우수한 삽입물질로서의 특성 때문에 현재의 전지들에서 통상적으로 음극으로 사용된다.

다수의 양극들을 시험하였으며 각각 주어진 평균 전지 전압에 도달하였다. 보통의 양극 물질은 리튬 코발트 산화물 $LiCoO_2$인데 이는 흑연 음극과 결합하여 평균 3.7V의 출력을 갖는 전지를 구성한다. 이 양극의 용량은 140mAh/g이다.†

흑연/리튬 코발트 산화물 조합에서 방전 반응은

음극:

$$x\text{Li}^+ + x\text{e}^- + 6\text{C} \rightarrow \text{Li}_x\text{C}_6. \quad (\text{A.201})$$

양극:

$$\text{LiCoO}_2 \rightarrow \text{Li}_{1-x}\text{CoO}_2 + x\text{Li}^+ + x\text{e}^-. \quad (\text{A.202})$$

현재의 리튬-이온 배터리들은 그 이전의 것들에 비해 두드러진 장점을 제시한다. 이들은 우수한 에너지 밀도, 낮은 자체방전을 지니며 메모리 문제들이 없다. 그렇지만 다른 취약점들 가운데에서도 제한된 수명과 시간에 따른 노화의 결함을 들 수 있다(그들의 성능은 사용 중이건 아니건 간에 시간에 따라 감소한다).

1937년의 하이덴버그 사고는 수소에 (부당한) 나쁜 이름을 부여하였다. 많은 리튬-이온 배터리에서 발생된 폭발은 이 전지들에 대해서도 마찬가지였다. 배터리에서 기본 개념은 매우 작은 부피 내에 가능한 한 많은 에너지를 집어넣는 것임을 상기해야 한다. 리튬-이온 배터리들은 이를 잘 수행하며 결과적으로 위험하다. 하이덴버그는 아마도 수소를 상압으로 유지하였다; 이는 10 MJ/㎥보다 약간 많은 양이다. 나의 카메라에서 작은 리튬-이온 배터리는 3.7V에서 740mAh를 생성하며 6㎤의 작은 부피를 갖는다. 이는 1GJ/㎥ 이상이며 하이덴버그의 에너지 밀도보다 두 배 이상이다. 리튬-이온 배터리들에 대하여 관심을 가질만 하다.

임의의 배터리에서 짧은 회로는 급속한 온도 상승을 유발한다. 봉합된 리튬-이온 전지의 경우 이는 내부 압력을 파열점까지 상승시키거나 혹은 배출구가 있는 경우 증발된 전해질의 배출을 유발시킨다. 이 증기는 가연성으로서 점화될 수 있으며 전지는 작은 횃불을 형성하여 배터리의

† 오늘날의 문헌에서 사용되고 있는 부적절한 단위들을 주목하자. 용량이 kilogram 당 coulombs 단위로 주어진다면 훨씬 더 좋을 것이다(이는 C/kg이 될 것이다). 1mAH/g=3600C/kg.

다른 전지들을 발화시켜 폭발에 이르게 할 수 있다.

안전성을 보장하기 위해 배터리 충전기들은 충전 전류와 전압, 그리고 전지의 온도를 모니터해야 한다. 심한 방전은 배터리에 손상을 끼치게 될 것이므로 전지전압에 대한 최대 및 최소 한계값이 있다. 충전은 엄밀하고 정확한 절차들에 따라 수행되어야 한다. 대개 충전의 초기에서 이를테면 1C의 일정한 전류, 또는 이보다 약간 작은 전류가 전압이 4.2V 정도에 도달할 때까지 적용된다. 그러면 충전기는 일정한 전압 영역으로 전환되는데 이는 충전 전류가 0.07C, 또는 이보다 조금 더 떨어질 때 정지한다. 정확한 값들은 배터리 제조업자에 의해 결정되며 1% 내에서 조절되어야 한다. 충전기는 또한 배터리의 온도(각 전지는 써미스터 온도센서가 갖추어져 있다)와 충전 시간을 감지한다. 지나친 온도나 과도한 충전시간은 충전을 퇴화시킨다. 많은 배터리들은 4개의 터미널들을 갖는다—2개는 통상적인 "플러스"와 "마이너스" 연결부들이며 하나는 써미스터 온도센서에, 그리고 네 번째 것은 충전기에게 배터리의 정격용량을 알려주는 인식 저항체들에 연결되어 있다.

과도한 방전에 따른 손상을 피하기 위해서 "스마트" 리튬이온 배터리는 전압 모니터링 회로를 내장하고 있다. 이 경우 배터리들은 사용되지 않을 때 적절한 자기 방전을 겪는다.

리튬-이온 배터리는 여전히 발전의 초기 단계에 있으며 핵심적인 개선이 가능할 수 있음을 인식하여야 한다. 가까운 미래에 주요 개선들이 예상될 수 있다는 점이 배터리가 약진하는 바로 한 가지 특성이 된다는 사실은 흥미롭다. (아마도 더욱 늘어난 수명에 따른) 에너지 밀도에서의 주된 증가에 희망을 가질 수 있다는 사실을 믿을 만한 타당한 이유들이 있다.

에너지 밀도에 대한 제한들 가운데 하나는 상업적으로 이용 가능한 대부분의 전지들에서 현재 사용되는 흑연 음극들의 방전 용량으로서 이는 이론적으로 372mAh/g이다. 한편 실리콘은 알려져 있는 가장 큰 이론충전 용량을 갖는다-4200 mAh/g으로서 흑연의 10배 이상이다. 그러나 그와 같은 실리콘은 사용될 수 없는데 그 이유는 리튬이온들의 최대 주입은 400%의 부피증가와 그에 따른 음극의 파쇄를 초래하여 각 충전-방전 사이클에 따라 배터리 용량이 급격히 줄어들기 때문이다. 이는 마이크로미터 크기의 미세한 실리콘 입자들을 사용하는 경우에도 마찬가지이다. 순환 후에 입자들은 크기가 작아지며 인접된 입자들 사이에서의 상당한 계면 간극으로 전류 흐름에 허용될 수 없는 저항이 발생한다.

스탠포드 대학교의 Candace K. Chan 등(2007)은 이 문제에 대하여 매우 희망적인 해결책을 제안하였다. 그들은 스테인레스 강 전류 포집기 상에서 직접 성장한 실리콘 나노와이어로 만들어진 음극을 구성하였다. 실질적으로 단일차원인 이 와이어들은 반복되는 리튬이온의 주입과 추출에 의해 발생되는 스트레인들에 견디기기에 충분할 정도로 얇다. 와이어들과 포집체 사이의 접촉은 강인하며 이 와이어들을 통한 운반체의 운송은 순환에 영향을 받지 않는다. 분명히 스테인리스 강 포집체 상에 근거하는 이와 같은 와이어들의 집합을 성장시키는 기술은 간단한 대량생산에 적절하다.

첫 번째 충전에서 측정된 용량은 4227 mAh/g였다(실험적인 제한값 내의 이론적인 값). 그러나 이 값은 충전 속도가 C/5(정격 용량의 1/5)인 다음 20 사이클에서 안정한 3500mAh/g로 떨어졌다. C/1에서조차 용량은 2000 mAh/g 이상으로 유지되는데 이는 흑연의 이론적인 값보다 5배 정도 뛰어난 값이다.

분명히 음극 문제를 해결하는 것만으로는 충분하지 않다. 양극과 전해질에서도 개선점들을 예상할 수 있다. 이미 고분자 전해질의 사용으로 현재 생산되는 전지들에 대해서 상당한 개선이 가능하였다.

참고문헌

Adams, A. M., F. T. Bacon, and R. G. H. Watson, The high pressure hydrogen-oxygen cell, Chapter 4 of *Fuel Cells,* ed. Will Mitchell, Jr. Academic Press, 1963.

Bard, A. J. and L. R. Faulkner, *Electrochemical Methods,* John Wiley, 2001.

Barsoukov, E. and J. R. Macdonald, *Impedance Spectroscopy,* John Wiley, 2nd ed., 2005.

Bessette, N. F., and J. F. Pierre, Status of Siemens Westinghouse tubular solid oxide fuel cell technology and development program, *Fuel Cells Powering the 21st Century,* October 30-November 2, 2000.

Boysen, Dane A., T. Uda, C. R. I. Chisholm, and S. M. Haile, High performance solid acid fuel cells through humidity stabilization, Science 303, p. 68, January 2, 2004.

Chan, Candace K., H. Peng, G. Liu, K. McIlwrath, X. F. Zhang, R. A. Huggins, and Y. Cui, High performance lithium battery anodes using silicon nanowires, *Nature,* Advanced on line publication (2007).

Chu, Deryn, R. Jiang, and C. Walker, Methanol tolerant catalyst for direct methanol fuel cell applications, *Fuel Cells-Powering the 21st Century,* October 30-November 2, 2000.

Dodelet, J. P., M. C. Denis, P. Gouerec, D. Guay, and R. Schob;, CO tolerant anode catalysts for fuel cells made by high energy ball-milling, *Fuel Cells-Powering the 21st Century, Fuel Cell Seminar,* October 30-November 2, 2000.

Dohl, H., S. von Adrian, J. Divisek, B. Hohlein, and J. Meusinger, Development and process analysis of direct methanol fuel cell systems, *Fuel Cells-Powering the 21st Century,* October 30-November 2, 2000.

Fuller, Timothy A., Larry J.Chaney, Dr. Tom L. Wolf, Jim Kesseli, James Nash and Joseph J. Hartvigson, A novel fuel cell/microturbine combined-cycle system, 2000. Fuel Cell Seminar, Portland, Oregon, October-November 2000.

Forbes, C. A., and J. F. Pierre, The solid fuel-cell future, *IEEE Spectrum,* October p. 40, 1993.

Ghosh, D., M. E. Pastula, R. Boersma, D. Prediger, M. Perry, A. Horvath, and J. Devitt, Development of low temperature SOSF systems for remote power and home cogen applications, p. 511, *Fuel Cells Powering the 21st Century, Fuel Cell Seminar,* October 30- November 2, 2000.

Goldstein, Rocky, *Proton Conductors for Solid Electrolyte Fuel Cells*, Exploratory Research

Letter, Electric Power Research Institute (EPRI), Palo Alto, CA.

Haberman, William L., and James E. AJohn, *Engineering Thermodynamics with Heat Transfer*, Allyn and Bacon, 1989.

Hibino, Takashi, A. Hashimoto, T. Inoue, J. Tokuno, S. Yoshida, and M. Sano, A low-operating-temperature solid oxide fuel cell in hydrocarbon-air mixtures, *Science* 288, p. 2031, June 16, 2000.

Koppel, Tom, *Powering the Future (The Ballard Fuel Cell and the Race to Change the World)*, John Wiley, 1999.

Lal, Amit, and James Blanchard, The daintiest dynamos, *IEEE. Spectrum*, September 2004.

Mitchell, Will, Jr., *Fuel Cells*, Academic Press, 1963.

Narayanan, S. T., T. I. Valdez, and F. Clara, Design and development of miniature direct methanol fuel cell sources for cellular phone application *Fuel Cells-Powering the 21st Century*, October 30-November 2, 2000.

O'Hayre, R, S-W Cha, W. Colella, and F. B. Prinz, *Fuel Cell Fundamentals*, John Wiley, 2006.

Ovshinsky, S. R, M. A Fetcenko, and J. Ross, A nickel metal hydride battery for electrical vehicles, *Science* 260, p. 176, April 9, 1993.

Pham, A. Q., B. Chung, J. Haslam, J. DiCarlo, and R S. Glass, Solid oxide fuel cell development at Lawrence Livermore National Laboratory, *Fuel Cells-Powering the 21st Century*, p. 787, October 30-November 2, 2000.

Ralph, T. R, and M. P. Hogarth, Catalysis for low temperature fuel cells, Part I: The cathode challenges, *Platinum Metals Rev.* 46(1), p. 3, 2002.

Ralph, T. R, and M. P. Hogarth, Catalysis (or low temperature fuel cells, Part II: The anode challenges, *Platinum Metals Rev.* 46(3), p. 117, 2002.

Ralph, T. R, and M. P. Hogarth, Catalysis for low temperature fuel cells, Part III: Challenges for the direct methanol fuel cell, *Platinum Metals Rev.* 46(4), p. 146, 2002.

Reddington, E., et al., Combinatorial electrochemistry: A highly parallel, optical screening method for discovery of' better electrocatalysts, *Science*, 280, p; 1735, June 12, 1998.

Rice, C., S. Ha, R I. Masel, and A. Wieckowski, Catalysts for direct formic acid fuel cells, *J. Power Sources* 115 (2), pp. 229-235, April 2003.

Service, R F., The fast way to a better fuel cell, *Science*, 280, p. 1690, June 12, 1998.

Watkins, David S., Research, development and demonstration of solid polymer fuel cell systems, *Fuel cell systems*, Leo J. M. J. Blomen and Michael N. Nugerwa, eds., Plenum Press, 1993.

Yoon, S. P., S. W. Nam, T.-H. Lim, I.-H. Oh, H. Y. Ha, and S.-A. Hong, Enhancement of cathode performance by sol-gel coating of yttria-stabilized zirconia, Fuel Cells-*Powering the 21st Century*, *Fuel Cell Organizing Comm.*, pp. 611-614, October 30-November 2, 2000.

Zhang, J., K. Sasaki, E. Sutter, and R. R. Adzic, Stabilization of platinum oxygen-reduction electrocatalysts using gold clusters, *Science* 315, pp. 220-222, 2007.

추가적인 참고문헌

연료전지의 작동에 대하여 좀 더 자세히 알고 싶은 독자들을 위하여 O'Hayre 등이 저술한 책 *Fuel cell fundamentals*를 추천한다.

전기화학은 *Electrochemical methods*에서 광범위하게 다루고 있다.

연료전지의 특징을 파악하기 위한 진단방법은 *Impedance spectroscopy*에서 탐구되고 있다.

European Fuel Cell R&D Review, September 1994, Argonne National Lab. Fuel Cells, A *Handbook* (Revision 3), January 1994, USDE, Office of Fossil Energy.

Halpert, Gerald, Sekharipuram R. Narayanan, Thomas Valdez, William Chun, Harvey Frank, Andrew Kindler, and Subbarao Surampudi (Jet Propulsion Laboratory), and Jack Kosek, Cecelia Cropley, and Anthony LaConti (Giner Inc.), Progress with the direct methanol liquid-feed fuel cell system, *IECEC*, 1997.

Prater, Keith B., Polymer electrolyte fuel cells: A review of recent developments, *J. Power Sources* 51, p. 129, 1994.

Reynolds, W. C., Thermodynamic properties in SI, Department of Mechanical Engineering, Stanford University, 1979.

Technology Development Goals for Automotive Fuel Cell Power Systems, July 1995, Argonne National Laboratory.

Williams, Robert H., The clean machine, *Technology Review*, April 1994.

연 습 문 제

9.1 모든 물질은 어떤 양의 에너지와 엔트로피를 가지고 있다. 비록 엔트로피는 잘 정의되어 있지만 에너지는 절대값을 갖지 않는다; 에너지의 변화들만이 측정될 수 있다. 이 때문에 (전적으로 관례에 따라) 자연적인 상태에서 원소들의 생성 엔탈피는 0으로 취한다.
알루미늄과 산소를 고려하여 보자. 자연적인 상태에서 이들의 표준생성 엔탈피(즉 RTP 에서의 생성 에너지)는 이미 언급한 바와 같이 0이다. (RTP에서) 알루미늄 1 kg은 1.05 kJ/K의 엔트로피를 지니는 반면에 산소 1 kg은 6.41 kJ/K의 엔트로피를 지니고 있다.
알루미늄은 강렬하게 연소하여 산화물(Al_2O_3)을 형성하고 에너지를 방출한다. 산화물의 표준생성 엔탈피는 -1.67 GJ/kmole이다. 산화물의 엔트로피는 kmole 당 5.10 kJ/K이다.
열역학 제 2법칙에 따르면 임의의 변환이 이루어지는 닫힌계의 엔트로피는 사라질 수 없다. 엔트로피는 기껏해야 변환의 결과에 따라 변하지 않거나 그렇지 않으면 증가해야 한다. 만일 알루미늄과 산소의 엔트로피들을 합한다면 그 합은 형성된 산화물의 엔트로피를 초과함을 알게 될 것이다. 이는 알루미늄이 산소와 결합하는 경우 화학적 에너지의 일부만이 전력으로 전환될 수 있는 반면에 나머지는 상실된 엔트로피와 연관되는 열로 나타날 것임을 의미한다. (이상적으로) 전력으로 전환될 수 있는 부분은 **자유에너지**라고 불린다.
알루미늄/산소 반응의 자유에너지를 계산하여라.

9.2 Daniell 전지는 지난 세기에 특히 전신 시스템에서의 전원으로 널리 사용되었다. 이 전지들은 이온들을 통과시킬 수 있는 막에 의해 두 부분으로 나누어진 용기로 구성되었다. 한 부분에서 아연 전극은 아연 황산염 용액에 담가지며 다른 부분에서 구리 전극은 구리 황산염 용액에 담가진다.
아연은 산화된다(즉 전자들을 잃는다).

$$Zn \rightarrow Zn^{++} + 2e^{-}.$$

아연은 침식되어 이온들의 형태로 용액 중으로 이동한다.
다른 전극에서는 구리가 환원된다(즉 환산염의 구리 이온들은 전자들을 받아들이고 황산염 판들로부터 구리는 구리전극으로 이동한다):

$$Cu^{++} + 2e^{-} \rightarrow Cu.$$

전지는 아연과 황산염 중 더 적은 양의 물질이 소모될 때까지 전류를 생성한다.
전지가 95 g의 아연과 450ml의 0.1M $CuSO_4$ 용액을 지니고 있다고 가정하자. 여기에서 M은 용액 1리터당 용질의 몰 수를 의미하는 몰 농도를 나타낸다. 이 전지는 2 A의 전류를 얼마나 오랫동안 부하로 공급할 수 있는가?

9.3 어떤 연료전지에서는 다음 반응들이 이루어지고 있다.

$$\text{음극:} \qquad C + 2O^{--} \rightarrow CO_2 + 4e^{-}, \qquad (1)$$

양극: $4e^- + O_2 \rightarrow 2O^{--}$. (2)

CO_2 1 kmole당 (RTP에서) 엔탈피와 자유에너지 변화는 다음과 같다:

$$\Delta \overline{h_f}^0 = -393.5 \text{ MJ},$$
$$\Delta \overline{g_f}^0 = -394.5 \text{ MJ}.$$

총괄 반응은 어떻게 되는가? 이상적인 기전력(즉 V_{rev})은 얼마인가? 반응물들과 생성물들 사이의 엔트로피의 차이는 얼마인가?
전지의 내부저항은 1 mΩ이라고 가정한다. 그렇지 않으면 전지는 이상적인 전압 소스로 거동한다. 가능한 한 최소시간에 1MWh의 전기를 부하로 전달하기 위해서 소요되는 탄소의 양은 얼마인가? 이와 같은 조건들에서 부하 저항은 얼마인가?

9.4 이 문제에서 관심있는 각 화학종의 (RTP 상에서의) 생성 엔탈피과 생성 자유에너지는 다음과 같다:

	$\Delta \overline{h_f}^0$ (MJ/kmole)	$\Delta \overline{g_f}^0$ (MJ/kmole)
$CH_3OH(g)$	-201.2	-161.9
$CH_3OH(l)$	-238.6	-166.2
$O_2(g)$	0	0
$CO_2(g)$	-393.5	-394.4
$H_2O(g)$	-241.8	-228.6
$H_2O(l)$	-285.9	-237.2

반응으로 인한 자유에너지와 엔탈피의 변화는 다음과 같다:

메탄올	물	$\Delta \overline{h}^0$ (MJ/kmole)	$\Delta \overline{g}^0$ (MJ/kmole)
액체	기체	-638.5	-685.3
기체	기체	-676.5	-689.6
액체	액체	-726.5	-702.4
기체	액체	-764.5	-706.7

데이터는 Dohle 등(2000)에서 취함.

내연(IC) 기관들과 연료전지 모두에 대하여 현재 제안된 연료인 메탄올을 고려하여 보자. 메탄올은 화석연료들과 바이오매스로부터 얻어질 수 있다. RTP 조건에서 액체로 존재하므로 메탄올은 자동차들에 매우 편리한 연료이다. 아울러 연료전지에서 적절한 반응성을 가지고 있다.
IC 기관들에서 메탄올은 먼저 증발된 다음에 연소된다. 엔진은 수증기를 배출한다. 연료전지에서 메탄올은 액체 형태로 반응하지만 생성된 물은 수증기 형태이다.

1. IC 기관에서 1 kg의 메탄올을 연소시켜 얻는 열은 얼마인가?
2. 이상적인 연료전지(메탄올과 공기를 사용)는 연료 1 kg 당 얼마나 많은 전기에너지를 생산할 것인가?
3. 전지는 얼마나 많은 열을 방출하는가?
4. 실제의 오토 사이클 엔진은 이를테면 20%의 효율을 보이는 반면에 실제의 메탄올 연료 전지는 아마도 60%의 효율을 보일 것이다(이 효율은 이상적인 전지의 효율과 비교된 실제 전지의 효율이다). 만약 메탄올이 주입된 IC 자동차가 고속도로에서 1 리터당 10 km를 주행한다면 자동차의 모든 다른 특성들이 동일하다고 가정할 때 연료전지 자동차의 성능은 얼마인가?
5. 만일 한 달에 2000km를 주행하며 메탄올 1 갤런의 비용이 $1.20이라면 연료전지 버전을 사용하는 경우 매년 절약되는 연료의 양은 IC 버전과 비교할 때 얼마인가?
6. 매년 원금에 더하여 처음 금액에 대한 18%의 이자를 지불해야 하는 10년 만기 대출을 얻었다. 손익분기점을 맞추려면 연료전지 자동차의 초기 비용이 IC 자동차의 초기 비용을 얼마나 더 초과할 수 있는가? 자동차는 10년 후에는 완전히 감가상각되어 가치를 잃는다고 가정한다.
7. RTP에서 이상적인 메탄올 연료전지의 열린회로 전압은 얼마인가? 이 문제에 답하기 위해서는 메탄올 한 분자당 유리되는 전자들의 수에 대한 적절한 추정이 필요하다.

위의 문제들에서는 100%의 전류효율과 100%의 전기모터 효율을 가정한다.

9.5 반응물질의 압력에 대한 출력 전압의 의존성을 토대로 하여 수소 마노미터를 구성하고자 한다. 298K에서 H_2/O_2 연료전지를 취하여 보자. 이 전지는 수증기를 생성하며 이상적인 전지로 작용한다고 가정한다. 수소 압력 p_{H_2}가 측정되는 양인 반면에 산소의 압력은 0.1 MPa로 일정하게 유지된다.

1. p_{H_2}가 0.1 MPa 일 때 출력전압은 얼마인가?
2. p_{H_2}가 1 MPa 일 때 출력전압은 얼마인가?
3. p_{H_2}에 따른 전압의 변화비율을 보여주는 식을 유도하여라. p_{H_2}가 0.1 MPa 일 때 이 변화비율은 얼마인가?
4. 전지의 출력전압은 온도에 민감하다. (압력이 1 MPa 부근일 때) 압력측정에서 ±10%의 불확실성은 용인될 수 있다고 가정한다. 다시 말하면 298K 및 1 MPa에 상응하는 전압을 측정할 경우 기체의 온도는 더 이상 298K가 아니므로 실제 압력은 0.9 MPa이다. 허용 가능한 최대 온도변동은 얼마인가?

9.6 10^5 Pa에서 어떤 기체의 비열은 298K < T < 2000K 범위에서 다음 식으로 주어진다.

$$c_p = a + bT + cT^2$$

$a = 27.7$ $kJK^{-1}kmole^{-1}$
$b = 0.8 \times 10^{-3}$ $kJK^{-2}kmole^{-1}$
$c = 10^{-6}$ $kJK^{-3}kmole^{-1}$
298 K에서 기체의 엔탈피는 0이고 엔트로피는 130.0 $kJK^{-1}kmole^{-1}$이다. $T = 1000$이고 $p = 10^5$Pa 일 때 기체(1 kmole 당)의 H, G, 그리고 S는 얼마인가? 네 자리의 유효숫자로 계산하여라.

9.7 어떤 연료전지에서는 다음 반응들이 진행된다.

$$\text{음극} : 2A_2 = 4A^{++} + 8e^-.$$
$$\text{양극} : 4A^{++} + B_2 + 8e^- = 2A_2B.$$

모든 데이터는 RTP에서의 데이터이다.
총괄 반응은 $2A_2 + B_2 = 2A_2B$이며 칼로리미터에서 A_2B 1 kmole당 300MJ를 방출한다.
다른 물질들의 엔트로피는:

$$A_2 : 200 \ kJK^{-1}kmole^{-1},$$
$$B_2 : 400 \ kJK^{-1}kmole^{-1},$$
$$A_2B : 150 \ kJK^{-1}kmole^{-1}.$$

A_2와 B_2는 기체인 반면에 A_2B는 액체이다.
RTP에서 이 반응을 이용하는 이상적인 연료전지의 전압은 얼마인가?
표준압력과 50℃에서 전압을 추정하여라.
RTP에서 이상적인 연료전지는 A_2B 1 kilomole당 얼마의 열을 생성하는가? 만약 기체가 100 MPa에서 전달된다면 전지의 전압은 얼마인가? 작동온도는 25℃이다. 만일 (RTP에서 작동되는) 전지의 내부 저항이 0.001 Ω이라면 부하로 전달될 수 있는 전지의 최대 동력은 얼마인가? 이 조건들에서 전지의 연료소비 속도는 얼마인가? 전지의 효율은 얼마인가?

9.8 세라믹 전해질로 인하여 연료전지는 827℃에서 운전될 수 있다. 순수한 산소가 산화제로 사용된다. 기체들은 1기압에서 전지로 주입된다. 다음 데이터를 사용하여라:

	$\Delta \overline{h_f}^0$ (MJ / kmol)	$\Delta \overline{g_f}^0$ (MJ / kmol)	γ	$\overline{s}^0$ (kJ K^{-1} / kmol)
CO(g)	-110.54	-137.28	1.363	197.5
CO_2(g)	-393.51	-394.38	1.207	213.7
O_2(g)	0	0	1.341	205.0

γ 값은 25℃에서 827℃까지의 간격에서 적절하다.
이상적인 연료전지의 성능에 대한 온도의 영향을 알아보고자 한다.
1. 25℃와 827℃에서 위의 (이상적인) 전지의 효율과 가역 전압을 계산하여라.

2. (정확하게 계산하였을 경우) 예상되는 것처럼 더 낮은 온도에서 V_{rev}과 η는 더 크다는 것을 알게 될 것이다. 그렇지만 전지는 827℃에서 작동되는데 이 온도에서 이상적인 성능은 이전에 비해 좋지 못하다. 왜 그런지 상세히 설명하여라.

9.9 연료전지를 실험실에서 시험하여 아래의 결과를 얻었다:

열린회로 전압 0.600V
내부 저항 0.01 Ω
전압 (I=1A) 0.490V
전압 (I=10A) 0.331V

열역학적인 자료는 연료전지의 V_{rev}가 0.952V이고 반응의 엔탈피 변화는 반응 자유에너지의 1.26배임을 보여주고 있다. 부하에서는 생성물 한 분자 당 두 개의 전자가 순환한다.

1. 전류가 5A일 때 전지가 부하로 전달하는 전력은 얼마인가?
2. $I_L = 5$ 일 때 내부적으로 발산되는 열 동력은 얼마인가?

Tafel 식이 유효하다고 가정한다. 위에 주어진 내부저항은 전지의 $V-I$ 특성의 직선 부분의 기울기이다.

9.10 RTP에서 운전되는 수소-산소 연료전지는 다음과 같은 $V-I$ 특성을 갖는다:

$$V_L = 0.8 - 0.0001\, I_L$$

100%의 전류효율을 가정한다.

1. 전지가 부하로 1kW를 전달할 때 수소 소비 속도(mg/s)는 얼마인가?
2. 전지에 의해 발생하는 열은 얼마인가? 액상의 물이 생성된다.

9.11 연료전지는 프리즘 모양이고 규격은 $d \times 2d \times 2d$ (여기에서 $d = 33\text{cm}$)이다. 25℃와 1기압에서 H_2와 O_2가 주입된다. 생성된 물은 110℃, 1기압에서 배출된다.

지의 내부 온도는 110℃로 균일하다. 20℃로 유입되어 45℃로 배출되는 물에 전지를 완전히 담금으로써 전지의 외부는 50℃로 유지된다. 액상 물은 1 K 및 1 ㎥당 4 MJ의 열용량을 갖는다. 벽을 가로지르는 온도의 기울기는 일정하다고 가정한다. 벽들은 두께가 10mm이고 70W/mK의 열 전도도를 갖는 스테인리스 강으로 만들어져 있다. 전지로 도입되는 유일한 에너지는 연료 기체들로부터 기인된다. 열은 $\dot{N}$ kmole/s의 유속으로 전지로부터 배출되는 생성된 물과 냉각수에 의해 제거된다.

부하 전압은 $V_L = 0.9 - R_{int} I$ 볼트이고 $R_{int} = 10^{-7}\,\Omega$ 이다.

1. 냉각수에 의해 매 초마다 제거되는 열에너지는 얼마인가?
2. 냉각수의 유량은 얼마인가?
3. 생성된 물에 의한 열 제거 속도를 $\dot{N}$로 나타내어라.
4. 입력 동력을 $\dot{N}$로 나타내어라.

부하로 전달된 동력을 $\dot{N}$로 나타내어라.

5. 위의 결과들을 이용하여 전지의 열적 평형에 대한 식을 작성하여라.
6. 위의 식을 만족하는 I의 값은 얼마인가?

풀이를 간단히 하기 위하여 연료전지 반응은 RTP에서 진행되며 물은 25℃에서 생성된다고 가정한다. 이 물은 다음에 가열되어서 미리 정해진 110℃에서 배출된다.

9.12 연료전지는 모든 조건들에서 298K로 유지되는 작동온도를 정밀하게 제어하고 방출되는 열을 정확하게 측정할 수 있도록 하여주는 냉각 시스템을 지니고 있다.

500A의 전류가 생성되는 경우 냉각시스템은 350W의 열을 제거하는 반면에 전류가 2000A로 증가하면 제거되는 열은 2000W이다.

전류가 1000A일 때 제거되는 열을 추정하여라. 기체는 RTP에서 도입되며 액상 물이 생성된다.

부하 전압은 부하 전류에 선형적으로 의존한다고 가정한다.

9.13 이상적인 연료전지가 1000K에서 작동하고 있다. 두 반응기체(반드시 H_2와 O_2는 아니다)들은 1기압에서 도입된다. 가역전압은 1.00V이다. 온도가 1000K일 때 기체 A가 100기압에서, 기체 B는 200기압에서 도입된다면 전압은 얼마가 될 것인가? 반응은 다음과 같다:

$$2A + 3B \rightarrow A_2B_3$$

생성물은 (높은 온도에도 불구하고) 액체이다. 생성물 한 분자에 대하여 부하에서 모두 6개의 전자가 순환한다.†

9.14 어떤 연료전지는 다음 반응을 이용한다:

$$A + B \rightarrow AB.$$

STP에서 관련되는 열역학적 데이터는 다음과 같다.:

	$\Delta \overline{h}_f^0$ [MJ / kmol]	$\overline{s}$ [kJ/(K kmole)]
A(g)	0	100
B(g)	0	150
AB(g)	-200	200

위의 연료전지의 가역전압은 얼마인가? AB 한 분자에 대하여 두 개의 전자들이 부하에서 순환된다.

9.15 연료전지 배터리를 인공위성에서 사용하고자 한다. 이 배터리는 한 주일 동안에 24V에서

† 두 반응물 기체들 사이의 매우 큰 압력차는 강한 전해질이나 다이어프램을 필요로 할 것이다. 이에 따라 세라믹 전해질이 권장되며 따라서 높은 작동온도가 가능하다. 분명히 이 연료전지의 실현 가능성은 아주 의심스럽다.

2kW를 생성해야 한다. 전지의 질량은 가능한 한 가장 작아야 한다.
연료전지 제조사는 다음 특성을 갖는 설계를 지니고 있다.
열린회로 전압 : 1.10V
내부 저항 : 92×10^{-6} ohm ㎡
전지 질량 : 활성 전극면적 1 ㎡당 15kg
V_L와 I_L 사이에는 선형관계가 있다.
얼마나 많은 전지들이 직렬로 연결되어야 하는가?
이 배터리에서 모든 연료전지들의 전체 질량은 얼마인가?

9.16 RTP에서 작동하는 수소-산소 연료전지의 열린회로 전압은 0.96V, 그리고 내부저항은 1.2 mΩ이다. 활성화 전압강하는 다음에 의해 주어진다:

$$V_{act} = 0.031 + 0.015\ln I,$$

여기에서 I의 단위는 A이다.
열역학적 자료로부터 가역전압은 1.20V임을 알 수 있다.
200개의 위 전지들을 직렬로 연결시켜 형성된 배터리는 100V에서 2.5kW의 저항성 부하를 구동한다.
실제 부하 전압은 얼마인가?
배터리는 내부적으로 얼마나 많은 열을 발생하는가?

9.17 어떤 연료전지 배터리에 H_2와 O_2가 (모두 300K에서) 원료로 공급되고 전지 내부에서 즉시 응축되는 수증기를 생성한다.
ΔT는 단위가 캘빈(K)으로서 전지의 활성 지역의 온도와 주위 냉각액체의 온도로 추정되는 300K와의 차이이다.
전지들로부터 다음의 두 가지 매커니즘에 따라 열이 제거된다:

1. 일부의 열은 1K의 ΔT에 대하여 활성 전극표면 1 ㎡ 당 40W의 속도로 배출된다. 물론 이는 이 문제에 관한 한 냉각 시스템의 정확한 성질은 상관없음을 암시한다.
2. 풀이를 간략히 하기 위하여 수증기는 유입되는 기체들의 온도(300K)에서 전지 내에서 합성된 다음에 같은 온도에서 바로 응축되고 ΔT 만큼 가열되어 전지의 작동온도에 도달한다고 가정한다. 다음에 물은 제거되는데 어떤 양의 열을 함께 운반함으로써 전지가 냉각된다. 만일 생성된 물의 온도가 100℃를 초과한다면 전지는 가압되어 물은 끓지 않는다고 가정한다. 그러나 모든 반응들은 실제로 RTP에서 일어난다고 가정한다. 즉 RTP에 대한 열역학적 데이터를 사용한다.

전지의 $V-J$ 특성은

$$V = 1.05 - 95.8 \times 10^{-6} J,$$

여기에서 J는 단위가 A/㎡인 전류밀도이다.
전류효율은 100%이다.

비록 전지가 RTP와 다른 조건들에서 작동될 것이지만 문제를 간단히 하기 위해서 RTP 열역학적 데이터를 이용한다.

1. 배터리는 아마도 최대 허용온도를 초과할 것이기 때문에 최대 동력에서 운전되지 않을 것이다. 그럼에도 불구하고 만약 최대 동력 운전이 시도되는 경우 평형온도는 얼마가 될 것인지 계산하여라.
2. 사실상 배터리는 훨씬 낮은 동력에서 작동될 것이다. 배터리는 12V에서 부하로 20 kW를 전달해야 한다. 배터리는 직렬로 연결된 몇 개의 전지들로 구성되어 있다. 각 전지의 질량은 활성 전극 면적 1 ㎡에 대하여 15kg이다.

배터리는 이러한 동력을 일주일 동안 전달해야 한다. 전체 질량(연료+배터리)은 최소화되어야 한다. 연료 탱크들의 질량은 무시한다.

얼마나 많은 전지들이 사용되어야 하는가?

전체 질량은 얼마인가?

몇 kg의 H_2와 얼마나 많은 O_2가 필요한가?

전지의 작동온도는 얼마인가?

9.18 다음에 따라 정답들로 빈 칸을 채워라:

만약 출력 전압이 올라가면 "R"이라고 표시; 만약 떨어지면 "F"라고 표시; 만약 효과가 없다면 "N"이라고 표시한다.

	이상적인 연료전지	실제 연료전지
보다 높은 온도		
보다 높은 반응물 압력		
보다 높은 생성물 압력		

9.19 수증기를 생성하는 연료전지는 직선의 $V-I$ 특성을 지닌다:

$$V_L = V_0 - R_{int} I$$

V_0와 R_{int}는 온도에 의존하며 관심있는 온도 범위 바깥에서는 다음 식들에 의해 주어진다.

$$V_0 = \beta_0 (1 + \alpha_V T) V_{rev},$$
$$R_{int} = (1 + \alpha_R T) R_{int_0}.$$

계수들은 다음과 같다:

1. $\beta_0 = 0.677$
2. $\alpha_V = 443.5 \times 10^{-6}/\mathrm{K}$
3. $R_{int} = 0.00145\ \Omega$
4. $\alpha_R = -1.867 \times 10^{-3}/\mathrm{K}$

1 mΩ 부하가 공급될 때 298K와 500K에서 연료전지의 효율들은 얼마인가?

9.20 연료전지 배터리는 우주정거장에 탑재되어 사용된다. 30kW가 전달될 때 버스 전압 (전체 부하에서 배터리가 전달해야 하는 전압)은 24V이다. 우주선에는 수소와 산소가 공급되기 때문에 배터리는 1기압과 298K에서 전달되는 이 기체들을 사용할 것이다. 제조업제가 제출한 샘플 전지는 실험실에서 시험되었으며 아래의 결과들을 보였다.

전지로부터 전류를 끌어내지 않을 경우 전압은 1.805 V이다. 2000A가 전달되는 경우 전압은 0.752V이다. V와 I사이에 직선 관계가 존재함이 밝혀졌다. 전지의 질량은 75kg이며 따로 분리시킬 경우 활성 전극 면적은 1.5㎡임을 알았다. 만일 배터리가 24V에서 30 kW를 전달한다면 1250A의 전류를 발생해야 한다는 것은 명백하다. 모든 전지들은 직렬로 되어있으므로 이 전류는 또한 각 전지를 통하는 전류이다.

샘플 전지는 1250/1.5= 833.3 A/㎡의 전류밀도로 작동한다. 제조업체가 활성 전극 면적 S만을 제외하고 모든 면에서 샘플과 동일한 전지를 만드는 경우에도 새로운 전지는 다른 전류밀도 및 다른 전지부하 전압에서 여전히 1250A를 전달해야 한다. 배터리 부하 전압은 여전히 24V이어야 하므로 배터리는 다른 수 N 개의 전지들을 포함할 것이다.

새로운 전지의 질량은 전극들의 활성 면적에 비례한다고 가정한다. 전체 질량(배터리의 질량 M_B + 연료 H_2와 O_2의 질량 M_F)은 배터리가 24V에서 꾸준하게 30kW를 전달하는 30일 동안 최소화 되어야 한다. 연료 탱크의 질량은 무시한다. 전류효율은 100%이다.

최소 전체 질량을 계산하여라. 직렬로 연결되는 경우 얼마나 많은 전지가 필요한가?

위의 전지에서, 물은 유입되는 기체의 온도(298K)에서 합성되고 바로 액체로 응축된 다음 장치의 작동 온도 T_{op}까지 가열된다. 생성된 물은 이 온도에서 계속적으로 전지로부터 제거된다. 나아가 냉각시스템 또한 열을 제거한다. 그 속도는 활성 전극 표면의 각 제곱미터에 대해서 온도차(T_{op} − 298K) 1 도 당 6W이다.

배터리가 이 문제의 첫 번째 부분에서처럼 30kW를 전달할 경우 T_{op}는 얼마인가?

9.21 두 반응물들이 1기압에서 공급되는 경우 수소-산소 연료전지는 다음과 같은 특성을 갖는다:

$$V_{oc} = 0.75 + 0.0005\,T$$

$$R_{int} = 0.007 - 0.000015\,T \ \ \Omega.$$

이 연료전지가 5mΩ의 부하로 전달하는 동력을 개략적으로 추정하여라.

임의의 연료전지에서 열은 다음에 의해 제거될 수 있다:

1. 냉각제의 순환
2. 유입 온도보다 더 높은 온도에서 전지를 이탈하는 과잉 반응물
3. 생성물들이 합성되는 온도보다 더 높은 온도에서 전지를 이탈하는 생성물

문제를 간단이 하기 위해서 메커니즘 1의 기여도는 언제나 매커니즘 3의 30배이며 매커니즘 2의 기여도는 무시할 수 있다고 가정한다. 반응물들은 298.2K에서 공급되고 생성된 물은 같은 온도에서 수증기로 형성된 다음 전지에 의해 제거된 열에 의해서 T_{op}로 가열된다고 가정한다.

순수한 수소와 순수한 산소는 1기압에서 공급된다.

1. 평형온도에 도달했을 때 전지의 온도는 얼마인가?
2. 위의 조건들에서 부하로 전달되는 부하 전류와 동력은 얼마인가?

9.22

R_L (Ohms)	I (Amps)
0.05	14.98
0.10	8.23
0.15	5.71
0.20	4.37
0.25	3.54

연료전지의 반응들은:

음극: $A \rightarrow A^{++} + 2e^-$

양극: $A^{++} + 2e^- + B \rightarrow AB.$

기체 A와 B는 가상적인 기체들이다(이들의 특성 또한 가상적이다). A의 원자량은 16 daltons이고 B는 18 daltons이다. A와 B는 모두 관심있는 온도 범위에 걸쳐 자유도가 5인 것처럼 거동하는 반면에 생성물 AB는 마치 7인 것처럼 거동한다.

실험실에서 부하의 저항이 변함에 따라 전달되는 전류를 관찰하여 연료전지를 시험하였다. 결과는 표에 나타나 있다.

1. 전지의 열린회로 전압과 내부저항은 무엇인가?
2. 조심스럽게 칼로리를 관찰하면 연료전지가 부하로 10.0A를 전달할 때 내부적으로 소비되는 열은 3.40W이다. 이 결과로부터 반응의 ΔH을 결정하여라.
3. P_{heat}는 $(V_{rev} - V_{oc})I$에 의존한다. 이는 P_{heat}를 알면 V_{rev}을 결정할 수 있음을 의미한다. 그렇게 할 수 없다는 사실, 즉 고정된 V_{oc}와 R_{int}에 대하여 P_{heat}는 V_{rev} 값에 민감하지 않음을 보여라.
4. 반응의 ΔG를 추정하기 위하여 연료전지에 외부의 전압을 적용하여 연료전지가 전해질로 작용하도록 하였다. 외부 전압이 1.271V 이었을 때 전해질은 2.985 g/hour의 속도에서 A를 생성하였다. 그럴듯한 가정들을 설정하고 반응의 ΔG를 추정하여라.

9.23 수소/산소 연료전지는 (RTP에서) 다음과 같은 $V-J$ 특성을 지니고 있다:

$$V_L = 0.98 - 10^{-3}J.$$

그 전극의 활성면적은 0.444 m²이다. 물은 전지로부터 기체상태로 배출된다.

1. 전지가 다음의 부하와 연결되어 있을 경우 열 생성속도는 얼마인가?
   1.1 열린회로?
   1.2 짧은 회로?
   1.3 동력 출력을 최대화시키는 부하?

2. 위의 세 가지 조건들에서의 전지의 효율은 얼마인가?
3. 만약 전지가 최대 동력의 절반만을 전달한다면 전지의 효율은 얼마인가? 보다 효율적인 해결책을 사용하여라.
4. V_{oc}는 V_{rev}의 일정한 비율이라고 가정하자. 따라서 모든 상황에서 $V_{oc} = (0.98/1.185) \times V_{rev} = 0.827\,V_{rev}$이다. 산소 대신에 공기가 25℃ 1기압으로 공급되는 경우 전지의 $V-I$ 특성은 무엇인가?
5. 이 문제를 간단히 하기 위해서 전지로부터 열을 제거하는 유일한 방법은 과잉공급 기체들과 수증기로 구성된 배출 흐름을 통하는 방법이라고 가정한다. 이 유입기체(수소와 공기)는 298K이다. 물은 298K에서 생성되며 연료전지에 의해 배출 온도 T까지 가열된다고 가정한다.

   장치의 산소 요구량을 만족하는 최소 공기량이 공급되는 경우 전지는 항목 3(전지의 최대 동력의 절반)의 전기적 출력을 생성할 때 T 값은 얼마인가? 비록 산화제는 순수한 산소가 아닌 공기일지라도 간단히 하기 위해서 항목 1에 주어진 산소의 $V-I$ 특성을 사용한다.
6. 실수가 없었다면 이전의 항목에서 계산된 온도는 너무 높음을 알 수 있다. 훨씬 더 강력한 냉각이 필요할 것이다. 이는 화학양론에 의해 요구되는 공기의 양보다 훨씬 더 많은 공기를 주입시킴으로써 달성될 수 있다. 온도의 증가는 80K를 초과하지 않아야 한다. 항목 5에서 요구되는 것에 비해 공기의 유량은 얼마이어야 하는가?

9.24 EV1은 탁월한 공기역학과 낮은 손실들을 갖는 지극히 잘 설계된 자동차였다. 14kWh의 에너지를 공급하면 자동차는 100km 이상의 주행거리를 보였다. 이 차의 100kW 모터는 매우 우수한 가속을 가능케 하여 이 차를 "섹시"한 기계로 만든다. 문제는 사용되는 배터리가 아무리 좋다고 해도 재충전하기 위해서는 시간이 오래 걸린다는 점이다. 만약 배터리 대신에 연료전지들을 사용한다면 연료 재공급은 재충전에 골리는 몇 시간에 비해 단지 몇 분만 소요될 것이다.

NiMH 배터리를 연료전지 배터리로 대체하기를 원한다고 상상하여 보자. 물론 연료전지 배터리는 100kW의 동력을 공급해야 한다. RTP에서 작동하는 이용 가능한 수소/산소 연료전지의 $V-I$ 특성은:

$$V_l = 1.1 - 550 \times 10^{-6} I$$

최대 내부적인 열 발산 능력은 300W이다. 생성된 물은 수증기의 형태로 전지에서 배출된다. 연료전지들은 DC 입력을 AC 동력으로 변환시키는 동력 컨디셔닝 장치로 에너지를 전달한다. 이 장치의 효율은 100%로 취할 수 있다.

1. 동력 컨디셔닝 장치의 입력 전압은 얼마인가; 다시 말하면 가능한 한 최소 수의 개별 전지들이 사용된다고 가정하고 연료전지 배터리가 (100kW에서) 전달해야 하는 전압은 얼마인가?
2. 100kW는 가속에만 필요하다. 110 km/h로 순항하려면 단지 20 kW만 필요하다.† 자

동차에 (20kW를 이용하여) 800km의 운전거리를 부여하려면 몇 kg의 수소가 요구되는가 ?

3. 수소가 500기압에서 저장된다면 298K에서 수소가 차지하는 부피는 얼마인가?

9.25 단일-챔버 낮은 작동 온도 고체산화물 연료전지는 6000A/m^2의 전류밀도에서 작동될 경우 Hibino et al.(2000)이 언급한 것과 유사하며 다음 표에 나타낸 방식으로 전해질의 두께에 따라 좌우되는 부하전압을 전달한다.

전해질 두께 (mm)	부하전압 (V)
0.15	0.616
0.35	0.328
0.50	0.112

전지는 본질적으로 선형의 $V-I$ 특성을 갖는다. 그의 비저항 $\Re$(9.8.3.1 절을 참조)은 $\Re_1 + \Re_2$의 두 가지 요소로 구성되는데 여기에서 $\Re_1$는 전해질의 저항이며 $\Re_2$는 전지의 다른 모든 저항들을 나타낸다. 열린회로 전압은 0.892V이다.

1. 만약 최대한 얇은 전해질을 사용하는 것이 가능하다면 전지가 전달할 수 있는 최대 동력은 얼마인가?
2. 만약 전지가 10×10cm의 유효 전극면적을 갖는다면 상응하는 부하 저항은 어떻게 되는가?
3. 이 전지의 동력 출력을 0.15㎜ 두께의 전해질을 갖는 전지의 동력 출력과 비교하여라.

9.26 Siemens Westinghouse에 의해 제조된 고체산화물 연료전지들은 그들의 $V-J$ 특성이 매우 뚜렷한 굴곡을 지니고 있다. "늑골이 달린" 장치들을 사용하는 전지들의 한 부류는 다음에 따라 거동한다.

$$V_L = 0.781 - 1.607 \times 10^{-6} J - 6.607 \times 10^{-9} J^2$$

여기에서 J는 단위가 A/m^2인 전류밀도이고 V_L는 단위가 V인 부하 전압이다.

1. 전지의 열린회로 전압은 얼마인가?
2. 최대 동력을 전달할 때의 전지의 전압은 얼마인가?

9.27 주어진 H_2/O_2 연료전지의 (믿을 수 없이 정밀하게 측정된) $V-I$ 특성은 아래에 보인 바와 같이 표로 제시되어 있다. 그래프를 참조하자. 측정은 RTP에서 이루어졌다. 물은 전지로부터 기체상태로 빠져 나간다.

1. 10A가 전달되는 경우 전지의 효율을 계산하여라.
2. $I_L = 10$A일 때 전지에 의해 생성되는 열의 속도를 계산하여라.

† 그저 개략적인 추측이다!

3. 전류가 상당히 클 경우 시각적으로 특성은 직선으로 나타난다. 이는 상대적으로 큰 전류영역에서는 다음 식을 사용할 수 있음을 의미한다.

$$V_L = V_{oc} - R_{app}I,$$

여기에서 R_{app}는 직선으로부터 추정되는 것처럼 전지의 겉보기 내부저항이다. 다음을 이용하여 R_{app}의 값을 추정하여라.

3.1 $30 \le I \le 41$A 영역.

3.2 $10 \le I \le 41$A 영역.

4. 위의 R_{app}값들 각각에 대해서 전지가 부하로 10A를 전달할 경우 다양한 열원(Joule 효과 등)의 크기를 결정하여라. 분명히 직선 근사를 사용했기 때문에 활성 전압은 열 계산에 기여하지 않는다.
5. 이제 내부저항 R_{int}의 값을 정확하게 계산하여라; 즉 $V-I$ 특성에 활성 전압을 포함시켜라.
6. 부하 전압이 부하 전류에 의존하는 방식을 나타내는 식들을 작성하여라. 표의 데이터에 대하여 얻어진 값을 확인하여라. $I_L = 40$A와 $I_L = 0.5$A에 대해서 이를 수행하여라.
7. 작은 전류에서 여러분의 식들이 V_L을 과다 추정하는 이유를 설명하여라.

부하전류 (A)	부하전압 (V)	부하전류 (A)	부하전압 (V)
0.00	0.9000		
0.50	0.8492		
1.00	0.8311	21.00	0.7262
2.00	0.8114	22.00	0.7239
3.00	0.7992	23.00	0.7216
4.00	0.7902	24.00	0.7194
5.00	0.7829	25.00	0.7173
6.00	0.7768	26.00	0.7151
7.00	0.7714	27.00	0.7131
8.00	0.7666	28.00	0.7110
9.00	0.7623	29.00	0.7090
10.00	0.7583	30.00	0.7071
11.00	0.7546	31.00	0.7051
12.00	0.7511	32.00	0.7032
13.00	0.7479	33.00	0.7013
14.00	0.7448	34.00	0.6995
15.00	0.7418	35.00	0.6977
16.00	0.7390	36.00	0.6959
17.00	0.7362	37.00	0.6941
18.00	0.7336	38.00	0.6923
19.00	0.7311	39.00	0.6906
20.00	0.7286	40.00	0.6889
		41.00	0.6872

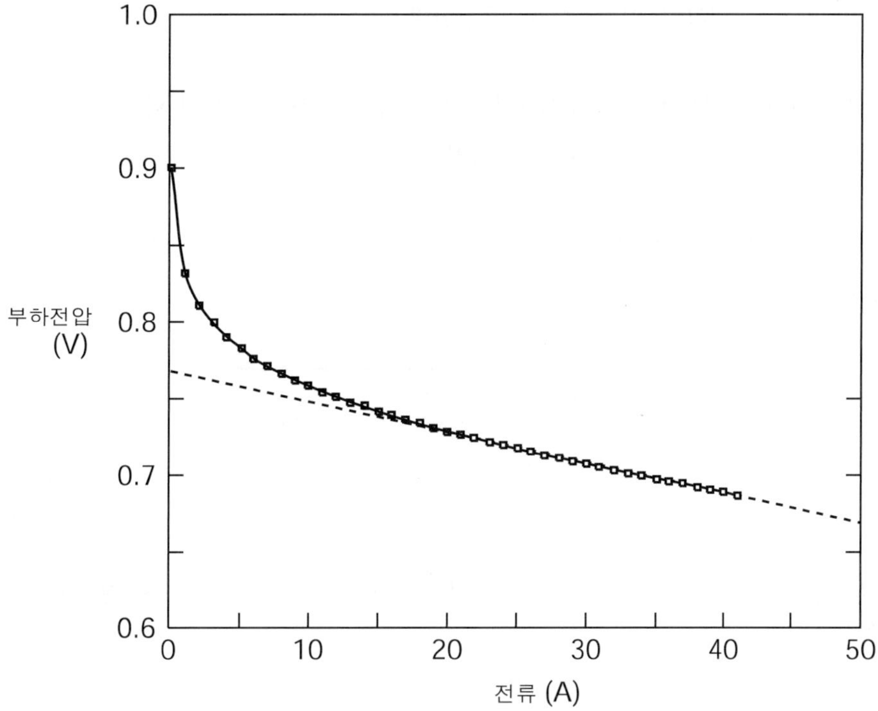

9.28 비록 저전압 자동차 배터리들은 12V에서 표준화 되었지만 자동 운송 배터리들에 대해서는 이와 같은 표준화가 합의된 바가 없다. 일부 하이브리드 자동차들은 275V의 모터와 275V의 배터리들을 사용한다(일부는 275V 배터리에 의해 구동되는 550V 모터를 사용한다). 275V에서 100kW의 출력을 갖는 연료전지를 고려하여 보자. 이 전지는 모두 1기압에서 순수한 수소와 순수한 산소를 사용한다. 배터리는 350개의 전지들로 구성되며 390K에서 작동한다. 문제를 간단히 하기 위해서 298K에서의 열역학을 가정한다. 이 연료전지들에 대한 V-I 특성은 선형이라고 가정한다.

1. 배터리가 100kW를 전달할 때 수소소비(단위는 시간 당 H_2의 kg)는 얼마인가?
2. 자동차에 대한 지체력은 U(차의 속력)의 멱급수로 나타낼 수 있다:

$$F = a_0 + a_1 U + a_2 U^2. \tag{1}$$

$a_1 U$는 타이어가 변형되는 것과 관련되는 대부분의 힘을 나타낸다. $a_2 U^2$는 힘을 공기역학적인 지체력으로서 다음과 같이 주어진다:

$$a_2 = \frac{1}{2} \rho C_D A U^2, \tag{2}$$

여기에서 $a_0 = 0, \rho = 1.29$ kg/m³는 공기 밀도이며, $C_D = 0.2$는 항력계수, 그리고 $A = 2$ m²는 자동차의 정면 면적이다.

3. 50kW를 전달하는 경우 배터리의 전압은 295V이다. 일정한 적정속력인 80 km/hr로 순항 중일 경우 차는 단지 15kW 만을 사용한다. 만약 수소탱크가 4kg의 기체를 저장할 수 있다면 이와 같은 조건에서 차의 항속거리는 얼마인가? 여기에서는 바람이 없

으며 길은 수평하고 평평하다고 가정한다.

9.29 어떤 연료전지를 실험실에서 테스트하기 위해서 AC 전압 생성기(피크 대 피크 전압 v_{pp} = 0.001V)가 부하와 함께 직렬로 연결되어 있으며 AC 전류계(피크 대 피크 전류 i_{pp})는 다양한 V_L에 의해 발생되는 부하 전류의 변동을 측정하기 위해서 사용된다. 사용되는 주파수는 측정에서의 어떠한 반응성 요소도 무시할 수 있을 정도로 충분히 낮다. 다음 측정치들을 얻었다:

I_L (A)	V_L (V)	i_{pp} (A)
5.34	0.956	0.186
10.67	0.936	0.366

v_{pp}와 i_{pp} 사이에 180°의 위상관계가 관찰되었다—즉 전압이 증가하면 전류는 실제로 감소한다.
전지의 실제 내부저항을 계산하여라.

9.30 수소-산소 연료전지. 비록 전지의 온도는 전지의 작동에 따라 변할 것이지만 계산의 복잡을 피하기 위해서 RTP에 대한 열역학적 자료를 사용한다.
각 전지는 두께가 3㎜이며 총 면적은 10×10cm이다.
각 전지의 밀도는 물의 밀도의 두 배와 같으며 전지의 비열용량은 물의 비열의 10%이다.
이는 전지의 온도를 1 K까지 올리는 데 24J이 사용됨을 의미한다.
어떤 상황에서도 생성된 물은 기체의 형태로 제거된다.
전지의 허용 가능한 최대 작동 온도는 450K이다.
비록 열은 전지로부터 몇 가지 서로 다른 메커니즘에 의해 제거되지만 알짜 효과는 열 제거 속도가 $T-300$에 비례한다는 사실이다: 실제로 열 제거 속도는 $\dot{Q}_{rem} = 0.3(T-300)\,W$이다.
실험실 테스트는 부하 전류가 2A일 때 부하 전압은 0.950V이며 부하 전류가 20A일 때에는 부하 전압은 0.850V로 떨어짐을 나타내고 있다.

1. I_L와 V_L들 사이에 선형 관계를 가정하여 이들 두 변수간의 관계식을 작성하여라.
2. 전지가 전달할 수 있는 최대 동력은 얼마인가?
3. 이러한 최대 동력은 전지 온도가 허용 가능한 최대 작동온도를 초과하는 요인이 되기 때문에 계속적으로 전달될 수 없음을 보여라.
4. 전지가 연속적으로 부하로 전달할 수 있는 최대 동력은 얼마인가?
5. 비록 전지는 연속적으로 최대 동력을 전달할 수 없을지라도 만약 차가운 상태에서 운전을 시작한다면, 즉 초기 온도가 300라면 짧은 시간동안 동력을 연속적으로 전달할 수 있다. 이 경우 배출할 수 있는 것보다 더 많은 열이 생성될 것이며 따라서 온도는

상승될 것이다. 450K를 초과하지 않고 전지는 부하로 얼마나 오랫동안 최대 동력을 전달할 수 있는가?

9.31 이상적인 수소/공기 연료전지는 298K에서 작동한다. 수소와 수증기의 혼합물은 3기압에서 공급된다. 습한 공기 또한 같은 압력으로 도입된다. 연료와 산화제 흐름 모두에서 수증기의 분압은 0.5기압이다. 이상적인 전지가 1 Ω의 부하로 전달하는 전압은 얼마인가? 전압은 mV 단위로 정밀하게 계산하여라.

9.32 RTP에서 작동하는 24-전지 수소/공기 연료전지 배터리는 다음 특성을 가지는 전지들로 구성된다.

$$V_L = 1.05 - 0.001 I_L. \quad (3)$$

물은 배터리로부터 기체로 배출된다.
열 제거 시스템은 기껏해야 5278W의 열을 제거할 수 있다. 배터리가 (정상상태 조건에서) 부하로 전달할 수 있는 최대 동력은 얼마인가?

9.33 교외 지역의 자체 연료전지 시스템은 부탄이 원료로 공급된다. 이 기체는 수증기로 개질되어야 하며 이로부터 얻어지는 일산화탄소는 수소로 전환된다. 아무런 손실이 없다고 가정하면 부탄 1 kg으로부터 추출될 수 있는 수소는 몇 kg인가?

9.34 298K에서 작동되는 수소/산소 연료전지에 수소와 수증기의 혼합물이 (음극 쪽에서) 원료로 주입된다—수소 1 kg에 대해서 수증기 1.8kg이 존재한다. 혼합물의 전체 압력은 3기압이다.
양극 쪽에는 습한 공기가 또한 3기압으로 주입된다—공기 1 kg에 대해서 0.125kg의 물이 존재한다. 공기는 부피비율로 20%의 산소와 80%의 질소로 구성된다고 가정하사.
생성물은 액체 물이다(-228.6이 아닌 -237.2MJ/kmole의 ΔGf^0를 사용해야 함을 상기하자).
료전지의 특성들은 다음과 같다:
* 대부분 양극에서 피할 수 없는 원치 않는 부반응들로 인하여 열린회로 전압 V_{oc}은 가역전압(V_{rev})보다 139mV만큼 더 낮다.
* 전지의 내부 저항 R_{int}는 5.1 mΩ이다.
* 교환 전류는 합하여 $I_0 = 0.60$A이다.
* 전달계수 α는 0.7이다.

전달 손실들은 운전영역에서는 무시할 수 있다.

a. 이 전지의 가역전압은 얼마인가? 4개의 주요 그림들을 보여라.
b. 연료전지는 10-mΩ 부하와 연결되어 있다. 전지에 의해 내부적으로 얼마나 많은 열이 생성되는가?

c. 연료전지 유입기체에는 수증기가 포함되며 연료전지는 액체 물을 생성한다. 입력 기체들에 포함된 모든 수증기는 손실된다고 가정한다. b의 전류를 전달하는 경우 연료전지는 입력 기체 흐름들을 가습화 시키기에 충분한 물을 생성하는가?

9.35 어떤 연료전지의 $V-I$ 특성은 다음 식에 의해 적절한 정확도로 나타낼 수 있다.

$$V_L = V_{oc} - R_{int}I_L - V_2 \ln\frac{I_L}{I_0}. \tag{4}$$

$V_{oc} = 1.05$V이고 $R_{int} = 0.005\,\Omega$이라고 하자. 0.16-Ω 부하 저항체가 사용되는 경우 전류는 5.416A이며 부하 저항이 0.17Ω으로 증가하면 전류는 5.125A로 떨어진다.
공식에서 상수 I_0의 값은 얼마인가?
수치적 해법이나 시행착오법을 사용하면 안된다.

9.36 미리 정해진 부하 전류 I_L까지 부하 저항 R_L을 조절하는 것으로 구성되는 수소/산소 연료전지의 실험실 테스트가 정밀하게 수행되었다. 이로부터 다음 결과들이 얻어졌다:

R_L (Ω)	I_L (A)
1.0643	1.000
0.1944	5.000
0.0129	50.00

a. $I_L = 20$A일 때 연료전지는 부하로 얼마의 동력을 전달하는가?
b. $I_L = 20$A일 때 활성화 전압은 얼마인가?
c. 1A에서 50A에 대한 데이터를 이용하여 R_{app} 값을 추정하고 이 추정값을 이용하여 $I_L = 20$A일 때 부하로 전달되는 동력을 추정하여라.
전지의 열린회로 전압(이 문제에서의 작동온도인 90℃에서)은 1.10V이다.

9.37 모든 답들은 짧고 간결해야만 한다. 장황하게 서술하지 말라.
어떤 연료전지 제조회사는 탁월한 성능을 가진 것으로 알려진 경쟁 제조사의 고체 고분자, 수소/산소 연료전지에 대한 정확한 자료를 지니고 있다. 이 자료는 그림에 그래프로 나타나 있으며 “Original cell"이라는 라벨이 붙여져 있다.

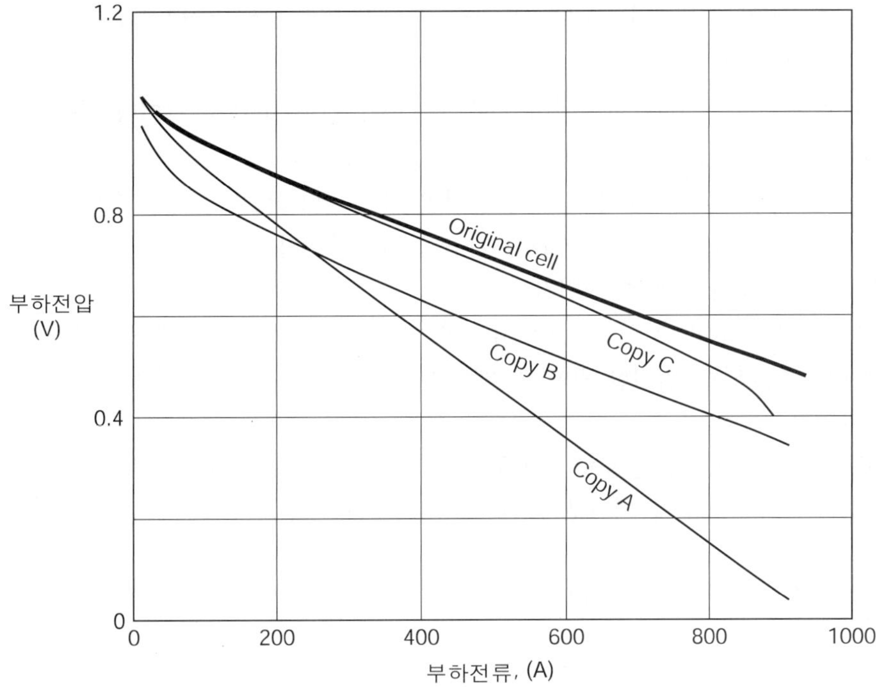

첫 번째 제조회사의 개발 부서는 원래의 것과 동일한 전지를 만들기 위해 최선의 노력을 다하였지만 Copy A라는 라벨이 붙여진 $V-I$ 선에 의해 예시되는 바와 같이 제한적인 성공만을 거두었다. 모든 복사본들은 원래의 것과 동일한 온도와 압력에서 작동한다. 그들은 모두 오염되지 않는 순수한 수소와 깨끗한 공기를 원료로 이용한다.

1. Copy A에서 발생된 오류를 확인하여라. 무엇을 실수했는가? 이 오류를 고치기 위해 무엇을 해야 하는가?
2. Copy B에 대해서 같은 작업을 수행하여라.
3. Copy C에 대해서 같은 작업을 수행하여라.
4. 그림에 나타낸 특성을 갖는 원래 연료전지의 3 가지 복사본에 추가하여 전압이 대략 0.1만큼 낮지만 원래의 것에 대하여 거의 정확하게 평행인 그래프를 보이는 네 번째 복사본(Copy D)이 있다. 이것에 대하여 이전의 문제에 대한 답을 구하여라.

9.38 두 가지의 서로 다른 연료전지 자동차의 성능을 비교하자. 하나에는 작은 연료전지(SFC)가 장착되었으며 다른 하나에는 큰 연료전지(LFC)가 장착되었다. SFC 자동차는 여행에 요구되는 평균 동력보다 약간 더 큰 동력을 가지고 있는 반면에 LFC 자동차는 소요되는 평균치보다 훨씬 더 많은 동력을 지니며 빠른 가속이 가능하고 상당히 좋은 속도에서 높은 언덕을 오를 수 있다—이 차는 훨씬 더 "섹시"하다. 이 특별한 테스트에서 자동차는 외풍이 없으며 수평이고 평평한 도로에서 움직인다. 이 차들은 같은 균일속도로 운전되며 (두 경우 모두) 연료전지는 바퀴로 일정하게 10kW를 전달한다. 두 연료전지는 사실상 250개의 직렬로 연결된 기본적인 수소/공기 연료전지들로 구성되는 배터리이다. 계산들을 간단히 하기

위해서 기본적인 연료전지는 내부 저항이 R_{int}인 전압 생성기(열린회로 전압 $V_{oc}=10\text{V}$)의 직렬연결이라고 간주한다.

SFC의 경우 $R_{int}=0.0055\,\Omega$이며 LFC의 경우 $R_{int}=0.0011\,\Omega$이다. 두 경우 모두에서 수증기는 반응에 의해 생성된다.

여행은 정확하게 5시간 동안 지속되고 자동차는 90km/h의 일정한 속도로 여행한다고 가정하자. (SFC와 LFC 모두에 대하여) 다음을 계산하여라:

1. 몇 kg의 수소가 소비될 것인가?
2. 얼마나 많은 유보 동력 P_{acc}이 서지에 이용 가능한가? 즉 지정된 속도로 달리는 자동차에서 소요되는 일정한 동력과 배터리가 전달할 수 있는 최대 동력 사이의 차이는 얼마인가?
3. SFC와 LFC 가운데 생산을 추천할 수 있는 한 가지를 선택하여라. 두 형태의 장점과 단점을 지적함으로써 여러분의 선택을 정당화하여라.

9.39 어떤 주어진 전기 자동차는 다음 식으로 주어지는 감속력을 경험한다:

$$F=80+5v+0.25v^2,$$

여기서 v는 차의 속력이다.

직선이고 수평이며 바람이 없는 고속도로를 가정하자.

차는 20개의 직렬로 연결된 납-산 배터리를 탑재하고 있다. 각각의 배터리는 일정한 15-A 전류에서 방전될 때 300-Ah의 능력을 가진다. 배터리들은 1.2의 Peukert 수를 갖는다. 각 배터리의 열린회로 전압은 충전상태와 관계없이 12.0V이다. 각 배터리는 40 mΩ의 내부 저항을 갖는다.

1. 전기 모터(100%의 효율)가 15A의 전류에서 구동될 때 자동차의 운전가능 거리는 얼마인가?
2. 85km/hr에서 순항하기를 원한다고 가정하자. 차의 운전가능 거리는 얼마인가?

제10장 수소의 제조

10.1 개 요

2008년 중반 경에 Google에서 “Hydrogen use"를 검색하였다면 약 1,550,000개의 결과들을 찾을 수 있었을 것이다. 이는 다른 어떤 통계보다 이 기체에 대한 커다란 관심을 입증하여 준다. 암모니아의 생산만 본다고 해도 1946년부터 2003년 사이에 수소의 이용은 46배가 증가했는데 이 시기에는 1900만 톤 이상이 생산되었다. 연료전지의 급격한 대규모 도입으로 가까운 미래에 수소의 수요는 급격히 증가할 것이다. 대량생산 및 국부적 생산(특히 운송수단) 기술은 모두 새로운 시장으로부터 이익을 얻으려는 시도에 따라 형성되는 산업 및 신생 사업에 의해 완벽해질 것이다. 수소 생산 방법에 대한 흥미로운 연구는 Brinkman의 논문에서 찾을 수 있다(참고문헌 참조).

수소는 매우 풍부하지만 화석연료와 달리 에너지의 소스가 아니라는 것을 명확히 이해하는 것으로 출발하는 것이 중요하다. 기존 수소의 대부분은 물의 형태-수소 재-이며 원하는 성분을 추출하기 위해서는 상당한 에너지가 요구된다. 수소는 기껏해야 에너지의 우수한 유도체일 뿐이다. 수소는 다음과 같은 커다란 가능성을 지니고 있다:

1. 특히 고효율 연료전지에서 사용되는 경우 육지와 바다의 운송수단에 대한 연료.
2. 극저온 상태에서의 높은 질량대비 에너지 비로 인한 대형 항공과 우주선의 연료.
3. 열과 전기의 생성을 위한 산업과 가정용 연료.
4. 긴 거리에서의 대량의 에너지 수송을 위한 방법.

수소는 다음과 같은 장점들을 포함한다:

1. 낮은 오염
   수소는 깨끗하게 연소되고 오직 물만 생성한다. 또한 공기 중에서 연소될 때 화염 온도에 따라 적은 양의 질소 산화물도 생성될 수 있음은 사실이다. 그러나 오염은 일부 수소 생산 공정들과 연관될 수 있다.
2. 가제어성
   상온에서 수소는 산소와 매우 천천히 반응한다. 촉매는 매우 낮은 화염 온도로부터 격렬한 화염온도까지 넓은 범위에 걸쳐 반응 속도를 조절한다.
3. 안전성
   수소가 위험한 기체라는 인식은 대부분 뉴저지 주 Lakehurst에 있는 Hindenburg에서 발생한 1937년의 엄청난 폭발로 인하여 36명이 사망한 사고로부터 기인한다. 그렇지만 그 폭발이 실제로 그 기체가 얼마나 안전한지를 입증했다는 우수한 사례가 될 수도 있다. 실제로 Hindenburg는 2.5×10^{12} joules의 에너지와 상응하는 수소 200,000 세제곱미터를 운반하였다. 에너지 적으로 이와 대등한 양의 가솔린은 80 세제곱미터 이상에 이를 것인데 이는 15개의 미식 축구장을 덮을 만큼의 가연성 액체 수조를 만들 수 있는 양이다†.

3.1 모든 기체들 가운데 가장 가볍기 때문에 빨리 상승하고 신속하게 확산되는 반면에 액체 연료는 화염을 퍼트리는 풀을 형성한다.

3.2 수소 분자는 작기 때문에 작은 균열과 구멍을 통해서 새어나가기 쉽고 이 때문에 폭발 농도까지 축적되기 어렵다.

3.3 낮은 밀도로 인하여 어떤 주어진 부피의 수소는 적은 양의 에너지를 포함하며 따라서 천연가스나 가솔린보다 위험도가 더 적다(가솔린의 증기는 같은 부피를 기준으로 할 때 H_2보다 20배나 많은 에너지를 포함한다).

3.4 1기압에서 수소의 자동점화 온도는 약 580℃인 반면에 가솔린의 자동점화 온도는 260℃ 정도로 낮다. 우연적인 발화 가능성은 가솔린이 더 높다.

3.5 4.1%(부피비율) 미만의 수소/공기 혼합물 연료는 발화되지 않지만 가솔린의 가연성 한계는 1%이다.

3.6 순수한 수소 불꽃은 적은 에너지를 복사하기 때문에 소방관이 발화지점에 더 가깝게 접근할 수 있다.

3.7 수소는 완전히 무독성이고 높은 농도에서 흡입될 수 있다(물론 수소로 가득 채워진 폐가 연소되면 폭발을 야기할 수 있으며 질식시킬 수도 있다).

장비나 건물의 높은 위치에서의 수소의 축적은 기체의 산화와 물로의 전환을 (상대적으로) 느리게 하는 촉매의 사용으로 예방될 수 있다. 머캡탄과 같은 탈취제를 수소에 첨가하여 사람들에게 어떤 누출가스를 경고할 수 있다.

수소 생산을 위한 여러 공정들에는 다음이 포함된다.

1. 화학적 공정
2. 전기적 공정
3. 열적 공정
4. 광학적 공정
5. 생물학적 공정

수소 생산은 다음에 나열된 여러 범주들 가운데 어느 하나에 속한다.

1. 암모니아의 생산과 같이 고정된 공장에서의 수소의 대량 생산.
2. 연료전지 자동차에서의 사용을 위해 간단한 탑재 플랜트에 의한 수소의 소량생산. 이러한 적용은 현재 개발되고 있으며 상당한 경제적 이익이 될 것으로 보인다.
3. 식품산업 및 다른 소규모 수비자들을 위한 적당한 양의 수소 생산. 흔히 보다 순수한 가

† 이에서는 완벽하게 평평한 시멘트 표면을 가정하였다. 평평하고 단단한 지표상에 엎질러진다면 그 면적은 비흡착성 표면 면적의 20% 정도일 것이다.

스를 얻기 때문에 전기적 공정들이 이용된다.

4. 밀집한 주거지나 지역 전력(그리고 온수) 생산을 위해 사용되는 수소 생산.

10.2 수소의 화학적 생산

10.2.1 배경

1783년 9월 19일 루이 16세가 지켜보는 앞에서 Montgolfier 형제에 의해 만들어진 더운 공기 열기구가 오리, 수탉, 그리고 양을 싣고 떠올랐다. 양이 수탉을 차서 그 날개를 부러뜨린 이 사건은 최초의 항공사고로 기록되었다. 이 사건 외에는 실험은 성공했고 인간이 스스로 하늘을 여행하기 위한 노력에 용기를 북돋워 주었다. 같은 해 11월 21일, 프랑스 화학자 Jean-François Pilâtre de Rozier와 그의 동향인 François Laurent Marquis d'Arlandes는 고도 150미터까지 상승하여 25분 동안 유지했다. 양을 태우지 않았으며 Montgolfier 형제 또한 신중하게 지상에 머물렀다는 점이 주목할 만하다.

수소 기구는 놀랄만큼 일찍이 도입되었다-1783년 12월 1일 사람이 탄 최초의 더운 공기 비행 후 겨우 10일 뒤에 Jacques-alexandre César Charles와 Robert 형제† 가운데 한명이 날아올랐다. 이 시험은 꽤 성공적이었다; 짧은 이동 후에 Robert는 구경꾼들에게 인사하기위해 하선했고 가벼워진 기구는 당황한 Charles를 태우고 2700미터까지 빠르게 상승하였는데 그는 결국 밸브를 열어 일부 수소를 방출시키고 안전하게 지상으로 돌아왔다. Charles는 일정한 압력에서 고정된 양의 기체의 부피는 온도에 비례한다는 Charles의 법칙(1787)로 유명한 물리학자이다.

보다 원시적인 더운 공기 열기구 기술이 살아남아 왔으며 대중적 인기 속에서 크게 성장해온 반면에 아무도 더 이상 이러한 목적으로 수소를 사용하지 않는다.

초기에 수소는 빨갛게 달군 철줄 위로 증기를 통과시키는 방법으로 생산되었다. 철은 물에서 산소와 결합되어 수소를 방출한다††:

$$3Fe + 4H_2O \rightleftharpoons Fe_3O_4 + 4H_2. \tag{10.1}$$

다음에 기체는 물을 통과시켜 세척되었다.

형성된 산화철은 페로소-페릭 산화물로서 보통 옅은 녹색 염을 형성하는 "ferrous"(철 II)와 노란 오렌지 갈색 염을 형성하는 "ferric"(철 III)과 같은 두 가지의 서로 다른 산화 상태로 나타난다. 광물 자철광은 천연적으로 존재하는 Fe_3O_4로서 일부 전기장치에서 사용되는 아철산 염에도 이용된다.

1850년 이후 기구에 사용되는 수소는 종종 황산과 철의 반응으로부터 생산되었다. 황산의 높은 가격으로 수소의 비용이 높아졌다.

† Marie-Noël Robert. 이상하게도 그와 그의 형제 Anne-Jean은 여성 이름을 가지고 있다.

†† 철/물 반응은 현재 수소 저장 방법으로 고려되고 있다. 제 11장 참조.

10.2.2 금속-물 수소 생산

적은 양의 수소는 지금도 알루미늄 조각과 수산화나트륨($NaOH$)의 반응에 의해 생산된다. 이는 때때로 기상관측용 기구에 사용되는 기체의 소스가 된다.

$$2Al + 2KOH + 6H_2O \rightarrow 2KAl(OH)_4 + 3H_2. \tag{10.2}$$

퍼듀 대학교의 Jerry Woodall은 알루미늄의 산소 친화력을 이용한 물의 분해로 수소를 생산하는 방법을 제안했다. 기본 반응은 다음과 같다.

$$2Al + 3H_2O \rightarrow 3H_2 + Al_2O_3. \tag{10.3}$$

이 반응은 강한 발열반응이어서 알루미나 생성물 1 $kmole$당 812 MJ의 엔탈피 변화를 야기하며 강한 열역학적 구동력(반응에 의한 ΔG의 변화는 -864$MJ/kmole$)이 존재한다. 그럼에도 불구하고 조리 기구에서의 광범위한 사용으로 입증되는 바와 같이 알루미늄은 물에서 완전히 안정한 것으로 보인다. 그 이유는 공기 중에서 산소와의 접촉을 차단시켜 주는 산화물의 강한 층의 매우 빠른 형성으로 인한 패시베이션이다. 산화물-알루미나(산화알루미늄)는 매우 단단하고(연마제인 강옥†이다) 아주 내열성이다(약 2330K에서 녹는다). 이는 알루미늄 표면에 강하게 들러붙는다.

알루미늄은 가연성으로서 격렬한 불꽃을 내며 연소하지만 다행히 피복화로 인하여 인화되기가 어렵다. 알루미늄 항공기는 보통 화재에 안전하지만 금속이 발화되면 현란하게 타오를 것이다.

알루미늄은 특정한 물질에 용해될 수 있다. 용해되는 경우 피복될 수 있는 고정된 표면이 없으므로 물을 생성하는 수소와 반응하리라는 것은 의미가 있다. 실제로 이는 알루미늄이 갈륨에 녹을 때 발생하는 현상이다. 갈륨은 상온††에서 액체로 존재하는 (세슘, 루비듐, 프란슘, 수은 등과 같은) 몇 가지 금속들 가운데 하나이다. 무게비율로 2.5%의 알루미늄과 97.5%의 갈륨이 포함된 합금은 50℃ 미만에서 액체로 남아있다. 이 액체에 물을 부으면 수소가 풍부하게 발생하여 알루미늄을 소비하지만 갈륨은 고스란히 남아있다.

알루미늄 함량을 80%로 증가시키면 상온에서 완전한 고체이지만 놀랍게도 여전히 물과 격렬하게 반응하는 (준안정) 합금이 생성된다. Jerry Woodall이 특허를 출원한 이 합금은 쉽게 다룰 수 있는 고체 상태이기 때문만 아니라 적당한 양의 갈륨만이 포함되어 있기 때문에 갈륨이 풍부한 액체보다도 수소 생산을 위해서는 더 매력적이다. 물론 모든 알루미늄이 소진되는 경우 더 많은 갈륨이 회수될 수 있다. 그럼에도 불구하고 갈륨이 더 적을수록 경제성은 보다 향상된다. 알루미나 및 알루미늄이 소진된 갈륨 합금은 모두 재활용된다. 이에는 남은 물질들을 수집하는 시스템이 요구된다. 다음에 알루미나는 재사용을 위해 전해적 방법을 통하여 알루미늄으로 환원된다.

에너지 효율, 비 중량적 수소농도, 그리고 총 비용은 얼마일 것인가에 대하여 의문을 가질 것

† 강옥은 보통 깨끗하지만 불순물에 의해 오염되었을 경우 아름다운 색을 띤다: 짙은 빨강일 경우 루비로 불리고 다른 색일 때에는 사파이어로 불린다.

†† 열대에 산다고 간주할 때: 갈륨의 녹는 점은 29.7℃이다.

이다. 마지막 질문은 수많은 가정에 따라 좌우되며 시스템 개발단계 동안 낙관적인 결론에 이르게 되지만 후에는 종종 실망하게 된다.

우리가 살펴보았듯이 알루미늄/물 반응은 812MJ의 열(손실된다)과 생성되는 알루미나 1$kilomole$ 당 3$kmoles$의 수소의 형태로 858MJ의 에너지를 방출한다. 따라서 알루미늄/물 반응의 화학적 에너지의 절반만이 수소로 전환된다. 알루미나를 알루미늄으로 재생시키기 위해서는 이론적으로 알루미늄 1kg당 23MJ의 에너지를 필요로 하는 전기적 과정을 이용해야 한다. 비록 20세기를 지나면서 공정의 효율이 증가했지만 약 50%의 현재 효율을 많이 초과할 것으로 보이진 않는다. 이는 알루미늄 1kg을 재생하는데 50MJ의 에너지가 필요함을 의미하는데 이는 16MJ의 수소를 생성할 수 있다. 따라서 알루미늄을 회수하는 에너지만 고려하면 위의 방법에 의한 수소 생산의 에너지 효율은 32%이다.

중량적으로 보면 식 10.3으로부터 알루미늄 1$kmole$ (27kg)에서 수소 1.5 $kilomoles$(3kg)을 얻게 됨을 알 수 있다. 이는 그 자체로 5.5%의 허용 가능한 질량비가 된다. 물은 생성된 수소를 이용하는 연료 전지의 배출물로부터 공급될 수 있기 때문에 반응에 필요한 물의 질량은 포함시키지 않았음을 유의하자. 최선으로 압축된 수소나 금속 수화물 시스템으로부터 우리가 현재 기대할 수 있는 값은 약 6%이다. 알루미늄/물 반응에 필요한 모든 장치의 질량은 계산에 포함시키지 않았다.

10.2.3 대규모의 수소 생산

세계에서 생산되는 수소의 대부분은 화석 연료로부터 얻어진다. 오일, 나프타, 천연가스는 여전히 주원료로 사용된다. 이들 자원이 점차 부족해짐에 따라 보다 풍부한 석탄을 사용하려는 일련의 노력이 이루어지고 있지만 많은 석탄들의 높은 황 함량은 심각한 환경학적 관심을 불러 일으켜 왔다.

여러 물질들 가운데 탄화수소와 알코올은 부분 산화, 수증기 개질, 또는 열분해에 의하여 수소를 생성할 수 있다. 이 공정에서는 합성가스로 불리는 CO와 H_2의 혼합물이 얻어진다.

위에 언급한 반응들 가운데 하나가 연료 처리장치에서 순수한 수소의 공급을 위해 사용될 경우 연료전지의 효율 η는 다음과 같이 정의된다.

$$\eta \equiv \frac{\text{연료전지에 공급되는 수소의 저열량값}}{\text{공급 원료의 고열량값} + \text{가열에 사용된 연료의 고열량값}}$$

10.2.3.1 부분 산화

부분 산화는 무 촉매(POX), 또는 촉매(ATR) 반응으로 수행될 수 있다.

부분 산화는 원료물질이 중질 유분일 때 선호되는 반면에 수증기 개질은 경질 유분일 때 보다 편리하다. 그러나 메탄올의 부분 산화에 근거하는 자동차에서의 사용을 위한 소규모 연료 처리 장치들이 심각하게 고려되고 있다.

부분 산화 공정에서 공기는 산화제로 사용되며 그 결과 질소가 생성되는 수소와 혼합되어 수소의 분압을 떨어뜨리고 이로부터 연료 전지의 출력이 낮아진다.

부분 산화는 연료를 제한된 양의 산소와 반응시켜 이루어진다.

$$C_nH_m + \frac{n}{2}O_2 \rightarrow nCO + \frac{m}{2}H_2. \tag{10.4}$$

따라서 메탄의 경우에는 다음과 같다.

$$CH_4 + \frac{1}{2}O_2 \rightarrow CO + 2H_2. \tag{10.5}$$

이 반응들은 수소보다는 탄소에 대하여 더 큰 친화력을 갖는 산소를 이용한다.

10.2.3.2 수증기 개질

수증기 개질에서 연료는 물과 반응하는데 물은 자체의 수소를 연료로부터의 수소에 추가시키며 개질 생성물에 어떠한 질소도 도입시키지 않는다. 이는 부분 산화 공정과 대조적이다. 일반적인 탄화수소의 수증기 개질은 다음과 같이 수행된다.

$$C_nH_m + nH_2O \rightarrow nCO + \left(\frac{m+2n}{2}\right)H_2. \tag{10.6}$$

이 반응은 탄소-수증기 반응으로 알려져 있다.

예로서 탄소 자체를 고려해 보자($m=0$으로 두어 탄화수소에서 수소를 없앤다). 이 경우 모든 수소는 물로부터 유래되며 연료는 에너지에만 기여함을 주목하자.

$$C + H_2O \rightarrow CO + H_2. \tag{10.7}$$

아울러 메탄의 경우는 다음과 같다.

$$CH_4 + H_2O \rightarrow CO + 3H_2. \tag{10.8}$$

10.2.3.3 열분해

알코올의 열분해는 다음과 같이 메탄올과 에탄올의 반응에 의해 예시될 수 있다.

$$CH_3OH \rightarrow CO + 2H_2. \tag{10.9}$$

$$C_2H_5OH \rightarrow CO + H_2 + CH_4. \tag{10.10}$$

모든 수소는 사용되는 연료로부터 유래된다.

10.2.3.4 합성가스

지금까지 논의했던 모든 반응으로부터 얻어지는 CO와 H_2의 혼합물인 합성가스는 직접 연료로 사용될 수 있다. 이 가스는 심지어 용융 탄산염 및 세라믹 연료 전지에 직접 사용될 수도 있지만 일산화탄소의 존재로 인하여 SPFC들과 같은 저온 연료전지들에는 전혀 이용할 수 없다.

합성가스는 가정용 및 산업용 연료로 사용되었지만 단위부피당 에너지 값이 낮으므로 장거리의 사용자에게 공급해야 하는 경우에는 매력적이지 못하다. 이러한 적용들에서 기체는 메탄으로 변형시킴으로써 농축될 수 있다(식 10.16을 참조). 이는 많은 석탄 기화 공정의 바탕이 된다. 앞의 합성가스는 일산화탄소를 포함하기 때문에 위험한 독성을 지닌다.

합성가스의 중요한 용도는 놀라울 정도로 많은 수의 화학물질 생성을 위한 원료이다. 이들 가운데 상당수는 합성가스보다 매우 큰 H/C 비를 갖는다. 이런 이유로, 그리고 저온 연료전지에서의 사용을 위해 수소 농축 단계가 요구된다. 이는 쉬프트 반응으로 알려져 있다.

10.2.3.5 쉬프트 반응

쉬프트 반응은 물과 일산화탄소의 결합을 증진시킨다. 반응물은 이산화탄소와 수소이다.

$$CO + H_2O \rightarrow CO_2 + H_2. \tag{10.11}$$

쉬프트 반응의 이용에 의해 합성가스의 H/C 비를 광범위한 범위에 걸쳐 조정하는 것이 가능하다. 연료 전지의 경우 쉬프트 반응은 거의 모든 CO를 제거하는 데에 이용된다.

한 가지 예로서 천연가스(메탄)로부터의 수소 생산을 고려하여 보자.

$$CH_4 + H_2O \rightarrow CO + 3H_2 \tag{10.12}$$

$$CO + H_2O \rightarrow CO_2 + H_2 \tag{10.13}$$

총괄 반응은 다음과 같다.

$$CH_4 + 2H_2O \rightarrow CO_2 + 4H_2. \tag{10.14}$$

메탄의 액상 물에서의 연소열은 $890 MJ/kmole$인 반면에 액상 물에서 $4 kilomoles$의 수소를 연소하면 $4 \times 286 = 1144 MJ$만큼 생성된다. 따라서 위의 반응에서 생성물은 반응물보다 더 많은 에너지를 갖는다-반응은 흡열반응이다. 여분의 에너지는 반응의 진행에 필요한 열로부터 유래된다. 고정된 장치에서 이 열은 보통 탄화수소의 연소로부터 얻는다:

$$C_nH_m + \left(n + \frac{m}{4}\right) O_2 \rightarrow nCO_2 + \frac{1}{2} mH_2O. \tag{10.15}$$

좀 더 작은 자동차와 거주지역의 사용에서 열은 개질물 중의 일부 수소의 연소로부터 쉽게 얻을 수 있을 것이다. 추가적인 예를 참조하자.

10.2.3.6 메탄화

합성가스의 메탄으로 전환은 임의의 화석 연료를 (보통) 더욱 가치있는 "천연가스"로 전환하는 공정의 일부로서 메탄화라고 칭한다. 산업적으로 중요성이 큰 것 이외에도 메탄화는 탄소함유 연료로부터 생성되는 수소 흐름으로부터 대부분의 CO 불순물을 제거하는 기술을 제공하여 주기 때문에 우리에게 관심이 있다. 메탄화 반응은 다음과 같다.

$$CO + 3H_2 \rightarrow H_2O + CH_4. \tag{10.16}$$

이는 식 10.8에 보인 메탄의 수증기 개질의 역반응이다. 이산화탄소 역시 메탄으로 전환될 수 있다:

$$CO_2 + 4H_2 \rightarrow CH_4 + 2H_2O. \tag{10.17}$$

10.2.3.7 메탄올

메탄올은 가치 있는 연료와 화학물질이 됨은 물론이고 많은 다른 화학물질 생산의 중요한 중간체이다. 이는 메탄올이 합성가스로부터 우수한 효율로 생성될 수 있는 유일한 물질이기 때문에 특히 그렇다. 다른 물질들의 효율적 생성으로부터는 분리가 어려울 수 있는 혼합물들이 얻어진다.

메탄올은 연료 전지 자동차의 연료로 선택될 수 있다. 이는 합성가스로부터 생성될 수 있다.

$$CO + 2H_2 \rightarrow CH_3OH. \tag{10.18}$$

1902년 Paul Sabatier와 Jean Baptiste Senderens에 의해 발견된 이 반응은 2차 대전 동안 석탄으로부터 액체연료를 생산하는 공정으로서 독일에서 명성을 누린 Fischer-Tropsch 공정의 토대가 된다.

메탄올을 생산하는 공장은 암모니아 공장과 매우 유사하다. 차이점은 반응기에서 사용되는 촉매와 합성가스의 형태에 있다.

합성가스에 기초한 생성물들의 최종 생성물은 온도와 압력을 조정하고 촉매를 선택함으로써 제어됨을 유념해야 한다.

메탄올은 나무와 같은 바이오매스로부터 직접 생성될 수 있다.

자동차 연료로의 메탄올의 광범위한 사용에는 약간의 문제가 있다. 주된 문제는 메탄올의 독성이다. 이는 독성이 훨씬 적은 포름산을 선호하는 하나의 이유이다(해당되는 절을 참조). 다른 문제점은 낮은 부피 에너지 농도로서 이는 자동차 연료로서 고급 알코올 및 다른 액체들의 개발을 위한 동기가 되었다. 제 13장을 참조하자.

10.2.3.8 합성유

합성유는 석탄 액화부터 얻어지는 액체 생성물을 나타내는 용어이다. 액화는 기화보다 더욱 효율적인 석탄전환 공정이다. 이는 물을 거의 필요로 하지 않으며 기화의 경우 케이크로 되는 경향이 있는 역청탄을 포함한 모든 종류의 석탄을 사용할 수 있다. 기본적으로 네 가지의 합성유 공정이 있다.

1. 메탄올 생성에 사용된 것과 유사한 Fischer-Tropsch 공정. 그러나 여기에서는 선택도가

요구되지 않는다. 순수한 메탄올 대신 공정은 복잡한 탄화수소 혼합물을 생성한다.

2. 열분해. 공기가 없이 석탄을 분해 증류시키면 기체, 액체, 그리고 고체(차르)가 얻어진다. 장시간의 가열은 액체 유분이 깨져서 기체를 형성하기 때문에 석탄은 빛을 발하며 가열된다.
3. 석탄의 직접적인 수소화.
4. 액체의 용매 추출. 사용되는 용매는 일차적인 직접 수소화 단계에서 생성된다.

10.2.4 수소의 정제

전기분해(후에 다룸)로부터 얻어진 수소는 전해조를 떠날 때 거의 순수하다고 간주할 수 있다. 이에 반해 수소가 화석 연료로부터 얻어질 경우에는 상당한 양의 CO_2, 눈에 뜨일 만한 약간의 CO, 그리고 일부 공정들에서는 다량의 질소 등을 포함하는 많은 불순물들을 함유한다. 나아가 연료 자체에 공정 이전에 먼저 제거해 주어야 하는 황과 같은 원하지 않는 성분들이 포함된다.

10.2.4.1 탈황

연료가 가스 상태이면 황은 칼슘 기반(이를테면 생석회) 슬러리에 분사함으로써 제거될 수 있다. 가스 중의 SO_2는 슬러리와 반응하여 황산염을 생성하며 이 염들은 다음에 제거된다.

낮은 농도의 코발트나 니켈을 수반하는 이황화몰리브덴을 포함하는 촉매를 사용하여 무거운 원유 중의 황을 지닌 분자들을 H_2S기체로 전환시킬 수 있다.

다수의 다른 탈황 공정들도 존재한다.

10.2.4.2 CO_2제거

합성가스는 바이오가스(제 13장 참조)와 마찬가지로 높은 비율의 이산화탄소를 포함하는데 이는 기껏해야 희석제로 작용한다. 물이 존재하면 강한 산이 형성되어 장치나 수송관에 해를 입힐 수 있다. CO_2의 제거는 대기로의 CO_2 방출을 줄이는 것을 목표로 하는 격리기법들에서 중심이 되는 기술이다.

CO_2의 제거는 다음의 여러 공정들에 의해 수행될 수 있다.

1. 이를테면 수산화칼슘이 이산화탄소를 흡수하여 탄산칼슘이 형성되는 화학적 방법. 이후의 단계에서 탄산염은 수산화물로 재생된다.
2. 온도에 따른 CO_2의 용해도 변화를 이용하는 온도 스윙 흡착(TSA)으로 불리는 물리적 공정. 용매는 물, 메탄올, 또는 세 가지의 에탄올 아민류들(mono- 또는 MEA, di- 또는 DEA, 그리고 tri- 또는 TEA) 가운데 한가지일 것이다.
3. 최근 가장 널리 이용되는 기술은 압력 스윙 흡착(PSA)이다. 이 기술은 높은 압력에서 이산화탄소(혹은 다른 물질)를 선택적으로 흡착한 다음 압력이 낮아지면 탈착시키기 위해 제올라이트와 같은 어떤 물질들이 갖는 능력을 이용한다. 보다 나은 흡착제를 고안하기 위하여 유기분자들이 탐구되고 있다. Atwood, Barbour 그리고 Jerga를 참조(2004).

4. CO_2의 부분적 제거는 다른 분자들보다 이산화탄소에 대하여 더 높은 투과성을 나타내는 특수한 막(예를 들면 셀룰로오스 아세테이트)을 사용하여 수행될 수 있다. CO_2는 상대적으로 큰 분자이다; 따라서 공극의 크기가 선택도의 바탕이 될 수 없다. 다시 말해서 막은 필터로 작용하지 않는다-이들은 비공극성이다. 이산화탄소는 막에 용해되고 막을 통해 확산되며 반대 방향으로 빠져나온다. 유용한 가스의 일부는 공정에서 손실된다: 배기가스에서 3%의 CO_2가 용인된다면 85%가 회수될 수 있으며 8%의 CO_2가 용인된다면 90-92%가 회수된다.

10.2.4.3 CO 제거와 수소 추출

(대부분의 CO 제거를 수반하는) 수소 추출은 H_2의 통과는 허용하지만 다른 기체들은 허용되지 않는 금속 막을 통하여 수행된다. 여전히 "필터"로 알려져 있을 지라도 이들은 다공성이 아니며 H_2의 H로의 분해에 의존하는데 이는 후에 판을 통해 빠르게 확산되어 반대쪽에서 수소 분자로 복원되는 수소화물을 생성한다(제 11장 참조). 이는 분리와 수소화 및 확산의 두 단계 매커니즘이다. 탄탈룸은 두 번째 단계를 효율적으로 진행시킬 수 있지만 분리를 위해서는 좋지 않은 촉매이다. 팔라듐은 값이 비싸지만 두 단계를 모두 잘 수행한다. 한 가지 가능한 해결책은 매우 얇은 팔라듐 판에 탄탈룸을 사용하는 것이다. 수소는 팔라듐을 부서뜨리기 쉬운 경향이 있기 때문에 팔라듐은 금, 은, 또는 구리와의 합금으로 사용된다(보통 60% Pa와 40% Cu).

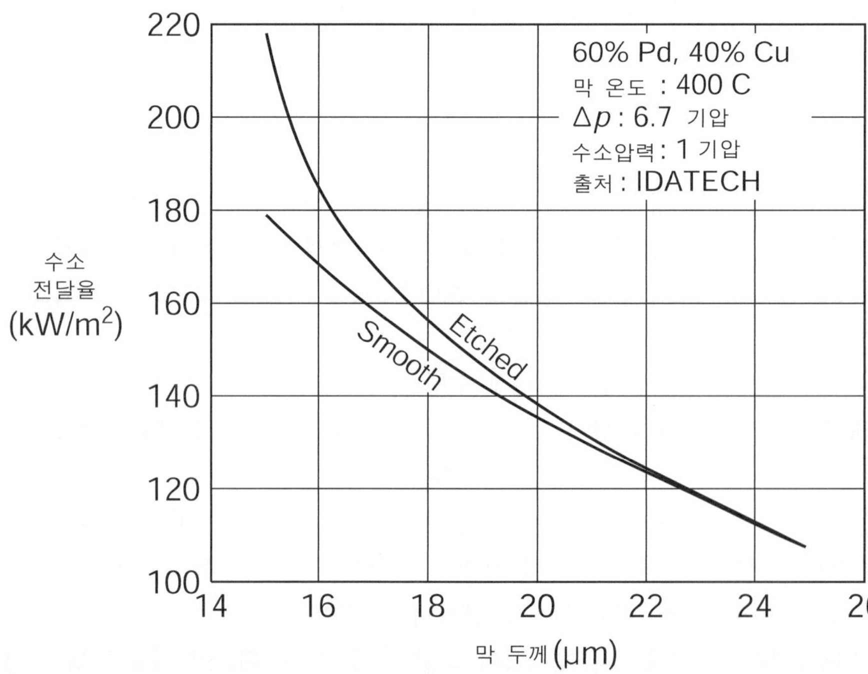

그림 10.1 팔라듐-합금 막을 통한 수소 전달율. 얇은 에칭된 막은 표면적이 증가하기 때문에 매끄러운 막보다 수소를 더 잘 전달한다.

과도한 압력차가 없이 상당한 유량이 막을 통과하려면 얇은 두께가 요구된다. 이는 팔라듐의 경제성을 높여 주지만 미세한 구멍들의 형태로 불완전함을 가질 수 있는 매우 부서지기 쉬운 판이 될 수 있다. 그러한 작은 구멍을 통한 원하지 않은 기체의 유입은 "필터"의 선택도를 파괴시킨다. 고도의 다공성 기질 상에 매우 얇지만 아주 균일한 층의 팔라듐 층을 증착시켜 문제를 해결할 수 있다. 막의 원치 않는 공극도는 막을 통과하는 헬륨 플럭스의 측정으로부터 유추할 수 있다. 수소와 달리 헬륨은 미세구멍을 통해서만 막을 통과할 수 있다.

IdaTech의 데이터(그림 10.1 참조)는 막의 두께와 수소의 유량과의 관계를 보여준다-즉 매 초마다 1제곱미터의 막을 통하여 흐르는 수소의 *kilowatts* 수(수소의 저열량값을 이용하여 watts로 변환된 kg/s)를 나타낸다. 데이터는 400℃와 6.6기압의 압력차에서 막을 이용하여 측정되었다. 에칭된 막과 비교하면 매끄러운 막의 투과도 차이는 명백하다. 에칭된 막은 거칠고 따라서 매끄러운 막보다 넓은 표면적을 나타내므로 수소와의 표면 반응이 향상된다. 보다 두꺼운 막에서는 투과율은 대부분 물질을 통과하는 기체의 확산에 의해 조절되기 때문에 이 효과는 얇은 막에서 더욱 주목할 만하다.

팔라듐은 값비싼 금속이다. 60%의 효율에서 작동하는 1-kW의 연료전지에는 약 1700 W의 수소가 요구된다. 6.7기압의 Δp에서 $17\mu m$ 두께의 막은 약 $170kW/m^2$의 수소를 생성한다; 따라서 대략 $0.01m^2$나 $100cm^2$의 총 유효 막 면적이 요구된다. 팔라듐 판의 총 면적이 이보다 1.5배 더 커지고 판의 평균 두께가 $20\mu m$이면 금속의 총 양은 $0.3cm^3$이다. 팔라듐은 60%의 합금, 혹은 $0.18cm^3$를 이룬다. 이는 약 $2.2grams$에 상당하는 양이다. 자동차 촉매 변환 장치에 팔라듐을 사용하기 때문에 이 금속의 가격은 지난 10년간 상당히 올랐다. 현재의 $\$25/gram$에서 1-$kW$ 연료전지에서의 팔라듐 가격은 $55로서 무시할 수 있을만한 수준이 아니다.

팔라듐의 두께를 이를테면 $1\mu m$, 또는 $2\mu m$로 줄일 수 있다고 입증된다면 재질의 가격은 상당히 떨어질 것이다. 또한 설계자들은 막을 통한 Δp를 더 작게 선택할 수 있을 것이다.

10.2.4.4 수소 생산 공장

(흔히 암모니아 생산을 위해) 화석 연료로부터 시작되는 대규모의 수소 생산은 성숙한 기술이다. 일반적인 구조는 그림 10.2에서 볼 수 있다. 공정의 첫 번째 단계는 보통 원료의 탈황단계로서 이는 황이 이후의 단계들 가운데 일부에서 소요되는 촉매들을 피독시키는 경향이 있기 때문이다. 다음에 합성가스가 수증기 개질에 의해 생산된다. 이는 이전에 지적한 바와 같이 열 공급이 필요한 흡열반응이다.

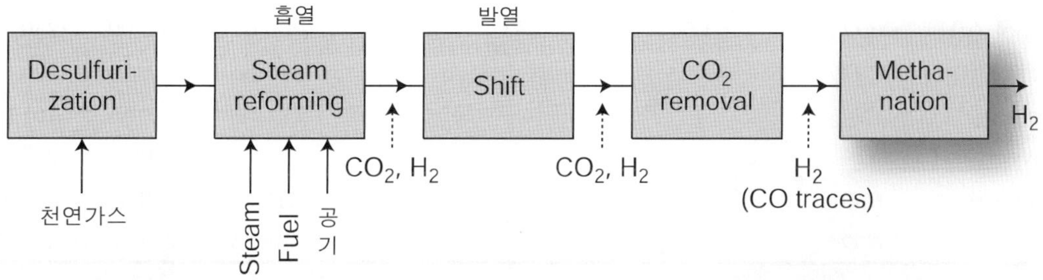

그림 10.2 대표적인 수소 생산 과정.

CO의 대부분을 제거하는 쉬프트 반응은 개질(또는 분해) 반응 운전에 필요한 것보다 상당히 적은 열을 방출한다. 쉬프트 반응은 발열반응으로서 평형 상태를 고려하여 낮은 온도에서 운전함으로써 이득을 볼 수 있다. 하지만 이는 반응의 동역학에 비우호적인 영향을 미친다. 따라서 우수한 촉매의 개발에 주의를 기울여 왔다. 이전의 니켈, 코발트, 또는 산화철에 기반을 둔 촉매들은 $700K$ 이상의 온도를 필요로 하였다. 현대의 구리 기반 촉매들은 $520K$ 정도의 낮은 온도에서의 운전을 가능하게 하여 준다. 쉬프트 반응 후 기체는 수소와 혼합된 많은 양의 이산화탄소를 포함한다. 이는 CO_2 제거 단계를 필요로 한다. 수소 생산과정의 마지막 단계는 잔존하는 CO의 제거로서 이는 그렇지 않을 경우 암모니아 합성 공정의 촉매를 변경시킬 것이다.

10.2.5 간결한 연료 처리장치

현재 자동차나 가정용으로 사용하기 위한 간결한 연료 처리장치가 활발히 개발되고 있다. 대부분의 작업은 종래의 산업적 수소 생산 기술을 자동차에 사용하기 위한 수소 생성장치의 소형화 요구에 부합하는 기술로 적응시키는 데에 집중되고 있다.

소형 수증기 개질 공장의 예를 논의하기에 앞서 장치를 정하는 데에 요구되는 계산들의 보기를 제시하기로 한다. 이를 위해 약간의 열역학적 데이터가 필요하며 편의를 위해 이를 표 10.1에 요약하였다.

표 10.1 열역학적 데이터.

물질	구조식	고연소열 $MJ/kmol$	저연소열 $MJ/kmol$	$\bar{h}^*_{vap}$ $kJ/kmol$	$\bar{h}^\circ_f$ $MJ/kmol$	$\bar{g}^\circ_f$ $MJ/kmol$	$\bar{s}^\circ$ $kJK^{-1}/kmol$
Carbon	C	-393.52			0	0	5.74
C dioxide	CO_2				-393.52	-394.36	213.80
C monoxide	CO	-282.99			-110.53	-137.15	197.65
Ethanol (g)	C_2H_5OH	-1409.30	-1277	42.34	-235.31	-168.57	282.59
Ethanol (l)	C_2H_5OH				-277.69	-174.89	160.70
Hydrogen	H				218.00	203.29	114.72
Hydrogen	H_2	-285.84	-241.80		0	0	130.68
Hydroxyl	OH				39.46	34.28	183.7
Methane	CH_4	-890.36	-802.16		-74.85	-50.79	186.16
Methanol (g)	CH_3OH	-764.54	-676.34	37.9	-200.67	-162.00	239.70
Methanol (l)	CH_3OH				-238.66	-166.36	126.80
Oxygen	O				249.19	231.77	161.06
Oxygen	O_2				0	0	205.04
Water (g)	H_2O			44.1	-241.82	-228.59	188.83
Water (l)	H_2O				-285.83	-237.18	69.92

IdaTech(of Bend, OR)는 위의 예에 따라 작동하는 일련의 공정 장치들을 개발하였다†. 이 회사는 메탄올, 메탄 등과 같은 서로 다른 연료들을 처리할 수 있다. 그림 10.3을 참조하자. 등몰의 가압된 메탄올/물 혼합물, 또는 이와 대등한 연료가 개질 영역에 도입되어 먼저 연소 영역의 높은 온도에 노출된 코일형 열 교환기 내에서 가열되고 증발된다. 개질 영역에서 메탄올은 H_2와 CO로 전환된다. CO는 CO_2와 더 많은 수소로 전환된다. 하지만 상당한 양의 불순물들이 남아있다. 이들 불순물로부터 수소를 분리하기 위해 기체의 일부가 선택적으로 H_2를 투과시키는 팔라듐 필터를 통과하도록 허용된다.

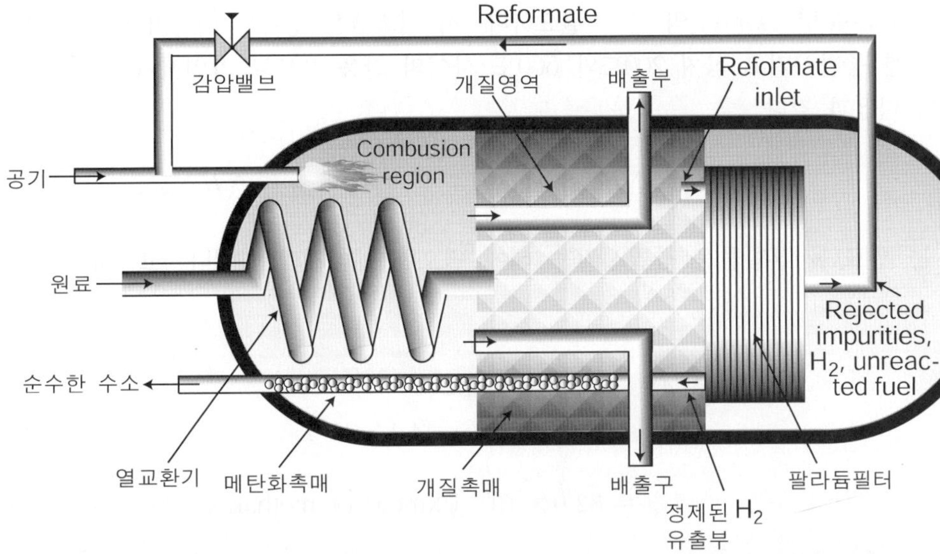

그림 10.3 IdaTech 연료 처리장치의 구조.

보기

이동수단, 또는 주거용으로 적절한 메탄올-수소 전환기를 고려하여 보자. 그러한 전환기나 연료처리장치는 직접 메탄올 분해 반응을 이용한다.

$$CH_3OH \rightarrow CO + 2H_2. \tag{10.19}$$

메탄올이 증발되어 연소되면 생성되는 물 증기 $1kilomoles$당 676.34MJ의 열이 발생한다(표 10.1 참조). 알코올이 먼저 분해되면 얻어지는 $2kilomoles$의 수소는 $2 \times 241.82 = 483.64\,MJ$의 열을 발생시키는 반면에 일산화탄소는 추가로 282.99MJ의 열을 발생시킴으로써 모두 766.63MJ이 된다.

다시 말하면 연소시 분해 생성물은 연료의 원래 에너지보다 더 많은 에너지를 생성한다-분해는 흡열반응으로서 메탄올 1 킬로몰 당 766.63-676.34=90.29MJ의 열 공급이 필요하다.

상당량의 CO를 제거하고 추가적인 H_2를 추출하는 것이 중요하다. 이는 다음의 쉬프트 반응을 이용하여 이룰 수 있다.

† 미국 특허 5,861,132, 5,997,594, 6,152,995.

$$CO + H_2O \rightarrow CO_2 + H_2. \qquad (10.20)$$

연소될 경우 CO는 282.99$MJ/kmole$의 열을 방출하는 반면에 수소 생성물은 241.8의 열을 방출한다. 따라서 반응은 발열반응이고 CO $1kilomole$당 282.99-241.8 = 41.19MJ의 열을 제공한다.

전체 반응은 다음과 같다.

$$CH_3OH + H_2O \rightarrow CO_2 + 3H_2. \qquad (10.21)$$

이는 물론 흡열반응으로서 메탄올 $1kilomole$당 90.29-41.19 = 49.00MJ을 필요로 한다.

메탄올 $1kilomole$당 $1kmole$의 물이 필요하다. 이 시스템은 정확한 비율의 알코올/물 혼합물을 취하여 이를 증발시키고 섭씨 200도와 600도 사이의 반응 온도로 가열시키는 것으로 수행된다. 에너지는 다음과 같다.

$$\triangle H_{TOTAL} = \triangle H_{VAP} + \triangle H_{C_p} + \triangle H_{REACT} + \triangle H_{LOSS}. \qquad (10.22)$$

$\triangle H_{VAP}$는 연료/물 혼합물을 증발시키는 데에 필요한 에너지의 양이다. 고려하고 있는 보기의 경우

$$\begin{aligned}\triangle H_{VAP} &= \triangle H_{VAP_{METHANOL}} + \triangle H_{VAP_{WATER}} \\ &= (37.9 \times 10^6 + 44.1 \times 10^6) \\ &= 82.0 \times 10^6 \text{ J/kmole of methanol.}\end{aligned} \qquad (10.23)$$

$\triangle H_{Cp}$는 증발된 연료/물의 온도를 운전 온도로 높이는 데에 필요한 에너지이다. 대부분의 물질들의 비열은 온도에 상당히 민감하며 이 보기에서는 정확한 운전온도가 설정되지 않았기 때문에 우리는 물의 경우 $c_p : 37kJK^{-1}$, 그리고 메탄올의 경우 $c_p : 37kJK^{-1}$의 대표값을 사용하기로 한다.

$$\begin{aligned}H_{c_P} &= c_{P_{METHANOL}} \triangle T + c_{P_{WATER}} \triangle T \\ &= 37 \times 10^3 \triangle T + 39 \times 10^3 \triangle T = 76 \times 10^3 \triangle T.\end{aligned} \qquad (10.24)$$

다소 임의적이지만 $\triangle T = 250K$를 취하면-즉 반응 온도를 298+250=548K, 또는 275℃로 선택한다면-물/연료 혼합물을 증발시키기 위한 에너지는 다음과 같다.

$$\triangle H_{c_p} = 19 \times 10^6\ J/kmole\ \ of\ \ methanol. \qquad (10.25)$$

$\triangle H_{REACT}$는 이 절의 초반부에서 계산되었다. 이는 메탄올 $1kilomole$당 49MJ에 이른다.

마지막으로 $\triangle H_{LOSS}$는 우수한 단열로 최소화시킬 수 있다. 이 보기에서는 이를 무시할 수 있다고 가정한다. $\triangle H_{TOTAL} = 82 + 19 + 49 = 150MJ/kmole$이다. 이 에너지는 150/242 = 0.62 $kilomoles$의 수소를 연소시켜 얻을 수 있다. 따라서 생성되는 3$kmoles$의 수소 가운데 약 20%는 버너로 향해야 하며 약 80%는 유출부에서 이용 가능하다. 연료 처리장치는 메탄올 676MJ을 575MJ의 수소로 전환시키는데 이는 85%의 비율이다.

연료/물 혼합물의 증발과 가열에 에너지가 소비되지 않고 손실이 없다면 열은 분해를 위해서만 필요하며 그 양은 메탄올 1 kilomole당 49MJ이다. 이는 $0.2kmoles$의 수소를 필요로 하며 $2.8kmoles$, 또는 $676MJ$의 유용한 수소를 생산한다. 달리 말하면 연료 처리장치는 예상대로 100%의 효율을 나타낸다.

생성된 기체 흐름의 온도는 유입되는 연료/물 혼합물의 온도보다 더 높다. 출력 열의 일부가 유입물의 예열에 사용될 수 있으며 따라서 전체적인 전환효율을 증가시킬 것으로 보인다.

개질 영역(잔류 개질물 가스와 혼합)에서 생성된 수소의 작은 일부는 팔라듐 막을 통과하는 대신 연소 영역으로 도입되며 여기에서 연소되어 송풍기에 의해 장치로 도입된 공기와 결합한다.† 그림에서 볼 수는 없지만 불꽃 점화기는 연소를 시작한다. 이 수소(정화되지 않은 개질물의 일부)는 개질 반응을 수행하는데 필요한 에너지를 제공한다. 시동 이외에는 어떠한 외부 열원도 필요하지 않다. 시동할 때에는 작은 전열기가 개질 영역의 온도를 증가시켜 반응이 개시되도록 한다. 3분 정도의 짧은 시동시간이 확인되었다.

팔라듐을 통과하여 걸러진 후에도 소량의 CO 및 CO_2가 여전히 수소 내에 남아있다. 장치를 이탈하기 전 수소는 출구 튜브를 통해 흐르는데 그 내부에서는 적절한 촉매에 의하여 이 불순물들이 연료전지에서 사용되는 촉매에 관한 한 무해한 기체인 메탄으로 전환된다. $1ppm$ 미만의 CO와 $5ppm$ 미만의 CO_2를 포함하는 고순도의 수소는 이러한 연료 처리장치에 의해 생산된다.

어떤 연료 처리장치의 구조에서는 막이 튜브로 형성되는 반면에 다른 구조들에서는 평판 모양으로 남아있다. Idatech에 의해 채택된 후자의 경우는 매우 컴팩트한 필터 모양으로 된다: 막은 모든 기본적인 필터들이 평행이 되도록 다기관들에 의하여 상호 연결된 요소들의 적층으로 이루어진다. 예를 들어 그림 10.3에서 볼 수 있듯이 이러한 적층은 하나의 개질 주입구와 정제된 수소가 나오는 하나의 출구, 그리고 불순물과 일부의 수소 및 반응하지 않은 일부 연료들이 나오는 하나의 출구가 있다.

IdaTech에 의한 팔라듐-합금 막의 제조는 직사각형 틀로 지지되며 일반적으로 50마이크로미터 두께인 재질판으로 시작한다. 그 판의 중심 영역은 에칭되는 반면에 가장자리는 가공되지 않고 원래의 두께를 유지한다. 에칭 넓이는 표면에 붙어있는 한 조각의 종이 필터로 정해진다. 부식액은 일반적으로 아쿠아 레지아(aqua regia)††로서 종이를 포화시키며 선택된 영역 위로 화학물질을 고르게 분포시킨다.

10.2.5.1 포름산

앞 절에서 언급한 연료 처리장치는 상대적으로 높은 온도(〉200℃)에서 작동된다. 하지만 상온에서의 운전은 명백한 이점을 갖는다. 이는 Loges 등(2008)에 의해 포름산의 촉매분해를 이용하여 수행되었다.

포름산($HCOOH$)은 메탄올보다 독성이 매우 적은 비싸지 않은 액체이지만 알코올에 의해 운

---

† 연료 전지와 함께 운전되는 경우 연료 처리장치를 위한 공기는 연료 전지 양극 배출흐름으로부터 공급될 수 있다.

†† Aqua regia("royal water")는 25%의 질산과 75%의 염산의 혼합물이다. 이는 금을 녹이는 성질을 갖는데 이는 두 산 모두 독자적으로는 불가능하다.

반되는 수소의 3분의 1 정도(질량) 만을 운반할 수 있다. 포름산은 다음과 같이 분해된다.

$$HCOOH \rightarrow H_2 + CO_2. \quad (10.26)$$

실제로 반응을 진행시키기 위하여 포름산은 (부가 반응을 통하여) 트리에틸아민(NEt_3)과 같은 아민류와 결합된다. 이로부터 포름산염, 또는 포름산 부가물이 얻어진다.† 상용 루테늄 촉매인 트리스(트리페닐포스핀)루테늄(II) 클로라이드 $RuCl_2(PPh)_3$)가 사용된다. 여기에서 "Ph"는 "페닐"을 나타내는 기호이다. 수소가 방출되면 아민이 회수된다.

공정을 개발한 연구자에 따르면 이 기체는 간단한 목탄 필터를 통과시켜 잔류 아민을 제거한 후에 SPFC로 공급하기에 충분할 정도로 순수하다. 이는 CO가 생성되지 않음을 의미한다. 대체로 포름산-아민 비율은 5:2이다.

10.3 전해 수소

10.3.1 서론

전기분해에 의한 수소의 생산은 적당한 양의 기체만이 필요한 다른 분야나 식품 산업에서 산업적으로 적용된 비교적 오래된 기술이다. 전기분해에 의해 생산된 수소는 쉽게 정화될 수 있는 이점을 갖는 반면에 화석연료로부터 생산되는 수소는 오염물을 제거하기 위한 몇 가지의 어려움을 내포하는 경향이 있다.

전해 수소는 암모니아 합성에 소규모로 사용되어 왔지만 1972년까지의, 그리고 다시 1980년대의 낮은 원유가격으로 이 기술은 이목을 끌지 못하였다. 그러나 점증하는 비용과 화석연료의 공급의 불확실성으로 수력발전이 풍부한 국가들에서 전해 암모니아에 대한 관심이 높아지고 있다.

지금까지 가장 중요한 전해 암모니아 공장은 Glenfjord(노르웨이)의 Norsk Hydro에 의해 운전되는 공장이다. 이 회사는 Harber-Bosch 암모니아 공정의 발견 이전부터 질소비료의 생산을 위해 전기를 사용하는 오랜 전통을 가지고 있다. 금세기 초 Norsk Hydro는 공기 중에서 작동하는 전기아크를 사용하였는데 여기에서는 대기 중의 질소와 산소가 결합하여 질소 산화물이 형성되고 이는 추가적인 단계에서 질산염으로 전환된다. 이는 물론 대기 중의 질소를 "고정"하는 간단하지만 비효율적인 공정이다.

1920년대에 이 공장은 전해 수소와 공기로부터 추출된 질소와의 직접적인 결합에 의해 암모니아를 생산하는 것으로 개선되었다. Glenfjord 공장은 또한 중수를 생산하였다. 한창 때에는 이 공장은 하루에 380MW의 전기를 사용하였고 1300톤의 암모니아와 85kg의 D_2O를 생산하였다. \$1/g의 가격으로 중수 매출액은 년간 \$30백만 이상에 달하였다. 중수의 현재 가격은 약 \$0.10/g이며 이로 인하여 Glenfjord 운전은 이윤이 적어졌고 암모니아의 생산량 또한 하루 600톤으로 줄어들었다.

다른 대규모의 전해 암모니아 공장은 Trail, B.C.(캐나다)의 Cominoco에 의하여 가동되었다. 생산량은 하루 약 200톤이었다. 석유 수출금지 후에는 미국으로 수력에너지를 수출하고 또한 암

† 수반되는 화학에 대한 좀 더 세부적인 내용은 제 11장을 참조한다.

모니아 합성을 위해서는 (캐나다에) 풍부한 천연가스로 전환하는 것이 더 유리하게 되었기 때문에 가동은 중단되었다.

원래 Trail 공장은 Fauser, Pechkranz, Knowles, 그리고 Stuart에 의해 고안된 네 가지의 서로 다른 단극 전해조를 사용하였는데 이들 각각은 총 용량의 25%를 차지하였다. 공장은 후에 재설립되었고 모든 전해조들은 Comino가 설계한 Trail-Cells로 대체되었다.

대략 하루 400톤 용량의 암모니아 공장이 Aswan(이집트)에 설립되었는데 여기에서는 원래 Demag 전해조가 사용되었으며 이는 후에 Brown Bovery 장치로 대체되었다. 하루 60톤 용량의 Lurgi 전해조를 사용하는 공장이 Cuzco(페루)에 세워졌다.

암모니아 공장만이 전해 수소를 소비하는 것은 아니다. 사실 그러한 공장의 대부분은 전기분해가 아닌 화석 연료로부터 얻어지는 수소를 이용한다. 높은 순도의 기체를 얻기가 쉽기 때문에 전해수소는 식품과 제약 산업에서 선호된다-99.999%의 순도가 흔치 않은 것은 아니다.

어떤 적용들에서는 전해조와 화석연료의 조합이 에너지 저장을 위한 탁월한 방법이 된다.

한 가지 중요한 미래의 전해조의 활용은 연료전지 자동차의 연료공급을 위한 수소가스 공급소이다.

10.3.2 전해조의 구성

10.3.2.1 액체 전해질 전해조

비교적 최근까지 거의 모든 물 전해조들은 액체 전해질을 사용하였다. 낮은 전도성 때문에 순수한 물은 전해질로 사용될 수 없다: 전도성을 높여주는 물질의 추가를 필요로 한다. 비록 산이 이런 요구를 만족시킨다고 하더라도(그리고 일부 전해조에서 사용되고 있지만) 부식 문제 때문에 산의 사용을 피하게 된다. 알칼리 전해질들이 더 좋다; 이들은 대부분 변함없이 25%~30% 농도(약 $6M$)의 수산화칼륨을 이용한다. 칼륨은 높은 전도성 때문에 나트륨보다 선호된다. 공기 중의 CO_2와 수산화물이 결합하여 탄산염을 생성할 수 있기 때문에 용액이 공기와 너무 많이 접촉하는 것을 피하도록 주의를 기울여야 한다.

작은 장치들은 탱크 형태(단극)인 경향이 있는데 반하여 보다 큰 장치들은 여과 프레스(쌍극) 구조를 이용한다.

탱크형 전해조는 개별 탱크마다 단일 전지로 구성되며 전지 내에서는 많은 판들이 평행으로 연결될 수 있다.

쌍극 전해조들은 두 말단 전극들을 제외한 모든 극들이 하나의 전지에 대하여 음극으로 작용하고 동시에 다음 전지에 대해서는 양극으로 작용하도록 배열되어 있다. 전지들은 자동적으로 직렬로 연결되어 있다. 그러한 구조에서는 탱크의 경우와 같이 몇 개의 큰 전지들 대신에 많은 작은 전지들이 직렬로 연결되어 있는 것이 편리하다. 따라서 쌍극 전해조는 단극 전해조보다 높은 전압에서 운전되는데 이는 공급되는 동일한 동력에 대하여 고압 장치가 고전류 장치보다 비용이 적게 소요되기 때문에 동력공급 비용을 줄여주는 상황이 된다. 나아가 높은 전압은 낮은 전류에 해당되며 상당히 저렴한 연결 바를 필요로 한다.

생성되는 기체의 혼합을 방지하기 위하여 전지는 이온들은 자유롭게 통과할 수 있지만 기체는 통과할 수 없는 다이어프램으로 분리된 두 개의 격실로 구분된다. 액상 전해질에서는 석면이 다이어프램으로 사용된다. 이는 저렴하지만 온도가 200℃를 초과하면 전해질에 의하여 공격받는다.

KOH 전해조는 보다 높은 기체 압력에서 운전되는 것이 좀 더 효율적인데 이는 기체 거품(이들이 존재하면 이들이 부착되는 전극의 유효면적을 줄여준다)이 더 작게 되기 때문이다. 압력은 일반적으로 기체 출구를 좁힘으로써 올릴 수 있다. Lurgi는 $3MPa$(30기압)에서 운전되는 KOH전해조를 생산한다.

KOH 전지는 미세한 수산화칼륨 액적들을 포함하는 습윤 수소를 생성한다. 수산화칼륨을 제거하고 기체를 건조시키는 단계들이 포함되어야 한다. 이러한 형태의 전지는 전해질 농도와 레벨 제어를 필요로 한다.

전극은 다음의 요구사항들이 충족되도록 선택되어야 한다:

1. 부식 저항
2. 촉매 작용
3. 넓은 표면

KOH 전해질에서 양극(H_2 전극)은 철로 만들 수 있는데 이는 촉매 문제가 중요하지 않고 알칼리 용액에서는 철이 저렴하고 안정하기 때문이다. 음극은 보통 니켈-일반적으로는 니켈이 피복된 철이다. 니켈피복은 유효 표면을 증가시키기 위해 해면질로 만들어진다. KOH 전지는 부피가 크다는 단점이 있다.

10.3.2.2 고체-고분자 전해질 전해조

고체-고분자 전해조는 KOH 전해조보다 매우 간단하며 전해질 제어를 필요로 하지 않는다. 이들은 액체 전해질 장치보다 훨씬 더 높은 전류밀도에서 운전할 수 있다. 이들은 탈이온화된 물을 필요로 하며 습윤 기체를 생성한다는 단점이 있다. 이온 교환 막들은 이상적인 전해질에 근접한다. 이들은 다음과 같은 이점들을 갖는다.

1. 전해질은 극히 얇게 만들어질 수 있어서 아주 간단할 뿐 아니라 전극들 사이의 짧은 경로로 인하여 직렬저항이 감소된다. $0.1mm$ 정도의 얇은 전해질 두께가 이용된다.
2. 다이어프램을 필요로 하지 않는다: 이온 교환막은 기체는 투과하지 않으며 이온의 움직임은 허용한다.
3. 전해질은 움직일 수 없다. 일정한 조성을 가지며 전해질 농도의 제어가 불필요하다.
4. 전지나 생성되는 기체 모두에서 부식성이 없다.
5. 얇은 두께에도 불구하고 막은 H_2와 O_2 사이의 큰 압력차를 견딜 수 있을 만큼 강하다. 일부 전지들에서 $3MPa$(30기압) 정도의 압력차는 허용된다.
6. 높은 전류밀도가 가능하다.
7. 유지관리가 없이 매우 긴 수명(20년?)이 가능한 것으로 보인다.

10.3.2.3 세라믹 전해질 전해조

제 9장에서 우리는 전해질로서 음이온 전도체인 이트리아로 안정화된 지르코니아를 사용하는 세라

믹 연료전지를 논의하였다. Garzon 등(2002)은 양이온 전도 세라믹을 전해조로 사용하는 것을 제안하였다. 그들은 450~800℃ 사이의 온도에서 작업하였으며 공급 원료로서 수증기를 사용했지만 순수한 건조 수소를 생성하였다. 높은 온도는 반응의 동역학을 향상시킨다. $SrCe_{0.95}Yb_{0.05}O_{2.975}$는 전해질로 사용되는 물질의 한 가지 예이다.

10.3.3 전해조의 효율

전해조는 전료전지의 다른 형태이다-이들에 대한 대부분의 이론은 이 책의 제 9장을 학습하여 익힐 수 있다. 상이한 전해조들의 성능을 비교할 수 있기 전에 그러한 장치들의 효율에 대하여 간략하게 언급하고자 한다.

이상적인 연료전지의 효율은 엔탈피 변화 ΔH에 대한 반응의 자유에너지 변화 ΔG의 비임을 알았다. 주어진 ΔH에 대하여 ΔG 만큼의 전력이 생성되고 ΔH-ΔG 만큼의 열이 방출되어야 한다.

이상적인 연료전지는 완벽한 가역반응으로서 전해조로 운전할 수 있다: ΔG의 에너지가 공급되면 재결합시 ΔH의 에너지를 발출할 수 있는 기체가 형성되고 주변으로부터 전해조에 의해 ΔH-ΔG 만큼의 열이 흡수된다. 이는 이상적인 물 전해조가 열펌프로 작용함을 의미한다. 따라서 이상적인 전해조의 효율은 다음과 같다.

$$\eta = \frac{\Delta H}{\Delta G}, \tag{10.27}$$

이는 1보다 더 크다.

RTP에서 운전되는 물 전해조를 고려하여 보자. 반응에 대한 엔탈피 변화는 285.9$MJ/kmole$이며 자유에너지 변화는 237.2$MJ/kmole$(모두 물 1$kilomole$당의 값)이다.[†] 따라서 반응물과 생성물이 RTP인 상태에서 물 전해조의 이상적인 효율은 다음과 같다.

$$\eta = \frac{285.9}{237.2} = 1.205. \tag{10.28}$$

식 10.28의 위와 아래를 qn_eN_0로 나누면 전압 단위의 양을 얻으며 효율을 전압비로 표현할 수 있다.

$$\eta = \frac{V_H}{V}, \tag{10.29}$$

위에서 V_H는 반응의 모든 엔탈피가 전력으로 전환될 수 있는 경우 이상적인 연료전지가 생성하게 되는 가상적인 전압이다. RTP에서 효율은 다음과 같다.

† 제 9장에서 자유에너지 변화로 228.6$MJ/kmole$을 사용한 반면에 여기의 제 10장에서는 이보다 큰 값인 237.2$MJ/kmole$을 사용하고 있다. 그 이유는 연료전지는 (비록 즉시 액체로 응축될 것이지만) 수증기를 합성하는 반면에 전해조는 보통 액체물을 분해한다. 하지만 수증기 전해조로 작동하는 경우에는 제 9장의 값을 사용한다.

$$\eta = \frac{1.484}{1.231} = 1.205 \tag{10.30}$$

RTP에서 임의의 전해조의 효율은 다음과 같다.

$$\eta = \frac{1.484}{V}, \tag{10.31}$$

V는 소요되는 운전전압이다.

소요전압과 효율 사이의 이러한 간단한 관계에 따라 제작자들은 그들의 장치를 운전전압이나 과전압(운전전압과 1.484V 사이의 차이)라는 용어로 지정하게 된다. 만일 운전전압이 1.484 V보다 낮으면 전해조는 열을 흡수하고 상온 이하에서 작동되는 경향이 있다. 운전전압이 1.484 V보다 높으면 전해조는 열을 흘려야만 하며 상온 이상에서 운전되는 경향이 있다.

주위와 교환되는 열의 양은 다음과 같다.

$$\dot{Q} = (V - 1.484)I. \tag{10.32}$$

$\dot{Q} < 0$이면 전해조는 흡열적으로 운전된다.

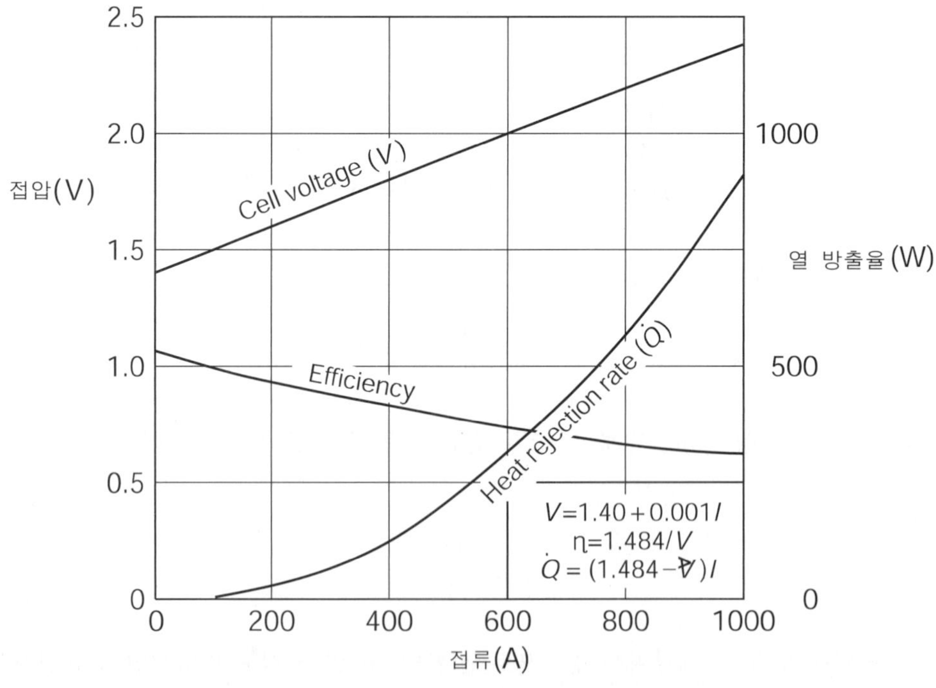

그림 10.4 대표적인 전해조에서 전류의 함수로 나타낸 전압, 효율과 열 방출.

명백히 전해조의 운전전압은 장치를 통하는 전류에 의존한다. 간단한 모델에서 장치는 손실을 나타내는 내부 저항과 직렬로 연결된 크기 V_{oc}의 전압 발생기로 나타낼 수 있다. 그렇다면 $V-I$ 특성은 그림 10.4에 나타낸 바와 같이 직선이 된다.

그림의 전지는 다음에 의해 주어지는 특성을 갖는다고 가정한다.

$$V = 1.40 + 0.001\,I. \tag{10.33}$$

이 경우 $V_{oc} = 1.40\,V$는 전해조로의 전류가 0에 가까워짐에 따라 바깥짐작으로부터 얻어지는 전압이다. 효율은 식 10.31로부터 계산되고 열 교환은 식 10.32로부터 계산된다.

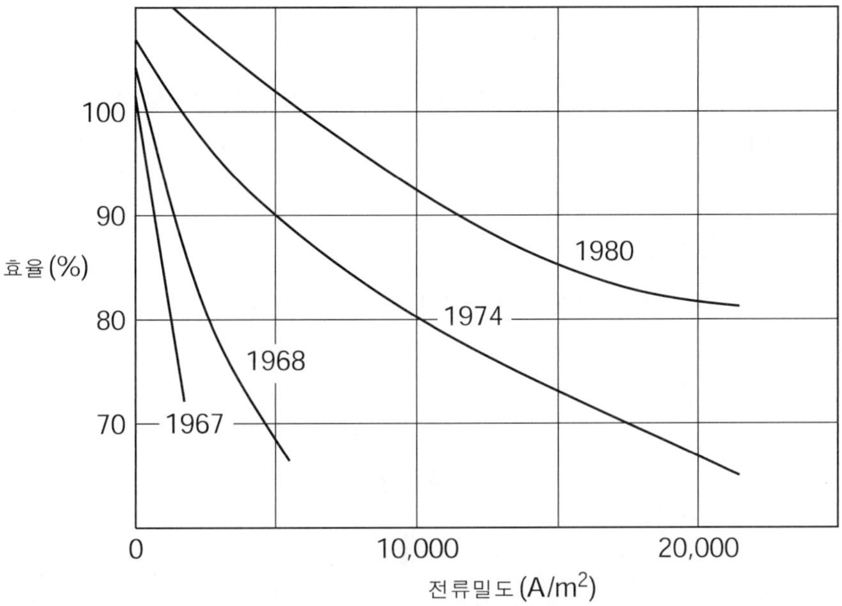

그림 10.5 개발의 발전을 보여주는 다양한 GE(SPE) 전지들의 전류밀도에 따른 효율.

사용된 규격으로 인하여 전류가 $80A$ 미만일 경우 $\dot{Q}$ 값은 음수가 되는 것을 그림으로부터는 볼 수 없다. 대표적인 현존 상용 전해조(KOH)는 약 $2\,V$의 전압, 또는 74%의 효율에서 운전된다.

고체-고분자 전해조(SPEs)는 KOH 전해조보다 더 우수한 성능을 보여준다. 그림 10.5는 일부 GE SPE 전지의 효율이 전류밀도에 어떻게 의존하는지를 보여준다. 선들은 개발의 서로 다른 단계들을 나타낸다. 1967에서 1974년 사이에 이루어진 신속한 발전은 주로 향상된 촉매, 특히 음이온 촉매(산소 전극)에 기인한 것이다. 1974년 모델은 낮은 전류밀도에서 흡열적으로 운전되는 것임을 주목하자.

임의의 전해조에서 권장할 만한 운전조건은 경제성에 의해 결정된다. 낮은 전류밀도에서 효율은 높다-즉 주어진 양의 에너지 사용에 대하여 다량의 수소가 생성된다. 그러나 낮은 전류밀도에서의 운전에서는 전해조에 투자된 달러당 생성되는 수소의 양이 미미하다. 이에 반해 높은 전류밀도에서는 비록 단위 투자비용 당 기체의 생산은 많지만 사용되는 단위 에너지당 생산은 미미하다.

생성되는 수소에 대하여 최소 비용에 도달할 수 있는 최적의 전류밀도가 존재한다. 이는 전력비용, 이자율 등에 따라 좌우된다. 연습문제 10.1을 참조하자.

장치가 이를테면 80% 효율로 작동한다는 제작자의 주장은 충분한 정보가 못된다. 초보적인 전해조조차도 충분히 낮은 전류밀도를 유지한다면 이러한 효율에서 운전될 것이다. 좋은 전해조는 높은 전류밀도에서 경제성 있게 운전될 것이다.

일반적으로 좋은 KOH 전해조는 $4kA/m^2$ 정도에서 운전되어야 하는 반면에 고체-고분자 장치는 동일한 효율에서 $20kA/m^2$로 운전될 것이다.

수소 생산율 $\dot{N}$은 전해조를 통하는 전류 I에 엄밀하게 비례한다.

$$\dot{N} = \frac{I}{2qN_0} \quad kmoles/\mathrm{sec.} \tag{10.34}$$

생산율은 효율에 영향을 받지 않는다. 그러나 주어진 전류를 장치로 통과시키기 위해 필요한 전압은 효율에 반비례한다.

10.3.4 농도차 전해조

보통의 전해조에서는 요구되는 최소 전기 에너지의 양은 물을 그의 구성 분자들로 분리하는데 필요한 자유에너지 변화 ΔG와 동일하다. 농도차 전해조에서 이러한 최소 에너지의 일부는 비전지적인 소스들로부터 유래될 수 있다.

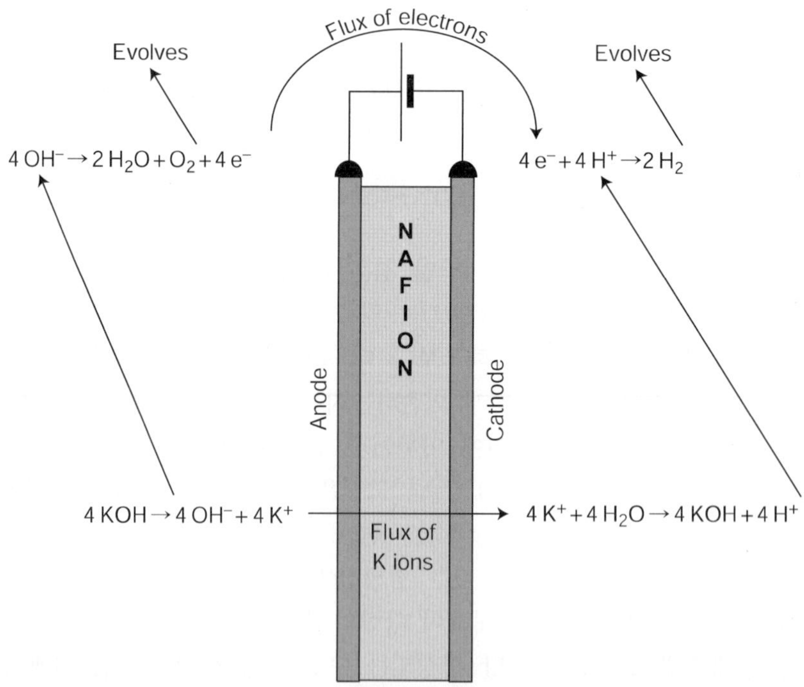

그림 10.6 농도차 전해조 내의 반응들.

예를 들어 그림 10.6에 보인 장치를 고려하여 보자. 음극은 농축된 KOH 용액에 잠겨지며 양극은 증류된 물에 들어있는 것을 제외하면 이는 통상적인 이온-교환 막 전해조이다. 그림에 나타난 것과 같이 KOH는 K^+와 OH^-로 전리된다. 양이온은 통과시키지만 음이온이나 전자들은 통과시키지 않는 막은 K^+가 양극으로 이동할 수 있게 하며 여기에서 물과 반응하여 KOH가 다시 생성되고 H^+ 이온이 형성된다. 음극의 수산기 이온은 외부에서 공급된 에너지에 의해 음전하가 제거되며 물, 산소, 전자들로 감쇄된다. 산소는 시스템의 결과물들 가운데 하나이다. 전자들은 공급되는 동력에 의해 양극으로 펌핑되고 양자와 재결합하여 수소를 형성한다-이는 시스템의 또 다른 결과물이다.

K^+ 이온의 이동으로 인하여 음극은 양극보다 더 음성이 되고 전해조는 외부의 에너지 공급과 병행하여 배터리로 작용한다. 전기분해를 이루기 위해 외부 공급원은 보통의 전해조에서 요구되는 전압에서 내부의 "내장" 전해조 전압을 뺀 것과 동일한 전압만을 제공해 주어야 한다.

우리가 곧 알게 되듯이 내장 전압은 다음과 같다.

$$V = 2.3\,\frac{kT}{q}(pH_A - pH_C), \tag{10.35}$$

여기에서 pH_A와 pH_C는 각각 음극과 양극의 pH이다.

음극 쪽의 농축된 KOH와 양극 쪽의 증류된 물로부터 pH_A=14, pH_C=7이며 내장 전압은 0.42 V이다.

따라서 이상적인 농도차 전해조는 RTP에서 1.23-0.42=0.81 $volts$의 전압을 필요로 하며 1.48/0.81=1.83의 효율을 나타낼 것이다. 증류된 물 대신 산 용액이 양극의 함침에 사용된다면 더 작은 전압이 요구될 것이다.

분명히 전지의 작동이 진행됨에 따라 음극 내의 KOH 용액은 고갈되고 양극에서는 증가된다. 연속적으로 작동하려면 농도의 불균형을 유지하는 것이 필요하다. 이는 양극을 계속적으로 증류수로 세척하고 얻어지는 약한 KOH 용액을 재농축시킴으로써 수행될 수 있다. 재농축된 이 용액은 다음에 음극으로 공급된다.

재생의 수행에 필요한 에너지는 절감되는 전기 에너지보다 유용성이 크게 못 미치는 저급 열에너지이다.

농도 전지에 의해 얻어지는 전압은 얼마일까? 제 7장에서 우리는 농도 전지에서의 열린회로 전압에 대한 식을 유도하였다.

$$V = \frac{kT}{q}\ln\frac{N_A}{N_C}. \tag{10.36}$$

$\ln N = 2.3\log N$이며 정의에 따라 $-\log N \equiv pH$이므로

$$|V| = 2.3\frac{kT}{q}(pH_A - pH_C). \tag{10.37}$$

10.3.5 전해 수소 압축

암모니아 생산이나 연료전지 자동차로의 수소공급과 같은 많은 적용들에서 수소는 높은 압력으로 사용할 수 있어야 한다. 따라서 수소 공장에는 흔히 압축기가 포함되어야 한다.

전해조는 Lurgi, Teledyne, 그리고 GE 장치의 경우와 같이 유출부가 좁아지도록 되어 있다면 외부압력 이상의 압력에서 가스를 생산할 수 있다. 그러나 이는 최대 압력값을 일부 적용들에서 필요로 하는 압력값보다 매우 낮은 값으로 제한시킨다.

이와 달리 전해조를 가압 용기 내에 설치함으로써 주위압력 자체가 증가될 수 있다. 경제적인 이유로 인하여 간명한 장치가 필요하다; 그렇지 않으면 가압용기의 비용은 매우 높아진다.

표 10.2로부터 고체-고분자 전해조(SPEs)-그리고 아마도 제안된 양이온 세라믹 전해조들의 일부-만이 그러한 장치가 될 수 있음을 알 수 있다. 고체-고분자 전해조의 비부피는 가압 KOH 장치의 비부피보다 거의 두 배 정도 작다.

표 10.2 다양한 전해조들의 비부피.

제작회사	비부피 (m^3/MW)
Norsk-Hydro	45
Lurgi or Teledyne	20
General Electric (SPE)†	0.3

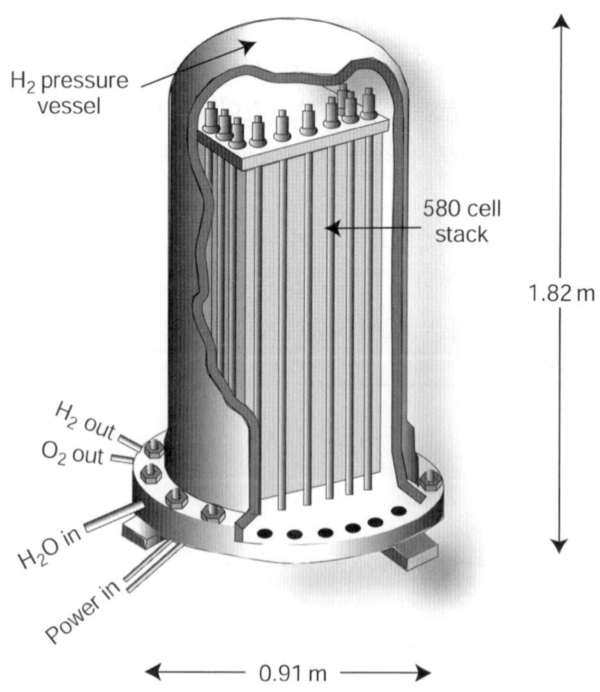

그림 10.7 간명함으로 인하여 SPE 전해조는 가압용기 내에 적층되어 고압에서 기체를 생성할 수 있다. 제안된 것은 GE 5MW 장치이다.

† 그림 10.7을 참조.

가압용기로의 액체 물 도입에 따른 에너지 비용은 액체의 부피를 무시할 수 있기 때문에 최소화된다. 하지만 생성된 기체를 "전기적"으로 압축시키는 데에 따른 에너지 비용이 존재한다. 이론적으로는 생산된 수소 $1kilomole$ 당 압력 p_{ox}에서 산소를 생성하고 압력 p_h에서 수소를 생성하는 전해조는 수반되는 모든 기체의 온도가 T_0라면 압력 p_0에서 동일한 질량의 기체를 생성하는 장치와 비교할 때 $RT_0\ln\left(p_{ox}^{1/2}p_h p_o^{-3/2}\right)$ 만큼의 과잉 에너지를 필요로 한다. 이는 물론 기체를 등온적으로 압축하는 데에 소요되는 에너지이다.

실제로 압축 에너지는 (막의 부분적인 투과성의 결과로 인하여) 압력이 증가함에 따라 이온-교환 막 전해조의 효율이 감소되기 때문에 다소 더 커진다.

전해적 압축의 큰 이점은 시스템에서 구동부품들이 없기 때문에 유지관리가 경제적이고 간단하다는 데에 있다.

10.4 열분해 수소

10.4.1 물의 직접적인 전리

높은 온도에서 수증기는 수소와 산소로 분해된다는 것은 잘 알려져 있다. 수소는 원리상 CO 제거에 관한 절에서 논의한 팔라듐 필터와 같은 적절한 장치를 사용하여 분리될 수 있다. 비록 언뜻 보기에는 이 기법이 매력적으로 보일지라도 실제 수행은 어렵다.

압력을 1기압으로 일정하게 유지해 주기 위하여 아래로 누르는 피스톤이 장치된 원통형의 용기 내에 $1kilomole$의 수증기(그밖에는 아무것도 없는)가 주입되는 실험을 고려하여 보자. 물은 다음에 3000K로 가열된다. 이러한 압력과 온도는 한 예로서 임의로 선택된 것이다.

용기 내의 모든 분자들이 H_2O로 남아 있다면 적절한 표를 참조하여 이들의 자유에너지를 찾아볼 수 있다. 그러나 수증기의 적어도 일부는 다음 관계에 따라 그 성분들인 수소와 산소로 분해된다.

$$H_2O \leftrightarrow H_2 + \frac{1}{2}O_2, \tag{10.38}$$

그리고 H_2O, H_2, O_2를 포함하는 혼합물은 다른 자유에너지 값을 가질 것이다.

분해가 완료된다면 용기 내의 기체는 수소 $1kilomole$과 $0.5kilomoles$의 산소로 구성될 것이다. 이 기체(여전히 1기압과 $3000K$)의 자유에너지는 순수한 H_2O 증기의 자유에너지보다 더 클 것이다. H_2O $1kilomole$은 수소 $1kilomole$ 과 0.5 $kilomoles$의 산소로 전환됨을 주목하자-총 킬로몰 수는 이제 $N_{TOTAL}= 1.5$가 된다. 따라서 수소의 분압은 1/1.5 기압이 되고 산소의 분압은 0.5/1.5 기압이 된다.

임의의 현실적인 온도에서 물은 부분적으로만 분해한다. 물의 분해 분율을 F라고 하자. 그러면 (용기로 도입된 물 $1kmole$로부터) 분해되지 않은 물의 $kilomoles$수는 $(1-F)$이다. H_2의 킬로몰 수는 F이고 O_2는 $F/2$이다. 혼합물의 구성은 다음과 같다.

$$(1-F)H_2O+FH_2+\frac{1}{2}FO_2. \tag{10.39}$$

기체 혼합물의 총 킬로몰 수는 다음과 같다.

$$N_{TOTAL}=(1-F)+F+\frac{1}{2}F=1+\frac{1}{2}F. \tag{10.40}$$

혼합물 내의 세 성분의 분압은 전압을 p기압이라고 할 때 다음과 같다.

$$p_{H_2O}=\frac{1-F}{1+F/2}p=\frac{1-F}{1+F/2}, \tag{10.41}$$

$$p_{H_2}=\frac{F}{1+F/2}p=\frac{F}{1+F/2}, \tag{10.42}$$

$$p_{O_2}=\frac{F/2}{1+F/2}p=\frac{F/2}{1+F/2}. \tag{10.43}$$

이 보기에서 선택한 조건에 따라 $p=1$기압으로 놓는다.
성분의 자유에너지는 다음과 같이 압력에 따라 변한다.

$$\overline{g}_i=\overline{g}_i^*+RT\ln p_i, \tag{10.44}$$

여기에서 $\overline{g}_i^*$는 1기압에서 $1kilomole$당 성분 i의 자유에너지이다. 제 9장의 9.7.4.4 "자유에너지의 압력 의존성"을 참조하자.

고려되는 혼합물 중의 기체의 자유에너지는 다음과 같다.

$$\begin{aligned}G_{mix}&=(1-F)\left[\overline{g}_{H_2O}^*RT\ln\left(\frac{1-F}{1+F/2}\right)\right]\\&+F\left[\overline{g}_{H_2}^*+RT\ln\left(\frac{F}{1+F/2}\right)\right]+F/2\left[\overline{g}_{O_2}^*+RT\ln\left(\frac{F/2}{1+F/2}\right)\right]\\&=(1-F)\overline{g}_{H_2O}^*+F\overline{g}_{H_2}^*+\frac{1}{2}F\overline{g}_{O_2}^*+RT\left[(1-F)\ln\left(\frac{1-F}{1+F/2}\right)\right.\\&\left.+F\ln\left(\frac{F}{1+F/2}\right)+F/2\ln\left(\frac{F/2}{1+F/2}\right)\right].\end{aligned} \tag{10.45}$$

식 10.45는 그림 10.8에 도시되어 있다. 이 그림은 1기압 3000K에서 물-수소-산소 혼합물의 자유에너지는 물의 14.8%가 분해될 때 최소가 됨을 보여준다. 이 점에서 역반응 $H_2+\frac{1}{2}O_2\rightarrow H_2O$는 정반응 $H_2O\rightarrow H_2+\frac{1}{2}O_2$와 정확하게 같은 속도로 발생한다: 평형이 이루어진 것이다.

평형점을 찾기 위해서는 G_{mix}를 최소로 하여주는 F 값을 찾아야 한다.

$$\frac{dG_{mix}}{dF} = -\bar{g}^*_{H_2O} + \bar{g}^*_{H_2} + \frac{1}{2}\bar{g}^*_{O_2}$$
$$+ RT\left[(1-F)\frac{-3}{2(1-F)(1+F/2)} + \frac{1}{1+F/2} + \frac{1}{2}\frac{1}{1+F/2}\right.$$
$$\left. - \ln\left(\frac{1-F}{1+F/2}\right) + \ln\left(\frac{F}{1+F/2}\right) + \frac{1}{2}\ln\left(\frac{F/2}{1+F/2}\right)\right]$$
$$= -\bar{g}^*_{H_2O} + \bar{g}^*_{H_2} + \frac{1}{2}\bar{g}^*_{O_2}$$
$$+ RT\left[-\ln\left(\frac{1-F}{1+F/2}\right) + \ln\left(\frac{F}{1+F/2}\right) + \frac{1}{2}\ln\left(\frac{F/2}{1+F/2}\right)\right] = 0 \qquad (10.46)$$

위는 다음 관계를 이용하여 얻어진 것이다.

$$(1-F)\frac{-3}{2(1-F)(1+F/2)} + \frac{1}{1+F/2} + \frac{1}{2}\frac{1}{1+F/2} = 0. \qquad (10.47)$$

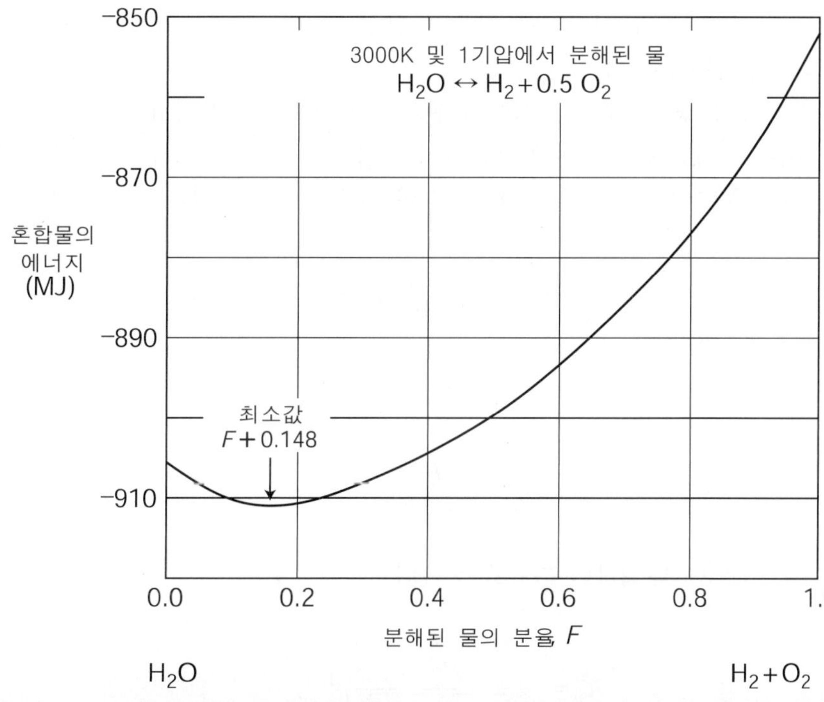

그림 10.8 분해 분율 F의 함수로 나타낸 물-수소-산소 혼합물의 자유에너지.

자연로그의 인수들은 서로 다른 기체 압력이다. 따라서

$$\frac{dG_{mix}}{dF} = -\bar{g}^*_{H_2O} + \bar{g}^*_{H_2} + \frac{1}{2}\bar{g}^*_{O_2} + RT\left[-\ln p_{H_2O} + \ln p_{H_2} + \ln p_{O_2}\right] = 0, \qquad (10.48)$$

$$\frac{dG_{mix}}{dF} = -\bar{g}^*_{H_2O} + \bar{g}^*_{H_2} + \frac{1}{2}\bar{g}^*_{O_2} + RT\ln\left(\frac{p_{H_2}p_{O_2}^{\frac{1}{2}}}{P_{H_2O}}\right) = 0. \qquad (10.49)$$

평형상수 K_p를 다음과 같이 정의한다.

$$K_p \equiv \frac{p_{H_2} p_{O_2}^{\frac{1}{2}}}{p_{H_2O}}, \tag{10.50}$$

따라서

$$K_p = \exp\left(\frac{\bar{g}^*_{H_2O} - \bar{g}^*_{H_2} - \frac{1}{2}\bar{g}^*_{O_2}}{RT}\right). \tag{10.51}$$

K_p는 온도 및 화학방정식의 정확한 기록방법에 의존한다. 반응 $H_2O \Leftrightarrow H_2 + \frac{1}{2}O_2$에 대한 K_p는 $2H_2O \Leftrightarrow 2H_2 + O_2$ 반응의 K_p와 다르다. 하지만 K_p는 압력에 의존하지 않는다. 실제로 식 10.51을 예로 든다면 서로 다른 $\bar{g}^*_i$들은 1기압에서의 값들이며 실제 압력이 변해도 달라지지 않는 것을 알 수 있다. 나아가 아르곤과 같은 불활성 기체가 수증기와 혼합된다면 $\bar{g}^*$가 0이기 때문에 K_p의 값은 변하지 않는다.†

분해된 물의 분율 F와 평형상수 K_p 사이의 관계는 혼합물의 전압이 1기압인 특별한 경우에 대한 식 10.41, 10.42. 그리고 식 10.43에서와 같이 분압을 F의 함수로 나타냄으로써 결정할 수 있다. 좀 더 일반적인 경우로서 혼합물이 어떤 임의의 압력 p로 존재할 경우 분압은 다음과 같다.

$$p_{H_2O} = \frac{1-F}{1+F/2}p\,, \tag{10.52}$$

$$p_{H_2} = \frac{F}{1+F/2}p\,, \tag{10.53}$$

$$p_{O_2} = \frac{F/2}{1+F/2}p\,. \tag{10.54}$$

이 분압들을 식 10.50에 대입하면 다음을 얻는다.

$$K_p = \frac{F^{\frac{3}{2}}}{\sqrt{2-3F+F^3}}p^{1/2}. \tag{10.55}$$

지적한 바와 같이 K_p는 압력과는 무관하므로 F는 압력에 의존해야 한다. 예를 들어 $T = 3000K$, $p = 1$기압인 경우 물의 14.8%가 분해($F = 0.148$)함을 알았다. 그러나 압력이 100기압으로 증가한다면 분해되는 양은 3.4%로 떨어질 것이다. 이는 물론 Le Chatelier의 규칙으로부터 예상할 수 있다. 반응

† 질소는 높은 온도에서는 산소와 반응하여 질소 산화물을 형성하기 때문에 다르게 거동한다.

$$H_2O \rightleftharpoons H_2 + \frac{1}{2}O_2,$$

에서 좌변보다 우변이 더 많은 *kilomoles* 수를 갖기 때문에 압력의 증가는 평형을 좌변으로 이동시킨다.

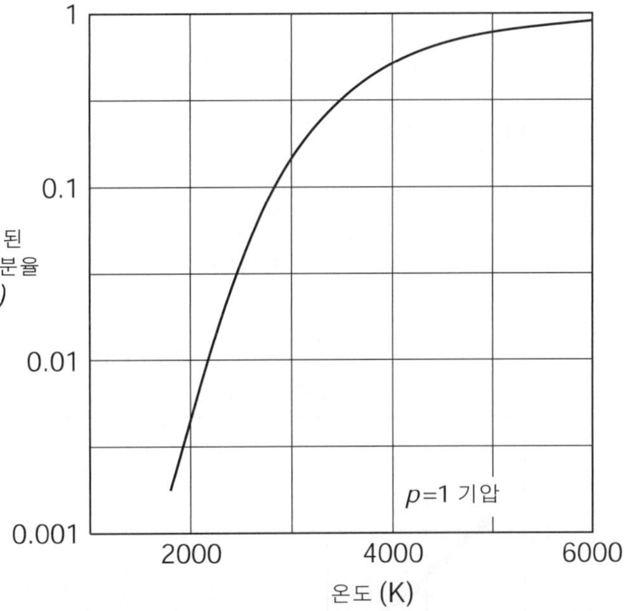

그림 10.9 1기압에서 온도의 함수로 나타낸 물 분해.

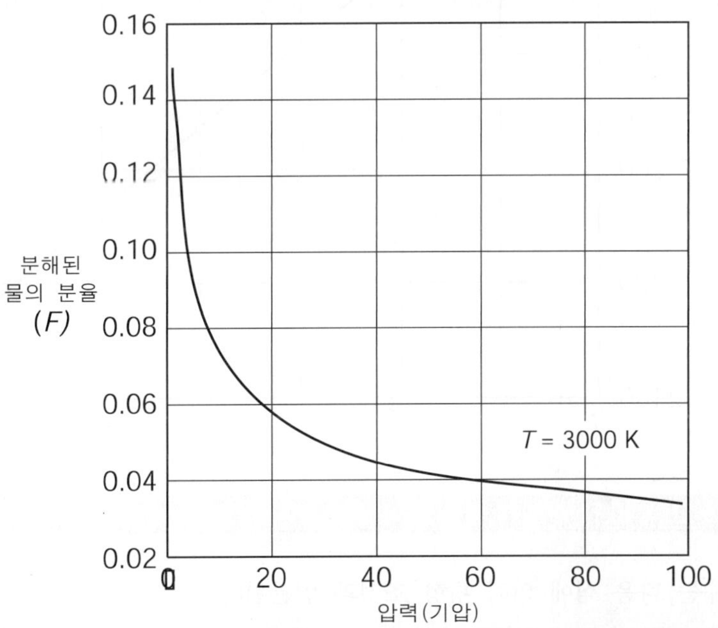

그림 10.10 3000K에서 압력의 함수로 나타낸 물 분해.

위에서 얻은 정보들로부터 물의 직접 열분해는 비현실적으로 높은 온도를 필요로 한다는 것을 알 수 있다. 그림 10.9는 팔라듐이 녹는 온도(1825K)에서 1기압일 때 물의 대수롭지 않은 부분만이 분해되는 것을 보여준다. 이는 생산된 수소의 분압이 너무 작아서 이용할 수 없음을 의미한다.

물의 압력을 증가시키면 분해도가 극적으로 떨어지기 때문에 이러한 상황에 도움이 되지 못한다(그림 10.10 참조).

평형상수의 정의는 좀 더 복잡한 반응으로 확장될 수 있다. 따라서 예를 들어 반응

$$\mu_A A\,\mu_B B \rightleftharpoons \mu_C C \mu_D D, \tag{10.56}$$

에서 평형상수는 다음과 같다.

$$K_p = \frac{p_A^{\mu_A} p_B^{\mu_B}}{p_C^{\mu_C} p_D^{\mu_D}}. \tag{10.57}$$

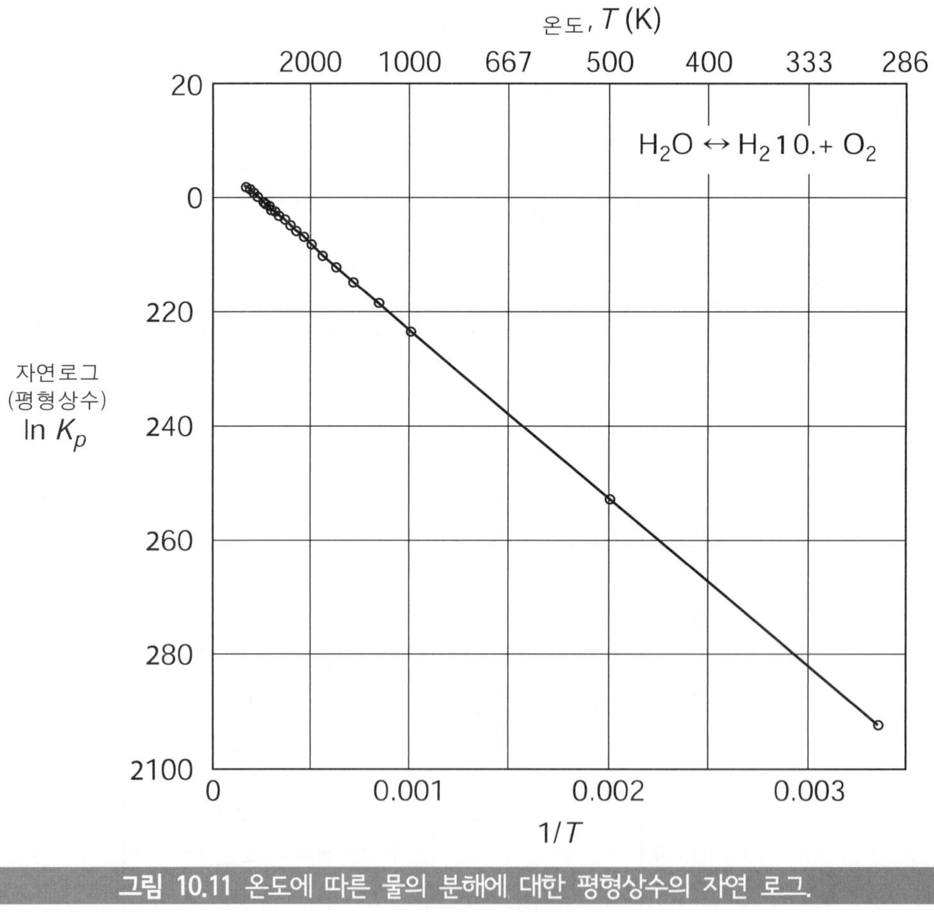

그림 10.11 온도에 따른 물의 분해에 대한 평형상수의 자연 로그.

그러면 평형상수는 다음 식에 의해 평형 조성과 연관된다.

$$K_p = \frac{N_A^{\mu_A} N_B^{\mu_B}}{N_C^{\mu_C} N_D^{\mu_D}} \left(\frac{p}{N_{TOTAL}} \right)^{\triangle \mu}, \qquad (10.58)$$

여기에서 $\triangle \mu \equiv \mu_C + \mu_D - \mu_A - \mu_B$이며 N_i는 이론적인 반응에 대한 것이 아니고 평형조성에 대한 값이다(식 10.59).

다른 반응들에 대한 평형상수 값 K_p는 열역학 표들로부터 찾아볼 수 있다. 그림 10.11은 반응 $H_2O \leftrightarrow H_2 + \frac{1}{2}O_2$에 대하여 K_p와 $1/T$의 관계를 나타낸 것이다.

그림 10.11에 나타낸 데이터의 선형 회귀로부터

$$K_p = 847.3 \exp - \frac{246 \times 10^6}{RT}. \qquad (10.59)$$

-246$MJ/kmole$은 (대략적으로) 물의 생성 에너지이다. 이는 Boltzmann 식의 다른 예이다.

10.4.2 물의 화학적 분해

물의 직접분해에서 직면하는 어려움들을 피하기 위해 몇 가지 화학반응들이 제안되었다. 이들 모두에서 중간 생성물은 재생되어서 적어도 이론적으로는 물 자체를 제외한 물질들의 소비는 없다. 이 반응들에서 요구되는 온도는 공정의 실질적 수행이 가능하도록 충분히 낮아야 한다. 특히 핵융합 반응기와 호환될 수 있도록 하기 위해선 온도가 1100K를 초과하지 않는 것이 바람직하다.

제안된 한 가지 사슬반응이 식 10.60 ~ 10.64에 나타나 있다. 가장 높은 온도 단계는 730℃에서 수행된다. 총괄 효율은 50%이다. 주된 단점은 부식성이 있는 브롬화수소산을 사용한다는 것이다.

$$Hg + 2HBr \rightarrow HgBr_2 + H_2 \qquad (10.60)$$

$$HgBr_2 + Ca(OH)_2 \rightarrow CaBr_2 + HgO + H_2O \qquad (10.61)$$

$$HgO \rightarrow Hg + \frac{1}{2}O_2 \qquad (10.62)$$

$$CaBr_2 + 2H_2O \rightarrow Ca(OH)_2 + 2HBr \qquad (10.63)$$

총괄 반응은 다음과 같다.

$$H_2O \rightarrow H_2 + \frac{1}{2}O_2. \qquad (10.64)$$

열적 수소 생산을 위한 좀 더 복잡한 또 다른 반응사슬(그림 10.12 참조)은 다음과 같다.

1. 반응 1

$$Cr_2O_3(s) + 4Ba(OH)_2(l) \xrightarrow{600C} 2Ba_2CrO_4(s) + 3H_2O(g) + H_2(g) \qquad (10.65)$$

2. 반응 2

$$2BACrO_4(s) + Ba(OH)_2(l) \xrightarrow{850C} Ba_3(CrO_4)_2(s) + H_2O(g) + \frac{1}{2}O_2(g) \qquad (10.66)$$

수소는 반응 1에서 발생하고 산소는 장치의 다른 부분에서 일어나는 반응 2로부터 발생하기 때문에 이 기체들은 쉽게 분리할 수 있다. 유입 반응물은 Cr_2O_3와 $BaCrO_4$이다. (H_2와 O_2 이외의) 생성물은 Ba_2CrO_4와 $Ba_3(CrO_4)_2$이다. 반응물을 회수하기 위해서 마지막의 두 크롬산염을 낮은 온도에서 물과 반응시킨다.

3. 반응

$$2Ba_2CrO_4(s) + Ba_3(CrO_4)_2 + 5H_2O \rightarrow Cr_2O_3(s) + 2BaCrO_4(s) + 5Ba(OH)_2(d) \qquad (10.67)$$

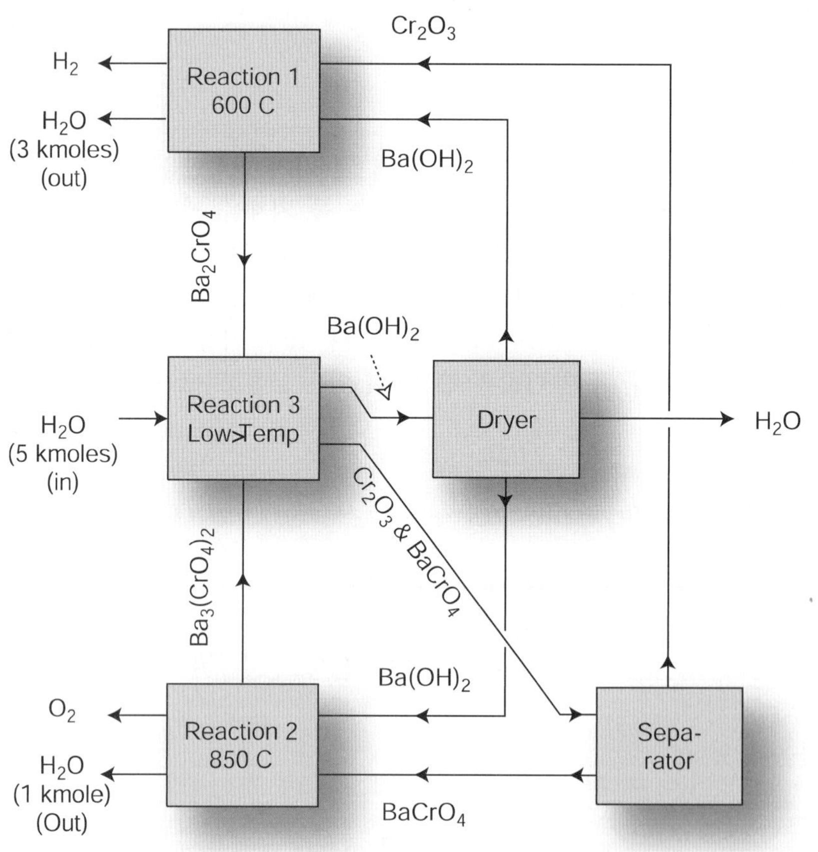

그림 10.12 바륨 크롬산염 사이클의 블록선도.

제 1장에서 언급한 바와 같이 현재 핵융합 반응기의 인기를 회생시키려는 수단으로 고려중인 중금속 핵 반응기가 열적 수소 생산 공정을 구동하는 열원으로 사용될 수 있다. 이 반응기들의 높은 운전온도와 낮은 운전압력은 필요한 화학적 장치의 고안을 쉽게 하여준다.

10.5 광분해 수소

10.5.1 개론

수소 생산을 위해 태양광 에너지를 이용하기 위한 기술은 잘 확립되어 있다. 확실히 결과물이 전해조를 구동하는 광전지 변환기를 이용하여 완전히 오염이 없는 공정을 통해 이러한 기체를 생산할 수 있다. 이러한 변환을 더욱 경제적으로 수행할 수 있는 공정을 개발하는 것이 여기에서의 주된 작업이다.

물은 다음 식에 따라 분해(그리고 합성)될 수 있다.

$$2H_2O \rightleftharpoons 2H_2 + O_2. \tag{10.68}$$

간단한 관찰로부터 반응은 여러 중간물질들의 형성을 통한 과정들의 사슬의 결과이며 환경과 촉매에 따라 다른 경로들을 따를 수 있다.

물의 구조식 $H-O-H$는 분해의 첫 번째 단계가 $H-O$ 결합의 분리여서 H와 OH(또는 상응하는 이온들)가 형성되어야 함을 암시한다. 이어서 OH는 O와 또 다른 H로 분해된 뒤에 2원자 분자들로 유착된다. 반응들에서 이온화된 성분이 없을 경우 수반되는 다른 에너지들은 표 10.3에 주어져 있다.

그림 10.13은 반응의 개략적인 진행을 나타낸다. 상황들의 정확한 순서는 달라질 수 있다.

물 분자와 그 원소들 간의 에너지 차이가 단지 $2.51eV$에 지나지 않지만 이를 직접적으로 분해하기 위해서는 $5.15eV$ 만큼의 에너지 장벽을 극복하는 것이 필요하다. 따라서 $5.15eV$이하의 광자나 포논은 직접적인 물 분해 반응을 개시할 수 없다.

직접적 분해를 위한 공급 에너지는 물 1분자 당 5.15+4.40 = $9.55eV$이어야 한다. 결과물은 초기 물의 에너지보다 $2.51eV$만큼 더 많은 에너지를 갖는 수소/산소 혼합물이다. 이 "연료"생산의 효율은 2.51/9.55 = 0.263이다. 공급 에너지의 여분은 활성화된 중간체 물질들의 반응의 결과로 생긴 열로 나타날 것이다.

표 10.3 분해 에너지.

	eV/ molecule	MJ/ kmole
$H_2 \rightarrow H + OH$	5.15	496.2
$OH \rightarrow H + O$	4.40	423.9
$H + H \rightarrow H_2$	-4.48	-431.7
$O + O \rightarrow O_2$	-5.12	-493.3
$H_2O \rightarrow H_2 + \frac{1}{2}O_2$	2.51	241.8

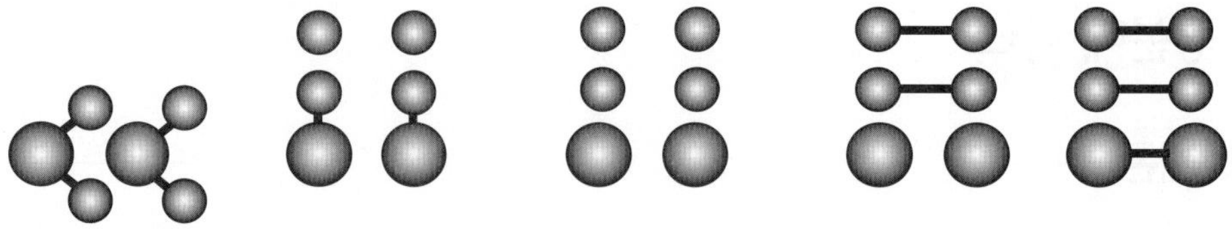

$$2H_2O \longrightarrow 2H + 2OH \longrightarrow 4H + 2O \longrightarrow 2H_2 + 2O \longrightarrow 2H_2 + O_2$$

$$2 \times 5.15\,eV \quad + \quad 2 \times 4.40\,eV \quad - \quad 2 \times 4.48\,eV \quad - \quad 5.12\,eV$$

그림 10.13 물 분해에의 한 가지 가능한 경로.

10.5.2 태양광 분해

그림 10.14는 태양광 스펙트럼의 누적 에너지 분포를 보여준다. 약 22%의 에너지가 물이 분해되는데 필요한 에너지인 $2.51eV$ 이상의 에너지를 갖는 광자들과 연관되어 있음을 알 수 있다. 그러나 앞 절에서 논의한 바와 같이 촉매가 없으면 반응의 개시를 위해 $5.15eV$ 이상의 광자들이 필요하다. 따라서 실용적인 광분해 수소 생산은 적절한 촉매의 개발에 따라 좌우된다.

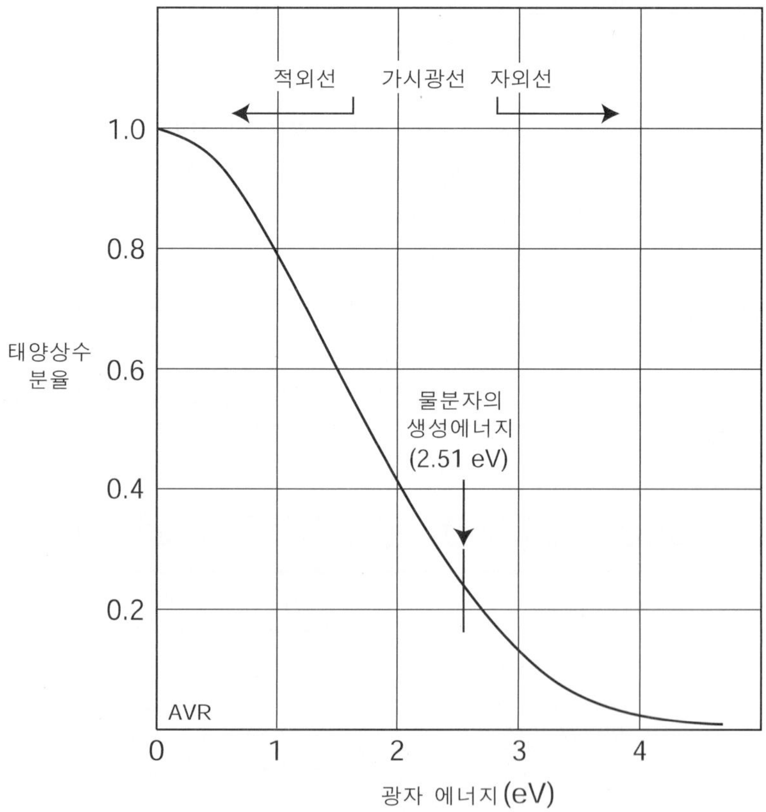

그림 10.14 태양광 스펙트럼의 누적 에너지 분포.

예를 들어 어떤 촉매 X가 빛의 영향아래 물에서 산화된다고 하자.

$$X + H_2O \rightarrow X^+ + H + OH^- \tag{10.69}$$

$$X^+ + \frac{1}{2}H_2O \rightarrow X + H^+ + \frac{1}{4}O_2 \tag{10.70}$$

$$H^+ + OH^- \rightarrow H_2O \tag{10.71}$$

이 반응을 위한 역치(閾値) 에너지는 3.8eV로서 촉매가 없을 경우에 필요한 5.15eV보다 다소 낮다. 반응은 태양 에너지의 3%만을 이용하며 상당한 양은 $H^+ + OH^- \rightarrow H_2O$ 반응에서 상실될 것이다.

실제로 지면을 바탕으로 하는 시스템의 경우 이용가능 에너지는 높은 주파수의 태양광 스펙트럼들이 대기에 의해 선택적으로 흡수되기 때문에 3% 이하로서 상당히 낮다.

약간 더 우호적인 반응은 촉매 Y가 환원되는 반응이다.

$$Y + H_2O \rightarrow Y^- + H^+ + OH \tag{10.72}$$

$$Y^- + H_2O \rightarrow Y + OH^- + \frac{1}{2}H_2 \tag{10.73}$$

$$OH^- + H^+ \rightarrow H_2O \tag{10.74}$$

$$\frac{1}{2}OH + \frac{1}{2}OH \rightarrow \frac{1}{2}H_2O + \frac{1}{4}O_2 \tag{10.75}$$

세 번째 반응에는 도로 반응하게 될 중간물질들이 없다.

$$Z + H_2O \rightarrow ZO + H_2 \tag{10.76}$$

$$ZO \rightarrow Z + \frac{1}{2}O \tag{10.77}$$

이 반응에 대한 역치는 2.9eV이며 태양 에너지의 13%를 사용한다. 그러나 이의 실현성은 불확실하다.

이상의 에너지 고려 사항은 수소 생산을 위한 직접적인 태양광 사용의 가능성을 의심스럽게 한다. 그러나 여전히 고려해야 할 다른 많은 관점들이 있다.

물의 직접적인 광분해는 근본적 어려움에 직면하고 있다: 물은 대부분의 태양광에 투명하다. 약 1600THz 이상의 주파수들만이 흡수되는데 이는 공간에서의 태양 복사의 0.01% 미만에 해당되며 지표면에 도달하는 태양 복사의 매우 적은 부분이다(제 12장 참조). 그럼에도 불구하고 이러한 분석은 태양 에너지를 화학 에너지로 전환시킴으로써 태양 에너지를 획득하는 경제적 방법을 찾고자 하는 노력으로부터 연구자들을 좌절시키지 않고 있다. 식물의 잎이 할 수 있다면 우리도 할 수 있어야 한다.

1972년에야 외부에서 적용된 바이어스의 도움이 없이 빛을 직접 흡수함으로써 물의 분해를 예시하는 것이 가능해졌다. Fujishima와 Honda는 그림 10.15에 보인 장치에서 $n-TiO_2$ 단결정과 백금 카운터 전극을 사용하였다. 액상 환경에서의 안정성으로 티타늄 이산화물†이 사용되었다. 그러나 이는 일반적인 페인트에 사용되는 흰색 색소이다. 이는 곧 투사되는 모든 가시광선을 반사하며 $1580\,THz(190nm)$보다 큰 주파수의 자외선만을 흡수함을 의미한다. 이는 큰 밴드 격차($3eV$) 때문이다. 따라서 티타니아는 태양광 스펙트럼에서 가용한 에너지의 작은 부분만을 사용하는데 이는 Fujishima와 Honda 전지의 낮은 효율(〈1%)의 원인들 가운데 하나이다.

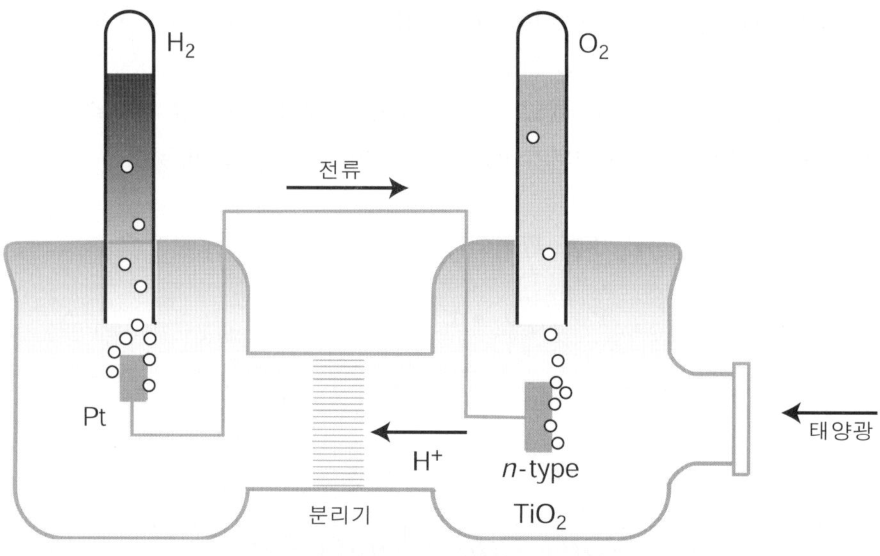

그림 10.15 1972년 Fujishima와 Honda에 의한 실험에서 수소와 산소를 생산하기 위해 태양광이 사용되었다.

전해질에 함침된 티타니아, 혹은 임의의 다른 물질은 접촉 포텐셜을 나타낸다. 반도체의 포텐셜로부터 전해질의 포텐셜로 변하는 전이층은 표면에 형성된다. 이 층은 얇아서 (수십 나노미터) 전기장이 강하다. n-형 티타니아의 경우 장의 방향은 투사되는 광자에 의하여 생성된 전자가 반도체로 깊이 유도되는 반면에 해당되는 홀은 전해질로 주입되도록 정해진다. p-n 접합이 없어도 전하 분리가 일어난다. (액상) 전해질로 주입된 홀은 물을 산화시켜서 광전극에서 산소를 발생시킨다.

$$2p^+ + 2H_2O \rightarrow \frac{1}{2}O_2 + 2H^+ \qquad (10.78)$$

한편 위의 반응으로부터의 양자는 전해질을 통해 백금 전극으로 이동하여 (외부 접합체를 통하여 TiO_2로부터 유래된) 전자와 결합한 다음 H로 환원되고 궁극적으로 서로 결합되어 H_2가 형성된 후에 금속 전극으로부터 방출된다.

$$2e^- + 2H^+ \rightarrow H_2 \qquad (10.79)$$

† 티타늄 이산화물(Titanium dioxide)-티타니아(titania)-는 금홍석, 아타타제, 티탄석의 형태로 나타난다.

이러한 결과는 고무적이나 낮은 효율 때문에 현실적이지 못하다.

이전에 지적한 바와 같이 낮은 효율에 대한 한 가지 명백한 이유는 티타니아의 과도한 밴드 격차이다. 이 물질을 $GaAs$와 같은 원자가 반도체로 대체함으로써 보다 높은 효율이 현실화되었다. Licht, Wang, 그리고 Mukerji(2000)는 쌍극 구조(각각 $1.6eV$와 $1.1eV$의 밴드 격차)의 $AlGaAs/Si$ 전지를 구성하였는데 이는 18.3%의 효율로 물을 분리하였다. 불행히도 이러한 부류의 반도체를 사용하면 심각한 부식문제들로 인하여 수명이 제한된다.

티타니아로 돌아가자. 물론 도핑 역시 반도체의 밴드 격차를 변화시킬 것이다. Kahn 등(2002)은 탄소를 조합시키는 경우 티타니아의 밴드 격차가 원래의 $3eV$로부터 $2.32eV$로 줄어들며 따라서 물의 분리 효율이 8.5% 정도까지 증가된다고 보고하고 있다. 밴드 격차를 줄이면 효율이 증가하는 이유에 대하여 알고 싶다면 제 14장의 처음 부분을 참조한다.

광화학 전지의 효율을 증가시키는 또 다른 방법은 염료 민감화를 이용하는 것이다. 보다 상세한 내용은 제 14장을 참조한다.

10.6 광생물학적 수소 생산

살아있는 유기체의 대부분은 호흡해야 한다. 즉 유기체의 동화작용의 연료로서 산소를 소비하고 이산화탄소를 방출해야 한다. 이것이 식물의 실재이다. 하지만 식물은 빛의 영향 아래에서 호흡의 반대인 광합성을 수행한다: 이들은 대기의 이산화탄소를 고정하고 산소를 방출한다. 따라서 빛에 노출되면 식물은 순 산소 생산자가 되며 어두운 곳에서는 알짜 산소 소비자가 되는 경향이 있다.†

원리상 일부 식물은 물에서 산소를 추출하고 수소를 방출함으로써 그들의 호흡에 필요한 산소를 생성한다. 예를 들면 이는 특정한 조류에서 일어난다. 어둠속에서 식물은 대부분 휴면이기 때문에 방출되는 수소는 소량이다. 효소-하이드로게나제-는 그러한 방출을 증진시킨다. 하이드로게나제는 산소가 존재하면 작용이 억제되며 따라서 광합성이 활성일 때에는작용하지 않는다.

황 결핍은 가역적으로 광합성을 억제하여 식물이 빛에 노출되어 있을 경우 많은 양의 수소 생산을 가능하게 한다.

Melis 등(2000)은 조류 클라미도모나스 라인하드티를 이용한 광생물학적 수소 생산 시스템을 예시하였다. 이 시스템은 다음 두 단계로 진행된다.

1. 조류는 정상적으로 성장되며 그들의 탄소 화합물 비축량도 증가한다.
2. 황은 시스템으로부터 제거되고 조류는 여전히 빛에 노출된 상태에서 수소를 배출하고 축적된 탄소의 일부를 소비한다.

2단계에서 대부분의 탄소가 고갈된 후에는 1단계가 다시 시작되며 식물은 다시 "살이 찐다".

현재 시스템의 파라미터를 완벽하게 정하는 것뿐만 아니라 더욱 효율적인 변종이나 조류를 발견하기 위해 상당히 많은 연구가 필요한 것으로 보인다.

총괄적인 태양광-수소기체 효율은 광합성이 8% 미만의 효율(제 13장 참조)을 보이며 빛은 광합성 뿐만 아니라 수소의 방출을 위해서도 요구되기 때문에 적정한 값이 될 것이다. 그럼에도

† 일부 식물은 너무 많은 빛에 노출되면 광합성을 차단하고 호흡만을 한다. 제 13장의 13.4절 끝부분의 "광호흡"을 참조하자.

불구하고 실용적인 관점에서 문제가 되는 것은 생성되는 기체의 비용이며 시스템의 효율은 아니다. 제안된 Melis 시스템이 경제적으로 매력적일 것인지는 좀 더 살펴보아야 한다.

참고문헌

Atwood, Jerry L., Leonard J. Barbour, and Agoston Jerga, A new type of material for the recovery of hydrogen from gas mixtures, *Angewandte Chemie* 43, pp. 2948-.2950, 2004.

Brinkman, Greg, *Economics and environmental effects of hydrogen production methods* http://www.puaf.umd.edu/faculty/papers/fetter/students/Brinkman.pdf.

Garzon, Fernando H., R. Mukundan, and Eric L. Brosha, Enabling science for advanced ceramic membrane electrolyzers, Proc. 2002 U. S. DOE Hydrogen Program Review, NREL/CP-610-32405, 2002.

Khan, Shahed U. M., Mofareh Al-Shahry, and William B. Ingler, Jr., Efficient photochemical water splitting by a chemically modified n-TiO2, *Science* 297, pp. 2243-.2245, 2002.

Khan, Shahed U. M., Mofareh Al-Shahry, and William B. Ingler, Jr., Response to Comments on "Efficient photochemical water splitting by a chemically modified n-TiO2," *Science* 301, p. 1673, September 19, 2003.

Licht, S., B. Wang, and S. Mukerji, Efficient solar water splitting, exemplified by RuO2-catalyzed AlGaAs/Si photoeletrolysis, *J. Phys. Chem. B*, 104, pp. 8920–924, 2000.

Loges, Bj¨orn, Albert Boddien, Henrik Junge, and Matthias Beller, Controlled generation of hydrogen from formic acid amine adducts at room temperature and application in H2/O2 fuel cells, *Angew. Chem. Int.* Ed. 47, pp. 3062–965, 2008.

Melis, Anastasios, Liping Zhang, Marc Forestier, Maria L. Ghirardi, and Michael Seibert, Sustained photobiological hydrogen gas production upon reversible inactivation of oxygen evolution in green the alga *Chlamydomonas reinhardtii., Plant Physiol.* 122, pp. 127–36, January 2000.

Pham, Ai-Quoc, High efficiency steam electrolyzer, Proc. of the 2000 US DOE Hydrogen Program Review, NREL/CP-610-32405.

연 습 문 제

10.1 C_D를 주어진 전류밀도 J_0에서 생산된 수소 $1kW$당 $dollars$로 표현된 전해조 공장의 가격이라고 하자. 결과물의 kW 수는 수소가 연소할 때 생성되는 열 동력이다. 명목상의(J_0) 전류밀도에서 전해조를 운전하기 위한 강제적 이유는 없다. 허용되는 범위 내의 임의의 다른 전류밀도 J에서 운전될 수 있다. 전해조 효율은 전류밀도에 선형적으로 의존한다.

$$\eta = a + bJ.$$

생산된 수소의 비용 C_H는 다음과 같다.

$$C_H = C_{INV} + C_{OP} + C_E. \quad \$/(kg\,of\,H_2)$$

C_{INV} = 공장의 투자에 기여할 수 있는 비용부분.
C_{OP} = 유지 및 운전비용(0으로 가정)
C_E = 전력비용으로서 전력가격 c_e의 함수.
Θ를 플랜트 인자라고 하자-즉 총 시간에 대하여 공장이 실제 운전되는 시간의 분율이며 R은 빌린 자본의 분율로 표현되는 자본의 연간 비용이다.
수소의 비용을 최소로 하여주는 J의 값에 대한 식을 구하여라. 이는 $C_D, J_0, R, \Theta, c_e, a, b$의 함수이어야 한다.
다음 경우 J의 최적값은 얼마인가?

$$C_D = 100\,\$/kW,$$
$$J_0 = 10,000\,A/m^2,$$
$$R = 0.2\,per\,year,$$
$$\Theta = 1,$$
$$c_e = 10\,\$/MWh,$$
$$a = 0.74,$$
$$b - -6 \times 10^{-6}\,m^2/A$$

10.2 100%의 전류 효율을 갖는 전해 전지는 전류가 $20kA$일 때 1.9V의 전압에서 운전된다. 운전온도는 86℃이다. 전지는 완전히 단열되어 있다: 열은 반응물과 생성물, 그리고 전지 내에 설치된 냉각 시스템을 통과하는 물에 의해서만 제거될 수 있다. 원료와 냉각수는 25℃에서 시스템으로 도입된다. 냉각수는 80℃로 배출된다. 기체는 85℃에서 배출된다. 반응에 의한 엔탈피 변화는 온도와 무관하다고 가정한다(물 $1kilomole$당 $285.9MJ$).

1. 수소 생산 비율($kg/hour$)은 얼마인가?
2. 공급 물 소비율은 얼마인가?
3. 냉각수의 유량은 얼마인가?
4. 컨설턴트와의 상담으로 음극의 촉매를 개선하여 운전 전압이 $1.495\,V$($20kA$에서)로 줄었다. 냉각수는 이제 차단될 수 있다. 새로운 운전온도는 얼마인가?

10.3 해수면에 설치된 이상적인 물 전해조와 해발 $1000m$에 설치된 이상적인 수소/산소 연료전지를 고려하여 보자.

전해적으로 생산된 산소와 수소는 파이프를 통하여 끌어올려지고 연료전지에 공급된다. 물은 연료전지에 의해 생성되며 다른 파이프로 흘러내려 발전기를 구동하는 터빈을 회전시킨다. 터빈/발전기 조합은 100%의 효율을 갖는다.

다음은 간단한 하나의 논제이다:

전해조와 연료전지는 이상적(가역적)이기 때문에 연료전지에서 생성된 전기 에너지는 전해조에서 요구되는 에너지와 정확하게 같아야 한다. 그러나 생성된 물의 흐름에 의해 생산된 약간의 에너지 W가 있으며 이는 실질 "이익"을 구성한다. 분명히

1. 우리는 마침내 영구적인 운동기계를 발명했다. 또는
2. 우리는 분명치 않은 어떤 소스로부터 에너지를 추출한다. 또는
3. 논제에는 결함이 있다.

논제 1을 믿는다면 문제가 있다. 반드시 2, 또는 3이어야 한다. 만일 2라면 숨겨진 소스를 서술하고 정확히 W 단위의 에너지가 전달됨을 입증해야 한다. 3이라면 논제에서 무엇이 잘못되었는지를 설명하고 연료전지에 의해 전달된 에너지와 W의 합이 전해조에서 필요로 하는 에너지와 정확하게 동일하다는 것을 입증해야 한다. 연료전지와 전해조의 온도는 같다고 가정한다.

10.4 전기적으로 생성되는 수소가 $40MPa$, $25C$에서 필요하다. 공장을 설계하는 엔지니어는 두 가지 가능성을 고려해야 한다.

1. $0.1MPa$에서 수소를 생산 후 이를 기계적으로 $40MPa$까지 압축한다.
2. 전해조를 $37MPa$까지 가압하고 $40MPa$에서 수소를 제거한다. 이에서는 산소와 수소 사이의 내부 압력 차이가 $3MPa$이며 산소는 전해조의 주위 압력에서 생성된다고 가정한다.

$0.1MPa$에서 운전할 경우 전해조 효율은 85%이다. 그러나 가입되는 경우 효율은 80%로 떨어진다.

기계적 압축기의 효율은 65%이다.

각 경우에서 수소 1톤을 생산하기 위해서는 얼마나 많은 에너지가 요구되는가? 원료 물을 공급하기 위해 요구되는 에너지를 계산하여라(물을 가압된 환경으로 도입시키는 데에 필요한 에너지만 고려).

높은 압력의 산소는 터빈을 통하여 $0.1MPa$로 팽창될 수 있다. 100% 효율의 터보 발전기가 있다면 얼마나 많은 에너지를 회수할 수 있는가? 단열(완전히 단열됨) 터보 발전기라고 가정하면 배출 산소의 온도는 얼마인가? 산소는 응축되지 않는다고 가정한다.

10.5 어떤 전해조는 100개의 전지들로 구성되며 각각의 유효 넓이는 $1m^2$이다. 각 전지의 효율은 아래와 같이 주이진다.

$$\eta = 1.205 + bJ,$$

J는 전류밀도(A/m^2)이다.

$J = 1000\,A/m^2$일 때 각 전지에서 요구되는 전압은 $1.310\,V$이다.

전해조는 1K의 온도차 당 $50\,W/m^2$의 비율로 벽, 바닥, 그리고 천장에서 열이 전도되는 입방형 방(각 모서리는 $3m$)에 설치되어 있다. 방에는 다른 열 공급원이나 열 싱크가 없다. 외부 온도는 30℃이다.

전지를 통해 $1000\,A$의 전류를 흘려보내는 경우 다음에 답하여라.

1. 하루에 얼마나 많은 $H_2(kg)$가 생산되는가?
2. 하루에 얼마나 많은 $O_2(kg)$가 생산되는가?
3. 하루에 얼마나 많은 $H_2O(kg)$가 소비되는가?
4. 방의 평형 온도는 얼마인가?
5. 방이 가능한 최저 온도에 도달하려면 얼마의 전류가 필요한가?

10.6 RTP에서 운전되는 물 전해조는 연속적으로 운전되는 경우 하루에 1톤의 수소를 생산하기 위해 $1.83\,V$의 전압을 필요로 한다.

1. 이 때 발생되는 전류는 얼마인가?
2. 하루에 얼마나 많은 물(m^3)을 사용하는가?
3. 하루에 얼마나 많은 열(MJ)이 빠져나가거나 흡수되는가(어느 경우인지 언급하여라)?

10.7 지리적으로 분산된 공장에서 암모니아를 생산하기 위한 시스템의 효율을 계산하고자 한다. 유입 에너지로는 전기 에너지가 이용된다.

각 암모니아 공장에서 지원을 받는 농업용 토지는 유효 경작 면적이 $20 \times 20km$이다.

일 년 동안 $1hectare(1ha = 10{,}000\ m^2)$당 $40kg$의 암모니아가 비료로 사용된다.

전해조는 85%의 실제 총괄 효율(RTP에서)에 이르는 전류밀도에서 운전된다. 전류 효율은 100%이다.

1. 공장이 하루에 24시간 동안 가동된다고 가정하면 각 공장에서 하루 몇 톤($1000kg$)이 생산되는가?
2. 각 전해조에서의 소요 동력은 얼마인가?
3. 각 전해조 전지의 전압은 얼마인가?
4. 각 전해조 전지를 통과하는 전류는 얼마인가?
5. 1기압에서 기체를 전달하는 대신 전해조는 400기압에서 기체를 전달할 필요가 있다고 가정하자. 분명히 추가의 전력이 요구될 것이다. 이러한 추가의 에너지는 기체의 등온 압축 에너지와 정확하게 같다고 가정한다. 이 추가 에너지는 얼마인가?
6. 전통적인 암모니아 공정에서 생산 비용의 80%는 에너지 비용이다. 국제 시장의 암모니아 가격은 $200/ton이다. 따라서 에너지와 관련되지 않는 총 비용은 $40/ton이다. 10%의 이익을 꾸준히 남기려면 $1k\,Wh$에 대하여 얼마를 지불할 수 있는가? $40/ton은 변하지 않는다는 것을 상기하자.

10.8 어떤 수소 생산 장치는 100개의 전지가 직렬로 연결된 배터리를 지니고 있다. $v-i$ 테스트는 35.6A의 전류가 임의의 전지로 흘러가서 1.482V의 전압강하를 달성해야 함을 보여준다. 전류가 감소됨에 따라 전압 또한 감소하며 전류가 0에 접근하면 전압은 1.376V에 도달한다.

RTP에서 매 초당 H_2 1ℓ(0.001 m^3)의 생산속도가 요구된다. 배터리에 얼마의 전압이 공급되어야 하는가?

각 전지는 반대 전압 생성기와 (전류와 무관하게) 일정한 값의 저항이 직렬로 연결된 이상적인 전해조로 모델링한다.

10.9 0.01Ω의 저항과 직렬로 연결된 이상적인 전해조를 고려하여 보자. 기체 출구는 같은 부피의 작은 닫힌 용기와 연결되어서 장치가 작동하면 기체 압력은 커진다. 초기에 수소 압력과 산소 압력은 모두 1기압이다. 전해조는 298K에서 작동한다.

1.333V의 일정한 전압 공급원은 0.01Ω의 저항체와 직렬로 연결된 전해조에 연결되어 있다. 전류는 모니터링된다.

1. 초기 전류는 얼마인가?
2. 시간이 흐름에 따라 기체 용기 내의 압력이 증가한다. 이 용기들은 파열되지 않는다고 가정하면 시스템이 도달할 수 있는 최대 수소압력은 얼마인가?

10.10 구형 기구는 내부 압력이 주변 공기의 압력과 같아질 때까지 수소로 채워진다. 자루는 팽창하거나 수축할 수 있지만 기체의 압력에는 무시할 정도의 반응을 보이는 물질로 만들어진다. 수소의 온도는 공기의 온도와 같다. 기구가 비었을 때의 무게는 32kg이다. 공기의 압력이 정확히 1기압이고 온도가 0℃일 때 기구의 지름은 10m이다.

1. 기구의 실질 양력은 얼마인가? 양력은 외부의 압력과 온도에 어떻게 영향을 받는가?
2. 기구를 채우기 위해 물 전해조 공장이 동원된다. 공장은 100개의 전지들로 구성되며 각 전지는 2000A와 1.92V에서 운전된다. 요구되는 양의 수소를 생산하기 위해서는 이 공장을 얼마나 오래 가동해야 하는가?
3. 1초당 얼마나 많은 원료 물이 사용되는가(ℓ/sec)?
4. 공장에 의한 열 생산율은 얼마인가?

10.11 (각 장치를 통하여 동일한 전류가 흐르도록) 12개의 물 전해조가 직렬로 연결된 배터리는 298K로 유지되는 방에서 운전된다. 생산 기체는 1기압의 압력에서 회수된다. 17.748V의 전압이 적용되고 결과로 얻어지는 전류는 1200A이다.

3. 수소 생산률(kg/day)을 계산하여라.
4. 물의 소비(ℓ/day)를 계산하여라.
5. 전해조의 운전 온도를 계산하여라.

10.12 298.2K에서 운전하는 이상적인 전해조는 400기압에서 시간당 1kg의 수소를 생산하기 위해 얼마나 많은 에너지를 필요로 하는가? 산소는 370기압에서 생산된다.

10.13 당신은 수소 생산 공장을 운전하기 위해 고용되었다. 고정비용(장치와 건물, 임금, 세금 등의 상환 금액)은 수소가 얼마나 생산되는가에 관계없이 $c_F = \$2000/day$에 달한다. 전해조는 직렬로 연결된 N개의 전지로 구성되며 각각의 전지는 다음과 같은 특징을 갖는다.

$$V = V_0 + R_{int} I. \tag{10.80}$$

이 장치는 활용도에 따라 날마다 변할 수 있는 가격 $c(\$/kWh)$로 전력을 공급한다. 당신은 매일 기체 비용이 최소화되도록 수소 생산 비율 $H_{prod.rate}(kg/day)$를 조절해야 한다. 이를 위해서는 최적 생산율을 c의 함수로 나타내는 식을 구하여야 한다. 250개의 전지가 연결되어 있는 경우에 대하여 가장 싼 기체를 얻기 위한 수소 생산률을 계산하여라. 각 전지의 특성은 다음과 같다.

$$V = 1.420 + 20 \times 10^{-6} I \tag{10.81}$$

이를 kWh당 $2cents$의 전력비용에 대하여 수행하여라.

10.14 20,000A에서 운전되는 문제 10.13의 전해조를 고려하여 보자. 다음을 계산하여라.

1. 적용해야 하는 총 전압.
2. 수소 생산율(kg/day).
3. 물 소비율(m^3/day).
4. 방출되는 열 에너지.

10.15 물의 직접 분해를 이용하는 수소 생산 시스템은 1500K에서 작동한다. 산소와 수증기로부터 기체를 분리하기 위하여 사용되는 팔라듐 필터를 통과하는 적절한 수소 플럭스를 얻기 위해서는 막 사이에 5기압의 수소 압력차가 필요하다. 순수한 수소 쪽은 1기압이라고 가정하자. 수증기 쪽의 압력은 얼마가 되어야 하는가? $T = 3000K$인 경우에 대하여 반복 계산하여 보라.

10.16 어떤 전해조는 비저항 $\Re$=65$\mu\Omega m^2$인 MEA로 만들어져 있다. 각 전지는 시간당 100 $grams$의 수소를 생산해야 한다. 전류 효율은 100%이다.

1. 각 전지를 통과하는 전류는 얼마인가?
2. V-I 특성은 다음과 같다.

$$V = V_{rev} + V_{offset} + RI, \tag{10.82}$$

V_{offset}은 0.1V의 일정한 잔류편차 전압이다.
전해조의 가격은 $0.05/$kWh$이다. 전해조의 가격은 전지의 활성 면적에 비례하며 활성

면적 1제곱미터당 \$10,000이다. 통화 비용은 연간 12%이다. 고려해야 할 유일한 비용은 투자와 전기에너지 비용이다.

운전 온도는 $298K$이다. 공장은 1년 내내 가동된다. 전해조의 조립시에 전지의 활성 면적을 선택할 수 있다. 어떤 전류밀도에서 가장 경제적인 수소 생산이 이루어지는가?

10.17 열적으로 물을 분해하기 위해 요구되는 극히 높은 온도에서 운전될 수 있는 용기를 고안하는 것은 어렵다. 낙관적으로 $2800K$의 온도는 다룰 수 있다고 가정하자. 차가울 때 $1\text{-}m^3$ 용기는 $100g$의 액체 물을 담고 있다. 이는 다음에 $2800K$로 가열되며 물의 일부는 수소로 분해될 것이다.

1. 몇 $grams$의 수소가 형성되는가?
2. 자유 수소의 양은 적을 것이다. $100g$의 물 대신 $10kg$을 사용하면 무슨 일이 일어날 것인가?

10.18 암모니아는 아마도 가장 중요한 비료일 것이다. 이는 식물이 성장하는데 필수적인 질소를 공급한다. 2000년에는 전 세계적으로 암모니아 생산이 연간 1억 2천만 톤을 넘어섰다. 모든 암모니아는 Harber-Bosch 공정에 의해 생산된다.

$$3H_2 + N_2 \leftrightarrow 2NH_3. \tag{10.83}$$

생성 엔탈피 : $\Delta \overline{h}_{f^{\circ}_{NH_3}}$ = $046.19MJ/kmole$

1. 반응기의 압력을 높일 때와 낮출 때 가운데 어느 쪽이 암모니아 쪽으로의 평형을 유도하는가?
2. 기체의 온도가 높아질 때와 낮아질 때 중 어느 쪽이 암모니아 쪽으로의 평형을 유도하는가? 분명히 극단적인 압력과 온도 조건을 취하는 것은 불가능하다. 극단적인 온도와 압력에 대한 제한을 취하는 한 가지 적절한 이유를 제시하여라.

10.19 산화질소 NO는 세포의 활동에 중요한 역할을 수행함으로써 포유류의 생태학에 있어서 매우 중요한 기체이다. 이는 또한 산소와 즉시 결합하여 독성 기체 NO_2를 형성하기 때문에 심각한 오염원이기도 하다. 대기중의 질소는 아래와 같이 산소와 반응할 수 있다.

$$\frac{1}{2}N_2 + \frac{1}{2}(O)_2 \leftrightarrow NO. \tag{10.84}$$

이는 원치 않는 NO의 형성을 야기하는데 NO는 대기의 산소 및 수증기와 반응하여 질산으로 전환되고 산성비의 원인이 된다. NO는 또한 광화학적 스모그와 오존층 파괴의 원인이 된다.

다음은 관련되는 일부 열역학 데이터이다.

	298.15K	6000K
생성 엔탈피($MJ/kmole$)		
NO	90.37	298.87
엔트로피($kJK^{-1}kmole^{-1}$)		
N_2	95.7	146.3
O_2	205.0	313.3
NO	210.6	369.4

평형상수 $K_p = 4.522\exp - \dfrac{90.58\times 10^6}{RT}$

1. N_2와 O_2로부터 NO가 생성되는 반응은 실온에서 순간적으로 진행되는 반응인가? 만일 그렇다면 대기 중에 어떻게 그처럼 적은 양의 NO가 존재하는지를 설명해야 한다. 만일 그렇지 않다면 NO 오염과 관련되는 문제가 어떻게 생겨나는가?
2. 기체가 6000K가 되면 무슨 일이 벌어지는가? 반응이 질소와 산소를 수산화질소로 전환시킨다면 평형에서 기체 혼합물에 존재하는 NO의 분율은 얼마인가?
3. 위의 2항으로부터 6000K(발광 스트로크로부터 쉽게 도달 가능)에서 상당한 양의 NO가 생성됨을 알았을 것이다. 그러나 공기는 빠르게 냉각되고 1항에서 살펴본 바와 같이 저온에서는 평형이 NO의 완전한 분해 쪽을 향한다. 그렇다면 NO는 어떻게 심각한 오염물을 구성하면서 떠돌 수 있는가?

10.20 암모니아 NH_3는 화석 연료, 물, 또는 양쪽 모두로부터 얻은 수소와 공기로부터 추출된 질소를 직접 결합시켜 생성된다. 대규모의 산업적인 암모니아 공장은 매일 1000톤 이상의 물질을 생산할 수 있다

일부 국가들에서는 장거리 수송의 어려움을 피하기 위하여 암모니아 생산 시스템을 분산하는 것이 더 나을 수 있다. 전기적 수소를 사용하여 소수의 소규모 공장들 각각에서 3톤 만의 임모니아를 생산하기를 원한다고 가정하자. 공장은 하루에 24시간 계속 가동된다.

a. 매일 몇 $kilograms$의 수소가 생산되어야 하는가?

b. 내부 저항 $R_{\int} = 0.0005\,\Omega$와 직렬로 연결된 간단한 전원 $V_0 = 1.35\,V$로 나타내어지는 전해조 전지를 고려하여 보자. 운전 조건은 RTP에서이다. 80% 효율로 운전될 경우 위의 a에서 요구되는 비율로 수소를 생산하려면 (직렬로 연결된) 얼마나 많은 전지들이 사용되어야 하는가?

c. 위의 b의 조건에서 운전되는 경우 각 전지는 얼마나 많은 열을 방출해야 하는가?

d. 전해조에 흐르는 전류가 충분히 줄어든다면 장치는 열펌프로 작용한다. 각 전지에 의하여 끌어내어지는 열의 양을 최대로 하여 주는 전류를 구하여라. 같은 조건에서 끌어내어지는 열의 양을 계산하여라.

10.21 60℃에서 운전되는 이상적인 고체 고분자 전해조는 1기압에서 H_2와 O_2를 생산한다. 이

는 300A의 전류를 끌어내며 $1.557 \times 10^{-6} kmoles/\sec$의 비율로 수소를 생산한다. 운전 온도가 90℃로 증가하고 모든 압력들이 두 배가 되면 수소 생산율(여전히 300A를 이용)은 얼마가 되는가?

10.22 순수한 물 9g이 100ℓ 용기에서 3000K로 가열되면 O_2의 분압은 얼마가 되는가?

10.23 2-전지 전해조를 통하는 전류는 200A이다. 총 전압은 4V이다. 수소 생산율은 얼마인가? 생성되는 열 에너지는 얼마인가?

제11장 수소 저장

도시에 다가감에 따라 볼품없는 송전탑과 매달린 송전선들로 인하여 훼손되지 않은 풍경을 보게 된다. 교외와 도심에는 전신주가 없으며 전력 시스템은 폭풍우에 부러진 나무와 가지에 전혀 영향을 받지 않는다. 생성되는 이산화탄소만이 사람, 동물, 그리고 밤 시간에는 식물에 의해 흡입된다. 요리용 화력과 난방 시스템은 승용차 및 버스와 마찬가지로 수증기만을 방출한다. 오존, 일산화탄소, 질소산화물 그 어느 것도 그들의 기원을 찾아 인간이 고안한 장치들까지 추적할 수 없다.

각각의 공장, 사무실, 가옥들은 그 자리에서 생성되거나 신뢰할 만한 지하 파이프라인에 의해 수송되는 순수한 수소로부터 에너지를 얻는다. 낮 동안에는 반짝반짝 빛나는 지붕은 햇빛을 모아서 사용될 수 있는 것 보다 더 많은 전력을 생산한다. 여분은 전해조로 보내지고 지역적으로 고압의 수소로 저장되어 밤에 사용되도록 하거나 조리 및 난방을 위한 연료로 사용되도록 한다. 높은 정밀도의 값싼 진동자는 정확히 정해진 주파수에서 그 위상이 저주파 라디오 신호에 의해 주기적으로 보정되면서 연료전지가 전력을 계속 생산하도록 하여준다.

필요할 경우에는 무공해 소스로부터 기존의 파이프를 통하여 추가의 수소가 공급된다. 에너지는 완전히 친 생태학적이다. 유토피아? 그렇다. 하지만 그 실현은 현재의 기술로는 전적으로 가능해도 현재의 경제력으로는 불가능하다!

이 상황을 실현하기 위해서는 수많은 공정들의 비용을 낮추기 위한 중요한 진전들이 있어야 하는데 이 가운데 중요한 것이 이 장의 주제인 수소 저장을 위한 기술이다.

수소의 질은 열성적인 연구자들에 의해 향상되어 왔다. 실제로 일단 생산되기만 하면(오염이 발생하지 않는 공정) 가능한 가장 친생태학적인 연료가 얻어지는 것이다. 그러나 수소는 밀도가 극히 작다는 중대한 약점을 지니고 있다. 1세제곱미터 당 수소는 메탄 연소에너지의 1/3만을 지닌다. 그럼에도 불구하고 주어진 수송관은 두 기체에 대하여 거의 같은 동력 수송 능력을 갖는다: 수소의 낮은 비에너지는 수소의 낮은 점도에 의하여 거의 정확하게 보정된다. 따라서 수소의 대량 분배는 현재 극복할 수 없는 문제는 아니다. 좀 더 심각한 문제는 수소가 이동 중인 차량으로 공급되어야 할 때 발생한다. 수소를 차량 내부에서 스스로 생산하거나 저장하기에 편리한 방법을 찾아야 한다. 이 장에서는 저장 방법에 대하여 알아보기로 한다.

수소는 원소로 저장되거나 필요에 따라 내장 추출 장치를 사용하여 수소가 풍부한 어떤 물질로부터 추출될 수 있어야 한다.

1. 수소의 상태나 상을 변경하는 공정(수소지향 시스템).
   1.1 기체의 압축(11.1절을 참조), 또는 압축과 냉동의 결합.
   1.2 원소의 액화(11.2절을 참조). 수소의 낮은 임계온도로 인하여 비가압 용기에서 액체 상태를 유지하려면 약 $20K$로 냉각되어야 한다.

2. 수소를 다른 물질과 관련시키는 공정

2.1 활성 탄소와 같은 어떤 적절한 물질에 기체를 흡착.

2.2 수소가 풍부한 화합물을 만들기 위한 수소의 화학적 결합.

2.2.1 H_2가 단단히 결합되어 있는 화합물은 기체 회수를 위한 상대적으로 복잡한 화학공정을 필요로 한다. 이 화합물들의 보기를 들면 수소의 "운반자"로 간주될 수 있는 메탄올(제 10장에서 논의), 에탄올, 암모니아, 그리고 물 등이 있다.

2.2.2 더 높은(혹은 더 낮은) 수소농도를 갖는 다른 물질로 가역적으로 전환될 수 있는 화합물.

2.2.3 간단한 온도변화에 의해 가역적으로 수소를 방출하거나 흡수할 수 있는 금속-수소 화합물인 금속 수화물.

수소 저장 시스템을 평가할 때에는 다음과 같은 몇 가지 특성들이 고려되어야 한다.

1. 중량 농도(GC). 이는 (부하가 걸린) 저장 및 회수 시스템의 총 질량에 대한 저장된 수소의 질량의 비이다. 차원은 kg/kg이다-즉 이는 무차원 파라미터이다.
2. 체적 농도(VC). 이는 저장 및 회수 시스템의 총 부피에 대한 저장된 수소의 질량비이다. 차원은 $kg/m^3[ML^{-3}]$이다.
3. 순회 효율. 이는 공급되는 수소의 양에 대한 회수되는 수소의 비율, 또는 공급 에너지에 대한 회수 에너지의 비율이다.
4. 휴면. 이는 긴 시간동안 수소를 보존하는 시스템의 능력이다.

이외에도 비용(자본, 유지, 운전 및 대체비용), 안전성, 이용의 용이성 등이 고려대상들이다.

11.1 압축 기체

압축 기체 용기의 경우 관심 대상이 되는 주된 양은 중량 농도이다-즉 용기의 질량 M_{cont}에 저장될 수 있는 최대 기체 양의 질량의 비로서 여기에서 최대 기체 양은 용기의 파열 압력 p_{burst} 바로 아래까지의 압력에 상응하는 기체의 양이다. 이 비율은 용기의 성능인자(PF)에 비례한다.

$$PF \equiv \frac{p_{burst}V}{M_{cont}}. \tag{11.1}$$

SI 단위에서 성능인자는 $joules/kilogram$의 차원을 갖는다. 압축 기체 용기를 만들기 위해 주어진 물질과 기술에 대하여 용기의 질량은 압력에 비례하기 때문에 용기의 질량에 대한 저장된 기체 질량의 비는 저장 압력과는 무관하다. 따라서 PF를 향상시키기 위한 유일한 방법은 제작에 있어서 보다 우수한 재질과 기술을 이용하는 것이다.

화학 실험실들에서 사용되는 정도의 소량의 수소는 보통 150기압인 간단한 강철 압력 실린더 내에 편리하게 저장될 수 있다. 연료 전지 차량(FCVs)들의 경우 압축 수소는 필요한 연료를 운반하기 위한 실질적인 방법이 될 수 있다. 이는 확실히 가장 간단한 저장 시스템이며 기체를 회수하기 위해 특별한 장비를 필요로 하지 않는다. 필요한 것은 우수한 PF를 갖는 용기이다.

현대적인 디자인의 통에서는 기체가 통과할 수는 없지만 그 자체로서는 어떤 압력에 대해서도 저항성이 없는 플라스틱 용기 안에 수소를 저장한다. 이러한 저항성은 탄소섬유 에폭시 수지 복합물의 피복에 의하여 제공되는데 이는 상당한 기계적 손상에 대하여 저항성을 갖는 외부의 표면에 의해 보호받는 층이다. 그러한 통들은 700기압까지의 압력에서 운전될 수 있지만 1650기압의 파열 테스트를 통과해야 한다. 나아가 이들은 500,000번의 압력순환 시험도 거쳐야 한다. 비록 이 통들을 20년 동안 사용하려는 계획을 세웠더라도 이들을 매주 재충전한다면 1000 사이클만이 이용될 수 있다.

이 통들의 실패 형태는 상대적으로 양호하다-파편들로 폭발되지 않지만 둘러싼 것이 얇은 조각으로 갈라지는 것은 실패다. 이들은 파열되기 전에 누출되도록 고안된다.

에너지성(DOE)에 의해 확립된 중량 에너지 농도 목표는 2005년의 경우 3.8%(100kg의 총 시스템 질량 내의 3.8kg의 수소)이다. 이는 여전히 실망스럽게도 낮지만 DOE는 2010년에는 5.0%, 2020년에는 7.6%에 이를 것으로 기대하고 있다. 현재의 재충전율은 $2kg\ H_2/\mathrm{min}$(에너지적으로는 $280MJ/\mathrm{min}$)이다. 이것이 허용될 수 있는지의 여부를 평가하기 위해 1800MJ의 에너지 저장에 상응하는 50ℓ 탱크를 갖는 가솔린 자동차를 고려하여 보자. 수소 연료전지 자동차의 효율은 적어도 내연기관 자동차 효율의 두 배여야 한다; 따라서 동일한 범위를 가지려면 900MJ만이 필요하다. 재충전 시간은 3분을 약간 넘을 것이다.

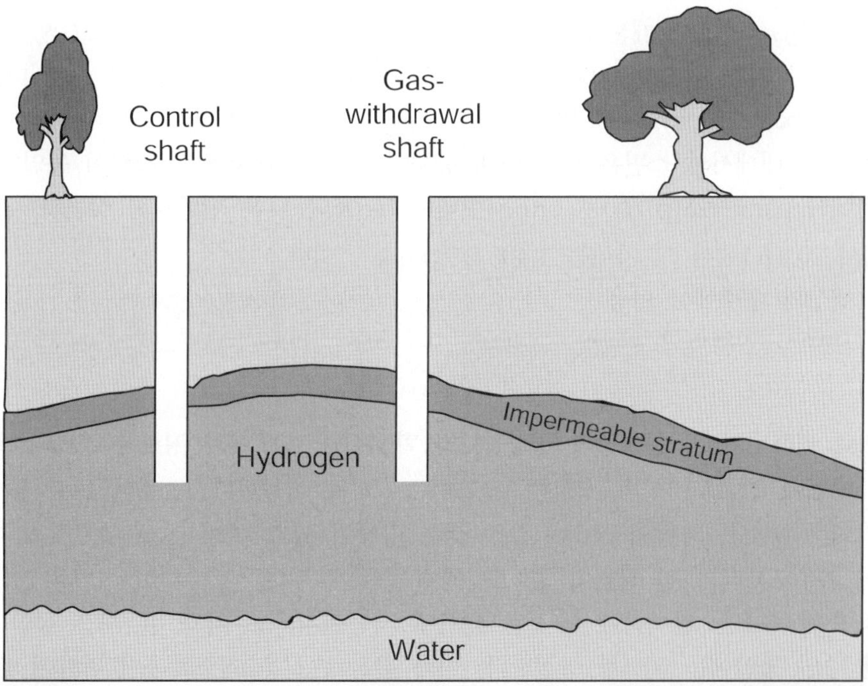

그림 11.1 대수층 내의 수소 저장.

대규모 저장의 경우 다공성 암석, 오래된 광산, 동굴, 대수층(帶水層), 폐기된 천연 가스 저장소와 같은 지하 시설에 수소를 보존할 수 있을 것이다. 현재 수소의 지하 저장 사례는 거의 없다.

하지만 텍사스 주 Amarillo의 헬륨 저장의 결과는 이러한 기술에 별로 어려움이 없을 것임을 암시하고 있다. 그림 11.1은 불투과성 암석층이 구조물 위의 적절한 지붕을 형성하여 주는 경우 대수층에 많은 양의 기체를 보존하기 위한 구조를 나타낸 것이다. Amarllo에서는 $8.5 \times 10^8 m^3$의 헬륨이 아무런 문제없이 저장되었다. 헬륨은 수소와 유사한 누출 특성을 갖는다는 점을 주목해야 한다. STP에서 수소 $8.5 \times 10^8 m^3$는 저장된 에너지 10,000 TJ에 상응한다.

이러한 수소 저장 용량이 얼마나 되는가에 대한 개념을 얻기 위해서는 이를 미시건 주 Ludingto에 있는 세계에서 가장 큰 저장시설† 가운데 하나와 비교해 볼 수 있다. 이 시설은 54 TJ의 용량, 혹은 수소로 채워진 Amarllo 저장소보다 거의 200배 작은 용량이다.

수소를 위한 다른 저장 장치는 기체를 수송하기 위해 이용되는 파이프라인들 자체가 될 것이다. 천연가스에 이용되는 대표적인 트렁크 파이프라인은 길이가 1000km 이상이다. 직경은 1.2m 정도일 것이며 6MPa(60기압)에서 운전될 것이다. 그러한 파이프라인에 저장된 수소는 1000 TJ의 에너지에 상응하며 이는 Ludington 저장소 용량의 약 20배에 달한다.

11.2 극저온 수소

비록 수소는 1898년에 최초로 액화되었지만 NASA의 노력을 통하여 겨우 최근에야 대량의 액체를 생산하고 저장하는 기술이 개발되었다.

현존하는 가장 큰 저장 장치는 케이프 캐나베럴에 있는 용량이 3375m^3인 시설이다. 액체 수소의 밀도는 $71 kg\,m^{-3}$이기 때문에 이 시설은 우리가 비교대상으로 이용하고 있는 Ludington 저장소의 용량보다 약간 적은 240,000kg, 또는 34 TJ의 액체 수소를 축적할 수 있다.

수소 분자에는 para-와 ortho-수소의 두 가지 서로 다른 종류가 있다. 첫 번째의 경우 분자를 구성하는 두 원자 내에서의 스핀은 서로 반대 방향인 반면에 두 번째는 스핀이 동일한 방향이다.

액체 상태에서 para-수소(p-H_2)는 ortho 형태(o-H_2)보다 낮은 엔탈피를 갖는다. H_2의 끓는점(0.1MPa에서 20.4K)에서 그 차이는 1.406$MJkmole^{-1}$이다.

기상이나 액상의 수소에서 반응

$$\text{p-}H_2 \leftrightarrow \text{o-}H_2 \tag{11.2}$$

은 연속적으로 진행되며 각 분자종의 평형농도가 확립된다. STP에서 평형은 25%의 p-H_2와 75%의 o-H_2인 반면에 20.4K에서의 평형은 99.79% p-H_2로 이동한다. 반응의 느린 동역학 때문에 새롭게 냉각되는 수소는 과량의 ortho 종을 갖는 경향이 있고 이의 para 종으로의 전환으로 열이 방출되어 외부로부터의 열 공급이 없어도 액체가 끓게 된다.

새롭게 응축된 수소는 완벽하게 단열된 용기에 저장될지라도 처음 한 시간 동안 질량의 1%를, 처음 한 주일 동안에는 50%를 상실한다. 이와 같은 손실을 최소화하기 위하여 액화 공정 동안 촉매를 이용하여 o-H_2를 p-H_2로 전환시킨다. 원하는 수준은 95% p-H_2이다.

액체 수소는 항공기의 연료로 고려되어 왔다. 록히드 사는 마하 2.7에서 234명의 승객을 7800

† 저장 플랜트에서 표준 수력발전 장치는 시스템 내에 과잉의 전기 에너지가 존재하는 동안 물을 저장고 내로 되돌려 보내기 위해 역으로 운전될 수 있다.

km만큼 수송할 수 있게 고안된 초음속 비행기의 성능을 조사하였다. 그러한 능력을 갖는 케로젠 사용 항공기는 총 무게가 232톤이며 이 가운데 72톤은 연료가 될 것이다. 대등한 성능의 수소 비행기는 총 무게가 단지 169톤이며 이 가운데 22톤은 연료이다.

수소로 구동되는 상용 항공기는 아마도 가까운 미래에는 찾아볼 수 없을 것이다. 마하 3 범위에서의 수송 항공기를 위한 현재의 디자인은 제트 연료(케로젠)에 근거하는 엔진이다. 그러나 제안된 우주 항공기는 아마도 연료로서 수소를 필요로 할 것이다. 이는 기존의 활주로로부터 뜰 수 있으며 궤도비행에 도달하는 능력이 있는 초음속 수송(아마 마하 8)이 될 것이다.†

대기 중에서의 고속 비행과 관련되는 문제들 가운데 하나는 높은 온도가 발생한다는 점이다. 기체를 통해 움직이는 물체의 **정지온도**(물체에 대한 기체의 유속이 0인 점에서 기체가 도달하는 온도)는 다음과 같이 주어진다.

$$\frac{T}{T_{amb}} = 1 + \frac{\gamma - 1}{2} M^2. \tag{11.3}$$

뒤의 삽입항목을 참조하자.

공기의 경우 $\gamma = 1.4$이며 위의 식은 다음과 같이 된다.

$$\frac{T}{T_{amb}} = 1 + 0.2\, M^2. \tag{11.4}$$

M = 2.5, $\gamma = 1.4$이면 T/T_{amb} = 3.25이며 M = 25이면 T/T_{amb} = 226이다. 이는 후자의 속도에서 주변 온도가 300K이면 정지온도는 67,800K임을 의미한다.

분명히 위와 같은 온도에서 운전할 수 있는 물질은 존재하지 않는다. 이는 동체, 날개, 제어 표면의 가장자리에서 발생된 열은 반드시 효율적으로 제거되어야 함을 의미한다. 이 가운데 일부는 복사와 전도에 의해, 그리고 부분적으로는 냉동에 의해 이루어질 수 있다. 액체 수소 연료를 사용하여 기체 형태로 엔진에 운반되기 전에 비행기의 핵심 영역들을 냉각시킬 수 있다.

액화되려면 수소는 높은 순도를 가져야 한다. 대부분의 다른 기체들은 공정 도중에 결빙되어 파이프를 막히게 하는 경향이 있다. 산소 결정이 형성되면 폭발할 수 있다. 규정에 따르면 일반적으로 10ppm 미만의 산소가 요구된다.

실질적인 액화장치는 1kg의 H_2를 압축하기 위해 약 40MJ을 필요로 한다. 이 에너지는 회수될 수 없다; 얻어지는 저장순회 효율은 143/(143+40) = 0.78, 또는 78%이다.

극저온 플랜트의 비용은 생산율과 선형적이지 않으며 $\dot{M}^{0.7}$에 비례한다($\dot{M}$ 은 생산율).

정지온도

흐르는 기체의 엔탈피와 운동에너지의 합은 일정하다:

$$c_p T + \frac{1}{2} u^2 = c_p T_\infty + \frac{1}{2} u_\infty^2. \tag{11.5}$$

† 초음속 연소 램 제트(스크램 제트) 엔진은 초음속 수송 계획의 성공을 위해 필수적인 것으로 보인다. 2004년 3월 27일 자유비행에서 실험용 스크램 제트 엔진이 테스트되었다. 이 엔진은 10초 동안 작동하였으며 마하 7(8000km/hr)까지 가속되었다.

위의 관계는 물론 단위 질량당이다. T_∞(즉 주변온도)가 교란받지 않으며 $u_\infty \equiv v$를 교란받지 않는 풍속(즉 물체의 속도)이라고 하자. **정지점**에서 속도는 정의에 의해 0이다. 따라서

$$c_p T = c_p T_{amb} + \frac{1}{2}v^2. \tag{11.6}$$

$$\frac{T}{T_{amb}} = 1 + \frac{1}{2}\frac{v^2}{c_p T_{amb}}. \tag{11.7}$$

소리의 속도는 $c = \sqrt{\gamma R T_{amb}}$ 이다. 그러므로

$$\frac{T}{T_{amb}} = 1 + \frac{\gamma R}{2c_p}\frac{v^2}{c^2} = 1 + \frac{1}{2}\gamma^2. \tag{11.8}$$

위에서 $M \equiv v/c$는 마하 수이다.

그러나

$$\gamma = \frac{c_p}{c_v} \tag{11.9}$$

그리고

$$c_p = c_v + R; \tag{11.10}$$

따라서

$$c_p = \frac{\gamma R}{\gamma - 1} \tag{11.11}$$

$$\frac{T}{T_{amb}} = 1 + \frac{\gamma - 1}{2}M^2. \tag{11.12}$$

11.3 흡착에 의한 수소의 저장

수소 분자와 메탄은 탄소에 바로 흡착될 수 있다. 기체들은 약한 van der Waals 힘에 의해 묶여 있어서 연료를 회수하기 위해 필요한 에너지는 작다.

탄소 시스템은 다른 기술들과 결합될 수 있다: 기체는 가압될 수 있고 온도는 낮아질 수 있다. 대체적으로 활성탄소를 이용하는 흡착 시스템은 수소를 잡아두기 위해 20~40 기압의 압력과 액체 질소 온도를 필요로 한다. 이런 요구조건들은 위와 같은 시스템의 현실적 적용을 심하게 제한한다. 이들은 5~6%의 중량 농도(GC)를 달성하는데 이는 우수한 금속 수화물 시스템(11.4.5절에서 논의)에서와 거의 동일하다.

탄소 나노튜브는 수소를 보다 효율적으로 흡수할 수 있을 것으로 기대된다. 단일 벽 탄소 나노튜브는 120K, 0.4기압에서 운전될 경우 10%까지의 중량 농도를 얻는 것으로 보고되었다. N.

M. Rodriguez(Northeastern 대학교)는 흑연 나노튜브에서 40%의 GC를 얻었다고 주장하고 있다. Chambers, Parle, Baker(1998)는 상온, 120기압에서 헤링본 구조의 흑연 나노 섬유를 이용하여 67%의 GC를 얻었다고 보고하였다.

이러한 모든 시스템들은 낮은 온도나 높은 압력을 필요로 한다. Chen 등(1999)은 1기압과 200℃~400℃ 정도의 온도에서 운전되는 시스템을 제시하고 있다. 이 시스템은 리튬으로 처리된 탄소 나노튜브를 이용하며 20%의 GC에 도달한다.

이 시점에서 각각의 탄소 원자를 한 개의 수소 원자에 붙인다면 GC는 단지 8% 뿐이라는 점에 주목해야 한다.

11.4 화학적 화합물에서의 수소 저장

11.4.1 개요

수소 저장에서 직면하는 주된 어려움은 이미 지적한 바와 같이 기체의 낮은 밀도이다. 다른 물질과 수소를 결합시킴으로써 축적 밀도를 상당히 증가시키는 것이 가능하다. 이 경우 저장과 회수 공정은 수소가 풍부한 화합물의 합성 및 기체가 필요할 경우 뒤따르는 분해로 구성된다.

실제적인 수소 저장 화합물은 다음을 만족해야 한다.

1. 높은 저장 용량

액체 수소의 밀도는 $71 kg\,m^{-3}$이다. 수소가 풍부한 많은 화합물들은 이 값을 초과하는 축적 밀도를 갖는다. 보기로서 표 11.1에 나열된 세 가지의 일반적인 수화물을 고려하여 보자.

높은 부피저장 용량에 도달하려면 수화물은 높은 수소 축적 밀도를 가져야 한다. 높은 중량 저장 용량에 도달하려면 수화물은 상대적으로 낮은 밀도를 가져야 한다.

표 11.1 여러 화합물들의 수소 축적 밀도.

기술적 명칭[†]	상용 명칭	$kg(H_2)m^{-3}$	$kg(H_2)kg^{-1}$
산소 2-수소화물	물	111	0.111
질소 3-수소화물	암모니아	113	0.147
2-질소 4-수소화물	하이드라진	126	0.125

[†] *화학자들의 양해를 얻어 수소 수송 특성을 강조하기 위하여 세 가지 물질들을 "수소화물"이라고 나타내었다.*

표 11.2 수소가 풍부한 일부 화합물들의 생성 엔탈피.

화합물	생성에너지 $(per\ kg\ of\ H_2)$ (MJ)
물(ℓ)	143
암모니아(g)	15.4
하이드라진	-12

2. 낮은 반응 에너지

연료로서의 수소는 거의 언제나 산소와 결합되어 물을 생성하는 것으로 사용된다. 이는 액체 물 1$kilogram$당 143MJ의 에너지를 방출한다. 분명히 수소가 저장되어 있는 수소화물의 생성 에너지는 저장 시스템이 이용될 수 있기 위해서는 이 값보다 상당히 적어야 한다. 예를 들면 충분한 암모니아를 분해시켜 1 kg의 수소를 생성하기 위해서는 15.4MJ가 필요하다-이론적인 순환 효율은 143/(143+14.5) = 90%이다. 이는 수용 가능하다. 한편 물은 이론적 순환 효율이 0%이기 때문에 사용될 수 없다.

어떤 경우들에서는 수소함유 화합물의 분해를 촉진시키기 위해 요구되는 에너지는 저급 열 에너지일 수 있다. 따라서 낮은 순환 효율의 실제적 영향은 작다.

이전 표의 세 가지 화합물의 생성 엔탈피들이 표 11.2에 나타나 있다.

3. 가역성

반응은 쉽게 가역적이어야 한다; 즉 평형이 H_2나 수소화물 쪽 모두로 쉽게 전환될 수 있어야 한다.

4. 동역학

수소의 고정과 방출 반응은 상대적으로 낮은 온도에서 비싼 촉매를 필요로 하지 않고 빠르게 이루어져야 한다.

5. 분해능

분해 생성물을 분리하기가 쉬워야 한다. 이상적으로는 생성물은 기체 수소와 고체 잔사물 들이다.

6. 낮은 부식성

11.4.2 수소 운반자

수소를 저장하고 수송하기 위한 한 가지 방법은 수소가 풍부한 물질을 합성하고 필요에 따라 제10장에서 다룬 것과 유사한 화학적 "개질"에 의해 수소를 생성하는 것이다. 연료전지 차량(FCVs)의 경우 특히 큰 관심을 끄는 것은 상대적으로 쉽게 개질될 수 있는 액체 연료인 메탄올의 사용이다. 간단한 탑재용 개질장치의 고안에 상당한 노력을 기울이고 있지만 몇 가지 어려움이 있다.

1. 효율

천연가스가 원료라고 가정하자. 만일 실제적인 장치에서 이 기체로부터 수소가 생산된다면 초기 원료물질의 연소열의 약 90%가 H_2에서 나타난다. 천연가스가 메탄올로 전환된다면 원료물질의 연소열의 71%만을 생산된 알코올로부터 획득할 수 있다. 수소는 연료전지에 의해 직접 연료로 사용될 수 있지만 메탄올은 장치 내에서 개질되어야 하며 알코올의 연소열의 77%만이 전지에 대한 수소로 이용 가능할 수 있게 된다. 따라서 상대적 효율은 수소의 경우 90%이고 메탄올의 경우 71%의 77%, 혹은 전체적으로 55%이다.

2. CO_2 발생

다시 천연가스로부터 메탄올과 수소가 생성된다고 가정하자. FCV의 연료로 메탄올을 사용하면 수소를 사용했을 때 보다 총 1.5배의 CO_2를 더 방출한다.

3. 오염제

자동차를 위한 연료전지로는 촉매의 질을 떨어뜨리는 CO와 같은 불순물들의 존재에 민감한 저온 SPFCs가 될 것이다. 그러한 불순물은 수소가 천연가스로부터 직접 생산되건 중간체인 메탄올 과정을 거쳐 생산되건 간에 수소 내에 존재할 것이다. 후자에서는 자동차 상에서의 개질을 필요로 하는데 이 경우 중앙식 수소생성 플랜트에서보다 더 비용이 들며 수소의 우수한 정제가 더 어렵다.

4. 환경적 위험

메탄올의 사용이 오늘날의 가솔린 사용만큼 널리 퍼진다면 간혹 유화제품에서 발생하는 것처럼 약간의 누출은 피할 수 없을 것이다. 그러나 메탄올 누출의 결과는 가솔린이나 오일의 누출이 미치는 결과보다 훨씬 더 심각할 것이다. 후자의 두 연료들은 물과 혼합되지 않으며 물 표면에 부유한다. 메탄올은 어떤 비율로든 물과 섞이며 다량의 누출은 대수층을 오염시킬 것이다. 메탄올은 매우 유독성으로서 충분한 양을 마신 사람은 눈이 보이지 않게 되거나 사망할 수 있기 때문에 주어진 지역의 물을 마실 수 없게 된다.

11.4.3 물과 환원물질

제 10장에서는 지난 세기의 기구 탑승자들이 수증기를 철 축적층으로 통과시킴으로써 수소를 생성하였음을 언급하였다. 철은 녹으로 산화되고 물은 가역 반응에서 수소로 환원된다.

$$3Fe + 4H_2O \leftrightarrow Fe_3O_4 + 4H_2. \quad (11.13)$$

이 반응을 왼쪽으로 진행시키면 수소저장 방법이 구현된다. 그러나 이 방법에는 상당한 어려움이 따른다.

불행히도 이 반응은 앞 방향, 또는 수소를 생산하는 정방향이나 역방향 모드로 완결되도록 진행될 수는 없다.

이용해야 하는 온도는 매우 높다(1000℃ 이상).

비록 철의 산화는 발열반응이지만 방출되는 열은 소요되는 물의 비등과 얻어지는 수증기의 과열에 필요한 양보다 상당히 적다.

11.4.4 포름산

광합성은 이산화탄소를 수소화시키고 이를 글루코스로 전환시키는 것으로 이루어진다(제 13장 참조). 보다 간단한 반응은 CO_2를 직접 수소화시키고 이를 포름산으로 전환시키는 반응이다.

$$CO_2 + H_2 \rightarrow HCOOH. \quad (11.14)$$

수소 첨가는 물질이 이중, 또는 삼중 결합과 반응하여 이를 열고 그 자체를 생성물로 조합시키는 부가반응의 한 가지 예이다. 지방이나 유기 오일의 수소화에서는 일부, 또는 모든 다중 $C=C$, 혹은 $C\equiv C$ 결합을 제거하여 원래의 지방이나 오일의 포화도를 줄여준다. 제 13장을 참조하자.

이산화탄소 O=C=O는 두 개의 이중 결합을 갖기 때문에 식 11.14에 따라 두 번 수소화될 수 있다. 수소첨가는 아민 존재하에 완결되며 루테늄, 로듐, 혹은 이리듐 촉매에 의해 중재된다(그림 11.2 참조). 얻어지는 포름산은 (여전히 아민의 존재하에) 상온 분해에 의해 수요에 따라 수소가 방출되도록 할 수 있다. CO_2가 방출되며 다음 저장 상태 동안 재사용된다; 이 시스템은 CO_2 중성이다. 제 10장에서 논의한 포름산으로부터의 수소 생산은 Loges 등(2008)에 의해 제안되었다.

11.4.5 금속 수소화물†

11.4.2 절에 나열된 대부분의 요구사항들은 금속 수소화물, 혹은 단순히 수소화물이라 불리는 부류의 물질들에 충족될 수 있다.

다수의 원소들은 불안정한 수소화물(쉽게 역반응할 수 있는 수소화물)을 형성한다. 마그네슘, 철, 티타늄, 지르코늄, 이트륨, 란탄, 그리고 팔라듐 등이 그 예이다. 원소들의 수소화물은 이성화물이라고 불린다. 이성화물과 수소의 조합에 의해 형성된 수소화물인 3차 수소화물은 더욱 유망한 물질이다. 대표적인 예로서 $TiFe$의 수소화물이 있다. 제 3 원소의 추가로 4차 수소화물이 얻어지는데 이는 시스템의 특성을 선택함에 있어서 자유도를 더욱 증가시킨다. 짐작할 수 잇듯이 다수의 결합이 가능하다. 이 분야의 연구는 겨우 표면을 좀 긁은 정도일 뿐이다.

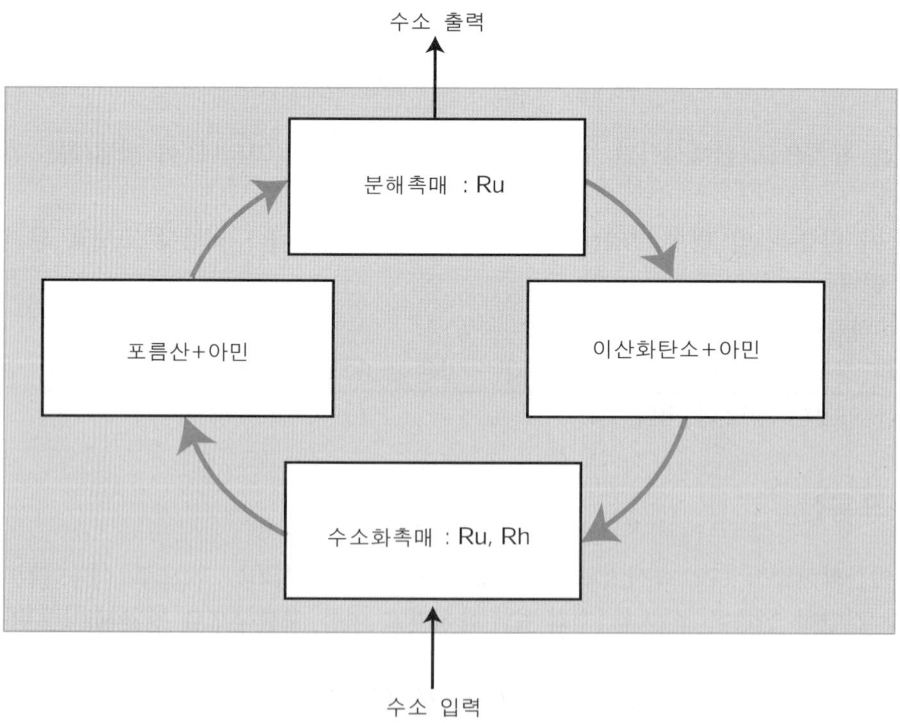

그림 11.2 포름산 수소 저장 시스템.

† 명사 "수소화물"과 "수화물"을 구분하는 것이 중요하다. 수화물은 물과 요소, 혹은 라디칼의 결합을 나타내는 반면에 수소화물은 수소와의 결합을 의미한다. "수화시키다"는 수화물을 만드는 활동이다. 옥스퍼드 영어사전에는 동사 "수소화시키다"가 목록에 없는데 이 장에서는 이를 수소화물을 만드는 활동을 지칭하기 위해 사용할 것이다.

고체와의 수소(또는 다른 기체)의 교환은 수착(收着)이라고 칭한다; 수소가 고정되어 있으면 반응은 흡착이라 불리고 수소가 방출되면 탈착이라고 부른다.

수소화물의 특징은 물질의 수소 농도에 대한 압력 등온곡선을 조사함으로써 가장 잘 살펴볼 수 있다. 그러한 데이터는 그림 11.3에 도식적으로 보인 것과 유사한 장치에 의해 측정된다.

예를 들어 합금 AB를 형성하는 원소 A와 B들로 구성되는 활성화된(이후를 참조) 어떤 양의 입자들이 표본 용기에 담겨 있다고 하자. 합금의 정확한 $kilomoles$수 μ_{AB}는 이미 결정되었다. 밸브 a와 c는 열려있고 b는 닫혀있다. 표본을 높은 온도로 가열하고 방출되는 기체를 진공 펌프로 추출시킴으로써 기체를 뽑아낸다.

다음에 밸브 a와 c를 닫고 b를 열어 알고 있는 온도와 압력에서 알고 있는 부피의 수소로-즉 알고 있는 기체 양으로-저장용기를 채운다. b와 c가 닫힌 채로 a가 열리고 수소가 흡수된다. 흡수가 발열이기 때문에 분말의 온도가 올라가는 결과가 야기된다. 다음에 이 시스템은 처음 선택된 온도로 되돌아가고 평형 압력이 관찰된다.

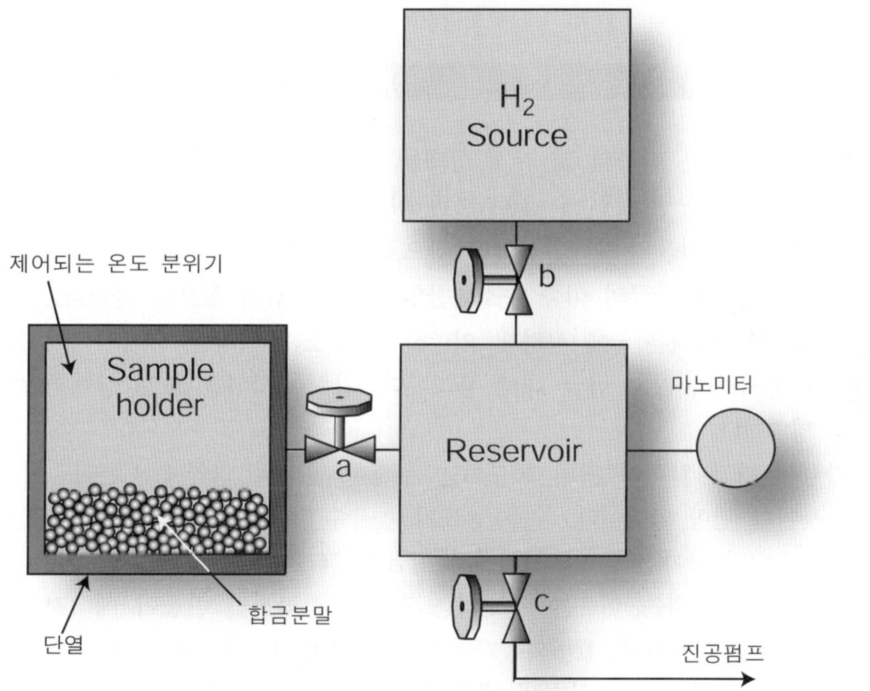

그림 11.3 농도에 대한 압력 등온곡선의 결정을 위한 장치.

이러한 방식으로 입자들에 의해 취해진 수소의 양 μ_H를 계산할 수 있다. 수소/금속 비 H/M, 혹은 구조식 ABH_x에서의 화학 당량비 지수 x가 결정된다. 예를 들어 $ABH_{0.4}$는 0.4/(1+1) = 0.2의 H/M 비를 갖는다. 이 장의 많은 압력/조성 도표는 척도가 x와 H/M인 좌표를 갖는다.

수소의 양을 증가시켜 가면서 같은 과정을 반복하고 평형압력 p에 따른 H/M(또는 x) 값을 기록한다. 극단적으로 이상적인 방법에서 얻어지는 그래프는 그림 11.4에 보인 것과 유사할 것이다.

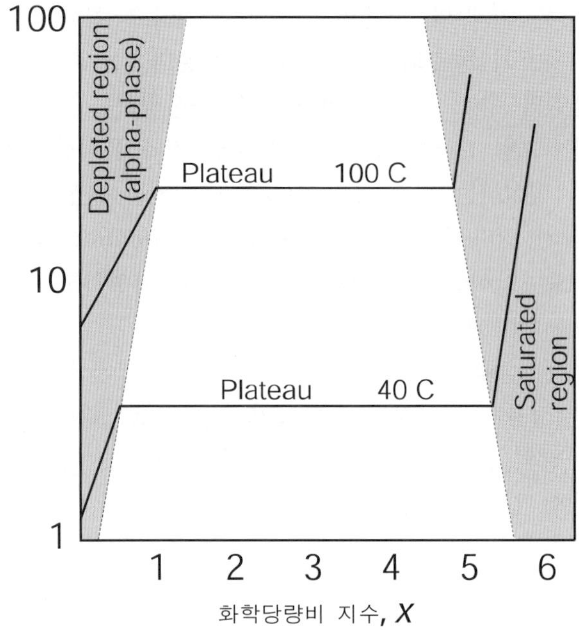

그림 11.4 수소화물에 대한 이상적인 압력-화학양론 도표.

시스템 내의 고체 물질은 다음의 몇 가지 상태들 가운데 한 가지를 취할 수 있다.

1. 단순히 초기의 금속 합금일 수 있다(알파 상으로 불린다).
2. 합금의 단일 수소화물일 수 있다(베타 상으로 불린다).
3. 어떤 경우들에서는 합금의 이중 수소화물일 수 있다(감마 상으로 불린다).†

낮은 수소 농도에서 압력은 x에 강하게 의존한다: 수소는 입자들 사이의 틈새를 차지하거나 화학적 조성을 변화시키지 않고 합금 내에 용해된다. 압력-화학양론 도표 상에서 이에 상응하는 영역은 고갈된 영역이다.

농도가 증가함에 따라 압력이 거의 농도와는 무관한 플라토 영역에 이른다. 이 영역은 알파 상과 베타 상 사이의 평형 영역이다. 수소 농도가 높을수록 베타상 내의 합금의 분율은 더 커지고 알파상 내에서는 더 작아진다. 이 영역에서 합금은 그 조성이 ABH인 분리된 위치에서 수소화된다. 이런 현상이 발생하는 이유는 용해되는 것보다 화학적인 반응이 에너지으로 더욱 선호되기 때문이다. 수소화되는 위치 ABH와 그렇지 않은 위치 AB 사이의 평형이 확립된다. 수소가 더 많이 도입될수록 비 수소화된 장소에 대한 수소화된 장소의 비율은 더 커진다. 정확한 비율은 ABH_x의 x의 값에 의해 나타난다. 플라토는 모든 합금이 수소화될 때까지-즉 모든 물질이 ABH의 조성을 가질 때까지-지속된다-이는 모두 베타 상으로 존재한다. 수소의 양이 더욱 증가되면 여분의 양은 베타상 내로 용해될 것이며 압력은 다시 급격히 증가한다. 이는 포화 영역이다. 어떤 경우에서는 2가 수소화물(감마 상)이 형성되며 두 번째 플라토가 나타날 수 있다.

실제 압력-화학양론 곡선은 위에 언급된 이상적인 모양과는 다르다. 알파로부터 베타 상으로의

† 이중 수소화물은 수소화물 구조식에 반드시 두 개의 수소 원자가 존재함을 의미하지는 않는다. 예를 들면 $LaNi_5$ 계의 단일 수소화물은 $LaNi_5H_5$이다.

변화는 급격하지 않으며 매끄럽다. 플라토는 작은 경사를 나타낼 것이고 수착 이력 현상이 뚜렷해질 수 있다: 플라토 압력은 탈착하는 동안 보다는 흡착하는 동안에 눈에 띄게 크게 나타날 수 있다. 어떤 경우들에서는 두 번째 플라토가 나타날 수 있는데 여기에서는 2수화물 ABH_2가 형성된다. 이러한 두 번째 플라토는 베타 프라임 상이라고 불린다. 그림 11.5를 참조하자.

상이한 플라토 압력은 상이한 온도와 대응한다. 플라토의 너비는 온도가 증가함에 따라 좁아진다. 주어진 온도 위에서는 그림 11.6에 나타낸 것과 같이 플라토가 형성되지 않는다.

그림 11.7은 합금 조성에서의 상대적으로 작은 변화에 의해 플라토 압력이 어떻게 주어진 설정에 맞추어질 수 있는가를 보여준다. 세 가지 다른 합금 Ni_5La, $Ni_5La_{0.8}Nd_{02}$, 그리고 $Ni_5La_{0.8}Er_{02}$는 40℃에서 각각 약 3, 5, 10기압의 플라토 압력을 나타낸다.

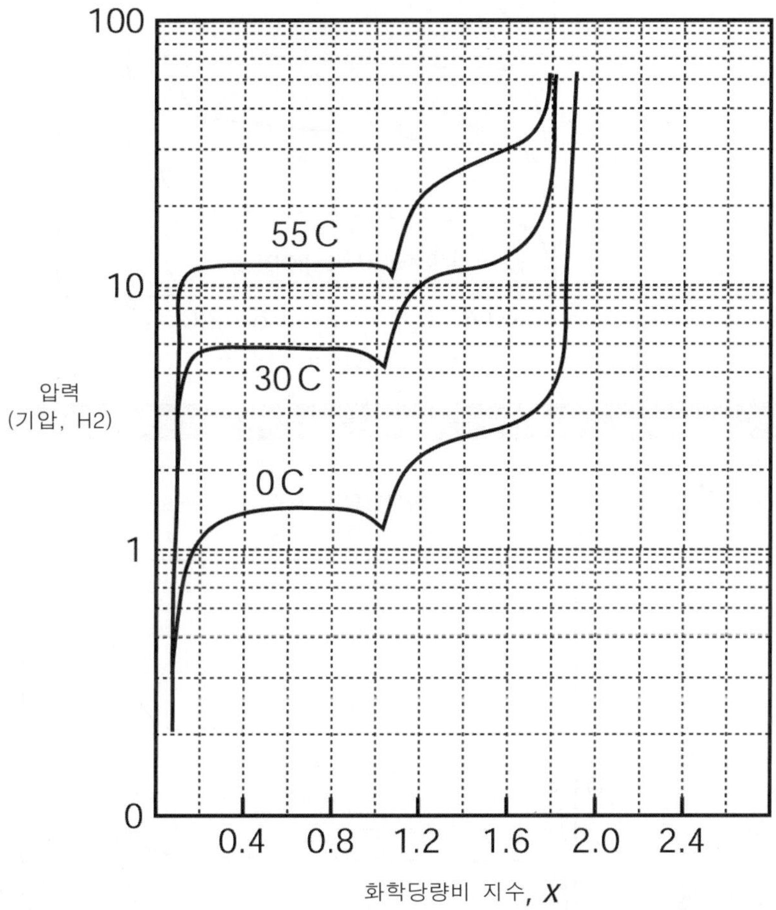

그림 11.5 $TiFe$에 대한 화학양론 지수 x와 압력.

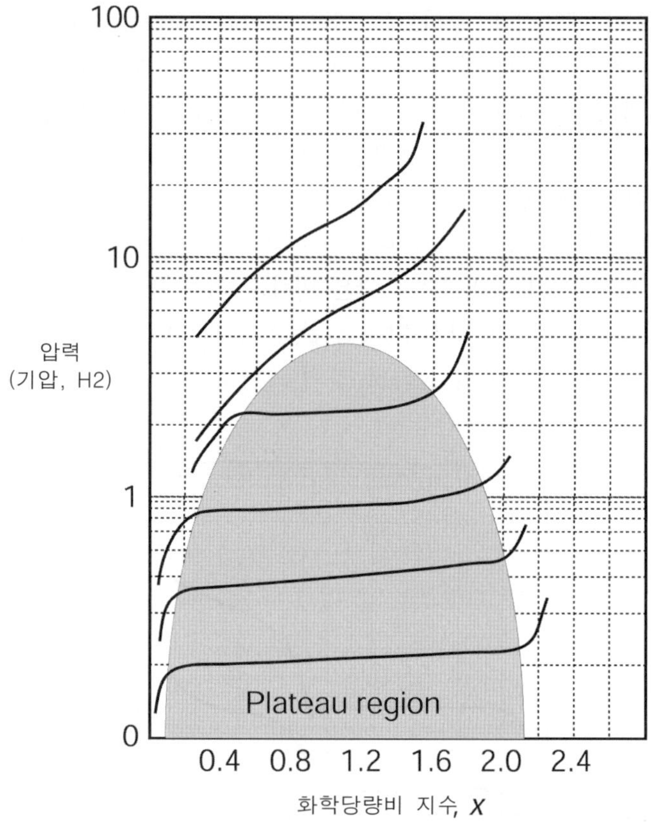

그림 11.6 온도가 증가함에 따라 플라토 영역은 점차적으로 좁아진다.

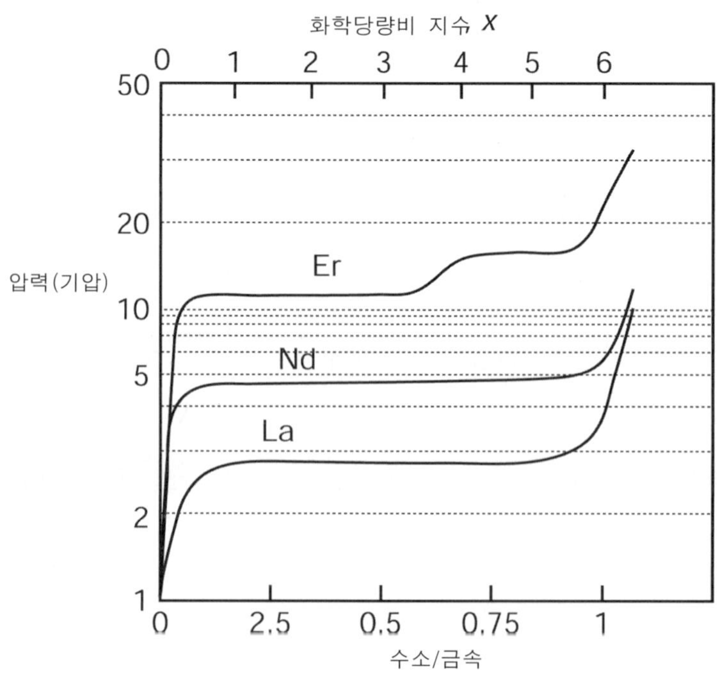

그림 11.7 플라토 압력은 합금의 상대적으로 작은 조성 변화에 의해 맞추어 질 수 있다.

금속성 화합물을 처음 만들 때에는 아마도 표면의 산소층 때문에 보통 상온에서 수소와 잘 반응하지 못할 것이다.

많은 합금들은 활성화를 필요로 하는데 활성화는 물질의 입자들을 높은 진공에서 약 300~500℃로 가열하여 기체를 제거한 후에 이들을 고순도의 수소에 노출시키는 것으로 이루어진다.

당연히 수소화물의 격자 상수는 원래 물질의 상수값과는 다르다-수소의 흡수에는 부피의 증가가 수반된다.

예를 들어 $LaNi_5$의 경우에는 25%의 팽창이 있다. 수소화물은 부서지기 쉬운 경향이 있기 때문에 팽창은 물질이 미세한 분말로 분쇄되도록 하는 요인이 된다. 입자들의 분쇄는 새로운 깨끗한 표면을 노출시키기 때문에 활성화를 돕는다. $TiFe$는 완전한 활성화를 필요로 하는 반면에 $LaNi_5$는 매우 간단한 활성화만을 필요로 한다.

흡착하는 동안의 팽창 및 탈착하는 동안의 수축하려는 경향은 기계적인 어려움을 초래할 수 있다. 탈착하는 동안 수축하는 입자들은 용기 내에서 스스로 새로운 위치로 순응할 수 있는 보다 조밀한 분말을 구성하며 이어지는 팽창에서 그 벽에 심각한 스트레인을 유발할 수 있다.

수소화물 내 수소의 이론적 용량 농도(VC)는 액체 수소의 VC를 초과할 수 있다(표 11.3을 참조). 그러나 이 데이터는 농도를 과다추정하였고 결과적으로 해당되는 부피에너지 농도를 과다추정하였는데 그 이유는 수소화물 분말의 전체 밀도는 개별 입자들의 불완전한 축적으로 인하여 수소화물 자체의 밀도보다 훨씬 낮기 때문이다.

표 11.3 여러 가지 수소화물의 수소 농도.

	수소화물 중의 H_2의 질량 %	수소화물 중의 H_2의 질량 (kg/m^3)	에너지 밀도 (MJ/kg)	에너지 밀도 (GJ/m^3)
$H_2(\ell)$	100	71	143	10.2
$H_2(g), STP$	100	0.089	143	0.013
LaH_3	2.1	108	3.0	15.4
MgH_2	7.6	101	10.0	14.4
TiH_2	4.0	153	5.7	21.9
VH_2	3.8	95	3.0	13.6
ZrH_2	2.1	122	3.0	17.4
$LaNi_5H_5$	8.7	89	2.0	12.7
Mg_2NiH_4	3.6	81	4.5	11.6
$TiFeH_{1.95}$	1.85	101	2.6	14.4

예를 들면 $LaNi_5H_5$의 실현 가능한 수소 농도는 $1m^3$당 수소 약 $45kg$으로서 이는 표에 나타난 값의 약 절반이다. 그럼에도 불구하고 부피를 기준으로 하면 수소화물은 액체 수소와 거의 같은 에너지를 축적할 수 있는 반면에 질량을 기준으로 하면 수소화물은 액체 수소 에너지의 몇 퍼센트만을 축적할 수 있다. 무게가 최우선적인 고려사항이 되는 항공기에서와 같은 적용의 경우

수소화물은 유망한 에너지 저장 방법으로 보이지는 않는다. 기관차, 바지선, 트럭, 그리고 버스들의 경우에는 이들은 매우 유용할 수 있다. 수소화물은 자동차의 경우 더욱 매력적일 수 있다.

Mg_2NiH_4와 휘발유를 비교하여 보자: 수소화물 100kg은 기껏해야 3.6×143=515MJ의 연료를 저장하는 데 반하여 휘발유 100kg은 4700MJ을 저장하며 이는 거의 10배 정도 유리하다. 그러나 휘발유 엔진의 일반적인 효율은 20% 정도인 반면에 수소 연료 전지의 효율은 약 60%이다; 이는 휘발유가 갖는 이점을 3배 정도로 감소시킨다.

(현재 기술에 의한) 수소화물 연료전지 자동차는 진보된 배터리를 사용하는 전기 자동차에 비하여 무게의 이점을 갖는다.

하나의 추가적인 실제적 고려사항은 충전되거나 방전될 수 있는 수소화물 저장 시스템의 신속성이다. 이는 물론 반응의 동특성에 따라 좌우된다. 마그네슘은 정상적인 조건에서 수소를 흡착할 수 없는 성질만 아니라면 작은 밀도로 인하여 매력적일 것이다. 반응의 동특성은 촉매로서 니켈을 추가시킴으로써 향상될 수 있다. 5%의 니켈 도포는 이미 주목할 만하게 도움이 되고 있지만 Mg_2Ni합금에서와 같이 일반적으로 더 많은 양의 니켈이 사용된다.

빠른 재충전율이 요구된다면 흡착되는 수소의 총량은 느린 재충전이 이용될 경우보다도 더 작아질 수 있다. $FeTi$는 $FeTiH_{1.6}$으로 (상대적으로 신속하게) 충전될 수 있지만 $FeTiH_{1.95}$에 도달하기 위해서는 밤새 충전이 필요할 수도 있다.

저장 시스템의 용량도 합금(알파 상)에 용해될 수 있는 수소의 최대량에 의해 결정된다. $FeTiH_{0.4}$에 도달되면 $FeTi$에 대한 298K 플라토는 종결된다. 더 많은 수소를 추출하기 위한 어떠한 시도에서도 수소 압력의 대폭적인 감소가 수반된다. 따라서 빠른 충전-방전 사이클을 위해서는 이 특별한 합금은 $FeTiH_{0.4}$와 $FeTiH_{1.6}$ 사이에서만 운전될 수 있으며 이로부터 시스템의 총 이론적 용량의 단지 60%에 달하는 순환 용량이 실현된다.

11.4.5.1 수소화물 물질의 특성†

수소화물 시스템에서 사용되는 물질의 두드러진 특징들 가운데 일부는 다음과 같다.

플라토 기울기

다음 절에서 논의되는 바와 같은 간단한 열역학적 고려사항들은 수평적 플라토를 예견하고 있다. 실제로 플라토 압력은 수소 함량이 증가함에 따라 다소 증가한다.

플라토 압력의 기울기는 기울기 파라미터 $d\ln(p_d)/d(H/M)$으로 나타낼 수 있다. 여기에서 p_d는 탈착 등온선의 플라토 압력이다. 그림 11.8에서 25C 탈착 등온선을 통과하는 점선은 9.1기압에서 H/M=0 축을 교차하며 14.8기압에서 H/M=1.2 축을 지난다.

따라서

$$\frac{d\ln p_d}{d(H/M)} = \frac{\ln 14.8 - \ln 9.1}{1.2} = 0.41. \tag{11.15}$$

† HY-STOR 상표를 사용하는 모든 합금은 Ergenics, Inc에서 생산되며 이 책에서 사용된 많은 데이터는 Houston과 Sandrock(1980)의 논문에서 인용하였다. 구조식에서 "M"은 일반적으로 모나자이트 모래로부터 추출되는 희토류들의 혼합물인 Mischmetall(German)을 의미한다. 플라토 압력에 대한 이들의 영향은 이들의 세륨-란타늄 비에 강하게 의존한다.

이는 적절하게 큰 기울기 파라미터이다. 예를 들어 $TiFe$는 0의 기울기 파라미터를 갖는 경향이 있는 반면에 일부(하지만 전체는 아닌) 칼슘에 기반을 둔 합금들은 3보다 큰 파라미터를 갖는다. (초기의 제조 도중에) 합금이 응고되는 경우 성분 원소들은 때때로 분리되는 경향이 있다. 열역학적 배경으로부터 완전하게 균일한 합금은 결코 기울기를 나타내지 않기 때문에 이는 플라토 기울기가 나타나는 주된 이유로 여겨진다. 분쇄되기 이전의 물질의 담금질은 플라토 기울기를 줄일 수 있다. 기울기 파라미터와 다른 특성들이 표 11.4, 표 11.5, 그리고 표 11.6에 열거되어 있다.

수착 이력현상

이전에 언급한 바와 같이 흡착 동안의 플라토 압력은 대개 탈착 동안보다 다소 더 크다. 다시 말하면 합금이 순환되는 경우 수착 이력현상이 존재한다. 예를 들어 그림 11.8, 11.9, 11.11, 그리고 11.12를 참조하여 보자.

이력현상은 수착 사이클 동안에 격자가 확장되거나 수축됨에 따른 결정의 플라스틱 변형에 의하여 생성되는 열에 의해 야기되는 비가역적 공정이다.

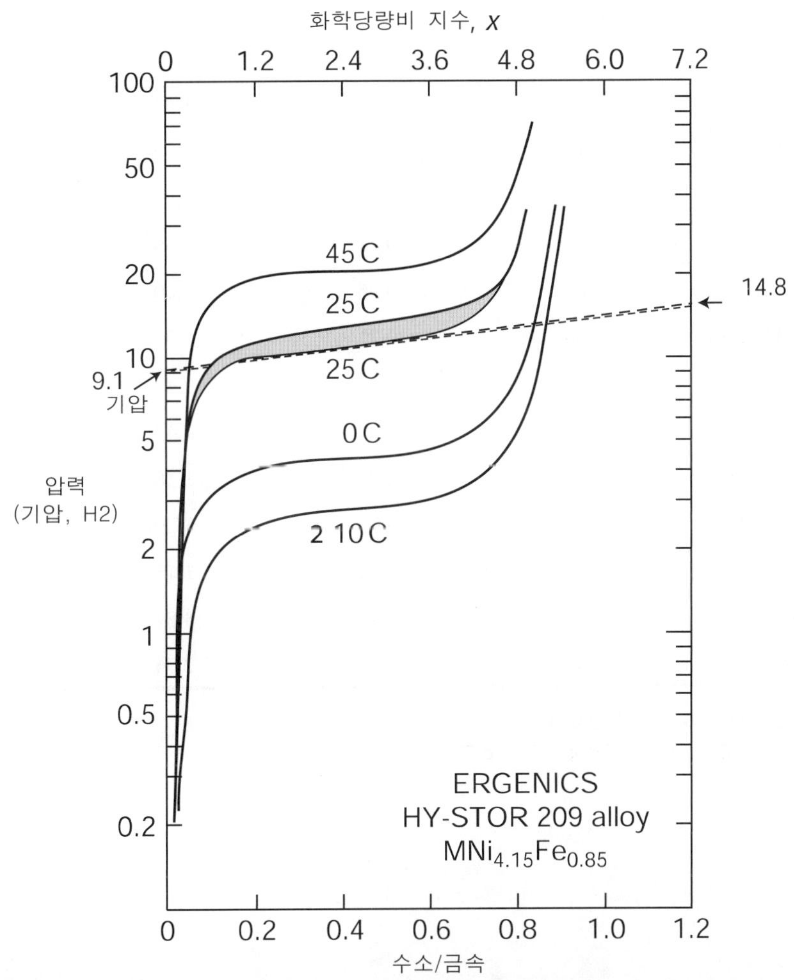

그림 11.8 압력 조성 등온곡선의 기울기 파라미터의 측정.

이력현상의 정도는 0.5의 H/M 값에서 대개 25C에서 측정되는 탈착압력 p_d에 대한 흡착 플라토 압력 p_a의 비로 나타내어진다.

이력현상의 정도는 보통 온도에 독립적이라고 가정하는 것이 일반적이다.

사용 가능한 용량

사용 가능한 용적은 다소 낙관적이기는 하지만 압력이 플라토 압력의 10배로부터 이 압력의 0.1배로 낮아질 경우 수소화물 내의 H/M 비의 변화로 정의된다. 이는 100:1압력 범위이다. 보다 현실적인 정의는 훨씬 더 작은 압력 범위에 바탕을 두고 있다.

그림 11.10(합금 $Fe_{0.8}Ni_{0.2}Ti$)에서 70℃ 등온선의 플라토 압력은 약 0.9기압이다. 이 압력의 10배에서 H/M 비는 0.65인 반면에 0.1배에서는 0.02이다. 이로부터 $\triangle(H/M)$=0.63임을 알 수 있다. 다시 말해서 수소화물은 금속 $1 kilomole$에 대하여 $0.63 kilomole$ $(0.63kg)$의 H를 방출한다.

표 11.4 선택된 수소화물의 수소 용량과 열용량.

수소화물	HY-STOR 합금*	수소용량 $\triangle(H/M)$	수소용량 wt.%	열용량
$FeTi$	101	0.90[c]	1.75	540
$Fe_{0.9}Mn_{0.1}Ti$	102	0.92[d]	1.79	540
$Fe_{0.8}Ni_{0.2}Ti$	103	0.62[e]	1.21	500
$CaNi_5$	201	0.71	1.39	540
$Ca_{0.7}M_{0.3}Ni_5$	202	0.96	1.60	500
$Ca_{0.2}M_{0.8}Ni_5$	203	0.74	1.08	440
MNi_5	204	1.01	1.41	420
$LaNi_5$	205	1.02	1.43	420
$LaNi_{4.7}Al_{0.3}$	207	0.95	1.36	420
$MNi_{4.5}Al_{0.5}$	208	0.83	1.20	420
$MNi_{4.15}Fe_{0.85}$	209	0.82	1.15	-
Mg_2Ni	301	1.31[f]	3.84	750
Mg_2Cu	302	0.75[g]	2.04	750

*HY-STOR는 Energics, Inc.의 상표이다.
c-30C; d-40C; e-70C; f-25C; g-325C.

표 11.5 선택된 수소화물의 열역학적 데이터.

수소화물	HY-STOR 합금*	ΔH_f $MJ\,kmole^{-1}$ of H_2	ΔS_f $kJ\,K^{-1}\,kmole^{-1}$ of H_2
MNi_5	204	-20.9	-96.8
$Ca_{0.2}M_{0.8}Ni_5$	203	-24.3	-108.7
$MNi_{4.15}Fe_{0.85}$	209	-25.1	-104.8
$Ca_{0.7}M_{0.3}Ni_5$	202	-26.8	-100.4
$Fe\,Ti$	101	-28.0	-106.1
$MNi_{4.5}Al_{0.5}$	208	-28.0	-104.8
$Fe_{0.9}Mn_{0.1}Ti$	102	-29.3	-107.0
$LaNi_5$	205	-31.0	-107.7
$CaNi_5$	201	-31.8	-101.2
$LaNi_{4.7}Al_{0.3}$	207	-33.9	-106.8
$Fe_{0.8}Ni_{0.2}\,Ti$	103	-41.0	-118.8
$Zr\,Cr_2$		-46.0	-98.3
Mg_2Ni	301	-64.4	-122.3
Mg_2Cu	302	-72.8	-142.3
Mg		-77.4	-138.3

*HY-STOR는 Energics, Inc.의 상표이다.

표 11.6 선택된 이상적인 수소화물로부터의 편차.

수소화물	HY-STOR 합금*	플라토 기울기[a] $\frac{d\ln p_d}{d(H/M)}$	이력현상 파라미터 P_a/P_d
$Fe\,Ti$	101	0.00[c]	1.89
$Fe_{0.9}Mn_{0.1}\,Ti$	102	0.65[d]	1.85
$Fe_{0.8}Ni_{0.2}\,Ti$	103	0.36[e]	1.05
$CaNi_5$	201	0.19	1.17
$Ca_{0.7}M_{0.3}Ni_5$	202	3.27	1.11
$Ca_{0.2}M_{0.8}Ni_5$	203	0.98	1.48
MNi_5	204	0.54	5.2
$LaNi_5$	205	0.09	1.21
$LaNi_{4.7}Al_{0.3}$	207	0.48	1.05
$MNi_{4.5}Al_{0.5}$	208	0.39	1.12
$MNi_{4.15}Fe_{0.85}$	209	0.43	1.18
Mg_2Ni	301	0.02[f]	-
Mg_2Cu	302	0.17[g]	-

*HY-STOR는 Energics, Inc.의 상표이다.

a-25C 플라토; c-30C; d-40C; e-70C; f-25C; g-325C.

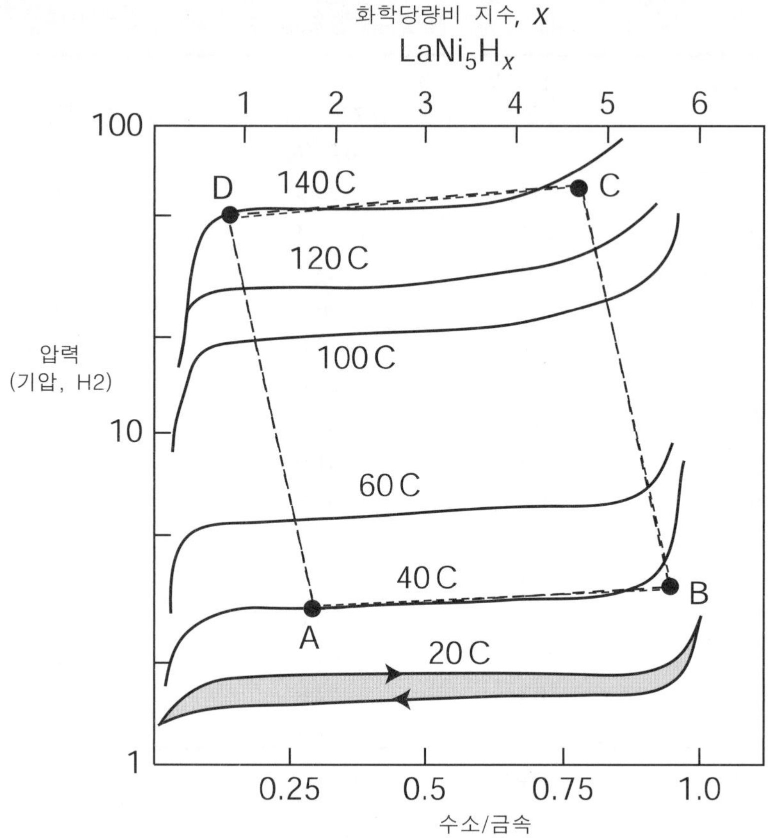

그림 11.9 $LaNi_5$의 수착 등온선에서의 이력현상.

합금은 0.8*kilomole*의 철(0.8 ×55.8=44.6*kg*), 니켈 0.2*kilomole*(0.2×58.7 = 11.7*kg*), 그리고 티타늄 1*kilomole*(47.9*kg*)으로 구성된다. 이를 모두 합하면 2*kilomole*의 금속 44.6+11.7+47.9 = 104.2*kg*, 혹은 52.1*kg*/*kmole*이 된다. 따라서 방출되는 수소는 수소화물 질량의 0.62/52.1 = 0.0012, 또는 1.2%를 나타낸다.

열용량

수소화물 시스템은 온도 변화에 의해 활성화된다. 시스템을 적절히 고안하기 위해서는 서로 다른 합금들의 열용량을 아는 것이 중요하다. 여러 합금들의 열용량 값들이 표 11.4에 나열되어 있다.

플라토 압력의 온도 의존도

플라토 압력의 온도 의존도는 물질의 열역학적 특성의 함수로서 다음 절에서 더 자세히 다루어진다. 많은 다양한 적용에 부합하기 위하여 합금의 조성을 변화시켜 물질의 특성을 맞추는 것이 가능하다.

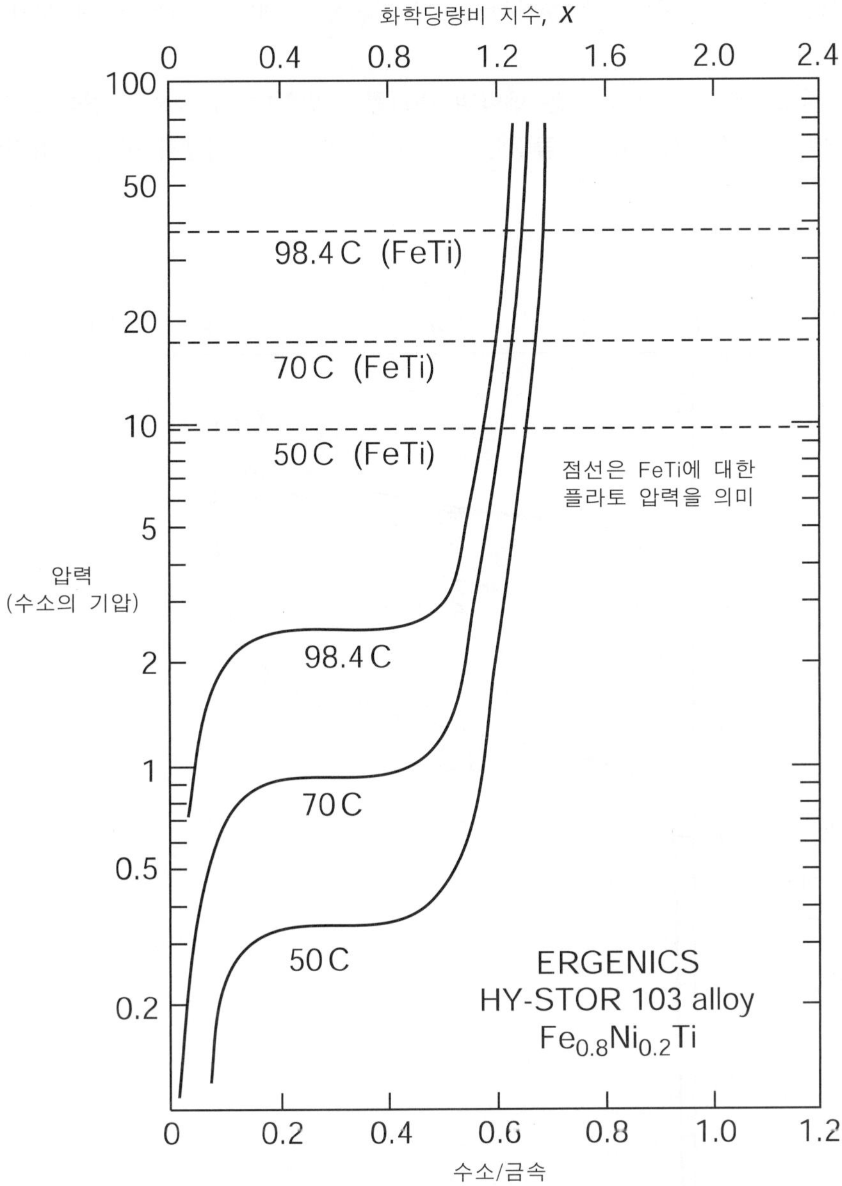

그림 11.10 소량의 Ni의 추가는 그림 11.5의 $FeTi$ 합금의 특성에 상당한 변화를 야기한다.

그림 11.5로부터 온도가 55℃일 때 널리 이용되는 $FeTi$ 시스템은 10기압 이상의 플라토 압력을 가짐을 알 수 있다.

Fe의 일부를 Ni로 대체시키면 플라토 압력이 급격하게 감소한다(그림 11.10 참조). 압력을 0.3기압으로(50℃에서) 낮추기 위해서는 20% Ni이면 충분하다. 나아가 니켈은 이력현상(비록 그림에는 나타나 있지 않지만)을 크게 감소시키며 물질의 활성화를 쉽게 한다. $Ca_{0.2}M_{0.8}Ni_5$ 시스템(그림 11.11 참조)은 25℃에서 약 30기압의 플라토 압력을 나타내는 반면에 칼슘이 없는 $MNi_{4.15}Fe_{0.85}$ 시스템은 같은 온도에서 겨우 10기압의 플라토 압력을 갖는다(그림 11.8). 이를

테면 알루미늄을 $LaNi_5$ 시스템에 추가함으로써 상온에서 대기 플라토 압력 이하에 도달할 수 있다(그림 11.12).

물론 금속 화합물과 수소의 반응은 엔탈피 변화를 수반한다: 흡착은 발열이고 탈착은 흡열이다. 엔탈피 변화는 열량측정 기술로 측정할 수 있다. 보다 흔히 엔탈피 변화는 압력에 대한 농도 등온곡선으로부터 결정된다.

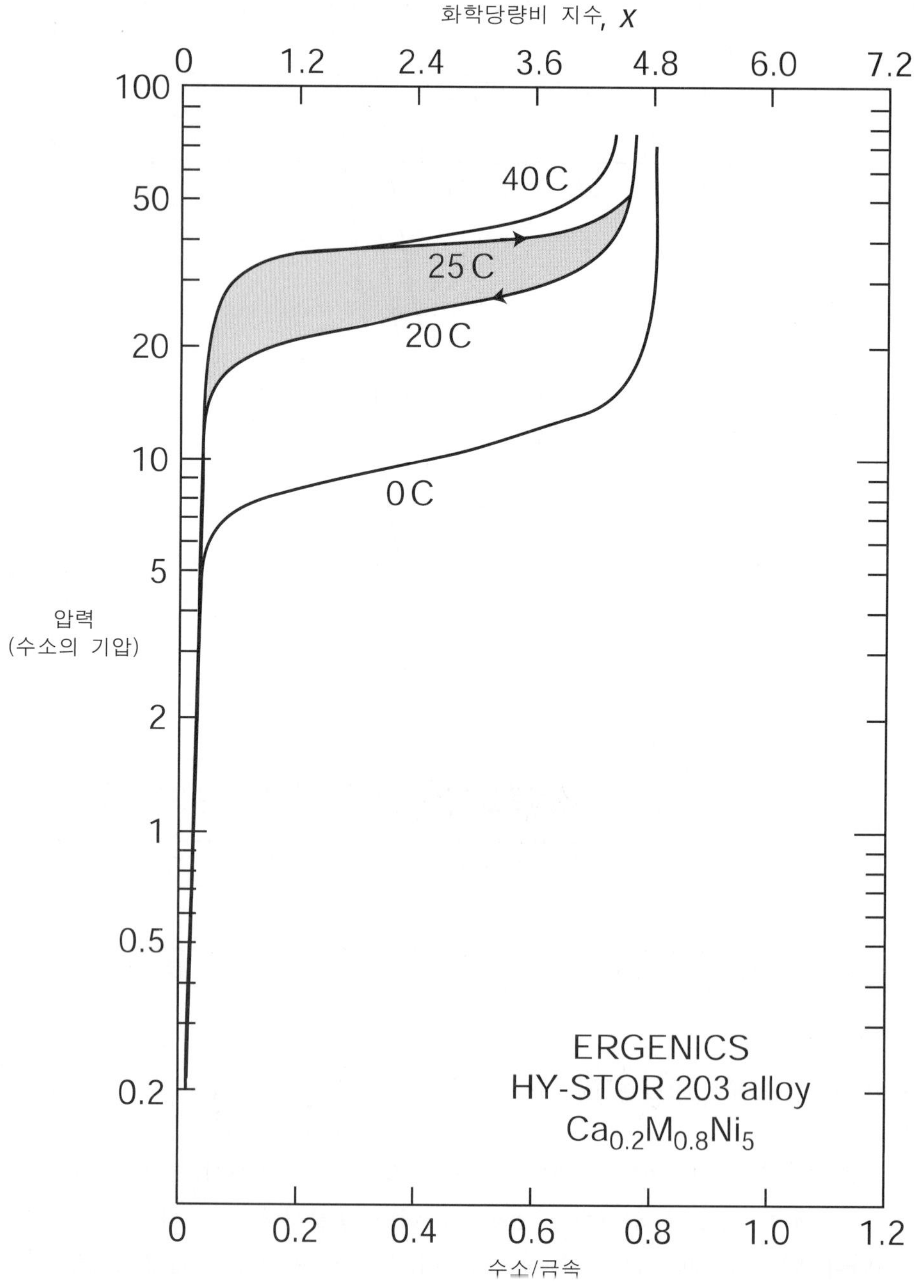

그림 11.11 $Ca_{0.2}M_{0.8}Ni_5$ **시스템의 특성.**

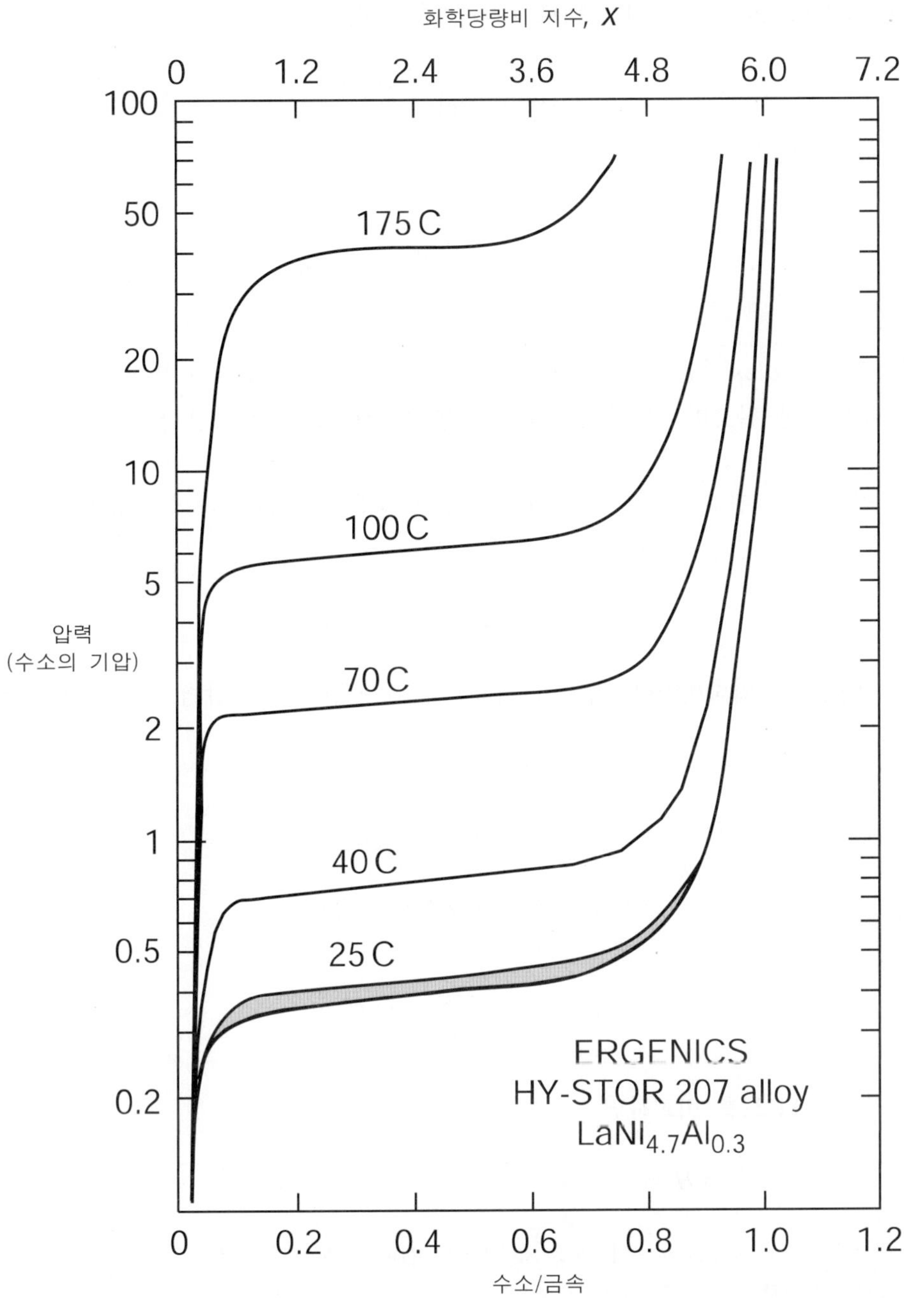

그림 11.12 $LaNi_{4.7}Al_{0.3}$ 시스템의 특성.

11.4.5.2 수소화물 시스템의 열역학

(보인 것 이상의 등온선들을 사용하여) 그림 11.5의 데이터를 조정함으로써 플라토 압력 p와 온도 T사이의 실험적 관계를 얻을 수 있다.

$$\ln p = 12.7 - 3360\frac{1}{T}. \tag{11.16}$$

이 관계는 Boltzmann 방정식의 형태로 나타낼 수 있다.

$$p = p_0 \exp\left(-\frac{W_a}{RT}\right) \tag{11.17}$$

혹은

$$p = 328 \times 10^3 \exp\left(-\frac{28 \times 10^6}{RT}\right). \tag{11.18}$$

R = $8314 JK^{-1} kmoles^{-1}$은 기체상수이다. 이 경우 수소화의 엔탈피 변화 $\triangle H$는 3360×8314 = $28 MJkmole^{-1}$과 같으며 이 값은 STP에서 열량측정법으로 결정된 흡열 반응의 엔탈피 변화에 가깝다.

식 11.16의 실험적 관계를 해석하는 다른 방법은 등온 압축된 기체의 자유에너지 변화를 관찰하는 것이다.

$$\triangle G = RT \ln r \quad \text{J/kmole}, \tag{11.19}$$

여기에서 $r = p/p_0$는 압축비이다. 압력이 기압으로 표시되며 기준 압력 p_0가 1기압이라면

$$\triangle G = RT \ln p. \tag{11.20}$$

그러나

$$\triangle G = \triangle H - T\triangle S = RT \ln p. \tag{11.21}$$

$$\ln p = -\frac{\triangle S}{R} + \frac{\triangle H}{RT}. \tag{11.22}$$

식 11.16과 식 11.22를 비교하면

$$\triangle H = -3360 \times 8314 = -28\, MJkmole^{-1}, \tag{11.23}$$

$$\triangle S = -12.7 \times 8314 = -106\, kJK^{-1} kmole^{-1}. \tag{11.24}$$

음의 부호는 흡착의 경우에 해당한다: 흡착이 발열이기 때문에 엔탈피 변화는 음이다. 수소는 기체 내에서보다 수소화물에서 좀 더 정돈된 상태로 존재하기 때문에 엔트로피 변화는 음이다. 수소화물 내의 질서가 완전하다면 엔트로피 변화는 $-130 kJK^{-1} kmole^{-1}$로서 STP에서 기체의 엔트로피의 음이다. 수소는 수소화물 내에서 거의 완벽하게 정돈됨을 알 수 있다. 실제로 모든 금속 수소화물은 표 11.5에서 볼 수 있는 것과 같이 반응에 대한 거의 동일한 $\triangle S$를 갖는다.

표 11.5의 데이터와 마찬가지로 식 11.22는 그렇지는 않지만 $\triangle H$와 $\triangle S$가 온도와 무관할 경우에만 유효하며 이력현상이 없는 경우(즉 흡착에 대한 플라토 압력이 탈착에 대한 압력값과 동일한 경우) 플라토 기울기가 0인 경우에 유효하다. 위와 같은 조건들은 실제에 있어서는 발생하

지 않으며 따라서 수소화물 성능의 첫 번째 추정을 위해서만 표의 데이터가 사용된다.

이전의 문장에서 묘사된 이상적 거동으로부터의 편차는 표 11.6에 예시되어 있다.

1기압에서 p/p_0=1 이며 $\ln p/p_0$=0이다. 따라서 식 11.22로부터

$$T = \triangle H / \triangle S. \tag{11.25}$$

그러나 모든 수소화물은 대략 $100kJK^{-1}kmole^{-1}$의 동일한 $\triangle S$를 가지므로

$$T \approx 10^{-5} \triangle H, \tag{11.26}$$

또는 엔탈피 변화를 MJ로 나타내면

$$T \approx 10 \triangle H. \tag{11.27}$$

이 공식은 주어진 수소화물이 그의 플라토 영역 내에서 1기압의 수소와 평형을 이루는 온도를 제시한다. 이는 물질의 안정성 지표이다. 이트륨과 세륨 수소화물은 가장 안정하다. 이들은 플라토 압력이 1기압에 도달하도록 약 $1400K$ 정도로 가열되어야 한다.

플라토 압력은 적절하게 도핑된 어떤 합금들에 의해 맞추어질 수 있다. $LaNi_4Al$은 $298K$에서 0.002기압의 플라토 압력을 갖는 한편 같은 온도에서 $GdNi_5$는 150기압의 플라토 압력을 갖는다. 또한 적절히 편평한 플라토를 갖는 물질(압축기와 열펌프에 유용)을 "고안"하는 것도 가능하다. 미스취메탈(mischmetall)은 값이 싸지만 눈에 띄게 경사진 플라토를 보인다.

11.5 수소화물 수소 압축기

금속 수소화물 시스템은 그들 자체로 (일부 밸브들 이외에는) 아무런 구동부품들이 없는 수소 압축기의 구조로 적합하다. 그러한 압축기들은 또한 상당한 양의 기체를 저장하기 때문에 특히 기체의 저장과 압축이 모두 필요한 공정들과 관련이 있다. 예를 들면 이는 간헐적인 전력공급으로 가동되는 전해 암모니아 공장이나 "수소 기체 공급소"의 경우에 해당된다.

수소 압축기는 가열이나 냉각 유체가 순환하는 열 교환기가 장치된 수소화물 포함 용기로 구성될 수 있다. 그림 11.13을 참조하자. 두 개의 외부 밸브는 기체의 유입 및 유출유량의 제어를 가능하게 한다. 포화된 수소화물의 가열은 압력의 증가를 야기한다. 온도에서의 적절한 변화는 온도와 압력들 사이의 지수적 관계 때문에 압력의 상당한 증가를 초래한다.

압축기가 수소를 전달하는 경우 탈착 에너지를 공급하고 압력을 일정하게 유지시키기 위하여 추가적인 열이 필요하다. 수소화물이 소진되면 시스템은 냉각 유체를 열 교환기로 펌핑시켜서 낮은 압력에서 재충전이 가능하도록 하여 준다.

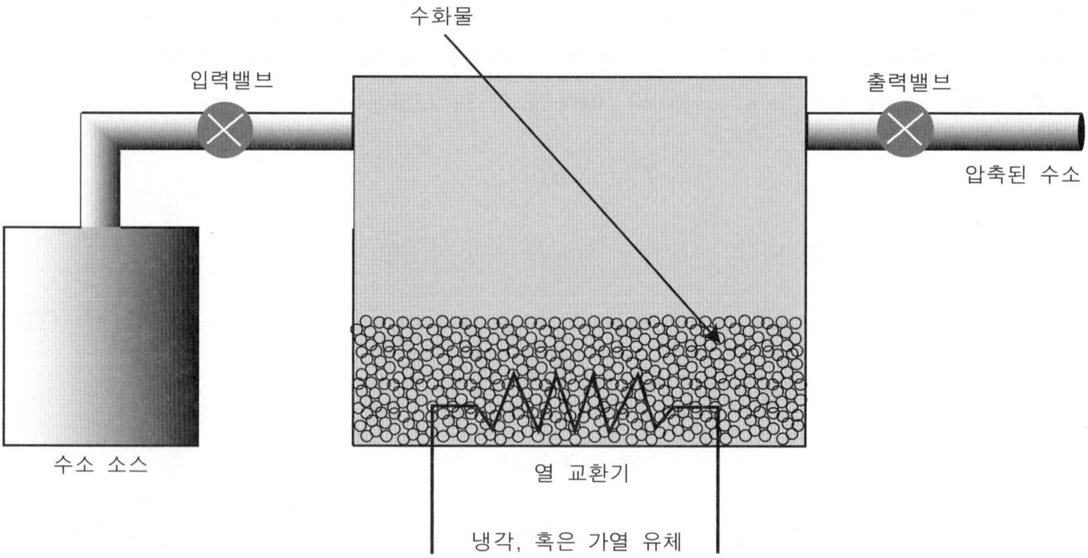

그림 11.13 수소 압축기의 개략도.

수소 압축기의 운전을 예시하기 위하여 하나의 보기를 이용하기로 한다. 그림 11.9의 $LaNi_5$ 시스템을 고려하여 보자. 압축기는 온도가 40℃에서 140℃까지, 다시 되돌아오는 사이클에 따라 작동된다. 임의로 합금이 40℃에서 포화되어서(그래프의 B 지점) 화학양론 계수가 5.64가 되는 순간에 작동을 시작한다; 여기에서 시험 합금의 구조식은 $LaNi_5H_{5.64}$이다. 이 경우 수소 흡착에 의한 엔탈피 변화는 $\Delta f = -30.2MJK^{-1}kmole^{-1}$이다.† ΔS의 값은 $-107.7kJK^{-1}kmole^{-1}$이다; 따라서 40℃(313K)에서의 플라토 압력은 대략 아래와 같다.

$$P_{plateau} = \exp\left(-\frac{\Delta S}{R} + \frac{\Delta H}{RT}\right) = \exp\left(-\frac{-107.7}{8314} + \frac{-28\times 10^6}{8314\times 313}\right)$$
$$= \exp(1.35) = 3.8 \quad atmos. \qquad (11.28)$$

"사정 공간" 내의 자유 수소 기체는 합금 내의 기체와 평형을 이룬다; 즉 3.8기압에서 존재한다.

사이클은 수소화물을 140℃(점 C)로 가열하는 것으로 시작된다. $\Delta H_{B\to C}$ 만큼의 열이 공급되어야 한다. 플라토 압력은 약 6.5MPa(64기압)까지 올라가고 여전히 합금과 평형을 이루는 자유 수소 압력 역시 6.3MPa로 상승한다-이제 많은 양의 자유 기체가 존재한다. 약간의 수소 탈착이 일어난다: 시스템을 가열하면 x 값의 (작은) 축소가 야기되는데 이는 그림의 척도에 따르면 이제 4.69$kmoles$이다. 탈착된 양은 H 0.95$kmole$, 또는 H_2 0.48$kmole$이다.

고압 수소는 (출구 밸브가 열림에 의해) 압축기로부터 빠져나가기 때문에 용기로부터 빠져나가는 기체의 탈착열은 시스템의 냉각을 야기한다. 압력이 일정하게 유지되려면 온도는 변하지 않아야 한다. 외부 공급원으로부터 보상 열량이 공급되어야 한다. 플라토의 끝점인 점 D에 도달할 때까지 압력은 일정하게 유지될 것이다. 탈착을 위해 공급된 총 열량은 $\Delta H_{C\to D}$이다. 점 D

† 표 11.4는 $-31MJK^{-1}kmole^{-1}$의 반응 엔탈피를 나타냈다. 이런 종류의 작은 불일치는 합금 특성이 불순물에 매우 민감하기 때문에 사전에 예견될 수 있으며 따라서 ΔH에 대한 정확한 측정값은 샘플에 따라 다소 변한다.

점에서 $x = 0,\ 80$이다.

D 점을 지나서 수소를 배출시키면 온도가 여전히 140℃로 유지된다고 해도 압력의 강하가 초래된다. 이는 제어 장치를 작동시켜 출구 밸브가 닫히고 열 교환기를 통한 가열 유체로부터 냉각 유체로의 유량이 변화되어 온도가 초기의 $40C$로 떨어진다. 열량 $\triangle H_{D\to A}$는 시스템으로부터 제거된다. 압력은 약 $0.38MPa$로 떨어지고 x는 1.75로 올라간다.

이제 입력 밸브가 열리고 공급원으로부터 수소가 유입된다(공급 압력은 $0.38MPa$보다 약간 높아야 한다). 수소는 합금에 의해 흡착되어 시스템의 온도를 높여준다. 그러나 냉각제는 $\triangle H_{A\to B}$의 열량을 제거함으로써 점 B에 도달하는 것으로 사이클이 완료될 때까지 온도를 일정하게 유지시킨다.

수소화물 수소 압축기가 얼마나 효율적인가라는 질문에 대답하기 위해서는 먼저 그러한 장치로부터의 유용한 출력물이 무엇인가에 대한 의견이 일치해야 한다. 수소는 대략 (상대적으로) 낮은 압력인 p_{in}와 아마도 실온인 T_{in}에서 압축기로 유입되며 훨씬 더 높은 압력인 p_{out}와 약간 더 높은 온도인 T_{out}에서 압축기를 떠난다. 따라서 기체에 가해진 일에는 그 온도와 압력을 높이는 것이 수반된다. 그러나 거의 변함없이 따뜻한 수소에는 관심이 없다-이는 아마도 사용되기 전에 어떻게든 냉각되어야 할 것이다; 관심있는 것은 압력의 증가, 즉 기체의 등온 압축이다.

$$W = RT_A \ln \frac{p_{out}}{p_{in}}\ J/kmole. \tag{11.29}$$

수소가 냉각되면 그 압력이 p_{out} 이하로 떨어지기 때문에 이는 대략적인 근사이다.

입력 에너지는 $\triangle H_{B\to C}$와 $\triangle H_{C\to D}$의 합이다. 상 $D\to A\to B$에서 방출된 열은 냉각제에 의해 완전히 제거되고 회수될 수 없다는 점에 주목하자. 결과적으로 효율은 다음과 같다.

$$\eta = \frac{RT_A \ln(p_C/p_A)}{\triangle H_{B\to C} + \triangle H_{C\to D}}. \tag{11.30}$$

공급열 $\triangle H_{C\to D}$는 일차로 기체의 탈착열로서 이 보기에서는 $30.2MJ/kmole$이다. 현실적으로 열교환기와 합금 사이의 온도차가 필요하기 때문에 열교환기로의 실제 입력은 약간 더 높아야 한다는 점을 고려해야 한다; 그렇지 않으면 열은 합금으로 흐르지 않을 것이다. $\triangle H_{B\to C}$는 보기에 소개된 바와 같이 여러 성분들을 갖는다.

보기

40~140℃의 온도범위에서 0.3MPa로부터 $5MPa$로 수소를 압축시키는 $LaNi_5$시스템의 효율은 얼마인가? 수행된 일은

$$W\ 8314 \times (273+40) \ln \frac{5}{0.3} = 7.3 \quad MJ\,kmole^{-1}. \tag{11.31}$$

탈착 반응에 대한 엔탈피 변화는 $30.2MJ/kilomole$이다. 효율에 대한 (매우 낙관적인) 상한값

은 $\triangle H_{B\to C}$를 무시하여 얻어진다:

$$\eta = 7.3/30.2 = 0.24 \quad \text{or} \quad 24\%. \tag{11.32}$$

실제 효율은 위에 추정된 값보다 상당히 낮다. 떨어진 성능에 기여하는 인자들은 다음과 같다.

1. 시스템의 온도를 $40C$에서 $140C$로 올리기 위해 필요한 열 $\triangle H_{B\to C}$를 무시. $\triangle H_{B\to C}$의 성분들은 다음과 같다.

   1.1 일부 수소의 탈착열. 이는 수소화물의 생성열과 탈착된 총 수소의 분율에 비례한다. 후자의 양은 물론 압력 단계와 압축기 용기 내의 "사장 부피"의 상대적인 크기, 따라서 합금의 입자크기와 충전에 따라 좌우된다. 대체로 "사장 부피"는 용기 부피의 약 60%에 이른다. 그림 11.9에서 화학양론지수는 표 11.7에서 보이는 것과 같이 변한다.

   탈착되는 수소의 양은 흡착되는 양과 같아야 하기 때문에 점 C와 D에서의 화학양론지수 x 값들의 차이는 점 B와 A 사이에서의 차이와 같다는 점에 주목하자.

   매 사이클 당 합금 $1kilomole$에 대하여 공급되는 수소의 $kilomole$ 수는 $\frac{1}{2}(x_C - x_D)$이며 $\frac{1}{2}$은 수소 분자의 2가 원자 성질에 해당된다. 이 양은 $1.95kilomole$에 이른다.

표 11.7 압축기 사이클을 통한 화학양론 지수.

점	화학양론 지수
A	1.75
B	5.64
C	4.69
D	0.80

   온도가 올라갔을 때 탈착되는 수소의 $kilomole$ 수는 $\frac{1}{2}(x_B - x_C)$, 또는 0.48 $kilomole$이다. 따라서 $1kilomole$의 수소를 공급하기 위해 (0.48/1.95)×30.2=7.4 MJ의 열이 추가되어야 한다. 이는 효율을 7.3/(30.2+7.4), 또는 19.4%로 떨어뜨린다.

   1.2 온도를 또한 40℃에서 140℃로 올리기 위한 수소화물의 열용량. 여러 금속과 합금들의 열용량은 대략 $kilomole$당 $30kJ/K$이다. 수소화물의 열용량은 약간 더 높다. 공급되는 수소 $1kilomole$에 대하여 약 $0.5kilomole$의 합금이 필요하다. 온도를 증가시키기 위해 요구되는 열은 H_2 $1kilomole$당 0.5×30×(140-40)=1.5MJ이다. 효율은 이제 7.3/(30+7.4+1.5) = 18.8%이다.

   1.3 용기 자체의 열용량.

2. 외부로의 시스템의 열 손실을 무시. 이와 같은 손실을 줄이기 위해 장치는 잘 단열되어야 한다. 용기의 크기-즉 시스템의 용량-를 증가시키면 표면적에 대한 부피의 비가 증가되고 상대적인 열 손실은 감소된다. 더 큰 압축기는 비례적으로 더 작은 열손실로 운전된다.
3. 가열 유체의 온도가 수소화물의 온도보다 높을 필요가 있다는 점을 감안하지 않음. 열교환기의 벽들 사이에는 온도차가 존재해야 한다. 따라서 수소화물의 온도 스윙은 열 교환기 유체의 스윙보다 더 작다.
4. 이력현상을 무시. 이전에 언급한 바와 같이 흡착 플라토 압력은 탈착 압력을 $\triangle p$만큼 초과하는 경향이 있다. 그림 11.9에서 두 20℃ 등온선은 이런 현상을 나타낸다. 흡착-탈착 등고선으로 정의된 구역은 낭비된 에너지를 나타낸다. $\triangle p$는 압력과 거의 무관하므로 이력현상은 압력이 더 작아지는 더 낮은 온도에서 비례적으로 더욱 중요하다.

실험적으로 만들어진 $LaNi_5$ 압축기는 약 6%의 효율을 나타내며 2차 손실 메커니즘이 기여하는 바가 중요하다는 것을 보여준다. 기계적인 수소 압축기(일반적으로 60%의 효율)와 비교하면 수소화물 압축기는 적정 효율에서 운전된다. 그러나 에너지의 생성을 위하여 저급 열, 즉 공장의 다른 분야의 어떤 냉각 공정으로부터 이용 가능한 열을 흔히 사용한다.

$LaNi_5$는 큰 흡착 용량, 빠른 반응속도, 수평 플라토, 그리고 알맞은 압력 범위들로 인하여 작동 합금으로 제안되어 왔다.

우리가 언급한 유형의 3개 장치들은 하나가 기체를 전달하는 동안에 다른 것들은 서로 다른 위상의 재충전 공정으로 있도록 결합될 수 있다. 이는 수소의 지속적인 전달을 보장한다. 일반적으로 개별적인 사이클은 10분, 또는 그 이상 지속될 것이다.

11.6 수소화물 열펌프

수소화물은 수소를 방출할 때 열을 흡수한다. 이는 수소화물이 열펌프로 사용될 수 있음을 의미한다.

그림 11.14에 보인 열적으로 구동되는 열펌프를 고려하여 보자. 온도 T_C에서 차가운 공급원으로부터 보다 높은 온도 T_R의 외부로 열량 Q_C를 제공하고자 한다.

열은 더 차가운 저장소로부터 뜨거운 쪽으로 순간적으로 흐르지 못하기 때문에 뜨거운 공급원으로부터의 추가적인 (열) 에너지 Q_H의 소비를 필요로 한다. 따뜻한 외부로 보내지는 총 열량은 다음과 같다.

$$Q_R = Q_C + Q_H. \tag{11.33}$$

차가운 공급원은 겨울의 옥외일 것이고 뜨거운 공급원은 모아진 햇빛, 연료의 연소, 또는 전기 히터일 것이다. Q_R은 주택을 따뜻하게 하기 위하여 사용될 것이다.

반대의 경우에는

$$\frac{Q_R}{T_R} = \frac{Q_C}{T_C} + \frac{Q_H}{T_H}, \tag{11.34}$$

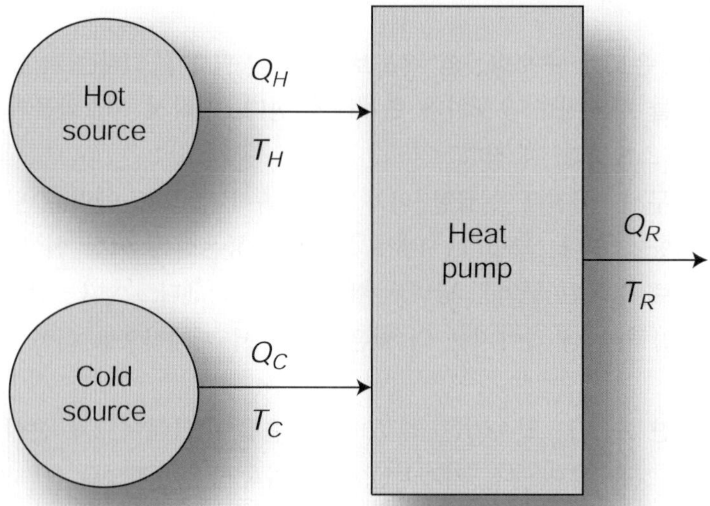

그림 11.14 열적으로 구동되는 열펌프.

이로부터 공정의 Carnot 효율을 구할 수 있다.

$$\eta_{CARNOT} = \frac{Q_R}{Q_H} = \frac{1-T_C/T_H}{1-T_C/T_R}. \tag{11.35}$$

바깥 온도가 0℃(273K), 옥내 온도가 25℃(298K), 그리고 뜨거운 공급원이 100℃(373K)인 경우 열펌프의 Carnot 효율은 다음과 같다.

$$\eta_{CARNOT} = \frac{1-273/373}{1-273/298} = 3.2. \tag{11.36}$$

1보다 큰 효율에 대한 언급을 피하기 위하여 식 11.36의 값은 성능계수(COP)라고 부른다. 3.2의 COP는 뜨거운 공급원으로부터 열펌프로 유입되는 각 1 joule에 대하여 3.2$joules$의 열이 주택으로 전달되는 것을 의미한다.

열펌프는 조화되는 성질을 갖는 두 수소화물을 사용하여 만들 수 있다. 두 개의 용기를 고려하여 보자: 이중 한 개(용기 B)는 실온 T_R에서 옥내에 있다. 합금의 유형은 현재 시스템 압력 p_0에서 수소로 완전히 포화되는 형태이다. 옥외에는 압력이 모두 p_0로 같도록 다른 용기(용기 A)가 B와 서로 연결되어 있다. A의 물질은 온도가 더 낮더라도(이는 외부온도 T_C이다) 합금은 완전히 고갈되도록 선택된다.

예를 들어 각 파라미터를 다음과 같이 두자.

실온 T_R 300K,
외부온도 T_C 270K,
따듯한 공급원 온도 T_H 400K,
엔트로피 변화(흡착)(합금 A) $\triangle S$ -110kJK^{-1} $per\,kilomole\,of\,H_2$,
엔트로피 변화(흡착)(합금 B) $\triangle S$ -110kJK^{-1} $per\,kilomole\,of\,H_2$,
엔탈피 변화(흡착)(합금 A) $\triangle H$ -26MJ per $kilomole$ of H_2,
엔탈피 변화(흡착)(합금 B) $\triangle H$ -30MJ per $kilomole$ of H_2.

식 11.22를 적용하면 첫 단계에 대하여 수소화물 A의 플라토 압력이 270K에서 5.2기압으로 계산되며 수소화물 B에 대해서는 300K에서 3.3기압으로 계산된다.

시스템 내에 충분한 수소가 존재하여 압력이 p_0=4기압으로 된다고 가정하자. 이 압력은 수소화물 B의 플라토 압력보다 더 높다. 따라서 수소화물은 포화된다. 그러나 4기압은 결과적으로 비워져야 하는(이는 알파 상이다) 수소화물 A의 플라토 압력보다 낮다.

운전의 첫 번째 단계는 용기 A를 내부로 이동시키는 것으로 이루어진다(그 온도는 T_R로 올라가며 계속적으로 고갈된다).

다음에 열 공급원에 의해 열량 $\triangle H_B$가 용기 B로 전달되어 그 온도가 T_H까지 올라가고 수소의 탈착이 야기된다. 압력은 용기 A 내의 합금에 의한 수소의 탈착이 강제적으로 이루어지기에 충분할 만큼 높다. 이에 따라 흡수되는 기체 1 $kilomole$에 대하여 실내로 $\triangle H_A$ 단위의 열이 투입된다.

보기에서 합금 B의 온도가 400K로 올라가면 플라토 압력은 약 67기압으로 상승하는 한편 합금 A(300K에서)의 플라토 압력은 16기압이다. 물론 시스템 내의 수소 압력은 67기압에 도달하지 못한다; 합금 B가 가열됨에 따라(뜨거운 열원으로부터 1$kilomole$당 30MJ을 흡수) 약간의 기체가 방출되고 시스템 압력은 증가하기 시작한다. 압력이 16기압을 약간 상회하는 값에 도달하면 기체는 합금 A에 의해 흡수되고 합금이 포화하지 않는 한 압력은 일정하게 유지된다. 이로 인하여 흡수되는 기체 1$kilomole$당 26MJ의 열 에너지가 실내로 흩어진다.

두 번째 단계는 용기 B로부터 열원을 제거하고 용기 A를 다시 밖으로 이동시키는 것으로 이루어진다. B의 온도는 T_R로 떨어지고 A의 온도는 T_C로 떨어진다. 그러나 이 온도들은 정확히 B가 포화되고 A가 고갈되도록 하는 초기온도들이다. B의 포화로 인하여 이 용기는 $\triangle H_B$의 열을 실내로 분산시키는 반면에 A의 고갈로 인하여 $\triangle H_A$의 열을 차가운 외부로부터 흡수하게 된다.

이 단계에서 합금 B는 플라토 압력을 다시 3.3기압으로 낮춘 반면에 시스템 압력은 여전히 (초기의) 16기압이다. 수소는 흡수되며 30$MJ/kilomole$의 흡착열이 실내로 되돌아간다.

사이클은 완료되었다. 실내는 단계 1동안 용기 A로부터 $\triangle H_A$의 열과 단계 2에서 용기 B로부터 $\triangle H_B$의 열을 받았다. 후자의 열량은 뜨거운 열원으로부터 유래된 것이지만 $\triangle H_A$는 차가운 외부로부터 도입되었다.

성능계수는

$$COP = \frac{\triangle H_B + \triangle H_A}{\triangle H_B} = 1 + \frac{\triangle H_A}{\triangle H_B}. \tag{11.37}$$

실내는 단계 1동안 합금 A로부터 26MJ, 그리고 합금 B로부터 단계 2동안 30MJ, 모두 합하여 56MJ의 열을 뜨거운 열원으로부터 30MJ의 비용으로 취하였다. 성능계수는 56/30 = 1.86이다.

분명히 주택의 외부에서 내부로 용기를 물리적으로 이동시킬 필요는 없다. 사이클 동안 적절한 순간에 내부와 외부의 공기를 순환시킴으로 동등한 효과를 얻을 수 있다.

유사한 시스템이 냉장고로 이용될 수 있다는 것은 명백하다.

참고문헌

수소화물과 그의 응용에 대하여 수많은 결과들이 출판되었지만 이 주제의 “바이블”이라고 널리 인정받고 있는 비교적 오래된 논문이 하나 있다. 이는 van Mal의 박사논문이다(라틴어풍의 독일식 이름을 주목하자. 이는 유럽에서 여전히 관찰되는 중세 이래의 관습이다†):

Van Mal, Harmannus Hinderikus, Stability of ternary hydrides and some applications, Ph.D. dissertation, Technische Hogeschool Delft (Netherlands), May 1976.

Amankwah, K.A.G., et al. Hydrogen storage on superactivated carbon at refrigeration temperatures, *International Journal of Hydrogen Energy* 14(9), pp. 437–47, 1989.

Chambers, A. C. Park, and R.T.K. Baker, *J. Phys. Chem.* B 102, p. 4253, 1998.

Chen, P., X. Wu, J. Lin, and K.L. Tan, Science 285, p. 91, July 2, 1999.

Houston, E. L., and G. D. Sandrock, Engineering properties of metal hydrides, *J. Less-Common Metals* 74, pp. 435–43, 1980.

Loges, Bj¨orn, Albert Boddien, Henrik Junge, and Matthias Beller, Controlled generation of hydrogen from formic acid amine adducts at room temperature and application in H2/O2 fuel cells, *Angew. Chem. Int. Ed.* 47, pp. 3062–965, 2008.

Williams, Robert H., The clean machine, *Technology Review*, April 1994.

† 지도 제작에서 너무나 빈번하게 이용되고 있는 유명한 메르카토르 투영법은 수학자 Gerhard Kremer에 따른 것이다. Kremer(도이치), Kr¨amer(게르민=상점관리인), 그리고 메르가토르(라딘)를 시로 비교하여 보자. 다른 유명한 라딘화에는 Catharina Elisabeth Textor가 포함되는데 그는 Johann Wolfgang von Goethe의 어머니로서 그녀의 이름을 Weber로부터 Textor로 개정하였으며 Joachim Neumann은 Joachim Neander가 되었는데 그를 따라서 네안데르탈이라는 이름이 생겼다. Neander=n′eos+andro (anēr)=neu+mann=new+man.

연 습 문 제

11.1 합금 Mg_2Ni는 수소와 작용하여 다음의 가역반응이 일어난다.

$$Mg_2Ni + 2H_2 \leftrightarrow Mg_2NiH_4.$$

흡착 반응을 위한 열역학적 데이터는(수소 $kilomole$당) 아래와 같다.

$$\triangle Hf^0 = -64.4MJ$$
$$\triangle Sf^0 = -122.3kJ/K$$

관련된 원자량($daltons$)은 다음과 같다.

H	1
Mg	24.3
Ni	58.7

아래의 문제에서 모든 압력은 플라토 범위에 있다.

1. $300K$에서 분해 압력은 얼마인가?
2. 어떤 온도에서 평형 압력은 $1MPa$가 되는가?
3. Mg_2Ni에서 각 원소들의 질량비율은 얼마인가?
4. 내부 부피가 $1000cm^3$인 용기에 $1.56kg$의 Mg_2NiH_4가 담겨 있다. 이 물질의 밀도는 $2600kg/m^3$이다. 포화된 수소화물은 빈 용기에 담겨있다. 온도는 400℃로 상승하지만 수소의 유출은 허용되지 않는다. 몇 kg의 수소가 탈착되는가? 수소화물에는 얼마나 남아있는가?
5. 나머지 수소를 탈착시키기 위해 얼마나 많은 열이 더 가해져야 하는가? 물질의 실험식이 $Mg_2NiH_{0.4}$에 이르게 되면 탈착이 멈춘다고 가정하자. 탈착된 수소는 압력을 일정하게 유시하기 위해 용기로부터 제거한다.
6. 위의 용기를 이용하여 수소 압축기가 구성되고 수소가 $10^5 Pa$, 50℃에서 시스템에 공급되면 압축기의 이론적 효율은 얼마가 되는가? 배출 기체는 85℃, $5MPa$이다. 모든 손실은 무시하기로 한다.

11.2 그림 11.8은 수소와 $LaNi_5$와의 반응에 대한 압력-조성 등온곡선을 보이고 있다. 플라토 영역에서 등온선은 수평이라고 가정하자-즉 압력은 조성과는 무관하다. 40℃에서 압력은 $0.3MPa$이고 140℃에서는 $5MPa$이라고 가정한다.

$LaNi_5H_5$ $1kg$을 가압 용기에 넣고 140℃로 가열한다. 수소화물이 실험식 $LaNiH_2$로 남게될 때까지 수소를 천천히 빼낸다.

분자량은 La가 138.9이고 Ni가 58.7이다.

이 합금에 대한 흡착 $\triangle H$는 수소 $1kilomole$당 -32.6MJ이고 $\triangle S$는 -107.7kJ/K이다.

1. 탈착 동안 온도를 140℃로 유지하기 위해서는 수소화물로부터 열을 제거해야 하는가,

475

아니면 수소화물에 열을 공급해 주어야 하는가?

2. 탈착을 수행하기 위해서는 수소화물과 얼마나 많은 열(J)을 교환해야 하는가?
3. 탈착 동안 이 시스템의 엔트로피 변화는 얼마인가? ΔS는 온도와 무관하다고 가정한다. 탈착 동안 엔트로피는 증가하는가, 아니면 감소하는가?
4. 얼마나 많은 수소(kg)가 빠져나가는가?

11.3 수소를 수송하고자 한다. 다음 두 가지 방법이 고려된다.

1. 수소를 액화시킨다.
2. 수소를 암모니아로 전환한다. 후에 수소를 사용할 때에는 암모니아를 촉매적으로 분해하여 85%의 수소를 회수할 수 있다; 기체를 분해하기 위해 암모니아 $1kg$당 $46.2MJ$의 에너지가 요구된다.

순수하게 에너지의 관점에서 볼 때 어느 것이 더 경제적인 해결책인가?

11.4 칼로리미터 측정으로부터 화합물 AB가 H_2와 반응하여 수소화물 ABH를 형성하는 경우 흡착되는 H_2 $1kg$에 대하여 $18.7MJ$의 열이 방출됨을 알 수 있다. 이 수소화물의 제작자는 일반적인 가압 실린더(200기압 규격) 내에 이를 적재하는 것(수소로 포화된)에 대한 타당성에 대하여 당신과 상의하려고 한다. 적재하는 동안 실린더는 태양에 노출된다. 수소화물에 대한 추가적인 데이터가 없이 당신은 제작자에게 어떤 조언을 할 것인가? 수소화물이 안전하게 도달할 수 있는 최대 온도를 제작자에게 말해줄 수 있는가?

11.5

1. $T=0C$일 때 1기압의 플라토 압력을 갖는 합금의 수소 흡착 반응에 대한 엔탈피 변화를 추정하여라.
2. $T=30C$일 때 1기압의 플라토 압력을 갖는 합금의 수소 흡착 반응에 대한 엔탈피 변화를 추정하여라. 합금 A는 외부(아마도 옥외)에 있어서 그 온도가 0℃로 되며 합금 B는 28℃인 상태(실내)에 놓여 있다고 가정하자. 합금 용기들은 수소 압력이 모두 같도록 파이프를 통하여 서로 연결되어 있다. 시스템의 수소의 양은 임의의 사이클 단계에서 하나의 합금이 포화되면 다른 하나는 고갈되도록 유지된다.
3. 시스템의 압력은 얼마인가?
4. 어떤 합금이 고갈되며 또 어떤 합금이 수소의 대부분을 포함하는가?
5. 합금 A의 온도를 28℃로 올려보자.
   플라토 압력은 얼마인가? 실제 수소 압력은 얼마인가? 합금 B의 열교환기를 통하여 (뜨거운 열원으로부터) 온수를 순환시키고 이를 100℃($373K$)로 가열한다. 이 온도를 그대로 유지하자.
6. 시스템의 압력은 얼마이며 두 합금에는 무슨 일이 일어나는가? 합금 B의 온도를 28℃로, A의 온도는 (이를 외부와 접촉시킴으로써) 0℃로 되돌려 보자.

7. 무슨 일이 일어나는가?
8. 시스템의 모든 흡착열 유입 및 유출값과 온도값들을 표로 만들어라. 다른 유출 및 유입열은 무시한다. 예를 들어 시스템의 온도를 변화시키는 데에 필요한 열은 무시한다.
9. 위에 언급한 완전한 사이클에서 얼마의 열(수소 1 kmole당)이 28℃의 외부로 전달되는가?
10. 이 열량 가운데 얼마가 온수로부터 유래되어야 하는가(그리고 비용을 지불해야 하는가)?
11. 이 열 펌프의 성능계수는 얼마인가-즉 온수로부터 요구되는 열에 대한 28℃의 외부로 전달되는 열의 비는 얼마인가?

11.6 최근 개발된 어떤 2성분 화합물은 가역적(3원) 모노수소화물을 형성하기 때문에 수소저장 매체로 사용된다.

시스템의 데이터는 다음과 같다.

(수소가 없는) 화합물의 분자량 : $88 daltons$.

(수소화 되었거나 고갈된) 화합물의 밀도 : $8900 kgm^{-3}$.

수소화 엔탈피 : H_2 $1 kilomole$당 -26.9MJ.

수소 흡착에 의한 엔트로피 변화 : H_2 $1 kilomole$당 -100kJK^{-1}.

등온선의 종류 : 단일 플라토.

화합물의 열용량 : $200 JK^{-1}kg^{-1}$.

용기와 수소 기체의 열용량 : 무시할 수 있음.

물의 열용량 : $4180 JK^{-1}kg^{-1}$.

수소의 밀도 : $0.089 kgm^{-3}$.

(0℃에서 미세한 분말로 활성화된) 2.5kg의 화합물이 내부가 $10cm \times 10cm \times 10cm$로 측정된 용기 내에 놓여있다.

합금이 포화되고 기체 압력은 정확히 플라토 압력이 되도록 시스템을 조절하고자 한다. 이 점을 규명하기 위하여 수소가 추가됨에 따른 합금 용기 내 압력의 거동을 관찰해야 한다. 압력은 처음에는 상승한다; 후에는 플라토에 도달함에 따라 포화에 이를 때까지 안정화된다. 처음에 이 점을 지정한 다음에 수소원을 제거하여 일부 기체를 퍼지시키고 압력이 이전에 관찰된 플라토 압력으로 떨어지면 퍼지를 멈춘다. 전체 운전동안 온도는 조심스럽게 0℃로 유지된다.

5기압의 수소원을 이용하여 이 용기를 채운다. 기체는 평형이 이루어지기에 충분할 만큼 오랫동안 주입된다. 이 조작에 의해 흡수되거나 방출되는 열은 시스템에서 제거되거나 첨가되어서 조작이 끝날 무렵에는 압력은 여전히 5기압이며 온도는 0℃이다. 다음에 수소원은 제거된다. 용기 내부의 압력은 5기압으로 유지된다. 밸브가 열리고 압력이 관찰되는 동안 수소가 유출된다. 압력이 안정화되자마자 밸브는 닫힌다.

1. 유출로부터 얼마나 많은 수소(g)가 손실되는가?
2. 저장소 내에 얼마나 많은 수소가 남아있는가? 손실을 저장된 기체의 백분율로 나타내어라.

3. 저장된 기체의 압력은 얼마인가?

이제 용기를 40℃의 물탱크에 담근다. 이 탱크는 0.3l의 물을 수용하며 완전히 단열되어 있다. 이 탱크의 벽의 열 저장용량은 무시할 수 있다.

4. 평형에 도달한 후 이 시스템(물탱크와 합금용기)의 온도는 얼마인가?

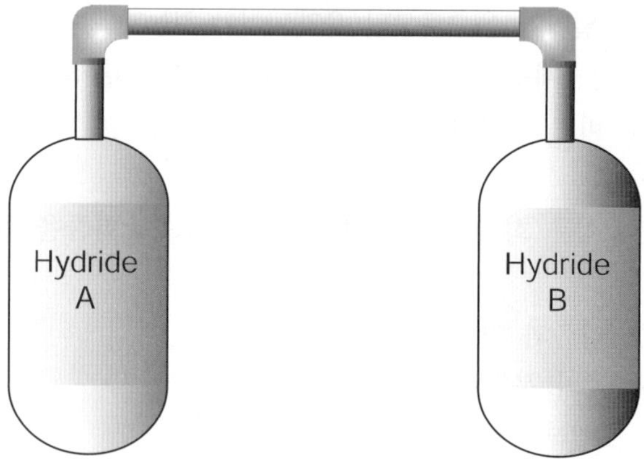

11.7 어떤 발명가는 피크닉에서 음료수를 냉각시키기 위한 다음과 같은 장치를 고안했다. 이는 (작은 휴대용 산소병과 같은) 두 개의 튼튼한 용기로 구성되어 있으며 이 가운데 하나(용기 A)는 내부에 12개의 맥주 캔이 있는 스티로폼 상자 안에 넣을 수 있다. 다른 하나(용기 B)는 상자 외부에 위치하며 불 위에 올려둘 수 있다. 두 용기들은 그림에 보인 바와 같이 파이프로 서로 연결되어 있다. 용기는 수소를 흡착할 수 있는 서로 다른 합금들로 채워져 있다. 합금 A는 $TiFe$이다. 합금 B는 알아내어야 한다.

두 용기의 온도가 298K로 서로 같을 때 합금 A는 고갈되고 B는 포화된다.

1. 이처럼 되기 위해 요구되는 합금 B의 특성은 무엇인가? 두 합금의 열역학적 파라미터들 사이의 관계를 설정하여라.
2. 아래의 표로부터 어떤 합금이 고려중인 장치에서 합금 B로 사용될 수 있는가?

수소화물	ΔH	ΔS
	$MJ/kmole$	kJ/K per $kmole$
AB	-21.0	-96.5
CD	-26.1	-99.5
EF	-27.9	-106.8
GH	-32.1	-101.8
IJ	-32.6	-110.5
KL	-33.4	-98.3

시스템을 작동하기 위해 용기 A는 물동이에 놓여있으며 25℃로 유지되고 있다. 이를 위해서는 종종 물을 새로 갈아주어야 한다. 용기 B는 수소화물이 포화가 되는 용기 A로 수

소가 전달되도록 피크닉용 화로 위에 놓인다.

다음에 용기 A를 스티로폼 상자 안에 위치시켜 $355ml$의 맥주 캔과 접촉시키는데 이 캔은 우수한 열접촉을 위해 $4.5l$의 물 속에 잠겨있다.

이제 용기 B를 298K로 냉각시켜 시스템이 원래의 상태로 되돌아가도록 한다.

A로부터 수소를 탈착하기 위해 소요되는 열은 12개의 맥주 캔을 25℃에서 10℃로 냉각시킬 것이다.

열용량에 관한 한 맥주는 물처럼 거동한다고 가정한다. 스티로폼 상자는 본질적으로 단열이다. 사이클 동안 A의 수소화물의 조성은 $TiFeH_{0.95}$에서 $TiFeH_{0.4}$로 변한다고 가정한다.

Ti의 원자량은 $57.9daltons$이며 Fe의 원자량은 $55.8daltons$이다.

3. 요구되는 $TiFe$의 최소 질량을 추정하여라.

11.8 두 개의 용기가 파이프로 서로 연결되어 있다. 용기 A는 300K에서 $TiFe$를 담고 있으며 용기 B는 350K에서 $CaNi_5$를 담고 있다. 시스템은 4기압에서 수소로 채워져 있다.

어느 용기에 다량의 수소가 채워지는가? 추측하지 말고 표 11.4의 열역학적 데이터를 이용하여라.

11.9 경고 : 이 문제의 단위는 $grams$, $centimeters$등과 같이 SI 단위가 아닌 단위들을 포함한다.

수소 흡착 합금 AB를 포함하고 있는 용기를 고려하여 보자.

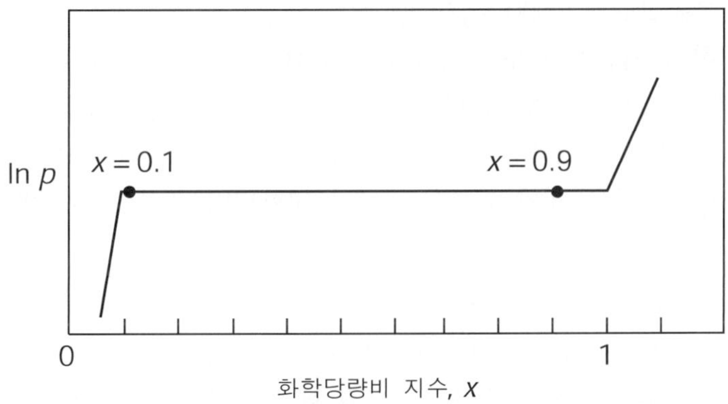

용기 :

부피 : $200cm^3$.

열적 단열 : 단열.

열용량 : 무시.

합금 :

분자량 : $120daltons$.

양 : 200g

열용량 : 합금 $1kg$ 당 $1700J/K$(수소화된 합금에서도 같다).

<u>수소화물 :</u>

ABH의 생성열(흡착) : $H_2 kmole$당 -30.0MJ.

흡착에 의한 엔트로피 변화 : $H_2 kmole$당 -110kJ/K.

($ABH_{0.9}$의) 밀도 : 1600kg/m^3.

<u>시스템 :</u>

초기 온도 : 300K.

초기 수소 압력 : 평형.

평균 합금 조성이 $ABH_{0.9}$가 될 때까지 수소가 용기 내로 주입된다. 필요한 모든 수소를 용기 내로 주입시키기 위해 요구되는 최소 압력은 얼마인가? 얼마나 많은 수소가 용기 내로 주입되는가?

11.10 완벽하게 단열(열 차단) 용기는 최초 부피가 100cm^3이며 단일 수소화물 ABH를 형성하는 240g의 합금분말 AB를 담고 있다. 흡착에 대한 열역학적 데이터는 아래와 같다.

ΔH = $H_2 kmole$당 -28MJ

ΔS = $H_2 kmole$당 -100kJ/K.

열용량 c_v = 합금kg당 400J/K.

추가적인 데이터는 다음과 같다.

합금의 분자량 = 150$daltons$.

합금의 밀도 = 8000kg/m^3.

합금분말의 총괄밀도 = 4000 kg/m^3.

용기는 압력이 10기압이 되도록 수소로 채워졌다. 이 시스템의 온도는 30℃이다.

1. 수소는 빠져나간다. 수소화물의 온도 변화가 일어나지 않고 몇 $milligrams$의 기체가 제거될 수 있는가? 용기는 단열임을 상기하자. 빠져나간 수소가 가할 수 있는 일에 의한 열은 수소화물 용기 외부의 기체와 교환되며 용기의 온도에는 영향을 미치지 않는다.
2. 더 많은 수소가 배출되면 수소화물의 냉각이 야기될 것이다. 용기는 열용량을 갖지 않는다고 가정한다. 압력이 1기압으로 떨어지면 얼마나 많은 수소가 방출되는가?
3. 위의 탈착 이후에 실험적 구조식 ABH_x에서 x의 값은 얼마인가?

11.11 Pons와 Fleishman의 상온 핵융합 실험은 팔라듐 음극과 백금 양극으로 구성되는 전해질 전지를 이용한다. 전해질은 D_2O내의 $LiOH$ 농축용액이다. 팔라듐 전극은 길이 10cm, 직경 1.2cm의 원통형 막대이다. 실험 직전에 막대를 진공에서 가열시켜 기체를 완전히 제거한다.

0.5A의 전류가 전지를 흐를 때 긴 시간동안 어떤 특별한 현상도 발생하지 않는다. 확실히 한다면 팔라듐에서 D_2가 발생하고 산소 전극에서 O_2가 발생하는 통상적인 전해가 일어난다. 사용되는 D_2O는 계속적으로 재충전된다.

어떤 아주 드문 경우 긴 시간동안 전해가 진행된 후에 갑자기 열이 상당한 양으로(이 경우 73W) 생성되기 시작한다. 이러한 열 생산속도는 120시간동안 지속되며 그 후에 전지는 연결이 차단된다.

모든 팔라듐 화합물의 생성 엔탈피를 관찰해 보면 가장 큰 값은 팔라듐 수산화물의 생성 엔탈피 $706MJ/kmole$인 것을 알게 될 것이다.

아울러 팔라듐의 원자량은 $106daltons$이고 금속의 밀도는 $12gcm^{-3}$인 것을 알 수 있다. 생성되는 에너지는 본질적으로 화학적 에너지가 아니라는 것을 증명할 수 있는가?

시간지연을 설명하기 위해 $D_2 - D_2$ 융합은 중수소가 충분한 밀도로 적층되는 경우에만 빠른 속도로 일어나며 이는 팔라듐이 완전히 중수소로 포화되고 팔라듐 디-듀테라이드의 형성이 시작되는 경우에만 발생할 것이라고 가정한다. 전지가 가열되기 전에 전지가 얼마나 오랫동안 운전될 수 있다고 기대하겠는가?

11.12 어떤 용기는 두 합금(합금 1과 합금 2)의 혼합물을 담고 있다. 밸브가 장치된 수소 공급원이 이 용기와 연결되어 있다. 측정된 양의 기체가 이 용기로 운송될 수 있다.

시스템에 도입되는 H_2의 양 μ_{H_2}(몰)에 대한 p_{system}(용기에 연결된 마노미터로 읽을 수 있는 pascal 단위의 수소 압력)의 거동을 나타내어라. μ_{H_2}에 대한 p_{system}의 개략적인 그래프를 작성하여라.

우 그래프 상의 모든 분기점들을 추정하여라-즉 곡선이 갑자기 그 특성을 변화시키는 위치에서의 모든 μ_{H_2} 값들을 추정하여라.

$T = 400K$에 대하여 항목 1에서 5까지의 상세한 지시에 따라 위의 작업을 수행하여라.

다음은 일부 데이터를 보인 것이다.

용기의 내부 부피 : 1ℓ.

합금의 x에 대한 이상적인 p의 특성은 다음과 같다 :

영역 1 : $0 < p < p_{plateau}$에서 평형 압력은 화학양론계수 x에 비례한다. $x = x_{crit_l}$이면 p는 $p_{plateau}$에 도달한다.

영역 2 : x가 임계값 x_{crit_u}에 도달할 때까지 플라토 압력은 완전히 일정하다.

영역 3 : $x > x_{crit_u}$인 경우 압력은 x에 대하여 영역 1에서와 동일한 기울기로 선형적으로 증가한다.

합금 1 : 밀도 $2750kg/m^3$, ΔS = $-110kJK^{-1}kmole^{-1}$, ΔH = $-35MJkmole^{-1}$인 합금 AB 0.8kg.

400K에서 $x_{crit_{l1}}$(플라토 영역에서 x의 최소값)은 0.3이고 $x_{crit_{u1}}$(플라토 영역에서 x의 최대값)은 3.55이다.

합금 2 : 밀도 $2750kg/m^3$, ΔS = $-90kJK^{-1}kmole^{-1}$, ΔH = $-28MJkmole^{-1}$인 합금 CD 1.0kg.

400K에서 $x_{crit_{l2}}$(플라토 영역에서 x의 최소값)은 0.3이고 $x_{crit_{u2}}$(플라토 영역에서 x의 최대값)은 4.85이다.

분자량은 다음과 같다.

A. 48 $daltons$.

B. 59 $daltons$.

C. 139 $daltons$.

D. 300 $daltons$.

위의 합금들의 밀도는 수소화 여부와 상관없이 (비현실적으로) 같다.

"기체 공간"을 합금이 차지하지 않는 용기 내의 공간이라고 정의한다.

1. 기체 공간의 부피 $V_{gas-space}$를 계산하여라.
2. 용기에 포함된 각 합금의 $kilomoles$ 수는 얼마인가?
3. 300과 400K에서 두 합금의 플라토 압력을 표로 작성하여라.
4. 수소가 시스템에 점차적으로 도입될 때 시스템 압력 p_{system}이 변하는 방식을 기술여하라. 도입된 H_2의 몰 수의 측정값으로 μ_{H_2}를 사용하여라. μ_{H_2}에 대한 p_{system}의 그래프를 작성하여라.
5. 분기점을 나타내는 μ_{H_2}의 값(p_{system}의 거동에서 급격한 변화가 일어나는 점. 즉 압력변화가 성장하다가 정체되거나 그 반대인 점)들을 계산하여라.

11.13 높은 압력을 견딜 수 있는 용기는 $0.1m^3$의 내부 용량을 갖는다. 이 용기는 490kg의 합금 AB를 포함하고 있으며 수소 저장에 이용된다.

이 합금의 성질은 다음과 같다.

A의 원자량	$60 daltons$
B의 원자량	$70 daltons$
AB의 밀도	$8900 kg/m^3$
열용량	$1\ kJK^{-1}kg^{-1}$
$\triangle H$	-25 $MJ/kmole\,of\,H_2$
$\triangle S$	-105 $kJK^{-1}/kmole\,of\,H_2$
플라토의 고갈 말단점	$x = 0.01$
플라토의 포화 말단점	$x = 1$

x는 ABH_x에서 수소의 화학양론 계수이다. 이 값들은 $300K$에서의 값이다. 플라토 압력은 위의 간격에서 x와는 본질적으로 무관하다. $x = 1$ 이상에서 평형압력은 x에 따라 매우 빠르게 증가해서 x는 수소 압력에 눈에 뜨일 만큼 의존하지 않는다.

1. 용기 내의 부피는 기체에 의해 얼마나 채워질 수 있을 것인가?
2. 얼마나 많은 양의 합금($kilomole$)이 용기 내에 존재하는가?
3. $300K$에서 합금 내의 수소의 플라토 압력은 얼마인가?
4. H_2 $10g$을 도입하자. 용기 내의 기체의 압력에 대한 상한값을 제시하여라.
5. 이제 수소를 도입하여 도입된 총 양(단계 4와 단계 5)이 $100g$이 되도록 하자. 온도는 $300K$로 유지된다. 기체의 압력은 얼마인가?

6. 수소화물 ABH_x 화학양론 지수 x는 얼마인가?
7. 마지막으로 충분한 양의 수소를 도입하여 총 양이 $4kg$이 되도록 하자. 온도는 $300K$로 유지된다. 기체의 압력은 얼마인가?
8. 용기는 무시할 만한 열용량을 갖는다고 가정하자. 단열적으로 (즉 시스템으로 어떠한 열도 가하지 않고) 수소 $3kg$을 빼낸다. 수소 $3kg$이 제거된 후의 용기 내의 기체의 압력은 얼마가 될 것인가?

11.14 두 가지의 수소 저장 합금은 다음과 같은 성질을 가지고 있다.

수소화물	ΔH $MJkmole^{-1}$	ΔS $kJK^{-1}kmole^{-1}$
A	-28	-100
B	-20	?

$T = 400K$일 때 두 수소화물의 플라토 압력이 같아지기 위해서는 ΔS_B의 값은 얼마이어야 하는가?
물론 ΔS_B는 합금 B의 ΔS이다.
합금 B의 성질을 갖는 합금을 찾을 가능성을 어떻게 평가하겠는가? 그 이유를 설명하여라.

11.15 $TiFe$는 HY-STOR 101이라는 상표로 Energics 사가 판매하고 있다. 표 11.4부터 11.6에 걸쳐 적절한 데이터를 찾아볼 수 있다. 이 합금을 "이상적"이라고 간주한다(이력현상이 없다).
철의 원자량은 $55.8daltons$이고 티타늄의 원자량은 $47.9daltons$이다. 포화된 합금($TiFeH_{0.95}$)의 온도는 $350K$이며 열용량을 무시할 수 있는 완벽히 단열된 용기 내에 존재한다.
벨브가 열리고 수소는 압력이 2기압에 도달할 때까지 유출되는 것을 허용한다. 실험이 끝난 시점에서 수소화물의 조성은 무엇인가; 즉 $TiFeH_x$에서의 x의 값은 얼마인가?
문제를 간단히 하기 위해 용기 내에 "기체 공간"은 없다고 가정한다(분명히 불가능하다).
또한 수소 기체의 열용량과 기체의 탈출에 의한 Joule-Thomson 열을 무시한다.

11.16 어떤 용기는 단일 수소화물 ABH를 형성하는 합금 AB를 담고 있다. 용기는 완벽히 열에 고립되어 있으며-즉 단열되어 있으며-$0.01kmole$의 합금과 $600ml$의 자유 공간을 포함하는데 처음에는 완전히 비어 있다(진공).
합금의 분자량은 $100daltons$이고 흡착의 열역학적 특성은 H_2 $1kilomole$당 ΔH = -25 MJ, ΔS = -100kJ/K이다. 간단히 하기 위해 플라토가 $x = 1$에서 $x = 0$까지 내내 확장된다는 비현실적인 가정을 하자. x는 ABH_x의 화학양론 계수이다. 또한 플라토는 완벽히 수평하며 이력현상이 없다고 가정하자. 합금의 열용량은 $500Jkg^{-1}K^{-1}$이다. 다시 간단히 하기 위해 용기 자체, 또는 수소 기체 어느 쪽도 의미 있는 열용량을 갖지 않는다고 가정한다. 마지막으로 합금의 부피는 x에 무관하다고 가정하자.
$0.002763 kmole$의 H_2가 용기로 도입된다. 수소와 용기 모두 $300K$이다. 용기 내의 기체 압력은 얼마가 될 것인가?

11.17 HELIOS는 라디오 중계 플랫폼 역할을 위해 AeroVironment에서 개발한 전기 항공기이다. 이 항공기는 상당히 높은 고도(30km 정도)에 오르며 주어진 인구 밀집지역 위를 장기간(수개월) 동안 선회하여 보통의 인공위성이 하는 역할을 충족시킨다고 가정한다. 비록 지리학적 유효 범위는 훨씬 작지만 HELIOS는 실질적으로 더욱 경제적일 것으로 기대된다.
이 항공기는 각각 1.5 kW인 14개의 전기 모터에 의해 추진된다. 동력은 날개 표면의 대부분을 덮고 있는 광전지로부터 얻는다. 오랜 기간 동안 고도를 유지하기 위해서 항공기는 밤 시간동안의 작동을 위한 동력 제공을 위해 낮 시간 동안 얻어진 에너지를 저장해야 한다. 이 문제에 대한 해결책은 낮 시간 동안 제공되는 과잉 에너지를 광전지에 의해 수소와 산소로 전환시키는 물 전해조를 사용하는 것이다. 기체는 저장되며 밤 시간 동안 항공기가 필요로 하는 동력을 제공하는 연료 전지로 공급된다.
비록 HELIOS의 규격은 알려지지 않았지만 가능한 에너지 저장 시스템의 윤곽을 그려보자. 이를 위해 AeroVironment에 의해 이루어진 실제 해결책으로부터 상당히 벗어날 수 있는 다수의 가정들을 세워야 한다.

1. 저장되어야 하는 수소와 산소의 양을 계산하여라. 이륙하여 순항고도까지 오르는 동안 각 모터당 1.5kW가 소요되지만 그 고도에서 순회하는 데에는 위의 소요 동력의 절반만이 필요하다고 가정한다. 또한 항공기의 작동을 위해 요구되는 동력(추진력이 아니고 무선 장치를 위한 에너지를 포함)은 3kW이다. 가장 긴 밤 시간은 12시간이라고 가정한다. 연료 전지의 효율은 80%이다.
2. 항목 1에서 계산된 양의 연료가 저장되어야 한다. STP 조건을 가정하면 요구되는 부피는 얼마인가?
3. 항목 2에서 계산된 부피는 분명히 HELIOS에 장착하기에는 너무 크다. 시카고에서 실험적으로 운전되는 연료전지 버스는 500기압에서 작동하는 수소 탱크를 지니며 수소를 저장할 때 6.7%의 중력 농도를 허용한다. 만일 HELIOS를 위해 이러한 탱크가 적용된다면 완전히 충전된 연료 저장 시스템의 질량은 얼마가 될 것인가?
4. 기계적 수소 압축기의 효율은 60%이며 산소 압축기의 효율은 80%라고 가정하자. 이 압축기들이 기체들을 대기 운전온도 500°까지 등온압축하기 위해 필요로 하는 에너지는 얼마인가? 간단히 하기 위해서 이 기체들을 생산하는 전해조는 5기압으로 가압되어 있다고 가정한다.
5. 낮 시간에 선회하는 동안 광선시 포집기가 전달하는 총 에너지는 얼마인가? 전해조의 효율은 80%이다.

11.18 두 개의 100-ℓ 용기가 (내부 부피를 무시할 수 있는) 파이프로 서로 연결되어 있다. 용기 A에는 $FeTi$ 37.2kg이, B에는 $Fe_{0.8}Ni_{0.2}Ti$ 37.8kg이 담겨있다.

비록 두 용기 사이를 기체가 자유롭게 이동하지만 이들 사이의 열전달은 무시할 수 있다. 따라서 두 용기 내의 기체의 온도는 서로 다를 수 있다. 기체의 온도는 언제나 기체가 접촉하고 있는 합금의 온도와 같다고 가정한다.

원소	원자량 (daltons)	밀도 (kg/m^3)
Ti	47.90	4540
Fe	55.85	7870
Ni	58.71	8900

합금	ΔH (MJ$kmol^{-1}$)	ΔS ($kJ^{-1}kmol^{-1}$)
FeTi	-28.0	-106.1
$Fe_{0.8}Ni_{0.2}Ti$	-41.0	-118.8

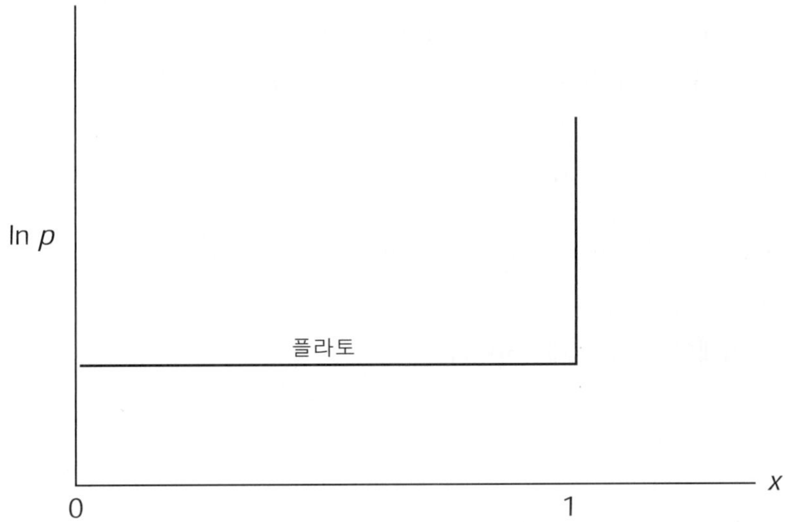

풀이를 간단히 하기 위해서 합금의 x에 대한 $\ln p$의 특성은 완벽하게 수평한 플라토와 뒤이은 포화된 영역 내의 수직선으로 구성된다고 가정한다. 다시 말하면 특성은 그림에 보인 바와 같다. 합금은 $x=0$에서 고갈되고 $x=1$에서 포화된다. 또한 포화된 합금 내에 용해된 모든 수소는 무시한다.

초기에는 용기 A는 300K이고 B는 400K이다. 용기들은 주의깊게 비워져 있다(기체 압력은 0이다).

합금의 밀도는 구성 원소들의 밀도의 평균이라고 가정한다.

충분한 수소를 시스템 내로 유입시켜 합금 중 하나를 포화시킨다. 이로 인하여 합금의 온도가 변화한다.

간단히 하기 위해 합금과 용기들 자체는 무시할 만한 열용량을 갖는다고 가정한다.

1. 온도는 증가하는가, 아니면 감소하는가?
2. 이제 온도를 이전과 같이 300K와 400K로 조정한다. 이 단계에서 다른 합금이 고갈된 상태로 방치한 채 기체 압력을 포화된 합금의 플라토 압력보다 10% 더 높게 하

려면 얼마나 많은 수소(*kg*)가 시스템으로 도입되어야 하는가? 그램 단위까지 정확하게 계산하여라.

3. 이제 합금의 온도를 400K로 올려보자. 무슨 일이 일어나는지 설명하여라.
   3.1 최종 기체 압력은 얼마인가?
   3.2 각 합금에서 H의 화학당량 값은 얼마인가?
   3.3 얼마나 많은 열($joules$)이 추가되어야 하는가?
   3.4 얼마나 많은 열($joules$)이 제거되어야 하는가?

11.19 용량이 $1m^3$인 용기가 $3000kg$의 $LaNi_5$를 포함하고 있다. 비록 초기에는 시스템은 비어 있지만 압력(용기와 합금이 $298K$일 때)이 정확히 2기압이 될 때까지 μ_1의 수소를 유입시킨다. 일단 합금이 포화되면 더 이상의 수소를 용해시킬 수 없다고 가정한다; 즉 베타-상 직후의 $p-x$ 특성은 수직이라고 가정한다.

란탄(원자량 $138.90 daltons$)의 밀도는 6145 kg/m^3이고 니켈(원자량 $58.71 daltons$)의 밀도는 $8902kg/m^3$이다. 합금의 밀도는 니켈 $5 kilomoles$와 란탄 $1 kilomole$의 혼합물의 밀도와 같다고 가정한다.

1. μ_1의 값은 얼마인가?
2. $100MJ$의 열이 그 벽이 단열이고 열용량을 갖지 않는 용기 내로 도입된다. 자유 수소 기체의 열용량 또한 무시하자.

자유 수소 기체의 압력을 계산하여라.

11.20 $R=8134$를 이용한다.

설정은 다음과 같다.

수소 공급원은 완전히 수소화물 AH로 수소화될 수 있는 합금 A를 포함하는 용기와 연결되어 있다.

수소 공급원은 내부 용량이 $V_s = 1$리터인 고압 용기이다. 이 용기에는 충분한 수소가 충진되어서 온도가 $T_0 = 300K$일 때 기체 압력은 p_0 = 500기압이다. 용기는 수소화물 용기와 열적으로 접해있다. 정상상태에서 수소 용기와 수소화물 통은 모두 같은 온도이다. 용기의 열용량은 $300J/K$이다.

전체 시스템-용기와 통-은 완벽히 단열이다: 외부와의 어떠한 열 교환도 없다.

수소화물 통과 수소 공급원을 연결하는 파이프가 있다. 밸브는 수소 흐름을 조절한다. Joule-Thomson 법칙에 따라 공급원으로부터 빠져나와 용기 내로 흐르는 기체는 더워진다. 그러나 이 문제에서는 Joule-Thomson 효과는 없다고 가정한다.

초기에는 수소 공급 밸브가 닫혀있는 동안 용기와 통 내의 기체 압력은 없고 내용물은 $300K$이다.

통 :

부피, V=1 ℓ.

열용량, c_{can} = $700J/K$.

합금은 아래와 같은 특성을 갖는다.

수소화물의 양, m = 5.4kg.

수소화물의 밀도, δ = 9000 kg/m^3.

합금 A의 분자량, 100$daltons$.

흡착열: -28$MJ/kmoles$.

흡착 엔트로피 변화: -110$kJK^{-1}kmole^{-1}$.

열용량, c_{hyd} = 500 $Jkg^{-1}K^{-1}$.

합금의 x에 대한 $\ln p$의 특성 x는 고갈된 영역에 해당하는 수직선들과 포화 영역으로 제한되는 완벽하게 수평인 플라토이다.

밸브가 열리고 수소가 통 내부로 흐른다. 오래 기다려서 전이현상이 잠잠해지게 되면 수소 공급원 내의 기체 압력은 얼마인가? 수소화물은 플라토 영역 내에 존재하는가?

11.21 수소 공급원은 초기 압력이 500기압인 5-ℓ 용기로 구성되어 있다. 실험 내내 용기 내의 수소는 300K로 일정하게 유지한다.

a. 초기에는 용기 내에 몇 kilomole의 수소(μ_0)가 존재하는가?

분리된 2-ℓ 통("합금 통")은 다음 특성을 갖는 금속성 합금 AB 3.5kg을 포함하고 있다.

밀도	δ	3.5kg
흡착열	ΔH	-30$MJ/kmole(H_2)$
엔트로피 변화(흡착)	ΔS	-100$kJ/(kmole\ K)$
분자량		100$daltons$
(완전히 수소화된) 조성	ABH	

극단적으로 단순화시킨 x-ln(p) 특성을 가정한다.

- 수평 플라토.
- 고갈 영역 없음.
- 수직 포화 영역.

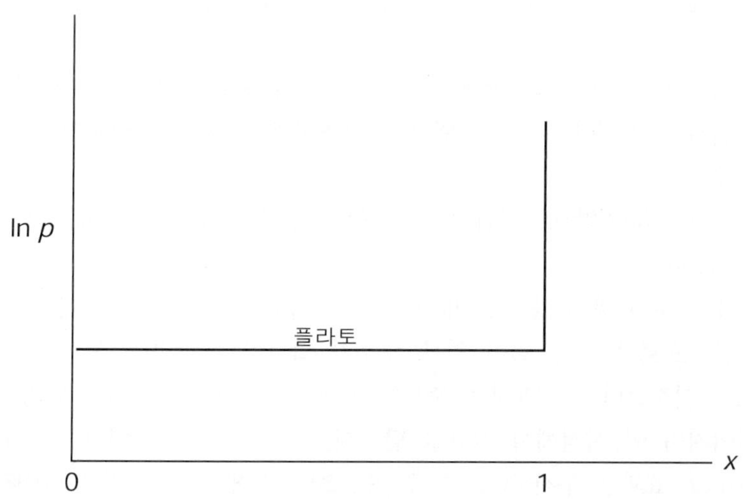

관련되는 열용량은 다음과 같다.

통	100	J/K
합금	440	J/K per kg
수소(H_2)	20,800	J/K per $kmole$

b. 합금이 충분히 수소화되었다면 통 내의 합금 $3.5kg$에 의하여 얼마나 많은 수소($kilomoles$)가 흡착되겠는가?

c. 합금은 통을 완전히 채울 수 없다. "사장 공간"이 남아 있는데 이는 초기에는 진공이지만 후에 약간의 수소로 채워질 수 있다. 이러한 사장 공간의 부피는 얼마인가?
실험을 시작하기 전에 합금은 완전히 기체가 제거된 상태이다-수소는 사장 공간 내에 있지도 않으며 합금에 의해 흡착되지도 않는다. 두 통과 합금은 모두 $300K$이다.
실험은 밸브를 열고 시스템이 정상상태에 도달할 때 까지 기다리는 것으로 이루어진다. 수소가 공급원으로부터 합금 통으로 흐름에 따라 전자의 압력은 떨어지는 한편(온도는 유지된다) 사장 공간 내의 압력은 올라간다(온도 역시 그러하다).

d. 정상상태에 도달하면 사장 공간은 일의적 압력을 갖는다. 이 압력의 계산에는 많은 노력이 소요된다. 이 압력이 10기압이라고 가정하자. 사장 공간 내의 H_2의 양 μ_{ds} ($kilomoles$)와 합금에 의해 흡착되는 H_2의 양 μ_{abs}($kilomoles$)을 계산하라. 가정된 압력은 정상상태 상황에 해당될 수 없음을 입증하여라.

e. 사장 공간 내의 정확한 정상상태 압력을 계산하여라. 설정한 임의의 가정의 정확성을 검토하여라.

11.22 $TiFe$ 합금의 (매우 이상화된) 데이터는 다음과 같다.

흡착에 대한 ΔH = -28 $MJkmoles^{-1}$.
흡착에 대한 ΔS = -106.1 $kJK^{-1}kmoles^{-1}$.
비열용량, c = 540 $Jkg^{-1}K^{-1}$.
밀도 = $6200kg/m^3$
플라토 압력은 $x=0$부터 $x=1$까지 확장된다. 후자의 점에서 압력은 x와는 무관하게 상승한다.
위의 합금 $100kg$이 160-ℓ의 통에 들어있으며 이 통은 내부 압력이 사실상 0에 이르도록 조심스럽게 펌핑된다. 용기는 외부와 완벽하게 단열되어 있으며 (합금 내부와 함께) $298.0K$이다.
수소(압력 = 500.00기압)로 채워진 1000-ℓ의 큰 별도 용기는 전체 실험 내내 일정한 온도 $298.0K$로 유지된다.
차단 밸브가 장치된 파이프는 두 개의 용기를 서로 연결한다. 초기에는 밸브는 닫혀있다. 실험은 순간적으로 밸브를 열어 일부 수소가 합금을 포함하는 통으로 들어갈 수 있도록 하는 것으로 시작한다. 이 과정은 충분히 오래 지속되어 수소 공급원의 압력이 475.54기압까지 떨어지며 이 시점에서 밸브를 닫는다. 합금 용기로 들어가는 기체의 온도에 대한 Joule-thomson 효과는 무시한다; 즉 수소는 $298.0K$에서 이 용기로 들어간다고 가정한다.

1. 얼마나 많은 수소가 합금이 포함된 용기로 들어갈 수 있는가?
2. 정상상태에 도달한 후 합금이 포함된 이 용기에서의 수소의 최종 압력은 얼마인가?

H_2의 열용량은 무시한다. 통의 열용량은 $20,000 JK^{-1}$이다.

11.23 이 문제를 "정확하게" 푸는 것은 다소 난해하다. 우리가 원하는 것은 간단히 최종 온도의 추정이다. 간단히 하기 위한 몇 가지 가정들을 세워야 한다. 이를 엄밀한 방법으로 수행한다면 시간을 낭비할 것이기 때문에 (맞는 답을 얻었을 지라도) 일부 요점들을 놓칠 것이다. 합당한 단순화 가정으로부터 2% 오차 이내의 추정값들을 얻게 될 것이며 이 오차는 공공 작업에는 충분하다.
2ℓ의 부피를 갖는 작은 금속 통은 $300K$에서 3kg의 $TiFeH_{0.95}$(HY-STOR 합금 101)을 담고 있다. 합금의 밀도는 6200 kg/m^3이다. 티타늄의 원자량은 $47.90 daltons$이고 철은 $55.85 daltons$이다. 통은 열용량이 없고 주위와는 완전하게 단열되어 있다. H_2 $2g$이 빠져나간 후 실린더 내의 기체의 온도를 추정하여라.

11.24 부피가 $0.05m^3$인 단열 통은 $300K$에서 합금 HY-STOR 205 $30kg$을 담고 있다. 그러나 이 통 내에는 어떤 종류의 기체도 존재하지 않는다.
통 자체의 열용량은 무시할 수 있다.
통 내로 수소 μ_{in} = $0.1 kilomole$을 도입한다. 잠시 후 새로운 평형에 도달할 것이다. 기체의 압력은 얼마인가?
HY-STOR 205(완전히 고갈된)의 밀도는 8400 kg/m^3이다.

11.24 주어진 도시의 수소 분배 시스템은 20 기압의 압력에서 기체를 제공한다. 보통 기체 6 kg의 저장용량을 갖는 차 내부의 가압 기체 용기를 채우기 위해 자동차 재충전소는 400 기압까지 압력을 높여야 한다.
이의 적용을 위한 수소화물 수소 압축기를 고안하여라. 압축기는 단 한번의 "스트로크"로, 즉 단 한번의 압축 사이클로 압축된 수소 $6kg$(또는 다소 적게)을 전달할 수 있는 능력을 가져야 한다. 도시의 수송관으로부터 압축기의 유입부까지 적절한 기체 흐름을 보장하기 위하여 25℃에서 이용되는 수소화물의 플라토 압력은 20기압의 수송관 압력보다 약간 더 낮아야 한다. 그러나 흡입 플라토 압력은 20기압이라고 가정한다.
보통 사용하기 위한 합금은 완전히 자유롭게 선택할 수 있다; 그러나 이 문제에 대한 다른 풀이를 피하기 위하여 선택에 약간의 제약을 가할 것이다. 합금은 다음의 특성을 가져야 한다:

$$\Delta S_{absorption} = -106.8\ kJK^{-1}kmole^{-1}.$$

플라토의 시작(고갈과 플라토 사이의 전이)은 화학양론 계수 x_{beg} = 0.15일 때이다.
(그를 넘어서면 합금이 포화되는) 플라토의 말단부는 x_{end} = 1.05-0.00033T일 때이며 여기에서 T는 $kelvins$ 단위의 온도이다.

압력을 0.5기압에서 50기압까지 올릴 수 있는 수소 압축기를 구성하기 위해 합금의 이상화된 특성들을 이용한다. 이상화된 특성들은 수평의 플라토를 갖는다. 합금은 540 $Jkg^{-1}K^{-1}$의 열용량을 갖는다.

a. 흡입. 일정한 압력에서 특성들의 점 A로부터 시작하여 점 B로 이동한다.
b. 압축. 점 B에서 시작하여 점 C로 이동한다. 압력과 온도가 증가한다.
c. 소진. 점 C에서 시작하여 점 D로 이동한다. 기체는 일정한 압력에서 전달된다.
d. 재설정. 점 D에서 점 A로 이동함으로써 사이클이 완료된다. 압력과 온도는 모두 감소된다.

압축기의 조작동안에는 항상 플라토 영역 내에 머물러야 한다. 고갈, 혹은 포화 영역으로의 이동은 허용되지 않는다. 소진 단계(점 D)의 끝이 정확히 플라토의 시작(이는 가장 많은 수소의 운반을 허용한다)에 위치하도록 시스템을 설계하는 것은 의미가 있다. 점 A의 화학양론 지수는 점 D에서보다 커야 하기 때문에 점 A는 플라토의 시작부에 위치할 수 없다. A에서 화학양론지수 x_a= 0.36을 사용하여라.

이용하고자 하는 합금은 AB의 구조를 가지며 수소화물 ABH를 형성한다. 점 A는 원자량이 48이고 점 B는 $56daltons$이다. 합금의 밀도는 $7000kg/m^3$이다. 비어있는 압축기의 내부 부피는 V_{enpty}이다. 합금이 입자 형태이기 때문에 실제로 이 부피의 60%만을 합금이 차지한다; 나머지 공간은 "사장 공간"으로서 보통 H_2 기체로 채워진다. 입자들은 정확히 V_{empty}를 채운다; 따라서 "사장 공간"은 입자들 사이의 공간 뿐이다.

1. 합금이 가져야하는 $\triangle H$(흡착)는 얼마인가?
2. 원하는 압축을 이루기 위해서는 합금이 몇 도까지 가열되어야 하는지를 결정하여라.
3. 흡입 단계($A \rightarrow B$)에서 압축기는 수소 6kg을 취한다고 가정하자. 얼마나 많은 합금(kilograms)이 필요한지 계산하여라.
4. 위의 합금 입자들의 질량은 압축기의 내부 부피를 정확하게 채운다. 이 경우 사장 공간으로서 입자간 부피가 남아있게 된다. 압축기의 내부 부피와 사장 공간의 부피를 계산하여라.
5. 점 B에서 점 C까지 진행하는 동안 얼마나 많은 H_2가 탈착되는가?
6. 점 B에서 점 C까지와 점 C에서 점 D까지의 탈착을 위한 에너지와 흡입 온도에서 소진 온도까지 합금을 가열하기 위해 요구되는 에너지를 더한 에너지만을 고려하여 압축기의 효율을 추정하여라. 압축기 자체는 0의 열용량을 갖는다; 이를 무시하자.

제3부 태양 에너지

제12장 태양복사

12.1 태양복사의 성질

태양은 라디오 전파에서부터 감마선에 이르기까지 모든 영역의 스펙트럼에서 방사한다. 우리의 눈은 이 가운데 400 THz에서 750 THz (750~400nm)에 이르며 가시영역으로 알려져 있는 한 옥타브 미만에 대해서만 민감하다. 비록 좁지만 이 영역은 방사되는 모든 에너지의 약 45%를 포함한다. 1 천문단위의 거리에서 태양복사의 파워 밀도는 대략 1360 Wm^{-2}로서 태양상수라고 불리는 값인데 실제로는 이 값은 일정하지 않다. 태양상수는 일 년을 통하여 약간 변화하며 지구가 태양에 가장 가까이 위치하는 1월에 가장 크다.

파워 밀도라는 용어는 제곱미터 당 와트 수를 나타내는 데에 사용된다. 이는 또한 에너지 플럭스라고도 알려져 있다. 우리는 스펙트럼 파워밀도를 사용하여 단위 주파수 구간 당, 혹은 단위 파장 구간 당 파워밀도를 나타내기로 한다.

대체로 여러 스펙트럼 영역에 걸친 에너지의 분포는

적외선 및 그 이하 ($f < 400\,THz, \lambda > 750nm$) 46.3%
가시영역 ($400\,THz < f < 750\,THz, 400nm < \lambda < 750nm$) 44.6%
자외선 및 그 이상 ($f > 750\,THz, \lambda < 400nm$) 9.1%

태양복사에 관한 보다 상세한 내용은 표 12.1에 주어져 있다. 이 표에는 주어진 값 f보다 큰 주파수와 연관되는 태양상수의 분율 G가 나타나 있다. 이 데이터는 그림 10.14(수소 생산에 관한 제 10장을 참조)에 그래프로 제시되어 있으며 그림 12.1에 보인 스펙트럼 파워밀도 분포에 해당된다. 아울러 비교를 위해 일정 파장구간 및 일정 주파수 구간에 대하여 흑체복사(6000K)의 스펙트럼 파워밀도 분포가 도시되어 있다. 이들 두 분포는 비록 동일한 복사를 나타내긴 하지만 서로 다른 스펙트럼 위치에서 피크를 보인다. 이와 같은 뚜렷한 파라독스의 이유를 이해하려면 연습문제 12.5를 풀어보라.

이러한 모든 관찰들은 지구 대기권 밖의 복사에 대한 것이다. 지표에 대한 태양복사의 파워밀도는 대기 흡수로 인하여 우주에서보다 더 작다. 주파수가 1000 THz(λ〈300nm) 이상인 복사는 상부 대기에 의해 흡수되어 광화학 반응을 초래하여 광이온화를 생성하고 일반적으로 공기를 가열시킨다. 그러나 이 부분의 스펙트럼은 태양상수의 1.3%만을 포함한다. 고도 25km 근처의 오존층에서 이의 상당부분이 흡수된다. 오존층은 매우 얇지만 놀랍게도 약 250nm(1200THz) 근처의 자외선은 통과시키지 않는다: 대기가 해수면 밀도로 균일하다면 두께는 8km가 될 것이다-이 경우 오존층의 두께는 2mm가 될 것이다.

표 12.1 태양 파워밀도의 누적값
(총 파워의 분율, 자료출처: F. S. Johnson)

f (THz)	G	f (THZ)	G	f (THz)	G	f (THz)	G
43	0.9986	176	0.9083	536	0.3180	779	0.0778
50	0.9974	188	0.8940	541	0.3120	789	0.0735
60	0.9951	200	038760	545	0.3050	800	0.0690
61	0.9948	214	0.8550	550	0.2980	811	0.0642
63	0.9945	231	0.8290	556	0.2900	822	0.0595
64	0.9941	250	0.7960	561	0.2830	8833	0.0553
65	0.9938	273	0.7570	566	0.2760	845	0.0510
67	0.9933	300	0.7090	571	0.2690	857	0.0469
68	0.9929	316	0.6810	577	0.2630	870	0.0427
70	0.9923	333	0.6510	583	0.2560	882	0.0386
71	0.9918	353	0.6170	588	0.2490	896	0.0346
73	0.9913	375	0.5790	594	0.2420	909	0.0308
75	0.9905	400	0.5370	600	0.2350	923	0.0266
77	0.9899	405	0.5270	606	0.2280	938	0.0232
79	0.9891	411	0.5180	612	0.2200	952	0.0233
81	0.9883	417	0.5080	619	0.2130	968	0.0166
83	0.9874	423	0.4980	625	0.2060	984	0.0150
86	0.9863	429	0.4880	632	0.1980	1000	0.0130
88	0.9852	435	0.4780	638	0.1900	1017	0.0106
91	0.9839	441	0.4670	645	0.1820	1034	0.0085
94	0.9824	448	0.4560	652	0.1750	1053	0.0070
97	0.9808	455	0.4450	659	0.1670	1071	0.0057
100	0.9790	462	0.4330	667	0.1590	1091	0.0051
103	0.9772	469	0.4210	674	0.1510	1111	0.0042
107	0.9747	476	0.4090	682	0.1440	1132	0.0035
111	0.9721	484	0.3970	690	0.1370	1154	0.0029
115	0.9690	492	0.3840	698	0.1300	1176	0.0025
120	0.9657	500	0.3720	706	0.1240	1200	0.0021
125	0.9618	504	0.3650	714	0.1170	1224	0.0018
130	0.9571	508	0.3590	723	0.1100	1250	0.0016
136	0.9520	513	0.3520	732	0.1030	1277	0.0014
143	0.9458	517	0.3450	741	0.0970	1304	0.0011
150	0.9387	522	0.3390	750	0.0908	1333	0.0008
158	0.9302	526	0.3320	759	0.0860	1364	0.0006
167	0.9203	531	0.3250	769	0.0819		

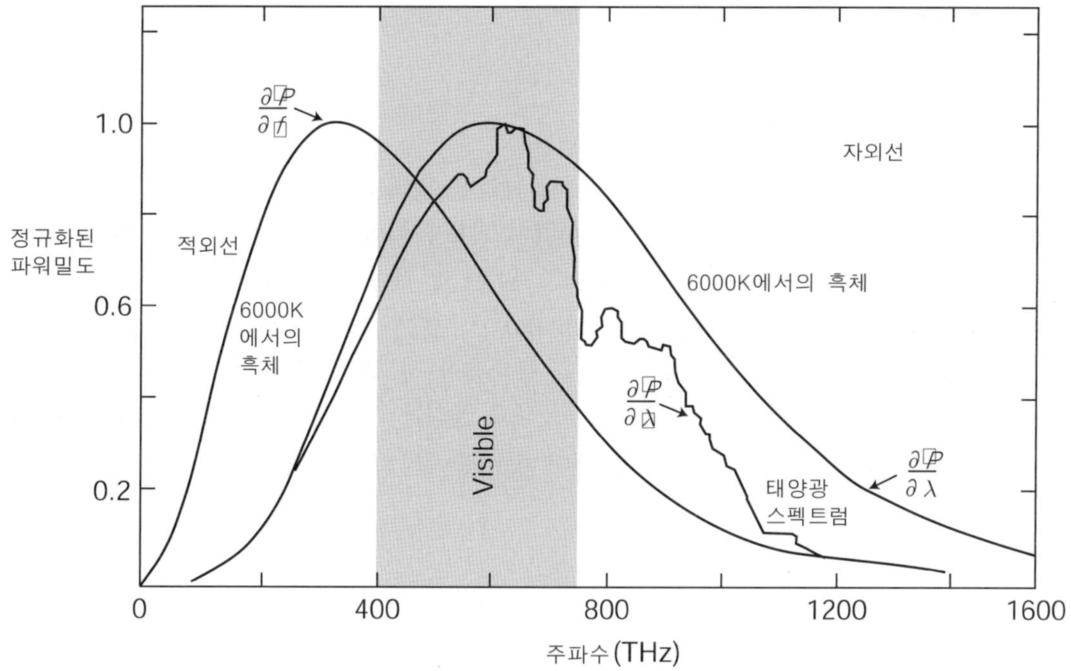

그림 12.1 흑체와 태양의 파워밀도 스펙트럼의 비교.

비록 태양복사는 몇 가지의 서로 다른 매커니즘에 의해 발생되지만 태양복사의 대부분은 흑체 형태이다. 속이 빈 등온 흑체 내부의 단위 부피 당 단위 주파수 구간 당 에너지는 Planck의 법칙에 의해 주어진다.

$$\frac{dW}{df} = \frac{8\pi h}{c^3}\frac{f^3}{\exp(hf/kT)-1}\ Jm^{-3}Hz^{-1} \tag{12.1}$$

위 식에서 W는 에너지 농도이다. 에너지 플럭스는 에너지 농도에 빛의 속도를 곱한 것과 같다(이는 입자 플럭스가 입자 농도와 입자 속도의 곱으로 주어지는 것과 마찬가지이다). 에너지 플럭스는 위에서 언급한 바와 같이 파워밀도 P와 동일하다.

$$\frac{dP}{df} \propto \frac{f^3}{\exp(hf/kT)-1}\ Wm^{-2}Hz^{-1} \tag{12.2}$$

파장을 이용하면 1m의 파장 구간에 대하여

$$\frac{dP}{d\lambda} \propto \frac{\lambda^{-5}}{\exp(hc/kT\lambda)-1}\ Wm^{-2} \tag{12.3}$$

흑체의 스펙트럼을 태양의 그것과 맞추고자 하는 경우에는 태양 스펙트럼(6000K)의 모양을 가장 잘 접합시켜 주는 흑체온도, 혹은 1 천문단위에서 1360 Wm^{-2}(5800K)의 파워밀도를 생성하는 온도를 취하는 선택권을 갖는다.

12.2 일사(日射)

12.2.1 개요

일사†는 태양복사의 파워밀도이다. 12.1 절에서 태양을 향하며 지구 대기권 바로 바깥의 표면에 대한 일사는 태양상수라고 하며 그 값은 1360 Wm^{-2}임을 알았다.

표면태양상수를 정의하는 것이 편리하다-이는 맑은 날 해수면에서 태양을 수직으로 마주보는 표면에 대한 일사값이다. 이 "상수"는 약 1000 Wm^{-2}, 또는 "1 태양"의 편리한 값을 갖는다. 수직이 아닌 경우 광선은 보다 큰 공기의 질량을 통과해야 하므로 일사는 따라서 더 작다.

미국의 기상학자들은 SI 단위 이외에 langley라고 불리는 새로운-그리고 불필요한-단위를 정의한다. 이는 하루에 1cm^2당 1g cal를 나타낸다. langley를 Wm^{-2}로 전환하려면 전자에 0.4843를 곱한다.

일사는 다음에 따라 좌우된다:

1. 태양에 대한 표면의 방향
2. 대기의 투명도

경고

다음 논의에서는 몇 가지의 단순화를 시도할 것인데 이로 인하여 결과에 상당한 오차가 도입되지만 여전히 일사가 1년에 걸쳐 낮 동안 변화하는 방식을 일반적인 항들을 이용하여 나타내어 준다. 이 오차들 가운데 일부는 후에 언급되겠지만 쉽게 보정될 수 있으며 나머지 것들은 태양에너지 포집 시스템의 설계자들에게는 거의 중요하지 않은 것들이다.

오차들의 주요 요인들은:

1. 연이은 일출 사이의 시간의 길이가 1년 내내 일정하다고 가정한다. 이는 사실이 아니다-이 장의 부록 B의 "시간 균차"을 참조하자.
2. 우리의 공식에서 사용되는 시간은 평균 현지 시간으로서 각 시간영역의 중심에서 측정되는 일반 시간과는 다르다. 영향 a와 b에 대한 보정은 "시간 편차"(부록 A를 참조)를 도입함으로써 쉽게 이루어질 수 있다.
3. 우리의 공식은 단지 상황의 기하학적 측면만을 고려한다. 대기의 존재는 빛의 굴절을 야기시켜서 기하학적인 수평보다 약간 아래에서도 태양을 볼 수 있다. 이에 따라 겉보기 일출은 기하학적인 것보다 더 이르게 되며 겉보기 일몰은 더 늦어지게 된다. 이러한 영향은 일출과 일몰에서 기하학적인 값인 90도 대신에 90.833도의 태양 천정각을 사용함으로써 부분적으로 보정될 수 있다. 그러나 굴절의 보정은 위도에 의존하며 극지방에서는 훨씬 더 커지게 됨을 상기해야 한다. 태양의 위치에 관한 보다 상세한 정보는 www.srrb.noaa.gov/highlights/sunrise에서 찾을 수 있다.

† 라틴어의 sol=sun으로부터 유래된 insolation을 사실상 이와 발음이 같으며 라틴어의 insula=island로부터 유래된 insulation과 혼동해서는 안된다.

4. 일사 데이터는 완벽하게 투명한 대기를 가정한다. 물론 기상학적 조건은 주된 방식으로 유용한 햇빛의 양을 변경시킨다.

이 책에서 태양의 위치는 천정각 χ(지역에서의 수직선과 관찰자로부터 태양까지의 선 사이의 각도)와 북쪽으로부터 시계방향으로 측정되는 방위각 ξ에 의하여 특징지어진다. 이는 , 북에서 오른쪽으로 측정한다. 이는 중심위치 시스템이다-관찰자는 좌표계의 원점에 위치한다. 부록 B에서는 지구중심 시스템(원점이 지구의 중심)과 태양중심 시스템(원점이 태양의 중심)과 같은 두 가지의 서로 다른 관점을 이용할 것이다. 중심위치 시스템에서는 χ와 ξ 모두 다음의 함수이다:

1. 하루 중의 지역시간, t†
2. 1년중의 일자, d
3. 관찰자의 위도, λ

우리의 공식에서 t는 우리의 시계에 나타나는 시간이 아니다. 이 시간들은 시간편차만큼 차이가 난다. 시간편차는 관심있는 장소의 길이와 시간 영역의 중심의 길이 사이의 차이와 관련되는 성분과 시간방정식 EOT(부록 B 참조)에 의한 성분의 두 가지 성분들을 갖는다. 이 시간들에 대하여 보다 나은 개념을 얻기 위해서는 연습문제 14.24를 수행하여 보자. 우리의 공식에서 평균태양이 국부적 자오선을 통과할 경우-즉 태양 천정각이 최소가 되는 경우 t는 정확하게 12:00이다. 실제 태양은 일반적으로 평균태양보다 EOT라고 불리는 양만큼 앞이나 뒤에 위치한다.

하루 중의 시각은 시간각 α로 나타내는데 이는 과거에 주로 밤에 작업을 수행함으로써 새로운 날짜가 자정이 아닌 정오부터 시작하는 것을 선호했던 천문학자들로부터 빌려온 관례이다. 그들은 시간각을 다음과 같이 정의하였다.

$$\alpha \equiv \frac{360}{24}(t-2) \qquad \text{도 (t는 시간, 24-hr clock)} \tag{12.4}$$

$$\alpha \equiv \frac{2\pi}{86400}(t-43200) \qquad \text{라디안 (t는 초, 24-hr clock)} \tag{12.4a}$$

1년 중의 날짜, 혹은 "계절"은 태양의 적위(赤緯)(δ), 즉 태양의 위도에 의하여 나타내어진다. 주어진 해의 임의의 날짜에 대한 태양의 적위는 Nautical Almanac, 혹은 NOAA, 또는 Naval Observatory 웹 사이트를 참조하여 찾을 수 있다. 또한 다음 식에 의하여 충분한 정밀도로 추정할 수 있다.

$$\delta = 23.44\sin\left[360\frac{d-80}{365.25}\right] \quad \text{도,} \tag{12.5}$$

여기에서 d는 날짜 수이다.

태양의 천정각과 태양의 방위각은 다음 식으로 주어진다.

† 시간측정에 관한 코멘트는 이 장의 부록 A를 참조하자.

$$\cos\chi = \sin\delta\sin\lambda + \cos\delta\cos\lambda\cos\alpha \tag{12.6}$$

$$\tan\xi = \frac{\sin\alpha}{\sin\lambda\cos\alpha - \cos\lambda\tan\delta} \tag{12.7}$$

여기에서 λ는 관찰자의 위도이다.

ξ의 값을 구하기 위해서는 arctan(tanξ)를 취해야 한다. 그러나 arctan(tanξ)는 반드시 ξ와 같지는 않음을 주목하자. 예를 들어 그 탄젠트 값이 1.732인 240도의 각도를 고려하여 보자. 계산기나 컴퓨터에 따르면 arctan1.732=60°일 것이다. 왜냐하면 위와 같은 장치들은 정의에 따라 −90°에서 90°의 범위에 존재하는 arctan(ξ)의 주된 값을 나타내기 때문이다. 식 12.7로부터 ξ를 얻는 경우에는 다음의 규칙을 살펴보아야 한다:

Sign(α)	Sign($\tan\xi$)	ξ
+	+	$180° + \arctan(\tan\xi)$
+	-	$360° + \arctan(\tan\xi)$
-	+	$\arctan(\tan\xi)$
-	-	$180° + \arctan(\tan\xi)$

태양 방위각을 구하는 다른 공식은

$$\cos(180° - \xi) = -\frac{\sin\lambda\cos\chi - \sin\delta}{\cos\lambda\sin\chi}$$

일출과 일몰 모두에서 $\chi = 90°$이다†; 그러므로 $\cos\chi = 0$이다. 식 12.6으로부터

$$\cos\alpha_R = \cos\alpha_S = -\tan\delta\tan\lambda \tag{12.8}$$

여기에서 $\alpha_{R,S}$ 는 일출이나 일몰 때의 시간각이다. 일출 때의 시간각 α_R는 음수이고 일몰일 때의 시간각 α_S는 양수이다.

$$\alpha_R = -\alpha_S \tag{12.9}$$

12.2.2 태양 추적 표면에 대한 일사

평평한 표면이 연속적으로 태양을 향한다면 하루의 평균 일사량은

$$\langle P \rangle = \frac{1}{T}\int_{t_R}^{t_S} P_S dt \ Wm^{-2} \tag{12.10}$$

† 이에 따르는 기하학적 일출이다. 전에 설명한 바와 같이 대기 굴절을 보정하려면 일출과 일몰에서의 χ를 90.833°로 취한다.

여기에서 t_R과 t_S는 각각 일출시각과 일몰시각이며 T는 하루의 길이(24시간), 그리고 P_S는 태양에너지 밀도로서 이는 물론 하루 중의 시각과 기상조건에 따라 달라진다. 일출에서 일몰 때까지 P_S는 일정하다고 가정(비현실적)하면 평균 일사량 $\langle P \rangle$는 시간각으로 나타내면 다음과 같다:

$$\langle P \rangle = \frac{1}{\pi}\alpha_S P_S \; Wm^{-2} \tag{12.11}$$

춘분에서는 $\delta = 0$이며 따라서 $\alpha_S = \pi/2$이다.

$$\langle P \rangle = \frac{1}{2}P_S \approx 500\, Wm^{-2} \approx 43.2\; MJm^{-2}day^{-1} \tag{12.12}$$

12.2.3 정치 표면에 대한 일사

고각이 ϵ이고 방위각이 ζ인 표면에 대한 순간 일사량은

$$P = P_S[\cos\epsilon\cos\chi + \sin\epsilon\sin\chi\cos(\xi - \zeta)] \tag{12.13}$$

식 12.13의 사용에 있어서는 주의가 필요하다. 고각 ϵ는 언제나 양수로 취한다. 그림 12.2를 보자. 태양이 표면의 앞, 또는 뒤를 비추는지를 확인하는 것이 중요하다. 후자의 조건은 괄호 안의 두 번째 항의 부호를 음으로 할 것이다. 음의 값은 표면이 그 자신의 그늘 안에 있으며 일사는 0이 됨을 의미한다.

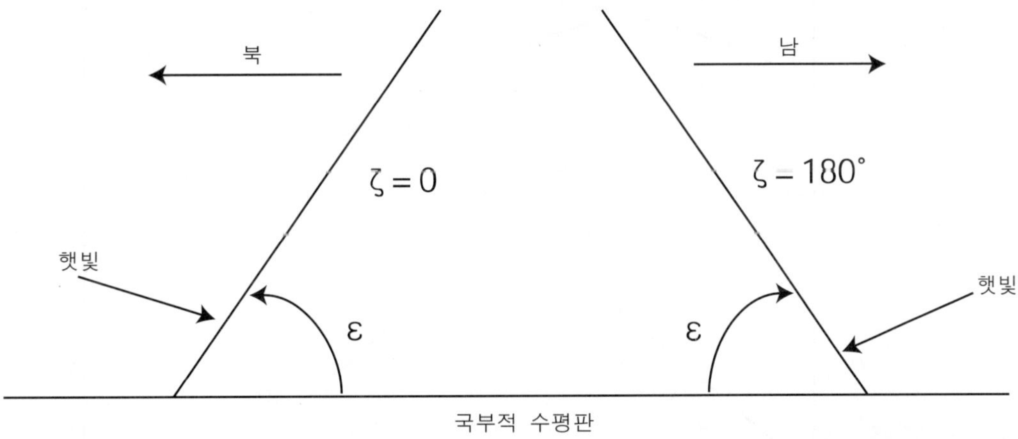

그림 12.2. 고각은 동일하나 방위각이 다른 두 표면.

일일 평균 일사량은

$$\langle P \rangle = \frac{1}{T}\int_{\alpha_R}^{\alpha_S} Pdt = \frac{1}{2\pi}\int_{\alpha_R}^{\alpha_S} Pd\alpha \tag{12.14}$$

일반적인 경우 앞의 적분은 수치적으로 구해야 한다. 결과의 일부가 그림 12.3부터 그림 12.5까지에 나타나 있다. 그림 12.3은 다양한 고도각과 북위 40° 에 위치한 남쪽을 향한 표면에 대한 일사량을 나타낸 것으로서 모두 태양의 적위(赤緯) 함수로 나타낸 것이다. 수평한 표면($\epsilon = 0$)에서는 여름($\delta = +23°$) 동안에 많은 햇빛을 받는다. 여름에는 이곳은 (정규화된) 평균 일사량이 계절에 상관없이 정의에 따라 1인 적도에서보다 더 많은 햇빛을 받는다. 의 평균 일사량보다 더 많은 빛을 받는다. 계절이 이동함에 따라 일사량은 감소하고 겨울의 일사량은 여름의 일사량의 40%보다 적다.

적도를 향하는 수직표면은 여름보다 겨울에 더 많은 일사량을 받는다. 년간 최대 일사량을 제공하며 계절에 따른 최소의 변동을 나타내는 최적 고각이 존재한다. 그림 12.3의 위도(40°)의 경우 최적의 고각은 42° 이다-즉 위도보다 2° 더 크다.

최적의 고각과 위도 사이의 차이는 그림 12.4에 위도의 함수로 나타나 있다.

그림 12.5에서 알 수 있듯이 최적 고각의 표면에 대하여 위도가 년 중 일사량에 미치는 영향은 작다. 태양이 매일 오르는 최대 위도인 67° 에서 년 중 일사량은 여전히 적도에서의 일사량의 80% 이상이다. 여기에서는 대기의 투명도가 계절과 고각에 좌우되지 않는다고 가정하고 있다. 실제로 북쪽으로 더 갈수록 태양의 평균 고각이 더 작아지기 때문에 대기의 흡수량은 더 많아진다.

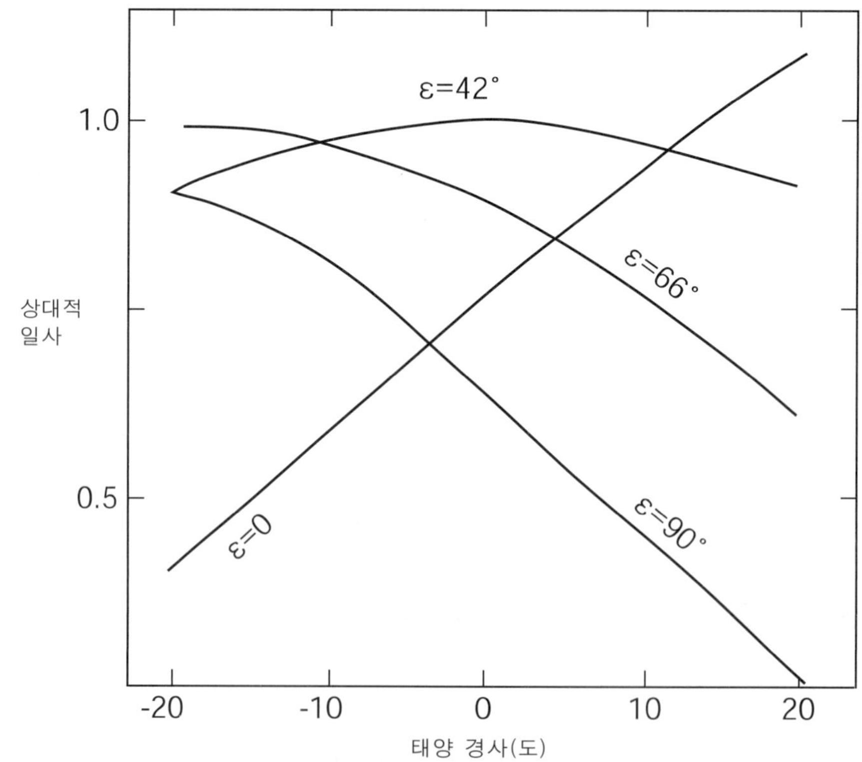

그림 12.3 위도 40° 에서 다양한 고각에 따른 표면의 상대적인 일사량. 각각의 곡선은 적도에서의 수평면에 대한 일사량을 비교함으로써 표준화되었다.

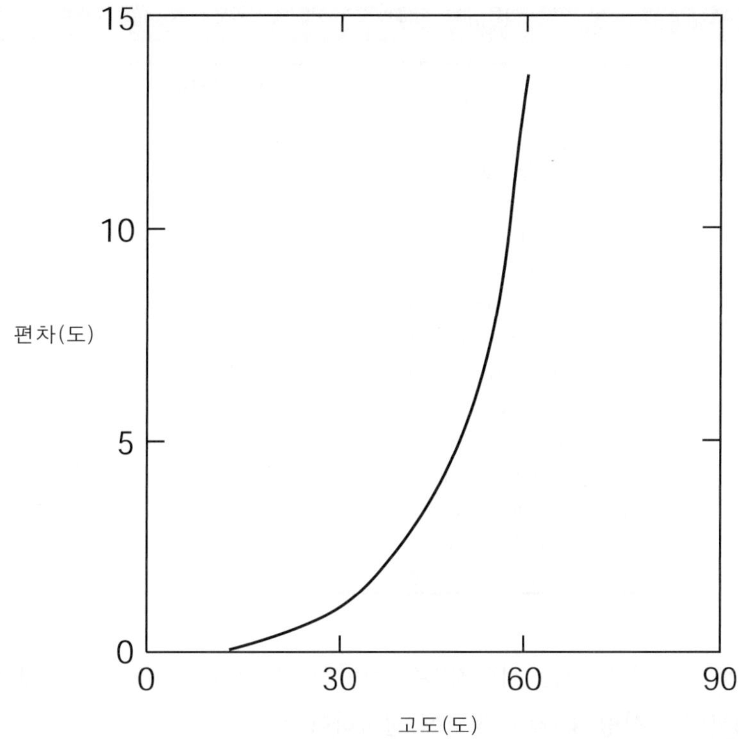

그림 12.4 태양 집열판의 최적 고각과 고도 사이의 편차.

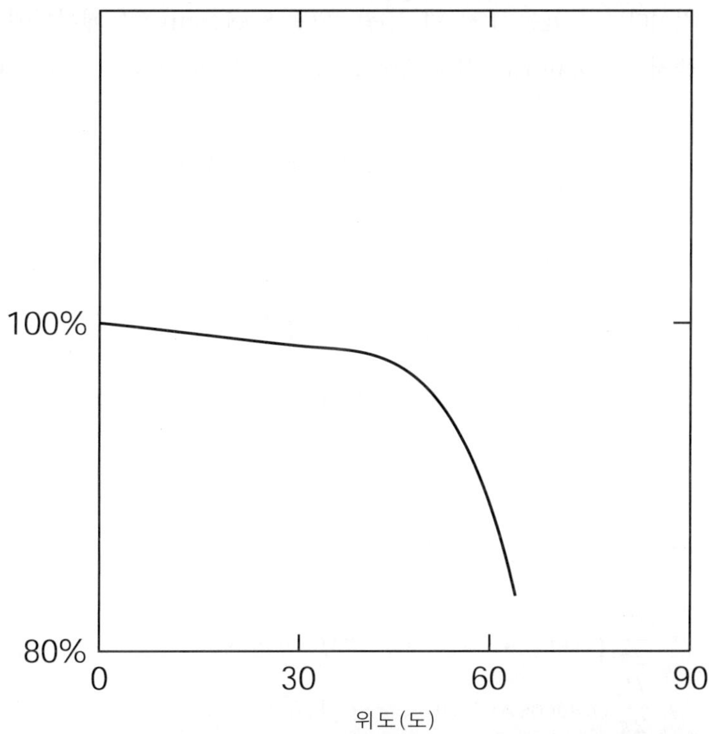

그림 12.5 최적 고각에서 태양광 집열판의 년 중 일사량에 대한 위도의 영향.

표 12.2 남쪽을 향한 표면에서 고각이 위도와 같을 경우의 추정 일사량.

도시	평균일사량 W/m^2
Bangor, ME	172
Boston, MA	177
Buffalo, NY	161
Concord, NH	171
Hartford, CT	149
Honolulu, HI	230
Los Angeles, CA	248
Newark, NJ	186
New York, NY	172
Philadelphia, PA	185
Phoenix, AZ	285
San Francisco, CA	246
Tucson, AZ	286

반면에 아마존 계곡과 같은 많은 적도지역은 빈번히 구름으로 덮히기 때문에 평균일사량은 이상적인 기상조건에서의 일사량의 60% 정도에 불과하다.

연간 평균 일사량은 표면의 방향, 위도, 그리고 일반적인 기상조건에 따라 좌우된다.

표 12.2는 고각이 위도와 같으며 남쪽을 향하는 표면에 대한 미국의 여러 도시들에서의 연간 평균 일사량을 보인 것이다. 이 표는 1996년 10월 IEEE Spectrum 53 페이지에 게재된 논문에서 인용한 것으로서 그 출처는 "Optimal BIPV Applications," Kiss and Co, Architects, November (1995)이다.

분명히 이러한 추정 일사량 값들은 구름의 가변성 때문에 매년 다르다.

12.2.4 수평면

수평면($\epsilon = 0$)의 경우 식 12.13은 다음과 같이 간략해진다:

$$\langle P \rangle = P_S \cos\chi \tag{12.15}$$

따라서

$$\begin{aligned}\langle P \rangle &= \frac{1}{2\pi}\int_{\alpha_R}^{\alpha_S} P_S \cos\chi \, d\alpha \\ &= \frac{P_S}{2\pi}\left[\sin\delta\sin\lambda(\alpha_S - \alpha_R) + \cos\delta\cos\lambda(\sin\alpha_S - \sin\alpha_R)\right] \\ &= \frac{P_S}{2\pi} cos\delta\cos\lambda(2\sin\alpha_S + s\alpha_S\tan\delta\tan\lambda) \\ &= \frac{P_S}{\pi} cos\delta\cos\lambda(\sin\alpha_S - \alpha_S\cos\alpha_S)\end{aligned} \tag{12.16}$$

춘분점에서는 $\delta = 0$, $\alpha_S = \pi/2$ 이므로

$$\langle P \rangle = \frac{P_S}{\pi} cos\lambda \tag{12.17}$$

적도에서는 δ에 관계없이 $\alpha_S = \pi/2$이다. 따라서

$$\langle P \rangle = \frac{P_S}{\pi} cos\delta \tag{12.18}$$

12.3 태양열 집열판

열이나 전력의 생산을 위한 태양에너지 포집방법들에는 다음 것들이 포함된다:

1. 적절한 건물구조,
2. 평판 집열판,
3. 진공 튜브,
4. 집중장치,
5. 태양 온수지(연못).

12.3.1 태양 건축구조

적절한 건축구조는 중요한 에너지절약 요소이다. 무엇보다도 다음 관점들이 고려되어야 한다.

12.3.1.1 노출의 제어

건물의 방향은 국부적인 일사조건들에 부합되어야 한다. 외부 가열을 제공하기 위하여 여름의 태양을 차단하기 위한 돌출물로 보호되는 적도지향 창들을 광범위하게 활용할 수 있다. 극을 지향하는 창들의 축소나 제거는 열손실을 줄여줄 것이다. 관목과 나무들도 유용할 수 있다. 낙엽수들은 여름에 그늘을 제공할 있는 반면에 겨울에는 일사를 허용한다.

12.3.1.2 열의 저장

태양에 노출된 구조는 열을 저장할 수 있다. 이는 여름에도 유용할 수 있다-저장된 열은 대류흐름을 설정함으로써 차가운 공기를 공급하는 데에 사용될 수 있다.

지붕 온수조는 난방과 냉각 모두에 기여할 수 있다. 건물의 어떤 부분(벽, 바닥, 지붕, 그리고 천장)도 열의 저장에 사용될 수 있다.

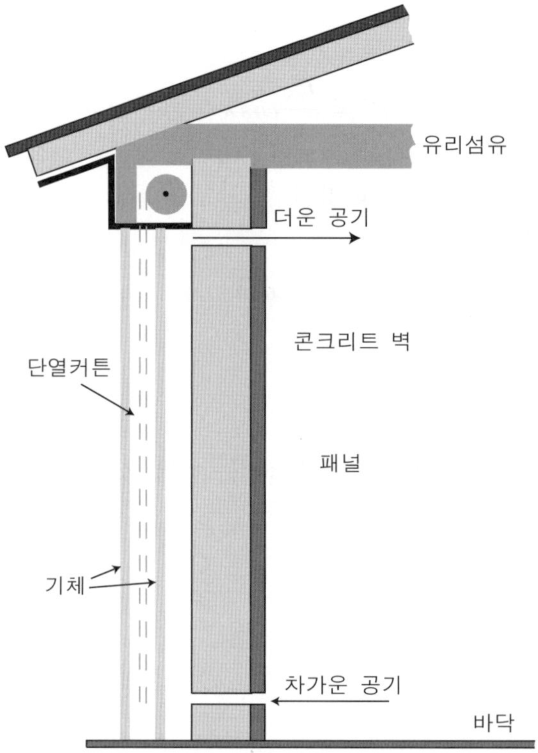

그림 12.6 열저장 벽(Concept Construction, Ltd).

그림 12.6은 열 집열판으로 작용하는 정교한 벽(Saskatoon, Saskatchewan의 Concept Construction, Ltd.가 제안)을 보여주고 있다. 이 벽은 $25cm$두께의 콘크리트 벽과 그 앞에 $5cm$의 공간을 두고 설치된 유리판으로 이루어 져있다.

여름동안에는 가열된 공기는 밖으로 배출되고 이로부터 형성되는 순환에 의하여 보다 차가운 공기가 가옥의 극 방향 면으로부터 유입된다.

콘크리트 벽 대신에 열저장구조는 물로 가득 채워진(혹은 소다로 가득 찬) "소다" 캔들이 다량 적층된 구조가 될 수 있다. 이는 물의 열저장용량을 이용한 것이다. 창유리는 캔들과 접촉되도록 설치되어서 공기가 적층구조를 통하여 스며나오도록 함으로써 열 교환이 효율적으로 이루어지도록 하고 있다. (마찬가지로 캔들을 검게 칠할 수 있다.)

12.3.1.3 순환

열전달은 배출로 조절되는 대류 흐름에 의하여 건물 내에 이루어 지는 자연 순환으로 제어될 수 있다. 건강의 관점에서 순환은 중요하다. 가옥을 밀봉하여 에너지를 절약하려는 시도는 어떤 지역의 지면에서 발산되지만 대개 누출에 의하여 소멸되는 라돈의 농도를 증가시킬 수 있다. 다른 원하지 않는 기체들이 축적되는데 수증기의 경우 과도한 습도에 이르게 한다. 나아가 유해한 화학물질들은 배출되어야 한다. 이는 특히 도료와 카펫에 사용되는 포름알데히드의 경우에 더욱 그러하다.

공기의 재생과 관련되는 열손실을 줄이기 위하여 공기-공기 열 교환기, 혹은 회복장치들이 이용된다. 이러한 방식으로 외부에서 흐르는 공기는 유입되는 신선한 공기를 예열(또는 예비냉각)시킨다. 약 70%의 열이 회수될 수 있다.

12.3.1.4 단열

주어진 물질에 의하여 전도되는 열 파워 P는 열 전도도 λ, 면적 A, 온도 기울기 dT/dx에 비례한다.

$$P = \lambda A dT/dx \tag{12.19}$$

SI 단위계에서 열 전도도의 단위는 $WK^{-1}m^{-1}$이다. 미국에서는 많은 다른 비미터계 단위들이 사용된다. 일반적으로 단열물질들은 전도도를 $BTUhr^{-1}ft^{-2}(F/inch)^{-1}$로 나타내는데 이는 간단한 것을 복잡하게 만드는 좋은 예이다. 이 단위를 SI 단위로 전환하려면 0.144를 곱한다.

온도 기울기가 일정하면 $dT/dx = \Delta T/\Delta x$이다. 여기에서 ΔT는 두께가 Δx 단위인 물질을 가로지르는 온도차이다. 이로부터 다음을 얻는다:

$$P = \frac{\lambda A \Delta T}{\Delta x} = \frac{A \Delta T}{R} \tag{12.20}$$

여기에서

$$R \equiv \Delta x/\lambda \tag{12.21}$$

R은 m^2KW^{-1}의 단위를 갖는데 미국에서는 $hr\,ft^2F/BTU$를 이용한다. 미국 단위를 SI 단위로 전환하려면 미국 단위에 단순히 0.178을 곱한다.

단열물질은 R 값에 의해 등급이 정해진다. 예를 들어 8 cm 두께의 유리섬유 단열은 (미국 시스템에서) R-11로 등급이 정해진다.

실내 온도가 20℃이고 다락방 온도가 0℃인 가옥을 고려하여 보자. 천장의 면적은 $100m^2$이며 R-11 재질로 단열되어 있다. 다락방을 통하여 얼마나 많은 열이 손실될까?

SI 단위계에서 R-11은 $11 \times 0.178 = 2m^2KW^{-1}$에 해당된다. 그러므로 20K의 온도차를 가정한 상태에서 열 손실은

$$P = \frac{100 \times 20}{2} = 1000\ W \tag{12.22}$$

이다.

따라서 단지 천장을 통해서만 열 손실이 발생한다면 적은 에너지로도 이 가옥을 적절히 따뜻하게 유지할 수 있을 것이다. 물론 벽, 특히 유리창을 통한 상당한 손실이 존재한다. 벽난로는 특히 열손실이 심한 장치이다. 굴뚝이 개방된 상태로 있다면 집안의 따뜻한 공기는 급격히 빨려 나갈 것이다. 금속 조절판을 이용하여 대류 흐름을 저지한다면 상당한 열이 그 금속 조절판을 통하여 전도된다.

12.3.2 평판형 집열판

평평한 집열판들은 직접적인 빛과 확산된 빛 모두에 작용한다. 이 집열판들은 주변 가열, 가정용 온수 시스템, 그리고 수영장에 유용한 저온의 열(70℃ 미만)을 제공한다. 이러한 형태의 집열판은 날씨에 영향을 받으며 큰 온도상승이 요구되는 경우 효율은 떨어진다.

여름에 수영장에서 작은 온도 증가가 필요할 경우 평판형 집열판은 90% 이상의 효율을 낼 수 있다. 소량의 물을 고온으로 가열시킨 다음 수영장에 혼합시키는 것보다 다량의 물을 조금만 가열되도록 이들을 작동하는 것이 필요하다.

간단한 집열판들은 태양에 노출된 흑색의 플라스틱 호스이다. 보다 정교한 집열판들은 열손실을 줄이기 위하여 전면단열과 후면단열을 이용한다. 집열판들은 물을 직접 가열하거나 중간 열전달 유체를 사용한다.

그림 12.7은 전형적인 평판형 집열판의 단면을 나타낸 것이다. 가볍고 비싸지 않은 알루미늄이 광범위하게 사용된다; 그러나 이것은 물에 의해 부식되는 경향이 있다. 구리가 파이프에 가장 적합하다. 중간 열교환 유체가 사용된다면 액체를 위한 채널을 포함하는 알루미늄 성형물이 선호된다.

어떤 패널들은 알루미늄 관에 삽입된 얇은 구리 슬리브를 사용한다.

패널들은 검게 양극 산화되거나 검게 칠해진다. 태양의 자외선 복사에 노출된 페인트의 수명에 대하여 의문을 가질 수 있다.

정면의 단열은 유리나 플라스틱일 수 있다. 유리 단열은 깨지기 쉬우나 플라스틱은 자외선에 잘 견디지 못한다. 패널의 뒤쪽을 통한 열손실을 줄이기 위하여 유리섬유 매트, 또는 폴리우레탄 폼과 같은 단열이 사용된다. 폴리우레탄 폼은 패널에 우수한 강도를 부여하여 주며 사용되는 물질의 질량 감소를 가능하게 한다.

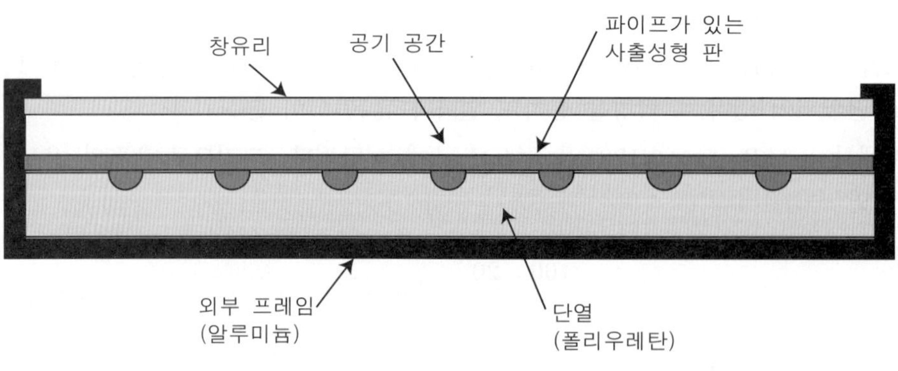

그림 12.7 대표적인 평판형 집열판의 단면.

12.3.3 빈 튜브

이러한 형태의 집열판은 두 개의 동심형 실린더들로 구성되는데 바깥쪽은 유리 실린더이며 안쪽은 액체가 흐르는 파이프이다. 이들은 겉보기에 형광 램프와 유사하다. 두 실린더 사이에는 진공이 형성되어 있어서 대류를 통한 열손실을 줄여준다.

빈 튜브들은 방향성이 없으며 액체를 약 80℃로 가열할 수 있다. 이들은 보통 배열로 이용되는데 간격은 외부 튜브의 직경과 같다. 통상적으로 배열 뒤에 반사면을 위치시킨다.

12.3.4 집중장치

집중장치는 무이미지, 혹은 초점형태일 수 있다. 이들 모두 선 집중장치(2-D), 혹은 점 집중장치(3-D)가 될 수 있다.

태양광 집열판은 집중기와 수신기로 구성되어 있다. 집중장치는 굴절(렌즈)형이거나 반사(거울)형일 수 있다. 수신기는 열, 또는 광전지형일 수 있다.

두 개의 중요한 파라미터들이 집열판 성능을 나타낸다:

1. 농도, C
2. 허용각, θ

농도는 수신기 면적에 대한 구경(口徑) 면적의 비율, 또는 구경에서의 파워밀도에 대한 수신기에서의 파워밀도의 비율로 정의될 수 있다. 이러한 정의들은 동등하지 않다; 후자의 농도 정의가 선호된다.

허용각은 시스템이 수신기에서의 파워에 (크게) 영향을 미치지 않고 잘못 겨냥될 수 있는 각도이다(이 장의 그림 12.10을 참조).

이상적인 경우에 대한 농도와 허용각 사이에는 이론적인 관계가 존재한다:

$$\text{2-D 집중장치의 경우 } C_{ideal} = (\sin\theta)^{-1} \tag{12.23}$$

$$\text{3-D 집중장치의 경우 } C_{ideal} = (\sin\theta)^{-2} \tag{12.24}$$

수신기가 도달할 수 있는 최대 온도를 농도의 함수로 계산하는 것은 도움이 된다. 이상적인 수신기는 진공(대류손실이 없음)에서 작동할 것이며 완벽하게 단열(전도손실이 없음)되어 있을 것이다. 그럼에도 불구하고 복사 손실은 피할 수 없다. 이 손실은

$$P_r = \sigma\epsilon T^4 \quad Wm^{-2} \tag{12.25}$$

에 이를 것이다. 여기에서 ϵ는 방사율(1로 간주된다)† 이며 σ는 Stefan-Bolzmann 상수(5.67×10^{-8} $Wm^{-2}K^{-4}$)이다. 제 6장을 참조하자.

수신기에서의 파워밀도(대기손실은 없다고 가정)는

$$P_{in} = 1360C \ \ Wm^{-2} \tag{12.26}$$

평형에서는 $P_r = P_{in}$

† 물론 수신기가 작동하는 저온에서 낮은 방사율을 가지며 투사되는 태양광에 의해 지배되는 스펙트럼 영역에서 높은 흡수성을 가지는 것이 바람직하다.

$$\sigma T^4 = 1360 C \quad (12.27)$$

또는

$$T = (2.4 \times 10^{10} C)^{1/4} = 394 C^{1/4} \quad (12.28)$$

1의 농도에서(평판형 집열판) $T = 394K$, 또는 120℃이다.

농도가 1000으로 올라가면 이론적으로 달성 가능한 최대 온도는 2200K이다. 농도가 1백만인 수신기의 구성이 가능하다면 공식은 수신기의 온도가 12,400K일 것이라고 예측할 것이다. 이는 열이 도움이 없이 보다 차가운 태양(6000K)으로부터 보다 뜨거운 수신기로 흐르는 것을 의미하기 때문에 열역학 제2법칙에 위배된다. 분명히 수신기 온두의 상한값은 6000K이어야 한다.

C_{ideal}에 관한 표현을 고려함으로써 동일한 결론에 도달할 수 있다. 지구로부터의 태양각 반경은 0.25°이다. 따라서 태양 전체로부터의 빛의 포집을 허용하는 최소 허용각은 0.25°이며 이로부터 식 12.23과 식 12.24로부터 계산되는 바와 같이 3-D 집열판의 경우 $C_{max} = 25,000$이고 2-D 집열판의 경우 $C_{max} = 230$이다. 52,000의 농도는 5900K의 T_{max}(식 12.28)에 해당된다.

다음과 같은 많은 이유들로 인하여 (파워밀도 항들에 의한) 농도는 이상적인 값에 미달된다:

1. 반사체 모양과 정렬오차
2. 완전한 반사체 표면 반사율 미만
3. 추적 오류
4. 대기 산란
5. 대기 흡수

12.3.4.1 홀로그래프 판

적절한 홈들이 있는 평평한 플라스틱 판(프레즈넬 렌즈)이 빛을 집중시킬 수 있는 것과 똑같이 홀로그래프 판도 동일한 기능을 수행하도록 형상화시킬 수 있다. 홀로그래프의 이점은 이 판이 동시에 회절시키고 분산시킴으로써 스펙트럼의 각 영역이 특정한 색상 구역에 대하여 최적화된 집열판을 향하는 집중된 빛의 무지개를 생성한다는 점이다. 이는 광전지를 사용할 경우 상당한 이점이 된다. 유망해 보이는 이 기술은 제 14장에서 논의될 것이다.

12.3.4.2 비이미지 집중장치

가장 단순한 비이미지 집중장치는 원뿔형이다. 적절하게 고안된 원뿔에서 축과 평행한 모든 광선은 출구의 구멍으로 반사될 것이다. 그림 12.8의 광선 A를 보자. 그러나 수용각은 작다. 광선 B는 출구를 통해 나오지만 광선 C는 비록 B와 평행할지라도 빠져 나오지 못한다-주위에 수차례 부딪친 후 결국에는 입구로 되돌아 온다.

비이미지 집중장치의 성능은 복합 타원형 집중장치(CPC)의 사용으로 향상될 수 있다. 이 장치는 그림 12.9(Welford와 Winston(1978)으로부터 인용)에 보인 바와 같이 포물선 모양의 표면들로 이루어져 있다. 단면은 절단된 포물면이 아니라 서로 대칭인 두 개의 독립적인 포물선 형임을 주목하자. 그림 12.9의 CPC들은 동일한 출구 구멍들을 갖는다. 가장 큰 것은 가장 넓은 포집 면적을 가지며 따라서 가장 큰 농도를 갖는다; 그러나 허용각은 보다 작은 농도를 갖는 CPC들의 허용각과 비교하면 작다.

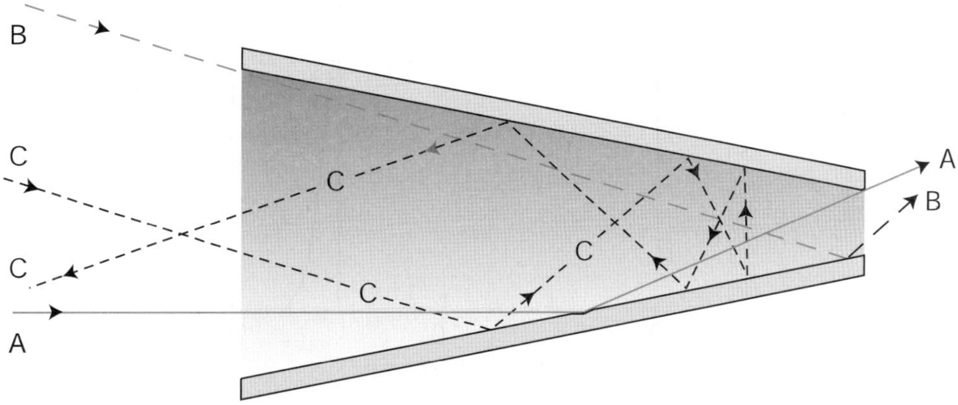

그림 12.8 원뿔형 집중장치에서의 광선 경로.

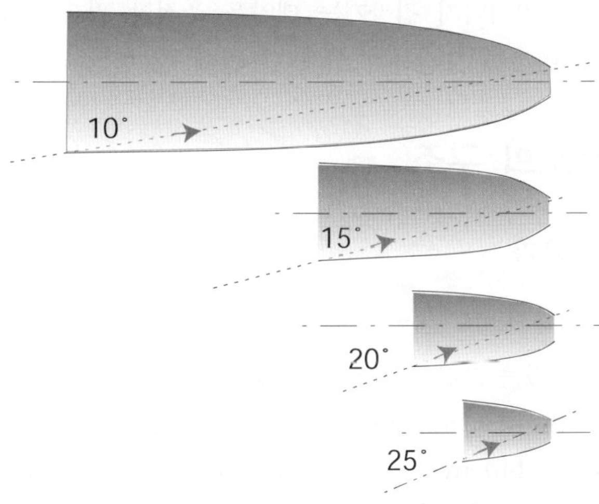

그림 12.9 동일한 출구 구멍에 대하여 입구 구경이 클수록 허용각은 작아진다.

CPC의 반사표면의 면적은 동일한 농도의 초점이 모이는 포물면의 면적보다 훨씬 더 크다. 이 때문에 CPC는 무겁고 비싸며 설치가 어렵다.

이상적으로는 출구 구멍을 나가는 정규화된 광선의 파워밀도를 조준각 Θ의 함수로 나타낸 그래프는 직사각형이어야 한다: $\Theta < \Theta_i$이면 1이고 $\Theta > \Theta_i$이면 0이다. 여기에서 Θ_i는 수용각이다. 원뿔형 집중장치로는 이러한 이상적인 특성으로의 접근이 좋지 않지만 CPC에 의해서는 적절히 잘 접근된다. 그림 12.10을 참조하자.

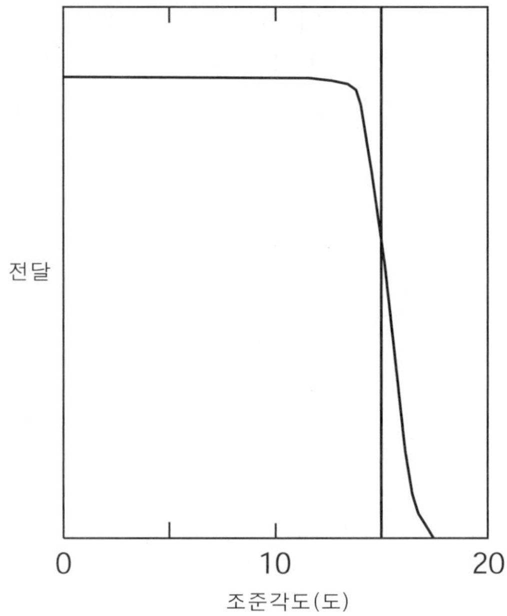

그림 12.10 CPC는 조준각 특성에 대하여 이상적인 투과에 접근한다.

농도가 2나 3까지의 2-D 비이미지 집광기는 태양을 추적할 필요가 없다. 더 큰 농도를 갖는 장치는 태양의 경사에서의 변화를 보정하기 위해 한 달에 한 번의 재조준을 필요로 한다.

12.4 태양광 발전소의 구조

12.4.1 고온 태양열 기관

태양 에너지로부터 전기를 생산하는 직접적인 방법은 집광기를 사용하여 Stirling, 또는 Rankine (수증기) 기관을 구동할 수 있는 고온을 생성하는 것이다.

Southern California Edison Company는 모하비 사막의 Barstow에 10 MW 설비를 보유하고 있다. 이 설비의 비용은 $140 million, 즉 $14,000/kW이다. 화석연료 발전소의 비용은 연간 약 $1000/kW이므로 이 특별한 태양열 장치는 개발 도구로서만 정당화 될 수 있다. "연료"는 무료이므로 장기간의 운전을 통한 전력비용을 전통적인 자원을 이용하는 설비의 운전비용과 비교하기 위해 플랜트 수명과 운전 및 관리비용을 결정하는 것이 중요하다. 한 초기의 근원으로부터 전기의 비용을 비교할 수 있기 때문에 발전소의 수명 및 운영과 관리 비용을 결정하는 것이 중요하다.

플랜트는 그림 12.11에 도식적으로 나타낸 방식으로 운전된다. 집광영역은 대략 타원 모양으로서 담당면적은 약 300,000 m^2(30 헥타아르)였다. 24시간에 걸친 평균 일사량은 태양 추적 집광기의 경우 아마도 약 400 W/m^2 정도로서 약 8%의 효율에 이른다.

집광기는 태양 에너지를 보일러에 집중시킬 수 있는 거대한 일광반사장치(heliostat)를 형성하는 1818 개의 태양 추적 평면거울들로 구성되어 있다.

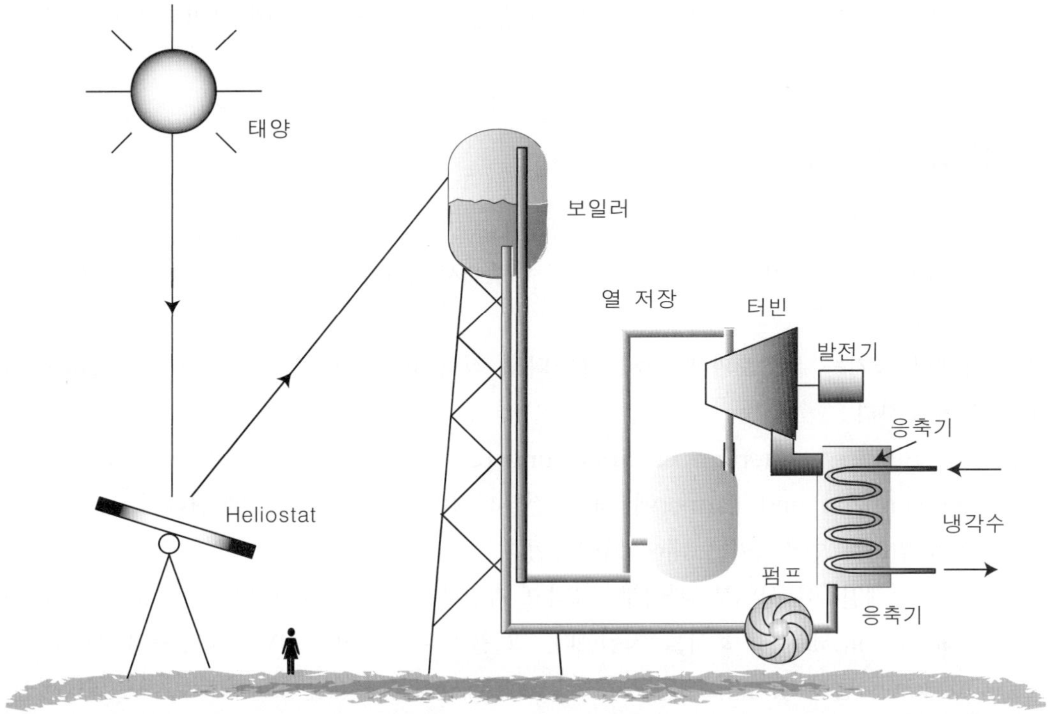

그림 12.11 모하비 사막에 있는 Southern California Edison Co.의 Solar One 발전소.

보일러는 직경이 7m이고 높이가 14m인 실린더이다. 이 보일러는 788K(516℃), 10.7MPa (105 기압)에서 작동되었다.

열저장 시스템은 용량이 100 GJ로서 플랜트는 밤중에 4시간 동안 대략 7 MW를 생성할 수 있었다.

Solar One은 폐기되었으며 개선된 설비인 Solar Two가 1996년 7월에 운전을 시작했다. 새 플랜트는 $48.5 million의 비용이 들었지만 이전의 노력으로부터 상당한 자산(무엇보다도 많은 일광반사장치들)을 물려받았으므로 실제 투자비용은 추정하기가 어렵다.

Solar Two는 Solar One과 같은 10MW 급이다. 주된 차이는 종간 작동유체(40%의 칼륨 염을 포함하는$NaNO_3/KNO_3$ 혼합물)의 사용으로서 이 유체는 태양광 타워에서 가열되며 그 에너지를 열 교환기를 통하여 터빈을 작동하는 수증기로 전달한다. 염은 565℃에서 타워를 떠나며 그 열 에너지의 일부를 수증기로 전달한 후에 288C℃에서 타워로 되돌아온다.†

염 혼합물은 다소 부식성이 있으므로 저급 스테인레스 강으로 된 파이프와 용기들을 필요로 한다. 작동온도에서 혼합물은 상당히 안정하며 낮은 증기압을 갖는다.

거울은 2 개의 유리판 사이에 은(silver) 층이 존재하는 하나의 샌드위치 모양으로 만들어진다. 이는 부식으로부터 반사층을 보호한다. 사용하지 않을 때에는 거울들은 폭풍의 파괴적인 작용으

† 나트륨 질산염과 칼륨 질산염에는 niter, 또는 saltpeter라는 공통적인 이름이 따른다. (일반적인 비료와 산화제인) 나트륨 질산염은 306.8C에서 녹고, (검은 분말 제조에 사용되는) 칼륨 질산염은 334C에서 녹는다. 일반적으로 합금과 혼합물은 그들의 구성요소보다 낮은 온도에서 녹는다. 공융 혼합물은 녹는점이 가장 낮은 혼합물이다. 칼륨염이 나트륨염보다 비싸기 때문에 Solar Two는 공융 혼합물보다 칼륨을 적게 사용한다. 플랜트에서 사용되는 혼합물은 288C에서 녹는다.

로부터 보호하기 위해 수평위치로 놓여진다. 이렇게 하면 또한 바람에 운반된 모래로부터의 마모가 줄어든다.

12.4.2 태양광 타워

대부분 플라스틱 재질(그리고 부분적으로는 유리)로 만들어진 반경 121m의 원형 텐트가 스페인의 Manzanares에 설치되었다. 텐트의 높이는 원주에서 2m이고 194m 높이의 굴뚝이 세워진 중심에서는 8m이다.

텐트 아래의 공기는 온실효과에 의해 가열되고 직경 10 m의 굴뚝을 통하여 상승하여 50KW의 터빈을 구동한다.

독일 본의 Bundesrninisterium fiir Forschung und Technologie가 소유하고 있는 이 설비는 Schlaich Bergermann und Partner에 의해 건설되었다. 이 설비는 1989년에서 1996년에 걸쳐 운전되었으며 원리를 입증시키는 데에 기여하였다.

2002년 오스트레일리아 산업부, 관광부, 그리고 자원부는 Manzanares 형태의 보다 대규모 플랜트를 착수하도록 EnviroMission 회사를 지원했다. 그 플랜트는 최고 200MW의 전력을 생성하며 비용은 \$800 million에 달할 것이다. 이는 \$4000/kW에 해당되는데 개발 프로젝트로서는 합리적인 규모이다(대체로 전력생산 플랜트의 비용은 \$1000/kW이다). 타워는 연간 650GW-hr($2.3 \times 10^{15}\ J/year$)를 생산하기로 되어있다. 이는 낙관적인 36%의 유용 인자를 나타낸다.

제안된 플랜트는 직경이 7km인 집광 텐트, 즉 집광면적이 대략 $38 \times 10^6 m^2$인 텐트를 갖게 된다. 최대 일사량이 1000 W/m^2일 경우 효율은 약 0.5%가 될 것이다.

시스템의 효율은 굴뚝의 높이에 의존하므로 디자인은 1000m 높이의 구조물을 필요로 한다. 이와 같은 큰 구조물은 (여러 요인들 가운데에서도) 거대한 바람 저항을 받기 때문에 토목 엔지니어에게는 확실히 하나의 도전이 될 것이다. 현존하는 가장 높은 타워(라디오 타워는 제외)는 터론토에 있는 553m의 캐나다 국립타워이다.

12.4.3 태양광 온수지

제 4장에서 논의된 OTEC 원리는 태양에 의해 가열된 물로부터 전력을 생산하는 데에 이용될 수 있다. 어떤 온수지(pond)에서는 놀라울 정도의 고온을 얻을 수 있다.

바닥이 어둡게 칠해진 좁은 온수지에서는 깊은 층의 물이 데워져서 낮아진 밀도로 인하여 표면까지 상승한다. 이로 인하여 혼합이 이루어져서 임의의 온도 구배를 파괴시킨다. 대부분의 열이 물의 증발에 의해 표면을 통하여 소실되기 때문에 그러한 온수지에서의 온도 상승은 적정하다.

해결책은 물론 플라스틱 덮개로 수영장을 덮는 것과 마찬가지로 온수지를 빛의 투과를 차단시키는 단열층으로 덮는 것이다.

단열층이 물 자체일 수 있다는 것은 흥미롭다. 만약 온수지에서 수직적인 염도 기울기가 생성해서 보다 깊은 층은 더 많은 염을 포함하게 되고 따라서 더욱 밀도가 커진다면 대류를 막고 바닥의 온도를 80℃만큼 높게 올리는 것이 가능하다.

20C의 차가운 싱크에 대하여 작동하는 경우 OTEC의 Carnot 효율은 20%가 될 것이며 10%의 실제적인 효율은 불가능해 보이지 않는다.

다음과 같은 어려움이 수반된다.

1. 바람의 작용과 다른 요인들에 의한 혼합
2. 수집된 오염물과 미생물의 성장에 의한 탁도의 발생

이러한 어려움은 대류를 지연시키기 위해 충분한 점성이 있는 고분자 젤로 물이 덮여지는 젤 온수지를 이용함으로써 극복할 수 있다. 이와 같은 젤은 다음과 같은 성질을 지녀야 한다:

1. 높은 태양광 투과성
2. 자외선에서의 안정성
3. 작동온도에서의 안정성
4. 물에 대한 불용해성
5. 미생물 분해의 불가능
6. 무독성
7. 염 용액보다 낮은 밀도
8. 낮은 비용

뉴멕시코(Albuquerque) 대학교에서 E.S. Wilkins와 그의 동료들은(1982) 위와 같은 젤을 개발했다고 주장하고 있다.

표면을 깨끗하게 유지하기 위해서 물의 얇은 층이 젤 위에서 움직이며 먼지와 파편들을 쓸어 없애준다.

부록 A: 시간의 측정

시간의 지속†

1시간은 얼마나 길까?

로마 시대에서 시간은 일출과 일몰 사이의 시간간격의 1/12로 정의되었다. 이 간격은 계절에 따라 변하므로 "시간"은 겨울보다 여름에 더 길었다.

약 $42°$ N인 로마의 위도에서 1시간은 현대 시계로 44.7분(12월 말)과 75.3분(6월 중순) 사이의 어딘가만큼 지속되었을 것이다. 이러한 가변성은 연중 계절에 따라 시계의 속도를 점차적으로 변경하기 위해 복잡한 메커니즘을 고안해야 했던 시계 제작자들에게는 중요한 문제였다. Vitruvius가 쓴 On Architecture(Marcus Vitruvius Pollio, 여전히 팔리고 있는 책)를 참조하자.

가변성의 많은 부분은 시간을 연이은 두 정오 사이의 간격, 즉 국지적인 자오선을 태양이 연이어 두 번 교차하는 동안의 간격의 1/24로 정의함으로써 제거되었다. 불행히도 이에 따르면 로마의 시간 길이보다는 매우 작지만 길이가 일 년 내내 변화하는 시간이 얻어진다. (자세한 설명,

† 시간의 역사에 관한 보다 많은 정보를 위해서는 Dohrn-van Rossum (1996)을 참조한다.

은 부록 B를 참조.) 명백한 해결책은 평균 태양시간을 1년 동안에 걸쳐 취한 태양시간의 평균값으로 정의하는 것이다. 그러나 여전히 천문학적 상수들(이심률, 지축, 근일점에 관한 논쟁, 기타)이 매우 천천히 변하기 때문에 1시간에 대한 이러한 정의는 긴 기간동안에 걸쳐 일정하지 않을 것이다. 최종적인 해결책은 원자시계라고 지칭되는 천체력 시간을 임의로 정의하는 것이다. 현재 천체력 시간은 평균 태양시간에 매우 근접하고 있다.

천문학과 연대학은 고대의 과학들로서 고대의 개념과 용어들을 계승하였다. 시간을 분과 초로 나누는 것은 하나의 예이다.

바빌로니아의 60진법 시스템을 이용하여 시간은 "분" 부분과"초" 부분으로 나누어졌다. 후자는 과학적 목적을 위한 공식적인 단위로서 평균 태양일의 1/86,400의 값을 갖는다.

이 책의 근사 공식으로부터 얻어진 시간들은 평균 태양시간이며 실제 태양시간과는 ±15분만큼 차이가 있을 수 있다.

시간대

지역의 평균 태양시간은 관찰자의 경도에 의존하기 때문에 매일 사용하는 편리한 시간 측정수단이 아니다. 경도 15° 당 1시간씩 변한다. 이는 물론 San Francisco의 시간이 Sacramento의 시간과 같지 않음을 의미한다. 1시간, 또는 15° 폭과 같은 시간대의 사용으로 이러한 어려움을 피할 수 있다. 각 시간대에서 시간은 관찰자의 위치에 관계없이 동일하다. 시간대 경계에서는 시간은 갑자기 1시간만큼 달라진다. 임의의 시간대의 중심 자오선은 15° 의 배수이다; 첫 번째 시간대는 Greenwich의 자오선인 0번째 자오선상의 중심에 위치하며 그곳에서의 시간은 그리니치 평균시간 GMT(혹은 천문학자들에게는 우주시간 UT)라고 불린다. 시간대 시간은 표준시간(예를 들면 태평양 표준시인 PST의 경우 -8 시간대가 120° W에서 중심에 위치)이라고 불린다.

시간 편차

임의의 주어진 경도 L에서의 실제 태양시간 t_{true}는 다음으로부터 구할 수 있다.

$$t_{true} = t_{local\,mean} + t_{offset} \tag{12.29}$$

여기에서 t_{true}와 t_{local}은 시간과 분으로 표현되지만 t_{offset}은 오직 분으로만 표현된다.

$$t_{offset} = EOT - 4L + 60t_{zone} \quad (\text{분}) \tag{12.30}$$

여기에서 EOT는 부록 B에서 논의되는 시간(분)의 식이며 L은 각으로 나타낸(동쪽〉0, 서쪽〈0) 경도이고 t_{zone}은 UT(동쪽〉0, 서쪽〈0)으로 지칭되는 국부적 시간대의 시간 수이다.

다음은 간단한 보기이다:

지역 평균시간이 12:00(정오)일 때 캘리포니아 Palo Alto(125° W)에서 2월 20일의 실제 태양시간은 얼마인가?

2월 20일에 대한 EOT(그림 12.19로부터 비교)는 +14분이다. Palo Alto의 시간대는 태평양 표준시이다; 즉 -8시이다.

$$t_{offset} = 14 - 4 \times (-125) + 60(-8) = 34 \quad (\text{분}) \tag{12.31}$$

$$t_{true} = 12^h : 00^m + 34^m = 12^h : 34^m \tag{12.32}$$

달력

몇 가지의 순환하는 천문학적 특징들은 매우 분명하게 시간의 측정수단으로서의 역활을 한다. 하루와 그 분할(시, 분, 그리고 초)의 정의에 기여하는 매일의 일출이 있다. 또한 달의 모양이 있는데 이는 (대략) 매 28일마다 반복되며 월과 그 분할인 주의 개념에 기여한다. 그리고 지구가 태양 주위의 궤도를 한 바퀴 도는데 걸리는 시간이 있는데 이것은 1년의 정의와 계절의 순환에 기여한다.

불행하게도 일 년, 또는 한 달간의 일수는 정확하게 정수가 아니며 이는 날짜의 계산을 복잡하게 한다. 만약 한 달이 정확하게 4주(28일)이고 1년이 정확하게 12개월(336일)이라면 아무런 어려움이 없을 것이다. 그러나 1년은 거의 13개월(1개월은 28일)에 더 가깝다. 이에 따르면 1년은 364일이 된다. 여분의 날은 보편적인 휴일로 선언될 수 있다. 이 방법에 따른 문제는 분기별로 쉽게 분할이 되지 않는다는 점이다. 그러므로 1년당 12개월이 선택되었다.

로마력의 첫 번째 달은 현재의 3월인 Martius이었으며 다섯 번째 달은 Quintilis, 여섯 번째 달은 Sextilis, 일곱 번째 달은 September 등이었다. B.C. 153년 이래 *Ianuarius*는 첫 번째로 올려졌고 이에 따라 September는 이전처럼 일곱 번째가 아닌 아홉 번째 달이 되었다.

춘분점의 정확한 날짜는 (아마도 스톤헨지, 그리고 다른 많은 오래된 관측장소에서 측정되었던 것과 마찬가지로) 쉽게 측정될 수 있었으며 따라서 춘분이 항상 같은 날짜에(예를 들면 3월 21일) 발생한다는 것을 쉽게 확립할 수 있다. 이는 때때로 1년에 추가적으로 하루가 더해져야 함을 의미하였다. 이런 관점에서 로마인들은 약간 엉성하였고 계절의 양상이 달라져서 명백히 고통스러워질 때까지는 그런 엉성함이 쌓이도록 놔두었다. 만약 주어진 농작물을 이를테면 봄의 첫 번째 날에 심어야 한다면 씨를 뿌릴 날에 대한 고정된 날짜를 정할 수 없었다.

오류가 아주 눈에 띄게 되었을 즈음에 최고 신관† 은 Mercedonius라고 불리는 윤달인 mensis intercalaris를 선언하고 당시에는 연말이었던 2월 말 즈음까지 이를 유지하였다. 시간이 흐르면서 대신관의 지위는 한직이 되었고 달력의 조정은 매우 오류가 많았으며 정치적으로 부패하게 되었다. 문제를 바로 잡기 위하여 B.C. 46년에 율리우스 카이사르는 1년이 445일(3개의 윤달이 삽입되었다)이라고 공표하였다. 그는 또한 새 달력을 공표하여 매 해는 길이가 365일이며 추가의 1/4일을 감안하기 위해 매 4년마다 추가로 하루를 더하기로 확정하였다. 그는 이러한 성과에 자신의 이름을 따라 Quinitilis라고 명명함으로써 이를 기념하였다. 따라서 July라는 이름이 도입되게 되었다. 능가하게 되지 않기 위해 그의 조카 (아우구스투스) 옥타비안은 Sextilis를 8월로

† 다리의 주건축자로서 고대 로마에서 다리의 유지보수도 담당

변경하자고 주장하였다. 물론 7월과 8월은 모두 31일인 달이다. 그밖에 어떤 수정이 더 있었던가?

수정내용은 잠시동안 기능했지만 (1년이 정확하게 $365\frac{1}{4}$일이 아니기 때문에) 완벽하게 작용되지는 않았다. 1582년 3월 그레고리 Ⅷ세는 오늘날 사용하는 그레고리안 달력을 소개하였다. 많은 유럽 국가들은 즉시 새로운 달력을 채용하였다; 저항한 나라들도 있었다. 언제나 전통에 얽매이는 영국은 1752년 9월 2일에서야 그레고리안 달력을 채택했다. 따라서 그 다음날은 1752년 9월 14일이 되었다. 그러므로 "1752년 9월 10일 미국에서 어떤 중요한 사건이 발생하였는가"라는 질문에 대한 대답은 "아무것도 없다"이다. 그런데 러시아는 1918년 2월 1일에 그레고리안 달력으로 전환하였는데 이것이 "10월 혁명"이 실제로는 11월에 발생한 이유이다.

율리안 일 수

많은 천문학적 계산에서는 일반적으로 사용되는 어떠한 달력들보다도 훨씬 더 간단한 달력을 갖는 것이 지극히 편리하다는 것이 입증되고 있다. 주어진 날짜를 확인하는 가장 간단한 방법은 년, 월, 주의 개념을 완전히 무시한 채 과거의 어떤 임의의 시점으로부터 시작하여 지속적으로 세어보는 것이다. 천문학의 율리안 일 수는 그러한 시스템이다. 우리는 이를 1858년 11월 16일에 해당하는 숫자 2,400,000에서 시작하는 날짜 세기로 정의할 것이다. 따라서 이를테면 다음날인 1858년 11월 17일은 2,400,001의 율리안 일 수를 갖는다. 율리안 일 수는 정오에 시작한다.

주어진 그레고리안 날짜에 해당되는 율리안 일 수를 결정하기 위해서는 1858년 11월 16일 이후(또는 이전)의 날짜 수를 헤아리고 이를 2,400,000에 더하는 것으로 충분하다. 물론 수행하는 것보다 말하는 것은 쉽다. 두 날짜들 사이의 일 수를 헤아리는 것은 고통이다.
http://webexhibits.org/calendars/calendarchristian.html에서 취한 다음과 같은 알고리즘을 제안한다.

$$JD = d + INT((153m + 2)/5) + 365y + INT(y/4) - INT(y/100) + INT(y/400) - 32045$$

여기에서 y는 년(4개 숫자로 표현된다), m은 달, 그리고 d는 날짜이다.

율리안, 혹은 그레고리력에는 0년이 없음을 주목하자. A.D.1년의 1월 1일 앞의 날짜는 B.C.1년 12월 31일이다. 만약 위의 공식을 사용하여 B.C.날짜의 율리안 일 수를 결정한다면 음의 년수로 전환해야 한다. 예를 들면 10 B.C.는 -9로 입력해야 한다.

만약 고대의 날짜들을 다루고 있다면 율리안력이 확립된 해(45 B.C.)보다 더 이전의 날짜들일지라도 이 날짜들이 아주 흔히 그레고리안력이 아닌 율리안력으로 주어진다는 것을 인식해야 한다. 달력이 확립되기 전의 날짜들을 나타내기 위해 이와 같이 달력을 사용하는 것은 예기, 또는 예상으로서 예기력이라고 불린다. 율리안력을 율리안 일 수(거의 확실히 서로 다른 율리우스들이다)와 혼동해서는 안된다.

율리안 일 수와 율리안 일 수를 그레고리안이나 율리안 날짜로 전환시키는 알고리듬에 대한 추가의 정보는 앞에 제시한 URL을 참조한다.

부록 B: 궤도의 역학

항성과 태양계

시간의 가장 명백한 측정은 두 번에 걸친 태양의 연속적인 자오선 통과 사이의 간격으로서 태양일이라고 불린다. 태양은 지역적인 자오선을 통과할 때 남중하며(낮 동안 가장 높은 고도에 도달-천정각이 최소일 때이다) 따라서 북반구에서는 정확히 관찰자의 남쪽에 있다. 나중에 설명하겠지만 춘분이 일어날 경우 년 중 쉽게 결정되는 순간이 있다. 연속적인 두 춘분들 사이의 시간 간격-즉 태양년의 길이-은 천문학적인 정밀도로 측정되었다. 1 태양년 동안에 태양은 365.24219878번(이를 365.2422번이라고 하자) 최고점에 도달한다는 것이 알려져 있다.† 달리 말하면 이러한 1년의 간격에서 365.2422 태양일이 존재한다, 우리는 평균 태양일(1/365.2422년 동안 지속되는 하루)의 1/24을 평균 태양시라고 정의한다. 불행히도 어떤 합리적인 정확한 시계에 의해 측정되는 태양일의 길이는 1년에 걸쳐 변한다. 그 변화는 사소한 것이 아니다-실제 태양일(연이은 자오선 통과 사이의 시간)은 9월 17일의 평균 태양일보다 23초 짧으며 12월 22일의 평균 태양일보다 28초 길다. 이러한 차이는 누적된다-2월 중순에 태양은 평균 태양 정오보다 14분 후에 자오선을 지나며 11월 중순에는 평균 태양 정오보다 약 15분 전에 자오선을 지난다. 후에 무엇이 이러한 가변성을 초래하는지를 설명할 것이다. 이는 연속적인 자오선 통과 사이의 간격에 시간측정에 대한 부정확한 기준을 부여한다.

만약 주어진 별의 연속적인 자오선 통과 사이의 시간 간격을 측정한다면 이 시간 간격은 꽤 일정하며 1년 내내 변하지 않는다는 것을 알게 될 것이다. 우리는 또한 주어진 별이 1태양년 동안 366.2442번 자오선을 통과할 것임을 알고 있다. 1년 중 "별"일의 수, 또는 항성일 수는 태양일수 보다 정확히 하루가 더 많다.

항성시와 태양시 사이의 불일치는 태양 주위의 지구공전의 결과이다(그림 12.12와 12.13을 참조).

행성이 회전하지 않는 태양계에서는 태양 주변의 운동에 의해 관찰자는 태양이 1년 내내 동쪽으로 움직이는 것을 보게 되며 1년당 하루의 겉보기 날이 초래된다. 그러나 만일 행성이 1년당 정확하게 360도의 비율로 (그 궤도의 운동과 같은 방향으로) 회전한다면 태양은 전혀 움직이지 않는 것처럼 보인다-행성의 회전이 궤도에 따라 생성된 하루를 정확하게 상쇄시킨다.

언급한 바와 같이 태양 주위의 궤도를 완전히 한 바퀴 공전하는 것은 회전하지 않는 행성의 표면으로부터는 하나의 완전한 날로 인지될 것이다-태양은 행성 주위에서 완전한 원으로 움직이는 것처럼 보일 것이다. 만일 우리가 하루를 24시간으로 헤아린다면 매 15° 의 궤도운동마다 한 시간이 겉으로 흘러가며 1° 의 궤도운동은 4분의 시간에 해당한다.

따라서 1년에 366.2422번 회전하는 지구의 경우 궤도운동이 1년마다 하루를 상쇄시키기 때문에 태양일 수는 1년에 365.2422이다.

표 12.3에 시간 단위의 정확한 정의를 정리하였다.

---

† 1태양년의 길이는 1세기당 $169 \times 10^{-10}\%$ 의 비율로 매우 적게 감소한다. 이는 지구의 궤도 에너지에 매우 작은 감소가 일어나는 것을 의미한다.

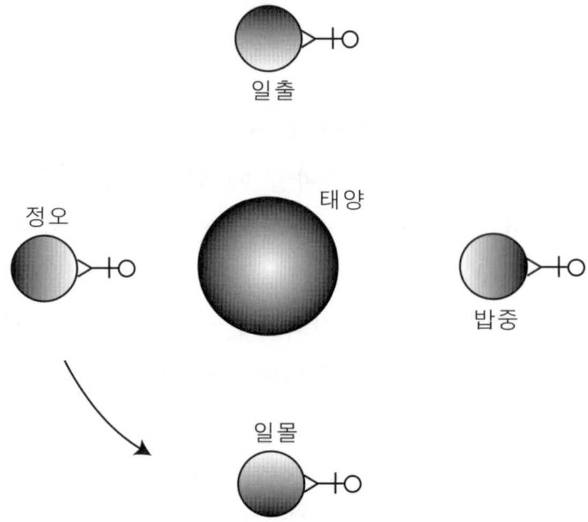

그림 12.12 행성이 회전하지 않는 태양계에서는 궤도의 운동은 매년 하루의 겉보기 날을 도입시킨다.

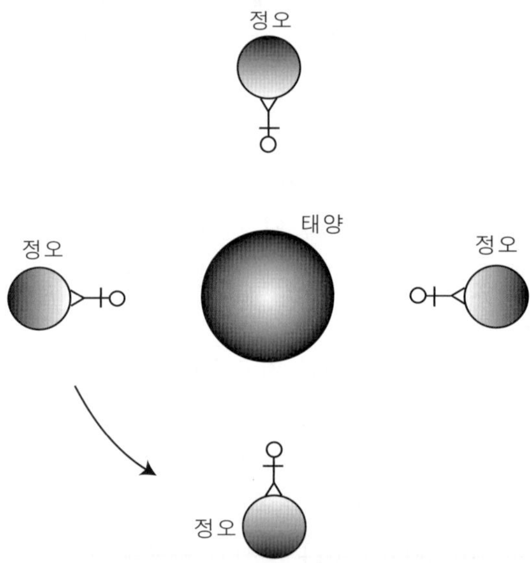

그림 12.13 만일 행성이 정확하게 1년에 한번 회전한다면 태양은 움직이지 않는 것처럼 보이다.

궤도 방정식

기준점=태양-행성 각도는 실제 근점이각(近點離角)(그림 12.14를 참조)이라고 불린다. 천문학에서 자주 사용되는 색다른 중세의 용어를 주목하자.

원 궤도에서는 뚜렷이 기준점으로 선택할 것이 없다. 그러나 대부분의 궤도는 타원(또는 아마도 쌍곡선)이기 때문에 당연히 근점(近點)(끌어당기는 물체에 가장 가까운 점)† 이 선택된다. 긴 주기의 혜성인 경우에는 관찰될 수 없기 때문에 궤도의 최원점(最遠點)은 편리한 선택이 되지 못한다.

† 다음은 의미가 거의 같은 다양한 용어들이다: periapsis, perihelion, perigee, perfast.ron, pericenter, and perifocus and, apoapsis, aphelion, apogee, apastron, apocenter, and apofocus.

표 12.3 시간의 정의들.

년(태양년)	연이은 두 춘분점 사이의 간격
평균 태양일	1/365.24219878 년
평균 태양시	평균 태양일의 1/24
분	평균 태양시의 1/60
초	1/60 분
항성일	1/366.24219878 년
평균 태양시/년	8,765.81
분/년	525,948.8
초/년	31.5569×10^6
항성일의 길이	23:56:04.09

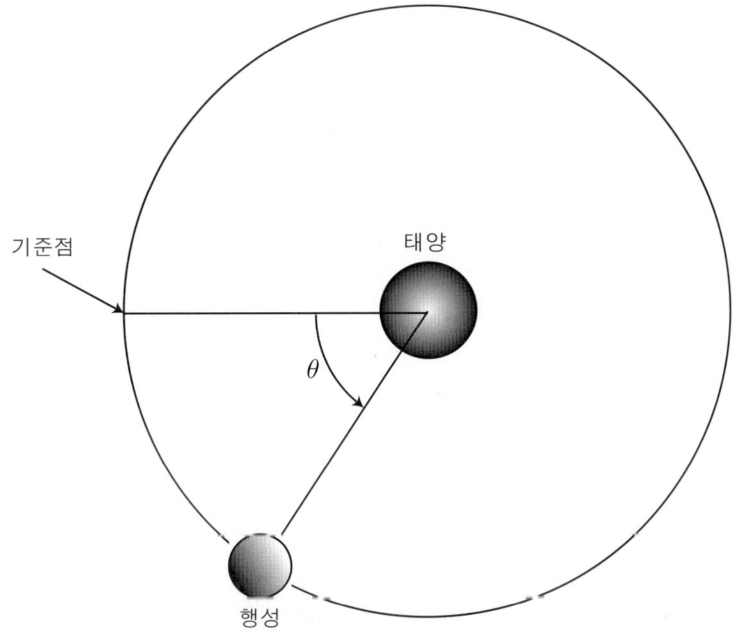

그림 12.14 황도면의 행성의 궤도에서 행성의 위치각은 근점이각 θ라 불린다.

따라서 근점이각의 측정에 대한 원점은 근점이다. 근점이각은 행성의 운동방향으로 증가한다.

질량이 M인 태양과 그 주위궤도를 움직이는 질량 m인 행성으로 이루어지는 태양계를 고려하여 보자. 행성의 궤도 속도가 원심력 $mr\omega^2$(여기에서 ω는 라디안/초로 표시되는 행성의 각속도)를 정확하게 인력 GmM/r^2(여기에서 G는 중력가속도 상수($6.6729 \times 10^{-11} m^2 s^{-2} kg^{-1}$)이다)와 동일하게 하여 주는 속도라고 가정한다. 이와 같은 특별한 경우 이들 두 힘은 크기가 정확하게 같고 방향은 반대이므로 서로 완전하게 상쇄될 것이다-태양으로부터 행성까지의 거리 r은 변하지 않을 것이며 궤도는 태양이 중심인 원형일 것이다.

$$mr\omega^2 = G\frac{Mm}{r^2} \tag{12.33}$$

이로부터

$$r = \frac{GM^{1/3}}{\omega^2} \tag{12.34}$$

태양의 경우 질량은 $M = 1.991\times 10^{30}kg$이고 지구의 각속도는 $2\pi/365.24\ radians/day$, 또는 $199.1\times 10^{-9}\ radains/second$이므로 r의 값은 149.6×10^9m가 된다. 지구의 궤도가 원형이 아님에도 불구하고 이것은 거의 정확한 값이다.

사실 행성이 궤도가 원형이 되게 하여 주는 정확한 각속도를 갖는다는 것은 불가능할 것이다. 아마도 그 속도는 너무 작아서 행성이 태양 쪽으로 떨어지게 되어 가속됨으로써 원형 궤도가 되기에는 너무 큰 속도에 이르게 되므로 태양으로부터 멀어져 감속될 것이다-결국 타원 궤도가 될 것이다.

원형의 경우보다 수학적 작업이 조금 더 많지만 궤도 방정식은 쉽게 유도될 수 있다.

(극좌표에서) 운동 방정식은 반경방향 및 접선방향의 힘의 성분들에 대하여 각각 다음과 같다:

$$m\left[-\frac{d^2r}{dt^2}+r\left(\frac{d\theta}{dt}\right)^2\right] = G\frac{mM}{r^2} \tag{12.35}$$

그리고

$$m\left(2\frac{dr}{dt}\frac{d\theta}{dt}+r\frac{d^2\theta}{dt^2}\right) = 0 \tag{12.36}$$

식 12.36에 r/m을 곱하면

$$2r\frac{dr}{dt}\frac{d\theta}{dt}+r^2\frac{d^2\theta}{dt^2} = 0 \tag{12.37}$$

식 12.35는 원형의 경우에 대한 식 12.33이 됨을 주목하자(여기에서 d^2r/dt^2은 0이다). 이 경우 식 12.36은 (dr/dt는 0이므로) $d^2r/dt^2 = 0$로 되는데 이는 각속도가 일정하다는 r서을 보여준다.

또한

$$\frac{d}{dt}\left(r^2\frac{d\theta}{dt}\right) = 2r\frac{dr}{dt}\frac{d\theta}{dt}+r^2\frac{d^2\theta}{dt^2} = 0 \tag{12.38}$$

식 12.38을 적분하면

$$r^2\frac{d\theta}{dt} = constant \tag{12.39}$$

식 12.35와 식 12.36에서 t를 소거하면 이심률 ϵ(이는 "행성"의 총 에너지에 따라 좌우된다)의 원뿔단면 식이 얻어짐을 보일 수 있다. $\epsilon < 1$이면 경로, 또는 궤도는 다음 식에 의해 표현되는 타원이다.

$$r = \frac{\alpha(1-\epsilon^2)}{1+\epsilon\cos\theta} \tag{12.40}$$

위에서 a는 반 주축이고 θ는 근점이각이다. 궤도에서 행성의 위치 θ가 주어지면 주축과 이심률을 알고 있을 경우 쉽게 반경 벡터를 계산할 수 있다.

보다 관심을 끄는 것은 위치 θ를 시간의 함수로 결정하는 것이다. 식 12.39와 12.40으로부터

$$\frac{d\theta}{dt} \propto \frac{(1+\epsilon\cos\theta)}{a^2(1-\epsilon^2)^2} = A(1+\epsilon\cos\theta)^2 \tag{12.41}$$

만약 지구의 궤도가 원형이라면, 즉 만약 $\epsilon = 0$이면 각속도 $d\theta/dt$는 일정할 것이다.

$$\frac{d\theta}{dt} = \frac{360^\circ}{365.2422days} = 0.98564733 \ \text{degrees}/day \tag{12.42}$$

이는 지구의 평균 각속도이다. 따라서

$$A = 0.98564733 \ \text{degrees}/day \tag{12.43}$$

아울러 현재 지구의 이심률은 약 0.01670이므로

$$\frac{d\theta}{dt} = 0.98564733(1+0.0167\cos\theta)^2 \tag{12.44}$$

그러므로 $\theta = 0$일 때, 즉 근일점을 통과하는 순간에 지구의 각속도는 1.01884 degrees/day인 반면에 원일점에서의 각속도는 0.95300 degrees/day로 떨어진다.

지구 운동의 표현- 시간의 함수로 나타낸 θ의 표-은 다음을 계산하여 얻어질 수 있다.

$$\theta_i = \theta_{i-1} + A(1+\epsilon\cos\theta_{i-1})^2 \Delta t \tag{12.45}$$

θ_0는 근일점에 해당하는 0과 같도록 정한다.

시간 증가분 Δt가 1일 정도로 큰 경우에도 우수한 정확도를 달성할 수 있다.

근일점은 아주 유용한 기준점은 못되는 것으로 여겨진다. 초기점으로서 보다 명백한 방향인 춘분점을 사용하는 것이 더욱 편리하다. 이를 위해 황경은 춘분점으로부터 동쪽으로 황도면을 따라 측정된 각으로 정의된다. 근일점의 편각으로도 불리는 근일점의 경도를 알고 있다면 식 12.45로부터 얻어지는 표를 이용할 수 있다. 근일점의 경도는 느리게 변하지만 현재는 -77°에 근접해 있다.

지구 궤도의 운동을 유도하기 위해 사용되는 된 태양 중심의 극좌표계는 지구에서 보이는 천

체의 위치를 나타내는 데에는 그리 편리하지 않다. 이를 위해 지리학에서 사용되는 위도/경도 시스템을 천문학까지 쉽게 확장시킬 수 있다. 다양한 위치들은 한 쌍의 각도, 즉 경도와 대등한 지평선상의 오름과 위도와 대등한 적위(赤緯)각으로 나타낼 수 있다. B.C.200년 경 사모스의 아리스타쿠스가 그랬듯이 우리가 우주의 중심이 아니라는 것을 인식하고 있음에도 우리는 예전의 지구 중심적 관점으로 되돌아가는 것이다. 그러한 시스템의 경우 기준은 적도면에 대하여 수직 방향인 행성의 회전축으로서 지구의 중심을 통과한다. 극단적인 우연의 일치에 의해서만 행성의 적도면은 황도(黃道)(행성의 궤도를 포함하는 면)와 일치한다. 이들 두 면들은 대개 황도경사, 또는 경사각 τ라고 불리는 하나의 각을 형성한다. 천체의 적도를 지구의 적도에 평행한 면이지만 지구의 중심이 아닌 태양의 중심을 포함하는 면으로 정의할 수 있다.

천체의 적도와 황도는 주야 평분(平分)선이라고 불리는 선에서 교차한다. 지구가 남쪽에서 북쪽(상승점)으로 이 선을 교차하는 경우 춘분이 일어난다. 하강점에서 지구가 북쪽으로부터 이 선을 교차하면 추분이 발생한다.

춘분점은 황경과 지평선상의 오름 모두의 측정을 위한 편리한 원점으로 사용된다. 황경은 황도면에 위치하는 각인 반면에 지평선상의 오름은 적도면 상에 위치함을 상기하자.

두 연속적인 춘분점 사이의 시간간격은 이 부록의 도입부에서 인용한 바와 같이 태양년이라고 부른다. 우리의 유도에서는 근일점을 실제 근점이각의 측정을 위한 원점으로 이용하였다. 두 연속적인 근일점 통과 사이의 시간 간격은 근점년(近點年)이라고 부르는데 이는 놀랍게도 태양년보다 약간 더 길다. 그것이 어떻게 가능할까? 이러한 차이의 이유는 원일점 선이 그 방향을 천천히 변화시켜서 (대략) 21,000년 후에는 360° 에 도달하기 때문이다. 근일점의 경도에 상응하는 연간 변화는 360°/21,000년 = 0.017°/년 이다.

지구의 궤도 각속도는 대략 하루에 1° 인데 이는 근점년이 길이가 365.242일인 태양년보다 약 0.017일(25분) 더 길다는 것을 의미한다. 그러므로 근점년은 길이가 대략 365.259일(좀 더 정확하게는 365.25964134일)이다. 근일점 시간과 주야 평분점 시간 사이의 관계는 그림 12.15에 예시되어 있다.

황도와 적도좌표 사이의 관계

천체의 경도는 황도를 따라 측정되는 반면에 역시 경도의 척도가 되는 지평선상의 오름은 적도면을 따라 측정된다. 분명히 이 좌표들 사이에는 간단한 관계가 존재한다.

원점이 지구의 중심이며 x-y 평면이 적도면과 일치하고 y 축이 주야 평분선에 따라 정렬되는 우측 수직 좌표계를 고려하여 보자. z 축은 북쪽을 가리킨다.

$\vec{s}$를 원점에서 출발하며 태양을 향하는 단위벡터라고 하자.

$$\vec{s} = \vec{i} s_x + \vec{j} s_y + \vec{k} s_z \tag{12.46}$$

이 벡터는 황도면에 놓여 있다-즉 그 단위벡터가 다음과 같은 회전축에 수직이다:

$$\vec{u} = -\vec{i} sin\tau + \vec{k} cos\tau \tag{12.47}$$

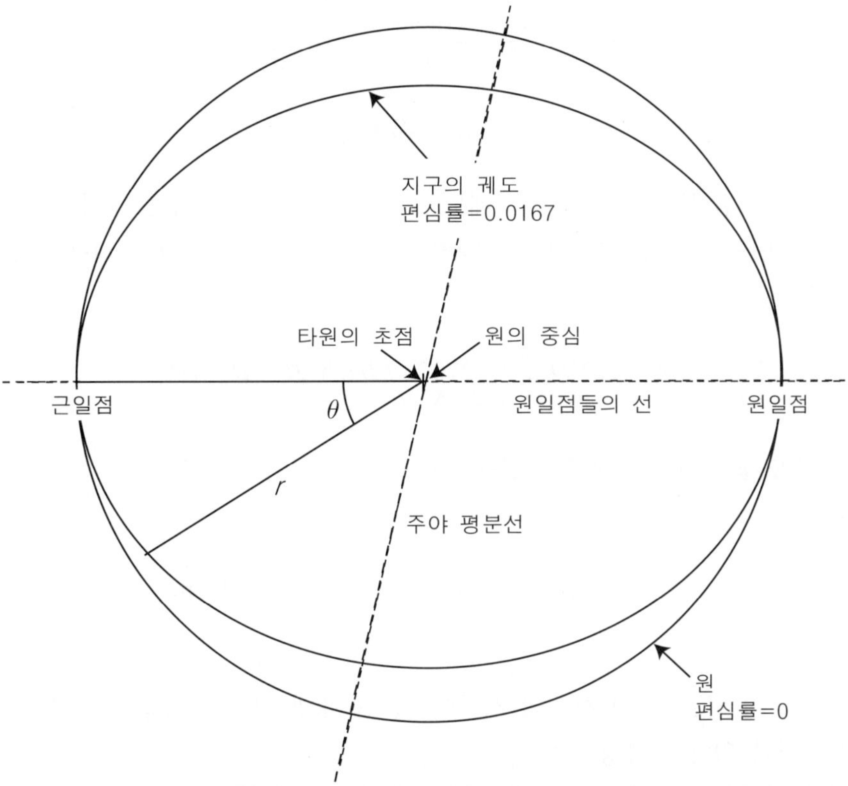

그림 12.15 지구의 궤도는 약간 타원형이다. 위에서 시각은 황도에 수직이다.

만약 $\vec{s}$가 $\vec{u}$에 수직이면 이들의 내적은 0이다.

$$\vec{s}.\vec{u} = 0 = -s_x \sin\tau + s_z \cos\tau \tag{12.48}$$

$$S_z = S_x \tan\tau \tag{12.89}$$

경도와 지평선상 오름을 측정하기 위한 기준은 춘분점의 방향으로서 우리의 좌표계에서는 단위벡터 $-\vec{j}$를 갖는다. 그러므로 경도 A는 다음에 의해 주어진다.

$$\cos\Lambda = -s_y \tag{12.50}$$

$\vec{s}$는 단위벡터이므로

$$s_x^2 + s_y^2 + s_z^2 = s_x^2 + \cos^2\Lambda + s_x^2 \tan^2\tau = 1 \tag{12.51}$$

$$s_x^2(1 + \tan^2\tau) = 1 - \cos^2\Lambda \tag{12.52}$$

$$s_x = \sin\Lambda \cos\tau \tag{12.53}$$

그러나 적도면에서는 지평선상 오름 R은 다음과 같이 주어진다.

$$\tan R = \frac{s_x}{-s_y} = \frac{\sin\Lambda\cos\tau}{\cos\Lambda} = \cos\tau\tan\Lambda \tag{12.54}$$

$$R = \arctan(\cos\tau\tan\Lambda) \tag{12.55}$$

보통 역삼각함수를 취하는 경우 답은 애매모호하다-계산기나 컴퓨터는 단지 주 값을 제공하여 주며 실제 값이 무엇인가에 대하여 결정을 내려야 한다. 현재의 경우에는 다음과 같은 Boolean 문이 사용되어야 한다.

$$\begin{aligned}&IF\ \Lambda \geq 90^\circ\ \ AND\ \ \Lambda < 270^\circ\ \ THEN\ R = R + 180^\circ\\ &ELSE\ IF\ \Lambda \geq 270^\circ\ \ THEN\ R = R + 360^\circ\end{aligned} \tag{12.56}$$

이는 태양의 경도를 지평선상 오름과 관련지어 준다.

태양의 적위는

$$\sin\delta = s_z = s_x\tan\tau = \sin\Lambda\cos\tau\tan\tau = \sin\Lambda\sin\tau \tag{12.57}$$

시간 균차

이제 연속적인 태양의 남중(南中) 사이의 시간이 일 년 내내 변하는 이유를 설명할 필요가 있다.

손에 2개의 기구가 있다고 가정하자.

1. 평균태양 시간으로 보정된 시간의 균일한 흐름을 측정하는 정확한 시계. 하나의 춘분점에서 다음 춘분점까지는 $365.2422 \times 24 \times 60 \times 60 = 31.55692 \times 10^6$ 초의 통과를 기록한다.
2. 적어도 1분의 식별도로 태양시를 측정할 수 있는 해시계.†

어떤 임의의 날짜에서 시계가 정확하게 (해시계에서 보이는) 정오에 시작되도록 설정한다. 비록 다음 해의 같은 날짜까지 시계와 해시계는 년중 내내 다시 일치되지만 해시계는 때때로 천천히 가는 것처럼 보일 것이며 일 년의 다른 기간들에서는 빠르게 가는 것처럼 보일 것임을 알게 될 것이다. 해시계의 시간과 시계의 시간 사이의 차이-태양시와 평균태양시 사이의 차이-는 15분까지 빠르거나 15분까지 느릴 것이다. 이러한 차이는 시간 균차(EOT, equation of time)라고 불린다.

그림 12.19는 EOT가 1년에 걸쳐 어떻게 변하는지를 보여준다. 태양 집열판의 구성을 위해서는 그림에서 EOT의 값을 읽는 것으로 충분하다. 그러한 적용에 있어서 다음의 경험식(식 12.59)은 과잉이다.†† 이는 1년 중의 날짜 d를 각도 d_{deg}로 나타내는 경우 분으로 표시되는 EOT를 제시하여 준다.

$$d_{\text{deg}} \equiv \frac{360}{365} d \text{ degrees} \tag{12.58}$$

EOT가 4년의 기간 동안 윤년으로 인하여 매년 다소 변하기 때문에 보다 높은 정밀도는 소용없을 수 있다.

---

† 태양의 유한 각 직경(0.5°)으로 인하여 약 1분보다 더 정밀하게 해시계를 읽는 것은 어렵다.

†† 언급한 NOAA 공식의 출처는 http://www.srrb.noaa.gov/highlights/sunrise/program.txt이다.

$$EOT = -0.017188 - 0.42811\cos(d_{\deg}) + 7.35141\sin(d_{\deg}) + 3.34946\cos(2d_{\deg}) + 9.36177\sin(2d_{\deg})\ minutes \tag{12.59}$$

태양경도의 측정에는 두 가지가 있으며 모두 춘분점의 방향으로부터 동쪽을 향하여 증가함을 상기하자: 한 가지 측정은 황도를 따르는 것으로서 황경 Λ라고 부르며 다른 측정은 적도면을 따라 측정되는 것으로서 지평선상 오름 R이라고 불린다. 이러한 두 가지 경도는 춘분점과 하지점에서는 정확하게 동일하지만 그 사이에서는 어디에서도 차이가 있다. 표 12.4를 참조하자.

Λ와 R 사이의 불일치는 궤도의 기울기에 따라 증가한다. 만약 지구궤도의 기울기가 0이면 모든 환경에서 Λ=R이다.

임의의 위도상의 지구 표면에 위치하며 우연하게도 태양이 정확한 춘분점 순간에 남중하는 자오선 상에 있다고 가정하자. 이 순간에서 $\Lambda = R = 0$이다.

그러면 $23^h:56^m:04^s.09$, 또는 23.93447h 후에 지구는 완전히 회전하며 자오선은 처음에 지향했던 방향과 동일한 방향을 향한다.

표 12.4 경도와 지평선상 오름 사이의 차이.

계절	$\Lambda - R$
봄	〉0
여름	〈0
가을	〉0
겨울	〈0

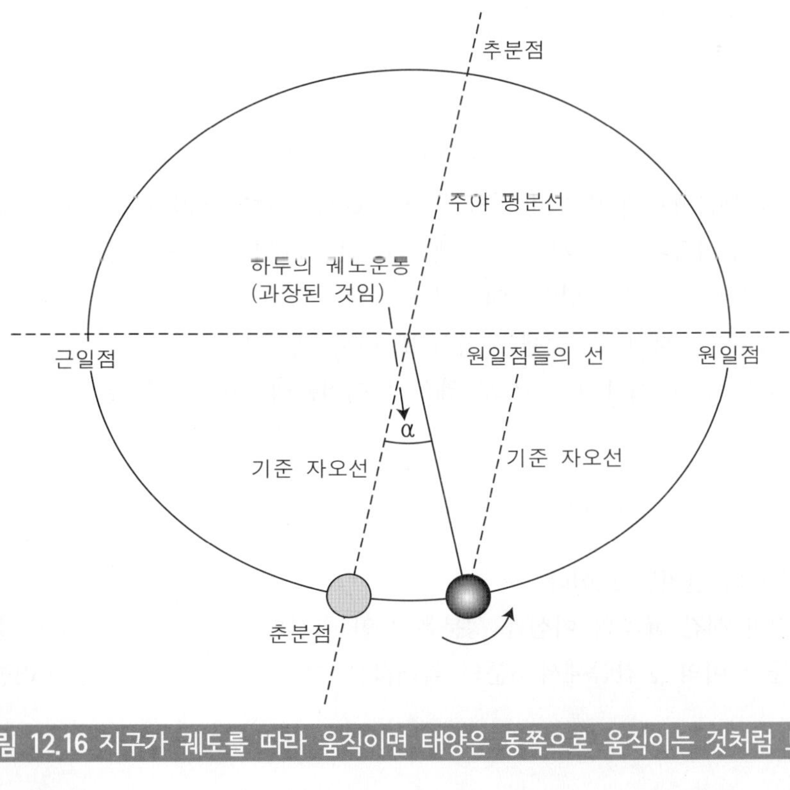

그림 12.16 지구가 궤도를 따라 움직이면 태양은 동쪽으로 움직이는 것처럼 보인다.

그러나 태양이 정확하게 남중점에 있지는 않다. 그 이유는 지구의 궤도운동으로 외견상 동쪽을 향하는 태양의 움직임이 초래되었기 때문이다. 기준 자오선이 다시 태양을 마주보려면 지구는 추가로 α도만큼 회전해야 한다. 그림 12.16을 참조하자.

만약 궤도가 원형이고 기울기가 0이면 태양의 동쪽을 향한 균일한 운동은 $360°/365.2422 = 0.985647$도/(평균 태양일)가 될 것이다. 전문용어를 좀 더 빌린다면 근점이각의 변화율은 일정할 것이며 평균 근점이각은

$$\langle\theta\rangle = 0.985647t \tag{12.60}$$

일 것이다. 여기에서 t는 근일점 통과 이후의 시간(평균 태양일)이다. 황경은 근점이각과 동일한 비율로 변한다. 지구의 회전율이 23.93447 시간에 $360°$, 또는 $15.04107°/hour$, 또는 분당 $0.2506845°$ 이므로 태양에서 기준 자오선을 다시 만나는 데에(즉 다음 남중점이나 다음 정오에 도달하는 데에) 소요되는 $0.985647°$ 만큼 회전하려면 0.985647/0.2506845 = 3.931723분(0.06553 시간)이 걸린다. 이로부터 당연히 23.93447+0.06553=24.0000시간이 된다. 이는 이와 같이 간단한 경우 연이은 정오들은 평균 태양시의 정의에 따라 1년을 통하여 그 간격이 고르며 정확하게 24시간 간격으로 발생하는 것을 의미한다.

실제에 있어서는 정오는 균일한 간격으로 돌아오지 않는다-즉 태양시계의 시간은 시계 시간을 정확하게 추적하지 않는다. 정오 사이의 24시간은 단지 1년 동안에 걸친 평균값이다. 이전에 언급한 바와 같이 시계 시각과 태양시계 시각 사이의 차이는 시간 균차 EOT(equation of time)라고 칭한다. 이러한 비규칙성의 요인으로서 궤도의 이심률($EOT_{eccentricity}$)과 궤도의 기울기($EOT_{obliquity}$)의 두 가지를 들 수 있다.

궤도의 이심률

만약 궤도가 원형이 아니라면 동쪽을 향한 태양의 표류율(근점이각의 변화율)은 일정하지 않다. 이는 근일점 근처에서 빠르게 변하며 원일점 근처에서는 더욱 느리게 변한다. 그러므로 실제 근점이각은 평균 근점이각과 다르게 되어 매 24 평균 태양시 주기 후에 지구는 추가적으로 $\theta - <\theta> \equiv C°$ 만큼 회전해야 한다. 여기에서 실제 근점이각과 평균 근점이각 사이의 차이 C는 중심 균차라고 부르는데 이는 중세 용어의 또 다른 예이다.

지구의 회전율이 4분에 대략 $1°$ 이므로 궤도의 이심률에 의한 실제 정오와 평균 정오 사이의 시간 편차는

$$EOT_{eccentricity} = 4C \text{ minutes of time} \tag{12.61}$$

이다. 위에서 각 C의 단위는 도이다.

1년 동안에 걸친 시간 균차의 이심률 성분은 사인 곡선의 유형을 따르는데 근일점과 원일점에서는 0이며 이들 사이의 중간쯤에서 8분의 극대값을 갖는다. 그림 12.17은 이러한 변동성을 보여준다.

1년 중의 임의의 시각에 대한 C 값은 식 12.45를 사용하여 θ을 계산하고 식 12.60으로부터 평균 근점이각을 빼줌으로써 구할 수 있다. 많은 적용들에 있어서는 다음의 실험식을 이용하여 C를 계산하는 것이 보다 실제적인 것임을 알 수 있다.†

$$\langle \theta \rangle = 357.52911 + 35999.05029\,T - 0.0001537\,T^2 \tag{12.62}$$

$$\begin{aligned} C = &(1.914602 - 0.004817\,T - 0.000014\,T^2)\sin\langle \theta \rangle \\ &+ (0.019993 - 0.000101\,T)\sin(2\langle \theta \rangle) \\ &+ 0.000289\sin(3\langle \theta \rangle)\ degrees \end{aligned} \tag{12.63}$$

여기에서 T는 2000년 1월 1일부터의 율리안 세기 수이다. 몇 페이지 앞에 있는 율리안 일 수에 대한 설명을 참조하라.

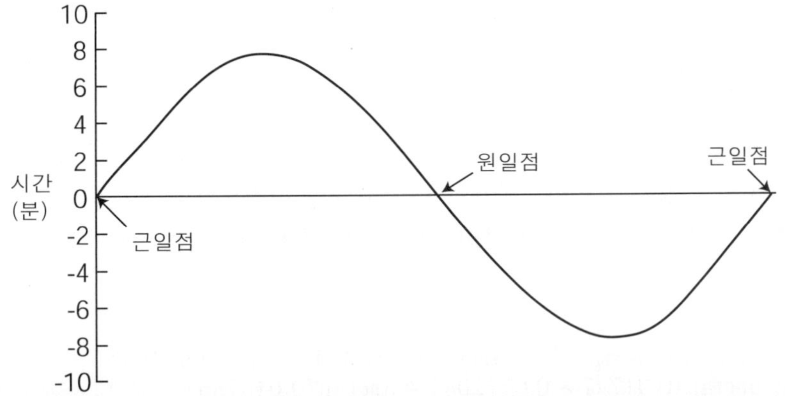

그림 12.17 지구궤도의 타원형으로부터 비롯되는 시간 균차 부분은 4C와 동일한 값(분)을 갖는다. 여기에서 C는 중심 균차, 즉 실제 근점이각과 평균 근점이각 사이의 차이이다. 이그림은 근일점과 원일점 모두에서 0임을 주목하자.

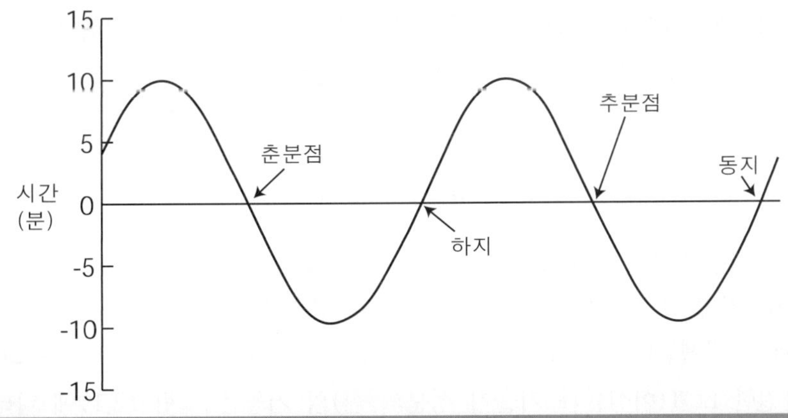

그림 12.18 지구궤도의 기울기에 의한 시간 균차 부분은 $4(A-R)$과 동일한 값(분)을 갖는다-즉 태양의 경도와 수직오름 사이의 차이의 4배이다. 분점(춘/추분점)과 지점(하지/동지점)에서 0의 값을 갖는다.

† 이 공식은 NOAA 프로그램으로부터 인용한 것이다: http://www.srrb.noaa.gov/highlights/sunrise/program.txt.

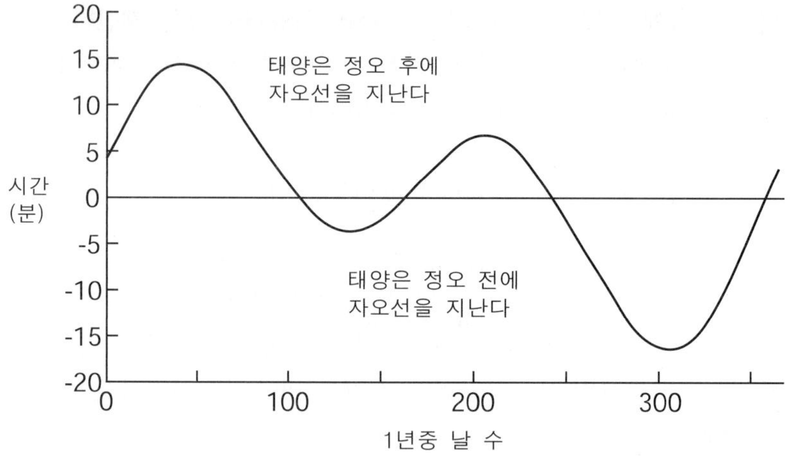

그림 12.19 관찰된 시간 균차는 지구궤도의 타원성과 기울기에 의한 효과들의 조합이다.

12.4.4 궤도 기울기

만약 궤도가 원형이지만 기울기가 0이 아닐 경우에는 비록 태양 황경의 증가율이 일정할 지라도 수직오름의 변화율은 일정하지 않다. 태양의 남중순간은 수직오름과 관련되어 있다.

춘분 다음 날에 지구의 기준 자오선상의 관찰자에 의해 관찰되는 바와 같이 태양의 수직오름은 다음과 같다:

$$R = \arctan(\cos\tau\tan\Lambda) = \arctan(\cos(23.44^\circ)\tan(0.985647^\circ)) \\ = \arctan(0.91747 \times 0.017204) = \arctan(0.015785) \quad (12.64)$$

$$R = 0.904322^\circ \quad (12.65)$$

태양이 남중하려면 기울기가 0인 경우에서와 같이 추가적으로 0.985647° 가 아닌 0.904322° 만큼 더 회전해야 한다. 따라서 정오는 기울기가 0인 경우 보다 다소 일찍 일어날 것이다. 실제로는 $4\times(0.985647-0.904322)=0.325$분 일찍 일어날 것이다.

이를 일반화시키면

$$EOT_{obliquity} = 4(\Lambda - R) \quad (12.66)$$

기울기 성분은 이심률 성분과 마찬가지로 사인곡선 모양으로 변하지만 1년의 시간에서 하나가 아닌 두 개의 사이클을 완결시킨다. 0들은 이심률의 경우와 마찬가지로 근일점과 원일점 대신에 분점과 지점들에서 발생한다. $EOT_{obliquity}$의 진폭은 10분이다. 이러한 거동은 그림 12.18에 나타나 있으며 완전한 EOT(이심률과 기울기 성분의 합)의 거동은 그림 12.19에 나타나 있다.

태양의 기울기가 극대일 때, 즉 $\delta \pm 23.44^\circ$ 일 때 발생하는 지점(하지/동지)들을 근일점(지구가 태양에 가장 가까이 있을)이나 원일점(지구가 태양으로부터 가장 멀리 있을 때)과 혼동하지 않는 것이 중요하다. 지점(하지 및 동지) 날짜들은 근일점과 원일점의 날짜 근처이지만 이는 단순한 우연이다. 원일점과 하지 사이 및 근일점과 동지 사이는 거의 12일이다. 표 12.5를 참조하자.

표 12.5 다양한 태양위치들의 날짜.

	대략적인 날짜	근사적인 일 수
근일점	1월 2-4	2
춘분	3월 20-21	80
하지(북반구)	6월 21	172
원일점	7월 4-5	184
추분	9월 22-23	262
동지(북반구)	12월 21-22	355

참고문헌

Johnson, Francis S., *Solar radiation, in Satellite Environment Handbook (second edition)*, editor Francis S. Johnson, Stanford University.Press, 1965.

Duffie, John A., and William A. Beckman, *Solar Energy Thermal Processes*, John Wiley, 1974.

Vitruvius, Marcus Vitruvius Pollio, *The Ten Books on Architecture*, translated by Morris Ricky Morgan, Dover, New York, 1960.

Welford, W. T., and R. Winston, *The Optics of Non-imaging Concentrators,* Academic Press, 1978.

Wilkins, E. S., et al., Solar gel ponds, *Science* 217, p. 982, September 10, 1982.

Dohm-van ROSSUID, Gerhard, *History of the Hour*: Clocks and Modem Temporal Orders, University of Chicago Press, 1996.

연 습 문 제

12.1 시간 여행자가 1년 중 언제인지 모르는 시간에 지구 어딘가에 있는 자신을 발견한다. 밤에는 하늘이 항상 흐리기 때문에 그는 별을 볼 수 없지만 일출시간과 정오 때의 그림자의 길이를 정확하게 알 수 있다. 일출은 그 지역 시간으로 05시 20분이다. 정오에 수직으로 서 있는 막대는 그 높이보다 1.5배 더 긴 그림자를 드리운다. 날짜와 그 장소의 위도는 어떻게 되는가? 그리고 그 결과는 정확한가?

12.2 어떤 우주 비행사가 긴급 궤도이탈을 해서 대양 가운데 있는 한 섬에 착륙했다. 그는 완전히 방향을 잃었지만 NASA가 항상 제공하는 정확한 디지털 시계와 Fundamentals of Renewable Energy Processes의 복사본을 지니고 있다.† 그는 신중하게 낮의 길이를 측정하고는 일출과 일몰 사이의 시간이 10시간 49분 12초라는 것을 알아내었다. 그는 그 날이 1997년 1월 1일이라는 것을 안다. 그는 이제 그가 위치한 곳의 위도를 측정할 수 있다. 여러분은 그렇게 할 수 있는가?

12.3 캘리포니아의 Palo Alto에 있는 빌딩(북위 37.4도)은 남남동향의 창문들을 가지고 있다. 일 년중 어떤 시기 동안 일출시간에 태양으로부터 직사광선이 창문으로 들어오겠는가? 장애물이 없고 날씨는 좋다고 가정한다.
이 시기의 첫 번째 날의 일출시각은 몇 시인가? 마지막 날에는 몇 시인가? 춘분날 정오에 남남동쪽을 향한 벽에 대한 일사는 얼마인가?

12.4 이상적인 초점 집중장치를 고려하여 보자. 집중도를 높이면 집광기의 온도가 어느 수준까지 상승한다.
어떤 최대 집중도를 넘어서면 온도는 일정하게 유지된다. 2차원과 3차원의 경우 화성에 사용될 수 있는 최대 집중도는 얼마인가?
참고 자료:
화성 궤도의 반지름은 1.6AU이다.
1AU는 1억 5천만 킬로미터이다.
지구에서 보이는 달의 각직경은 0.5도이다.

12.5 임의의 분포함수를 고려하여 보자:

$$\frac{dP}{df} = f - \frac{1}{2}f^2$$

이 함수가 최대가 되는 f의 값을 구하여라
dP/df〉0인 구간에서 dP/df를 f의 함수로 도시하여라.

† 그저 흥미를 돋우기 위한 것이다.

c가 상수일 때 새로운 변수 λ=c/f를 정의하여라.
분포함수 dP/dλ가 최대일 때의 f값을 구하여라.
|dP/dλ|를 f의 함수로 도시하라.

12.6 화성으로의 탐사가 계획되고 있다. 탐사선 착륙 후 첫째 날에서의 소요 에너지에 대한 예비 추정을 수행하여 보자.

착륙일은 2007년 11월 15일로서 화성일로 118일이다. 착륙장소(북위 17도, 동경 122도)에서는 착륙지 기준으로 일출 직후가 될 것이다. 5명의 착륙 팀은 남아있는 모든 낮시간 동안 추운 밤에 생존하기 위한 장비를 설치해야 한다.

인간의 착륙 전에 로봇이 고밀도 태양광에 노출시킴으로써 수화된 암석으로부터 물를 제거하는 수분 추출 플랜트를 세울 것이다. 많은 양은 아니지만 적절한 물 공급이 이루어진다고 가정한다.

동력은 광전지에 의해 생성되고 물의 전기분해로부터 얻어지는 수소와 산소의 형태로 저장될 것이다.

광전지는 1 (화성) 태양에서 16.5% 효율을 갖는 유연한 물질층들로 구성되어 있다. 집중장치는 사용되지 않는다. 이 층들은 화성 표면에 수평하게 놓일 것이다.

전기분해 장치는 90%의 효율로 작동한다.

(지구를 기준으로 한) 화성의 데이터	
궤도의 평균 반지름	1.52
중력	0.38
행성 반지름	0.53
낮의 길이	1.029
1년의 길이	1.881
밀도	0.719

화성의 궤도면에 대한 직도면의 기울기는 25.20도이다.
황도에 대한 화성의 궤도면의 기울기는 1.85도이다.
낮 시간의 평균 화성 온도는 300K이다(지구의 평균 낮 시간 온도인 295K보다 약간 높다).
그러나 화성의 밤은 춥다! 밤 시간의 평균 화성 온도는 170K이다(지구의 경우 275K).
춘분은 화성일 213일에 일어난다.†
화성 시간 h_m을 연이은 일출들 사이 기간의 연평균의 1/24로 정의한다.

1. 도착한 날의 일조 주기는 얼마나 지속되겠는가?
2. 수평면에 대한 가능한 일사율을 계산하여라(화성일, 즉 $24h_m$ 기간에 걸쳐 평균된 값으로서 watts m^{-2} 단위).
3. 우주비행사 5명의 O_2 소비량을 추정하여라. 그들은 1화성일 당 2500kcal의 규제된 식단으로 엄격히 통제받는 있다고 간주하자. 이는 모두 포도당으로 변환된다고 가정한다. 연소 엔탈피로 포도당 1kg당 16MJ을 이용한다.

† 사실은 그렇지 않다. 비록 다른 데이터는 정확할지라도 이 데이터는 임의로 만든 것이다.

4. 전기분해를 통해 물로부터 필요한 양의 산소를 생성하기 위해 얼마나 많은 에너지가 필요할 것인가?
5. 산소의 생산을 위해 필요한 태양전지층의 면적은 얼마인가?
6. 화성의 평균 온도는 우주 비행사가 착지한 위치의 실제 온도라고 가정하자. 또한 화성 공기의 온도는 낮 동안의 300K에서 밤의 175K로 순간적으로 떨어지며 밤에서 낮으로의 온도 변화도 순간적으로 올라간다고 가정하자. 우주 비행사들은 직경이 10m인 반구모양의 플라스틱 돔형 공간에서 거주한다. 벽체 재료는 단열에 관한 한 등급이 (미국 단위계로) R-12이다. 바닥을 통한 열손실은 없다. 돔형 건물의 내부는 300K의 일정한 온도로 유지된다. 밤 동안에는 열을 공급하기 위해 저장된 수소가 연소되어야 한다. 공간의 내부 벽면은 300K이지만 바깥은 175K이다. 외부 표면의 유효 방사율은 0.5라고 가정한다.

하루에 얼마나 많은 양의 수소가 필요한가? 이를 태양전지 층의 면적으로 나타내어라.

12.7 1991년 3월 20일 오후 2시(태평양 표준시) 캘리포니아 Palo Alto(37.4N, 125W)에 있는 높이 10m인 나무의 그림자 길이는 얼마인가? 요구되는 정확도는 ±20cm 이다.

12.8 당신은 지구상의 바람에 쓸려지는 황야에 있지만 위치나 날짜는 모른다. 그 곳에는 언덕이 없으며 수평선을 뚜렷이 볼 수 있다. 이 때문에 일몰 시간을 정확히 측정할 수 있지만 불행하게도 당신의 시계는 그리니치 표준시를 가리킨다. 곧은 막대를 가져와서 이를 지표면에 정확하게 수직으로 세워라(추선을 사용한다). 당신은 미터나 야드 자가 없지만 임의로 지표면 위의 막대의 길이를 1단위로 정한다. 그 날 종일 그림자를 관찰하여라: 가장 짧을 때(당신의 시계로 08시 57분) 그림자의 길이는 2.50단위이다. 태양은 13시 53분에 진다. 이 자료들만으로부터 날짜, 위도, 그리고 경도를 혼동이 가지 않도록 구하여라(즉 당신이 북반구에 있는지, 또는 남반구에 있는지를 결정하여라).

12.9 다음의 조건들에 따라 최대 연평균 상대 일사율을 발생하게 하는 수직 표면의 방위각을 계산하여라.

그 표면은 위도 40도(북)인 한 지역에 위치해 있는데 그 지역은 10시 까지는 항상 짙은 아침안개(일사율=0)가 끼고 그 날의 나머지는 완전히 맑다.

상대 일사율은 여기에서는 그 해의 같은 날에 적도에서 수평표면에의 일사량에 대한 상기 표면에 대한 일사량의 비로 정의된다.

12.10 Palo Alto에서는 몇 시에 태양이 정동쪽에 위치하는가?

Palo Alto는 북위 37.4도이고 경도는 그리니치 기준 서경 122도이다.

8월 11일과 11월 15일에 대하여 위의 문제를 풀어라.

12.11 1990년 4월 1일 지역 시간으로 오전 10시에 북위 45도 위치에서 25도의 고도로 서 있으며 정동쪽을 향하고 있는 표면에 대한 일사율(Wm^{-2})은?

태양을 향하고 있는 표면에 대한 일사율은 $1000Wm^{-2}$라고 가정한다.

12.12 성인의 평균 음식 섭취량을 이를테면 1일 2000kcal이라고 하자. 이 에너지는 모두 일정하고 균일한 열 방출로 전환된다고 가정한다.

열 명의 성인 죄수들이 5×5×2 미터의 방에 갇혀 있다. 그 방은 창문이 없고 R-11 유리섬유 차폐층으로 완전히 단열(벽, 문, 천장, 그리고 바닥)되어 있다. 실외온도는 0℃로 일정하다. 방안의 공기는 보충되지 않는다. 온도는 죄수가 질식하기 전에 정상 상태에 도달한다고 가정한다. 방의 온도는 얼마인가?

12.13 밤은 항상 흐림에도 불구하고 사막인 섬에서 길을 잃은 사람이 적절한 정확도로 그(혹은 그녀)가 있는 곳의 위도를 알 수 있는 방법이 한 가지 있다(북극성은 관찰될 수 없다).

수직의 막대기를 이용하여 그림자를 관찰한다. 그 그림자는 그 지역이 정오일 때 가장 짧을 것이다. 날이 지남에 따라 가장 짧은 정오의 그림자 길이는 변할 것이다. 그 그림자는 하지가 되는 날에 가장 짧을 것이다: 이는 태양의 기울기 δ를 알게 해 줄 것이다.

비록 미터, 혹은 야드자를 가지고 있지 않더라도 어느 날에나 수평 그림자의 길이를 막대의 길이와 비교하면 태양 정점의 각도 χ를 매우 정확하게 추정할 수 있을 것이다.

만약 δ와 χ를 모두 알고 있다면 그 곳의 위도를 결정하는 것이 가능하다. 과연 그런가? 위도를 태양의 기울기와 정오의 정점 각도의 함수로 나타내어 주는 간단한 식을 유도하여라. 삼각함수를 사용하지 말 것이다! 어떤 애매한 부분이 있는가?

12.14 일반용 Trimble GPS 수신기로 알아낸 바에 의하면 캘리포니아 Palo Alto에 있는 집의 고도는 북위 34.44623도이다.

연이은 일출 사이의 간격이 정확하게 24시간이 되는 시점은 그 해의 언제(몇 시)인가?

Δt를 연이은 일출 사이의 시간차라 하자. 그 해의 몇 시에 Δt가 최대가 되는가?

이러한 최대 Δt의 값은 얼마인가? 이를 초로 나타내어라.

12.15 북극에서 어떤 탐험가는 영하 10℃ 이하에서 견디지 못하는 물질들을 저장하기 위한 저장소를 만드는 것이 필요하게 되었다. 얼음 위의 공기는 오랜 시간 동안 영하 50℃로 유지되는 것으로 알려져 있다.

저장소는 바닥이 수면으로부터 0.5미터 떨어져 위치하게 될 때까지 얼음에 구멍을 뚫어 설치될 것이다. 저장소의 지붕은 얼음 표면으로 된 평평한 면이다. 이 지붕은 각각의 층의등급이 R-16(미국 기준)인 이중 유리섬유 차폐층들로 단열될 것이다.

얼음의 열전도도는 $1.3\,Wm^{-1}K^{-1}$이다.

저장소의 면적은 너무 커서 수직 벽들을 통한 열교환은 무시할 수 있다고 가정한다.

외부 온도가 충분히 긴 시간동안 영하 50℃로 일정하게 유지되어 시스템이 정상상태에 도달한 경우 저장소 내부의 온도를 추정하여라. 저장소 내부의 온도는 균일하다고 가정한다.

12.16 북위 58도에서 하지날 일몰시의 태양 방위각은 얼마인가?

12.17 평면 위에 설치된 실리콘 광전지 배터리는 이 문제에서의 모든 조건들에서 16.7%의 효율로 작동한다. 이는 북위 45도 위치에 설치되어 있다. 시간은 1995년 4월 1일 오전 10시이다.
배터리가 태양을 직접 향할 때에는 저항성 부하에 870W를 전달한다. 표면의 고도가 25도로 설정되어 정동쪽을 향한다면 얼마나 많은 동력을 전달하겠는가?

12.18 성능 계수가 정확하게 이상적인 경우의 절반인 역학적 열펌프를 고려하여 보자. 이 펌프는 W 만큼의 역학적 에너지를 사용하여 영하 10℃의 외부로부터 Q_C 단위의 에너지를 25℃의 실내로 전달하며 $Q_A = Q_C + W$ 만큼의 에너지가 저장된다. 1joule의 역학적 에너지가 사용됨에 따라 실내로 전달되는 열량은 몇 joule인가?

12.19 당신은 미지의 행성에 착륙했으며 어떤 불명확한 이유로 당신이 위치한 곳의 위도와 그 행성의 궤도면에 대한 행성의 회전축의 기울기 i를 결정해야 한다.
측정을 하기 위하여 당신이 가진 것이라고는 자와 충분한 시간뿐이다. 길이가 정확하게 5m인 수직 막대를 세우고 연중 내내 변화하는 정오 그림자의 길이를 관찰하여라.
가장 짧을 때의 길이는 1.34m이고 가장 길 때에는 18.66m이다.

12.20 2000년 1월 1일 태양의 가장 작은 천정각은 32.3도였다. 그 시점에서 태양은 당신의 남쪽에 위치하고 있었다. 당신의 위도는 얼마인가?

12.21 당신은 북위 30도에 위치하고 있다. 그 날은 윤년이 아닌 해의 9월 15일이다. 지금은 태양시로 12시 44분이다. 정서쪽으로 기울어진 10m 길이의 막대가 수직과 30도 각도를 이루며 지면에 설치되었다.
태양의 위치를 계산하여라.
막대 그림자의 길이는 얼마인가?

12.22 1년 중 어느 날에 태양은 다음의 세 위치에서 머리 위 수직으로 나타나겠는가? 이 현상이 일어나는 시각(표준시)을 구하여라. 시간 균차는 무시하여라. 아울러 지역 시간대들은 정치적인 고려에 의해서가 아니라 순수하게 지질학적 고찰에 의해 정해졌다고 가정하여라.
위치 :
Palo Alto, California (미국) : 37도 29분 N, 122도 10분 W
Macapá, Amapá (브라질) : 0.00도, 51도 07분 W
Brasília, Federal District (브라질) : 15도 53분 S, 47도 51분 W

12.23 만일 URL http://mach.usno.navy.mil/ 를 참조하고 그 지침을 따른다면 2002년 2월 19일 캘리포니아 샌프란시스코(W 122.4도, N 37.8도)의 경우 일출은 06시 55분에 일어나며 태양은 12시 24분에 자오선을 지난다는 것을 알게 될 것이다.

1. 이 책의 정보를 이용하여 자오선 교차 시간을 입증하여라.
2. 이 책의 공식들을 활용하여 일출 시간을 계산하여라. 만일 어떤 모순이 있다면 왜 그런지 이유를 밝히라.

12.24 Aurinko(OW-rin-ko로 발음하는데 강세가 있는 OW는 "how"와 똑같이 발음된다)는 값비싼 위성을 대체하여 전파 신호에 대한 반복기로 작용하도록 고안된 (가상적인) 무인 비행기이다. 이 비행기에는 각각 1.5kW를 전달할 수 있는 14개의 전기 모터들이 설치되어 있다. 이 비행기의 순항 속도는 40km/hr(100m 또는 200m 경주에서 사람이 달릴 수 있는 속도보다 약간 빠름)이다. 이 비행기는 30km 고도에서 작동한다.

날개길이 : 75.3m

62,120개의 태양전지

전지의 최대 전력 출력 : 전지에 태양광이 수직으로 비칠 때 32kW

1. Aurinko가 그 궤도에 있을 때(해발 30km) 그의 기하학적 수평선은 얼마나 먼가?† 전파 수평선은 대기의 굴절에 의해 다소 확장되기 때문에 기하학적 수평선은 전파 수평선과는 다르다.
2. Aurinko로부터 직사광선이 도달하는 지면의 면적은 얼마인가? 대기의 굴절은 무시한다.
3. 비행기가 북위 37.8도 위치를 선회한다고 가정하자. 일조 시간이 가장 적은 날에 30km 고도에서 비행기로부터 관찰되는 일조 주기는 얼마나 긴가? 대기의 굴절은 무시한다.
4. 비행기 날개 위에 올려진 태양전지가 항상 수평이라고 가정하면 앞 문제의 날에서 일조 주기에 걸쳐 평균한 일사율은 얼마인가? 비행기는 대부분의 대기 위에 위치하기 때문에 태양 상수는 1200W/m^2로 취할 수 있다.
5. 궤도에 있을 때 비행기의 전체 선력 소비량이 10kW라고 가정하자. (이는 비행기의 추진, 정비, 그리고 통신을 포함한다.) 광전 배열로부터 얻어지는 전기 에너지는 부분적으로는 직접 부하에 의해 사용되고 여분은 출력이 부하 요구량보다 작은 기간 동안 사용하기 위해 저장된다. 저장 시스템은 $\eta_{turnaround}$의 전환 효율을 갖는다-즉 시스템으로 유입된 에너지의 $\eta_{turnaroun}$ 부분만이 나중에 회수될 수 있다. 간단히 하기 위해 $\eta_{turnaroun}$=1.0이라고 가정한다. 아울러 광전 집광기의 효율은 태양광 밀도와는 무관하게 20%라고 가정한다. 태양 전지 배열은 20cm의 가장자리를 제외한 모든 날개 표면을 덮는다. 더 분명하게 말한다면 앞쪽 언저리와 배열 사이에 20cm의 공간이 있고 날개 뒷전과 날개 끝에도 동일한 공간이 있다. 직사각형(끝이 점점 가늘어지지 않는)의 날개라고 간주한다.
6. 날개의 익현은 얼마이어야 하는가? (익현=앞쪽 언저리와 날개 뒷전 사이의 거리)

† 이는 행성 주위를 도는 우주 궤도가 아니다. 이는 해발 30km 위치 주변의 (비행에서 사용되는 용어로서의) 궤도이다.

12.25 태양 스펙트럼에서 전체 파워 밀도의 얼마(분율)가 실리콘에 의해 흡수되는가? 힌트 : 표 12.1을 사용하여라.

12.26 다음은 기술적으로 쉽게 수행할 수 있는 실험이다. 불행히도 실험을 모두 마치는 데에는 365일이 소요된다. 따라서 우리는 그 과정을 바꿔서 이 책에서 전개한 이론으로부터 실험 결과가 어떻게 될 것인지를 계산할 것이다. 만일 그것을 접해보지 않았다면 얻어지는 결과에 놀랄 수도 있다.

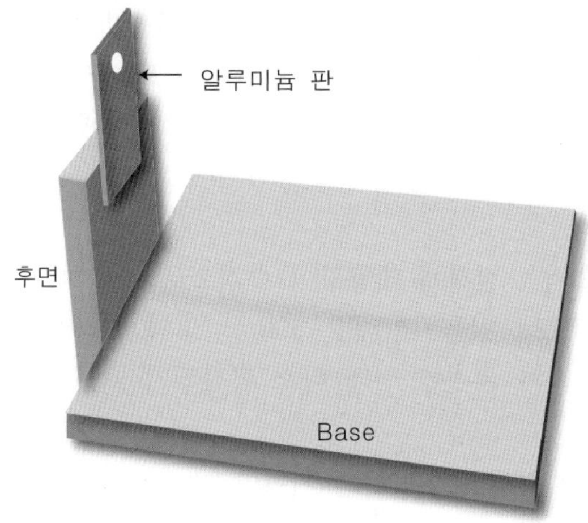

실험장치를 설치하기 위해서는 그림에 제시된 단순한 장치를 세워야 한다. 이는 일반적인 종이를 지탱하기에 충분한 크기의 나무 바닥(base)으로 구성되어 있다. 수직의 나무판("후면")이 그 바닥에 붙어 있고 그 위에는 작은 구멍을 가진 얇은 알루미늄 직사각형 판이 놓여져 있다. 알루미늄 판은 태양 빛이 판에 전혀 수직이 아닐 때에도 구멍을 통하여 태양이 비칠 수 있도록 충분히 얇아야 한다(1mm, 혹은 그 미만).
우리가 사용한 모델에서 구멍은 바닥 위 129mm에 위치하지만 이는 임계 치수가 아니다. 구멍이 적도방향을 향할 수 있도록 장치의 방향을 조정하여라. 정오의 태양이 그림자를 드리울 것이지만 구멍을 통해 비치는 빛은 바닥에 나타나는 작은 점을 형성할 것이다. 우리가 원하는 것은 이 점의 경로를 추적하는 것이다. 관찰이 이루어지는 정확한 시간이 중요하다. 당신은 시간 균차 EOT가 0인 4월 15일, 6월 14일, 9월 2일, 혹은 12월 25일 가운데 어느 한 날의 천문학적 정오에 시작해야 한다.
빛의 점을 추적하기 위해 바닥에 종이를 놓고 접착테이프로 고정하여라. 펜으로 태양이 남중하는 순간에 빛의 점 중앙을 표시하여라. 제안된 시작 날짜에 시간 균차가 0이기 때문에 태양은 경도 전치에 의하여 보정된 12:00 표준시에 남중할 것이다(즉 지역 자오선을 지날 것이다). 이는 시간대의 중심에서 자오선의 경도로부터 벗어나는 경도 1도에 대하여 4분의 시간에 해당한다. 시간대의 중심은 (일반적으로) 경도 15도의 정확한 배수이다. 예를 들면 북아메리카의 태평양 시간대는 서경 120도에 중심이 위치해 있다. 만약 우연히 Palo Alto(서경 125도)에 있다면 (시간 균차가 0인 날) 시간 편차는 15°×(120°-125°)×4=-20분이다. 따라서 태양은 12시 20분 태평양 표준시에 남중할 것이다. 다음 관찰은 240시간(또는 정확히 24시간의 배수)만큼 늦게 이루어져야 한다-즉 만일 Palo Alto에 있다면 관찰은 정확히 12시 20분 태평양 표준시에 이루어져야 한다. 1년 후에는 흥미로운 패턴을 볼 수 있을 것이다.

이 문제의 과제는 1년 전체에 걸쳐 매 10일 마다 광점의 위치를 계산하고 도시하는 것이다. 4월 15일에 시작하며 시간 균차를 망각하지 않아야 한다. 당신은 캘리포니아 Palo Alto(서경 125도, 북위 37.4도)에 있다고 가정하여라.

12.27 두 연속적인 보름달 사이의 시간 간격은 태음월이라 불리며 평균적으로 29.53일간 지속된다. 이것이 왜 달 궤도 주기(달이 지구 주위를 완전히 한 번 도는 데에 걸리는 시간의 길이)가 아닌지 설명하여라.

달 궤도 주기의 길이를 계산하여라.

12.28 지구와 비슷하고 그 특성이 아래의 표에 요약된 태양계 외부의 행성을 정찰하기 위해 초발광(빛보다 빠른) 탐사위성이 보내졌다. 사용된 단위들은 여기에 언급된 것을 제외하고는 모두 지구상의 단위들이다. 그 행성은 공기가 매우 희박한 대기를 가지고 있으며 태양 복사에 완전히 투명한 것으로 판명되었다. 탐사위성이 외계 태양의 주변에 도달했을 때 측정된 파워 밀도는 11kW/m^{2}였다. 그 측정은 탐사위성이 태양으로부터 정확히 5천만 km에 위치하였을 때에 이루어졌다. 또한 그 행성은 본질적으로 원형 궤도임이 판명되었다.

"일"은 연이은 태양 남중점(정오)들 사이의 시간 간격으로 정의된다. 이는 지구상의 일과는 다르다.

"년"은 연이은 춘분점 사이의 시간 간격, 즉 궤도 주기의 길이이다. 이는 지구상의 년과는 다르다.

"날짜"는 춘분일을 1일로 하여 이로부터 세어지는 일 수로 정해진다.

궤도 반경	132×10^6	km
궤도 주기	28.98×10^6	sec
궤도 기울기	26.7	degrees
행성 반지름	5800	km
회전 주기	90,000	sec

회전의 방향은 궤도 운동의 방향과 동일하다.

탐사위성은 위도가 +45도인 어떤 위치에 착륙할 것이다.

1. 탐사위성의 착륙 위치에서 그 해의 가장 긴, 그리고 가장 짧은 낮의 길이(초)는 얼마인가?
2. 지점(하지/동지)의 날짜들은?
3. 50일에서 수평면에 대한 일 평균 일사율은 얼마인가?

제13장 바이오매스

13.1 서론

무료 온라인 백과사전인 위키피디아는 바이오매스를 "생물로부터 기원한 모든 비화석 물질"이라고 정의하고 있다. 여기에서는 대부분의 동물성 바이오매스를 제외하고 유용한 에너지 생산에 사용할 수 있는 식물성 물질에 대해서만 주로 관심을 기울일 것이다.†

모든 바이오매스 기반 에너지 공정은 태양광을 흡수하여 화학물질을 생산하는 것으로부터 시작한다. 광합성으로 불리는 이러한 복잡한 과정은 기본적으로 글루코오스에 이르는 과정이다. 이어지는 생화학적 변환으로 아주 수많은 화합물들이 생성되는데 일부는 아주 큰 상업적 가치를 지닌다.

광합성은 기껏해야 8% 미만의 효율로 진행된다. 최종 생성물의 소비가 가능한 시점까지는 바이오매스 원료의 배양, 시비(施肥), 수확, 수송, 과량 물의 제거, 그리고 원하는 연료의 추출에 대량의 에너지가 소비된다. 전체적인 효율은 대개 1%의 일부에 그치고 있다. 이는 비록 지극히 비효율적이지만 경제적이고 생태학적인 측면에서 선호되기 때문에 상업적 관심을 받고 있는 실제적인 에너지 생산과정의 한 가지 중요한 보기이다.

13.2 바이오매스의 조성

식물은 특수한 기관들을 지지하고 있는 구조물로 간주할 수 있다. 이 구조는 나무의 목질부로 구성되며 특수한 기관들에는 광합성을 수행하는 잎과 물과 영양분을 흡수하는 뿌리들이 포함된다. 물질들은 수액에 의하여한 곳에서 다른 곳으로 이동된다. 열매는 종족번식 기능을 수행한다. 식물에서 에너지는 뿌리와 돌기, 수액, 그리고 열매에 저장된다. 식물의 구조적 부분들은 또한 에너지의 축적을 나타낸다.

식물의 조직은 50%~95%의 수분으로 구성된다.

잎은 여러 물질들 중에서도 단백질 및 흡수된 다량의 미네랄을 함유하고 있다. 우수한 농작물 관리는 잎들을 뿌리덮개용과 비료용으로서 땅으로 되돌려 주는 것을 수반한다. 잎들은 혐기성 분해에 의해 바이오 가스(메탄과 이산화탄소의 혼합물)로 전환될 수 있으며 잔사물로서 슬러지가 생성되는데 이에는 식물에서 사용된 대부분의 미네랄들이 남아있기 때문에 비료로서의 가치가 있다.

식물의 구조적 부분인 목질부는 미네랄을 거의 함유하고 있지 않다(대개 연소된 건조물질의 1% 미만이 나무재가 된다). 목질부는 다양한 비율의 셀룰로오스, 헤미셀룰로오스, 그리고 리그닌

† 어떤 동물성 바이오매스는 원료가 폐식용유인 경우 바이오 디젤의 생산에 사용된다.

(이를테면 각각 50%, 30%, 그리고 20% 정도)으로 이루어져 있다. 폴리헥소즈인 셀룰로오스와 폴리펜토즈인 헤미셀룰로오스는 탄수화물이다(13.2.1 절을 참조). 리그닌은 미생물에 큰 저항성을 갖는 페놀 구조를 지닌다.

식물은 탄수화물, 탄화수소, 그리고 에스테르의 형태로 에너지를 저장한다. 탄수화물은 당, 그리고 전분, 셀룰로오스, 그리고 헤미셀룰로오스와 같은 당의 고분자들로 구성된다. 당은 수액(사탕수수), 줄기(사탕무), 그리고 열매들의 형태로 저장될 수 있다. 전분은 대부분 열매(곡류), 덩이줄기(감자), 그리고 뿌리(마니오크)에서 발견된다.

식물에서 발견되는 탄화수소류는 일반적으로 폴리이소프렌(터펜), 즉 알킨 탄화수소, 이소프렌, C_5H_8의 고분자 물질이다. 이들은 고무나무와 같은 일부 대극과(大戟科)의 식물에서 발견된다.

식물성 오일은 에스테르류로서 탄화수소류인 미네랄 오일들과는 화학적으로 상당히 차이가 있다. 대개 열매의 펄프로부터 얻어지는 오일은 씨앗이나 낟알에서 얻어지는 오일과는 다르다. 올리브는 한 가지 예외가 된다; 올리브 과일과 씨앗으로부터는 동일한 형태의 오일이 얻어진다.

에탄올 생산기술은 어느 정도 성숙되어 있는 반면에 식물성 오일의 사용은 비록 상당히 오래되긴 했지만 아직 연료의 영역으로 효과적으로 확장되지 못하였다; 따라서 아직 상당히 큰 발전 가능성이 있다.

다수의 식물들로부터 오일을 얻을 수 있지만(아마존 지역의 토착식물 116종이 확인되었다) 현재 추출되는 대부분의 오일은 식품이나 다른 연료외적인 활용을 위한 것이다. 식물성 오일에는 바바쿠, 밤나무, 자트로파, 오리브, 야자, 땅콩, 평지의 씨, 콩, 그리고 해바라기 등이 있다. 야자 오일은 가장 생산성이 뛰어난 반면에-연간 1헥타아르에서 6톤까지의 오일을 생산할 수 있다-다른 대부분의 원료들은 생산량이 한 자리 이상 차이가 난다. 식물성 오일은 식품과 연료의 두 가지 용도로 사용되기 때문에 최적의 원료 사용처를 선택해야 하는 문제가 발생한다.

식물성 오일은 그 자체로서 연료로 사용되거나 바이오디젤로 변환시킬 수 있다.

13.2.1 기초 유기화학

수소는 우주에서 가장 풍부한 원소이지만 탄소는 가장 다양한 원소이다. 탄소 자체는 흑연과 다이아몬드, 그리고 그리핀, 나노튜브, 버키볼 등과 같은 환상적이고 유용한 분자들을 형성한다. 탄소는 막대한 종류의 화합물을 형성할 수 있으며 이에 대한 연구는 유기화학으로 불리는 화학의 독립된 한 분야를 이루고 있다.

13.2.1.1 탄화수소

탄화수소류는 오직 탄소와 수소원자들만을 포함하는 화합물들이다. 이들은 지방족, 또는 방향족으로 구분된다. 방향족 화합물들은 13.2.1.7 절의 "헤테로사이클"에서 논의되고 있는 매우 특이한 탄소-탄소 결합으로 특징지어진다. 기본적으로 방향족이 아닌 탄화수소 화합물은 지방족 탄화수소이다.

탄화수소는 가장 간단한 탄소 화합물에 속하며 이 가운데에서도 메탄(CH_4)이 가장 단순한 형태이다. 메탄과 유사한 형태를 갖는 많은 화합물들은 C_nH_{2n+2}의 일반적인 형태로 존재한다. 이들은 또한 파라핀 탄화수소로도 알려져 있는 알칸족을 구성한다. 다른 계열들로서 C_nH_{2n}(알켄, 또는 올레핀), C_nH_{2n-2}(알킨, 또는 아세틸렌)들이 있다.

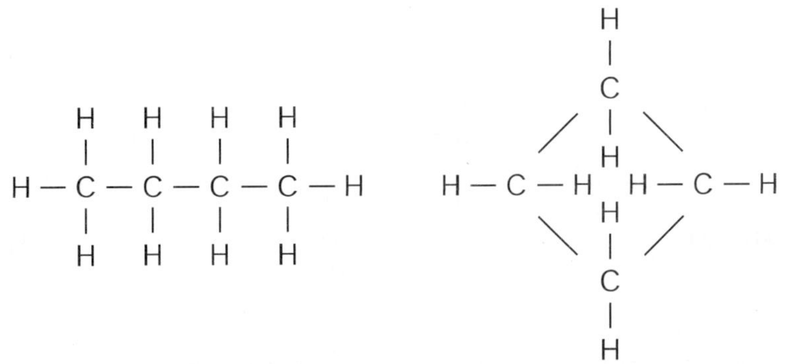

n-butane, C_4H_{10} cyclobutane, C_4H_8

그림 13.1 n-부탄(알칸)과 사이클로부탄(사이클로알칸)들은 포화 탄화수소이다.

알칸족 화합물에서 두 탄소들 사이의 결합은 단일 결합이며 알칸족에서 유래한 화합물들은 포화되었다고 말한다. 알켄족 화합물에는 탄소-탄소 이중결합†이 있으며 알킨족에는 삼중결합이 있어서 이들은 불포화 탄화수소들이다. 다소 이상하게 보일 수 있으나 다중결합들은 단일 결합보다 약해서 불포화 화합물은 포화 화합물보다 덜 안정하다. 이는 에스테르에 관한 13.2.1.3 절의 바이오 디젤에 대한 논의에서 알게 되듯이 중요한 의미를 갖는다.

모든 C_nH_{2n} 탄화수소가 알켄인 것은 아니다; 수소 두 개가 부족해도 포화를 유지하면서 탄소 원자들을 하나의 원으로 배열하는 것이 가능하다. 그러한 분자는 사이클로알칸으로서 사이클로부탄(C_4H_8)은 하나의 예가 된다. 그림 13.1은 10개의 수소를 갖는 보통의 부탄 분자와 8개의 수소만으로 포화된 사이클로부탄을 보인 것이다.

유기화학은 탄화수로로부터 출발한다고 말할 수 있기 때문에 이들의 다양한 기능성 유도체들을 살펴보는 것은 도움이 된다.

13.2.1.2 탄화수소의 산화단계

메탄 계열 탄화수소의 연이은 산화단계를 살펴보자. 프로판을 선택한 것은 이것이 메탄이나 에탄과 같이 모든 탄소가 사슬의 말단에 위치하지 않는 가장 간단한 화합물이기 때문이다. 첫 번째 산화단계는 하나의 수소원자가 수산기(OH)로 치환되는 것으로 이루어진다. 그 결과 알코올이 얻어지며 여기에서부터 복잡해진다: 놀랄만큼 많은 수의 서로 다른 알코올들이 형성될 수 있다. 먼저 각각 고유의 화학을 갖는 알코올들의 3가지 부분집합들이 존재할 수 있다. 수산기가 붙은 탄소가 다른 탄소 한 개와 결합되면 1-알코올, 또는 일차 알코올(이 경우 1-프로판올)이 된다; 사슬의 중간에 있는 탄소일 경우, 즉 수산기가 붙은 탄소가 두 개의 다른 탄소들과 결합하는 경우에는 2-알코올, 또는 이차 알코올(이 경우 2-프로판올)이 된다. 또한 수산기를 가진 탄소에 3

† 탄화수소는 하나 이상의 탄소-탄소 이중결합을 가질 수 있다. 만약 2개일 경우에는 디엔이라 부르며 3개인 경우에는 트리엔라 부르고 일반적으로는 폴리엔이라 부른다.

개의 다른 탄소들이 직접 결합되면 3-알코올, 또는 3차 알코올이 된다(예를 들면 3차 부탄올). 그림 13.2를 참조하자.

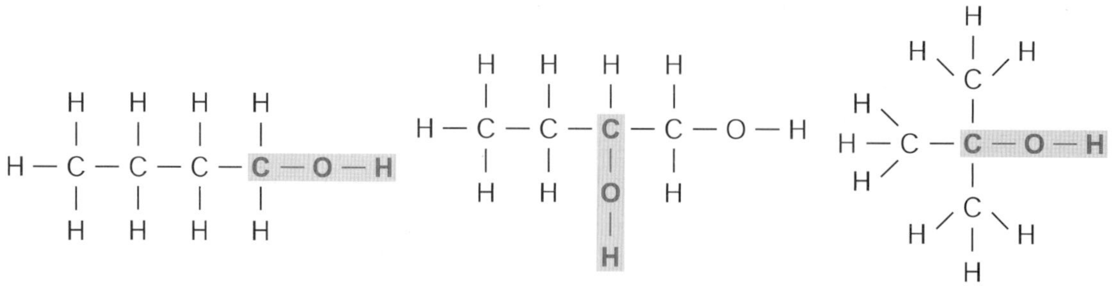

1차 부탄올 — 기능성 그룹 OH가 부착된 탄소는 하나의 다른 탄소와 결합되어 있다

2찬 부탄올 — 기능성 그룹 OH가 부착된 탄소는 두 개의 다른 탄소들과 결합되어 있다.

3차 부탄올 — 기능성 그룹 OH가 부착된 탄소는 3개의 다른 탄소들과 결합되어 있다.

그림 13.2 알코올의 3가지 부분집합.

나아가 하나 이상의 수소가 치환될 수 있다. 하나의 수소가 수산기로 치환된다면 어떤 집합에 속하던지 단순한 알코올이 된다. 하나 이상의 수소가 치환되면 폴리올이 된다-두 개의 수산기가 있으면 디올, 세 개면 트리올, 네 개면 테트롤 등. 그러므로 프로판에 있는 세 개의 수소가 OH들로 치환되면 프로판트리올을 얻는데 모든 오일과 지방들이 이 알코올로부터 유도되기 때문에 생화학에서 가장 중요한 알코올들 가운데 하나이다.

그림 13.3은 프로판과 그의 다섯 가지 알코올들의 구조식을 보인 것이다. 가운데의 열은 응축된 형태의 구조식을, 마지막 열은 기술적 명칭을 보이고 있다. 유기화학에서 흔히 볼 수 있는 것처럼 화합물들은 여러 가지 이름을 갖는 경향이 있다. 예를 들어 프로판트리올은 글리세롤, 글리세린, 때로는 1,2,3-트리하이드록시프로판, 글리세리톨, 그리고 글리실 알코올로 더 잘 알려져 있다.

다음번 산화단계는 두 개의 수소, 즉 OH에 있는 하나의 수소와 OH가 결합된 탄소원자에 먼저 부착되어 있던 다른 하나의 수소를 잃는 것으로 이루어진다. 남아 있는 산소는 이제 탄소와 이중결합되어 있다. 만약 그 탄소가 사슬의 말단에 있는 것이라면, 즉 알코올이 일차 알코올이라면 기능성 그룹 O=C-H가 형성되는데 이는 알데히드의 특징이다. 만약 탄소가 분자사슬의 중간에 위치한다면(이차 알코올) 케톤이 형성된다.

산화과정의 세 번째 단계는 C=O-H 그룹의 H를 OH로 치환하여 카르복실 산의 특징인 카르복실기 O=C-O-H를 생성하는 것으로 이루어진다. 산은 케톤이 아닌 알데히드로부터 유도됨을 주목하자.

산이나 케톤 산화의 마지막 단계는 이산화탄소와 물의 생성이다.

그림 13.4에 보인 일련의 과정에서 OH, OCH, 그리고 OCOH들은 유기화학에서 많이 볼 수 있는 기능성 그룹이라고 불린다. 이들은 분자의 특징적인 화학반응을 결정한다. 기능성 그룹을 제외한 분자의 나머지 부분은 흔히 일반화된 기호 R로 나타낸다. 따라서 예를 들면 임의의 알코올은 ROH로 쓸 수 있으며 임의의 카르복실산은 RCOOH로 쓸 수 있다.

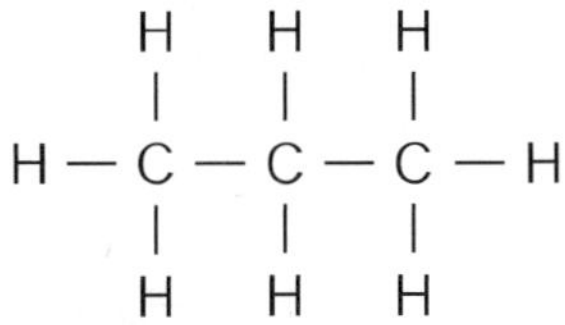	$(CH_3)_2\ CH_2$	propane
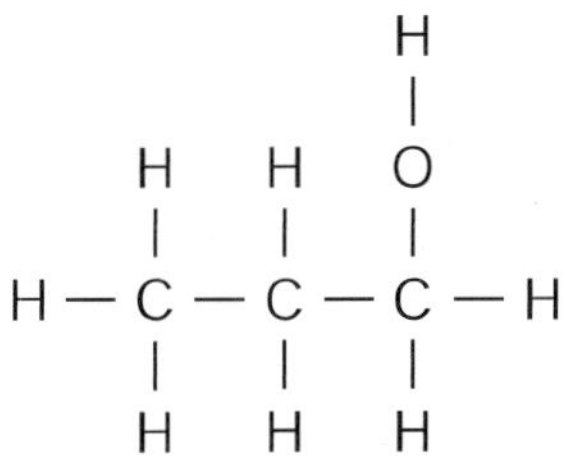	$CH_3\ CH_2\ CH_2OH$	1 propanol
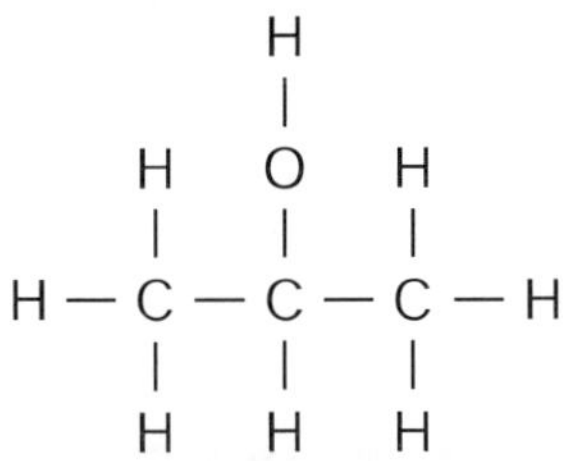	$(CH_3)_2\ CHOH$	2 propanol
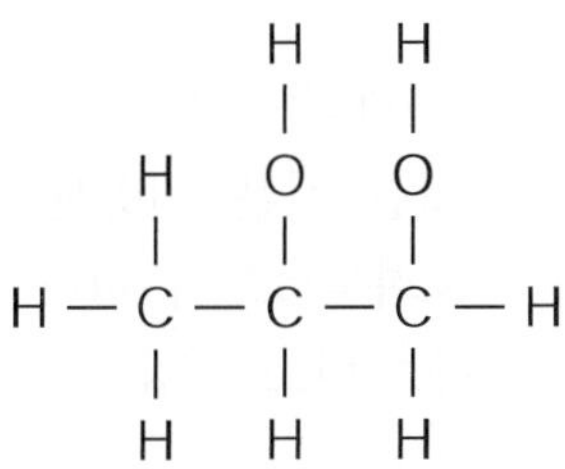	$CH_3\ CHOH\ CH_2OH$	1,2 propanediol
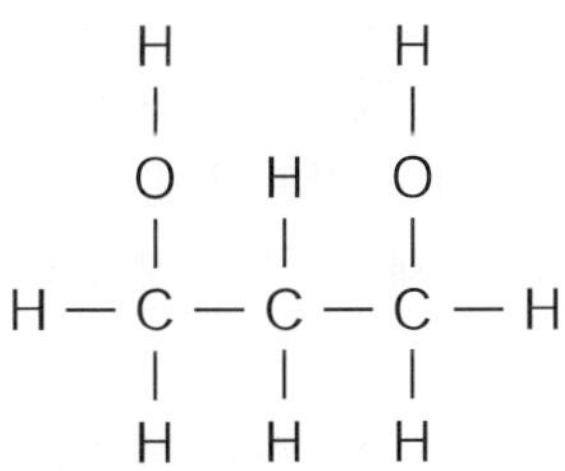	$CH_2\ (CH_2OH)_2$	1,3 propanediol
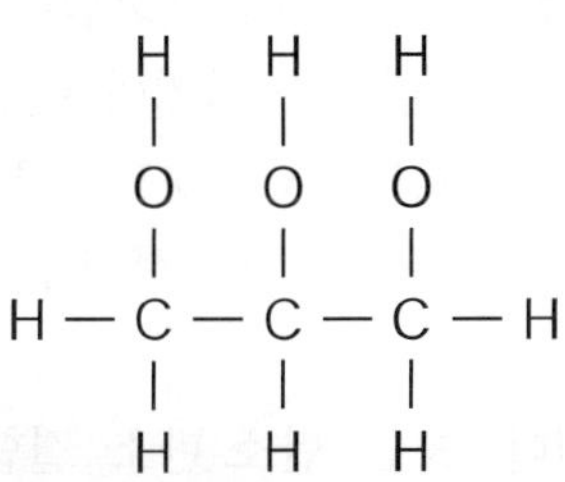	$(CH_2OH)_2\ CHOH$	1,2,3 propanetriol

그림 13.3 프로판과 그의 알코올.

사슬 치환의 끝(일차 알코올):

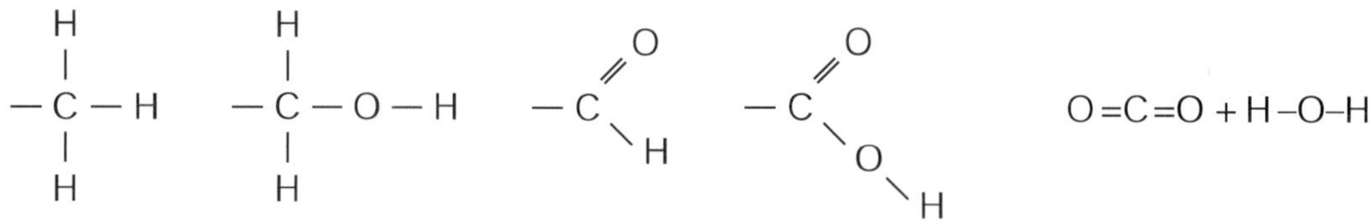

탄화수소 1-알코올 일데히드 카르복실산 이산화탄소 +물

사슬 치환의 중간(이차 알코올):

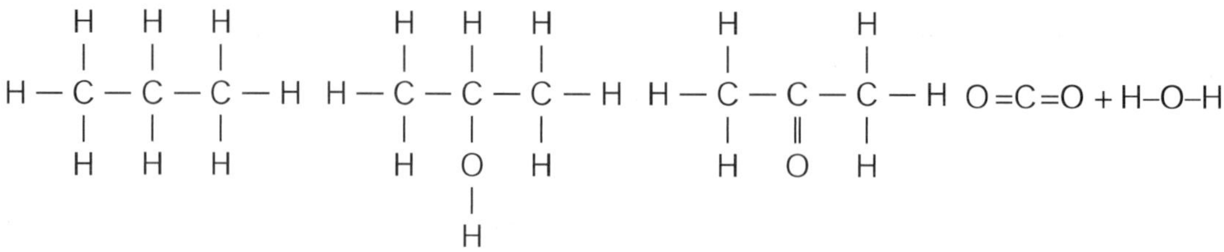

탄화수소 2-알코올 케톤 이산화탄소 +물

그림 13.4 메탄계열 탄화수소의 산화단계.

일부 긴 사슬 카르복실 산들은 지방산이라고 부르는데 이는 다소 포괄적인 정의이다. 두 개의 탄소를 가진 아세트산은 지방산이 아니지만 네 개의 탄소를 가진 부탄 산은 지방산이다. 전에 설명한 바와 같이 모든 탄소-탄소 결합들이 단일결합이라면 산은 포화되었으며 하나의 탄소가 다른 탄소와 이중결합을 형성하고 있으면 단일 불포화, 그 이상의 탄소-탄소 이중결합이 있으면 다중 불포화되었다고 말한다.

불포화 지방산은 포화 지방산보다 더욱 큰 반응성을 가지며(덜 안정하며) 보다 낮은 용융점을 갖는다(연습문제 13.9 참조). 이는 물고기가 체내에 고도로 불포화된 지방만을 지니는 이유가 된다; 그렇지 않다면 지방이 얼음물 속에서 굳어 버리기 때문에 물고기는 딱딱하게 될 것이다. 불포화 지방산은 불안정하기 때문에 죽은 물고기는 빠르게 부패하고 냄새가 나며 포유동물의 고기와 같은 안정성을 갖지 못한다.

지방산은 알파벳 "C" 다음에 탄소원자들의 수를 쓰고 콜론(:)을 넣은 후 이중결합의 수를 기록하는 방법으로 표기한다. 예를 들면 팔미틴 산은 C16:0(16개의 탄소를 가지며 포화됨), 스테아린 산은 C18:0(18개의 탄소를 가지며 포화됨), 올레인 산은 C18:1(18개의 탄소를 가지며 단일포화됨), 그리고 리놀렌산은 C18:2(18개의 탄소를 가지며 다중불포화됨)로 표기한다. COOH 그룹 옆의 탄소는 α 탄소(그리스 알파벳의 첫 글자)이며 반대쪽 끝의 탄소(메틸그룹 CH_3를 형성)는 ω 탄소(그리스 알파벳 마지막 글자)이다.

그림 13.5의 첫 번째 행은 부탄 산(부티린 산)을 보여주고 있다. 모든 탄소-탄소 결합은 단일결합들이다; 즉 산은 포화되어 있다. 그림의 가운데 행은 분자의 중간에 하나의 이중 결합을 갖는 유사한 산을 보이고 있다. 하나의 탄소는 4개의 결합만을 구성할 수 있기 때문에 여기에서는 두 개의 수소를 떨어뜨릴 필요가 있다. 분자의 중심에 있는 CHCH 그룹은 불균형적이기 때문에

그림에 보인 바와 같이 분자에 뒤틀림을 야기한다. 이 산은 시스-2-부텐 산이다. 만약 이 중간사슬 그룹의 수소들 가운데 하나의 위치가 바뀌게 되면 분자는 곧게 펴져서 트랜스-2-부텐 산을 형성한다.

부탄 산, $CH_3\,CH_2\,CH_2\,COOH$

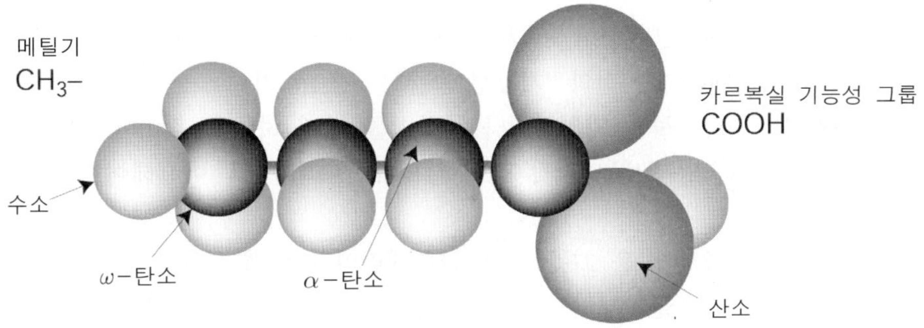

시스–2–부텐 산, $CH_3CH{=}CH\,COOH^{\dagger}$

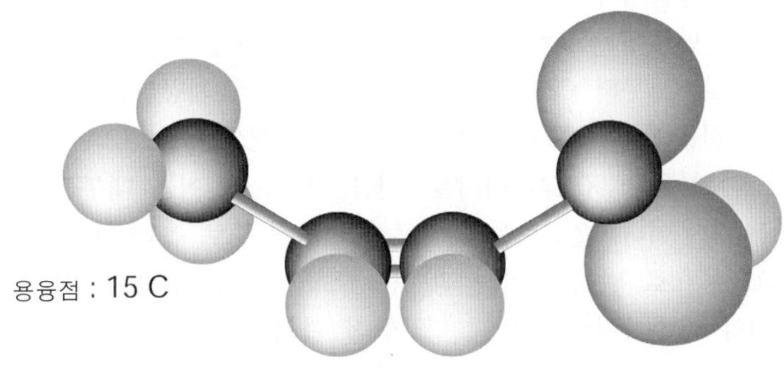

트렌스–2–부텐 산, $CH_3CH{=}CH\,COOH$

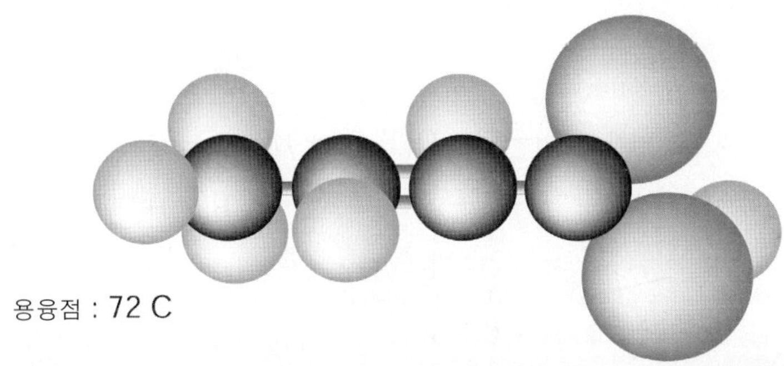

그림 13.5 부탄 산은 포화되어 있는 반면에 부텐 산은 단일포화되어 있다. 시스 구조에서 분자 중간의 CHCH 그룹의 비균형성으로 인하여 분자는 기울어진다. 트랜스 구조에서는 그렇지 않다. 시스 산의 용융점이 트랜스 산보다 더 낮은 이유는 후자의 분자들에서의 보다 조밀한 적층으로 용해에 더 큰 온도가 필요하기 때문이다.
(+ 응축된 구조식은 대개 결합들을 보여주지 않는다. 여기에서는 강조를 위해 분자의 중간에 이중 결합을 명시적으로 나타내었다.)

13.2.1.3 에스테르

에스테르는 산(주로 카르복실 산)과 알코올의 반응의 결과물이며 이 반응에서 물 분자가 방출된다. 물의 산소는 산으로부터 유래된 것이다.

그림 13.6은 알코올의 한 종류인 에탄올(C_2H_5OH)과 부탄 산(C_3H_7COOH)이 반응하여 에틸 부티레이트와 물을 생성하는 에스테르화 반응을 예시하고 있다. 모든 에스테르에서와 마찬가지로 이 반응의 에스테르 역시 일반식 $R_{ac}COOR_{al}$로 쓸 수 있다. 여기에서 R_{ac}는 산 그룹이며 R_{al}은 알코올 그룹을 나타낸다. 이 절의 "기능성 그룹"을 참조하자.

에스테르는 와인의 향은 물론 과일향이나 꽃향기를 내게 하는 물질이다. 예를 들면 파인애플, 바나나, 그리고 노루발풀의 냄새는 각각 에틸 부티레이트, 아밀† 아세테이트, 그리고 메틸 살리실레이트가 원인이다.

에너지 공학자에게 특히 관심을 끄는 것은 글리세린의 에스테르인데 이는 이 에스테르가 오일이나 지방질이기 때문이다. 글리세린은 3차 알코올(13.3.1.2절을 참조)이기 때문에 산과 동일하거나 서로 다른 다중 에스테르화를 수행할 수 있다. 그러므로 모노글리세라이드, 디글리세라이드, 그리고 트리글리세라이드들이 존재한다. 대부분의 식물성 오일과 동물성 오일 및 지방은 트리글리세라이드들의 복합적인 혼합물이다. 이들 가운데 일부는 디젤엔진에서 직접 연료로 사용될 수 있지만 대부분의 경우 특정 연료에 적응하도록 하려면 이 엔진들을 개량할 필요가 있다.

식물성 오일은 대체적으로 C6부터 C24에 이르는 넓은 범위의 지방산을 제공하여 준다. 어떤 오일들은 서로 다른 많은 산들의 혼합물이다-해바라기는 리놀렌산을 주로 하여 적어도 10가지의 중요한 산들을 지닌다; 피마자유는 90%의 리시놀렌산을 가지는데 이는 대부분의 다른 오일에서는 대체로 찾아보기 힘든 경우이다. 올리브유는 불포화 지방산(주로 올레산)으로 잘 알려져 있는 반면에 제 3세계에서 요리용으로 널리 쓰이는 팜유는 포화 팔미틴 산으로 악명이 높다. 포화도는 시스-트랜스 이성질체와 마찬가지로 중요한 영양학적 관심사이다. 그림 13.7은 몇 가지의 선택된 식물성 오일들의 지방산 프로파일들을 나열한 것이다.

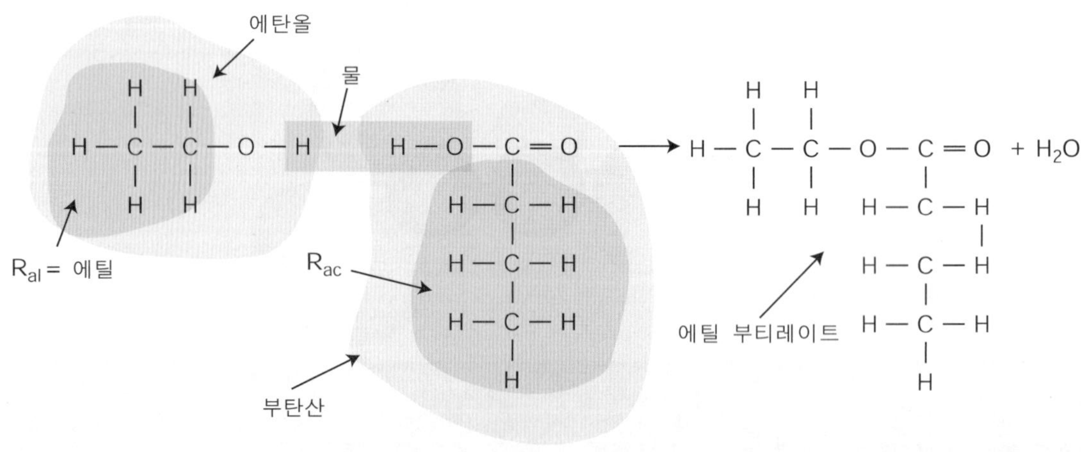

그림 13.6 알코올인 에탄올은 부탄산과 결합하여 에스테르인 에틸 부티레이트와 물을 생성할 수 있다.

† 아밀은 펜틸과 동일하다.

식물과 동울로부터 얻어진 지방산들은 거의 모두 짝수 개의 탄소를 가지고 있음을 주목하자.

직쇄 식물성 오일을 디젤 연료로 사용하기 위해서는 그 오일의 성질이 원유에 기인하는 디젤의 성질에 접근해야 할 필요가 있다. 다음 성질들이 중요하다:

a. 세탄가
b. 윤활 특성†
c. 점도
d. 구름점. 혼합된 트리글리세라이드류는 뚜렷한 빙점을 갖지 않는다-어떤 성분들은 다른 것들보다 빨리 결빙되어 구름과 같은 물질로 된다. 빙점 대신에 구름점에 대하여 이야기하는 것이 최선이다.

세탄가는 압축 점화 엔진에서 연료가 얼마나 빨리 점화되는지를 나타내는 척도이다. 헥사데칸이라고도 불리는 세탄($C_{16}H_{34}$)은 매우 빨리 점화되며 그의 세탄가는 100으로 설정된다. 그러나 연료가 세탄가를 갖기 위해 세탄을 꼭 함유해야 하는 것은 아니다. 연료의 세탄가는 41을 넘어야 하는데 50보다 크더라도 해가 되지는 않지만 그렇다고 좋은 점도 없다. 대부분의 식물성 오일은 적절한 세탄가를 갖지만 필요한 경우 첨가제를 오일과 혼합시킬 수도 있다. 소량의 아세톤이 사용되어 왔다.

디젤 엔진은 필연적으로 윤활이 필요한 분사 펌프를 사용하는데 대개 연료 자체가 윤활제 역할을 하게 된다. 예전에는 이를 위해 디젤유가 적절히 사용되었지만 현대의 연료는 많은 양의 황이 제거된 상태이기 때문에 불충분한 윤활 특성을 가지며 흔히 식물성 오일인 어떤 양의 추가 오일이 필요하다. SVO 자체는 적절한 윤활 특성 이상을 가지며 원유기반 디젤유를 능가한다.

식물성 오일의 특성이 디젤유의 성질과 가장 동떨어지는 것은 점도이다. SVO는 개량되지 않은 엔진에 직접 사용하기에는 점도가 너무 높으며 분사 장치에 문제를 일으킬 수 있다. 원유기반 디젤유의 점도는 4~5 mm^2/s인 반면에 식물성 오일의 점도는 $30mm^2/s$, 또는 그 이상의 점도(카놀라 오일의 점도는 $37mm^2/s$이다)를 갖는다. 여기서의 점도는 동적 점도 η 이며 이는 동점도 μ와 $\eta = \mu/\rho$ 의 관계를 갖는다. 여기에서 ρ =오일의 밀도†† 이다.

과잉 점도의 문제를 극복하기 위해서

a. 식물성 오일을 디젤유나 등유와 혼합한다.
b. 점도가 허용되는 수준으로 떨어지는 온도까지 오일을 예열한다(65℃?).
c. SVO들은 트리글리세라이드(즉 프로판트리올의 에스테르)이므로 프로판트리올을 메탄올이나 에탄올로 대체시킨다. 이 과정은 트랜스에스테르화로 알려져 있으며 바이오디젤을 생성하여 준다.

현재는 메탄올을 사용한 바이오 디젤의 생산이 인기가 있는데 이는 대체로 메탄올이 가용성이 좋기 때문이다. 그러나 에탄올은 바이오매스로부터 생산되며 다소 우수한 물성(더 낮은 구름점과 약간 더 높은 세탄가를 갖는다)을 갖는 바이오디젤을 만들 수 있기 때문에 에탄올이 더 나은 선택일 수도 있다. 메탄올은 비록 바이오매스로부터 얻을 수도 있지만 보통 원유로부터 얻는다. 에탄올을 선호하게 되는 마지막 이유는 메탄올의 독성이다.

---

† 윤활 특성(마찰 표면을 보호하는 능력)을 점도(흐름의 용이한 정도와 관련)와 혼동하면 안된다.
†† 점도에 대한 간단한 논의는 15.8 절을 참조한다.

그림 13.7 일부 식물유들의 지방산 프로파일†

	C8:0 caprylic	C10:0 capric	C12:0 lauric	C14:0 myristic	C16:0 palmitic	C16:1 palmit-oleic	C18:0 stearic	C18:1 oleic	C18:1 ricin-oleic	C18:2 linoleic	C18:3 lin-olenic	DHSA dihydr-oxystearic	C20:0 arachidic	C20:1 eicosa-noic	C20:2 eicosa-dienoic	C22:0 behenic	C22:1 erucic	C24:0 lignoceric
캐놀라		1			3.8		1.9	62.4		20.1	8.4			1.5				
아주까리					1.0		1.0	3.0	89.5	4.2	0.3	0.7		0.3				
코코넛	6.4	5.6	45.5	18.8	10.1		4.3	7.5		1.8								
옥수수		4			10.3		2	25.5		59.3	1.1							
옥화			1	0.8	21.9		2.3	16.6		56.4								
아마인					4.8		3	21.4		15.2	54.2			0.4	0.4			
대마							2	13		70	20							
Jatropha					14-15	1.3-2.0	5.1-5.8	42-44		34-38	0.2-0.5							
호호바					0.5-0.3	0.3-0.5	0.1-0.2	5.0-12					0.1	66-74		0.2-1.0	9.0-19	0-0.5
올리브		7			8.7		3.5	76.3		8.6	0.8							
야자				1.1	42.7		4.6	39.4		10.6			0.4			0.6		
야자열매	3.4	3.2	46.1	16.2	8.7		2.3	16.5		2.8								
Safflower			1		9.4		2.7	48.7		31.1		1	1.4	1.4		3.1		1.7
땅콩					7		2	13		78								
참깨					12		4	25		52	8							
콩					9.9		3.9	21.4		56.0	7.6							
해바라기					5.7		4.8	15.3		71.2	0.5		0.3	0.2		1.2		0.3

† 오일들은 트리글리세라이드들의 혼합물이다. 호호바유는 글리세라이드가 아니며 고차(>3C) 지방알콜들의 에스테르의 혼합물이다.

직쇄 식물성 오일과 바이오디젤유가 공유하는 한 가지 어려움은 불포화도에 따른 것이다. 식품으로서 포화 지방산은 불포화 지방산보다 덜 바람직한 것으로 보인다; 연료에서는 상황이 역전된다. 불포화 오일은 더욱 불안정하여 쉽게 산화되고 중합되는 경향이 있다. 이는 페인트의 안료에 전색제로 사용되는 아마인유가 건조되는 이유이다. 엔진에서 그와 같은 건조현상은 필터와 분사기를 막히게 하는 바람직하지 못한 점성물질의 형성을 야기시킨다. 반면에 포화산으로부터는 용융점이 높아서 겨울에 고화되는 경향이 있는 오일을 얻는다. 브라질의 대부분에서 이는 문제가 되지 않지만 예를 들어 미국 북부와 캐나다같은 지역에서는 이런 동결 현상이 엔진 작동에 심각한 장애를 일으킬 수 있다.

불포화도를 정하는 데에 이용되는 간단한 테스트 방법이 있다. 불포화 화합물은 하나, 또는 그 이상의 탄소-탄소 이중결합을 가지며 따라서 포화 화합물보다 적은 수의 수소를 갖는다. 요오드는 수소와 같이 사슬의 이중결합 위치에 각 이중결합 당 두 개의 원자 꼴로 그 자신을 부착시킨다. 요오드가(價)는 오일 100g당 취하여진 요오드의 그램 수로서 불포화도의 척도로 사용된다. 요오드가를 측정하는 한 가지 기법으로 Wijs 방법†이 있다. 이를 구글로 검색하여 보라!

트랜스 에스테르화는 에스테르의 결합을 깨어 글리세린으로부터 지방산 라디칼을 분리하는 것으로 시작한다. 다음에 대부분의 라디칼들은 글리세린이 아닌 메탄올(또는 에탄올)과 우선적으로 결합하여 메틸, 또는 에틸 에스테르를 생성한다. 원래 결합을 끊기 위해 사용되는 작용제는 대개 NaOH나 KOH인데 이들은 자유 지방산들을 비누화시키는 경향이 있는 부식성 물질들이다(13.2.1.4 절의 "비누화"를 참조). 물론, 이는 바람직스럽지 않으며 부식을 최소로 유지시킬 필요가 있다. 그럼에도

† 독일어의 "Weiss", 또는 영어의 "vice"와 유사하게 발음된다.

불구하고 일부 자유 지방산들은 트랜스 에스테르화 반응에서도 살아남아 있는데 이들은 엔진을 부식시킬 수 있으므로 중화시켜야 한다. 자유 지방산들(FFAs)은 트랜스 에스테르화 과정 동안에 어떤 산의 라디칼이 물과 결합하여 생성될 수 있거나 과정 내내 사용된 오일에 포함되어 있을 수도 있음을 주목하자. 이는 조리과정에서 그러한 자유 산들이 생성되기 때문에(조리시간이 길고 온도가 높을 수록 더 많은 산이 형성된다) 흔히 조리 후 남은 폐 식용유를 사용하는 경우에 해당된다. 부식성 첨가제의 양을 제한하기 위해서 사용하는 오일을 정확히 적정하는 것이 필요하다.

NaOH나 KOH의 메탄올 용액은 수산화물의 정확한 비율에 따라 준비된다. 문헌에 따르면 이와 같은 용액은 메톡사이드라고 지칭되지만 다행히도 이 경우는 해당이 안된다. 메톡사이드 이온은 강한 염기로서 메탄올에서 수소 원자를 제거하여 얻어진다. 구조식은 CH_3O^-이며 독성과 부식성이 있는 위험한 물질이다. 실제로는 *물이 없는 상태에서* 알칼리 염기가 메탄올과 반응하여 생성된다. 물이 존재하는 상태에서는 눈에 드일 만한 양의 나트륨(또는 칼륨) 메톡사이드는 생성되지 않고 단순히 알코올 중의 수산화물 용액이 얻어진다.

트랜스 에스테르화 반응 이후에 과량의 알코올, 물, 비누, 그리고 촉매들은 최종 생성물로부터 제거되어야 한다. 반응의 부산물인 글리세린(글리세롤)은 산업적으로 중요했던 물질이다. 그러나 바이오디젤의 생산이 증가함에 따라 글리세린이 과잉으로 생산되었으며 그의 시장 가격은 2004년에서 2007년 사이에 약 90%정도 하락하였다. 때문에 공동 생성물이 아닌 쓸모없는 부산물로 전락해가고 있다; 즉 생산자는 이를 처리하기 위해 비용을 지불해야 한다. 10kg의 바이오디젤을 생산할 때마다 대략 1kg의 글리세린이 얻어지는데 이는 Ramon Gonzales(Gonzales과 Yazdani, 2007)가 제안한 것처럼 선택된 Escherichia coli를 사용하여 글리세린을 에탄올로 발효시키는 데에 매력적이다. 바이오 디젤을 생산하는 방법에 대한 정보는 부족함이 없다: 2006년의 경우 구글 검색을 통해 20,800,000건의 검색 결과를 볼 수 있었다!

바이오디젤의 원료는 폐식물성 오일(WVO), 또는 직쇄 식물성 오일(SVO)이다. WVO는 (개인과 같은) 소규모 생산에 적합하지만 큰 규모의 공장에서는 비누 생산자들이 다량의 폐유를 사용하기 때문에 원료 공급에 어려움이 있을 수 있다.

식물성 오일의 공급량은 충분하다. 바이오디젤의 생산에 가장 적합한 것의 선택은 현재 주요 논쟁거리가 되고 있는 복잡한 주제이다. 유럽인들은 유채 오일을 선호한다†. 순전히 생산성 측면에서 본다면 어떤 원료도 연간 헥타아르당 최대 900kg의 유채유와 비교할 때 연간 헥타아르당 6000kg의 오일에 이르는 팜유에 비할 바가 못된다. 사실 팜유에는 두 종류가 있는데 하나는 (43%의 팔미틴 산과 39%의 올레산을 포함하는) 펄프로부터 추출한 것이고 다른 하나는 (46%의 라우린 산과 16%의 올레산을 함유하는) 커널로부터 추출한 것이다. 그림 13.7을 참조하자.

만약 바이오매스를 연료로 사용하는 것이 외국에서 들여오는 오일에 대한 의존도를 줄이기 위한 목적이라면 하나의 중요한 성능지수는 이를 생산하는 데에 이용된 화석에너지에 대한 바이오연료로부터 얻을 수 있는 에너지의 비율이다. 팜유의 경우 이 비율은 9.6:1이고 브라질산 사탕수수는 8.3:1††이다; 미국산 옥수수 에탄올의 경우 1.4:1로 추정된다. 마지막 값의 경우 논쟁거리가 되고 있는데 많은 연구자들은 실제로는 1:1보다 낮은 값일 것으로 여기고 있다. 이는 바이오매스

† 유채오일은 에루크산의 함유량이 높기 때문에 사람에게는 적합하지 않다. 카놀라유는 1% 미만의 산을 지닌 식물로부터 얻는 특수한 유채오일로서 식용유로서 널리 이용된다.

†† 일부 브라질 저자들은 10:1만큼의 높은 값을 인용한다.

로부터 생산되는 에너지보다 더 많은 양의 화석에너지가 사용됨을 의미한다.

현재는 오일 생산을 위한 미세조류의 개발에 대하여 관심이 증폭되고 있다. 그러나 이런 노력들은 아직 초기단계 머물고 있다. 높은 오일 생산성을 갖는 녹조류는 그렇지 못한 것보다 강하지 못하다. 원하는 품종을 더 잘 보호하기 위한 닫힌 계를 이용하면 유리한 점이 있을 것으로 보인다. 조류 시스템은 화석연료를 사용하는 발전 플랜트에서 배출되는 이산화탄소를 제거하는데 도움을 준다.

13.2.1.4 비누화

우리가 살펴본 것과 같이 에스테르화는 알코올과 산이 물 한 분자를 내어 놓으며 결합하는 것으로 이루어진다. 그 반대 과정은 물 한분자를 첨가하여 산으로부터 알코올을 분리해 내는 것이다: 이는 에스테르의 가수분해이며 자유 지방산(FFAs)이 형성된다. 강한 염기(예를 들면 알칼리 금속 수산화물)는 에스테르의 결합을 끊어 알코올을 분리하고 카르복실 산의 알칼리 금속 염을 생성한다. 이는 비누화 반응이며 근 두세기 가량 사용되어 왔다. 일반적으로 에스테르는 NaOH, 또는 KOH와 반응하여 생성된 트리글리세라이드(동물, 또는 식물성 오일로서 보다 일반적으로는 후자이다)이다. 예를 들어 사용한 오일이 올리브유일 경우 결과물은 글리세롤이며 주로 비누의 일종인 나트륨이나 칼륨 올레산염이다. 나트륨 비누는 "경성"인 반면에 칼륨 비누는 "연성"이다. 경성 나트륨 비누는 강한 염화나트륨 용액에 불용성인데 이는 글리세롤로부터 비누를 분리하는 데에 이용된다.

비누 분자는 한쪽 끝에 친수성 기를 가지며 반대쪽 끝에는 친유성(또는 적어도 혐수성) 기를 갖는다. 이는 비누가 계면활성제와 세정능력을 갖는 이유이다.

13.2.1.5 왁스

대개 오일이나 지방으로 불리는 삼중알코올의 에스테르인 글리세롤과 왁스로 불리는 다른 알코올들의 에스테르들 사이에 다소 임의적인 구별을 두는 것이 편리하다. 사실 육상 동물은 대부분의 지방을 대사과정에서 사용하지만 해양 포유류들은 고래오일과 경랍(鯨蠟, spermaceti)과 같은 많은 양의 왁스를 만들어 낸다. 경랍은 대부분 팔미틴 산과 세틸 알코올(헥사데칸 $C_{16}H_{32}$로부터 유도된 단일 알코올)의 에스테르인 세틸 팔미테이트이다. 한 때 양초 생산에 쓰이던 경랍은 향유고래 머리의 강(腔, 공동)으로부터 얻었다. 고래 사냥의 금지로 식물성 대용품의 사용이 촉진되었다: 예를 들어 호호바(jojoba) 오일은 순수 액체 왁스로서 경랍과 매우 유사한 성질을 갖는다.

많은 왁스들은 이중 알코올인 에탄디올(에틸렌 글리콜, 또는 간단히 글리콜)의 에스테르들이다. 트리글리세라이드에 대하여 언급된 것들의 상당부분은 글리콜 디에스테르에도 적용된다.

13.2.1.6 탄수화물

식물은 이산화탄소, 물, 그리고 햇빛을 글루코오스로 변환시킨 다음 그 분자에 어떤 화학적 변화를 가하는 기관으로 간주할 수 있다. 식물의 두 가지 기본적인 요건(에너지의 저장과 조직의 생성)은 단순히 글루코오스의 두 가지 다른 방법에 의한 중합, 즉 서로 다른 형태의 연결을 이용하는 분자들의 결합에 의해 직접적인 방식으로 충족된다.

녹말은 기계적 물성이 약하다-어떠한 구조적 기능도 수행하지 않으며 에너지 저장에만 사용된다. 녹말은 물에 가용성이며 결정 구조와 비정질 구조를 모두 가질 수 있다-더운 물에서는 겔(무정질)이 된다. 녹말은 별로 어렵지 않게 분해될 수 있는 고분자이며 따라서 원래 녹말의 생성 원료였던 글루코오스로 쉽게 변환될 수 있으며 다음에 발효되어 에탄올이 된다. 이는 매우 소화가 쉽다. 반면에 셀룰로오스는 결정구조를 띄며 기계적 강도가 매우 강하다; 이때문에 식물성 세포의 형성에 이용되어 줄기에 강도를 더하여 준다. 셀룰로오스는 불용성이며 분해가 어렵기 때문에 이를 에탄올로 변환시키기가 힘들다. 일단의 흰개미를 제외하고는 셀룰로오스는 동물이 직접 소화시킬 수 없다. 다른 흰개미나 모든 반추동물들도 셀룰로오스 물질을 먹지만 공생 미생물에 의해 필요한 효소가 제공되어야 한다. 비록 불용성이지만 셀룰로오스는 친수성이 매우 강하다(98%가 순수한 셀룰로오스인 면은 쉽게 물을 빨아들인다). 그러므로 셀룰로오스는 물이 흐르는 도관을 만드는 데에는 적합하지 않다. 자연은 셀룰로오스 도관을 리그닌으로 덮어씌움으로서 이 문제를 해결하고 있다. 리그닌은 페놀계열의 물질(탄수화물이 아님)로서 생분해에 대한 저항성이 매우 강하다.

탄수화물은 당, 또는 단당류의 축합 중합체이다. 축합 중합체는 단량체가 결합할 때 물과 같은 작은 분자가 그림 13.6에 보인 것과 유사한 방법으로 제거되는 고분자이다: 하나의 단량체로부터의 수산기와 그 다음 단량체로부터의 수소가 결합하여 물이 생성된다. 이 반응의 역반응-탈중합-은 물의 첨가를 필요로 하며 가수분해라고 불린다.

단당류로 알려져 있는 단순한 당류는 탄소, 수소, 그리고 산소로 이루어지는 화합물로서 3개에서 8개의 탄소 원자를 포함한다: 다섯 개의 탄소를 갖는 당은 펜토오스(오탄당), 6개의 탄소를 갖는 경우는 헥소오스(육탄당) 등으로 불린다.

일부 헥소오스와 디헥소오스들은 발효가 가능하다: 즉 이들은 생물학적으로 직접 에탄올로 전환될 수 있다. 이에는 글루코오스, 프락토오스, 수크로오스, 말토오스, 그리고 말토트리오스들이 포함된다. 만약 식물이 자유당을 포함한다면 그 즙액은 사탕수수의 경우처럼 직접 발효될 수 있다. 보다 복잡한 탄수화물들은 발효 전에 먼저 단순한 당류로 가수분해 되어야 한다.

탄수화물의 가수분해는 약산이나 효소에 의해 일어날 수 있다. 황산과 같은 저렴한 산을 이용하면 수율이 좋지 않다(생산 가능한 글루코오스 양의 약 50% 정도를 생산 가능). 효소는 비싸긴 하지만 수율이 좋다. 두 과정 모두 에너지 집약적이다.

미생물을 이용하여 가수분해와 발효를 한 단계로 수행할 수도 있다.

헥소오스는 $(CH_2O)_6$의 실험식을 갖는다. 다수의 헥소오스들도 이와 동일한 구조식을 갖는다: 일부는 글루코오스, 갈락토오스, 만노오스와 같은 알데히드(알도헥소오스류)이며 다른 일부는 프락토오스와 같은 케톤(케토헥소오스류)이다. 이들을 서로 구별하려면 이들의 구조적 배열을 조사할 필요가 있다. 헥소오스는 선형 사슬, 또는 고리구조로 존재할 수 있다; 고리구조가 더 일반적이며 수용액에서 발견될 수 있는 유일한 것이다. 이후의 설명을 단순화하기 위하여 선형 구조를 사용하기로 한다.

헥소오스를 구성하는 원자들을 배열하는 간단한 방법은 다음과 같다:

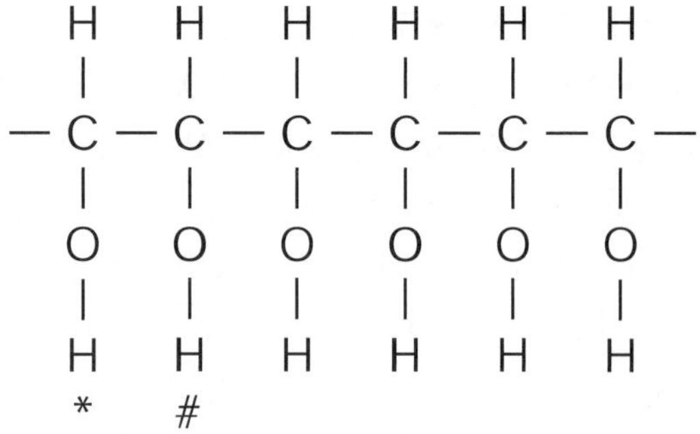

위 구조는 실험식을 만족하지만 사슬의 양쪽 끝이 두 개의 결합이 이루어지지 않은 상태로 남아 있다. 이를 보정하기 위해 별표 표시가 되어 있는 수소를 떼어낸 후 다른 한쪽 끝으로 이동시킬 수 있다. 이렇게 하면 분자 구조는 글루코오스의 선형 구조를 바르게 나타내어 준다.

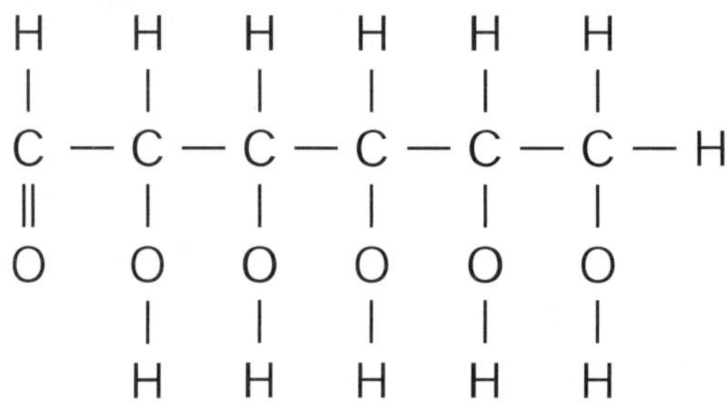

글루코오스는 O=C-H 그룹을 가짐을 상기하자: 이는 알데하이드이지만 프락토오스라고 불리는 다른 일반적인 헥소오스는 이동된 H가 사슬의 끝에 있는 것이 아니고 # 표시가 있는 것이기 때문에 케톤이다:

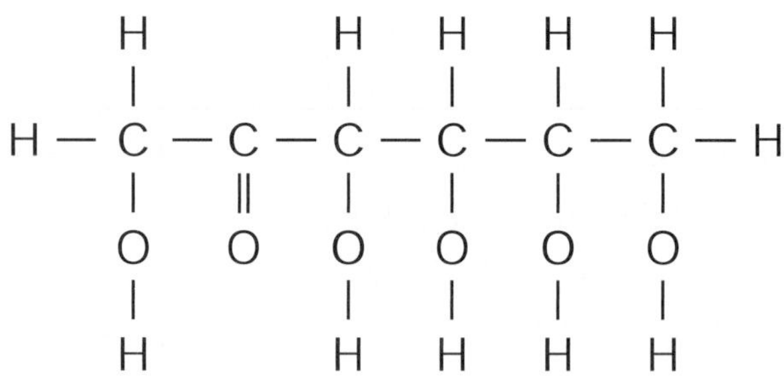

수크로오스는 위에 언급한 두 당류들의 이성체이다. 이는 글루코오스와 프락토오스가 분자 물 한 분자를 내어 놓으면서 서로 결합한 것이다. 마찬가지로 말토오스는 글루코오스/글루코오스 이성체이며 락토오스는 글루코오스/갈락토오스 이성체이다.

식물에서 발견할 수 있는 또 다른 중요한 고분자는 주 단량체가 펜토오스 크실로오스인 헤미셀룰로오스이다. 헤미셀룰로오스는 펜토오스에 더하여 일부 글루코오스 단위들도 포함하고 있다.

13.2.1.7 헤테로고리

유기 화합물은 지방족, 방향족, 또는 헤테로고리 화합물로 분류할 수 있다. 이 분류를 이해하려면 벤젠 고리를 살펴보는 것으로 시작하는 것이 최선이다. 4가인 탄소는 그 자신과 에탄에서와 같이 단일결합을 하여 알칸이 되거나 에텐(에틸렌)에서와 같이 이중결합을 하여 알켄이 되거나 혹은 에틴(아세틸렌)에서와 같이 3중 결합을 하여 알킨이 된다. 이 화합물은 직쇄이거나 가지가 있거나 혹은 고리형일 수 있다. 여기에서의 우리의 논의와 연관되는 것은 이중결합 (C=C, 134pm)이 단일 결합(C-C, 153pm)보다 길이가 더 짧다는 점이다. 이제 보통 다음과 같은 구조식으로 표현되는 벤젠을 취하여 보자:

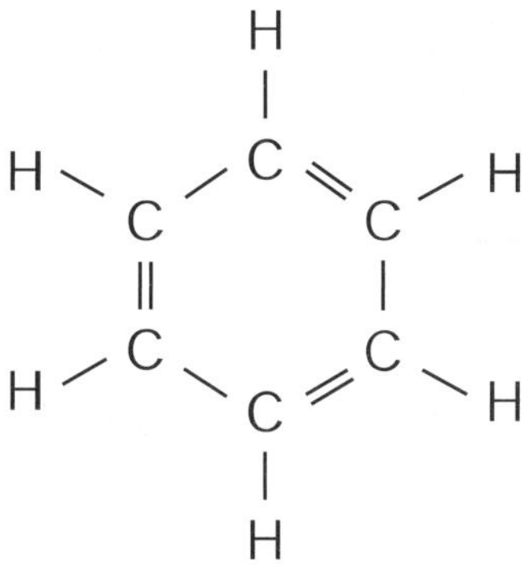

이러한 관례적인 표현은 고리가 단일 결합과 이중결합이 교대로 나타나는 형태로 이루어짐을 보여준다. 그러나 탄소들은 실제로 완벽한 육각형을 형성한다; 즉 모든 결합들은 140pm의 같은 길이를 가지는데 이는 단일 결합과 이중결합의 평균값에 매우 근접한 값이다. 그러므로 여섯 개의 탄소원자들 사이의 결합들은 단일 결합도 이중결합도 아닌 하이브리드 형태이다. 우선 화학결합의 가장 기본이 되는 두 가지 결합(σ 결합과 π 결합)에 대한 매우 간단하고 순수하게 기하학적인 설명으로 시작하기로 한다.

시그마 및 파이 결합

두 개의 구슬을 서로 연결하여 하나의 단단한 강체로 만들고자 한다고 가정하자. 이를 위한 한 가지 방법은 그림 13.8의 맨 위에 보인 것처럼 짧은 막대를 두 구슬들에 접착시키는 것이다. 마치 아령과 같은 물체를 얻을 수 있다. 연결 막대는 정확히 두 구슬의 사이에 위치한다. 이런 종류의 결합을 σ-결합이라 하자.

아울러 두 개의 막대를 하나는 위에서, 다른 하나는 아래쪽에서 두 구슬에 접하도록 붙여 연결하는 것도 가능하다(그림 13.8에서 위에서 두 번째 그림). 이 때 막대들은 직접적으로 두 구슬 사이에 위치하지 않음을 주목하자. 또한 하나의 단일결합을 만들기 위해 두 개의 막대가 사용되었음을 주목하자(그렇지 않으면 기계적으로 균형을 잃은 배열을 갖게 된다). 이것을 π-결합이라고 하자.

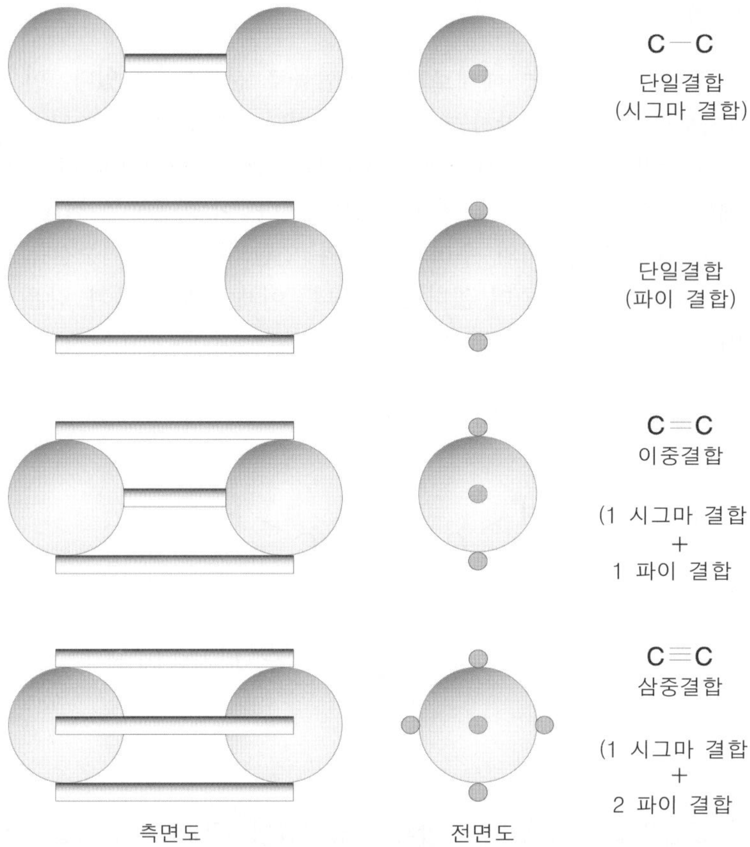

그림 13.8 시그마 결합들은 두 원자들 사이에 위치하는 반면에 파이 결합은 두 원자들에 걸쳐 있으며 결합의 절반은 원자쌍의 위에, 나머지 절반은 아래에 위치한다. 다중결합은 하나의 시그마 결합과 한 개나 두 개의 파이 결합들로 이루어진다.

결합(막대)의 위치는 σ-결합과 π-결합 사이의 근본적인 차이를 나타낸다.

이중결합이 있는 경우에는 그 가운데 하나는 σ-결합이고 다른 하나는 π-결합이다. 3중결합일 때에는 하나는 여전히 σ-결합이며 나머지 둘은 π-결합이다. 두 개의 π-결합들은 서로 수직인 평면에 존재하기 때문에 상호간에 영향을 미치지 않는다. 그림 13.8의 마지막 그림을 참조하자.

구슬을 서로 연결하는 것과 원자들을 분자로 결합시키는 것 사이의 유사성은 물론 지극히 투박하다. 결합의 개념에 대하여 보다 친숙해지기 전에 오비탈의 개념에 대한 적절한 인식이 필요하다.

오비탈, 그리고...

물체를 잡아당기는 중력장에서 움직이는 개체는 대부분 타원형의 명확한 궤도를 나타낸다. 이 궤도는 평면상에 존재하며 완벽하게 결정되어 있다. 누구든 어떤 주어진 시점에서 물체의 위치를 매우 정확하게 예측할 수 있다.

양자역학에서는 상황이 근본적으로 다르다. 핵 주위에서 움직이는 전자의 궤도는 없으며 전자의 정확한 위치를 예측할 수 있는 방법도 없다. 핵을 기준으로 주어진 위치에서 전자를 발견할 확률의 3차원적 지도를 전자의 오비탈라고 부른다.

수소 원자를 살펴보자. 수소가 가지고 있는 하나의 전자는 오직 핵을 향한 반경 방향의 거리에만 의존하는 확률밀도(공간의 기본 부피 내에서 전자를 발견할 확률)를 가진다; 이는 방향과는 무관하다. 가장 높은 확률은 원형 궤도의 반경에 대하여 고전역학에서 예측되는 거리에서 나타나지만 핵으로부터 다른 거리에 있는 전자를 발견할 확률은 제한적이다. 이런 종류의 궤도는 구형(s-오비탈† 이라고 부른다)이며 구형의 구름으로 시각화할 수 있다. 이 오비탈은 $1s^1$로 나타내는데 첫 번째 숫자 1은 첫 번째 에너지 준위, 또는 전자 껍질을 의미하며 위첨자는 이 껍질에 한 개의 전자가 있음을 나타낸다.

헬륨은 수소와 같은 에너지 준위의 껍질에 두 개의 전자를 가지고 있다(구조: $1s^2$). 1s 껍질이 가질 수 있는 전자는 두 개 뿐이기 때문에 (채워진 모든 껍질원소들과 마찬가지로) 헬륨은 화학적으로 불활성이다. 리튬은 전자가 채워진 1s 껍질을 가지며 추가로 두 번째 에너지 껍질의 s-오비탈에 한 개의 전자를 갖는다(리튬의 구조는 $1s^22s^1$이다). 베릴륨의 경우 이 두 번째 s껍질이 모두 채워지지만 두 번째 껍질은 모두 여덟 개의 전자를 가질 수 있다. 두 번째 껍질에 있는 나머지 여섯 개의 전자는 s-오비탈과는 상당히 다르게 보이는 p-오비탈에 존재한다.

각각의 p-오비탈은 그 사이에 핵이 위치하면서 서로 마주보고 있는 길게 늘어진 두 개의 풍선과 같은 모양을 하고 있다. 궤도의 축에 수직인 평면에서 전자를 발견할 확률은 0이다. p-오비탈의 축은 방향을 가짐을 주목하자(그림에서는 수평방향). 두 번째 준위 이상의 각 에너지 준위에는 서로 수직인 세 개의 동일한 p-오비탈이 존재할 수 있으며 각각의 오비탈은 두 개의 전자를 보유할 수 있기 때문에 에너지 준위 당 모두 여섯 개의 p-전자들이 존재 할 수 있다.

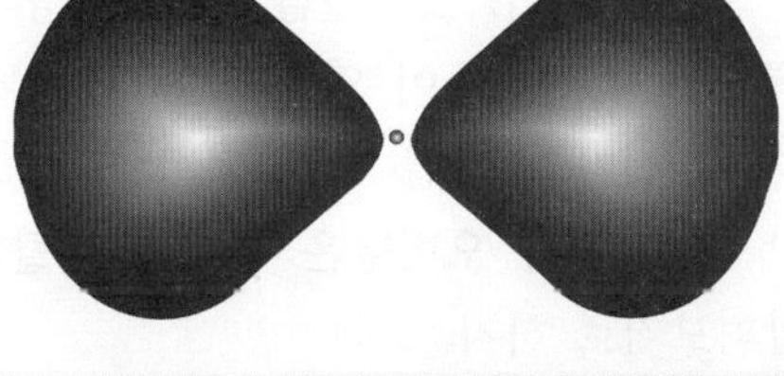

그림 13.9 각각의 p-오비탈은 늘어진 두 개의 풍선과 유사하다. 서로 수직인 3개의 쌍들이 존재한다.

추가적인 원자 궤도들(d, f, 그리고 g)은 다른 모양을 갖지만 여기에서 필요한 것은 s- 및 p-궤도에 익숙해지는 것이다. 지금까지 논의한 궤도는 원자궤도들이다. 원자들이 모여서 분자를 형성하면 얻어지는 다양한 분자궤도들은 서로 상당히 다르다.

...결합들.

수소 분자는 서로 반발하는 두 개의 양성자로 구성되어 있다. 두 개의 전자는 이들을 접착시키는 역할을 한다. 두 개의 구형 원자 궤도는 융합하여 핵 사이의 공간에 타원형에 가까운 분자

† 비록 글자 "s"를 "구형(spherical)"이라는 단어와 연관시키는 것이 편리하지만 사실은 분광학에서 유도된 표현인 "sharp"를 의미한다. 보다 높은 궤도를 나타내는 글자 "p," "d," 그리고 "f"들은 그 기원이 유사하다(각각 "principal," "diffuse," 그리고 "fine"). 그러나 가장 높은 궤도를 나타내는 글자 "g"는 단순히 알파벳 순으로 f 다음에 오는 글자일 뿐이다.

궤도를 형성한다. 결과적으로 얻어지는 음 전하는 양쪽 모두의 핵을 끌어 당겨 이들이 함께 붙어 있도록 한다. 주어진 핵 간 분리에서 핵 간의 반발력은 궤도의 음전하에 의하여 작용하는 인력과 균형을 이룬다. 결합이 형성되어 두 핵이 서로 묶여진다. 원자들 사이에 배열된 결합 분자 오비탈을 가지는 특징이 있는 이러한 형태의 결합을 σ-결합이라고 부른다. σ-결합은 반드시 s-오비탈로부터 유도될 필요는 없다; 이는 다음에 설명할 하이브리드 궤도로부터 생성될 수도 있다.

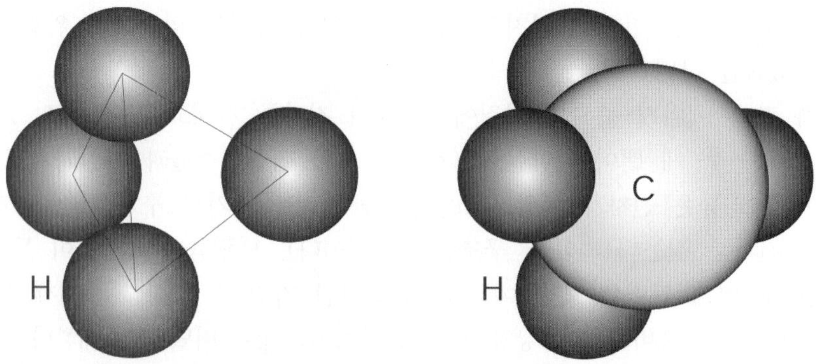

그림 13.10 왼쪽 그림은 정사면체의 꼭지점에 위치하는 4개의 수소원자들을 나타낸다. 메탄 분자는 오른쪽 그림에 보인 바와 같이 그러한 배열에 추가로 사면체의 중심에 탄소 원자가 위치하는 구조를 갖는다. σ-결합은 각 수소원자를 중심의 탄소 원자에 연결시킨다.

탄소원자를 고려하여 보자. 탄소는 모두 여섯 개의 전자를 갖는다. 1s 궤도에 있는 처음 두 개의 전자들은 핵과 너무 단단히 결합되어 있어서 화학반응에 참여할 수 없다; 나머지 네 개의 전자들은 화학적으로 활성이다(탄소는 4가이다). 마지막 4개의 전자들 가운데 두 개는 2s 오비탈에 속한 반면에 나머지 두 개는 세 개의 2p 오비탈들 가운데 하나에 들어 있다; 따라서 탄소의 전자 배치는 $1s^2 2s^2 2p^2$이다. 비록 4개의 전자들이 있지만 전자가 들어 찰 수 있는 오비탈은 모두 네 개가 있다(각 오비탈은 두 개의 전자를 가질 수 있다). 이는 고립된 원자에 대하여 모두 사실이다. 탄소가 화합물을 형성할 경우 분자 오비탈은 원자 오비탈과 다르며 화합물의 정확한 성질에 의존한다. 몇 가지 예를 살펴보기로 하자.

간단한 분자인 메탄(CH_4)으로 시작하기로 한다.

네 개의 탄소-수소 결합들은 모두 동일함을 알 수 있다. 이렇게 되려면 수소들이 탄소를 둘러싸서 정사면체 구조를 이루어야 한다. 바로 이웃한 결합과 이루는 각도는 109.5°이다. 메탄에 있는 탄소의 네 개 분자 오비탈들은 물론 모두 동일하며 따라서 같은 에너지를 갖는다. 이들은 정사면체의 모서리를 따라 삼차원적으로 뻗어 있으며 sp^3하이브리드†라고 불린다. 탄소와 각각의 수소 사이의 결합은 여전히 수소의 s-오비탈과 하나의 탄소 sp^3 하이브리드의 융합으로 형성된 σ-결합임을 주목하자.

두 개의 탄소 사이에 하나의 이중결합이 존재하는 에탄 C_2H_4의 경우에는 상황이 조금 달라진다.

† 이런 이상한 이름이 어디에서 유래되었는지 묻지 않는 것이 최선이다.

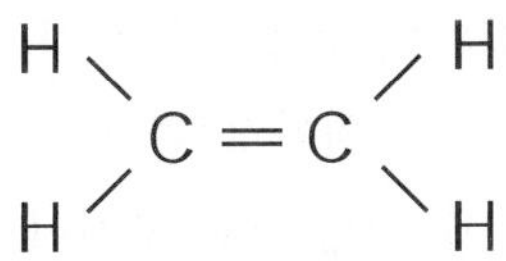

네 개의 분자 궤도들은 하나의 표준 2p-오비탈과 사이각이 120° 인 별모양의 평평한 형상(평판 삼각형)을 이루는 세 개의 sp^2 하이브리드들로 이루어진다. 궤도들 가운데 두 개는 각 수소의 s-전자와 개별적인 σ-결합을 이루는 반면에 세 번째 팔은 다른 탄소의 sp^2 하이브리드들 가운데 하나와 σ-결합을 형성한다. 이는 탄소-탄소 결합들 가운데 하나를 구성한다. 나머지는 남아 있는 p-오비탈들 사이의 π-결합이다. 이를 시각화 해보기 위해 p-오비탈중 하나는 삼각형 sp^2 하이브리드 평면과 수직임을 상기하자. 이 평면을 따라 바라보면 p-오비탈는 삼각형 평면의 위아래로 각각 한 개의 돌출부를 갖는다. 이 평면 위에 있는 돌출부들 간의 상호작용과 평면 아래의 돌출부들 간의 상호작용으로부터 π-결합이 형성된다. π-결합은 두 원자를 잇는 직선 바로 위에 위치하지 않는 분자 궤도로부터 얻어짐을 주목하자. 이중결합은 하나의 σ-결합과 하나의 π-결합으로 구성된다.

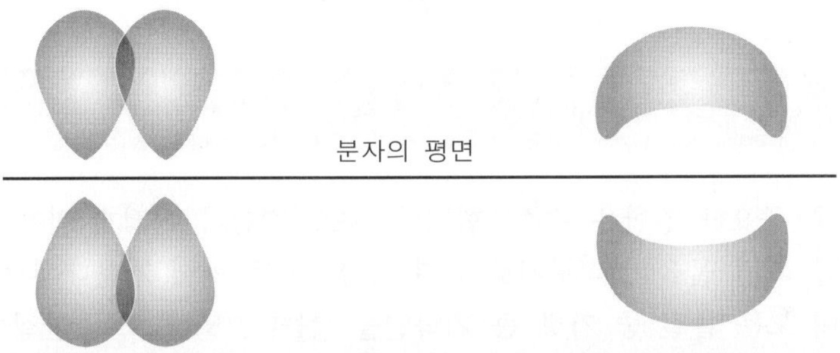

그림 13.11 두 개의 겹치는 p-오비탈들(왼쪽)은 융합되어 에탄의 두 탄소원자들 사이에 파이 결합을 형성한다(오른쪽). 결합은 분자 평면의 위아래의 전하들로 이루어지지만 이들 사이에는 직접적으로 연관되는 것이 아무것도 없음을 주목하자.

3중의 탄소-탄소 결합을 갖는 에틴(C_2H_2)을 살펴보자.

$$H - C \equiv C - H$$

여기에서 탄소의 4개 분자 오비탈들은 두 개의 sp 하이브리드와 두 개의 2p 오비탈들이다. sp 하이브리드중 하나는 수소의 s-오비탈과 함께 H-C 연결의 σ-결합을 형성한다.

다른 sp 하이브리드는 3개의 탄소-탄소 결합들 가운데 한 개를 형성한다. 나머지 두 결합은 남아 있는 2p 오비탈들 사이에 형성된 π-결합이다. 두 2p 오비탈은 서로 수직을 이루며 또한 에틴 분자의 축과도 수직을 이루고 있음을 상기하자. 탄소들 사이의 삼중 결합은 하나의 σ-결합과 두 개의 π-결합으로 이루어져 있다.

σ, π-결합은 모두 두 원자들 간의 전자를 공유함으로써 이루어지는데 이 전자들은 비편재화, 즉 하나의 원자에만 묶여 있지 않게 된다. 이 결합들은 매우 강하며 공유결합이라고 부른다. 공

유결합 이외에 다른 결합 형태들이 있는데 가장 많이 알려진 것은 이온결합으로서 금속이 자신의 전자들 가운데 한 개를 전기적 음성의 원자로 완전히 전달해 주어서 서로 강하게 당기는 금속 양이온과 음이온의 두 개의 이온들이 형성된다. 염화나트륨이 그 좋은 예이다.

다른 결합 메커니즘으로서 금속결합이 있다. 금속 결정에서는 이온에 의해 격자가 형성되며 몇몇 전자들은 완전히 비편재화되어 결정의 어느 곳으로든 자유롭게 이동할 수 있으므로 전기를 통과시킬 수 있다.

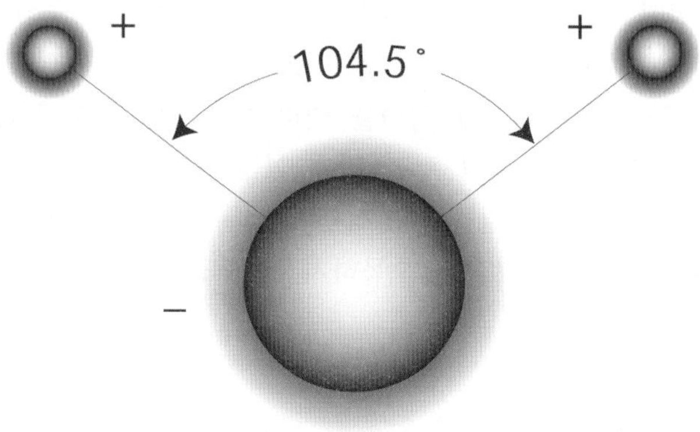

그림 13.12 물 분자에서 두 수소원자들의 전자들은 산소원자에 매우 가깝게 이동한다. 이 결과 산소는 음으로 하전되고 수소는 양으로 하전된다. 분자는 극성화된다-쌍극자처럼 작용한다.

더 약하지만 매우 중요한 결합은 수소결합이다. 수소 결합이 어떻게 작용하는지 설명하기 위하여 독특한 물성을 지닌 물을 살펴보기로 한다; 물은 모든 액체 가운데에서 가장 큰 표면장력과 유전율을 가지며 모든 물질 중 가장 큰 기화열을 갖는다. 또한 모든 물질들 가운데에서 암모니아 다음으로 두 번째로 높은 융해열과 열용량을 갖는다.

물 분자는 산소 원자와 두 개의 수소 원자들 사이의 한 쌍의 공유결합으로 묶여 있다. 결합의 정확한 성질은 분명하지 않다. 산소의 전자 배치는 $1s^2 2s^2 2p^4$ 임을 상기하자. 즉 산소는 p-오비탈에 네 개의 전자를 가지며 앞에서 살펴본 바와 같이 그 사이의 결합각이 109.5° 인 4개의 sp^3 분자 오비탈를 형성할 수 있다. 이 오비탈들 가운데 두 개는 수소와의 두 공유결합의 부분이며 이로부터 H-O-H의 각도는 109.5° 일 것으로 기대할 수 있다. 그러나 X-선 스펙트로스코피를 사용한 실제 관측 각도는 겨우 104.5° 이다.

다음은 다소 모호한 설명이다: 산소에 있는 여섯 개의 p-전자들 가운데 두 개만이 수소와 결합하는데 관여하며 다른 두 쌍의 전자들은 나머지 두 개의 sp^3 오비탈에 존재한다. 이들은 결합을 하지 않지만 두 개의 결합 오비탈들의 위치를 변형시켜 분자가 구부러지게 한다.

물 분자 자체는 전하를 띄지 않지만 음으로 대전된 산소와 두 개의 양으로 대전된 수소의 국부적인 전하를 갖는다(이는 서로 상쇄된다). 이는 분극화된 분자이며 한 분자의 양의 수소가 다른 분자의 음의 산소를 당기기 때문에 다른 분극화된 분자를 당길수(결합할 수) 있다. 이 결합은 물에 독특한 특성(무엇보다도 그러한 작은 분자들이 대개 기상으로 존재하는 온도에서도 액상으로 남아있는 능력)을 부여한다. 수소결합은 공유결합에 비해 약한 결합(약 1/20의 강도)이지만 생화학분야에서 매우 중요하다.

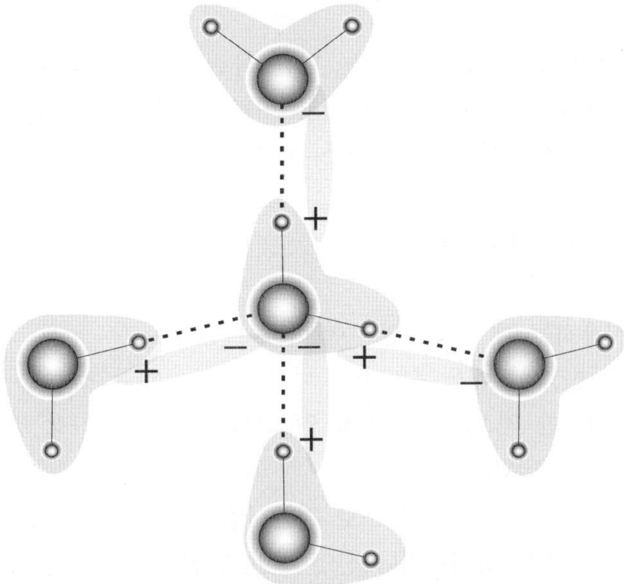

그림 13.13 그림의 중앙에 있는 물 분자는 이웃하는 분자들과 4개의 수소결합(점선)을 이룰 수 있다.

이제 벤젠 분자로 되돌아갈 수 있다. 여섯 개의 탄소는 부분적으로 단일 σ-결합들에 의해 서로 결합하여 평면을 형성한다. 나아가 각각의 탄소는 평면의 위 아래에 p-오비탈을 갖는다. 이웃한 탄소의 p-오비탈들은 서로 겹치면서 π-결합을 형성한다. p-전자들은 하나의 원자에 귀속되지 않는다; 이들은 비편재화되어 분자 전체에 분포한다. π-결합의 비편재화된 전자는 이미 언급한 바와 같이 방향족의 특성이다. 이러한 배열은 지방족 화합물에서는 찾아볼 수 없다.

헤테로고리 화합물들은 (방향족이건 아니건) 탄소고리 구조를 갖는데 고리 자체에 질소, 산소, 혹은 황과 같은 다른 원소를 포함하고 있다.

푸란은 산소를 외래 원소로 가지고 있는 방향족의 헤테로고리 4-탄소 화합물이다. 그 실험식은 C_4H_4O이다. 관심을 끄는 것은 2,5 디메틸 푸란(DMF)으로서 바이오매스로부터 유도되는 연료로서 약간의 주목을 받고 있다.

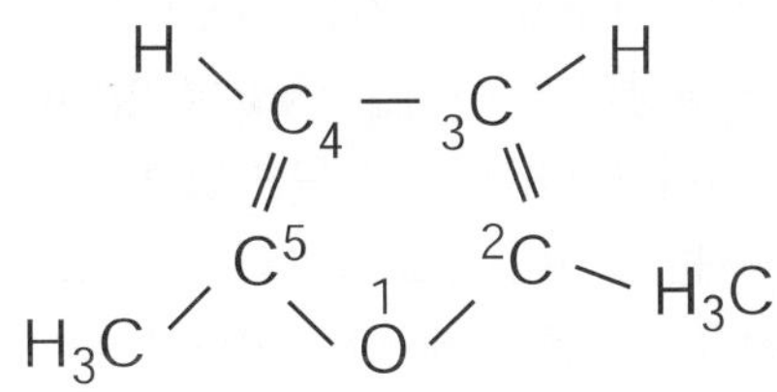

연료로서의 DMF의 장점은 에탄올에 비해 훨씬 더 높은 부피당 에너지 밀도(가솔린과 거의 같음), 더 낮은 휘발도(끓는점이 93℃로서 에탄올은 78℃), 그리고 물에서의 불용성을 포함하는데 이는 대기로부터 수분을 흡수하는 것을 방지하여 준다.

그러나 DMF를 연료로 사용한 예는 거의 없으며 원하지 않는 독성과 같은 돌발적인 상황에 대하여 대비해야 한다. 바이오매스로부터 DMF를 생산하는 과정에 대한 논의는 Schmidt와 Dauenhauer

(2007)을 참조한다.

에탄올 대신 바이오 연료로 고려될 수 있는 다른 물질로서 부탄올이 있다. 부탄올은 높은 부피당 에너지 밀도를 가지며 물에 잘 녹지 않는다. 여기에서의 문제는 발효에 의해 바이오매스로부터 경제적으로 부탄올을 생산하는 것에 있어서의 어려움이다.

13.3 연료로서의 바이오매스

바이오매스를 연료로 사용하는 데에는 수많은 방법들이 있다.

1. 바이오매스는 얻는 즉시 태울 수 있다. 나무, 톱밥, 옥수수대, 쌀 껍질, 그리고 다른 농업 부산물들은 적절한 연소로에서 직접 연소시킬 수 있다. 가장 건조한(탄수화물) 바이오매스의 연소열은 15~19MJ/kg 범위이다.
2. 연료로서 나무의 유용성은 이를 숯으로 전환시킴으로써 전통적으로 향상되어 왔다.
3. 나무는 기화되어서 차를 움직이거나 산업 전반에 연료로 사용될 수 있다.
4. 메탄올은 나무로부터 만들 수 있다.
5. 식물성 오일은 디젤엔진에 사용될 수 있다.
6. 일부 식물들의 수액은 탄수화물을 다량 함유하고 있기 때문에 디젤 연료로 직접 사용될 수 있다.
7. 당과 탄수화물은 에탄올로 발효될 수 있다.
8. 바이오매스 잔사물들은 메탄이 풍부한 바이오 가스로 소화시킬 수 있다.

어떤 기술을 사용하던 간에 화석 연료와 비교하여 바이오매스는 대기 중의 이산화탄소 증가에 기여하지 않는다는 중요한 장점이 있다. 몇몇 그럴듯한 시나리오들의 예측에 따르면 멀지 않은 미래에 이산화탄소에 의한 지구의 평균 기온 변화는 극지방의 얼음을 녹이고 연안지방의 홍수를 초래하여 어쩌면 조류에도 변화를 주어 유럽에 극심한 추위를 몰고 올 수 있다.

가까운 미래의 기후 재앙이 일어나는지의 여부에 관계없이 대기 중의 이산화탄소의 농도는 화석연료의 연소에 의한 배출로 인하여 놀랄 정도로 증가하고 있다는 것은 부인할 수 없다.

미국에서 소비되는 가솔린의 양은 하루에 7백30만 배럴인데 이로부터 매년 2억2천만 톤의 탄소가 대기 중으로 배출된다. 이는 상상하기 어려운 정도의 양이다: 가솔린의 사용에 따른 탄소의 소비량은 매년 3천5백만 그루의 거대한 나무를 태우는 것과 대등하다. 사용되는 다른 종류의 오일까지 모두 감안한다면 위의 숫자는 3~4배 정도 더 커진다. 또한 막대한 양의 천연가스와 석탄이 연소되고 있다(미국에서 생산되는 전력의 56%는 석탄으로부터 얻어진다). 이 모든 연료들은 믿을 수 없을 만큼 거대한 양의 이산화탄소를 만들어 낸다.

지구가 생성된 초기에 생명체가 없었을 때에는 지구의 대기는 대부분 질소와 이산화탄소로 구성되어 있었으며 자유 산소는 존재하지 않았다. 초기의 생명체들은 완전히 혐기성 생물(정확히는 비산소성)이었다. 그러나 미생물들은 그들이 생명을 유지하는 물로부터 태양빛을 이용하여 자유 수소를 얻어내는 방법을 익히게 되었다. 가용 수소는 탄수화물, 단백질, 그리고 물론 DNA(또는 아마도 RNA) 등을 만드는 화학반응을 구동하기 위한 에너지원이 되었다. 그러나 물 분자가 쪼개지면 수소뿐만 아니라 매우 활성이 강하고 독성을 갖는 기체인 산소도 얻게 되는데 이 기체는 박테리아나 그들의 자손들, 식물들에게는 관심 밖의 대상이었다. 산소는 바다로 배출된 다음에 오염물질로서 대기로 방출된 반면에 이산화탄소는 제거되었으며 그 중 일부는 잔류하여 화석으로 되어 우리가 지금 사용하는 화석연료를 생성하였다. 시간이 지남에 따라 대부분의 이산화탄소는 공기로부터 씻겨 나가 땅 속에 저장되었다. 적응성을 지니는 생명체는 산소에 내성을 갖는 것에서 그치지 않고 직접 이를 이용하여 득을 취하는 방법을 배우게 되었다. 그리하여 동물이 창조되었다. 지금 우리는 대기를 태고적의 비산소성 대기로 되돌리기 위해 바쁘게 화석 연료를 태우고 있다.

바이오매스로부터 만든 연료가 연소되는 경우 배출되는 모든 탄소는 이전의 성장 시즌에 공기로부터 제거된 것이며 오랜 시간동안 땅 속에 저장되어 있던 탄소는 아니다. 그러므로 대기 중의 이산화탄소의 실제 양은 변하지 않는다. 가열로에서 발생하는 이산화탄소를 제거하는 기술이 경제성을 갖는다면 바이오매스의 연소는 대기 중의 이산화탄소의 총 양을 실제로 줄일 것이다.

바이오매스로부터 생산한 연료의 추가적인 이점은 산성비의 한 가지 요인인 황을 적게 함유하고 있다는 점이다.

연료로서의 바이오매스의 사용이 화석연료에 대한 의존도를 줄이기 위한 유일한 방법은 아니다. 바이오매스는 유기화합물들에 대한 원료를 공급해 줄 수 있다. 이는 새로운 것은 아니며 과거에는 실제로 바이오매스로부터 그러한 많은 화학물질들이 생산되었다. 이 방법은 설탕의 가격이 원유 가격보다 더욱 빠르게 상승함에 따라 인기를 잃어가게 되었다. 지금은 다시 상황이 반전되어 어쩌면 바이오매스가 다시 원료물질로 사용될지도 모른다.

바이오매스를 다양한 화학물질로 변환시키는 데에는 대표적인 두 가지의 경로가 있다. 하나는 제 10장에서 논의된 Fisher-Tropsch 공정이다. 이 방법으로부터 수많은 유기 분자들을 합성하는 시작 물질인 합성 가스(수소와 일산화탄소의 혼합물)를 얻는다. 다른 하나는 발효이다. 발효는 보통 문자 그대로 탄수화물(때로는 단백질)을 락틴산(그리고 다른 산들)과 에탄올(그리고 다른 알코올들)로 전환시키는 혐기성 변화를 의미한다. 이 과정은 통상 미생물(이스트나 박테리아)로부터 얻을 수 있는 특수한 효소를 필요로 한다.

13.3.1 목재의 가스화

제 2차 세계대전 동안의 연료부족 현상은 자동차와 트랙터에 연료를 공급하기 위한 (숯 또는 나무를 사용하는) 가스화 장치 개발의 동기가 되었다. 가스화 장치는 고체 연료의 파쇄적 증류에 의하여 작동되는데 이 연료의 일부는 필요한 열을 생성하는 데에 사용된다.

전쟁 후에 발전된 형태의 가스화 장치들이 모습을 드러내었다. 이 장치들의 생성물은 수소, 일산화탄소, 이산화탄소, 그리고 (부분연소 공정에서 사용된 공기로부터 유래된) 질소들의 혼합물이다. 가스화 장치에 공기 대신 산소를 공급하면 얻어지는 가스는 높은 화염온도를 생성할 수 있어서 이 장치를 철강 산업에서 사용할 수 있다.

가스화 장치에서 생산된 합성가스는 특별한 버너를 장착한다면 기존의 오일 연소로에 직접 공급될 수 있다. 석유를 태우는 것으로부터 나무를 태우는 것으로의 전환은 완전히 새로운 연소로를 필요로 하지 않는다.

우수한 목재 가스화 장치는 나무 연소 에너지의 85%를 연소로로 전달할 수 있다. 이 에너지의 일부는 생성된 연료의 화학 에너지이며 다른 부분은 뜨거운 가스의 열 함량이다. 만약 가스가 연소되기 전에 냉각된다면 나무가 가진 에너지의 65%만을 회수할 수 있다.

나무는 황을 거의 함유하고 있지 않다는 점에서 청정 연료이다. 그러나 나무를 태우면 타르가 생성되는데 타르는 연소가스를 오염시키며 장치의 통로를 막히게 한다. 이 문제를 피하기 위해 대부분의 최신 가스화 장치들은 다운 드래프트 형태를 취한다. 이는 생성된 가스를 불꽃의 가장 뜨거운 부분으로 순환시켜서 타르 분자를 분열시키고 청정 연소연료를 생성한다. 가스는 입자들을 제거하기 위해 대개 사이클론을 통하여 순환시킨다.

메마른 불모지에서도 빠르게 성장하는 유칼립투스는 나무의 원료로서 자주 사용된다. 미국에서는 일 년에 3m 이상 자랄 수 있는 다양한 종류의 잡종 버드나무 관목이 대형 동력 플랜트의 에너지원으로 연구되고 있다. (보통의 버드나무처럼 보이지 않는) 버드나무 관목은 유칼립투스처럼 불모지에서도 자라난다. Edwin H. White는 실험적 연구가 수행되고 있는 뉴욕 주립대학교 환경과학 및 임업대학의 학장이다. 버드나무 관목을 사용하는 원래 발상은 스웨덴에서 처음 비롯된 것이다.

13.3.2 에탄올

13.3.2.1 에탄올의 생산

에탄올은 가솔린과 원하는 어떤 비율로도 혼합될 수 있다. 에탄올 자체로 사용되는 경우에는 매우 높은 앤티노킹 속성으로 인하여 보다 높은 압축비를 견딜 수 있기 때문에(가솔린의 9:1에 대한 11:1) 자동차 연료로서 가솔린보다 더 효율이 좋다. 왜냐하면 높은 압축비(compression ratio)에도 견딜 수 있기 때문이다.(11:1, 가솔린은 9:1) 이는 에탄올의 더 작은 부피 에너지 밀도를 부분적으로 보완하여 준다. 상대적인 부피 에너지 함량만을 기준으로 할 때 알코올은 가격이 가솔린의 71% 정도일 때 경쟁력을 갖는다. 2005년 말 브라질 주유소에서 에탄올의 가격은 정부의 보조가 전혀 없음에도 가솔린의 51%에 불과했다. 기술과 운영방법의 발달에 힘입어 브라질산 에탄올 $1m^3$의 가격은 1985년의 400달러에서 2006년 100달러로 하락하였다(2002년 고정 달러). 미국에는 순수한 에탄올을 연료로 사용할 수 있는 차가 거의 없기 때문에 가솔린의 옥탄가를 높이기 위한 첨가제로만 사용되고 있다. 브라질에서는 2005년 중반까지 판매된 차량의 절반은 순수한 가솔린부터 순수한 에탄올까지 임의의 연료를 사용하도록 스스로 자동적으로 조절될 수 있는 플렉스 연료 엔진을 지니고 있다. 이 방안은 브라질에서는 인기가 있지만 미국에서는 주유소에서 순수한 에탄올을 분배할 수 있는 기반 시설이 부족하기 때문에 이용되지 않는다.

바이오매스로부터 에탄올을 만드는 가장 쉬운 방법은 사탕수수와 같은 당을 생산하는 식물을 사용하는 것이다. 그러한 당류는 직접 발효가 가능하다. 그 다음으로 간단한 방법은 녹말을 생산하는 식물을 이용하는 것이다. 녹말은 효소를 이용하여 경제적으로 당으로 변화시킬 수 있으며 이는 발효된다(마니옥 뿌리). 마지막으로 가장 어려운 방법은 주위에서 흔하게 볼 수 있지만 녹말보다 가수분해가 더욱 어려운 셀룰로오스 물질을 사용하는 방법이다. 셀룰로오스로부터의 경제적인 에탄올 생산이 가능하다면 액체 연료로 변환이 가능한 막대한 양의 바이오매스 공급이 가능하다. 이는 셀룰로오스를 가수분해할 수 있는 효소의 비용을 낮추기 위해 이루어지고 있는 상당한 노력을 설명하여 준다. 실제로 지난 몇 년간 이러한 노력으로 인하여 이 효소들의 가격은 십분의 일 이상 하락하였다.

그러나 이것으로는 적절한 원료물질을 충당하기에 충분하지 않다; 에탄올의 생산을 위해, 특히 증류 과정에서 상당한 양의 에너지가 필요하다. 만약 이와 같이 추가적으로 필요한 에너지를 화석 연료로부터 충당한다면 이 공정은 별 이점을 갖지 못할 것이다. 화석 연료에 대한 의존도를 좀 더 확실히 줄이기 위해서는 추가적인 에너지 자체를 바이오매스로부터 얻는 것이 필요하다. 사탕수수의 장점은 수액에서 당분을 얻고 아울러 찌꺼기(짜고 남은 줄기)와 지푸라기로부터 처리에 필요한 연료를 얻을 수 있다는 점이다.

현재 브라질에서는 매년 1 헥타아르당 96톤의 원료† 사탕수수를 생산하고 있으며 이로부터 연간 6400리터/헥타아르의 에탄올을 얻는다.†† 이는 1 헥타아르당 연간 25배럴의 원유 에너지와 대등하다. 이 나라는 현재 5백만 헥타아르의 사탕수수 경작면적을 지니고 있으며 연간 대략 125 백만 배럴의 오일에 상당하는 연료를 생산할 수 있다. 그러나 사탕수수 생산량의 57%는 설탕 생산을 위해 할당된다.

수확 작업은 수작업으로서 재생산을 위한 뿌리는 남겨둔 채 농경지의 줄기들을 태우고 잘라내는 것으로 이루어진다. 이는 노동집약적(고용 창출)인 작업으로서 사탕수수 줄기를 제분소로 쉽게 이동할 수 있게 하며 해충을 제거할 수 있고 남은 재를 재배지의 비료로 쓰이게 한다. 농기구를 사용하여 수확하면 추가적인 바이오매스 소스로 많은 양의 지푸라기를 사용할 수 있으며 농경지를 태움으로써 발생하는 공기의 오염을 피할 수 있다. 기계화된 수확 작업은 현재 적어도 이 나라의 남부에서는 대부분의 주요 농장에서 채택되고 있다.

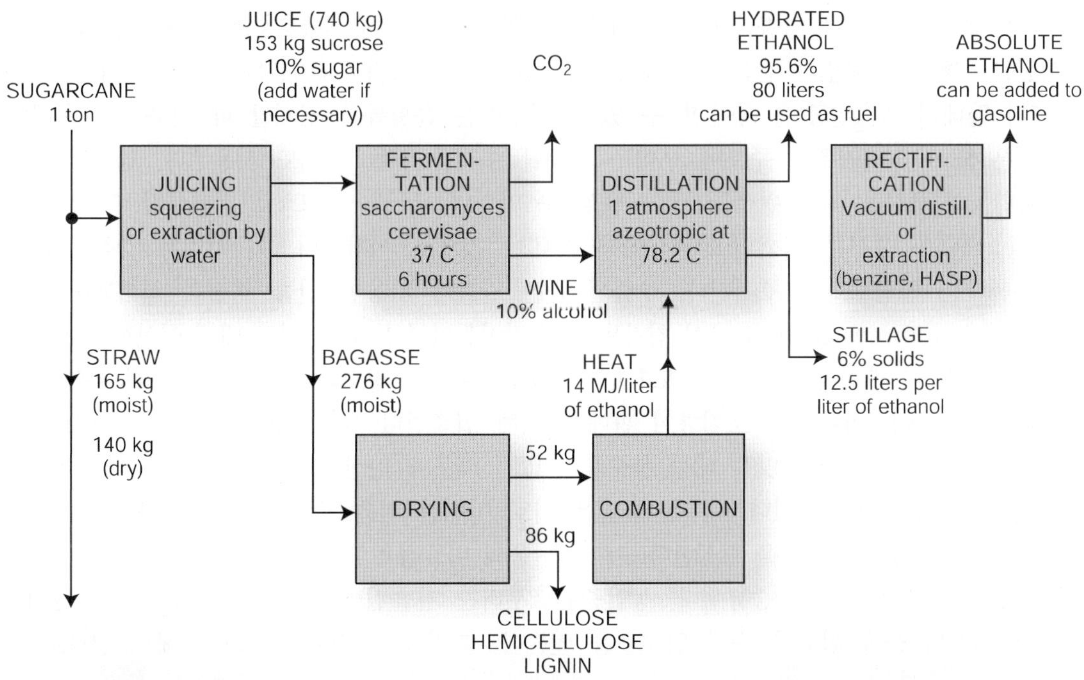

그림 13.14 대표적인 브라질 에탄올 플랜트의 유통도.

† 15톤의 짚을 포함한다.

†† 일부 공장들은 연간 1 헥타아르당 7700 리터를 생산한다.

사탕수수 1톤으로부터 대부분이 서크로즈인 153 kg의 설탕(16.6MJ/kg로부터 2.54 GJ), 276kg의 습윤 찌꺼기(당분을 짜고 남은 찌꺼기), 또는 138kg의 건조 찌꺼기(18.1MJ/kg로부터 2.5 GJ), 그리고 165kg의 젖은 짚, 또는 140kg의 마른 짚(15.3MJ/kg로부터 2.15GJ)을 얻는다. 설탕은 가용 에너지의 대략 1/3 정도만을 나타내며 나머지 1/3은 경작지에서 태움으로써 손시됨을 알 수 있다. 80리터의 에탄올 생산(1.87GJ)은 발효 및 증류 과정에서의 효율이 74%임을 나타낸다. 그러나 만약 공장을 위한 열과 전력의 생성에 이용되지 않는 짚과 찌꺼기를 Dedini 신속 수화공정(Dedini Hidrolise Rapida,DHR)에 사용한다면 추가적으로 70.6 리터의 알코올이 생산되어 1톤의 사탕수수로부터 모두 151리터의 알코올을 얻을 수 있다. 나아가 증류 과정에서 1리터의 생성 알코올 당 약 13리터의 비나세†가 남는다. 비나세는 사탕수수가 흡수한 영양분의 상당량과 생성된 알코올 1리터당 0.1 m^3의 비율로 메탄으로 전환될 수 있는 어떤 양의 유기물을 포함한다. 이에 따라 공장에서 얻어지는 에너지에 0.5GJ의 에너지가 추가되며 이로써 사탕수수 1톤당 모두 4GJ의 에너지가 얻어진다.

짚과 찌꺼기를 가수분해 하는 것은 결코 사탕수수 공장의 에너지 출력을 높이는 유일한 방법은 아니다. 찌꺼기의 단지 일부만이 동력 공급에 소요되므로 나머지는 짚과 함께 연소시켜서 터빈 발전기를 구동하기 위한 수증기를 생성할 수 있다. 그러므로 이용 가능하게 된 전력량은 제조공장 내에서 필요로 하는 양을 훨씬 초과할 수 있으며 외부 수요자들에게 판매할 수도 있다. 2006년 브라질의 사탕수수 공장의 설치 용량은 약 3.3GW로서 이는 세 개의 원자력 발전소에 해당하는 규모이다. 보일러/터빈을 개량하여 80기압에서 작동하도록 한다면 다음 5년 이내에 5GW가 추가로 얻어질 것이다.

셀룰로오스 알코올이나 열병합 발전이 이용되지 않는다면 잉여 셀룰로오스는 예를 들면 방음 패널 생산을 위한 원료물질과 같은 다양한 용도를 찾아볼 수 있다. 헤미셀룰로오스로부터 푸푸랄(헤테로고리 알데히드의 일종)을 추출할 수 있다. 푸푸랄은 윤활류를 정제할 때 사용되는 용매이다. 이 물질은 또한 모래거푸집 주조에 쓰이는 푸푸랄 수지를 만들 때에도 사용된다. 리그닌은 일부 페놀 화합물의 생산을 위한 원료물질로 사용될 수 있으며 야금용 코크스로 전환시킬 수도 있다.

공업용 에탄올 생산은 찌꺼기로부터 즙을 짜내는 것으로 시작한다. 이 작업은 압착이나 물과 함께 추출하는 방법으로 이루어진다. 추출된 즙은 발효가 가능할 만큼 적절히 희석되어 배양된 효모균(Saccharomyces cerevisiae)이 첨가된 통에 담아둔다.†† 짧은 시간 내에 이산화탄소가 발생하기 시작한다. 이 과정이 4~6시간 정도††† 진행된 후 10% 정도의 알코올을 함유한 와인은 증류소로 이동된다. 이산화탄소는 포집하여 판매를 위해 압축한다. 이 이산화탄소는 화석연료로부터 얻어진 것과는 달리 불편한 맛을 내는 불순물이 없기 때문에 탄산음료 제조에 보다 적합하다.

에탄올은 물과 섞일 수 있다; 즉 두 물질은 서로 어떠한 비율로든 섞일 수 있다. 이들은 상압에서 78.2℃의 공비점††††을 형성한다(순수 에탄올의 비등점은 78.5℃). 물과 알코올은 95.6% 알코올의 고정된 비율로 동시에 증류된다. 상압증류로부터는 가솔린에 첨가하여 가소홀을 만들기에는 너무 많은 양의 물을 함유한 수화 알코올을 얻는다. 그럼에도 불구하고 그 자체로 연료로 쓰기

† 증류 후 산사물이다. 포르투갈어 vinha , ca이다.
†† 다른 알코올 생성 미생물은 박테리아 Zymomona mobilis로서 이는 Saccharomyces보다 더 농축된 당을 발효시킬 수 있다.
††† 25년 전에는 발효는 24시간동안 지속되었다.
†††† 그 조성이 증류에 의해 변하지 않는 혼합물

에는 충분하다.

무수 알코올을 얻기 위해서는 수화물 형태를 반드시 정류해야 한다. 이는 진공 증류(95 mmHg에서 수행, 공비물은 99.5% 에탄올로 구성)에 의해 이루어지거나 혹은 현재 사용하고 있는 것과 같이 알코올이나 물을 흡수하는 물질을 사용하여 이루어진다. 예를 들어 벤젠은 벤젠-물-알코올의 삼중 공비물을 형성하는데 이는 무수 알코올 보다 더 낮은 비등점을 갖는다. 이와 달리 물은 적절한 분자체를 사용하여 추출될 수 있다

13.3.2.2 발효

우리가 논의한 에탄올 생산은 글루코오스의 발효를 기반으로 한다. 글루코오스는 연소-호기성 발효 과정-에 의해 저급화되어 상당한 양의 에너지를 방출할 수 있다. 최종 생성물은 이산화탄소와 물로서 식물은 이를 사용하여 당을 합성한다. 글루코오스는 또한 단지 소량의 에너지만을 방출하면서 혐기성 과정을 통해 저급화될 수 있는데 이에 따른 최종 생성물은 에탄올과 락틴산으로서 이들에는 여전히 상당한 양의 에너지가 남아 있다. 이 과정을 발효라고 하며 미생물에 의해 진행된다.

글루코오스 발효의 첫 번째 단계는 효소에 의해 글루코오스가 동일한 두 개의 3-탄소 글리세르알데히드 분자들로 나누어지는 것이다.

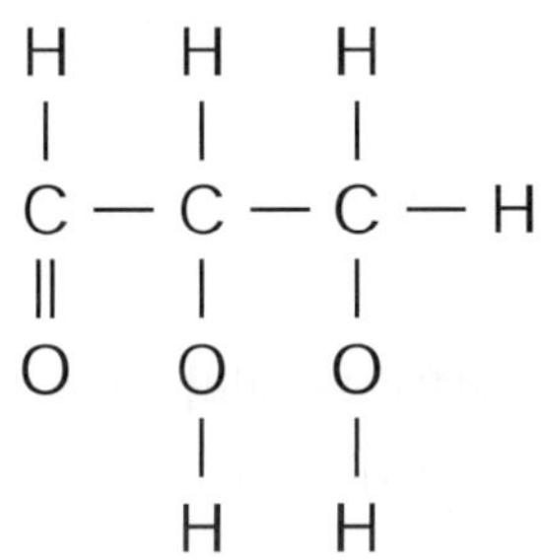

글리세르알데히드는 물과 반응하여 두 개의 수소원자들을 제거하고 결합시키는 효소에 의해 글리세린산으로 산화된다.

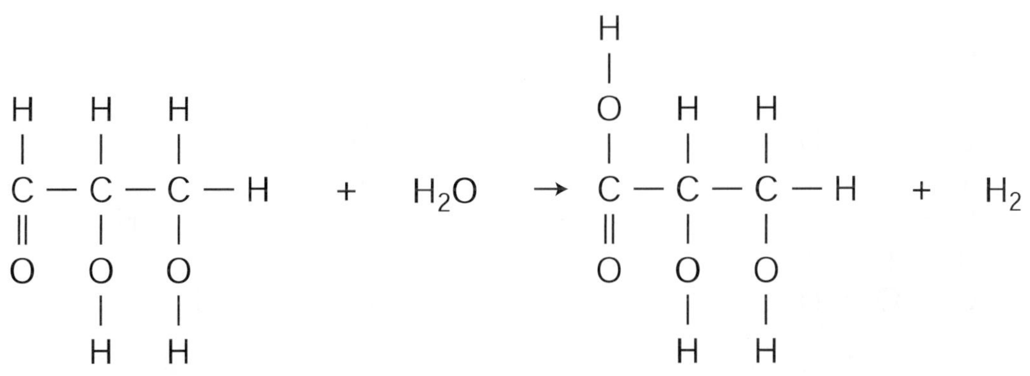

글리세르알데히드 물 글리세린 산 수소 효소에 결합

글리세린산은 하나의 물 분자를 내어 놓고 피루빈산으로 전환되는데 이 산은 이산화탄소와 아세트알데히드로 분리된다. 따라서 6-탄소 글루코오스는 에탄올과 같은 수의 탄소를 갖는 2-탄소 아세트알데히드로 전환된다.

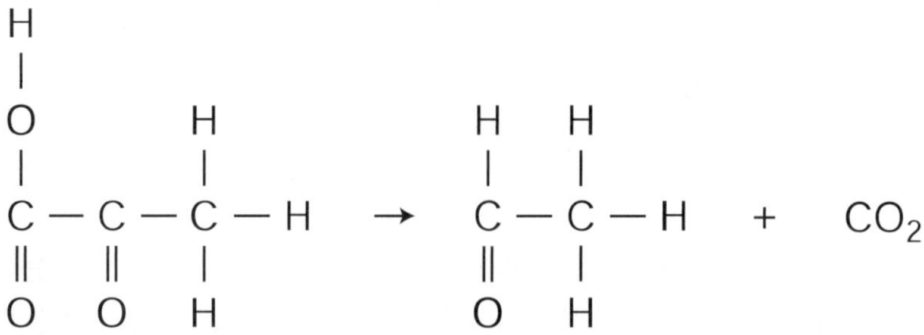

피루빈 산　　　　아세트알데히드

마지막으로 아세트알데히드는 수소운반 효소와 반응하여 에탄올로 환원되고 효소는 재생된다.

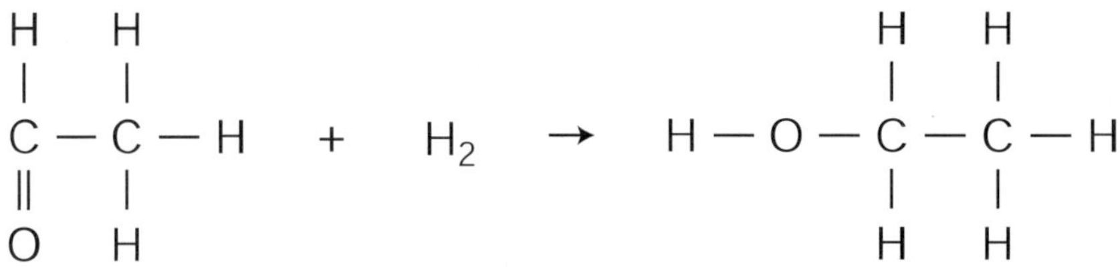

아세트알데히드　　　　수소 효소에 결합　　　　에탄올

이 과정은 유기체들이 글루코오스를 이용하는 여러 가지 방법들 가운데 하나이다. 이는 당분을 알코올로 발효시키는 데에 통상적으로 이용되는 이스트인 Saccharomyces cerevisiae (sakcharon = sugar + mykes = fungus + cerevisiae = of beer)에 의해 이용되는 대사 경로이다. 과정이다. 근육에 의한 글루코오스의 사용은 피루빈산의 생성에 이르기까지 정확하게 이와 동일한 경로를 따른다. 근육에서 이 산은 (아세트알데히드 단계를 생략하고) 수소운반 효소에 의해 직접 환원되어 락틴산을 생성할 수 있다.

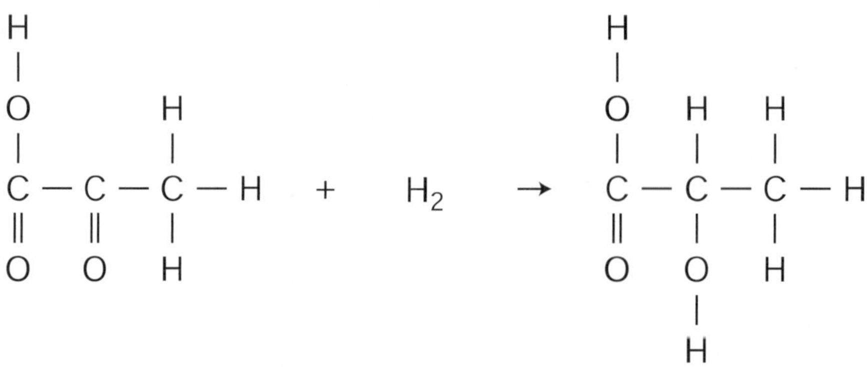

피루빈 산　　　　수소 효소에 결합　　　　락틴산

글루코오스 발효의 총괄반응은 다음과 같다.

$$(CH_2O)_6 \rightarrow 2CO_2 + 2C_2H_5OH \tag{13.1}$$

글루코오스의 연소열은 15.6 MJ/kg이며 분자량은 180 daltons이므로 1 kmole당 연소열은 2.81 GJ이다. 에탄올은 29.7 MJ/kg의 연소열을 가지며 분자량은 46 dalton이다. 이는 1.37 GJ/kg에 해당하는 양이다. 연소되면 반응식 13.1에서 에탄올 2 kmole은 2.73 GJ의 열을 생성한다. 따라서 글루코오스의 에탄올로의 변환은 2.73/2.81=0.975의 놀라울 정도로 높은 이상적인 효율로 진행된다.

13.3.2.3 에탄올의 단점

에탄올이 현재 많은 관심을 받고 있음에도 불구하고 연료로 채택하기에는 몇 가지 단점을 갖는다. 물론 가장 분명한 문제는 이전에도 언급한 낮은 부피 에너지 밀도이다. 그러나 다른 이유들도 있다.

에탄올을 가솔린의 첨가제로 사용하는 경우 혼합물 중의 피할 수 없는 물 함량이 온도에 따라 좌우되는 어떤 비율을 넘어서면 심각한 상 분리의 가능성이 존재한다. 혼합에 사용된 원래의 에탄올이 물이 전혀 없는 상태라 하더라도 (따라서 더욱 비싸다) 습윤 공기로부터 수분이 응축되어 모아지게 된다. 특히 추운 밤에 이러한 현상은 더욱 심하게 나타난다. 물이 가솔린과 상이 분리되는 경우에는 바닥에 가라앉아서 파이프라인과 저장용기를 부식시킬 수 있다. 파이프를 이용한 에탄올 첨가 가솔린의 운반은 피하는 것이 일반적이다. 그러나 순수한 에탄올은 격리된 파이프를 통해 경제적으로 수송할 수 있다.

바이오 에탄올은 발효를 통해 보통 10% 에탄올 수용액 상태로 생산된다. 뒤이은 물로부터의 알코올의 분리는 증류를 통해 이루어지는데 이는 매우 에너지 집약적인 공정이다. 반면에 물에 대한 용해도가 제한적인 고차 알코올의 발효에서는 자동적으로 상이 분리되어 낮은 에너지 비용으로 원하는 생성물을 얻을 수 있다. 예를 들어 부탄올은 그 농도가 8%를 넘으면 용액으로부터 가라앉을 것이다. 불행히도 부탄올 및 고차 알코올들은 이러한 침전수준 이하의 농도에서도 발효를 일으키는 미생물에 대하여 상당한 독성을 갖는다. 한 가지 방책은 그러한 독성에 저항성이 있고 원하는 연료의 생성에 충분히 특정적이며 원하지 않는 화학물질을 전혀 생산하지 않는 미생물을 찾는 것이다. 이러한 측면에 대한 흥미로운 결과가 Atsumi, Hanai, 그리고 Liao (2008)에 의해 발표되었는데 그들은 유전학적으로 E.coli를 변형시켜서 몇 가지의 C4와 C5 알코올을 효율적으로 생산하도록 하였다. 그들은 S. cerevisiae에서도 유사한 결과를 얻을 수 있을 것이라고 지적하고 있다.

이러한 기술적인 결점들 이외에 에탄올을 연료로 사용하는데 대하여 부정적인 영향을 미치는 정치적인 고려사항들이 있다. 바이오에탄올을 연료로 사용하는 주된 타당성은 원유의 소비가 감소한다는 것이다. 이는 사탕수수에서 에탄올을 생산함으로서 효율적으로 이루어질 수 있다. 그러나 에탄올이 옥수수로부터 생산될 경우에는 문제가 있을 수 있다. 비록 정치적으로 매력적일지 모르나 화석연료의 대체에 관한 한 옥수수에탄올에 부여하는 인센티브가 비생산적일 수도 있다. 또한 옥수수를 연료 생산으로 전환하는 것은 식량 가격에 부정적인 영향을 준다는 것이 입증되었다.

13.3.3 해리 알코올

자동차 연료로서 메탄올 및 에탄올과 같은 알코올의 효율은 이들을 연소 전에 해리시킴으로써 향상시킬 수 있다. 흡열 해리과정은 폐열을 사용하여 촉진시킬 수 있다.

세 가지 다른 요인들이 효율 향상에 영향을 준다.

1. 해리된 알코올은 원래의 알코올보다 더 큰 연소열을 갖는다.
2. 해리된 생성물은 노킹에 큰 저항성을 가지며 높은 압축에 견디므로 보다 우수한 열역학적 효율을 갖는다.
3. 해리의 주성분인 수소는 넓은 범위에서 가연성을 갖기 때문에 희박한 혼합물들이 사용될 수 있다.

가스의 수송을 피하기 위하여 알코올의 해리는 자동차에서 이루어질 수 있다. 알코올은 수소와 일산화탄소로부터, 또는 전이반응을 위해 물이 첨가되는 경우 수소와 이산화탄소로부터 해리될 수 있다. 메탄올의 직접 해리는 250~350℃에서 일어나는 반면에 수증기 개질은 약 200℃에서 수행될 수 있다.

평형은 거의 완전하게 해리 쪽으로 향한다. 원하지 않는 부반응들은 촉매를 주의깊게 선택할 것을 요구하는 문제를 초래한다.

시스템은 촉매 전환기, 기화기, 과열기, 반응기 가스 냉각기를 포함한다. 메탄올은 엔진의 냉각제로부터의 열에 의해 증발되어 80℃에서 증발기를 빠져 나간다. 이후에 과열기로 유입되는데 여기에서는 엔진 배출열에 의해 온도가 250℃까지 상승한다. 다음에 뜨거운 알코올 증기는 반응기로 주입되는데 반응기에서는 촉매 존재하에 추가의 배출열이 해리를 촉진시킨다. 부피당 효율을 향상시키기 위해서 수소와 이산화탄소의 혼합물(소량의 불순물을 포함)은 엔진으로 되돌아가기 전에 100℃로 냉각된다.

65kW 시보레 사이테이션† (1980) 엔진을 이용한 시험결과 가솔린 엔진보다 48% 더 높은 효율을 나타내었다. 엔진의 압축비는 원래의 8.3:1에서 14:1로 변화되었다. Finegold와 McKinnon (1982)을 참조하자.

13.3.4 혐기성 소화

발효는 제한된 수의 물질들(당류)을 에탄올과 물의 혼합물로 변환시키는데 이 혼합물로부터 에너지 집약적인 증류를 통하여 알코올이 회수되어야 한다. 반면에 혐기성 소화는 다양한 종류의 식물과 동물성 물질을 메탄으로 전환시키는데 메탄은 물에 대한 용해도가 비교적 낮기 때문에 자연적으로 방출되며 최소의 에너지로 포집할 수 있다. 발효는 잘 알려져 있지만 소화는 그렇지 못하다. 이는 최근까지 중요한 공업적 적용사례가 거의 없었고 그나마 대부분 오수 처리에 관한 것이었기 때문이다.

원료 물질이 가진 대부분의 에너지는 생산되는 메탄으로 나타난다; 아주 적은 양의 에너지만

† 제너럴 모터는 일부 자동차들의 작명에 단순한 재치를 보이고 있다. 사이테이션(Citation)이라는 이름의 차 이외에 임팩트(Impact, EV-1의 초기이름)라는 다른 차는 노바(Nova)라는 이름도 가지고 있는데 이는 스페인어로 "가려고 하지 않는다."를 의미한다.

이 미생물의 세포를 생성하는데 이용된다. 그러므로 소화는 바이오매스를 정제하는 데에 효율적인 방법이다.

글루코오스의 소화과정을 고려하여 보자:

$$(CH_2O)_6 = 3CH_4(g) + 3CO_2(g) \tag{13.2}$$

1 kmole의 글루코오스는 2.81 GJ의 보다 높은 연소열을 갖는다. 3 kmole의 메탄은 3*0.89= 2.67 GJ의 발열값을 갖는다. 위 반응은 발열반응임에도 불구하고 에너지 손실이 거의 없다: 에너지의 95%는 메탄으로 나타난다. 엔탈피 변화는 글루코오스 1 kmole당 -0.14 GJ이다. 반면에 자유에너지 변화는 훨씬 커서 글루코오스 1 kmole당 -0.418 GJ에 이른다. 글루코오스 1 kmole당 $\Delta S=(\Delta H-\Delta G)/T=927$ kJ/K이기 때문에 이 반응으로 엔트로피가 상당히 증가하게 된다-결과적으로 열역학적 구동력이 크다.

혐기성 소화는 4가지 단계로 진행된다.

1. *가수분해.* 몇 가지 형태의 발효성 박테리아에 의해 중재되는 한 그룹의 서로 다른 반응들에 따라 다양한 물질들이 보다 낮은 분자량의 물질의 조각들로 저급화된다. 낮은 분자량의 조각들로 분해한다(폴리사카라이드를 당류로, 단백질을 펩타이드와 아미노산으로, 지방을 글리세린과 지방산으로, 핵산을 질소 헤테로고리, 리보오스, 그리고 무기 인산염으로). 이 단계에서 셀룰로오스와 같은 일부 통상적인 불용성 물질들이 용해된다.
2. *산 생성단계.* 산을 형성하는 박테리아는 이산화탄소와 일련의 짧은 사슬 유기산 및 알코올을 생성한다.
3. *초산 생성단계.* 알코올 및 보다 고급의 산들을 초산, 수소, 그리고 이산화탄소로 전환시키는 초산생성 박테리아에 의해 추가적인 분해가 일어난다.
4. *메탄 생성단계.* 1~3 단계에서 생성된 초산, 수소, 그리고 이산화탄소는 메탄생성 고세균†에 의해 이용되어 메탄을 생성하며 산으로부터 이산화탄소, 그리고 수소와 이산화탄소로부터 메탄과 물을 생성한다.

표 13.1은 이들 네 가지의 각 단계에서 일어나는 반응들의 일부를 보여주고 있다.

이 표의 반응 1은 셀룰로오스의 가수분해 반응으로서 언제나 어려운 단계다. 자연은 셀룰로오스의 안정성 때문에 이를 구조적 뼈대물질로 선택하였다. 리그닌은 셀룰로오스를 보호하는 경향이 있다는 사실은 이의 분해를 더욱 어렵게 하여 준다. 리그닌을 제거하면 과정을 촉진시킬 수 있지만 비경제적일 수 있다.

반응 2, 3, 그리고 4는 (반응 1로부터의) 글루코오스를 직접 (이온화된) 산들로, 각각 초산, 프로판산, 그리고 부탄산으로 변환시키면서 (마지막 두 반응들에서) 이산화탄소와 수소를 방출한다.

반응 5에서는 글루코오스가 이산화탄소와 수소로 가수분해된다.

---

† 현대의 분류학은 생명체 형태를 유박테리아(유전물질이 핵으로 모여지지 않은 실제 박테리아), 아카이아, 그리고 유카리아(핵을 갖는다)의 세 가지 영역으로 구분한다. 일부 아카이아는 흔치 않은 거동을 보이며 놀랍도록 높은 온도(100도 이상)에서도 인다. Some archaea exhibit unusual behavior, thrivi살아남는다; 이들은 초호열성 생물이다. 고온에서 안정한 이들의 효소들은 상승온도에서의 조업이 필요한 경우에 산업적으로 이용된다. 바이러스가 생략된 점을 주목하자. 바이러스는 위의 관점에서 본다면 살아있는 것으로 간주되지 않는다.

반응 6~10에서는 반응 2, 3, 그리고 4에서 생성된 일부 산들로부터 초산이 생성된다.

마지막으로 반응 11, 12, 그리고 13에서는 최종 생성물인 메탄과 이산화탄소(바이오 가스)가 만들어진다.

소화 과정의 결과물은 바이오 가스라고 불리는 메탄/이산화탄소 혼합물로서 보통 65 부피%의 메탄을 포함한다.

단계 1, 2, 그리고 3은 산소가 없는 환경에서도 작용할 수 있으며 이들 가스에 피독되지 않는 절대 혐기성 생물과 임의 혐기성 생물 모두에 의해 중재된다. 단계 4는 산소가 있으면 생존할 수 없는 혐기성 고세균에 의해서만 수행된다. 소화는 많은 미생물들의 공동 작업의 산물로서 완전한 생태학적 시스템을 이룬다.

회분식 모드에서 속도 결정단계는 단계 1과 4(메탄생성균을 포함하는 단계)이다-단계 2와 3은 매우 빠르며 단계 4는 훨씬 느리게 진행된다.

표 13.1 혐기성 소화에서의 일부 반응들의 추정된 자유에너지 변화(D. L. Klass (1984)에서 인용).

반응	조건: 25 C, pH=7	자유에너지 (MJ/Kmole)
발효성 박테리아		
1. $C_6H_{10}O_5 + H_2O \rightarrow (CH_2O)_6$		-17.7
2. $(CH_2O)_6 \rightarrow 3CH_3CO_2^- + 3H^+$		-311
3. $(CH_2O)_6 + 2H_2O \rightarrow CH_3CH_2CO_2^- + H^+ + 3CO_2 + 5H_2$		-192
4. $(CH_2O)_6 \rightarrow CH_3CH_2CH_2CO_2^- + H^+ + 2CO_2 + 2H_2$		-264
5. $(CH_2O)_6 + 6H_2O \rightarrow 6CO_2 + 12H_2$		-25.9
초산생성 박테리아		
6. $(CH_2O)_6 + 2H_2O \rightarrow 2CH_3CO_2^- + 2H^+ + 2CO_2 + 4H_2$		-216
7. $CH_3CH_2CO_2^- + H^+ + 2H_2O \rightarrow CH_3CO_2^- + H^+ + CO_2 + 3H_2$		+71.7
8. $CH_3CH_2CH_2CO_2^- + H^+ + 2H_2O \rightarrow 2CH_3CO_2^- + 2H^+ 2H_2$		+48.3
9. $CH_3CH_2OH + H_2O \rightarrow CH_3CO_2^- + H^+ + 2H_2$		+9.7
10. $2CO_2 + 4H_2 \rightarrow CH_3CO_2^- + H^+ 2H_2O$		-94.9
메탄생성 고세균		
11. $CH_3CO_2^- + H^+ \rightarrow CH_4 + CO_2$		-35.8
12. $CO_2 + 4H_2 \rightarrow CH_4 + 2H_2O$		-313
13. $HCO_3^- + H^+ + 4H_2 \rightarrow CH_4 + 3H_2O$		-136

소화는 실험실에서 유기물(예를 들면 퇴비)을 물과 섞어 그림 13.15에 보인 밀폐된 단지에 넣어 두는 것으로서 쉽게 입증해 볼 수 있다. 가운데 구멍은 혼합물을 넣기 위한 것이며 왼쪽의 구멍은 액체의 샘플을 채취하기 위한 것이고(대부분 pH 측정을 위해) 오른쪽 구멍은 바이오 가스의 배출구이다. 소화기를 통해 만들어진 가스는 물이 채워진 비커를 통해 기포를 발생시키는 방법으로 세척시킨 후 크로마토그래피 분석을 위해 포집진다.

공정을 더 촉진시키기 위해서는 혼합물에 다른 소화기에서 얻은 슬러지를 주입시켜야 한다(지역 폐수 처리장은 편리한 원료 공급원이다). 단지는 37℃ 이상으로 유지되어어야 한다. 며칠이 지난 후 혼합물의 pH가 현저하게 떨어지면 산이 생성되는 단계가 진행중임을 알 수 있다.

처음에는 방출되는 가스가 거의 없지만 샘플을 채취해 보면 산소가 소비되고 있음을 알 수 있다. 곧 액체 속에서 가스가 기포를 형성하기 시작하는데 크로마토그래프를 통해 이것이 대부분 이산화탄소임을 알 수 있다. 약 열흘 동안은 생성물에 메탄이 나타나기 시작하며 그의 상대적인 농도는 급격히 최종 수준으로 증가한다.

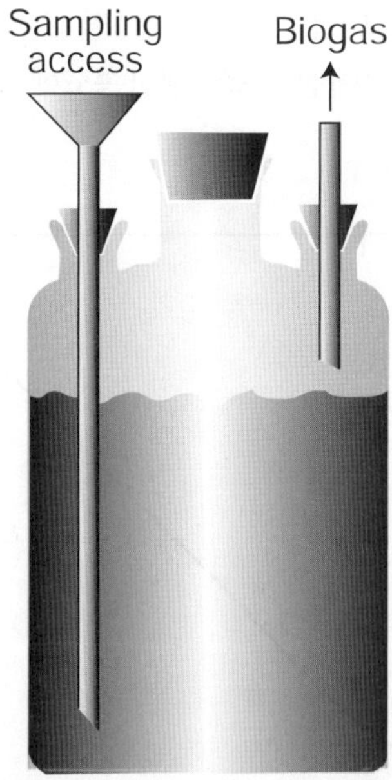

그림 13.15 실험실 소화장치.

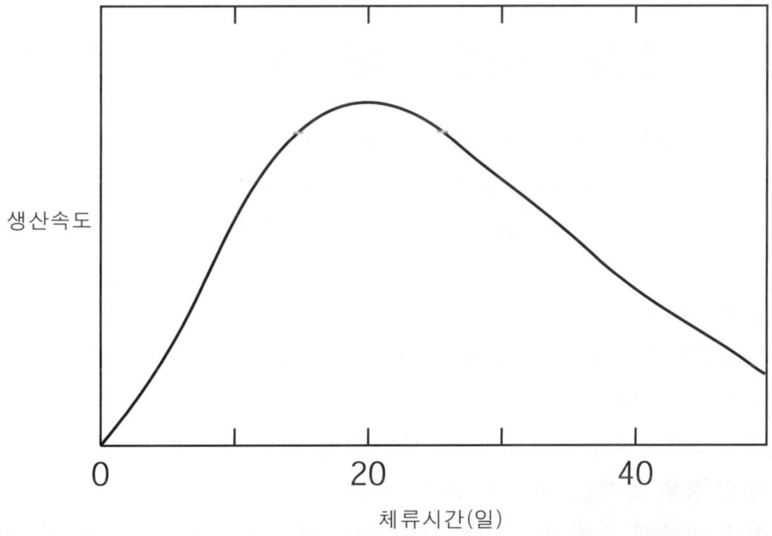

그림 13.16 회분식 소화기에서의 대표적인 생산속도.

가스 생산속도, 즉 소화속도는 그림 13.16에 보인 바와 같이 변화한다. 누적 생산량은 그림 13.17에 나타나 있다. 실제 사용되는 소화기는 회분식, 또는 연속식 모드로 운전된다. 회분식 소화기는 유입 슬러리로 채워진 후 밀봉된다. 다음에 다른 종류의 미생물들이 자라나야 하는데 네 단계의 소화과정이 어느 정도 순서대로 일어난다. 정상상태에는 결코 도달할 수 없으며 긴 체류시간(30~60일)이 소요된다.

연속식, 또는 반연속식 소화기는 탱크의 한쪽 끝에서 슬러리를 공급받는다. 소모된 슬러지는 다른 쪽 끝으로 배출된다. 물질은 다른 반응이 거의 정상상태 조건에서 일어나는 구역을 통하여 천천히 이동한다. 체류시간은 10~20일 정도로 더 짧아질 수 있다. 긴 체류시간은 바꾸어 말하면 충진속도가 느리다는 의미이다. 즉 주어진 가스 생산속도에 대하여 큰 탱크가 필요하며 투자비용이 증가한다.

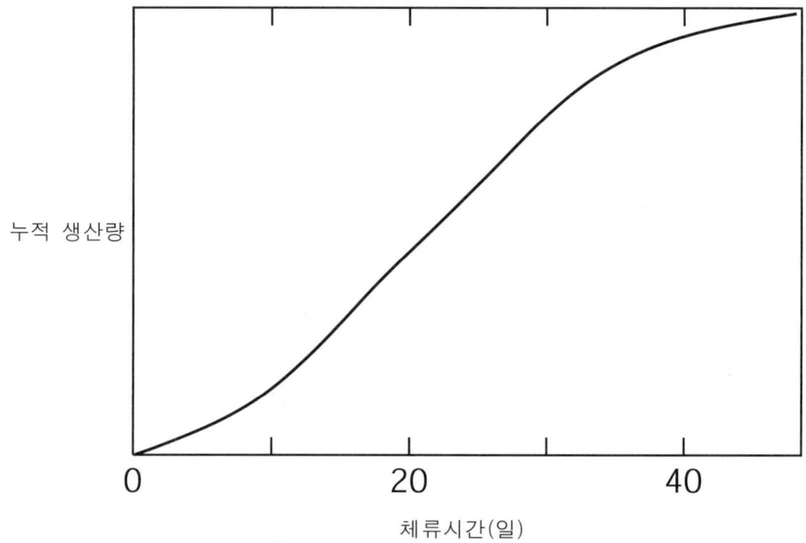

그림 13.17 회분식 소화기에서의 누적 바이오 가스 생산.

소화기로 들어가는 유입물은 잘게 다져진 유기물 조각들을 함유한 액상의 슬러리로 구성된다. 고체의 일부는 현탁액 상태이건 용액 상태이건 (이상적으로) 소화될 수 있고 다른 일부는 안 될 수도 있다. 이렇게 소화 가능한 것들을 휘발성 고체(VS)라 하고 불가능한 것들을 고정 고체(FS)라고 부른다.

메탄 수율 Y는 1kg의 VS로부터 생산할 수 있는 메탄의 양이다. 유입물의 양에 따라 VS의 총 소화에 해당하는 이상적인 수율 Y_0는 1kg의 VS당 메탄 21~29MJ 범위에서 변한다.

소화기들은 VS의 일부 비율 R만큼만 사용할 수 있다; 수율은 $Y=RY_0$이다. R은 소화기의 디자인, 유입물의 성질, 그리고 체류시간에 따라 좌우된다. 이 값은 깎아낸 풀의 경우 최저 25%에서 활성 하수 슬러지의 경우 높게는 50% 범위에 이른다.

실제 가스 생산은 하루에 소화기 $1m^3$당 허용 충진속도 L(kg(VS)로 측정)에 의존한다.

소화기의 파워밀도는 다음과 같다:

$$P = LRY0 \quad joules/m3\text{-}day \tag{13.3}$$

대표값을 계산하기 위해 Y_0=25MJ(CH_4)/kg(VS) 이고 R=0.4이면

$$P = 10L \quad MJ(CH4)/m3\text{-}day. \tag{13.4}$$

또는

$$P \approx 100L \quad W(CH4)/m3 \tag{13.5}$$

회분식 소화기는 1.5kg(VS)$m^{-3}day^{-1}$까지의 충진속도를 처리할 수 있으며 소화기 $1m^3$당 150W/m^3의 비율로 메탄을 생산할 수 있다. 연속식 소화기의 경우 충진속도가 6kg(VS)$m^{-3}day^{-1}$까지 가능하기 때문에 대략 600W/m^3을 생성할 수 있다. 파워밀도가 크면 보다 경제적인 메탄 생산이 가능하다. 파워밀도를 증가시키는 한 가지 방법은 체류시간을 줄이는 것이다. 이는 다음과 같은 몇 가지 방법으로 이루어 질 수 있다.

1. 높은 온도에서 운전
2. 교반
3. 미생물의 무능화
4. 균주 선택
5. 물질 첨가
6. 유입물의 전처리

소화에 적합한 세 가지 온도범위:

1. 호냉 세균의 경우 5℃ 부근
2. 중온성 세균의 경우 37℃ 부근
3. 호열성 세균의 경우 55℃ 부근

가장 빠른 소화과정은 호열성이다. 그러나 소화기의 크기가 작을 경우 (부피에 대한 표면비율이 크기 때문에) 열 손실이 과다해 지므로 큰 장치들만이 고온에서 경제적으로 운전될 수 있다.

메탄과 이산화탄소는 물에 단지 약간 용해될 수 있다; 이 기체들의 미세한 기포들은 이들을 생성하는 메탄생성 미생물들을 둘러싸서 액체와의 접촉 면적을 줄이고 반응을 늦추게 하는 경향이 있다. 교반에 의하여 이 기포들을 제거할 수 있는데 압력을 낮추거나 온도를 올려도 마찬가지 효과를 얻는다. 교반은 생산된 가스기포를 슬러리 속으로 다시 주입시킴으로서 때로는 경제적으로 이루어 질 수 있다.

가장 큰 소화속도는 미생물 무능화로부터 얻을 수 있다. 소화를 촉진시키는 미생물 생태계는 그 형성이 느리며 매번 잔류물을 제거할 때마다 미생물들도 제거되어 새로운 균주배양이 필요하다. 이는 회분식과 연속식 소화기 모두에 해당된다. 미생물 군락의 유지를 보장하는 한 가지 방법은 소화기를 불활성 조각들로 채워 세균 덩어리들이 자라나게 하는 생물학적 필터를 사용하는 것이다. 잔류물은 제거되지만 조각들은 장치에 남아있게 된다. 이 구조가 적절히 작동하려면 잔류물

이 충분히 유체상태일 필요가 있는데 이는 사용되는 많은 원료물질들로서는 달성하기 어려운 조건이다. 사실 소화기 운전에 있어서의 문제는 두꺼운 슬러지가 형성되어 파이프를 막아버리는 것이다. 그러므로 효율적인 운전을 위해서는 원료 물질에 적절한 전처리를 해주는 것이 필수적이다.

소화 속도를 향상시키기 위하여 효소, 성장 인자, 비료와 같은 어떤 물질들을 유입물에 첨가할 수 있다. 적절한 탄소-질소(C/N) 및 탄소-인(C/P) 비율은 효율적인 소화에 필요하기 때문에 특정한 원료 물질을 처리하기 위해서는 이 비율들의 보정을 위하여 화학물질들을 첨가하는 것이 중요할 수 있다. 좋은 C/N 비율은 20:1 정도이며 C/P 비율은 80:1 정도이다.

만약 바이오 가스를 장거리 수송해야 한다면 제 10장에서 논의한 임의의 방법을 이용하여 (상당량의 CO_2를 제거함으로써) 파이프라인의 질을 높이는 것이 중요할 것이다.

바이오 가스는 쓰레기 더미와 폐수처리 플랜트에 의해 순간적으로 생성된다. 쓰레기 더미로부터 나오는 가스는 대부분 단순히 대기 중으로 빠져나간다. 그중의 메탄은 강력한 온실가스이며 염산과 같은 거부감있는 불순물이 수반될 수 있다. 어떤 경우에는 쓰레기 더미에 구덩이를 뚫어 바이오 가스를 포집하고 정화시킨 다음 통상의 천연가스 파이프라인에 주입시킨다. 폐수처리 플랜트는 흔히 가스를 포집한 다음 태워서 그것이 가진 에너지를 사용하지 못하고 있다.

약 5000배럴의 오일이 함유한 에너지에 상응하는 메탄이 폐수처리 플랜트로부터 매일 방출되는 것으로 추정되고 있다. 이는 별로 많지 않은 양의 에너지이지만 폐기되어서는 안 되는 양이다. 일부 지방자치 단체에서는 이 기체를 연료전지에 주입하여 전기와 유용한 열을 생산한다. 이는 별도의 응급 발전기에 대한 필요성을 없애준다.

최근에는 혐기성 소화는 하수처리에 주로 적용된다. 일차 처리에서 큰 고체 물체들이 제거된 하수와 그 밖의 유기액체 폐수는 침전 탱크(주된 처리)로 이송되며 여기에서 많은 양의 고체가 침전되어 혐기성 소화기로 보내지는 슬러지를 형성한다. 소화기로부터의 유출물은 메탄가스와 (중금속과 그 밖의 다른 독성물질이 존재하지 않는다면) 농부에게 비료로 팔 수 있는 일종의 슬러지이다. 이 단계로부터의 잔류 액체는 때로는 호기성 박테리아가 시스템에 여전히 남아있는 병원균의 대부분을 제거하는 이차 처리 탱크로 보내어진다. 이 탱크의 작용은 박테리아가 소비하는 산소를 공급함으로써 촉진된다. 이는 (약간의 에너지를 소모하여) 폭기시키거나 광합성으로 가스를 생성하는 미세녹조류를 성장시키는 것에 의해 수행될 수 있다. 이 단계의 생성물은 (전과 마찬가지로 독성 물질에 오염되어 있지 않은 상태라면) 주위에 방출해도 안전하다. 불행히도 이 방출물은 조류의 번식(부영양화)을 촉진할 수 있는 질산염과 인산염을 포함한다. 3차 처리를 통하여 방출물을 더 향상시킬 수 있는데 이로부터 순수한 음용수를 얻을 수 있다. 이러한 마지막 단계에는 역삼투를 포함하는 많은 기술들이 사용될 수 있다. 다른 방법으로서 방출물은 인공적으로 만든 습지로 보내어질 수 있는데 여기에서는 자연이 정화를 담당할 것이다.

하수처리에 앞의 모든 단계가 포함될 필요는 없다. 흔히 일차적 처리 바로 다음부터는 단계를 줄일 수 있다. 세 번째 처리는 아주 흔히 사용되지는 않는다. 때로는 극단적인 생략이 관습이다: 하수를 그저 아무런 처리도 하지 않을 수 있다.

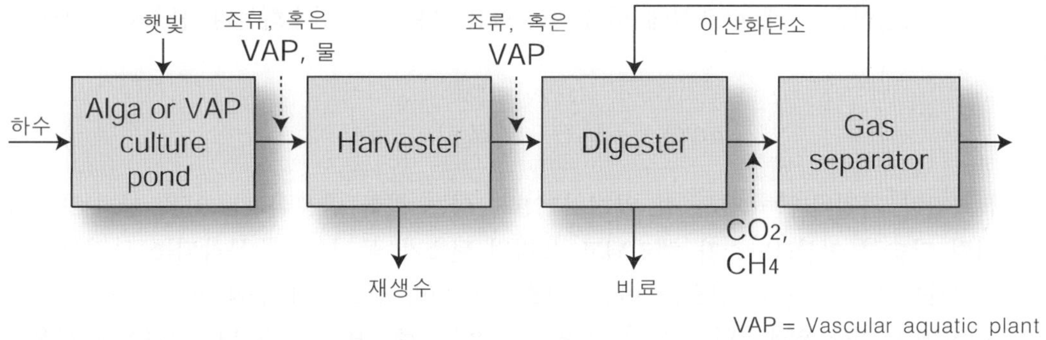

그림 13.18 하수처리-비료-메탄 플랜트의 결합.

폭기를 위한 조류의 사용은 이들이 추가적인 혐기성 소화를 위하여 수확되어야 하며 따라서 추가적으로 메탄을 생성함을 의미한다. 이것이 가능하게 하기 위해서는 실질적인 수확을 위하여 선택된 조류가 사용되어야 한다. 이들은 상대적으로 커서 여과될 수 있다. 어려운 점은 정확한 종이 시스템에 확실히 남아있도록 하는 것이다. 그렇지 않으면 이들은 수확에 부적합한 종으로 자연히 대체될 수 있다.

추가의 메탄과 더 많은 비료를 생산하고 독성 물질을 제거하기 위한 한 가지 가능성은 관다발 수생 식물이 하수에서 자라도록 하는 것이다. 이러한 식물들 가운데 가장 매력적인 것은 부레옥잠이다. 이것은 특별한 생산성을 가진 부유식물이다. 우호적인 환경에서 이것은 하루에 1헥타아르당 600kg의 건조 바이오매스를 생산할 것이다(Yount 1964). 이러한 엄청난 성장 능력으로 E. crassipes는 채소 유해물로 전환되었다. 이는 아프리카, 아시아, 그리고 미국의 호수와 강에 침입하여 보트의 통행, 어업, 그리고 수력발전소에 방해가 되었다. 나아가 E. crassipes의 잎에는 주혈 흡충병과 같이 심각한 병을 일으키는 흡충을 퍼뜨리는 달팽이가 살 수 있다. 이 문제는 너무나 중대해서 전문 학술지인 Hyacinth Control Journal이 생겼다. 오로지 원래 그것이 있었던 지역에서 부레옥잠은 지역적으로 "peixe boi"(황소 물고기)로 알려진 브라질 해우인 그의 포식자와 (부분적으로) 평형을 이룬다. E. crassipes는 오염된 물로부터 중금속과 페놀을 제거하는 데 매우 유용하다.

Wolverton(1975)은 식물이 매일 1헥타아르 당 약 0.3kg의 중금속과 50kg 이상의 페놀을 제거할 수 있다는 것을 증명했다. 이 제거 능력을 유지하기 위해 주기적인 수확(매 5주마다?)이 수행되어야 한다. 수집된 물질은 CH_4 생산에 사용될 수 있으나 슬러지는 누적된 독성으로 인하여 비료로 사용되어서는 안 된다.

13.4 광합성

광합성은 식물 생리학자와 생화학자들에게 남겨진 극도로 복잡한 과정이다. 여기에서는 이 전문가들에게 미안한 마음을 가지면서 식물의 잎을 공학자의 관점으로 살펴보기 위한 시스템으로 관찰하기 위해 다소 비과학적인 시도를 할 것이다. 이러한 접근방법은 정확성과는 거리가 멀지만 식물 및 수반되는 일부 매커니즘들의 거동에 대한 약간의 통찰력을 제공하여 줄 것이다.

형식적으로 광합성은 아래 반응식에 따라 이산화탄소와 물이 탄수화물과 산소로 전환되는 과정이다.

$$nCO_2 + nH_2O \rightarrow (CH_2O)_n + nO_2 \qquad (13.6)$$

그것이 복잡한 과정이라는 것은 잘 알려져 있다. 이는 화학 반응식 (13.6)을 살펴보면 알 수 있는 것처럼 단순히 이산화탄소가 해리되고 유리된 탄소가 물 분자에 부착되는 과정이 아니다. 방사능 추적자를 통해서 자유 산소는 이산화탄소가 아니라 물로부터 유래된다는 것을 알 수 있다. 그림 13.19는 식물 잎에서의 광합성 단위를 도식적으로 나타낸 것이다. 광화학적 반응은 엽록체라고 표시된 부분에서 일어난다. 이 부분은 빛이 통과되도록 투명한 벽(그림에서 상부 외피라고 표시된 부분)을 가져야 한다. 물과 이산화탄소는 엽록체로 전달되어야 한다.

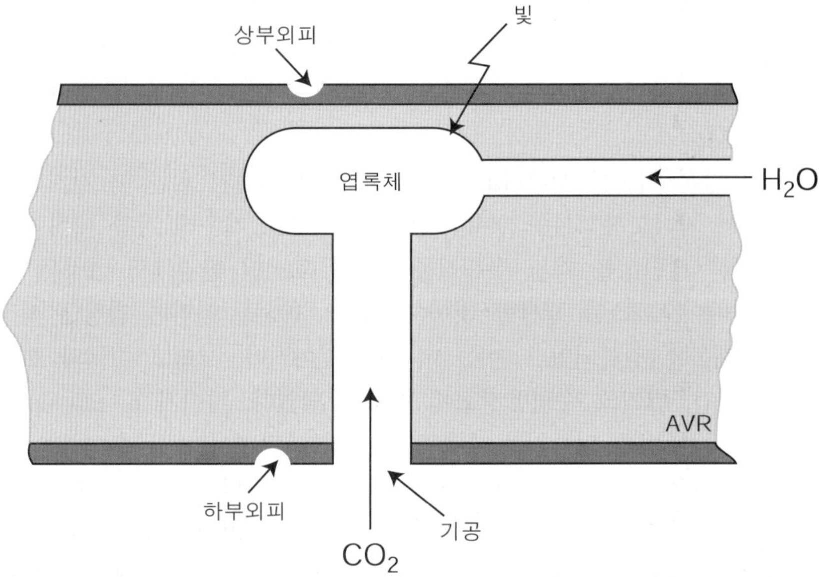

그림 13.19 식물 잎에서의 광합성의 모식도.

이 그림에서 물은 도관을 통하여 유입되며 이산화탄소는 개구가 하부 외피에 있는 통로를 통하여 대기로부터 유입된다.

이 개구를 기공(stoma, 복수형은 stomas, 또는 stomata; 그리스어의 "입"으로부터 유래)이라 부른다. 왁스 형태의 코팅으로 외피는 물이 통하지 않는다. 따라서 수분의 손실은 주로 기공들로부터 일어난다.

대기로부터의 이산화탄소는 확산에 의해 엽록체로 이동한다. 따라서 그 플럭스 φ는 대기 중의 이산화탄소의 농도 $[CO_2]_a$와 엽록체에서의 이 기체의 농도 $[CO_2]_c$ 사이의 차에 비례한다.

이 플럭스는 또한 기공의 전도도 V에도 비례하는데 V는 속도의 차원을 갖는다:

$$\phi = V([CO_2]_a - [CO_2]_c) \qquad (13.7)$$

물론 이산화탄소를 고정시키는 것은 엽록체에서의 광합성 반응이다. 정상상태 조건에서 단위 잎 면적 당 흡수하는 이산화탄소의 속도는 유입 플럭스와 같다. 이 속도는 빛의 파워밀도 P(W m^{-2}), 이산화탄소의 농도 $[CO_2]_c$ (kmoles m^{-3}), 그리고 반응속도 r(m^3 J^{-1})에 비례한다. 따라서

$$\phi = r[CO_2]_c P. \tag{13.8}$$

식 13.7와 13.8에서 $[CO_2]_c$ 를 소거하면 다음 식을 얻는다.

$$\phi = \frac{r[CO_2]_a P}{1+(r/V)P} \tag{13.9}$$

φ는 잎 면적 1 제곱미터 당 매 초 취하여지는 CO_2의 kmole 수로 측정된다.

빛의 파워밀도가 낮은 조건에서, 즉 P 〈〈 V/r인 경우 이산화탄소 흡수속도는 대기 중의 이산화탄소의 농도와 빛의 파워밀도에 비례한다.

$$\phi = r[CO_2]_a P. \tag{13.10}$$

빛의 파워밀도가 높을 때, 즉 P 〉〉 V/r인 경우 흡수속도는

$$\phi = V[CO_2]_a \tag{13.11}$$

빛의 파워밀도가 높을 경우 이산화탄소 흡수속도는 P와 무관하지만 여전히 $[CO_2]_a$ 에 비례한다.

반응속도 r은 광합성의 기본적인 특성이며 성장한 모든 식물에서 동일할 것으로 기대할 수 있다. 식물 생리학자에 의한 측정으로부터 공기중의 산소농도가 정상인 경우들에 대하여 이러한 기대가 입증된다(Ehleringer와 Bjőrkman 1977).

r은 이산화탄소 흡수속도를 식 10이 유효한 영역에서 빛의 파워밀도의 함수로 측정함으로써 결정될 수 있다.

이로부터 다음 식을 얻는다.

$$r = \frac{1}{[CO_2]_a}\frac{\phi}{P} \tag{13.12}$$

Ehleringer와 Bjőrkman의 자료로부터 선형 구간(이 장 후반부의 그림 13.22를 참조)에서 φ에 대한 P 그래프의 기울기는 178nmoles/J=178×10^{-12} kilomoles/J이다. 이 측정은 CO_2 농도가 330ppm, 즉 CO_2 분압이 330μatm인 RTP에서 이루어졌다. RTP에서 임의의 이상기체 1kilomole이 차지하는 부피 ∀는 아래 식과 같다.

$$\forall = \frac{RT}{P} = \frac{8314 \times 298}{1.0133 \times 10^5} = 24.45 m^3/kmole \tag{13.13}$$

따라서 330ppm은

$$[CO_2] = \frac{330 \times 10^{-6}}{24.45} = 13.5 \times 10^{-6} kmoles/m^3 \tag{13.14}$$

에 상응한다. 그러므로

$$r = \frac{178 \times 10^{-12} kmoles/J}{13.5 \times 10^{-6} kmoles/m^3} = 13.2 \times 10^{-6} m^3/J \tag{13.15}$$

그리고

$$\phi = \frac{13.2 \times 10^{-6}[CO_2]_a P}{1 + 13.2 \times 10^{-6} P/V} = \frac{178 \times 10^{-12} P}{1 + 13.2 \times 10^{-6} P/V} \tag{13.16}$$

이 식의 두 번째 부분은 330ppm의 이산화탄소 농도에 대한 것이다. 이 식으로 기공의 속도 V를 알고 있는 어떠한 식물에 대해서도 이산화탄소의 흡수속도를 빛의 파워밀도의 함수로 대략적으로 예측할 수 있다. 빛의 파워밀도와는 무관하게 V에 0.004m/s의 값을 임의로 부여할 경우 그림 13.20의 그래프를 얻을 것이다.

이 시점에서 광합성 효율이 빛의 파워밀도에 어떻게 의존하는지를 예측할 수 있다. 광합성의 유용한 생성물은 얻어진 바이오매스의 에너지 함량으로서 탄소 1kilomole당 대략 440MJ 정도이다. 이는 이산화탄소의 생성 엔탈피(절대값으로 393.5MJ/kmole) 보다 더 크다. 추가적인 에너지는 식물 조직에 항상 존재하는 수소로부터 유래된다.

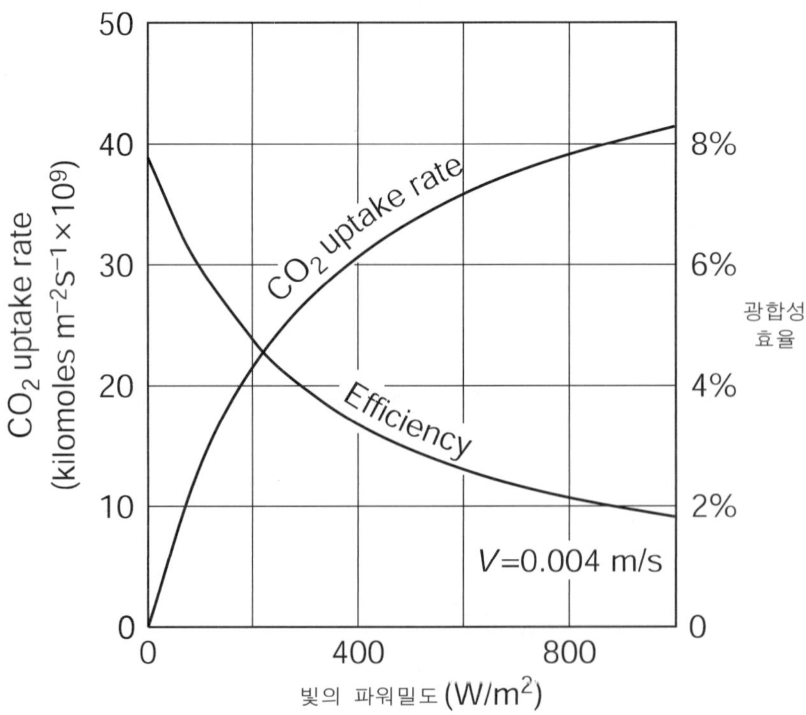

그림 13.20 광합성의 매우 단순한 모델로부터 빛의 파워밀도가 증가함에 따른 효율의 감소를 예측한다.

따라서 CO_2 1kmole의 흡수는 440MJ의 고정에 상응한다. 그러므로 고정속도는 440ϕ MWm^{-2} 이며 광합성 효율은

$$\eta_v \simeq 4.4 \times 10^8 \phi / P$$

만약 이것이 사실이라면 가능한 가장 큰 광합성 효율은

4.4×108×178×10-12=0.078

얻어진 간단한 방법을 테스트하기 위해서는 이산화탄소의 흡수속도를 빛의 파워밀도의 함수로 측정한 자료가 필요하다.

아트리플렉스 로세아(Atriplex rosea, 일반적인 명칭은 레드스케일(Redscale))에 대한 Björkman과 Berry (1973)의 데이터를 고려하여 보자. 비록 예측 및 측정값들의 ϕ에 대한 P 곡선의 일반적인 형태는 대체로 동일하더라도 그 수치값들은 상당히 다르다는 것을 알 수 있다. 만약 그렇지 않다면 임의로 V=0.04m/s의 값을 취했기 때문에 이는 놀랄만할 일이다. 나아가 우리는 근거도 없이 V가 P와 무관하다고 가정하였다. 실험에 의해 만일 V=0.0395exp(-0.00664P)† 의 값을 취한다면 적어도 더 낮은 빛의 파워밀도 영역에서는 "이론"과 관찰 사이에 보다 나은 일치를 얻게 됨을 알 수 있다. 그림 13.21을 참조하자.

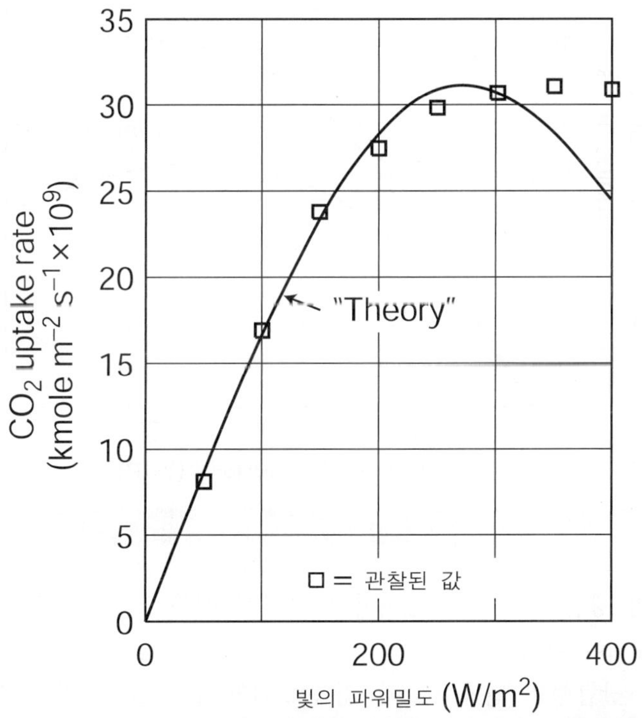

그림 13.21 빛의 파워밀도에 의존하는 v를 이용하면 이론과 관찰 사이의 보다 나은 일치를 얻을 수 있다.

† 생각을 구식으로 돌려본다면 진공을 싫어하는 자연은 실제로는 지수형태를 좋아한다는 사실이 잘 알려져 있기 때문에 이러한 지수 의존성을 선택하였다.

기공 전도성을 조절하는 메커니즘이 실제로 존재한다. 기공의 가장자리는 물이 가득 찼을 때 부풀어 오르는 특수한 세포들로 구성되어 있다. 이 세포들이 건조되면 평평해져서 개구가 닫힌다. 빛이 많을수록 건조가 잘 되기 때문에 잎에서의 빛의 세기에 의해 적어도 간접적으로 기공 입구의 크기가 조절되는 것은 불가능한 것이 아니다. P가 증가함에 따라 V가 줄어드는 것이 비합리적인 것은 아니다. *조도의 증가는 기공의 속도 감소를 유발하여 예측된 효율의 감소를 두드러지게 할 수 있다.*

Björkman과 Berry의 데이터는 A. rosea에만 관한 것이 아니라 같은 속이지만 A. triangularis (일반적인 명칭: Spearscale)과 같은 다른 종의 식물에도 부합한다. 그림 13.22는 (T=25℃이고 CO_2 농도가 300ppm의) 실험조건에서 A. rosea가 A. triangularis보다 상당히 더 효율적임을 보여준다. 각 식물의 CO_2 흡수율은 완전한 햇빛($1000 Wm^{-2}$)보다 상당히 아래에서 최고 정점을 기록한다. 식물들은 완전한 햇빛에서가 아니라 그들이 받는(잎이 다른 잎에 그늘을 드리우는) 평균적인 빛에 최적화되어 있다.

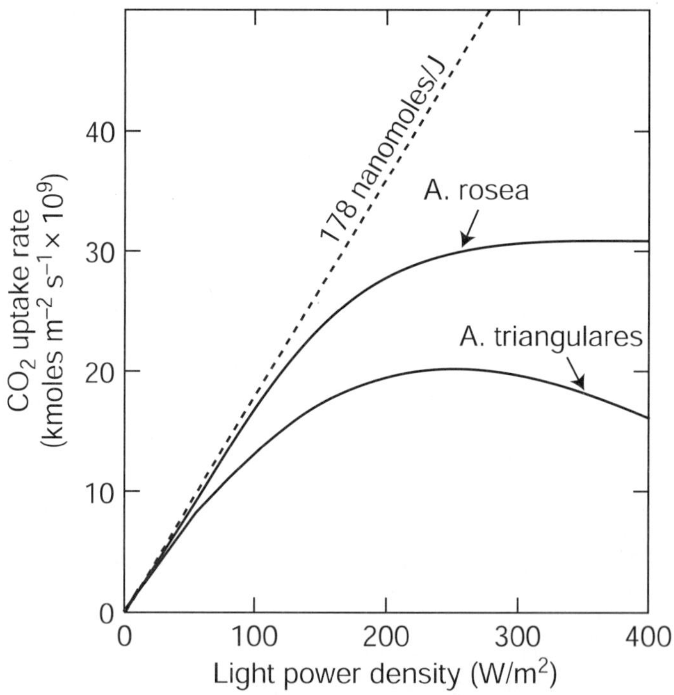

그림 13.22 Atriplex의 서로 다른 두 변종에 의한 CO_2 흡수율.

두 종의 Atriplex의 광합성 성능에 있어서의 차이에 대한 원인을 이해하기 위해서는 광합성 매커니즘에 더 익숙해져야 한다.

대부분의 식물에서 광합성은 엽록소 A와 엽록소 B의 두 색소에 의해 진행된다. 이들은 정제되어 용액 중에 존재하는 경우 녹색을 띈다. 즉 이들은 녹색 빛을 반사하므로 식물에 의해 이용될 수 없으며 따라서 폐기될 것이다. 살아있는 식물들에서 상황은 덜 극단적이지만 잎은 여전히 녹색이며 따라서 파워밀도가 상당한 태양 스펙트럼 띠를 이용할 수 없다. 그림 13.23은 두 엽록소에 대한 흡수 스펙트럼을 보여준다.

모든 엽록소 식물들에서 CO_2의 탄수화물로의 변형은 Calvin-Benson 사이클로 불리는 반응 사슬들에 의해 수행된다. 이 메커니즘은 RuDP(리불로스-1,5-이인산염)라 불리는 5탄당과 CO_2의 결합과 3-탄소 물질인 두 분자의 PGA(포스포글리세린 산) 두 분자의 생성을 포함하는데 PGA는 다시 탄수화물로 전환되며 그의 일부는 RuDP로 전환되어 사이클이 지속된다.

A. rosea와 A. triangularis 사이의 차이는 기본 사이클이 아니라 CO_2가 그 사이클에 전달되는 방법에 있다. A. triangularis에서 대기의 CO_2는 RuDP에 직접적으로 전달되는 반면에 A. rosea의 경우 혈액의 흐름에 의해 동물 세포에 산소를 전달하는 것과 어느 정도 유사한 방식으로 CO_2를 RuDP에 전달하는 부수적인 "펌핑" 매커니즘이 있다. 그림 13.24를 참조하자.

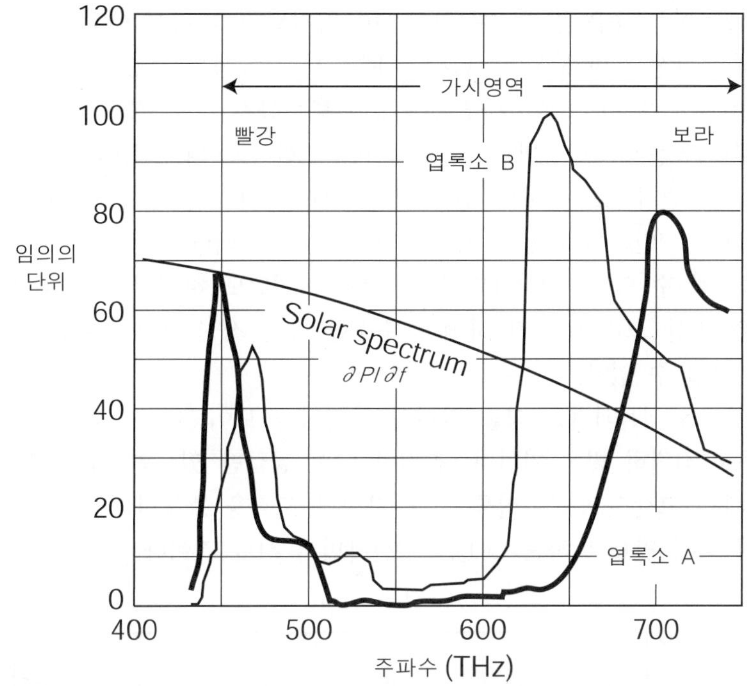

그림 13.23 엽록소 A와 B의 흡수 스펙트럼.

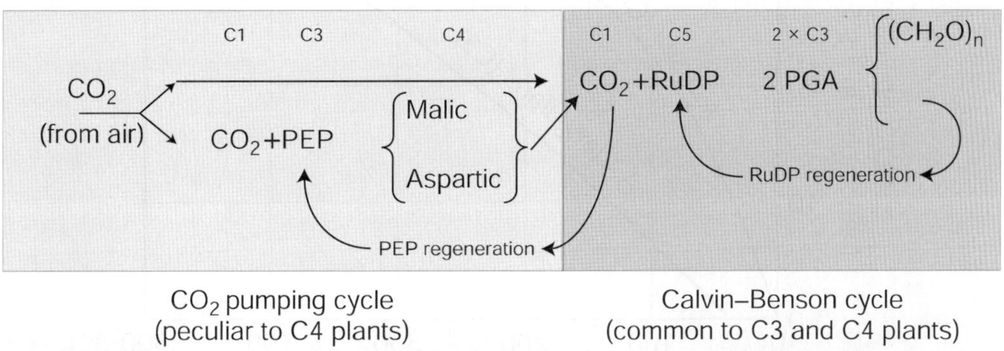

그림 13.24 C3와 C4 식물들 간의 차이는 C4 식물은 공기로부터 CO_2를 추출하여 이를 Calvin-Benson 사이클로 전달한다는 추가적인 매커니즘을 가진다는 점이다. 기호 C3, C4 등은 분자에서의 탄소 원자들의 수를 나타낸다.

식물의 "헤모글로빈"은 CO_2에 강한 친화력을 갖는 PEP(포스포-에놀-피루빈산염)이다. PEP-CO_2 반응의 최종 생성물은 각각 분자 당 4개의 탄소를 포함하는 사과산과 아스파르틴산이다. 적절한 효소가 있으면 이들 두 산은 그들의 CO_2를 RuDP에 방출하고 궁극적으로 PEP로 다시 전환됨으로써 펌핑 사이클이 종료된다.

PEP를 사용하고 그 결과 광합성 사슬의 첫 번째 생성물로서 4-탄소 산을 생성하는 식물을 C4 식물이라고 부른다. 반면에 첫 번째 광합성 생성물이 3-탄소산인 식물들은 C3 식물이라고 부른다. 일반적이고 대략적인 규칙으로서 거의 모든 나무와 대부분의 관목들은 C3 식물이며 반면에 많은 열대 사바나 풀과 사초는 C4 식물이다.

이산화탄소는 RuDP보다 PEP와의 반응성이 훨씬 더 크다. 나아가 CO_2/O_2의 비율이 작아지면 산소의 존재는 RuDP의 기능을 방해하며 광합성이 정지된다. 따라서 CO_2의 농도가 낮을 때에는 C3 식물은 그들의 광합성을 방해하지만 C4는 계속해서 광합성을 진행한다.

기공에 있는 입술세포가 건조하여 기공 전도성이 충분하지 않을 경우 엽록체에서 CO_2 농도는 낮아진다. 이는 물(기공을 통해 증발)을 확보하지만 또한 CO_2의 흐름을 저해한다. 그럼에도 불구하고 광합성이 정지될지라도 식물의 신진대사는 계속된다. 식물은 탄수화물을 태우고 CO_2를 방출하는, 광합성과는 정반대의 활동인 호흡을 계속한다. 이러한 현상은 어두움 속에 있는 어떠한 식물에서도 관찰될 수 있다. 왜냐하면 높은 빛의 파워밀도 하에서 그들의 광합성이 방해되기 때문에 C3 식물은 또한 그러한 조건 하에서 순수한 CO_2 생산자이다. 이는 광호흡이라 불리며 C4 식물에서는 발견될 수 없다.

흥미로운 실험이 C3 식물과 C4 식물 사이의 차이점을 보여준다. C3와 C4 식물을 종 모양의 유리그릇 아래 두고 적절히 빛을 가한다. 적절한 CO_2 공급만 있으면 이들 모두 성장할 것이다. 그러나 곧 이 기체는 고갈되고 C3 식물은 그 자신의 조직을 소모하는 광호흡을 진행할 것이며 C4 식물이 자라기 위해 필요로 하는 CO_2를 생산하면서 시들 것이다.

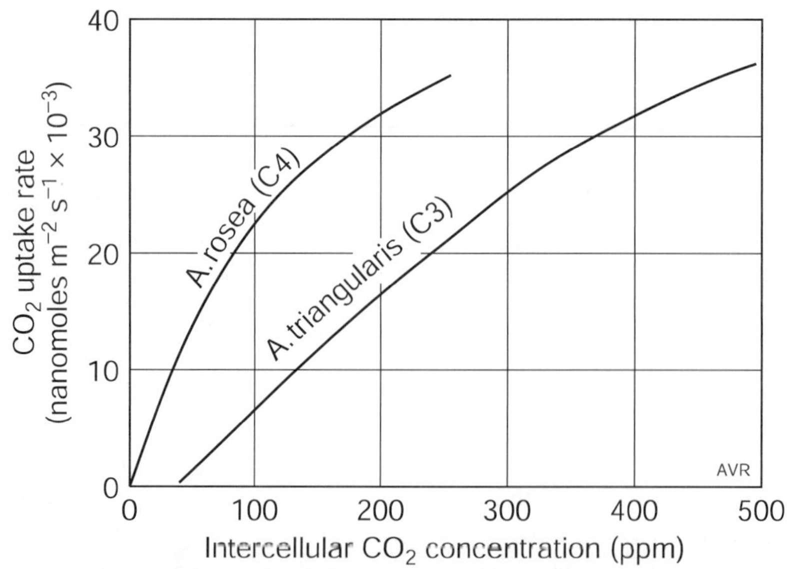

그림 13.25 높은 CO2 농도에서 C3 식물은 C4 식물보다 더 효율적이다.

CO_2의 공급이 적절한 경우 C4 식물은 에너지를 다 소비하는 "펌핑" 매커니즘을 더 이상 필요로 하지 않기 때문에 그들의 이점을 상실한다. 그림 13.25는 높은 CO_2 농도에서 A. triangularis는 A. rosea보다 더 효율적임을 보여준다(1973년 Björkman과 Berry의 데이터로부터 인용).

C3 식물에 대한 C4 식물의 이점은 높은 빛의 파워밀도, 높은 온도, 그리고 제한된 수분 공급의 조건들에서 최대가 된다. 이 조건들은 반건조 열대 지역에서 발견된다. 예를 들면 열대 식물인 사탕수수는 C4 식물이다. C4 식물은 또한 CO_2 농도가 낮을 때 C3 식물을 능가한다. 마지막의 최대 빙하기(약 20,000년 전) 동안 공기 중의 CO_2 압력은 190~200μatm까지 떨어졌다. 이는 많은 지역에서 초원이 숲을 대체하는 현상을 유발했다. Street-Perrott 등을 참조하자(1997).

물론 수생 식물이 물을 확보해야 하는 것은 아니다. 그들의 기공이 조절밸브(수분 확보 적응 형태)를 가지고 있지 않다는 것은 예상할 수 있다. 실제로 수생 식물의 잎은 뽑혔을 때 상당히 빨리 시든다. 그러한 식물들에서 기공 전도성은 빛의 수준에 무관할 것이며 그것들의 CO_2 흡수율은 빛의 파워밀도가 증가함에 따라 낮아지지 않을 것이다.

따라서 관다발 수생 식물은 잠재적으로 지상 식물보다 더 효율적인 바이오매스 생산자이다. 이는 부레옥잠과 같은 수생 식물의 높은 생산성으로 입증된다.

참고문헌

Atsumi, Shota, T. Hanai, and J. C. Liao, Non-fermentative pathways for synthesis of branched-chain higher alcohols as biofuels. *Nature* 451, pp. 86–0, 2008.

Bj"Norkman, O., and J. Berry, High-efficiency photosynthesis, *Scientific American* 229, p. 8093, 1973.

Ehleringer, James R., and O. Bj"Norkman, Quantum yields for CO_2 uptake in C_3 and C_4 plants, *Plant Physiology* 59, pp. 86–0, 1977.

Finegold, J., and T. McKinnon, Dissociated methanol test results, *Alcohol Fuels Program Technical Review*, U.S. Department of Energy (SERI), Summer 1982.

Gonzalez, Ramon, and S. S. Yazdani, Anaerobic fermentation of glycerol: A path to economic viability for the biofuels industry. *Current Opinion in Biotechnology*, 17532205, May 24, 2007.

Klass, Donald L., Methane from anaerobic fermentation, *Science*, 223, p. 1021, March 9, 1984.

Schmidt, Lanny, D., and Paul L. Dauenhauer, Hybid routes to biofuels, *Nature* 447, pp. 914–15, 2007.

Street-Perrott, F. Alayne, Y. Huang, R. A. Perrott, G. Eglinton, P. Baker, L. Ben Khelifa, D. D. Harkness, and D. O. Olago, Impact of lower atmospheric carbon dioxide on tropical mountain ecosystems, *Science*, 278, 1422, November 21, 1997.

Wolverton, B. C. (with coauthors), A Series of NASA Technical Memoranda,

TM-X-727720 through 27, TM-X-727729 through 31, NASA National Space Technology Laboratories, Bay St. Louis, MS 39520, 1975.

Yount, J. L., Report of the 35th annual meeting, Florida Anti-mosquito Association, p. 83, 1964.

연 습 문 제

13.1 식물의 잎은 330 ppm 의 CO_2을 함유하고 있는 대기 중에서 파워밀도가 50 W/m^2인 햇빛에 노출되었을 때 1분에 1cm^2의 잎면적당 0.05μm의 CO_2을 흡수한다. 햇빛의 파워밀도가 600 W/m^2으로 증가되면 0.36$\mu mole/\min/cm^2$을 흡수한다. 위의 범위에서 기공의 개구부는 변하지 않는다고 가정한다.

위와 같은 대기와 온도 조건에서 100 W/m^2에서 예상되는 흡수량은 얼마인가? 그리고 1000 W/m^2에서는 얼마인가?

측정에 따르면 1000 W/m^2에서의 흡수량은 겨우 0.40$\mu mole\,\min^{-1}cm^{-2}$이다. 이러한 감소는 기공이 부분적으로 닫혔기 때문임이 틀림없다. 100 W/m^2에서의 기공면적에 대한 1000 W/m^2에서의 기공면적의 비율은 얼마인가?

만약 CO_2의 농도가 400 ppm까지 증가된다면 100 W/m^2에서 예상되는 흡수량은 얼마인가?

13.2 자동차는 해리된 알코올에 의해 연료로 될 수 있다. 그러한 해리에 필요한 에너지는 낭비되는 배출열로부터 얻을 수 있다. 촉매존재 하에서 이 과정은 약 350C 부근에서 빠르게 진행된다.

촉매에 의해 수소와 일산화탄소로 전환되는 액상 메탄올을 고려하여 보자. 메탄올의 낮은 연소열을 생성물의 연소열과 비교하여라. 해리로부터 무엇인가를 얻게 되는가?

기상 메탄올의 엔트로피를 생성물의 엔트로피와 비교하여라. 이는 반응에 우호적인가?

9:1의 압축비로 다음의 연료가 공급되는 가솔린 엔진을 가정하자:

1. 가솔린,
2. 메탄올, 그리고
3. 해리된 메탄올

이들 3가지 연료는 동일한 엔진 기동을 유발한다고 가정하고언료 1리터당 에너지를 가솔린의 경우와 비교하여라.

압축비는 각 연료가 적응할 수 있는 최대값으로 변경된다.

가솔린 :	9:1
메탄올 :	12:1
해리된 메탄올 :	16:1

스파크-점화의 효율은 다음으로 주어짐을 상기하자.

$$\eta = 1 - r^{1-\gamma}$$

여기에서 r은 압축비이며 γ은 비열비(1.4를 이용한다)이다. 새로운 리터당 에너지 비율을 비교하여라.

가솔린과 메탄올 분자는 복잡하며 γ는 작은 값을 갖는다. 수소와 일산화탄소가 존재하면

585

γ는 훨씬 더 크다. 가솔린과 메탄올에 대하여 1.2를, 해리된 메탄올에 대하여 1,2를 사용하여 위의 계산을 수행하여라.

13.3 적절한 조건에서 부유식물인 부레옥잠(*Eichhornia crassipes*)은 건조 바이오메스가 하루에 5% 증가하는 비율로 성장할 것이다. 이러한 식물이 포함하고 있는 전체 수분의 양은 높다(94%). 그럼에도 불구하고 1헥타아르의 경작으로부터 매일 400kg의 건조물질을 수확할 수 있다.

긴 수로가 있는 1헥타아르 면적의 농장을 고려하여 보자. 시작점(파종 끝점)에서 수로의 폭은 0.5m이다. 이는 조류에 따라 천천히 쓸려가는 자라나는 식물에 순응하기에 충분하도록 점진적으로 확장된다. 조류는 속력이 일정하여 식물은 파종 끝점에서 수확 종료점까지 부유하는 데 60일이 걸린다.

1. 수확 종료점에서 수로는 얼마나 넓어야 하는가?
2. 수로는 얼마나 길어야 하는가?
3. 하루에 수확되는 에너지의 양은 얼마인가(이를 GJ과 오일 배럴로 표현하여라)?
4. 젖은 식물 몇 킬로그램이 매일 씨앗으로 사용되는가?
5. 50%의 바이오매스 에너지가 소화 과정을 통하여 메탄으로 전환된다고 가정하자. 하루 동안의 메탄 수율을 m^3로 추정하여라.
6. 메탄이 효율이 20%인 디젤 엔진이나 가스 터빈에서 연소된다면 생성될 수 있는 평균 전력은 얼마인가?
7. 수로의 평균 깊이는 1m라고 가정할 때 물의 증발이나 침투가 없는 경우 하루에 흘러야 하는 물의 양은 얼마인가?
8. 수로가 확장됨에도 불구하고 유속이 적당히 일정하게 유지되도록 하기 위한 좋은 방법이 있는가?

13.4 사탕수수에 500 W/m^2의 조명을 가하고 있다. 기공 속도가 6 mm/s라고 가정할 때 광합성의 효율(입사 태양에너지에 대한 생산된 건조 바이오매스의 연소열의 비율로 정의된다)은 얼마인가?

13.5 다음은 에너지 컨설턴트가 도전해볼 수 있는 대표적인 일이다: 큰 알코올 증류소의 운전자가 사탕수수의 당분을 짜고 남은 찌꺼기를 더 많은 에탄올의 원료로 사용하는 것이 경제적으로 의미가 잇는지의 여부를 알아보고자 한다. 전통적인 과정에서는 1톤의 연소되고 수확된 사탕수수로부터 얻은 찌꺼기의 양은 증류 공정을 구동하기 위해 태워야 하는 양보다 많다. 여분의 양은 팔리거나 공장의 전기를 생성하는 데에 사용된다. 문제는 남은 찌꺼기에서 모든 다당류(셀룰로오스와 헤미셀룰로오스)를 가수분해함으로써 얼마나 많은 추가적인 알코올을 얻을 수 있는가이다. 다음과 같은 단순화 가정들을 세우기로 한다:

a. 가수분해로부터 다당류 1킬로그램 당 600그램의 당(포도당과 오탄당)을 얻을 것이다.

b. 가수분해는 에너지를 필요로 하지 않는다(사실이 아니다!).

c. 포도당에서 에탄올로, 오탄당에서 에탄올로의 수율은 전통적인 방법에서 수크로오스로부터 에탄올을 얻는 수율과 동일하다.

d. 이 문제에 대한 자료는 이 책의 13.3.2 절에서 논의된 것들이다.

연소되고 수확된 1톤의 사탕수수로부터 얻을 수 있는 추가적인 알코올의 양을 계산하여라. 그리고 이에 대하여 설명하여라.

13.6 어떤 소화장치는 직경이 d이고 높이가 2d인 원통형의 스테인리스강 탱크로 이루어져 있다. 금속의 두께는 3mm이다.

R-5(미국 시스템) 유리섬유 판이 탱크를 완전히 덮고 있다.

소화장치의 내용물은 교반되어 37℃의 일정한 온도를 유지한다. 문제를 단순화하기 위하여 유입물(유입되는 물질)은 37℃로 예열된다고 가정한다.

스테인리스 강은 λ=60W m^{-1} K^{-1}의 열전도도를 가진다.

우리는 메탄 1kW의 순 생산속도를 원한다. 나아가 이 소화장치는 내부의 물질을 일정 온도(소화과정 자체는 무시할 만한 양의 열을 생산한다)로 유지시키는 가열기를 점화하기에 충분한 메탄을 생산해야 한다. 가열기의 효율은 70%이다.

충진율은 하루에 소화장치 $1m^3$ 당 휘발성 고체 L=4kg이다. 휘발성 고체 1kg은 메탄 25MJ을 생산하며 유입물 중의 전체 휘발성 고체의 40%가 소화된다고 가정한다.

주위 온도는 소화장치의 외벽 온도가 20℃로 균일하게 하여주는 온도이다.

소화장치의 직경을 추정하여라.

13.7 어떤 가상의 식물은 완전히 수평인 잎을 가지고 있다. 이산화탄소 흡수율 φ는 태양광 파워밀도 P가 P≤150W/m^2인 경우 (통상적인 방법으로) P에 선형적으로 의존한다. 이 값 이상에서는 φ는 P에 관계없이 일정하다.

정상적인 투사각에서 하루의 전체 일조시간 동안 일사율은 1000W/m^2라고 가정한다. 위도는 북위 45도이다.

1. 동지날 동안 잎 1 평방미터에 의해 고정되는 탄소의 양은 얼마인가?
2. 동짓날 잎 1 헥타아르 당 생산되는 건조 바이오매스를 킬로그램으로 추정하여라.

13.8 반구형의 완전히 투명한 용기는 5m의 반지름을 갖는다. 바닥 부분은 축축한 토양으로 덮여 있으며 그 위에 수평의 잎을 가진 관목이 심어져 있다. 그 잎들은 서로를 그늘지게 하지 않는 방향으로 배열되어 있다. 식물이 차지하는 부피는 0.75m^3이며 그 잎의 면적은 4m^2이다.

용기 내부의 "공기"는 다음 조성을 갖는다:

O2	52kg
N_2	208kg
A	2.6kg
$H_2$0	26kg
CO2	0.78kg

용기 내부의 온도는 298K로 일정하다.

토양은 식물이 필요로 하는 모든 수분을 충분히 공급할 정도로 습기가 있다. 그러나 토양과 공기 사이에서는 결코 수분이 직접적으로 교환되지 않는다.

이 식물은 일반적인 값의 τ (13.2×10^{-6} m^3/J)를 가지며 10mm/s의 기공 전도성을 갖는다.

아르곤은 40dalton의 분자량을 갖는다.

이 식물의 이산화탄소 흡수율은 조명 파워밀도 P가 200W/m^2보다 작은 경우 P에 비례하며 이보다 큰 경우에는 P와는 무관하다. 빛은 태양과 같은 스펙트럼 분포를 가진다.

1. 용기 내의 기압은 얼마인가?
2. 위의 환경에서 조명 파워밀도가 150W/m^2일 때 총 이산화탄소의 흡수율(kmoles/s및 mg/s)은 얼마인가?
3. CO_2 농도가 정상적인(바깥의) 공기 수준으로 줄어드는 데에 소요되는 시간을 대략적으로 추정하여라.
4. 식물의 잎 면적이 변하지 않는다고 가정하자. 이산화탄소 농도가 정상적인 값으로 줄어드는 데에 소요되는 시간을 더 정확히 계산하여라.
5. 이산화탄소 농도가 정상적인 수준으로 도달할 경우 공기의 조성은?

13.9 식물성 오일의 성질에 대하여 구글을 검색하여 보자. 요오드가에 대한 녹는 점 (또는 구름점)을 표로 만들어라. 요오드가에 대한 녹는점 그래프를 그리고 선형 회귀분석을 수행하여라. 이 변수들 사이의 상관관계 정도는 얼마인가? 요오드가가 증가함에 따라 녹는점이 높아지는가, 아니면 낮아지는가? 그러한 거동에 대한 합리적인 매커니즘을 제시하여라. 수용할 만한 통계적 추론을 얻을 수 있도록 적어도 12가지의 서로 다른 오일에 대하여 이를 수행하여라.

13.10 2,3-펜탄디올과 2,2,4-트리메틸펜탄에 대한 구조식을 작성하여라.
또한 이들과 상응하는 축약된 구조식을 보여라.

13.11 디젤 엔진의 연료로서 직쇄 식물성 오일(SVO)보다 바이오디젤을 선호하는 주된 이유는 무엇인가?
SVO를 좀 더 수용 가능한 디젤 연료(이들로부터 바이오디젤을 만드는 것이 아님)를 만들기 위해서는 무엇을 해야 하는가?

13.12 혐기성 소화 중에 포도당은 일련의 단계들을 통하여 메탄으로 변환된다. 총괄반응은 다음과 같다.

$$(CH_2O)_6 \rightarrow 3CH_4 + 3CO_2$$

생산된 메탄의 (부피와 질량) 백분율을 계산하여라.

13.13 바이오디젤은 식물성, 또는 동물성 오일의 트랜스에스테르화에 의해 생성된다. 일반적으로 오일 중의 글리세린은 메탄올에 의해 대체된다. 결과적으로 연료(바이오디젤)를 만들기 위하여 다른 연료(메탄올)를 사용하는 셈이 되기 때문에 어떠한 에너지 획득이 이루어 졌는지에 대하여 문제를 제기할 수 있다.

분명히 식물성 오일은 서로 다른 다양한 트리글리세라이드들의 혼합물이지만 식물성 오일에서 발견되는 대부분의 일반적인 지방산 가운데 하나가 화학식이 $C_{16}H_{32}O_2$인 팔미틴산이기 때문에 우리는 원료물질이 3가지의 팔미틴 산 집단들로 구성되는 순수한 트리글리세라이드라고 가정할 것이다. 따라서 최종 생성물인 바이오디젤은 메틸 팔미틴산염일 것이다.

a. 화학양론적으로 식물성 오일 1kg에 대하여 얼마나 많은 양(kg)의 메탄올이 요구되는가?
b. 만약 메탄올이 직접 연료로 사용된다면 얼마나 많은 에너지가 방출되겠는가?
c. 1리터의 바이오디젤이 연료로 사용된다면 얼마나 많은 에너지가 방출되겠는가?
d. 바이오디젤에 대한 메탄올의 에너지 비율은 얼마인가?

연료	밀도 (kg/m^2)	고연소열 (MJ/liter)
디젤	850	40.9
바이오디젤	885	36.6
메탄올		22.7

13.14 우연히 단일 트리글리세라이드(트리글리세라이드의 혼합물이 아닌)로 구성된 1000kg의 식물성 오일을 가지고 있다. 각 분자에 있는 세 개의 산은 모두 팔미틴 산이다(C16:0).

1. 트리글리세라이드의 분자량은?
2. 이 트리글리세라이드의 적절한 화학적 이름은?
3. 위의 식물성 오일이 에탄올과 함께 트랜스에스테르화되었을 때 생성되는 글리세린의 양을 kg으로 추정하여라.

13.15 탄소-탄소 결합은 단일, 이중, 혹은 삼중결합이 될 수 있다. 단일 결합과 이중 결합 중 어느 것이 더 짧은가?

13.16 σ-결합과 π-결합 사이의 기본적인 차이점은 무엇인가?

13.17 아밀 올레이트는 포화 에스테르인가, 아니면 불포화 에스테르인가?
아밀은 5-탄소 알칸인 펜탄의 라디칼인 펜틸과 같다.

13.18 다음에 보인 분자가 (적어도 그의 몇 가지 이성질체들은) 바이오연료로 제안되었다. 이 분자에 두 가지의 이름을 붙여보라.

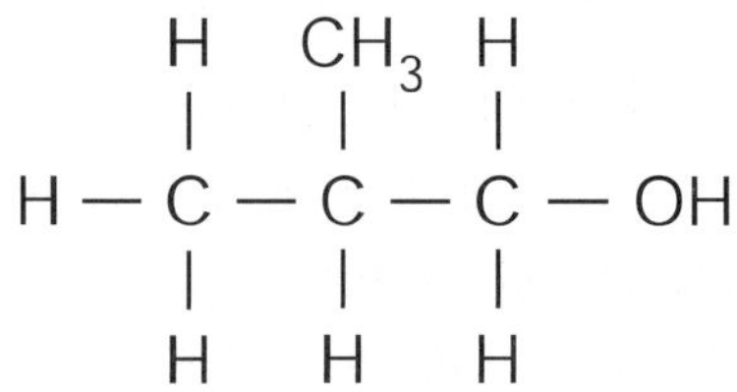

13.19 글리세릴 트릴리놀산염의 요오드가는 얼마인가? 이 오일의 분자량은 878dalton이며 요오드의 원자량은 127dalton이다. 리놀렌산은 C18:2이다.

13.20 올레산의 실험식은 무엇인가? 단순히 구글에서 검색하지 말자. 원래의 탄수화물로부터 시작하여 산화의 진행 상태를 고려하여 구조식을 유도하여라.

제14장 광전지 변환장치

표면이 각각 얇은 층의 산화 제1구리로 덮인 두 개의 붉은 구리판들이 염화나트륨의 포화용액에 놓여 있다. 이제 판들 가운데 하나가 광 복사에 노출되고 다른 하나는 어두운 곳에 위치한다면 두 전극들을 연결하는 전선을 통하여 전류가 흐른다. 이 전류는 노출이 지속되는 한 계속 흐른다. 전체 시스템을 어두운 곳의 원래 상태로 되돌린다. 다른 전극을 밝게 한다면 이 회로에서 생성된 전류는 반대 방향으로 흐른다. 이 방사되는 경우에, 회로에서 일어난 전류는 반대 방향에서 흐른다.

Science, 1929년 4월 26일

14.1 서론

경제성은 어떤 에너지 활용 시스템의 성공에 있어서 핵심이 되며 광전지 변환기도 예외는 아니다. 오늘날 그러한 변환기의 개발은 가격이 빠르게 떨어지고 있는 단계이다. 그럼에도 불구하고 투자비용만을 기준으로 하여 다른 시스템과 광전지를 단순 비교하는 것은 곤란하다. 비록 광전지의 운전비용이 낮을지라도 연료를 소모하지 않기 때문에 최고 출력은 맑은 날 변환기가 태양을 향하고 있을 때에만 실현될 수 있다. 평균 출력은 태양 추적 시스템의 경우 (밤시간 때문에) 최고 출력의 절반에 못미치며 비추적 시스템의 경우에는 최고 출력의 1/4에 미치지 못한다.†

591

햇빛의 간헐성으로 인하여 흔히 저장 시스템이나 비상 동력 생성장치가 요구되는데 이에 따라 투자비용이 상당히 증가한다. 최대 일사주기와 일치하는 피크 부하를 공급하는 데에 이용되는 광전지는 예외이다. 아울러 관개 시스템의 구동에 직접 이용되는 광전지들은 저장시설을 필요로 하지 않는다.

임의의 발전 플랜트 형태에 있어서 중요한 고려사항은 설치된 피크 동력에 대한 전달되는 평균 동력의 비이다. 이는 공장 운용 인자와 관계가 있다. 제 1장에서 우리는 미국의 경우 원자력 발전소는 90% 이상의 운용 인자로 운전됨을 알았다-이는 설치된 플랜트 용량 1와트에 대하여 (평균) 0.9 와트 이상이 실제로 전달됨을 의미한다. 유지관리를 위한 운전정지는 설치된 파워 용량의 완전한 이용에 대한 주된 제약요인이다. 풍력과 태양 에너지의 경우주된 제약요인은 각각 바람이나 태양의 비신뢰성과 간헐성으로부터 기인된다. 제 12장에서 우리는 다수의 미국 지역들에 대한 대표적인 평균 일사율을 열거하였다. 피크 일사율은 1000W/m^{2}임을 상기하자. 그 목록은 평균이 피크점의 1/4와 1/6 사이임을 보여준다. 광기전 플랜트의 경우 이는 최고 출력에 대한 평균 출력의 예상 비율일 것이라고 생각할 것이다. 그러나 실제 경험치는 예상치와 비교할

† 분명히 이러한 제약은 우주공간에서 햇빛을 모으는 시스템에는 적용되지 않는다.

때 언제나 다소 실망적이다. 두 개의 독일산 유틸리티 규모 광기전 설비로부터의 데이터에 따르면 피크점에 대한 평균값의 비는 겨우 0.11이다. 햇빛이 많은 캘리포니아 헤어워드의 Cal State 캠퍼스는 더 나은 기후조건으로 인하여 피크에 대한 평균값의 비율을 0.16으로 추정하고 있다. 따라서 광기전 시스템은 동일한 평균 동력을 공급하는 원자력 플랜트보다 대체적으로 6배의 더 큰 피크 용량을 가짐을 추정할 수 있다.

광기전 시스템의 효율은 전통적인 화력이나 수력 플랜트와 비교할 때 더 낮다. 정교한 결정 실리콘 시스템의 경우 20%를 초과할 수 있으며 어떤 저렴한 박막 시스템의 경우 약 5% 정도일 수 있다. 그러나 많은 광기전 설비에서 효율이 주된 관심은 아니다. 피크 와트당 비용이 중요한 특성이 될 수 있다. 피크 와트당 0.2$(만일 이 값에 어떻게든 도달한다면)† 에서는 낮은 효율의 광전지조차도 매력적인 것이 될 것이다. 종래의 수력 및 화석연료 플랜트는 비용이 약 1$/W인 반면에 원자력 플랜트는 5$/W 이상이 될 수 있다. 그러나 여전히 이들 에너지원들은 광전지와는 달리 연속적으로 작동할 수 있으며 따라서 평균적으로 훨씬 더 많은 에너지를 생성한다.

언급한 낮은 가격에서는 많은 빌딩들의 외부 표면을 광전지로 덮는 것이 가능하다. 어떤 경우에서는 생성된 평균 에너지는 빌딩의 수요를 초과할 수 있다. 그러나 전력이 생산될 때는 맑은 날 뿐이고 비가 오거나 밤에는 필요한 전력이 생산되지 않는다. 따라서 적절한 저장 시설이 꼭 필요하며 특히 낮동안의 수요는 작고 밤에는 수요가 더 높은 주거용의 경우 더욱 그러하다.

만일 그 빌딩이 어떤 교외 시설들과 같이 전력 그리드에서 벗어나 있다면 고가의 배터리나 어떤 다른 저장기법이 필요하다. 한편 그 빌딩이 전력망에 연결되어 있다면 지역의 유틸리티 회사에 의해 소위 유틸리티 타이 시스템으로 불리는 저장소가 제공될 수 있다. 소비자에 의해 생성되는 과잉 에너지는 소비자에 대하여 유틸리티에 의해 부과되는 가격보다 낮은 가격으로 유틸리티에 판매될 수 있다.†† 그 가격 차이는 저장과 분배에 해당될 것이다. 이중 계측 시스템을 이용할 수 있다: 하나는 소비자로부터 유틸리티로 나가는 동력을 측정하며 다른 하나는 유틸리티로부터 소비자로 들어오는 동력을 측정한다. 유틸리티 내부연결 전환장치를 사용하여 소비자가 생성한 전력을 전력망과 동기화시켜야 한다.

빈번한 차단으로 인하여 에너지 공급이 안정적이지 못한 지역에서는 비전력망과 유틸리티 연결 시스템의 결합이 유용할 수 있다.

그러한 건물 통합 광전지(BIPV) 시스템은 태양광 집광장치의 가격이 낮아짐에 따라 점차적으로 더 널리 이용될 것이다. 건물의 지상면적, 태양광 집광장치가 설치되는 구조부분(지붕 및 외벽), 지붕 자체, 그리고 전력망 시스템과의 연결은 BIPV를 전혀 사용하지 않아서 중앙집중식으로 생성되는 PV 시스템의 비용에 BIPV 비용이 포함되는 경우 그러한 BIPV 비용이 부과되어서는 안 되는 경우에도 이루어져야 하는 투자들이다.

BIPV는 거주자당 지붕의 면적이 넓은 개별 거주지역들 및 일부 공장이나 사무실 복합건물에서 이용되는 것과 같은 1층, 또는 2층 구조에 더욱 적합한 것으로 보인다. 인구밀도가 더 높은

† 2008년 중반에는 광전지 비용은 피크 와트당 $2.00 정도였다.

†† 1978년의 공공 유틸리티 규제조례는 유틸리티에서 독립적인 파워 생산자에게 지불해야 하는 최소금액인 소위 회피비용을 고정하고 있다. 흔히 이는 단지 절약된 연료비용이다.

아파트 빌딩에는 불리할 것이다. 물론 그늘을 만드는 나무는 금기시되어야 할 것이다. 지붕은 우박을 동반하는 폭풍을 지탱해야 하며 캘리포니아에서는 돌출한 나무들로부터 떨어지는 아보카도들에 의한 충격을 견뎌내야 한다.

전력망이 내부적으로 연결된 어떤 특별한 빌딩 통합 광기전 설비의 성능평가에 있어서 먼저 해야 할 일은 적절한 낙관수준의 정도를 선택하는 것이다. 현재 기술수준에서(2008년) 불확실성은 크며 여전히 빠르게 개선되고 있다: 타당한 가정들을 사용하여 시스템의 효율성이나 완전한 비적합성을 입증하는 것이 가능하다.

캘리포니아의 전형적인 1가구 주택을 고려하여 보자. 그 지붕면적은 아마도 200m^{2}일 것이다. 전력이 요리에는 사용되지만 난방에는 사용되지 않는다면 10kW 미만의 피크에서 하루에 평균 50 kWh의 전력을 사용할 것이다. 예상되는 연평균 일사율은 250w/m^{2}이다. 만약 상대적으로 저렴한 박막 광전지 장치를 사용한다면 5%의 효율을 달성할 수 있는데 이는 최적의 조건에서 지붕 $1m^2$당 평균 12.5W를 생성하거나 지붕 전체에서 2500W를 생성함을 의미한다. 지붕의 경사와 방향이 모두 최적이 아닐 것임은 거의 확실하다. 평균 10W/m^2, 혹은 (밤과 낮에) 총 2000W를 달성할 수 있다고 하자. 최고 생산점은 4배 더 크거나 8kW가 될 것이다. 이는 요구되는 10kW 피크를 제대로 충족시키지 못하지만 나머지는 전력망으로부터 도입할 수 있다.

평균 2kW는 하루 48kWh에 해당되는데 이는 원하는 값인 50kWh에 거의 근접한다. 따라서 에너지 수지는 수용 가능하다.

최고 일사점에서 광전지는 40W/m^2를 생성할 것이다. 비용이 $1.00/W(피크)라면 집광기의 비용은 $40/$m^2$, 혹은 지붕 전체에 대하여 $8000이 될 것이다. 이제 몇 가지의 추가적인 가정들을 세워야 한다:

1. 인건비: $3000
2. 보조장치(제어기, 전환기, 기타): $2000
3. 자본비용: 10년 대부에 대하여 $15%/년.
4. 장치 수명: 〉10년

이러한 가정에 따르면 초기 투자비용은 13,000$이며 연간 비용은 1950$이다. 1년 동안에 이 시스템은 48×365=17,520$/kWh를 생산한다.

따라서 전력 생산비용은 1950/17,520=0.111kWh이며 이는 우연하게도 북부 캘리포니아의 전력 가격과 거의 정확하게 일치한다. 따라서 언뜻 보기에는 처음 10년 동안에는 전력이 유틸리티로부터 조달되건 BIPV 시스템으로부터 조달되건 그 사이에는 아무런 경제적 차이가 없다. 만약 유지비용이나 수리비용이 들지 않는다면 10년 후에는 장치가 멈추지 않는 한 전력은 무료이다.

물론 추가적인 비용들이 있다. 예를 들면 비록 생성되는 평균전력이 사용되는 평균전력과 같을지라도 소비자는 잉여분을 유틸리티로부터 받는 에너지에 대하여 지불해야 하는 비용보다 훨씬 더 낮은 가격으로 판매할 것이다.

이 보기는 여전히 발전되고 있는 시스템의 경제적 가능성을 타당성있게 평가하는 것이 얼마나 어려운 것인가를 보여주고 있다. 예를 들어 광전지의 효율이 가정된 값인 5%보다 더 높다고 하고 피크 와트당 비용이 우리가 이용하는 값인 $1.00/W보다 더 낮다고 하면 그 시스템은 갑자기 지극히 매력적인 것이 될 것이다. 가까운 미래에 10%의 효율과 $0.5/W의 비용이 실현될 수 있다는 가능성을 배제할 수 없다.

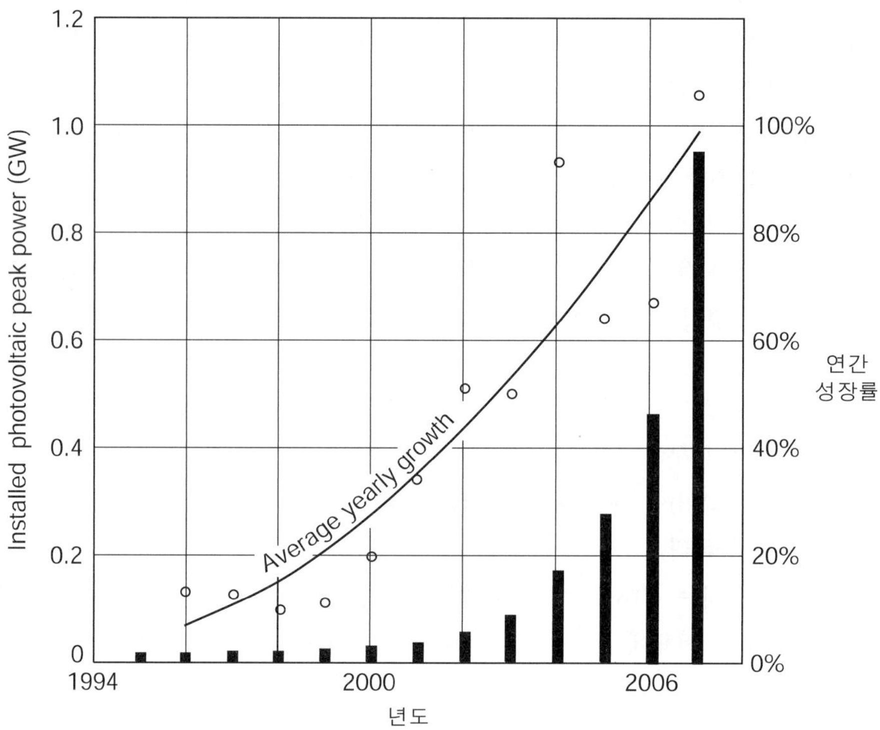

그림 14.1 세계의 유틸리티 규모 광기전 설비의 성장은 약 2002년까지는 실망스럽게 느린 속도를 보이다가 그 후 놀랄만한 도약을 보였다(2006년에서 2007년으로의 성장은 100%를 초과하였다!). 데이터 출처: http://www.pvresources

BIPV 시스템은 아직 전력생산에 획기적인 기여를 하지 못했지만 유틸리티 규모의 광기전 플랜트들은 그 수가 증가하고 있으며 따라서 그림 14.1에서 알 수 있는 바와 같이 세계의 총 설치동력도 극적으로 증가하고 있다. 그림에 나타낸 격렬한 성장은 주로 독일†의 노력의 결과로서 햇빛이 잘 드는 땅으로 알려져 있지 않음에도 불구하고 세계 (광전지) 태양광 집광 설비의 47%를 차지한다. 뒤를 이어 스페인이 28%를 차지하는 반면에 보통 신기술 개발의 선두에 서있는 미국은 겨우 15% 정도이다. 놀랍게도 다수의 소규모 태양광 플랜트를 지니고 있는 일본은 한참 뒤

† 독일은 광전지 팽창을 계속하고 있다. 2008년 괴텔본 플랜트는 4.4MW(2007)로부터 16.1 MW로 높였으며 Solarpark Waldpolenz는 rm 출력을 10MW(2007)로부터 놀랍세도 40MW로 높이고 있나. 그러나 이는 남부 캘리포니아 San Luis Obispo 부근의 매우 대규모적인 태양광 단지에 대한 계획에 비하면 색이 바랜다. 이 계획에서 OptiSolar는 550MW 플랜트(Topaz Solar Farm)를 제안하고 있다-이는 $24km^2$를 차지하며 그 비용은 10억달러로 추정되고 있다. 이는 약간 낙관적인 비용인 1800$/kW에 해당한다.

져있다. 비록 표 14.1이 세계의 중요한 PV 설비 거의 모두를 열거하고 있지만 영국, 프랑스, 그리고 러시아는 표에 나타나 있지 않다.

표 14.1 유틸리티 규모 광전지 플랜트.

국가	MW(피크)	비율 (전세계 용량에 대한 %)
독일	451.4	47%
스페인	266.7	28%
미국	147.2	15%
이탈리아	17.8	2%
일본	13.3	2%
포르투갈	11.8	1.2%

드물게 달성된 최대 1000W/m^{2}에서도 햇빛은 에너지의 희석된 형태이다. 적정 효율의 광기전 변환기와 결합된다면 상당한 양의 전기 에너지를 생성하고자 하는 경우 더 큰 면적을 필요로 한다. 옥상이 유용한 경우 이는 광전지 집광장치의 구성에 당연한 장소이다. 그러나 유용한 옥상 면적은 충분하지 않다. 2008년 유틸리티 규모 집광장치의 29%만이 옥상에 설치되었으며 79%는 직접 지면에, 그리고 1%는 벽과 같은 다른 위치에 설치되었다.

실제로 탁월한 광기전 설비 데이터 모음을 *Large-Scale Photovoltaic Power Plants*, 누적 및 연간 설치동력 출력용량, 〈pvresources.com〉에서 찾아볼 수 있다.

광전지 발전의 강렬한 리듬을 안다면 이러한 노력들에 대한 열정을 억압할 수 없다. 그 노력들은 중요하며 지원을 받을 가치가 있지만 전망이 있어야 한다.

2008년 전 세계의 총 대규모 광전지 설치용량은 약 1GW정도였는데 이는 대표적인 원자력발전소 한 곳의 정격출력에 해당된다. 그러나 광전력 1GW를 원자력 1GW와 동일시할 수는 없다. 약 6GW의 광전력은 에너지 측면에서 1GW의 원자력과 대등하다. 전 세계적으로 400개 이상의 상용 원자력 발전소가 있으며 이로부터 370GW의 전력을 생산할 수 있다. 우리의 비율을 사용한다면 이 원자력 발전소들을 대체하려면 현재의 광전지 용량을 거의 2200배로 증가시킬 필요가 있을 것이다.

많은 원격장치들 및 다수의 전자장치들의 동력원 등으로 광전지가 잘 정착될 수 있는 응용 분야들이 있다. 한 가지 일반적인 용도는 태양으로부터 그리 멀리 떨어지지 않은 인공위성이나 다른 우주 비행선의 동력원이다. 광대한 우주로-목성 및 그 너머로-떠나는 비행선은 방사성 동위원소 열 발생장치(RPGs), 혹은 가까운 미래에는 방사성 동위원소 스털링 발전기(RSGs)로부터 동력을 얻을 것이다. 열전기와 열기관에 관한 장을 참조하자. 이러한 우주에서의 응용에서 RSG가 광전지에 비해 유리할 것이라는 사실은 불가능한 것이 아니다.

지난 수십 년 간의 연구는 광전지에서 보다 높은 효율의 달성에 초점을 맞추었다. 이러한 노력에 있어서의 성공은 대부분 보다 대규모의 생산능력 및 운용비용과 연관되어 왔다-와트/달러

비율의 획기적인 축소에 대한 희망은 아직 실현되지 못하였다. 보다 최근에 앞에서 언급한 비율에 상당한 진전이 있다면 비록 보다 낮은 효율을 감수하더라도 비용의 절감을 지향하는 노력이 일부 이루어져 왔다.

개략적으로 본다면 빌딩의 태양전지에는 세 가지의 서로 다른 기술들이 이용된다:

1. 대부분 흔히 실리콘인 결정성 물질. 이들은 고가이지만 단일 결정으로 만든다면 효율이 우수하다(〉20%). 다소 저렴하지만 효율이 뒤떨어지는 물질로 다결정 장치들이 있다.
2. 비결정질 박막(Si, GaAs, $CuInSe_2$, TiO_2, 기타). 이들은 효율이 7% 정도이지만 훨씬 더 저렴하다. 이들은 유연한 막으로 될 수 있다.
3. 아직 개발 초기이지만 쉽게 최선의 용액으로 될 수 있는 유기 고분자들. 이들은 낮은 가격과 적은 중량, 그리고 유연성을 보장한다. 광전지 포는 충분히 저렴해서 지붕널, 타르지, 또는 타일을 대체할 수 있다. 그 제조방법들은 무기물질의 제조방법들보다는 아마도 독성이 덜할 것이다.

14.2 이론적 효율

이 절에서는 모든 전지들이 담체(擔體) 생성과 분리의 기능들을 수행해야 한다는 가정 외에는 그 설치에 대한 정확한 매커니즘을 직접 인용하지 않고 광전지들의 이론적 효율을 유도할 것이다. 앞의 기능들은 전지의 동일한 영역이나 별도의 영역에서 수행될 수 있다.

이 절에서의 광전지 효율에 대한 일반적인 논의에서 우리는 담체 분리기능이 어떠한 손실도 없이 이루어지며 에너지 $hf \geq W_g$를 갖는 각 입사양자에 대하여 하나의 전자-홀 쌍이 생성된다고 가정한다. 비록 어떤 전지들에서는 소요되는 에너지가 전자를 그 원자가로부터 전도 밴드로 올리는 것과 연관되지 않을지라도 W_g를 밴드-갭(band-gap) 에너지라고 부를 것이다.

아울러 물질은 W_g 미만의 에너지를 갖는 광자를 투과시킨다고 가정한다. 이 광자들은 빛에 민감한 물질과 작용하지 않으며 따라서 어떠한 광전기 효과도 갖지 않는다. 마지막으로 밴드-갭 이상의 에너지를 갖는 모든 광자들은 정확하게 W_g와 같은 전기에너지의 양인 부하에 기여한다고 가정한다. 과잉 에너지 $hf - W_g$는 단순히 열로 전환되며 손실에 기여한다.

적절한 물질(일반적으로 반도체)은 광자의 주파수에 따라 광자를 투과하거나 그렇지 못할 것이다. 투과성과 불투과성 사이의 경계는 고려되는 물질의 형태에 따라 달라진다. 표 14.2는 일부 반도체들에 대한 데이터를 보여주고 있다. 실리콘 및 게르마늄과 같은 방식으로 결정화된 탄소 형태인 다이아몬드는 열과 복사에 고도로 저항성을 가지며 열악한 환경에서 작동되어야 하는 트렌지스터에 대한 유망한 물질이다.

반도체에 대한 기본 지식을 새롭게 할 필요가 있는 독자들은 이 장의 부록 B에 있는 밴드 구조와 p n 접속점의 형성에 대한 매우 기초적인 설명으로부터 도움을 얻을 수 있다.

빛에 노출되면 전기에너지를 생성하는 구조는 광기전 셀, 혹은 간단히 광전지를 구성한다. 대량의 반도체로 만들어진 광전지는 광다이오드라고 지칭된다.

표 14.2 일부 반도체들에 대한 흡광 한계치.

물질	ν_0(THz)	λ (nm)	W_g(eV)	투과로부터 불투과로의 전이가 일어나는 영역
α-Sn	19.3	15,500	0.08	원 적외선
Ge	162	1850	0.67	적외선
Si	265	1130	1.10	적외선
GaAs	326	920	1.35	근 적외선
GaP	540	555	2.24	가시광선
C	1300	230	5.40	자외선

단파장의 빛에 노출된 광기전(PV) 셀들은 복사광을 전기에너지로 전환시키는 효율이 이론적으로 100%에 달할 수 있다. 대부분의 경우 광전지는 광대역 복사, 즉 서로 다른 에너지를 갖는 광자들의 흐름에 노출된다. 그러한 상황에서 효율은 이전에 언급한 두 가지 매커니즘에 의해 제한된다:

1. 약한 광자들(주어진 주파수보다 낮은 주파수를 갖는 광자들)은 물질과 상호 작용하지 못한다.
2. 보다 활동적인 광자들은 부하에 에너지의 일부만을 전달하며 나머지는 열로 될 것이다.

모든 경우에 있어서 우리가 고려하는 장치들이 이상적이건 실제적이건 간에 그들의 효율은 일사 복사의 파워 P_{in}에 대한 부하로 전달된 파워 P_L의 비로 정의된다.

$$\eta \equiv \frac{P_L}{P_{in}} \tag{14.1}$$

광대역 복사의 특징은 표 12.1(제 12장)에서 태양 복사에 대하여 수행했던 것과 같이 주어진 주파수 간격 △f에서의 복사의 파워밀도 △P를 설정하는 것으로 나타낼 수 있다. 이와 달리 △P/△f 비율의 한계값을 취하면 f에 대한 $\partial P/\partial f$의 의존도를 나타내는 식을 쓸 수 있다.

$$P_{in} = \int_0^\infty \frac{\partial P}{\partial f} df \tag{14.2}$$

흑체의 경우 $\partial P/\partial f$는 Planck의 방정식에 의해 주어진다.

$$\frac{\partial P}{\partial f} = A \frac{f^3}{e^{\frac{hf}{kT}} - 1} \tag{14.3}$$

위에서 A는 $Wm^{-2}Hz^{-4}$의 단위를 갖는 상수이다. 따라서

$$P_{in} = A\int_0^{\infty} \frac{f^3}{e^{\frac{hf}{kT}} - 1} df \quad (14.4)$$

$\chi \equiv \dfrac{hf}{kT}$로 두면

$$df = \frac{kT}{h} dx, \quad f^3 = \left(\frac{kT}{h}\right)^3 x^3 \quad (14.5)$$

$$P_{in} = A\left(\frac{kT}{h}\right)^4 \int_0^{\infty} \frac{x^3}{e^x - 1} dx \quad (14.6)$$

정적분 $\int_0^{\infty} \dfrac{\chi^3}{e^x - 1} dx$는 $\pi^4/15$의 값을 갖는다; 따라서

$$P_{in} = A\left(\frac{kT}{h}\right)^4 \frac{\pi^4}{15} = aT^4 \quad (14.7)$$

위에서 a($Wm^{-2}K^{-4}$)는 일정하다.

흑체 복사기의 온도가 올라가면 총 동력 P가 증가할 뿐만 아니라(식 14.7) 나아가 그림14.2에서 알 수 있듯이 피크 복사는 더 높은 주파수로 전이된다. 주파수 f_{peak}와 온도 T 사이에는 간단한 관계가 존재한다.

빛의 파워밀도와 온도의 4제곱 사이의 비례관계는 Stefan-Boltzman 법칙과 관련이 있다.

식 14.3으로부터 분포곡선의 모양은 인수 $\dfrac{f^3}{e^{\frac{hf}{kT}} - 1}$에 의하여 결정됨을 알 수 있다. 피크는

$$\frac{d}{df}\left(\frac{f^3}{e^{\frac{hf}{kT}} - 1}\right) = 0 \quad (14.8)$$

일 때 발생한다.

$\chi \equiv \dfrac{hf}{kT}$로 치환하고 미분을 취하면 다음을 얻는다:

$$(3 - x)\exp x - 3 = 0 \quad (14.9)$$

이의 수치해는 $\chi = 2.821$이다. χ의 정의로부터

$$f_{peak} = \frac{k}{h} xT = 59.06 \times 10^9 T \quad (14.10)$$

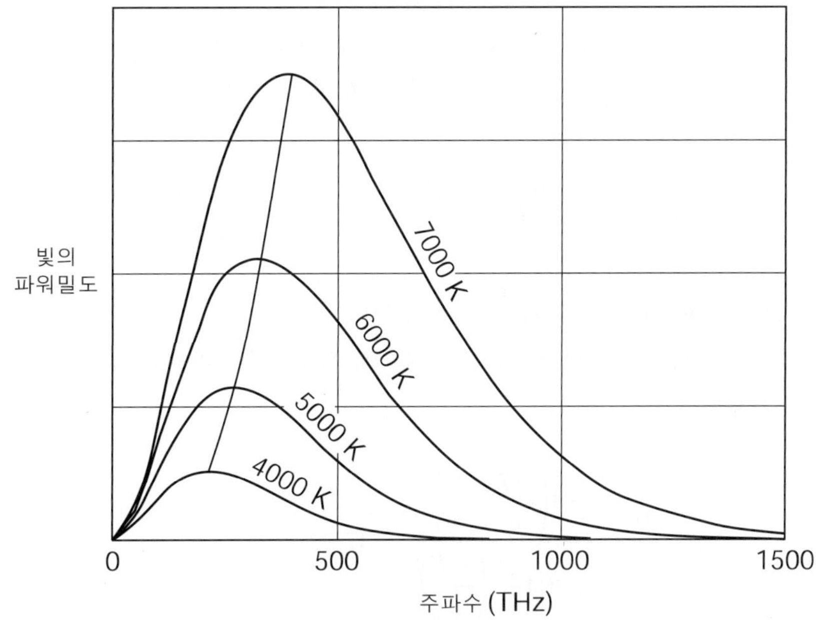

그림 14.2 흑체의 f에 대한 p 곡선의 피크는 온도가 증가함에 따라 보다 높은 주파수 쪽으로 이동한다.

T=600K인 경우 f_{peak}=354Thz이다.

f_{peak}와 T 사이의 관계는 Wien의 배치법칙이다.

설정된 스펙트럼 분포가 주어졌을 때 파워밀도 P_{in}에 상응하는 광자들의 총 플럭스를 관련시키는 것이 유용하다. 중심이 주파수 f인 작은 주파수 간격 △f를 고려하여 보자. 각 광자의 에너지는 hf이므로 이 구간에서 복사의 파워밀도는

$$\triangle P = \triangle \varnothing hf\, W/m^2 \tag{14.11}$$

이다. 여기에서 $\triangle\varphi$는 고려하는 간격 내의 광자 플럭스(광자 수 $m^{-2}s^{-1}$)이다. 한계에서는 △f →0일 경우 (양 변을 df로 나누면)

$$\frac{d\varnothing}{df} = \frac{1}{hf}\frac{\partial P}{\partial f} \tag{14.12}$$

및

$$\varnothing = \frac{1}{h}\int_0^\infty \frac{1}{f}\frac{\partial p}{\partial f}df \tag{14.13}$$

를 얻는다.

흑체의 경우 한 번 더 $\chi \equiv \frac{hf}{kT}$로 두면

$$\varnothing = \frac{A}{h}\int_0^\infty \frac{1}{f}\frac{f^3}{e^{\frac{hf}{kT}}-1}df = \frac{A}{h}\int_0^\infty \frac{f^2}{e^{\frac{hf}{kT}}-1}df \tag{14.14}$$

$$\varnothing = \frac{A}{h}\left(\frac{kT}{h}\right)^3\int_0^\infty \frac{x^2}{e^x-1}dx = 2.404\frac{A}{h}\left(\frac{kT}{h}\right)^3 \tag{14.15}$$

이 경우 정적분 값은 2.404이므로 위의 결과를 얻는다.

여전히 흑체 복사의 경우 상응하는 광자 플럭스에 대한 빛 파워밀도의 비를 구할 수 있다. 식 14.7 과 14.15로부터

$$\frac{P}{\varnothing} = \frac{A\left(\frac{kT}{h}\right)^4\frac{\pi^4}{15}}{2.404\frac{A}{h}\left(\frac{kT}{h}\right)^3} = 37.28\times10^{-24}T \tag{14.16}$$

식 14.16은 전체 스펙트럼이 고려되는 경우에만 유효하다는 사실을 유의해야 한다. 예를 들어 필터로 제거된 일부 영역들을 갖는 단절된 스펙트럼의 경우 총 파워밀도 P와 광자들의 총 플럭스 φ를 별도로 계산하여 비를 구하는 것이 필요하다.

총 광자 플럭스에 대한 총 파워의 비율이 온도에 비례하여 증가한다는 사실은 놀랄만한 것이 아니다. 이는 Wien의 배치법칙을 유도할 때 살펴본 바와 같이 온도가 높을수록 평균 광자가 갖는 에너지는 더 많아지기 때문이다.

보기 14.1

6000k의 흑체로부터 복사되는 빛이 1000W/m^{2}의 파워밀도를 갖는다면 광자 플럭스는 얼마인가?

식 14.16으로부터

$$\varnothing = \frac{P}{37.28\times10^{-24}T} = \frac{1000}{37.28\times10^{-24}\times6000}$$

$$= 4.47\times10^{21} \text{ 광자 m-2s-1}$$

이상적인 경우 장치의 효율은 물론

$$\eta_{ideal} = \frac{P_{L_{ideal}}}{P_{in}} \tag{14.18}$$

이다. 이제 $P_{L_{ideal}}$을 알 필요가 있다.

만약 광대역 복사가 밴드-갭 에너지 $W_g = hf_g$를 갖는 반도체를 향한다면 주파수 $f < f_g$인

광자들은 캐리어들을 생성하지 않을 것이다. 총 복사 파워 밀도 P_{in}의 분율

$$G_L = \frac{1}{P}\int_0^{f_g} \frac{\partial P}{\partial f} df \tag{14.19}$$

가 상실될 것이다.

$f > f_g$인 광자의 총 플럭스를 ϕ_g라고 하자. 각 광자들은 hf의 에너지를 갖는 단일 전자-홀 쌍을 생성한다. 그러나 언급된 바와 같이 W_g의 과잉 에너지는 무작위화되어 열로 나타날 것이며 각 광자는 출력 전력에 W_g joule 정도만 기여할 것이다. 유용한 전기 에너지(부하로 전달되는 에너지 P_L)는

$$P_L = \varnothing_g W_g \quad W/m^2 \tag{14.20}$$

가 될 것이다.

hf_g보다 큰 에너지를 가진 광자들의 플럭스는

$$\varnothing_g = \frac{1}{h}\int_{f_g}^{\infty} \frac{1}{f}\frac{\partial P}{\partial f} df \tag{14.21}$$

이다.

유용한 전력은

$$P_L = hf_g \varnothing_g = f_g \int_{f_g}^{\infty} \frac{1}{f}\frac{\partial P}{\partial P} df \tag{14.22}$$

이며 효율은

$$\eta_{ideal} = \frac{P_L}{P_{in}} = f_g \frac{\int_{f_g}^{\infty} \frac{1}{f}\frac{\partial P}{\partial f} df}{\int_0^{\infty} \frac{\partial P}{\partial f} df} \tag{14.23}$$

이다.

η_{ideal}은 스펙트럼 분포와 반도체의 W_g에만 의존함을 알 수 있다. 이는 장치가 작동하는 방식을 완전히 무시한다. 실제 광전지의 효율과는 달리 η_{ideal}은 조명의 강도에 의존하지 않는다. 다시 흑체의 경우

$$\varnothing_g = \frac{A}{h}\int_{f_g}^{\infty} \frac{f^2}{e^{\frac{hf}{kT}} - 1} df = \frac{A}{h}\left(\frac{kT}{h}\right)^3 \int_X^{\infty} \frac{x^2}{e^x - 1} dx \tag{14.24}$$

위에서 $X = hf_g/kT = qV_g/kT$이다.

비율 $\sigma = \varnothing_g/\varnothing$는 그 세기가 아닌 고려되는 복사의 성질에 따라서만 좌우된다는 것은 분명하다. 그 비율은

$$\sigma \equiv \frac{\varnothing_g}{\varnothing} = \frac{\int_X^\infty \frac{x^2}{e^x - 1}dx}{\int_0^\infty \frac{x^2}{e^x - 1}dx} = \frac{\int_X^\infty \frac{x^2}{e^x - 1}dx}{2.404} = 0.416\int_X^\infty \frac{x^2}{e^x - 1}dx \tag{14.25}$$

6000K 흑체 복사의 경우 실리콘의 밴드-갭 에너지가 $W_g = 1.1eV$라면 그 비율은 0.558로 일정하다. 이 경우 광다이오드의 이상적인 효율은

$$\eta_{ideal} = \frac{15}{\pi^4}\left(\frac{h}{k}\right)^4 \frac{f_g}{T^4}\int_{f_g}^\infty \frac{f^2}{e^{\frac{hf}{kT}} - 1}df \tag{14.26}$$

상응하는 주파수 $f_g = \frac{g}{h}V_g$ 대신에 밴드-갭 전압 V_g를 이용하는 것이 더욱 편리하다.

$$\eta_{ideal} = \frac{15}{\pi^4}\left(\frac{h}{k}\right)^4 \frac{q}{h}\frac{V_g}{T^4}\int_{\frac{qVq}{h}}^\infty \frac{f^2}{e^{\frac{hf}{kT}} - 1}df \tag{14.27}$$

이전과 같이 $\chi \equiv \frac{hf}{kT}$로 두면

$$\eta_{ideal} = \frac{15}{\pi^4}\left(\frac{h}{k}\right)^4 \frac{q}{h}\left(\frac{kT}{h}\right)^3 \frac{V_g}{T^4}\int_{\frac{qVq}{kT}}^\infty \frac{x^2}{e^x - 1}dx = \frac{15}{\pi^4}\frac{q}{k}\frac{V_g}{T}\int_{\frac{qVq}{kT}}^\infty \frac{x^2}{e^x - 1}dx \tag{14.28}$$

$$= 1780\frac{Vg}{T}\int_{\frac{qVq}{kT}}^\infty \frac{x^2}{e^x - 1}dx$$

적분의 하한은 f_g에 상응하는 x의 값이다.

앞의 적분에 대한 해석적인 해는 없지만 수치적으로 풀 수 있다. 혹은 이 장의 부록 A의 표를 이용하여 정적분(이는 물론 적분 하한의 간단한 함수이다)의 값을 구할 수 있다.

보기 14.2

6000-K 흑체로부터 복사된 빛의 파워 밀도가 1000W/m^2인 경우 실리콘 밴드-갭 에너지(1.1eV, 즉 $V_g = 1.1V$)보다 다 많은 에너지를 갖는 광자들의 플럭스는 얼마인가?

식 14.25로부터 ϕ에 대한 ϕ_g의 비율 σ를 얻는다.

이 보기($V_g = 1.1V$ 및 T=6000K)의 특정한 조합에 대하여 비의 값은 0.558이며 보기 14.1로부터 φ = 4.47×10^{21} photons m^{-2} s^{-1} 이다. 결과적으로

$$\varnothing_g = \sigma\varnothing = 0.558 \times 4.47 \times 10^{21} = 2.49 \times 10^{21}\ photons\ m^{-2}s^{-1} \tag{14.29}$$

보기 14.3

앞의 보기에서의 상황에서 광전지의 이상적인 효율은 얼마인가?

식 14.28을 이용하면

$$\eta_{ideal} = 1780\frac{1.1}{6000}\int_{2.125}^{\infty}\frac{x^2}{e^x - 1}dx \tag{14.30}$$

적분의 하한은 X = hf_g/kT = qV_g/kT = 2.125 이다.

정적분 값은 (이 장의 부록 A의 표에서 안짐작에 의해) 1.341이다; 따라서

$$\eta_{ideal} = 1780\frac{1.1}{6000}1.341 = 0.438 \tag{14.31}$$

그림 14.3은 6000K(대략 태양의 온도)의 흑체에 노출될 경우 광전지의 이상적 효율이 밴드-갭 에너지에 따라 어떻게 달라지는가를 보여준다. 식 14.28에 근거하는 효율 계산은 광전지 자체를 완전히 무시하며 효율이 100%라고 간주되는 매우 간단한 모델을 이용한다. 그 결과는 Shockley와 Queisser(SQ)(1961)의 한계효율과 동일하다.

아마도 밴드-갭의 함수로서의 이론적 효율의 가장 최초의 계산들 가운데 하나는 Prince(1955)의 결과일 것이다. 그의 모델은 당시에는 원시적 기술이었던 제약 속에서 만들어진 가능한 최선의 실리콘 전지를 고려하고 있다. 특히 그는 상당히 향상된 소수 캐리어들의 수명값들을 가정하고 있다. 비록 밴드-갭 곡선에 대한 효율의 일반적인 모양이 식 14.28로부터의 모양과 대략 같을지라도 추정된 효율들의 절대값들은 훨씬 더 낮다. 그는 최대 이론적 효율을 21.7로 설정하고 있으며 왜 이 값에 도달할 수 없는가를 설명하고 있다.

1961년 까지는 햇빛에 노출되는 경우 어떤 밴드-갭이 가장 높은 효율을 제공해 줄(이론적으로) 것인지에 대하여 분명한 합의가 없었다. Loferski(1956)를 참조하자. 1961년 Shockley와 Queisser는 어떤 가정들에서 운전되는 태양전지 효율의 이론적 한계를 유도하는 많이 인용되는 논문을 발표하였다. 그 가정들 가운데 일부는 우리의 전개과정에서 이용하였다. 우리가 세우지 않은 한 가지 가정은 광전지가 p-n 접합을 포함한다는 것인데 이는 전자-홀 쌍의 되돌릴 수 없는 방사성 재결합을 의미한다. 이러한 이유로 인하여 SQ 세부 균형 모델은 그림 14.3의 한계 효율 모델보다 약간 낮은 효율을 예측한다.

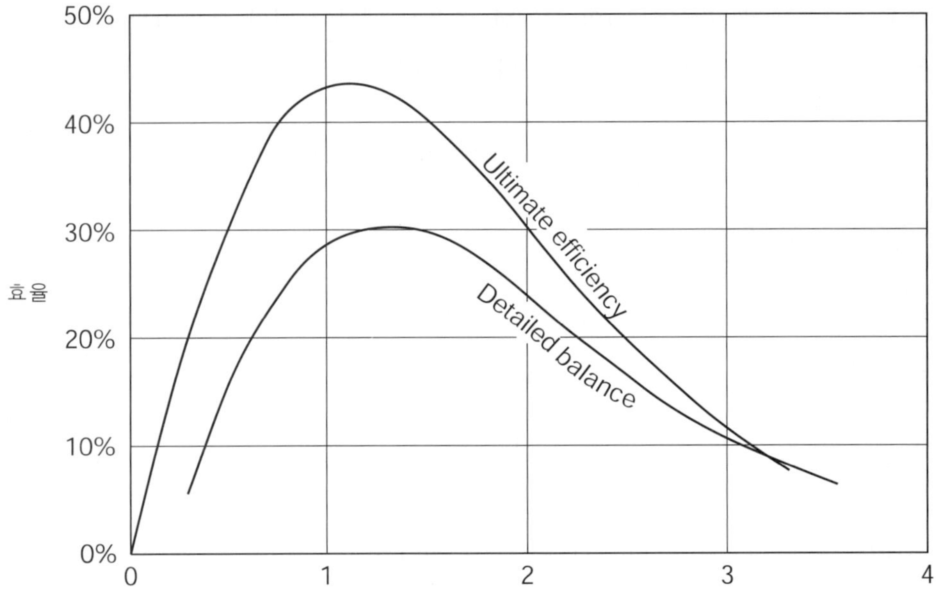

그림 14.3 광다이오드의 밴드-갭 에너지에 대한 효율의 의존성. 흑체의 온도는 5800K.

태양 스펙트럼은 흑체의 스펙트럼과 다르기 때문에 그 의존성은 그림에 보인 것과는 약간 다르다. 아울러 우주공간에서의 햇빛의 정확한 스펙트럼 분포는 대기 중의 흡수로 인하여 지면에서의 분포와는 다르다.

이러한 모든 제한들에도 불구하고 이들 흑체 스펙트럼 효율보다 더 큰 효율을 달성할 수 있다. 이는 이 절의 서두에서 논의한 효율제한 매커니즘들 가운데 하나, 혹은 모두를 우회할 수 있는 상황을 형성함으로써 수행될 수 있다. 다음의 세 절들에서는 세 가지 기술들을 논의하고 있다.

14.3 캐리어 증식

앞 절에서의 광전지의 이상적인 효율의 유도에서 우리는 밴드-갭의 에너지보다 더 큰 에너지를 갖는 광자들은 하나의 엑시톤(exciton, 전자-홀 쌍)을 제공할 것이라고 가정하였다. 광자의 과잉 에너지는 전자 및 홀의 과잉 운동에너지로 나타날 것이며 빠르게 열로 흩어질 것이다: 이는 열 중성자화된 것이다†. 이 가정은 다량의 물질로 만들어진 광전지의 경우 거의 정확하게 사실이다.

에너지가 $2W_g$보다 큰 광자는 왜 추가의 엑시톤을 제공하지 않는 것일까? 한 가지 이유는 광자가 분리될 수 없기 때문이다; 이는 두 부분으로 쪼개질 수 없으며 두 개의 서로 다른 공유결합에 작용할 수 없다. 상호 작용으로부터 하나의 엑시톤이 생성된다. 그러나 생성된 에너지 캐리어들은 충격에 의해 원자의 이온화를 초래할 수 있으며 따라서 다른 엑시톤을 생성할 수 있다. 이러한 충격 이온화는 낮은 효율(Si에서 〈1%)로 발생하며 생성되는 엑시톤의 수(따라서 캐리어들의 수)에 약간의 기여를 할 뿐이다.

† 손실 매커니즘은 전자-포논(phonon, 음향양자) 상호작용을 통하여 이루어진다.

Schaller와 Klimov(2004)는 PbSe가 나노결정(약 5-nm 크기)의 형태로 존재하는 경우 충격 이온화에 의한 캐리어의 증식은 거의 100%의 효율로 진행될 수 있음을 입증하였다.

과잉 광자 에너지 $W_{ph}-W_g$는 각각의 질량에 따라 전자와 홀 사이로 나뉘어진다. PbSe에서 이 입자들은 거의 동일한 질량을 가지므로 각각의 입자는 거의 동일한 과잉 에너지를 받게 될 것이다: 충격 이온화의 경우 $(W_{ph}-W_g)/2$는 W_g를 초과할 것이다. 따라서 $W_{ph}>3W_g$인 경우 아연 셀레나이드에 추가의 캐리어들이 생성되는 것은 놀랄만한 일이 아니다. 이러한 특별한 경우 이는 충격 이온화를 위해 필요한 경계 에너지를 구성한다.

광자의 과잉 에너지가 위의 경계값을 넘어 증가함에 따라 (처음에는) 과정의 효율이 증가한다. Schaller와 Klimov로부터 인용한 그림 14.4를 참조하자. 경향을 보이기 위하여 데이터를 직선을 접합하였다. 원형과 사각형 모양의 점들 사이의 차이를 무시하자-이들은 두 가지의 서로 다른 측정기법을 나타낸다.

계산에 따르면 아연 셀레나이드 전지의 경우 광 다이오드의 이상적인 효율은 60%를 초과할 수 있다. 확실히 하자면 Schaller와 Klimov의 연구에서는 그러한 전지들은 테스트되지 않았지만 Greenham, Peng 및 Alivisatos(1996)는 이전의 나노결정에 근거하는 태양전지를 보였다.

PbSe는 그의 W_g를 약 0.3eV로부터 1.3eV까지 조정할 수 있기 때문에 태양전지에서 큰 관심을 불러 일으키는 물질이다. PbSe는 적외선 부근으로부터 자외선까지의 복사를 강하게 흡수한다. 밴드-갭 조정은 14.4.1 절에서 다시 논의되고 있다.

캐리어 증식을 더 잘 이해하려면 연습문제 14.26을 참조하자.

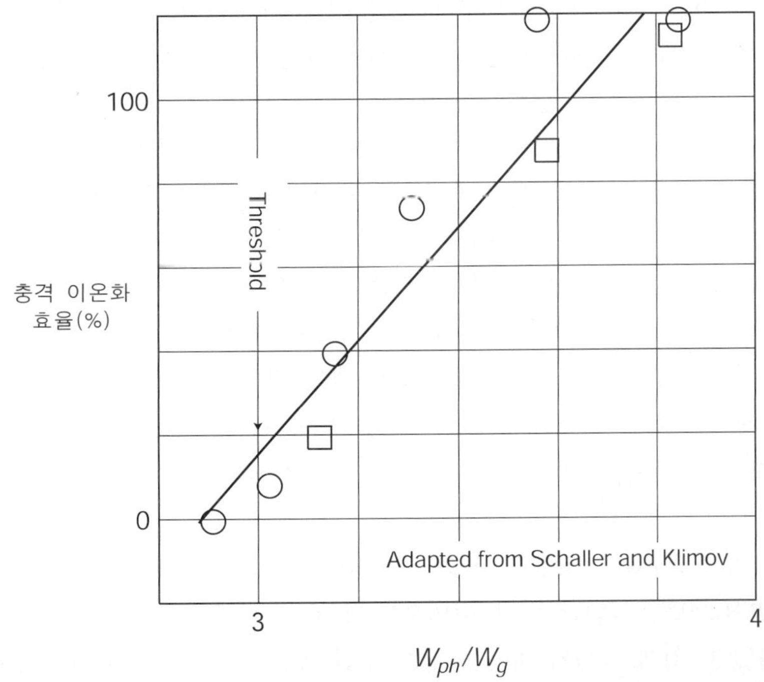

그림 14.4 과잉 광자 에너지의 함수로 나타낸 PbSe의 충격 이온화 효율.

14.4 스펙트럼 선택적인 빔 분할

광대역 태양 스펙트럼은 광 다이오드에서 이용되는 반도체의 속성과 일치하는 주파수를 갖는 복사 조각들로 분할될 수 있다. 따라서 실리콘의 경우 265THz에서 시작되는 좁은 대역은 그의 1.1eV 밴드-갭 에너지와 가장 잘 조화될 것이다. 다른 스펙트럼 조각들은 다른 광 다이오드나 흡수기로 향하여 열을 생성할 것이다.

14.4.1 계단형 전지

개념적으로 가장 간단한 빔 분할 시스템은 서로 다른 밴드-갭을 갖는 두 개의 광 다이오드들을 겹쳐 놓음으로써 이루어진다. 더 큰 밴드-갭 W_{g1}을 갖는 다이오드 #1이 위에 있다고 가정하자(즉 필터링되지 않은 직접적인 광선을 받는 다이오드이다). 이 다이오드는 W_{g1} 이상의 에너지를 갖는 광자들을 흡수할 것이지만 이 경계치 아래의 에너지를 갖는 광자들은 통과시킨다. 아래에 위치하는 다이오드(다이오드 #2)는 더 작은 밴드-갭 W_{g2}를 갖는다면 이 다이오드는 다이오드 #1을 통과하는 광자들의 일부를 흡수할 것이다. 그러한 계단형 구조는 당연한 이유로 단일 장치들보다 더 큰 효율을 나타낼 수 있다. 연습문제 14.1을 참조하자.

예를 들어 만일 다이오드 #1가 1.8eV의 밴드-갭을 가지며 다이오드 #2는 1.1eV의 밴드-갭을 갖는다면 우주공간에서 햇빛에 노출될 경우 그 조합의 이상적인 효율은 0.56이다. 이를 단일 다이오드에서 가능한 최선의 효율인 0.43과 비교하여 보자. 두 개 이상의 반도체들을 이용하여 계단형 전지를 구성할 수 있다. 물론 반도체가 무한히 있다면 100%의 이론적인 효율에 도달할 것이다.

수많은 실제적인 문제들은 계단형 전지들의 실제 효율을 제한시키며 발전은 거의 틀림없이 비용의 증가를 수반한다. 다이오드들을 계단형으로 구성하고자 할 경우 발생하는 한 가지 문제는 상호연결 문제이다. 보통 장치의 투사되지 않는 면은 전류 포집장치로 작용하도록 금속을 입힌다. 이는 그 면을 불투명하게 만들며 결과적으로 계단형 구조에서 무용지물이 된다. 이의 해결책은 하나의 반도체 결정으로부터 개별적인 접속점들이 직렬인 두 개(혹은 그 이상)의 다이오드들을 구축하는 것이다. 이를 위하여 두 다이오드들의 재질은 (거의) 동일한 격자상수를 가져야 하지만 물론 밴드-갭들은 달라야 한다. AlInGaAs와 같은 4차 화합물의 화학당량비를 변화시킴으로써 격자상수를 거의 동일하게 유지시키면서 밴드-갭을 원하는 값으로 맞추는 것이 가능하다. 하나의 실제적인 장치는 $Ga_{0.5}In_{0.5}P/GaAs$ 접속을 이용하는데 이는 격자를 맞추기는 하지만 밴드-갭 비율을 최적화시키지는 않는다. 이러한 특별한 조합은 1.85eV 및 1.43eV의 밴드-갭을 제공하여 준다†.

특히 Wladek Walukiewicz(로렌스 버클리 국립연구소)는 계단형 전지 문제들에 대한 해결책을 제시하고 있다(2002). 다년간 발광 다이오드(LED)는 적색광(GaAsP), 혹은 기껏해야 녹색광(GaP)을 방사하였다. 청색 LED에 대한 탐구는 수년 동안 계속되었으며 마침내 1980년대에 이르

† 위 반도체들의 p- 및 n-변형을 얻기 위해서는 도핑제를 찾아내어야 한다.

러 Isamu Akasa와 Shuji Nakamura(예를 들면 H. Amano 등과 S. Nakamura를 참조)는 갈륨 질소화물의 박막을 성장시키는 기술을 개발하였다. 갈륨 질소화물의 큰 밴드-갭 에너지(3.4eV)는 자외선 부근의 광선의 발생을 유발시켰다. 인듐으로 도핑한 결과 청색광을 얻을 수 있도록 W_g를 변화시키는 것이 가능하게 되었다. 비록 그 박막은 상당한 결함들을 지니고 있었지만 재질은 불완전성에 대하여 큰 내성을 보여 주었다. 결함의 밀도가 같은 GaAsP와 GaP LED는 빛을 방사하지 않을 것이다. 로렌스 버클리 팀은 고품질의 인듐 갈륨 질소화물 결정을 성장시켰으며 인듐의 상대적인 양을 변화시킴으로써 밴드-갭이 3.4eV(순수한 GaN)로부터 0.7eV(순수한 InN)까지 조정될 수 있음을 보일 수 있었다. 이러한 5:1의 범위는 태양 스펙트럼의 대부분을 포함한다. 따라서 1.7/1.1eV와 같은 최선의 W_g 조합을 선택함으로써 계단형 전지를 구성할 수 있다.

계단형 전지의 다른 층들의 격자상수에 있어서의 차이-즉 결정의 기하구조의 부조화-는 스트레인을 도입시켜서 장치의 성능에 치명적인 결함을 야기시키며 재질의 균열을 초래할 수도 있다. 이것이 결함에 대한 큰 저항성으로 다양한 $In_xGa_{1-x}N$ 층들이 선호되는 이유이며 이 층들은 아마도 상당한 스트레인의 존재에서도 잘 작동할 수 있을 것이다.

$In_xGa_{1-x}N$을 실리콘으로 도핑시켜 n-형 물질을 만들 수 있지만 현재는 소요되는 p-형 물질에 대한 적절한 도핑제를 찾는 것이 어렵다. $In_xAl_{1-x}N$ 시스템은 $In_xGa_{1-x}N$ 시스템보다 더 넓은 범위(0.7~6.2eV)를 가짐을 지적할 필요가 있다.

14.4.1.1 다중대역 반도체

계단형 전지는 1개 이상의 p-n 연결을 이용함으로써 태양광 스펙트럼을 더 잘 이용할 수 있다. 그러한 전지의 제작은 복잡하며 비용이 많이 소요된다. 한 가지 다른 해결방법은 하나 이상의 밴드-갭을 갖는 물질에서 하나의 p-n 연결을 이용하는 것이다. 단순히 하나의 균형 밴드와 하나의 전도 밴드를 갖는 대신에 그러한 물질들은 그림 14.5에 보인 바와 같이 한 개의 균형 밴드와 두 개의 분리된 전도 밴드들을 갖는다.

이러한 구조는 다중밴드 물질을 구성하는 방법이 발견되기 전에 탐구되었다. Luque와 Marti(1997)는 Shockley와 Queisser의 논문에서 언급된 방법을 이용하여 다중밴드 전지의 이론적 효율을 두 밴드-갭(V→I 전이) 가운데 더 낮은 것의 함수로 계산하였다. 그 결과는 그림 14.6에 나타나 있다.

계단형 전지와 비교했을 때 다중밴드 전지가 더 높은 효율을 지닌다는 것은 자명한 추론은 아니다. 불행하게도 Luque와 Marti가 논문을 작성하였을 때에는 이용 가능한 다중밴드 물질이 없었다. 그때부터 다중밴드 물질들을 생성하려는 노력들이 수행되어 왔다. 한 가지 방법은 적절한 초격자를 만드는 것인데 이 기술에 따르면 매우 비싼 전지가 얻어진다.

Yu 등(2003)은 소수의 원자들을 매우 다른 원소들로 치환시킴으로써 그 속성들이 극적으로 변하는, **고도로 부조화된 합금**으로 불리는 새로운 부류의 반도체에 대하여 언급하고 있다. 이들로부터 다중밴드 반도체들을 만들 수 있다. 보기로서 (GaAs와 같은) III-V합금과 (ZnTe와 같은) II-VI 합금들을 들 수 있는데 여기에서 V 음이온들의 일부는 질소로 대체되거나 혹은 VI 음이온 그룹의 일부는 산소로 대체된다. 특히 Yu 등은 일부 텔레륨 원자들이 산소로 대체된 망간으로 도핑된 아연 텔루라이드 $Zn_{1-y}Mn_yTe_{1-x}O_x$에 대하여 언급하였다†. 이 물질은 밴드-갭에서 중간에 좁은 밴드를 갖는다. 이러한 중간 밴드의 생성에 소요되는 산소의 양은 단연 합금에서의 산소의 용해도 한계를 뛰어넘는다. 그러나 합금을 펄스 레이저로 용융시켜 산소를 삽입한 다음 신속하게 담금질하면 산소를 요구되는 농도로 응집시킬 수 있다.

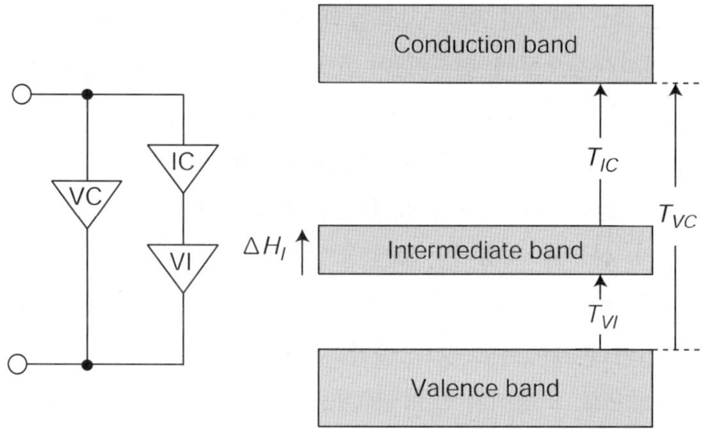

그림 14.5 단일접합 다중밴드 광전지.

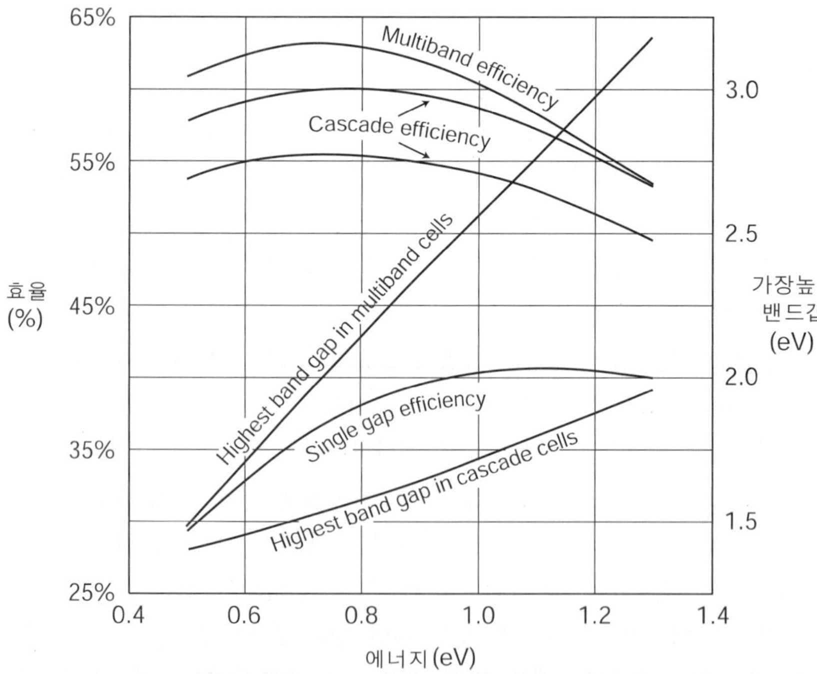

그림 14.6 단일 갭, 다단형 및 다중밴드 태양전지들의 성능비교. 실선들은 Shockley와 Queisser의 "세부 균형" 방법을 이용하여 계산되었다. 보다 낮은 밴드-갭의 각 값들에 대하여 최적의 더 높은 밴드-갭이 계산되고 그 값이 상향의 경사진 실선으로 도시되어 있다. 점선을 제외한 모든 데이터는 Luque와 Marti(1997)의 논문으로부터 인용한 것이다.

† 모든 경우에 있어서 대체하는 불순물들은 대체되는 원자와 동일한 원자가를 갖는다-이는 등가 치환이다.

원래의 합금은 2.32eV의 밴드-갭을 가진다; 즉 전도 밴드는 등가 밴드의 상부보다 2.32eV 위에서 시작된다. "산소화"된 후 새로운 전도 밴드는 2.56eV로 상승하며 좁은 중간 밴드는 정확히 다중밴드 광전지에서 필요로 하는 값인 1.83eV에서 형성된다.

2008년 Rose Street Lab은 아리조나주 피닉스에 로렌스 버클리 연구소로부터 획득한 다중밴드 광전지 기술의 개발을 위한 시설을 구축하였다.

표 14.3 코발트 황산염 필터의 투과율(1g/리터).

f (THz)	T
200	0.020
273	0.29
333	0.15
375	0.88
429	0.93
500	0.90
600	0.30
750	0.92

14.4.2 필터링된 전지

농축된 햇빛은 에너지의 일부를 흡수하고 나머지는 뒤의 실리콘 다이오드로 투과시키는 코발트 황산염 용액을 포함하는 전지들을 통하여 필터링될 수 있다.

Hamdy와 Osborn(1990)은 서로 다른 농도에서 5cm 두께의 코발트 황산염 필터의 투과율을 측정하였다. 1리터당 1g의 농도에서 서로 다른 광 주파수에서의 투과율은 표 14.3에 보인 바와 같다†. 흡수된 에너지는 유용한 열의 생산에 이용된다. 이러한 종류의 필터는 350~550THz 범위에서 윈도우를 가지며 따라서 실리콘 특성과 적절히 잘 조화되는 복사선을 통과시킨다. 실리콘의 밴드-갭 에너지는 265THz에 해당한다.

14.4.3 할로그래프 농축기

아마도 가장 매력적인 빔 분할 기술은 할로그래프 농축기일 것이다. 할로그래프 판은 지극히 분산적인 원통형 렌즈로 작용하는 방식으로 만들어진다. 태양광은 그림 14.7에 보인 바와 같이 50~100배로 농축되어 무지개로 분산된다. 두 개(혹은 그 이상)의 광 다이오드들이 할로그래프 판과 수직으로 설치되어 가장 효율이 높은 부분의 스펙트럼에 노출되도록 위치된다.

광기전 변환에서는 거의 관심 밖인 원적외선이 어떤 영역으로 향하며 그에 해당되는 열이 효율의 손실을 피하기 위해 저온에서 작동되어야 하는 광 다이오드에 영향을 미치지 않고 발산될 수 있다.

† 750THz에 대한 투과율 값은 오자가 아니다. 코발트 황산염 필터는 UV 근처에서 투과성이 상당히 강하다.

할로그램의 효율에 대한 정의를 상기할 필요가 있다: 이는 조사되는 광 파워에 대한 굴절되는 광 파워의 비율이다. 굴절되지 않은 대부분의 빛은 단순히 할로그램을 통과한다. 이 효율은 주파수에 따라 달라지며 따라서 할로그램은 주어진 대역너비를 갖는다.

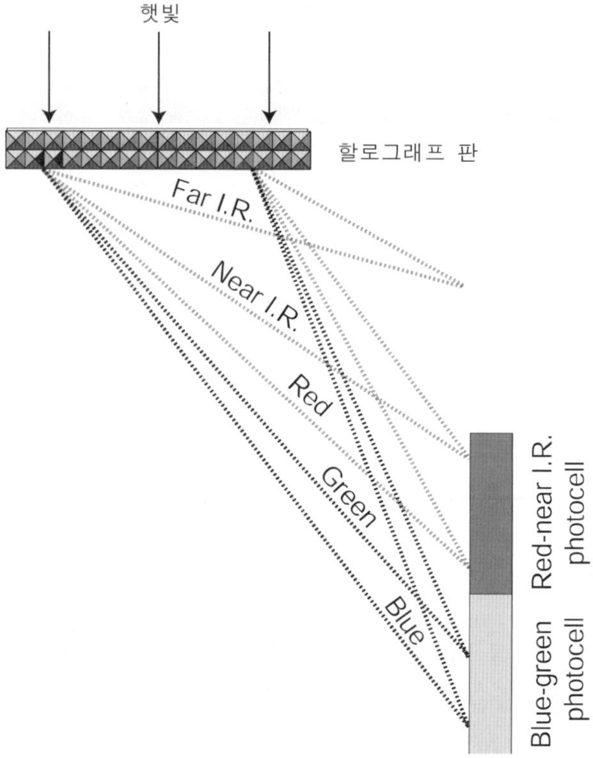

그림 14.7 할로그래프 판은 농축기와 스펙트럼 분할기로 작용한다.

광기전에의 적용을 위해서는 태양광 스펙트럼이 2:1 주파수 영역보다 큰 범위에 걸쳐 상당한 에너지를 갖기 때문에 할로그래프 판은 효율이 높아야 하며(약 90% 정도) 대역너비가 커야 한다. Northeast Photosciences는 30% 이상의 효율을 갖는 할로그래프 광기전 시스템을 예시하였다.

14.5 열 광기전 전지

태양광 변환기의 효율을 증가시키는 다른 기법에서는 광 다이오드들의 투과성으로 인하여 흡수되지 않는 광자들을 재순환시킨다. 광 방사체는 다이오드의 바로 인근에 위치해야 한다. 그림 14.8(왼쪽)에서 (농축기를 통과한 햇빛, 연소장치의 화염, 원자로, 혹은 방사성 붕괴에 의하여) 복사체는 W_g의 밴드-갭을 갖는 광 다이오드를 비추고 있다. W_g 이상의 에너지를 갖는 광자들은 반도체(실선)와 상호작용하여 전류를 생성한다. W_g 미만의 에너지를 갖는 것들은 반도체를 투과하여 거울에서 반사된 다음 복사체로 되돌아온다(분절선).

거울은 다이오드의 후면 전극이 될 수 있다. 스탠포드의 Richard Swason에 의해 고안된 장치에서 그 거울은 얇은 두께의 산화물에 의해 다이오드와 격리된 은 층으로 이루어져 있다. 거울과 다이오드 사이의 전기적 연결은 단지 1%의 거울만을 흐리게 하는 물방울 모양의 패턴으로 보장된다. 실리콘이 이용되었으며 그의 상대적으로 큰 밴드-갭으로 인하여 복사체는 2200~2300K의 고온에서 작동시켜야 하였다. 복사체 물질의 선택은 어렵다: 내열성이어야 하고 화학적으로 안정해야 할 뿐만 아니라 차가운 광전지 표면으로 증류되는 것을 피하기 위하여 운전온도에서의 증기압이 매우 낮아야 한다. 대류 손실을 줄이기 위하여 진공에서 운전되어야 하지만 이는 증류문제를 더 악화시킨다; 그러므로 낮은 압력의 불활성 기체(아르곤)를 절충안으로 사용할 수 있다.

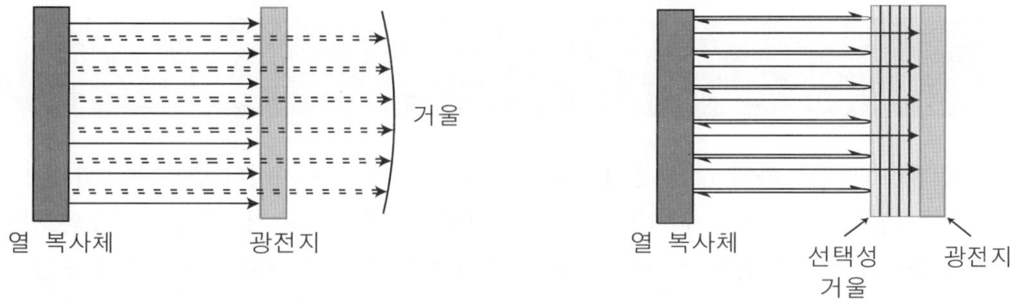

그림 14.8 열 광기전 변환기의 두 가지 구조.

해결책은 더 작은 밴드-갭을 갖는 반도체를 사용하여 보다 낮은 온도에서 작동시키는 것이다. 현재 반도체로 선택되는 것은 GaAs(07.eV)이다. 1200K와 1500K 사이의 복사체 온도에서 전체적인 운전은 적외선 영역으로 치우친다. 상당한 스펙트럼 조작을 이용하여 장치의 효율을 수용할 만한 수준으로 끌어올릴 수 있다. 이는 광전지 후면의 거울 대신에 광전지 전면에 광필터를 사용함으로써 달성될 수 있다. 필터("포토닉스 장치"에 관한 부분을 참조)는 전지의 바로 상부에 어느 정도의 보호막을 제공하여 설치되며 반도체의 밴드-갭 이상의 복사광을 통과시키는 반면에 더 긴 파장은 방사체를 향해 반사시킨다. 나아가 복사체는 그 표면이 광전지에 의해 흡수되는 주파수에서 방사가 증진되도록 처리된다.

포토닉스 장치

기름 유막과 무지개는 햇빛을 색들의 스펙트럼으로 나누지만 서로 상당히 다르게 보인다.

수면의 얇은 오일층은 공기로부터 오일에 대한 계면과 오일로부터 물에 대한 계면의 두 가지 서로 다른 계면들을 이룬다. 그림 14.9를 참조하자. 굴절률들 사이의 차이로 인하여 일사광의 작은 부분은 각 계면에 의해 반사되며 주어진 광 주파수에 대하여 두 반사들은 파괴적인 간섭에 의해 서로 상쇄되어 그렇지 않으면 백색 반사광이었을 빛으로부터 한 조각의 스펙트럼을 제거시켜 준다. 상쇄가 이루어지는 정확한 주파수는 유막의 두께와 시각에 따라 달라지며 잘 알려진 오일 유막의 무지개 빛깔이 된다. 이는 어치의 깃털, 어떤 나비들의 날개, 그리고 오팔의 반짝거리는 색깔이 생성되는 매커니즘이다. 이는 또한 청색 광유리 표면의 반짝거림을 줄이는 매커니즘이기도 하다.

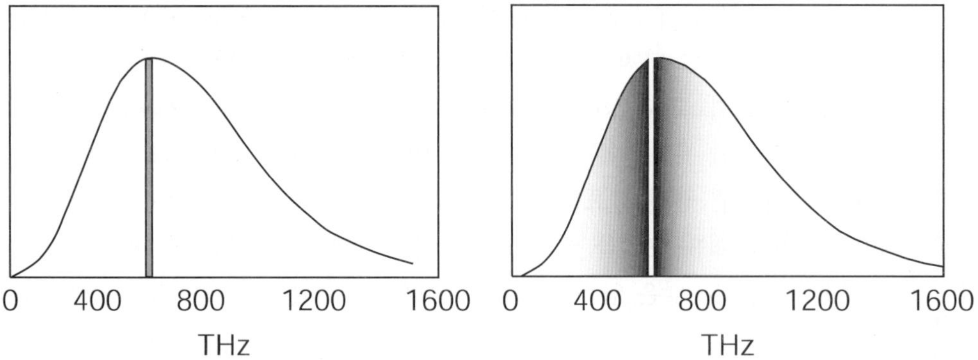

그림 14.9 무지개(또는 프리즘)는 백색광을 개별적인 색깔들로 나눈다. 각각의 좁은 조각은 사실상 단색광이다(왼쪽). 오일 유막은 간섭에 의해 상쇄된 하나의 좁은 조각을 제외한 모든 색깔들을 동시에 나타내 보일 것이다(오른쪽).

만일 굴절률을 교대로 하여 많은 층의 투과성 매체를 쌓는다면 지정된 밴드 통과와 밴드 정지 영역을 갖는 간섭 필터를 만들 수 있다. 그러한 필터는 날카로운 스커트, 즉 투과도와 반사능이 주파수의 함수로서 비교적 돌발적으로 변하는 둘레막으로 만들 수 있다. 이와 같이 구성된 장치는 1D 포토닉 결정을 이룬다. 그림 14.10(왼쪽)을 참조하자.

예를 들어 그림에 나타낸 2-D 및 3-D 필터와 같은 좀 더 복잡한 장치들도 구성할 수 있다.

물리학에 익숙한 독자들은 결정에서의 전자와 굴절률의 변동이 규칙적으로 배열된 영역에서의 광자 사이의 유사성을 발견할 수 있을 것이다. 주기적인 포텐셜 변화에 의해 영향을 받은 전자들은 반도체에서의 밴드-갭과 같은 금지된 에너지 수준에 이를 수 있다. 주기적인 굴절률 변동으로 영향을 받은 광자들은 그들이 진전할 수 없는 금지된 주파수 대역을 접할 수 있으며 따라서 필터로 작용한다.

포토닉스에 대하여 더 학습하고자 한다면 Joannopoulos 등(2008)을 참조한다.

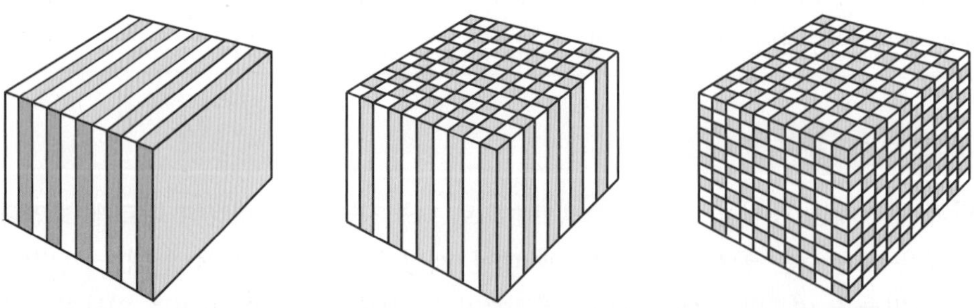

그림 14.10 쌍전 상수가 교대로 달라지는 많은 물질층들의 샌드위치는 1-D 포토닉 결정(왼쪽)을 구성한다. 2-D(가운데) 및 3-D(오른쪽) 결정들도 구성될 수 있다.

MIT는 열 광기전 장치의 완성을 위해 상당한 작업을 수행하였다. John Kassakian이 이끄는 그룹이 여기에서 (매우 피상적으로) 언급한 작업을 수행하였다. 그 시스템은 1200~1500K 사이의 온도에서 작동되는 텅스텐 방사기, 밴드패스 필터, 그리고 갈륨 비소 광전지를 사용하였다. 그림

14.11은 0.7~1.6eV(170~390THz) 사이의 통과대역을 갖는 1-D 포토닉 필터의 특성을 보여주고 있다. 이 필터는 5겹의 170nm 두께 실리콘 층이 GaAs 상에 직접 축적된 390nm 두께의 실리콘 이산화물 층과 교대로 적층되어 있는 구조로 이루어져 있다. 그림에서는 이상화된 대역통과를 짙은 영역으로 나타내고 있다.

필터는 복사된 총 에너지의 52%를 포함하는 흑체 스펙트럼 조각을 통과시켰다. 82%의 투과도로 인하여 43%만이 실제로 광전지에 도달한다. 전기로의 이상적인 전환은 21%가 될 것이다. 이 수치는 식 14.28을 절단된 스펙트럼에 적용하고 평균 투과율(0.82)을 곱하여 얻어진 것이다.

$$\eta_{ideal} = 0.82 \times 1780 \frac{V_g}{T}\left(\int_{\frac{qV_L}{kT}}^{\infty} \frac{x^2}{e^x - 1} dx - \int_{\frac{qV_U}{kT}}^{\infty} \frac{x^2}{e^x - 1} dx\right) \tag{14.32}$$

위에서 V_L과 V_U는 각각 전자 전압으로 표현되는 필터의 하부 및 상부 절단값들이다. 6000K의 흑체와 0.7eV의 반도체 밴드-갭 및 논의되는 필터의 경우 광전지의 이론적 효율은 17%이다. 이것은 아주 우수한 것은 아니지만 광전지로 전달되지 못한 에너지의 상당부분(그러나 전체는 아닌)은 적외선 방사기로 반사되어 재사용됨을 상기해야 할 것이다.

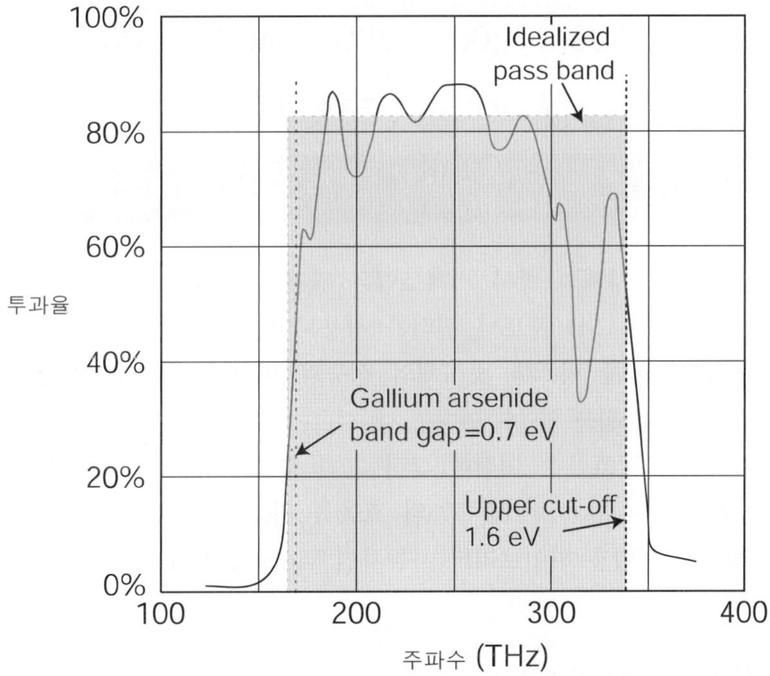

그림 14.11 MIT에서 만든 위의 1-D 포토닉 필터는 GaAs 광전지에 의해 포착된 복사의 상당부분을 통과시키도록 고안되었다.

추가적인 개선사항이 도입될 수 있다. 우리의 개략적인 추정은 흑체 복사에 근거한 것이다. 그러나 뜨거운 물체로부터의 방사는 일반적으로 흑체 스펙트럼 분포를 갖지 않는다. 이는 그의 방사율이 주파수에 따라 어떻게 변화하는가에 따라 좌우된다. 캠핑등은 많은 적외선을 복사하며 빛은 거의 복사하지 않는 불꽃을 이용하는데 이는 적외선 영역에서보다 가시영역에서 더 높은 방사율을 갖는 금속 산화물 맨틀†의 사용으로 보정되는 사실이다.

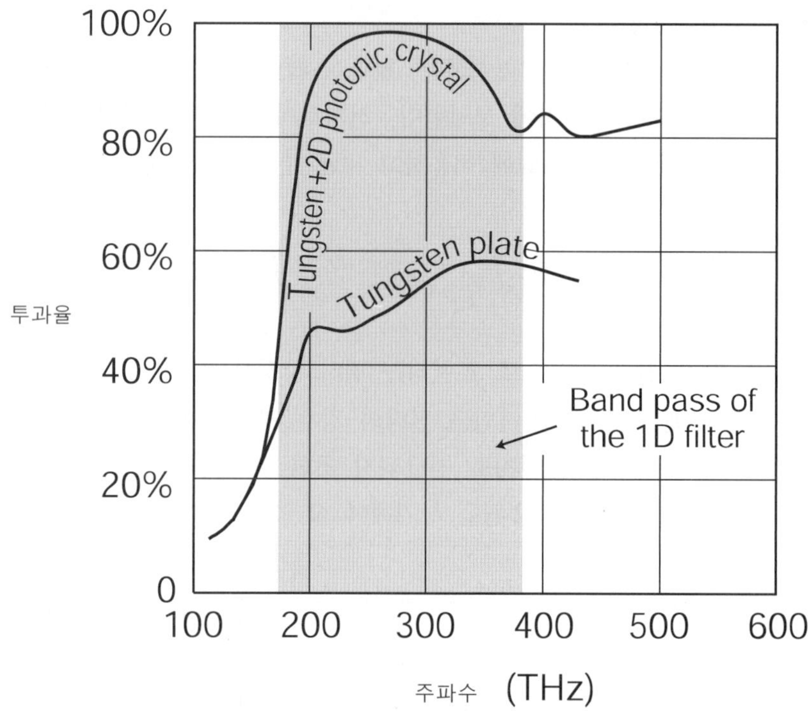

그림 14.12 관심있는 영역을 강조하기 위하여 (2-D 포토닉 필터를 이용하여) 개선된 가열물체의 복사의 스펙트럼 분포.

MIT 실험에서 텅스텐 방사체의 방사 스펙트럼은 광전지에 의하여 흡수되는 주파수가 증진되도록 변경되었다. 이를 위해 2-D 포토닉 필터가 사용되었다. 그림 14.12는 처리된 복사체의 스펙트럼 분포를 나타내며 이를 텅스텐 방사체의 성능과 비교하고 있다. 관심있는 주파수에서는 방사된 파워밀도가 두 배로 됨을 알 수 있다.

열 광기전 장치에서 이룬 효율은 여전히 그저 그런 수준이다. 웨스턴 워싱톤 대학교 Vehicle Reseach Institude의 Orion Morrison은 7%의 효율을 가진 시스템을 개발하였다. 이 시스템은 그 대학교에서 만들어진 실험용 하이브리드 자동차인 Vicking 29에 사용되었다.

† 보통 1%의 세륨 산화물을 포함하는 토륨 산화물, 혹은 토륨의 미약한 방사성을 두려워하는 자들을 위해 3%의 세륨 산화물을 포함하는 이트륨 산화물이 이용된다.

14.6 이상과 실제

"실리콘 태양에너지 변환기는 10%만큼 높은 효율을 갖도록 제작될 수 있어야 한다. 현재 가장 우수한 장치의 효율은 6%이다."

M. B. Prince, J. Appl. Phys., May 1955.

우리는 어떤 특정한 장치를 지정하지 않고 이상적인 광전지에 대하여 논의하였다. 이상적인 전지는 스펙트럼의 일부를 투과하며 나머지에 대해서는 불투과성이다. 캐리어 증식이 없다면 흡수된 각 광자는 단일 전자과 단일 홀을 발생시키는데 이들이 장치의 동일한 영역에서 생성된다면 서로 분리되어야 한다. p-n 광 다이오드에서 이는 접점 포텐셜에 의해 달성된다. 얻어지는 전자는 그를 만든 광자의 에너지에 관계없이 정확하게 W_g 단위의 에너지를 외부 부하에 전달한다. 과잉에너지는 열로 된다.

W_g 바로 위의 에너지를 갖는 단색광 광자들에 노출된 이상적인 전지의 효율은 100%이다. 광대역 복사에 노출되는 경우 효율은 복사의 성질과 밴드-갭의 값에 따라서만 좌우된다. 이는 전지의 간단한 이상적 스펙트럼 효율이다.

다음에 의해 간단한 이상적 효율을 초과하는 것이 가능하다.

1. 불충분한 에너지를 지니고 있어서 경우 전지에 의해 흡수되지 않는 광자의 사용. 이는 예를 들면 빔 분할 시스템이나 열 광기전 배열의 경우이다.
2. 캐리어들의 생성 도중에 이들에게 부여된 과잉 에너지의 사용. 이는 캐리어 증식 시스템의 경우이다.

실제적인 광전지는 다음과 같은 다수의 손실 매커니즘으로 인하여 이상적인 효율에 도달할 수 없다.

1. 투사 광자들의 일부는 전류 컬렉터와 같은 장애물에 의해 흡수되는 대신 전지에 의하여 반사된다.
2. 광활성 물질의 두께가 불충분하다면 W_g 이상의 에너지를 갖는 광자들이 모두 흡수되는 것은 아니다-물질은 충분한 불투과성을 지니지 않을 수도 있다.
3. 생성된 전자-홀 쌍들이 모두 p-n 접속점으로 편류하기에 충분할 만큼 오래 생존하는 것은 아니다. 이들의 수명이 작거나 혹은 접속점으로부터 너무 멀리 떨어진 위치에서 생성된다면 이 쌍들은 재결합되며 그들의 에너지는 상실될 것이다. 전자-홀 쌍들은 장치의 표면을 향하여 편류될 수 있는데 그 표면에서는 재결합율이 높아서 접속점까지 이르지는 못할 것이다.
4. p-n 접속에 의하여 분리된 캐리어들은 출력 전극들을 향하여 가는 도중에 연결점들의 저

항으로 인하여 그들의 에너지의 일부를 상실할 것이다. 이는 전지의 내부저항을 구성한다.

5. 광전지와 부하 사이의 부조화는 생성된 전력의 완전한 이용을 저해할 수도 있다.

14.7 고상접합 광 다이오드

이 절에서는 p-n 접속점과 이들을 이용하여 빛을 전기 에너지로 전환하는 것에 대하여 논의할 것이다.

p-n 접속점에 대한 보다 상세한 논의는 da Rosa(1989)를 참조하자. 반도체에 대한 좀 더 기본적인 소개를 필요로 한다면 이 장의 부록 B를 읽을 수 있다.

근접한 병렬구조의 두 영역들(전자를 쉽게 내어놓을 수 있는 소량의 어떤 외부 원자들이 도입되는 n-영역과 전자를 결합할 수 있는 원자들을 포함하는 p-영역)로 구성되는 하나의 반도체 결정을 고려하여 보자. 이들 외부 원자들이나 도핑제들은 각각 도너(donor) 및 억셉터(acceptor)라고 불린다. 게르마늄 및 실리콘과 같은 반도체의 경우 도너는 인, 비소 및 안티몬과 같은 V열 원소들이고 억셉터는 붕소, 알루미늄, 갈륨 및 인듐과 같은 III열 원소들이다.

전자를 방출한 도너는 양으로 대전되지만 결정에 단단히 부착되어 있으며 전기장의 영향하에서 움직일 수 없다-이는 비이동성 전하를 구성한다. 한편 방출된 전자는 자유전자로서 전기장에서 표류할 수 있어서 (전력의) 음의 캐리어가 된다. 따라서 추가의 전자를 획득한 억셉터는 음으로 대전되지만 역시 비이동성인 반면에 (전자의 제거에 의하여 남겨진) 홀은 표류할 수 있으며 양의 캐리어가 될 수 있다. 홀은 비록 정상적으로는 전자가 있어야 할 곳에 단순히 전자가 없는 경우이지만 양의 질량과 그 절대값이 전자의 전하와 동일한 양의 전하를 갖는 입자로 처리될 수 있다.

접속점의 n-쪽은 양의 도너와 풍부한 자유전자들을 포함하는 반면에 p-쪽은 음의 억셉터와 양의 홀들을 포함한다. n-쪽에 더 풍부한 자유전자들은 p-쪽을 향하여 확산되는 반면에 p-쪽의 홀들은 n-쪽을 향하여 이동한다. 이 입자들이 대전되지 않는다면 확산과정은 그들의 농도가 결정을 통하여 균일해지는 경우에만 중단될 것이다. 대전된 상태에서 그들의 분리는 전기장의 생성을 초래하며 보상 전류는 확산전류와 반대 방향으로 캐리어가 흐르게 하여준다.

표류 전류는 다음과 같이 생성되는 접촉 포텐셜에 의해 유도된다: 이동하는 전자들은 음 전하들을 p-쪽으로 이송할 뿐만 아니라 보상되지 않은 양으로 대전된 도너들을 n-쪽에 남겨둔다. p-쪽으로부터 들어오는 홀들은 n-쪽에서의 양전하의 축적에 기여하며 보상되지 않은 음으로 대전된 억셉터들을 p-쪽에 남겨둔다. 따라서 n-쪽은 양, p-쪽은 음으로 된다†.

바이어스되지 않은 p-n 연결(어떠한 외부 전압도 가해지지 않는 연결)에서 전체 전류는 0인데 이는 확산과 편류 전류 자체가 0이기 때문이 아니라 이 전류들이 정확하게 서로 균형을 맞추고 있기 때문이다. 달리 말하면 접속점에서의 평형은 정적이 아닌 동적이다.

평형은 4가지의 전류들로 이루어진다:

† 접촉 포텐셜은 반도체에만 한정되는 속성이 아니다. 두 가지의 서로 다른 금속이 연결되면 그들 사이에 접촉 포텐셜이 형성된다.

$j_{nD} = -qD_n dn/dx$ (n-쪽에서 p-쪽으로의 전자들의 확산유동)

$j_{nE} = q\mu_n nE$ (p-쪽에서 n-쪽으로의 전자들의 편류유동)

$j_{pD} = -qD_p dp/dx$ (p-쪽에서 n-쪽으로의 홀들의 확산유동)

$j_{pE} = q\mu_p pE$ (n-쪽에서 p-쪽으로의 홀들의 편류유동)

이 절에서 사용된 기호들은 다음과 같다:

n, 전자의 농도-단위부피당 자유전자의 수

p, 홀의 농도

N_a, 억셉터의 농도

N_d, 도너의 농도

n_i, 고유 캐리어 농도

D_n, 전자의 확산유동

D_p, 홀들의 확산유동

μ_n, 전자의 운동성

μ_p, 홀들의 운동성

고유 캐리어 농도는 주어진 반도체를 특징짓는 온도에 의존하는 양이다. 이는 다음과 같다:

$$n_i = BT^{3/2}\exp\left(-\frac{W_g}{2kT}\right) \qquad (14.33)$$

위에서 B는 대상 반도체의 전자와 홀들의 유효 질량에 대한 정보로부터 계산할 수 있다. 보통 서로 다른 B 값들의 표를 찾지는 않는다. 대개 누구나 찾게 되는 것은 지정된 온도에서 주어진 반도체에 대한 n_i 값들의 표이다. 이로부터 B가 계산되며 서로 다른 온도에서의 n_i 값들을 찾을 수 있다. 300K에서 대표적인 n_i 값은 실리콘의 경우 $1.5\times10^{10}cm^{-3}$이며 게르마늄의 경우 $2.5\times10^{13}cm^{-3}$이다.

총 흐름 j는 전자와 홀 흐름의 합으로서 장치와 외부 사이의 연결이 없기 때문에 그 값은 0이 되어야 한다:

$$j = j_n + j_p = 0 \qquad (14.34)$$

이 식은 $j_n = -j_p \neq 0$ 이나 $j_n = j_p = 0$으로 둠으로써 만족될 수 있다. 만약 어느 한 쪽의 흐름이 0과 다르면 홀이나 전자들은 접속점의 어느 한 쪽에 축적될 것이다-이는 잠시라도 지속될 수 없는 상황이다. 따라서 각 흐름은 각각 0이 되어야 한다. 달리 말하면 홀들의 표류는 (평형조건에서) 홀들의 확산과 정확하게 일치해야 한다. 이는 전자들에 대해서도 마찬가지이다.

접촉 포텐셜의 크기를 구하려면 위의 식들 가운데 하나를 풀면 된다. 예를 들어 홀 흐름을 취하여 보자:

$$J_p = q\left(\mu_p pE - D_p \frac{dp}{dx}\right) = 0 \tag{14.35}$$

아울러 $E = -dV/dx$이므로

$$\mu_p p \frac{dV}{dX} + D_P \frac{dp}{dx} = 0 \tag{14.36}$$

$$\frac{dp}{p} = -\frac{\mu_p}{D_p} dV = -\frac{q}{kT} dV \tag{14.37}$$

이 식을 p-쪽으로부터 n-쪽까지 적분하면 다음을 얻는다:

$$ln\frac{p_p}{p_n} = [V(p_n) - V(p_p)]\frac{q}{kT} \tag{14.38}$$

외부 전류가 없을 경우 교란받지 않은 결정(접속점으로부터 멀리 떨어진 결정부분)을 통한 전압강하는 없다. 따라서 $V(p_n) - V(p_p)$는 접촉 포텐셜 V_C가 된다:

$$V_C = \frac{kT}{q} ln\frac{p_p}{p_n} \approx \frac{kT}{q} ln\frac{N_a N_d}{n_i^2} \tag{14.39}$$

식 14.39에서의 근사는 $p_n = n_i^2/N_d$일 때에만 유효하다.

보기 14.4

특정 실리콘 접속점의 도핑 농도는 $N_a = N_d = 10^{16} cm^{-3}$이다. 운전온도는 300K이다. 접촉 포텐셜은 얼마인가?

위의 값들은 많은 실리콘 장치들에 대한 대표적인 도핑 수준이다. 실리콘의 1 cm^3에서 총 5×10^{22}개의 실리콘 원자를 찾을 수 있으므로 불순물 정도는 (상대적으로) 매우 작다는 것을 알 수 있다: 즉 실리콘 원자 5백만 개에 대하여 1개의 불순물 원자의 비율이다. 화학적 관점에서 본다면 여기에서는 초순수 실리콘을 다루고 잇는 것이다! 다이오드의 온도는 300K이므로 캐리어 농도는 $n_i=10^{10}cm^{-3}$이다.

식 14.39를 이용하면

$$V_C = \frac{kT}{q} ln\frac{N_a N_d}{n_i^2}$$
$$= \left(\frac{1.38\times10^{-23}\times300}{1.6\times10^{-19}}\right)\ln\left(\frac{10^{16}\times10^{16}}{10^{20}}\right) = 0.72\,V$$

다른 무엇보다도 광전지와 터널 다이오드는 강하게 도핑된 반도체들을 이용한다; 따라서 이들의 접촉 포텐셜은 다소 더 높다.

$N_a = N_d = 10^{19} cm^{-3}$의 도핑 농도에서 접촉 포텐셜은 V_c=1.08V이다.

폐회로를 통한 포텐셜은 (회로의 온도가 균일하다면) 정확하게 상쇄될 것이기 때문에† p-n 접속점에 전압계를 적용하여 접촉 포텐셜을 측정할 수는 없다. 포텐셜이 상쇄되지 않으면 p-n 접속점은 에너지를 전달하는 어떤 외부 부하를 통하여 전류를 유도할 것이다. 이는 0의 온도차에서 유용한 출력을 나타내는 열기관을 구성할 것이다-이는 열역학적으로 불가능하다.

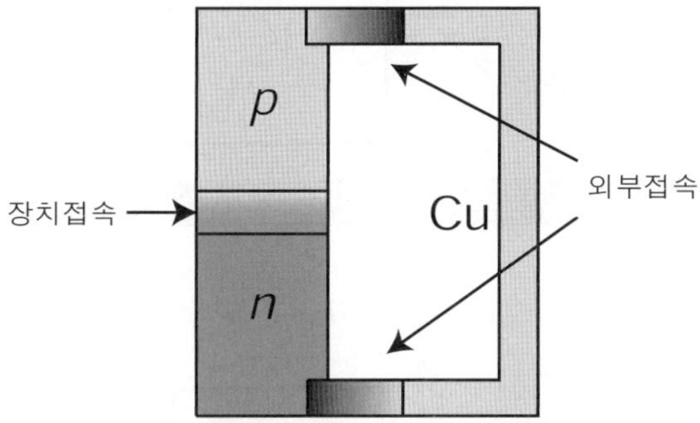

그림 14.13 광 다이오드가 금속선으로 단절되면 두 개의 외부 접속이 형성된다.

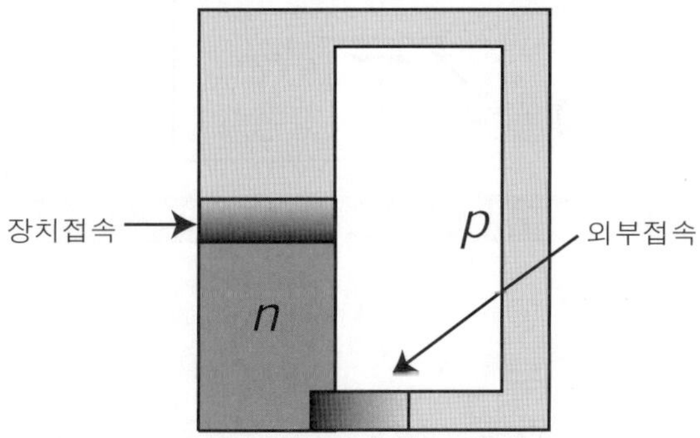

그림 14.14 다이오드가 그 자신의 물질로 단절되면 하나의 외부접속이 형성된다.

폐회로에서의 포텐셜이 상쇄되어야 한다는 사실을 알아보는 다른 방법은 p-n 접속점의 자유로운 말단부 사이의 임의의 연결은 다음에 설명하는 바와 같이 그 전압이 원래 전압과 반대되는 적어도 하나의 추가적인 외부 접속을 포함해야 한다는 사실을 고려하는 것이다. 그림 14.13은 구리선으로 단절된 p-n 접속을 보여주고 있다. 장치 접속 외에도 p-물질과 구리선 사이의 접속 및 구리선과 n-물질 사이의 접속등 두 개의 외부 접속들이 존재한다. 장치의 단절을 위한 개념적으로 더 간단한 방법은 그림 14.14에 나타나 있는데 여기에서 외부 전선은 다이오드의 p-쪽과 동일한 물질로 만들어져 있다. 이제 p-선과 n-물질 사이에 하나의 외부 연결이 존재한다. 분명히

† 회로를 따라 온도차가 존재하면 제 3장에서 논의한 바와 같이 열전 효과가 나타난다.

두 p-n 접속들(장치 접속과 외부 접속)은 동일한 접촉 포텐셜을 가지며 서로 반대된다. 전기적으로 이 상황은 그림 14.15에 나타나 있다. 명백히 외부 전류는 0이다. 전광식을 달면 상황은 그림 14.16에 보인 바와 같다.

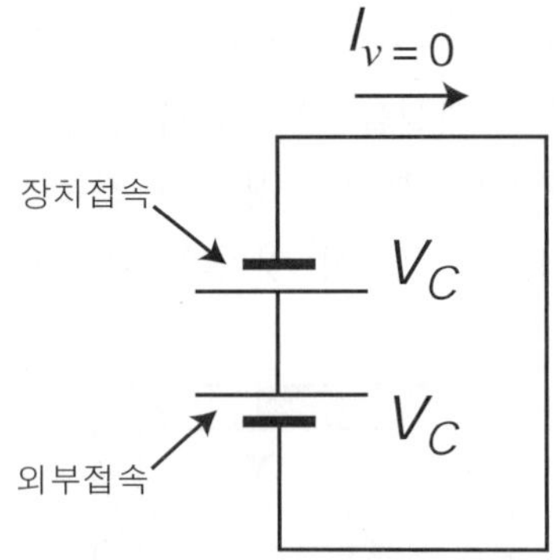

그림 14.15 전광식이 없고 같은 온도에서는 단절된 접속에서 전류는 순환되지 않는다.

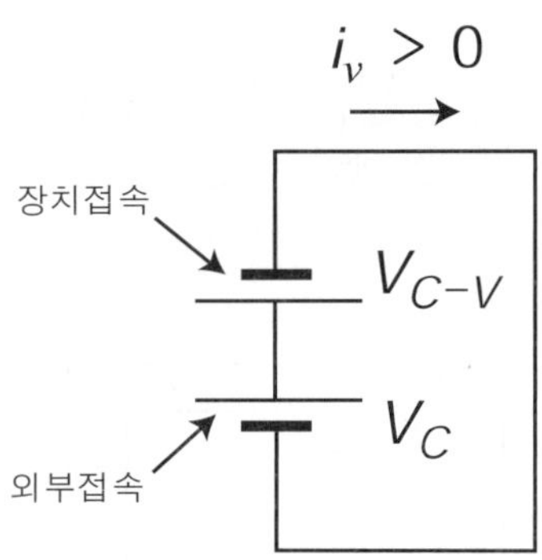

그림 14.16 빛이 장치접속을 통한 포텐셜을 감소시키면 외부 전류가 순환된다.

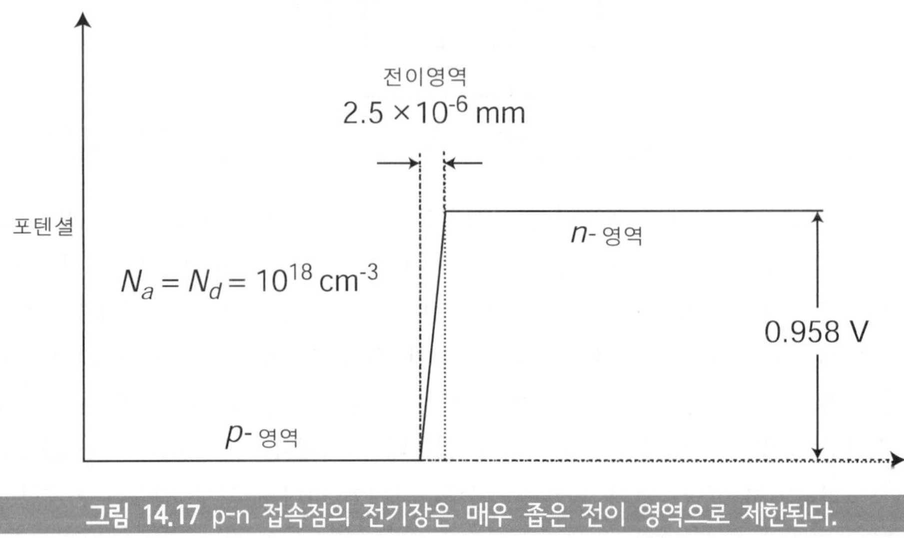

그림 14.17 p-n 접속점의 전기장은 매우 좁은 전이 영역으로 제한된다.

장치가 빛에 노출될 때 무슨 일이 일어나는지를 이해하려면 광 다이오드를 통한 포텐셜을 나타내는 그림 14.17을 살펴본다. 그림에 보인 값들은 양 쪽이 동일하게 도핑처리(cm^3당 10^{18}개의 도핑제 원자)된 Si 다이오드에 해당된다. 상온에서 접촉 포텐셜은 0.958V이며 n-영역은 p-영역에 대하여 양이다. 장치의 포텐셜은 폭이 겨우 $2.5\times10^{-6}cm$이며 380,000V/cm의 강한 전기장을 갖는 좁은 전이영역을 제외하고는 균일하다.

전기장이 잔자들을 해당되는 홀들로부터 분리시키지 않으면 빛은 τ의 짧은 수명 후에 재결합될 엑시톤들을 생성한다. 전이 영역이 좁기 때문에 너무 많지 않은 전자-홀 쌍들은 영역 자체내에 생성된다. 대부분은 영역의 근처에 생성되며 이들은 무작위로 움직이기 때문에 분리가 일어나는 높은 전기장으로 뛰어들 기회를 갖는다: 음으로 대전된 p-영역에서 생성된 전자들은 n-쪽으로 표류하여 그 쪽의 양성을 감소시키는 요인이 된다. 같은 이유로 양으로 대전된 n-영역에서 생성된 홀들은 p-영역으로 표류하여 그 영역의 음성을 저하시키는 요인이 된다. 따라서 빛은 접촉 포텐셜을 감소시키는 효과를 가지는데 이는 이를테면 그림 14.16에 보인 바와 같이 V_c-v가 된다. 곧 논의하게 되는 바와 같이 외부 접속은 빛에 민감하지 않으므로 여전히 V_c의 접촉 포텐셜을 가지며 더 이상 두 접촉 포텐셜이 정확하게 상쇄되지 않는다. 또한 광 다이오드의 출력을 구성하는 실제 외부전압 v가 나타날 것이다. 아울러 전류 I_v가 표시된 방향의 쇼트를 통하여 흐르게 될 것이다.

장이 없는 영역에서 생성된 전자-홀 쌍들이 전이영역에 도달하려면 충분히 긴 시간동안 생존해야 한다-즉 그들의 수명 τ는 충분히 커야 한다. 만일 수명이 작다면 이 쌍들은 재결합되어 광다이오드의 출력에 아무런 기여도 하지 못할 것이다. τ가 클수록 장치의 효율은 더 커진다.

따라서 결함이 있으면 τ가 감소되므로 다이오드가 만들어지는 물질은 결함이 없도록 하는 것이 매우 중요하다. 한편 외부 접속은 의도적으로 τ가 극히 낮도록 만들어져 있으며 따라서 빛에 매우 둔감하다†.

외부 전류의 통상적인 방향은 장치의 p-쪽(양극)으로부터 n-쪽(음극)을 향한다. 그 크기는

$$I_v = q\varnothing_g AA \qquad (14.40)$$

혹은

$$J_v = q\varnothing_g A/m^2 \qquad (14.40a)$$

이다. 여기에서 q는 전자의 전하이고 φg 는 밴드-갭 에너지 W_g보다 더 큰 에너지를 갖는 광자의 플럭스이며 A는 접속부의 활성 면적이다. 이에서는 100%의 양자 효율을 가정하고 있다-각 광자는 접속점의 포텐셜 장벽에 도달할 수 있는 하나의 전자-홀 쌍을 생성한다.

쇼트회로 전류는 광자 플럭스에 비례하며 그 측정에 사용될 수 있다. I_v의 약한 온도 의존성이 존재하지만 이는 투사광이 단색광이 아닐 경우에만 해당된다. 이는 온도에 따른 밴드-갭 에너

† 전선을 다이오드에 납땜하는 작업으로부터 이 접속부가 아무런 가치가 없을 정도로 τ를 줄이기에 충분한 결함이 생성될 것이다.

지의 작은 변화로부터 비롯된다. 온도가 높을 수록 이 에너지는 더 작아지고 따라서 공유결합을 교란시켜서 전류를 생성하기에 충분한 에너지를 갖는 스펙트럼 부분이 더 커진다.

쇼트회로 광 다이오드는 그림 14.18에 보인 바와 같은 쇼트된 전원으로 나타낼 수 있다. 그러나 만일 쇼트가 부하 R_L로 대체된다면 그를 통하여 전압 $V_L=I_LR_L$이 나타날 것이다. 이 전압은 다이오드를 통하여 전류 I_D를 유도할 것이다. 그림 14.19를 참조하자.

분명히

$$I_L = I_v - I_D \tag{14.41}$$

위에서 I_D는 다이오드를 통한 전압 V_L의 함수이다. I_D와 V_L 사이의 함수관계를 알 필요가 있다.

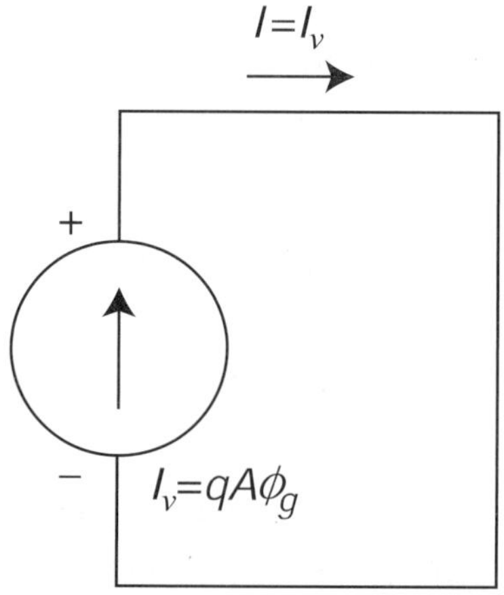

그림 14.18 쇼트된 회로 다이오드는 전원으로 나타낼 수 있다.

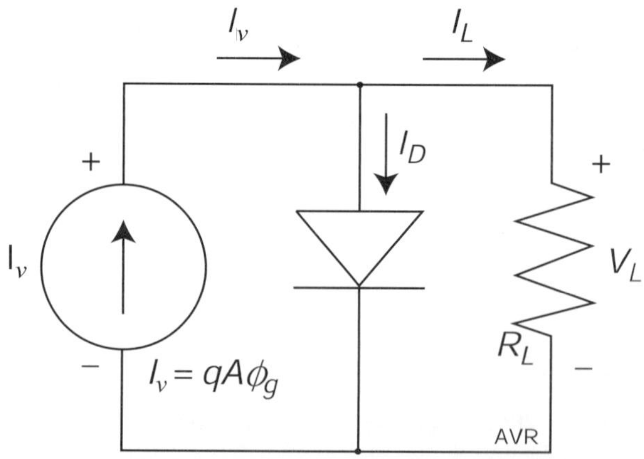

그림 14.19 저항성 부하를 갖는 이상적인 광 다이오드의 모델.

바이어스되지 않은 다이오드의 경우 확산과 편류 흐름 사이에는 균형이 이루어짐을 알았다: 이들은 서로 상쇄된다. 외부 전압(바이어스)이 적용되면 접속부에서의 포텐셜 장벽은 달라진다.

그 바이어스가 원래의 장벽을 강화시킨다면 단지 소량의 전류(역 포화 전류) I_0만이 흐른다. 바이어스가 전향이면-즉 포텐셜 장벽이 낮아지면-상당한 전류가 흐른다. 이러한 전향 전류는 양의 전압이 장치의 p-쪽에 적용될 때 발생한다-즉 전향 전류의 (통상적인) 양의 방향은 p-쪽 내로 향한다. 다이오드는 적용된 전압에 대하여 뚜렷한 비대칭 모양으로 거동한다.

전자공학에 대한 임의의 초보적인 교과서에서 제시되는 바와 같이 p-n 다이오드를 통하는 전류는

$$I_D = I_0\left[\exp\left(\frac{qV}{kT}\right) - 1\right] \tag{14.42}$$

이다.

그림 14.20b는 적용된 작은 바이어스에 대한 p-n 다이오드의 V-I 특성을 보여준다.

만약 |V| 가 kT/q보다 매우 크며 V〈0이면 지수항은 1과 비교할 때 무시할 수 있게 되고 I_D는 $I = -I_0$에서 포화된다. 즉 전류는 적용되는 전압과는 무관하게 된다. 실온에서는 kT/q =0.026V이므로 -0.1V 정도의 작은 전압에 대해서도 포화가 일어난다.

적용된 전압이 양이고 kT/q보다 매우 크다면 지수항이 지배하게 되며 전류는 전압에 따라 지수적으로 증가한다. 0.5V 정도로 작은 양의 바이어스는 다이오드를 통하는 전류가 $2 \times 10^8 I_0$로 성장하게 하여준다. 역 포화 전류 I_0는 적정한 전향 바이어스 존재 하에서 다이오드 전류와 비교할 때 지극히 작은 양이다.

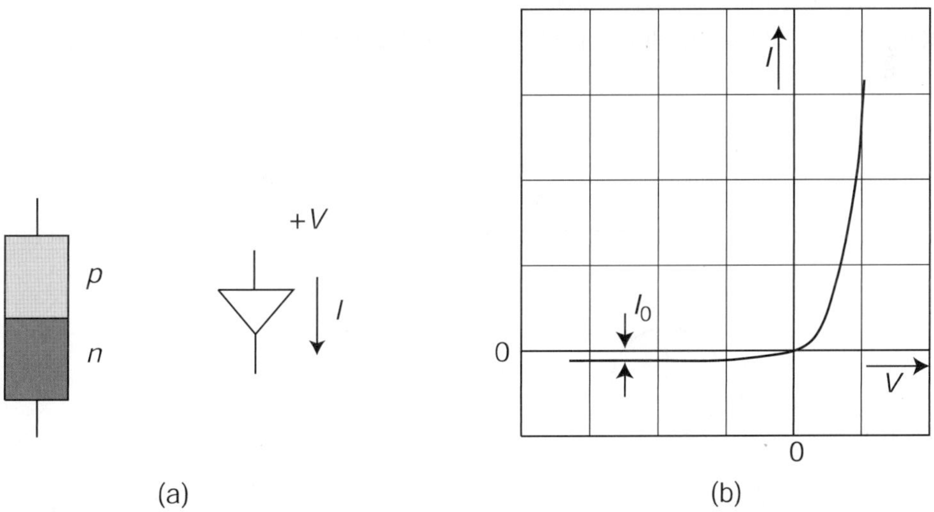

그림 14.20 p-n 다이오드의 V-I 특성.

식 14.42를 식14.41에 적용하면

$$I_L = I_v - I_o\left[\exp\left(\frac{qV}{kT}\right) - 1\right] \tag{14.43}$$

다이오드를 통하여 흐르는 전류 I_D는 일부 전류를 부하로부터 전한시킨다. I_D가 작을수록 부하를 통하여 더 많은 전류가 흐르며 아마도 다이오드는 효율이 더 좋아질 것이다. I_D는 I_0에 비례함을 주목하자(식 14.42). 이는 가능한 가장 작은 역 포화 전류 I_0를 갖는 광 다이오드를 구성하기 위한 막대한 노력을 설명하여 준다.

식 14.43으로부터

$$V = \frac{kT}{q} ln\left[\frac{I_v - I_L}{I_o} + 1\right] \tag{14.44}$$

실제 다이오드는 내부 저항 R_s를 가지는데 이는 부하를 통한 전압을

$$V_L = \frac{kT}{q} ln\left[\frac{I_v - I_L}{I_o} + 1\right] - I_L R_s \tag{14.45}$$

로 떨어뜨리는 요인이 된다.

첫 번째 근사로서 광 다이오드는 전류 발생기로 작용한다. 이는 저전압 고전류 장치이다; 여러 개가 직렬로 연결되어 실제적인 전압 수준을 생성한다. 그러한 연결에는 어려움이 있다.

직렬연결을 통하는 전류는 가장 약한 다이오드에 의해 생성되는 전류이다. 직렬로 연결된 많은 다이오드들로 구성되는 태양광 패널의 일부를 그늘지게 하면 전체 출력이 급격하게 감소될 수 있다.

한 가지 해결책은 수많은 작은 다이오드들을 직렬로 연결시키는 것인데 이는 다음에 병렬로 되어 유용한 전류를 생성하게 된다. 이 경우 부분적인 그늘짐은 제한된 수의 다이오드들만을 무능화시킬 것이다.

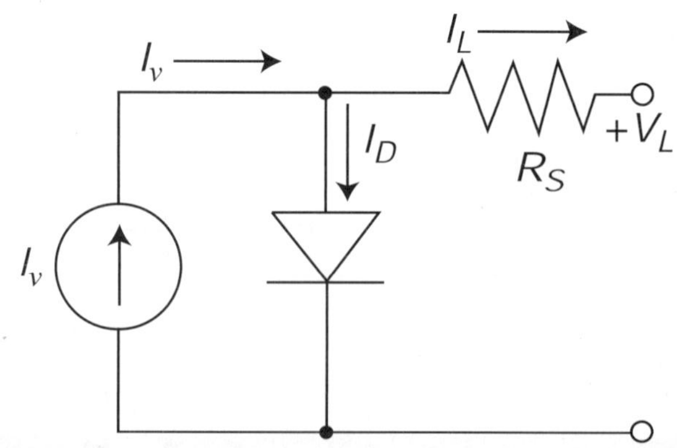

그림 14.21 실제 광 다이오드의 회로 모델.

광 다이오드의 열린회로 전압은 식 14.45에서 $I_L = 0$으로 두어 얻어진다:

$$V_{oc} = \frac{kT}{q} ln\left(\frac{I_v}{I_o}+1\right) \approx \frac{kT}{q} ln\left(\frac{I_v}{I_o}\right) \tag{14.46}$$

전압은 I_v/I_0 비에 의존한다. 두 전류들은 접속부의 단면에 비례한다; 따라서 그들의 비율은 단면에 의존하지 않는다. 이는 광 플럭스(광 파워밀도)와 다이오드의 특성에 따라 좌우된다. 이 비율은 대체로 실리콘에서 $1000\,W/m^2$당 10^7 정도이다. 300K에서 이는 0.42V의 열린회로에 상응한다.

대수 의존성으로 인하여 열린회로 전압은 광 파워밀도의 변화에 따라 천천히 변화하며 편리한 광도계 측정장치는 되지 못한다.

광 다이오드의 V-I 특성은 그림 14.22에 보인 바와 같이 식 14.45를 도시하여 얻을 수 있다. 전류는 I_0로 나누어 정규화시켰다. 10^6, 5×10^6 및 10^7의 I_v/I_0에 해당하는 세 가지의 조명 수준들이 나타나 있다.

그림에서 가장 높은 조명 수준의 경우 직렬 저항이 없는 다이오드 특성 외에도 $R_s = 7.5\times10^{-9}/I_0\ ohm$의 정규화된 저항을 갖는 다이오드에 대한 곡선을 함께 도시하였다.

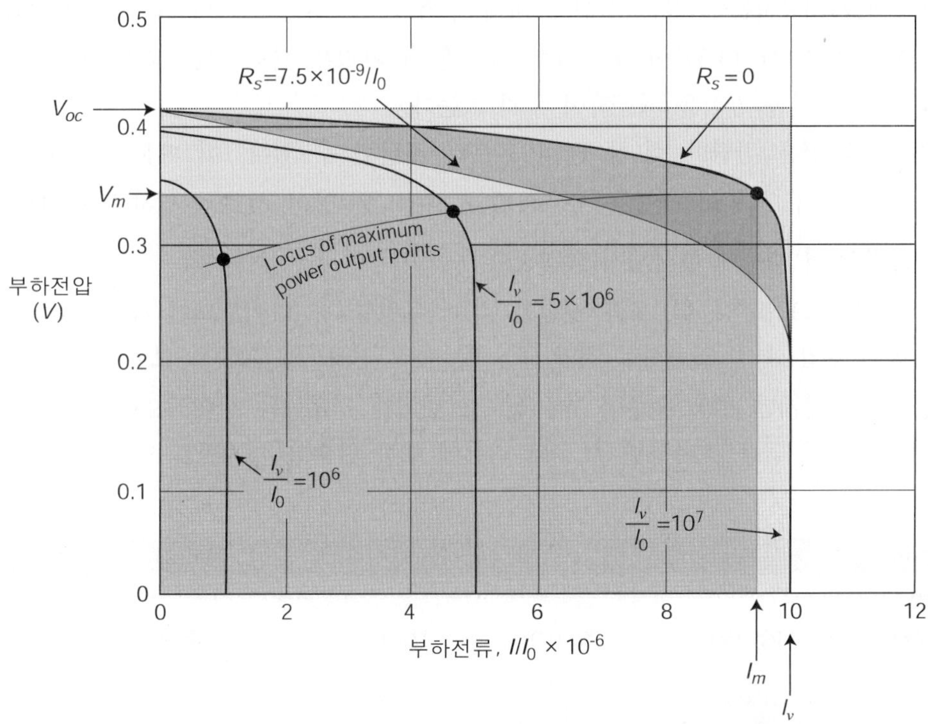

그림 14.22 대표적인 광 다이오드의 V-I 특성.

광 다이오드가 부하에 전달하는 동력은 무엇보다도 부하저항의 값에 따라 좌우된다. 최적의 작동점은 특정 전압 V_m 및 이에 상응하는 전류 I_m에서 얻어진다. 이 점들은 그림 14.22에서 작고 검은 원들로 표시되어 있다.

곡선 아래의 면적은 동력의 차원을 갖는다. 크고 짙은 회색 사각형은 곱 $V_m \times I_m$(이상적으로 조화된 부하가 이용되는 경우 다이오드가 전달할 수 있는 최대 출력)을 나타내는 반면에 밝은 회색 사각형은 곱 $V_{oc} \times I_v$를 나타낸다. 이들 두 면적 사이의 비는 충진 인자 F_f라고 불린다. 두 회색 면적들은 그림에 나타나는 최고 수준의 조명인 $I_v/I_0 = 10^7$의 경우이다. V_m과 I_m은 직렬저항이 없는 다이오드에 대한 것이다.

$$F_f = \frac{V_m \times I_m}{V_{oc} \times I_v} \tag{14.47}$$

굴곡진 경계를 갖는 회색 영역은 직렬저항이 없는 다이오드의 특성과 주어진 직렬저항을 갖는 다이오드의 특성들 사이의 면적의 차이에 해당된다. 이 면적은 내부 저항과 연관되는 손실을 나타낸다. 분명히 직렬저항이 작을수록(즉 손실이 작을수록) 충진 인자는 더 커진다. 이 인자는 주어진 다이오드가 얼마나 가깝게 $V_{oc} \times I_v$에 접근하는지를 나타내어 준다.

광 다이오드로부터 얻을 수 있는 최대 파워가 조명의 수준 및 온도와 같은 서로 다른 파라미터들의 수에 따라 어떻게 좌우되는가에 대하여 의문을 가지는 것이 중요하다. 물론 이는 V_m과 I_m에 대한 식을 이용하는 수많은 실험에 의해 수행될 수 있다. 그러나 V_m의 계산에는 해석적으로 풀 수 없는 식(식 14.51)이 포함되기 때문에 이 과정은 서로 다른 파라미터들의 영향들을 평가할 수 있는 간단한 공식을 제공하여 주지 않는다.

한편 $V_{oc} \times I_v$ 곱은 간단한 식(식 14.49)로부터 계산될 수 있다. 이 때문에 다음 논의에서는 $V_{oc} \times I_v$ 곱으로부터 $P_{L_{max}}$의 거동을 유추하였다. 이들 두 양이 서로 엄밀하게 비례한다면 이는 전적으로 옳지만 이 경우에 해당되지는 않는다.

표 14.4는 $10^{-7} A/m^2$의 역 포화 전류를 갖는 무저항 광 다이오드에 대한 최대 동력 전류 I_m, 최대 동력 전압 V_m, 열린회로 전압 V_{oc} 및 충진 인자 F_f 값들을 보여주고 있다. 비록 그 비율은 일정하지 않지만 투광 수준이 3배 정도로 변하는 경우에는 상대적으로 거의 변하지 않는다. 따라서 $V_{oc} \times I_v$ 곱을 조사하면 $P_{L_{max}}$의 거동에 대한 단순화된 직관을 얻게 된다.

표 14.4 투광 수준의 함수로 나타낸 충진인자.

I_ν (A)	V_{oc} (V)	V_m (V)	I_m (A)	충진인자 $\frac{V_m \times I_m}{V_{oc} \times I_v}$
0.1	0.358	0.293	0.092	0.752
1	0.417	0.348	0.931	0.777
10	0.477	0.404	9.40	0.796
100	0.537	0.461	94.7	0.813

광 다이오드의 효율적인 조작에 관한 4가지의 중요한 관점이 있다:

1. 동일한 경우를 제외한 모든 경우에 있어서 광 파워밀도의 증가에 따라 광 다이오드의 효율이 증가한다.

유입 광 파워밀도 P_{in}의 효과에 대한 정성적인 통찰을 얻기 위하여 다음 사실들을 고려하여 보자:

열린회로 전압 V_{oc}는 이전에 살펴본 바와 같이

$$V_{oc} = \frac{kT}{q} ln\left(\frac{I_v}{I_o}\right) \tag{14.48}$$

곱 $I_v V_{oc}$는

$$I_v V_{oc} = I_v \frac{kT}{q} ln\left(\frac{I_v}{I_o}\right) \tag{14.49}$$

I_v는 유입 광 파워밀도 P_{in}에 비례하며 V_{oc}는 I_v에 대하여, 따라서 P_{in}에 대하여 대수적으로 증가하므로 곱 $I_v V_{oc}$는 P_{in}에 대하여 선형관계보다 더 빠르게 커진다.

광 다이오드의 출력은 곱 $I_v V_{oc}$의 거동을 따른다는 사실을 수용한다면 P_{in}의 증가는 아마도 P_{out}에 따른 비례관계 이상의 증가를 초래할 것이다. 즉 효율은 P_{in}에 따라 증가한다.

다음에 보인 바와 같이 보다 엄밀하게 동일한 결론에 도달할 수 있다.

다이오드에 의해 전달된 동력은

$$P = VI = VI_v - VI_o[\exp(qV/kT) - 1] \tag{14.50}$$

$V = V_m$이어서 $dP/dV = 0$인 경우 최대 동력이 흐르며 이에 따라 수치적으로 풀어야 하는 어려운 식이 얻어진다:

$$\left(1 + \frac{qV_m}{kT}\right)\exp\left(\frac{qV_m}{kT}\right) = J_v/J_o + 1 \tag{14.51}$$

이는 전류로부터 전류밀도로 전환된 것이다.

위 방정식의 근사해를 나타내는 실험식은

$$V_m = V_A \ln\left(\frac{P_{in}}{V_B J_o}\right) \tag{14.52}$$

위에서

$$V_A = 2.2285 \times 10^2 - 139.9 \times 10^{-6} \ln J_o - 2.5734 \times 10^{-6} (\ln J_o)^2 \tag{14.53}$$

$$V_B = 4.7253 - 0.8939 \ln J_o \tag{14.54}$$

그림 14.22를 살펴보면 최적 운전조건은 그림에서 원으로 나타낸 바와 같이 V-I 특성의 모서리 근처에 위치해야 함을 알 수 있다.

식 14.43으로부터

$$J_m = J_v - J_o\left[\exp\left(\frac{qV_m}{kT}\right) - 1\right] \tag{14.55}$$

위에서 J_m은 $V = V_m$일 때의 전류밀도이다.

다이오드가 부하에 전달할 수 있는 (단위 활성면적당) 최대 출력은

$$P_m = V_m J_m \tag{14.56}$$

이며 (부하가 광 다이오드와 적절히 조화되는 경우) 최대 효율은

$$\eta_m = \frac{V_m J_m}{P_{in}} \tag{14.57}$$

이다.

14.2 절에서 우리는 장치와 무관한 이상적인 효율 η_{ideal}을 반도체의 밴드-갭 W_g와 스펙트럼 분포만의 함수로 정의하였다. 이전에 정의한 이상적인 다이오드 효율 η_m은 0이 아닌 역 포화 전류 I_0를 갖는 이상적인 광 다이오드의 경우를 고려한다. 설계자는 I_0를 가능한 한 작게 하려고 노력하지만 사라질 정도로 작게 만들 수는 없다(14.7.1 절을 참조). I_0를 0으로 취한다면 다이오드는 (우회 다이오드가 없는) 간단한 전류 발전기로 모델링할 수 있으며 전류 발전기는 무한 저항으로 전류를 전달할 수 는 없기 때문에 어떠한 열린회로 전압도 정의될 수 없다. 한편 p-n 다이오드가 작용하는 방식으로부터 출력 전압은 접촉 포텐셜 V_C로 제한됨을 알 수 있다. 이 경우 $I_0 \to 0$에 따라 $J_m \to J_v$ 및 $V_m \to V_C$이며 부하로 전달되는 (단위 활성면적당) 동력은 $P_L = I_v V_C$라고 말할 수 있다. V_C 값은 식 14.39로부터 얻을 수 있다. 따라서

$$P_{L_{\max}} = J_v \frac{kT}{q} ln \frac{N_a N_d}{n_i^2} \tag{14.58}$$

그러나 $J_v \propto P_{in}$이다. 이 관계는 후에 보기 14.5에서 예시된다. 이제 γ를 J_v와 P_{in} 사이의 일정한 비례상수라 하면

$$P_{L_{\max}} = \gamma P_{in} \frac{kT}{q} ln \frac{N_a N_d}{n_i^2} \tag{14.59}$$

이며 효율은

$$\eta_m = \gamma \frac{kT}{q} ln \frac{N_a N_d}{n_i^2} \tag{14.60}$$

이 될 것이다.

N_a나 N_d가 가질 수 있는 가장 큰 값은 실리콘의 경우 $10^{19} atoms/cm^3$이다. 실리콘은 cm^3 당 약 $5 \times 10^{22} atoms$의 원자농도를 가짐을 상기하자. 이는 실리콘에서 대부분의 도핑제들의 용해도 한계이다. 도핑제들의 농도가 더 커지면 그들 가운데 일부는 가라앉는다. γ=0.399를 이용하면(보기 14.5를 참조하자) 6000-K 흑체 복사의 경우 다음을 얻는다:

$$\eta_m = 0.399\left(\frac{1.38 \times 10^{-23} \times 300}{1.6 \times 10^{-19}}\right)\ln\left(\frac{10^{19} \times 10^{19}}{10^{20}}\right) = 0.43 \tag{14.61}$$

비록 이 결과는 거의 정확하게 6000-K 흑체복사에 노출된 실리콘 광전지의 이상적인 효율이지만 그 정밀도는 의심스럽다. 한 가지 이유는 0의 역 포화 전류는 이론적으로조차도 실현될 수 없다. 나아가 도핑의 최대 수준에 대해서는 아무것도 신비로운 것이 없다. 이는 실리콘에서의 도핑제의 용해도에 의하여 제한되며 상상할 필요도 없이 광전지의 이상적인 효율에 직접 연관될 수 있다.

2. 광 다이오드의 효율은 역 포화 전류의 증가에 따라 감소된다.

$I_v V_{oc}$ 곱의 거동은 $I_m V_m$ 거동을 잘 나타냄을 보였으며 따라서 광 다이오드의 거동을 잘 나타냄을 보였다. 식 14.49에 따르면 I_0의 증가는 $I_v V_{oc}$의 감소, 따라서 아마도 효율의 감소를 초래한다. 아울러 보기 14.5의 수치 실험은 이 결론을 확증하여 준다.

우수한 광 다이오드는 I_0가 최소가 되도록 설계된다. 이는 14.8 절에서 논의되는 바와 같이 다음에 의해 이루어질 수 있다:

1. 고도로 도핑된 반도체의 사용.
2. 소수 캐리어 수명을 가능한 가장 크게 하려는 노력.

보기 14.5

6000K 흑체로부터의 복사에 노출된 경우 이상적인 실리콘 광 다이오드의 효율은 광 파워밀도 및 역 포화전류 밀도 J_0에 따라 어떻게 변하는가?

이 문제에 답하기 위해서는 다수의 식들을 수치적으로 풀어야 한다. 이를 위해 스프레드쉬트는 탁월한 플랫폼이 된다.

P_{in}에 대한 값과 J_0에 대한 값을 하나 선택하는 것으로 시작하자. 다음을 이용하여 해당되는

효율을 계산한다:

$$\eta_m = \frac{V_m J_m}{P_{in}} \tag{14.62}$$

J_0를 증가시키고 η_m을 다시 계산한다. 원하는 모든 J_0 값들이 이용된 후 새로운 P_{in}을 선택하고 전체 과정을 되풀이한다.

η_m을 계산하기 위하여 V_m과 I_m을 선택된 파라미터 P_{in}과 J_0의 함수로 나타낼 필요가 있다.

V_m을 계산

이 파라미터들이 주어진다면 다음으로부터 V_m을 계산한다:

$$V_m = V_A \ln\left(\frac{P_{in}}{V_B J_o}\right) \tag{14.52}$$

위에서

$$V_A = 2.2285 \times 10^2 - 139.9 \times 10^{-6} \ln J_o - 2.5734 \times 10^{-6} (\ln J_o)^2 \tag{14.53}$$

$$V_B = 4.7253 - 0.8939 \ln J_o \tag{14.54}$$

I_m을 계산

$$J_m = J_v - J_0\left[\exp\left(\frac{qV_m}{kT}\right) - 1\right]$$

을 이용한다. 이를 위하여 J_v를 P_{in}의 함수로 나타낼 필요가 있다.

식 14.25로부터

$$\sigma = 0.416 \int_{\frac{qVq}{kT} = 2.1256}^{\infty} \frac{x^2}{e^x - 1} dx = 0.416 \times 1.3405 = 0.5577 \tag{14.63}$$

정적분의 값은 부록 A로부터 얻어진다.

식 14.25로부터

$$\varnothing_g = \sigma \varnothing = 0.5577 \varnothing \tag{14.64}$$

식 14.16으로부터

$$\varnothing = \frac{P_{in}}{223.7 \times 10^{-21}} \tag{14.65}$$

$$\varnothing_g = 0.5577\frac{P_{in}}{223.7\times10^{-21}} \tag{14.66}$$

$$J_v = q\varnothing_g = 1.6\times10^{-19}\times0.5577\frac{P_{in}}{223.7\times10^{-21}} = 0.399P_{in} \tag{14.67}$$

$$J_m = 0.399P_{in} - J_o\left[\exp\left(\frac{qV_m}{kT}\right) - 1\right] \tag{14.68}$$

이 공식들을 이용하여 6000-K 흑체로부터의 복사(대체로 태양으로부터의 복사)에 노출된 실리콘 광 다이오드의 이상적인 효율을 계산하였다.

이 과정은 여러 가지 값의 역 포화 전류밀도와 다양한 광 파워밀도에 대하여 수행되었다. 그 결과는 표 14.5에 제시되어 있으며 그림 14.23에 도시되어 있다.

그림 14.23으로부터 효율은 조명수준에 대하여 대수적 의존성을 지니며 역 포화 전류가 증가하면 효율이 감소함을 알 수 있다.

표 14.5.

$J_0(nA/m^2)$→	10	20	50	100	200	500	1000
$P_{in}(W/m^2)$ ↓	η_m	η_m	η_m	η_m	η_m	η_m	η_m
10	0.1637	0.1570	0.1482	0.1415	0.1349	0.1261	0.1195
20	0.1704	0.1637	0.1548	0.1482	0.1415	0.1327	0.1261
50	0.1793	0.1726	0.1637	0.1570	0.1503	0.1415	0.1349
100	0.1860	0.1793	0.1704	0.1637	0.1570	0.1482	0.1415
200	0.1928	0.1860	0.1771	0.1704	0.1637	0.1548	0.1482
500	0.2017	0.1950	0.1860	0.1793	0.1726	0.1637	0.1570
1000	0.2085	0.2017	0.1928	0.1860	0.1793	0.1704	0.1637
2000	0.2153	0.2085	0.1996	0.1928	0.1860	0.1771	0.1704
5000	0.2243	0.2175	0.2085	0.2017	0.1950	0.1860	0.1793
10000	0.2311	0.2243	0.2153	0.2085	0.2017	0.1928	0.1860
20000	0.2379	0.2311	0.2221	0.2153	0.2085	0.1996	0.1928
50000	0.2469	0.2401	0.2311	0.2243	0.2175	0.2085	0.2017
100000	0.2538	0.2469	0.2379	0.2311	0.2243	0.2153	0.2085

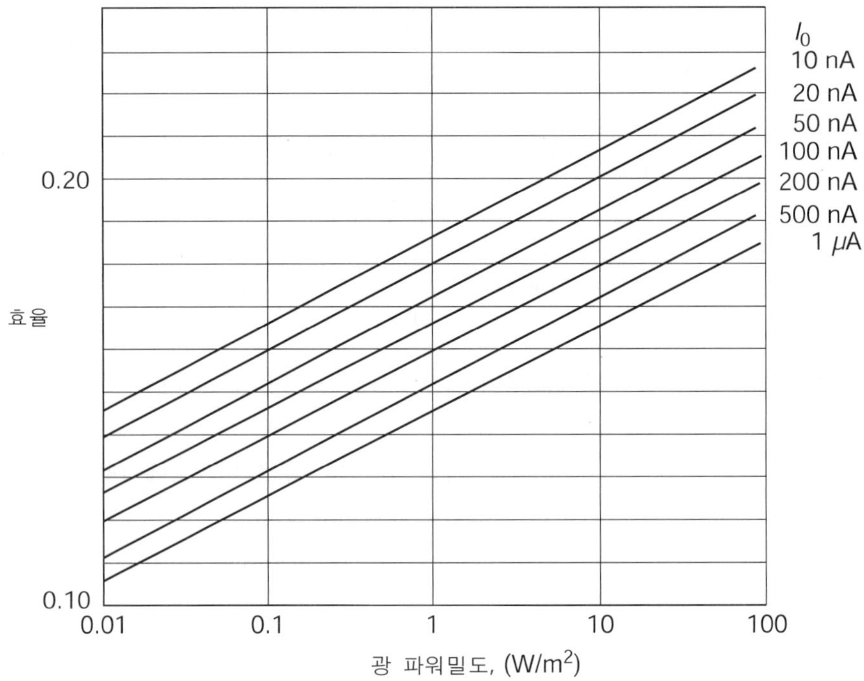

그림 14.23 6000-K 흑체복사에 노출된 무손실 실리콘 광 다이오드의 효율은 광 파워밀도에 따라 대수적으로 증가하며 역 포화전류의 증가에 따라 감소한다.

3. 운전온도가 증가하면 광 다이오드의 효율은 감소한다.

식 14.62는 효율이 V_m에 비례함을 보여주며 V_{oc}가 증가할 경우 V_m 역시 증가하기 때문에 후자의 온도 의존성을 조사하는 것으로 충분하다.

식 14.48을 보면 온도가 변할 때 V_{oc}가 어떻게 되는지 바로 분명하게 드러나지 않는다. kT/q 인자로 인하여 전압은 T에 비례하여 증가하지만 $\ln(I_v/I_0)$ 인자로 인하여 온도는 I_0에 대한 효과를 통해 전압에 반대 방향으로 영향을 미친다. 보다 주의깊은 분석이 수행되어야 한다.

다음 절의 정보를 이용하여 다음과 같이 쓸 수 있다:

$$V_{oc} = \frac{kT}{q} ln\left(\frac{J_v}{J_o}\right) = \frac{kT}{q} ln\left(\frac{I_v}{qAn_i^2\left[\sqrt{\frac{D_p}{\tau_p}}\frac{1}{N_d} + \sqrt{\frac{D_n}{\tau_n}}\frac{1}{N_a}\right]}\right) \tag{14.69}$$

J_0에 대한 식을 삽입한다:

$$J_o = qn_i^2\left[\sqrt{\frac{D_p}{\tau_p}}\frac{1}{N_d} + \sqrt{\frac{D_n}{\tau_n}}\frac{1}{N_a}\right] \tag{14.70}$$

위에서 n_i는 홀과 전자들의 고유 농도이며 N_d와 N_a는 각각 도너와 억셉터 농도이고 D와 τ는 각각 소수 캐리어들의 확산상수 및 수명이다.

소수 캐리어의 수명은 물질의 성질과 수행되는 열처리의 함수이다. 이는 온도에 따라 증가한다(Ross와 Madigan(1957)을 참조). 확산상수 거동은 도핑 수준에 의존한다. 보다 순수한 물질에서는 이는 온도에 따라 감소하는데 (광 다이오드의 경우에서와 같이) 고도로 도핑된 경우 그것은 온도에 따라 증가하기도 한다. D와 τ 에 대한 온도의 복합 효과는 상대적으로 작으며 이러한 일반적인 분석의 경우에는 무시될 것이다. 이에 따라

$$J_o = \Lambda n_i^2 \tag{14.71}$$

위에서 Λ는

$$\Lambda \equiv q\left[\sqrt{\frac{D_p}{\tau_p}}\frac{1}{N_d} + \sqrt{\frac{D_n}{\tau_n}}\frac{1}{N_a}\right] \tag{14.72}$$

고유 캐리어 농도-반도체가 완벽하게(불가능하지만) 순수할 경우단위부피당 전자나 홀들의 수는 다음에 의해 주어진다:

$$n_i = BT^{3/2}\exp\left(-\frac{qV_g}{2kT}\right) \tag{14.73}$$

위에서 V_g는 밴드-갭 전압이며 B는 물질에 따라 달라지는 상수이다.

열린회로 전압에 대한 식은

$$V_{oc} = \frac{kT}{q} ln\left(\frac{J_v \exp\frac{qV_g}{kT}}{\Lambda B^2 T^3}\right) \tag{14.74}$$

이다. 여기에서 T를 제외한 모든 양들은 (완전히, 혹은 거의) 온도에 무관하다. J_v는 온도에 약한 의존성을 가짐을 상기하자.

식 14.74로부터

$$\begin{aligned}\frac{dV_{oc}}{dT} &= \frac{k}{q}\left\{\ln\left[\frac{J_v \exp\left(\frac{qV_g}{kT}\right)}{\Lambda B^2 T^3}\right] - 3 - \frac{qVg}{kT}\right\} \\ &= \frac{k}{q}\left\{\ln\left[\frac{J_v}{J_o(T)}\right] - 3 - \frac{qVg}{kT}\right\} \\ &= \frac{k}{q}\left\{\ln\left[\frac{300^3 J_v}{T^3 J_o}\right] - 3 - \frac{qV_g}{kT}\right\}\end{aligned} \tag{14.75}$$

여기에서 $J_0(T)$는 온도에 의존하는 역 포화 전류밀도로서 $(T/300)^3 J_0$와 같다. J_0는 300K에

서의 역 포화 전류밀도이다.

$$\ln\left[\frac{J_v}{J_o(T)}\right] < 3 + \frac{qV_g}{kT} \tag{14.76}$$

혹은

$$\frac{J_v}{J_o(T)} < \exp\left(3 + \frac{qV_g}{kT}\right) \sim 200 \times 10^{12} \tag{14.77}$$

인 한 dV_{oc}/dT은 음(온도가 증가함에 따라 V_{oc}는 낮아진다)임을 알 수 있다.

대표적인 최소값으로 $qV_g/kT \sim 30$을 이용하였다.

또한 1 sun($1000\,W/m^2$)에 노출된 우수한 광 다이오드의 경우 300K에서 J_v/J_0 비는 대략 10^8임을 알 수 있다. 위의 부등식 관계가 유효하지 않게 되려면 J_v는 2백만 A/m^2에 도달해야 하는데 이는 명백히 불가능하다. 따라서 모든 가능한 상황에서 온도가 증가함에 따라 V_{oc}는 감소한다.

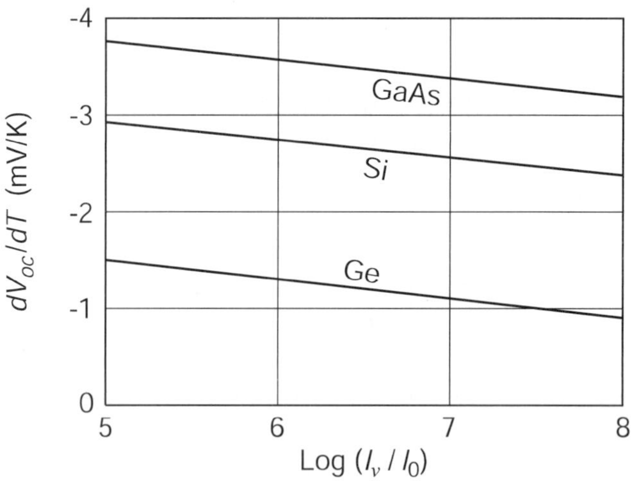

그림 14.24 열린회로 전압의 온도계수.

세 가지 서로 다른 반도체들에 대하여 조명 수준에 대한 dV_{oc}/dT의 이론적인 의존성이 그림 14.24에 나타나 있다. 이 그래프는 식 14.75에 근거하고 있다.

다음 사실들은 명백하다:

1. 열린회로 전압의 모든 온도 계수들은 음이다; 다시 말하면 모든 경우에 있어서 T의 증가는 V_{oc}의 감소를 초래하며 따라서 출력과 효율의 감소를 초래한다.
2. 밴드-갭이 클수록 열린회로 전압의 (절대값은) 더 커진다; 아울러
3. 조명도가 클수록 온도계수는 더 작아진다.

실제로 측정된 실리콘 광 다이오드의 열린회로 전압은 그림 14.25에 나타나 있다(Rappaport (1959)를 참조). 관찰된 온도계수는 약 2mV/K로서 식 14.75에 의해 대략 예측되는 값이다.

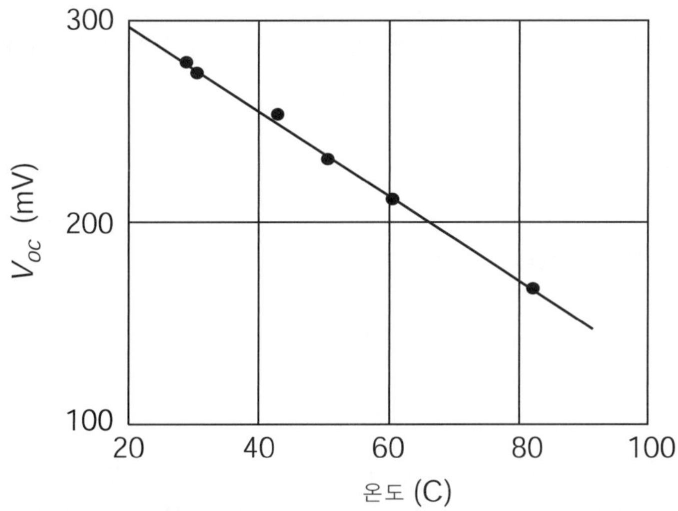

그림 14.25 열린회로 전압의 관찰된 온도변화.

불행히도 Rappaports의 측정에 사용된 온도와 조도에 관한 정보가 없으므로 예측값과 측정값 사이에 좀 더 정밀한 비교가 이루어질 수 없다.

농도 비율이 크면(즉 광 파워밀도가 크면) 높은 효율이 얻어진다. 그러나 농도가 증가하면 다이오드의 조작온도가 올라가는 경향이 있어서 성능이 저하된다. 따라서 높은 농도에서 효과를 보려면 적절한 냉각이 필요하다. 이 경우 보다 큰 열 전도도를 갖는 실리콘은 갈륨비소에 비하여 유리하다.

때로는 열을 제거하여 주는 얇은 물의 층 아래에서 다이오드를 조작하는 것이 가능하다.

4. 최대 효율을 위해서는 부하는 광 다이오드와 일치되어야 한다.

우수한 효율을 원한다면 광 다이오드는 I_m 부근에서 작동되어야 한다. 이는 각 조명수준에 대하여 최적의 부하는 서로 다른 저항을 가져야 한다는 것을 의미한다.

기대되는 가장 큰 광 파워밀도 $P_{in_{max}}$에서 작동되는 광 다이오드를 고려하여 보자. 적절히 조화되는 부하는 다이오드가 최대 출력, 즉 식 14.51에 의해 정의되는 부하전압 V_m으로 작동되도록 하여주는 부하이다. 상응하는 부하전류 I_m은 식 14.55로부터 얻을 수 있다. 높은 전류에서 거의 수직인 다이오드의 특성으로 인하여 $I_m \approx I_v$임을 주목하자.

부하는

$$R_L = \frac{V_{m_{max}}}{I_{m_{max}}} \tag{14.78}$$

로 조정되어야 하며 전달되는 동력은

$$P_{L_{MAX}} = I_{m_{\max}}^2 R_L \approx I_{v_{\max}}^2 R_L \tag{14.79}$$

이다. 이제 광 다이오드를 $P_{in} = \lambda P_{in_{\max}}$의 광 파워밀도에 노출시켜 보자. 여기에서 λ는 1보다 작은 양이지만 동일한 부하저항 R_L을 유지해야 한다. 쇼트회로 전류 I_v는 P_{in}에 엄밀하게 비례하며

$$I_v = \lambda I_{v_{\max}} \tag{14.80}$$

가 된다. 부하에 전달되는 동력은 $I_L \approx I_v$이므로

$$P_L = I_L^2 R_L \approx \lambda^2 I_{v_{\max}} R_L \tag{14.81}$$

이다.

달리 말하면 부하 저항이 일정할 경우 전달되는 전력은 태양 동력 밀도의 비율의 제곱에 따라 낮아진다. 그러므로 최대 예상조명이 이를테면 1000 W/m^{2}이고 이들 조건에 맞도록 부하가 조정된다면 조명이 100W/m^{2}로 떨어지는 경우 dc 출력은 이전 값의 1 %까지 낮아진다. 반면에 만약 부하저항이 "주화된" 조건에서 작동이 야기되도록 변경된다면 dc 동력은 10% 까지만 낮아질 것이다.

비 태양추적 태양광 시스템은 하루에 걸쳐 조명이 광범위하게 변동하기 때문에 광 다이오드의 요구조건에 맞도록 부하 특성을 자동적으로 조정하는 장치(부하 추적기)를 이용하는 것이 중요하다.

14.7.1 역 포화전류

다이오드에서의 역 포화전류는 홀에 의한 포화전류 I_{p0}와 전자에 의한 포화전류 I_{no}의 합이다. 간단한 p-n 다이오드 이론으로부터 다음 식을 얻는다:

$$I_o = I_{po} + I_{no} = qA\left(\frac{D_p}{L_p}p_n + \frac{D_n}{L_n}n_p\right) \tag{14.82}$$

확산거리 L에 대한 확산상수 D의 비율은 속도의 차원을 가지므로 캐리어 농도(p_n이나 n_p)를 곱하면 확산 플럭스가 된다. qA를 곱하면(A는 접속부 면적) 플럭스가 전류로 변환된다.

L과 D는 소수 캐리어 수명 τ에 의해 서로 연관된다:

$$L = \sqrt{D_\tau} \tag{14.83}$$

결과적으로

$$I_o = qA\left[\sqrt{\frac{D_d}{\tau_p}}\,p_n + \sqrt{\frac{D_n}{\tau_n}}\,n_p\right] \qquad 14.84)$$

아울러

$$p_n = \frac{n_i^2}{N_d} \tag{14.85}$$

및

$$n_p = \frac{n_i^2}{N_a} \tag{14.86}$$

이므로

$$I_o = qAn_i^2\left[\sqrt{\frac{D_p}{\tau_p}}\frac{1}{N_d} + \sqrt{\frac{D_n}{\tau_n}}\frac{1}{N_a}\right] \tag{14.87}$$

를 얻는다. 위에서 n_i는 홀과 전자의 고유농도이며 N_d와 N_a는 각각 도너와 억셉터 농도이다.

I_0의 유도에 있어서는 몇 가지의 단순화 가정들이 이루어졌다.†

표 14.6 실리콘에서의 확산계수.

	$N = 10^{16}\ cm^{-3}$	$N = 10^{18}\ cm^{-3}$	
Dn	27	8	cm^2/s
Dp	12	5	cm^2/s

식 14.87을 살펴보면 도핑(N_d와 N_a)이 커질수록 포화전류는 더 작아지며 따라서 효율은 더 커짐을 알 수 있다. 그러나 도핑 수준 역시 확산상수 값과 소수 캐리어의 수명에 영향을 미친다. 확산상수는 도핑의 증가와 함께 감소하는 경향이 있으며 따라서 I_0의 감소에 도움이 된다. 대표적으로 300K에서의 실리콘에 대한 값들을 표 14.6에 나타내었다.

---

† 가장 중요한 단순화에는 다음이 포함된다:

1. 소수 캐리어들의 모든 재결합은 표면에서가 아닌 물질 자체 내에서 일어나는 것으로 가정하였다. 표면 재결합 속도 s는 0, 혹은 적어도 D/L보다 훨씬 더 작은 값으로 취하였다.
2. 접속부에 수직인 다이오드의 너비 w는 확산길이보다 훨씬 더 크게 취하였다(w 〉〉 L).
3. 접속부의 전이영역에서는 전자-홀 쌍의 어떠한 생성이나 재결합도 일어나지 않는다고 가정하였다.

가정 1을 제거하고 가정 2를 유지한다면(s 〉〉 D/L)—즉 재결합이 표면 효과에 의해 지배된다면 I_0는 다음과 같이 주어진다:

$$I_0 = qAn_i^2\left[\sqrt{\frac{D_p}{\tau_p}}\,coth\frac{w_n}{L_p} + \sqrt{\frac{D_n}{\tau_n}}\frac{1}{N_a}coth\frac{w_p}{L_n}\right]$$

한편 만일 가정 2를 제거하고 가정 1을 유지한다면 I_0는 다음과 같이 주어진다:

$$I_0 = qAn_i^2\left[\sqrt{\frac{D_p}{\tau_p}}\,tanh\frac{w_n}{L_p} + \sqrt{\frac{D_n}{\tau_n}}\frac{1}{N_a}tanh\frac{w_p}{L_n}\right]$$

두 가정 1과 2를 제거한다면 I_0는 더 복잡해진다(cf. Rittner 1977).

표 14.6에서 N은 N_d나 N_a를 나타낸다.

도핑을 증가시키면 소수 캐리어들의 수명은 줄어들며 따라서 다른 효과로부터 얻어지는 포화 전류의 향상을 부분적으로 상쇄시킨다. 수명과 도핑수준 사이에는 어떠한 근본적인 물리적 관계도 없다.

기술이 발전함에 따라 주어진 불순물 농도에서 보다 우수한 수명이 얻어진다. 실험적으로 다음 관계가 규명되었다:

$$\tau = \frac{\tau_0}{1 + N/N_o} \tag{14.88}$$

위에서 N은 도핑수준이며 τ_0와 N_0는 캐리어의 형태에 의존하는 파라미터들이다. 예를 들어 홀의 경우 τ_0는 $400\mu s$로 주어지며 N_0는 $7 \times 10^{15} cm^{-3}$으로 주어진다. 이 데이터는 다소 오래된 것들이다.

N이 대략 $10^{17} cm^{-3}$를 초과한다면

$$\tau_p N_d \approx \tau_n N_a \approx 2.8 \times 10^{12} \sec cm^{-3} \tag{14.89}$$

이다.

이러한 실험적 관계를 역 포화전류에 대한 단순화된 공식에 도입하면 300K에서 실리콘의 경우

$$\frac{I_o}{A} = 10^{-5} \left[\sqrt{\frac{D_p}{N_d}} + \sqrt{\frac{D_n}{N_a}} \right] A\, cm^{-2} \tag{14.90}$$

를 얻는다.

이 정보를 이용하면 가볍게 도핑된 다이오드($N_a = N_d = 10^{16} cm^{-3}$) 및 강하게 도핑된 다이오드($N_a = N_d = 10^{18} cm^{-3}$)에 대하여 I_0/A를 계산할 수 있는데 이들 각각에 대하여 $0.9 pAcm^{-2}$ 및 $0.05 pAcm^{-2}$를 얻는다. 우리의 근사는 약한 도핑에 대해서는 유효하지 않기 때문에 크게 나타난 전류값은 단지 개략적인 추정치일 뿐이다. 이들과 같은 극히 낮은 포화전류로부터 1 sun에서의 실리콘에 대하여 각각 0.637V와 0.712V와 같은 높은 열린회로 전압이 얻어진다.

1 sun에서 실험적으로 관찰된 전압은 0.68V에 이르렀으며 500sun에서는 0.800V에 도달하였다. 이는 28%의 효율에 해당된다.

14.7.2 실제 효율

변할 수 없는 경우이지만 광 다이오드의 실제 효율은 이상적인 효율과는 상당히 차이가 난다. 그 이유는 다음과 같다.

1. 표면 반사. 표면 반사는 광선이 공기로부터 다이오드 물질을 통과할 때 일어나는 갑작스런 굴절률의 변화에 의해 야기된다. 다이오드를 공기와 실리콘 사이의 굴절률 값을 갖는

투명 매체로 코팅시킴으로써 변화가 보다 (계단형태일지라도) 점진적인 형태로 이루어지게 할 수 있다. 이는 광 그래픽 렌즈에서 이용되는 청소법(青燒法)과 동일하다.

2. 가용 표면의 낮은 활용도. 일부 광 다이오드들은 반도체 산업에서 이용되는 형태의 원형 웨이퍼로부터 얻어진다. 측면으로 나란히 배열시키면 순환 근무의 회로판상당한 빈 공간이 남게 된다.
3. 전지의 두께. 지나치게 얇은 다이오드는 모든 이용 가능한 빛과 상호 작용하지 못한다. 갈륨비소의 높은 불투명성으로 인하여 이는 갈륨비소보다는 실리콘에서 더 큰 문제가 된다. GaAs의 몇 μm에 대하여 실리콘 전지의 두께는 $100\mu m$을 넘어야 한다. 그러나 갈륨은 매우 고가(대략 금 값의 1/4)이며 또한 면적이 몇 제곱 센티미터 이상인 단결정을 생성하기가 어렵다. 이로 인하여 GaAs 결정의 사용은 우주공간(복사 손실에 대한 강한 저항성이 중요하게 된다)으로 제한되거나 농축 시스템에서의 광전지로 제한되는데 이 경우 비용은 전지 자체로부터 농축기 비용으로 이전된다. 이 적용에서 GaAs의 열에 대한 보다 우수한 둔감성은 이점이 된다.

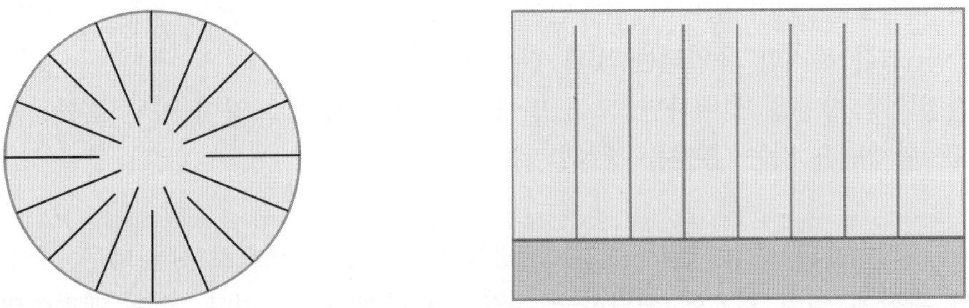

그림 14.26 광 다이오드 상의 전형적인 전류 컬렉터 띠.

4. 전지들의 직렬 저항. 다이오드를 만드는 물질은 좋은 전도체가 되지 못한다. 전류가 생성되는 영역과 전류가 포집되는 영역 사이의 경로는 최소화되어야 한다. 한편 이들 컬렉터들은 이전에 설명한 바와 같이 광원을 가려서는 안된다. 이들 두 조건들 사이에서의 조화를 이루기 위해 그림 14.26에 보인 바와 같이 얇은 은 띠들로 된 격자가 다이오드 상에 설치된다. 현대의 기술로 생산되는 이 띠들은 아주 평평하고 얇다-120 마이크로미터의 너비와 10 마이크로미터의 두께를 갖는다. 이들은 포집 면적을 너무 많이 가릴 뿐만 아니라 포집된 전류의 흐름에 대한 저항성을 증가시키는 많은 공극들을 지닌다. 1366† 테크놀러지로 불리는 어떤 회사는 단면이 20 × 20 마이크로미터인 띠들을 축적시키는 독자적인 공정을 보유하고 있다. 이 띠들은 빛을 덜 차단시키며 보다 우수한 전도성을 갖는다.

† 태양상수: 약 1366 W/m^2

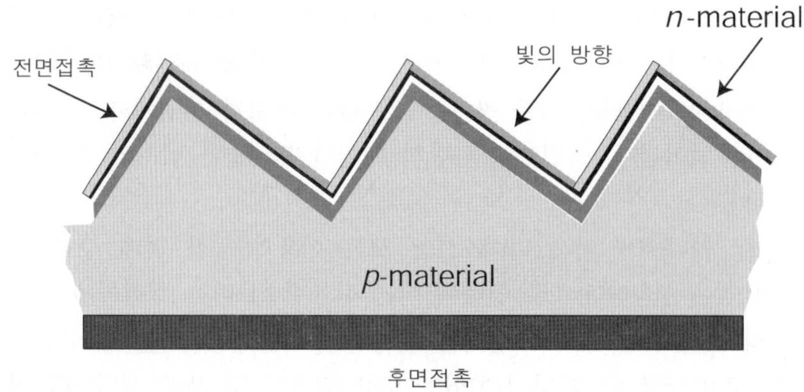

그림 14.27 광전지의 직렬 저항을 감소시키는 구조.

Peter Borden에 의하여 개발된 또 다른 교묘한 해결책이 그림 14.27에 나타나 있다. 서로 약 50 마이크로미터 정도 떨어진 홈들이 반도체의 표면에 새겨져 있다. 이 홈들의 한 면은 금속화되어 전류 컬렉터를 구성한다; 다른 면은 빛을 받는다. 빛은 활성 표면에 수직인 방향에서 전지에 비스듬히 비추도록 되어 있어서 접촉면이 그늘로 유지되는 동안에 충분히 조명된다. 따라서 컬렉터는 비록 크긴 하지만 유입되는 빛과 간섭하지 않는다.

적절한 결정학적 방향을 선택하면 그 단면이 이등변 삼각형 모양이 아닌 홈들, 즉 전류 포집면보다 더 큰 활성면을 갖는 홈들을 생성할 수 있다.

5. 소수 캐리어들의 수명. 일부 전자-홀 쌍들은 포텐셜 장벽으로부터 너무 멀리에서 생성되어서 확산에 의해 거기에 도달하는 시간동안 존재할 수 없다. 소수 캐리어의 수명이 길수록 장벽에 의해 구분되는 전자와 홀들의 수는 더 커지며 따라서 다이오드의 효율은 더 커진다. 이 주제는 앞 절의 말미에서 보다 상세히 논의되었다.

14.8 염료 감광 태양전지(DSSCs)

지금 까지 논의한 고상 접합 광전지에서 반도체는 빛을 흡수하고 전자 홀 쌍을 생성하며 이들을 서로 분리시켜 외부 회로에서 전자가 순환할 수 있도록 하여 준다. 자연은 광합성을 통하여 각각의 이러한 기능들을 잎의 서로 다른 영역에서 수행한다. 이에 따라 각각의 개별적인 과정의 최적화가 가능해진다. 때로는 자연의 모방에 대가를 치루기도 한다†. 이는 Ecole Polytechnique de Lausanne의 Michael Gratzel 교수(베를린 Technical 대학교에서 박사학위를 취득)가 1991년 Gratzel 전지를 만들었을 때 수행한 작업이다.

여전히 태동기이지만 Gratzel 전지는 햇빛을 이용하는 매우 저렴한 방법으로서 밝은 전망을 보여주고 있다. 2008년 현재 그 효율은 보통 정도(11%)이며 그 수명은 충분히 길지 않다. 이러한 제약을 극복하여 이를테면 기대수명이 20여년 정도가 되면 그 자체로서 널리 활용되기에 충

† 항상 그렇지는 않다. 비행기는 날개를 새처럼 접지 않고도 잘 움직인다.

분하다. 그러나 물론 효율 또한 향상되어야 할 것이다.

Gratzel 전지는 p-n 접합을 필요로 하지 않는다. 빛은 감광 염료와 직접 작용하여 이를 활성화된 상태로 전환시킨다:

$$D + photon \rightarrow D^{*} \tag{14.91}$$

D^{*}는 준안정하며 곧 바닥 상태 D로 되돌아갈 것이지만 그 전에 활성화된 염료는 전자를 적절한 반도체(보통은 아나타제 형태의 TiO_2†로서 그 위에 염료가 흡수된다)의 전도 밴드로 주사시킨다. 캐리어는 반도체에서 만들어지며 상부의 투명 전극으로 확산되어 외부 회로에서 이용이 가능하게 된다.

전자를 이웃 영역으로 주사함으로써 염료는 산화되는데(홀이 생성된다) 이는 재생되어야 한다. 이는 염료로 얼룩진 TiO_2를 염료를 환원시키고 홀을 획득하는 이오다이드/트리이오다이드 I^-/I_3^-를 포함하는 산화환원 전해질에 담금으로써 이루어진다. 홀은 촉매 계수 전극으로 확산되고 그곳에서 전자와 결합하여 외부 회로를 통해 전지로 되돌아간다. 그림 14.28은 간단한 염료 감광 태양전지를 보인 것이다.

아나타제 형태의 티타늄 디옥사이드는 3.2eV의 밴드-갭을 가지며 모든 가시광 복사와 772THz 이하의 자외선을 통과시킨다; 이는 6000K 흑체 스펙트럼의 12%만 흡수할 것이다.

두꺼운 염료층이 적용되면 광 흡수가 좋아지게 되지만 사실상 티타늄 디옥사이드와 직접 접촉하고 있는 염료 분자들의 층만이 전자를 산화물로 주사시킬 수 있다. 단분자 염료층은 염료의 광 흡수를 위한 단면이 하나의 염료 분자의 면적보다 훨씬 더 작기 때문에 빛을 거의 차단시키지 못한다(1%). 이러한 곤경에 대한 해결책은 극히 거친 티타늄 디옥사이드 표면을 이용하는 것이다. 그러한 "차원분열" 표면들은 투영된 표면보다 1000배나 더 큰 거대한 활성 표면을 갖는다. 염료 단일층이 형성되어서 투영된 표면에 수직으로 이동하는 광자들에 대하여 다중분자 경로를 제공한다.

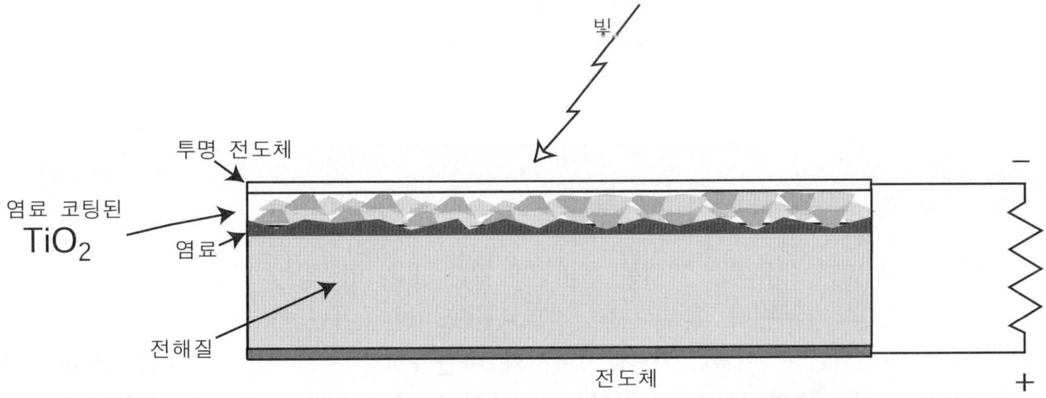

그림 14.28 간단한 염료 감광 태양전지.

† TiO2 이외에 In2O3, Nb2O5, SnO2, 그리고 ZnO와 같은 다른 이산화물들이 Graetzel 전지의 요소들로 탐구되었다. BaSnO3, SrTiO3, 그리고 Zn2SnO4들과 같은 3산화물들은 서로 다른 특성들을 쉽게 조정할 수 있다는 이점을 제공하여 줄 수 있다.

고도로 다공성인 메조스코프† 티타니아 층은 오옴 접촉을 보장하기 위해 가볍게 소결된 작은 ($\approx 10 \sim 20nm$) 입자들로 만들어진다. 확산하는 전자들에 대한 저항성을 감소시키기 위하여 그 층은 매우 얇게(약 $10\mu m$) 만들어진다.

양자 효율 η_I††, 즉 전지에 떨어지는 광자들의 수에 대한 외부 회로에서 이용 가능한 전자들의 비율은 염료의 광 획득 효율 η_{dye}에 의해, 즉 염료에 의해 흡수된 광자들의 분율에 의해 강하게 영향을 받는다. 비록 η_I와 η_{dye}가 넓은 스펙트럼에 대하여 정의될 수 있지만 이들 모두는 실제로는 광자 주파수의 함수이며 단색광 양들로 정의될 수 있다.

분명히 염료의 선택은 전지의 성능에서 핵심적인 역할을 한다. 많은 Gratzel 전지는 비록 고가이지만 루테늄 염료 N719를 이용하는 전지의 획기적 효율(그림 14.29를 참조)에 의해 감지되는 것과 같은 탁월한 결과를 제공하여 주는 루테늄에 근거한 염료를 이용한다. 데이터는 Gratzel로부터 인용하였다.

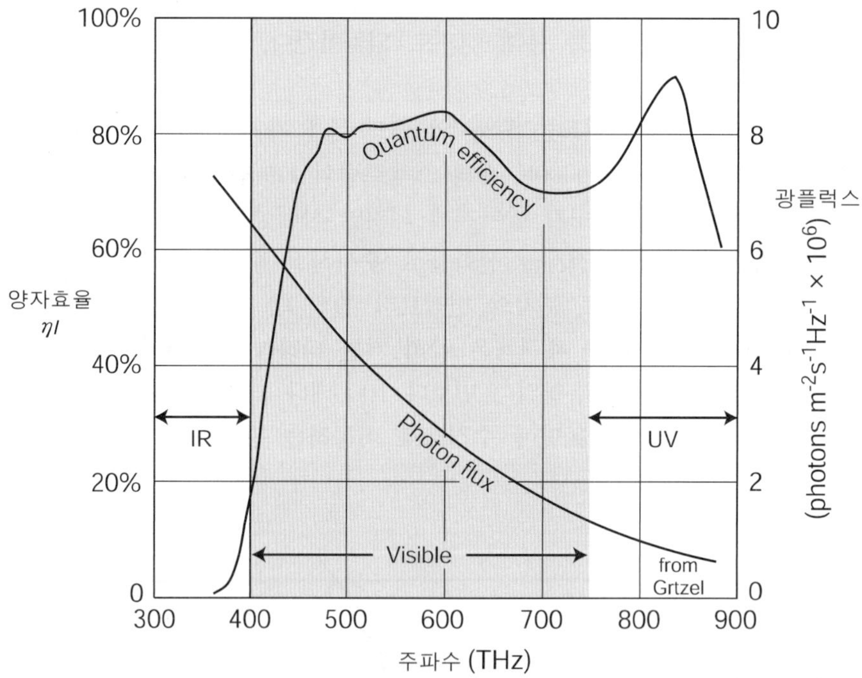

그림 14.29 루테늄 염료 N719에 의해 민감화시킨 티타늄 이산화물을 이용한 전지의 획기적 효율. 데이터는 Gratzel로부터 인용. 광자 플럭스는 $1000 W/m^2$의 파워밀도를 갖는 6000K 흑체에 근거.

특히 생물학에서 널리 이용되는 저렴한 포피린과 같은 많은 염료들이 탐구되고 있다; 이들은 클로로필과 헤모글로빈의 일부이다. 클로로필과 잔트로필(포피린이 아닌 카로틴, 즉 테르핀)이 Gratzel 전지의 염료로 시도되었다. 이들은 녹색 잎에서와 마찬가지로 서로 효력을 강화시킨다; 이들은 개별적으로보다는 서로 혼합되었을 때 가장 잘 작용한다. 양자 점들도 감광제로 탐구되고 있다.

양자 효율을 감소시키는 주요 효과는 유리 전면 전극에 의한 빛의 굴절이다. 그러나 다른 배

† 메조스코프는 양자역학이나 고전 물리학이 정확하게 적용되지 않는 크기의 범위를 나타낸다. 나노스코프로 불릴 수도 있다.
†† 다양하게 외부 획기적 효율(EQE), 혹은 입사 광자 전환효율(IPCE)이라고 불린다.

커니즘들이 있다. 통상적인 p-n 다이오드에서 전자와 홀들은 접속부에서 포텐셜 격차에 의해 구분되기 전에 물질을 통하여 이동해야 하며 많은 쌍들은 이러한 분리가 일어나기 전에 재결합한다. 이 문제를 감소시키기 위하여 결정은 가능한 한 결점이 없도록 성장시켜야 하는데 이는 과정을 고비용으로 만드는 요구조건이다.

염료 감응 태양전지(DSSC)에서 홀과 주사된 전자들은 결코 물질의 동일한 영역에 존재하지 않으며 직접 재결합할 수도 없다. 그렇지만 열린회로에서는 여전히 빛에 의해 생성됨에도 불구하고 어떠한 캐리어도 외부에서 순환되지 않기 때문에 일부 재결합들이 일어난다.

몇 가지의 매커니즘에 따라 DSSC에서 광전자들의 이 이루어진다. 다음 논의에서는 글자 e에 아래첨자를 붙여서 전자가 차지하는 장치의 영역을 나타낼 것이다.

1. 이산화 티타늄 e_{TiO_2}에 최근에 주사된 전자는 재생되기 전에 계면을 통과하여 산화된 염료에 이를 수 있다:

$$e_{TiO_2} + D^* \rightarrow D \tag{14.92}$$

다행히도 쇼트회로 조건에서 이 반응은 염료 재생 반응보다 훨씬 더 느리게 진행된다. 전지 전압이 증가함에 따라 반응속도는 증가한다. 따라서 이 매커니즘이 쇼트회로 전류에 거의 영향을 미치지 않을지라도 거의 열린회로 조건에서는 중요해진다.

2. 이산화 티타늄의 전자는 염료에서 (전해질로 전달되기 전에) 홀과 재결합할 수 있다:

$$e_{TiO_2} + D^+ \rightarrow D \tag{14.93}$$

3. 이산화 티타늄의 전자는 산화된 전해질 R^+과 반응할 수 있다.

$$e_{TiO_2} + R^+ \rightarrow R \tag{14.94}$$

4. 만약 투명한 전면 전극이 얇은 이산화물을 포함한다면 이 전극을 통과하는 전자는 티타니아 층을 통하여 새어 나오는 산화된 전해질과 재결합할 수 있다:

$$e_{SnO_2} + R^+ \rightarrow R \tag{14.95}$$

이러한 손실 매커니즘들(그리고 다른 주제들)에 대한 보다 완벽한 논의를 위해서는 Brain gregg (2003)를 참조한다.

DSSC에 의해 전달되는 전압은 조명된 이산화 티타늄의 의사 페르미 수준과 반대전극과 전해질 사이의 접촉 포텐셜 사이의 차이다. n-반도체인 이산화 티타늄은 전도 밴드에 근접한 페르미 수준을 갖는다. 염료는 그의 활성화된 상태가 이산화물 전도 밴드의 하부보다 높은 포텐셜에 위치해서 전자들이 이산화물에서 주사될 수 있는 페르미 수준을 가져야 한다. 대체적으로 전지의 전압은 약 0.7V이다. 그림 14.30을 참조하자.

양자 효율(이로부터 부하 전류가 추정될 수 있다)을 결정하고 0.7V의 가정된 전압을 곱함으로써 전지의 출력을 개략적으로 계산할 수 있다. 예를 들어 그림 14.29의 전지는 6000-K 흑체복사의 1000 W/m^2에 노출될 경우 (스펙트럼의 가시영역에서) 총 1.4×10^{21}photons $s^{-1}m^{-2}$의 광자 플럭스를 수용할 것인데 이로부터는 관찰된 80%의 획기적 효율에서 126 Wm^{-2}의 전력을 제공하는 180 Am^{-2}의 부하전류가 얻어질 것이다. 1000 W/m^2의 광 입력을 가정했으므로 추정된 효율은 12.6%가 될 것이다. 이는 Gratzel이 보고한 11%의 실제로 측정된 효율에 의심스러울 정도로 근접한다.

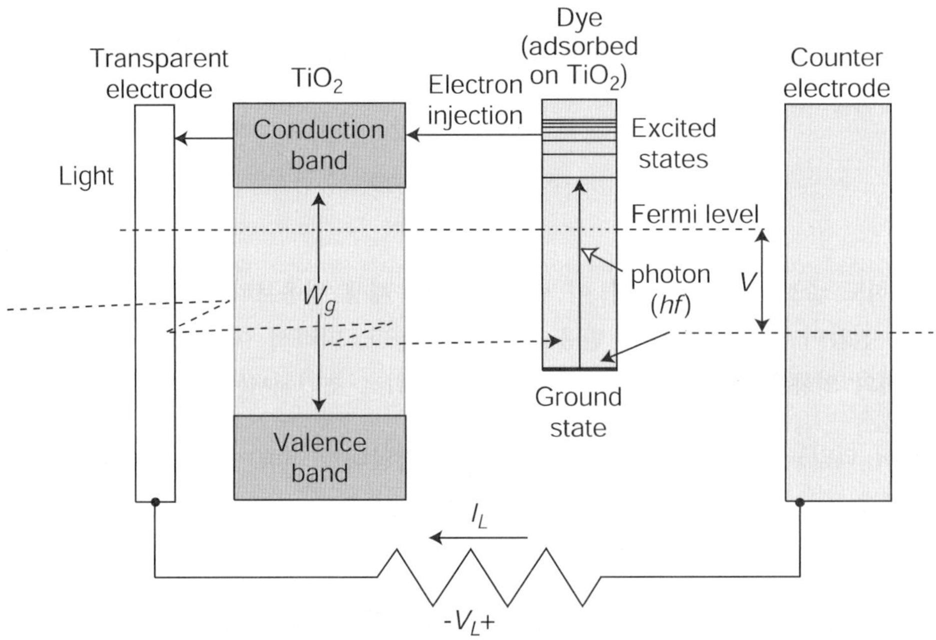

그림 14.30 Gratzel 전지의 에너지 준위. 외부 전압은 TiO2의 의사 페르미 수준과 전해질의 Nernst 포텐셜 사이의 차이다.

현재 DSSC는 몇 가지 취약점들을 지니고 있지만 매우 전망이 좋은 것으로 보인다. 덜 심각한 취약점들 가운데 하나는 플라스틱 대신 유리를 사용하는 것이며 더 큰 관심을 받는 다른 하나는 유출될 수 있어서 추운 날에는 결빙될 수 있고 더운 날에는 내부압력 증가의 요인이 되는 액체 전해질의 사용이다.

전도성 전극

투명한 전도체는 낮은 방사율, 자동적인 흐려짐, 자체적인 서리제거 창, 디스플레이 판넬, 그리고 일부 태양전지의 전면 전극으로 이용될 수 있다. 마지막에 언급된 활용을 위하여 다수의 산화물들과 질산화물들이 제안되었지만 가장 널리 이용되는 것은 틴 산화물 $In_{2-x}Sn_xO_3$, 혹은 ITO이다.

인듐은 은보다 더 비싸기 때문에 대체품이 탐구되고 있다. 불소로 도핑된 아연 산화물ZnO:F

와 카드뮴 주석산염 Cd_2SnO_4 들이 유망한 대체물질들이다.

전도성 물질의 투명한 코팅은 높은 전기 전도도 σ와 작은 빛 흡수계수 α를 가져야 한다; 따라서 이들 두 양들 사이의 비는 대표적인 재질 성능지수이다:

$$S = \frac{\sigma}{\alpha} \tag{14.96}$$

투명 전극의 제작자는 실험적으로 최적 성능을 제공하는 두께 t를 선택할 것이다. 이 두께는 물론 사용되는 재질에 따라 좌우된다. 두께가 주어지면 성능의 비교를 위해 측정되는 것은 판의 저항 $\Re$이다:

$$R = \rho\frac{L}{A} = \rho\frac{L}{Wt} \equiv \Re\frac{L}{W} \tag{14.97}$$

이는 $\Re \equiv \rho/t$를 정의한다. A는 단면적이며 t는 코팅의 두께이다. $\Re$의 차원은 R의 차원과 동일함을 주목하자; 즉 $\Re$은 ohms으로 측정된다. Gordon(2000)의 논문으로부터 취한 표 14.7은 몇 가지 코팅들의 일부 특성들을 열거하고 있다.

투명 전도체에 대한 훌륭한 총괄적인 논의는 Gordon(2000)에서 찾아볼 수 있다.

표 14.7 일부 토명 전도체들의 속성.

물질	판 저항 $\Re(\Omega)$	흡수계수 α	지수 $S(\Omega^{-1})$
ZnO:F	5	0.03	7
Cd_2SnO_4	7.2	0.02	7
$In_2O_3:Sn$	6	0.04	4

14.9 유기 광기전 전지 (OPC)

2008년 유기 광 다이오드의 미래에 관한 한 판단은 여전히 혼란스러웠다. 적정 효율에도 불구하고 지극히 저렴한 컬렉터에 대한 전망은 UV에 의한 짧은 수명의 단점과 경쟁하였다.

유기 고분자나 플라스틱을 생각할 때에는 비전도체를 떠올린다. 대부분의 경우 이는 타당하며 1963년에서야 고도로 전도성인 플라스틱의 존재가 다수의 오스트리아 과학자들에 의해 입증되었다(R. McNeill 등, B. A. Bolto와 D. E. Weiss, 그리고 B. A. Bolto 등의 논문을 참조).

2000년 노벨 화학상은 "전도성 고분자의 발견과 개발"의 업적에 대하여 비록 위에 언급한 오스트리아 저자들은 아니지만 Alan J. Heeger, Alan G. MacDiarmid, 그리고 Hideki Shirakawa에게 수여되었다.

전도성 고분자는 넓은 지평을 열었으며 이제 겨우 산업화가 시작되고 있다. 한 가지 가능성은 저렴한 광기전 판의 생산이다. 대부분의 전도성 고분자는 감추어진 밴드에 의해 분리되며 점유되거나 점유되지 않은 허용 밴드를 갖는 반도체로 작용한다. 이는 무기 반도체의 원자가, 전도성, 그리고 감추어진 밴드에 상응한다. 고분자 밴드-갭은 0.5eV로부터 2eV까지의 범위에 걸쳐 있어서 스펙트럼의 적외선 부근으로부터 자외선 부근까지를 포함한다.

고체에서의 전기 전도의 매커니즘은 무엇이며 위에서 언급한 밴드 구조를 유발하는 것은 무엇인가?

이온화되지 않은 원자들로 구성되는 기체는 전자들이 각 원자에 갇혀있기 때문에 전기를 전도하지 않으며 이웃하는 전자들과의 간섭이 거의 없다. 전도는 일부 전자들이 이탈할 것†, 즉 물질을 통하여 상대적으로 자유롭게 이동할 수 있는 것을 필요로 한다. 이탈된 캐리어가 없는 고체는 전기를 통할 수 없다.

어떤 분자에서 탄소 원자들을 다른 원자들과 연결시키는 분자결합을 고려하여 보자. 분자 오비탈에는 두 가지 주요 형태가 있다(제 13장):

1. 메탄 CH_4에서 볼 수 있는 sp^3 오비탈로 불리는 형태. 4개의 σ-결합††이 탄소를 각각의 수소와 연결시킨다. 모든 4개의 결합은 동일한데 이는 결합하는 오비탈들이 3차원을 형성하며 4면체 배열에서 그들 사이에 109.5도를 유지함을 의미한다. 고립된 탄소 원자는 다음의 전자구조에서 6개의 전자를 갖는다:

$$\underset{1s}{\underline{\uparrow\downarrow}}\ \underset{2s}{\underline{\uparrow\downarrow}}\ \underset{2p}{\underline{\uparrow}}\ \underset{2p}{\underline{\uparrow}}\ \underset{2p}{\underline{\quad}}$$

   위에서 수직 화살표들은 전자들의 위, 혹은 아랫방향 스핀을 나타낸다. 4개의 결합 전자들(2s 부궤도에 2개, 그리고 2p 부궤도 두 개에 각각 한 개)이 4개의 동일한 분자 오비탈을 구성한다면 (탄소 분자 내의) 전자들은 다음과 같이 스스로 재배열되어야 한다:

$$\underset{1s}{\underline{\uparrow\downarrow}}\ \underset{sp^3}{\underline{\uparrow}}\ \underset{sp^3}{\underline{\uparrow}}\ \underset{sp^3}{\underline{\uparrow}}\ \underset{sp^3}{\underline{\uparrow}}.$$

   이는 4개의 sp^3 오비탈을 생성한다. 메탄의 경우 모든 탄소결합 전자들은 동일한 σ-결합이며 원자들 사이에 직접적으로 위치하기 때문에 외부 장들로부터 잘 보호되므로 견고하게 위치를 잡게 된다.

2. 이중결합 분자(예를 들면 에탄, C_2H_4)에서 C=C 결합은 하나의 σ-결합과 하나의 π-결합으로 구성된다. 각 탄소는 σ-결합을 통하여 부착된 두 개의 수소를 갖는다. 따라서 각 탄소는 3개의 σ-결합과 하나의 π-결합을 형성한다. 평평한 평면상에 위치하는 3개의 σ-결합은 서로 120° 만큼 떨어져 있으며 2 개의 수소와 잔여 탄소들의 s-궤도와 다음에

† "이탈된다"는 표현은 다소 느슨하게 사용되고 있다: 전자들은 예를 들면 공유결합에서 캐리어가 되지 않고 이탈될 수 있다.
†† σ-결합에서 연결 오비탈은 결합되는 원자들 사이에 직접적으로 존재한다.

보인 배열을 갖는 sp^2 오비탈의 융합에 의하여 형성된다.

$$\underset{1s}{\underline{\uparrow\downarrow}}\ \underset{sp^2}{\underline{\uparrow}}\ \underset{sp^2}{\underline{\uparrow}}\ \underset{sp^2}{\underline{\uparrow}}\ \underset{p}{\underline{\uparrow}}.$$

이 경우 σ-결합 이외에도 분자 평면 위아래에 상대적으로 보호받지 못하는 전자들을 갖는 π-결합을 갖는다. 만약 다수의 그러한 분자들이 서로 붙어 있다면 π-결합 내의 전자들은 서로 융합되어 이탈된다. 이에 따라 장치는 전기를 전도할 수 있다. 결합이 sp3 오비탈로부터 형성되는 다이어몬드는 절연체인 반면에 결합이 sp2 오비탈로 이루어지는 흑연은 전도체이다. 이와 마찬가지로 원자들이 sp3 유도 결합들에 의해 연결되는 폴리에틸렌과 같은 유기 고분자들은 절연체인 반면에 sp2 유도 결합을 갖는 폴리아세틸렌과 같은 켤레 고분자†들은 전도체가 될 수 있다. 사실 요오드로 도핑된 폴리아세틸렌은 수은보다 우수한 전도체이다.

반도체 고분자에 관심이 있다면 어떤 매커니즘이 감추어진 에너지 밴드를 나타나게 하는지에 대하여 의문을 가져야 한다.

14.9.0.1 무기 반도체의 밴드 구조

양자역학의 가장 초기 성공의 하나는 활성화된 원자에 의하여 방사되는 이산 주파수에 대한 설명이었다. 한 요소는 흥분하는 원자에 의해 분리주파수 방사의 설명이었다. 분광학자들은 고체 물체와는 달리 고립된 원자들은 고온으로 가열되는 경우 연속적인 주파수를 방사하지 않음을 관찰하였다. 이보다는 단지 일련의 잘 정의된 주파수들이나 스펙트럼 선들이 생성된다. 수소의 경우 가열되거나 전기적으로 활성화되면 2457.8, 2926.3, 3086.4, 3292.1,... THz(Lyman 수열)에서의 자외선 영역 및 457.1, 617.2, 691.1, 822.8,... THz (Balmer 수열)에서의 가시영역, 그리고 160.0, 234.1, 274.3, 365.8,.... THz(Paschen 수열)의 적외선 영역에서 방사한다.

고전역학은 수소원자를 양자를 선회하는 전자의 소형 행성계로 모델링하고자 할 경우 문제에 봉착하게 된다. 그 이유는 전자가 원이나 타원이기 때문이다; 이는 직선이 아니다. 이를 굴곡진 상태로 유시하려넌 선자는 내부를 향하여 가속되어야 한다(이는 지구가 태양을 향하여 안쪽으로 가속되는 것과 마찬가지이다). 그러나 전자는 전하를 가지며 전하가 가속되면 에너지를 방사한다; 즉 에너지를 상실할 것이다. 따라서 고전역학은 신속하게 감쇄하는 궤도인 나선형 전자를 예측하여 준다. 여기에서 닐스 보어는 잠정적인 가정을 도입하였다. 그는 임의로 전자의 각 모멘텀은 $h/2\pi$의 정수배인 어떤 이산 값들만을 가질 수 있다고 가정하였다.

$$mr^2\omega = n\frac{h}{2\pi} \tag{14.98}$$

여기에서 m은 전자의 질량이며 n은 임의의 양의 정수이다.

원형 궤도로 존재하려면 원심력은 정전기적 인력과 정확하게 균형을 이루어야 한다.

† 켤레 고분자들은 벤젠 고리와 같이 교대로 배열된 단일결합과 이중결합을 갖는다.

$$mr\omega^2 = \frac{Zq^2}{4\pi\epsilon_o r^2} \tag{14.99}$$

위에서 Z는 핵의 전하(양성자의 수)이며 ϵ_0는 자유 공간의 유전율이다.

위의 두 식들을 w^2에 대하여 풀어보자. 식 14.98로부터

$$\omega^2 = \frac{n^2h^2}{4\pi^2r^4m^2} \tag{14.100}$$

아울러 식 14.99로부터

$$\omega^2 = \frac{Zq^2}{4\pi\epsilon_o r^3 m} \tag{14.101}$$

식 14.100 및 식 14.101로부터 r에 대하여 풀면

$$r = \frac{\epsilon_o n^2 h^2}{\pi Z q^2 m} = 5.3 \times 10^{-11} \frac{n^2}{Z}\ meters \tag{14.102}$$

그 궤도에 있는 전자의 총 에너지는 운동 에너지와 포텐셜 에너지의 합이다:

$$W = \frac{mv^2}{2} + \int_{\infty}^{r} \frac{Zq^2}{4\pi\epsilon_o r^2} dr \tag{14.103}$$

에너지는 절대값을 갖지 않는다; 우리는 단지 두 상태 사이의 에너지의 변화만을 계산할 수 있다. 끌어당기는 중심으로부터 무한히 멀리 떨어져 있는 전자의 에너지는 0이라고 가정하자(이는 실제로는 최대이다; 따라서 보다 작은 r에서 전자의 총 에너지는 0보다 더 작다. 즉 음이다).

$$W = \frac{m\omega^2 r^2}{2} - \frac{Zq^2}{4\pi\epsilon_o r} = -\frac{q^4 m}{8\epsilon_o^2 h^2}\frac{Z^2}{n^2} \tag{14.104}$$

$$W = -2.19 \times 10^{-18} \frac{Z^2}{n^2} \tag{14.105}$$

그리고 수소의 경우에는(Z=1)

$$W = -2.19 \times 10^{-18} \frac{1}{n^2} \tag{14.106}$$

이를테면 n=2인 활성화된 원자가 바닥상태(n=1)로 감쇄된다면 그 원자는 다음과 같은 양의

에너지를 잃는다:

$$\Delta W = W_2 - W_1 = -2.19 \times 10^{-18}\left(\frac{1}{2^2} - \frac{1}{1^2}\right) = 1.64 \times 10^{-18}\ joules. \tag{14.107}$$

이러한 상실된 에너지는 주파수 $f = 1.64 \times 10^{-18}/h = 2480\,Thz$의 광자로 나타난다. 이는 Lyman 수열(Lyman-α)의 첫 번째 줄이다.

식 14.107를 사용하여 모든 스펙트럼 선들의 주파수를 계산할 수 있다. Lyman 수열은 그의 바닥상태(n=1)로 되돌아오는 활성화된 원자로부터 야기된다; Balmer 수열은 n=2로 되돌아옴으로써 유발된다; 그리고 Paschen 수열은 n=3으로 되돌아옴으로써 이루어진다.

위의 유도는 수소에 대해서는 잘 맞지만 원자 내 전자의 이산 에너지 준위의 결정을 위해서는 초보적인 접근이다. 좀 더 복잡한 원자들에 대해서는 맞지 않는데 이 원자들은 원자핵에 상대적으로 주어진 위치에서 전자를 발견하는 확률을 구하기 위해 양자역학을 필요로 한다. 그러한 확률의 구현을 오비탈이라고 부르는 반면에 우리가 이용한 고전적 방법은 그림 14.31에 보인 에너지 준위를 계산하는 전자 궤도를 나타낸다.

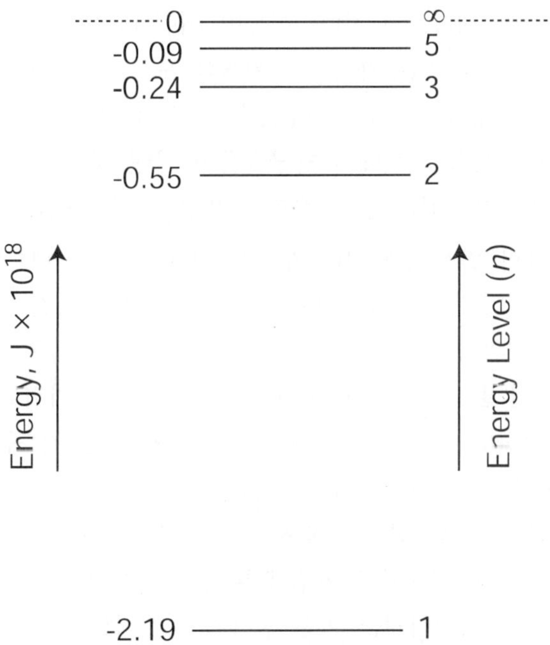

그림 14.31 수소원자 내 전자의 허용된 에너지 준위들의 일부.

따라서 고립된 원자(혹은 기체)에서 전자는 이산 오비탈 내에서만 존재할 수 있다; 즉 전자들은 특정 이산 에너지 준위들만을 가질 수 있다. 해결해야 할 문제는 기체가 응축되어 원자들이 고립된 채로 작용하지 않는 (이들은 서로 간섭하여 결정화 형태를 정한다) 고체 결정으로 되는 경우 이들 준위에 어떤 일이 일어나는가이다. 결정 내에서 전자들은 다수의 연속적으로 변하는 에너지 준위들을 가질 수 있는 에너지의 밴드들로 제한됨이 밝혀졌다. 고체에서 그러한 에너지 밴드가 나타나는 이유를 이해하기 위하여 그림 14.32에 보인 바와 같이 스프링에 부착된 구슬로 구성되며 수직 운동만 가능한 동일한 기계적 진동자들을 고려하여 보자. 이 진동자들은 손실이 없으며 서로 동일하기 때문에 동일한 주파수로 진동할 것이라고 가정하자. 모든 구슬들을 동시에 들어 올려서 이 시스템을 활성화시킨 다음 놓아준다면 이들은 위아래로 움직일 것이다.

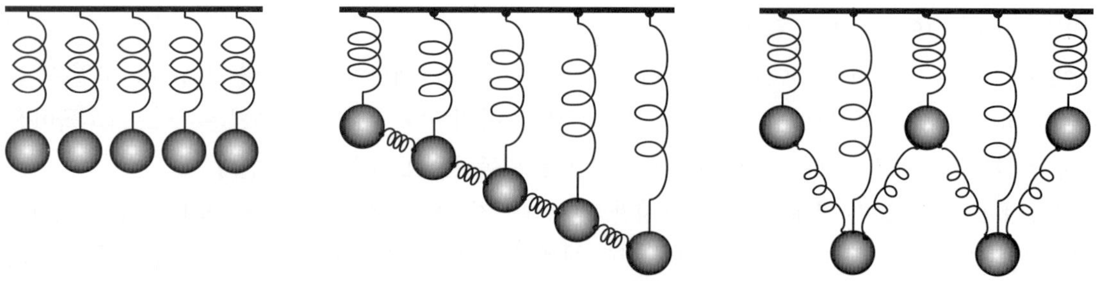

그림 14.32 결합된 기계적 진동자들은 활성화 모드에 의존하는 주파수를 갖는다.

이제 약한 연결 스프링이 구슬들을 서로 이어주고 있다고 가정하자. 시스템이 활성화된 상태에 있는 한 연결 스프링은 그 길이가 변하지 않으므로 아무런 역할을 하지 않는다. 주파수는 여전히 고립된 진동자의 주파수와 정확하게 같다. 이들이 어떤 다른 방식으로 활성화된다면 연결 스프링은 진동 중에 그 길이가 변하여 추가적인 복원력을 도입함으로써 주파수를 변화시킬 것이다. 주파수의 변화정도는 활성화 방식에 따라 달라진다. 그림 14.32의 가운데 그림은 단지 작은 주파수 증가만을 유발하지만 오른쪽 그림에서는 구슬들이 반대 상으로 위치하고 있으며 주파수 변화가 최대가 된다. 이 시스템은 진동자들의 수만큼 많은 주파수들을 가짐은 쉽게 이해할 수 있다. 실리콘 1세제곱미터 안의 원자 수는 10^{23}개 이상이다. 따라서 밴드들이 주파수(혹은 에너지)들의 연속으로 처리될 수 있음은 이상한 일이 아니다. 어떤 주어진 원자에서 전자들의 에너지 준위로 되돌아가 보자. 다수의 고립된 원자들이 있다면 이들 각각은 물론 다른 것들과 동일한 에너지 준위를 허용한다. 물질이 응축됨에 따라 원자들은 서로 가까워져서 상호간에 작용한다: 이들은 서로 결합되기 시작한다. 더욱 밀접하게 축적될수록 결합 정도는 더 높아지며 에너지 분포는 더 커진다. 즉 허용되는 에너지 밴드는 더 넓어진다. 이 현상은 그림 14.33에 나타나 있으며 두 에너지 준위들이 격자상수의 함수로 도시되어 있다(격자상수-원자간 간격의 척도-는 왼쪽을 향해 증가함을 주목하자). 이 상수가 작아짐에 따라 상호간섭은 더욱 두드러지게 되어 에너지 밴드가 더 넓어진다. 평균 밴드 에너지는 어떤 점까지 점진적으로 작아진 다음에 증가함이 밝혀졌다. 이에 따라 최소 에너지에 상응하는 격자상수를 갖는 결정이 형성된다.

자유원자에서 서로 다른 두 에너지 준위들을 고려하여 보자: 하나는 활성화되지 않은 원자에서 원자가 전자에 의해 점유된 준위(실제로는 밀접한 간격으로 배열된 준위들의 집합)이며 다른 것은 보통 점유되지 않은 다음번으로 높은 허용 가능한 준위이다. 물질이 고체로 물질이 고체로 합쳐지는 경우 각 준위는 에너지 밴드로 변환된다. 두 경우들을 구분할 수 있다: 한 가지 경우에서는 높은 밴드(전도 밴드)가 낮은 밴드(원자가 밴드)와 겹쳐지며(그림 14.33의 오른쪽 밴드위치) 금속의 경우이다. 다른 경우에서는 그러한 중첩은 일어나지 않는다: 원자가 밴드의 상부와 전도 밴드의 하부 사이에 간격이 존재하며(그림의 왼쪽) 반도체, 혹은 밴드-간격이 클 경우 절연체의 경우이다.

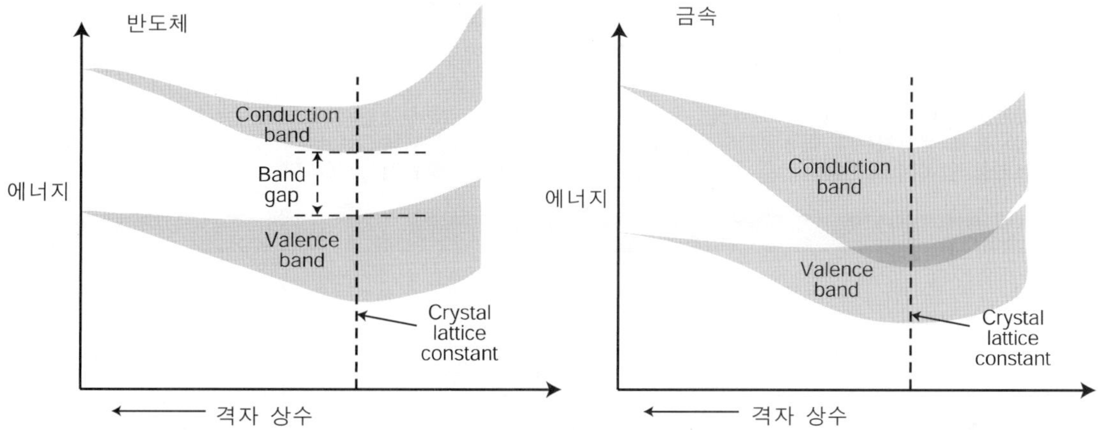

그림 14.33 결정의 격자상수가 감소함에 따라 단일 에너지준위는 밴드로 펼쳐진다. 반도체의 경우 밴드들 사이에 간격이 있다; 금속의 경우는 이들이 중첩된다.

유기화학의 가장 높게 점유된 분자 오비탈(HOMO)과 무기물의 원자가 밴드 사이, 그리고 가장 낮게 점유된 분자 오비탈(LUMO)과 전도밴드 사이에는 동등성이 존재한다. 다음 절에서 논의되는 고분자 전지는 보통 이종접속을 이용한다. 이를테면 실리콘에서 p-n 접속이 생성되는 경우 비록 도핑은 서로 다르지만 양 쪽은 동일한 물질로 이루어진다-동종접속이 이루어진다. 접속점의 양 쪽의 물질이 서로 다른 경우에는 이종접속이 된다. 위키피디아(Wikipedia)에서 이종접속에 관한 좋은 자료를 얻을 수 있다.

14.9.0.2 고분자 태양전지(PSCs)†

무기와 유기 태양전지의 매커니즘에는 결정적인 차이점이 있다. 그림 14.34를 참조하자. 두 전지 모두 광자를 흡수하여 결합된 전자-홀 쌍인 엑시톤을 생성한다. 엑시톤을 수소원자에서의 전자와 유사하게 그의 동반 홀을 선회하는 전자로 간주하자. 수소의 이온화 포텐셜은 비교적 높은(13.6eV) 반면에 엑시톤을 분해하는 데에 필요한 에너지는 훨씬 더 작으며 매체의 유전상수의 거름 효과에 따라 달라진다. 무기 반도체들의 높은 유전상수(실리콘은 약 12의 유전상수를 갖는다)는 엑시톤의 결합 에너지가 약 0.1eV가 되도록 하는 반면에 플라스틱의 낮은 상수(이를테면 2)는 결합 에너지를 1eV 정도가 되게 하여 분해를 어렵게 한다.

† 고분자 태양전지에 관한 광범위하고 매우 명료한 논의는 Klaus Petritsch(2000) 및 Lambert Koster(2007)의 학위논문에서 찾아 볼 수 있다.

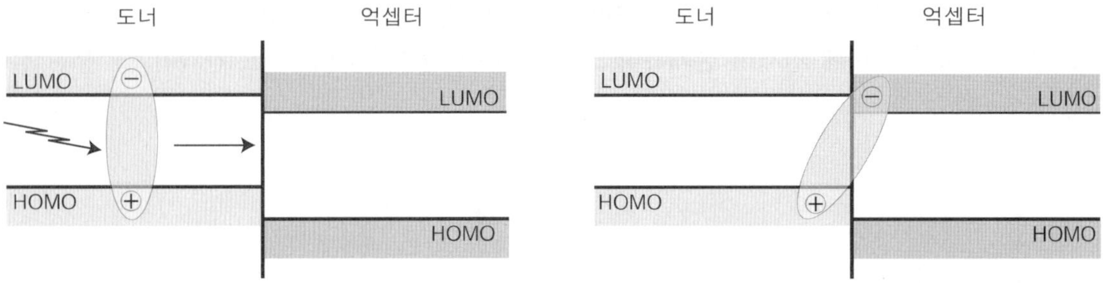

광자는 도너에 의하여 흡수되어 엑시톤을 생서하는데 이는 도너/억셉터 계면을 향하여 확산된다.

전자는 억셉터로 전달되는 반면에 홀은 도너에 남아있다. 이들 둘은 여전히 서로 결합된 상태이다.

그림 14.34 초기 고분자 전지는 이종접속(p- 및 n- 전도 플라스틱)을 이용한다.

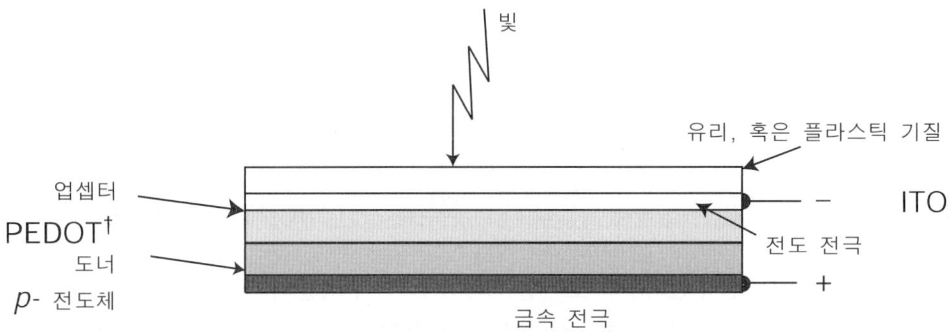

그림 14.35 고분자 태양전지의 기본적인 매커니즘. 결합 전자-홀 쌍이 생성된 후에 두 캐리어들은 분리되며 각각은 적절한 전극으로 이동한다. Koster(2007)에서 인용. 위에서 PEDOT는 현재 가장 널리 이용되는 전도성 고분자이다. 이는 예를 들면 플라스틱 LED 및 투명 항 정전기 코팅제로 사용되는 p-형 반도체이다.

그림 14.35를 살펴보면 고분자 태양전지가 어떻게 작용하는지에 대한 개념을 얻을 수 있다. 전지는 얇은 투명 전도층(대개 ITO)이 그 위에 축적되는 투명 기질(유리나 플라스틱)로 구성된다. 그 다음에는 PEDOT†라는 약어로 알려진 p-형 반전도 플라스틱의 층으로 이루어진다. PEDOT는 유용한 범위의 밴드-갭을 가지며 광자를 흡수하여 엑시톤으로 불리는 결합된 전자-홀 쌍들을 생성하는 것으로 여겨진다. 엑시톤은 이동하며 에너지를 전달하지만 (실제 전하를 갖지 않기 때문에) (PEDOT와 n-형 반도체 사이의) 이종접속부로 전하를 전달하지는 않는다. 이종 접속부에서는 내재된 전기장이 이들을 분해하며 전자는 n-물질로 주사되어 궁극적으로 반사형†† 금속전극에 이르는 반면에 홀은 PEDOT에 남아서 ITO 전극으로 이동한다.

† PEDOT는 폴리(3,4-에틸렌티오펜)을 의미한다. 불행히도 그의 불용성으로 인하여 얇은 층으로 적용하기가 어렵다. 이를 폴리(4-스티렌술폰산염)(PSS)과 공중합시킴으로써 이 문제를 피할 수 있다. 이 조합은 우수한 필름 형성 속성을 가지며 스핀 코팅, 스크린 프린트 등에 이용된다. PEDOT:PSS는 화학적으로 안정하며 가시 복사(약 1.8eV의 낮은 밴드-갭을 갖는다)에 매우 투명하고 우수한 선기 선노제이다.

†† 주로 포획자인 많은 동물들은 망막 뒤에 반사층인 (흔히) 뇌실벽판 루시둠을 가짐으로써 야간 시력을 향상시킨다. 뇌실벽판은 첫 번째 통과에서 흡수되지 못한 빛을 망막에 다시 반사시킨다. 어떤 태양전지에서 반사 금속 컬렉터는 유사한 기능을 갖는다.

그러한 장치가 테스트되는 경우에는 다음과 같은 이유에 따라 매우 실망스러운 효율로 전기가 생성된다:

1. 엑시톤의 확산 길이는 단지 10nm 정도이다-도너/억셉터 계면으로부터의 엑시톤보다 훨씬 더 멀리에서 생성된 엑시톤은 재결합되어 출력으로 전하를 전달하는 대신 열을 생성한다. 따라서 무용한 재결합을 방지하기 위하여 도너층의 활성 두께는 엑시톤의 확산 길이와 비교될 수 있을 정도로 매우 얇아야 한다.
2. 광 활성층은 얇아야 하기 때문에 너무 투명해서 실리콘에 비해 훨씬 더 높은 플라스틱의 흡수계수에도 불구하고 유입되는 광자 플럭스의 단지 일부만을 차단할 수도 있다.
3. 엑시톤은 분해되고 개별 전하는 분리되어 적절한 전극들로 향한다. 그러한 분리는 다수의 상황들에서 일어나는데 그 가운데 한 가지는 도너와 억셉터 사이의 계면에서이다. 효율적인 전하 분리를 위해서는 물질은 충분히 다른 전자 친화성과 이온화 포텐셜을 가져야 한다. 뒤에 이어지는 "양이온과 음이온" 해설을 참조하자. 어떤 계면들은 엑시톤이 서로 떨어지지 않고 더 낮은 밴드-갭을 갖는 물질로 점프할 수 있도록 해서 출력 전류에 아무런 기여도 하지 않게 된다.
4. 일단 분리되면 전하들은 그들의 전극으로 이동되어야 한다. 이들은 유한한 이동성을 가지기 때문에 그러한 이동은 에너지를 소멸시키며 전지의 일련의 저항으로 나타난다. 아울러 전하들은 이동되는 동안에 재결합될 수 있으며 따라서 출력 전류로 손실될 것이다.
5. 터미널에 도달하면 전하들은 전극으로 전달되기 전에 장벽을 극복해야 한다.
6. 전지에 비치는 빛의 일부는 다시 반사되어 광 활성층에 도달하지 못한다. 고분자 전지와 관련되는 다른 문제들이 덜 심각해지면 이 전지들에서의 표면반사를 줄이는 데에 주의를 기울여야 한다.
7. 현재의 전지들은 햇빛에 대한 최적 벤드-갭을 이용하지 않는다. 이는 궁극적으로 개선이 이루어지게 될 다른 영역이다.

양이온과 음이온

중성 원자를 이온으로 변환시키는 데에는 두 가지 방법이 있다:

1. 하나의 전자(혹은 하나 이상의 전자)는 원자로부터 제거되어 원자가 양 전하(즉 양이온)를 띠게 할 수 있다. 전자를 제거하기 위한 에너지는 이온화 포텐셜이라고 부른다. 나트륨 원자들은 이온화에 거의 에너지를 필요로 하지 않는다(5.139eV). 프란슘은 가장 적은 이온화 에너지(3.83eV)를 갖는다. 가장 높은 이온화 포텐셜은 헬륨이 지니고 있다(24.587eV).
2. 전자를 중성 원자에 부착시켜서 이온을 생성할 수 있다(음이온이 얻어진다). 이 과정에서 흡수된 에너지는 전자 친화력이다. 염소는 전자를 부착할 때 -3.62eV를 흡수한다; 즉 이

과정은 3.62eV를 방출한다-얻어지는 염소이온은 원자 자체보다 더 안정하다. 알칼리 금속곽 kx은 일부 원소들은 안정한 음이온을 형성하지 않는다.

효율의 주된 향상은 도너와 억셉터 사이의 평판형 계면을 포기하고 도너와 억셉터가 서로 혼합되어 혼합된 영역이나 각각의 물질과 층을 형성하는 이종접속을 이용함으로써 얻어질 수 있다. 각 영역은 충분히 작아서(몇 nm 정도) 도너에서 생성되는 엑시톤은 도너/억셉터 계면으로부터 결코 지나치게 멀리 떨어져 있지 않다. 이는 매우 큰 계면 면적을 제공하여 주지만 유사한 조성의 영역들 사이에서 충분한 접촉을 갖는 배열을 얻는 데에 기술적인 어려움들이 있어서 캐리어들은 올바른 전극으로 쉽게 스며든다.

현재 가장 우수한 고분자 태양전지는 거의 6%의 효율을 보였으며 미래에 적절히 개선될 가능성이 보인다. 이 전지들에 관련되는 다른 주된 문제는 충분한 수명을 달성하는 것이다.

14.10 태양동력 위성

과학, 공상과학, 그리고 마술은 모호하며 변화하는 경계들로 구분되는 인간적인 노력의 세 가지 영역이다. 오늘날의 마술은 내일의 과학이 될지도 모른다. Arthur C. Clarke는 그의 제 3법칙 "임의의 충분히 발전된 기술은 마술과 구별할 수 없다."에서 이 개념을 나타내었다.

마술이 아니더라도 공상과학과 닮을 정도로 충분히 진보된 중요한 연구는 때로는 달 착륙과 같은 현실적인 결과에 이를 수 있다. 때로는 불가능한 기술적 장애물 때문에, 보다 빈번히는 불가능한 경제성 때문에 종종 막다른 골목에 이르게 된다. 그럼에도 불구하고 가치있는 지식이 생성될 수 있다.

NASA의 태양광 위성(SPS) 프로젝트는 저렴한 전력생산에 이를 수 있게 하였지만 감당할 수 없는 재정적 장벽에 부닥친 연구였다. 경제적 규모에 대한 의존성은 그 프로젝트를 경제성있게 만들기 위해 1조 달러의 투자가 소요되는 정도였다.

비판자들은 프로젝트의 실제적인 어려움을 지적하였다. 광전지를 만들기 위해 소요되는 에너지는 그 시스템이 수명동안 제공하게 될 총 에너지를 초과함이 밝혀졌다. 이는 광전지가 그 무렵 반도체 산업에서 보편적으로 사용된 Czochralski 방법으로 생산되는 경우 사실이다. 그렇지만 현대의 고분자는 언젠가는 단결정 시스템보다 더 가벼우며(그리고 배치가 더 쉬운) 매력적인 에너지 회수비율을 갖는 광기전 시스템을 제공하여 줄 것이다.

소요되는 거대한 질량을 궤도로 올리는 것은 거의 불가능하게 보였다. 이는 현재의 기술을 이용해도 그렇다. 그러나 다른 공상과학적 개념이 구원자가 될 수 있다: 우주 엘리베이터-정지 인공위성으로부터 로프를 매달고 그 로프의 다른 끝부분은 지구의 표면에 고정시킨다.

"올라가는 장치"는 이 로프를 위아래로 서행하면서 로켓을 사용하는 것보다 훨씬 더 적은 비용으로 짐을 우주로 운반할 것이다. 이 계획안을 공상과학의 한 부분으로 만든 것은 가장 강한 강철조차도 정지위성 궤도로부터 그 자체의 무게를 지탱할 수 없다는 사실임을 쉽게 보일 수 있다. 그러나 SPS가 연구될 당시에는 아무도 (1991년 Sumio Iijima에 의해 발견된) 탄소나노튜브에 대하여 들어본 적이 없었다. 고분자와 나노튜브의 복합체로 만들어진 리본은 그 자신의 무게를 유지하는 것 이상을 수행할 수 있는 것으로 보인다.

누구나 SPS 연구는 어떤 중요한 실제적인 응용을 이끌어내지 못했다고 말했지만 이로부터 어떤 교훈을 얻을 수 있다. 이 절에서는 그렇게 배우기를 시도할 것이다.

광기전 발전의 결점은 햇빛의 일사가 지니는 간헐적이고 신뢰할 수 없는 속성이다. 이를 보정하기 위해서는 큰 저장 시스템, 혹은 예비 동력원이 필요하다. 두 해결책 모두 소요되는 자본 투자비용을 상당히 증가시킨다. 더 불리한 점은 부하의 중심이 우수한 일사량을 얻을 수 없는 영역으로 집중되는 경향이 있다는 점이다. 이는 긴 전송라인을 필요로 하는 것으로 해석될 수 있다.

동력이 마이크로웨이브에 의해 소비 센터의 이웃으로 직접 투사된다면 전송라인은 아주 짧게 만들 수 있다. 아리조나 주의 태양광 컬렉터는 지면에서 생성되어 위성에서 반사되는 마이크로웨이브를 통하여 뉴욕이나 시카고로 공급될 수 있다. 동력의 운용은 한 곳의 사용자로부터 다른 사용자로 빔을 간단히 전환시킴으로써 단순화될 것이다.

일사의 불신감을 다루기 위해 광 다이오드는 정지위성 궤도의 공간에 위치해야 한다. 그렇게 한다면 태양에 대한 일정한 노출을 달성할 수 있다†.

Arthur D. Little Corporation의 Peter Glazer에 의해 처음 제안된 SPS 개념은 NASA에 의해 연구되었는데 상당한 반대에 부딪혔다.

제시된 구조에서는 위성들을 사용하는데 각 위성은 지구상의 동력망으로 5GW를 전달할 수 있다.

SPS의 개발에는 네 가지 주요 요소들이 수반된다:

1. 우주에서의 에너지 변환
2. 지구로의 에너지 전송
3. 우주 수송
4. 우주 건설

14.10.1 우주로부터의 빔

정지위성 궤도에서 생성된 전력은 어떻게든 지구의 소비자에게 전달되어야 한다. SPS 연구에 의해 도출된 놀라운 결과들 가운데 하나는 마이크로웨이브 빔이 상당한 길이의 물리적인 전송라인보다 더욱 효율적으로 에너지를 전달할 수 있다는 사실이다. 사실 위성의 수송 안테나의 입력으로부터 지면상의 수신 안테나 출력에 이르는 계산된 효율은 74%로서 금속 전송라인으로 실현 가능한 효율의 두 배 이상이다. 나아가 빔이 전달할 수 있는 동력은 현존하는 가장 큰 전송라인 (브라질 이타이푸와 사웅파울루 사이의 3.25GW 전송라인)의 전달용량보다 훨씬 더 크다.

그러한 마이크로웨이브 빔의 설계에는 수많은 제한조건들이 존재한다. 주파수는 이온층과 대

† 춘분 동안 지역에 따라 한밤중 근처에서 여전히 짧은 일식이 일어날 것이다. (정지위성 궤도에서) 태양광 위성의 의무 사이클은 약 99%이다.

기층 흡착을 최소화하도록 설정되어야 하며 산업용 가열에 할당된 밴드들 가운데 하나 안에 존재해야 한다. 이에 따라 2.45GHz의 "마이크로웨이브 오븐"이 선택된다.

아울러 빔이 이온층을 통과함에 따라 빔의 최대 파워 밀도와 관련되는 제약조건이 있다. 230 W/m^2의 최대수준이 허용 가능하다. 이온층의 비선형성은 아마도 그 한계 이상의 파워 밀도를 야기하여 다른 라디오 서비스들과 간섭할 수 있는 2.45GHz의 조파(調波)를 생성한다.

간섭에 대한 고려는 빔 파워 수준이 지정된 수신면적 바깥에서 상당히 낮아야 한다는 조건을 제기하였다. 전자기 빔을 갑자기 잘라 줄이는 것은 물리적으로 불가능하므로 위성으로부터 오는 파는 가우스 방사 분포를 지녀야 한다.

다른 주된 관심사항은 빔의 적절한 조준과 관계가 있다. 이 문제에 대한 독창적인 해결책이 발견되었다. 방사 시스템에 대한 절을 참조하자.

14.10.2 태양 에너지의 DC로의 변환

Rankine 기관을 이용하는 열기계학적 전기변환 시스템이 고려되었지만 광전지에 밀려 포기되었다. 실리콘 및 갈륨 알루미늄 비소의 두 가지 서로 다른 광전지 재질이 연구되었으며 그림 14.36에 보인 바와 같이 두 가지의 서로 다른 구조가 구성되었다.

두 구조의 총 표면적은 모두 약 $55km^2$로서 거의 동일하다(실리콘 버전의 경우 5.2km × 10.4km, 갈륨 비소 버전의 경우 5.25km × 10.5km). 이중에서 96%는 태양광 집광면적으로서 $1360W/m^2$에서 가장 양호한 조건에서 총 72GW가 포집될 것이다.

실리콘 전지는 집중되지 않은 태양광에 노출되도록 되어 있는 반면에 갈륨 비소 전지는 간단한 통과형 반사경 방식에 의해 달성되는 2의 집중비율로 작동할 것이다. 이는 갈륨 비소 전지가 실리콘 전지(36C)보다 더 높은 온도(125C)에서 효율적으로 작동될 수 있기 때문에 가능하다. 이 온도들에서 전지의 효율은 GaAs의 경우 18.2%이며 Si의 경우 16.5%이다. 집중기에서의 8.5%의 반사손실로 인하여 두 경우 모두 거의 동일한 10.5GW의 dc 동력을 전달할 것이다.

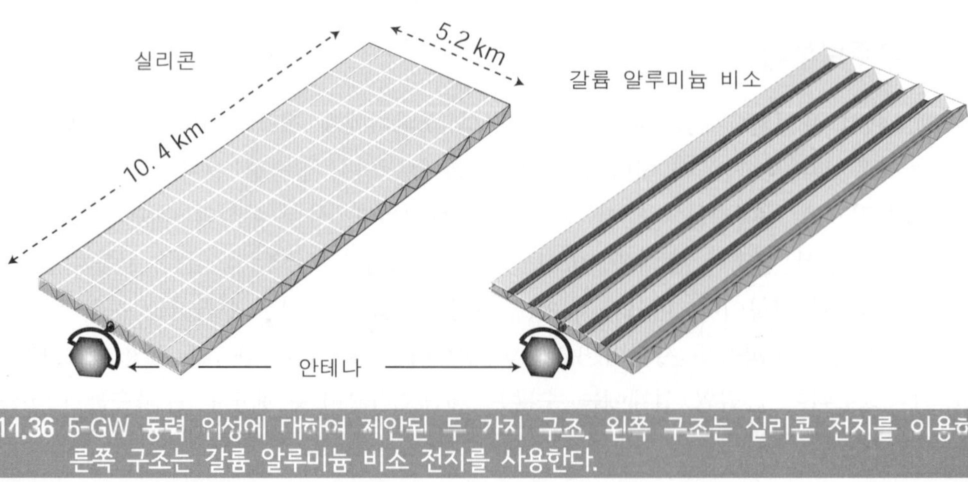

그림 14.36 5-GW 동력 위성에 대하여 제안된 두 가지 구조. 왼쪽 구조는 실리콘 전지를 이용하며 오른쪽 구조는 갈륨 알루미늄 비소 전지를 사용한다.

SPS의 장기간에 걸친 저급화는 부분적으로 우주공간에서의 전지의 점차적으로 감소되는 효율로 인하여 예상된 바이다. 감쇄는 표류하는 구조상에 설치된 레이저에 의해 주기적으로 수행되는 실리콘 전지의 담금질에 의해 감소될 수 있다. 보다 높은 온도에서 작동하는 GaAs 전지는 스스로 담금질될 것이다. 미소유성 손상에 의한 감쇄는 30년 동안에 단지 1%에 이를 정도로 예상되고 있다.

10.5gw 중에서 단지 8.2gw만이 마이크로웨이브 발생기에 도달하며 나머지는 원료공급 전도체에서 손실된다. 이 손실은 지나친 것처럼 보인다. 그러나 전달된 DC 전압에 한계가 있음을 고려하자. 마이크로웨이브 발생기는 기껏해야 40,000 볼트를 이용할 수 있다. 아울러 더욱 높은 전압은 정지위성 고도에서의 (매우) 희박한 대기에서 고장을 일으킬 것이다; 40kV에서 10.5GW는 262,000 암페어에 해당한다. 거대한 I^2R 손실을 유발시키는 데에 큰 저항은 필요없다.

14.10.3 마이크로웨이브 발전

다음을 포함하는 몇 가지의 마이크로웨이브 발전기들이 고려되었다:

1. 마그네트론
2. 트랜지스터
3. 앰플리트론, 그리고
4. 클라이스트론

마그네트론은 다른 장치들과의 간섭을 피하는 데에 필요한 소요 스펙트럼 순도를 전달하는 데에 어려움이 있을 것이다. 자전관에는 다른 서비스에서 간섭을 피하는데 필요한 필수 스펙트럼의 순수한 전달을 하는데 어려울 것이다. 의사 복사가 캐리어의 60dB 아래로 유지될지라도 이는 거의 6kW의 원하지 않는 신호에 이른다.

SPS에서의 사용을 위해 트랜지스터는 상당한 추가적인 발전이 필요하였다. 충분한 시간이 주어지면 적절한 트랜지스터를 생산해 내는 것이 가능할 것이다.

앰플리트론은 다음과 같은 이점을 가질 것이다:

1. 작은 질량: 0.7kg/kW인 클라이스트론과 비교하여 0.4kg/kW
2. 높은 효율: 85%인 클라이스트론과 비교하여 88%(90%도 가능)
3. 거의 무한한 양극 수명: 앰플리트론은 이차 방출에 의하여 작동하며 백금 양극을 사용할 수 있다.

클라이스트론의 이점은 다음과 같다.

1. 매 튜브 당 클라이스트론은 단일 앰플리트론보다 열 배 정도 출력이 더 많다.
2. 클라이스트론은 높은 음극 전압(앰플리트론의 20kV에 대하여 40kV)을 사용한다. 이는 전류, 따라서 dc 동력분배 시스템의 질량을 감소시키는데 이는 위성 질량의 상당부분을 나타낸다.

3. 클라이스트론은 앰플리트론보다 더 큰 이득을 갖는다. 이로부터 얻어지는 더 낮은 rf 활성 동력은 빔의 형성과 조준에 필수적인 상 제어를 쉽게 하여 준다.

NASA는 전달 안테나에 7GW를 전달하는 고효율(85%) 클라이스트론의 사용을 포함시켰다. 각 클라이스트론의 동력 출력은 50kW이므로 모두 140,000개의 튜브들이 필요하다. 실패 사이의 평균 수명을 5000시간으로 가정하면 매 2분마다 파손이 예상될 것이다. 이는 지극히 긴 수명을 갖는 튜브의 사용 및 결함의 진단과 수리를 위한 자동화 과정을 보유할 필요성을 드러내어 준다.

14.10.4 복사 시스템

마이크로웨이브 동력은 회전하는 이음새를 통하여 안테나(그림 14.36에 보인 작은 6각형 구조)로 전달된다. 회전하는 이음새는 컬렉터가 태양을 향하는 동안 안테나가 지구를 계속 향하게 하기 위해 필요하다. 열적 고려사항은 전달면적의 파워 밀도를 22kW/m^{2}로 제한한다. 이 그림을 바탕으로 하면 면적이 300,000m^{2}인 전달 안테나가 필요하다. 이는 직경이 600m인 원형이다. 그러나 안테나 개구를 통한 파워 밀도는 그 모양이 지상의 안전기준을 만족시키지 않는 빔을 생성하기 때문에 일정할 수 없다. 배열의 일부 영역들은 다른 부분보다 더 큰 파워 밀도를 가져야 한다(여전히 22kW/m^{2}의 최대값이 관찰된다). 이는 직경 1km인 전달 안테나로 귀결된다.

안테나는 각각 지상의 표적으로부터 정확하게 동일한 거리에 있어야 하는 부배열로 그룹지어진 다수의 복사장치들로 구성되는 평판모양의 배열이었다. 전달되는 파장이 12cm(2.45GHz)이므로 개별적인 복사장치들의 기계적 배치는 적절하게 지상 기지를 향하는 빔을 형성하기 위하여 전체 80 헥타아르의 안테나에 걸쳐 1cm 이내로 정확해야 할 것이다. 이를 달성하는 것은 불가능하다. 물론 문제가 되는 것은 기하학적 거리가 아니라 전기적 거리이다. 따라서 피할 수 없는 기계적인 배치의 오차는 개별적인 부배열들의 위상을 변화시킴으로써 보정이 가능하다. 이를 위해 지상의 전송기는 아래로 쏘아지는 것과 약간 다른 주파수에서 "파일로트" 라디오 신호를 위로 보낸다. 지금 수신기로 작용하는 모든 복사장치들이 정확한 위치에 있다면 수신된 파일로트 신호의 위상은 부배열에 따라 동일할 것이다. 어떠한 배치오차도 (안테나의 중심에서 수신되는 기준 위상에 상대적인) 위상차이로 나타날 것이다. 전달된 신호의 위상은 정확히 수신되는 위상 오차의 음의 값만큼 변경된다. 이는 안테나 평면의 모든 복사장치들의 위상이 이제 파일로트 신호가 출발한 지상의 위치에 초점을 맞추는 정확한 값을 갖도록 하여준다. 위상 제어의 우연한 손실은 빔의 초점을 빗나가게 하여 넓은 면적에 걸쳐 흩어지게 한다.

이전에 언급한 바와 같이 74%의 놀라운 정도로 우수한 효율은 전달 링크에서 달성될 수 있다. 따라서 지상 안테나의 출력으로부터 5.15GW를 얻을 수 있을 것이며 이 가운데 5GW가 그리드로 전달될 것이다.

위성 안테나의 빔 너비는 지상의 조명되는 면적이 적도인 경우 직경이 10km인 원 모양을 갖도록 하는 값을 갖는다†. 이는 80W/m^{2}를 약간 넘어서는 평균 파워 밀도와 대등하다. 그러나

† 40도의 위도에서 자국은 10×14km의 타원형이다.

빔은 균일하지 않다: 이는 230W/m^2의 최고 파워 밀도를 갖는 가우스 분포를 갖는다. 건강에 대한 위험과 간섭을 피하기에 충분할 정도로 낮은 지면상의 포집 안테나 외부로 복사수준을 유지시키기 위해서 이러한 형상의 설정이 중요하다.

14.10.5 수신 배열

지상 수신 시스템은 다수의 정류(整流) 안테나, 즉 개별적인 정류기가 갖추어진 안테나들로 구성된다. 이 구조는 안테나 전류의 위상을 조정할 필요성을 피하게 하므로 그 출력이 더해질 수 있다.

제안된 안테나는 반파 다이폴이다. 그러한 다이폴의 유효 면적은

$$A = 1.64\frac{\lambda^2}{4\pi} \tag{14.108}$$

이다. 위에서 인자 1.64는 등방성 복사장치에 상대적인 다이폴의 이득이다. 파장이 12.2cm이므로 각 안테나는 20cm^2의 면적을 대한다. 10 km 직경 내의 안테나들의 총 수는 500억개이다!. 이와 같이 많은 안테나들을 1년 동안에 구성하려면 매 초당 1500개의 안테나를 만들어야 하는데 분명히 어려운 일이다.

안테나 문제는 그에 부착된 정류기가 필연적으로 비선형 장치라는 사실로 인하여 복잡해진다. 강한 조화 발전이 일어날 것이며 이것이 다시 복사되는 것을 피해야 한다. 각 안테나에는 적절한 필터가 설치되어야 한다. 안테나-필터 정류기 조합의 비용은 1달러의 일부 정도여야 한다; 그렇지 않으면 지상 포집 시스템의 비용은 터무니없이 높을 것이다.

모든 안테나로부터의 dc 출력은 합해져서 변환기로 공급되어 60Hz로 변환되고 소비자에게 배분된다.

14.10.6 자세와 궤도 제어

SPS의 궤도와 자세 모두를 교란시키는 많은 요인들에는 다음 것들이 포함된다

1. 태양과 달의 인력
2. 지구 중력장에서의 구형 대칭성의 결핍
3. 태양복사 압력
4. 마이크로웨이브 반동
5. 회전 접속점의 마찰
6. 공기역학적 인력
7. 지자기장과의 상호작용
8. 중력 경사 토크

궤도와 자세 보정의 일부는 아르곤 이온 로켓에 의해 이루어질 것이다. 이를 위해 연간 50,000kg 정도의 많은 아르곤이 필요할 것이다.

14.10.7 우주 수송과 우주 건설

태양동력 인공위성의 크기와 질량은 우주항공 엔지니어에게 주된 도전이 된다. 분명히 인공위성은 우주에서 조립되어야 할 것이다. 각각은 자동조립 기계를 사용한다고 해도 850명/년의 우주 노동력이 소요될 것으로 추정된다. 궤도상에서 긴 시일동안 많은 승무원들이 머물 필요가 있을 것이다.

물자 수송을 위한 우주선은 우주 왕복선보다는 10배 정도 더 커야 할 것이다. 각 인공위성의 경우 약 400회의 발사가 필요할 것이다. 건조 비율이 매년 1개의 인공위성이라면 이는 하루에 한 대 꼴로 발사하는 셈이 될 것이다. 경제적으로 본다면 약 50개의 인공위성이 궤도에 위치해야 한다; 매년 1대의 비율이라면 반세기에 걸친 지속적인 노력을 필요로 할 것이다.

14.10.8 우주 태양광 동력 프로젝트의 미래

우주기반 태양에너지 프로젝트에 대한 초기의 열정은 보다 실제적인 비용 추정이 이루어지면서 누그러졌다. 지상기지 정류 안테나를 수반하는 한 개의 예시용 위성의 연구와 건조비용으로 DOE는 1천억 달러를 추정하였다. 추가되는 각 장치에는 115억 달러가 소요될 것이다. 1981년 국립연구위원회는 추정비용을 3조 달러로, 완료기간을 50년으로 예상하였다. 많은 그룹들이 전체적인 개념에 반기를 들었다. 사람들은 태양에너지 연구를 위해 대부분의 재원을 빨아들이는 그러한 대형 프로젝트를 원하지 않았다. 통합제안자는 도한 중요 경쟁자의 생각을 미워하였다. 융합 제안자들은 또한 주된 경쟁자의 아이디어를 경멸하였다. 이에 맞서기 위해 SPS 옹호자들은 융합 동력은 미래의 동력이며 언제나 그럴 것이라는 주장을 견지한다.

구성품들을 정지궤도로 올리고 우주공간에 태양동력 위성을 조립하는 비용은 엇갈리고 있다. 이에 따라 어떤 사람들은 달의 광물자원을 이용하여 달에 위성을 건설하는 것을 제안하였다. 달로부터의 발사는 지구에서보다 상당히 적은 에너지를 필요로 한다. 이와 달리 태양광 집광판과 마이크로웨이브 발전기들은 에너지를 지구로 쏘아 보내는 경제적인 방법이 발견될 수 있다면 영구적으로 달에 기반을 둘 수 있다.

부록 A: 광 다이오드 성능의 계산에 이용된 두 정적분들의 값.

X	$\int_X^\infty \frac{x^2}{e^x-1}dx$	$\int_X^\infty \frac{x^3}{e^x-1}dx$	X	$\int_X^\infty \frac{x^2}{e^x-1}dx$	$\int_X^\infty \frac{x^3}{e^x-1}dx$
0.0	2.4041	6.4935			
0.1	2.3993	6.4932	2.6	1.0656	4.5094
0.2	2.3855	6.4911	2.7	1.0122	4.3679
0.3	2.3636	6.4855	2.8	0.9605	4.2259
0.4	2.3344	6.4753	2.9	0.9106	4.0838
0.5	2.2988	6.4593	3.0	0.8626	3.9420
0.6	2.2576	6.4366	3.1	0.8163	3.8010
0.7	2.2115	6.4066	3.2	0.7719	3.6611
0.8	2.1612	6.3689	3.3	0.7293	3.5226
0.9	2.1073	6.3230	3.4	0.6884	3.3859
1.0	2.0504	6.2690	3.5	0.6494	3.2513
1.1	1.9911	6.2067	3.6	0.6121	3.1189
1.2	1.9299	6.1363	3.7	0.5766	2.9892
1.3	1.8672	6.0579	3.8	0.5427	2.8622
1.4	1.8034	5.9719	3.9	0.5105	2.7381
1.5	1.7390	5.8785	4.0	0.4798	2.6171
1.6	1.6743	5.7782	4.1	0.4507	2.4993
1.7	1.6743	5.6715	4.2	0.4231	2.3848
1.8	1.5452	5.5588	4.3	0.3970	2.2737
1.9	1.4813	5.4408	4.4	0.3722	2.1660
2.0	1.4182	5.3178	4.5	0.3488	2.0619
2.1	1.3561	5.1906	4.6	0.3267	1.9613
2.2	1.2952	5.0596	4.7	0.3058	1.8642
2.3	1.2356	4.9254	4.8	0.2861	1.7706
2.4	1.1773	4.7886	4.9	0.2675	1.6806
2.5	1.1206	4.6498	5.0	0.2501	1.5941

적분 $\int_X^\infty \frac{x^2}{e^x-1}dx$에 대한 적절한 근사는 다음과 같이 주어진다:

$$\int_X^\infty \frac{x^2}{e^x-1}dx \approx 2.4164 - 0.086332X - 0.37357X^2 + 0.099828X^3 - 0.0078158X^4 \qquad (14.109)$$

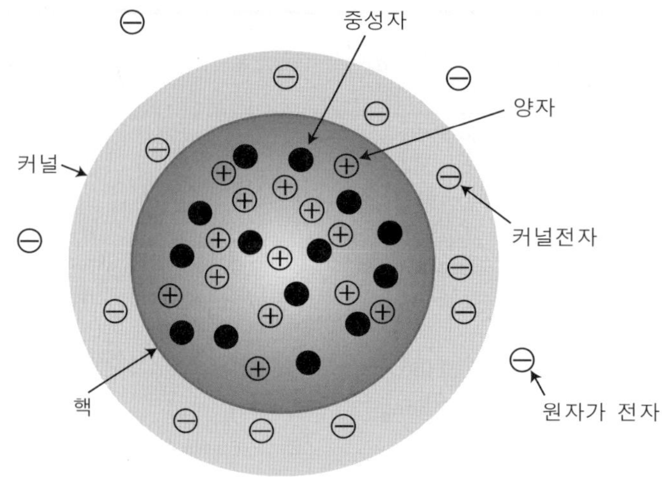

실리콘 원자는 14개의 전자("-" 기호가 있는 원)들로 둘러싸인 14개의 양자("+" 기호가 있는 테두리를 갖는 원)와 14개의 중성자(검은 원)들을 포함하는 핵(짙은 구형)으로 구성된다. 핵의 전하는 +14이지만 원자는 (이온화되지 않으면) 그 둘레에 몰려있는 전자들로 인하여 원자는 실제 전하를 갖지 않는다.

14개 전자들 가운데 10개는 핵에 단단히 결합되어 있어서 제거하기가 어려움을 주목하자. 그러나 (원자가 전자로 불리는) 4개의 전자들은 쉽게 제거될 수 있으며 (원자를 이온화시킨다) 따라서 화학반응에 관여할 수 있다. 결과적으로 실리콘은 4가이다.

실리콘 원자를 4개의 원자가 전자들로 둘러싸인 커널로 구성되는 것으로 나타내는 것이 편리한 것으로 보여진다. 커널은 핵으로부터 14개의 양전하들과 10개의 강하게 결합된 전자들을 가지기 때문에 +4의 알짜 전하를 갖는다. 4개 원자가 전자들의 전하는 커널의 전하와 상쇄되기 때문에 전체로서의 원자는 물론 중성이다.

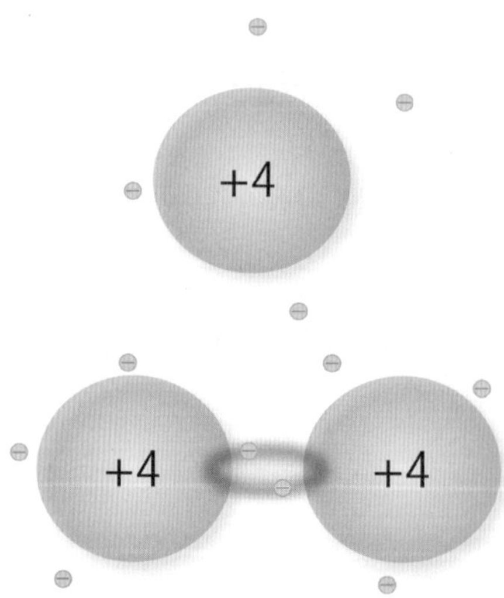

2개의 실리콘원자는 원자가 전자를 교환함으로써 서로 결합될 수 있다. 이러한 결합을 공유결합이라고 부른다.

4개의 원자가 전자를 가지기 때문에 각 실리콘 원자는 4개의 공유결합을 만들 수 있으며 4개의 주위 원자들에 그 자신을 부착시킬 수 있다. 이는 수반되는 그림에 나타낸 바와 같은 격자구조가 될 수 있다. 실제로 탄소의 경우에 그러한데 탄소는 흑연을 형성할 때 2차원 모양으로 결정화된다. 실리콘(및 다이어몬드 형태의 탄소)은 평면 그림으로 나타내기가 어려운 3차원 결정을 갖는다. 그렇지만 간단히 하기 위해서 평면도를 계속 이용할 것이다.

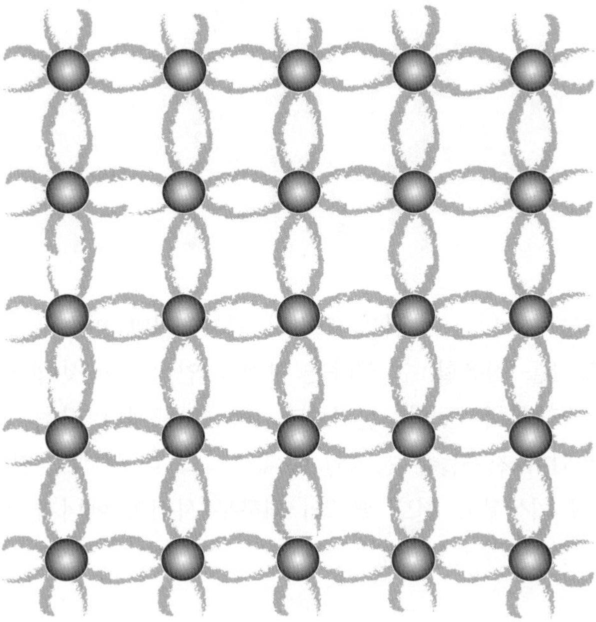

0K에서 모든 원자가 전자는 공유결합에 관여되며 따라서 캐리어, 즉 전하의 운반자로 이용할 수 없다. 어떠한 전류도 그 결정을 통하여 흐를 수 없다; 이는 절연체이다.

그러나 만약 (격자의 열적 교반이나 광자, 혹은 고속 자유전자의 충돌을 통하여) 결합이 붕괴된다면 원자가 전자들 가운데 하나는 결합으로부터 방출되고 자유로이 전기를 전달할 수 있게 되어 불완전한 결합으로 되는데 이는 이웃하는 결합으로부터의 전자가 떨어질 수 있는 홀이 존재하는 결합이다. 이에 따라 홀이 새로운 위치로 움직이게 된다. 따라서 결합의 붕괴는 한 쌍의 캐리어(어느 정도의 전도성을 물질에 부여하는 전자와 홀)를 생성한다.

그림으로부터 이러한 특별한 경우에 자유(전도)전자의 수는 정확하게 홀의 수와 같다는 사실은 분명하다. 그러한 물질은 고유물질이라 부른다.

이제 누구나 반도체는 무슨 이유로 대개 온도가 증가하면 커지는 전지 전도성을 지니는지를 이해할 수 있다: 물질이 따뜻해질수록 캐리어들의 수는 증가한다.

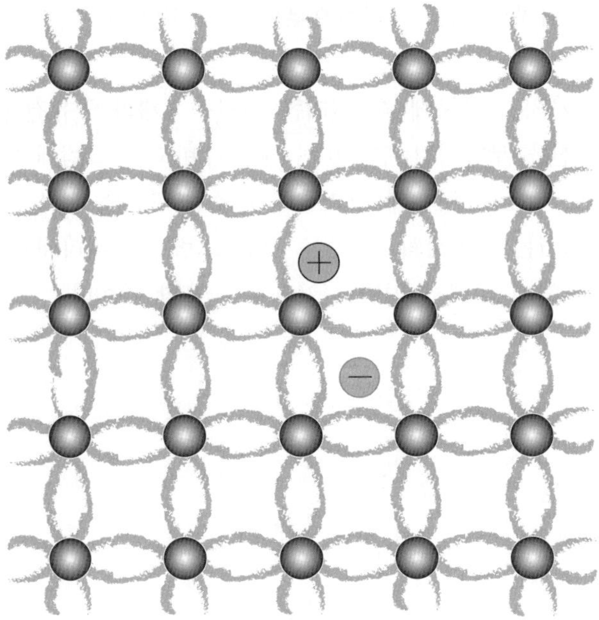

이러한 상황을 살펴보는 또 다른 방법은 고립된 원자에서와 마찬가지로 결정 내의 전자들은 어떤 이산 에너지 준위들만을 점유할 수 있다는 사실을 인식하는 것이다. 고체의 경우 전자들은 어떤 에너지 준위들의 밴드에 국한된다. 실리콘과 같은 반도체의 경우 원자가 밴드로 불리는 1개의 밴드는 완전히 점유되며 전자들은 움직일 수 없다. 그 다음 밴드(전도 밴드)는 완전히 비어 있게 된다. 원자가 밴드의 최상부와 전도 밴드의 최하부 사이의 에너지 차이는 밴드-갭이라고 불린다. 실리콘의 경우 밴드-갭은 1.1eV이다.

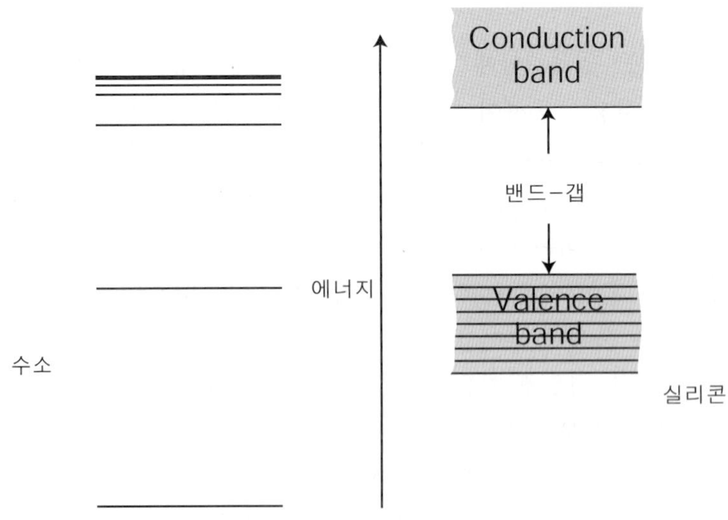

자유전자가 음 전하의 캐리어인 반면에 홀은 양의 캐리어로 간주될 수 있다. 전기장의 존재하에서 이들의 운동은 서로 반대방향이다; 그렇지만 얻어지는 전류는 이들이 운반하는 반대 전

하들로 인하여 동일한 방향이다.

전자와 홀들의 운동은 폭스바겐 비틀과 이에 상응하는 "홀"들의 운동과 간단한 유사성을 갖는다.

바닥이 폭스바겐의 (기어가 중립상태이며 브레이크가 풀린 상태이므로 자유로이 굴러갈 수 있는) 비틀들로 가득 찬 샌프란시스코의 차고에서는 지진으로 차고 바닥이 기울어진다고 해도 자동차들은 움직일 수 없다.

자동차가 다음 층으로 당겨 올려지면 기울어진 차고에서 차는 왼쪽으로 굴러갈 것이다. 동시에 더 낮은 층의 일부 자동차들 역시 움직여서 자동차 열들의 "홀"이 위로 움직이는 효과를 나타낼 것이다.

하나의 층으로부터 다음 층으로 자동차를 올리는 데에 필요한 에너지는 반도체의 밴드-갭 에너지와 대등하다.

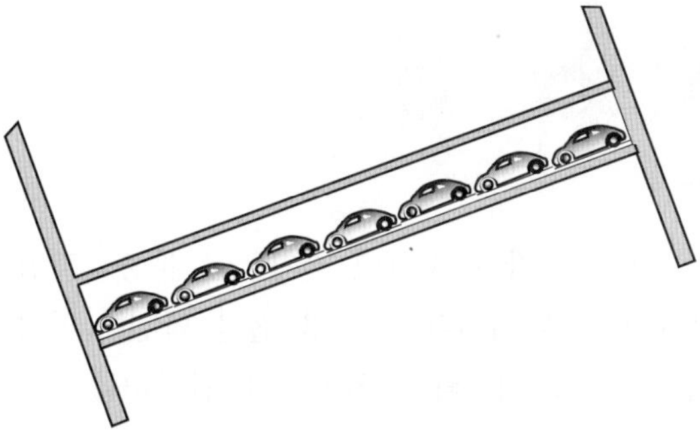

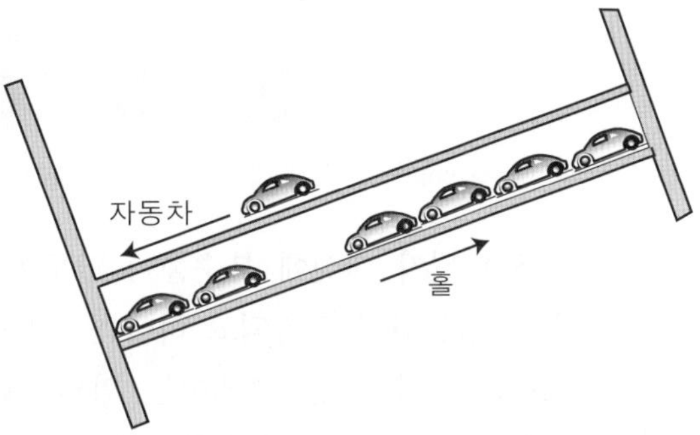

지금까지 우리는 절대적으로 순수한 실리콘을 취급했다. 실제로는 모든 실리콘은 물질의 성질들을 극적으로 변화시키는 어떤 불순물을 포함한다. 다음 그림에서 인 원자는 하나의 실리콘 원자를 대체하였다. 인의 원자가는 5이므로 격자 내에 원자를 묶어두는 4개의 공유결합들을 완성시키는 데에 충분한 전자들을 갖는다. 나아가 하나의 전자가 남게 되는데 이는 캐리어로 작용한다. 전자-홀 쌍(그림에는 보이지 않음)들은 여전히 격자의 열적 교반에 의해 생성되지만 전자들의 수는 홀 들의 수를 초과한다-이 물질은 n-실리콘으로서 지배하는 캐리어는 음이다. 인 커널은 +5의 전하를 가지며 결정 장소는 단지 4개의 공유결합 전자들만을 갖는다. 따라서 이 장소는 +1의 양 전하를 가지며 (격자와 연결되어 있기 때문에) 움직일 수 없으므로 캐리어를 구성하지 않는다. 이는 도너라고 불린다.

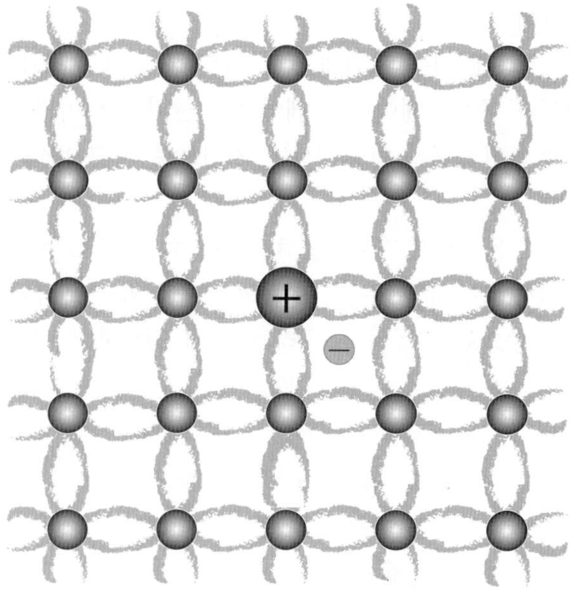

인과 같은 5가 원자 대신에 불순물이 알루미늄과 같은 3가 원자라면 전자들이 불충분하며 단지 3개의 공유결합들만이 충족되고 하나는 미완성인 채로 남겨진다-즉 자유 홀을 남긴다-이 물질은 p-실리콘으로서 지배하는 캐리어는 양의 홀이다. 인의 경우와 마찬가지로 알루미늄 원자는 움직일 수 없는 -1의 전하를 나타낸다-이는 억셉터이다.

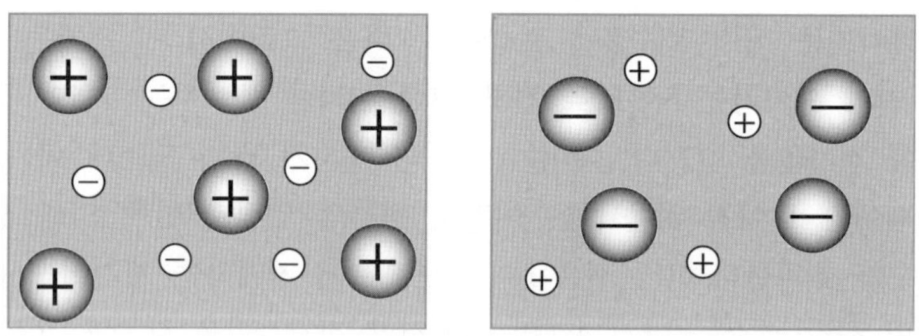

이제부터는 분명히 하기 위하여 그림에서 대부분의 배경 실리콘 원자들과 공유결합들을 생략하고 앞의 그림에서와 같이 캐리어들 및 이에 상응하는 도너나 억셉터들만을 보일 것이다. 도너와 억셉터들은 움직일 수 없으므로 캐리어가 아님을 강조할 필요가 있다.

왼쪽의 그림은 n-물질을 나타내며 오른쪽의 그림은 p-물질을 나타낸다. 이들은 모두 전기적으로 중성이며 같은 수의 양전하와 음전하를 갖는다.

실리콘에 어떤 불순물을 도입하는 것을 도핑이라고 부른다. 대개 도핑의 양은 작으며 매 10,000 실리콘 원자당 1 도핑제(지극히 무거운 도핑)로부터 매 1억 실리콘 원자당 1 도핑제(매우 가벼운 도핑)의 범위에 걸친다.

어떤 결정이 아래에 보인 바와 같이 n-영역과 나란히 위치하는 p-영역을 가지는 경우 실제로 흥미로워지기 시작한다.

n-쪽에 더 풍부한 전자들은 p-쪽으로 확산되는 경향이 있는 반면에 홀들은 n-쪽으로 확산되는 경향이 있다. 물론 도너와 억셉터들은 움직이지 않는다. 이러한 확산들의 실제 효과는 n-쪽이 양(그림에는 8개의 양전하와 3개의 음전하들이 있다)이 되는 것으로 나타난다. 같은 이유로 p-쪽은 음(7개의 음전하와 2개의 양전하가 있다)이 된다. 따라서 접촉 포텐셜이 생성되는데 실온의 실리콘에서는 도핑에 따라 대략 1V 정도이다.

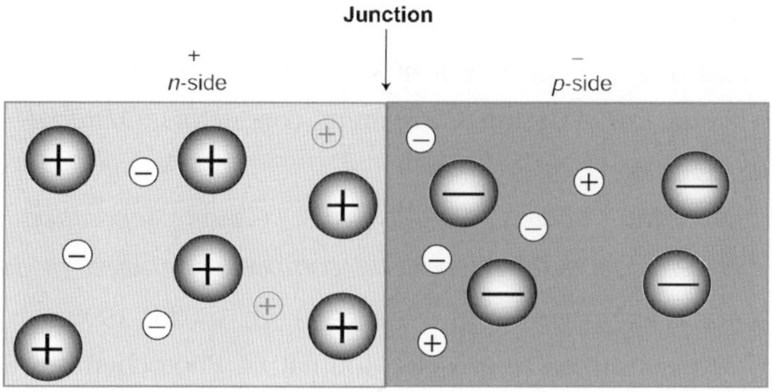

장치의 n-쪽과 p-쪽의 대부분을 통한 포텐셜은 일정하다(전기장이 없다). 모든 장은 좁은 전이영역을 가로질러 집중되어 있다. 이 영역이 좁기 때문에 (몇십 나노미터 정도) 형성된 전기장들은 미터 당 수천만 볼트 정도로 거대할 수 있다.

p-n 접속부 근처에 빛을 비추면 양 쪽에 전자-홀 쌍들이 생성될 수 있다. 이들이 전이영역으로부터 매우 멀리 떨어져 있다면 몇 마이크로초 후에 이들은 재결합할 것이다. 그러나 이들이 가까이 있을 경우 이들은 높은 전기장 영역을 향하여 표류할 것이다. 이 경우 p-쪽에 생성된 전자는 n-쪽으로 떨어질 수 있는 반면에 n-쪽에 생성된 홀은 p-쪽으로 떨어질 수 있다. 어느 경우건 이 전하들은 접촉 포텐셜과 상호 작용한다. 따라서 p-n 접속부에 대한 빛의 영향은 접촉 포텐셜을 저하시키는 것이다.

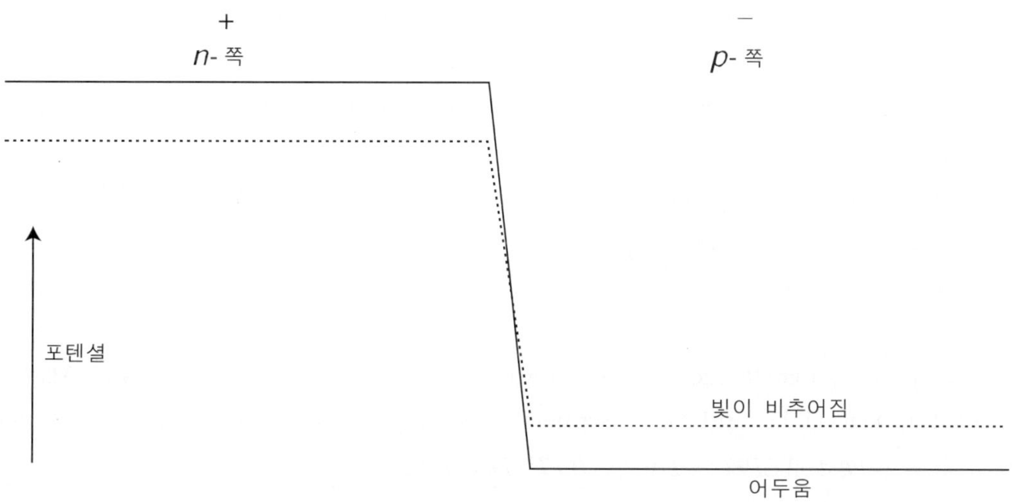

참고문헌

B. A. Bolto and D. E. Weiss, *Electronic Conduction in Polymers. II. The Electrochemical Reduction of Polypyrrole at Controlled Potential, Australian Journal of Chemistry,* 16(6), pp. 1076–.1089, 1963.

B. A. Bolto, R. McNeill, and D. E. Weiss, *Electronic Conduction in Polymers. III. Electronic Properties of Polypyrrole, Australian Journal of Chemistry,* 16(6), pp. 1090–.1103, 1963.

da Rosa, Aldo V., *Fundamentals of Electronics, Optimization Software, Inc.,* 1989.

Gordon, Roy G., Criteria for choosing transparent conductors, *Materials Research Society, MRS Bulletin, August* 2000.

Greenham, N. C., X. Peng, and A. P. Alivisatos, *Charge separation and transport in conjugated-polymer/semiconductor-nanocrystal composites studied by photoluminescence quenching and photoconductivity Phys. Rev. B* 54, p. 17628, 1996.

Gr"Natzel, Michael, Dye-sensitized solar cells, Journal of Photochemistry and Photobiology & Photochemistry Reviews, 4, pp. 145–.153, 2003.

Gregg, Brian A., The essential interface; Studies in dye-sensitized solar cells, National Renewable Energy Laboratory, Golden, Colorado Part of Semiconductor Photochemistry and Photophysics, Editors: V. Ramamurthy and Rirk S. Schanze, CRC Press, 2003.

H. Amano, N. Sawaki, I. Akasaki, Y. Toyoda, *Appl. Phys. Lett.* 48, p. 353, 1986.

Hamdy, Adel M., and D. E. Osborn, The potential for increasing the efficiency of solar cells in hybrid photovoltaic/thermal concentrating systems by using beam splitting, *Solar and Wind Technology* 7, No. 23, pp. 147–.153, 1990.

Joannopoulos, John D., Steven G. Johnson, Joshua N. Winn, and Robert D. Meade, Photonic Crystals: *Molding the Flow of Light (2nd edition), Princeton University Press,* 2008.

Koster, Lambert Jan Anton, Device physics of donor-acceptor/blend solar cells, Ph,D Thesis, University of Groningen, The Netherlands, 2007.

Loferski, Joseph J., Theoretical considerations governing the choice of the optimum semiconductor for photovoltaic solar energy conversion, *J. Appl. Phys.* 27(7), pp. 777 –.784, July 1956.

Ludman, Jacques E., Approximate bandwidth and diffraction efficiency in thick holograms, Rome Air Development Center, 1981.

Ludman, Jacques E., Holographic solar concentrator, *Applied Optics* 212, p. 3057, September 1, 1982.

Ludman, Jacques E., Juanita Riccobono, Nadya Reinhand, Irina Semenova, Jos"Le Mart"L i .n, William Tai, Xiao-Li Li, and Geof Syphers, Holographic solar concentrator for terrestrial photovoltaics, *First WCPEC, Hawaii, IEEE. December 5–.9,* 1994.

Ludman, Jacques E., J. L. Sampson, R. A. Bradbury, J. G. Mart"L i .n, J. R. Riccobono, G. Sliker, and E. Rallis, Photovoltaic systems based on spectrally selective holographic concentrators, SPIE, 1667 *Practical Holography VI, p. 182,* 1992.

Luque, Antonio, and Antonio Mart"L i ., Increasing the efficiency of ideal solar cells by photon induced transitions at intermediate levels, *Phys. Rev. Lett.* 76(26), June 30, 1997.

Mayer, Alex C., Shawn R. Scully, Brian E. Hardin, Michael W. Rowell, and Michael D. McGehee, REVIEW: Polymer-based solar cells, *Materials Today* 10(1), pp. 28-.33, November 2007.

Morrison, Orion, Michael Seal, Edward West, and William Connelly, Use of a thermophotovoltaic generator in a hybrid electric vehicle, Vehicle Research Institute, Western Washington University.

Petritsch, Klaus, Organic solar cell architectures, Ph. D. Thesis, Tech. Univ. Graz, July 2000.

Prince, M. B., Silicon solar energy converters, *J. Appl. Phys.* 26(5), pp. 534-.540, May 1955.

Rappaport, Paul, The photovoltaic effect and its utilization, *RCA Rev.* 20, pp. 373-.397, September 1959.

Rittner, Edmund S., An improved theory for Silicon *p-n junctions in solar cells, J. Energy 1, p. 9, January* 1977.

Ross, B., and J. R. Madigan, Thermal generation of recombination centers in silicon, *Phys. Rev.* 108, pp. 1428-.1433, December 15, 1957.

R. McNeill, R. Siudak, J. H.Wardlaw, and D. E.Weiss, Electronic Conduction in Polymers. I. The Chemical Structure of Polypyrrole, Australian Journal of Chemistry, 16(663), pp. 1056-.1075, 1963.

Schaller, R. D., and V. I. Klimov, High efficiency carrier multiplication in PbSe nanocrystals: Implications for solar energy conversion, *Phys. Rev. Lett.* 92, p. 186601-.4, 2004.

Schaller, R. D., Vladimir M. Agranovich, and V. I. Klimov, High efficiency carrier multiplication through direct photogeneration of multiexcitations via virtual single-exciton states, *Nature Physics* 1, December 2005.

Shockley, William, and Han J. Queisser, Detailed balance limit of efficiency of *p-n junction solar cells, J. Appl. Phys.* 32(3), pp. 510-.519, March 1961.

S.Nakamura, *Jpn. J. Appl. Phys.* 30, L1705, 1991.

Wu, J., Wladek Walukiewicz, K. M. Yu, J. W., Ager III, E. E. Hallert, H. Lu, W. J. Schaff, Y. Saito, and Y. Nanishi, Unusual properties of the fundamental band-gap of InN, *Appl. Phys. Lett.* 80, pp. 3967-.3969, 2002.

Wysocki, Joseph J., and Paul Rappaport, Effect of temperature on photovoltaic solar energy conversion, *J. Appl. Phys.* 31, pp. 571-.578, March 1960.

Yu, K. M., W. Walukiewicz, J. Wu, W. Shan, J. W. Beeman, M. A. Scarpulla, O. D. Dubon, and P. Becla, Diluted II-VI oxide semiconductors with multiple band-gaps, *Phys. Rev. Lett.* 91(24), p. 4, December 12, 2003.

연 습 문 제

14.1 태양에 노출될 때 한 개는 1 eV의 밴드-갭 에너지를 가지며 다른 하나는 2 eV의 밴드-갭 에너지를 갖는 두 개의 반도체들로 만들어진 광 다이오드들의 이론상 효율은 얼마인가?

14.2 공상과학소설 독자라면 누구나 알고 있듯이 평행한 우주가 많이 있으며 각 우주에는 서로 다른 물리적 법칙이 존재한다. 여기에서 논의하고 있는 평행우주에서는 주어진 온도 T에서의 흑체복사는 다음과 같은 간단한 법칙(P는 파워밀도(Wm^{-2})이며 f는 Hz 단위이다)을 따른다:

$\dfrac{\partial P}{\partial f}$ 는 f=0에서 0이다.

$\dfrac{\partial P}{\partial f}$는 f에 따라 선형적으로 증가하며 500 THz에서 $1\,Wm^{-2}\,THz^{-1}$의 값에 이른다.

500THz에서는 선형적으로 감소하여 1000THz에서 0에 도달한다.

1) 이 복사의 총 파워밀도는 얼마인가?
2) 위의 복사에 노출된 광 다이오드의 최대 이론적 효율을 제공하여 주는 광 다이오드 물질의 밴드-갭 값은 얼마인가?

14.2 다이오드의 전이영역에서 캐리어들의 상당한 재결합이 일어나는 상황에서 V-I 특성은 다음과 같다:

$$I = I_v - I_R\left[\exp\left(\frac{qV}{2kT}\right) - 1\right] - I_0\left[\exp\left(\frac{qV}{kT}\right) - 1\right]$$

이 문제를 해결함에 있어서 이 책에서 다음과 같이 주어진 방정식이 아닌 위와 같은 좀 더 복잡한 식을 이용하여라:

$$I = I_v - I_0\left[\exp\left(\frac{qV}{kT}\right) - 1\right]$$

실리콘 다이오도는 $1cm^2$ 의 유효면적을 갖는다. 그의 역 포화 전류 $I0$ 는 400 pA이며 전류 IR 은 4 μA이다. 이들은 T=300K에서의 값들이다. 이 온도는 다이오드가 작동하는 온도라고 가정하자. 또한 100%의 양자 효율을 가정하자-즉 1.1eV 이상의 에너지를 갖는 각 광자는 하나의 전자-홀 쌍을 생성한다. 마지막으로 어떤 직렬저항도 없다고 가정한다. 1 sun에서 빛의 파워밀도는 1000 W/m^2이며 이는 2.25×10^{21} 광자 $s^{-1}m^{-2}$ 플럭스에 해당된다(1.1eV 이상의 에너지를 갖는 광자만을 헤아린 값이다).

1) 1 sun에서 이 다이오드의 열린회로 전압은 얼마인가?
2) 얼마의 전압에서 광자는 부하로 최대의 동력을 전달하는가?
3) 다이오드가 전달하는 최대 동력은?
4) 얼마의 부하저항이 그 다이오드로부터 최대 동력을 이끌어 내겠는가?
5) 그 다이오드의 효율은 얼마인가?

이제 그 다이오드가 1000 suns을 받기 위해서 농축장치가 사용되었다고 가정하자. 이로 인하여 운전온도가 상승할 것이며 효율을 저하시킬 것이다. 그러나 온도를 300K로 유지하기 위하여 적절한 냉각 시스템이 사용되고 있다고 가정하자. 100%의 농축장치 효율을 이용하여 위의 5개 질문에 답하여라.
사실 농축장치의 효율은 겨우 50% 정도이다. 여전히 이 농축장치를 이용하는 다이오드를 사용하는 것이 유리한 점이 있는가?

14.4 완전한 흑체(T=6000K)를 다루고 있다고 가정하자. 광 다이오드의 이론적 한계를 조사하고자 한다. 다이오드 물질의 표면 반사와 와류 흡수에 의한 빛의 손실은 없다고 가정한다. 실리콘을 고려하여 보자(밴드-갭 에너지 W_g는 1.1eV이다).
분명히 W_g보다 적은 에너지를 갖는 광자는 그러한 복사를 통과시키기 때문에 다이오드와 상호작용하지 않을 것이다.

1. 1.1eV보다 낮은 광자와 관련되는 흑체 복사의 동력의 비율(%)은 얼마인가?
2. 남아있는 광자들의 모든 에너지가 전기 에너지로 변환된다면 광 다이오드의 효율은 얼마가 될 것인가?
3. 게르마늄(W_g=0.67eV)은 더 효율적인가? 아니면 덜 효율적인가?
4. 제 12장의 표 12.1을 사용하여 실리콘에 의해 흡수된 태양 에너지의 비율(%)을 결정하여라.
5. 1.1eV의 광자는 하나의 전자-홀 쌍을 생성하기에 꼭 충분한 에너지를 가질 것이며 이상적인 조건에서 얻어지는 전자는 1.1V의 포텐셜 차가 존재하는 부하로 전달될 것이다. 한편 이를테면 2eV의 광자는 0.9eV의 과잉 에너지를 갖는 쌍을 생성할 것이다. 이 초과분은 운동에너지의 형태로 존재할 것이며 급속하게 열중성자화되고 다시 1.1eV만을 부하에서 이용 가능할 것이다. 그러므로 W_g 이상을 갖는 모든 광자들은 기껏해야 W_g 단위의 에너지만큼 부하에 기여할 것이다.
   이상적인 실리콘 광 다이오드에 연결된 부하에서 이용 가능한 흑체 복사의 비율을 계산하여라.
6. 어떤 조명수준에서 다이오드의 단락전류는 다이오드 역 포화 전류의 10^7배이다. 위의 이상적인 다이오드에 비하여 이 다이오드의 상대적인 효율은 얼마인가?

14.5 다음 식에 의해 주어지는 정규 스펙트럼 파워밀도 분포를 갖는 복사를 고려하여 보자:

$$\frac{\partial P}{\partial f} = 0 \text{ for } f < f_1 \text{ and } f > f_2,$$

$$\frac{\partial P}{\partial f} = 1 \text{ for } f < f_1 < f_2,$$

위에서 f_1 = 100 THz이고 f_2 = 1000 THz.이다.

1. $W_g = hf_1$의 밴드-갭 에너지를 갖는 광 다이오드의 이론적 효율은 얼마인가?

2. 어떤 밴드-갭 에너지가 다이오드의 효율을 최대로 하여 주는가?
3. 만약 밴드-갭 에너지가 h×500THz이고 물질은 W_g보다 작은 에너지의 광자 복사를 통과시킨다면 총 복사 파워의 어떤 비율이 다이오드를 통과하며 그 뒤쪽에서 이용가능할까?
4. 만약 첫 번째 다이오드 뒤에 W_g=h×100THz인 두 번째 다이오드가 있다면 서로 결합된 두 다이오드들의 효율은 얼마인가?

14.6 유효 면적이 각각 10cm^{2}인 두 개의 광 다이오드가 하나는 430THz 근처, 다른 하나는 600 THz 근처인 좁은 대역에서 500W/m^{2}의 파워밀도를 갖는 2색 복사에 노출되어 있다.
하나의 다이오드는 1eV의 밴드-갭 에너지를 가지며 다른 하나는 2eV이다. 다이오드가 (어두움 속에서) 역 바이어스되는 경우 포화전류는 10nA이다.
다이오드는 300K에서 작동된다.
1. 쇼트회로 광전류는 얼마인가?
2. 각 다이오드의 열린회로 전압은 얼마인가?
3. 각 다이오드의 최대 이론적 효율은 얼마인가?
4. 각 다이오드가 부하로 전달할 수 있는 최대 동력은 얼마인가? 다이오드에서 직렬저항은 없다고 가정한다.

14.7 어떤 이상적인 광 다이오드는 2.35eV의 밴드-갭 에너지를 갖는 물질로 만들어진다. 이는 300K에서 작동하며 파장이 400nm인 단색광이 비추어진다. 최대 효율은 얼마인가?

14.8 파워밀도가 1000W/m^{2}이고 파장이 400nm인 단색광이 비추어지는 10cm x 10cm 광전지 (100%의 획기적 효율, $R_s = 0$)에 의해 전달되는 쇼트회로 전류는 얼마인가?

14.9 다른 조명조건에서 문제 14.8의 전지는 쇼트회로로 5A를 전달한다. 역 포화 전류는 100pA이다. 광 다이오드의 내부 저항은 무시한다. 300K에서 열린회로 전압은 얼마인가?

14.10 어떤 태양광기전 시스템의 광학 시스템은 초점거리 F가 3m인 원형 f:1.2† 렌즈로 구성된다.
(지표면으로부터) 태양을 직접적으로 향하고 있을 경우 초점면 안에 형성되는 태양 이미지의 직경 D_i는 얼마인가? 광학 시스템의 효율은 90%이며 정오에 완벽히 청명한 대기를 가정하여라.
1. 농축비 C는 얼마인가?
2. 태양 이미지에 노출되는 광기전 전지에 떨어지는 빛의 총 파워 P는 얼마인가?
3. 파워 밀도 ρ는 얼마인가?

† f 수는 다른 광그래픽 카메라에서와 마찬가지로 렌즈의 직경에 대한 초점길이의 비이다.

다음을 가정한다:

3.1 전도 손실은 없다.

3.2 대류 손실은 없다.

3.3 실리콘 광기전 전지는 원형으로서 직경은 태양 이미지의 직경과 동일하다. 전지는 이미지의 모든 빛을 차단한다.

3.4 광전지의 효율은 5800K에서의 흑체 복사에 대한 최대 이론값의 60%와 같다.

3.5 광전지가 생성하는 모든 파워는 외부 부하로 전달된다.

3.6 유효 열 방사율 ϵ은 0.4이다.

4. 부하로부터 전달되는 파워는 얼마인가?
5. 광전지의 온도는 얼마인가?
6. 만약 부하의 연결이 끊어진다면 광전지의 온도는 얼마인가? 만약 계산을 올바르게 수행한다면 농축된 태양빛은 전지를 견딜 수 없을 정도의 고온으로 만들 것이다. 실리콘 전지는 500K나 그 미만의 온도에서 작동한다.
7. 어떠한 전력도 끌어내지 않는 경우 전지를 500K로 유지시키기 위해 냉각제는 얼마의 열을 제거해야 하는가? 냉각제는 480K에서 전지를 빠져 나가며 80C에서 열을 방출하고 60%의 Carnot 효율을 실현하는 수증기 기관을 구동시킨다.
8. 열 기관은 얼마의 파워를 전달하는가?
9. 수증기 기관이 딸린 광전지의 전체 효율은 얼마인가?

14.11 이 문제의 광 다이오드를 이상적 구조를 갖는 것으로 처리한다. 100%의 획기적인 효율을 가정한다. 어떤 광 다이오드는 1×1cm의 면적을 가지며 1000W/m^{2}의 파워밀도와 780nm의 파장을 갖는 단색광 조명을 받는다. 300K에서 열린회로 전압은 0.683V이다.

1. 역 포화 전류 I_0는 얼마인가?
2. 최대 파워 이동을 가능하게 하는 부하 저항은 얼마인가?
3. 위의 부하를 갖는 이 전지의 효율은 얼마인가?

14.12 단색광 레이저(586nm)의 파워밀도가 1×1mm 실리콘 광 다이오드에 의해 모니터링된다. 관찰된 양은 실리콘에 의해 생성되는 쇼트회로 전류이다. 다이오드를 완벽하게 이상적인 장치라고 가정한다.

1. 빛의 수준이 230W/m^{2}인 경우 얼마의 전류를 기대하는가?
2. 반도체의 온도는 이 전류에 어떻게 영향을 미치는가? 물론 온도는 장치를 손상시킬 온도보다 더 낮아야 한다(실리콘의 경우 150℃ 정도).
3. 단락시키는 대신에 다이오드를 최대 전력 출력과 호환되는 부하에 연결하였다. 부하 전압을 추정하여라.

14.13 4×4cm의 실리콘 광전지가 시험되고 있다. 시험 전체에 걸쳐 장치의 온도는 300K로 유

지된다. 전지는 눈에 뜨일 만한 직렬 저항이 없다고 가정한다. 100%의 획기적인 효율을 가정하자. 실리콘의 밴드-갭 에너지는 1.1eV이다.

초기에는 전지가 어둠 속에 놓여 있다. 100μA의 전류를 전도성이 좋은 방향으로 통과시키는 경우 다이오드를 통한 전압은 0.466V이다.

파장이 412nm와 1300nm인 2색광 적외선 복사에 노출되는 경우 전지에 의해 생성되는 열린회로 전압을 추정하여라. 더 짧은 파장에서의 파워밀도는 87 W/m^2인 반면에 더 긴 파장에서는 93 W/m^2이다.

14.14 다음과 같이 주어지는 정규 스펙트럼 파워분포를 갖는 복사에 노출될 경우 W_g=2eV인 밴드-갭 에너지를 갖는 반도체 물질로부터 만들어진 광전지의 이상적인 효율은 얼마인가?

f	$\partial P/\partial f$
〈 200 THz	0
200~300 THz	0.01f - 2
300~400 THz	4 - 0.01f
〉 400 THz	0

위의 표에서 주파수 f의 단위는 THz이다.

W_g=1eV인 반도체에 대하여 위의 풀이를 반복하여라.

14.15 다음의 투과 특성을 갖는 필터를 통한 100W/m^{2}의 태양 복사에 노출되는 경우 2.5eV의 밴드-갭을 갖는 광전지의 이론적 효율은 얼마인가?

600nm와 1000nm 사이의 모든 파장들을 감쇄시키지 않고 통과시키며 다른 모든 것들은 거부한다.

14.16 어떤 광 다이오드가 300~500THz 범위에 걸친 균일한 스펙트럼 파워밀도($\frac{\partial P}{\partial f}$= 일정)의 복사에 노출된다. 이 범위 바깥에서는 복사가 없다. 총 파워밀도는 2000W/m^{2}이다.

1. 100%의 획기적인 효율을 가정한다면 1×1cm의 활성면적을 갖는 다이오드의 쇼트회로 광전류는 얼마인가?
2. 이 문제 1의 복사에 노출되는 경우 다이오드에 의해 전달되는 열린회로 전압은 0.498V이다. 1.0V 전압이 역 전도 방향(즉 거의 열린회로처럼 작용하는 방향에서)에서 다이오드(이제는 암흑 속에 있다)에 적용된다. 장치를 통하여 순환되는 전류는 얼마인가? 다이오드의 온도는 300K이다.

14.17 태양은 (대략) 6000K 흑체처럼 복사한다. 그러한 복사의 파워밀도가 1000W/m^2-"1 sun"-

이면 총 광자 플럭스는 4.46×1021 광자/m^2/초 이다. 거의 정확하게 이 광자들의 절반은 1.1eV(실리콘의 밴드-갭 에너지 W_g)보다 크거나 동일한 에너지를 갖는다.

면적이 10×10cm인 작은 실리콘 광 다이오드를 고려하여 보자. 2V의 역 바이어스가 적용되면 얻어지는 전류는 30nA이다. 이는 물론 역 포화 전류 I_0이다.

광 다이오드 회로가 쇼트되어 있고 1000W/m^{2}의 파워밀도를 갖는 흑체 복사에 노출되는 경우 쇼트회로 전류 I_v가 순환된다.

1. 100%의 획기적인 효율을 가정할 때(각 광자는 하나의 전자-홀을 생성하며 모든 쌍들은 다이오드의 p-n 접합에 의해 분리된다) 이 전류의 값은 얼마인가?
2. 위의 조명에서 300K의 광 다이오드의 열린회로 전압은 얼마인가?
3. 광 다이오드의 V-I 특성을 살펴보면 높은 전류 말단부에서 매우 경사가 급하다. 달리 말하면 가장 좋은 작동전류는 쇼트회로 전류보다 약간만 작은 전류이다. 이를 알면 다음 문제의 풀이가 쉬워질 것이다: 300K에서 1000W/m^{2}의 조명에서 광 다이오드가 부하로 전달할 수 있는 최대 파워는 얼마인가? 효율은 얼마인가? 이를 시행착오법으로 수행하고 유효숫자가 3개인 답으로 만족하라. 내부저항이 없는 이상적인 다이오드를 고려하여라.
4. 최대 효율에 이르게 하는 부하 저항은 얼마인가?
5. 10,000W/m^{2}의 조명도에 대한 파워, 효율 및 부하 저항을 다시 계산하여라.
6. 광 다이오드에 대한 조명의 파워밀도가 증가하는 경우 효율과 최적 부하 저항은 어떻게 되는가?

14.18 다른 모든 것이 같으면 광 다이오드의 효율은 다음의 어떤 경우에 커지는가?

1. 작동온도가 높아질 때
2. 작동온도가 떨어질 때
3. 빛의 파워밀도가 높아질 때
4. 빛의 파워밀도가 떨어질 때

14.19 W_g=1.4eV의 밴드-갭 에너지를 갖는 광 다이오드가 파워밀도 P=500W/m^{2}인 단색광 복사 (500THz)에 노출된다. 장치의 활성면적은 10×10cm이다.

이를 2mΩ의 내부저항과 직렬로 연결된 이상적인 장치라고 간주하자.

모든 측정은 298K에서 이루어졌다.

열린회로 전압은 0.555V이다.

1. 쇼트회로 전류를 추정하여라.
2. 200mΩ 부하로 전달되는 다이오드의 전력은 얼마인가?
3. 200mΩ 부하로 공급할 때 장치의 효율은 얼마인가?

14.20 *제안: 이 문제를 풀기 위해서는 스프레드쉬트를 사용하여 (일출로부터 일몰까지의) 서로*

다른 모든 시간 각도에 대한 적절한 값들을 표로 나타내어라. α를 5° 간격으로 하면 충분할 것이다.

32° N에서 실리콘 광 다이오드의 수평 배열을 구성한다. 이 구조는 남쪽을 향하며 완전히 투명한 공기를 가정할 때 1년에 걸친 에너지 포집을 최대화시키는 고도각으로 설치된다.

1. 배열의 고도각은 얼마인가?
2. 2002년 4월 15일 하루동안 배열에 대한 일사는 어떻게 달라지는가? 하루 중의 시간 t에 대하여 일사량 P를 그래프로 나타내어라.
3. 컬렉터에 대한 평균 일사량은 얼마인가?
4. 10nA/m^{2}의 역 포화 전류밀도를 갖는 실리콘 다이오드를 가정할 때 만약 완벽한 부하 추적장치가 사용된다면, 즉 부하가 서로 다른 모든 순간적인 일사량 값에 완벽하게 맞추어진다면 (일출부터 일몰까지) 하루 동안에 생성된 평균 전력은 얼마나 되는가? 전반적인 평균효율은 얼마인가?
5. 만약 그 배열이 정오에 효율을 최대로 하여 주는 저항을 갖는 부하와 연결된다면 포집된 평균 전력은 얼마인지 추정하여라. 달리 말하면 어떠한 부하 추적기도 이용되지 않을 경우 평균 동력을 추정하여라.

14.21 수학적 처리를 간단히 하기 위하여 매우 간단한 (그리고 비현실적인) 스펙트럼 파워 분포를 가정하기로 한다:

$$\frac{\partial P}{\partial f} = \begin{Bmatrix} A \text{ for } 300\, THz < f < 500\, THz; \\ 0, otherwise \end{Bmatrix}$$

1. 만약 A=$10^{-12} Wm^{-2}Hz^{-1}$이라면 복사의 파워밀도는 얼마인가?
2. 100%의 획기적인 효율을 가정할 때 300THz 광자의 에너지보다 적은 밴드-갭 에너지를 갖는 이상적인 광 다이오드에서 쇼트 회로 전류밀도 J_v는 얼마인가?
3. 300K에서 $J_0 = 10^{-7} A/m^2$의 역 포화 전류밀도를 가정하면 광전지의 열린회로 전압은 얼마인가?
4. 어떤 부하 전압 V_m에서 이 광전지는 최대 파워출력을 생성하는가?
5. 최대 파워가 부하로 전달되는 경우 광전지로에 의해 생성되는 전류밀도는 얼마인가?
6. 광전지의 효율은 얼마인가?
7. 위의 조건들에서 부하저항은 얼마인가?
8. 2W/m^{2}의 광 파워밀도에 대하여 위의 문제들을 해결하여라.
9. 부하저항이 $200\, W/m^2$에 대한 최적값을 갖는 경우 이러한 낮은 광 수준에서의 효율은 얼마가 될 것인가?

14.22 고효율의 계단구조 광전지는 저비용으로 만들어질 수 있다고 기대된다. 이는 서로 다른 밴드-갭을 갖는 두 전지들의 샌드위치 형태로 구성된다. 바닥의 전지(더 작은 밴드-갭을

갖는 전지)는 CIGS로 알려져 있는 $CuIn_xGa_{1-x}Se_2$를 이용하여 만들 수 있다. 이 물질은 약 1eV의 밴드-갭을 가지며 15%의 효율을 나타내는 전지를 이루는 것이 입증되었다. 여기에서 풀어야 할 문제는 상부 전지의 밴드-갭이 얼마일 때 결합된 계단형 전지의 효율이 가장 커지는가이다. 6000K에서 흑체로부터의 복사를 가정한다. 또한 손실은 없다고 가정한다; 즉 이론적 효율만을 고려한다.

14.23 광전지의 V-1 특성은 좀 복잡한 수학적 공식들로 나타낼 수 있는데 이는 컴퓨터로 처리될 수 있으나 교실에서 시험을 치르기에는 너무 복잡하다. 처리를 간단히 하기 위해 약간 임의적으로 이전의 그림에 보인 바와 같은 두 직선들로 이루어지는 단순화된 특성을 채택하기로 한다. 최대 출력점인 점 C의 위치는 I_v/I_0의 비에 따라 변한다. 실험적으로

$$V_C = V_{OC}\left(0.7 + 0.0082\ln\frac{I_v}{I_0}\right)$$

$$I_C = I_v\left(0.824 + 0.0065\ln\frac{I_v}{I_0}\right)$$

이제 298K에서 작동하는 실리콘 광 다이오드를 고려하여 보자. 이 다이오드들은 면적이 $1m^2$이며 Palo Alto(위도 37.4° N, 경도 125° W)에 설치된 하나의 패널을 형성한다. 이 패널은 정남을 향하며 고도는 35°이다. 실제에 있어서는 이 패널은 많은 다이오드들이 직렬/병렬로 연결된 구조로 이루어질 것이다. 지금의 문제에서는 패널이 하나의 거대한 광 다이오드를 지닌다고 가정한다.

10월 27일 1130 PST와 1600 PST에서 표면상의 일사량을 계산하여라. 청명한 기상조건을 가정한다.

실제 태양시는 PST와 동일하다고 가정한다.

1. 언급된 두 순간에서 컬렉터에 대한 일사량을 계산하여라.
2. 두 조명 아래서 쇼트회로 전류(I_v)는 얼마인가? 태양을 6000-K 흑체로 간주한다.
3. 두 일사들 가운데 더 높은 쪽에 노출될 때 광 다이오드의 열린회로 전압은 0.44V이다. 1130과 1600에서 부하로 전달된 파워는 얼마인가? 각 경우에서 부하의 저항은 그 경우에 대한 파워 출력을 최대로 하여 주는 저항이다. 부하 저항은 얼마인가? 효율은 얼마인가?
4. 만일 1600에서 이용된 부하 저항이 1130 출력을 최적화시킨 저항과 동일하다고 가정하자. 부하의 파워와 효율은 얼마인가 ?
5. 부하 저항이 1130과 1600 모두에서 동일하다고 하자. 그렇지만 문제 4와는 달리 1130에서 출력을 최적화시키는 저항일 필요는 없다. 아이디어는 전체적인 효율이 향상될 수 있다는 기대에 따라 패널을 1130에서의 효율보다 약간 낮은 효율로, 그리고 1600에서 문제 4의 효율보다 다소 높은 효율로 작동시키는 것이다. 이러한 부하 저항의 값은 얼마인가?

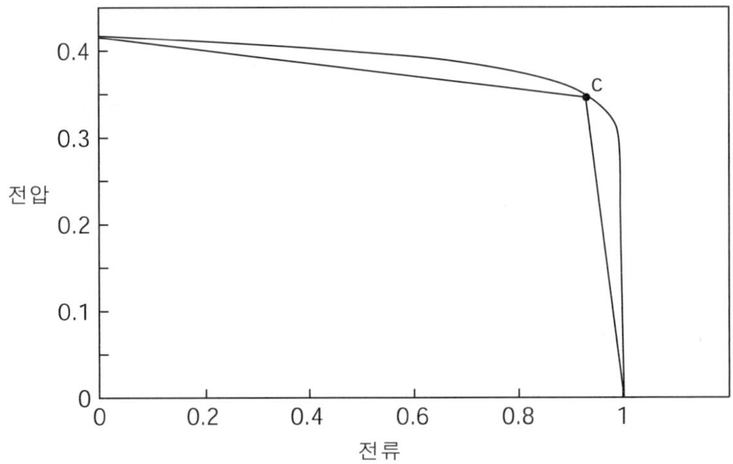

14.24

1. 6000-K 흑체 복사에 노출된 갈륨 인화물 광전지의 이상적인 (이론적인) 효율은 얼마인가? 실리콘에 대한 해당되는 효율은 43.8%이다.
2. 주파수가 266THz인 단색광으로 조명되는 이상적인 실리콘 광전지의 효율은 얼마인가?
3. 주파수가 541.6THz인 단색광으로 조명되는 이상적인 실리콘 광전지의 효율은 얼마인가?
4. 규격이 10×10cm인 실제 실리콘 광전지가 1000.0W/m^2의 파워밀도를 갖는 6000-K 흑체 복사에 노출되어 있다. 전지의 온도는 310K이며 측정된 열린회로 전압은 0.493V이다. 회로가 쇼트된 경우 측정된 전류는 3.900A이다. 전지가 부하로 전달하는 파워는 물론 이 부하의 정확한 저항에 따라 좌우된다. 부하를 적절히 조절함으로써 파워를 최대로 할 수 있다. 이러한 최대 파워는 얼마인가?

14.25 W_g=0.67 eV의 밴드-갭 에너지를 갖는 반도체 나노결정으로 만들어진 태양전지를 고려하여 보자. 이 태양전지가 6000-K 흑체 복사에 노출된 경우 이론적인 효율은 얼마인가? 3.3 W_g 미만의 광자들은 각각 하나의 전자/홀 쌍을 생성하며 3.3 W_g 이상의 광자들은 각각 충격 이온화로 인하여 2개의 전자/홀 쌍들을 생성한다고 가정한다.

14.26 NASA에서 제안한 태양광 위성은 2.45 GHz에서 작동할 것이다. 전리층 높이(400km)에서 광선의 파워밀도는 230W/m^2이었다. 지상의 컬렉터는 Schottky 배리어 형태의 개별적인 정류기들을 지니는 쌍극자 안테나를 사용하도록 고안되었다. 이러한 쌍극자들은 더빙된 정류 안테나들이다.

위성은 정지위성이다(편심이 0이고 경사가 0인 적도궤도에 24시간 위치할 것이다).

1. 위성의 궤도 반경을 계산하여라.
2. 위성 바로 아래 지점(부위성점)에서의 마이크로웨이브 파워밀도를 계산하여라. 대기에 의한 복사 흡수는 없다고 가정한다.
3. 부하로 전달되는 총 파워는 5GW이다. 정류 안테나 시스템의 효율은 70%이다. 조명되는

면적에 걸쳐 균일한 파워밀도를 가정한다. 지상의 안테나가 차지하는 면적은 얼마인가?

4. 쌍극자 안테나는 책에 주어진 면적으로부터 에너지를 흡수한다. 안테나는 몇 개의 쌍극자들을 사용해야 하는가?
5. (매우 비현실적이지만) 어떤 질량을 갖는 각 정류 안테나의 부품은 쌍극자 자체뿐이며 반파 쌍극자는 직경이 단지 0.1mm인 극히 얇은 알루미늄 선으로 만들어진다고 가정하면 안테나에서 사용되는 알루미늄의 총 질량은 얼마인가?
6. 각 쌍극자는 부하로 몇 와트를 제공해야 하는가?
7. 정류 안테나의 임피던스가 70 오옴이라면 각 쌍극자는 몇 볼트를 생성하는가?

14.27 태양광 위성은 2.45 GHz에서 6GW를 방사한다. 전송 안테나는 위성의 중력 중심으로부터 10km 떨어져 설치되어 있다. 방사로부터 생성되는 토크는 얼마인가?

14.28 지구의 표면으로부터 질량 m인 물체를 발사하는 데에 소요되는 에너지를 달의 표면으로부터 동일한 질량을 발사하는 데에 필요한 에너지와 비교하여라. 여기에서 "발사"는 그 물체를 원래 궤도로부터 무한한 거리에 위치시키는 것을 의미한다. 관련되는 천문학적 데이터는 *Handbook of Chemistry and Physics*(CRC)를 참조한다.

14.29 간단한 스펙트럼 분포를 고려하여 보자:

f 〈 300THz 에서 $\partial P/\partial f = 0$

f = 300 THz에서 $\partial P/\partial f = A$

$300 \le f \le 500$에서 $\partial P/\partial f = af$

f 〉 500THz 에서 $\partial P/\partial f = 0$

총 파워밀도는 $P = 1000\, W/m^2$이다.

1. a. 100%의 획기적인 효율을 갖는 실리콘 다이오드가 이 복사에 노출되어 있다. 이 다이오드로부터 전달되는 쇼트회로 전류밀도는 얼마인가?
2. b. 300K에서 다이오드의 역 포화 전류밀도 J_0는 $40\mu A/m^2$이다. 이 다이오드로부터 생성되는 열린회로 전압은 얼마인가?
3. c. 만일 광 다이오드의 유효면적이 10×10㎝이라면 부하저항이 얼마일 때 가능한 가장 큰 출력이 얻어지겠는가?

14.30 1. 5개의 동일한 광 다이오드들이 직렬로 연결되어 있으며 단일전지 물 전해조에 동력을 공급하고 있다.

전체 시스템은 300K에서 작동하며 광 다이오드는 매 초마다 1 제곱미터당 2.5×10^{21} 개 광자들의 플럭스를 유발시키는 광 파워밀도에 노출되어 장치와 상호 작용한다. 절대 효율은 100%이다.

각각의 광 다이오드의 경우 역 포화 전류 I_0는 $0.4\mu A$이고 직렬 저항은 $10\text{m}\Omega$이다.

다이오드의 활성 면적은 10×10cm이다.
전해조는 100mΩ의 저항을 가지며 직렬로 연결된 1.6-V 전원으로 나타낼 수 있다.
수소 생산비율은 하루 몇 그램인가?

2. 전기분해를 막 시작하기에 충분한 광자 플럭스는 얼마인가?

14.31 1-Hz의 밴드대역 당 인체가 가장 많은 열 에너지를 방사하는 주파수는 얼마인가?

14.32 이상적인 광전지들은 계단 모양의 구조로 사용되는 경우 흑체 스펙트럼 효율을 초과할 수 있다. 따라서 6000-K 흑체 복사에 노출된 실리콘 전지의 이상적인 효율은 43.8%이다. 만일 1.8eV의 밴드-갭을 갖는 이상적인 전지와 계단 구조를 이룬다면 효율은 56%이다. 분명히 전지를 더 많이 사용하면 효율은 더 높아진다.
첫 번째 전지의 밴드-갭은 0eV이며 이어지는 각 전지는 그 이전의 전지보다 아주 조금 높은 밴드-갭을 갖는 무한한 수의 전지들로 구성되는 계단형 배열의 효율은 얼마인가? 가장 큰 밴드-갭을 갖는 전지는 맨 위에 위치한다(광원에 가장 근접한다).

14.33 매우 좁은 밴드-패스 필터가 설치된 고정밀 포토미터(300K)를 이용하여 다음 측정값들을 얻었다:
200THz 주위의 너비 1 MHz인 밴드 내의 광 파워밀도: 2.0×10^{-11} W/m^2
300THz 주위의 너비 1 MHz인 밴드 내의 광 파워밀도: 2.7×10^{-11} W/m^2
흑체로부터의 복사를 가정하면 흑체의 온도는 얼마인가?

14.34 300K에서 작동되는 실리콘 다이오드가 1000W/m^{2}의 파워밀도를 갖는 6000-K 흑체 복사에 노출되어 있다. 파워 출력을 최대로 하여 주는 부하저항을 이용할 경우 효율은 20%이다. 다이오드로부터 생성되는 열린회로 전압을 추정하여라.

14.35 GaAs 광 다이오드는 39℃에서 작동하고 전력밀도가 675W/m^{2}을 가진 5500K 흑체 방사선에 노출되어 있다. 장치의 열린회로 전압은 0.46V이다. 전달 에너지가 2백만 m^{2}의 부하일 때 광 다이오드의 효율은 무엇인가?

14.36

위와 같은 스펙트럼 분포를 갖는 복사를 고려하여 보자. 그래프는 보통의 경우처럼 주파수에 대한 파워밀도가 아닌 주파수에 대한 광자 플럭스임을 주목하자. 이 플럭스는:

$$f < 100\ THz, \partial\Phi/\partial f = 0$$
$$100 < f < 1000\,THz, \partial\Phi/\partial f = 1.11 \times 10^{6} photons\ m^{-2} s^{-1} Hz^{-1}$$
$$f > 1000\,THz, \partial\Phi/\partial f = 0$$

1. 광자의 총 플럭스는 얼마인가?
2. 복사의 총 파워밀도(W/m^2)는 얼마인가?
3. 만일 밴드-갭 에너지가 10^{14}h joule보다 약간 더 크다면 위의 복사에 노출된 다이오드의 이상적인 효율은 얼마인가? 그리고 10^{15}h joule보다 약간 적다면 어떠한가?
4. 논의되는 복사에 의해 조명되는 경우 이상적인 다이오드가 최대 효율에 도달하도록 하는 밴드-갭 에너지는 얼마인가? 그 효율은 얼마인가?
5. 만일 스펙트럼을 두 영역(100THz에서 500THz에 이르는 영역과 500THz에서 1000THz에 이르는 영역)으로 나누는 것이 가능하다면, 그리고 두 개의 독립적인 광다이오드(하나는 300×10^{12}h joules의 밴드-갭을 가지며 언급된 두 밴드들 가운데 낮은 쪽에 노출되고 다른 하나는 250×10^{12}h joule의 밴드-갭을 가지며 언급된 두 밴드들 가운데 높은 쪽에 노출된다)를 사용한다면 이 시스템의 결합된 출력 및 효율은 얼마가 될 것인가?
6. 250×10^{12}h joule의 밴드-갭을 가진 이상적인 다이오드가 논의된 복사에 노출되는 경우 효율은 얼마인가? 다음에 에너지가 $3 \times 250 \times 10^{12}$h보다 더 크거나 동일한 각 광자에 대하여 하나의 추가적인 전자를 출력에서 이용할 수 있다고 가정하자. 그렇다면 효율은 얼마인가?

제4부
풍력과 수력

제15장 풍력 에너지

15.1 역사

풍력의 사용은 돛단배의 운항을 위해 바람을 이용했던 고대로 거슬러 올라간다. 풍력터빈의 광범위한 활용은 페르시아에서 밀을 분쇄하기 위해 이를 사용했던 시기로부터 시작된 것으로 보여진다. 아랍의 정복에 따라 이 기술은 중국과 이슬람 세계 전체로 퍼져 나갔다. 유럽에서는 11세기에 풍력터빈이 나타났으며 2세기 후에 특히 네덜란드에서 중요한 도구가 되었다.

서부 미국의 발전은 바람의 힘으로 움직이는 수력펌프, 알곡 분쇄기와 제재소에 힘입은 바 크다. 이러한 풍력기계들은 기계적 부하들을 직접 구동하였다. 현대의 터빈들은 전기에너지를 생산한다.

특별히 전력생산을 위해 고안된 주목할 만한 최초의 풍력터빈은 오하이오 클리블랜드의 Charles Brush에 의해 제작되었다. 이 장치는 1888부터 1900년까지 12년 동안 작동되었으며 그의 자택에 필요한 전기를 공급하였다. Chrles Brush는 광산 기술자로서 미국 전역의 도시들을 비추는 아크등을 설치함으로써 막대한 부를 이루었다. 그가 만든 풍력터빈은 당시에 유행한 복수날개 형태였으며(144개의 날개를 가지고 있었다) 큰 강률(剛率)(15.10 절을 참조) 때문에 비교적 천천히 회전하였고 발전기 특성과의 부합을 위하여 회전속도를 50배 이상 높이기 위해 기어와 전달벨트를 필요로 하였다.

풍력터빈 자체의 지름은 18.3m이고 축은 지상으로부터 16.8m 높이에 설치되었다.

타워는 수직의 금속 축에 설치되어 있어서 바람을 향하여 스스로 방향을 정할 수 있도록 하였다. 전체 구조는 대략 40톤 정도였다.

지속적으로 불어오지 않는 바람의 성질로 인하여 전기에너지는 (이 경우에는 400 개의 저장셀에) 저장되어야 하였다.

바람은 공짜이지만 플랜트의 투자 및 유지관리로 인하여 전력비용은 수증기 발전소로부터 생산되는 전력보다 훨씬 더 높았다. 그 결과 1900년 가동이 중단되었으며 그때부터 Brush의 저택에는 클리블랜드 유틸리티로부터 에너지가 공급되었다.

1939년 버몬트에서 대규모의 풍력발전기 건설이 시작되었다. 이는 Grandpa's Knob라고 불리는 언덕에 세워진 유명한 Smith-Putnam 설비였다. 이는 프로펠러 형태의 장치로서 15m/s의 풍속에서 1.3MW의 정격출력을 보였다. 이 장치는 1941년 가동이 시작되어 에너지를 동시에 직접 전력망으로 공급하였다. 1945년 3월에 있었던 날개의 손상으로 인하여 가동이 중단되었다. 날개의 손상이 예측되었지만 제 2차 세계대전 동안 프로펠러 축을 다시 설계할 기회가 없었음을 언급할 필요가 있다.

제 2차 세계대전 이후 낮은 원유가격으로 인하여 대체 에너지에 대한 연구는 활성화되지 않았으며 풍력터빈 역시 예외는 아니었다. 1973년의 오일쇼크는 연방정부에 의한 재정지원의 급속한 성장이 입증하듯이 풍력에 대한 관심을 되살렸다. 이에 따라 풍력단지들이 설립되기에 이르렀는데 이들은 전기에너지보다 세금 혜택을 더 받았다. 그러한 풍력단지들에서 사용된 초기의 장치들은 성능이 만족스럽지 못하였으며 유지관리 비용이 높았다. 그럼에도 불구하고 축적된 경험으로 인하여 풍력으로 생산된 전력 비용이 거의 1/5 정도로 감소되었다. 1980년대 초 1kWh의 생산비는 약 25센트 정도였으며 1996년의 경우 어떤 설비에서는 5센트까지 떨어졌다. 확실히 하자면 에너지 비용의 결정은 신뢰할 수 없는 기법이다. 수립된 가정들 및 이용된 회계 모델에 따라 비용은 상당히 달라질 수 있다. 계산된 kWh당 비용은 다음을 포함하는 다수의 인자들에 따라 달라진다:

1. 투자비용-즉 kW당 설치비용. 이 값은 1997년의 경우 약 $1000/kW 정도였으며 그 이후 현재까지 많이 변화하지 않은 것으로 보인다. 2000년 미국을 제외하고 가장 큰 풍력발전소는 프랑스 회사인 Cabinet Germa가 모로코 해안의 Dakhla에 설치한 50MW 플랜트(각각 용량이 600kW인 84개의 터빈을 이용)였다. 이 프로젝트에는 6천만 달러(혹은 $1200/kW)의 비용이 들었다.

   이러한 투자비용은 적어도 50% 용량인자로 가동되는 화석연료 및 수력 발전소의 비용과 비교할 수 있는데 풍력 발전소는 30% 정도의 인자로 운전된다. 용량인자는 그 플랜트가 하루 24시간동안 풀가동될 때 생산되는 양으로 이를테면 1년에 걸쳐 생산되는 에너지의 양을 비교한다. 바람의 간헐적이고 변화가 많은 성질은 얻어지는 인자가 낮아지는 요인이 된다. 따라서 화석연료 전력과 1대1로 비교하려면 풍력발전의 비용에 0.5/0.3=1.6을 곱해야 한다.

   1회의 투자비용은 필요한 자금을 빌리는 데에 소요되는 비용을 포함하여 연간 비용으로 변환되어야 한다. (제 1장의 1.12절을 참조.) kWh당 생산비용은 금융비용(이자, 세금, 보험 등을 포함할 수 있다)에 극히 민감하다. 이는 이 장의 마지막 부분에 있는 연습문제 15.17에 예시되어 있다.
2. 연료비용으로서 이는 물론 풍력 플랜트의 경우 0이다. 장기적인 화석연료 비용의 상승은 바람, 태양 및 수력과 같이 연료를 사용하지 않는 에너지 공정에 상대적인 이점을 부여하여 준다.
3. 운전 및 유지관리 비용.
4. 조업중지 비용.
5. 토지비용

풍력으로부터 얻어진 에너지의 실제 비용은 확실하지 않지만 지난 20년간 그 비용이 급격하게 감소되어 왔다는 것은 분명하다.

1990년대의 상대적으로 저렴한 오일 가격으로 인하여 개발자금이 다른 곳으로 빠져나갔다. 그러나 2000년대 초부터 시작하여 풍력단지의 설치속도는 그림 15.1에 보인 바와 같이 매우 괄목할만한 증가를 보였다. 풍력터빈에 대한 미국의 관심은 세계의 경향을 반영하였다. 2007년 말전 세계를 통틀어 94GW(94개의 대규모 원자력 발전소들과 대등) 이상의 전력이 생성되었는데 대부분은 독일(22.2GW), 미국(16.8GW), 그리고 스페인(15.5GW)등의 국가에서 생산되었다. 이제 풍력 에너지는 전력 생산에 중요한 역할을 하고 있음은 부인할 수 없다.

풍력 에너지의 점증하는 경제적 매력 이외에도 그 사용에 있어서 생태학적 주장들이 제기된다.

1. 풍력 발전소는 (수소나 바이오매스가 아닌) 연료들이 연소되는 경우 단연코 주된 오염물이 되는 CO_2를 전혀 발생하지 않는다.
2. 풍력터빈의 운전은 원자력 발전에서와 같은 위험한 잔류물을 전혀 남기지 않는다.
3. 풍력터빈의 폐기 비용은 많은 다른 형태의 발전소, 특히 원자력 발전소와 비교할 때 매우 작다.
4. 풍력단지가 점유하는 토지는 동시에 농작물 재배와 같은 다른 용도로 이용될 수 있다.

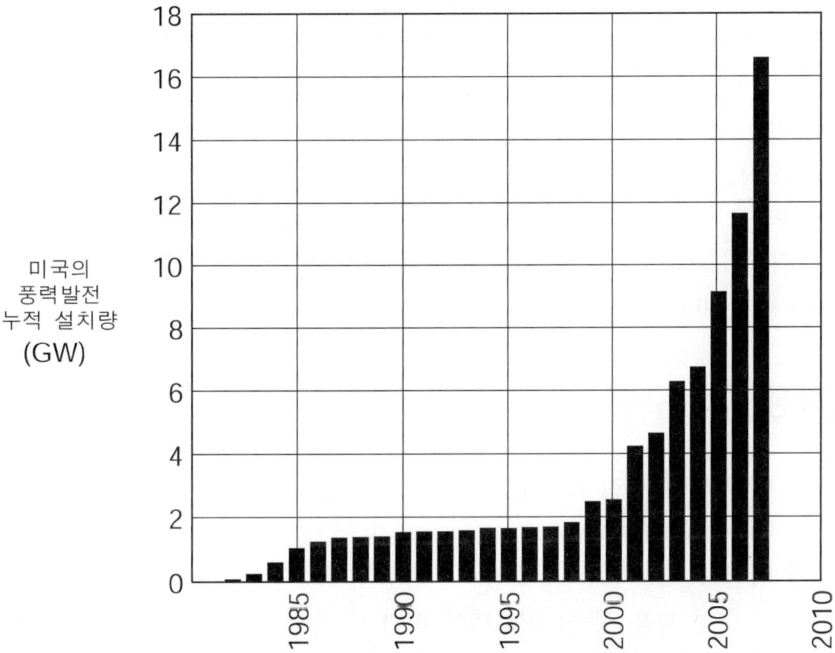

그림 15.1 미국에서의 풍력발전의 팽창비율은 장기간 동안의 부진한 성장 뒤에 2000년부터 크게 증가되어 왔다.

한편 풍력단지 근처를 이동하는 새들에 미치는 위험 때문에 풍력터빈을 반대하는 단체들도 있다.

하나의 풍력단지에서 각각의 개별적인 풍력터빈의 최적 크기에 대한 논의가 계속되어 왔다. 1970년대 독일과 미국에서 정부 지원으로 수행된 연구에서는 대규모(수 MW 정도)의 장치를 선호하는 반면에 일반 개발자들은 더 작은 규모의 장치를 채택하였다. 대규모 장치는 규모의 경제가 제공하는 장점들에 익숙해진 발전산업계의 뿌리깊은 관습과 잘 부합되었다. 그러나 그러한 장점들은 풍력터빈에는 적용되지 않을 수 있다고 주장할 수 있다. 지극히 단순화시킨 논리를 살펴보자:

주어진 바람 영역에 대하여 바람으로부터 추출될 수 있는 에너지의 양은 터빈의 운동면적에 비례한다. 직경이 100m인 회전자의 운동면적은 직경이 10m인 장치 100개의 면적과 동일하다. 플랜트의 질량은 직경의 세제곱에 따라 변한다. 100개의 작은 장치들의 질량은 대규모 장치의 질량의 10%에 지나지 않는다. 따라서 생성된 동일한 양의 에너지에 대하여 장치의 총 질량은 직경의 역수에 따라 변한다. 비용은 질량이 증가함에 따라 커지는 경향이 있으므로 다수의 작은 장치들이 하나의 대형 장치보다 더 경제적이어야 한다. 이러한 논리에 따르면 최선의 해결책은 무한히 작은 터빈들을 무한히 많이 사용하는 것이다. 이러한 극단의 경우를 취한다면 결론은 분명히 터무니없는 것이 된다.

다른 요소들이 풍력터빈의 규모에 대한 경제성에 있어서 중요한 역할을 하고 있어서 에너지 비용이 터빈 크기에 따라 어떻게 달라지는가에 대한 적절한 모델의 구성이 어렵게 되는 정도까지 상황이 복잡하게 된다. 대형 장치들은 더 효율적일 수 있으며 유지 관리가 간단해질 수 있다. 아울러 필요한 보조장치들이 적어지며 (이를테면 수많은 작은 변환기들 대신 하나의 큰 변환기) 아마도 보다 적은 면적을 차지할 것이다. 소규모 장치들은 대량생산의 경제성 측면, 모듈화(풍력단지 용량의 확장이 쉽다), 그리고 파손에 대한 더 우수한 면역성(몇 개 터빈들의 손상은 전체 풍력단지 용량의 일부에만 영향을 미친다)과 같은 이점들을 갖는다. 결정은 실제 경험에 따라야 한다. 초기의 풍력단지들은 작은 터빈들(이를테면 100kW)을 선호하였지만 점차적으로 대형 장치들이 사용되어오고 있다. 2006년에는 3MW의 장치가 선호되었으며 대규모 동력을 지향하는 추세는 여전히 계속되고 있는 것으로 보이는데 이는 초기의 정부의 선택을 입증하여 주고 있다.

"Growian"† (직경 100m, 3MW)와 Boeing Mod-5B(직경 98m, 3.2MW)은 가장 큰 초기의 풍력터빈들 가운데 하나이다.

15.2 풍력장치의 구성

다음을 포함하는 몇 가지의 풍력장치 구조들이 제안되었다:

1. 드래그형 터빈
2. (수직, 혹은 수평 축을 갖는) 리프트형 터빈
3. 매그너스 효과 풍력 발전소
4. 와류 풍력 발전소

오늘날의 모든 풍력터빈들은 사실상 리프트형이며 이들 가운데 90% 이상은 수평축 형태이다. 매그너스 효과 및 와류 플랜트들은 중요한 실제적 역할을 수행한 바 없다.

15.2.1 드래그형 풍력터빈

드래그형 터빈에서는 바람은 불어오는 방향에서 힘을 작용한다. 즉 바람을 받으며 항해하는 돛

† 약어들에 대한 독일인들의 사랑은 Stuka 및 Flak와 같은 단어들을 낳았다. Growian은 "Grosse Wind Energie Anlage"를 나타낸다.

단배에서와 마찬가지로 바람은 단순히 표면을 밀어준다. 분명히 바람이 작용하는 표면은 바람 자체보다 빠르게 움직일 수 없다.

고대 페르시아의 풍력터빈은 드래그형 장치였다. 그림 15.2는 위에서 내려다본 장치를 그린 것이다. 이는 수평 방사형 날개들이 부착된 수직축으로 구성되어 있다. 이 날개들의 끝 부근 가까이에 수직의 커튼이 설치되어 있는데 이는 바람이 유용한 힘을 작용하는 표면이 된다. 두 벽들이 바람을 유도하여 장치의 한쪽으로만 바람이 불도록 함으로써 토크를 생성한다. 하나의 벽은 포집된 바람을 집중시키는 깔대기를 형성함을 주목하자.

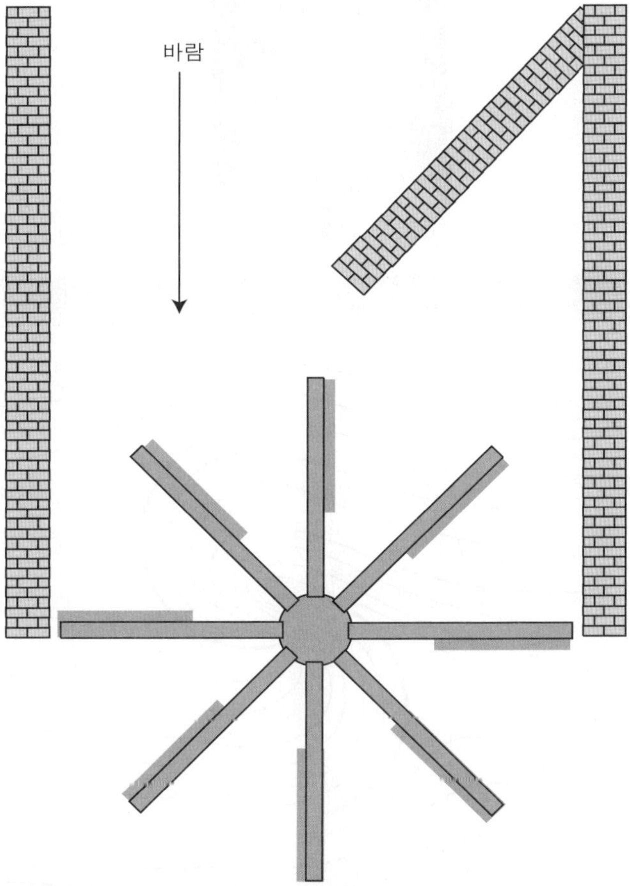

그림 15.2 고대 페르시아의 풍력터빈 평면도.

그림 15.3에 보인 버킷형 풍력터빈은 또 다른 수직축 드래그형 장치이다. 이 장치는 오목한 표면이 볼록한 표면보다 바람을 덜 받기 때문에 회전한다. 이 장치는 아마추어라도 수직축에 따라 자른 기름통을 이용하여 값싸게 만들 수 있다. 이 장치는 비효율적으로 작동된다.

그림 15.4에 보인 바와 같이 버킷들을 엇갈리게 배치하여 그들 사이에 간격을 남겨둠으로써 효율을 향상시킬 수 있다. 공기는 간격을 지나면서 가속되어 볼록한 버킷의 전면저항을 줄여준다. 다음에 바람은 버킷의 반대방향으로 불어 나와서 토크의 생성을 돕는다. 이러한 형태의 장치는 Savonius 회전자라고 불리며 실제로 항력 이외에도 상당한 양의 양력을 이용한다.

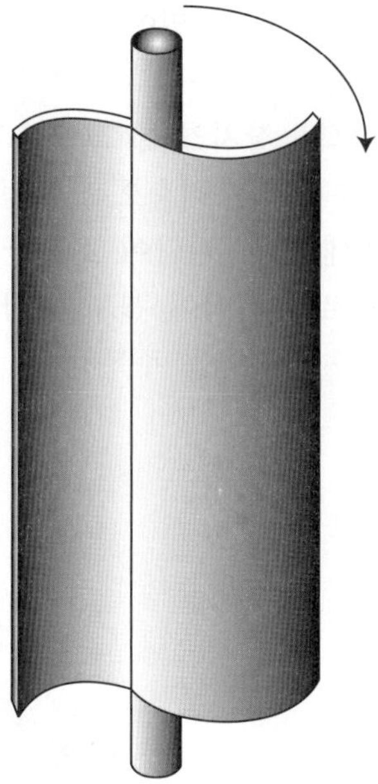

그림 15.3 2-버킷 풍력터빈.

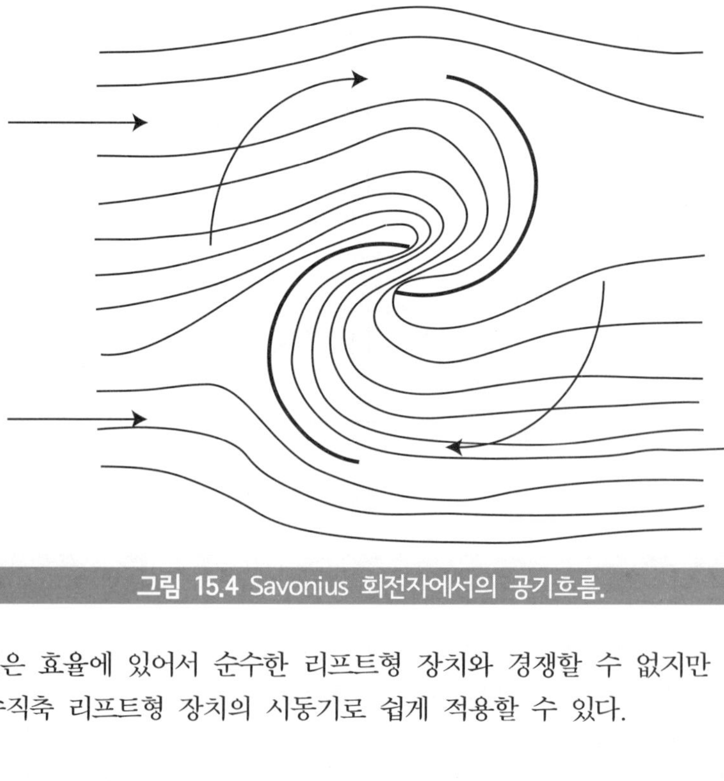

그림 15.4 Savonius 회전자에서의 공기흐름.

Savonius 터빈은 효율에 있어서 순수한 리프트형 장치와 경쟁할 수 없지만 조립이 쉬우며 풍력계의 센서나 수직축 리프트형 장치의 시동기로 쉽게 적용할 수 있다.

15.2.2 리프트형 풍력터빈

리프트형 장치에서 바람은 불어오는 방향에 대하여 수직인 힘을 발생시킨다. 익숙한 프로펠러 풍력터빈들은 수평축 리프트형 풍력터빈들이다. 모든 리프트형 터빈은 바람을 가로질러 항해하는 돛단배와 유사한다. 돛단배(또는 터빈의 날개)는 바람 자체보다 상당히 더 빠르게 움직일 수 있다. 그림 15.5는 그러한 터빈을 나타낸 것이다.

모아진 에너지를 전달하는 프로펠러 구동축은 지면으로부터 매우 높은 곳에 있음을 주목하자. 이에 따라 두 가지 해결방안 가운데 하나를 강제적으로 적용할 필요가 있다: 발전기가 프로펠러 옆의 타워 상부에 위치하거나 혹은 연관되는 기어들이 설치된 긴 축을 이용하여 동력을 지면의 발전기로 가져온다. 비록 강화된 타워를 필요로 하지만 많은 역학적 에너지를 긴 축으로 통하여 전달하는 데에 따르는 비용과 어려움 때문에 첫 번째 해결책이 선호된다. 발전기를 타워 상부에 설치하면 바람의 방향이 변하는 경우 회전해야 하는 시스템 부품의 질량이 증가한다.

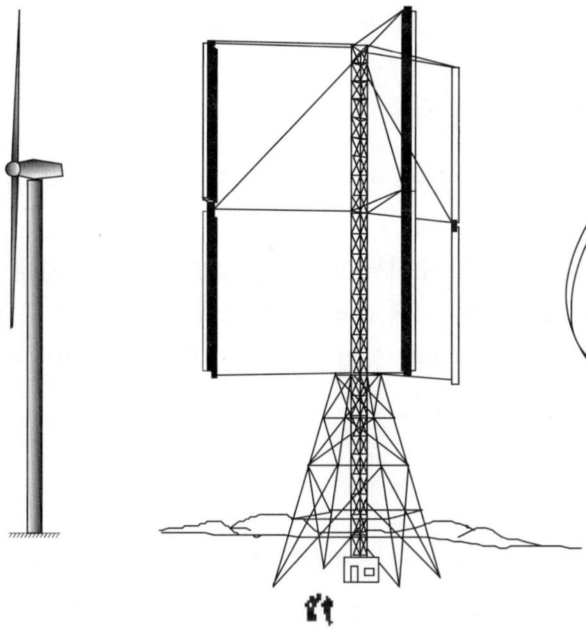

그림 15.5 왼쪽부터 오른쪽으로: 수평축(프로펠러) 형태의 터빈, 두 개의 수직축 장치-Gyromill과 Darrieus.

어떤 풍력터빈은 발전기의 상류쪽에 프로펠러를 가지며 어떤 터빈들은 하류 쪽에 프로펠러를 갖는다. 상류 쪽에 설치하는 경우 장치에 의해 발생되는 소음이 줄어드는 것으로 밝혀졌다.

발전기가 지면상에 위치하지만 긴 축을 사용하지 않는 프로펠러 풍력터빈은 흡입형 풍력터빈이다. 이는 전형적인 풍력터빈과 비슷하지만 회전하는 날개는 원심펌프처럼 작용한다. 날개의 속은 비어있으며 끝부분에 구멍이 있어서 원심작용에 의해 공기가 배출되고 축 근처에 부분적인 진공이 형성된다. 긴 파이프가 축을 지상에 위치하는 보조터빈과 연결하여 준다. 돌진해오는 바람이 이 터빈을 구동시킨다. 이 시스템은 더 이상의 발전 가능성이 있어보이지는 않는다.

발전기를 지면에 설치하는 것이 가능할 뿐 아니라 바람이 방향을 바꿀 때마다 장치를 매번 재배열시켜야 할 필요성을 피할 수 있는 한 가지 풍력터빈 구조는 수직축 리프트형 풍력터빈이다. 그림 15.5의 가운데에 보인 것은 McDonnell-Douglas가 제안하였으며 Gyromill이라고 불리는 디자인이다. 이것은 120kW의 전력을 생산할 수 있었으나 한 번도 상업화되지 못하였다.

Gyromill의 한 가지 명백한 결점은 원심력으로 인하여 날개가 바깥으로 휘어져서 날개에 상당한 압력이 가해진다는 것이다. 원심력을 피하는 한 가지 좋은 방법은 회전하는 축의 상부와 하부에 느슨하게 부착된 로프를 회전시킨다고 가정할 때의 형상으로 날개를 구성하는 것이다. 이렇게 하면 우리에게 익숙한 "계란 풀림기" 모양과 비슷하며 날개가 장력에 따라서만 작용하도록 하여준다.

이와 같이 회전하는 로프의 형상은 트로포스케인이라고 부르며 쇠사슬과 비슷하지만 그러나 차이점이 존재한다. 쇠사슬은 두 고정점에서 자유롭게 매달려 있으며 완벽하게 구부러지는 균일밀도의 코드가 취하는 형상이다. 코드의 각 단위길이는 동일한 (중력)힘에 종속된다. 트로포스킨의 경우 코드의 각 부분에 작용하는 힘은 회전축으로부터의 그 부분까지의 거리에 따라 좌우된다.

트로포스킨 날개(그림 15.5의 오른쪽 그림)는 프랑스의 엔지니어인 Darrieus에 의해 최초로 제안되어있으며 그의 이름을 따라 이 형태의 풍력터빈의 이름이 정해졌다.

15.2.3 매그너스(Magnus) 효과 풍력장치

매그너스 효과 장치는 제안은 되었지만 전망은 없는 것으로 보인다. 15.14 절에서 논의되는 이 효과는 야구공의 "커브"의 요인이 된다.

투수가 변화구를 던질 때 투수는 공에 회전을 주어서 비대칭을 유발시킨다: 공기에 대하여 공의 한쪽 면은 다른 쪽 면보다 더 빨리 움직이며 이에 따라 공의 궤적을 수정하여 주는 "양력"이 생성된다. 수직회전 실린더가 바람에 노출될 때 이와 동일한 효과가 일어난다. 얻어지는 힘은 바람에 수직이며 돛단배 및 풍력장치를 움직이는 데에 이용되었다.

15.2.4 와류 풍력장치

마지막으로 바람이 수직의 틈을 통하여 속이 빈 수직 실린더로 들어가도록 함으로써 바람으로부터 에너지를 추출하는 것이 가능하다. 그 결과 내부의 공기는 강제적으로 회전하며 얻어지는 원심력으로 인하여 방사 방향의 압력구배가 나타난다. 이러한 공기층의 중심은 대기압보다 압력이 더 낮으며 실린더 바닥의 구멍을 통하여 외부 공기를 흡입한다. 유입되는 공기는 발전기에 연결되어 있는 터빈을 구동시킨다. 회전하는 공기는 실린더의 열린 상부를 통하여 빠져 나가 바람에 의해 연속적으로 사라지는 와류를 형성한다. 이러한 형태의 장치는 Gruman이 제안하였다.

15.3 바람의 측정

이 장의 후반부에서 풍력터빈이 전달하는 힘 P_D는 풍속의 세제곱에 비례함을 보일 것이다:

$$P_D = \frac{16}{27}\frac{1}{2}\rho v^3 A\eta \qquad (15.1)$$

위에서 $\frac{1}{2}\rho v^3$은 바람에서의 파워밀도, $\frac{16}{27}\frac{1}{2}\rho v^3$은 바람으로부터 얻을 수 있는 파워밀도, A는 날개가 이동하는 면적이며 η는 풍력터빈의 효율이다.

0에서부터 T까지에 걸친 풍력터빈의 평균출력은 풍속의 세제곱의 평균 ⟨v⟩의 1/3제곱에 비례한다:

$$< v > \equiv \left(\frac{1}{T} \int_0^T v^3 dt \right)^{1/3} \tag{15.2}$$

풍력계-풍속을 측정하거나 기록하는 장치-는 바람을 조사하는 데에 사용될 수 있다. 풍력계의 기록은 풍성(風成)기하 데이터(즉 바람의 파워밀도에 대한 데이터)로 전환되어야 한다. 풍속의 세제곱의 평균 ⟨v⟩는 빈번한 구간들에서 취한 풍속 측정치들로부터 계산되어야 한다.

통상적인 평균속력 $\bar{v}$(v의 산술평균)는 풍력터빈의 위치선정에 특별히 적합한 것은 아니다. 10m/s의 속력으로 일정하게 불어오는 바람을 고려하여 보자(평균속력 $\bar{v}$=10m/s). 이 바람은 $v^3 = 1000$에 비례하는 양의 에너지를 운반한다. 정해진 시간의 20% 동안만 50m/s의 속력으로 바람이 불어오고 나머지 시간에는 잠잠한 경우에도 평균풍속은 $\bar{v}$=10m/s이지만 이 바람이 운반하는 에너지는 $0.2 \times 50^3 = 25{,}000$에 비례하며 이는 앞의 경우의 25배이다. 첫 번째 경우에서는 ⟨v⟩=10m/s인 반면에 두 번째 경우에서는 ⟨v⟩=29.2m/s이다.

⟨v⟩의 양은 정교한 장치로 직접 측정이 가능하지만 $\bar{v}$를 ⟨v⟩로 처리하고 그 데이터를 나중의 사용을 위해 저장하는 적절한 전자장치들이 설치된 풍력계로부터 더욱 편리하게 얻어낼 수 있다.

(국부적 지형구조에 따른) 각 위치에서의 바람 에너지밀도의 다양성과 수직 풍력 프로파일을 구해야 하는 필요성으로 인하여 풍성(風成) 기하 조사는 복잡해진다. 이 조사는 긴 시간에 걸쳐-적어도 1년-수행됨으로써 계절의 거동에 대한 정보가 취합될 수 있도록 하는 것이 중요하다.

$\bar{v}$ 값은 $< v >$ 값보다 쉽게 얻을 수 있으며 따라서 $\bar{v}$ 값으로부터 $< v >$를 추정하려는 유혹을 느낄 수 있다. 그러나 $\bar{v}$/⟨v⟩ 비율은 풍속의 일시적 통계치의 함수이며 위치에 대한 의존도가 매우 높다. 완벽하게 일정한 바람인 경우 이 비율은 당연히 1이 될 것이다. 이전 문장들 가운데 하나에서의 극단적인 경우에서는 이 비의 값은 2.92이다. 더 나은 정보가 없어서 풍속이 Rayleigh 규칙을 따른다고 가정하는 경우 그 비의 값은 1.24이다.

바람의 정확한 거동을 예측할 수 있다면 지역 조건들에 최적으로 부합되는 풍력터빈을 설계할 수 있을 것이다. 불행히도 바람은 변화하기 쉬우며 하루에 걸쳐, 계절에 따라, 그리고 매년 상당히 변한다. 이는 한 해 동안에 걸쳐 정확한 데이터를 수집했다고 하더라도 그 다음 해에도 모든 것들이 동일할 것이라는 보장이 없다.† 그럼에도 불구하고 풍력단지의 계획에 있어서 1년 동안의 자세한 데이터는 유용하다. 이것이 없다면 바람의 거동에 대한 다소 학구적인 추정을 위해 통계적인 정보를 이용할 수 있다.

어떤 장소에 대하여 알고 있는 것이 그곳에서의 평균풍속 $\bar{v}$ 뿐이라면 바람은 Rayleigh 분포를 따른다고 가정할 수 있다(예를 들어 그림 15.6을 참조). 즉 풍속이 v인 경우 확률 p(v)는

$$p(v) = \frac{v}{\sigma} \exp[-\frac{1}{2}(\frac{v}{\sigma})^2] \tag{15.3}$$

† Portnyagin 등(2006)은 년도에 따른 매우 강한 바람의 변동성으로 인하여 바람의 거동에 대한 장기간의 예측은 어려운 작업이라고 지적하고 있다.

로 주어진다. 위에서 σ는 통계의 최빈값(모드), 즉 확률밀도함수(pdf)가 피크를 나타낼 때의 값이다. 비록 σ가 평균값(이 경우 $\bar{v}$)은 아니지만 평균풍속과 Rayleigh pdf의 최빈값 사이에는 어떤 관련이 있다:

$$\sigma^2 = \frac{2}{\pi}\bar{v}^2 \tag{15.4}$$

보기

평균풍속이 $9.6m/s$인 곳에 어떤 터빈이 설치되었다. 1년에 걸쳐 가능한 풍속의 분포를 그래프로 나타내어라. 풍속이 $12m/s$일 확률은 얼마인가?

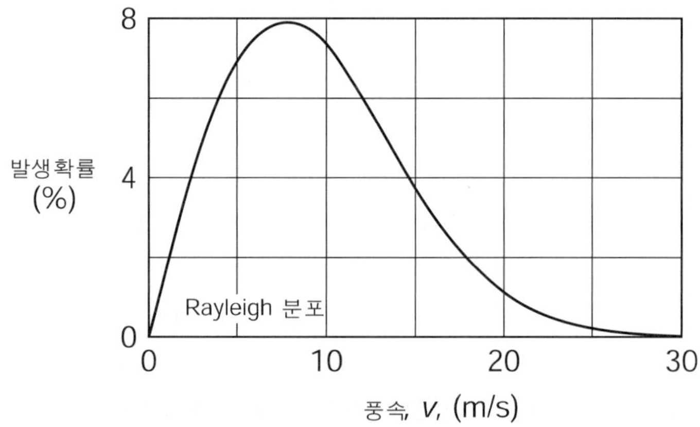

그림 15.6 평균풍속만 알고 있는 경우 최선의 추측은 바람이 Rayleigh 분포를 따른다고 가정하는 것이다.

다음을 이용하여 간단히 v의 함수로 $p(v)$의 그래프를 작성한다:

$$p(v) = \frac{\pi}{2}\left(\frac{v}{9.6^2}\right)\exp\left[-\frac{\pi}{4}\left(\frac{v}{9.6}\right)^2\right] \tag{15.5}$$

그래프 작성에 이용되는 표로부터 풍속이 $12m/s$일 확률은 6%인 것을 알 수 있다. 그러나 이것은 유용하지 않은 정보이다. 더 유용한 질문은 "1년 중 몇 시간동안 풍속이 $12m/s$보다 빠를 것인가?"이다.

이 질문에 답하려면 누적 Rayleigh 함수에 대한 식을 이용해야 한다.

$$F(v) = \exp\left[-\frac{\pi}{4}\left(\frac{v}{9.6}\right)^2\right] = 0.29 \tag{15.6}$$

위에서 $F(v)$는 풍속이 v 이상인 바람을 경험할 확률을 나타낸다; 즉 풍속이 $12m/s$ 이상일 확률이 29%이다. 1년은 8760시간이므로 그러한 바람은 일 년 중에 $0.29 \times 8760 = 2568$시간동안 불어올 것이다. 컷인 풍속(터빈이 전력을 생산하기 시작하는 풍속)이 $3.5m/s$라면 식 15.6을 이용하여 터빈은 90%의 시간동안 유용한 출력을 생성할 것임을 알 수 있다.

단순화된 Rayleigh 분포를 가정하면 세제곱 평균풍속의 1/3 제곱의 기댓값은 평균풍속의 세제곱의 거의 두 배이다.

$$< v > ^{3} \approx 1.9(\overline{v})^3 \text{ (Rayleigh 분포를 가정)} \tag{15.7}$$

Rayleigh 통계는 단일 파라미터 함수로서 바람의 거동을 제대로 나타내지 못한다. 관찰된 바람 데이터를 2-파라미터 Weibull 분포함수와 맞추어 보는 것이 좀 더 낫다. 이 경우 각 장소의 데이터는 스케일 인자 c 이외에 조정 가능한 형상인자 k에 의해 특징지어진다. 실제로 Weibull 분포함수(식 15.8을 참조)의 모양은 그림 15.7에 보인 바와 같이 k에 따라 좌우된다.

$$p(v) = \frac{k}{c}\left(\frac{v}{c}\right)^{k-1} \exp\left[-\left(\frac{v}{c}\right)^k\right] \tag{15.8}$$

해당되는 누적 Weibull 함수는 다음과 같다

$$F(v) = \exp\left[-\left(\frac{v}{c}\right)^k\right] \tag{15.9}$$

여기에서도 $F(v)$는 풍속이 어떤 선택된 값 v 이상일 확률이다.

스케일 인자 c는 대략 평균풍속 $\overline{v}$와 유사하다. 좀 더 정확하게 나타낸다면 $c/\overline{v}$ 비율은 다음과 같은 근사식으로 주어진다:

$$\frac{c}{\overline{v}} = \left(0.568 + \frac{0.433}{k}\right)^{-\frac{1}{k}} \tag{15.10}$$

이 식은 k에만 약하게 의존한다.

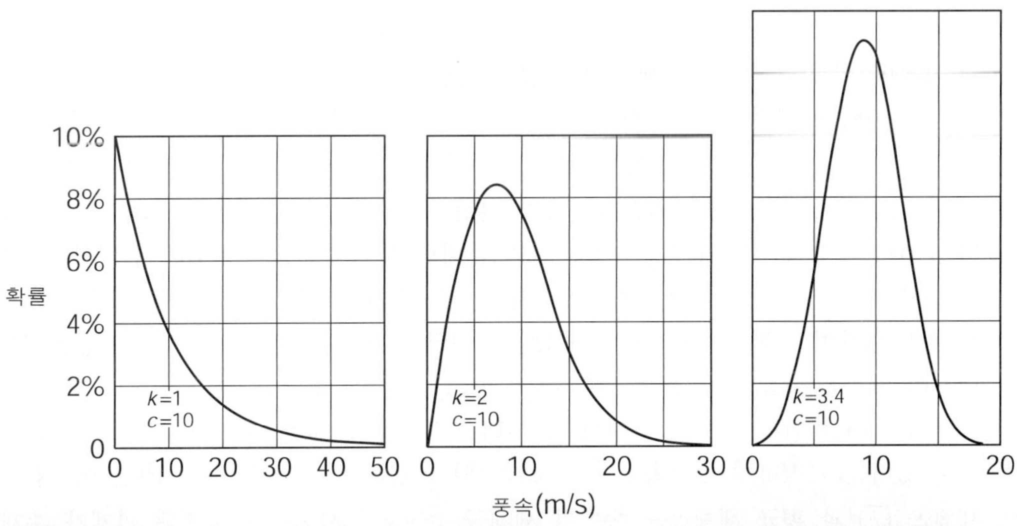

그림 15.7 Weibull 분포함수는 파라미터 k에 따라 서로 다른 모양을 갖는다고 가정할 수 있다. 예를 들어 $k=1$이면 지수 분포 함수로 감소한다(왼쪽). k=2이면 Rayleigh 함수가 된다(가운데). $k=3.4$이면 정규분포와 유사하다(오른쪽).

그림 15.7의 그래프에서는 모든 경우들에 대하여 c=10을 이용하였다. Rayleigh 경우에는

$$c^2 = 1.275\overline{v}^2 \tag{15.11}$$

다수의 장소들에 대하여 Weibull 파라미터들이 열거되어 있다. 이들은 주어진 기준높이에서 취한 통계치를 참조한다. 제안된 터빈이 다른 높이에 설치된다면 열거된 k와 c 값들에 대한 보정이 이루어질 수 있다. Eggleston과 Stoddard(1987)로부터 적절한 공식들을 찾아볼 수 있다.

지면으로부터의 높이에 따른 풍속의 변동에 대하여 아무런 정보가 없을 경우에는 보정공식을 사용할 수 있다:

$$v(h) = v(h_0)\left(\frac{h}{h_0}\right)^{1/7} \tag{15.12}$$

15.4 풍력의 효용성

제 1장에서 지구에 도달하는 173,000TW의 태양복사 가운데 30%는 행성 알베도로서 우주공간으로 반사됨을 알았다. 지표에 이르는 121,000TW 가운데 3%(3600TW)는 풍력으로 전환되며 이 가운데 35%는 1km보다 낮은 대기 중으로 흩어진다. 이는 1200TW에 해당한다. 인류는 현재 15TW 만을 이용하고 있으므로 풍력만으로 우리의 소요량을 충족시키기에 충분할 것으로 보인다.

이러한 종류의 추측은 지극히 낙관적인 기대에 이르게 할 수 있다. 한 가지를 든다면 광대한 해양을 덮는 풍력터빈은 상상하기 어렵다. 풍력터빈을 육지 면적에만 국한시킨다면 400TW의 전력을 얻을 수 있다. 역시 모든 육지를 풍력터빈들로 덮는 것은 불가능할 것이다. 총 육지면적의 10%만 취한다고 해도 이는 경작면적 비율보다 더 크다. 이제 40TW로 줄여보자. 그러나 풍속에 대한 동력의 세제곱근 의존성으로 인하여 이 풍력의 상당부분은 허리케인과 같은 파괴적인 바람들과 연관됨을 쉽게 알 수 있다. 보통의 풍력터빈들은 허리케인과 같은 바람에서는 작동을 중단해야 하기 때문에 실제로는 아무런 에너지도 얻지 못한다.

어려운 점은 풍력 에너지가 매우 희박하다는 것이다. 10m의 높이에서 바람의 파워밀도는 장소가 좋을 경우 약 $300\,W/m^2$ 정도이며 50m 높이에서는 캘리포니아의 샌 그레고리오 파스 및 몬태나 리빙스톤에서와 같이 약 $700\,W/m^2$까지 이를 수 있다. 이 값들은 바람의 파워로서 인용된 값들의 59%(16/27)에 지나지 않는 이용 가능한 바람의 파워밀도가 아님을 유의하자. (15.6.5절을 참조하자). 나아가 이용 가능한 파워의 일부분만을 실제로 취할 수 있음을 상기해야 한다.

현재 바람에 관하여 광범위하게 이용 가능한 데이터는 평균풍속뿐이며 이는 생성될 수 있는 파워에 대하여 제한된 정보만을 전달하여 준다. 장소 분류 시스템이 채용되었는데 이는 평균풍속이 얼마인지에 대한 암시 정도에 불과하다. 이러한 평균풍속 값은 분포가 Rayleigh 함수로 나타내어질 수 있다는 가정하에 평균속도의 세제곱근의 기댓값으로 전환될 수 있다. 이 경우 평균속도의 세제곱 $(\overline{v})^3$과 평균 세제곱근 속도의 세제곱 $\langle v \rangle^3$ 사이에는 고정된 관계가 존재한다. (식 15.7을 참조하자.)

바람의 파워밀도는 $\langle v \rangle^3$로부터 계산되는데 이는 장소의 "등급"을 정하는 데에 이용된다.

표 15.1은 50m의 축 높이에 대한 데이터이다.

표 15.1 풍력의 분류.

풍력등급	바람의 파워밀도(W/m^2)	평균풍속(m/s)
1	200	5.6
2	300	6.4
3	400	7.1
4	500	7.6
5	600	8.1
6	800	8.9
7	2000	12.1

어느 정도 규모의 플랜트는 넓은 포집면적을 필요로 하는데 이는 넓은 대지면적에 걸쳐 많은 터빈들이 분포됨을 의미한다.†

바람은 지극히 가변적이므로 풍력 플랜트는 에너지 저장설비(보통 소규모의 개별적인 설비)와 연관되거나 (대규모의 풍력단지에서는) 전력분산망에 연결되어 있어야 한다.

생성되는 전력량의 변동을 줄이기 위하여 서로 다른 풍력단지들을 상호 연결함으로써 다른 장소들에서 바람의 거동의 추정이 불필요하다는 이점을 취할 수 있다.

바람이 상당히 일정한 속도와 방향을 갖는 세계의 어떤 지역에서는 풍력터빈이 더 큰 효율로 운전될 수 있다. 브라질의 북동쪽 해변을 따라서 무역풍이 약 13노트(약 7m/s)의 균일한 속력으로 북동 방향으로부터 불어오는데 이는 $220W/m^2$의 바람 파워밀도, 혹은 $130W/m^2$의 이용 가능한 파워밀도에 해당된다. 이러한 일정한 풍향으로 바람 포집면적을 상당히 증가시킬 수 있는 고정된 바람 집중장치의 설치가 가능할 것이다.

15.5 풍력터빈의 특징

생성된 전력비용을 최소화시키기 위해서는 발전기의 정격출력이 풍력터빈의 운동면적과 적절한 관계를 가져야 한다. 발전기의 정격출력은 일정한 조건에서 발전기가 생성할 수 있는 최대 파워이다. 보통 실제로 생성되는 전력은 정격출력보다 상당히 낮다. 터빈의 운동면적에 대한 정격 발전기 파워의 비는 특정 정격용량, 혹은 회전자 부하라고 불린다. 현대의 장치들은 $300\sim500W/m^2$의 회전자 부하를 이용한다.

이상적인 풍력터빈은 각 장소에서의 바람의 조건에 맞추어 설치된다. 바람이 일정할 경우 $(<v>/\bar{v}=1)$ 발전기의 정격출력은 터빈의 그것과 동일해야 한다. 그러나 이 비율이 1보다 클 경우에는 대부분의 경제적인 조합은 서로 다른 많은 인자들을 고려하여 결정되어야 한다. 보기로서 연습문제 15.3을 참조하자.

† 물론 풍력단지에 이용되는 토지는 농작물의 경작에도 사용될 수 있다.

GE 3.6MW 풍력터빈은 수평축(프로펠러) 형이다. 회전자의 직경은 104m이며 운동면적은 8495m^2이다. 이 풍력터빈의 성능은 그림 15.8에 나타나 있다. 3.5m/s 이하의 풍속에서는 프로펠러는 회전하지 않는다; 출력은 풍속이 커짐에 따라 빠르게 증가하며 풍속이 14m/s일 때 정격출력에 도달한 다음 27m/s까지 일정하게 유지된다. 이 속력을 넘어서면 안전성의 이유로 장치는 스스로 정지된다. 회전자의 속도는 8.5~15.3rpm 범위에서 변할 수 있다. 전력제어는 활성 날개의 피치조절에 의해 이루어진다. 높은 풍속에서는 터빈은 소량의 이용 가능한 에너지를 이끌어낸다. GE3.6 발전기는 높은 풍속에서 7배의 더 많은 에너지가 있음에도 불구하고 14m/s~27m/s 범위의 바람에서 3.6MW의 전력을 생성하였다. 이보다 높은 풍속에서는 바람에 대량의 에너지가 존재하지만 장치는 에너지를 전혀 전달하지 못한다.

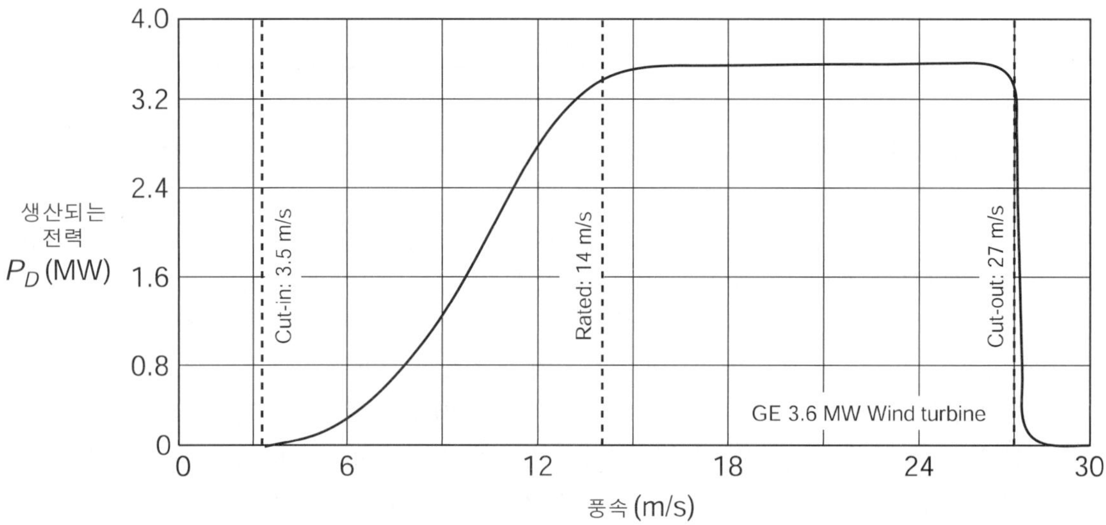

그림 15.8 풍속의 함수로 나타낸 GE 3.6MW 풍력터빈의 출력.

대개 주어진 풍력 플랜트에서 생성되는 전력은 그림 15.8에 보인 것과 유사한 방식으로 풍속에 의존한다.

풍력터빈은 흔히 유틸리티로 운전되는 네트워크에 에너지를 전달하는데 올바른 주파수를 갖는 가변전류이어야 한다. 동기화 문제의 해결을 위한 두 가지의 일반적인 해결책이 있다:

1. 터빈의 회전을 (예를 들면 날개 피치를 변경함으로써) 일정한 비율로 유지한다.
2. 터빈이 부하와 풍속으로 지시되는 속력으로 회전하도록 하여준다. 이 경우 직류가 생성되며 전자적으로 교류로 "전환된다". 이와 같은 가변속력 장치들은 다소 더 비싸긴 하지만 보다 효율적이며 더 긴 수명을 갖는다.

15.6 공기역학의 원리

이 장에서 기호 P는 파워 및 파워밀도-즉 구문에 따라 단위면적당의 파워-모두를 나타낸다. 소문자 p는 압력을 나타낸다.

아래첨자에 따라 다음의 의미를 갖는다:

$P_W = \frac{1}{2}\rho v^3$ "바람의 파워밀도." 이는 단위시간당 단위면적에서 에너지로 전달될 수 있는 에너지의 양이다.

$P_A = \frac{16}{27}\frac{1}{2}\rho v^3$ "이용 가능한 파워밀도." 이는 바람으로부터 추출해 낼 수 있는 이론적인 최대 파워의 양이다.

$P_D = \frac{16}{27}\frac{1}{2}\rho v^3 A\eta$ "전달된 파워." 이는 풍력터빈이 부하에 전달하는 동력이다.

15.6.1 플럭스

유체의 플럭스는 단위시간에 단위면적을 지나는 분자들의 수로 정의된다. n을 분자들의 농도(단위부피당의 수), v를 흐름의 속도라 하면 플럭스 ϕ는

$$\phi = nv\,m^{-2}s^{-1} \tag{15.13}$$

이다. 결과적으로 면적 A를 지나는 총 흐름은

$$\Phi = \phi A\ s^{-1} \tag{15.14}$$

이다.

15.6.2 바람의 힘

기체분자들의 평균질량을 m이라고 하면 (열 운동에 기인하지 않는) 흐름에 의한 분자의 평균에너지는 $\frac{1}{2}mv^2$이다. 단위시간동안 단위면적을 지나는 에너지의 양은 바람의 파워밀도이다:

$$P_W = \frac{1}{2}mv^2\phi = \frac{1}{2}mnv^3 = \frac{1}{2}\rho v^3\ Wm^{-2} \tag{15.15}$$

파워밀도는 풍속의 세제곱에 비례함을 유의하자. ρ는 기체밀도-즉 단위부피당 질량-이다.

$$\rho = mn\ kgm^{-3} \tag{15.16}$$

기준 온도와 압력(RTP)† 에서 공기의 밀도는

† RTP(기준온도와 압력)는 25° C, 또는 298.3K와 1기압에 해당된다. STP(표준온도와 압력)는 1기압 0° C이다.

$$\rho = \frac{0.2 \times 32 + 0.8 \times 28}{24.5} = 1.18 \approx 1.2\,kgm^{-3} \tag{15.17}$$

이다. 분자는 20%의 공기와 80%의 질소를 포함하는 공기의 질량이다. 분모는 RTP에서 킬로몰당 세제곱미터의 수를 나타낸다.

RTP에서 이상기체 방정식으로부터

$$V = \frac{RT}{p} = \frac{8314 \times 298.3}{1.013 \times 10^5} = 24.5m^3 \tag{15.18}$$

공기압력의 변동성으로 인하여 이 단계에서 유효숫자 두 자리 이상의 정밀도로 공기밀도를 계산하는 것은 의미가 없다.

15.6.3 동적 압력

$1m^3$의 기체는 n 개의 분자들을 포함하며 각 분자는 운동에 의해 $\frac{1}{2}mv^2$ J의 에너지를 운반하므로 총 에너지 밀도-즉 단위부피당 총 에너지-는

$$W_d = \frac{1}{2}nmv^2 = \frac{1}{2}\rho v^2\,Jm^{-3}\,\text{or}\,Nm^{-2} \tag{15.19}$$

로 주어진다.

단위부피당 에너지는 단위면적당의 힘의 차원-즉 압력-을 갖는다. 따라서 W_d는 동적 압력이라고 지칭된다.

15.6.4 풍압

바람은 노출되어 있는 모든 면에 대하여 압력을 가한다. 그림 15.9에 보인 (비현실적인) 흐름 패턴을 고려하여 보자. 여기에서의 가정은 표면을 때리는 어떤 분자라도 모두 튕겨져서 유입되는 분자들을 방해하지 않고 바람을 거슬러 되돌아간다는 것이다.

그러한 단순화된 가정에서는 각 분자는 속도변화가 2v이므로(분자는 속도 v로 충돌하며 -v의 속도로 튕겨나온다) 표면에 대하여 2mv의 모멘텀을 전달한다. 플럭스는 nv이므로 단위면적당 모멘텀 전달률, 즉 생성되는 압력은 $2mv \times nv = 2\rho v^2$이다. 위의 가정은 도로 튀어나오는 분자가 유입되는 분자들을 피하게 되는 매우 낮은 기체농도에서만 유효하다.

좀 더 현실적인 흐름에서는 되돌아오는 분자들이 유입되는 분자들을 교란하게 될 것인데 이는 대략 그림 15.10에 보인 패턴과 유사하다. 이에 따라 압력은 물체의 모양에 따라 달라지는 이상적인 흐름의 경우보다 더 작아지게 된다. 이와 같은 복잡한 문제를 다루기 위해서 공기역학자들은 실제압력이 항력계수라고 불리는 실험적으로 결정되는 보정인자 C_D를 곱한 동적 압력과 같다고 가정한다.

$$p = \frac{1}{2}\rho v^2 C_D \tag{15.20}$$

항력계수는 물체의 모양에 따라 달라지며 어느 정도까지는 그 크기와 유속에 따라 좌우된다. 이는 물론 바람에 의하여 표면상에 작용되는 압력은 식 15.20이 의미하는 바와 같이 v^2에 엄밀하게 비례하지는 않음을 의미한다.

아음속에서 큰 평판의 항력계수는 대개 $C_D = 1.28$로 취한다.

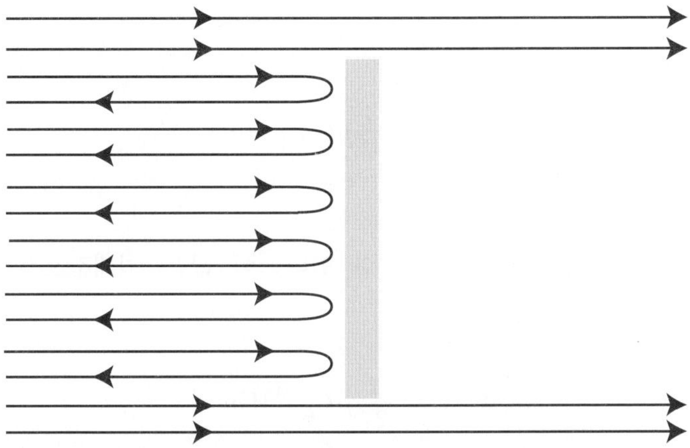

그림 15.9 간단한 흐름 패턴.

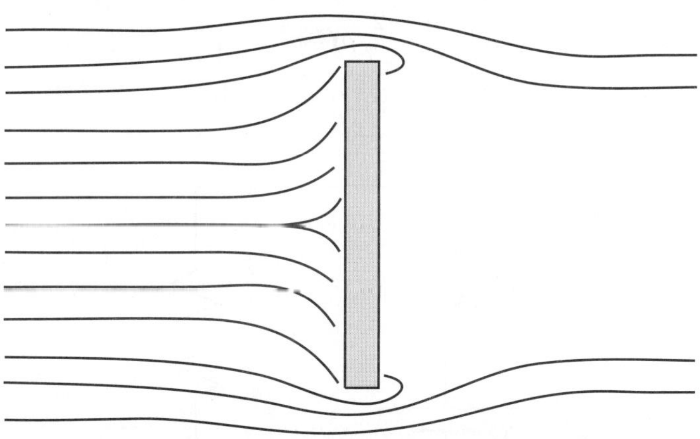

그림 15.10 좀 더 현실적인 흐름 패턴.

15.6.5 이용 가능한 파워(Betz 한계)

전기공학자들은 이용 가능한 파워의 개념에 익숙하다. 어떤 소스(그림 15.11 참조)가 개회로 전압 V와 내부저항 R_s를 갖는다면 이 소스가 부하로 전달할 수 있는 최대 파워는 $V^2/4R_s$이다. 이는 $R_L = R_s$일 때 가능하다.

바람으로부터 전력을 추출할 때 동일한 의문이 생긴다. 만약 바람과 작용하는 표면이 정체상태라면 아무런 움직임이 없으므로 어떤 파워도 끌어내지 못할 것이다. 그 표면이 아무런 저항없이 자유롭게 아래쪽으로 표류할 수 있도록 한다면 바람이 그 표면에 아무런 힘을 가하지 못할 것이므로 여전히 아무런 파워도 끌어내지 못할 것이다. 분명히 바람으로부터 최대 파워가 추출되는 속도가 존재할 것이다.

바람으로부터 추출되는 파워밀도 P는 표면에 대한 압력 p와 표면이 아래쪽 바람방향으로 표류하는 속도 w의 곱이다. 풍압은

$$p = \frac{1}{2}\rho C_D (v-w)^2 \tag{15.21}$$

이며 따라서

$$P = pw = \frac{1}{2}\rho C_D (v-w)^2 w \tag{15.22}$$

이다.

$\partial P/\partial w$를 0으로 두면 P의 극값을 찾을 수 있다. 이 값은 최대값으로서 C_D와는 무관하게 $w = v/3$일 때 일어난다. 그러므로

$$P_{\max} = \frac{2}{27}\rho C_D v^3\, Wm^{-2} \tag{15.23}$$

바람의 파워에 대한 추출 가능한 최대 파워의 비율은

$$\frac{P_{\max}}{P_w} = \frac{\frac{2}{27}\rho C_D v^3}{\frac{1}{2}\rho v^3} = \frac{4}{27} C_D \tag{15.24}$$

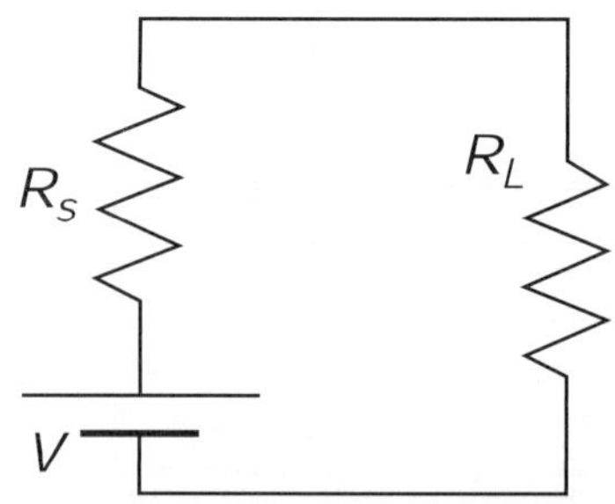

그림 15.11 전원과 부하.

C_D의 가능한 최대값은 간단한 공식으로 예측되는 값으로서 $p = 2\rho v^2$로부터 C_D=4를 얻는다. 따라서 기껏해야 "바람 파워"의 16/27, 혹은 59.3%를 추출할 수 있다. 이는 바람으로부터 이용 가능한 파워밀도이다:

$$P_A = \frac{16}{27}\frac{1}{2}\rho v^3 \tag{15.25}$$

16/27은 Betz 한계, 혹은 Betz 효율 η_{Betz}로 알려져 있으며 1919년 독일의 물리학자 Albert Betz† 의 책에서 논의되었다.

Betz 한계는 바람으로 구동되는 모든 형태의 장치에 적용되며 이전의 유도에서와 같은 항력형에만 국한되지 않는다. 여기에서는 Betz가 수행했던 바와 마찬가지로 그 날개들이 어떤 운동면적을 이루는 수평축 터빈(회전자)((수평)바람의 흐름에 수직인 수직형 원판)을 고려할 것이다. 이 원판으로부터 어떤 거리에서는 바람은 v_1의 속도로 방해받지 않고 흐른다; 충분히 아래 쪽에서는 공기의 흐름은 상당히 느리다-회전자는 공기 흐름을 지연시키는 방해물을 이루기 때문에 v_3의 속도를 갖는다. 여기에서 Betz의 책에 보인 단계들을 따라 Betz 한계의 유도과정을 되짚어 보기로 한다(기호는 원래의 Betz의 책에서와는 약간 다르게 이 책에서 채택하고 있는 것과 비슷한 것을 사용한다).

Betz는 "논리적인" 가정들로부터 시작하고 있다. 즉 원판에서는 유속 v_2는 상류와 하류 유속의 평균이다.

$$v_2 = \frac{v_1 + v_3}{2} \tag{15.25}$$

비록 논리적이긴 하지만 이것은 자명하지 않으며 입증이 필요하다. 이는 Rankin-Froude 정리로서 Betz의 책 및 이 장의 후반부에서 논의되고 있다.

공기가 원판을 가로질러 흐름에 따라 유속의 변화는 있을 수 없다(그렇지 않으면 공기는 쌓이거나 진공이 생겨날 것이다). 따라서 원판의 약간 앞이나 뒤에서 유속은 동일하다(v_2).

질량 흐름이 움직임 면적 A를 가로지르는 비율은

$$\dot{m} = \rho A v_2 = \rho A \frac{v_1 + v_3}{2} kg/s \tag{15.27}$$

속도 v_1으로 움직이는 질량 m인 상류흐름은 $\frac{1}{2}mv_1^2$의 에너지를 전달하며 물질전달율이 $\dot{m}$이라면 $\frac{1}{2}\dot{m}v_1^2$의 파워를 전달한다. 하류흐름의 경우 파워는 $\frac{1}{2}\dot{m}v_3^2$이다. 그러므로 원판은 바람으로부터 다음과 같은 파워를 제거한 셈이 된다:

$$P = \frac{1}{2}\dot{m}(v_1^2 - v_3^2) = \frac{1}{4}\rho A(v_1 + v_3)(v_1^2 - v_3^2) \tag{15.28}$$

이와 같이 추출된 파워를 방해받지 않은 바람의 파워 $P_W A$와 비교하면

---

† 과학의 역사에서 어떤 주어진 발견이 분명히 그것에 대하여 최초로 논의하지 않은 과학자의 이름을 따서 명명된 사례가 다수 있다. 우리의 시스템에서 태양으로부터 서로 다른 행성들 간의 상대적인 거리를 말해주고 있는 실험적 규칙은 Bode의 법칙으로 알려져 있는데 실은 1766년 Johann Daniel Titus가 이에 대하여 발표했던 사실이 있음에도 불구하고 Johann Elert Bode는 6년 뒤 이를 단순히 대중화시킨 정도였다. 좀 더 극단적인 경우는 Copernicus(1473년 생)가 기여하였으나 18세기 이전에 사모스의 Aristarchus(기원전 310년 출생)에 의해 언급된 태양중심설이다. Betz의 한계는 약 5년 전에 영국의 Frederick William Lanchester가 최초로 유도하였다.

$$\frac{P}{P_W}=\frac{\frac{1}{4}\rho A(v_1+v_3)(v_1^2-v_3^2)}{\frac{1}{2}\rho A v_1^3}=\frac{1}{2}\left[1+\frac{v_3}{v_1}\right]\left[1-\left(\frac{v_3}{v_1}\right)^2\right] \tag{15.29}$$

이 비율은 v_3/v_1의 함수이며 $v_3/v_1=1/3$일 때 최대값을 갖는다; 즉 하류흐름 유속이 방해받지 않은 풍속의 1/3일 때 최대이다.

바람에서 추출할 수 있는 최대 파워는 식 15.29로부터

$$\frac{P_{\max}}{P_W}=\frac{1}{2}\left[1+\frac{1}{3}\right]\left[1-(\frac{1}{3})^2\right]=\frac{16}{27} \tag{15.30}$$

이는 Betz 한계이다.

15.6.5.1 Rankin-Froude 정리†

바람이 풍력터빈의 운동면적을 통하여 불어갈 때 이 바람은 장치에 압력차 Δp에 비례하는 힘인 항력 F를 작용시킨다. 실제로는 풍력터빈 전체가 대기압 p_1에서 공기로 둘러싸여 있을지라도 그림 15.12에 보인 바와 같이 원판의 상류 쪽에서 압력은 상승(p_{2_1})되며 하류 쪽에서는 감소된다(p_{2_2}). 언급한 항력은 다음과 같다.

$$F=((p_{2_1})-(p_{2_2}))A=\Delta pA \tag{15.31}$$

위에서 A는 운동면적이다.

한편 풍속은 원판을 전후하여 일정하며 v_2의 값을 갖는데 이는 원판에 의하여 작용되는 항력으로 인하여 상류 유속 v_1보다 적으며 이전에 언급한 바와 같이 먼 아래쪽의 유속 v_3보다 크다. v_1 및 v_3와 v_2 사이의 관계를 결정해 보기로 하자. 이를 위해 Bernoulli의 정리를 이용할 수 있다. 상류에서 멀리 떨어진 곳의 압력은 p_1(대기압), 유속은 v_1이며 원판에서의 압력은 p_2, 유속은 v_2이다:

$$p_1+\frac{1}{2}\rho v_1^2=p_2+\frac{1}{2}\rho v_2^2 \tag{15.32}$$

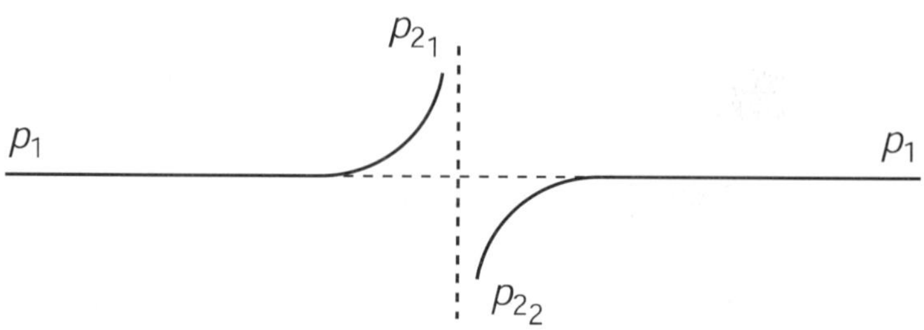

그림 15.12 풍력터빈 둘레의 징입은 주로 교란되지 않은 대기압이지만 회선자의 존재로 인하여 압력이 상류 압력으로 상승하고 하류 압력으로 떨어져서 Δp가 형성된다.

† Frood로 발음한다. 이 정리는 영국의 수력물리학자 William Froude의 이름을 따서 명명된 것이다.

원판의 하류 쪽에서는

$$p_1 + \frac{1}{2}\rho v_3^2 = p_2 + \frac{1}{2}\rho v_{2_1}^2 \tag{15.33}$$

압력차 $\Delta p = p_1 - p_2$(식 15.32로부터 식 15.32를 뺀 결과)는

$$\Delta p = \frac{1}{2}\rho(v_1^2 - v_3^2) \tag{15.34}$$

원판에 작용하는 힘은

$$F = \frac{1}{2}\rho A(v_1^2 - v_3^2) \tag{15.35}$$

다음에 운동면적으로 가로질러 F를 공기흐름 속도 v_2의 함수로 나타내어야 한다.

상류에서의 질량흐름 비율은 $\rho A v_1$kg/s인 반면에 먼 아래쪽 흐름에서는 $\rho A v_3$kg/s이다. 이는 $\rho A(v_1 - v_3)$kg/s가 유속이 v_2m/s인 원판과 상호작용함을 의미한다. 따라서

$$F = \rho A(v_1 - v_3)v_2 \text{kg/s} \tag{15.36}$$

식 15.36과 식 15.35를 비교하면

$$\rho A(v_1 - v_3)v_2 = \frac{1}{2}\rho A(v_1^2 - v_3^2) \tag{15.37}$$

이로부터

$$v_2 = \frac{v_1 + v_3}{2} \tag{15.38}$$

요약하자면 풍력터빈이 속도가 v_1인 바람으로부터 최대 파워를 추출하는 경우 운동면적에서의 유속은 $2v_{1/3}$이며 멀리 떨어진 아래쪽 흐름에서는 $v_1/3$이다.

$$v_2 = 2\frac{v_1}{3} \tag{15.39}$$

$$v_3 = \frac{v_1}{3} \tag{15.40}$$

추출된 파워는 바람의 파워의 16/27이다.

15.6.6 풍력터빈의 효율

풍력터빈의 효율은 어떤 기준동력에 대한 부하로 전달된 동력 P_D의 비이다. 이 정의에는 어느

정도의 임의성이 내재되어 있다. 어떤 저자들은 "바람의 파워"($\frac{1}{2}\rho v^3$)를 기준파워로 선택한다. 이와 달리 기준으로서 이용 가능한 파워 $P_A = \frac{16}{27}\frac{1}{2}\rho v^3$를 이용할 수 있다. 풍력터빈의 효율에 대하여 언급할 경우 기준 파워가 무엇인지를 분명하게 지정하는 것이 중요하다.

완벽하게 손실이 없는 장치에서 생성될 수 있는 파워 $P_{D_{ideal}}$은

$$P_{D_{ideal}} = \frac{16}{27}\frac{1}{2}\rho v^3 A \tag{15.41}$$

이며 (P_w를 기준으로 했을 때) 해당되는 효율은 다음과 같다.

$$\eta = \frac{P_D}{P_W} = \frac{16}{27} \equiv \eta_{Betz} \tag{15.42}$$

여기에서 우리는 열 기관의 경우와의 유사성을 이끌어낼 수 있다. 기관의 형태와 무관하게 열 기관의 효율은 Carnot 비율로 제한되므로 실현되는 효율 η은 다음과 같이 나타낼 수 있다.

$$\eta = \frac{T_H - T_C}{T_H}\eta^* = \eta_{Carnot}\eta^* \tag{15.43}$$

이와 유사한 방법으로 임의의 형태의 풍력터빈의 효율은 언제나 Betz 인자에 의해 제한되며 다음과 같이 쓸 수 있다.

$$\eta = \frac{16}{27}\frac{1}{2}\rho v_1^3 \eta^* = \eta_{Betz}\eta^* \tag{15.44}$$

위에서 η^* †는 이상적인 Betz 터빈의 성능에 상대적인 특정 터빈의 성능을 나타낸다. 어떠한 실제 터빈도 (마치 어떠한 실제 열 기관도 Carnot 효율을 갖지 못하는 것과 마찬가지로) Betz 효율을 갖지 못함은 말할 필요도 없다. 잘 설계된 풍력터빈에서 효율 η^*는 0.7에 이를 수 있지만 대부분 0.4~0.6의 효율을 갖는다.

15.6.6.1 강률(剛率)

프로펠러형 터빈에서 회전하는 날개들은 원형의 면적을 그리는데(운동면적 A_v) 이는 취하여지는 바람의 동력을 결정한다. 그러나 날개들 자체가 차지하는 총 면적(NA_P으로서 N은 날개들의 수이고 A_P는 각 날개의 면적)은 A_v보다 상당히 작다. 이들 두 면적 사이의 비를 강률(solidity)이라고 부른다.

$$S = \frac{NA_P}{A_v} \tag{15.45}$$

† 우리가 효율이라고 지칭하는 양들은 (이들은 성능들의 비율이므로) 많은 저자들에 의해 파워계수라고 불리며 글자 "c"로 표시된다. 그런데 "c"는 또한 날개의 코드, 혹은 양력계수나 항력계수를 나타내는 데에도 이용되므로 여기에서는 이 기호의 사용을 피하고자 한다.

수직축 터빈에서는 전적으로 대등한 강률이 정의된다.

바람이 날개에 가하는 힘 및 이로 인하여 야기되는 프로펠러 축 상의 토크는 명백히 강률에 비례한다. 그러나 모든 적정 범위의 강률에 걸쳐 터빈의 효율은 이 파라미터와는 무관하다-주어진 풍속에서 파워는 운동면적에만 의존한다. 이는 강률을 증가시킴에 따라 토크는 증가하지만 회전율이 감소됨을 의미한다: 고강률 터빈들은 토크가 크지만 천천히 회전한다.

저강률 터빈에서 날개의 통과에 의해 바람 흐름에 생성된 교란은 다음번 날개가 돌아오는 시점까지 이동하는 공기에 의해 쓸려진다. 고강률 장치에서는 날개들 사이에 상당한 상호간섭이 존재할 수 있으며 이로 인하여 개별적인 효율이 감소될 수 있고 따라서 토크의 증가를 상쇄시킨다. 이에 따라 강률에 대한 총괄적인 생성 파워의 독립성을 확인시켜 주는 근사적인 보정이 이루어진다. 경제적 측면을 고려하면 다수의 넓은 날개들보다는 소수의 가느다란 날개들이 선호된다.

15.6.6.2 항적(航跡) 회전

Betz 한계를 유도할 때 우리는 프로펠러형 터빈에서의 모든 공기의 움직임은 축방향, 즉 운동면적에 수직이라고 가정하였다. 이는 상류 흐름(프로펠러와 상호작용하기 전의 공기의 흐름)에 관한 한 사실이다. 그러나 프로펠러는 토크를 생성함으로써 바람으로부터 에너지를 추출한다. 작용과 반작용에 대한 Newton의 법칙에 따르면 프로펠러는 공기의 흐름에 대한 상응하는 토크를 도입하여 항적 회전을 유발시켜야 한다. 이러한 소용돌이 운동은 프로펠러 축에 의해 포집되지 않는 에너지를 포함한다-이는 손실로 이루어진다.

생성된 파워는 토크 Υ과 각속도 w의 곱과 같다.

$$P_g = \Upsilon\omega \tag{15.46}$$

주어진 파워에서 각속도가 클수록 토크는 더 작아지며 따라서 항적 회전과 연관되는 손실은 더 작아진다.

앞 절에서 우리는 강률이 (어느 점까지) 낮아질수록 토크는 작아지며 따라서 항적 회전 손실은 더 작아진다고 언급하였다.

그 이유는 각속도는 날개 끝(팁) 속도비

$$\lambda \equiv \frac{\omega R}{v_1} \tag{15.47}$$

의 증가에 따라 증가하므로 λ가 클수록 항적 회전 손실 P_{wake}는 더 작아지기 때문이다.

항적 회전 손실의 크기는 이론적으로 추정될 수 있지만† 그 유도과정은 다소 복잡하므로 그 결과만을 인용하는 것에 국한하기로 한다. 항적 회전 손실이 포함되는 경우 풍력터빈이 생성하는 파워는

$$P_D = \frac{1}{2}\rho v_1^3 A_p \eta_{Schmitz} \tag{15.48}$$

† 1935년 H. Glauert는 비행기 프로펠러에서의 항적 회전의 효과를 연구했으며 1956년 G. Schmitz는 풍력터빈에 대하여 동일한 논제를 연구하였다.

로 주어진다. 위에서 $\eta_{Schmitz}$는 η_{Betz}를 대체한 것이다.

η_{Wake}를 계산하기 위하여 다음을 정의한다:

$$\psi \equiv \arctan\left(\frac{1}{\lambda}\frac{R}{r}\right) \tag{15.49}$$

λ는 날개 끝(팁) 속도비이며 정규화된 적분 변수이다: 축으로부터의 거리를 회전자 날개 길이로 나눈 것이다. r/R은 0부터 1까지의 범위를 가진다.

$$\eta_{wake} = 4\lambda\int_0^1\left(\frac{r}{R}\right)^2\frac{\sin^3\left(\frac{2}{3}\psi\right)}{\sin^2(\psi)}d\left(\frac{r}{R}\right) \tag{15.50}$$

이 적분은 수치적으로 구하는 것이 최선이다. 그 결과는 그림 15.13에 날개 끝 속도비의 함수로 도시되어 있다. 날개 끝 속도비가 크면 항적 효율은 그것이 대체한 Betz 효율에 접근한다. 달리 말하면 λ가 큰 경우 항적 회전 손실은 작아진다.

15.6.6.3 다른 손실들

Betz 효율은 터빈의 종류와는 전혀 관계가 없다; 항적 회전 손실은 프로펠러형 장치에만 적용되며 이 경우 날개 끝(팁) 속도비에 의존한다.

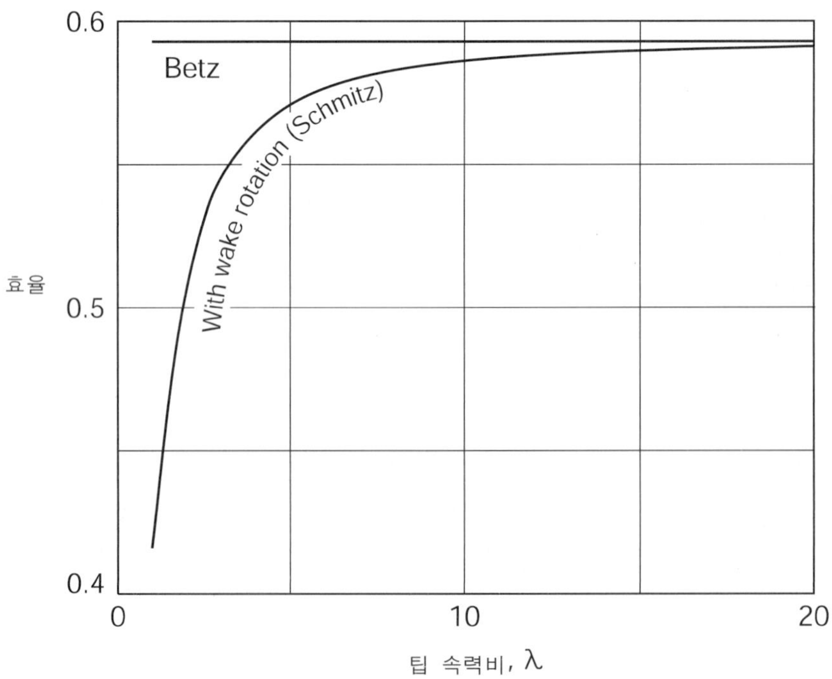

그림 15.13 전형적인 베인 형태와 같이 느리게 회전하는 터빈들에서 반류 효율은 낮다. 대개 $\lambda \approx 7$을 이용하는 현대의 발전 터빈들은 Betz 효율에 접근한다.

다른 장치들과 마찬가지로 풍력터빈은 날개 수-따라서 날개 끝 수-가 증가하는 경우 예상과 달리 감소하는 경향이 있는 날개 끝 손실들을 포함하는 많은 추가적인 손실들에 의해 방해를 받는다. 이에 대한 설명은 15.9 절을 참조한다. 나아가 기어 전달장치, 발전기, 그리고 베어링 등과 관련되는 손실들이 있다.

15.7 날개

비행기 날개, 헬리콥터의 회전체, 항공기 미부 표면들이나 프로펠러의 날개들은 상대적으로 작은 항력과 함께 상당한 양력을 생성해야 하는 공기역학적 표면들(날개)의 보기들이다. 날개의 성능은 교차부분의 모양에 따라 크게 좌우된다.

그림 15.14는 날개의 단면을 보인 것이다. 선 (A,A')는 임의의 기준면의 궤적을 나타낸다. 이 면 위의 영역은 아래와 다르다-날개는 비대칭이다. 대칭 날개에서는 기준면은 대칭면이며 그 위의 영역은 그 아래의 거울 이미지이다.

공기가 그림의 x 축을 따라 날개에 대하여 상대적으로 흐르는 경우 날개에 힘이 가하여진다. 그러한 힘은 보통 양력 성분(속도에 수직)과 항력 성분(속도와 평행)으로 분해된다. 해당되는 압력은 그림에서 벡터 p_L과 p_D로 표시되어 있다. 바람의 방향과 기준선의 사이의 각을 접근각도 (α)라고 부른다.

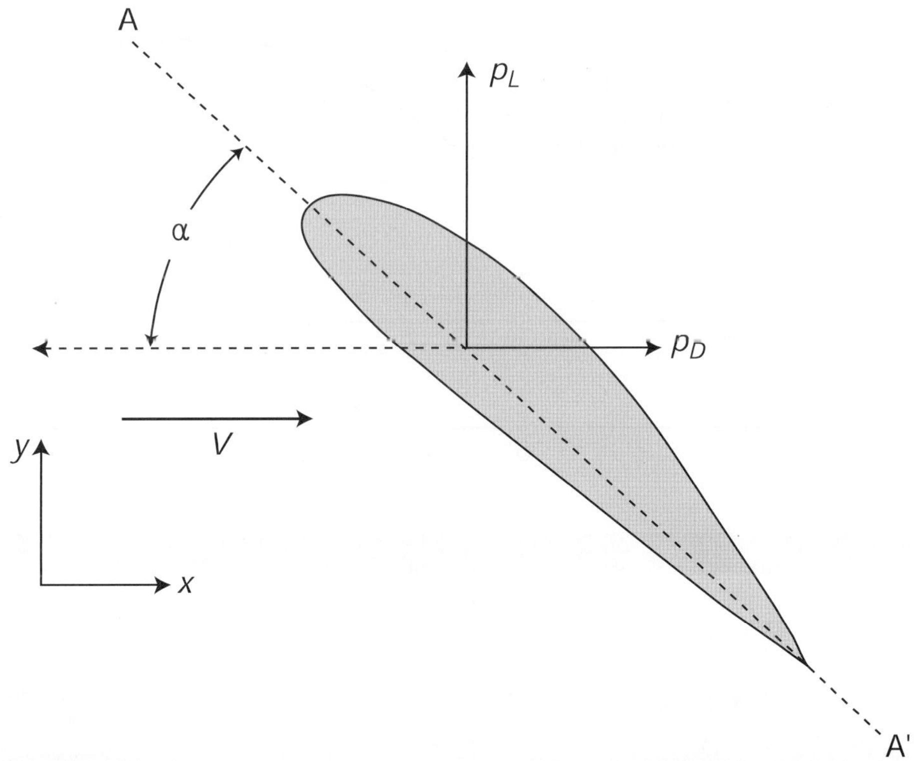

그림 15.14 날개에 대한 압력.

각각의 날개 모양에 대하여 p_L와 p_D는 특별한 조건에서의 풍동실험으로 결정된다. 관찰된 압력은 각각 양력계수와 항력계수라고 부르는 비례상수 C_L와 C_D에 의하여 동적 압력 $\frac{1}{2}\rho v^2$와 관련된다:

$$p_L = \frac{1}{2}\rho v^2 C_L \tag{15.51}$$

$$p_D = \frac{1}{2}\rho v^2 C_D \tag{15.52}$$

이 계수들은 접근각도† 의 함수들이며 표들로부터 찾을 수 있는데 이들 가운데 많은 것들은 미국의 NACA(National Advisory Committee for Aeronautics, 후의 NASA)와 독일의 *Göttingen* 대학에서 작성되었다. 그러한 표의 보기를 5.10 절의 "풍력터빈 해석"에서 찾아볼 수 있으며 *Göttingen* 420 날개의 양력계수에 대한 그래프는 그림 15.15에 나타나 있다. 아마도 비행기는 앞으로만 움직일 것이기 때문에 표들은 대개 접근각도가 거의 0도인 좁은 범위에 대해서만 작성된다. 그러나 어떤 날개들의 경우 그림 15.16에 보인 바와 같이 모든 360° 의 α에 대하여 데이터를 얻을 수 있는데 이는 *Göttingen* 420으로 알려져 있는 날개에 대하여 α에 대한 C_L의 의존성을 보여준다.

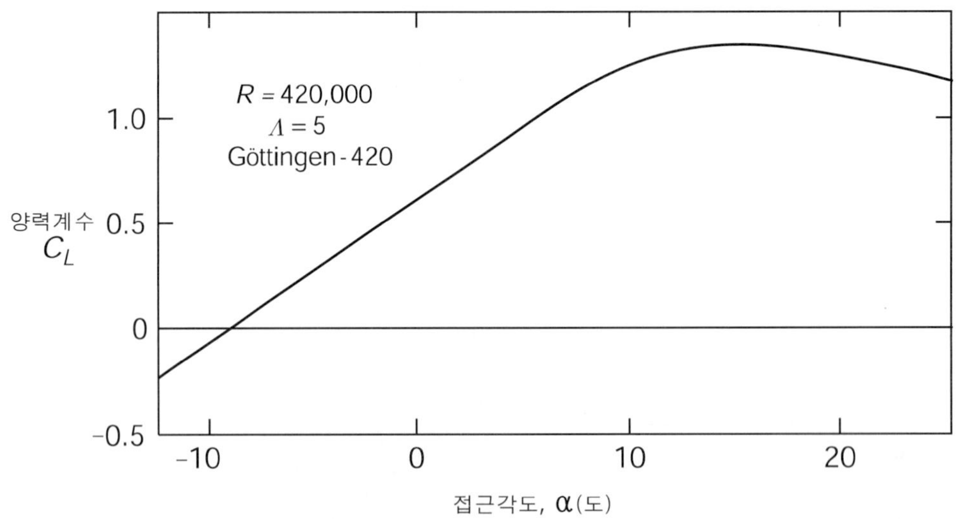

그림 15.15 *Göttingen*-420 날개의 양력계수.

† 이 계수들은 또한 비록 우리가 보이게 될 것과 같이 보다 약하기는 하지만 Reynolds 수 R과 종횡비 A에 따라 좌우된다.

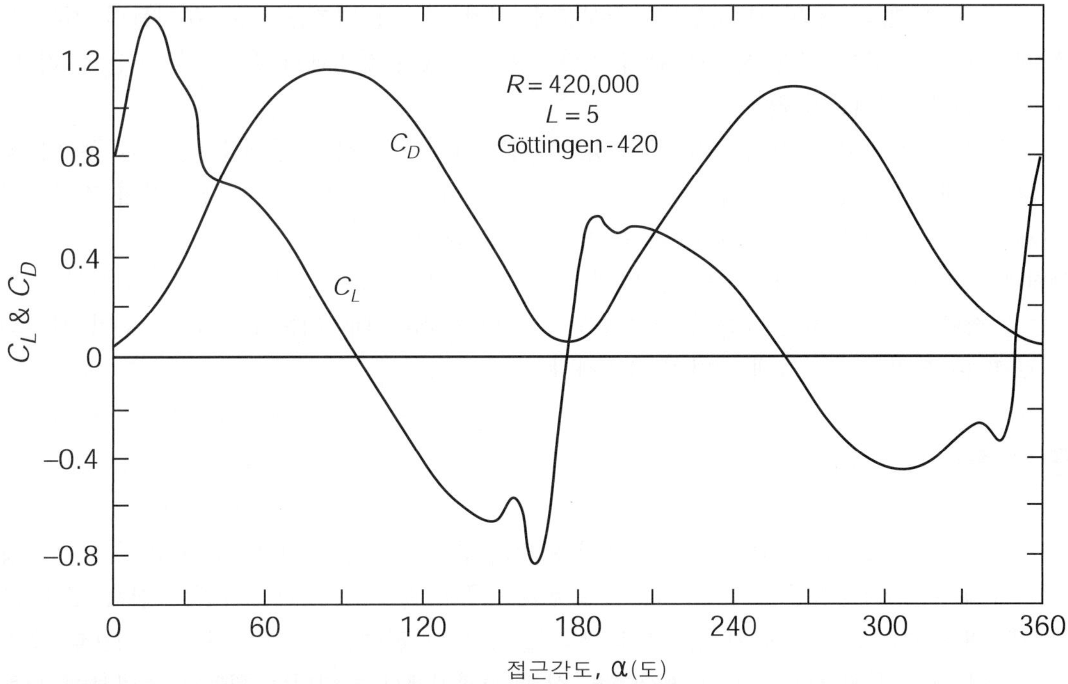

그림 15.16 *Göttingen*-420 날개에서의 양력 및 항력계수.

다루고 있는 날개는 음의 접근각에서도 (이 각도가 작은 한) 양력을 생성한다. 접근각이 양인 경우 평평한 표면에서도 양력의 생성을 직관적으로 이해할 수 있다. 결국 공기의 흐름은 아래로부터 표면을 때리며 가해지는 항력은 양력 성분을 갖는다. 그러나 접근각이 0이거나 약간 음인 경우 양력은 좀 더 복잡한 매커니즘에 기인한다. 관찰에 따르면 날개 바로 위의 공기압은 날개 바로 아래의 공기압보다 더 작으며 이는 양력의 명백한 원인이 된다. 문제는 그러한 압력차가 어떻게 생기는가를 설명하는 것이다.

추가적인 관찰에 따르면

1. 공기 흐름은 단순히 날개로부터 반사되는 대신에 날개 상부의 만곡부를 따르는 경향이 있다.
2. 공기 흐름의 속도는 상당히 증가되어 Bernoulli의 정리에 따라 압력을 낮추어 준다.

이러한 관찰들에 대하여 약간의 설명이 필요하다.

Coanda† 효과는 날개의 모양을 따르고자 하는 공기 흐름의 원인이다. 이 현상을 입증하는 것은 지극히 쉬운 일이다. 수도꼭지를 열어놓고 이로부터 가는 물줄기를 흐르게 하자. 이제 굴곡진 표면을 취하여 물이 빗겨 나가는 각도로 물이 흐르게 하자. 물은 측면을 따라 흐른 다음 급히 휘어져서 단순히 수직으로 아래를 향하여 떨어지는 대신에 바닥을 따라 흐를 것이다. 물은 공기가 날개의 표면을 따라 흐르려는 것처럼 유리 표면을 따라 흐르는 경향을 보인다.

날개의 볼록한 부분은 (벤츄리의 협착 되는 부분에서와 같이) 공기의 흐름을 제한하여 흐름을

† 로마의 과학자 Henri-Marie Coanda(1885-1972)는 1930년 이러한 현상에 대하여 언급하였다.

가속화시킨다. 날개의 처음부분으로부터 끝부분에 걸친 경로를 따르는 공기 분자들의 전이 시간은 날개 아래의 흐름에 대한 시간과 같지 않다. 날개 양력의 설명에서 흔히 거론되는 그러한 동조화는 실제로는 일어나지 않는다.

그림 15.16의 날개에서 양력은 약 10° 정도까지는 α와 선형적인 관계를 갖는다. 좀 더 높은 각도에서 날개는 정지한다-즉 α를 더 증가시키면 항력이 실제로 감소된다. 접근각이 거의 0이면 이 날개는 그의 항력보다 거의 16배 더 큰 양력을 발생시킨다.

항력과 양력계수들은 공기의 속도나 날개의 규격과는 엄밀히 무관하기 때문에 임의의 실험적 결과들을 정확하게 조정하는 것은 불가능하다. 그러나 이러한 데이터는 Reynolds 수가 보존되는 한 서로 다른 크기와 속력들에 대하여 유효하다.

15.8 Reynolds 수

대부분의 비행기의 크기는 단연 풍동의 크기를 초과하기 때문에 엔지니어들이 테스트나 측정을 수행할 때에는 크기를 줄인 모델을 이용해야 한다. 이와 같은 모델들의 차원은 실제 모델의 정확한 일정비율이다. 그러나 공기 중에서의 분자들의 크기 한 가지†는 대개 비례적으로 축소될 수 없다. 이 때문에 모델에 대한 측정값들은 실제 비행기에서 기대되는 힘들로 정확하게 전환될 수 없다. 사실 유체 중에서 이동하는 물체에서 관찰되는 힘들은 동적 힘 F_d($\frac{1}{2}\rho v^2$에 비례)들 뿐만 아니라 점성력 F_v도 포함한다.

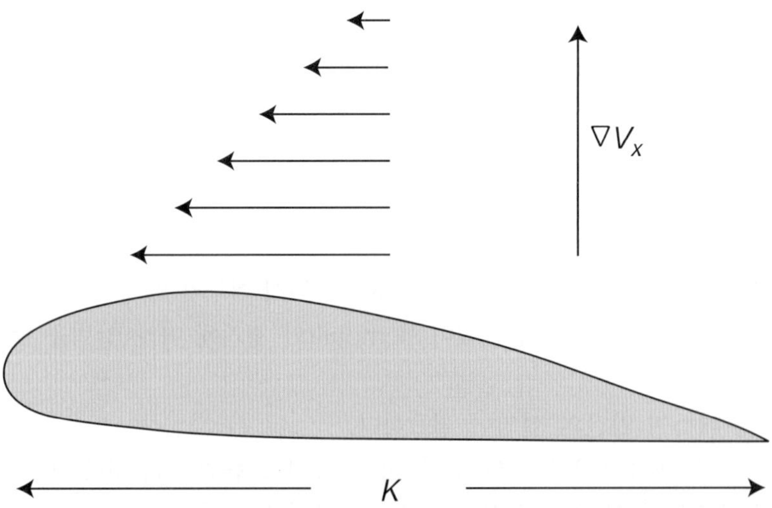

그림 15.17 날개 위의 바람의 변형.

날개가 정지하고 있는 공기 중을 움직일 경우 표면과 바로 접촉하는 기체의 분자들은 마찰을 통하여 (x-방향으로의 움직임을 가정할 때) v_x의 속도로 강제적으로 움직이는 반면에 먼 거리에

† 모델에서 정확하게 재현되지 않는 다른 특성은 강성이다. 실제 비행기들은 대부분의 공기역학적 모델보다 훨씬 덜 단단하다. 다행히 승객들은 적정한 난기류를 통하여 비행할 때 상용 비행기의 날개가 얼마나 많이 구부러지는지를 알지 못한다.

있는 분자들은 전혀 움직이지 않는다. 속도 기울기 ∇v_x는 y-방향으로 형성된다. 그림 15.17을 참조하자.

얻어지는 전단응력 속도에 의하여 점성력 F_v가 나타난다. 이 힘은 움직임 면적 A, 속도 기울기 $\partial v_x/\partial y$, 그리고 날개가 움직이는 매체의 속성인 점도계수 μ에 비례한다.

$$F_v = \mu \frac{\partial v_x}{\partial y} A \tag{15.53}$$

정확한 조정을 위해서는 점성력에 대한 동적 힘의 비율을 유지하는 것이 필요하다. Reynolds 수라고 불리는 양 R을 다음과 같이 정의한다.

$$R \propto \frac{F_D}{F_v} = \frac{\frac{1}{2}\rho v_x^2 A}{\mu \partial v_x/\partial y A} \propto \frac{\rho}{\mu} \cdot \frac{v_x^2}{\partial v_x/\partial y} \tag{15.54}$$

이 식은 너무 복잡하다. 다음과 같은 두 가지의 단순화 가정을 세워보자:

1. $\dfrac{\partial v_x}{\partial y}$는 y와 무관하다.
2. 공기는 날개 위의 거리 K까지만 교란된다(K는 익현의 길이이다).

이러한 조건에서

$$\frac{\partial v_x}{\partial y} = \frac{v}{K} \tag{15.55}$$

아울러

$$R = \frac{\rho v^2}{\mu v/K} = \frac{\rho}{\mu} v K \tag{15.56}$$

공기의 μ 값은 $1.84 \times 10^{-5} Pa \cdot s\,(=kgm^{-1}s^{-1})$이며 짐작과는 다르게 압력과 밀도와는 무관하다(이 절 말미의 박스를 참조). 그러나 동점도(kinematic Viscosity)라고 불리는 μ/ρ 비율은 압력이 감소함에 따라 증가한다. 낮은 압력의 유체는 큰 동점도를 나타내는데 이는 진공 펌프가 왜 대구경 파이프를 필요로 하는가를 설명하여 준다. STP 조건에서 공기에 대한 이 비의 값은 밀도가 $\rho = 1.29 kg/m^3$이므로 $1/70000\, m^2/s$이다.

임의의 주어진 접근각에 대하여 계수들(C_L과 C_D)은 R의 함수이며 모델로부터의 측정값들은 Reynolds 수가 동일하지 않는 한 실제 크기의 날개로 바깥짐작될 수 없다. 다행히 이 계수들은 그림 15.18에 보인 바와 같이 R에 미약하게 의존한다. 그림 15.18에는 NACA 0012 대칭날개에 대하여 R에 따른 C_D와 $C_{L_{max}}$가 도시되어 있다. $C_{L_{max}}$는 C_L이 접근각의 함수로서 도달할 수 있는 가장 큰 값이다.

1차 계산을 위하여 변하는 Reynolds 수의 영향을 무시할 수 있다. 좀 더 정밀한 계산에서는 특히 수직축 풍력터빈의 날개가 한 사이클의 회전에 걸쳐 다양한 풍속을 접하기 때문에 정확한 Reynolds 수가 이용되어야 한다.

일반적으로 Reynolds 수가 커짐에 따라 (대개 항력에 대한 양력의 비가 증가하기 때문에) 여러 가지가 향상되는 경향이 있다. 이는 곧 이러한 바탕에서 풍력터빈이 클수록 작은 것들보다 더 효율적임을 의미한다.

익현이 3m인 날개가 360km/h로 움직일 경우 Reynolds 수는 다음과 같다.

$$R = 7 \times 10^4 \times 100 \times 3 = 21 \times 10^6 \tag{15.57}$$

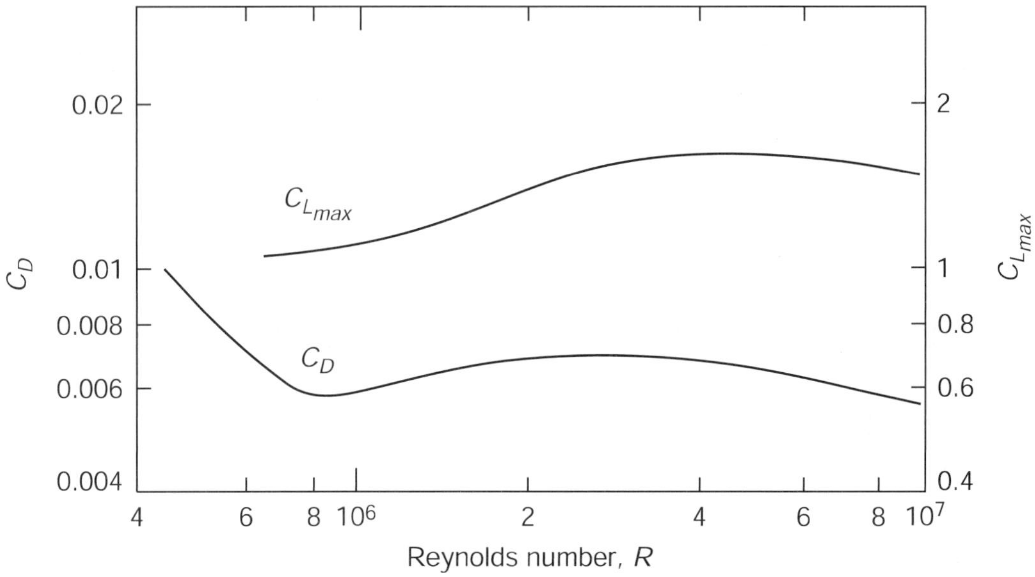

그림 15.18 항력 및 양력계수에 대한 Reynolds 수의 영향.

동일한 Reynolds 수에서 익현이 0.3m인 모델을 이용하여 이 날개의 특성을 측정하려면 3600m/s의 풍속이 필요하다. 그러나 문제의 속도는 초음속이기 때문에 그 결과는 유효하지 못하다. 이는 많은 풍동 데이터들이 적정한 Reynolds 수에 상응하는 이유를 설명하여 준다. $G\ddot{o}ttingen-420$ 데이터는 $R=420,000$에서 측정되었다.

NACA 가변밀도 터널과 같은 부류의 풍동들이 있는데 여기에서 공기의 정압을 증가시킴에 따라 R은 증가된다. 이는 ρ를 크게 하지만 μ에는 영향을 미치지 않는다. 따라서 적정 풍속에서 작은 모델을 이용하여 큰 Reynolds 수를 얻을 수 있다.

μ는 왜 압력이나 밀도와 무관할까? 하나의 기체분자가 (등방성) 충돌을 겪으면 다음 충돌은 통계적으로 1 평균자유경로 l 만큼 떨어진 곳에서 일어날 것이다. 이는 충돌이 이전의 충돌위치를 중심으로 하는 반경 l인 구의 표면상에 위치함을 의미한다. 이 구의 사영면적은 l^2에 비례한다. 따라서 다음을 기대할 수 있다:

$$\mu \propto vnl^2 \tag{15.58}$$

위에서 ν는 충돌빈도이며 n은 분자들의 농도이다. 그러나 l은 농도에 반비례하는 반면에 충돌빈도는 농도와 비례한다. 그러므로

$$\mu \propto n \times n \times \frac{1}{n^2} \tag{15.59}$$

즉 μ는 n와 무관하다.

15.9 종횡비

사각형 날개에서의 익현 K와 길이 H의 비를 종횡비 AR이라고 부른다.

$$AR \equiv \frac{H}{K} = \frac{H^2}{KH} = \frac{H^2}{A} \tag{15.60}$$

위에서 A는 날개의 면적이다.

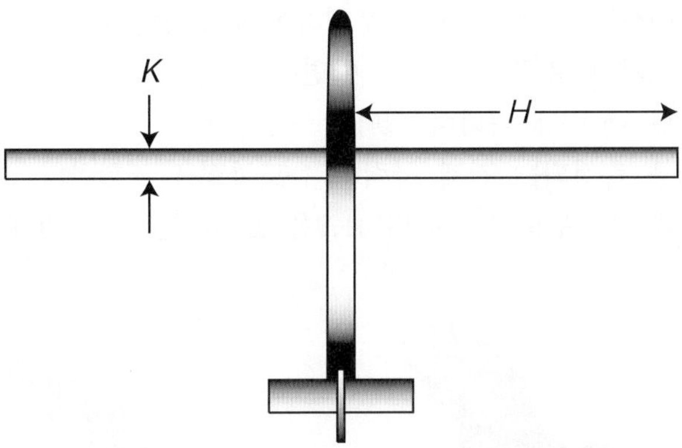

따라서 종횡비는 날개 면적에 대한 날개 길이의 제곱의 비로 정의된다. 이러한 정의는 익현 길이가 변하는 경사진(사각형이 아닌) 날개의 경우에 사용해야 한다.

유체 속을 이동하는 물체가 경험하는 항력은 다수의 서로 다른 매커니즘들에 의하여 유발된다. 이상적으로 무한히 매끄럽고 무한히 긴 날개는 단지 압력 항력만을 경험할 것이다. 그러나 실제 날개들은 완벽하게 매끄럽지 않으며 공기는 표면에 달라붙는 경향이 있어서 점성 전단응력을 유발하고 표면마찰 항력을 생성한다.

날개의 양력은 날개 위보다 더 큰 날개 아래의 압력으로부터 발생한다. 날개 끝부분에는 아래쪽과 상부 사이에 "짧은 순환"이 존재하며 공기는 그 주위를 선회하여 와류를 형성한다. 원형 운동을 와류중의 공기로 보내는 데에 에너지가 이용되는데 이 에너지는 날개의 전진운동으로부터 유래되어야 한다. 된다. 이는 유도항력으로 불리는 추가적인 항력으로 나타난다. 유도항력은 다음에 따라 줄일 수 있다.

1. 날개 수(혹은 날개 끝단 수)를 증가시킨다.
2. 날개의 종횡비를 증가시킨다.
3. 날개를 경사지게 하여 끝 부근에서 익현이 더 작아지게 한다.
4. 날개 끝 주위에 수직의 장애물을 배치한다. 간혹 보조연료 탱크가 그 곳에 설치된다.

각 날개의 끝단은 고유의 소용돌이를 생성한다. 에너지 측면에서 하나의 큰 소용돌이 대신 많은 작은 소용돌이가 더 경제적이다. 그 이유는 손실은 소용돌이의 크기에 비례하기 때문이다. 이는 제곱들의 합이 합의 제곱보다 더 작은 결과에서 비롯된다. 쌍엽(4개의 날개 끝단)은 단엽보다 적은 유도항력을 가지지만 다른 것들은 동일하다. 날아오르는 새들은 날개를 활짝 펼침으로써 날개 말단부에 많은 끝단부들이 존재하도록 함으로써 유도항력을 줄인다.

분명히 날개 끝단의 익현이 작을수록 유도항력은 작아진다. 주어진 면적을 갖는 사각형 날개에서 길이 H가 길수록 익현 K는 더 작아진다. 이 날개는 보다 큰 종횡비를 가지며 따라서 보다 작은 유도항력을 갖는다.

경사진 날개들은 같은 면적을 갖는 사각형 날개들보다 더 작은 날개 끝단을 가지며 더 작은 유도항력을 갖는다.

글라이더는 길고 가느다란 날개를 가짐으로써 종횡비를 최대로 한다(유도항력을 최소로 한다). 빠르게 움직이는 비행기에서는 기생항력†이 우세하여 유도항력이 중요하지 않게 된다: 빠른 비행기들에서는 작은 종횡비가 허용될 수 있다. 반면에 새들은 다양한 모양의 날개들을 지니는데 이들 가운데 2가지가 그림 15.19에 나타나 있다.

날개를 테스트하는 경우 측정되는 전체 항력은 유도항력을 포함한다; 따라서 공기역학적 계수들을 표로 만들 때에는 테스트 부분의 종횡비 AR을 표시하는 것이 관례이다.

그림 15.19 유도항력 문제에 대한 자연의 해법. 날아오르는 새(왼쪽의 매)들은 적절한 종횡비와 복수의 날개 끝단들이 있는 날개를 갖지만 해안가에서 멀리 떨어진 바다에서 유영하는 바다제비 종은 뾰족한 끝과 종횡비가 매우 큰 날개를 갖는다.

† 기생항력은 부분적으로 공기의 흐름에 대한 저항을 제공하지만 양력은 생성하지 않는 장치에 의해 유발된다.

15.10 풍력터빈 분석

15.10.1 수평축 터빈(프로펠러형)

21세기의 대규모 수평축 풍력터빈들의 날개는 노처럼 생긴 초기의 날개들보다 더 가늘어졌다. 그림 15.20에 나타낸 모양은 Vestas V90 3MW 터빈에 사용된 것과 유사하다. 그림에서 날개는 ω의 각속도로 시계방향으로 회전하며 날개의 앞 쪽 가장자리 부분은 회전축으로부터의 거리 r의 함수인 크기 u의 유도바람에 노출된다. r로부터 $r+dr$까지에 이르는 날개의 작은 부분을 고려해 보기로 한다. 익현이 K단위의 길이라면 이 부분의 면적은 Kdr이다.

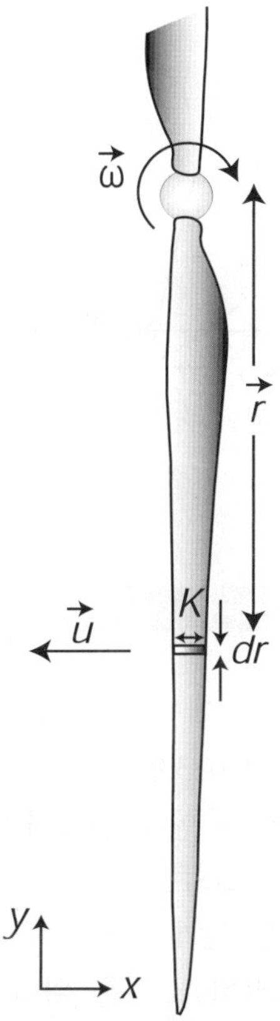

그림 15.20 수평축 풍력터빈의 날개. 이 날개는 바람이 앞에서 불면 시계방향으로 회전한다.

외부 수평바람 v_2는 이 페이지에 수직으로 직접 페이지를 향하여 불어온다. 달리 말하면 v_2는 음의 z 방향으로 흐른다.

그림 15.21에 다른 각도에서 본 날개의 단면을 나타내었다: 관찰자는 y 축을 따라 (날개의 반경 r을 따라) 단면을 보고 있으며 외부의 바람은 그림에서 위를 향하여 (벡터 $\vec{v_2}$의 방향으로) 불어온다. 이 바람의 크기는 교란되지 않은 바람 v_1의 크기보다 더 작음을 주목하자. 이는 Betz 한계에 대한 절에서 논의된 지연풍이다.

수용할 만한 풍력터빈 날개의 디자인이 얻어지려면 반복되는 과정들이 필요하다. 우선 바람이 선택된 등급의 속력으로 불 때 이 바람으로부터 얼마의 파워가 추출되어야 하는가를 알아야 한다. 예로서 풍속이 14m/s일 때 3MW의 출력을 원한다고 가정하자. 이 경우 소요되는 운동면적 A_v를 추정하는 것은 쉽다:

$$A_v = \frac{27}{16}\frac{P_D}{\frac{1}{2}\rho v_1^3 \eta} \tag{15.61}$$

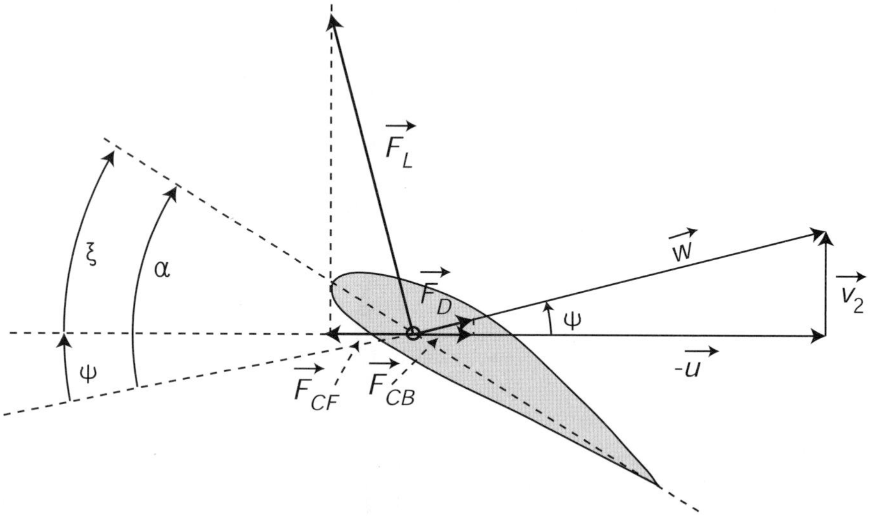

그림 15.21 수평축 풍력터빈 날개의 단면에 대한 공기역학적 힘.

현대의 시스템에서 실현 가능한 효율 η에 대한 적절한 추정치는 약 45%이다. $\rho = 1.2kg/m^3$와 선택된 속도 $v_1 = 14m/s$를 이용하면 $6833m^2$의 운동면적이 필요함을 알 수 있는데 이는 길이가 약 46.6m인 날개와 부하가 $440\,W/m^2$인 회전자에 해당한다.

다음에 이용할 날개를 선택해야 한다. 모두 다 똑같은 날개를 선택할 필요는 없다. 사실 공기의 흐름이 빠른 날개 끝단 근처에 얇은 날개를 사용하며 흐름이 상대적으로 느리고 인력이 큰 축 근처에서 두껍고 튼튼한 날개를 이용하는 것은 의미가 있을 수 있다. NACA 44112 날개를 채용했다고 가정하자†. 이것은 얇고(8%) 양력이 큰 날개이다. 다른 날개에서와 마찬가지로 양력/항력 계수는 Reynolds 수에 의존한다. 다음에 이어지는 간단한 분석으로부터 익현의 길이 K는 $1/r$에 비례하는 반면에 날개의 주어진 단면의 선속은 r에 따라 변한다고 결론지을 수 있다. 따라서 Reynolds 수를 결정하는 곱 uK는 날개의 모든 단면에 대하여 동일하다. r은 축으로부터의 날개에 따른 거리이다. 더 크고 현대적인 풍력터빈은 빠르게 움직이는 큰 날개들을 사용하며 따라서 상대적으로 높은 Reynolds 수에서 운전된다. 표 15.2에 900만의 Reynolds 수에서 측정된 NACA 4412 날개에 대한 C_L과 C_D 값들을 열거하였다.

† 다른 날개로 분석하기를 원한다면 다수의 NACA 날개들에 대한 양력과 항력 데이터를 제시한 Abbott와 Doenhoff(1949)를 참조할 수 있다. 비록 1949년에 출판되었지만 이 책은 오늘날에도 여전히 팔리고 있다.

초기에 결정해야 하는 다른 문제는 날개 수의 선택이다. 날개 수가 많으면 회전은 더 부드러워지지만 날개가 고가이므로 비용이 증가한다. 오늘날의 대규모 터빈은 거의 3개의 날개로 고정되어 있다. 따라서 우리의 보기에서 n=3으로 둘 것이다.

날개 끝단 속도비 $\lambda = \omega R / v_1$은 선택되어야 할 주요 파라미터들 가운데 하나이다. 어떤 한계까지는 λ가 클수록 더 좋다. 그러나 λ가 너무 크면 ωR은 음속을 초과한다. 실제로 λ는 불필요한 소음과 스트레스를 피하기 위하여 충분히 낮아야 한다. 큰 날개 끝단 속도비는 우수한 날개를 필요로 한다. 반복과정을 수행하는 이유는 날개가 선택되었을 때 성능을 최적화시키는 λ의 값에 도달하기 위한 것이다. $\lambda = 8$로부터 시작하기로 한다. 다른 여러 요인들 가운데 높은 날개 끝단 속도비에 따라 풍속이 불규칙하게 변하는 경우 터빈의 빠른 가속을 가능하게 하여 주는 가느다랗고 질량이 작은 날개가 얻어진다. (전력망의 주파수에 따른 교류를 생성하기 위해) 일정 속도로 운전되는 터빈들은 일정한 λ, 즉 최적 운전점에서 운전될 수 없다. 그러나 현대의 많은 터빈들은 dc 전류를 생산하며-이는 후에 ac 전류로 전환된다-따라서 선택된 최적 속도비에서 운전된다. 풍속의 변동을 신속하게 따르려면 가느다랗고 관성이 작은 날개를 갖는 것이 유리하다.

날개의 다른 단면은 변동하는 선속도로 인하여, 그리고 날개와 설정 각도가 축으로부터의 거리 r에 따라 변할 수 있기 때문에 터빈에 의해 포집된 파워에 대해 다른 양만큼 기여한다. 따라서 날개는 다수의 구역들-10과 20 사이-로 나뉘어지며 각 구역의 기여정도는 별도로 계산된다. i번째 구역을 고려하여 보자. 날개가 회전함에 따라 구역은 환형 구조를 형성함으로써 터빈의 유용한 출력에 대하여 P_i의 파워만큼 기여한다.

$$P_i = n\omega \Upsilon_i \tag{15.62}$$

위에서 n은 날개의 수, ω는 날개의 각속도이며 Υ_i는 i번째 구역에 의하여 생성된 토크이다. 그림 15. 21을 참조하자.

$$\Upsilon_i = (F_{cF_i} - F_{CB_i})\gamma_i \tag{15.63}$$

위에서 F_{CF_i}는 i번째 구역의 양력벡터 F_{L_i}의 x-사영으로서 다음과 같다:

$$F_{CF_i} = F_{L_i} \sin\psi_i \tag{15.64}$$

반면에 F_{CB_i}는 항력벡터 F_{D_i}의 x-사영으로서 다음과 같다:

$$F_{CB_i} = F_{D_i} \cos\psi_i \tag{15.65}$$

x-방향은 날개의 운동방향이다.

$$\begin{aligned}\Upsilon_i &= (F_L \sin\psi_i - F_{D_i}\cos\psi_i)\gamma_i = \frac{1}{2}\rho\omega_i^2(C_{L_i}\sin\psi_i - C_{D_i}\cos\psi_i)A_{p_i}\gamma_i \\ &\approx \frac{1}{2}\rho\omega_i^2(C_{L_i}\sin\psi_i)A_{P_i}\gamma_i = \frac{1}{2}\rho\omega_i C_{L_i}\frac{2}{3}v_1 K_i \Delta\gamma\gamma_i\end{aligned} \tag{15.66}$$

위의 관계는 $C_L \sin\psi \gg C_D \cos\psi$을 바라기 때문이지만 그렇지 않다면 날개 손실은 지나치게 커질 것이다. 식 15. 66의 마지막 단계는 날개 단면의 면적 A_{P_i}는 $K_i \Delta\gamma$이며 구체화로부터 (그림 15.21을 참조) $\omega \sin\psi = 2/3 v_1$이라는 사실로부터 비롯된다. $v_2 = 2/3 v_1$을 상기하자.

ω는 날개의 주어진 단면에서 보이는 풍속이다. 이는 (지연되는) 외부 바람에 의한 속도 v_2에 벡터적으로 더해지는 회전으로 인한 속도 $u = \gamma\omega$의 결과이다.

식 15.62와 15.66을 결합하면 다음을 얻는다.

$$P_i = n\frac{1}{2}\rho\omega_i C_{L_i}\frac{2}{3}v_1 K_i \Delta\gamma\gamma_i\omega \qquad (15.67)$$

이 파워가 (Betz 가정 하에서) 이용 가능한 최대 파워라면 $P_{A_i} = \frac{16}{27}\frac{1}{2}\rho v_1^3 2\pi\gamma_i \Delta\gamma$이며 여기에서 $2\pi\gamma\Delta\gamma$은 환형 구조의 운동면적이다. 면적이며

$$n\frac{1}{2}\rho w_i C_{L_i}\frac{2}{3}v_1 K_i \Delta\gamma\gamma_i\omega = \frac{16}{27}\frac{1}{2}\rho v_1^3 2\pi\gamma_i\Delta\gamma \qquad (15.68)$$

이로부터 다음과 같은 K_i를 얻는다.

$$K_i = \frac{16}{9}\frac{v_1^2\pi}{n\omega_i C_{L_i}\omega} \qquad (15.69)$$

표 15.2 NACA 4412 날개의 특성(Reyonolds 수=9000000).

접근각 α(도)	양력계수 C_L	항력계수 C_D	C_L/C_D
-10	-0.66	0.0088	-75
-9	-0.55	0.0081	-68
-8	-0.44	0.0075	-59
-7	-0.34	0.0070	-48
-6	-0.23	0.0067	-35
-5	-0.12	0.0064	-19
-4	-0.02	0.0062	-3
-3	0.09	0.0062	15
-2	0.2	0.0062	32
-1	0.3	0.0061	49
0	0.41	0.0061	67
1	0.52	0.0062	84
2	0.63	0.0062	102
3	0.73	0.0063	116
4	0.84	0.0065	129
5	0.95	0.0072	132
6	1.05	0.0081	129
7	1.16	0.0092	126

8	1.27	0.0106	120
9	1.34	0.0116	115
10	1.43	0.0131	109
11	1.51	0.0146	104
12	1.59	0.0162	98
13	1.63	0.0171	96
14	1.67	0.0179	93
15	1.65	No data	
16	1.65	No data	
17	1.65	No data	
18	1.65	No data	
20	1.51	No data	

파라미터로서 날개 끝단 속도비를 이용함으로써 풍속을 정규화시키는 것이 편리하다.

$$\lambda \equiv \frac{\omega R}{v_1} \qquad \therefore v_1 = \frac{\omega R}{\lambda} \tag{15.70}$$

날개 끝단 속도비는 교란되지 않은 풍속과 회전자 날개 끝단의 선형속도 사이의 비이다. Betz 한계 파워를 추출하는 익현에 대한 식은 다음과 같다:

$$K_i = \left(\frac{16}{9}\frac{\pi\omega R^2}{n\lambda^2}\right)\frac{1}{C_{L_i} w_i} \tag{15.71}$$

식 15.71에서 괄호 안의 양은 고려하고 있는 날개의 특정 구역에 의존하지 않는다. 다루고 있는 보기의 경우(R=46.6m, n=3, λ=8, $v_1 = 14m/s$. 이 때 ω=2.40rad/sec) 식은 다음과 같이 축소된다.

$$K_i = 151.6\frac{1}{C_{L_i} w_i} \tag{15.72}$$

그러므로 각 구역에 대한 익현의 길이를 쉽게 계산할 수 있다. 그러나 과정을 더 단순화시킬 수 있다. $w_i = \sqrt{v_2^2 + \omega^2\gamma_i^2}$ 이며 우리의 보기에서 $w_i = \sqrt{87.1 + 5.76\gamma_i^2}$ 이다. 그리고 동일한 접근각을 갖는 동일한 날개들을 사용한다면 C_L은 r과 무관하다. C_L/C_D 비를 최대로 하여 주는 접근각을 선택할 수 있지만 이는 상대적으로 작은 양력계수를 유발시킨다 (선택된 NACA의 4412 날개의 경우 0.95). 아마도 이를테면 13° 와 같이 상당히 더 높은 α에서 운전하는 것이 더 나을 것이며 여전히 우수한 $C_L/C_D = 96$를 지니면서 매우 큰 값인 1.63에 도달할 수 있다. 여기에서는 $C_L = 1.63$으로 정하는데 이 경우 익현의 길이에 대한 식은 다음과 같이 매우 간단해질 수 있다.

$$K_i \approx \frac{10}{\sqrt{1 + 0.0663\gamma_i^2}} \tag{15.73}$$

우리는 날개 끝단 속도비 λ와 r이 증가하는 경우 각도 ψ가 감소하는 것을 관찰함으로써 익현의 길이가 축으로부터의 거리에 어떻게 의존하는가에 대한 통찰을 얻을 수 있다. 따라서 큰 λ 값으로 운전되며 r〉0.1R에서만 움직임을 시작하는 날개를 지닌 풍력터빈에 대하여 근사적으로 $w_i \approx \omega r$로 나타낼 수 있으며 이에 따라 다음과 같이 쓸 수 있다.

$$K \approx \frac{16}{9}\frac{\pi R^2}{n}\frac{1}{\lambda^2 C_L}\frac{1}{r} \tag{15.74}$$

이 식은 날개의 익현은 축으로부터의 길이에 반비례할 것이라는 것을 보여준다. 이는 또한 동일한 날개와 날개를 따라 동일한 접근각이 이용된다면 날개 끝단 속도비의 제곱 및 날개들의 수 n에 반비례할 것이다. 이들 조건에서 각 날개의 면적은

$$A_P = \frac{16}{9}\frac{\pi R^2}{n}\frac{1}{\lambda^2 C_L}\int_{r_0}^{R} rdr = \frac{16}{9}\frac{\pi R^2}{n}\frac{1}{\lambda^2 C_L}\ln\frac{R}{r_o} \tag{15.75}$$

위에서 r_0는 날개가 시작되는 축으로부터의 거리를 나타낸다. $r_0 = 0.1R$인 경우 식은 다음과 같이 줄어든다.

$$A_P = 4.1\frac{\pi R^2}{n}\frac{1}{\lambda^2 C_L} \tag{15.76}$$

운동면적 A_v에 대한 날개들의 전체 면적 nA_p의 비는 강률 S라고 부른다.

$$S = \frac{nA_P}{A_v} = \frac{16}{9}\frac{1}{\lambda^2 C_L}\ln\frac{R}{r_0} \tag{15.77}$$

여기에서 다루고 있는 보기의 경우 강률은 3.7%이다. 이는 현대의 대규모 터빈들의 대표적인 강률 범위이다.

각 구역에 대하여 선택된 접근각이 올바른지를 보장하기 위해서(여기에서의 보기에서는 모든 구역들에 대하여 똑같이 13° 를 선택하였다) 설정각 ξ를 변경시켜야 한다. 그림 15.21로부터 다음을 알 수 있다.

$$\xi = \alpha - \psi = \alpha - \arctan\left(\frac{2R}{3\lambda r}\right) \tag{15.78}$$

날개의 조립에 있어서는 날개 길이에 따라 모양을 매끄럽게 보간하고 각도를 설정해 주어야 한다.

위에 언급한 단순화된 접근방법으로부터 터빈 특성에 대한 개략적인 추정이 얻어지는데 이는 항적 회전 및 날개 끝단 손실과 같은 주요 손실 매커니즘의 적어도 일부를 포함하는 보다 정교한 모델링 프로그램을 이용하는 최적화 연구를 위한 출발점으로 고려될 수 있다. 그러한 과정의 사례는 Manwell, McGowan, 그리고 Rogers(2002)의 책에서 찾아 볼 수 있다. 터빈설계에서의 주된 고려사항은 날개의 조립성으로서 이는 비용이 많이 소요되며 복잡한 작업이 될 수 있다.

15.10.2 수직축 터빈

수직축 풍력터빈 해석의 보기로서 Gyromill을 선택하였는데 이는 비록 이러한 형태의 터빈이 사용되지 않고 있지만 그에 대한 해석은 널리 이용되는 Darrieus† 형보다 훨씬 더 간단하기 때문이다. 그럼에도 불구하고 해석에 따르면 적절히 수정을 가하면 다른 관련장치들에서도 적용될 수 있다는 중요한 결론에 이른다.

프로펠러 터빈의 입문적 해석에 관심이 있는 사람들에게 Duncan, Thom 및 Young(1960), 혹은 Manwell, McGowan, 그리고 Rogers(2002)를 추천한다.

McDonnell-Douglas 수직축 풍력터빈을 고려하여 보자. 아울러 장치의 수직축과 일치하는 z-축을 갖는 우향 직교좌표를 고려하여 보자. 이 시스템은 풍속 v의 수평성분이 x-축과 평행하도록 방향이 설정되어 있다.

단면이 x-y 평면상에 위치하는 날개가 반경 벡터와 수직이며 ξ의 각을 이루는 익현을 갖는다고 가정하자. 이는 풍력터빈의 제작회사가 선택한 설정각이다. 이 각은 조정이 가능하며 한 번의 회전동안에서도 변할 수 있다. 이 해석에서는 일정하다고 간주한다.

반경 벡터는 x 축과 $\theta(t)$의 각을 이룬다. 그림 15.22는 이 유도에 수반되는 다른 각들과 벡터들을 나타내고 있다. 삽입된 그림은 풍속 v와 (회전에 따른) 속도 u가 어떻게 결합하여 날개에 의해 감지되는 실제 공기 속도인 유도속도 w를 생성하는지를 보여주고 있다. 물론 u는 바람이 없을 때 날개가 감지하는 속도이다.

그림 15.22에 보인 바와 같이 접근각은 $\alpha=\psi+\xi$이다

$$\vec{\omega}=\vec{k}\omega \tag{15.79}$$

$$\vec{\gamma}=\gamma(\vec{i}\cos\theta+\vec{j}\sin\theta) \tag{15.80}$$

$$\vec{u}=-\vec{w}\times\vec{r}=-\begin{pmatrix}\vec{i} & \vec{j} & \vec{k}\\ 0 & 0 & w\\ r\cos\theta & r\sin\theta & 0\end{pmatrix}=u(\vec{i}sin\theta-\vec{j}cos\theta) \tag{15.81}$$

$$\vec{w}=\vec{u}+\vec{v}=\vec{i}(v+u\sin\theta)-\vec{j}ucos\theta \tag{15.82}$$

$$\begin{aligned} w &= \sqrt{v^2+u^2\sin^2\theta+2uv\sin\theta+u^2\cos\theta} \\ &= \sqrt{v^2+u^2+2uv\sin\theta}\equiv \Gamma v \end{aligned} \tag{15.83}$$

위에서

† Windspire로 불리는 작은 gyromill형 터빈이 Mariah Power에 의해 생산되고 있다(2009).

$$\Gamma \equiv \sqrt{1+\frac{u^2}{v^2}+2\frac{u}{v}\sin\theta} \tag{15.84}$$

$$\begin{aligned}\vec{u}\cdot\vec{w} &= (u\sin\theta)(v+u\sin\theta)+u^2\cos^2\theta \\ &= u^2+uv\sin\theta = uw\cos\psi\end{aligned} \tag{15.85}$$

이로부터

$$\cos\psi = \frac{u^2+uv\sin\theta}{uw} = \frac{u+v\sin\theta}{\sqrt{v^2+u^2+2uv\sin\theta}} = \frac{u/v+\sin\theta}{\Gamma} \tag{15.86}$$

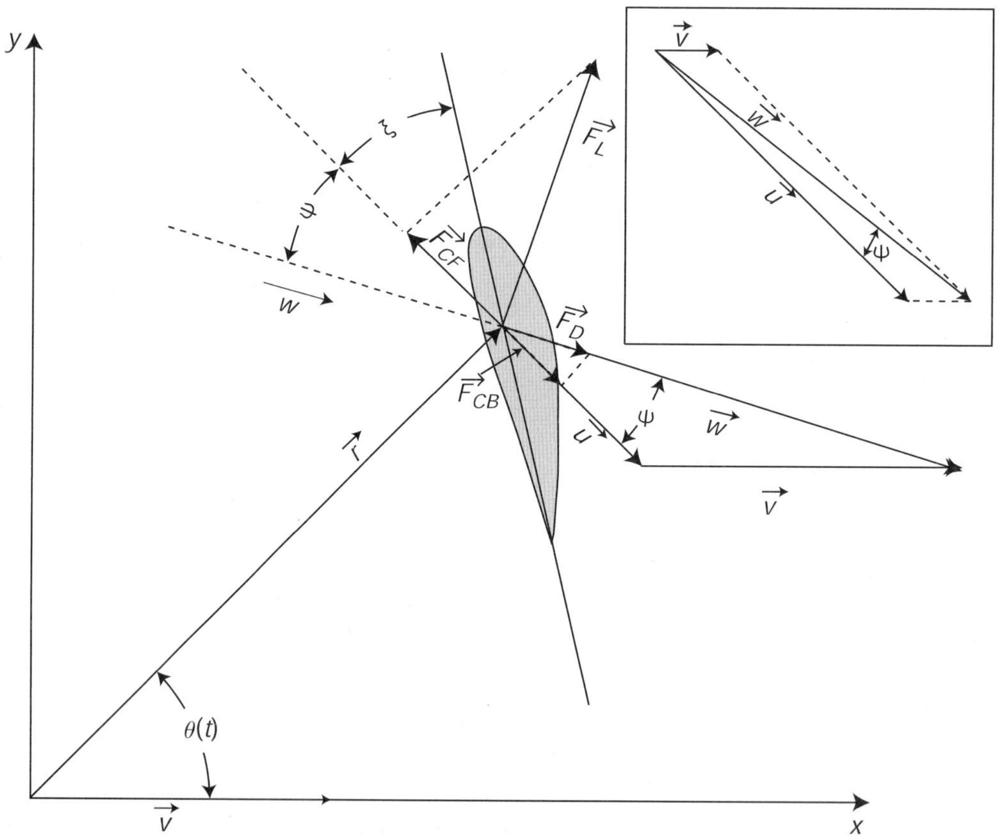

그림 15.22 날개에 대한 힘과 각도. 보통 $\vec{u}$는 $\vec{v}$보다 훨씬 더 크지만 그림에서는 명료하게 보이기 위하여 거의 동일하게 나타내었다. 이에 따라 각도 ψ의 크기가 과장되어 있다. 삽입된 그림은 바람의 벡터를 보여준다.

주어진 풍속 v와 풍력터빈의 각속도 w에 대하여 비율 u/v는 일정하다. 양 Γ와 각도 ψ는 날개의 각 위치에 따라 변한다; 따라서 이들은 회전을 통하여 변한다. 그러므로 접근각 역시 달라진다. 분명히 바람이 없다면 α는 일정하다. u/v 비율이 크다면 (풍속이 회전하는 날개의 속도보다 훨씬 더 작다면) α는 회전 동안에 단지 조금만 변한다.

u/v 비율과 풍속이 주어지면 임의의 날개 위치 θ에 대하여 α와 w 모두를 계산할 수 있다. 주어진 α와 w에 대하여 날개는 다음과 같은 양력과 항력을 생성할 것이다:

$$F_L = \frac{1}{2}\rho w^2 A_P C_L \tag{15.87}$$

$$F_D = \frac{1}{2}\rho w^2 A_p C_D \tag{15.88}$$

앞의 식에서 A_p는 날개의 면적이며 F는 날개에 대한 힘을 의미한다.

$\vec{F}_L$는 x-y 평면의 $\vec{w}$에 수직이며 $\vec{F}_D$는 $\vec{w}$에 평행함을 주목하자. 양력 $\vec{F}_L$은 반경 벡터에 수직이며 전향 토크를 유발하는 $\vec{F}_{CF}$ 성분을 가진다. 항력 $\vec{F}_D$는 역시 반경 벡터에 수직이며 지연 토크를 유발하는 $\vec{F}_{CB}$ 성분을 가진다. 이에 따른 토크는

$$\Upsilon = \gamma(F_{CF} - F_{CB}) \tag{15.89}$$

그림 15.22로부터

$$F_{CF} - F_{CB} = F_L \sin\psi - F_D \cos\psi = \frac{1}{2}\rho w^2 A_P (C_L \sin\psi - C_D \cos\psi) \tag{15.90}$$

따라서

$$\begin{aligned}\Upsilon &= \frac{1}{2}\rho w^2 A_P \gamma (C_L \sin\psi - C_D \cos\psi) \\ &= \frac{1}{2}\rho v^2 A_P \gamma [\Gamma^2 (C_L \sin\psi - C_D \cos\psi)].\end{aligned} \tag{15.91}$$

이다.

하나의 완전한 회전에 걸쳐 얻어지는 평균 토크는

$$< \Upsilon \geq \frac{1}{2\pi}\int_0^{2\pi} \Upsilon(\theta)\, d\theta \tag{15.92}$$

Υ에 대한 식에서 괄호 부분만이 θ의 함수이다. 양 D를 다음과 같이 정의하자:

$$D \equiv \Gamma^2 (C_L \sin\psi - C_D \cos\psi) \tag{15.93}$$

$$< D \geq \frac{1}{2\pi}\int_0^{2\pi} D d\theta \tag{15.94}$$

$$< \Upsilon \geq \frac{1}{2}\rho v^2 A_P \gamma < D > \tag{15.95}$$

터빈에 의해 부하로 전달되는 파워는 다음과 같다.

$$P_D = \omega < \Upsilon > N \tag{15.96}$$

여기에서 N은 풍력터빈의 날개의 수이다. 운동면적(그림 15.23 참조)은

$$A_V = 2\gamma H \tag{15.97}$$

이며 각 날개의 면적은

$$A_p = KH \tag{15.98}$$

이다. 여기에서 H는 날개의 (수직) 길이이며 K는 익현(균일하다고 가정)의 길이이다.

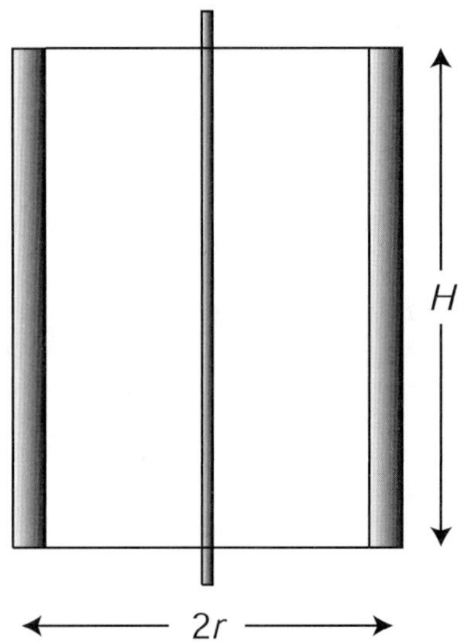

그림 15.23 풍력터빈의 종횡비.

강률 S는 다음과 같이 정의 된다.

$$S = \frac{NA_P}{A_V} = N\frac{K}{2\gamma} \tag{15.99}$$

바람에서 이용 가능한 파워는 다음과 같다.

$$P_A = \frac{16}{27}\frac{1}{2}\rho v^3 A_v \tag{15.100}$$

$$\eta = \frac{P_D}{P_A} = \frac{\frac{1}{2}\rho v^2 N A_P \gamma\omega < D >}{\frac{1}{2}\rho v^3 A_v \frac{16}{27}} = \frac{27}{16}\frac{u}{v} < D > S \tag{15.101}$$

위에서 유도된 효율 공식은 1차까지만 정확하다. 이는 마찰 및 와류의 생성에 의한 기생 손실을 무시한다; 풍력터빈 자체에 의해 유발되는 풍속의 감소를 고려하지 않는다; 다음 날개에 대한 하나의 날개의 간섭을 고려하지 않고 있다. 사실 식 15.101은 강률이 충분히 크면 효율은 1을 초과할 수 있음을 예측하여 준다. 나중에 이 식을 논의하게 될 것이다.

$u/v < D >$ 곱은 파라미터 u/v의 함수임을 주목하자.

$\langle D \rangle$는 한 번의 회전 중에 나타나는 다양한 α에 대한 C_L과 C_D 값들을 살펴보면서 수치해석으로부터 얻어져야 한다.

$u/v < D >$와 u/v의 그래프의 모양에 대한 개념을 얻기 위해서 $u=0$인 상황을 고려하여 보자. 분명히 $u/v=0$이며 D는 무한대가 될 수 없으므로 $u/v < D >$ 역시 0이어야 한다.†

$u \to \infty$이면 $w \to u$이고 $\psi \to 0$이다. 식 15.93으로부터

$$D = \Gamma^2 (C_L \sin\psi - C_D \cos\psi) \to -\Gamma^2 C_D$$

따라서 큰 값의 u/v에 대하여 $D < 0$이며 이로부터 $u/v < D > \langle 0$이다.

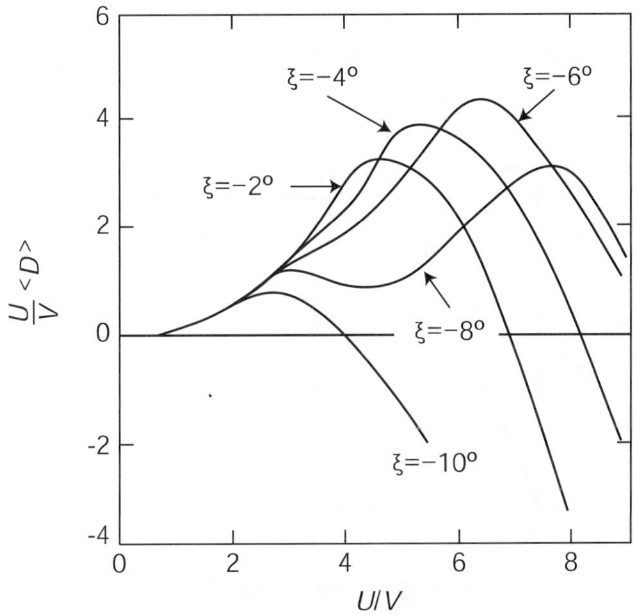

그림 15.24 수직축 터빈에서 $G\ddot{o}$-420 날개의 성능.

† u=0이면 Γ는 1(식 15.84)이며 식 15.86으로부터 $\cos\psi = \sin\theta$, $\sin\psi = \cos\theta$이다. 이에 따라

$$D = C_L \cos\theta - C_D \sin\theta \tag{15.102}$$

이며 따라서 C_L과 C_D가 일정하다면 $\sin\theta$와 $\cos\theta$의 평균값이 0이므로

$$< D > = 0 \tag{15.103}$$

이다. 토크는 ⟨D⟩에 비례하므로 이 형태의 풍력터빈은 설치되었을 때 토크를 갖지 않는다: 시작 토크는 0이며 동일 축 상의 작은 Savonius와 같은) 특별한 시작배열을 필요로 한다. 실제로 C_L과 C_D는 Θ에 따라 좌우되며 식 15.102는 근사적으로만 성립한다.

이것은 높은 rpm에서 풍력터빈은 음의 토크를 가지며 느려지는 경향이 있다는 것을 의미한다. 그러므로 $0 < u/v < \infty$ 범위에서의 어떤 u/v 값에서 효율은 최대가 된다고 기대할 수 있다.

하나의 보기로서 다양한 u/v값과 많은 설정각 ξ에 대하여 $u/v < D >$를 계산하였다. 사용된 날개는 $G\ddot{o}420$ 이었다. 그 결과는 그림 15.24에 나타나 있다. 최적 설정각을 인식할 수 있다(가장 큰 $u/v < D >$에 이르는 각은 -6° 이다). 대칭날개에서 $\xi = 0$일 때 가장 우수하게 작동한다.

$\xi = -6^\circ$ 인 경우 날개의 $u/v < D >$ 값은 u/v가 6.5일 때 4.38(무차원)에 이른다. 따라서 이러한 특별한 경우 효율공식으로부터

$$\eta_{\max} = 7.39S \tag{15.104}$$

공식 15.104를 믿는다면 0.135보다 큰 강률 S를 이용함으로써 1보다 큰 효율에 이를 수 있다. 분명히 이 공식이 성립하지 않은 어느 한계 이상의 강률 값이 존재할 것이다. 그림 15.25에서 풍력터빈의 효율이 강률에 대하여 도시되어 있다. 식 15.104에 의하여 예측되는 선형 의존성은 우리의 보기에 대하여 7.39의 기울기를 갖는 점선으로 나타나 있다. 좀 더 복잡한 공기역학적 모델을 이용하여 Sandia는 실선으로 나타낸 결과를 얻었다. 강률을 약 0.1 이상으로 증가시키면 효율이 크게 영향을 받지 않음을 알 수 있다. 강률에 대한 효율 곡선에서 두 영역들을 구별할 수 있다: 한 영역에서는 간단한 유도에서 예측된 바와 같이 효율은 강률과 비례하며 다른 영역에서는 효율이 (대체로) 강률과 무관하다.

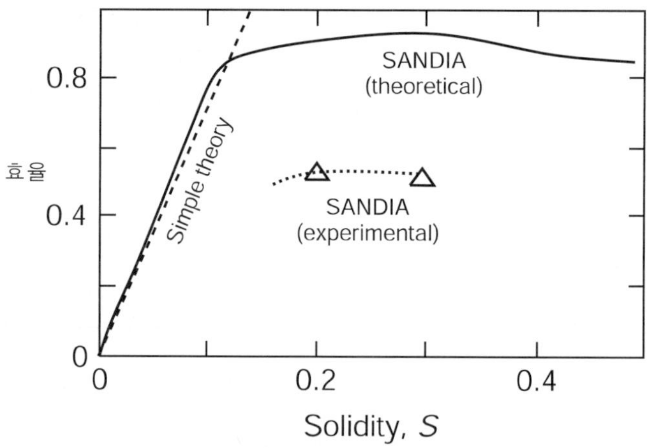

그림 15.25 수직축 풍력터빈의 효율에 대한 강률(剛率)의 영향.

그림 15.25의 삼각형들은 소형의 풍력터빈 모델을 이용하여 Sandia가 측정한 효율 값들을 나타낸 것이다. 측정된 효율은 계산된 효율들의 약 절반이다. 이러한 차이는 이 장에서 더 논의되고 있다.

그림 15.25에 나타낸 거동에 대한 주된 요인은 우리의 간단한 이론이 하나의 날개와 그 다음 날개 사이의 간섭을 감안하여 주지 못했기 때문이다. 강률이 클수록 교란은 날개 뒤를 따르며 간섭은 더 심각해지므로 더 큰 S로부터 얻어지는 효율의 이득을 상쇄시킨다. 따라서 S가 증가함에 따라 최적 u/v는 줄어든다.

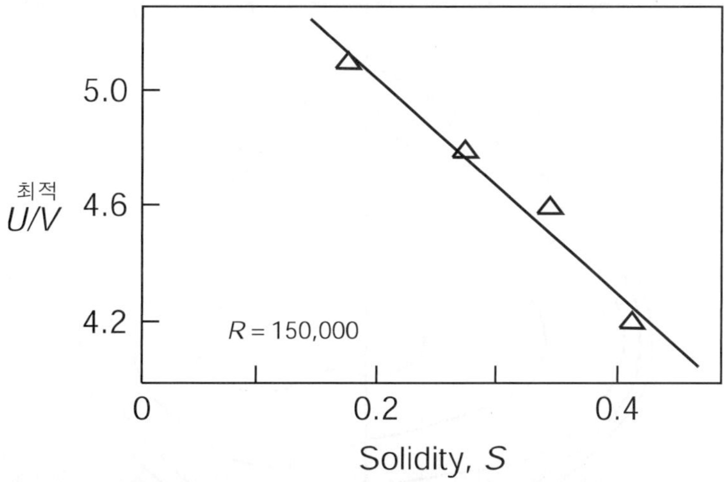

그림 15.26 강률에 대한 최적 u/v의 의존성. 실험 데이터는 직경 2m의 Sandia Darrieus 터빈에서 얻은 것이다.

그림 15.26은 최적 u/v에 대한 실험적으로 결정된 강률의 영향을 보여준다. 직선을 바깥짐작한다면 $S=1$에 대하여 최적의 u/v는 약 0.7이라고 결론지을 것이다.

효율에 단지 작은 영향을 미치는 강률의 범위에서 S를 증가시키면 (더 작은 최적 u/v로 인하여) 풍력터빈은 더 천천히 회전하며 (효율, 따라서 파워가 동일하기 때문에) 더 많은 토크를 갖는다. S를 증가시키면 풍력터빈에 "저속기어"를 넣는 효과가 나타난다. 풍력터빈의 비용은 대체로 질량에 비례하며 따라서 그의 강률에 비례하므로 효율에 영향을 미치지 않는 범위의 하부 말단의 S를 갖는 장치가 선호될 것이다. 이는 대형 장치에서 베인에 비해 프로펠러가 선호되는 이유이다. 그럼에도 불구하고 소형 풍력터빈의 경우 베인 구조의 단순성은 소요되는 많은 양의 재질을 보상할 수 있다.

비록 위에서 유도된 식들은 기본적인 풍력터빈 공정의 이해를 도와줄 것이지만 정확한 성능예측과는 거리가 멀다. 많은 개선들이 필요하다.

1. 베어링에서의 마찰손실이 감안되어야 한다.
2. 회전하는 날개는 바람 에너지를 불필요하게 공기의 소용돌이 에너지로 전환시키는 것을 나타내는 와류를 일으킨다. 그러한 소용돌이의 영향이 고려되어야 한다.
3. 그 에너지의 일부를 장치로 전달한 바람은 필연적으로 감속되어야 한다. 따라서 날개가 겪는 평균풍속은 자유흐름 속도보다 작으며 이에 따라 동력은 공식에서 예측되는 값보다 작다.

   단일 흐름관 모델은 바람의 평균 감속에 근거한다. 이 모델들은 풍력터빈의 단면에서의 풍속의 비균일성을 무시한다. 이와 반대로 바람의 감속이 자세히 고려된다면 다중 흐름관 모델이 된다.

   그림 15.27은 Sandia 2m(직경) Darrieus 터빈에서 자유흐름 속도에 대한 흐름관의 비가 위치에 따라 변함으로 보여준다.

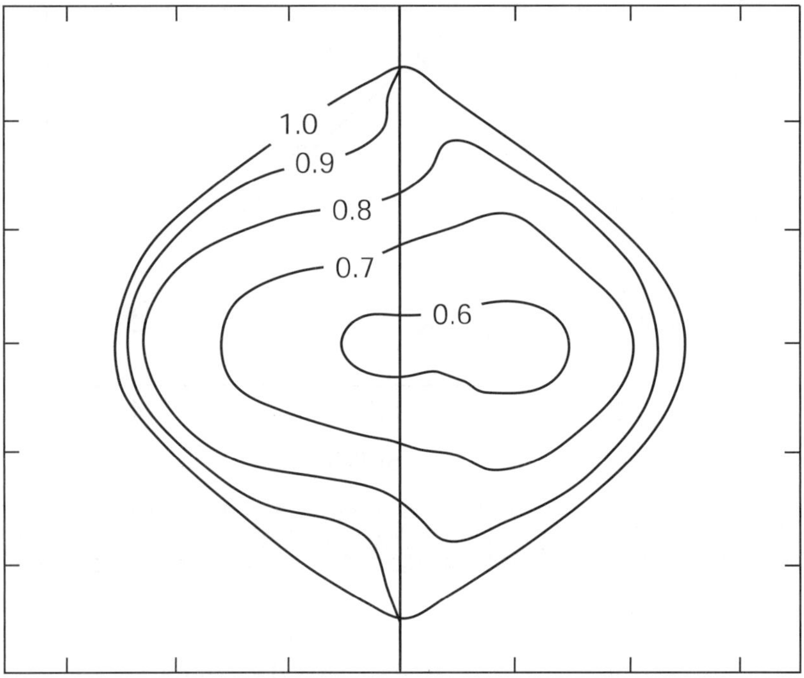

그림 15.27 Sandia 2-m Darrieus 터빈의 회전자를 통한 흐름관 속도.

계산이 다중 흐름관 모델을 바탕으로 이루어지는 경우 예측된 성능은 그림 15.28에서 알 수 있는 바와 같이 실제에 근접한다. 이 그림에서는 측정된 효율(사각형)을 단일 및 다중 흐름관 모델 모두를 이용하여 예측된 효율과 비교하고 있다. 다중 흐름관 모델조차도 성능을 초과예측한다.

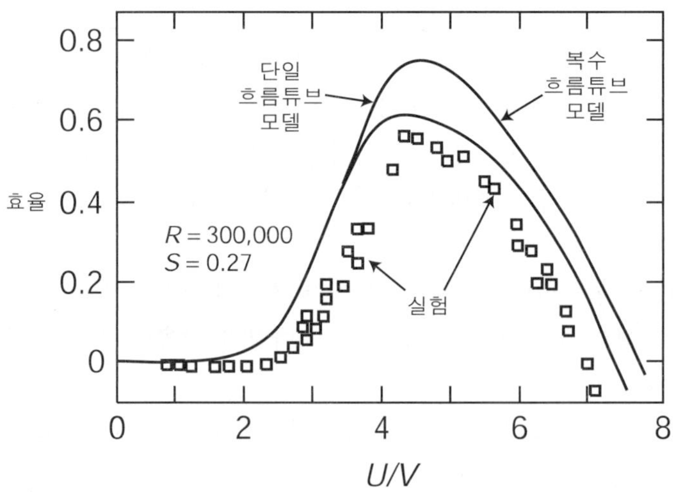

15.28 관찰된 효율과 계산된 효율의 비교. 데이터는 Sandia로부터 인용.

4. 실제로는 회전을 통하여 변하는 적절한 Reynolds 수를 이용함으로써 예측의 정확성이 향상된다. 그림 15.29는 풍력터빈의 성능에 대한 Reynolds 수의 영향을 보여주고 있다. 기대한 바와 같이 Sandia에서 이루어진 측정은 R이 클수록 성능은 더 좋아짐을 보여준다.

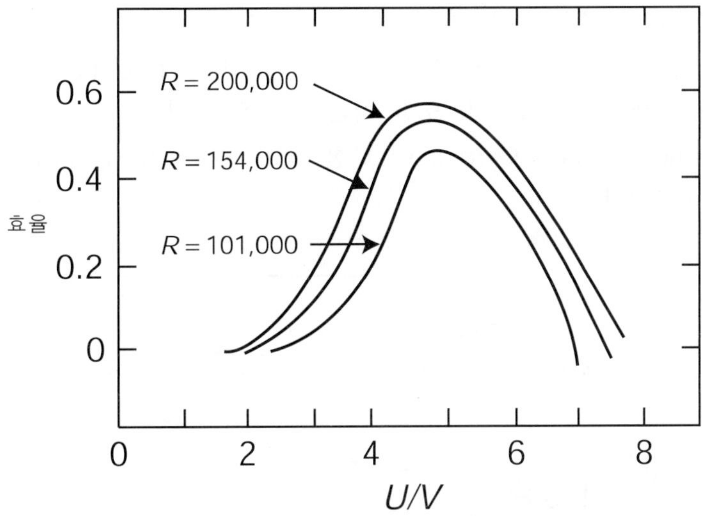

그림 15.29 성능에 미치는 Reynolds 수의 영향. 데이터는 Sandia로부터 인용.

보정된 풍력터빈 성능 모델은 명백히 너무 복잡하여 이 책에서 다룰 수 없다.

15.10.2.1 풍력터빈의 종횡비

(앞 절의) 그림 15.23에서 Gyromill (McDonnell-Douglas 수직축 풍력터빈)의 종횡비 AR_{turb}가 정의되었다.

$$AR_{turb} = \frac{H}{2\gamma} = \frac{A_v}{4\gamma^2} = \frac{H^2}{A_V} \tag{15.105}$$

이는 물론 다음과 같이 주어지는 날개의 종횡비와는 다르다.

$$AR_w = \frac{H}{K} \tag{15.106}$$

여기에서 K는 날개의 익현의 길이이다. 강률은 $S = NK/2\gamma$이므로 날개의 종횡비는 $AR_2 = HN/2\gamma S$로 다시 쓸 수 있다. 그러나 풍력터빈의 종횡비는 $AR_w = HN/2\gamma$이다; 그러므로

$$AR_{trub} = \frac{S}{N} AR_w \tag{15.107}$$

N과 S가 일정할 경우(일정한 1차 효율) 풍력터빈의 종횡비는 날개의 종횡비에 비례한다. 날

개 끝 쪽 항력은 날개의 종횡비가 증가함에 따라 감소한다; 따라서 풍력터빈의 효율은 AR_{turb}가 증가함에 따라 실제로 상승하는 경향이 있다.

식 15.99로부터 운동면적 A_v(파워)과 강률 S(효율) 모두가 일정하게 유지된다면 일차적인 근사에 따르는 경우 날개들의 질량은 그들의 면적 A_p가 일정하기 때문에 일정하게 유지됨을 알 수 있다. 그러나 종횡비가 클수록 더 높은 타워가 필요하다. 더 높은 타워는 더 큰 단면을 가져야 하므로 타워의 질량은 높이에 따라 선형적인 경우보다 빠르게 증가한다. 반면에 날개를 지지하는 받침대는 AR_{turb}가 증가함에 따라 또한 비선형적으로 작아진다.

그러므로 MCDonnell-Douglas Gyromill에 대한 데이터를 보여주는 그림 15.30에 나타낸 바와 유사한 상황이 이루어진다.

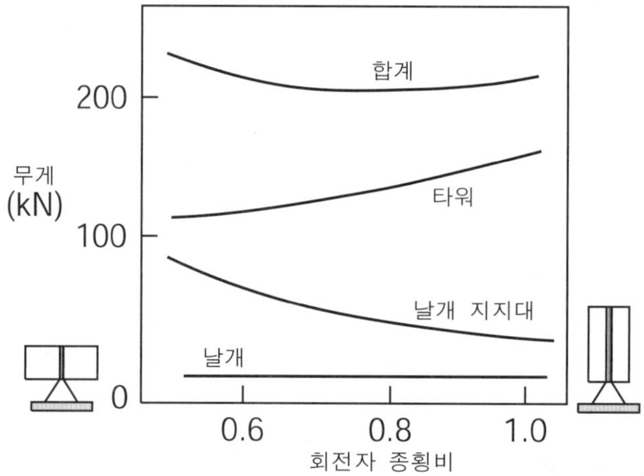

그림 15.30 종횡비가 풍력터빈의 질량에 미치는 영향. 출처: McDonnell-Douglas 120kW Gyromill

15.10.2.2 원심력

질량이 M인 날개 부분을 고려하여 보자. 그 무게는 Mg(g는 중력가속도)이다. 이 날개부분에 작용하는 원심력은

$$F_c = \frac{M^2}{\gamma} \equiv M\omega^2\gamma \tag{15.108}$$

무게 w에 대한 원심력의 비는

$$\frac{F_c}{w} = \frac{\omega^2\gamma}{g} \tag{15.109}$$

100rpm($\omega = 10.5rad/s$)으로 회전하는 직경이 10m인 풍력터빈에서 날개 부분이 겪는 원심력은 그의 무게보다 55배나 더 크다. 이는 원심력 효과를 최소로 하기 위한 세심한 디자인의 필요성을 입증하여 준다. 예를 들면 날개의 종횡비가 얼마일 때 이 효과가 최소가 될 것인가?

동일한 운동면적을 갖는 두 개의 풍력터빈을 비교하여 보자(그림 15.31 참조). 만약 이들이 동일한 강률과 동일한 날개를 사용한다면 동일한 u/v 비율로 운전되는 경우 동일한 파워를 생성할 것이다. 이들의 종횡비가 다르다면

$$\gamma_1 H_1 = \gamma_2 H_2 \tag{15.110}$$

단위길이당 원심력은 다음과 같다.

$$F_C = \frac{Mu^2}{\gamma} \tag{15.111}$$

여기에서 M은 단위길이당 날개 질량이다. 두 풍력터빈에 대한 원심력들의 비는

$$\frac{F_{C_1}}{F_{C_2}} = \frac{M_1\gamma_2}{M_2\gamma_1} \tag{15.112}$$

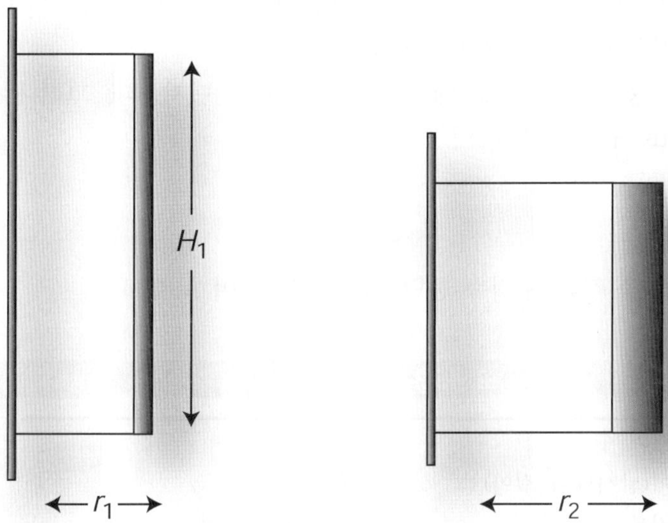

그림 15.31 같은 면적을 갖지만 종횡비가 다른 두 풍력터빈.

두 날개들이 단단한 단면을 갖는다면 (단위길이당) 질량은 익현 K의 제곱에 비례한다. 일반적으로

$$M = bK^a \tag{15.113}$$

위에서 a는 구조의 형태에 따른 지수이다. 이로부터

$$K = (\frac{M}{b})^{1/a} \tag{15.114}$$

풍력터빈들은 동일한 강률 $NK/2\gamma$을 가지므로

$$\frac{N_1}{2\gamma_1}(\frac{M_1}{b})^{1/a} = \frac{N_2}{2\gamma_2}(\frac{M_2}{b})^{1/a} \qquad (15.115)$$

$$\frac{M_1}{M_2} = (\frac{N_2\gamma_1}{N_1\gamma_2})^{1/a} \qquad (15.116)$$

$$\frac{F_{C_1}}{F_{C_2}} = (\frac{N_2}{N_1})^a(\frac{\gamma_1}{\gamma_2})^{a-1} \qquad (15.117)$$

아울러 두 풍력터빈들이 같은 수의 날개를 가진다면

$$\frac{F_{c_1}}{F_{c_1}} = (\frac{\gamma_1}{\gamma_2})^{a-1} \qquad (15.118)$$

앞의 공식으로부터 임의의 $a > 1$에 대하여 반경이 클수록 원심력은 더 커짐이 분명해진다. a를 낮게 하는 것은 어려우므로 큰 종횡비가 선호된다.

Gyromill의 원심력은 풍력터빈 설계자에게 어려운 문제를 던져준다. 그러나 15.2.2 절에서 언급한 바와 같이 Darrieus 구조의 경우 이 문제는 사라진다.

15.10.2.3 성능계산

표 15.3에 주어진 특성들을 갖는 수직축 풍력터빈을 고려하여 보자.

표 15.3 풍력터빈의 특성.

날개의 수	$N = 3$
높이(날개들의 길이)	$H = 16m$
반지름	$\gamma = 10m$
강률	$S = 0.27$
장소	해수면 위
날개 성능	그림 15.32와 표 15.4

성능 데이터는 실제 Reynolds 수에 대해서만 유효하다고 가정하자. 풍력터빈은 그 토크가 다음 관계를 따르는 부하를 구동시킨다.

$$\Upsilon_L = 2000\omega \qquad (15.119)$$

풍력터빈의 성능은 가속도에 대한 토크의 그래프 형태로 제시된다. 관심있는 각 풍속에 대하여 서로 다른 그래프들이 작성되어야 한다.

보기로서 $v = 10m/s$를 취하여 보자. 해결해야 할 문제들은 다음과 같다:

1. 운전 rpm은 얼마인가?
2. 부하로 전달되는 파워는 얼마인가?
3. 실제 (평균) Reynolds 수는 얼마인가?
4. 풍력터빈의 효율은 얼마인가?

15.7 절에서 논의한 기법을 이용하여 u/v에 대한 효율의 그래프를 작성할 수 있다. 그러한 그래프(그림 15.24의 그래프들과 유사)가 그림 15.32에 나타나 있다. 해당되는 수치 데이터는 표 15.4에 제시되어 있다.

이제 각속도에 대한 토크의 그래프를 그려보자.

$$\omega = \frac{u}{r} = \frac{u}{v} \times \frac{v}{r} = \frac{u}{v} \tag{15.120}$$

이 보기에서 v/r의 값은 1임을 유의하자.

$$A_v = 2rH = 320m^2 \tag{15.121}$$

$$\rho = 1.29kgm^{-3}(\text{해수면}) \tag{15.122}$$

$$P_D = \frac{16}{27}\frac{1}{2}\rho v^3 A_v \eta = 122,000\eta \tag{15.123}$$

$$\Upsilon = \frac{P_D}{\omega} = 122,000\frac{\eta}{u/v} \tag{15.124}$$

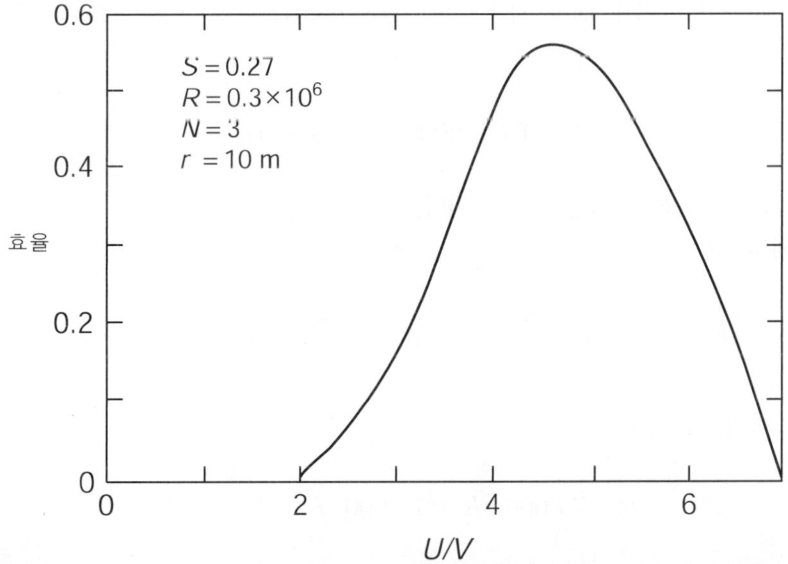

그림 15.32 보기의 날개에서의 u/v에 대한 효율의 그래프.

표 15.4 보기의 날개에서의 u/v에 대한 효율.

u/v	효율
2.0	0.00
2.2	0.02
2.4	0.05
2.6	0.08
2.8	0.12
3.0	0.15
3.5	0.33
4.0	0.49
4.5	0.56
5.0	0.53
5.5	0.44
6.0	0.33
6.5	0.17
7.0	0.00

식 15.124의 Υ는 이전처럼 각 날개에 대한 토크가 아니라 풍력터빈의 전체 토크임을 주목하자.

성능표(표 15.4)를 이용하면 임의의 u/v(혹은 임의의 ω)에 대하여 쉽게 η를 계산할 수 있다. 그림 15.33은 ω에 대한 Υ의 그래프를 보인 것이다. 같은 그림에 부하의 ω에 대한 Υ_L 특성이 도시되어 있다. 두 개의 서로 다른 ω 값들은 부하의 토크와 조화되는 풍력터빈 토크를 나타냄을 알 수 있다. 점 A에서 풍속이 조금만 증가한다면 풍력터빈의 속도는 올라가고 토크는 더 커질 것이며 터빈은 가속되어 토크를 더 증가시킬 것이다. 이 점은 불안정한 점이다. 점 B에서 풍속의 증가는 풍력터빈 토크를 감소시켜서 안정한 운전점으로 되돌아가는 감속을 유발시킬 것이다.

안정한 점 B에서 이 보기에 대한 각속도는 $5.4 rad/s$(0.86rps, 혹은 52rpm)이다. 생성되는 파워는

$$P = \Upsilon\omega = 2000\omega^2 = 58{,}300\, W \tag{15.125}$$

$u/v = \omega = 5.4$에 해당하는 효율은 0.46이다.

강률은 다음과 같다.

$$S = \frac{NK}{2r} \qquad \therefore K = \frac{2rS}{N} = 1.8m \tag{15.126}$$

Reynolds 수는 다음과 같다.

$$R = 70{,}000wK \approx 70{,}000uK = 6.8 \times 10^6 \tag{15.127}$$

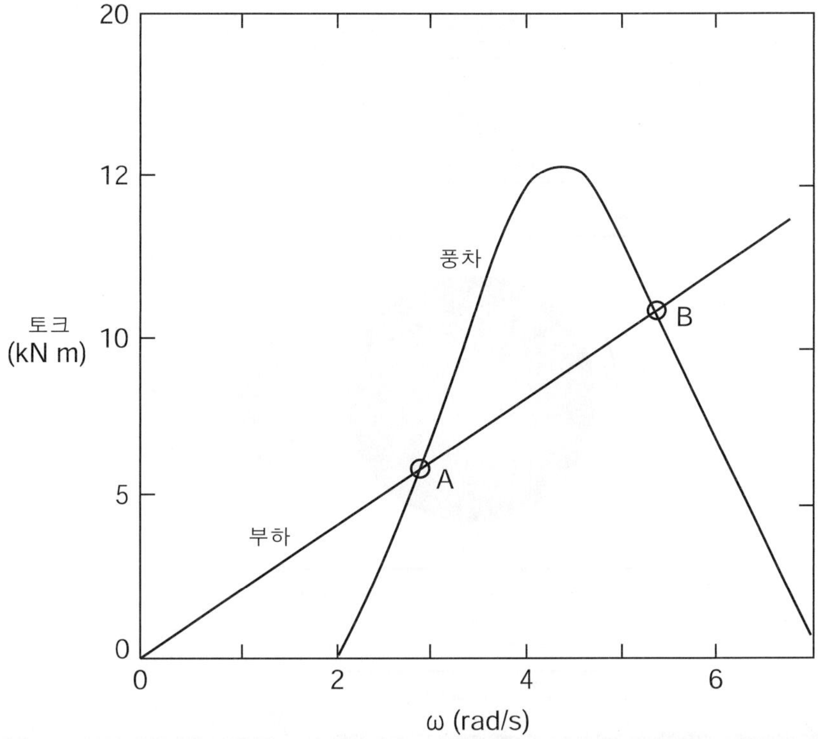

그림 15.33 터빈의 운전점.

15.11 매그너스(Magnus) 효과

이 장의 서론부에서 풍력터빈의 구동에 유용한 양력을 생성하기 위해 회전하는 실린더의 사용을 인용한 바 있다. 양력은 야구에서 투수가 "커브" 볼을 던질 때 이용하는 매그너스 효과에 의해 유발된다.

회전하는 실린더가 공기 흐름 중에 노출되어 있다고 하자.

실린더에 충분히 멀리 떨어진 곳에서는 공기는 교란되지 않는다; 즉 공기는 풍속으로 움직인다. 실린더와 바로 접촉하는 경우 점 a(그림 15.34를 참조)에서는 (거친) 실린더 표면이 공기에 대하여 마찰을 가하기 때문에 바람과는 반대 방향인 오른쪽으로부터 왼쪽으로 공기가 흐르며 그 자신의 운동방향으로 가속된다. 그 속도는 실린터 표면의 선속도와 동일하다. 그림에 보인 바와 같이 속도구배가 형성된다.

반대편의 b에서는 실린더가 공기를 왼쪽으로부터 오른쪽으로 추진시켜서 흐름보다 빠른 이동을 유발시켜 속도구배를 형성한다. 평균 흐름속도는 a 쪽보다 b 쪽이 더 크다. Bernoulli 법칙에 따르면 속도가 높은 쪽인 b는 속도가 낮은 쪽인 a에서보다 낮은 압력을 경험한다-a로부터 b 방향으로의 힘이 실린더에 가해진다. 회전하는 물체에 대한 공기역학적 반응의 결과에 의한 이 힘을 매그너스 효과라고 부른다. 이 힘은 $\vec{\Omega} \times \vec{v}$에 비례한다. 여기에서 $\vec{\Omega}$는 실린더의 각속도이고 $\vec{v}$는 풍속이다.

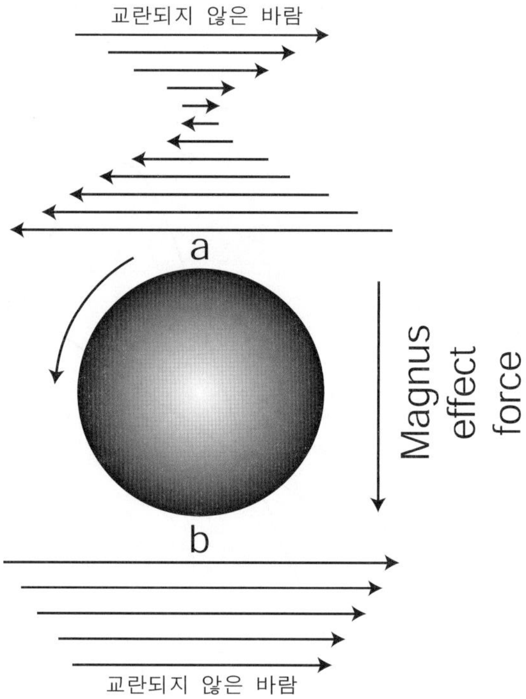

그림 15.34 회전 실린더는 바람에서의 속도구배를 유발시키며 이로부터 횡력이 발생한다.

참고문헌

Abbott, I. H., and A. E. von Doenhoff, *Theory of Wing Sections*, Dover, New York, 1949.

Duncan, W. J., A. S. Thom, and A. D. Young, *An Elementary Treatise on the Mechanics of Fluids*, The English Language Book Society, 1960.

Eggleston, D. M., and Stoddard, F. S., *Wind Turbine Engineering Design*, Van Nostrand Reinhold, New York, 1987.

Gipe, Paul, *Wind Energy Comes of Age*, John Wiley, 1995.

Glauert, H., "Airplane Propellers", in W. F Durand (ed.), *Aerodynamic Theory*, Division I, Volume 4, Berlin: Springer, 1935.

Manwell, J. F., J. G. McGowan, and A. L. Rogers, *Wind Energy Explained,* John Wiley, West Sussex, 2002.

Portnyagin, Yu. I., E. G. Merzlyakov, T. V. Solovjova, Ch. Jacobi, D. Kuerschner, A. Manson, C. Meek, A. N. Fahrutdinova, and A.Yu. Elkin, Long-term trends and year-to-year variability of the mid-latitude MLT winds, *J. Atmos. Solar-Terr. Phys.* 68(17), pp. 1890–901. Dec. 2006.

Schmitz, G. Theorie und Entwurf von Windr¨adern optimaler Leistung, *Wiss. Zeitschrift de Universit¨at Rostock*, 5. Jahrgang 1955/1956

연 습 문 제

15.1 주어진 해수면 위치에서 지상높이 10m인 풍속계로부터 1년에 걸쳐 측정된 바람의 통계자료는 다음과 같다.

시간	속도(m/s)
90	25
600	20
1600	15
2200	10
2700	5
나머지 시간	고요

(문제를 간단히 하기 위하여) 각 범위에서 속도는 일정하다.
바람은 높이의 1/7제곱에 따라 변하지만 풍력발전기의 속도는 중심에서의 속도와 같다고 가정한다.
풍력발전기의 특성은 다음과 같다.
효율 : 70%
비용 : 150$/m^2
무게 : 100kg/m^2
위에 언급한 면적은 풍력발전기의 운동면적이다.
h가 타워의 높이이고 M이 타워 상부의 풍력발전기의 질량이라면 타워의 비용 C_T는 다음과 같다.

$$C_T = 0.05hM$$

생성되는 평균 전력이 10kW가 되려면 풍력발전기의 운동면적은 얼마나 커야 하는가? 생성되는 피크전력, 즉 발전기의 정격파워는 얼마나 큰가? 풍력발전기는 가장 경제적인 위치에 있다고 하자. 타워의 높이는 얼마인가?
운전비용을 무시하고 연간 비용을 투자된 자본의 18%라고 가정하면 MWh 비용은 얼마인가?
풍력발전기가 볼리비아의 해발 4000m에 위치한 도시인 라파즈에 설치된다면 바람이 위의 표에 주어진 속도를 갖는다고 가정할 때 평균전력은 얼마가 될 것인가? 대기의 스케일 높이는 8000m이다(즉 공기는 8000m의 특성길이로서 높이에 따라 지수적으로 떨어진다).

15.2 어떤 유틸리티 회사는 총 1GW 용량의 발전기가 설치된 수력발전 플랜트를 보유하고 있다. 유용인자는 정확히 50%이다-즉 이 플랜트는 매년 발전기가 생산할 수 있는 에너지의 정확히 절반을 생산한다. 달리 말하면 발전소의 저수조에 공급되는 강물은 위의 에너지양을 유지할 수 있는 정도이다. 우기중에 저수조는 채워지지만 결코 넘치지는 않는다.
플랜트의 헤드는 평균 80m이며 (터빈과 발전기들로 구성되는) 플랜트의 효율은 97%라고 가정한다.

강의 평균유속은 얼마인가(m^3/s로 계산하여라)?

지역의 개발에 따라 위의 유틸리티 회사는 플랜트 유용상수를 51%까지 증가시키고자 하지만 물론 이를 위한 물이 충분하지 않다. 따라서 회사는 풍력터빈을 이용하여 수력터빈의 출구높이로부터 수조까지(80m까지) 물을 공급하기로 하였다.

조사결과는 다음 표에 보인 바와 같다.

$< v >$ (m/s)	Θ
5	0.15
7	0.45
10	0.30
12	0.10

$< v >$는 평균 부피풍속이며 Θ는 주어진 값의 $< v >$가 관찰되는 동안의 시간비율이다. 발전기는 $< v > = 12m/s$이거나 더 작을 때 최대 파워를 생성하도록 규격을 정할 수 있다. 이를테면 ⟨v⟩m/s에 대하여 정격출력을 생성하도록 발전기를 선택한다면 제어 매커니즘은 ⟨v⟩가 $10m/s$를 초과하는 경우에도 이 출력을 내도록 풍력터빈을 제한시킬 것이다. 풍력터빈의 비용은 운동면적 $1m^2$당 10$이며 발전기의 비용은 1W의 정격출력당 $0.05이고 풍력터빈의 효율은 0.7, 그리고 발전기의 효율은 0.95라고 할 때 가장 경제적인 제한 풍속을 계산하여라.

플랜트 유용인자를 51%까지 증가시킬 수 있는 풍력터빈의 운동면적은 얼마인가? (펌프의 효율은 95%이다.) 20%의 연간 투자비용을 가정하고 유지관리 및 운전비용은 없다고 할 때 MWh 비용은 얼마인가? 풍력터빈은 해수면 높이에 위치한다.

15.3 풍력발전기는 해수면에 위치하며 바람에 대한 데이터는 다음과 같다.

$v(m/s)$	**시간비율(%)**
0	30
3	30
9	30
12	8
15	2

이 표의 풍속은 바람의 평균 세제곱 속도이다. 그러나 문제를 간단히 하기 위하여 바람은 실제로 30%의 시간동안 일정한 $3m/s$로 불어오며 또 다른 30%의 시간동안 일정한 $9m/s$로 불어온다고 가정하자. 풍력발전기의 특징은 다음과 같다.

효율(발전기를 포함)	0.8
풍력발전기 비용	운동면적 $1m^2$ 당 200$
발전기 비용	정격출력 1kW당 200$

정격출력은 발전기가 생성하도록 고안된 최대 연속출력이다. 부여 사이클은 1이다-즉 풍력발전기는 1년 내내 (바람이 잇을 경우) 연속적으로 운전된다. 투자비용만을 고려하자. 이는 매년 투자의 20%에 해당한다.

이 시스템은 풍속이 15m/s일 때 발전기가 최대 (정격)출력을 생성하도록 고안될 수 있다. 이 디자인은 풍속이 12m/s일 때 정격출력이 생성되도록 변경될 수 있다. 후자의 경우, 풍속이 12m/s를 초과할 때 풍력발전기는 멈춘다. 또한 9m/s에서 정격출력을 내도록 설계할 수도 있다.

1년 동안에 걸친 전력비용이 최소가 되도록 최대 1MW를 생성하는 풍력발전기를 설계하고자 한다. 소요되는 운동면적은 얼마인가? 전력비용은 얼마인가?

15.4 *이 문제에는 컴퓨터나 프로그램이 가능한 계산기가 필요하다.*

$-15^\circ < \alpha < 15^\circ$ (α는 접근각)에 대하여 $C_L = 0.15\alpha, C_D = 0.015 + 0.015|\alpha|$인 날개를 고려하여 보자. 이 날개는 반경 10m인 수직축 풍력발전기에 사용된다. 설정각도는 0이다. $u/v = 6$일 때 α와 D를 θ의 함수로 열거하고 그래프로 나타내어라. θ는 30°씩 변화시킨다(즉 12개의 값들을 계산한다).

대칭을 고려하면 작업이 쉬워진다. 각도들의 부호에 유의해야 한다. 부호 오류에 빠지기 쉽다. $< D >$의 평균값을 구하여라.

15.5 Anemos의 섬에 있는 Aeolia 지역에서 바람은 가장 기묘한 양태를 보인다. 정확이 0600에 바람이 전혀 없는 짧은 간격이 존재한다. 지역 농민들은 이러한 소강상태로 그들의 디지털 시계를 맞춘다. 다음에 풍속은 시간이 지남에 따라 선형적으로 증가하여 2200에는 정확히 8m/s에 도달한다. 다음에 다시 선형적으로 감소하여 아침의 소강상태에 이른다.

높이가 30m인 날개를 갖는 수직축 풍력발전기가 이 지역에 설치되었다. 이 발전기의 종횡비는 0.8이며 총괄 효율은 0.5이다. 이는 발전기의 효율도 포함한다.

생성되는 평균 및 최대 전력은 얼마인가? 100%의 순환효율을 갖는 저장 시스템을 가정할 때 이 시스템이 평균전력을 연속적으로 전달할 수 있으려면 얼마의 에너지가 저장되어야 하는가? 낮의 어느 시간 동안 풍력발전기는 저장 시스템을 충전시키는가? 부하는 언제나 저장 시스템으로부터 에너지를 얻음을 주목하자. 이는 문제의 풀이를 간단히 하기 위한 것이다. 실제로는 풍력발전기가 직접 부하에 전력을 공급하며 잉여 에너지만 저장되는 것이 더 나을 것이다.

15.6 사각형의 운동면적을 갖는 수직축 풍력발전기 효율의 (관심범위에 걸친) u/v 비에 대한 의존성이 근사적으로 다음과 같이 주어진다:

$$\eta = 0.5 - \frac{1}{18}\left(\frac{u}{v} - 5\right)^2$$

운동면적은 10m^2이고 종횡비는 0.8, 그리고 풍속은 40km/h 이다.

풍력발전기가 끌어낼 수 있는 최대 토크는 얼마인가? 이 토크에서 분당 회전수는 얼마인가? 이 토크에서 얼마만큼의 전력을 생산해 낼 수 있는가? 이 풍력발전기의 반지름과 날개의 높이를 구하여라. 이 풍력발전기가 토크가 다음과 같이 주어지는 부하를 구동한다면 부하에 전달되는 전력은 얼마인가?

$$\Upsilon_L = \frac{1200}{\omega} Nm$$

위에서 ω는 각속도이다. 이러한 전력이 생성될 때 rpm은 얼마인가?

15.7 어떤 엔지니어링 회사는 브라질의 북동쪽에서 바람으로부터 경제적으로 전력을 생성할 수 있는 가능성에 대한 사전조사의 수행을 요청받았다. 신속하고 매우 대략적인 추정이 요구된다. 효율은 이 장의 극도로 단순화된 공식 15.48에 의해 주어진다고 가정한다. 다수의 손실 매커니즘들을 고려하지 않았기 때문에 결과는 대체적으로 지나치게 낙관적일 것이다. 아울러 터빈은 언제나 가장 우수한 u/vD 값에서 운전된다고 가정한다. 이 문제의 날개에서 이 값은 4.38이다. 첫 번째 시도는 비현실적인 결과에 이를 것이지만 수반되는 양들의 개략적인 규모를 제공하여 줄 것이다.

고려되는 지역에서 무역풍은 14노트의 놀랄 정도로 일정한 속도로 불어온다. 이는 3m의 풍속계 높이에서 14노트임을 의미한다고 가정하자. 사용될 풍력터빈은 1MWe의 정격출력을 갖는다(MWe=전력의 MW).

이 문제에서 다음과 같은 가정을 세우기로 한다.

a. 구성은 3개의 날개를 갖는 Gyromill 풍력터빈이다.

b. 풍력터빈의 효율은 80%이다.

c. 날개는 $\ddot{G}ottingen-420$ 날개를 사용한다. (문제 끝에 있는 그림을 참조하자.) 이 장에서 유도한 간단한 효율공식을 사용하여라.

d. 풍력터빈의 종횡비는 0.8이다.

e. 날개는 속이 빈 알루미늄 날개이다. 이의 질량은 동일한 외형을 갖는 고체 알루미늄 날개 질량의 25%이다. 첨언하자면 알루미늄의 피로로 인하여 알루미늄은 풍력터빈 날개로서 좋은 선택이 아니다. 복합재질들이 더 좋다.

f. 전체 풍력터빈의 질량은 날개 3개를 합친 질량의 3배이다.

g. 추정된 풍력터빈 비용은 \$1.00/kg이다. 1852년 알루미늄 비용은 \$1200/kg였으나 지금은 \$0.40/kg으로 낮아졌다.

h. 자본투자는 매년 12%이다.

다음을 추정하여라:

1. 운동면적
2. 날개의 익현
3. 날개의 질량
4. 터빈이 정격출력에서 운전되는 경우 Reynolds 수. 이는 최적의 u/v비에서 이루어진다고 가정한다.
5. 최적의 u/v 비에서의 rpm
6. 위의 조건들에서의 토크
7. 수평 지지대 각각에 대한 장력(날개 한 개당 두 개의 지지대)
8. 정격 kW당 투자비용. 유지비용과 운전비용이 없다고 가정할 때 생성된 1kWh당 비용

은 얼마인가? 유용인자는 25%이다.

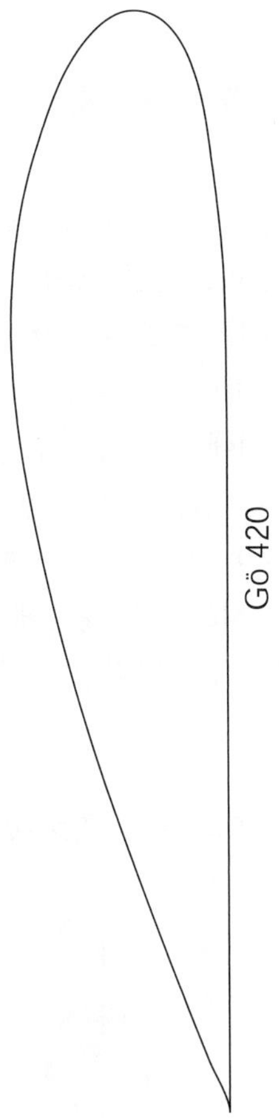

15.8 어떤 범선은 다음과 같이 주어지는 향력 F를 갖는다:

$$F = a\,W^2$$

여기에서 F의 단위는 newton이며 W는 물에 대한 배의 속도(m/s)이고 $a = 80kg/m$이다. 범선의 돛은 $10m^2$의 면적을 가지며 바람 앞에서 항해하는 경우항력계수는 1.2이다(순풍일 때).

풍속은 40km/h이다.

바람 앞에서 항해하는 경우 배의 속도는 얼마인가?

바람은 얼마의 파워를 배에 전달하는가? 돛은 이용 가능한 풍력의 얼마를 추출하는가?

15.9 Gyromill 구조의 수직축 풍력터빈은 사용가능한 풍력에너지의 50%를 (유용한 파워로) 추출한다. 풍력발전기는 높이 H가 100m이고 종횡비가 0.8인 직사각형의 운동면적을 갖는다. 날개의 제일 낮은 끝부분은 지상 10m이다. 이 높이에서 풍속은 15m/s 이다. 풍속은 높이가 증가하면서 1/7제곱 법칙에 따라 증가한다고 알려져 있다.

풍력발전기가 해수면에 위치한다고 가정하면 얼마의 전력을 생산해 낼 수 있는가?

15.10 *방정식들을 시행착오법으로 푼다. 컴퓨터를 이용하여라.*

바람의 힘으로 움직이는 배는 바람을 향하여 직접 항해할 수 있을까? 방법을 찾아보자(2차 효과는 무시한다).

배가 (물과 상대적으로) w의 속도로 물을 통하여 이동함에 따라 항력 F_w가 생성된다. $F_w = 10w^2$라고 하자.

이 배에는 운동면적이 $100m^2$이고 총괄 효율이 50%인 풍력발전기가 설치되어 있다. 풍력발전기에 의해 생성되는 전력은 프로펠러를 구동시키는 데에 사용되는데 이 프로펠러는 80%의 효율로 작동되며 배를 앞으로 나아가게 하는 추진력 F_P를 생성한다.

풍력발전기는 언제나 유도된 바람, 즉 v와 w의 조합에 직면하도록 방향이 정해진다.

바람은 힘 F_{WM}을 풍력발전기에 가한다. 이 힘은 $C_D = 1.1$이라고 가정하고 운동면적을 바람을 직면하는 유효면적으로 취하여 추정될 수 있다.

풍속 v는 10m/s이다. 물에서의 배의 속도 w_s는 얼마인가? w를 바람의 방향과 배의 방향 사이의 각도인 ϕ의 함수로 도시하여라. 순풍에서 $\phi = 0°$ 이며 역풍에서는 $\phi = 180°$ 이다.

배는 커다란 용골을 가지므로 풍력발전기의 "돛" 효과에 의해 유발되는 측면 편류는 무시할 수 있다.

15.11 *방정식들을 시행착오법으로 푼다. 컴퓨터를 이용하여라.*

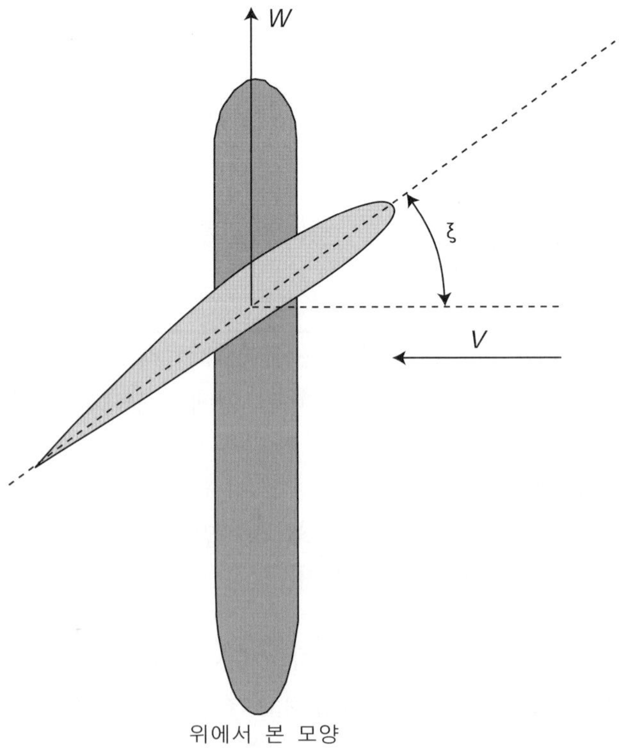

어떤 차가 레일 위에 놓여 있어서 오직 한 방향으로만 움직일 수 있다. 이 움직임은 다

음과 같은 항력 F_W에 의해 저항을 받는다.

$$F_W = 100\,W + 10\,W^2$$

여기에서 W는 레일 위를 달리는 차의 속도이다. 위의 항력은 차를 추진시키는 "돛"의 어떠한 공기역학적 효과도 포함하지 않음을 주목하자. 차의 항력에 더하여 돛에 대한 임의의 항력이 고려되어야 한다.

차를 추진시키는 바람은 $\overrightarrow{W}$에 수직이며 $v = 10m/s$의 속도를 갖는다. 바람은 우현(차의 오른쪽)에서 불어온다.

"돛"은 실제로는 면적이 $10.34m^2$인 날개이다. 이는 수직으로 설치되어 있다; 즉 날개의 익현은 수평이며 그 길이는 수직이다. 날개의 기준선은 $\overrightarrow{W}$에 대한 수선과 ξ의 각을 이룬다. (그림을 참조하자.)

날개는 다음과 같은 특징을 갖는다:

$$C_L = 0.15\alpha$$
$$C_D = 0.015 + 0.015|\alpha|$$

α는 도로 표시되는 접근각이다. 위의 두 공식들은 $-15^\circ < \alpha < 15^\circ$의 범위에 대해서만 유효하다. α가 15°를 초과하면 날개는 멈추고 양력은 사실상 0까지 떨어진다.

작동조건은 STP 상태이다.

차가 (일정속도에 도달한 후) 이동하는 속도 W를 설정각 ξ의 함수로 계산하여라. W와 α를 ξ의 함수로 도시하여라.

15.12 300rpm에서 360kW를 출력하며 임의의 적정 속도에서 98.7%의 효율을 나타내는 어떤 발전기는 구동하는 rpm 수의 제곱에 비례하는 전력을 생성한다.

이 발전기는 주어진 바람 조건에서 200rpm에서의 토크가 18,000Nm이지만 20 및 300rpm에서는 토크를 전혀 생성하지 못하는 풍력터빈으로 구동된다. 토크는 20과 200rpm 및 200과 300rpm 사이에서는 rpm 수에 따라 선형적으로 변한다고 가정한다.

생산되는 전력은 얼마인가?

15.13 어떤 차에 최대 10kW의 역학적 파워를 바퀴로 전달할 수 있는 전기 모터가 설치되어 있다. 차는 수평 표면상에 위치한다. (대부분 타이어의 변형에 의한) 구름 마찰은 속력에 관계없이 50N이다. 속도에 비례하는 항력성분은 존재하지 않는다. 전면의 면적은 $2m^2$이고 공기역학적 항력계수는 $C_D = 0.3$이다.

1기압 300K의 조용한 대기를 가정하자. 최대 출력에서 차의 순항속도는 얼마인가?

모터의 연결을 차단하고 순풍의 속도가 70km/h일 때 차의 정상상태 속도는 얼마인가? 바람이 뒤에서 불어올 때 항력계수는 $C_D = 1$이다.

15.14 어떤 건물의 높이는 300m이고 너비는 50m이다. C_D는 1이다. 바람의 속도는 $h^{1/7}$(h는

지상 높이)에 따라 변하며 바람이 5m 높이에서 10m/s의 속도로 불어올 때 바람이 건물에 가하는 힘을 구하여라.

15.15 어떤 풍력발전기는 다음 점들을 지나는 두 직선들로 나타낼 수 있는 각속도에 대한 토크의 특성을 갖는다:

50rpm, 토크=0
100rpm, 토크=1200Nm
300rpm, 토크=0

1. 부하가 $P_{load} = 1000\omega$에 따라 파워를 흡수할 경우 이 부하에 의하여 취해지는 파워는 얼마인가? 풍력발전기의 토크는 얼마인가? 각속도 ω는 얼마인가?
2. 부하의 토크 특성을 마음대로 조정할 수 있을 경우 풍력발전기로부터 추출해 낼 수 있는 최대 파워는 얼마인가? 해당되는 각속도는 얼마인가?

15.16 운동면적이 $1000m^2$인 풍력발전기가 STP 상태에서 56%의 효율로 운전된다.
풍력발전기 위치에서 1800과 0600 사이에는 바람이 없다. 0600에서 바람이 불기 시작하며 그 속도는 24시간 동안의 평균속도가 20m/s가 되는 값까지 0으로부터 시간에 따라 선형적으로 증가한다. 1800에서 바람은 갑자기 멈춘다.
1년 동안 이 풍력발전기에서 생산할 수 있는 최대 에너지는 얼마인가?

15.17 U.S. Windpower는 캘리포니아 리버모어 인근에서 Altamount Wind Farm을 운영하며 1990년의 경우 유용상수가 15%라고 보고하였다. 유용상수는 정격출력으로 일정하게 운전되는 경우 플랜트가 생성하는 최대 파워에 대한 1년 동안에 생성되는 에너지의 비이다. 따라서 정격 1kW인 풍력터빈은 1년에 걸쳐 평균 150W를 생성할 것이다. 바람의 간헐적인 속성을 고려하면 15%의 유용상수는 우수한 것이다. 수력발전소는 50%의 유용상수로 운전되는 경향이 있다.

1. 전력 1kWh의 비용이 5센트 정도로 낮을 것이라고 기대하고 있다. 연간 운전비용이 풍력터빈 전체 비용의 15%에 달하며 이 회사는 매년 빌린 자본의 12%를 은행에 지불해야 한다고 가정할 때 운전의 수지타산이 균형을 이루려면 풍력터빈의 비용은 얼마를 초과할 수 없는가?
   화력발전소나 수력발전소의 비용은 설치된 1kW 당 약 $1000 정도이다.
2. 그러나 만일 풍력터빈의 비용이 실제로는 설치된 1kW당 $1000이라면 매년 얼마의 비율로 은행에 지불해야 하는가?

15.18 많은 수영선수들은 자유형(크롤)과 접영이 전문이다. 두 스크로크는 거의 동일한 팔운동을 이용하지만 자유형은 엇갈린 스트로크를, 접영은 동시적인 스트로크를 이용한다. 발동작들은 다르지만 사실상 동일하게 효과적이다. 수영선수들은 크롤을 이용하여 더 빨리

나아간다.
이 과목에서 얻은 정보로부터 위의 이유가 무엇인지를 일차적으로 설명하여라.

15.19 *방정식들을 시행착오법으로 푼다. 컴퓨터를 이용하여라.*
균일한 익현의 날개가 레일 위에 수직으로 설치되어 있어서 오로지 한 쪽 방향으로만 움직인다. 이는 마치 비행기의 날개를 차단하고 이를 긴 쪽이 수직이 되도록 세워둔 것과 같다. 이 상황은 연습문제 15.11의 그림에 나타낸 것과 비슷하다.
날개의 운동에서 마찰은 없다. 이 시스템에서의 유일한 항력은 날개의 항력계수에 의해서 생성된다.
설정각은 날개의 기준면과 움직이는 방향에 대한 수직면 사이의 각도이다. 다시 말하면 레일이 남북으로 뻗어 있다고 할 때 설정각이 0° 이면 날개는 동쪽을 향하고 설정각이 90° 이면 날개는 북쪽을 향한다.
설정각이 0이고 바람이 동쪽에서 (바람은 직각방향) 불어오는 경우를 고려하여 보자. 바람은 양력을 생성하기 때문에 날개는 위로 움직일 것이다. 날개가 도달하는 속도는 얼마인가?
STP 조건이며 날개의 면적은 10nm^2, 풍속은 10m/s이다.
양력계수와 항력계수는 다음과 같이 주어진다.

$$C_L = 0.6 + 0.066\alpha - 0.001\alpha^2 - 3.8\times 10^{-5}\alpha^3$$
$$C_D = 1.2 - 1.1\cos\alpha$$

15.20 수직이며 종횡비가 0.5(넓지 않고 길다)이고 (속이 빈) 일정한 바람을 대하고 있는 사각형 면적을 고려하자. 이 면적의 하부 경계면은 지상으로부터 20m이고 높은 경계면은 지상으로부터 200m이다. 풍속은 10m의 높이에서 20m/s이며 높이에 대하여 $h^{1/7}$ 법칙에 따라 변한다.
다음을 계산하여라.
1. 이 지역의 바람의 (선형) 평균풍속
2. 이 지역에서의 평균 세제곱 풍속
3. 이 지역에서의 사용가능한 바람의 파워밀도
4. 이 지역에서의 평균 동적 압력.

사각형 면적은 단단하며 C_D는 1.5이다. 다음을 계산하여라:
5. 이 지역의 평균 압력
6. 사각형이 설치된 수직 돛대의 지붕에 가해지는 토크

15.21 어떤 자동차에 대한 지연력 F_D는 다음과 같이 표시된다.

$$F_D = a_0 + a_1 v + a_2 v^2$$

간단히 하기 위해 $a_1 = 0$이라고 가정한다.

새로운 전기차를 바람이 없는 날 완전하게 수평인 도로상에서 운전하면서 테스트하고 있다. 테스트에서는 차를 일정한 속력으로 운전하고 배터리로부터의 에너지 사용량을 측정하였다. 매번 정확하게 15kWh의 에너지가 소비되었다.

자동차가 100km/h의 일정한 속도로 운전되는 경우 주행한 거리는 200km이다. 속도를 60km/h로 줄였을 경우에는 362.5km의 거리를 주행하였다.

만약 차의 유효 전면 면적이 $2.0m^2$이라면 이 차의 공기역학적 항력계수는 얼마인가?

15.22 Lower Slobovia의 군대는 200m와 300m 사이의 어떤 높이로 올릴 수 있는 정찰용 캠코더를 설치하기 위한 저렴한 플랫폼이 필요하다. 제안된 해결책은 300m 길이의 케이블에 매어져 있으며 면적이 $10m^2$인 $\ddot{G}ottengen-420$ 날개로 이루어지는 연이다. 레이더 신호를 줄이기 위해서 케이블은 매우 큰 인장력을 지니고 있는 긴 단결정 섬유로 되어 있어서 눈에 보이지 않을 정도로 얇고 공기 흐름에 저항을 나타내지 않으며 무게를 무시할 수 있다.

운용지역에서 풍속은 12m 높이의 풍량계에서 15m/s로 꾸준하며 67.5° 방향으로부터 불어온다. 이러한 속도는 정확하게 1/7 지수법칙에 의해 높이에 따라 증가한다.

날개의 부하(즉 단위면적당 연의 총 무게)는 $14.9kgm^{-2}$이다.

날개는 다음과 같은 특징을 갖는다.

$$C_L = 0.5 + 0.056\alpha$$
$$C_D = 0.05 + 0.012|\alpha|$$

여기에서 α는 도로 나타낸 접근각이다.

양력과 항력계수들에 대한 위의 값들은 $-10^\circ < \alpha < 15^\circ$의 범위에서 유효하다.

잡아매는 매커니즘에서 날개는 0의 접근각으로 작동한다.

전장은 해발 0에 위치한다.

질문들은 다음과 같다.

1. 지면 위의 적절한 높이로 어떻게든 올림으로써 연이 띄워진다고 가정하자. 얼마의 높이에서 배회하겠는가?
2. 연을 지면으로부터 (즉 12m의 높이로부터) 날릴 수 있으려면 어떤 수정을 가해야 하는가? (날개 부하를 변경하는 것은 온당치 못하다.) 최소한의 계산을 이용한 정성적인 제안들은 수용 가능하다.

15.23 질량이 1000kg인 어떤 자동차는 $2m^2$의 유효 전면 면적을 갖는다. 이 차를 바람이 없는 날 해발 0m의 평평한 수평 도로에서 110 km/h의 일정한 속도로 운전하고 있다. 기어를 중립에 두면 차는 물론 감속되어 6.7초 내에 그 속도는 100km/h까지 떨어진다.

위의 데이터로부터 차의 공기역학적 항력계수를 (매우 개략적으로) 추정하여라. 그러한 추정에 이르려면 어떤 가정들이나 어떤 단순화를 수행해야 하는가?

이러한 C_D 추정치는 상한이나 하한을 갖는가? 달리 말하면 실제 C_D는 추정한 값보다 더 클 것으로 기대하는가, 아니면 더 작을 것으로 기대하는가?

15.24 초기의 비행기들에서 대기속도 측정장치는 바람에 노출된 표면으로 구성되었다. 이 표면은 (그림에 보인) 경첩에 부착되었는데 (그림에 보이지 않은) 스프링은 표면에 토크를 가하여 공기 흐름이 없을 경우 멈추게 될 것이므로 $\theta = 90^\circ$ 인 위치를 가정한다.
바람은 표면을 움직이게 하여 θ를 변화시킨다. 조종사가 보는 이 각도는 바람의 속도를 나타내어 준다.

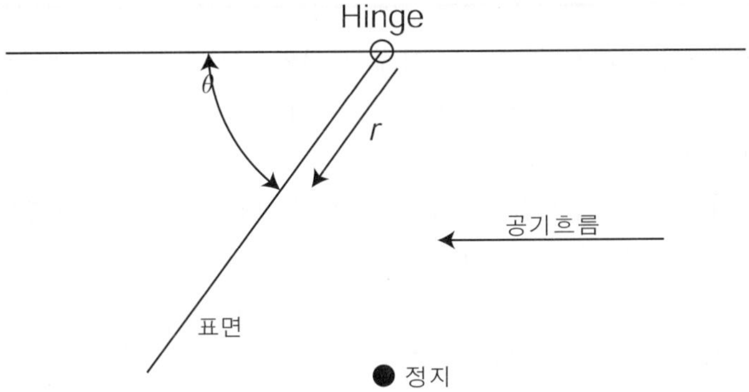

이 문제에서 표면의 규격은 L(경첩의 축과 평행) × D(L에 수직)이다. $L = 10cm$ 이고 $D = 10cm$ 이다.
스프링은 다음과 같은 토크를 가한다:

$$\Upsilon_{spring} = \frac{0.1}{\sin\theta} Nm$$

표면의 항력계수는 1.28이다. 공기의 밀도는 $1.29kg/m^3$ 이다. 풍속이 0, 10, 20, 50m/s 일 때 각 θ를 계산하여라.

15.25 이떤 진기자동차를 수평 도로에서 데스트하고 있다. 모디에 의해 전달되는 동력 P는 일정한 지면속도 v에 의한 2-km 거리의 주행으로 이루어지는 매 테스트마다 측정된다. 풍속 w는 매번 다를 수 있다.
다음은 테스트의 결과이다.

횟수	바람 방향	풍속(m/s) W	차의 속도(km/h) v	동력(kW) P
1	-	0	90	17.3
2	맞바람	10	90	26.6
3	맞바람	20	90	39.1
4	-	0	36	2.1
5	순풍	35	90	4.3

30m/s의 맞바람에서 72km/h의 속도로 차를 운전하려면 얼마만큼의 동력이 필요한가?

15.26 다음은 문제의 풀이에 필요한 데이터이다.

양	지구	화성	단위
반지름	6.366×10^6	3.374×10^6	m
밀도	5517	4577	kg/m^3
표면 대기압	1.00	0.008	atmos
표면 대기온도	298	190	K
공기 조성	$20\% O_2$, $80\% N_2$	100% CO_2	
중력가속도	6.672×10^{-11}		Nm^2kg^{-2}

화성으로 105kg의 부하를 옮길 수 있게 설계된 낙하산이 지구에서 테스트를 받고 있다. 지구의 공기 온도는 298K이며 공기압은 1기압이다. 낙하산은 10m/s의 속력으로 지표에 도달함이 밝혀졌다.

낙하산 자체의 질량은 무시할 수 있다고 가정한다. 낙하산의 항력계수는 공기의 밀도와 압력, 그리고 온도와는 무관하다고 가정한다.

유사한 낙하산으로 동일한 부하를 화성에서 이동시키고자 한다면 그 면적은 얼마가 되어야 하는가? 이를 지구상에서 사용된 테스트 낙하산의 면적과 비교하여 보라.

15.27 어떤 전기 자동차는 30℃ 및 해수면 높이(1기압)에서 운전될 경우 320N의 공기역학적 항력을 경험한다.

볼리비아의 라파즈(고도 4000m, 온도는 -15℃, 공기압력은 0.6기압)에서 같은 속도로 운전될 경우 항력은 얼마인가?

15.28 어떤 3동선(胴船)에 돛대가 설치되어 있으며 이 돛대에는 돛으로 작용하도록 단단하고 평평한 평면이 설치되어 있다. 이 표면은 유도된 풍향에 대하여 수직으로 유지된다. 배는 해변으로부터 25km 떨어져 있으며 해변의 북쪽을 향하고 있다. 36km/h의 바람이 남쪽에서 북쪽으로 불어온다. 바람이 불어가는 쪽으로 보트가 움직인다고 할 때 해변에 도착할 때 까지 얼마나 걸리는가? 돛에 가하는 힘을 제외하고 바람이 배에 가하는 다른 힘들은 모두 무시한다.

돛의 면적 A는 $10m^2$이다.

평평한 표면에서의 항력계수는 $C_D = 1.28$이다.

공기의 밀도는 $\rho = 1.2kg/m^3$이다.

물은 다음과 같이 주어지는 항력을 배에 작용한다:

$$F_{water} = 0.5 \times W^2$$

위에서 W는 물에 상대적인 배의 속도이다(조류는 없다).

15.29 두 개의 동일한 풍력터빈이 바람 특성이 다음과 같은 두 지역에서 운전되고 있다.

지역 1

시간의 비율(%)	풍속(m/s)
50	10
30	20
20	25

지역 2

시간의 비율(%)	풍속(m/s)
50	15
50	21

어떤 터빈이 더 많은 에너지를 생성하는가? 두 풍력터빈이 생성하는 에너지의 비는 얼마인가?

15.30 온도가 450° C이고 대기압이 0.2MPa인 경우 연습문제 1.22의 행성의 공기밀도는 얼마인가?

15.31 분명히 미약한 영향(공기의 약간 더 빠른 흐름에 의하여 유발되는 날개 상부의 압력의 감소)이 어떻게 비행기를 뜨도록 할 수 있는지 의아하게 여길 수 있다.
세스나 172(소형 4인용)를 고려하여 보자. 이 비행기의 질량은 1200kg이고 날개의 총 면적은 $14.5m^2$이다. 해수면에서 수평으로 비행할 때 날개 윗부분의 압력에 대한 날개 아랫 부분의 평균압력의 비는 얼마인가?

15.32 어떤 자동차는 다음의 특징을 갖는다.

질량, $m = 1200kg$
전면의 면적, $A = 2.2m^2$
항력계수 $C_D = 0.33$

실험은 STP 상태에서 이루어진다.
$\theta = 1.7°$ 인 경사에 차를 위치시킬 경우 이 차(기어는 중립, 브레이크를 걸지 않음)는 물론 움직이기 시작하여 1m/s의 속도로 가속될 것이다. 이 속도는 경사의 길이와는 상관없이 유지된다. 달리 말하면 이 차는 1m/s의 종단속도에 이른다.
경사가 더 급한 경우($\theta = 2.2°$) 종단속도는 3m/s이다.
이제 차를 바람이 없는 수평 평면상에 위치시키자. 이 차를 111.60km/h로 가속시키고 기어를 중립에 둔다. 차는 감속되기 시작할 것이다. 짧은 시간 Δt 후에 이 차의 속도는 104.4km/h가 될 것이다. Δt의 값은 얼마인가?

15.33 Gyromill형 풍력터빈의 측정된 효율은 다음과 같다.

$$\eta = 0, \qquad \text{for } u/v \leq 2$$
$$n = 0.280 \qquad \text{for } 2 \leq u/v \leq 5$$
$$\eta = -0.420u/v + 0.2940 \qquad \text{for } u/v > 5$$

이 터빈은 각각의 길이가 30m인 두 개의 날개를 가지며 장치의 반경은 9m이다.
15 m/s의 균일한 풍속에서 해수면 높이에서 운전되는 경우 이 터빈은 토크가 회전속도와는 무관하게 50,000Nm인 부하로 얼마의 동력을 전달하는가? 터빈의 회전속도(rpm)는 얼마인가?

15.34 표준 농구공은 반경이 120mm이며 560g의 질량을 갖는다. 이 공의 항력계수 C_D는 공기 유속과 무관하며 대략 0.3이다.
이 농구공을 해수면 위 12km 고도에서 수평으로 비행하는 비행기로부터 떨어뜨렸다. 공이 바닷물에 닿는 순간 공의 속도는 얼마인가?
타당한 가정들을 세워 보라.

15.35 다음은 보트를 운행하는 서투른 방법이지만 간단한 문제를 제공하여 준다.
보트에 상대적으로 작용하는 바람이 없는 경우 15노트(1노트는 시간당 1852m의 속도)의 속도를 유지하기 위해서는 $P_{eng} = 20680\,W$의 엔진출력이 필요하다. 프로펠러의 효율은 80%이다. 물의 항력은 물의 유속의 제곱에 비례한다고 가정한다.
유사한 조건에서 보트가 1m/s로 움직이도록 하려면 단지 45W만 필요하다.

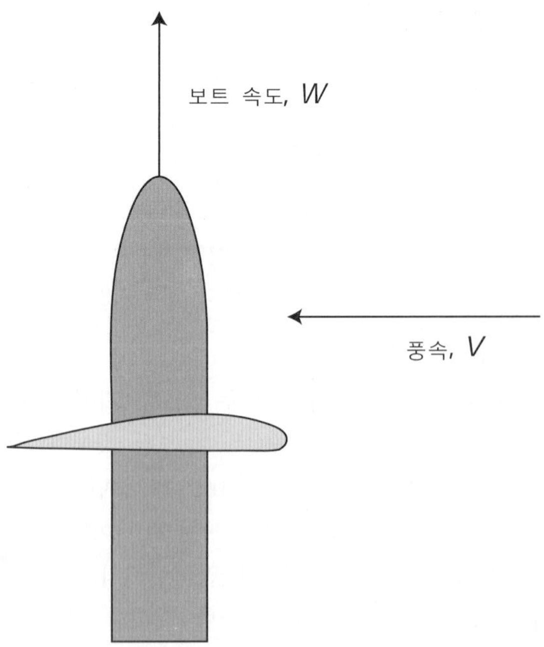

이 보트에는 $10-m^2$의 날개가 수직으로, 아울러 보트 축을 향하여 직각으로 설치되어

있다(그림을 참조).
날개의 양력계수는다음과 같다.

$$C_L = (0.05\alpha + 0.5)$$

이는 -10° 〈α〈10° 에서 유효하다(α: 도).
동쪽에서 15노트의 바람이 불어올 경우 날개는 보트를 북쪽으로 추진시키는 양력을 가한다.
보트의 속도는 얼마인가?

15.36 모터가 없는 글라이더인 순항 비행기를 500-m의 고도에서 아래를 향하여 방해받지 않고 비행하도록 하였다. 대기는 완벽하게 고요하다(바람이 없고 상승온난기류(수직바람)도 없다). 공기의 온도는 0° C이고 대기압은 1기압이다.
날개는 $20 - m^2$의 면적을 가지며 양력계수는 $C_L = 0.5$, 항력계수는 $C_D = 0.05$이다. 문제를 간단하게 하기 위하여 순항 비행기의 나머지 부분(연료통, 미부(尾部) 등)은 양력과 항력을 생성하지 않는다고 가정한다. 장치 전체(설비와 조종사 포함)의 질량은 600kg이다. 자연히 순항 비행기가 앞으로 움직임에 따라 고도가 약간씩 줄어든다. 글라이드 비율은 줄어든 고도에 대한 전진거리의 비로 정의된다.
glide ratio는 앞으로 나아간 거리와 고도의 손실의 비이다.

1. 이 순항 비행기의 글라이드 비율은 얼마인가?
2. 비행기가 앞으로 향하는 속도는 얼마인가?
3. 비행기가 언급한 바와 같은 비행을 유지하려면 어느 정도의 동력이 요구된다. 이 동력은 어디로부터 비롯되며 그 양은 얼마나 되는가?

15.37 어떤 차에 대한 항력은 (외부 바람이 없다고 가정할 때) 차의 속도인 v의 멱급수 형태로 나타낼 수 있나.

$$F_D = a_0 + a_1 v + a_2 v^2$$

식을 간단하기 위해서 $a_0 = 0$이라고 가정하자
차가 (해수면 높이의) 수평 도로상을 60km/h의 일정한 속도로 50km만큼 주행한다. 주의깊게 측정한 결과 총 $1.19 \times 10^7 J$이 사용되었다. 다음에 이 차를 다른 50km의 구간에서 120km/h의 속도로 주행시켰으며 총 $3.10 \times 10^7 J$이 사용되었다. 차체의 전면부 면적은 $2.0m^2$이다. 이 차의 항력계수 C_D는 얼마인가?

15.38 주어진 곳에서 (1년에 걸친) 바람의 통계자료는 다음 표에 보인 바와 같다.
풍속이 15m/s인 경우 풍력터빈은 750kW를 생성한다. 1년 동안에는 몇 kWh가 생성되는가?

시간의 비율(%)	m/s
10	무풍
20	5
30	10
40	15

15.39 7개의 날개들을 가지며 각 날개는 익현 K가 32-cm이고 덮개 위로 H=52cm만큼 돌출된 NACA W1 대칭형이다. 이 날개들의 기준면은 터빈의 회전표면과 정렬되어 있다. 직경은 2.6m 이다. 이 장치는 터빈이 잠잠한 공기 중에서 회전하는 경우 접근각은 0이 되는 방향으로 1050 rpm에서 돌아가고 있다.

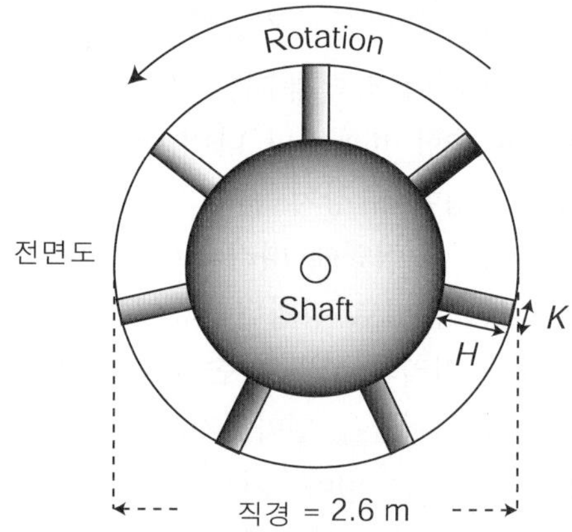

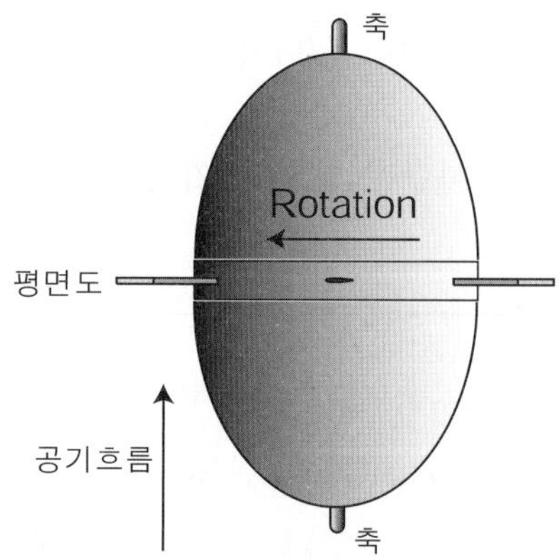

허용 가능한 근사에 따르면 날개의 계수들은 다음과 같다.

$$C_L = 0.08\alpha - 0.0001\alpha^3$$

$|\alpha| < 11°$ 일 때 : $C_D = 0.0062\exp(0.2|\alpha|)$

$11° < |\alpha| < 21°$ 일 때 : $C_D = -0.415 + 0.0564|\alpha| - 0.001|\alpha|^2$

위의 식에서 α는 각도이다.

터빈을 구동시키는 공기 흐름은 그림에서 수직으로 흐르며(터빈 축과 평행하게 흐른다) 그 밀도는 STP에서의 공기 밀도의 3배이다. 유속은 28.6m/s이다.
터빈은 축으로 얼마의 동력을 전달하는가?

15.40 풍력단지를 위한 두 곳의 서로 다른 장소들을 고려하여 보자: 한 곳에서는 언제나 15m/s의 일정한 풍속으로 바람이 분다; 다른 곳에서는 정확하게 절반의 시간동안은 바람이 20m/s의 일정한 속도로 불어오고 나머지 절반의 시간동안에는 바람이 없다. 두 곳 모두 해수면 높이이다.

a. 두 장소에서 회전자의 직경이 50m이고 총괄 효율이 60%인 프로펠러형 풍력터빈에 의해 생성되는 연간 전기 에너지의 양은 얼마인가?
b. 위의 플랜트들이 볼리비아 안데스 산맥의 2558m 높이에 위치하는 Cochabamba에 설치된다면 추정되는 연간 전력 생산량은 얼마인가? 자료가 더 필요하다면 이 책의 제 2장에서 볼츠만 방정식에 관한 절을 참조한다. Cochabamba에서의 풍속 자료는 해수면에서와 동일하며 두 경우 모두 터빈 높이를 고려한다.

15.41 반경이 30-m이고 효율이 60%인 풍력터빈이 다음 표와 같은 평균풍속을 나타내는 해수면 위치에 설치된다.

	풍속(m/s)	시간의 비율(%)
1	0	10
2	5	25
3	10	35
4	15	25
5	20	5

(1에서 5까지의) 각각의 경우에서 풍속은 그 위치에서의 평균 세제곱근이라고 가정한다.
발전기의 비용은 정격와트 당 \$0.25이며 터빈의 비용은 $1m^2$의 운동면적당 $\$900/m^2$이다.
이 플랜트의 수명동안 연간 비용은 발전기와 풍력터빈 모두에 대한 플랜트 비용의 15%이다. 다른 비용은 고려하지 않는다.
풍속이 5m/s인 경우터빈이 생성하는 동력과 동일한 정격출력의 발전기를 선택할 수 있다. 이는 풍속이 5m/s를 초과하는 경우 플랜트는 5-m/s의 풍속에 상응하는 전력만을 생산한다는 것을 의미한다. 다른 가능성은 풍속 10m/s에 해당하는 정격출력의 발전기를 선택하는 것이다.
또한 15m/s나 20m/s에서의 정격출력 발전기를 선택할 수도 있다.
4가지의 서로 다른 선택이 존재한다. 분명히 발전기가 클수록 플랜트는 더 비싸게 된다.

a. 위의 각 선택에 대하여 생성되는 kWh당 비용을 계산하여라. 가장 저렴한 전력의 생산에 목표를 둔다면 어떤 크기의 발전기를 선택할 것인가?

b. 위에서의 최선의 선택에 대하여 정격 kW당 설비의 총 비용(달러)은 얼마인가?
c. 위에서의 최선의 선택에 대하여 터빈의 회전자 부하는 얼마인가?

15.42 어떤 물질 가속기가 언덕의 가장자리에 설치되어 있으며 발사장치 아래 100m에 위치하는 평원을 향하여 수평으로 구형의 투사물을 발사한다. 해결할 문제는 투사물이 지면에 닿기 전에 얼마나 멀리 날아가는가를 결정하는 것이다. 먼저 공기가 없어서 공기역학적 항력이 없다고 가정한다. 이는 범위(발사장치로부터 충돌지점까지의 거리)의 최대값을 설정하여 줄 것이다. 다음으로 고려해야 할 것은 STP 상태의 공기가 존재하는 경우 문제를 간단히 하기 위해서 공기 항력은 투사물 운동의 수직성분이 아닌 수평성분에만 영향을 미친다고 가정하는 경우이다.
문제의 풀이에 필요한 데이터에는 다음이 포함된다:
a. 초기속도 $v_0 = 720km/h$
b. 구형의 투사물은 회전하지 않는다.
c. 투사물은 속이 비어 있으며 2cm 두께의 철로 만들어져 있다.
d. 투사물의 외경은 1m이다.
e. 철의 밀도는 $7874kg/m^3$이다.
f. 항력계수 $C_D = 1.0$로 가정한다.

15.43 규격이 다음과 같은 다수의 수평축의 프로펠러형 풍력터빈을 구입한 해수면 높이의 풍력발전 단지를 관리하고 있다고 하자.
삽입 풍속: 3.5m/s
차단 풍속: 27m/s
회전자: 3개의 날개, 직경 104m
(사용가능한 풍력 에너지에 대한) 터빈/발전기 시스템의 효율: 50%
선택된 파워의 발전기와 해당되는 기어박스는 터빈과 조화될 수 있다.
터빈과 타워의 비용은 $\$2.5 \times 10^6$ 이다. 발전기의 비용은 물론 선택된 전력에 의존한다: 1kW의 출력당 $278이다. 현금비용은 연간 12%이다. 1 단위(1개의 터빈과 발전기)당 연간 운전비용은 $230,000/year이다. 이는 보험과 세금, 그리고 임금을 포함한다.
선정된 위치에서의 바람에 대하여 알고 있는 것은 평균 풍속이 12m/s라는 사실이다. 이는 분명히 풍력발전에 매우 훌륭한 장소이다.
1년 중에 발전기를 최대 출력으로 구동시키기에 충분한 바람이 존재하는 때가 있을 것이다. 발전기가 최대 정격출력(P_g)을 생성하는 경우들만을 감안하여 1년 동안 발전기에 의해 생성되는 총 에너지의 양(kWh)을 구하는 식을 유도하여라. 최대 정격출력 미만에서 생성되는 동력은 무시한다.
1. 발전기의 정격출력이 $P_g = 3.0MW$인 경우 위의 전력비용을 mills/kWh†로 구하여

† mill은 cent의 1/100이다.

라(유효숫자 3개를 사용하며 위에서 제시한 바와 같이 최대 동력 미만에서 생성된 에너지는 무시한다). $P_g = 3.6MW$에 대하여 동일한 계산을 반복하여라.

2. 프로펠러가 기어박스의 입력에 이르는 축에 가하는 토크가 얼마인지 아주 대략적으로 추정하여라. 장치는 최대 파워를 생성하는 정격 풍속에서 운전된다고 가정한다. 타당한 가정을 세워보라.
3. 3.6-MW의 경우를 고려하여 보자. 터빈의 날개가 세 개가 아닌 두 개라면, 즉 강률이 감소된다면 토크는 (정성적으로) 어떻게 되겠는가?
4. 위 문제의 두 터빈들 가운데 어느 것이 아마도 보다 적은 항적 회전 손실을 가지겠는가?

15.44 어떤 물체의 질량은 10kg이고 전면부 면적은 $0.3m^2$이며 항력계수는 1.1이다. 이 물체를 고도 5000m에서 비행(초기 수직속도는 0)하는 비행기로부터 떨어뜨렸다. 수평속도는 아무런 역할도 하지 못한다-이는 0으로 취할 수 있다). 대기의 밀도(kg/m^3)는 높이의 함수로서 다음과 같이 주어진다:

$$\rho = 1.29\exp\left(-\frac{h}{8000}\right)$$

높이 h는 해수면상으로부터의 m를 나타낸다. 중력가속도 g는 높이와 무관하다고 가정한다. 무슨 일이 일어날지 정량적으로 서술하여라. 이 물체가 취하는 최대 수직속도를 계산하여라.

이로부터 다른 식이 얻어질 것이다. 그 식을 해석적으로 풀려고 하지 말라. 시간단계를 1초로 하여 수치적 풀이를 이용한다. 약간의 반복과정들이 필요할 것이며 아주 조악한 시간단계들에도 불구하고 속도에 대한 우수한 추정치를 얻게 될 것이다. 놀랍게도 정확한 속도보다 0.5% 미만의 과다 추정치를 얻게 될 것이다.

15.45 GE 2.5-xl 풍력터빈은 다음과 같은 특징을 갖는다.

$$P_{rated} = 2.5MW$$
$$v_{cutin} = 3.5m/s$$
$$v_{rated} = 12.5m/s$$
$$v_{cutout} = 25m/s$$

3개의 50-m 회전자 날개를 가진다.

풍속이 10m/s 일 때 회전자의 부하는 얼마인가? 풍속이 10m/s일 때 터빈이 전달하는 동력과 동등한 정격출력을 갖는 새로운 발전기가 이용되고 있다.

15.46 남부 캘리포니아의 일부 지역에서 1년의 10% 동안 100km/h의 일정한 풍속으로 바람이 분다. 나머지 시간동안에는 바람은 무시할 수 있다. 이 조건들에서 GE 2.5-xl을 사용하고자 한다. 동일한 발전기를 유지하지만 기어박스와 회전자(여전히 3개의 날개를 갖는다)를 변경시킨다. 모든 효율들은 여전히 같다고 가정하면 회전자 날개의 길이는 얼마인가?

15.47 최적의 조정을 가정할 때 연습문제 15.46의 터빈의 회전자 원판 바로 뒤의 풍속은 얼마인가?

15.48 연습문제 15.46의 터빈의 회전자 원판에 작용하는 풍력을 추정하여라. 우리는 회전자를 돌려주는 토크 힘에 대하여 논의하는 것이 아니라 타워를 흔들게 하는 미는 힘에 대하여 다루고 있다.

제16장 해양 기관

16.1 서론

제 4장에서 우리는 바다의 열 에너지의 활용에 대하여서 논의하였다. 파도, 해류 및 조수의 역학적 에너지와 염도 기울기로부터의 화학 에너지와 같은 다른 형태의 해양 에너지 역시 사용 가능하다. 해양 에너지원에 대한 요약은 Issacs과 Schimitt(1980)가 제시하고 있다.

16.2 파도 에너지

OTEC는 태양열 복사의 거대한 포집기 및 저장기로 작용하는 해양의 이점을 취하여 일정한 흐름의 저급 열 에너지를 생성하였다. 해양은 풍력 에너지와 관련되는 비슷한 역할을 수행하는데 이는 파도들을 생성하는 공기 흐름보다 더 지속적으로 파도로 전환된다. 그렇지만 대규모의 총 파워(세계 에너지 기구에 따르면 2TW의 획득이 가능하다)에도 불구하고 파도는 고도로 매력적인 에너지원을 구성하기에 충분할 만큼 지속적이지 않으며 집중되어 있지도 않다.

16.2.1 바다의 파도†

바다의 [표면] 파도에 대한 논의를 위해서 다음과 같은 특별한 용어와 기호들이 필요하다.

지속기: 바림이 불어오는 시간의 길이
해역: 바람이 불어오는 거리
d: 물의 깊이
g: 중력가속도, $9.81m/s^2$
h: 파도의 높이-파도의 마루와 골 사이의 수직 거리
T: 주기-고정된 위치에서 두 연속적인 파도 마루들 사이의 시간 간격
v: 파도의 위상속도-주기와 파장 사이의 비
v_g: 파도의 그룹속도-파도 에너지의 전파속도
λ: 파장- 두 개의 파도의 마루에서의 수직 거리 , 전달 방향을 따라서 측정한다.

† 해양의 파도에 대한 좀 더 광범위한 논의는 Texas A&M 대학교의 Rovert H.Stewart가 쓴 *Introduction to physical Oceangraphy*의 제 16장에서 찾아볼 수 있다. 관련 웹사이트는 다음과 같다: http://oceanworld.tamu.edu/resources/ocng_text book/

16.2.1.1 파도의 속도

수면 파도에서 물의 실제 수평운동은 거의 없다. 떠다니는 물체는 파도 속도의 약 1%의 속도로 파도 방향으로 표류한다. 주어진 하나의 기본적인 물 단위는 수직의 원으로 움직일 것이며 파도의 마루 근처에서는 앞으로 향하지만 골에서는 거의 같은 정도로 후퇴한다. 표면 근처에서는 원의 직경은 파도의 높이와 같다. 깊이가 증가할수록 직경은 감소한다-한 파장보다 큰 깊이에서는 움직임은 무시할 수 있다. 따라서 깊은 물에서($d \gg \lambda$) 파도는 해저 바닥과 상호작용하지 않으며 그 거동은 깊이와 무관하다. 그렇다면 파도의 속도는 파장의 함수이다:

$$\underline{\text{깊은 물}}(d \gg \lambda): \quad v = \sqrt{g}\left(\frac{\lambda}{2\pi}\right)^{1/2} \tag{16.1}$$

파도 속도가 파장에 따라 좌우되는 시스템을 영향을 받는 시스템을 소산성이라고 부른다; 따라서 깊은 바다는 소산성이다. 그러나 충분히 얕은 바다에서는 물의 원운동은 해저 바닥에 의해 교란을 받으며 파도는 그 에너지의 일부를 잃는다. $\lambda \gg d$인 경우 속도는 더 이상 λ에 따라 달라지지 않으나(시스템은 더 이상 소산성이 아니다) 이제는 깊이 d에 따라 달라진다.

$$\underline{\text{얕은 물}}(\lambda \gg d): \quad v = \sqrt{g}\, d^{1/2} \tag{16.2}$$

중간정도의 깊이에서는 파도 속도의 전이적인 거동이 나타난다. 물의 깊이가 매우 얕다면 ($at\ \ d \approx \lambda/7$), 파도 마루의 속도는 너무 빨라서 파도 골의 속도와 비교될 수 없으며 파도는 부서진다.

얕은 물에서는 파도의 속도는 깊이가 줄어감에 따라 작아진다. 이는 해변에서 파도가 나란히 다가오는 경향을 보이는 이유이다. 예각으로 다가오는 파도에서 해안에 근접한 부분은 느려져서 더 멀리 떨어진 부분이 따라오는 것을 허용한다. 만약 바다 밑에 동그란 모양의 제방을 구축한다면 이것은 파도를 작은 구역으로 초점을 맞추는 렌즈 역할을 할 것이다.

경사가 있는 해변에서는 멀리 있는 파도는 해안 근처의 파도보다 더 빨리 움직이므로 파도가 유입되면서 파장은 감소한다. 그러나 주기는 영향을 받지 않는다.

앞에 언급한 모든 것들은 파도의 위상속도를 지칭하고 있다. 그룹속도-에너지의 전파속도-는 소산성 매체 내에서 위상속도와는 다르다. 두 한계 근사들을 이용하면(깊은 물과 얕은 물) 다음을 알 수 있다.

$$\underline{\text{깊은 물}}(d \ll \lambda): \quad v_g = \frac{v}{2} \tag{16.3}$$

$$\underline{\text{얕은 물}}(\lambda \gg d): \quad v_g = v \tag{16.4}$$

16.2.1.2 파도의 높이

파도의 높이는 해역과 바람의 지속시간에 영향을 받는다. 그림 16.1은 경험적으로 정해진 수반되는 관계를 보인 것이다. 해역 자료는 바람이 긴 시간동안 불어온다고 가정하며 지속시간 자료는 충분히 긴 해역에 걸쳐 바람이 불어온다고 가정한다. 곡선들은 모두 각각의 풍속에 대하여 어떤 최종 점근값에 도달하는 것처럼 보인다.

지금까지 관찰된 가장 큰 폭풍† 파도(1933)는 높이가 34m 이고 파장은 342m였다. 그의 주기는 14.8s였다. 이는 23.1m/s의 위상속도와 11.5m/s의 그룹속도에 이른다.

16.2.1.3 에너지와 파워

바다 파도의 에너지 밀도는 대략 다음과 같다.

$$W = g\rho\left(\frac{h}{2}\right)^2 \quad J/m^2 \tag{16.5}$$

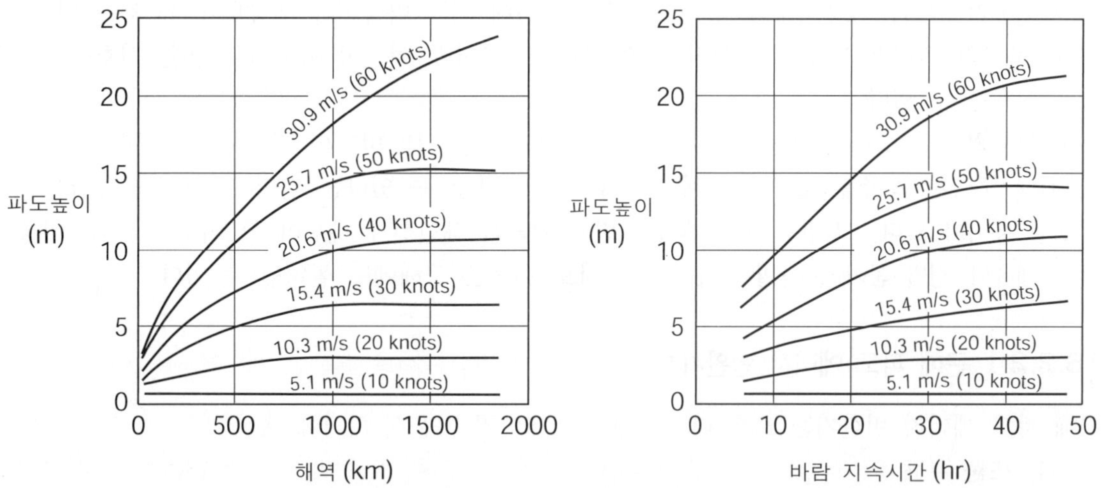

그림 16.1 해역(왼쪽)과 바람 지속시간(오른쪽)의 함수로 나타낸 파도 높이. 관찰된 데이터 점들은 2차 회귀로 접합되었다.

여기에서 ρ는 물의 밀도이다(대략 $1000kg/m^3$). 파도와 관련된 파워는 다음과 같이 나타낼 수 있다.

$$P = v_g W \qquad W/m \tag{16.6}$$

1933의 기록적인 파도의 파워를 고려하여 보자(위의 논의를 참조).

$$W = 9.8 \times 1000 \times \left(\frac{34}{2}\right)^2 = 2.8 \times 10^6 \qquad J/m^2 \tag{16.7}$$

이 파도의 그룹속도는 11.5m/s이고 파워밀도는 $11.5 \times 2.8 \times 10^6 = 32.5 \times 10^6\ W/m$이다.

† 쓰나미는 폭풍 파도보다 더 큰 파도를 가질 수 있다. 1958년 7월 9일 알래스카 리투야 만의 쓰나미의 높이는 524m에 달하였다.

16.2.2 파도 에너지 변환기

파도 에너지 변환기에서의 주된 어려움은 아마 파도의 넓은 파워 범위일 것이다. 보통의 바다는 약 50kW/m 정도의 파워를 갖는 파도를 지니는 반면에 큰 폭풍은 10MW/m의 파워를 생성할 수 있다. 이와 같은 200:1의 범위는 감안하기가 어렵다. 경제적으로 50kW/m의 바다를 이용할 수 있는 장치들은 너무나 약해서 대형 폭풍을 견딜 수가 없다.

재생 가능한 에너지원들은 흔히 규칙적이지 않으며(가변적인 풍속, 변동하는 일사량, 변하는 바다 상태, 기타) 낮은 파워밀도를 갖는다. 우수한 풍력단지는 $400\,W/m^2$의 회전자 부하로 운전될 수 있다. 맑은 애리조나에서조차 평균 일사량은 $250\,W/m^2$를 간신히 넘는다. 파도 에너지는 좀 더 매력적인 파워밀도를 갖는다고 주장할 수 있다. 실제로 세계에 걸쳐 바다의 파워밀도가 50kW/m를 넘는 곳들을 다수 찾아낼 수 있다. 발전소가 해안에 수직인 10m의 토지를 이용한다고 가정하면 그러한 곳은 $5kW/m^2$를 제공할 것인데 이는 바람이나 태양보다 한 차수 더 큰 것이다. 분명히 이러한 비교는 한계적으로만 의미가 있지만 여전히 파도의 이용을 선호하는 관점으로 이용될 수 있다.

바다의 파력 시스템이 갖는 또 다른 이점은 바다 절벽 및 바다의 작용에 의한 부식에 저항하기 위해 구축된 제방을 포함하는 해안의 구조와 통합될 수 있다는 점이다. 그러한 통합은 경제적으로 흥미가 있다. 그러나 파도 에너지 변환기를 꼭 해안선에 세워야 할 이유는 없다; 비록 상당한 계류나 정박 문제가 유발될 수 있을지라도 이들은 근해에도 설치될 수 있다.

16.2.2.1 근해 파도 에너지 변환기†

근해 파도 에너지 변환기는 보통 다음 4개의 카테고리 가운데 하나에 속한다.

1. 뜨는 부표
2. 경첩이 달린 윤곽형
3. 오버 토핑
4. 진동하는 물 기둥. 이러한 파도 에너지 변환기들의 카테고리는 해안선이나 근해상 모두에서 이용될 수 있다. 이 장의 뒷부분에서 해안선 장치들을 다룰 때 이 장치들에 대하여 논의할 것이다.

부표 변환기의 지지

파도 에너지를 역학적 에너지로 전환하고 다음에 아마도 전력으로 변환시키기 위한 그림 16.2에 보인 특별한 장치는 실제적이지 못한 것처럼 보일지라도 이러한 부류의 보다 복잡한 장치들이 운전되는 형태를 예시하여 주는 데에 기여한다. 이 장치는 바닥에 체크밸브가 설치된 긴 수직 파이프에 부착되어 있는 부표로 이루어지며 파도로 운전되는 펌프이다.

파도가 이 장치를 들어 올리면 파이프 내의 물은 체크밸브를 통하여 빠져 나갈 수 없기 때문에 위쪽으로 가속된다. 파도가 지나가면 파이프는 내부 물의 운동과는 반대로 아래쪽으로 가속

† 근해 장치들에 대한 광범위한 리뷰는 E21 EPRI 평가에서 찾아볼 수 있다.

되어 상당한 수압을 생성한다. 물은 위로 빠져 나가면서 터빈을 구동시킬 수 있다. 이와 동시에 더 많은 물이 체크밸브를 통하여 유입된다.

A를 파이프의 단면적, L을 길이, δ를 물의 밀도, 그리고 γ를 파이프의 최대 가속이라고 하자.

파이프 내의 물의 질량은 $M=\delta AL$이며 얻어지는 힘은 $F=\gamma\delta AL$이다. 해당되는 압력은 (파이프가 수직으로 가속되는 경우) $p=\gamma\delta L$이다. $L=100m$이고 $\gamma=5ms^{-2}$라면 압력은 0.5MPa(5기압)이다.

물의 수직 진동은 레버와 피스톤을 구동하는 부유체에 작용할 수 있지만 그러한 배열은 너무 복잡하며 폭풍에 취약하다. 보다 간단한 구조가 기능을 더 잘 수행할 수 있다. 이 시점에서 몇 가지 다른 형식으로 부표를 지지하는 것은 가장 성공적인 해결책으로 보인다. 이 기술은 아직 초보적인 단계이지만 몇 가지의 프로젝트들은 실제 운전에 근접한 것으로 보인다.

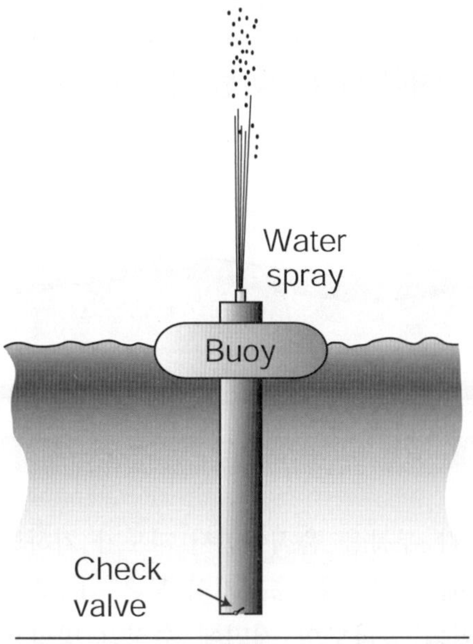

그림 16.2 파도로 운전되는 펌프.

Finavera Renewables사의 자회사인 AquaBuOY는 대체적으로 위에 언급한 원리에 근거하여 부유 지지 부표장치를 개발하였다. 수직으로 진동하는 물 컬럼은 피스톤을 구동하며 이는 다시 더 높은 압력에서 물을 로우패스 필터로 작용하는 축적기로 펌핑시킨다. 축적기는 전력의 생산을 위해 물을 터빈으로 배출시킨다. 30m 깊이의 파이프가 설치된 직경 6m의 부표를 이용하여 시제품을 테스트하였다. (이 시스템에서는 물의 깊이가 50m이상이어야 한다.) 이 시제품은 적당한 높이의 파도에서 250km의 정격출력을 보였다. 이 시스템은 느슨한 계류를 이용한다. AquaBuOY는 3개의 파도 에너지 프로젝트를 계획중인데 (포르투갈 코임브라 근처의) Figueira da Foz에, 하나는 워싱턴의 Makah Bay에, 그리고 다른 하나는 캐나다 브리티쉬 콜롬비아의 Ucluelet에서 계획하고 있으며 각각 2008, 2009 및 2010년에 진행될 것이다. 이들 3개 프로젝트들의 파워를 합하면 최대 200MW이다.

Seadog(Independent Natural Resources, Inc.)은 해저고정 지지 부표 시스템이다. 직경 5.7-m

의 부유체는 물을 뭍의 높은 웅덩이로 펌핑시킨다. 웅덩이로부터의 배출은 통상적인 수력터빈을 구동시킨다. 이 시스템은 20m의 깊이를 필요로 한다.

AWS Ocean Energy는 2009년 250kW 실증장치(Archimedes Waveswing으로 불린다)의 배치를 계획하고 있으며 2011년까지 상업화를 계획하고 있다.

경첩이 달린 윤곽형 변환기

위에서 언급한 AquaBuOY와 Seadog은 모두 단지 소규모의 바다영역과 작용하기 때문에 지점 흡수체들이다. 많은 양의 에너지를 생산해 내기 위해서는 이러한 장치가 여러 개 배치되어야 하며 각각은 자체의 피스톤과 파워채취 설비를 지니고 있어야 한다. 이전에는(2007년 이전) Ocean Power Delivery, Ltd.로 알려졌던 Pelamis Wave Power에서 개발한 해결방안은 비록 부표 시스템을 이용하고 있지만 더 넓은 바다영역과 상호작용할 수 있다.

Orkney†의 European Marine Energy Centre에 설치된 "Pelamis"라고 불리는 750-kW 시제품(그림 16.3을 참조)은 서로 경첩에 의해 부착된 직경 4.63m인 4개의 튜브형 강철 부유체들로 구성되어 있다. 그 길이는 150m이다.

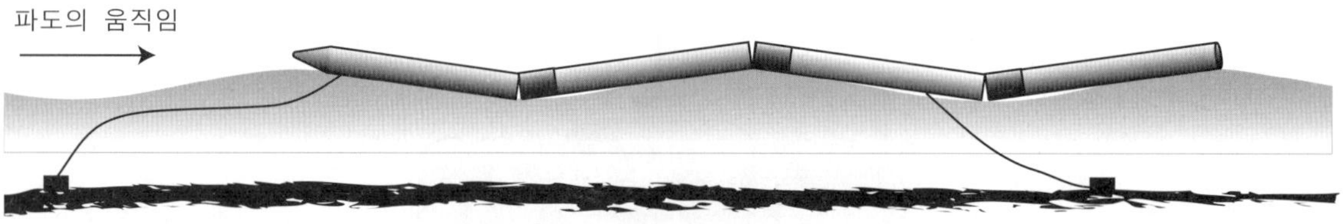

그림 16.3 경첩이 있는 Pelamis 윤곽형 변환장치.

그 이웃에 대하여 상대적인 각 부분을 움직이면서 파도가 가하는 힘은 생분해성 유체를 축적기로 밀어넣는 수력 피스톤에 의해 포획된다. 축적기의 물은 다수의 125kW 발전기를 구동시킨다.

이 시스템은 Pelamis가 유입되는 파도의 전면에 수직인 방향으로 자세를 스스로 정할 수 있도록 하여주는 3 지점 배열구조에 의해 지지된다. 시스템의 자연 공명은 파도의 주파수에 맞도록 자동적으로 변경된다. 그러나 폭풍이 불어올 때에는 지지대에 가해지는 힘을 최소로 하여주기 위해 시스템은 다시 조정된다. 모사와 실제 시험을 수행한 결과 Pelamis는 폭풍에 대하여 탁월한 저항성을 나타내는 것으로 보였다.

2008년 북부 포르투갈에서 5km 떨어진 근해의 Agucadoura 해양 에너지 단지††에 3개의 Pelamis P1 장치들이 설치되었으며 운전을 준비하는 단계에 있다. 이들 3개의 장치들은 최대 2.25MW (3×750)를 생성할 것이며 추정된 플랜트 인자는 25%와 49% 사이이다. 플랜트 인자는 바다의 연간 평균 거동에 따라 좌우되며 전력생산 데이터가 축적됨에 따라 아마도 줄어들 것이다.

약간 더 큰 Pelamis설비 파도 에너지 단지가 원래의 시제품이 테스트된 Orkney에 계획되고

---

† Orkney 섬들은 스코틀랜드 북쪽 끝에서 약 50km 북쪽에 위치하는 군도를 이룬다.

†† 최근 2008년 포르투갈에서 재상가능한 전기 소스는 39%까지 얻었다. 그리고 활기 있는 지역을 넓히고 있다. 2008년까지 세계에서 가장큰 광발전 11-MW을 발전할 수 있는 설비를 남쪽 포르투갈의 Serpa에 세웠다. 그 다음 넓은 것은 독일에 있는 *Göttelborn*설비가 그다음으로 넓다. Waldpolenz의 태양공원은 40MW까지 넓힐 계획이다.

있다. 이 단지는 4개의 장치들로 이루어질 것이다(최고 3MW).

P1 생산장치는 시제품과 약간 다르다. 이는 길이가 140-m이며 직경은 3.5m이다.

오버 토핑 변환기

Wave Dragon ApS(원래는 덴마크 회사였으나 본사를 Wales로 옮겼다)는 근본적으로 간단한 파도 에너지 변환기를 개발하고 있다(그림 16.4). 이는 커다란 부유 웅덩이, 또는 해수면으로부터 몇 미터 위의 저장조로 구성된다. (한 쌍의 반사벽에 집중된) 파도는 경사면을 따라 올라가서 저장조로 쏟아진다. 물은 다시 바다로 흐르면서 다수의 Kaplan 터빈들을 구동하여 전력을 생성한다.

제작자는 Wave Dragon이 (물 속의 낮은 프로파일로 인하여) 강한 바람에 견딜 것이며 단순히 설비 위로 넘치게 함으로써 큰 파도들에도 지탱할 것이라고 확신하고 있다. 2003년 3월부터 57m 너비의 20kW 시작품이 운전되고 있다.

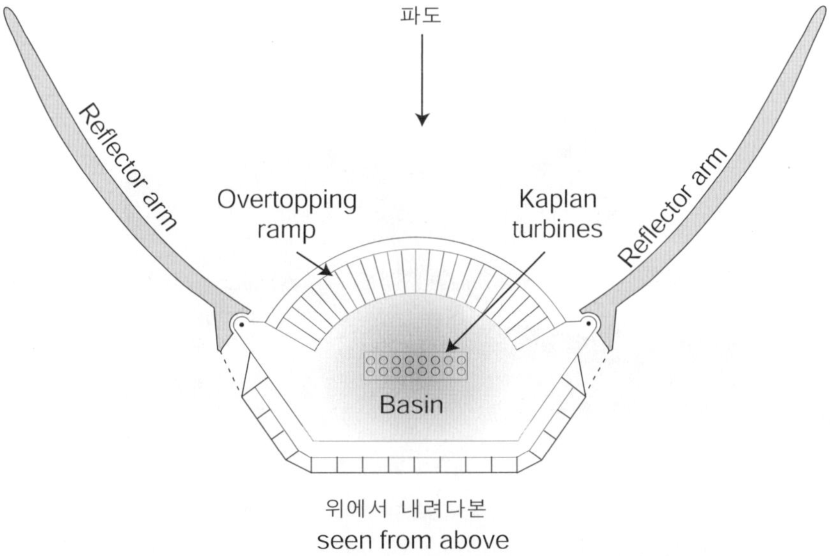

그림 16.4 Wave Dragon.

관찰해 본 사람들은 Wave drgon의 가능성에 대하여 낙관적이다. 한 가지의 주된 결점은 파워에 대한 질량비가 좋지 못하다는 것이다: 제안된 4MW, 300m 너비의 장치는 질량이 30,000톤을 초과한다.

7-MW Wave Dragon이 2008년 Pembrokeshire† 근해에 설치되었다. 반사벽은 300m의 파도 전면을 취하여 140m 너비의 경사로로 집중시킨다. 현재 이 장치는 세계에서 가장 큰 파도 에너지 변환기이다. 이 장치는 그 장소에 3~5년 동안 유지되면서 운전경험을 수집하게 될 것이다. 그 지역은 "특별 보존 지역"이기 때문에 아마도 장치는 궁극적으로는 바다로 더 멀리 이동될 것이다.

† British Isles는 사실상 두 개의 섬으로 이루어져 있는데 가장 큰 섬은 당연히 영국령이다. 남서쪽에는 Wales로 알려져 있는 반도가 있는데 이 반도의 서쪽 끝부분이 Pembrokeshire이다.

16.2.2.2 해안선 파도 에너지 변환기

해안선 파도 에너지 변환기는 대개 두 카테고리 가운데 하나에 속한다: 첫 번째는 월파형(tapchan)으로도 알려져 있는 점점 가늘어지는 통로형이며 두 번째는 진동 물기둥(OWC)이다. OWCs는 해안이나 깊은 근해상에 설치할 수 있다. 월파형은 그 자체의 성격상 해안선 장치로만 사용될 수 있다.

16.2.1.1 절에서 논의된 바와 같이 물 속 구조는 큰 파도 전면을 파도 에너지 변환기의 작은 개구부로 집중시킬 수 있다.

점점 가늘어지는 통로 시스템†

그럴듯하게 Norwave라고 불리는 노르웨이의 회사에 의해 한 가지 독창적인 파도 에너지 시스템이 개발되었다. 이 시스템은 노르웨이 베르겐 근처의 Toftestallen에 위치한 피오르드에서 실증 시험되었다. 일반적인 구조는 그림 16.5에 제시되어 있다.

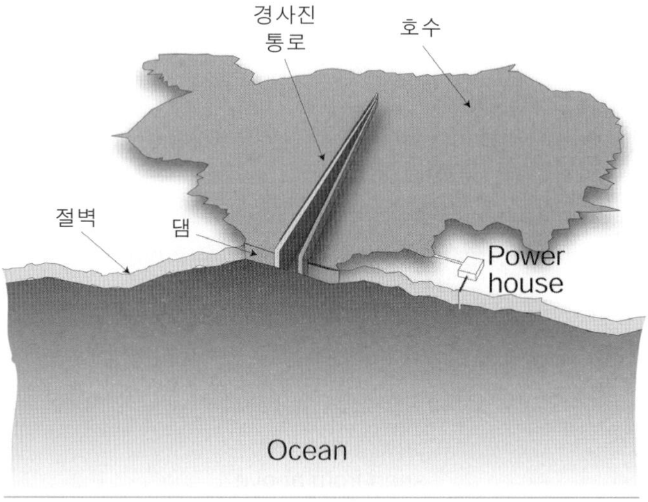

그림 16.5 NORWAVE 파력 발전.

좁고 점점 가늘어지는 콘크리트 운하의 벽은 해수면보다 위로 솟아있으며 바다를 만이나 호수와 연결하여 준다. 점점 가늘어지는 운하로 유입되는 파도는 이를 통해서 이동하며 물이 운하의 벽을 흘러넘칠 때까지 그 높이가 점진적으로 증가한다(점점 좁아지기 때문이다). 따라서 파도는 물을 호수로 공급하여 그 수면이 해수면보다 더 높게 하여준다. 이러한 높이차는 전력을 생성하는 수력터빈을 구동시키는 데에 이용된다.

파도에 직접 노출되는 유일한 인공 구조물은 콘크리트 운하로서 어떤 폭풍에도 견디도록 설계될

† 1877년 Giovanni Schiaparelli는 화성의 반대 충(衝)을 이용하여 행성에 대한 자세한 지도를 그리고 그가 "canali"로 생각했던 것을 언급하였다. 불행히도 이는 영어에서 "통로" 대신 "운하"로 번역되었으며 화성에 사람이 살고 있다는 관점을 지지해 주었다. "점점 가늘어지는 통로"라는 표현은 정반대의 오류를 겪는다. 거의 틀림없이 우리는 자연적인 통로가 아닌 인공으로 조성한 운하를 지칭한다.

수 있다. 그렇지만 1986년 이래 간헐적으로 운전되어 온 Norwave 시작품은 1990년대 초 프로젝트의 중단을 유발시킬 정도로 명백히 심각한 손상을 입었다. 실제 발전설비는 염수의 부식작용에 내성을 갖도록 구축되어야 하는 것을 제외하면 통상적인 저헤드 수력발전 플랜트이다. Norwave 시작품은 적정 크기였다. 이에는 표면적이 $5500m^2$이고 수면의 높이가 해수면으로부터 3m인 저수조로부터 물을 공급받는 350-kW 발전기가 설치되었다. 바다로의 개구부는 너비가 60m이지만 콘크리트 운하는 3m 너비로 시작되며 점차 좁아져서 끝부분에서는 너비가 20cm로 된다. 그 길이는 80m이며 깊이는 7m이다. 이 시스템은 $14-m^3/s$의 펌핑용량으로 운전되었다. 이는 400kW를 약간 초과하는 이용 가능한 물의 파워에 해당되며 350-kW 발전기를 구동시키기에는 충분하다.

Norwave 프로그램이 종료된 후 점점 가늘어지는 채널 파도 에너지 플랜트에 대한 관심은 줄어든 것처럼 보인다. 이는 아마도 월파형 시스템이 파도가 지속적이고 조수가 적은, 이를테면 1m 미만인 선택된 장소에서만 작용하기 때문일 것이다. 매우 낮은 조수가 아주 흔한 것은 아닌데 예외는 지중해로서 이곳은 조수가 불과 몇 cm 정도이며 따라서 아리스토텔레스의 주의를 끌지 못했다. 그는 저작들에서 이 현상을 언급하지 않았다.

진동하는 물기둥(OWC)-Wavegen 시스템

바다의 파도 에너지를 이용하는 또 다른 유망한 기법이 스코틀랜드 회사 WAVEGEN에 의해서 구축되었으며 2000년 11월에 가동되었다. 이 시스템은 LIMPET(Land Installed Marine Powered Energy Transformer)라는 특이한 이름을 가지고 있으며 상업적인 모델이 아니고 추가적인 연구와 개발을 위한 장치이다. 이 시스템은 1991년에서 1999년까지 운전된 75-kW 시작품의 확대 버전이다. LIMPET은 Islay†의 섬에 설치된 500-kW 플랜트이다. 이 시스템에서는 파도의 작용으로 생성되는 물기둥의 진동으로 동력이 얻어진다. 기울어진 콘크리트 튜브 모양의 구조물의 한 쪽 끝은 바다 쪽을 향하여 열려있다. 파도는 튜브 내의 공기기둥에서 압축과 흡입을 교대로 유발시킨다. 이로부터 얻어지는 전진 및 후진 공기흐름은 Wells 터빈을 구동시키는데 이 터빈은 공기의 흐름방향과는 무관하게 동일한 방향으로 회전하는 통상적인 속성을 지닌다. (연습문제 15.39를 참조).

Wells 터빈은 통상적인 단일방향 흐름터빈보다 더 낮은 효율을 가진다. 이 터빈은 보통의 고도로 비대칭인 날개보다 대칭인 날개를 이용해야 하기 때문에 부분적으로 그 효율은 40%와 70%(낙관적인 값) 사이의 값을 갖는다. 나아가 Wells 터빈은 자체적으로 가동되지 않는다; 가동을 위해서 발전기를 모터로 사용할 필요가 있다. 주기적으로 뒤바뀌는 공기 흐름으로부터 에너지를 추출하기 위한 다른 해결책은 빠르게 반응하는 밸브를 이용하는 역학적으로 복잡한 정류 시스템이 될 것이다. 이 방법에는 비용이 많이 소요되며 유지관리 비용이 높아질 것이다.

물 유입부는 공기기둥들이 공통적인 하나의 터빈 유입부로 합쳐지는 3개의 $6 \times 6m$ 사각형 도관들로 구성된다. 이 시스템은 그림 16.6에 (이상적인 모양으로) 나타나 있다. 두 개의 Wells 터빈은 직경이 2.6m이며 700rpm과 1500rpm 사이에서 작동된다. 이와 같이 큰 속도 변화를 수용하고 국부적인 전력망과의 연결을 쉽게 하기 위하여 두 발전기들로부터의 출력은 정류된 다음에 적절한 주파수의 교류전류로 전환된다.

† Islay는 북아일랜드의 북쪽 및 글래스고우의 서쪽에 있는 Hebrides로 알려진 복잡한 군도의 큰 섬들 가운데 하나이다..

다른 여러 이점들 가운데에서도 LIMPET는 보이는 규모가 작으며 동식물군에 최소한의 영향을 미친다. WAVEGEN에 따르면 "추진중인 프로젝트는 부유장치의 개발 및 Faroe 섬의 절벽해안가에 터널배열 구조를 구축하는 것을 포함하고 있다(궁극적으로는 100MW까지)".

이제는 수력장치의 주요 제작업체인 Voith Siemens의 자회사인 WAVEGEN은 Islay에서 500-kW의 LIMPET 플랜트를 운전하고 있는데 이는 상업적 규모의 전력망 연결 파도 발전소로서는 세계에서 최초인 것으로 광고되고 있다.

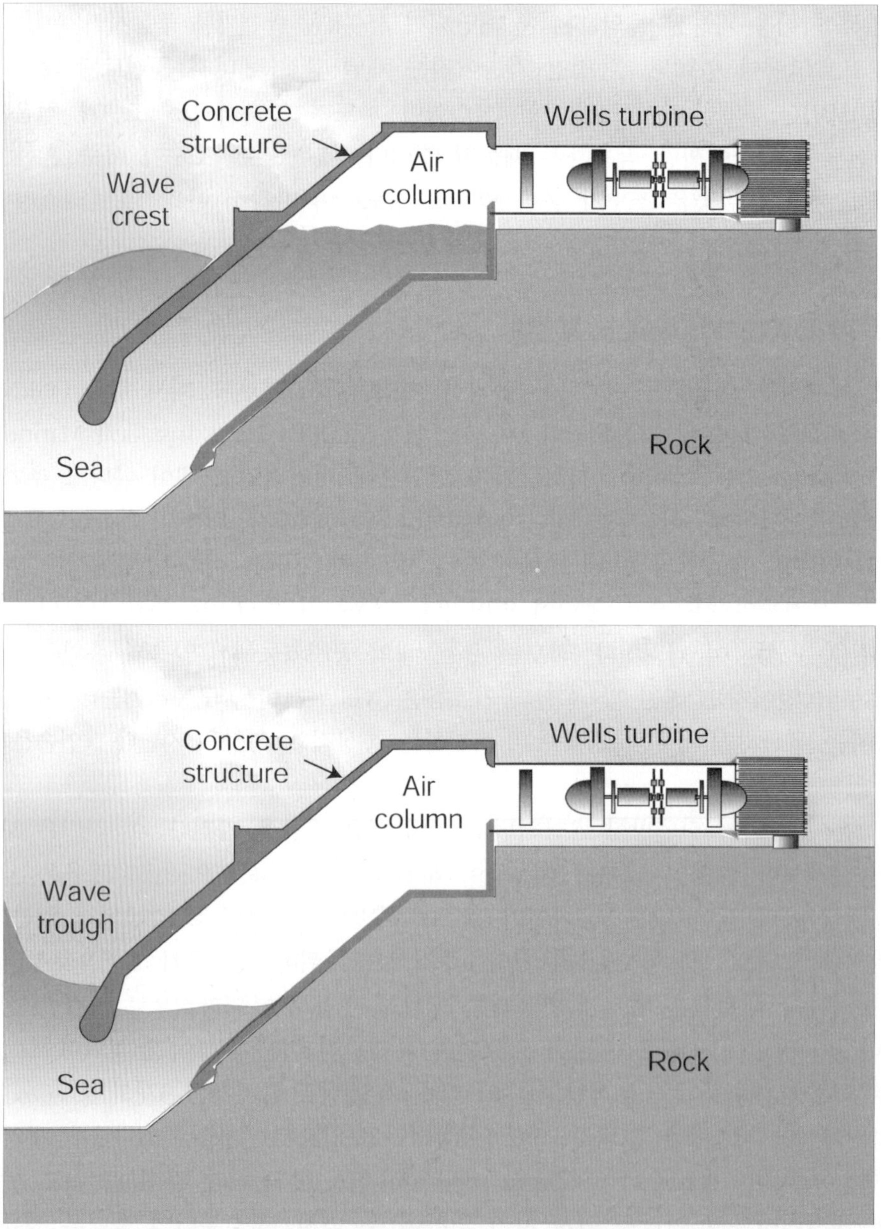

그림 16.6 파도의 최상부(위쪽 그림)는 Wells 터빈으로의 최대 압축에 해당되는 반면에 최저점(아래 그림)은 최대 흡입에 해당된다. 콘크리트 구조물의 물기둥의 공명으로 인하여 구조물의 진동의 진폭은 파도의 진폭을 초과한다. 터빈은 공기의 흐름에 상관없이 전력을 생산할 것이다.

16.3 조수 에너지

조수는 이것이 유발하는 해류나 이와 연관되는 바다 수위의 변동을 통하여 에너지원으로 이용될 수 있다. 이러한 수직형 수위 변위의 이점을 취하는 가장 효율적인 방법은 저수로서 이는 심각하게 고려되고 있는 유일한 접근방법이다. 트인 바다에서 평균 조수변동은 작다; 그러나 국부적인 공명은 조수 효과를 상당히 확대시킨다. 이는 Fundy 만의 높은 조수, 특히 Cobequid 만† 에서 극적으로 나타나는데 Cobequid 만의 경우 그 차이는 16m나 된다. 차이가 난다. Fundy 만의 조수에 의해 이동하는 물의 양은 세계의 모든 강에서 배출되는 물의 양과 같다: 대략 하루에 $100km^3$에 달한다.

시스템을 "재조정"하지 않고 조수를 가두는 것은 문제가 될 수 있는데 프랑스의 Rance 강 입구에 의치하는 현존하는 유일한 조력발전 플랜트에서 어느 정도 발생한 바 있다. 그 설치로 인하여 강 어귀의 파워 흐름이 20%만큼 감소된 것으로 나타난다. 그럼에도 불구하고 이 시스템은 평균 160MW(최고 240MW)의 전력을 생산한다. 이 시스템은 24개의 가역 터빈들로 구성되어 있으며 강어귀 부분을 가로질러 댐이 건설되어 있다. 높은 조수에서 물은 터빈을 통하여 강 어귀로 흘러들어간다. 낮은 조수에서는 물이 다시 터빈을 통하여 흘러나오므로 밀물과 썰물 모두에서 전력이 생성된다. 평균 조수는 8.5m로서 조수로서는 큰 값이지만 수력터빈에 대해서는 소규모의 헤드에 불과하다. 이들은 Kaplan 형들이며 5.35m의 큰 직경을 갖는다. 높은 조수와 낮은 조수 근처에서 터빈들은 작용 헤드를 강화시키기 위한 펌프로 사용된다. Saint Malo 근처에 위치하는 Rance 강 플랜트는 1970년대부터 운전되고 있다. 한 가지 어려운 점은 염수의 사용에 의한 부식문제이다.

16.4 해류로부터의 에너지

이 주제에 관심있는 사람들에게 추천할 만한 문헌은 Fraenkel의 논문(2002)이다.

해류는 불리한 낮은 파워밀도의 바다에 저장된 막대한 양의 에너지의 보기이다. 바람 및 태양광과 마찬가지로 이용 가능한 동력의 긴헐성에 따른 문제가 존재한다. 그러나 바람과 햇빛은 무작위로 변할 수 있는 반면에 해류는 특히 조수에 의해 유발되는 경우 좀 더 예측이 가능하다. "바다 해류 에너지의 추출" 보고서는 유럽의 바닷물이 평균 5.5GW를 생성할 수 있는 해양 터빈들의 적어도 12GW를 지지할 수 있을 것으로 추정하고 있다. 이는 45%의 부하인자에 해당되는데 이는 약간 낙관적일 수 있다. 다른 전문가들은 인자값을 35%와 40% 사이라고 추정하고 있다. 어떤 값이든 이는 지상에 세워진 풍력터빈에 대한 20% 정도보다 훨씬 더 낫다. 근해의 풍력터빈은 30%에 이를 수 있다. 미국에서 운전되는 1.2GW의 원자력 발전소는 평균 1.08GW 이상의 전력을 생산하는데 이의 부하인자는 90%를 넘는다. 유럽 해양 터빈들은 5개의 대형 원자력 발전소를 대체할 수 있다. 단 우리는 풍력터빈 및 원자력 발전소의 실제 성능과 해양 터빈들의 추정된 성능을 비교하고 있다. 추정에는 언제나 어느 정도의 낙관이 존재한다.

---

† Fundy 만은 캐나다 본토의 Nova Scotia와 New Brunswick 사이의 바다이다. 이 만은 일반적인 SSW에서 NNE로의 방향을 가지며 두 "곶의 말단"에서 끝나는데 가장 남쪽에 있는 끝부분이 Cobequid 만이다.

바다의 해류는 바람, 염도 구배, 열 구배, 지구의 자전, 그리고 주로 조수들과 같은 수많은 힘들에 의해 유발된다. 교란받지 않은 조수는 달의 모양과 동기화된다. 달이 모양을 갖지 않는다면-즉 예를 들어 언제나 보름달이라면-높은 조수는 달 아래에서 회전하는 세계의 주어진 일부로서 매 12시간마다 찾아올 것이다. 하루 두 번의 조수가 있는데 하나는 달 근접점에서, 하나는 지구의 반대쪽에서 존재한다. 그러나 달은 27.23일마다 지구를 돌며 보름달로부터 그믐달로, 다시 보름달로 바뀐다. 평균적으로 매 29.53일마다 보름달이 두 번 연속적으로 이루어진다. 이는 월력, 또는 삭망월(朔望月)이라고 부른다. 월력과 달의 궤도주기의 길이 사이의 차이를 이해하려면 연습문제 12.28을 풀어보라.

기상학적 및 지정학적 영향으로 조수의 정확한 주파수나 정확한 진폭을 간단한 이론으로 예측하는 것은 불가능하다. 게다가 조수의 흐름은 흔히 난류이므로 속도는 쉽게 회수 가능한 에너지로 변환될 수 없다. 그럼에도 불구하고 제 15장에서 유도한 식들을 이용하여 이용 가능한 파워밀도를 추정할 수 있다.

$$P_A = \frac{16}{27}\frac{1}{2}\rho v^3 A_v \tag{16.8}$$

좋은 장소에서는 물의 흐름속도가 약 3m/s이나 속도가 5~6m/s인 곳도 있다. 정규적으로 소비자에게 기여하는 세계 최초의 수중 터빈은 2.5m/s의 흐름을 이용한다. 이 터빈은 노르웨이 북쪽의 Arctic Circle을 지난 Hammerfest Stroem에서 운전되고 있다; 그러나 물의 높은 밀도(1000 kg/m^3 †, 공기보다 800배 더 크다)로 인하여 이러한 작은 속도들로부터 매력적인 파워밀도에 이르게 된다.

해류로부터 에너지를 추출하기 위한 초기의 몇 가지 제안들은 비현실적인 것으로 보인다. 한 가지 보기는 물을 따라 끌려가면서 발전기의 축을 구동하는 긴 케이블을 풀어주는 낙하산 모양의 장치를 이용하는 아이디어이다. 케이블이 모두 풀려지면(아마도 수 킬로미터) 낙하산은 떨어지는데 발전기를 모터로 가동시켜 이를 회수하고 케이블을 다시 감는다. 좀 더 실제적인 기법은 사실상 물 속에 위치하는 "풍력"터빈을 이용하는 것이다.

16.4.1 해류터빈 시스템

Marine Current Turbine, Ltd(MCT)는 풍력발전기와 유사한 수중 터빈을 이용하여 해류를 취하는 프로그램을 지니고 있다. MCT는 (그림 16.7에서 Seaflow라고 불리는) 시작품을 제시하였는데 이는 300kW의 정격출력을 보였으며 평균 100kW의 전력을 생산하는 것이 가능하다. 직경이 11m인 회전체는 반대 방향으로부터 흐르는 조수를 감당하도록 그 피치를 조정할 수 있다. 터빈 구동 유도 발전기의 출력은 정류되고 50HZ의 교류로 전환되는데 이는 저항성 테스트 부하에서 소산된다. 이 회사의 다음 프로젝트는 전력망에 연결된 1-MW 시스템이 될 것이다.

비록 풍력터빈과 유사하지만 주된 차이들이 있다.

† 바닷물은 염수이므로 밀도가 조금 더 높다-아마도 대부분의 터빈들이 운전되는 표층수의 경우 대표적으로 1027kg/m^3 정도이다.

그림 16.7 영국 Devon의 해안으로부터 떨어져 설치된 조력 터빈의 원형모습. 회전자/터빈 구조는 유지 관리를 위하여 올려진 위치에 나타나 있다. 출처: Marine Current Turbine, Ltd.

771

16.4.1.1 수평 힘

풍력터빈에서 생성되는 파워는

$$P_{wind} = \frac{16}{27}\frac{1}{2}\rho_{air}v_{air}^3 A_{wind}\eta_{wind} \tag{16.9}$$

이며 수력터빈에서 생성되는 파워는 다음과 같다.

$$P_{water} = \frac{16}{27}\frac{1}{2}\rho_{water}v_{water}^3 A_{water}\eta_{water} \tag{16.10}$$

두 가지 형태의 터빈들이 동일한 효율 η를 갖는다고 기정하자. 만약 두 터빈들이 같은 양의 전력을 생산한다면

$$\rho_{air}v_{air}^3 A_{wind} = \rho_{water}v_{water}^3 A_{water} \tag{16.11}$$

$$\frac{A_{wind}}{A_{water}} = \frac{\rho_{water}}{\rho_{air}}\left(\frac{v_{water}}{v_{air}}\right)^3 \tag{16.12}$$

터빈에 작용하는 수평 힘 $\rho v^2 A$에 비례한다. 그러므로

$$\frac{F_{water}}{F_{air}} = \frac{\rho_{water} v_{water}^2 A_{water}}{\rho_{air} v_{air}^2 A_{wind}} = \frac{v_{air}}{v_{water}} \tag{16.13}$$

예를 들어 풍속이 15m/s이고 물의 속력이 3m/s이면 동일한 출력에서 수력터빈에 가해지는 수평 힘은 풍력터빈에 대한 수평 힘보다 5배 정도 더 크다. 위의 식에서 유체의 밀도 ρ는 아무런 역할을 하지 못한다. 이는 고정된 출력과 선택된 유속에서 곱 ρA는 일정해야 하기 때문이다. 유체의 밀도가 증가하면 동일한 출력을 생성하기 위하여 소요되는 면적은 따라서 감소할 것이다.

이로부터 해양 장치에서의 상당한 수평 힘을 예상할 것이다. 이는 무거운 구조(seaflow의 질량은 130톤)와 강한 고정 장치를 필요로 한다. 메가와트 규모의 해양 터빈에는 100톤 이상의 수평 힘이 가해질 수 있다.

16.4.1.2 고정 시스템

해양 터빈의 고정 시스템은 앞에서 언급한 극히 큰 수평 힘을 지탱해야 한다. 적정 깊이에서 터빈은 적절한 밸러스트에 의해 무게를 가할 수 있지만 해저 바닥까지 닿는 하나의 파일이 선호된다. 아주 깊다면 아마도 잠긴 파일에 매인 부유 플랫폼을 필요로 할 것이다. 이러한 구조에 따르는 한 가지 어려움은 (조수에 의한 해류에서 일어나는 것과 같이) 해류의 방향이 반대로 됨에 따라 부유 플랫폼은 위치가 바뀌어져서 특히 소비자에게 전기 에너지를 전달하는 수송라인과 연관되는 온갖 종류의 어려움을 유발시킨다.

다행히 해양 석유굴착 장치의 설치회사들은 해저 구조물의 건설과 그들의 고정에 막대한 경험을 축적해 왔다.

16.4.1.3 부식과 생물학적 부착물

바다는 험악한 환경으로서 생물학적 부착물에 대한 사전 대비는 물론 재질과 패시베이션 과정들의 주의깊은 선택을 필요로 한다.

16.4.1.4 공동현상

제 15장에서 살펴본 바와 같이 리프트형 터빈은 날개의 반대쪽들 사이에 압력차를 발생시킴으로써 운전된다. 흡입부 압력은 수증기 거품을 생성하는 물의 비등을 유발시킬 정도로 충분히 낮을 수 있다. 고압부 영역에 도달하면 이 거품들은 파열되면서 탁월한 열 싱크로 작용하는 주위환경에도 불구하고 에너지를 방출하고 높은 온도에 도달하게 된다.† 이와 같은 파열은 수력 장치들의 회전하는 날개들과 프로펠러들에 놀랄 정도로 손상을 입힌다. 심각한 구멍과 진동이 유발될 수 있으며 잠수함의 경우 배의 스텔스 기능을 감소시키는 소음이 생성된다. 이러한 현상을 공동

† Taleyarkhan 등(2002)는 중수소 아세톤에서 거품이 터지면서 극히 높은 온도($10 \times 10^6 K$)에 도달한다고 보고하고 있다. 이 온도는 중수소 핵융합을 유발시키기에 충분할 만큼 높다. 이 결과들에 대해서는 일부 과학자들이 이의를 제기하고 있다.

현상이라고 부른다. 분명히 깊이가 증가하면 (압력이 증가하기 때문에) 공동현상이 지연되는데 이는 정압이 최소가 되는 회전자 상부에서 발생하는 경향이 있다. 공동현상을 피하려면 해류터빈의 회전자의 날개 끝 속도를 충분히 낮게 유지해야 한다. 안전한 최대속도는 여러 인자들 가운데에서도 위에 설명한 깊이에 따라 변한다. 얕은 바다에서는 선형 속도가 약 15m/s를 초과하면 공동현상이 생길 수 있다. 전형적인 바다 조건에서 공동현상을 유발시키는 회전자의 끝 부분 속도 v_{tip}를 깊이 d의 함수로 개략적으로 추정할 수 있다.

$$V_{tip} \approx 7 + 0.31d - 0.0022d^2 \tag{16.14}$$

WAVEGEN은 공동현상에 따른 어려움이 상대적으로 적었다고 보고하고 있다. WAVEGEN이 겪은 공동현상에 따른 주된 문제는 효율의 손실이었다.

16.4.1.5 큰 토크

매체의 큰 밀도로 인하여 해류터빈은 낮은 rpm으로 운전된다. 주어진 동력에 대하여 큰 토크가 생성된다. 대개 고속/저토크 조건으로 디자인되는 대부분의 발전기들의 특성과 조화되려면 고가의 기어가 소요된다. 풍력터빈의 경우 근래들어 저속 발전기의 개발을 지향하려는 경향이 있다. 실제적인 것으로 입증된다면 이들은 해류터빈에도 마찬가지로 도움을 줄 것이다.

회전자의 끝단 속도가 (공동현상으로 인하여) 고정된 값으로 제한된다면 터빈으로부터 생성되는 토크는 생성되는 전력의 3/2제곱에 비례한다; 즉 토크는 전력보다 빠르게 증가한다. 따라서 전력이 클수록 토크 문제는 더 악화된다.

16.4.1.6 유지관리

유지관리는 운전비용의 중요한 부분을 차지한다. 터빈의 설계는 유지관리 빈도가 최소가 되도록 이루어져야 한다. 바다의 흐름은 회전자와 기어박스를 올려주는 능력을 지니고 있어서 보수가 필요한 경우 쉽게 집근할 수 있게 하여준다. 시스템의 경제적 운진을 위해서는 아마도 무인운진과 원격제어 및 계측기가 소요될 것이다.

16.4.1.7 송전

해류터빈은 해안선으로부터 약간의 거리를 두고 위치해야 한다. 이는 고가의 해저 전력선을 필요로 한다.

16.4.1.8 터빈 단지

주어진 전력의 해양 터빈들은 이와 대등한 풍력터빈보다 더 간단하다; 따라서 해류터빈들은 풍력터빈보다 좀 더 밀집되게 위치시킬 수 있다. 나아가 대부분의 풍력터빈 단지들에서 개별 장치들의 위치는 풍향이 매우 가변적이라는 사실과 하나의 터빈이 그 다음의 터빈을 가리지 말아야 하는 점을 감안하여 정해주어야 한다. 해류의 방향은 비교적 일정하기 때문에 터빈들은 서로 근접하게 설치될 수 있다. 이 장치들의 밀집 정도는 100MW/km^{2}까지 이를 수 있는데 이는 풍력터빈의 경우보다 10배정도 더 크다. 장치를 밀집시켜 설치함으로써 송전 시스템의 비용을 절감하는 것을 포함하여 많은 이득을 취할 수 있다.

16.4.1.9 생태환경

바다에 가라앉은 구조물은 그 지역의 해양 동식물에 도움이 되는 인공 산호초 역할을 할 수 있다고 주장할 수 있다.

16.4.1.10 모듈성

해류터빈의 모듈성은 운전비용을 줄이는데 상당한 기여를 한다.

2008년 Marine Current Turbines(MCTs)는 북아일랜드의 Stangford Lough에 위치하는 세계 최초의 상업적 규모 조력터빈인 SeaGen의 가동을 시작하였다. 최대로 운전한다면 이 장치는 1.2MW의 전력을 생산할 것이다. 이는 현대의 풍력터빈으로부터 얻어지는 전력과 비교될 수 있다.

세계의 몇몇 지역에서는 매우 강한 조류가 발생하는데 대표적인 수량은 6m/s, 혹은 21km/hr에 이른다. 이 경우 파워밀도는 $65kW/m^2$로서 대단히 크다. 물 대신 공기를 사용하여 동일한 파워밀도에 도달하려면 풍속은 440km/hr이어야 할 것이다. 20m/s, 혹은 72km/hr의 매우 높은 풍속에서 풍력터빈으로부터 이용 가능한 파워밀도는 겨우 $2.8kW/m^2$이다. 문제는 큰 조류가 있는 곳은 물이 가하는 경사력으로 인하여 극도의 계류 문제가 발생한다는 것이다. 비록 생성되는 평균전력은 평균유속의 함수이지만 고정장치는 최대속도의 함수인 최대 힘에 견딜 수 있어야 한다. 노르웨이의 Saltstraumen에서는 물 흐름의 최고 유속이 10m/s를 초과한다.

지역의 특이한 지정학적 구조에 의해 유발되는 커다란 소용돌이는 이러한 큰 조류의 근원이 된다. 이들은 큰 소용돌이(Maelstroms)라고 불리며 이들이 상당한 수직속도 성분을 갖는 경우에는 기술적으로 와류라고 부른다. 많은 것들이 문헌에서 (과장되게) 묘사됨으로써 유명해졌다. 더 잘 알려져 있는 소용돌이들 가운데에는 다음 것들이 포함된다:

노르웨이의 해안에서 떨어진 Lofoten 섬의 Moskstraumen.

노르웨이의 Salstraumen.

스코틀랜드의 Corryvreckan. 이곳은 조수 에너지 변환기를 시험해 보는 곳으로 고려되고 있다.

New Brunswick와 Maine 사이의 Old Sow.

일본의 Naruto.

이탈리아의 Messina와 Sicily 및 Calabria 해협 사이의 Garofalo. 이는 오디세이에서 Homer가 언급한 Charybids임이 거의 확실하다.

16.5 염화 에너지

바다에서 이용 가능한 높은 파워밀도는 신선한 강물이 바다와 혼합되는 곳에서의 염화 에너지와 관련이 있다. 실제로 바닷물에 대한 신선한 물의 삼투압은 2MPa 이상이다. 따라서 $1m^3s^{-1}$의

유량은 다음과 같은 비율의 에너지 방출을 유발한다:

$$P = p\dot{V} = 2 \times 10^6 \times 1 = 2MW \tag{16.15}$$

단위 흐름 당 동일한 전력을 생성하기 위해서는 수력 발전소는 200m의 수두를 필요로 할 것이다. 전 세계의 잠재적인 염화 에너지는 160GW로서 이는 약 160개의 상업용 원자력 반응기들과 대등한 양이다. 이는 실로 중요하다.

염화 기관에 대한 대부분의 제안들은 반투막들의 사용에 기반을 두고 있다. 이들은 물과 바닷물 사이의 삼투압(압력지연 삼투, PRO)에 의해 구동되는 기관이나 양이온은 통과시키고 음이온은 통과시키지 않거나 그 반대인 막을 사이에 두고 형성되는 전위차에 근거하는 전기영동 기관(역 전기투석, RED)에서 이용될 수 있다.

막들은 비싸고 짧은 수명을 갖는 경향이 있다. 노르웨이 회사 Statkraft는 수년 동안 상업적인 삼투 시스템을 개발해 왔는데 이제는 *Sunndalsφ*에서 실제로 시험할 준비가 되었다. 이는 1-2MW의 PRO형 시험용 플랜트이다. 주된 돌파구가 된 것은 아마도 개량된 형태의 폴리에틸렌을 바탕으로 하여 저렴하고 수명이 길며(7~10년) 4~6 W/m^2의 용량을 가질 수 있는 막의 개발이다. 다음 절에서는 삼투압 p_O가 매우 클 수 있음을 알게 될 것이다. 만약 삼투막을 이용하여 신선한 물로부터 소금물을 분리 할 경우 신선한 물은 소금기가 있는 쪽으로 흘러 가려는 경향이 있다. 만약 소금물 쪽의 압력이 맑은 물 쪽의 압력보다 높다면 흐름은 소멸, 즉 지연될 것이다. (식 16.26으로부터) 다음을 얻게 될 것이다.

$$\dot{V} = k(p_O + p_F - p_s) \approx k(p_O - p_S) \qquad m^3/s\ per\ 막면적\ m^2 \tag{16.16}$$

여기에서 k는 $m^3/s\ per\ m^2$으로 나타낸 막의 투과도이고 p_O는 삼투압이며 p_F는 맑은 물 쪽의 압력, 그리고 p_S는 소금물 쪽의 압력이다. 전달되는 힘은

$$P = \dot{V}p = k(p_O - p_S)p_S \tag{16.17}$$

운전압력 p_s가 삼투압 p_O의 절반과 같을 경우 최대 농력이 전달된다.

$$p_S = \frac{1}{2}p_0 \tag{16.18}$$

한 가지의 간단한 PRO 기관이 그림 16.8에 나타나 있다. 중심요소는 일련의 투과성 삼투 튜브들로 이루어지는 물질 교환기로서 이 튜브들을 통하여 바닷물이 가압 하에 공급된다. 이 튜브들은 (대부분의 현탁 물질을 걸러낸 후의) 신선한 강물에 잠겨 있다. 삼투압은 신선한 물을 바닷물 쪽으로 흐르게 하여 이를 희석시키고 그 질량을 상당히 증가시킨다. 고압수는 터빈을 통하여 감압되어 유용한 일을 생성한다. 약간의 일이 바닷물 펌프에 의해 수행되는데 이 펌프는 물론 더욱 소량의 물을 처리한다. 순 생성전력은 일차적으로 터빈 출력과 펌프 입력 사이의 차이이며 신선한 물로부터 질량 교환기의 바닷물 쪽으로 전달되는 물의 야에 따라 달라진다.

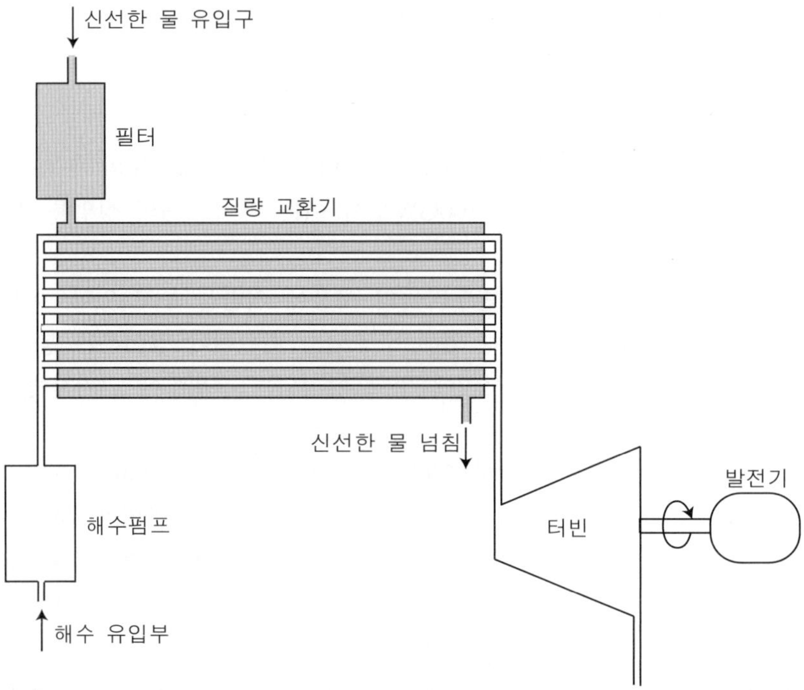

그림 16.8 Statkaft에 의해 개발된 것과 기본적으로 유사한 압력이 지연되는 삼투압 기관.

Olsson, Wick, 그리고 Issacs(1979)은 막을 사용하지 않는 정교한 염화 기관을 제안하였다. 이 장치는 신선한 물과 소금물(포화 염화나트륨 용액으로 정의된다) 사이에서 가장 잘 작동하지만 아마도 바닷물로도 운전되게 할 수 있다.

소금물은 증류수보다 높은 온도에서 끓는다. 달리 말하면 소금물은 맑은 물보다 더 낮은 증기압을 갖는다. 그림 16.9는 맑은 물의 증기압이 온도에 따라 어떻게 변하는가를 보여준다. 이 그림은 아울러 증류수와 소금물의 증기압 차이도 보여준다.

여기서 제안된 기관은 그림 16.10에 도식적으로 나타나 있다. A 구역은 소금물로 차 있으며 그 반대편인 B 구역은 신선한 물로 채워져 있다.

액체들의 온도가 같다면 A의 증기압은 B의 증기압보다 낮다; 따라서 수증기는 B에서 A로 흐르며 연결 파이프의 터빈을 구동시킨다. 맑은 물의 증발은 이를 냉각시켜 압력을 낮추는 반면에 소금물의 희석은 A 구역의 온도(및 압력)를 높여준다. 곧 이 시스템은 평형에 이르게 되고 터빈은 멈출 것이다.

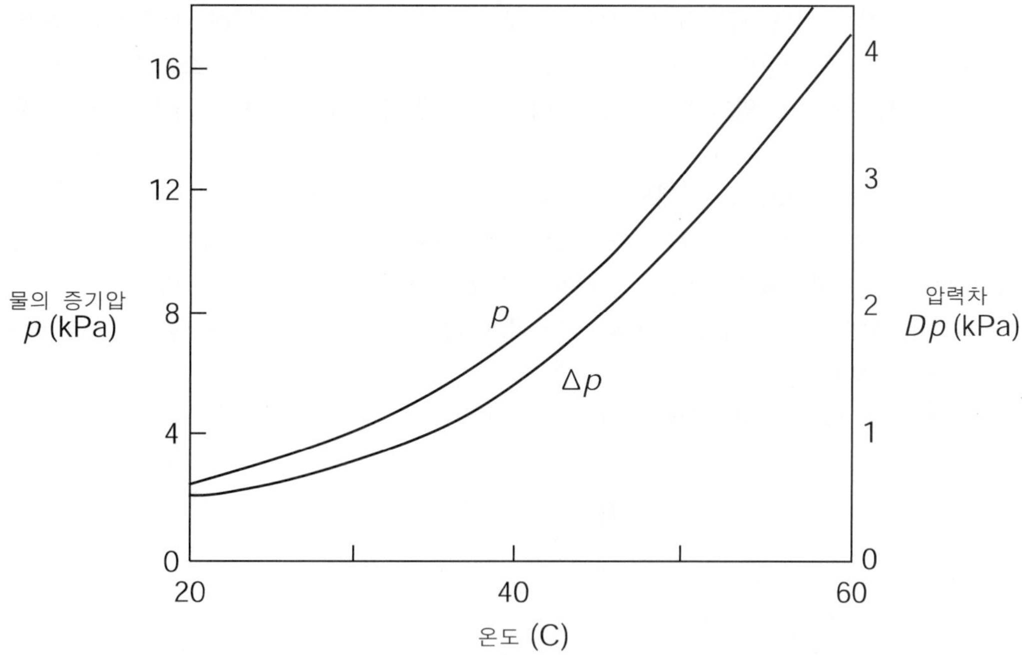

그림 16.9 물의 증기압 및 농축된 소금물의 압력과 신선한 물의 압력 사이의 편차.

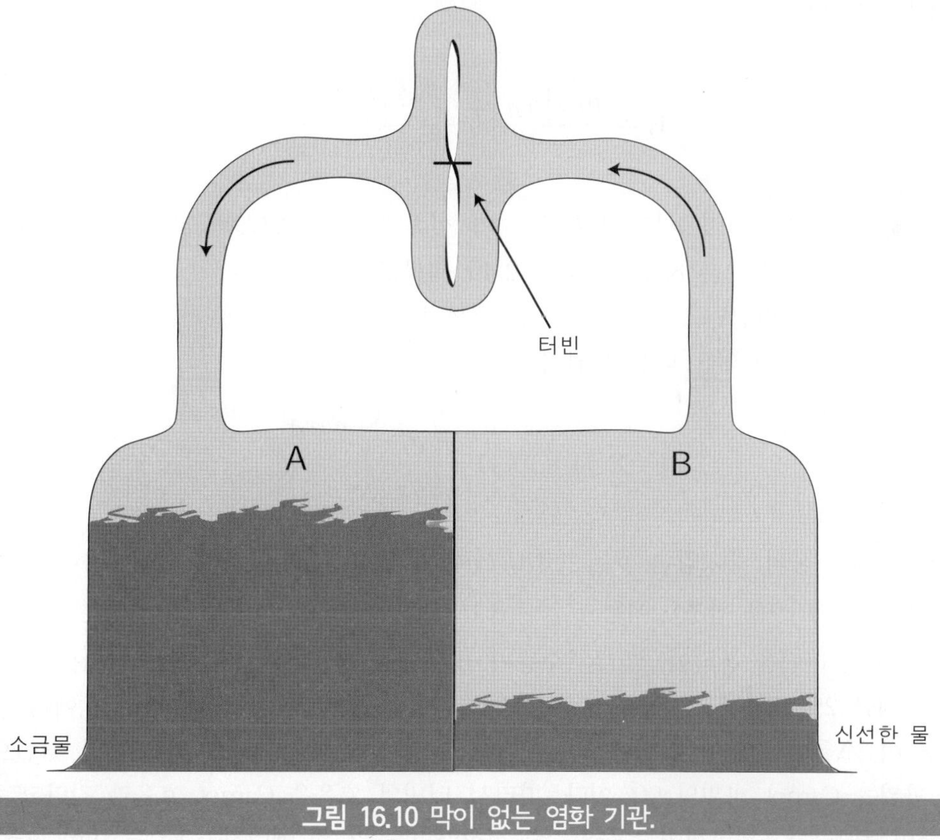

그림 16.10 막이 없는 염화 기관.

평형이 이루어지는 것을 피하기 위해서 B로부터 A로 응축열을 되돌려 공급한다. 만약 모든 열이 되돌아간다면 더 이상의 온도 변화는 없을 것이며 결국 모든 물은 소금물 쪽으로 옮겨질 것이다. 각 구역들 사이의 열전달은 이들을 나란한 얇은 열전도성 벽으로 구분시킴으로써 이루어질 수 있다.

실제로는 소금물은 바닷물로 대체되고 신선한 물은 강으로부터 공급될 것이다. 1kmole의 신선한 물이 소금물로 전달되는 경우 얼마나 많은 에너지가 추출되는지 알아보자. 맑은 물 용기의 물의 증기압을 p_{FR}이라 하고 소금물 용기에서의 압력을 p_{BR}이라고 하자. 맑은 물 쪽으로부터 터빈으로 흘러들어오는 수증기의 부피를 V_{FR}이라 하고 터빈으로부터 소금물 쪽으로 배출되는 부피를 V_{BR}이라 하자.

수증기는 터빈을 통하여 팽창하면서 일을 수행한다.

$$W = \int_{P_{FR}}^{P_{BR}} p\,dV \tag{16.19}$$

팽창은 단열이라고 간주될 수 있으므로

$$p_{FR}V_{FR}^{\gamma} = p_{BR}V_{BR}^{\gamma} \tag{16.20}$$

위의 적분으로부터

$$W = \frac{p_{FR}V_{FR}}{\gamma - 1}\left[1 - \left(\frac{p_{FR}}{p_{BR}}\right)^{\frac{1-\gamma}{\gamma}}\right] \tag{16.21}$$

1kmole의 이상기체에 대하여 $pV = RT$이다. 이 시스템이 25° C(298K)의 일정한 온도에서 운전된다고 가정하면 $p_{FR}V_{FR}$은 $8314 \times 298 = 2.49 \times 10^6 J$이다.

물의 경우 $\gamma = 1.29$이다.

1kmole에 의해 수행된 일은 다음과 같다.

$$W = 8.54 \times 10^6\left[1 - \left(\frac{p_{FR}}{p_{BR}}\right)^{-0.225}\right] \tag{16.22}$$

25° C에서 맑은 물의 증기압은 $p_{FR} = 3.1kPa$이며 맑은 물과 소금물 구역 사이의 압력차는 $0.59kPa$이다(그림 16.9를 참조). 이는 $p_{BR} = 3.1 - 0.59 = 2.51kPa$임을 의미한다. 이 값들을 식 16.22에 도입하면 터빈을 통하여 흐르는 수증기 1kmole은 396kJ의 역학적 에너지를 생성한다.

위의 에너지를 25° C와 5° C에서($\Delta T = 20K$) 작동하는 OTEC에 의해 생성된 에너지와 비교하여 보자. 이 ΔT의 절반이 터빈에 적용된다고 가정하자. Lockheed OTEC에서 터빈으로부터 추출되는 파워는 Carnot 파워의 90%이다. 따라서 터빈의 효율을 Carnot 효율과 같다고 하면 이 경우 0.033이 된다. ΔT의 1/4이 온수의 온도강하라면 유입 열 에너지는 (온수 1kmole당) 10MJt 이며 터빈으로부터의 역학적 출력은 330J이다. 이는 염화 기관에 대하여 계산된 396J/kmole과 같은 규모이다. 염화 기관은 이론적으로 100%의 효율을 달성할 수 있다. 실험실 모델에서 Olsson과 동료들은(1979) 40%의 효율을 입증해 보였다.

이 형태의 기관에서 한 가지 문제는 구역의 압력이 비응축성 기체들이 아닌 오직 수증기만에 의한 압력임을 확실히 해주기 위한 물로부터의 탈기이다. 농축된 소금물 대신 보다 현실적인 바닷물을 사용한다면 장치의 출력은 상당히 감소한다.

16.6 삼투

염화기관은 사용 가능한 에너지 변환기로서 심각하게 제안되고 있는 반면에 이 절에서 다루는 삼투기관은 아마도 학문적인 호기심 이상의 것이 될 수는 없을 것이다. 그럼에도 불구하고 이에 대한 연구는 흥미있는 지적 훈련이 된다.

삼투는 (정량적으로) 놀라운 현상이다. 서로 다른 농도의 두 용액이 용매는 투과시키지만 용질은 투과시키지 않는 삼투막으로 분리되어 있다면 묽은 쪽으로부터 진한 쪽으로의 용매의 순 흐름이 존재한다. 그러한 흐름은 진한 쪽의 압력이 충분히 커질 때까지 지속될 것이다.

삼투압은 그림 16.11에 보인 바와 같이 바닥에 삼투막이 있는 U자형 튜브를 이용하여 측정될 수 있다. 평형에 도달하면-즉 막의 양 쪽의 압력이 같게 되면-진한 쪽의 기둥이 농도가 묽은 쪽보다 더 높게 된다. 소금물의 정압은 맑은 물의 정압과 삼투압의 합과 같아야 한다. 놀라운 것은 삼투압의 크기이다.

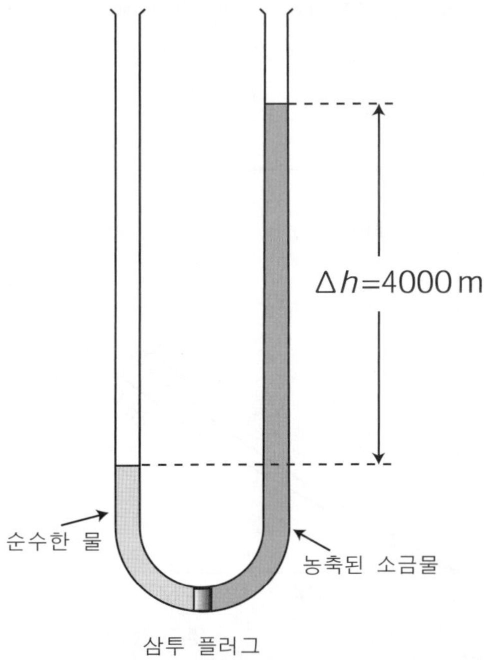

그림 16.11 삼투압 측정장치.

농축된 실온의 NaCl 용액에서 두 기둥들 사이의 높이차는 4000m나 될 것이다. 삼투압은 400

기압, 혹은 40MPa에 달한다.

삼투압은 농도와 온도에 따라 달라진다. 그림 16.12는 맑은 물에 대한 염수의 삼투압을 서로 다른 두 온도에서의 염화도의 함수로 나타낸 것이다.

삼투기관의 작동을 이해하기 위해서 바닥 면적이 A이고 깊이가 d인 원통형 물기둥을 고려하여 보자. 물기둥의 밀도를 δ라고 하면 질량은

$$M = A\delta d \tag{16.23}$$

이며 무게는

$$W = gA\delta d \tag{16.24}$$

이다. 여기에서 g는 중력가속도이다. 바닥의 압력은

$$p = g\delta d \tag{16.25}$$

이다.

이제 그림 16.13에 보인 바와 같이 꼭대기가 수면 바로 위에 나와 있고 그 바닥에는 삼투 플러그가 있는 바다에 수직으로 잠긴 파이프를 고려하여 보자. 파이프를 신선한 물로 d_F의 높이까지 채운다. p_S는 (외부의) 소금물에 의해 삼투 플러그로 가해지는 압력이고 p_F는 신선한 물이 가하는 대항 압력이다. 정압 외에도 신선한 물을 바다로 내보내려고 하는 삼투압 p_O가 존재한다.

따라서 p_F와 p_O는 같은 방향으로 작용하여 p_S에 대항한다. 평형에서는

$$p_S = p_F + p_O \tag{16.26}$$

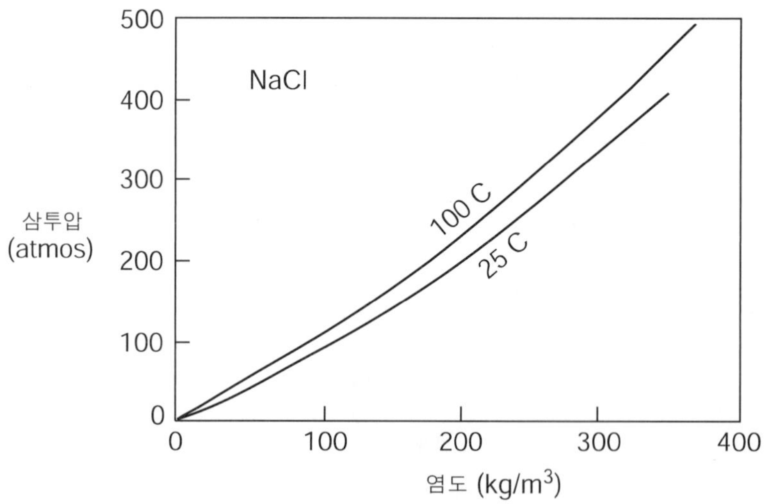

그림 16.12 두 온도에서의 소금물의 삼투압.

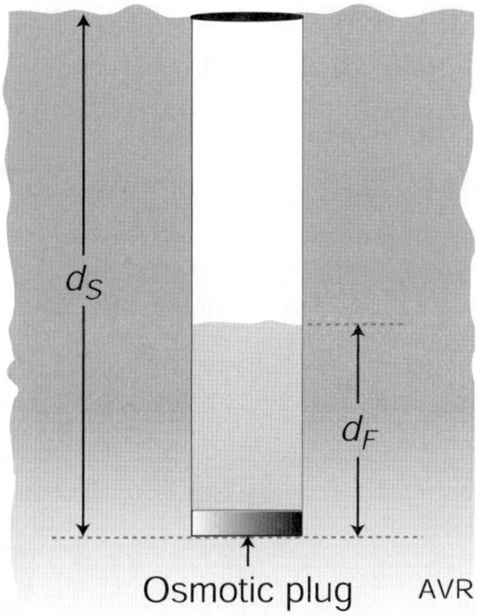

그림 16.13 바다의 삼투 플러그가 있는 파이프.

신선한 물의 밀도는 $1000kg/m^3$인 반면에 바닷물의 밀도는 $1025kg/m^3$이다. 따라서

$$1025gd_s = 1000gd_F - p_O \tag{16.27}$$

이로부터

$$d_F = 1.025d_s - \frac{p_O}{1000g} \tag{16.28}$$

바닷물에 대한 신선한 물의 삼투압은 2.4MPa이다. $g = 10ms^{-2}$로 취하면

$$d_F = 1.025d_S - 240 \tag{16.29}$$

약 240m의 깊이 d_S로 내려가면 $d_F < 0$, 즉 삼투압은 바닷물이 파이프 안으로 유입되는 것을 막기에 충분하다. 만약 파이프가 점점 더 깊이 들어가면 역삼투가 일어나게 되어 바닷물로부터 신선한 물이 파이프 안으로 들어오게 된다. 예를 들어 파이프가 1000m 아래로 내려가면 신선한 물 기둥은 수면으로부터 215m까지 785m 상승한다.

어떤 깊이에서 물은 정확히 바닷물 수면까지 오르게 될까? 그렇게 되는 경우

$$d_F = d_S \equiv d = 1.025d - 240 \tag{16.30}$$

혹은

$$d = 9600m \tag{16.31}$$

이다.

파이프가 점점 깊이 들어간다면 신선한 물은 그 꼭대기로부터 분수처럼 뿜어져 나올 것이다. 그림 16.14는 사용 가능한 삼투기관을 보인 것이다.

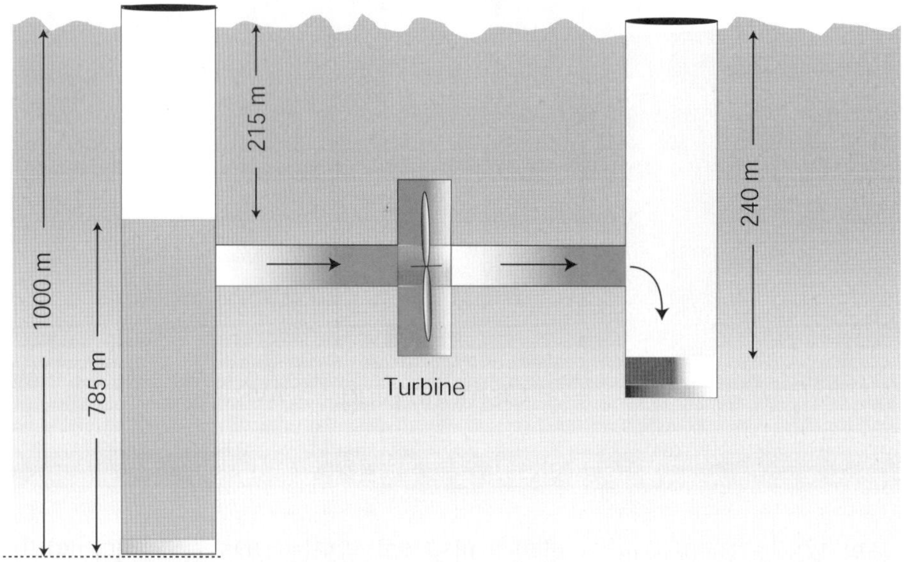

그림 16.14 삼투압 기관의 가능한 구조.

참고문헌

Fraenkel, Peter L., Power from marine currents, Pr*oc. Inst. of Mechanical Engineers* 216, Part A: Journal of Power and Energy, 2002.

Isaacs, John D., and W. R. Schmitt, Ocean energy: Forms and prospects, *Science* 207, p. 265, 1980.

Olsson, M., G. L. Wick, and J. D. Isaacs, Salinity gradient power: utilizing vapor pressure difference, *Science* 206, p. 452, 1979.

Taleyarkhan, R. P., C. D. West, J. S. Cho, R. T. Lahey, Jr., R. Nigmatulin, and R. C. Block, Evidence for nuclear emissions during acoustic cavitation, *Science* 295, p. 1868, 2002.

Duckers, L. J. (Coventry University, Coventry, UK), Wave energy: Crests and troughs, *Renewable Energy*, 5 (5‒.8), pp. 1444‒.1452, August 1994.

E21 EPRI WP‒.004‒.US, Offshore Wave Energy Conversion Devices, June 16, 2004

Krock, Hans-Jurgen, ed., Ocean energy recovery, Proceedings of the First International Conference, ICOER 1989, Honolulu, Hawaii, November 28‒.30, 1989, held under the auspices of the Ocean Energy Committee of the Waterway, Port, Coastal, and Ocean

Division of the American Society of Civil Engineers, cosponsored by the Pacific International Center for High Technology Research, School of Ocean and Earth Science and Technology of the University of Hawaii, New York, 1990.

McCormick, Michael E., and Young C. Kim, eds., Utilization of Ocean Waves—.wave to energy conversion, *Proceedings of the International Symposium*, Scripps Institution of Oceanography, La Jolla, California, June 16-.17, 1986, sponsored by theWaterway, Port, Coastal, and Ocean Division of the American Society of Civil Engineers and the National Science Foundation, Symposium on Utilization of Ocean Waves (1986: Scripps Institution of Oceanography), New York, 1987.

McCormick, Michael E., Compendium of international ocean energy activities, prepared under the auspices of the Committee on Ocean Energy of the Waterway, Port, Coastal, and Ocean Division of the American Society of Civil Engineers. New York, 1989.

Mccormick, Michael E. *Ocean Wave Energy Conversion*, John Wiley, 1981.

Practical Ocean Energy Management Systems, Inc.
〈http://www.poemsinc.org/home.html〉

Seymour, Richard J. ed., Ocean Energy Recovery: The State of the Art. *American Society of Civil Engineers*, New York, 1992.

The exploitation of tidal marine currents (Non-nuclear energy Joule II project results), Report EUR 16683EN, DG Science, Research and Development, The European Commission Office for Official Publications, Luxemburg L-2920, 1996.

연 습 문 제

16.1 역삼투는 바다에서 신선한 물을 추출하기 위해 종종 이용되는 기술이다.
바닷물에 대한 신선한 물의 삼투압은 2.4MPa이라고 할 때 $1m^3$의 신선한 물을 만들기 위해 필요한 최소 에너지는 얼마인가?
장치의 가격은 \$200/kW이며 전력비용은 \$50/MWh이다. 운전비용이 없으며 연간 자본비용이 20%라면 $1m^3$의 신선한 물의 생산비용은 얼마인가?
이 결과는 얼마나 현실적인가? 비용이 과소평가된 이유를 지적하여라.

16.2 그림을 참조하자. 처음에 차폐밸브는 닫혀 있으며 피스톤은 50m의 높이에 위치하고 있다. 주수관의 물의 압력은 $3\times10^5 Pa$이다. 밸브가 열리면 피스톤은 얼마나 높이 올라가겠는가? 소금물 시스템의 삼투압은 희석도에 관계없이 2MPa라고 가정한다.

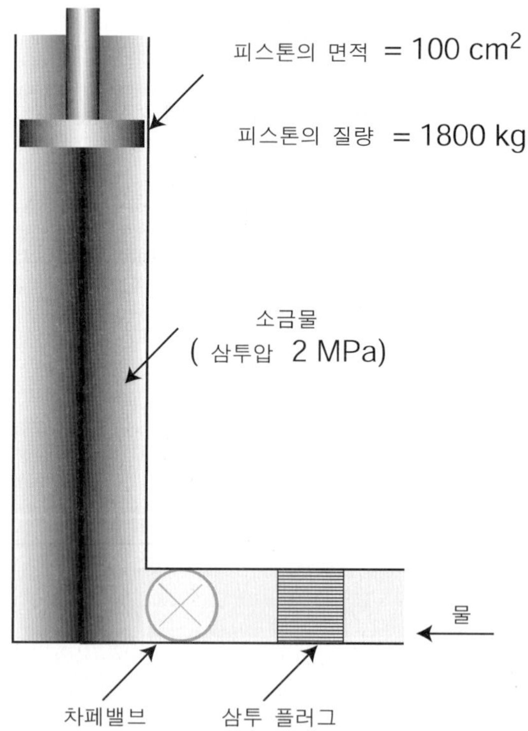

16.3 25° C에서 NaCl의 (신선한 물에 대한) 삼투압은 다음과 같은 실험식으로 근사적으로 나타낼 수 있다.

$$p = 0.485 + 0.673\sigma + 1.407\times10^{-3}\sigma^2$$

여기에서 p는 압력(기압)이며 σ는 염화도(kg/m^3)이다.
단면 A가 $8.86\times8.86mm$의 정사각형인 두 튜브들이 삼투벽으로 서로 연결되어 있다. 장치의 한 쪽(A 쪽)에 2g의 소금을 포함하는 NaCl 10ml가 주입된다. 처음에는 B 쪽으로는 어떤 액체도 넣지 않는다. 문제를 간단히 하기 위하여 용액의 부피는 용매(물)의 부피와 같다고 가정하자.

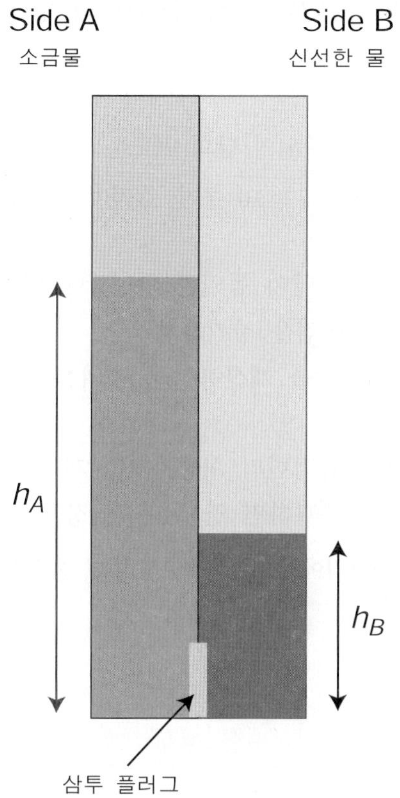

문제 16.3

A 쪽의 소금물 기둥의 높이는 얼마인가? B 쪽의 신선한 물 기둥의 높이는 얼마인가? 평형에 도달한 후 신선한 물 기둥의 높이가 5cm가 되려면 B 쪽에 얼마의 증류수를 부어야 하는가? 여기에서도 문제를 간단히 하기 위하여 임의의 농도의 소금물은 증류수의 밀도와 동일한 밀도를 갖는다고 가정한다.

16.4 꼭대기에 플랫폼(이는 물론 해면 위의 높이를 달라지게 하는 것은 아니다)이 있는 매우 기다란 수중 타워를 상상하여 보자. 이 장치는 비록 비현실적으로 고가이긴 하지만 바다의 파도를 쉽게 관찰할 수 있게 하여준다. 어느 날 파도의 골과 마루 사이의 평균높이는 정확히 2.6m 였고 파도들 사이의 간격은 8.2초였다. 파도들은 얼마나 많이 떨어져 있는가? 물의 깊이는 파도의 파장보다 더 크다고 가정한다.

16.5 태양과 달은 모두 지구의 조수를 일으킨다.

1. 태양과 달에 의한 조수 중 어떤 조수가 더 큰가?

2. 태양과 달에 의해 유발되는 지구에서의 중력가속도를 계산하여라.
3. 계산을 정확하게 했다면 지구에 대한 태양의 중력장은 달에 의한 중력장보다 매우 큼을 알게 되었을 것이다. 조수는 중력장에 비례하지 않는다고 결론을 내려야 한다.

조수를 유발시키는 영향의 성질은 무엇인가? 태양의 영향에 대한 달의 영향의 비를 계산하여라.

16.6 태양 주위의 지구 궤도와 지구 주위의 달의 궤도는 모두 원이라고 가정하자. 지구가 태양 주위를 선회하는 데에는 3.1558157×10^7초가 걸리며 달이 지구를 도는 데는 2.36055×10^6 (혹은 27.32일)이 걸린다.

보름달은 태양과 지구, 그리고 달이 동일한 평면상에 위치할 때-즉 황도선상에 대한 투영이 일직선상에 존재한다-이루어짐을 상기하자.

연이은 두 보름달 사이의 날 수를 계산하여라. 결과를 4개의 유효숫자로 나타내어라.

16.7 공동현상의 가능성 때문에 해류터빈의 회전자의 날개 끝 속도(v_{tip})는 깊이에 따라 달라지는 어떤 특정 속도 $v_{tip_{\max}}$를 초과하면 안 된다. 일정한 날개 끝 속도에 대하여 토크 Υ는 $P_g^{3/2}$에 비례함을 보여라. 여기에서 P_g는 생성되는 전력이다.

찾 아 보 기

R

S

T

V

W

Y

Z

π

σ

ㄱ

ㄴ

ㄷ

ㄹ

ㅇ

ㅈ

ㅊ

ㅋ

ㅌ

역자약력 – 여영구

1972년: 서울대학교 화학공학과(공학사)
1982년: 서울대학교 화학공학과(공학석사)
1986년: AUBURN대학교 화학공학과(공학박사)
1993년: KIST 책임연구원
현 재: 한양대학교 화학공학과 교수
주요저서: 공정제어공학(한양대학출판부)
석유화학공학(CRI화학경제연구원)
한국화학공학의과제(금빛출판사)
화학공학열역학(아진출판사)
MATLAB® 공정제어(아진출판사)
Moler의 MATLAB® 수치해석학(아진출판사)
필터링 MATLAB® 이미지 처리(아진출판사)
MATLAB® 금융분석(아진출판사)
MATLAB® 프로그래밍 응용(아진출판사)
MATLAB® 미적분학(아진출판사)
C와 C#을 이용한 금융공학(아진출판사)

신 · 재생 에너지공학

A-JIN

지은이와 협의 인지 생략

인 쇄 : 2011년 4월 10일
발 행 : 2011년 4월 15일
역 자 : 여 영 구
발 행 처 : 도서출판 아진
135-010
서울시 강남구 논현동 148-19 한미빌딩 201호
TEL:02-737-0663 FAX:02-737-0664
Homepage:ajin.to
E-mail:kgb@ajin.to
발 행 인 : 김 근 배
등록번호 : 제300-1995-56호
ISBN : 978-89-5761-313-9 93530

가격 30,000원